华北电力大学

年鉴2018

NORTH CHINA ELECTRIC POWER UNIVERSITY YEARBOOK

[总第十七卷]

华北电力大学档案馆　编

中国电力出版社
CHINA ELECTRIC POWER PRESS

内 容 提 要

本书内容包括华北电力大学 2017 年特载，专文，总述，机构与干部，党群工作与行政管理，学科、学位建设与教育教学，科技研究与产业开发，科研平台建设，合作交流和对外联络，院系部建设，教科研设施与服务保障，规章制度建设，重要文件，统计报表与附录资料。

本书适用于华北电力大学师生、校友及关心华北电力大学发展，乐于对其增进了解的社会各界人士。

图书在版编目（CIP）数据

华北电力大学年鉴. 2018/华北电力大学档案馆编. —北京：中国电力出版社，2018.12
ISBN 978-7-5198-2392-4

Ⅰ. ①华… Ⅱ. ①华… Ⅲ. ①华北电力大学－2018－年鉴 Ⅳ. ①TM-40

中国版本图书馆 CIP 数据核字（2018）第 206662 号

出版发行：中国电力出版社
地　　址：北京市东城区北京站西街 19 号（邮政编码 100005）
网　　址：http：//www.cepp.sgcc.com.cn
责任编辑：张　旻（010-63412536）
责任校对：黄　蓓　太兴华　常燕昆
装帧设计：王英磊　赵姗姗
责任印制：钱兴根

印　　刷：三河市万龙印装有限公司
版　　次：2018 年 12 月第一版
印　　次：2018 年 12 月北京第一次印刷
开　　本：880 毫米×1230 毫米　16 开本
印　　张：40.5　插页 10
字　　数：1404 千字
定　　价：298.00 元

《华北电力大学年鉴 2018》
编撰人员名单

顾　　问　周　坚　杨勇平

主　　编　孙忠权

副 主 编　陈　军　张德安

执行主编　王振华　田明霞

特约编审（按姓氏笔画排列）

丁相宝　丁常富　于喜海　王子杰　王印松　王秀梅　王佃启　王迎新　王祥科
王集令　仇必鳌　尹忠东　卢占会　卢青松　付　东　白　海　毕天姝　曲　涛
刘云鹏　刘志远　刘明军　刘宗歧　刘晓峰　刘　斐　米增强　孙　平　杜小泽
杨万华　杨实俊　李长青　李　东　李　伟　李庆民　李迎春　李　林　李庚银
李春祥　李彦斌　李献东　李　谨　吴乐为　沈　岚　沈剑飞　宋　伟　张天兴
张晓宏　张栾英　张粒子　张瑞雅　张新娟　陈立伟　陈　军　陈　志　陈　武
武彦军　苑英科　范　立　范孝良　范寒松　林长强　周　泽　房　方　房游光
赵玉闪　赵冬鸣　赵冬梅　赵秀国　荀振芳　胡三高　胡东星　柳长安　段春明
姜　波　夏延秋　顾雪平　顾煜炯　倪景峰　徐进良　高　强　郭炜煜　曹运华
戚银城　鹿　伟　董长青　韩中合　戴松元

特约编辑（按姓氏笔画排列）

丁立新　马　焕　马　瑛　王彦权　王　艳　王振华　王　敏　王瑞琪　王　楠
尹　莎　孔凌楠　甘园园　石世平　石兵营　石　峥　田　里　田明霞　史雪霏
付　萍　包跃民　朱志媛　朱周斌　任威宇　刘广林　刘长青　刘　让　刘雨薇
刘春磊　刘　洁　刘跃群　阮艳花　孙志凌　孙翠亭　花之蕾　杜红琴　李成鹏
李红梅　李　君　李　青　李茂辉　李　非　李梦雅　吴良器　吴学辉　吴　浩
吴　斌　何天枢　何杰涛　何　健　沈晗扬　沈　磊　宋　婧　张力晖　张　杨
张　丽　张　凯　张星云　张思凡　张　科　张晓良　张晓楠　张　清　陈晓蕾
陈海燕　陈　雯　陈　鹤　范建明　林建华　岳　宇　郑如秉　郑志平　郑温馨
单田雨　赵　凡　赵子健　赵天怡　赵友君　赵丽香　赵　亲　赵海鹏　荆振宇
胡健强　段文博　侯文俊　侯步蟾　施　翰　姜　江　班莹梅　耿江海　倪世清
徐大圣　徐　定　高　轩　高柔芸　高慧颖　郭程程　郭新勃　唐宁宁　唐　成
曹宇博　常青云　崔　灿　彭　伟　彭绍文　葛　超　董宏伟　董　泽　董　剑
蒋婷婷　谢　莲　谢海洋　鄢　知　赖其军　窦学欣　窦　敏　潘雪飞　魏　娜
濮　妍　蹇文馨

01

02

中共教育部党组

教党任〔2017〕53号

中共教育部党组关于周坚、吴志功同志职务任免的通知

中共华北电力大学委员会：

经与中共北京市委商得一致，2017年4月1日研究决定：

周坚同志任中共华北电力大学委员会委员、常委、书记；免去吴志功同志的中共华北电力大学委员会书记、常委职务。

中共教育部党组

2017年4月13日

03

01 华北电力大学校领导班子集体学习党的十九大精神

02 教育部党组任命周坚为华北电力大学党委书记

03 华北电力大学迎接《北京普通高等学校党建和思想政治工作基本标准》入校检查

04 教育部党组第二巡视组对华北电力大学开展巡视

04

01 华北电力大学召开第二次党员代表大会

02 华北电力大学第二届党委常委合影

03 中国共产党华北电力大学第二次党员代表大会党代表合影

04 华北电力大学召开党风廉政暨纪监审工作会议

合作交流

01 华北电力大学召开 2017 年第一次理事会会议

02 华北电力大学校长杨勇平（右四）与全球能源互联网发展合作组织主席刘振亚（中）举行会谈

03 华北电力大学校长杨勇平（左四）与国家电网董事长舒印彪（中）举行会谈

04 华北电力大学党委书记周坚（左五）、校长杨勇平（左四）与中国华能集团公司董事长曹培玺（右五）举行会谈

合作交流

01 华北电力大学党委书记周坚、校长杨勇平访问中国大唐集团公司

02 华北电力大学校长杨勇平（右）与国家电力投资集团公司董事长王炳华（左）举行会谈

03 华北电力大学党委书记周坚、校长杨勇平访问中国华电集团公司

04 华北电力大学与中国电机工程学会签署战略合作框架协议

01 华北电力大学与中国核能电力股份有限公司签署核电人才订单联合培养协议

02 华北电力大学－西肯塔基大学示范孔子学院大楼揭幕

03 华北电力大学与江苏省扬中市共建合作基地

04 电力行业卓越工程师培养校企联盟成立

合作交流

01 神雾杯全国大学生节能减排科技竞赛在华北电力大学举办

02 上海合作组织大学能源会议在华北电力大学举行

03 中国工程院可再生能源协调发展与高效利用工程前沿技术研讨会在华北电力大学召开

04 华北电力大学举办第四届能源论坛暨国际工程科技发展战略高端论坛

合作交流

01

02

03

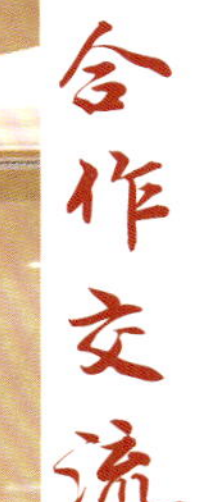

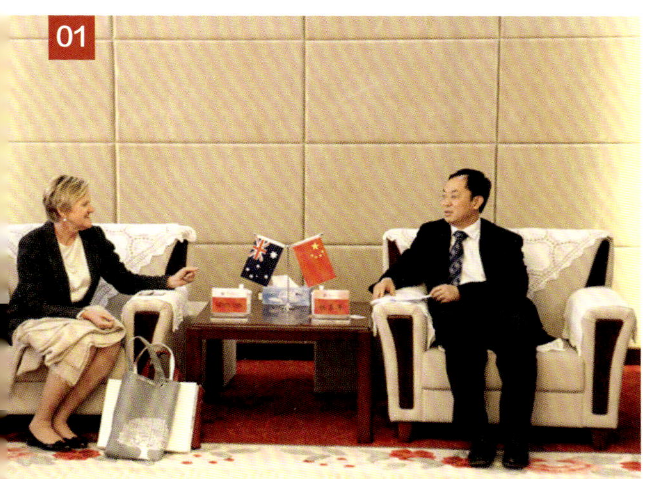

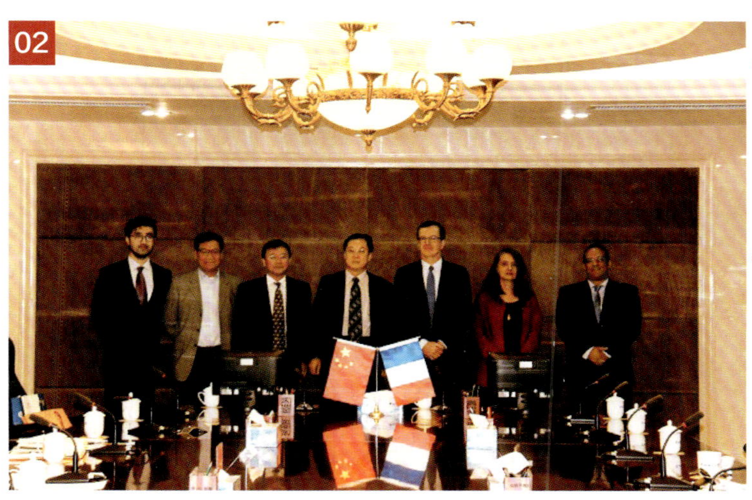

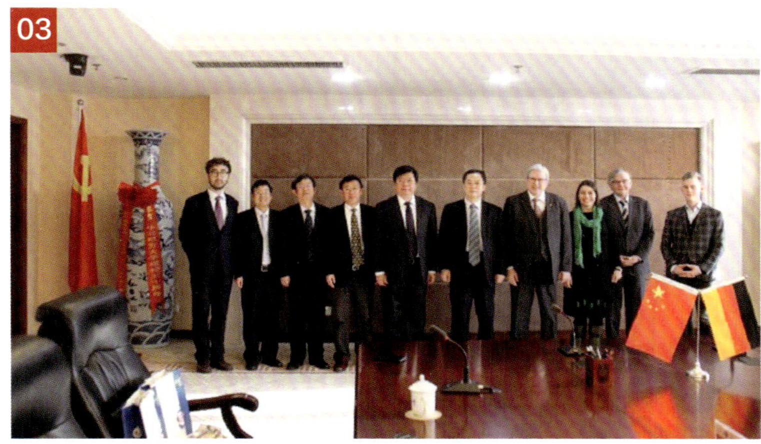

01 澳大利亚驻华大使馆教育与研究公使衔参赞魏柯玲（Katherine Vickers）访问华北电力大学

02 法国科学传播出版社代表团访问华北电力大学

03 德国布兰登堡工业大学校长 Jorg Steinbach 访问华北电力大学

04 美国加州大学河滨分校代表团访问华北电力大学并签署合作协议

04
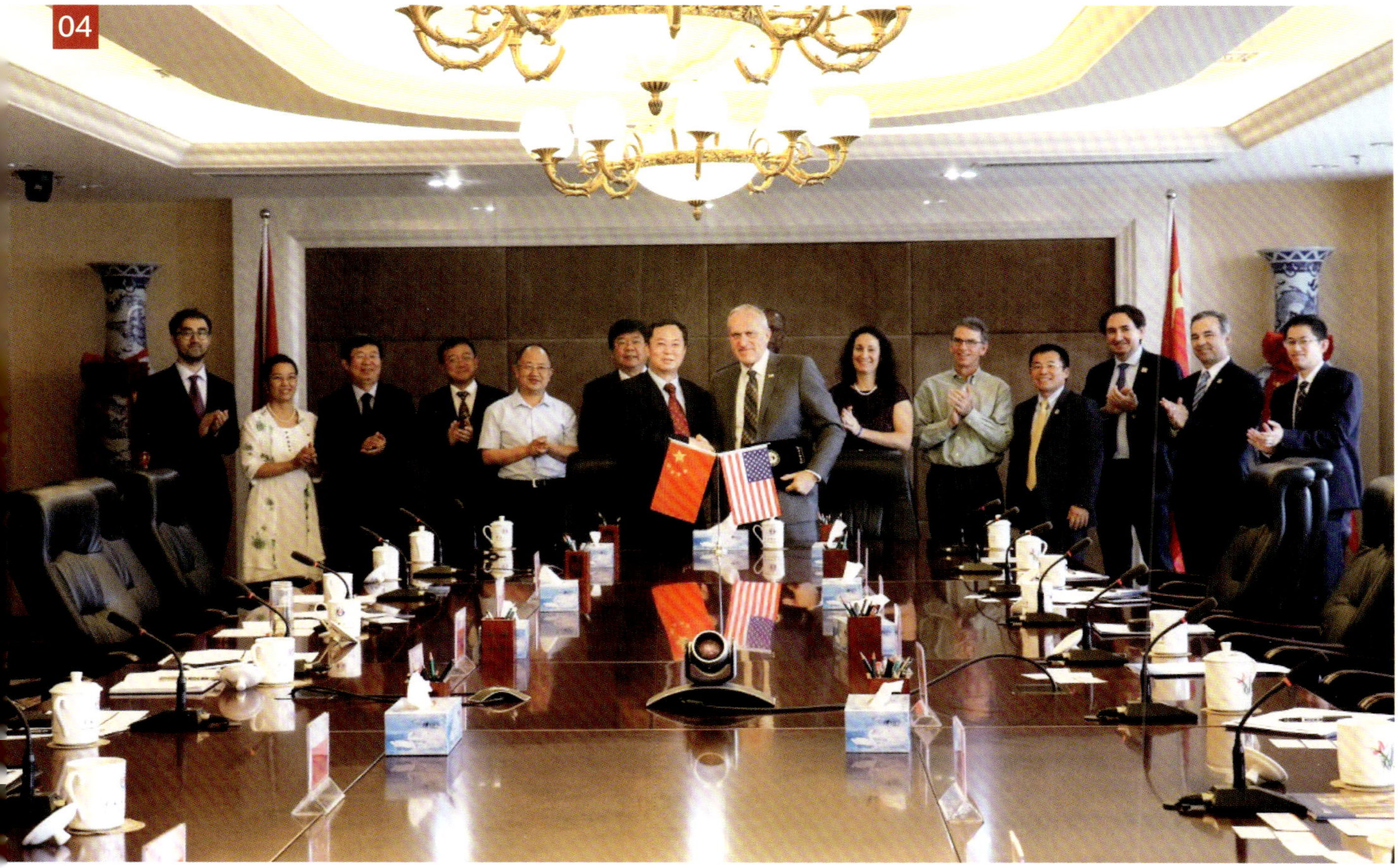

学科建设

01

“双一流”建设高校名单

（按学校代码排序）

一流学科建设高校95所

序号	学校名称	序号	学校名称
1	北京交通大学	23	天津医科大学
2	北京工业大学	24	天津中医药大学
3	北京科技大学	25	华北电力大学
4	北京化工大学	26	河北工业大学
5	北京邮电大学	27	太原理工大学
6	北京林业大学	28	内蒙古大学

01 华北电力大学入选一流学科建设高校

02 华北电力大学召开“双一流”建设项目（第一批）启动会

03 华北电力大学电气工程、动力工程及工程热物理在第四类学科评估中进入 A 类。

04 华北电力大学“环境生态学”进入 ESI 世界前 1% 行列

02

03

全国高校 学科评估结果

一级学科名称：电气工程

一级学科代码：0808

评估结果	学校代码及名称
A+	10003 清华大学
	10698 西安交通大学
A	10079 华北电力大学
	10487 华中科技大学
	10213 哈尔滨工业大学
A-	10335 浙江大学
	10611 重庆大学
	90038 海军工程大学

全国高校 学科评估结果

一级学科名称：动力工程及工程热物理

一级学科代码：0807

评估结果	学校代码及名称
A+	10003 清华大学
	10698 西安交通大学
A	10248 上海交通大学
	10335 浙江大学
	10056 天津大学
A-	10079 华北电力大学
	10213 哈尔滨工业大学
	10487 华中科技大学

04

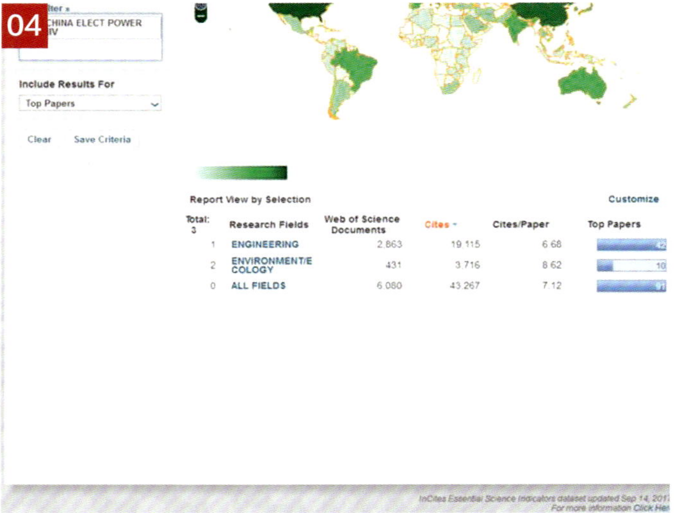

01

国家科学技术进步奖

证 书

为表彰国家科学技术进步奖获得者，特颁发此证书。

项目名称：600MW超临界循环流化床锅炉技术开发、研制与工程示范

奖励等级：一等

获 奖 者：刘吉臻

中华人民共和国国务院

2017年12月6日

证书号：2017-J-21701-1-01-R09

02

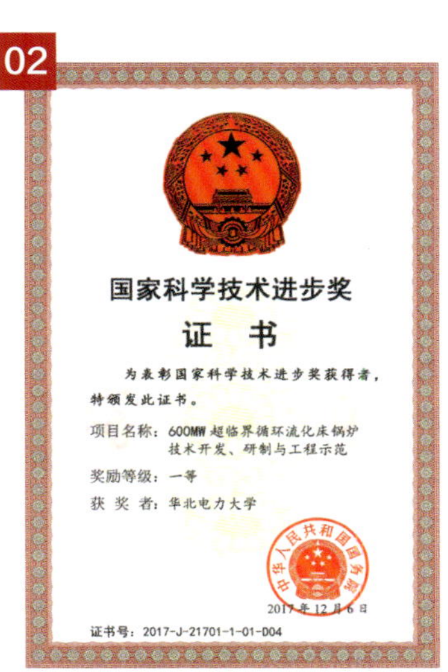

国家科学技术进步奖

证 书

为表彰国家科学技术进步奖获得者，特颁发此证书。

项目名称：600MW超临界循环流化床锅炉技术开发、研制与工程示范

奖励等级：一等

获 奖 者：华北电力大学

中华人民共和国国务院

2017年12月6日

证书号：2017-J-21701-1-01-D04

03

国家科学技术进步奖

证 书

为表彰国家科学技术进步奖获得者，特颁发此证书。

项目名称：特高压±800kV直流输电工程

奖励等级：特等

获 奖 者：齐磊

中华人民共和国国务院

2017年12月6日

证书号：2017-J-21702-0-01-R30

04

国家科学技术进步奖

证 书

为表彰国家科学技术进步奖获得者，特颁发此证书。

项目名称：特高压±800kV直流输电工程

奖励等级：特等

获 奖 者：华北电力大学

中华人民共和国国务院

2017年12月6日

证书号：2017-J-21702-0-01-D15

01 中国工程院院士刘吉臻获2017年度国家科技进步一等奖

02 华北电力大学科研成果“600MW超临界循环流化床锅炉技术开发、研制与工程示范”获国家科学技术进步奖一等奖

03 齐磊教授负责的特高压±800kV直流输电工程项目获国家科技进步奖特等奖

04 华北电力大学特高压±800kV直流输电工程项目获国家科技进步奖特等奖

05 华北电力大学研发的世界首台套百万燃煤机组飞灰脱汞系统通过168考核

05

01 华北电力大学徐进良教授负责的“热科学与工程”团队入选首批全国高校黄大年式教师团队

02 华北电力大学戴松元教授入选国家“万人计划”科技创新领军人才，其领衔的“新型薄膜太阳电池基础及应用研究”入选科技部重点领域创新团队

03 华北电力大学王祥科教授入选工程技术、环境与生态两个领域全球 2017 年“高被引科学家”，并入选国家“万人计划”科技创新领军人才及 2017 年度科技北京百名领军人才培养工程

04 华北电力大学赵毅教授为第一作者撰写的《基于经济高效复合氧化剂的集成工艺系统同时脱硫脱硝脱汞方法》入选全球“工程和环境”领域 Top 1%ESI 高被引论文。

01 华北电力大学董长青教授入选科技部科技创新创业人才

02 华北电力大学毕天姝教授获国家自然科学基金委员会“杰出青年基金”项目资助

03 华北电力大学赵洱岽获首届北京市高等学校青年教学名师奖、主讲的MOOC“管理与沟通”获评2017年国家精品在线开放视频

04 华北电力大学张娟获第十三届北京市高等学校教学名师奖

01 华北电力大学谢志远教授获评河北省高等学校（本科）教学名师奖

02 华北电力大学孙芳的《思想道德修养与法律基础》课因其“让学生做主角，激发思政课的活力”被央视新闻联播报道

03 华北电力大学徐超教授入选国家“万人计划”青年拔尖人才支持计划

01

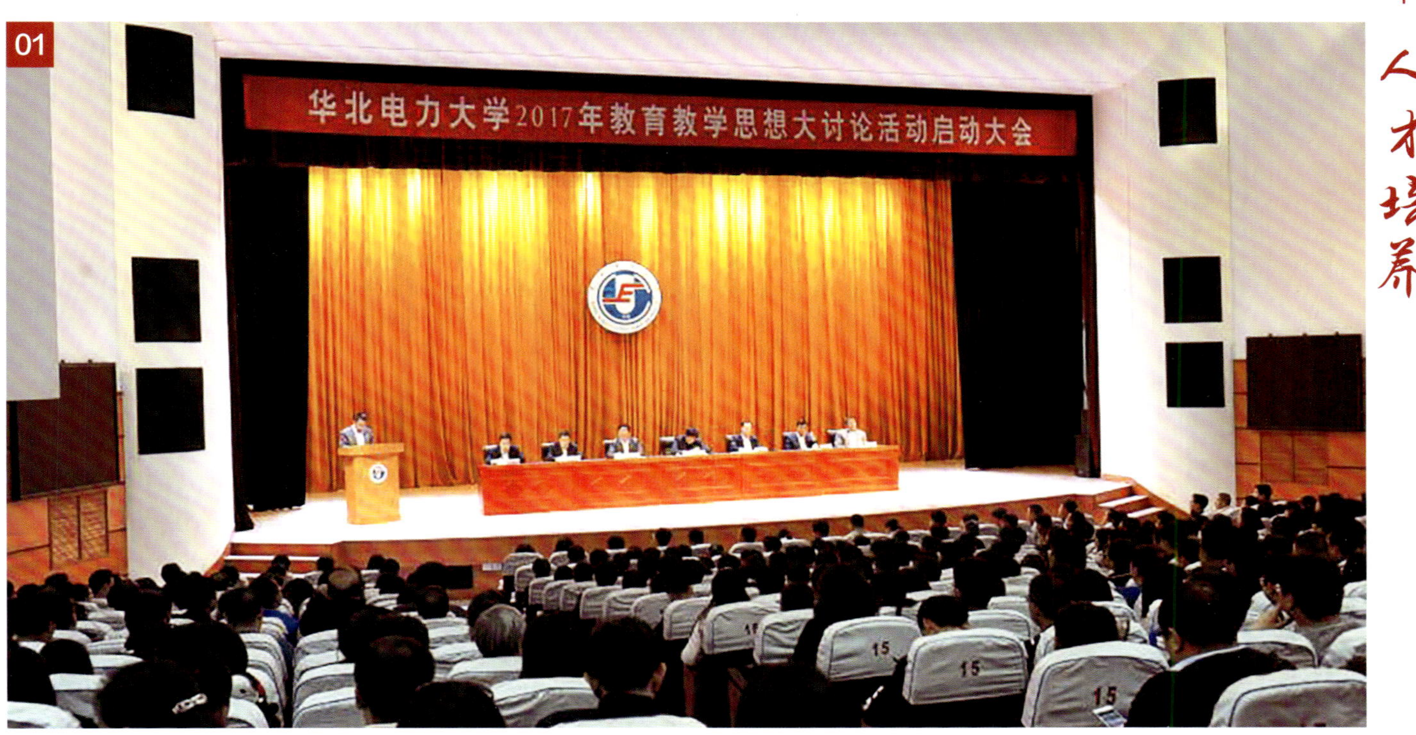

01 华北电力大学开展教育教学思想大讨论活动

02 刘吉臻院士连续 16 年给新生上开学第一课

02

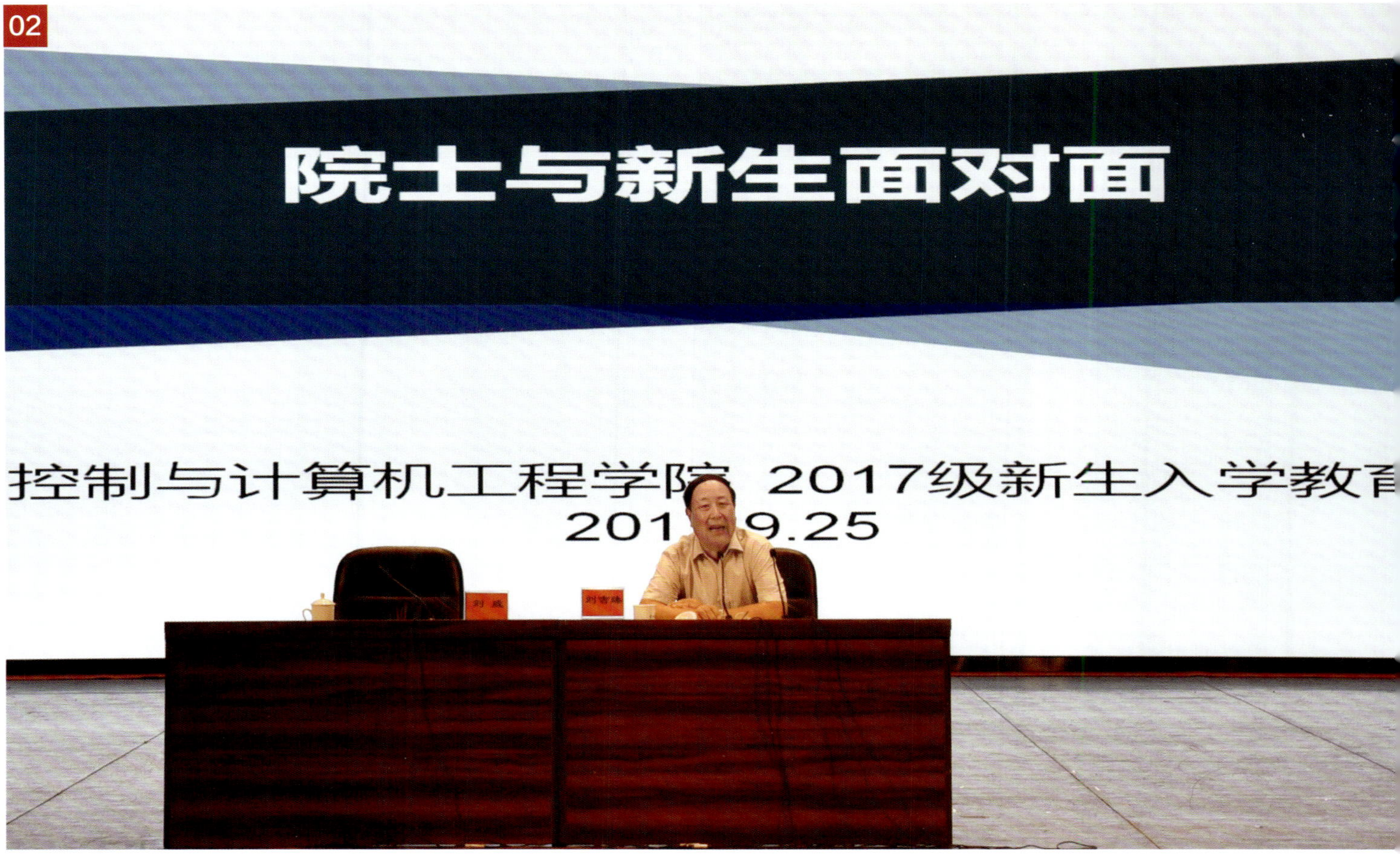

01

02

01 华北电力大学创行团队“沼气蓬勃”项目获阿美亚洲“能源杯”大赛冠军

02 华北电力大学学生创新项目获绿色能源全球创新案例挑战赛中国区冠军

03 华北电力大学师生参加“一带一路”国际合作高峰论坛志愿服务活动

03

01 华北电力大学学生假期参观朝日新闻社

02 华北电力大学举办国际文化节

03 华北电力大学足球队获 2016-2017 中国大学生足球联盟（校园组）全国总冠军

01

01 华北电力大学幼儿园举行开园仪式

02 华北电力大学主楼 A、G 座落成投用

02

编 辑 说 明

《华北电力大学年鉴 2018》是一部资料性工具书，由学校档案馆主持编撰。

本年鉴以学校各项事业发展为主线，采用文章和条目相结合，以概述、概况和条目为主体的编撰体例，采用语文体和记述体直陈其事，力求简明扼要且不评论。

本年鉴设有 14 个栏目，以教科研及相关内容为核心，全卷约 140 万字，共选录图片 58 幅、重要文件 14 个、规章制度 10 个、各类统计表 70 个。各项数据以 2017 年 12 月 31 日为统计时间节点，部分统计表以各统计部门工作特点的要求为统计口径，并在卷内予以标注。

本年鉴主要反映学校 2017 年 1 月 1 日至 12 月 31 日的重大事件和重要活动，记录各个领域的新成果和新进展。本卷年鉴所收录的文章、条目、图表均由学校各参编单位年鉴特约编辑组织编写和提供。其中，各一体化办公单位的组稿实行统一编写，非一体化办公单位先分别由校部和保定校区独自撰写，后由校部对应单位统稿。所有材料经由各参编单位特约编审予以审核。

本年鉴筹稿工作于 2018 年 1 月始，4 月底结束，6 月底完成统稿审稿工作交付出版社。

本卷年鉴编撰出版工作得到学校和参编单位领导重视和各特约编辑支持，在此谨表谢意。在编撰过程中，我们力求做到资料完整、内容翔实和数据准确。但由于年鉴编撰时间紧、涉及面广和内容庞杂等原因，加上编者水平所限，难免有疏漏或不妥之处，敬请广大师生和读者批评指正，以便勘误。

年鉴编辑部

2018 年 6 月 25 日

The Editor's Declaration

Compiled by the NCEPU Archives Center, the 2017 Volume of *Almanac of North China Electric Power University* serves as a tool and reference book.

With the development of various university causes being the main line, this almanac takes a compiling style in which articles and items are combined, and summaries, situation descriptions and items constitute the main body. It depicts the facts and matters directly in a concise descriptive style without making any comment.

This almanac is composed of 14 sections, focusing on education, teaching, researches and related matters. The whole volume has about 1.4 million Chinese characters, 58 pictures, 14 important documents,10 regulations, and 70 statistical charts and tables. December 31, 2017 is the statistical closing date for the various data, and marks are made for those statistical tables with different statistical calibers designed on the basis of the work characteristics of the corresponding statistical units.

This almanac mainly reflects the big events and important activities that took place in 2017, from January 1 to December 31, recording the new achievements and progresses in different fields and sectors. All the articles, items, photos, charts in this almanac were prepared and provided by the contributing editors from various university units. The units integrating the office work of the Beijing and Baoding campuses prepared the materials together. As regards those that had not integrated their office work, they prepared independently first, and then the corresponding units in Beijing campus did the final compilation work. All the materials had been checked by the contributing editors from various university units.

The materials collection work started in January, 2018, ended in March, and by the end of April, the almanac will be sent to the publishing house after the final compilation and revision work has been completed.

Much attention has been paid by leaders of the university and various compiling units to the production and publishing work of this almanac. Besides, it has also received great support from the contribution editors. Here, we would like to express our great appreciation for their help and support. In the compiling process, we try to produce an almanac with complete materials, detailed content and accurate data. However, it is inevitable to have some mistakes, omissions and errors due to the limited time, extensive subjects, complex content and the compilers' limited abilities. Therefore, we are pleased to receive your criticism and suggestions to make it better.

The Almanac Editorial Department

June 25, 2018

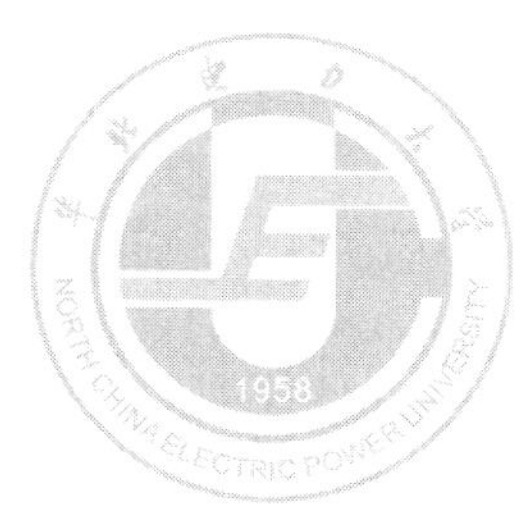

目　　录

特　　载

专　　文

总　　述

机构与干部

党群工作与行政管理

学科、学位建设与教育教学

科技研究与产业开发

科研平台建设

合作交流和对外联络

院系部建设

教科研设施与服务保障

规章制度建设

重 要 文 件

统计报表与附录资料

索　引

CONTENTS

Special Edition

Speeches and Articles on Certain Topics

Overall Review

Departments and Carders

Influence of the Relations Between the Party and the Masses on Administration

Discipline Construction and Degree Management Affairs, Education and Teaching

Sci-Tech Research and Industrial Development

Construction of Research Platform

Cooperation, Exchange and Foreign Connections

Construction of Schools, Institutes and Departments

Infrastructure and Service Guarantee

Rules and Regulations Building

Important Articles

Statistics and Appendixes

Index

特　　载

Special Edition

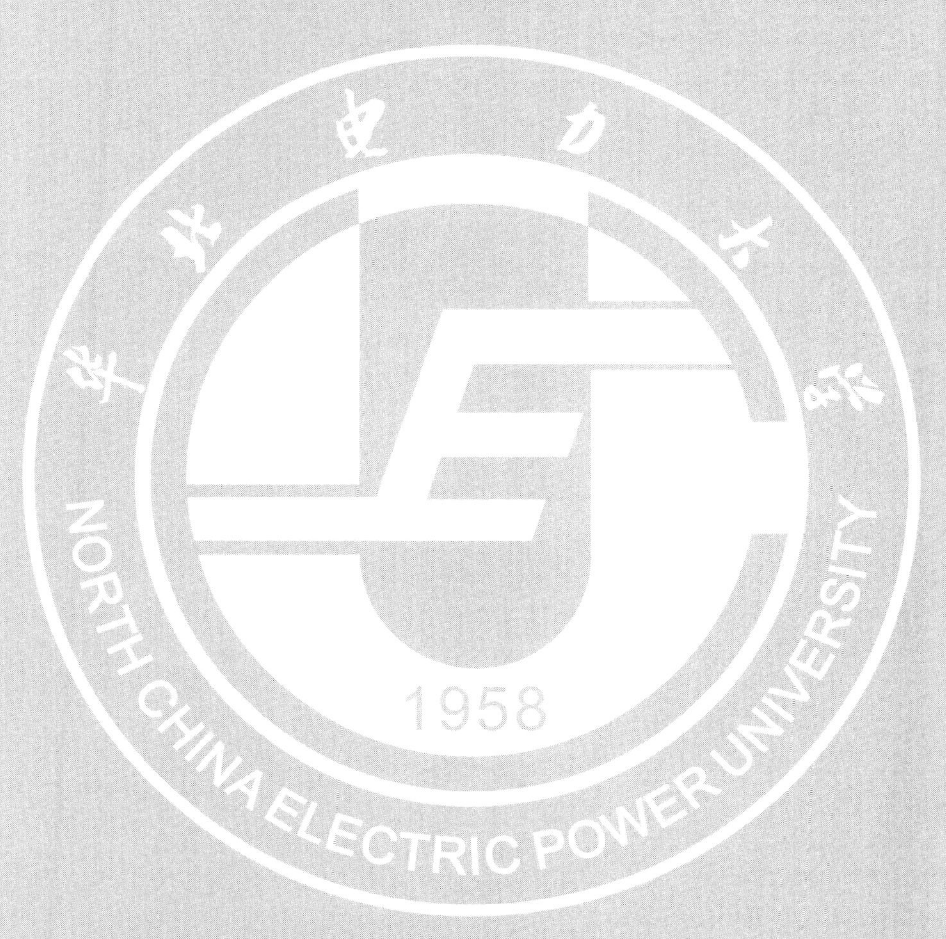

党委书记周坚在中国共产党华北电力大学第二次党员代表大会上的报告

面向新时代开启新征程为建设特色鲜明的高水平研究型大学而努力奋斗

（2017 年 11 月 12 日）

各位代表，同志们：

现在，我代表中共华北电力大学第一届委员会向大会报告工作，请予审议。

中国共产党华北电力大学第二次党员代表大会，是在全党全国深入学习宣传贯彻党的十九大精神之际，在学校改革发展进入关键时期召开的一次十分重要的大会。

大会的主题是：深入学习贯彻党的十九大精神，高举中国特色社会主义伟大旗帜，以习近平新时代中国特色社会主义思想为指导，团结带领全校共产党员和广大师生员工，面向新时代，开启新征程，加快推进“双一流”建设，为建设特色鲜明的高水平研究型大学而努力奋斗。

党的十九大，全面回顾和系统总结了党和国家过去五年的工作和历史性变革，作出了中国特色社会主义进入了新时代、我国社会主要矛盾已经转化为人民日益增长的美好生活需要和不平衡不充分的发展之间的矛盾等重大政治论断，确立了习近平新时代中国特色社会主义思想的历史地位，提出了新时代坚持和发展中国特色社会主义的基本方略，深刻回答了新时代坚持和发展中国特色社会主义的一系列重大理论和实践问题，对决胜全面建成小康社会、开启全面建设社会主义现代化国家新征程作出了全面部署，是一次描绘中国特色社会主义宏伟蓝图的大会，是一次决定未来中国发展方向的大会，是一次凝聚党心民心的大会。十九大报告提出的重大论断、作出的重大部署，对我们是极大鼓舞，为学校改革发展提供了科学的理论指导和行动指南。

一、第一次党代会以来的工作回顾

2010 年 12 月召开第一次党代会以来，在教育部和北京市委市政府、河北省委省政府的正确领导和关心支持下，学校党委凝聚全校共产党员和广大师生员工的智慧和力量，加快改革发展步伐，各项事业发展成效显著，整体实力日益增强，社会声誉不断提高。

（一）把方向，管大局，党委领导核心作用有效发挥

学校党委全面贯彻党的教育方针，坚持和完善党委领导下的校长负责制，充分发挥总揽全局、协调各方的作用，坚决把中央精神和上级要求贯彻到学校改革发展稳定各项工作之中，确保学校始终沿着正确的轨道加速前行。

一是强化顶层设计和战略部署。统筹编制实施学校“十二五”规划、综合改革方案、“十三五”规划、一流学科建设方案，学校的发展方向、改革路径和建设重点更加科学明确。颁布实施《华北电力大学章程》，推进规章制度的废改立工作，初步形成了以章程为统领，层次清晰、内容规范的现代大学制度体系，学校依法自主办学进入新阶段。健全以学术委员会为核心的学术管理体系和组织架构，治理体系和治理结构在实践中不断完善。

二是思想政治工作新格局初步形成。深入贯彻落实全国高校思想政治工作会议精神，制定出台相关制度和措施，思想政治工作的水平和实效不断提升。积极利用新媒体，创新大学生思想政治教育方式方法，培育了一批思政教育品牌活动和精品项目。改善思想政治工作条件，强化心理健康教育，学生成长成才保障体系进一步健全，辅导员职业能力发展体系日渐完善。坚持党建带团建，打造具有华电特色、深受学生欢迎的团学工作品牌，大学生社会实践和志愿服务深入开展，促进了学生全面发展。着力加强教师思想政治工作，成立党委教师工作部，严把教师选用、聘任政治关，强化师德师风建设，实行“师德一票否决制”。树立师德标兵，发挥示范引领作用，大力推行名师担任本科生班主任，《名师领航助力师德建设》入选全国师德建设优秀案例。以理论培训和社会实践为抓手，抓细抓实青年教师思想政治工作。

三是意识形态工作持续强化。将意识形态工作纳入党委重要工作议程。成立马克思主义学院，加强思想政治理论课对标建设，实施思想政治理论课教学改革，推进社会主义核心价值观进教材、进课堂、进头脑，充分发挥思想政治理论课主渠道作用。制定《意识形态工作责任制实施细则》和《意识形态责任制督查制度》，强化各级党组织职责，加强意识形态阵地管理，积极主动占领微博、微信等网络新媒体。七年来，学校意识形态工作总体平稳，维护了和谐

稳定局面。

四是统战群团等工作积极有为。落实党务公开、完善党代会代表任期制、提案制等相关制度。加强对统战工作的领导，拓展民主监督渠道。发挥工会、共青团等群团组织的作用，扩大民主参与，坚持每年召开教代会，校工会获评“全国模范职工之家”荣誉称号。制定《共青团改革方案》，校团委被授予“全国五四红旗团委”称号。加强和改进离退休工作，重视发挥离退休教职工在学校发展中的作用。

五是大学文化建设取得新进展。大力推进以“办一所负责任大学”办学理念、自强不息、团结奋进、爱校敬业、追求卓越”的华电精神等为核心的大学文化建设，系统总结和凝练新世纪以来学校的发展道路与办学规律，编纂出版《强校之路——华北电力大学办学理念与创新实践（2001—2011）》，进一步增强走特色发展之路的自信心和荣誉感，形成了同心协力谋改革、聚精会神促发展的良好氛围。

（二）抓改革，保落实，高水平大学建设再上新台阶

学校党委始终把发展作为第一要务，立足内涵建设，积极抢抓机遇，不断深化改革，全面推进各项战略任务落实落地，在高水平大学的征程中书写了浓墨重彩的崭新篇章。

一是“大电力”学科体系不断丰富和完善。以传统优势学科为基础，新兴能源学科为重点，文理学科为支撑的“大电力”学科体系基本形成，学科整体发展水平稳步提升。电气、热动、控制、经管等传统优势学科实力全面加强，核能、太阳能、风能、生物质能、环境等新兴能源学科发展迅速，通用工程类和文理基础类支撑学科与能源电力类学科交叉融合、优势互补、相互促进，实力不断增强。电力科学与工程”入选国家“985 工程优势学科创新平台”，工程学、环境/生态学 2 个学科进入 ESI 世界前 1%行列。学校成功入选国家“双一流”建设高校之列，这是继“211 工程”“985 优势学科创新平台”之后的又一个重大发展成就。

二是人才培养的中心地位得到巩固。建立和完善“四三三”核心课程、“四模块三层次”实践教学、“四环节”综合培养为一体的创新人才培养体系，开展了全校范围内的教育教学思想大讨论，完善人才培养方案，积极探索拔尖创新人才、复合型人才、国际化人才等多元人才培养新模式。以实施本科教学质量工程为抓手，狠抓人才培养质量。高度重视实践育人，大力支持创新创业教育，学生在各级各类科技创新比赛和学科竞赛中屡获国际国内大奖。成功入选“国家创新人才培养示范基地”“全国高校实践育人创新创业基地”“国家卓越工程师教育培养计划”。研究生教育规模快速增长，全面实施研究生教育质量创新工程，积极推进硕博连读等研究生培养新模式。学校生源质量逐年提升，人才培养质量不断提高，毕业生始终保持高就业率。

三是人才队伍建设取得新进展。持续推进“大人才”战略，以绩效改革为核心，不断深化校内人事制度改革，统筹推进教师、干部和管理服务三支队伍建设。高水平师资队伍建设实现重大突破，新增中国工程院院士 1 名，新增“973 计划”首席科学家、“千人计划”“万人计划”“长江学者”“杰青”“优青”等高层次人才 31 人。持续推进青年教师“博士化、国际化、工程化”，师资队伍整体水平显著提高，初步形成了一支由高端人才领军、结构较为合理的高水平教师队伍。

四是科技创新能力大幅增强。创新科研组织模式，完善科技评价体系，构建成果转化范式，科研体制改革深入推进。科研平台建设成效显著，新能源电力系统国家重点实验室获科技部批准立项建设，实现了学校国家重点实验室零的突破，标志着学校在参与国家创新体系的征程上迈出了跨越式的一步。新增 1 个国家级国际科技合作基地、12 个省部级科技创新平台、5 个省部级国际科技合作基地、1 个科技部重点领域创新团队。承担国家重大科研任务的能力不断提升，获批“京津冀西北水源涵养及永定河（上游）水质保障技术与工程示范项目”等一批标志性重大科研项目。科研成果获得国家级奖励 6 项，科技论文被引用频次位居全国高校前列。年度科研经费持续增长，2016 年突破 6 亿元。

五是社会服务不断向纵深拓展。与 50 余家重要战略合作伙伴建立深度合作关系，当选中电联副理事长单位，成立第二届大学理事会，倡议组建北京高科大学联盟，牵头组建“智能电网协同创新中心”和“智能发电协同创新中心”，发起成立“中国火力发电产业技术创新战略联盟”等协同创新组织，获批国家级专业技术人员继续教育基地，大学科技园被认定为国家级“科技企业孵化器”。发挥能源电力学科优势和“北京能源发展研究基地”等一批软科学研究基地的作用，为首都能源发展转型和京津冀环境改善提供强有力的人才技术支持。

六是国际交流与合作不断深化。与 22 个国家和地区的 88 所知名大学和科研机构建立了合作关系，国际交流合作的广度和深度进一步增强。师生出国学习交流人数逐年上升，留学生规模不断扩大。积极响应国家“一带一路”建设，成立“上海合作组织大学能源智库”“中欧可再生能源创新中心”，与剑桥大学共建“全球可持续发展中心”，与蒙古科技大学共建“中蒙可再生能源创新中心”。新增 4 个“111 计划”引智基地，获批“一带一路”专项留学生奖学金。与美国西肯塔基大学共同举办孔子学院，先后荣获“全球先进孔子学院”“全球示范孔子学院”称号。

七是服务保障体系进一步完善。成立大学教育基金会，校友会在民政部登记注册。社会捐赠实现较快增长，多渠道筹措经费机制逐步完善。努力增加人员经费投入，教职工收入稳步增长。加大基础设施建设力度，新增建筑面积9万余平方米，学生公寓全面安装空调，学生学习生活条件进一步改善。完成校园网升级改造和校园“一卡通”建设，数字校园建设与服务保障工作的融合度逐步增强。加强图书文献和体育、医疗设施建设。与昌平区共建华电附属中小学，校部幼儿园正式开园。后勤改革稳步推进，形成了比较完善的服务体系。办学条件显著改善，师生获得感明显增强。平安校园、和谐校园、绿色校园建设持续推进，服务保障工作的基础性作用得到充分发挥，有力支撑了高水平大学的建设。

（三）明责任，严纪律，党的建设不断呈现新的风貌学校党委根据全面从严治党新要求，落实“党要管党，从严治党”主体责任，全面推进党的建设，干部作风彰显新气象，基层党建实现新提升，党风廉政建设取得新成效

一是领导班子和干部队伍建设进一步加强。坚持和完善党委领导下的校长负责制，健全党委常委会、校长办公会的议事规则和决策程序，民主集中制得到有效贯彻。推进党委中心组学习制度化常态化，领导班子总揽全局、谋划发展的能力进一步增强。规范干部选拔任用程序，推进以分类管理、任期管理、目标管理、交流轮岗、学术回归等为重点的系列干部制度改革，干部队伍整体素质不断提高。积极探索完善院系党组织发挥作用的有效机制，推进院系党政共同负责制的落实。

二是主题教育活动扎实有效。认真组织开展创先争优活动、党的群众路线教育实践活动、“三严三实”专题教育和“两学一做”学习教育。制定完善校领导联系基层、“三重一大”等多项制度，作风建设长效机制初步构建，切实解决了一批师生关心的突出问题。领导班子和基层党组织的战斗力、凝聚力得到有效增强。

三是基层党建基础不断夯实。优化基层党组织设置，凝练基层党建特色项目，在教工党支部中持续开展“一个支部一个目标，一个党员一个任务”活动。认真开展基层党组织换届工作，确定院系书记不再兼任院系行政副职，院系党员行政负责人兼任党组织副书记职务。加强基层党建工作考核，全面推行院（系）级单位党组织书记、党支部书记年度述职评议考核制度。做好在优秀师生中发展党员工作，七年来共发展党员10 561名，其中学生党员10 455名，为党组织不断注入新鲜力量。

四是党风廉政建设深入开展。加强党委对党风廉政建设工作的统一领导，落实党委主体责任和纪委监督责任。认真贯彻中央八项规定精神，坚决纠正“四风”，严格“三公”经费管理，对办公用房、公务用车、公务接待、领导干部兼职取酬等情况进行专项检查和整改，各级领导干部的纪律意识和规矩意识有效增强。扎实推进惩治和预防腐败体系建设，强化对招生录取、招标采购、基建后勤、科研经费使用等重点领域和关键环节的监督。定期开展对二级单位的巡察，坚决及时查处违规违纪问题。建立健全责任追究体系，实践监督执纪“四种形态”，推动广大党员干部和教职员工规范履职，营造了风清气正的良好发展氛围。

五是认真抓好巡视整改。2017年3—4月，教育部党组第二巡视组对我校进行了巡视。2017年6月，巡视组向学校反馈了巡视意见，既肯定了工作，也严肃指出了存在的突出问题。学校党委高度重视，迅速制定整改方案，开展了为期两个月的集中整改。目前整改任务基本完成，长效机制正在不断巩固，取得明显成效。

各位代表，同志们：第一次党代会召开七年来，学校党委带领全校师生员工，认真落实中央关于办好中国特色、世界水平高等教育的一系列战略部署，始终坚持正确办学方向，牢牢把握办学定位，坚持发展第一要务，在推进全面从严治党、统筹谋划学校改革发展稳定、培养高层次人才、促进科技创新、服务国家和地方经济社会发展等方面开展了一系列卓有成效的工作，谱写了高水平大学建设的新篇章。

这七年，是学校党的领导和党的建设不断加强，全面从严治党持续深入，依法治校不断推进，始终保持和谐稳定发展的七年。这七年，是学校深入实施“三步走”发展战略，各项事业蓬勃发展，综合实力、办学水平、社会声誉显著提高，全校上下满怀豪情向高水平大学目标不断迈进的七年。这七年，是学校办学理念不断升华，发展潜能进一步释放，发展优势进一步凸显，大学文化内涵不断丰富，全体华电人同心协力坚定不移行进在强校之路上的七年。

七年来取得的成绩，得益于教育部和北京市委市政府、河北省委省政府的正确领导，得益于全校师生员工的团结奋斗，得益于能源电力行业、广大校友和社会各界的鼎力支持，得益于离退休老领导、老同志的关心帮助，其中更凝聚着上一届领导班子的智慧和汗水。在此，请允许我代表中共华北电力大学第一届委员会，向长期关心支持学校发展的各级领导和社会各界人士，向离任的学校党政领导和离退休老同志，向各民主党派、无党派人士和海内外广大校友，向全校共产党员和师生员工，致以崇高的敬意和衷心的感谢！

二、以党的十九大精神为引领，绘就高水平研究型大学建设新蓝图

当前和今后一个时期，学校的首要政治任务是深入学习、宣传、贯彻十九大精神，坚持用十九大精神指导各项工作，将十九大精神真正融入学校改革、发展、稳定全过程。习近平总书记在十九大报告中，从新时代的历史方位和战略高度，明确提出将建设教育强国作为中华民族伟大复兴的基础工程，重申强调继续把教育事业放在优先发展的位置，坚定实施科教兴国战略、人才强国战略、创新驱动发展战略，再次吹响了教育强国的强劲号角。高等教育作为创新发展第一动力和民族复兴基础工程的重要结合点，肩负着更加光荣的使命、承担着更加重大的责任。站在新的历史起点上，我们要全面把握高水平大学建设面临的新形势新任务，继往开来，科学描绘今后一个时期学校事业发展的宏伟蓝图，凝聚全校共产党员和师生员工的力量，并为之不懈奋斗。描绘事业发展新蓝图，我们必须清醒地认识到：——进入新时代，党和国家对办好中国特色社会主义大学提出了新的要求和期待。当前，全面建成小康社会进入决胜阶段，夺取新时代中国特色社会主义伟大胜利处于“两个一百年”历史交汇期的关键当口，民族复兴大业对高等教育的需要比以往任何时候都更加迫切，对科学知识和卓越人才的渴求比以往任何时候都更加强烈。党的十八大以来，党中央、国务院就高等教育改革发展作出了一系列重大部署，对办好中国特色社会主义大学提出明确要求。

一是要切实提高服务能力。高等学校要落实“四个服务”，即为人民服务，为中国共产党治国理政服务，为巩固和发展中国特色社会主义制度服务，为改革开放和社会主义现代化建设服务。

二是要推进“双一流”建设。要树立自信、保持特色，融通中外，内涵发展，加快世界一流大学和一流学科建设，实现从高等教育大国向高等教育强国的转变。

三是要扎根中国大地办大学。要加强党对高校的领导，立足时代，面向未来，坚定不移走自己的路，不盲目照搬照抄别国经验，坚持在服务经济社会发展的实践中提升办学实力、实现特色发展。

四是要服务国家战略。要遵循高等教育发展规律，推动人才培养链与创新链、产业链有机衔接，在服务创新驱动、能源革命、脱贫攻坚、“一带一路”《中国制造2025》及雄安新区建设、京津冀协同发展等国家重大战略中发挥高校应有的作用、作出更大的贡献。

我们要牢牢把握这些要求，切实增强使命感责任感，勇敢承接新时代的新使命，积极探索加快学校改革发展、推进内涵建设的新思路、新途径、新模式，坚定不移地把党和国家的要求和期待转化为办学实践，努力实现高水平大学建设的新跨越和再提升。——外部环境变化对高水平大学建设带来了新的机遇和挑战。当今时代，国内外形势正在发生深刻复杂的变化，高等教育也正处于深刻变革的重要历史时期，对高水平大学建设产生重大影响，既面临重大机遇，也面临严峻挑战。

从机遇来看，一是中国特色社会主义进入新时代，高等教育对现代化事业的支撑和引领作用进一步凸显，在党和国家事业布局中的地位进一步提升，受重视受关注程度进一步提高，为高等教育内涵发展提供了政策保障和外部动力。二是我国经济发展正处在结构调整、动力转换的关键时期，实现高质量的创新发展，迫切需要高质量的人才保障和高水平的科技支撑，为学校人才培养、科技创新、成果转化和智库建设提供了广阔空间。三是学校有着深厚的能源电力行业背景，依托大行业、大产业、大企业，产学研合作空间巨大，多渠道筹集办学资源具有很好的条件和优势。四是学校地跨北京和保定两地办学，国家实施京津冀协同发展、雄安新区建设等重大战略，为学校进一步布局两校区协同发展、拓展办学空间、提升科技创新水平、增强社会服务能力提供了难得契机。

从挑战来看，一是随着我国社会主要矛盾发生深刻变化，人民群众和社会对优质高等教育资源的诉求越来越迫切。特别是在未来几年，我国高等教育即将接近普及化水平，如何建立一套符合时代特征的质量保障体系，全面推进内涵发展，已经变得越来越迫切。在新的历史条件下，全面提高办学质量，不断满足人民群众接受优质高等教育的要求和期待，是我们必须面对、亟待破解的重大课题。二是随着我国经济转型升级的深入推进，还将持续面临经济增速和财政增收同步趋缓的下行压力。可以预计，在今后一个时期，公共财政对高等教育的投入难以大幅增加，即便新增加的科研投入，也将主要通过竞争性平台才能获取，这对学校多渠道筹资、自我发展能力等提出了新的更高的要求，对学校领导班子、职能部门和广大干部的管理能力、谋划能力、执行能力也是一个重大考验。三是新一轮科技革命和产业变革深入推进，行业、产业在科技创新体系中的主体地位更加凸显，对高校学科布局、科研基础设施建设等提出了新的重大挑战。在未来相当长一个时期，重大科技创新将在交叉学科和一些全新领域涌现。在现有学科基础上，如何巩固传统优势，凝练和培育一批新的学科和研究领域，加快教育教学改革创新，更好地培养复合型高层次人才，主动适应和引领科技革命、产业革命，是一项重要而紧迫的任务。四是随着全球化深入推进，高等教育国际化已经成为不可逆转的趋势。今后，高等教育领域的开放程度还将提高，高层次人才将更加频繁地在校际、国际流动，出国留学也将更加便捷，这些都将深刻影响未来高等教育的格局。如何围绕学校事业发展目标，全面提升国际化水平，提升国际竞争力，是我们在全球化时代必须面对的重大战略问题。五是学校成功入选“双一流”，是党和国家对学校多年来发展成就的充分肯定，但这只是对建设对象的认定而不是对最终结果的评判，能否真正成为一流学科高校，关键看建设成效。国家已经明确，“双一流”建设将依据绩效考核实行动态调整机制，这无疑将给学校带来巨大压力。对学校而言，要在百舸争流的“双一流”竞争中赢得主动，达到预期建设目标，需要我们付出倍加艰辛的努力。

面对学校发展外部环境的变化，能否抓住机遇、迎接挑战，对高水平大学建设至关重要。我们必须更新发展理念，必须树立不进则退的危机意识，从关注硬指标的显性增长向更加致力于软实力的内在提升转变，将内涵建设落在实处。

——学校事业发展中存在的一些突出问题和矛盾，对高水平大学建设形成了瓶颈和制约。经过多年来的持续发展和不断建设，学校取得了辉煌的办学成绩，但我们也必须清醒地认识到，学校的工作与党和国家的要求相比，与国内外同类高校相比，与师生员工的期待相比，仍有不小的差距，存在着许多亟待解决的突出问题。比如，适应内涵发展、提升质量的高等教育发展新趋势，支撑学校未来发展及水平提升的办学条件仍需改善。比如，能够占领学术前沿、满足国家及行业重大战略需求的一流科学家、学科领军人物和创新团队还相对欠缺，高层次人才的引进与培育仍需加强。比如，科技创新对能源电力行业的支撑和引领作用还不够显著，重大科研基础设施建设仍有待加强，智库作用仍有待进一步发挥。比如，机制体制改革深度不够，基层组织及广大教职工的活力还未充分释放，内部治理体系有待进一步完善，管理效能有待进一步提升。比如，多校区办学，资源共享和整合效果还不够理想，整体效益还未实现最大化，资源配置能力尚需进一步提升。比如，部分领导干部的大局意识、担当意识、责任意识不强，主动谋划、抢抓机遇、破解难题的能力尚需提高，干部队伍的创造力、凝聚力、战斗力仍需加强，等等。

总之，对于学校自身存在的一些问题和不足，要引起我们足够的警觉、足够的重视。学校发展越深入，这些短板和不足就越凸显，对高水平大学办学目标形成的新制约就越大、矛盾就越突出。我们必须以强烈的危机感、紧迫感，在改革发展的创新实践中鼓足干劲、攻坚克难，通过抓重点、促统筹、补短板、扬优势、创特色，逐步突破这些瓶颈，推进学校各项事业发展实现新的提升。

各位代表，同志们：高水平大学建设是一项系统工程，也是一个有机整体。中国特色社会主义进入新时代，高等教育发展开启了新的征程。面对新形势、新期待、新要求，权衡新机遇、新挑战、新任务，推进高水平大学继续向前迈进，就要坚持以质量为核心的内涵建设，大力实施结构调整与优化，实现向研究型大学的转型升级，这是学校高水平大学建设深层次的、根本性的变革。为实现这种转型升级，我们要以“双一流”建设为统领，以推进综合改革为保障，勇于担当、真抓实干，积极探索具有国际视野、中国特色、符合学校实际的高水平大学建设规律，绘就高水平大学建设新蓝图。

综合学校发展所处的内外部环境和条件，结合自身特色和优势，学校未来五年的发展目标是：“能源电力科学与工程”学科整体水平进入世界一流行列，实现向研究型大学的实质转型，初步建成特色鲜明的高水平研究型大学。

到那时，一流学科建设成效彰显，带动1～2个学科跻身新一轮“双一流”建设布局，学科结构日趋合理，高层次人才队伍优势突出，国内一流、多学科协调发展的“大电力”学科体系更加完备；立德树人成效明显，具有华电特色、适应时代发展的多元化人才培养体系初步构建；科学研究氛围浓厚，创新水平大幅提升，以国家重大战略需求和国际学术前沿为导向的科技创新体系初步形成；有力支撑行业与区域创新发展的社会服务体系基本形成；促进学校健康快速发展、高效灵活的现代大学治理体系不断完善，各项事业实现全面高位发展，学校以崭新的姿态屹立于国内强校之列。

在此基础上，再用10～15年时间，到2035年左右，“能源电力科学与工程”学科整体水平进入世界一流前列，全面实现特色鲜明的高水平研究型大学建设目标，为建设世界一流大学奠定坚实基础。

今后五年，是高水平大学建设的关键时期。围绕上述目标，学校总体发展思路是：坚持“一个根本”，紧扣“两大任务”，抓住“三个导向”，突出“四个重点”，向高水平研究型大学不断前进。

坚持“一个根本”，就是坚持党的领导这个根本。坚持党的领导，是办好中国特色社会主义大学的本质要求。要以习近平新时代中国特色社会主义思想为指导，坚持党对学校一切工作的领导，切实提高党把方向、谋大局、定政策、促改革的能力和定力，确保党始终总揽全局、协调各方。要坚定不移全面从严治党，不断提升党建工作科学化、制度化、规范化水平，推进党风廉政建设向纵深发展，不断增强自我净化、自我完善、自我革新、自我提高的能力，始终自觉地在思想上政治上行动上同以习近平同志为核心的党中央保持高度一致，为办好中国特色社会主义大学提供坚强的政治保证。

紧扣“两大任务”，就是紧扣立德树人和提高质量两大任务。要坚持立德树人，牢固确立人才培养在学校工作中的中心地位，把“围绕学生，关照学生，服务学生”的要求全面贯彻落实到各项办学活动中，努力培养德智体美全面发展的社会主义建设者和接班人。要坚持走以质量提升为核心的内涵式发展道路，牢固树立追求卓越的意识，严格标准，提升品质，全面提升人才培养、科学研究、社会服务、文化传承创新、国际交流合作水平和层次。抓住“三个导向”，就是抓住改革创新、特色发展、开放办学三个关键导向。要以改革创新为动力，不断优化结构和资源配置，不断完善政策导向，努力冲破思想观念束缚和体制机制障碍，进一步释放发展活力，进一步提升治理能力，努力创造新知识、新成果，着力培养拔尖创新人才，促进学校发展转型升级。要以特色发展为灵魂，实现高水平研究型大学建设与国家的战略需求和能源电力行业的创新发展同频共振、同向而行，在服务国家、引领行业创新发展中实现学校事业的快速提升。要以更加开放的心态，全面加强与国内外高校、科研机构、政府、企事业单位、国际组织的交流与合作，在合作中实现共赢发展、做大做强。突出“四个重点”，就是突出学科建设、队伍建设、科技创新、文化建设四个重点。要以“能源电力科学与工程”学科建设为龙头，打造一批一流学科，彰显学校特色和影响力。要以队伍建设为支撑，坚持引进和培养并重，建设高素质、高水平教师队伍，在高层次人才工作上实现大突破、大提升，以一流人才队伍引领事业发展不断跃上新台阶、攀上新高峰。要瞄准国家重大需求，汇聚人才团队，搭建创新平台，承担更大科研任务，产出更多一流科研成果，加快提升科技创新能力。要进一步弘扬华电精神，以具有华电特色的大学文化建设为抓手，强化师生的社会主义核心价值观教育，营造以人为本、积极向上、绿色健康、和谐有序的办学文化氛围。

各位代表，同志们：面向新时代，学校正加快向研究型大学转型，这是高水平大学建设的新方位。实现这一重大转型，需要我们不忘初心、牢记使命，进一步坚定道路自信、理论自信、制度自信和文化自信，积极主动将学校发展融入全面建设社会主义现代化国家新征程的宏图伟业，以永不懈怠的精神状态、久久为功的不懈努力，朝着高水平研究型大学目标奋勇前进。

三、加强党对学校工作的全面领导，开启新时代高水平研究型大学建设新征程学校未来五年发展目标能否落实、2035年愿景能否实现，关键在于党的领导。我们要在学校党委的坚强领导下，牢牢把握办学方向，紧紧围绕办学定位、目标任务，全面推进改革创新，全面促进特色发展，全面实施开放办学，不断提高党引领学校事业科学发展的能力和水平，书写好华电新征程上的“奋进之笔、得意之作”，奋力开创高水平研究型大学建设的新局面

（一）坚持党的全面领导，牢牢把握社会主义办学方向强化“四个意识”，把党的政治建设摆在首位，在政治立场、政治原则、政治道路上同党中央保持高度一致，将全面加强党的领导贯穿学校改革发展稳定全过程。坚持和完善党的领导体制，坚持民主集中制，充分发挥党委的领导核心作用，进一步健全党委统一领导、党政分工合作、协调运行的工作机制，形成制度化、程序化、科学化决策体系，切实提升领导班子办学治校能力。严格落实意识形态工作责任制，牢牢掌握意识形态工作的主动权，巩固马克思主义在意识形态的主导地位。全力建设好马克思主义学院，加强马克思主义理论研究与传播。加强课堂教学、教材编选、讲座论坛、相关媒体和出版物等舆论阵地的规范管理，弘扬主旋律，传播正能量。加强党的思想建设，用习近平新时代中国特色社会主义思想武装全体师生。推进“两学一做”学习教育常态化制度化，开展“不忘初心、牢记使命”主题教育，实现党建工作与事业发展深度融合、同向同力，引领全体师生为实现新时代党的历史使命和学校高水平研究型大学建设目标不懈奋斗。以立德树人根本任务为鲜明导向，全面加强学校思想政治工作。一是抓好价值引领。把社会主义核心价值观融入学校育人理念和办学价值体系，融入教学、管理和服务等各项办学活动，并有效转化为广大师生的情感认同和行为习惯。二是抓好思想政治工作改革创新。按照“有虚有实、有棱有角、有情有义、有滋有味”的原则，提升思想政治工作的亲和力和有效性。进一步明确教书育人、科研育人、管理育人、服务育人、实践育人、组织育人、文化育人、网络育人、资助育人、心理育人等方面的具体内容和主要内涵，形成党委统一领导、多部门齐抓共管、全员全方位全过程育人的思想政治工作大格局。三是抓好师德师风建设。引导广大教师以德立身、以德立学、以德施教，把教师思想政治工作落实到教学科研活动中，体现在育人育才过程中。广大教师要坚持教书和育人相统一、坚持言传和身教相统一、坚持潜心问道和关注社会相统一、坚持学术自由和学术规范相统一，真正成为先进思想文化的传播者、党执政的坚定支持者，更好担负起学生健康成长指导者和引路人的责任。四是抓好“大思政”队伍建设。按照中央要求，配齐建强思政课教师和辅导员队伍。充分挖掘各门课程中蕴含的思想教育资源，推进“思政课程”向“课程思政”转化。巩固“名师班主任”工作成果，全面推进业务教师担任本科生班主任制度。强化各类教师在科技创新、第二课堂、社会实践和学生活动中的指导引领作用。加强对统战、群团等各项工作的领导。构建党委统一领导的大统战工作格局，进一步充分发挥统一战线凝聚各方面力量的作用。坚持以政治性、先进性、群众性加强和改进群团工作，为工会、共青团开展工作创造有利条件。更加注重发挥理事会、基金会、校友会作用，在拓展办学资源、开展校企合作等方面发挥更大的作用。加强离退休工作，不断提升离退休教职工的服务保障水平，积极创造条件，支持老同志、老领导发挥经验优势，在为学校建言献策、教书育人和关心下一代成长等方面贡献宝贵财富。要团结一切可以团结的力量，汇聚起推动学校改革发展的强大合力。

（二）坚持加强基层党组织建设，不断提高党的创造力、凝聚力、战斗力党的基层组织是确保党的路线方针政策和决策部署贯彻落实的基础，也是学校事业永葆生机活力之所在。一是加强基层组织带头人队伍建设。加强院系领导班子建设，选优配强院系党组织书记，健全院系集体领导、党政分工合作、协调运行的工作机制。设置、聘任一定数量的专职组织员，进一步充实党务干部队伍。加强教师、学生党支部书记队伍建设，落实党支部书记待遇，实施教师党支部书记“双带头人”

培育工程，全面推行党员部（处）长担任党支部书记制度。二是优化党支部设置。创新教工和学生党支部建设形式，探索依托重大项目组、学科组、课题组、创新团队、科研平台等设置党支部，探索建立教工党员担任学生党支部书记、学生党员与教工党员组建师生党支部等制度。三是实施基层党组织达标工程，加强基层党组织规范化建设。以提升组织力为重点，突出政治功能，制定院（系）级党组织建设标准、党支部建设标准，对标对表，坚持问题导向，建立问题清单，逐一明确整改目标和措施，着力解决基层党组织弱化、虚化、边缘化的问题。四是实施党建质量提升工程。进一步加强学习型、服务型、创新型党组织建设，加强党建品牌建设，推进活动方式创新，树立党建示范标杆。在教工党支部继续深入开展“一个支部一个目标，一个党员一个任务”活动。推行案例工作法，加大宣传推广力度，形成创先争优的长效机制。五是加强对基层党建的督导检查。继续推进院（系）级单位党组织负责人、支部书记抓党建工作年度述职评议制度，对党支部工作实施年度专项督导检查，健全集教育、管理、监督、服务为一体的基层党建工作体系。不断增强基层党组织的创造力、凝聚力和战斗力，充分发挥基层党组织的政治核心作用、党支部的战斗堡垒作用和党员的先锋模范作用，全面营造积极向上、团结进取的发展氛围。

（三）坚持育人为本，着力培养拔尖创新人才人才培养是学校的根本任务，要始终摆在学校工作的中心位置。健全具有华电特色、适应时代发展的多元化创新人才培养体系，优化人才培养方案，完善人才培养模式。树立以学生学习与发展成效为主的教育理念，推动教学从“以教为主”向“以学为主”转变。改革教育教学方式，将国内外最新教学成果、最前沿学术成果应用到教学活动中，推动教学、科研融合，向研究型教学转型，着力提升学生的创新精神与研究素养。加强对学生学习的过程考核和过程管理，加强学业辅导和学业预警，完善学生综合评价机制，激励学生刻苦学习、奋发有为、向高层次发展、全面发展。切实加大本科教学投入力度，完善重视本科教育教学的教师评价和绩效机制，推动学校办学优势和资源不断向教学集聚和转化。着眼学校办学定位办学目标，优化各类学生规模与结构，深化招生、培养、就业协调发展的机制改革。实施研究生分层、分类培养，完善研究生培养体系，加大国际化培养交流力度，突出创新思维和自主研究能力评价，全面提升研究生学术能力。加强创新创业教育，完善与理事会成员单位、科研院所、行业企业共建共享的协同育人机制，着力为行业和社会培养更多的拔尖创新人才。

（四）坚持学科立校、科研兴校，大力营造浓厚学术氛围要聚焦“双一流”建设任务，集中优势力量，实现重点突破，确保能源电力科学与工程学科整体水平进入世界一流行列。进一步凝练学科发展方向，优化学科发展布局，促进学科交叉融合，继续完善“以传统优势学科为基础，以新兴能源学科为重点，以文理学科为支撑”的“大电力”学科体系，以“双一流”建设统领学科整体水平的全面提升、协调发展。建立学科发展评价机制，强化学科带头人作用，激励和推动各学科更加充分地发展。将科技创新作为向研究型大学转型的重要驱动力，积极构建更加贴近国家战略需求、以重大任务为牵引的科研组织新模式，在若干重点领域打造多学科交叉、多要素集成、多单位协同的实体化科研创新团队，大幅提升“千万级”以上国家重大科研项目的承接能力。加强创新链与产业链的结合，积极推进跨学科、大协作、高精尖的协同创新中心建设和发展。加大科研投入，改善科研条件，加强基础领域前瞻性、原创性研究，重点支持中青年教师、博士生等在科研领域的自主创新活动。建立以创新和贡献为导向的分类科研评价机制，加大对国字头重大科技创新科技成果的奖励力度，全面激发广大教师创新能力创新活力，大力营造崇尚学术、尊重创新的浓厚学术氛围。

（五）坚持党管人才，加速建设与高水平研究型大学相适应的教师干部队伍继续实施“大人才”发展战略，切实把人才作为支撑学校发展的第一资源、第一要务、第一责任。坚持“用好现有人才，引进急需人才，培育未来人才”工作思路，实施一流学科人才引进与培育计划，切实发挥高端人才队伍的引领作用。加强学术梯队建设，加大对教师特别是青年教师的关心、培养和支持力度，增强人才队伍可持续发展能力。加强干部队伍建设顶层设计，做好干部队伍发展规划。落实“信念坚定、为民服务、勤政务实、敢于担当、清正廉洁”好干部标准，加强后备干部队伍建设，注重年轻干部培养。规范干部选拔任用程序，坚持选拔重用忠诚干净、肯作为、有业绩、敢担当的干部。加强干部绩效管理，健全干部考核评价与激励约束机制。完善干部培训制度，注重培养专业能力、创新精神，推进干部教育培训的改革创新。

深化人事制度改革，建立多元化用人模式，完善聘用聘任制度，健全教师分类评价与考核体系，优化人才流动配置、评价激励、服务保障机制，进一步提高教职工工资待遇水平，改善教职工工作生活环境，为各类人才施展才华提供更多优越条件和更大发展空间。

（六）坚持开放办学，不断增强办学实力和服务水平进一步加强与国外高水平大学、科研机构、学术组织和国际能源电力企业的实质性合作，拓展高质量国际合作办学项目，探索国际化人才培养新模式新机制。积极参与国际教育教学评估和专业认证活动，积极参与“一带一路”能源及教育项目合作，推动科学研究的国际协同创新。在政策保障和体制机制上为师生参与国际学术交流与合作创造便利条件，加大教师、干部海外研修力度，支持优秀科研人员到国际学术组织、高水平国际学术期刊任职，扩大学生国际交流规模。积极改善国际化办学环境与服务保障条件，优化留学生结构，扩大留学生规模，提高留学生层次和培养质量。进一步加强全英文授课课程和专业建设，提高师生跨文化交流能力。加强孔子学院建设，传播好中华文化，树立学校良好的国际形象。

积极面对能源革命、经济转型等国家、地方战略需求，充分发挥自身优势特色，全面推进校企、校地、校校合作，加强新型智库建设，探索政产学研用相结合的新模式，以高质量的社会服务汇聚办学资源，拓展发展能力。进一步完善以大学理事会为核心、以战略合作伙伴为重点的多层级校企合作模式，扩大理事会成员范围，密切与行业企业的联系，推进产教融合、互惠共赢、协同发展，全面提高服务能力和贡献度，使学校切实成为能源电力行业发展值得信赖、不可或缺的重要支撑。积极融入北京全国科技创新中心、京津冀协同发展、雄安新区、保定“中国电谷”等建设，实现学校发展与区域经济社会发展之间的良性互动，为创新型国家建设作出新的贡献。

（七）坚持改善办学条件，积极构建一流服务保障体系坚持资源统筹共享，积极改善办学条件和育人环境，让学校改革发展成果更多更公平的惠及全体师生。建设“数字华电”，以信息化服务一体化建设，实现教学、科研、管理、服务和文化建设的数字化和智能化，推动北京保定两校区“信息一体”和智慧校园建设，形成与学校发展战略相衔接的信息化服务体系。建设“绿色华电”，以绿色低碳理念加强校园总体设计，彰显能源电力特色，提升校园文化底蕴。把握雄安新区和京津冀协同发展机遇，统筹推进两地校园建设，进一步拓展办学空间，优化校园功能布局。建设“和谐华电”，加强人文关怀，注重以人为本，努力实现好、维护好、发展好师生员工的根本利益，既尽力而为，又量力而行，不断提升师生员工的幸福感、获得感。进一步丰富群众性文化体育活动，全面提升后勤服务保障能力和水平。建设“平安华电”，落实安全稳定工作责任制，协调做好校园周边环境治理，积极营造和谐稳定安全的工作、学习、生活环境。

（八）坚持文化传承创新，持续提升华电文化软实力着眼于立德树人根本任务和文化强国建设的要求，把文化建设作为提高育人质量、提升办学水平的重要途径。学校在长期办学实践中形成的“团结、勤奋、求实、创新”的校训，办一所负责任的大学”的办学理念，“自强不息、团结奋进、爱校敬业、追求卓越”的华电精神等，都是华电独具特色的精神品格，承载着办学的精神追求和价值取向。要在新形势下进一步抓好华电优秀传统文化的传承和弘扬，以 60 周年校庆为契机，全面总结学校历史，讲好华电故事，充分挖掘学校的文化积淀、充分展示学校的文化内涵。立足新的时代，更加注重中华优秀传统文化、革命文化、社会主义先进文化与大学文化的深度融合，把大学文化建设与践行社会主义核心价值观，与推进哲学社会科学发展、开展素质教育、创新人才培养、管理制度建设、校园环境建设相结合，积极构建与学校发展相匹配的精神文化、制度文化、管理文化、学科文化、学术文化、教学文化、行为文化、形象文化、社团文化，以文化人、以文育人，不断提升学校的文化软实力，培育优良学风校风，形成鼓舞华电人昂扬奋进、砥砺前行的强大正能量。

（九）坚持体制机制改革，进一步提升学校治理能力全面落实《华北电力大学章程》，坚持完善党委领导下的校长负责制和院系党政共同负责制。优化学校和院系两级治理结构，扩大院系自主权，推进管理重心下移，建立资源投入与事权责任相匹配、激励机制与约束机制相协调的院系自主管理制度。进一步健全以学术委员会为核心的学术管理体系和组织架构，支持教代会、学代会、研代会参与学校民主管理，完善大学理事会等社会参与机制，持续推进以章程为核心的制度体系建设。深化机构改革，科学设置管理服务机构，合理确定编制、岗位和职责。创新两地实质性一体化办学管理体制和运行机制，按照有利于发挥两地办学优势、有利于资源利用最大化、有利于形成发展合力的原则，以高水平研究型大学建设为目标，加大学科、科技和人才资源的融合与共享，进一步激发办学活力，深度推进两校区协同发展。

（十）坚持全面从严治党，深入推进党风廉政建设全面从严治党永远在路上，打铁必须自身硬。我们要以党章为根本遵循，严格执行新形势下党内政治生活若干准则，增强党内政治生活的政治性、时代性，推动党员干部牢固树立政治意识、规矩意识，营造风清气正的良好政治生态。推动全面从严治党向纵深发展，不断提高党的建设质量。完善领导干部联系基层、联系师生制度，着力解决事关师生员工切身利益的现实问题。要继续深入贯彻落实中央八项规定精神，驰而不息纠正“四风”，坚持问题导向，强化纪律意识，加强纪律教育，严格纪律执行，让党员、干部知敬畏、存戒惧、守底线，习惯在严的环境下工作和生活，健全作风建设长效机制。全面落实党风廉政建设党委主体责任、纪委监督责任，深化纪委转职能、转方式、转作风，践行监督执纪“四种形态”，加强校内巡察，严格执纪审查，严肃党内问责，不断提高党风廉政建设的针对性和有效性，不断提高党的纯洁性和战斗力。各位代表、同志们：梦想照亮前方，奋进正当其时。理想和信念决定一个国家和民族的未来，也引领一所大学的发展方向。伴随着新中国能源电力事业发展应运而生的华北电力大学，即将走过 60 年的风雨历程。从建校之初开始，学校便与共和国同呼吸、共命运，历尽坎坷、初心不改，为国家能源电力和高等教育事业发展作出了不可替代的突出贡献。回首过去，广大师生靠戮力同心的拼搏展示出华电的丰采，用真抓实干的行动诠释出华电的自信。展望未来，学校蕴含着巨大的发展潜力，拥有着辉煌的美好前景。新思想指引新征程，新时代要有新气象，新蓝图呼唤新作为，让我们以学习贯彻党的十九大精神为动力，更加紧密地团结在以习近平同志为核心的党中央周围，在上级党组织和主管部门的坚强领导和大力支持下，以共同的目标追求、共同的奋斗事业、共同的发展愿景凝聚全体华电人的智慧和力量，勇担使命、攻坚克难，开拓创新、奋力进取，在建设社会主义现代化国家的新征程中，实现向特色鲜明高水平研究型大学的历史性跨越，并以崭新的精神状态和奋斗姿态迈向更加远大的目标，为决胜全面建成小康社会、夺取新时代中国特色社会主义伟大胜利、实现中华民族伟大复兴的中国梦作出新的更大的贡献！

中国共产党华北电力大学第二次党员代表大会关于第一届委员会工作报告的决议

（2017年11月13日中国共产党华北电力大学第二次党员代表大会通过）

中国共产党华北电力大学第二次党员代表大会审议并批准周坚同志代表中共华北电力大学第一届委员会所作的《面向新时代　开启新征程　为建设特色鲜明的高水平研究型大学而努力奋斗》的报告。大会认真贯彻落实党的十九大精神，回顾和总结了学校第一次党代会以来的工作和成绩，分析了学校内外部发展形势和环境变化，站在新的历史起点上，确定了学校今后五年的发展目标、发展思路和主要任务，对实现学校向特色鲜明的高水平研究型大学转型做出了全面部署。大会通过的报告，描绘了高水平大学建设新的蓝图，进一步指明了学校事业的前进方向，是全体党员和师生员工智慧的结晶，对推进新时代学校各项事业的创新发展和转型跨越具有重大引领作用。

大会高度评价第一届委员会的工作。一致认为，第一次党代会召开以来的七年，是学校党的领导和党的建设不断加强，全面从严治党持续深入，依法治校不断推进，始终保持和谐稳定发展的七年；是学校深入实施“三步走”发展战略，各项事业蓬勃发展，综合实力、办学水平、社会声誉显著提高，全校上下满怀豪情向高水平大学目标不断迈进的七年；是学校办学理念不断升华，发展潜能进一步释放，发展优势进一步凸显，大学文化内涵不断丰富，全体华电人同心协力坚定不移行进在强校之路的七年。

大会强调，站在新的历史起点上，加快向研究型大学转型，这是学校高水平大学建设的新定位。实现这一重大转型，需要我们进一步坚定道路自信、理论自信、制度自信和文化自信，积极主动将学校发展融入全面建设社会主义现代化国家新征程的宏图伟业，以永不懈怠的精神状态、久久为功的不懈努力，朝着特色鲜明的高水平研究型大学目标奋勇前进。

大会指出，今后五年是学校贯彻落实党的十九大精神，面向新时代，开启新征程，实现向高水平研究型大学转型迈进的重要阶段，也是建设“双一流”的关键时期。大会同意报告确定的今后一个时期学校的奋斗目标：未来五年的发展目标是“能源电力科学与工程”学科整体水平进入世界一流行列，实现向研究型大学的实质转型，初步建成特色鲜明高水平研究型大学；在此基础上，再用10～15年时间，到2035年左右，“能源电力科学与工程”学科整体水平进入世界一流前列，全面实现特色鲜明高水平研究型大学建设目标，为建设世界一流大学奠定坚实基础。大会强调，为实现发展目标，学校总体发展思路是：坚持“一个根本”，紧扣“两大任务”，抓住“三个导向”、突出“四个重点”，即坚持党的领导这个根本，紧扣立德树人和提高质量两大任务，抓住改革创新、特色发展、开放办学三个关键导向，突出学科建设、队伍建设、科技创新、文化建设四个重点，带动学校整体水平全面提升。

大会同意报告中关于学校党的领导、基层党建、人才培养、学科建设、科技创新、党管人才、开放办学、条件保障、文化传承创新、体制机制改革、全面从严治党等各项工作的部署。大会强调，要坚持以质量为核心的内涵建设，以“双一流”建设为统领，以推进综合改革为保障，大力实施结构调整与优化，积极贯彻发展新理念，不断开创发展新局面，全面推进特色鲜明的高水平研究型大学建设。

大会强调，始终坚持和加强党的领导，坚持社会主义办学方向，是学校实现奋斗目标的重要保障。要切实加强党对学校一切工作的领导，确保党始终总揽全局、协调各方。要坚定不移全面从严治党，不断提升党建工作科学化、制度化、规范化水平，为办好中国特色社会主义大学提供坚强的政治保证。大会号召，全校各级党组织、全体共产党员和广大师生员工要高举中国特色社会主义伟大旗帜，以习近平新时代中国特色社会主义思想为指导，深入贯彻落实党的十九大精神，以共同的目标追求、共同的奋斗事业、共同的发展愿景凝聚全体华电人的智慧和力量，在新一届党委的领导下，不忘初心、牢记使命，紧紧围绕党代会提出的战略目标和任务，勇于担当、攻坚克难，开拓创新、奋力进取，以崭新的精神状态和奋斗姿态，为早日把学校建设成为特色鲜明的高水平研究型大学，为决胜全面建成小康社会、夺取新时代中国特色社会主义伟大胜利、实现中华民族伟大复兴的中国梦而不懈奋斗！

党委书记周坚在中国共产党华北电力大学第二次党员代表大会上的闭幕词

（2017年11月13日）

各位代表，同志们：

乘着十九大的强劲东风，肩负着全校共产党员和广大师生员工的期望和重托，中国共产党华北电力大学第二次党员代表大会，在上级党组织的指导和支持下，经过全体与会代表的共同努力，圆满地完成了各项议程，即将胜利闭幕。在此，我代表学校新一届党委，向出席本次大会的各位代表和为筹备本次会议付出辛勤劳动的工作人员表示衷心的感谢！

本次党员代表大会，是在全党全国深入学习宣传贯彻党的十九大精神之际，在学校改革发展进入关键时期，召开的一次非常重要的会议。三天来，各位代表以高度的政治责任感和强烈的时代使命感，认真履职尽责，积极建言献策，大会开得很成功，是一次承前启后、继往开来的大会，是一次团结民主、凝心聚力的大会，是一次求真务实、开拓进取的大会。

大会全面回顾了学校第一次党代会以来的主要工作和取得的成绩，深刻分析了学校新时期改革发展面临的机遇与挑战，提出了向特色鲜明高水平研究型大学转型发展的奋斗目标，明确了高水平大学建设的新方位，绘制了学校中长期发展的宏伟蓝图。大会审议通过的党委工作报告和纪委工作报告，是全校共产党员和师生员工集体智慧的结晶，是指导学校未来发展的纲领性文件。大会选举产生了新一届党委和新的纪委，为实现学校奋斗目标提供了坚强的政治和组织保证。

各位代表、同志们，面向新时代，学校发展正站在一个新的历史起点上。未来五年是高水平研究型大学建设承前启后的关键时期。学校的事业发展和党的建设，既面临重大机遇，又面临诸多挑战。我们要结合学习贯彻十九大精神，结合全面落实“十三五”发展规划、深入推进综合改革、扎实开展“双一流”建设，切实学懂弄通做实本次大会精神，以永不懈怠的精神状态、久久为功的不懈努力，朝着特色鲜明的高水平研究型大学目标不断前进。

一要抓好会议精神的学习贯彻。本次党代会确定的面向未来的事业发展蓝图，体现了全校师生的共同愿望，为高水平大学建设指明了方向、提供了遵循。大会闭幕后，学校各级党组织要快速行动起来，把学习贯彻党代会精神作为一项重要的政治任务抓紧抓好，要按照大会确定的发展目标、发展思路以及战略任务，把思想、认识和行动统一到大会的决策部署上来，让大会精神深入到每位党员心中、深入到每位师生心中，以党代会精神为指引，推动学校各项工作再上新台阶。

二要确保目标任务的全面落实。本次党代会确立了坚持“一个根本”，紧扣“两大任务”，抓住“三个导向”、突出“四个重点”的总体发展思路，对党的领导、基层党建、人才培养、学科建设、科技创新、党管人才、开放办学、条件保障、文化传承创新、体制机制改革、全面从严治党等方面的重点工作任务作出了全面宏观部署。党代会确立的目标任务能否实现，关键是真抓实干、强化落实。下一步，学校将对目标任务进行细化分解，制定实施方案和执行计划，明确时间表和路线图，一件事情接着一件事情办，一年接着一年干，统筹推进党代会确立的各项目标任务落实落地。

三要强化责任的层层传导。学校新一届党委、纪委要切实肩负起全校党员和师生员工的重托，全面加强党的领导和党的建设，推进全面从严治党向纵深发展。每一位党员干部都要手中有活、心中有数、肩上有责，着力解决制约学校发展的瓶颈问题，团结带领全体党员和全校教职工，以时不我待、奋发有为的精神，加速推进学校各项事业科学发展。各位代表要以高度的责任感、使命感和饱满的政治热情，将此次大会的精神带回到各自的工作岗位，形成更加广泛的共识，凝聚更加强大的发展合力。全体共产党员要充分发挥先锋模范作用，带动全校师生员工继续发扬“自强不息、团结奋进、爱校敬业、追求卓越”的华电精神，不断提高工作的自觉性、主动性和创造性，努力为实现党代会提出的各项目标任务勇挑重担、争作贡献，齐心协力开创学校改革发展的新篇章。

各位代表、同志们，蓝图已绘就，奋进正当时。让我们以习近平新时代中国特色社会主义思想为指导，高举中国特色社会主义伟大旗帜，深入学习贯彻党的十九大精神，全面落实学校第二次党代会的各项战略部署，全面加强党的领导，全力推进“双一流”建设，以新时代的新风貌，新时代的新作为，不断开创高水平研究型大学建设的新局面，为决胜全面建成小康社会、夺取新时代中国特色社会主义伟大胜利、实现中华民族伟大复兴的中国梦作出新的贡献！

谢谢大家！

中国共产党华北电力大学纪律检查委员会向中国共产党华北电力大学第二次党员代表大会的工作报告

现将第一次党代会以来中国共产党华北电力大学纪律检查委员会主要工作情况和对今后工作的建议向大会报告，请予审查。

一、第一次党代会以来工作回顾

第一次党代会以来，特别是党的十八大以来，华北电力大学纪委在学校党委和上级纪委的领导下，全面贯彻党的十八大和十八届三中、四中、五中、六中全会部署，十八届中央纪委历次全会精神，强化“四个意识”，坚守职责定位，以党章为遵循，以纪律为戒尺，以改革为动力，深入推进党风廉政建设和反腐败工作，为学校改革发展提供了坚强保障。

（一）健全机制，落实工作责任

认真落实党委主体责任和纪委监督责任，层层传导压力，汇聚起管党治党的强大合力。校党委高度重视，以上率下，高位推动，校纪委积极协助党委制定下发《中国共产党华北电力大学委员会深入推进惩治和预防腐败体系建设实施办法》、中国共产党华北电力大学委员会落实党风廉政建设主体责任的实施细则》等，细化责任分工，把反腐倡廉建设和党风廉政建设责任制工作纳入党政领导班子、领导干部年度任务中，督促各级领导干部认真履行“一岗双责”，做到与业务工作紧密结合，一起部署，一起落实，一起检查，一起考核。每年召开党风廉政建设暨纪检监察审计工作会议，与全校 90 余个院（系、部）、处、室的党政主要负责人签订《华北电力大学党风廉政建设责任书》，形成了一级抓一级，层层抓落实的工作格局。学校主要领导既挂帅又出征，积极落实党风廉政建设第一责任人的职责，对重要工作亲自部署、重大问题亲自过问、重点环节亲自协调、重要案件亲自督办，形成上下贯通、覆盖全面的党风廉政建设责任网络。

（二）突出重点，强化监督约束

重视在学校日常工作中强化监督与约束。对学校“三重一大”集体决策制度、大学章程的修订等事关学校改革发展的重要制度，充分发挥纪委在执纪监督方面的优势和作用，积极协助党委科学民主决策。根据学校工作实际，着力加强对重点领域关键环节的监督，对存在的问题和隐患及时提出监察建议并督促整改，积极防控廉政风险。

一是加强对招生工作的监督。严明招生工作纪律，健全集体决策制度和招生考试责任制，有针对性地加强对自主招生、研究生推免、复试、高水平运动员、高校专项、艺术类等招生考试环节的检查。二是加大对招标采购工作的监察。形成以招投标双方为主体，招标中心为平台，基建后勤资产管理部门为保障，纪检监察机关再监督的招投标责任体系和制约机制。三是完善对科研经费使用的监督。坚持教育引导、制度规范、监督约束、查处警示和弘扬优良学风等长效机制相结合，认真督促落实《教育部关于进一步规范高校科研行为的意见》，确保科研经费规范合理使用。四是认真开展各类专项检查。先后对教育收费、办公用房、公务用车、公务接待、领导干部兼职取酬、MBA 教育、纪委干部工作分工等进行了专项检查和整改，特别是对照教育部“直属高校党风廉政建设方面存在的突出问题和隐患”进行了自查自纠。五是加强干部选任工作的监督。严肃组织纪律，坚决反对选人、用人上的不正之风，认真做好组织部门选任干部的纪检部门意见回复工作，加强对新任职干部的廉政谈话，要求干部在年终述职中进行述廉，促进领导干部树立正确的价值观，保证干部队伍的清正廉洁。

（三）挺纪在前，严格执纪问责

坚持把纪律挺在前面，在强化监督的同时，严格执纪问责，及时查核信访举报的各类问题线索。坚持早发现、早提醒、早教育、早纠正，对干部存在的苗头性、倾向性问题及时进行批评教育和谈话提醒。对信访反映的问题线索，及时采取约谈、函询等方式向本人和组织核实。认真剖析违纪原因、特点及规律，认真查找机制、制度、管理方面存在的漏洞和薄弱环节，向相关部门提出监察建议。2017 年对近年来的各类信访件进行全面起底梳理工作，对有调查线索的信访件逐一进行了解核实，并建立了登记备查制度，对上级交办、批办的信访举报件进行了认真的核实。2011 年以来，学校纪委接收各级各类信访共计 147 件（含重复件），根据核实情况，通报批评 1 人，诫勉谈话 7 人，立案 2 人。在今年我校迎接教育部党组巡视后，学校纪委根据校党委的统一部署，认真研究处理巡视组移交的相关问题线索，逐一制定执纪审查方案，集中力量开展核查工作，学校纪委两次召开全会，就巡视组移交问题线索办理进展情况及处理建议进行了研究，并及时报校党委常委会审议决定。截止到2017年8月25日，巡视组移交的问题线索中除一件正进行审计外，其余已基本核查完毕。根据核查结果，决定运用“四种形态”对1个党组织进行问责，对16名同志进行谈话提醒，纪检部门下达监察建议书4份，清退不规范使用科研经费3150元，并及时推进相关问题的整改，做到了对问题线索事事有回音，件件有着落，真正发现问题，积极解决问题，形成了应有的震慑。

（四）驰而不息，狠抓作风建设

认真落实中央八项规定精神，持之以恒反“四风”。一是重视源头治理，加强学习教育和制度建设。组织学习《党政机关厉行节约反对浪费条例》等相关文件，出台了《华北电力大学公务接待管理办法》《华北电力大学关于改进工作作风密切联系群众的规定》等制度，印发了《华北电力大学关于收受礼品上交登记的管理办法》《加强师德师风建设营造清正廉洁校园文化的通知》《关于进一步加强廉洁自律教育及严禁教师违规收受学生及家长礼品礼金等行为的通知》，形成落实八项规定精神的制度保障。二是监督规范公务接待。协调学校有关部门严格执行公务接待管理规定，进一步规范学校公务接待工作。三是监督促进改进会风文风。监督改进文风，精简数量提高质量，凡法律法规和党规党纪作出明确规定的，一律不再制发文件；加大会议审批力度，严控会议数量和规模，鉴于学校两地办学的实际情况，大力运用新媒体、信息化等手段，压缩两地同质性会议规模，加大两地视频会议力度。四是开展办公用房专项治理。在自查的基础上，先后两次对办公用房进行整体调整，达到上级规定要求。五是重点治理节假日腐败现象。着重抓好五一、十一、元旦、春节、教师节等重要节点，一个节点一个节点地抓，锲而不舍、严格要求，以严明的纪律切实维护八项规定的严肃性和权威性。

（五）从严从实，推进校内巡察

从2007年起，我校就在部属高校中较早开展了校内巡察工作。学校纪委协助党委认真开展巡察，每年根据学校工作重点和上级的有关要求确定巡察重点和任务，在二级单位和党组织认真自查的基础上，组织巡察组深入部分单位、党组织实地开展巡察。2012年开展了“严格依法依规依章办学，进一步加强党风廉政建设”为主题的校内巡察工作。2013年和2014年对贯彻落实党的群众路线教育实践活动整改情况和落实中央八项规定精神和改进“四风”的情况进行了巡察。2015年对“三严三实”教育活动情况和贯彻执行“六大纪律”的情况进行了巡察。2016年结合“两学一做”学习教育情况，重点开展了对电气与电子工程学院、计算机系等8家单位巡察工作。通过巡察，着力发现基层党的建设各方面存在的不足和问题线索，及时进行查处并责成整改，巡察情况向党委常委会报告并向全校各院系各部门各单位通报。2017年进一步完善相关巡察制度，对上年度被巡察单位开展回头看工作，确保整改到位并取得成效。通过校内巡察，有效促进了主体责任在基层的落实，有力推进了全面从严治党向基层延伸。

（六）创新方式，深化宣传教育

坚持开展党风廉政主题宣传教育。以学习贯彻党章、廉洁自律准则、纪律处分条例、问责条例、党内政治生活若干准则、党内监督条例等党内法规为重点，采取典型引领、以案说纪、党性分析等多种形式，进一步增强尊崇党章、严守纪律的思想自觉和行动自觉。把每年5月份定为党风廉政建设宣传教育月，从2011年起，每年根据上级要求和学校实际确定不同的宣教主题，通过组织全校师生员工参观反腐倡廉图片展、开设专栏专刊、观看反腐题材影视、发放宣传手册或学习资料、开展党风廉政专题网络培训等多种形式开展主题宣传教育，取得良好成效。积极创新方式方法，充分运用新媒体加大日常党风廉政宣传教育普及力度。建立“华电纪委办监察处廉洁提示”短信发送平台，在节假日等重要节点向每一位党员干部发送廉洁提示短信，早打招呼、提前预防。2016年开通了纪检监察微信公众号，经常性推送中央纪委、教育部纪检组的重要文件精神和学校纪委的相关要求，发布学习文章和警示案例，不断增强反腐倡廉宣传教育的影响力、渗透力和吸引力。

（七）推进“三转”，加强自身建设

学校纪委聚焦主责主业，不断推进转职能、转方式、转作风。努力厘清纪委监督责任与职能部处主体工作监督的边界，从职能部门的业务工作监督中脱离出来，把更多精力放在督促有关责任部门依法依规履行职责上，把不该管的工作交还给主责部门，变“一线参与”为“推动监督落实”。着力加强纪检监察干部队伍建设，完善学习制度，注重提升纪检监察干部的“四个意识”和履职能力，积极组织和选送纪检监察干部参加上级纪委举办的业务培训，有7人次参加驻部纪检组组织的巡视和专项检查工作。制定了二级党组织纪检委员工作职责，明确责任义务，发挥其应有的作用。建立了由离退休老同志、师生代表参加的党风廉政义务监督员队伍，发挥编制内外的协同作用。加强廉政建设理论研究，成立廉政文化研究中心，积极申报相关研究课题，有关研究成果在《求是》理论版和《教育纪检监察》等杂志网络上发表。第一次党代会以来的七年，我校党风廉政建设和反腐败工作的方向更加明确、思路更加清晰、措施更加有力、成效更加明显，为学校改革、建设和发展提供了有力的保障。回顾七年的工作实践和取得的成效，我们深刻体会到：

——必须切实增强“四个意识”，提高政治站位。党风廉政建设和反腐败工作具有长期性、艰巨性和复杂性，只有进一步增强“四个意识”，提高政治站位，更加自觉地在思想上政治上行动上同以习近平同志为核心的党中央保持高度一致，才能保持政治定力，任何时候都能旗帜鲜明、一以贯之，做到管党治党不放松、正风肃纪不停步、反腐惩恶不手软，在新的更高起点上坚决担负起全面从严治党政治责任。

——必须牢牢抓住落实主体责任这个关键。主体责任是党章赋予各级党委的基本职责，是党风廉政建设和反腐败工作中统领全局的“纲”、做活全局的“眼”。习近平总书记指出，党风廉政建设责任能不能担当起来，关键在主体责任这个“牛鼻子”抓没抓住。实践证明，各级党委主体责任落实到位，各级领导干部带头率先垂范，党风廉政建设和反腐败各项工作就有了基础和保障。

——必须着力围绕主责主业开展工作。有所为有所不为，才能更有为。必须深入推进“三转”，克服纪检监察职能泛化、功能弱化的弊端，加强自身建设，以最主要的力量、最主要的精力围绕监督执纪问责开展工作，种好自己的“责任田”，运用好监督执纪“四种形态”，有效行使党内专责监督机关的职责。

——必须充分依靠全校师生的支持和参与。推进党风廉政建设和反腐败工作，离不开广大师生的支持和参与。必须坚持群众路线，在广泛宣传教育的同时，拓宽师生参与党风廉政建设和反腐败工作的渠道，充分调动师生积极性，释放群众监督的正能量，营造风清气正的政治生态。

——必须坚持紧密联系学校实际。必须把党风廉政建设和反腐败工作放在学校改革发展的大局中来认识和把握，紧密联系学校工作实际，始终服务于学校改革发展大局。正确处理党风廉政建设和反腐败工作与学校教学、科研和管理工作的关系，切实把维护好、发展好广大师生员工的根本利益作为出发点和归宿，把廉政要求寓于各项制度机制之中，才能为学校的建设发展发挥好保驾护航作用。

在充分肯定成绩的同时，我们也清醒地认识到，我校党风廉政建设和反腐败工作与上级纪委、学校党委的要求和师生员工的期盼还存在一定差距，在2017年教育部党组第二巡视组巡视我校后，也严肃指出了纪委工作中存在的问题和不足，其主要表现在：落实纪委监督责任、发挥好“探头”作用还有待加强，党风廉政建设责任制还存在监督“死角”和“盲区”；推进“三转”还不到位，聚焦主责主业不够；综合应用监督执纪“四种形态”不足，敢于亮剑的勇气和决心不足；纪检监察队伍专业能力不足，纪委委员身份淡化、委员意识不强等问题。我们高度重视存在的这些问题，制定了整改方案并启动实施，在今后的工作中要着力加以解决。

二、今后五年工作建议

刚刚闭幕的党的十九大，确立了新时代的指导思想，提出了新时代党的历史使命，描绘了新时代的宏伟蓝图，作出了新时代的战略部署，明确了新时代党的建设的新要求，是在全面建成小康社会决胜阶段、中国特色社会主义进入新时代的关键时期召开的一次具有划时代与里程碑意义的重要大会。学习好贯彻好党的十九大精神，是当前和今后一个时期首要的政治任务。我们必须深入学习领会习近平新时代中国特色社会主义思想，准确把握党的十九大确立的重大判断、重大战略和重大任务。要增强思想和行动自觉，原原本本学、在把握精神实质上下功夫，联系实际学、在学用结合上下功夫，深入思考学、在坚持巩固深化上下功夫，切实把思想和行动统一到党的十九大精神上来，让党的十九大精神成为指导和推动纪检监察工作的强大思想武器。

学校第二次党员代表大会的召开，确立了未来五年发展目标和2035年愿景，吹响了立足新时代、开启新征程的号角，今后五年，是学校全力推进双一流建设、实现向高水平研究型大学实质转型的关键时期，目标振奋人心，形势催人奋进。全体华电人必须在学校党委坚强有力的统一领导下，团结一致，勇于担当，心无旁骛，履职尽责，才能实现既定的目标。面对新时代新要求，纪检监察工作与学校的健康发展比以往任何时候都更加紧密地联系在一起，落实全面从严治党、强化纪律建设的任务比以往任何时候都更为繁重和紧迫。我们一定要深刻领会党面临的“四大考验”“四种危险”，深刻认识全面从严治党永远在路上、党风廉政建设和反腐败斗争形势依然严峻复杂的重大判断，清醒地认识到高校也绝非一方净土，推进党风廉政建设和反腐败工作绝不能有丝毫的麻痹和懈怠。必须旗帜鲜明坚持和加强党对高校的全面领导，毫不动摇地推进全面从严治党，忠诚履行党章赋予的监督执纪问责职责，把敢抓敢管和久久为功有机结合起来，力求更大成效。

今后五年工作的指导思想和总体要求是：全面深入学习贯彻党的十九大精神，以习近平新时代中国特色社会主义思想为指导，认真落实学校党委和上级纪委的决策部署，牢牢把握全面从严治党这个主题，进一步转职能、转作风、转方式，聚焦主责主业，结合学校实际，紧盯责任落实和作风建设，强化监督执纪问责，持之以恒正风肃纪，加强问题导向，深化标本兼治，忠诚履职尽责，以新的作风开创新的局面，为建设特色鲜明的高水平研究型大学提供坚强纪律保障。

（一）突出从严治党，压实“两个责任”

把全面从严治党引向深入，就必须更进一步压紧压实党委主体责任和纪委监督责任。从严治党必须从党内政治生活严起，要严格落实《关于新形势下党内政治生活的若干准则》，严肃查处违反“准则”的各种行为；在坚持和完善党风廉政建设和反腐败工作责任制的基础上，协助党委研究制定《中国共产党华北电力大学委员会推进全面从严治党实施办法（试行）》，明确“两个责任”清单，健全责任链条，紧扣定责、履责、追责三个环节，探索建立主体责任纪实制度，形成履责全程留痕、检查一目了然、追溯问责有据的工作新机制，以上率下，抓细抓实，切实推动各级党组织落实管党治党责任，试点推进院（系）级单位党组织设立纪委或派驻纪检监察人员制度，切实推动各级党员干部落实一岗双责，真正把责任记在心里、扛在肩上、抓在手上，让主体责任落地生根。

贯彻落实新修改的《中国共产党巡视工作条例》，进一步深化校内巡察工作。在认真总结经验的基础上，逐步构建校内巡察制度体系，推进校内巡察全覆盖，提高巡察工作机制化、规范化水平。强化巡察的政治属性，将违反政治纪律和政治规矩问题、落实意识形态工作责任制缺位问题、违规选人用人问题、“四风”隐形变异问题等纳入巡察，着力发现党的领导、党的建设、全面从严治党等方面存在的突出问题并加以解决，切实推进全面从严治党在基层的落实。把学习宣传贯彻党的十九大精神和全面落实学校第二次党员代表大会确定的各项战略部署情况纳入巡察工作的重点。强化巡察结果运用，与运用“四种形态”有机结合起来，完善问责和整改制度。定期开展巡察“回头看”活动，对整改情况进行再监督、再巡察，确保取得实实在在的成效。

（二）突出作风建设，健全监督体系

习近平总书记强调，作风建设要经常抓、见常态，“就是要把作风建设时刻摆上位置、有机融入日常工作，做到管事就管人，管人就管思想、管作风”。是否把纪律和规矩挺在前面，作风状况就是一个观察的窗口。进一步巩固近年来落实“八项规定”精神、反“四风”的成果，严防反弹回潮。更加重视日常工作作风建设，严肃查处师生身边的不正之风，把遵守工作纪律、服务师生服务基层、按程序办事、厉行勤俭节约、践行群众路线等方面的情况作为监督的重要方面，通过明察暗访、开门评议、基层问症、开门纳谏、躬身自查等方式经常性、常态化地检查存在的问题和不足，不断强化党员干部的纪律意识、规矩意识和服务意识。开通便捷的新媒体监督举报平台，拓宽作风问题反映渠道，方便师生举报身边的作风问题。加大整治“庸懒散”力度，对不作为、不担当、不落实造成严重后果的毫不手软、坚决问责。坚持问题导向，及时警示提醒，及时问责整改，让师生看到变化、见到成效。有效的监督是作风建设的利器。全面落实《党内监督条例》，按照“无禁区、全覆盖、零容忍”的目标要求，制定和完善实施细则，构建校党委全面监督、纪检部门专责监督、党的工作部门职能监督、党的基层组织日常监督的自上而下组织监督和自下而上党员民主监督的纵向监督体系；以加强和改进对同级党委的监督为重点构建横向监督体系；切实发挥审计监督作用，自觉接受群众监督、媒体监督，把党内监督与外部其他监督有机结合起来，变“少数人监督多数人”为“多数人监督少数人”，着力构建起立体化全方位的监督体系。

（三）突出风险防控，强化责任追究

继续扎实推进廉政风险防控体系建设，把廉政风险防控工作与学校改革发展的各项工作有机结合，构建不敢腐、不能腐、不想腐的长效机制。

以领导班子和领导干部为重点，切实强化政治引领，把严肃党的政治纪律摆在首要位置，加强对党的十九大精神学习贯彻和党章党规执行情况的监督检查，督促全校各级领导班子和领导干部严格遵守党章、党内政治生活准则、党内监督条例等党规党纪，自觉如实申报个人重大事项；加强干部选任工作的监督，坚决反对选人用人上的不正之风，认真把好选任干部的廉洁意见回复关，进一步完善对新任职干部的廉政谈话制度；严肃问责追究，以严格问责倒逼各级干部特别是领导干部履职尽责、真抓严管。围绕权力运行和业务管理，要进一步织密约束权力的制度篱笆，深化放管服改革，消除权力寻租空间，明确部门职责，切实加强对重点部门和关键环节的风险管控。加强财务和审计监督，严肃财经纪律，巩固“小金库”专项治理成果，强化预算外资金管理；进一步完善科研经费管理制度，加强对科研经费使用监督。改进招生监督工作，确保招生工作在阳光下进行，促进教育公平公正。针对招标投标、资金使用、物资采购等环节，加强监督检查，对发现的突出问题，及时督促职能部门进行制度纠偏，堵塞漏洞，保证干部廉洁。大力推进信息公开，强化民主管理，依照依法公开、规范透明、有利监督的原则，合法、全面、真实、及时、便利地进行校务、党务等信息公开，把广大师生员工和社会大众的知情权、参与权、监督权真正落到实处。

（四）突出执纪审查，保持高压态势

牢牢把握执纪审查工作政治要求。强化执纪监督主动性，突出对“一把手”和重点领域、重大任务、重要岗位、关键环节的监督，始终保持不敢腐的震慑，做到有案必查、有腐必惩，一案双查，坚决查处严重违反党的政治纪律、组织纪律等行为，严肃查办领导干部违反中央八项规定精神、以权谋私、失职渎职等案件。切实走好群众路线，发挥信访举报“主渠道”作用，进一步健全完善信访工作制度，规范信访举报办理程序。认真学习贯彻《中国共产党纪律检查机关监督执纪工作规则（试行）》，坚持以事实为依据，以党规党纪为准绳，把握政策、宽严相济，惩前毖后、治病救人，严格依纪依法办案，保证办案质量。

准确把握和常态化运用监督执纪“四种形态”。认真贯彻《华北电力大学践行监督执纪四种形态实施办法（试行）》，推动各级党组织和领导干部做到正确认识、准确把握、创新实践、严格落实。坚持把纪律挺在前面，做到早发现、早处置，正确把握“树木”和“森林”的关系，对苗头性、倾向性或轻微违纪问题要及时谈话提醒、约谈批评、函询诫勉，让红脸出汗、咬耳扯袖成为常态，真正体现党组织的关心爱护；让不知止、不收手者受到党纪和国法的惩处，治“病树”、拔“烂树”，保护整片“森林”的健康，提高监督执纪问责的政治效果和社会效果。

（五）突出源头治理，坚持重在预防

坚持宣传教育和制度建设并举，筑牢拒腐防变的思想防线和制度防线，扎实做好从源头上防治腐败工作。强化教育引领，夯实学校党风廉政建设的思想基础。把廉洁教育纳入党委中心组学习内容，纳入学校思想政治工作中统筹谋划和部署安排。广泛宣传党风廉政建设和反腐败工作理论创新、制度创新和实践创新重大成果，做好信息发布、政策解读、警示报道，把握反腐倡廉舆论主导权；改进廉洁教育方式方法，更加注重新媒体新技术的应用，加强微信公众号和短信平台建设，更加注重以师生喜闻乐见的形式开展教育；支持成立大学生廉洁教育社团组织，积极探索在学生中开展廉洁修身教育的新方法；继续办好党风廉政建设和反腐败工作专题宣传教育月活动，积极推动校园廉洁文化作品的创作和传播，牢牢巩固学校廉洁文化阵地；持续开展对各级干部的廉政警示教育活动，要求领导干部带头抓好家风建设，维护家庭正气，建设优良家风，切实管好家庭成员，充分发挥家风建设的功能，把党风廉政建设的阵地从单位延伸到家庭，从 8 小时以内拓展到 8 小时以外。加强对新任职干部、重点风险岗位干部的廉政教育谈话，力争全覆盖，做到警钟长鸣，提高廉政意识和拒腐防变的自觉性。

制度建设是根本。坚持依规治党，注重把制度建设贯穿反腐倡廉建设的各个环节，完善和强化反腐倡廉的教育制度、监督制度、预防制度和惩治制度建设，加强制度衔接，用制度管权、管事、管人，有效防止权力失控、决策失误、行为失范。注重运用法规制度固化全面从严治党实践成果，完善权力运行制约和监督机制，形成有权必有责、有责要担当、用权受监督、失责必追究的制度安排。加强对制定、执行制度情况的监督检查，对随意变通、恶意规避、无视制度的现象，坚决纠正、严肃问责、公开通报，确保制度严格落实到位。

（六）突出自身建设，打造忠诚队伍

随着全面从严治党的不断深入，纪检监察工作面临许多新情况、新任务、新挑战，工作任务艰巨、干部责任重大。打铁还需自身硬，要把自身建设摆在更加突出位置，进一步巩固深化“三转”成果，从严教育管理监督干部，以纪检监察工作水平的提升促进党风廉政建设和反腐败工作深入开展。

持续深化“三转”。继续清理参与的议事协调机构，调整优化内设机构和人员配备，突出主业、明确主责、加强主力。改进监督执纪方式，改变以往存在的配合、替代主管部门开展业务督查的做法，把督查的关键点转变到对各单位部门履职的监督上，开展派驻监督试点，积极探索“监督的再监督”的有效方式；切实加大信息化建设力度，提高工作效率。大力弘扬严细深实工作作风，认真落实“两个为主”要求，牢固树立宗旨意识，加强调查研究，掌握第一手情况，强化基础工作，把握新形势下的工作规律，办好廉政文化研究中心，不断深化纪检监察工作的改革创新。

加强队伍建设。要切实加强专职纪检队伍建设，适当增加专职纪检人员。坚持学思践悟，加大培训力度，推动纪检监察干部优化知识结构，丰富专业知识。注重实践锻炼，选派优秀干部到执纪审查、信访举报、巡视巡察等岗位历练。加强对纪委委员和院系级党组织纪检委员的教育培训，建立定期述职制度，发挥其应有的作用。加强机关纪检工作，落实在机关部门党支部设立纪检委员制度。进一步完善党风廉政义务监督员管理办法，在如何发挥好监督作用上多下功夫。把从严监督管理与关心爱护干部结合起来，增强纪检监察干部的责任感、使命感和荣誉感，牢固树立“执纪者必先守纪、监督者必受监督”的理念，完善内部监督机制，规范执纪监督行为，切实纠正作风漂浮、精神懈怠等不良作风，防止“灯下黑”，用铁的纪律打造忠诚、干净、担当的纪检监察队伍。

全面从严治党任重道远，作风建设永远在路上。让我们紧密团结在以习近平同志为核心的党中央周围，以十九大精神为指引，在学校党委和上级纪委的坚强领导下，开拓创新、奋发进取，咬定青山不放松，撸起袖子加油干，坚定不移全面从严治党，锲而不舍把党风廉政建设和反腐败工作引向深入，全面落实本次党员代表大会确定的各项战略部署，推动全面从严治党取得新的成效，为实现建成特色鲜明高水平研究型大学，为实现“两个一百年”奋斗目标，为实现中华民族伟大复兴的中国梦作出应有的贡献！

报告有关名词释义

全面从严治党：全面从严治党是党的十八大以来党中央作出的重大战略部署，是“四个全面”战略布局的重要组成部分，也是全面建成小康社会、全面深化改革、全面依法治国顺利推进的根本保证。全面从严治党，基础在全面，关键在严，要害在治。全面从严治党包括思想从严、管党从严、执纪从严、治吏从严、作风从严、反腐从严六个方面。新时代党的建设总要求是：坚持和加强党的全面领导，坚持党要管党、全面从严治党，以加强党的长期执政能力建设、先进性和纯洁性建设为主线，以党的政治建设为统领，以坚定理想信念宗旨为根基，以调动全党积极性、主动性、创造性为着力点，全面推进党的政治建设、思想建设、组织建设、作风建设、纪律建设，把制度建设贯穿其中，深入推进反腐败斗争，不断提高党的建设质量，把党建设成为始终走在时代前列、人民衷心拥护、勇于自我革命、经得起各种风浪考验、朝气蓬勃的马克思主义执政党。

四个意识：是指政治意识、大局意识、核心意识、看齐意识。这“四个意识”是2016年1月29日中国共产党中央政治局会议最早提出来的。党的十八届六中全会通过的《关于新形势下党内政治生活的若干准则》强调，全党必须牢固树立政治意识、大局意识、核心意识、看齐意识，自觉在思想上政治上行动上同党中央保持高度一致。

两个责任：党的十八届三中全会第一次明确提出，落实党风廉政建设责任制，党委负主体责任，纪委负监督责任，制定实施切实可行的责任追究制度。习近平总书记在十八届中央纪委三次全会上强调，要落实党委的主体责任和纪委的监督责任，党委、纪委或其他相关职能部门都要对承担的党风廉政建设责任做到守土有责。“两个责任”的提出，进一步丰富了中国特色反腐倡廉理论体系，完善了党风廉政建设和反腐败工作格局。主体责任：习近平总书记在十八届中央纪委六次全会讲话中指出，全面从严治党是各级党组织的职责所在，各级党组织及其负责人都是责任主体，必须担负起全面从严治党的主体责任。落实主体责任是对各级党委（党组）的政治要求，也是各级党委（党组）的法定职责。党组织履行主体责任主要包括五个方面：一是加强领导，选好用好干部，防止出现选人用人上的不正之风和腐败问题；二是坚决纠正损害群众利益的行为；三是强化对权力运行的制约和监督，从源头上防治腐败；四是领导和支持执纪执法机关查处违纪违法问题；五是党委主要负责同志要管好班子，带好队伍，管好自己，当好廉洁从政的表率。监督责任：监督责任主要是指各级纪委在全面从严治党中履行的监督执纪问责职责。习近平总书记在十八届中央纪委六次全会上强调，纪委是党内监督的专责机关，是管党治党的重要力量。纪委要在全面从严治党中找准职责定位，强化监督执纪问责。落实监督责任是纪委的地位作用决定的。《中国共产党章程》对党的各级纪律检查委员会的地位、设置和任务作了明确规定，提出了纪委的三项主要任务和五项经常性工作，概括起来，就是监督执纪问责。

一岗双责：就是一名领导干部既要对所在岗位应当承担的具体业务工作负责，又要对具体业务工作领域的党风廉政建设负责，也就是一个单位的领导干部应当对这个单位的业务工作和党风廉政建设负双重责任。党的十八大报告提出，要认真落实党风廉政建设“一岗双责”的要求，提高对“两手抓、两手都要硬”的认识，业务工作开展到哪里，党风廉政建设主体责任就应该延伸到哪里，克服“党风廉政建设是党委或纪委的事”“党风廉政建设与非党员领导干部无关”等错误思想。

四个一同：党的十八届中央委员会第三次全体会议提出，要把党风廉政建设和反腐败工作与业务工作一同部署、一同落实、一同检查、一同考核，确保责任落实。

四个亲自：领导班子主要负责人是职责范围内的党风廉政建设第一责任人，应当重要工作亲自部署、重大问题亲自过问、重点环节亲自协调、重要案件亲自督办。

三重一大：党员领导干部在政治纪律方面要认真贯彻民主集中制原则，凡属重大决策、重要干部任免、重要项目安排和大额度资金的使用，必须经集体讨论作出决定。

四种形态：原中国共产党中央政治局常委、中央纪委书记王岐山2015年9月在福建调研时首先提出监督执纪的“四种形态”，主要内容是：经常开展批评和自我批评、约谈函询，让“红红脸、出出汗”成为常态；党纪轻处分、组织调整成为违纪处理的大多数；党纪重处分、重大职务调整的成为少数；严重违纪涉嫌违法立案审查的成为极少数。这“四种形态”科学回答了“用什么执纪、为什么监督”等重大理论和现实问题，对于全方位挺纪在前、全天候执纪必严，以纪律建设推进从严治党、依规治党，具有重要战略意义和丰富实践价值。

四风问题：四风指形式主义、官僚主义、享乐主义和奢靡之风，由习近平在2013年6月在北京召开的中国共产党的群众路线教育实践活动工作会议上提出。四风问题是违背中国共产党的性质和宗旨的，是当前群众深恶痛绝、反映最强烈的问题，也是损害党群干群关系的重要根源。

四大考验：指的是执政考验、改革开放考验、市场经济考验、外部环境考验。这是我们党长期执政面临的考验，是长期的、复杂的、严峻的。

四种危险：指的是精神懈怠的危险、能力不足的危险、脱离群众的危险、消极腐败的危险。这些危险在新时期更加尖锐地摆在全党面前，落实党要管党、从严治党的任务比以往任何时候都更为繁重、更为紧迫。

八项规定：党的十八大之后，以习近平同志为核心的党中央坚定推进全面从严治党，制定了中央政治局关于改进工作作风、密切联系群众的八项规定。其主要内容是：一要改进调查研究；二要精简会议活动；三要精简文件简报；四要规范出访活动；五要改进警卫工作；六要改进新闻报道；七要严格文稿发表；八要厉行勤俭节约。八项规定是一个切入口和动员令，党中央从落实中央八项规定精神破题，坚持以上率下，率先垂范，从中央做起，既抓思想引导又抓行为规范，执纪问责，严肃查处和曝光典型案件，形成高压态势。各地认真贯彻落实中央八项规定精神，也结合实际制定了具体细化措施，赢得了人民群众的衷心拥护。

三严三实：2014年3月，习近平总书记在第十二届全国人民代表大会第二次会议安徽代表团参加审议时，提出了“既严以修身、严以用权、严以律己，又谋事要实、创业要实、做人要实”的重要论述。“三严三实”体现着共产党人的价值追求和政治品格，是领导干部的修身之本、为政之道、成事之要。

六大纪律：指中国共产党的政治纪律、组织纪律、廉洁纪律、群众纪律、工作纪律、生活纪律。六大纪律遵守情况是巡视巡察工作的重点。

两个为主：党的十八届三中全会明确提出，推动党的纪律检查工作双重领导体制具体化、程序化、制度化，强化上级纪委对下级纪委的领导。查办腐败案件以上级纪委领导为主，线索处置和案件查办在向同级党委报告的同时必须向上级纪委报告。各级纪委书记、副书记的提名和考察以上级纪委会同组织部门为主。

一案双查：中国共产党第十八届中央纪律检查委员会第三次全体会议上，中国共产党中央政治局常委、中央纪委书记王岐山作了题为《聚焦中心任务　创新体制机制　深入推进党风廉政建设和反腐败斗争》的工作报告。他强调，对发生重大腐败案件和不正之风长期滋生蔓延的地方、部门和单位，实行“一案双查”，既要追究当事人责任，又要追究相关领导责任。

监督的再监督：监督就是权力部门在权力运行过程中须自我监督，权力授予部门进行管理职能监督。纪检监察监督的内容是对“监督”的“再监督”，简单来讲就是了解监督对象做了什么，而不是具体去参与什么。要把监督重点放在用权的合法性和合理性上，通过对权力运行的过程、制度规范的健全、政策法规的执行情况进行全方位监督，有效地履行党章赋予的监督职能。

“两学一做”学习教育：指的是“学党章党规、学系列讲话，做合格党员”学习教育。2016年2月，中国共产党中央办公厅发出通知，要求在全体党员中开展"两学一做"学习教育，这是面向全体党员深化党内教育的重要实践，是推动党内教育从"关键少数"向广大党员拓展、从集中性教育向经常性教育延伸的重要举措。

三转：中央纪委根据党章规定、党风廉政建设和反腐败斗争形势任务，要求纪检监察机关聚焦党风廉政建设和反腐败斗争，转职能、转方式、转作风，找准职责定位，明确主责主业，紧紧围绕监督执纪问责，全面提高履职能力。

党内监督体系：2016年10月27日颁布《中国共产党党内监督条例》中明确了党内监督体系为党中央统一领导，党委（党组）全面监督，纪律检查机关专责监督，党的工作部门职能监督，党的基层组织日常监督，党员民主监督。

巡视：2016年10月颁布《中国共产党党内监督条例》明确巡视是党内监督的重要方式。2017年7月新修订的《中国共产党巡视工作条例》规定党的中央和省、自治区、直辖市委员会实行巡视制度，建立专职巡视机构，在一届任期内对所管理的地方、部门、企事业单位党组织全面巡视。巡视的重点是检查党的组织和党的领导干部执行《中国共产党章程》和其他党内法规，遵守党的纪律，落实全面从严治党主体责任和监督责任等情况进行监督，着力发现党的领导弱化、党的建设缺失、全面从严治党不力，党的观念淡漠、组织涣散、纪律松弛，管党治党宽松软问题。

巡察：新修订的《中国共产党巡视工作条例》明确了党的市（地、州、盟）和县（市、区、旗）委员会建立巡察制度，设立巡察机构，对所管理的党组织进行巡察监督。巡察是推动全面从严治党向基层延伸的有效形式，是优化基层政治生态的重要制度保证。发现问题、形成震慑是巡察监督的基本功能。

中国共产党华北电力大学第二次党员代表大会关于中国共产党华北电力大学纪律检查委员会工作报告的决议

中国共产党华北电力大学第二次党员代表大会审查、批准中国共产党华北电力大学纪律检查委员会向中国共产党华北电力大学第二次党员代表大会的工作报告。大会充分肯定了第一次党代会以来中国共产党华北电力大学纪律检查委员会的工作。

大会认为，第一次党代会以来，特别是党的十八大以来，华北电力大学纪委在学校党委和上级纪委的领导下，全面贯彻党的十八大和十八届三中、四中、五中、六中全会以及十八届中央纪委历次全会精神，强化“四个意识”，坚守职责定位，以党章为遵循，以纪律为戒尺，以改革为动力，认真落实全面从严治党要求，深入推进党风廉政建设和反腐败工作，为学校改革发展提供了坚强保障。

大会要求，高举中国特色社会主义伟大旗帜，以习近平新时代中国特色社会主义思想为指导，全面深入学习贯彻党的十九大精神，认真落实学校党委和上级纪委的决策部署，牢牢把握全面从严治党这个主题，进一步转职能、转作风、转方式，聚焦主责主业；密切联系学校实际，紧盯责任落实和作风建设，强化监督执纪问责，持之以恒正风肃纪；突出问题导向，深化标本兼治，忠诚履职尽责，以新的作风开创新的局面，全面落实本次党员代表大会确定的各项战略部署，推动全面从严治党取得新的成效，为实现建成特色鲜明高水平研究型大学，为实现“两个一百年”奋斗目标，为实现中华民族伟大复兴的中国梦而不懈奋斗！

专　　文

Speeches and Articles on Certain Topics

校长杨勇平在华北电力大学第六届第五次教职工代表大会上的工作报告

凝心聚力　锐意改革
全面开创“双一流”建设新局面

校长　杨勇平

（2017 年 2 月 17 日）

各位代表、同志们：

今天，我们隆重召开华北电力大学第六届第五次教职工代表大会。大会的任务是：全面贯彻落实党的十八大、十八届三中、四中、五中、六中全会精神，深入学习贯彻习近平总书记系列重要讲话精神和治国理政新理念新思想新战略，贯彻落实全国高校思想政治工作会议、全国教育工作会议精神，总结 2016 年学校工作，分析当前的形势和任务，明确 2017 年工作思路和工作重点，凝心聚力、锐意改革、真抓实干、实现突破，全面开创“双一流”建设新局面。

下面，我向大会作工作报告，请各位代表审议。

一、2016 年主要工作回顾

（一）全面加强党的建设与思想政治工作

深入学习贯彻十八届六中全会、全国高校思想政治工作会议精神，紧密围绕全面从严治党的主题，加强从党委中心组到中层干部、教职员工的理论学习和宣传教育，全面推进从严治党到从严治校、从严治教、从严治学、从严管理的延伸和拓展；扎实开展“两学一做”学习教育，有效结合学校多年开展的“一个支部一个目标　一个党员一个任务”活动，形成贯穿“党委目标——院系级党组织目标——党支部目标——党员任务”的目标任务体系，把“两学一做”落到实处。加强班子建设，配合教育部党组顺利完成校行政领导班子换届与校党委班子成员调整，启动处级领导班子和领导干部换届调整；深入推进党风廉政建设，严肃党纪党规，开展校内巡察，组织完成领导干部离任经济责任审计和专项工作财务审计。加强基层党组织建设，深入开展直属党委（党总支、党支部）党建述职工作；加强巩固马克思主义在意识形态领域的指导地位，成立马克思主义学院；推进社会主义核心价值观品牌创建活动，“成长 1+1”项目荣获第四届首都大学生思想政治教育工作实效奖一等奖。

（二）编制完成并启动实施“十三五”发展规划

经过历时近两年的深入研讨、广泛调研、分析论证、征求意见等起草过程及学校教代会讨论通过、党委常委会会议审查核定、教育部批复备案等程序，《华北电力大学“十三五”发展规划纲要》正式出台并启动实施。《规划》以一流学科为统领，以创新发展为主线，以人才培养为核心，以师资建设为抓手，以综合改革为保障，涵盖学校总体规划、专题规划、专项规划和学院规划（1+1+6+*X*）四个组成部分，确定了学校“十三五”期间建设发展的指导思想、总体目标和主要任务，是学校“十三五”各项工作的行动指南，对于学校进一步统一思想、明确目标、深化改革、任务驱动、加快推动“双一流”建设具有深远意义。

（三）开展多维度学科评价工作

紧密围绕“双一流”建设工作目标，组织全校 22 个一级学科参加全国第四轮学科评估。与爱思唯尔公司合作进行优势学科评估：我校动力工程及工程热物理学科发文量排名全球第 1 位，被引次数排名全球第 4 位；电气工程学科发文量排名全球第 19 位，被引次数排名全球第 46 位。此外，在 U.S.NEWS 2017 世界大学学科排行榜中，我校工程学位列世界第 114 名、中国大陆高校第 20 名；在 ARWU2016 世界大学学科排行榜中，我校能源科学与工程、电气与电子工程、环境科学与工程、机械工程 4 个学科进入全球前 300 名，其中能源科学与工程学科位列全球第 42 位、国内第 8 位。

（四）人才队伍建设扎实推进

高水平人才队伍建设成效显著。崔翔荣获“首都劳动奖章”；王祥科入选 2015 年长江学者特聘教授并第三次入选工程学、环境与生态学两个领域全球2016年“高被引科学家”；引进国家杰出青年科学基金获得者1名。获评北京市教学名师1人，“中国大学MOOC 2014—2015优秀教师”1人；1名教师入选科技北京百名领军人才培养工程，1名教师入选北京市科技新星计划，1名教师入选“香江学者计划”，3名教师获得北京市优秀人才培养资助。学校选派30多名青年教师出国研修；校内7名博士后获中国博士后科学基金资助。

（五）人才培养质量稳步提高

加强人才培养模式顶层设计，全面修订、实施全日制研究生培养方案；深化专业和课程内涵建设，12个专业实施中央教育教学专业综合改革，4门课程完成国家级精品资源共享课建设，2门课程上线“中国大学MOOC”平台，“MOOC辅导员课程”入选教育部精品项目；新增国家级虚拟仿真实验教学中心1个；深入推进创新创业教育，成功入选国家“创新人才培养示范基地”及河北省“创新创业教育改革试点高校”。

教育教学与创新人才培养成效显著。9项成果获河北省教育教学成果奖，其中获一等奖2项；21个项目获省部级教改立项，出版教材29部。学生在科学研究、创新创业、社会实践以及体育文化各级各类赛事中成绩突出：学生全年累计获得各类国际、国家级学科竞赛奖448项，承担国家级大学生创新创业训练计划项目240个；新增国家级众创空间1个，河北省众创空间1个；首次获批“小平科技创新团队”和“中国青少年科技创新奖”；大学生艺术团、高水平运动队在各级各类赛事中均获优异成绩。3个团支部入选全国“活力团支部”，创新电1501班荣获北京市“十佳示范班集体”。

（六）科技创新能力和水平显著提升

承担国家重大科研任务的能力显著增强，科技成果实现新突破，科研经费合同额首次突破6亿元。获批国家重点研发计划专项课题35项、国家自然科学基金和社科基金74项。作为牵头单位，首次承担国家重点研发计划“纳米科技”重点专项项目和国家重大科研仪器研制项目。荣获各类国家、省部级科技成果奖59项，其中作为参与单位获国家科技进步二等奖1项、国家技术发明二等奖1项，获省部级科技成果一等奖4项（其中作为牵头单位3项），中国电力科学技术一等奖2项；授权专利861项，其中发明专利409项；学术论文实现量与质的同步增长，科技论文、论文被引用次在全国高校排名位居前列，1篇论文荣获2015年度“中国百篇最具影响国际学术论文”。科研平台建设稳步推进，新增省部级科研平台2个；顺利通过武器装备科研生产单位三级保密资质复审。大学科技园被认定为国家级“科技企业孵化器”“国家小型微型企业创业创新示范基地”“中国留学回国人员实习基地”及河北省“双创基地”。

（七）对外合作交流进一步拓展

成立对外联络与合作部，统筹规划、协调、运作对外合作资源，不断拓展校地、校企、校校合作的深度与广度。与张家口市签订战略合作框架协议，共建“华北电力大学张家口科教园区”；稳步推进与地方政府的合作项目。深化与能源电力企业合作，再次当选中电联副理事长单位；与中国国电集团共建“智能发电协同创新中心”；同国网甘肃电力、天津电力和内蒙古电力公司签署战略合作协议；拓展对外合作领域，创新基金开源渠道和服务模式。

国际合作与交流规模进一步扩大。留学生规模及教师、学生出国交流学习人数均创历史新高：2016年留学生招生262人，比上年增长46%，学历生占比61%；教师出国交流访问达243人次，比上年增长30%；学生参加国际化学习和交流学生总人数达468人，比上年增长近20%；境外攻读硕博学位的学生达283人。学校积极参与“一带一路”建设，开展商务和科技援外项目，获得首批“一带一路”专项留学生奖学金，与境外多所高校签署合作协议15项；与蒙古科技大学联合成立中蒙可再生能源创新中心；承办北京高科大学联盟和波兰技术大学校长联席会议校长论坛；主办2016上海合作组织大学能源会议，成立“上海合作组织大学能源智库”。

（八）资源保障体系建设持续加强

加强条件建设，提高服务质量，建设与高水平大学发展相适应的后勤服务保障体系。规范和加强财务管理，确保财务安全平稳运行，财务状况良好；加强招标管理与资产管理，完善固定资产管理信息平台，提高资产使用效益；加强产业规范化管理，推进科技成果产业化和经营性资产的保值增值；扎实推进校园规划与建设，主楼A、G座、后勤服务楼主体竣工。成立网络与信息化办公室，统筹规划、总体协调大学信息化建设工作，持续推进数字化校园建设；“大安全”管控体系渐趋完善，网络与信息安全体系巩固加强，校园安全稳定和保卫工作扎实开展，为学校的快速发展提供了有力保障；附属学校、医疗服务、图书文献、档案工作等各项工作服务水平持续提升。

同志们，过去的一年里，在学校党委的领导下，全校师生员工团结奉献、努力拼搏，在推动学校改革发展的事业中创造了优良业绩，做出了重要贡献。一年来的工作扎实推进，一年来的成绩有目共睹。在此，我代表学校党委和行政领导班子向全校师生员工致以诚挚的感谢，特别向以刘吉臻老校长为代表的上一届行政班子成员所付出的努力和心血致以崇高的敬意！

二、全面深化改革 全面从严治党 努力开创“双一流”建设新局面

（一）深刻领会“双一流”建设的战略地位和重要性

党的十八大以来，以习近平同志为核心的党中央，站在实现“两个一百年”奋斗目标和中华民族伟大复兴中国梦的战略全局和高度，全面回答了“培养什么人、如何培养人、为谁培养人”以及“办什么样的大学、怎样办好大学”这两个根本性问题，对高等教育提出了前所未有的目标和要求。习近平总书记指出：教育强则国家强。在全面建成小康社会进入决胜时期的今天，国家进一步加快创新驱动的步伐，对一流高等教育的需要比以往任何时候都更加迫切，对科学知识和卓越人才的渴求比以往任何时候都更加强烈。为此，党中央、国务院作出了建设一批世界一流大学和一流学科的重大战略决策。作为教育部直属的国家重点建设高校，我们理应响应国家战略要求、勇于承担时代重任，积极加入到国家“双一流”建设的行列中来。

华北电力大学迄今已走过了将近一个甲子的光辉历程。近六十年风雨沧桑路，正是建设一所具有鲜明特色的多科性、研究型、国际化高水平大学的办学目标，激励着几代华电人矢志不渝地为之奋斗，推动着学校事业不断前进、走向辉煌。学校以能源电力学科为核心，建设了响应国家能源革命重大需求的“大电力”学科体系，形成了与行业紧密依托、共同发展的特色办学体制，这些都是我们在办学中所拥有的得天独厚的发展优势。同时，经过多年的建设、发展和积淀，学校在很多方面取得了令人瞩目的办学成就，具备了继续发展和向高位进一步提升的实力和基础。站在新的历史起点，下一个甲子年学校将如何发展？这是摆在学校每一个人面前的重大问题。“双一流”建设适时为我们提出了新时期的战略目标。这个目标是学校回应历史、把握当前以及展望未来的必然选择。

（二）充分认识“双一流”建设的紧迫性和艰巨性

目前，“双一流”建设目标正在高等教育领域掀起一个新的高潮，引发起改变现有高校格局的新一轮激烈竞争，这是一个以学科建设为核心的高等学校综合办学实力的全面较量和比拼。对于华电来说，“双一流”建设既是重大机遇，更是严峻挑战，必须充分认识它的紧迫性和艰巨性，做好准备打一场艰苦卓绝的硬仗。

从学校自身来看，我们的综合办学实力还不够强，在某些方面尚有薄弱的环节和明显的短板。学校优势学科较少，尤其缺少顶尖学科，创新人才培养的理念、机制、质量和水平尚有待进一步提升，承担重大项目、产出重大成果的能力仍然不够突出，学术大师和优秀人才的数量偏少，学校的管理体制和机制还不能满足高水平大学进一步发展的要求等。这些都是我们建设“双一流”必须正视、改革和突破的问题。

从外部环境来看，形势更是不容乐观。在学科设置方面，学校的电、动等优势学科在国内著名高校中布局十分普遍；随着能源、环境问题在全球领域形成高度关注点，目前还有更多院校特别是综合性院校进军能源电力领域；不少发达地区以雄厚的实力和各种有力的政策、资源支持地方高校冲击一流学科，形成了日趋复杂、激烈和艰难的竞争格局。

形势异常严峻，使命不容后退。我们必须拥有比以往任何时候都更加强烈的危机意识和紧迫意识，树立比以往任何时候都更加坚定的信念和精神，付出比以往任何时候都更加巨大的艰辛和努力，以舍我其谁的勇气、壮士断腕的决心和只争朝夕的干劲，迎接这一重大机遇，承担这一历史重任，敢于担当，勇于争先，鼓足干劲，奋力拼搏，坚决打赢“双一流”建设攻坚战！

（三）全面把握国家“双一流”建设的内涵与要求

日前，国家发布了《统筹推进世界一流大学和一流学科建设实施办法》（以下简称《办法》），对“双一流”建设的原则、遴选条件、遴选程序、支持方式、管理办法等进行了全面规定。按照文件精神，“双一流”建设要全面贯彻党的教育方针，坚持社会主义办学方向，按照“四个全面”战略布局和创新、协调、绿色、开放、共享发展理念，以中国特色、世界一流为核心，落实立德树人根本任务，以一流为目标、以学科为基础、以绩效为杠杆、以改革为动力，推动一批高水平大学和学科进入世界一流行列或前列。

《办法》指出，“一流学科建设高校应具有居于国内前列或国际前沿的高水平学科，学科水平在有影响力的第三方评价中进入前列，或者国家急需、具有重大的行业或区域影响、学科优势突出、具有不可替代性”。《办法》在“双一流”建设高校的遴选上，对高校的人才培养、科学研究、社会服务、文化传承、师资队伍、国际交流等内涵建设方面有着高水平的要求。国家采取认定方式确定一流大学、一流学科建设高校及建设学科，每五年一个建设周期，实施总量控制、开放竞争、动态调整。

今年是学校“双一流”建设的认定与攻坚之年。学校要对标“双一流”建设目标，认真按照“双一流”学科建设高校要求，在人才培养、科技创新、人才队伍、文化建设、社会服务等方面全面发力，推动改革，加快建设。要面对国家重大战略需求，面对经济社会主战场和世界科技前沿，结合学校的基础和特色，突出学科交叉和协同创新，突出与行业产业发

展的紧密联系，深入开展校企合作和国际交流，探索出一条具有华电特色的“双一流”的建设路径，精心设计我校“双一流”建设方案，确保“双一流”建设深入推进：围绕能源电力领域，重点建设以电气工程、动力工程及工程热物理学科为核心的链条式、金字塔结构的世界一流能源科学与工程学科，打造“高峰”学科；强化特色优势学科和新兴能源学科的内涵建设，培育“高原”学科；加强通用工程类和文理基础类学科的条件建设，发展“支撑”学科；加强学科的交叉与融合，全面提升“大电力”学科体系的整体水平。到 2020 年，使学校的优势学科进入世界一流学科行列；2030 年，使学校的优势学科进入世界一流学科前列。

（四）全面深化改革与全面从严治党是“双一流”建设的关键与保障

“双一流”建设从根本上讲是发展的问题。要发展必须改革，而推进改革，关键在于最大限度地调动起人的因素。因此，必须坚持全面深化改革，推进全面从严治党。

要以全面深化改革破解“双一流”建设进程中的痼疾、难题和矛盾，为学校事业的发展打通梗阻、扫清障碍、铺平道路，奠定坚强的体制机制保障。要通过深入推动教育教学改革、科技创新体制机制改革、干部人事制度改革、管理机制改革等来达到体制优化、组织模式与制度创新，建立和不断完善现代大学制度，切实增强“双一流”建设的内生力、驱动力，最大限度地激发广大师生员工的创造力。

要以全面从严治党保障党的领导、办学方向和队伍建设，打造一支坚强有力的先进队伍，使党员干部成为改革、建设、发展的主力军。要坚持党的领导、坚持社会主义办学方向，坚持弘扬正气，充分发挥好党委的领导核心作用、党支部战斗堡垒作用和党员先锋模范作用，把党员干部这支先进队伍的核心力量、主导作用、带动效应激发出来，以此为契机，全面调动起各类人才干事创业的积极性，建设风清气正的政治环境和优秀的校园文化，推动优良的教风、学风、校风形成，确保改革措施上行下达、通畅运行，全面开创“双一流”建设新局面。

三、2017 年工作思路和主要工作

（一）抢抓机遇、励精图治，确保在若干重要领域取得突破

1．“双一流”建设取得突破。实施“一流学科”建设计划，精心筹划和科学编制“双一流”总体建设方案、分学科建设方案，确保我校顺利进入国家“双一流”建设行列；全力做好第四轮学科评估后续工作，确保电、动两大优势学科取得较好评估成绩；开展新一轮学位授权点的组织申报，确保博士点申报有所突破。

2．国家级教学成果奖取得新的突破。系统梳理人才培养的历史成绩，全面总结学校在教育教学改革方面的成功做法和经验，加强谋划、认真设计、精心凝练优秀教学改革成果，高质量完成国家级教学成果奖前期准备工作，在确保获得北京市、河北省教学成果一等奖的基础上，实现国家级教学成果奖的突破。

3．高层次人才引进和培育取得突破。明确人才引进责任主体，加大高层次人才引进和培育力度。针对一批学科急需人才、海内外杰出人才及重点培育的优秀人才，做好定点培育、重点服务和全面支持；确保年度引进或培育长江学者、杰青等高层次人才 2～3 名，青年千人计划、青年长江学者、优青等高水平青年人才 3～5 名。

4．重大科研项目立项和国家级科技成果获奖取得新的突破。启动实施重大科技项目和标志性科研成果培育计划，提升“千万级”以上国家重大科研项目的承接能力和攻关能力。作为牵头单位承担国家重点研发计划、重大专项等国家重大科研项目 1～2 项，国家自然科学基金和社科基金突破 100 项；高质量、高标准做好国家级科技奖励组织申报工作，确保获得 2 项以上国家级科技成果奖励。

5．对外合作交流取得突破。积极稳妥推进张家口科教园区建设项目，成立领导小组与工作团队，完成前期各项规划与准备工作。加大力度推进大学的国际化，实现中外合作办学机构或海外新建孔子学院设立的突破；留学生学历生招生规模突破 300 人；获批建立国际联合实验室或国际合作联合研究中心。

6．办学资金筹措能力取得突破。积极落实各项收入组织管理工作，实现年度事业收入突破 20 亿元，全面夯实财务对学校事业发展的可持续支撑能力；规范经营性资产管理，落实科技成果转化相关政策，实现学校参股科技企业成功上市 1～2 家。

（二）深化改革、革弊图新，力争在机制体制创新上取得实质性进展

7．深化教育教学改革。开展教育思想大讨论，明确新形势下学校人才培养理念和目标定位。修订本科专业和非全日制专业学位研究生人才培养方案；深化专业综合改革，大力推动本科生优质课程、研究生百门课程和思想政治理论课建设，将创新创业教育有机融入人才培养全过程；探索卓越工程人才、拔尖创新人才、创新创业人才等多元化人才培养模式改革；完善校企联合人才培养机制，组建“电力行业卓越工程师培养校企联盟”；推进本科大类招生，完善推免研究生招生机制；加强研究生联合培养基地内涵发展，推进研究生培养机制与模式改革。加大力度推动形成在人才培养目标、定位、方案、思政教育、创新创业、科教协同、校企联合、国际化等人才培养体系的全方位改革联动机制，提倡在一些院系先行先试，分步实施，全面推进。

8．深化劳动人事制度改革。构建与“双一流”建设目标相适应的劳动人事制度体系，处理好引进与培育、发展与评价、激励与约束、考核与分配的关系，充分调动各级各类人员投身学校事业发展的积极性。建立高层次人才聘期管理、服务、考核体系；深入实施校内人才计划，重点培育一批业务精湛、富有创新精神和良好发展潜力的青年拔尖人才。修订专业技术职务评聘和考核办法，拓宽教师发展通道，完善教师评价体系，强化约束作用；推行职员制改革，建立职务职级相结合的职员晋升发展通道；逐步完善校内收入分配办法和多元化用人用工模式；稳妥、有序地推进保险改革各项工作；探索管理重心下移，在专业技术职务评聘、考核标准制定、收入分配等方面赋予院系更大的自主权，激发院系的积极性和创造性。

9．深化科研组织及资源配置机制改革。围绕国家需求、优势领域和新的学科增长点，研究制定跨学院、跨学科和跨校区的创新团队组织和管理体制机制，继续实施实体化创新团队建设；建立以重大科研任务和高水平科研成果产出为导向的资源配置模式；加强科研基地规范化管理和开放运行，建立科研基地绩效考核制度；制定科技成果和科研工作绩效评价改革方案；大力推动高水平科研成果的落地转化应用，成立学校科技成果转移转化领导小组，推进成果转移转化体制机制改革。

10．深化干部制度改革。完善干部选拔任用工作机制，把好选人用人关，大力培养、大胆使用忠诚干净担当、谋改革促发展实绩突出的干部；加强处级后备干部队伍建设，建立干部培训、地方交流、企业交流等多途径培养培训体系，完成中层干部换届调整工作。推进干部绩效管理改革，建立干部分类考核机制，强化考核结果运用，推进干部问责机制，提高干部的执行力和管理效能；加大院系考核力度，建立院系考核指标体系与考核标准；加强制度建设，不断完善并严格执行干部分类管理、任期管理、目标管理、交流轮岗、学术回归等一系列干部制度。

11．深化大学治理结构与治理体系改革。坚持依法治校，全面贯彻落实《华北电力大学章程》，构建和完善现代大学制度。坚持和完善党委领导下的校长负责制；深入推进两地实质性一体化办学，推动校部与校区的协同机制及各部门之间的联动机制；推进机构改革，优化部门与机构设置，建设有利于提高管理水平与管理效能的、精简高效的管理体系。推进教授治学，完成学术委员会、学位评定委员会、教学委员会换届工作，建立学校科协组织机构和工作制度；建立健全若干专项工作委员会或领导小组，形成长效工作统筹与协调机制。推进院系治理体系改革，实现管理重心下移，激发院系办学活力；推进民主管理、民主监督，加强教代会和统战工作；健全社会参与机制，拓展大学理事会、基金会、校友会参与学校治理的渠道和方式。

（三）优化资源、提高效益，加强资源保障服务体系建设

12．提高资金筹措与管理水平。全校上下牢固树立办学效益意识，加强各种资金的筹措力度，全面提升办学质量和办学效益。积极扩大研究生招生规模，加大基础经费争取力度；提高科研经费、成果转化和培训收入，全面提高办学资金筹措能力；拓宽基金渠道，扩大基金流量，切实加强大学基金的募捐和管理；全面加强对中央高校改善基本办学条件专项、中央高校教育教学改革专项、中央高校捐赠配比专项及中央高校基本科研业务费、外专经费等专项经费的统筹管理，优化资源配置，提高资金使用效率。

13．加快推动信息化建设工作。加大校园信息化工作力度，构建信息化建设统一管理体制，加强顶层设计，做好《信息化建设中长期发展规划》；整体布局北京校部和保定校区高度一体化的智慧校园，推动两校区一体化业务应用群和统一数据中心建设，完成新办公平台等重要应用系统建设项目；持续开展信息系统（网站）的等级保护工作，提升信息安全水平。

14．加强学校运行保障服务体系建设。进一步深化后勤管理体制改革，构建权责清晰的后勤管理体系。加强资产管理，规范招标工作，完善国有资产运行机制，提高资产使用效益；完成15号学生宿舍和年度中央改善基本办学条件专项工程，确保主楼A、G座交付使用，推动保定二校区学二十舍建设工作；加强节约型校园建设，努力打造三维立体的校园绿化景观；确保校园食品质量与安全，为师生提供优质、高效、环保、节能的后勤服务。加强图书、医疗与档案工作，全面提升综合服务水平；深入推进附中附小共建项目，积极筹备附属幼儿园开园工作；完善“大安全”一体化工作机制，全力构建高水平、智能化、集成化的“平安校园”保障体系。

（四）从严治党、弘扬正气，营造“双一流”建设的良好氛围

15．全面从严治党，努力营造风清气正的政治生态。加强党的领导，切实履行管党治党、办学治校的主体责任和监督责任，落实全面从严治党要求，构建“从严治党、从严治校、从严治教、从严治学”的纪律责任体系。迎接教育部巡视检查，推进校内巡查机制化；加强党的基层组织建设，强化院系党的领导，探索研究生党支部与教师党支部共建新模式；迎接北京高校党建和思想政治工作基本标准检查验收。建立责任传导机制，健全党内监督体系，强化责任追究；加强专兼职纪检队伍和纪检监察工作信息化建设，完善审计制度，持之以恒抓好作风建设。

16. 坚持立德树人，强化思想引领，全面打造优良教风、学风、校风。坚持全员全过程全方位育人，培养又红又专、德才兼备、全面发展的中国特色社会主义合格建设者和可靠接班人，把社会主义核心价值观体现到教书育人全过程，推进思想政治工作改革创新。加强师德建设，充分发挥教学名师引领作用，引导教师教书育人；加强学风建设，推动学生潜心向学。加大学术论坛和学术交流力度，营造学术氛围，精心筹备、着力办好中国工程院第4届能源论坛、第10届全国大学生节能减排大赛等活动。探索构建具有时代特征和学校特点的教学运行管理机制和学生工作体系，推进数字化平台和“一站式”学生事务服务中心建设，打造综合性网络思政教育阵地；加强群众性体育工作和艺术教育工作，促进学生全面发展。

17. 弘扬华电精神，加强文化自信，推进大学文化建设。深入学习宣传研究马克思主义，贯彻落实党的教育方针，强化干部职工理论学习，加强理想信念教育，抓好意识形态和宣传思想工作；推动新媒体和传统媒体融合发展，提升宣传工作水平。提升高等教育研究服务学校改革发展的能力，提升学术期刊的办刊质量与办刊水平；着力打造华电特有的精神文化体系，充分调动广大师生员工的积极性、主动性、创造性，积极营造充满正能量、热情饱满、奋发向上、文明和谐的校园氛围，大力推进优秀大学文化建设。

各位代表、同志们：

新的愿景，新的征途，新的目标，新的行动。蓝图已经绘就，使命伟大光荣。让我们在党的十八大、十八届三中、四中、五中、六中全会、习近平总书记系列重要讲话和全国高校思想政治工作会议精神的指引下，在学校党委的坚强领导下，全面深化改革，全面从严治党，全面提高人才培养质量，以更加开拓进取的精神、更加奋发有为的姿态、更加务实肯干的作风，努力开创“双一流”建设的新局面，以优异成绩迎接党的十九大胜利召开！

校长杨勇平在2017年教育教学思想大讨论活动启动大会上的讲话

（2017年5月3日）

老师们、同学们、同志们：

大家下午好！在这春意盎然、春光明媚的美好季节里，今天我们在这里召开全校教育教学思想大讨论的启动大会。这次会议是在我们全面贯彻落实全国高校思想政治工作会议精神以及我校教代会确定的2017年重点任务、开创“双一流”大学建设的大背景下召开的，意义重大而深远。今天参加会议的人员有全校教师、干部、学生，而且北京、保定两边同时召开，这么大的范围这么多年来还是第一次。上一次教育思想大讨论是1998年大学两边合并后开展的第一次教育思想大讨论，应该说对我校教育观念的转变、人才培养质量的提高发挥了重要作用，是可以写入华北电力大学史册的一件大事。时隔近20年，我们大学所处的时代，遇到的新问题、形势都已经完全变化了，我们再次开展教育教学思想大讨论，这是在新的时期、新的历史起点、学校教育发展新的阶段对于学校未来教育发展，未来人才培养走向的一次重要讨论，事关学校改革发展，事关学校的“双一流”建设，是一次转变观念、统一思想、凝心聚力的重要活动。因为学校的根本任务就是立德树人，人才培养是我校的核心任务、中心任务，在学校再也没有比它更大的事情。为此，学校高度重视这次活动。今天我们在这里召开这么大规模的教育教学思想大讨论，就是要求我们的学生、老师、干部广泛参与，大家一起交流探讨、献计献策，最后达到解放思想、转变观念、形成共识。

以下，我想从三个方面来谈一些想法：第一是为什么要进行这次大讨论，第二是讨论什么，第三个方面是怎么讨论才能使得效果更好。

一、为什么要进行这次教育教学思想大讨论？

我觉得，至少应该从六个方面来说，我们确实有必要而且是十分必须、十分迫切需要开展这次思想大讨论。

（一）国家的需要与时代的呼唤。我们正在全面建设创新型国家、全面建成小康社会，国家比以往任何时候都需要高水平高素质人才。党中央提出了“两个一百年”的目标，第一个一百年是在我们党成立100年时，第二个一百年是在新中国成立100年时。我们现在培养的学生，在他们走出校门以后的这段时间，正好马上就是第一个一百年目标。紧接着他们未来工作的三十年正好是从第一个一百年目标到第二个一百年目标，所以他们工作的三十年、四十年正好是赶上我们国家第二个一百年的建设时期。因此，从时代的节点来看，我们培养的这一代人，尤其是95后、00后、10后这一代人是跟我们“两个一百年”时代非常吻合的一代，肩负着非常光荣的历史使命，他们的综合素质和专业能力直接与我们实现中华民族伟大复兴的这一重任息息相关，正是他们被赋予的历史使命需要我们的教育工作者。这是时代赋予他们这一代人的责任和担当，需要我们广大的老师们来帮助他们，能够承担起这历史使命。

（二）高等教育发展的需要。高等教育的发展水平是一个国家发展水平、发展潜力的一个重要标志。要建设科技创新的科技强国、人才资源的强国就必须建设高等教育的强国。因此，高等教育在国家具有特殊的地位，而且发挥的作用也越来越重要。总书记讲到，我们对高等教育的需要比以往任何时候都更加迫切，对科学知识和卓越人才的渴求比以往任何时候都更加强烈，这的确是高等教育的改革发展需要。作为教育部直属重点大学，我们的人才培养观念和思想都要发生变化，都要适应时代的发展。

我们学校是高等教育的重要组成部分，是教育部直属的“211 工程”重点建设大学、是能源电力行业特色类学校，人才的培养应该遵循其自身的规律。《国家中长期教育改革和发展规划纲要（2010—2020 年）》《教育部关于全面提高高等教育质量的若干意见》，尤其是去年 12 月召开的全国高校思想政治工作会议，对学校高等教育人才培养都提出了明确的要求，而且可以说是更高的要求，那么像我们这样的高校高等教育人才培养如何来进行，这是一个值得认真思考的问题。就在前几天，天津大学组织全国 60 多所高校研讨“新工科”这个概念，这个概念与传统的工科概念发生了翻天覆地的变化。现在互联网+、大数据、人工智能、智能制造等等新东西不断深入工科，我们如何来调整和适应？我们培养什么样的人？如何培养人？为谁培养人？特别面对能源电力行业，如何提高我们的人才培养质量，确实需要进行深刻的思考和讨论。有统计数据表明：到 2020 年，我国新一轮的信息技术产业作为第一位、电力装配第二位，以及制造数控基础、机器人、新材料等都将成为人才短缺最大的几个行业；到 2025 年，新一轮的信息技术产业人才短缺是 950 万，而电力装配人才短缺是 900 万，仅次于信息产业。由此可见，我们培养的人才在未来有巨大的潜力，这正是高等教育发展所需要的。

（三）能源电力行业正在发生着深刻变化。国家能源发展正处于变革和调整的时期，现在的能源结构，包括总量、技术水平、管理模式都以一种加速度在发生着深刻的变革。从行业规模来说，现在我们面临的是大规模能源结构：水电、火电、风电都是世界第一，核电是世界第二；现代化水平也高，包括特高压、超高临界。这种形势下，我们培养的人才要为行业服务，行业变化那么大，我们人才的培养必须要跟着调整。

特别是近十几年，国家能源行业可以说经历大调整、大发展，表现为能源布局宽松化、能源格局多极化或多元化、能源结构低碳化、能源系统智能化、国际竞争复杂化，能源消费增速回落，能源结构发生了双重更替，一方面是化石能源由油气代替煤炭，石油、天然气在化石能源中所占比例增加；另一方面是非化石能源代替化石能源，这样的双重更替就是我们的主体能源。同时，能源发展动力加快转化，能源布局形态深刻变化，能源国际合作迈向更高的水平，这就是我们现在能源所处的阶段和状态。总书记也提出能源发展的四个革命，如何深入推进能源革命，着力推进能源生产方式的变革，建设清洁低碳安全高效的现代能源体系等。总之，新的能源体系构建就体现为八个关键字：清洁低碳、安全高效。面对这样的能源形势，我们在人才培养方面，专业设置、培养方案等必须进行调整，才能适应能源发展。还有我们的专业基础不符合现在的能源结构，原来是大电网、大电厂，现在是分布式能源，多能源互补，能源互联网。前两天在拜见大学理事会理事长、全球能源互联网发展合作组织主席刘振亚先生时，他特别谈到我们现在培养的学生，需要具备两点：一是学科交叉。必须跨学科，进行学科交叉，知识面要广。二是国际化水平。全球能源互联网、“一带一路”都需要培养具有国际化视野的高素质人才。

（四）大学自身改革发展的需要。一流大学必须要培养一流的人才，这是必要条件，这次讨论的主题就是一流的本科、一流的人才培养。纵观世界国内外著名高校，没有一所大学不重视人才培养，如哈佛大学、斯坦福大学、麻省理工学院等，对本科教学尤其重视。国内的知名高校如清华、北大，清华大学前年开始教育教学综合改革，提出通识教育加专业教育加个性化发展，在教育教学这方面下了非常大的力气，而且对老师给本科生上课有非常高的标准和要求。我们现在要建设“双一流”，要建设高水平大学，必须要重视人才培养。反过来，也正因为长期以来对人才培养的重视，我们培养出的人才才能得到行业、用人单位和社会的认可，才有我们今天在社会上的声誉，才有今天我们的地位、才有我们现在的大学录取分数的逐年提高。

但是现在，也有个问题请大家思考。一方面我们培养的人才受用人单位的欢迎，这当然是件好事。前段时间去国家电网公司了解到，这次第一批国家电网公司录取的学生我们学校国内是排在第一位；而且我们学校的毕业生每年到国家电网公司就业的占 1/5 左右，这是好事，证明了这个行业人才需求旺盛，也证明了我们的学生深受行业认可。但从另一个角度讲，找单位容易或者能找到好单位导致了另外一个格局，那就是我们学校近年的考研率、出国率比较低，也就是深造率低。目前我校本科毕业生深造率仅为三分之一，也就是三分之一的毕业生继续深造（包括出国深造和国内读研），三分之二毕业生选择就业，这跟学校现在的地位不相符。而像北京邮电大学、北京矿业大学、北京化工大学等北京高科联盟大学，毕业生的深造率基本都在50%上下。我们与这些学校平均水平的差距不是一个小数字。从生源来看，我们的高考招生分数排在全国前40位，比许多高科联盟大学分数都高，这样的状况意味着什么？目前，高等教育已经进入大众化，毛入学率超过40%，再过几年就超过50%了，一半以上的适龄青年都能上大学。但是像我们这样的高水平大学，把这些顶尖的学生招进来，还要让这些学生有更高的追求、有更大的成就，当然我并不否定本科毕业参加工作就没有大的成就。但是毕竟起点高一点，成功的概率就大一点，这个是值得我们深思的。

（五）信息技术飞速发展的要求。今天这个飞速发展的信息时代，如互联网+以及信息技术，在这一方面的快速发展对我们传统教学的影响，在有些方面我觉得是颠覆性的。现在的信息技术不得了，大数据、云计算、人工智能，这几种信息技术的叠加，还有虚拟现实、增强现实，这些技术对传统的教学、传统的课堂确实是一种颠覆，组合起来可能就跟我们面对面的上课感觉差不多，氛围也差不多，甚至在有些方面，是我们老师传统教学没法替代没法达到的水平。这种技术的发展对将来的教学肯定会产生非常重大的影响，而且现在已经产生了很大的影响。现在网上的资源如慕课、虚拟课堂、远程课堂，可以听到国外知名大学的课、知名教授的课，这肯定对我们的教学、对我们的老师是一种极大的挑战。还有移动终端技术可以让人们利用手机学习，这样，将来学习知识可能是碎片化的，可以利用坐车的时间、休息的时间，随时随地学习。十年以前，这些技术可能还感觉到有点神秘，但现在确实已经变成了现实，已经影响到我们的生活、我们的工作，也会影响到我们的教育方式，所以这个应该及时做好准备。如果还是依靠传统教学，那么将来肯定会不适应这个时代，或是这个时代来了之后未做到充分的准备，我们就会非常被动。通过今天这个大活动探讨我们的教育模式、教育技术、教育方式、教育手段，要及时赶上信息化时代的步伐。

（六）学校自身存在的问题导向。多年来，我们在教育教学改革上取得了很多成绩，推动了学校的发展进步。但是，由于时代发展太快，建设高等教育强国对高素质人才培养提出了很高的要求，与这些要求相比，我们还存在着很大差距，或问题，需要进行不断的改革、提高。

培养目标定位还不够清晰，比较单一。这些年我校培养的基本上都是电力工程师，但是作为教育部直属的高水平大学，我们的人才培养目标应该多元化，还应该承担起培养能源电力领域未来的科学家、能源行业的领军人物、政府部门的领导者、创新创业的企业家，甚至是将来国际组织的一些官员和职员。从水平上来讲，我们的教育通识化、学科交叉和国际化视野也有差距。

人才培养方案。我校人才培养方案的学分在教育部属院校是接近最高的，现在大多数学校是160～170学分左右。我们给学生的规定动作太多，课程设置比较刚性化，留给学生发挥自身特长专长和自由个性化发展比较少、比较不理想，课程体系需要进行改革。

课堂教学。课堂教学过分依赖于PPT，有些讲课效果不是太好、学生出勤率不高、对课堂兴趣不高，即使来了抬头率也不高，这都值得我们反思，也说明了老师提供给学生的课不够有吸引力。老师给学生讲课就像给学生配餐一样，只有营养丰富、味道可口、色香味俱全的大餐，才对学生有吸引力。配的不具有吸引力、口感不好，或者过咸或过甜都不合适。

其他如教材方面、教学实践环节、创新创业教育、社会实践的模式与内容等，在教育过程中都还存在很多问题。存在问题并不可怕，关键是要面对问题、不回避问题，这次我们就要通过教育教学思想大讨论活动进行探讨、进行改革，使之能够进一步的发展、完善。

二、教育教学思想大讨论，主题是什么？

我想用八个主题词来引导这次讨论的主题，即：思想、方法、问题、形势、标准、制度、改革、文化。

（一）思想。我们是教育工作者、是老师，要学习教育家的一些先进理念、教学思想。比如说陶行知先生，他的生活即教育、社会即学校、教学做合一思想，把生活与教育融在一起。印象特别深的就是喂鸡的例子：拿了一把米压着大公鸡的头让它吃，它不吃，往它嘴里塞，也还是不吃；后来，慢慢让它放松下来，把米放在桌子上，这时候鸡才慢慢开始吃了。这就是说教和学最好是主动的，不能强迫的给学生灌输知识。我们不应该是把教学当成一项布置的任务来完成，把书本教给学生了，任务就完成了。我们的目的应该是让学生学会，不光要学会知识还要学会方法，这个应该是大家注意的。清华大学老校长梅贻琦先生提倡大学就是水域，教学过程就是游泳的过程，老师是大鱼在前面游，学生如小鱼在后面模仿，游着游着慢慢就会了，我们老师和学生得在一起互动起来。习总书记在全国高校思想政治工作会议上的讲话也谈到，放盐要准确到毫克，不能说一勺子就把今天的任务完成了，而是要慢慢地放到我们的每顿饭里面、每个菜里面，润物细无声地发挥作用。像这些经典的教育思想我们还要学习，好多教育理念需要我们从中不断感悟。特别是目前高中初中小学阶段，应试教育的成分还是比较大，学生摆在第一位的就是考上大学，在这种情况下学生的思想政治教育包括价值观的培养等方面有些欠缺，需要大学把这些补起来。所以，教育人要尊重教育教学的规律、人才成长的规律，把教学和育人能够统一起来，育人为本、德育为先、能力为重，要培养学生拥有健全的人格和高度的社会责任感，积极向上的阳光心态，这都是我们在这个时期应该重视的教育思想。

（二）方法。从方法或者技术层面，要有先进的教育教学方法，特别是要掌握新的方法、新的技术，借助于信息技术、多媒体技术、慕课。另外，学生也要有好的学习方法，学习方法好效率就高，接受吸收的就快，这就是为什么同一个老师教的同一个班的同学会差距很大，我认为就是学习方法有问题。还有我们现在的考核办法，包括教学质量、监控的方法和技术等都要改进。我们常说教学质量比较难量化，特别是跟科研比较起来比较难，但是，借助现在的技术，一些监控监测的技术，先进的统计技术，通过大数据分析，确实能够找到一些评估教学质量、教学效果的先进的方法，所以说技术和方法也是要讨论的重点。

（三）问题。刚才提到了在教学过程的各个环节都存在着一些问题，要进行梳理。在这方面，要讨论广义的教育教学，包括管理和服务存在的各方面问题，包括硬件和软件，人才培养的目标定位、培养方案、课程体系、教材、教师的投入、职称的评审等等，我觉得不要回避，要把问题真正地找出来、找准，这样才能解决问题。像清华大学，他们有“第一课堂”“第二课堂”等六个课堂体系，那么我们也可以从课堂教学、实践环节到国际合作、社会实践甚至到参与社区学习等学生培养的各个方面进行梳理。

（四）形势。也就是要分析形势。刚才我讲了，从大的形势包括国家的形势、高等教育的形势、能源行业的形势，同时放眼世界，还有整个世界的形势、越来越复杂的世界格局、全球化等等，这些确实要注重思考；再加上经济的新常态，社会结构处于调整的时期，能源行业也处于一个调整的时期，在这种调整的时期，这样一个瞬态的过程中，我们的教育教学、人才培养如何来进行？我们不能低着头、关起门来搞讨论或者搞教育教学改革，而是应该放眼世界、扩大视野，要知道国内外别人家在做什么，尤其是我们的兄弟学校有什么好的作为，以及整个高等教育发展的态势。刚才也讲到，前两天在天津大学有60多个大学参与讨论“新工科”建设的问题。新工科对比传统意义上的工科有着许多变化，一方面各个专业的内涵有变化，另一方面出现了很多战略性新兴产业，对应着一些新的专业、交叉的专业，诸如互联网+、大数据、先进制造、云计算、包括我们的新能源、新材料等，都发生了很多变化。在这种形势下，我们的教学计划怎样安排、实践环节怎样安排，需要深入的思考和讨论。

（五）标准。标准很重要，作为我们这样的大学，老师的标准应该是什么？我觉得把课教好这肯定是毫无疑问的，但是研究型、高水平的大学，还不仅仅是停留在这里，尤其是专业课的老师还得做研究，这就肯定就比别的大学的老师累、标准也高。教专业课的教师、教专业基础课的教师，教公共基础课的教师，也都应该有一个标准，这个标准应该是专业水平的标准。那么，对学生的标准是什么？现在的学生有基本的学生守则，但是这个还不够，应当有更高的标准，特别是对我们这些高水平大学的学生，入学分数那么高，应该以更高的标准要求自己。一方面是掌握扎实的基础知识、专业理论知识，同时又要有创新创业方面的能力、有高度的社会责任感，我觉得这些都是高水平大学的学生标准。另外，职能部门的标准、院长的标准、校领导的标准、校长的标准是什么？要以学生为中心，围绕着人才培养的中心任务、立德树人的根本任务，所有的老师、职员、管理人员都应该树立标准。大家之所以这么忙里忙外，最终还是要把学生培养好，所以学生是我们最终服务的对象。当然，要让学生成才，主要还是依靠老师。想象一下，如果没有知名的学者、没有知名的教授、没有踏踏实实在一线的老师，我们的学生靠谁培养？所以，职能部门的同志们：大学里面我们的主角就是学生和老师，我们是为他们服务的，我们是做后台这些道具的，大家要定位清楚，我们得为老师们服务、为学生们服务、要有服务意识。今年保定校区提出了优化管理服务的口号，确实要树立这种观念。

（六）制度。如何才能真正把老师们的积极性调动起来？我觉得，一方面是靠觉悟，但是最终还得靠制度来规范。首先是激励的制度，如何鼓励老师潜心教学、提高教学质量；另一方面，也必须要有些约束作用。我们不能把教学作为一个任务，只要完成了工作量就是完成任务，究竟教学效果如何，除了量的约束还要有质的约束。你教这门课，实际上你占了这个资源、占了这个岗位，你教了这门课别人就没机会教了。清华大学就面临着这样的现状，很多老师没课教，都要通过选拔、通过竞争才能上讲台。特别是建立教授给本科生上课的制度，一定要雷打不动、坚决执行；还有校领导、院系领导听课的制度；还有一些资源分配的制度，如何保障资金优先用于人才与教学；另外，考核、评价、职称晋升、教学管理等等都需要制度来保障。我们要通过教育教学思想大讨论推动一些制度改革，以前出台的制度好的要沿用、过时的要更新，没有的或不太健全的我们要健全起来，把学校的制度进一步完善。

（七）改革。教育教学思想大讨论就是为了教育教学改革服务，要提供思路、提供方案、达成共识、推动改革，这体现在各个环节。比如，招生逼着我们必须改革。现在浙江、上海按大类招生，我们今年也开始按大类招生，这种招生模式使我们面临新的挑战，原来我们的优势学科、优势专业和普通专业录取分数线差的不是太多，将来差一百多分都有可能，同样都是我们招的学生，我们如何来面对？比如，像我们这样的大学，通识教育如何做、专业教育怎么做，培养方案和课程体系如何改革、通识教育和专业教育怎么进行有序的整合？还有个性化，如何尊重、发展学生的个性？还有各类各行的协同培养、实践环节、创新创业，包括学校科研如何反哺教学、校企如何协同来促进我们的人才培养，等等。上周教育部开了简政放权的会议，学校自主权会越来越大，责任也会越来越大，很多情况要求我们自己主动来应对，思考的东西也越来越多，所有这些都需要加大改革的力度。

（八）文化。从育人的角度讲，一所学校的文化非常的重要，包括学校的风气、土壤、水分等。我们要践行“办一所负责任大学”的办学理念，弘扬“自强不息、团结奋进、爱校敬业、追求卓越”的华电精神，要把这些精神、理念贯穿到日常的教学当中，贯彻到管理服务当中，形成尊师重教的良好风气，形成以学生为中心的教育文化，形成良好的校风、教风、学风。一所大学，教师在教育教学当中承担主导的作用，学生承担着主体的作用，对这个基本的思想我们都应该有一个清醒的认识，大家要能够达成共识，即：我们上上下下都是为学生服务、为学生的成长成才服务的，要从硬件环境、软件环境、校园环境，营造这样的氛围，形成一种文化。所以，管理人员也好、教辅人员也好，都要全心全意为我们的老师们服务，让他们潜心教学、潜心工作。大家一起联手，让我们的学生能在校园里面陶冶情操、获取知识、提高能力，能够真正地掌握本领，具有创新精神、具有高度的社会责任感，能够担当起将来的重任。这种优质学风、教风、校风如何营造，需要我们一起来讨论、一起来努力，形成这样的大学文化。

三、教育教学思想大讨论，如何推进？

（一）全员参与大讨论。为什么是教育教学思想大讨论，首先这个“大”是什么概念？就是大家都动起来，像我们今天这样大范围、立体式、交叉式来讨论。所谓立体式是什么？就是学校层面包括职能处室、学院、教研室、老师、学生，大家都要动起来、都要讨论、都要思考。交叉式是什么呢？就是要有交流。老师和老师之间、老师和学生之间、学院和学院之间、学院和职能处室之间等都要交叉讨论。它山之石，可以攻玉。我们可以借鉴更多他人的好的做法，通过思想的碰撞产生火花，所以这次大讨论大家都动起来。

（二）结合贯彻落实全国高校思政会精神来讨论。中共中央、国务院印发的《关于加强和改进新形势下高校思想政治工作的意见》是在新的时期对高等教育特别是人才培养、教书育人工作的一个纲领性的指导，它回答了培养什么样的人、如何培养人、为谁培养人这样的根本性的问题。对我们如何教书、如何育人、怎么能够培养出社会主义的建设者和接班人等都从不同程度上提出了非常高的要求，对如何加强党的领导、如何发挥学校党委的作用、院系党委的作用，还有教研室、支部的战斗堡垒作用也都有明确的指示。所以全体干部、老师和员工都要认真学习文件精神，把它贯彻落实到日常的工作中。比如，对老师来讲，提出了老师的“四有”要求，要有理想信念、有道德情操、有扎实的学术、还要有仁爱之心；对学生来讲，特别是要有社会主义核心价值观，总书记也谈到各位学生要勤学、修德、明辨、笃实。特别是围绕这次教育教学思想大讨论，31号文件要作为一个重要的学习材料认真学习。

（三）结合“双一流”建设与综合改革来讨论。“双一流”建设提到五项建设任务，其中人才培养是最重要的任务。而在2017年确立的重点工作及五项改革任务中，教育教学改革也是其中的重中之重、改革之首，这是学校的中心工作。我们要结合中心工作、“双一流”建设以及正在开展的综合改革来进行深入的讨论。

（四）采取开放式讨论。开放式就是要请进来、走出去、开门做，不能关起门来讨论。一方面我们要请进来政府的管理人员、主管部门的领导、教育领域的专家、包括行业、用人单位的资深专家、模范英雄人物、兄弟学校在某些方面做得好的等，这些具有代表性的都可以请进来，来给大家辅导、转变观念、传授经验。另一方面，我们得走出去，特别是有些做得好的学校，我们可以去取经，去看看别的学校是怎么做的，可以实地去考察，走出去主动学习。总之，讨论起点要高，要真正了解、学习探讨和凝结最先进的教育思想、教育理念、教育方法、教育手段，推进我们的教育教学改革。

（五）典型引领，凝练成果。学校发展这么多年，确实有很多在教育教学改革方面非常好的做法，这里面包括“433”核心课程、“四模块”实践教学、“三层次、四环节”综合培养教育体系，“厚基础、重实践、强能力、求创新”的人才培养特色等。另外，我们有很多老师在教育教学方面做得非常好，比如，经管学院赵洱岽老师的MOOC，在国内的名气非常大，一些部委和学校都请他去介绍经验；还有些院系在教育教学改革方面也有很多好的做法。这些都是我们要继承、总结的方面。所以，通过这次教育教学思想大讨论，我们要学习一些好的做法，要树立典型；另一方面也借这个机会系统地梳理一下这么多年在来教育教学改革方面的好的做法，认真进行总结，凝练形成优秀的教育教学改革成果，争取冲击国家教学成果奖。

（六）加大宣传力度，营造氛围。教育教学思想大讨论是一项非常重要的工作，要在舆论宣传、媒体上加大宣传力度，要造势，把大家都发动起来。宣传部门要精心设计，要建立专门的网站，利用各种新媒体进行宣传，包括活动的进展和一些典型的好的做法，及时宣传、及时报道，把这次的教育教学思想大讨论真正做得有声有色，让一些先进的理念能够深入到每个老师学生心中，声音能够传递到学校每个师生的耳中，让每一个师生都参与到大讨论中来。

（七）边讨论，边行动。讨论最终是为了做，讨论和行动要结合在一起，讨论最终要落在行动上。在讨论中觉得确实马上可以做的、比较好的、可以复制的、较为成熟的做法，就要立即做。而有些认为拿得不太准、需要进一步论证的或者还需要等条件具备才能做的情况，可以在小范围先做试点，试点好再推广。

（八）责任到人，注重实效。教育教学思想大讨论最终的目标是提高人才培养质量，这是我们的最终目标也是归宿。所以讨论主题不能泛泛而谈，要看是不是对培养人才有利、是正能量还是负能量、是贡献还是拖后腿，这个不但要讨论而且要落实到人。院系层面是决定我们这次教育教学思想大讨论成败的最大关键点，院长、书记、系主任一定要承担起责任。比如，能不能抓住院系的专业需求和定位，能不能发现目前教育教学改革中存在什么问题，能不能保证把学生组织起来，能不能把大家的积极性、创造性和智慧调动起来等，院系负责人要发挥核心作用，实际上教育教学改革成败的关键也是这些问题。大家要以高度的责任感、使命感来投入到这次教育教学大讨论中、投入到教育教学改革当中来，为在新的时期推进“双一流”建设、提高人才培养质量，为国家培养合格的建设者和接班人，做出我们每个人应有的贡献。

祝愿本次教育教学思想大讨论能够硕果累累，取得圆满成功。谢谢大家！

党委书记周坚在教育部第二巡视组对华北电力大学巡视情况反馈会议上的表态发言

（2017 年 6 月 22 日）

尊敬的王豪杰组长，牛燕冰巡视员，崔帮焱副组长，马博虎副组长，同志们：

这次教育部党组第二巡视组对华北电力大学党委开展专项巡视，是对华电党委管党治党、办学治校工作的一次“政治体检”，是对我校全体党员干部的一次深刻党性教育，充分体现了部党组对学校工作的关心支持、对学校干部队伍建设的高度重视和对领导干部政治上的关怀爱护。第二巡视组在对我校进行专项巡视期间，认真贯彻习近平总书记系列重要讲话精神和部党组要求，依规依纪全面深入了解情况，做了大量艰苦细致和富有成效的工作。巡视组同志牢固的政治意识、大局意识、核心意识、看齐意识，忠于职守、敢于担当的政治品格，精益求精、一丝不苟的工作态度，严谨细致、求真务实的优良作风，为我们树立了学习的榜样，使我们深受感动，教育激励我们更加奋发有为地做好学校改革发展稳定各项工作。

刚才，王豪杰组长反馈了巡视情况，牛燕冰巡视员就深入学习贯彻习近平总书记重要讲话精神（认真贯彻教育部党组要求），做好巡视整改工作提出了明确要求。两位领导同志的讲话，对我们深入推进全面从严治党，进一步加强和改进各项工作，必将起到重要的指导和促进作用。巡视组的反馈意见，既肯定了学校党委近年来的工作，也严肃指出了学校在党的领导、党的建设和全面从严治党等方面存在的突出问题。巡视组的反馈意见，客观中肯、深刻尖锐、切中要害、对我们触动很大、警醒深刻。对巡视组指出的问题，学校完全认同、诚恳接受、深刻剖析、全面整改；对学校提出的意见要求，我们要高度重视、全面贯彻、坚决落实。会后，学校党委将迅速召开常委专题会议研究部署。初步考虑，我们将重点抓好以下三方面工作：

一、增强“四个意识”，切实提高政治站位。接受巡视是政治任务，落实巡视整改同样是重要政治任务，不折不扣完成巡视整改任务是学校党委的重大政治责任所在。我们要认真贯彻落实党的十八大和十八届三中、四中、五中、六中全会精神，深入学习贯彻习近平总书记系列重要讲话精神，牢固树立“四个意识”，坚定政治方向，始终同以习近平同志为核心的党中央保持高度一致，站位于讲政治、讲大局、讲党性、讲规矩的高度，切实担负起学校管党治党、办学治校的主体责任，把认识和行动统一到中央和部党组的要求上来，以高度的政治自觉和勇于担当的精神，全面深入抓整改，将整改过程转化为强党建、转作风、促发展，谋改革的实际行动，做到直面问题真认账，对照差距见行动，确保整改见底到位。以巡视整改的扎实成效，坚定不移推进全面从严治党向纵深发展，为办好中国特色社会主义大学提供坚强保障。

二、坚持问题导向，从严从实推进整改落实。学校将全面落实党委主体责任和纪委监督责任，以高度的政治责任感和极端负责的态度，坚持高标准、实措施、严纪律，全力推进巡视整改落实。

一是加强组织领导。学校党委要切实担负起巡视整改的主体责任。我作为党委书记，要认真履行好第一责任人职责，把自己摆进去，主动认领责任，带头抓好整改落实，领好班子、带好队伍，自觉为党担责、为党尽责、为党负责。学校将成立巡视整改工作领导小组，由我和杨勇平同志担任组长，其他校领导班子成员任副组长，下设工作机构。

二是制定整改方案。对巡视组指出的问题，逐一深刻剖析，分门别类建立工作台账，列出问题清单、任务清单、责任清单，有针对性地提出整改要求、整改措施和完成时限，确定路线图和时间表。做到任务到岗、责任到人、对账销号，以抓铁有痕、踏石留印的精神，确保条条都整改、件件有着落、事事有回音。

三是建立责任机制。完善学校党委、院系级二级单位党委、党支部三级联动的责任体系，层层传导压力，处处压实责任，学校各级领导干部都要本着对党负责、对事业负责、对同志负责的态度，勇于担当、把自己摆进去，主动认领问题，带头落实整改。

四是强化督查问责。学校党委将全程督导检查，通过定期召开整改工作协调会、深入基层调研指导等方式，适时调度整改工作进展情况，推动整改方案全面实施、整改措施全面到位、整改效果全面达标。要对问题整改不力的有关责任单位和责任人严肃问责，坚决杜绝和制止推诿扯皮、敷衍塞责、拖延迟缓等现象发生。做到问题不解决不松手，整改不到位不罢休，目标不实现不收兵。自觉将巡视整改工作置于全校广大教职员工的监督之下。

三、坚持标本兼治，全力推进学校新发展。

巡视整改不是“一阵风”，我们要把解决具体问题与普遍性问题、解决当前问题与长远问题紧密结合起来，既要拿出当下改的具体举措，也要注重长久立的制度安排，特别是围绕问题易发多发的重点领域和关键环节，进一步健全完善制度体系，努力使全面从严治党在治标上下功夫、在治本上见成效，充分发挥巡视标本兼治的战略作用。

学校将立足长远，通过深化综合改革，切实提升治理体系和治理能力现代化水平，推进大学章程贯彻落实，不断寻求从根本上解决问题的有效途径和方法。同时，还要将整改工作同深入贯彻落实全国高校思想政治工作会议精神、全面贯彻党的教育方针，同“两学一做”学习教育常态化制度化建设、同推动落实学校“十三五”发展规划、同推进“双一流”建设紧密结合起来，促进整改工作与学校各项工作的同频共振，切实将巡视整改转化为推动学校事业发展的强大助推力。

各位领导、同志们：巡视整改事关学校的发展和未来，我们一定要以这次巡视整改为契机，进一步加强党的领导，进一步夯实基层党建工作基础，进一步落实立德树人根本任务，进一步规范选人用人工作，进一步落实中央八项规定精神，进一步加强党风廉政建设，推动全面从严治党从宽松软走向严紧硬，以巡视整改的实际成效推动学校党的建设和各项事业迈上新台阶，以优异成绩迎接党的十九大胜利召开！

最后，对巡视组同志和教育部领导的辛勤工作和悉心指导表示最诚挚的感谢！

校长杨勇平在2016—2017学年学生评优表彰大会上的讲话

做有理想、有本领、有担当的时代先锋

（2017年12月7日）

老师们、同学们：

大家下午好！

今天，我们在这里隆重举行华北电力大学2016—2017学年学生评优表彰大会，对过去一学年来在思想品德、学业成绩、科技创新、社会实践、公益活动等各方面表现优秀、成绩突出的学生先进集体和先进个人进行表彰。在此，我代表学校党委和行政、代表周坚书记向受表彰的集体和同学们表示热烈的祝贺！同时，也向为学校优秀人才培养付出辛勤劳动和心血汗水的教师、干部、员工们表示衷心的感谢和诚挚的敬意！

立德树人是高等学校的根本任务，高等教育一切办学活动都是围绕这个根本任务来进行开展，学校所有工作的最终评价也是要看学生培养这个核心指标。学校坚持一年一度以隆重的颁奖仪式对获得优异成绩的同学进行表彰，这不仅是对学校人才培养、学生管理、教育教学、学风建设等方面工作成果的全面总结，而且更重要的意义在于通过树立标杆、奖励优秀、典范引领，在整个学校中形成一种以榜样带动全体、争做先锋青年的比学赶超、创先争优的学习风尚，使学校涌现出越来越多的先进集体，越来越多的拔尖人才脱颖而出，越来越多的同学加入到优秀分子的先进行列中来，让我们每一个同学都能在德智体美全面发展、获得进步、快速成长，成为国家需要的优秀人才，最终提升学校人才培养整体的质量和水平。

过去一年来，我校的人才培养整体呈现良好的局面，学校开展了教育思想大讨论，教育教学改革不断推进，学风建设不断加强。学生在各项学科创新及科技赛事和活动中表现突出，获取多种优秀成绩，可以说是捷报频传、精彩纷呈。全国

大学生节能减排大赛，我们拿下了多个特等奖、一等奖，全国大学生足球联赛我们拿下了总冠军，学生创行团队继 2014 年的全球总冠军之后、今年再次摘得桂冠，夺得阿美亚洲“能源杯”大赛亚太总冠军。今年也是学校各种奖学金覆盖面最大的一年。本学年共有 15 人获得校长奖学金，369 人获得国家奖学金，629 人获得国家励志奖学金，还有万余名学生获得校内综合奖学金、单项奖学金、三好学生、研究生先进个人和企业奖学金、校友奖助金等各类奖学金。以创新电 1601 班等为代表的十个班集体获得了十佳班集体的优秀称号，以能动学院 9 号楼 537 宿舍为代表的 10 个宿舍获评“十佳”学生宿舍。这些优秀个人和集体的涌现，是学校人才培养和教育管理工作成果的重要体现，也标志着学校在人才培养成果已经呈现出高层次、高水平、多样化的良好态势。同学们，我由衷地为你们的成绩感到骄傲，为你们的成长感到欣慰！

今年是党和国家历史上具有特殊意义的一年，也是我们学校事业发展历程中具有里程碑意义的重要一年。党的十九大胜利召开，中国特色社会主义进入了新时代，中华民族伟大复兴开启了新的征程。党的十九大确立了习近平新时代中国特色社会主义思想的一系列重大政治论断、基本方略、方针政策和战略部署，给我们以极大鼓舞，也为学校改革发展提供了根本遵循和行动指南。学校成功入选国家“双一流”建设高校，第二次党代会隆重召开，提出了学校向特色鲜明高水平研究型大学转型发展的奋斗目标，明确了高水平大学建设的新方位，绘制了学校中长期发展的宏伟蓝图，这一切都标志着学校事业发展进入一个新的阶段，并将为迎来学校建校六十周年、开启华电历史新的甲子掀开了崭新的一页。

十九大报告明确提出，建设教育强国是中华民族伟大复兴的基础工程；新时代高等教育的任务是加快“双一流”建设，实现高等教育内涵式发展，其中，最具标志性的内容就是要培养一流人才、落实立德树人。学校第二次党代会也再次强调了今后一个时期学校“立德树人”“提高质量”的两大根本任务，这是高等教育的最终使命，是学校一切工作的核心，需要全校师生戮力同心、不懈努力、共同奋斗。特别是同学们，作为新时代的青年，肩负着中华民族伟大复兴的中国梦，是国家的未来和希望。习近平总书记最关心青年的成长进步，对青年一代寄予厚望，多次对青年大学生提出谆谆教诲。在十九大报告中，习总书记把对青年的希望放在长达三个半小时报告最后的重心部分，他语重心长地说，“青年兴则国家兴，青年强则国家强。青年一代有理想、有本领、有担当，国家就有前途，民族就有希望。中国梦是历史的、现实的，也是未来的；是我们这一代的，更是青年一代的。”

今天，借这个机会，我想就学习领会习总书记对青年提出的三点希望和要求谈谈认识，与大家共勉。

第一，有理想，做志存高远的追梦者。

理想是什么？理想是一种梦想，但又远远高于梦想。说它是梦想，是指它凝聚着人们对未来的追求和向往，具有实现的可能性；说它高于梦想，是指它体现和反映了人们的世界观、人生观与价值观，一旦明确和坚定了理想，它就会成为人们的精神向导，转化为人们无穷的动力和意志力，指引着人去投身实践、不懈奋斗。一百年前，十月革命一声炮响，世界上第一个社会主义国家苏维埃政权建立，宣告着共产主义理想在世界东方闪现出曙光，也给中国送来了马列主义。1921 年，在浙江嘉兴南湖的一只小船上，中国共产党应运而生，苦难的中国，从十几个早期的共产主义者发起，开始了中国革命漫长而艰难的奋斗历程。正是凭着共产主义的理想，凭着马克思主义者的坚强信念，这批最早的革命先驱者历经艰苦磨难，初心不改、矢志不渝，建立起一个凝聚各族人民先锋队伍的伟大政党，领导人民从星星之火渐成燎原之势，从井冈山、延安、西柏坡到北京，最后夺取了新民主主义革命的胜利，在一穷二白的底子上建立起社会主义新中国。新中国成立之后，共产党领导全国人民又开始了社会主义建设的新征程，并不断走向民主富强，实现了为中国人民谋幸福，为中华民族谋复兴的伟大理想。学过党史的同学们都知道，在近百年的艰难历程中，我党多少次遭遇到过重大的覆顶之灾，在革命低潮的时期，比如井冈山时期、长征时期，早期的革命者身处极其恶劣的环境，时时面临着牺牲、流血的危险，有时身边只剩下很少的同伴和战友在坚持战斗，他们当中，不乏富家子弟、高官子弟、不乏受过良好教育的知识分子，本可以过得安然舒适的生活，如果不是凭着坚定的理想，如何能够在艰苦的斗争中坚持下来直至最后的胜利？因此，国因梦想而强大，人因理想而伟大，坚持理想必定铸就非凡。

在我们身边，也有着许多鲜活的人和事，因为有理想而让平凡的人生充满光辉，因为坚守理想而在平凡的岗位做出不平凡的业绩。

能动学院有一位姚文达老教授，60 退休时才开始从 26 个字母开始学英语，他的理想就是在有生之年要用第二种语言继续和升华自己的学术生涯。数年如一日的坚持不懈，老教授不畏艰辛、不惧年高，最后不仅发表了英文文章，还出版了厚厚的英文学术专著，在耄耋之年实现了自己的理想。他今年刚刚仙逝，但是他的品行正是我们“自强不息、追求卓越”华电精神的充分体现，这种精神让人起敬，引人深思。

我们年轻的校友、94 级计算机专业的罗静同学，她的格言是不断挑战自己，她的理想是征服全部全世界上 8000 米以上的世界高峰。今年，她再次成功登顶她个人历史上的第 13 座 8000 米以上的世界高峰——海拔 8047 米的布洛阿特峰，而全世界8000米以上的世界高峰只有14座。罗静的坚守理想让这位身量瘦弱的女子变得很高大，让人注目。

同学们，理想信念既是一个国家、一个政党治国理政的旗帜，也是我们每一个个体的奋斗目标和前进方向。树立何种人生理想，选择哪种奋斗方向，决定着我们的青春前进的方向。我们要正确认识时代责任和历史使命，树立远大的理想目标，把个人的理想追求融入国家和民族的事业中，敢于有梦、勇于追梦、勤于圆梦，把远大抱负落实到实际行动中，追求梦想，锲而不舍，成就事业。

第二，有本领，做勤学善思的实践者。

本领是一种能力，是指顺利完成某一活动所必需的主观条件，是人的智慧、品质、能量的集合，同时也表现为一种态度、一种积淀、一种格局。拥有扎扎实实的本领，理想才能不落入虚空，梦想才能化为现实。中国革命的道路，正是在革命队伍不断壮大，斗争经验不断凝聚、错误不断修正，实力不断增强的历程中，才造就了一个伟大、正确、坚强、不断图新、奋勇前进的政党，带领全国人民夺取了革命和建设时期的最终胜利，带给了我们一个富强民主文明和谐美丽的新中国。对于个人来讲，只有学好本领，才能在属于每个人的舞台上挥洒最美的人生篇章。

站上新的历史方位眺望，包括你们在座的当代青年，无疑是幸运的一代。按照宏伟蓝图的擘画设计，从全面建成小康，到基本实现社会主义现代化，再到把我国全面建成社会主义现代化国家，你们将完整经历实现新时代目标的伟大进程。你们既是实现目标的生力军，也将是目标实现的受益者。新时代，归根结底是青年人的时代。生逢其时是你们最大的际遇，但同时也必然要承载最大的挑战。因为你们面临的这个时代，将是一个全新的时代，你们要走到世界舞台中央，见证、投身和推进新一轮信息革命、能源革命、技术革命带来的惊喜、变革和实践，技术大数据、云计算、物联网、人工智能，多种信息技术叠加，重大颠覆性创新不时出现。这样的时代要求你们要有新思维，要有真本领，这样才能成为新时代的主人，在创新实践中完成自己的使命、实现自己的理想。今天，我们非常荣幸地请来了一位重量级的科学家——中科院外籍院士王中林院士，一会儿在会后我们要请他给同学们做学术报告。

王中林院士是美国亚利桑那州立大学有史以来以最短时间获得物理学博士学位的第一人。他做氧化锌纳米结构的研究，这个研究开始属于冷门，世界上没几个人做，做了以后大家还普遍认为这个事情没有多少用。但是十多年的研究生涯，他正是凭着“板凳敢坐十年冷”的精神，始终如一、持之以恒地进行他的研究，最终收获了重大的成果，使得氧化锌成为除碳纳米管和硅纳米线外纳米技术中一大材料体系，成为全世界的研究热点。他在《Nature》《Science》及其子刊中发表论文40余篇，单篇被引用次数近5000次，H因子达167，并荣获2015年度诺贝尔物理学奖提名。王院士是世界上材料和纳米技术领域论文引用次数最多的前3位作者之一，在当今世界最杰出的科学家排名榜上位列第25名。

王中林院士无疑是成功人士，他的成功在于他拥有过硬的本领，这样的本领，见识、能力、智慧、坚持、毅力缺一不可。

我们今年获得校长奖学金的15名同学，每位同学都在不同方面有着过硬的实力，这样才会从全校近3万名同学中脱颖而出。

2014级能动学院博士生孔艳强同学，这是位品学兼优、德才兼备、全面发展的同学。首先，他是研究生党支部书记，学生干部，思想过硬；第二，他又是学霸，业务拔尖：参加了国家973、国家自然科学基金项目研究，以第一作者在SCI一区、二区先后发表了高水平学术论文8篇，其中TOP期刊高达5篇；此外还以第一发明人申请国家发明专利6项，连续两年获得国家奖学金；第三，特别值得提出的是，他还是运动健将，体能超强，他是我校获得全国大学生足球联赛全国总决赛冠军的主力队员，已先后获得省区赛7次冠军。

同学们，像孔艳强这样的同学，你们说本领强不强？我们高水平大学就是要培养这样的人才，我们建设现代化国家就是需要这样人才。当然，还有其他很多优秀同学的例子，我在这里就不一一列举了。同学们，不断学习实践是我们练就过硬本领的必经之路，要向知识要宽度，向理论要高度，向实践要深度，努力形成更敏锐的思维、养成更自信的气度、练就更高强的能力、磨炼更坚毅的意志、造就更宽广的格局，要不断地学习本领、磨砺本领、提高本领，做新时代的弄潮儿，做自己命运的掌舵者。

第三，要有担当，做脚踏实地的奋斗者。

担当是一种负责任的理念和态度，是一种勇担重任、舍我其谁的格局和气度，只有勇于担当的人，才能不负使命，恪尽职守，推动事业不断前进。党的十八大以来，以习近平同志为核心的党中央科学把握当今世界和当代中国的发展大势，统筹推进“五位一体”总体布局，协调推进“四个全面”战略布局，出台一系列重大方针政策，推出一系列重大举措，推进一系列重大工作，以超乎寻常的勇气和力度推进从严治党、惩治腐败，解决了许多长期想解决而没有解决的难题，办成了许多过去想办而没有办成的大事，在历史上书写了浓墨重彩的新篇章。这个历史成就的取得，正是以习近平同志为核心的党中央以巨大的政治勇气和强烈的责任担当，举旗定向、谋篇布局，迎难而上、开拓进取的鲜明体现和胜利成果。只有大担当，才有大作为。我们学校秉承“办一所负责任大学”的办学理念，也是一种担当精神在立德树人中的传播和体现。对于同学们来说，敢于担当也是一种对做人承担、做事负责的基本要求，做人做到襟怀坦白、能作敢当，做事做到极致认真、不留遗憾。

我们身边有很多这样播撒着责任与担当的正能量：

控计学院林碧英教授，我们学校的教学名师，既爱事业又爱学生，课堂上对知识精益求精，容不得半点含糊，生活中对学生如沐春风、和蔼可亲；始终站在本科班主任的一线，在三尺讲台上尽职尽责、奉献所有，同学们把她誉为“如母亲般的好老师”。

我们今年在第十届全国大学生节能减排大赛中获得特等奖的实践动1501班的林园铖同学，这个同学学习成绩优异，特点是创新能力特别突出。我们都知道，在科技方面做出创新成果，在锁定目标后要带领团队付出艰辛的努力，这个过程是知识的融通、思维的创新的过程，更是比拼能力、考验意志特别是磨炼责任心、领导力、团队精神、合作精神的过程。林园铖同学和他的团队一起，从项目方案设计、科研攻关、材料加工，克服了重重困难和挑战，最终出色地完成项目，得到了专家的高度评价。这是责任、担当的品质在科技创新中的体现，相信林园铖同学和他的团队在这个过程中一定收获满满，综合素质得到了极好的磨炼、极大的提升。

同学们，坚守一份责任，就是坚守着生命的追求与信念，但也是享受着工作的乐趣和生活的幸福。责任产生使命，使命呼唤担当，希望大家牢记总书记的教诲，始终保持以永不懈怠的精神状态和一往无前的奋斗姿态，面对任务不推诿，面对困难不退却，面对矛盾不回避，面对挫折不放弃，坚定理想信念，掌握扎实本领，勇于责任担当，争做时代先锋，在实现中国梦的生动实践中放飞青春梦想，在为人民利益的不懈奋斗中书写人生华章！

谢谢大家！

校长杨勇平在2017届研究生毕业典礼上的讲话

（2017年3月30日）

各位老师、各位来宾，研究生同学们：

大家上午好！

在这春光明媚、万木竞秀的美好时节里，我们集聚一堂，隆重举行华北电力大学2017届研究生毕业典礼暨学位授予仪式，共同庆贺同学们顺利完成学业，为143名博士、3507名硕士研究生授予学位。首先，我代表学校、代表吴志功书记向全体毕业生同学致以最热烈的祝贺。今天，还有许多毕业生同学的师长、家人、亲友们亲临现场观礼，与同学们共同见证人生的这一难忘时刻。借此机会，也向你们多年来为同学们成长成才的付出和辛劳致以最诚挚的敬意！

桃李芬芳花满园，春华秋实吐馨香。一年一度毕业季，是母校收获的季节，也是离别的季节。在座的同学们大多在华电学习生活了三年、七年，有的甚至更长，你们与母校一起成长、进步、发展，见证了学校建设高水平大学改革发展的历程，见证了学校开启“双一流”建设的步伐，见证了学校的校园越来越美，当然也见证了一些你们认为还不尽如人意的地方，或许正在发生着改变。这些都将成为你们人生重要阶段积淀的宝贵财富和留下的深刻记忆。最重要的是，你们提高了素质、学到了知识、历练了能力，大部分同学们有了新的工作岗位，还有些同学继续求学深造。你们将满载这些沉甸甸的收获，踏着春天的脚步，走出校门、走向社会、走向未来，奔赴祖国四面八方乃至全球五洲四海，开启你们新的人生征程。从华电学子转向华电校友，从学习生涯转向职场生涯，这些转变将带给你们全新的人生体验，会有更多精彩的人生华章等着你们去书写，同样，你们也将面临更加复杂、艰巨、严峻的磨炼和挑战，你们将在社会这个大熔炉接受考验和洗礼。

今天，在临别之际，我非常荣幸的第一次以校长的身份，为研究生同学们送上毕业寄语。这也是最近我一直在思考的问题。我想送给大家五个字，与大家共勉。

第一个字——“志”。志向的志，不立“志”无以成高远。崇高的志向指引奋进的航程，在伟大的时代，一定要有远大的理想和抱负。研究生教育是华北电力大学建设高水平“研究型”大学的重要内容，是学校“双一流”建设的核心组成部分。近十年来，学校培养了具有博士、硕士学位的研究生近三万人（其中，博士学位1122人，硕士学位24 903人），为国家能源电力行业输送了大批优秀人才。但是，随着时代发展和社会的进步，国家对高水平大学创新拔尖人才有着更高标准的内涵和要求，学校高层次人才培养不仅表现在规模上的持续增加，而且更加突出对一流水平的内在质量需求。近年来，学校以研究生培养模式与机制改革为重点，全面实施研究生教育改革总体方案，以立德树人为根本任务，通过各种措施着力提升研究生培养质量，努力培养出社会需要的、多样化的创新拔尖人才，优秀的电力工程师、高层次的学术领军、社会精英、企业家、管理人才等都是我们致力培养的目标。必须看到的是，优秀人才的造就不仅要经过学校阶段的学习与培养，而且更重要的还要在社会实践中历练成长，大学期间的积蓄与职场中的锤炼都是成就事业不可或缺的重要因素。同学们，你们是非常幸运的一代，你们走出校门、迈上社会之时，恰逢国家实现“两个百年”奋斗目标及中华民族伟大复兴中国梦的关键时期，伟大的时代、开放的社会为你们确立目标、成就事业、实现梦想提供了难得的机遇和广阔的舞台。几年来，我校的研究生毕业生大多数选择到国有企业就业，比如今年在国家电网公司第一批招录名单中，我校录取学生数在全国高校中位列第一，这是我们的行业优势所在。但是，我想提醒同学们的是，在选择未来的道路时，不要仅仅把目光局限于稳定的工作、舒适的生活，而要定位于更加高远的目标。你们要珍惜大好时光，立志用自己的所学所能为国家建成小康社会、为行业科技进步、为社会创新发展建大功、立大业，在你们的青春年华里写下浓墨重彩的一笔。

第二个字——“韧”。坚韧的韧，宝剑锋从磨砺出，梅花香自苦寒来，人的成功与失败最终是坚持与坚忍的意志品质的较量。近年来，美国教育界提出一个教育理念“坚毅”，英文叫 Grit，原义是在沙堆中坚硬耐磨的沙砾，把它来比喻作一个人对长期目标的持久坚持和抗压耐力，包括毅力、控制力、专注性、责任心、勇气、坚持不懈等特性，这是一种比人的情商和智商更加重要的意志品质，影响着人的一生，决定着人最后能否成功。32 年前，杨奇逊院士从澳大利亚归国回来，带领他的研发团队，正是凭着一种矢志不渝、不怕挫折、“板凳甘坐十年冷”的精神，在保定校区一间不足 16 平方米的阴面小屋中，十多年如一日进行科学实验、科学研究和不断创新，最终研发出了我国首台微机继电保护装置，开启了中国微机继电保护的新时代。同学们作为华电的后辈，要学习杨院士的精神，只要立下了志向、锁定了目标，就要耐得住寂寞、守得住平凡，以“韧”的品质磨炼自己，不怕挫折，不怕失败，心无旁骛，坚持不懈，只有这样才能超越自我，走向成功。

第三个字——“思”。思考的思，“学而不思则罔，思而不学则怠”。你们接受大学教育、研究生教育，最重要的收获应该是学会独立思考。在信息发达、价值多元、瞬息万变、竞争加剧的当今社会，自媒体的多样发展、碎片化的信息轰炸、不同思潮的交流与撞击、经济社会的形势多变等，这些经常会带给青年人很大的压力、浮躁、困惑甚至是焦虑，使你们面临着艰难的选择，也考验着你们明辨是非、价值判断、正确选择的能力、智慧和定力。因此，对于同学们而言，无论你们今后是走入职场或是继续深造，首要的是要保持清醒的头脑和平常的心态，要学会用时代的视角、历史的维度和世界的视野，正确认识世界和中国发展大势，把握时代的主流，找准人生的定位，珍惜美好时光，强化责任担当，这样才会在人生的道路上不盲从、不依附、不迷乱、不半途而废，做到坚定信念、不忘初心、忠诚担当、始终如一。

第四个字——“度”。适度的度，人生贵在有“度”，把握好“度”是学会做人做事的重要原则。古人讲，“好在适度、误在失度、坏在过度”，如何把握好“度”，是一种深刻的哲学思想，也是一种积极的生活态度。特别对青年人而言，你们从迈出校门的第一天起，就要由学生的角色转变成为一个独立的社会公民，适应这个新角色，认真做人与踏实做事缺一不可，而对于“度”的把握是重要的环节。人生处处面临矛盾，诸如社会价值与个人理想、仰望星空与脚踏实地、事业追求与生活享受、成败荣辱与得失进退等，要学会辩证的认识与把握、正确的坚守与兼顾、勇敢的选择与放弃，做到认真而不偏执、坚持而不守旧、适度而不放任、灵活而讲原则，和而不流，刚柔相济，这是你们增强修养、开阔视界、历练智慧、不断走向成熟的必经历程，日积月累，你们就会在一分一寸之中叠加起人生的高度和厚度，成就事业，完善自我，获得最大的发展空间。

最后我想送给大家的是“爱”。博爱的爱，爱是一种融汇在生命与血液中的情感，我们每个人都要有“爱”，这是人类最美的情感。它体现为一种家国的情怀、人文的关怀以及各种美好的情感，包括对国家的深情大爱，对事业的执着热爱，对家庭亲人的温暖关爱，对母校、老师的感恩厚爱，以及青年人美好的爱情——恋人之爱等。我希望我们每个同学要做个有情有义的人，做个有责任感的人，做个正直、温暖的人，做个充满爱的人，这样我们才能在人生的道路中，自信、从容、勇敢、坚强，体现出生命的价值、生存的价值、生活的价值，获得人生的幸福与尊严。今天，在我们同学们人生收获的重要时刻，你们每个人都要想一想：你们今天的成果来自于哪里？要学会感恩，学会热爱，然后，以自己的帮助温暖他人，以自己的能力回报社会。在此，我提议：请所有同学用掌声向母校、老师、家人、亲友对你们的付出、支持、帮助与关爱致以真挚的感谢！

鹏程九万里，惜在离别时。同学们，今天你们桃李芬芳，明天要做社会栋梁。希望你们牢记母校的嘱托，珍惜美好时光，不负伟大时代，立志成才、奋勇争先，在国家全面建成小康社会、实现中华民族伟大复兴中国梦的宏伟事业中奉献青春，展现自我，建功立业，收获成功。

同学们，再见！祝大家旅途顺利！谢谢。

总　述

Overall Review

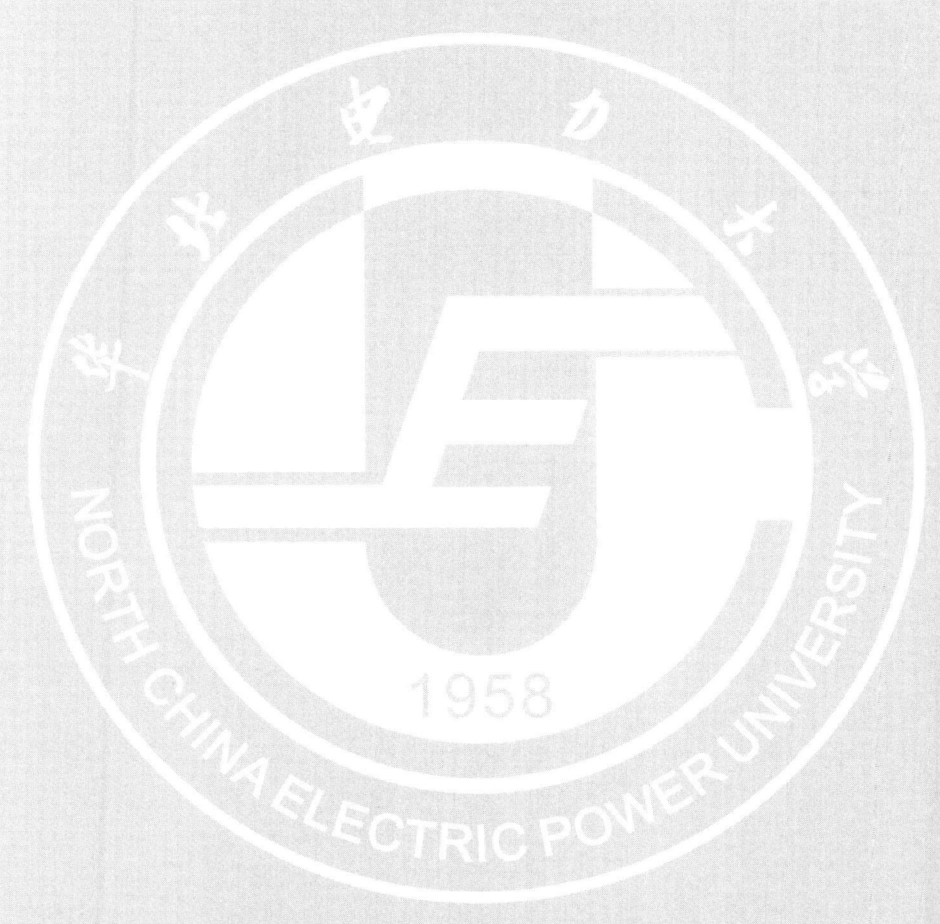

华北电力大学概述

华北电力大学是教育部直属的国家“211 工程”重点建设大学、国家“985 工程优势学科平台”重点建设大学。学校校部设在北京（地址：北京市昌平区北农路 2 号），分设保定校区（地址：河北省保定市永华北大街 619 号），两地实行一体化管理，网址：www.ncepu.edu.cn。学校 1958 年创建于北京，原名北京电力学院。学校长期隶属于国家电力部门管理。2003 年，学校划转教育部管理，并由国家电网公司等七大电力央企组成的理事会与教育部共建。现华北电力大学理事会成员单位包括中国电力企业联合会等九家单位。

2017 年，学校进入国家“双一流”建设高校行列，重点建设能源电力科学与工程学科群，全面开启建设世界一流学科和高水平研究型大学新征程。

学校设有电气与电子工程学院、能源动力与机械工程学院、控制与计算机工程学院、经济与管理学院、环境科学与工程学院、可再生能源学院、核科学与工程学院、数理学院、人文与社会科学学院、外国语学院、马克思主义学院等十一大学院，59 个本科专业。拥有“能源电力科学与工程”1 个国家“双一流”重点建设学科，“电力系统及其自动化”“热能工程”2 个国家级重点学科、25 个省部级重点学科；在第四轮学科评估中，电气工程和动力工程及工程热物理两个学科分别位列 A 档和 A－档；“工程学”“环境/生态学”2 个学科进入 ESI 世界前 1%行列；拥有 5 个博士后科研流动站、7 个博士学位一级学科授权点、23 个硕士学位一级学科授权点和工程硕士、工商管理硕士、公共管理硕士等 9 个专业学位授权类别，形成了培养本科、硕士、博士的完整教育体系。

学校有教职工 2918 人，其中，专任教师 1854 人，包括教授 427 人、副教授 676 人；博士生导师 198 人、硕士生导师 927 人；学校拥有一支积极进取、素质优良、结构合理的高水平师资队伍。现有中国工程院院士 2 人，双聘院士 5 人，国家“千人计划”6 人，国家“青年千人计划”2 人，“国家高层次人才特殊支持计划”6 人，“973 首席科学家”5 人，国家级教学名师 1 人，全国模范教师 2 人，全国优秀教师 6 人，国家杰出青年科学基金获得者 9 人，“长江学者”3 人，国家“百千万人才工程”8 人，国家有突出贡献专家 3 人，“中科院百人计划”入选者 7 人，38 人入选教育部“新世纪优秀人才支持计划”，4 支团队列入教育部“长江学者和创新团队发展计划”。

学校把人才培养作为中心工作，形成了“厚基础、重实践、强能力、求创新”的人才培养特色，成为教育部首批“卓越工程师教育培养计划”实施高校，发起成立“电力行业卓越工程师培养校企联盟”。学校现有 7 门国家级精品开放课程，2 个国家级教学团队，1 个国家级教学名师，11 个国家级特色专业，4 个国家战略性新兴产业相关专业，3 个国家级实验教学示范中心，3 个国家级工程实践教育中心，3 个国家级虚拟仿真实验教学中心，1 个国家级人才培养模式创新实验区。

学校积极参与国家创新体系建设，在新能源发电、特高压、智能电网、高效洁净燃煤发电技术、核电技术等重要领域都取得了巨大成果，现有 3 个国家级科技创新平台、1 个国家级国际科技合作基地，6 个高等学校学科创新引智基地，以及 28 个省、部级科技平台及研究基地，学校入选国家创新人才培养示范基地。“十五”以来，承担国家重点研发计划、国家科技重大专项、“973”“863”、国家科技支撑计划、国家自然科学基金等纵向课题 3300 余项，获国家级、省部级科技进步奖 360 余项。科研经费快速增长，科技论文国际三大检索排名在教育部直属高校中排在前列。

学校依托大学理事会平台，不断深化产学研合作，与国内外 80 余家大型能源电力企业达成战略合作关系，共同承担重大研发项目，加快科技成果开发与产业化，连续两次获得“国家电网公司特高压交（直）流试验示范工程特殊贡献单位”称号；学校多方位构建政产学研合作平台，与 20 余家地方政府签署框架合作协议，围绕战略性新兴产业领域，深化交流与合作，在促进区域科技创新、推动地方经济发展上取得显著成效；学校积极推进校际合作，作为主要发起单位参与组建北京高科大学联盟，实现高校之间的优势资源共享互补，促进校际协同创新。

学校全力推进国际化办学进程，与 140 多个国际知名大学和研究机构开展实质性交流合作，与合作伙伴高校实现了学分互认，开展了学生交流、科研合作、专家互访等项目。积极践行国家“一带一路”倡议，主动承担国家外交任务，承办商务部、科技部多个国家级援外培训项目；同德国黑森州—中国促进中心共同建立了中欧可再生能源创新中心；同蒙古建立了中国—蒙古可再生能源创新中心；作为上海合作组织大学能源学方向中方牵头院校，积极推进上海合作组织大学各项工作，建立上海合作组织大学能源智库；在美国建立的西肯塔基大学孔子学院是北美最大的孔子学院；举办多种模式中外合作办学项目以及与国外高校开展来华留学生、“2+2”联合培养等项目，国际化办学水平不断提升。

2017年11月，学校召开第二次党员代表大会，确定了今后一个时期学校的奋斗目标：未来五年的发展目标是"能源电力科学与工程"学科整体水平进入世界一流行列，实现向研究型大学的实质转型，初步建成特色鲜明高水平研究型大学；在此基础上，再用10～15年时间，到2035年左右，"能源电力科学与工程"学科整体水平进入世界一流前列，全面实现特色鲜明高水平研究型大学建设目标，为建设世界一流大学奠定坚实基础。明确了学校总体发展思路是坚持"一个根本"，紧扣"两大任务"，抓住"三个导向"，突出"四个重点"，即坚持党的领导这个根本，紧扣立德树人和提高质量两大任务，抓住改革创新、特色发展、开放办学三个关键导向，突出学科建设、队伍建设、科技创新、文化建设四个重点，带动学校整体水平全面提升。

2017年，学校毕业生11 884人，其中，学历教育学生中全日制研究生2306人（博士生175人、硕士生2131人），普通本科生5320人、成人教育本专科生2777人（本科生2123人、专科生654人），在职人员攻读硕士学位1281人，外国留学生200人。本科毕业生就业率96.2%。研究生就业率98.5%。招生12 659人，其中，学历教育学生中全日制研究生3770人（博士生212人、硕士生3558人），普通本科生6051人、成人教育本专科生2527人（本科生1812人、专科生715人）。外国留学生311人。在校生44 814人，其中，学历教育学生中全日制研究生10 274人（博士生1079人、硕士生8116人）、普通本科生22 716人，成人教育本专科生5786人（本科生4439人、专科生1347人），在职人员获取硕士学位5450人，外国留学生588人。

2017年，华北电力大学占地面积97.9283万平方米，学校产权校舍建筑面积1 066 241.1万平方米。固定资产总值353 999.99万元，其中，教学、科研仪器设备资产值84 145.96万元。图书馆建筑面积37 901.41平方米，藏书257.34万册。全年教育经费投入204 767.58万元，其中，国家拨款105 355.58万元，自筹经费99 412万元。学校拥有计算机19 032台，网络多媒体教室345间，信息化设备资产值28 269.09万元，网络信息点25 566个，电子邮件系统用户40 342个，上网课程98门。

新的历史起点上，学校承载新能源电力时代的光荣与梦想，积极承担为国家和社会培养高层次拔尖创新人才、创造高水平科研成果、提供一流社会服务的历史重任，向建设一所具有鲜明特色的高水平研究型大学的目标奋进。

（年鉴编辑部）

2017年华北电力大学十件大事

【落实全国高校思想政治工作会议要求】 10月18—24日，中国共产党第十九次全国代表大会在京召开。全校师生第一时间收看十九大盛况，热议十九大报告，交流学习心得体会；学校党委中心组带头深入学习，党委书记校长带头讲党课，录制学习十九大系列微党课；专门举办领导干部培训班，撰写学习体会文章；邀请十九大代表进校园、理论专家做辅导报告，十九大校内宣讲团开展宣讲，实现基层宣讲全覆盖，让十九大精神入心入脑、在师生中落地生根。全面落实全国高校思想政治工作会议精神，印发《关于加强和改进新形势下思想政治工作的实施意见》，建立思想政治工作联席会议制度，及时沟通报送新情况新问题，探索建立思想动态调研常态化工作机制。

【召开第二次党员代表大会】 11月11—13日，中国共产党华北电力大学第二次党员代表大会隆重召开，主题为：深入学习宣传贯彻党的十九大精神，高举中国特色社会主义伟大旗帜，以习近平新时代中国特色社会主义思想为指导，团结带领全校共产党员和广大师生员工，面向新时代，开启新征程，加快推进"双一流"建设，为建设特色鲜明的高水平研究型大学而努力奋斗。210名党员代表听取审查了华北电力大学第一届委员会和纪律检查委员会的工作报告，选举产生了以周坚同志为党委书记的第二届委员会和以何华同志为纪委书记的第二届纪律检查委员会。

【"能源电力科学与工程"学科进入国家"双一流"建设高校行列】 9月，国家印发《关于公布世界一流大学和一流学科建设高校及建设学科名单的通知》，学校入选一流学科建设高校，学科名称为"能源电力科学与工程"，重点围绕化石能源高效转化利用、新能源与核能开发利用、智能电网与电力变换传输、智慧能源与综合能源系统、能源环境治理与生态修复等五大领域，以拔尖创新人才培养、学术领军人物和创新团队培育、科研平台和基地建设、优秀文化传承、成果转化与社会服务等五大建设任务为核心内容，致力于打造世界一流"能源电力科学与工程"学科和高层次人才培养基地，为国家能源电力可持续发展提供科技和人才支撑。

【电气工程、动力工程及工程热物理在全国学科评估中进入A档】 12月，在全国第四轮学科评估结果中，学校学科排名整体大幅提升，其中电气工程、动力工程及工程热物理两个“双一流”建设学科双双进入A档，实现了历史性跨越，高峰学科地位更加凸显。与此同时，工商管理和管理科学与工程学科进入B+档，全校进入20%的学科由1个增加至4个，材料科学与工程和计算机科学与技术两个学科位次百分位均上升了30%，信息与通信工程、马克思主义理论和法学三个学科位次百分位均上升了20%。2017年ESI论文的被引频次增长率高达44.5%，ESI高被引论文增长率达到96%，9月，“环境/生态学”首次进入ESI世界前1%，至此学校已有“工程学”和“环境/生态学”2个学科进入ESI世界前1%行列。

【接受教育部党组巡视组巡视】 按照教育部党组巡视工作统一部署，3月21日至4月26日，教育部党组第二巡视组对华北电力大学开展巡视。教育部党组听取了巡视情况汇报，并对整改工作做出了明确要求。6月22日，教育部党组第二巡视组向学校反馈了关于巡视情况的意见。学校根据反馈意见，制定了整改落实方案，对照有关要求和标准进行逐项整改，将巡视反馈意见落实到位、整改到位。

【开展教育教学思想大讨论】 4—7月，学校在全校范围内开展教育教学思想大讨论，从新形势下思想政治教育工作、人才培养目标定位、创新人才培养模式、创新创业教育改革等八个专题进行深入讨论，形成了《关于修订2017版本科专业人才培养方案的指导意见》。两学生团队分别获绿色能源全球创新案例挑战赛中国区决赛冠军和季军，1项目晋级全球12强；获得全国大学生节能减排社会实践与科技竞赛特等奖1项，一等奖7项；创行团队以“沼气蓬勃”项目夺得阿美亚洲“能源杯”大赛总冠军，学校足球队在CUFL大足联赛校园组全国总决赛中问鼎全国总决赛冠军，中国高等教育学会发布的《中国高校创新人才培养暨学科竞赛评估结果》中，学校进入全国第32位。

【国家级重大科技项目和科研成果取得新突破】 张化永主持的“京津冀西北水源涵养及永定河（上游）水质保障技术与工程示范”项目获国家水体污染控制与治理科技重大专项立项。徐进良主持的国家重点研发计划项目“超高参数高效二氧化碳燃煤发电基础理论与关键技术研究”获准立项。齐磊参与完成项目获国家科技进步特等奖，刘吉臻参与完成项目获国家科技进步一等奖，王增平获高等学校科学研究优秀成果奖（科技类）技术发明一等奖，赵书强获河北省技术发明一等奖。学校共获各类科技奖励64项，科研总经费达到6.8亿元，创历史新高。学校提出的可再生能源重大科技基础设施建议获教育部国家重大科技基础设施培育项目立项。科技成果转化成效显著，学校两个学科性公司在新三板上市。

【持续推进“大人才”发展战略】 毕天姝获得国家自然科学基金委员会“杰出青年基金”项目资助；引进国家“杰出青年基金”获得者郭宝珠；王祥科入选工程技术、环境与生态两个领域全球2017年“高被引科学家”，并获2016年科技部中青年科技创新领军人才称号；王祥科、戴松元入选国家“万人计划”科技创新领军人才，董长青入选科技部科技创新创业人才，徐超入选国家“万人计划”青年拔尖人才支持计划。戴松元领衔的“新型薄膜太阳电池基础及应用研究”入选科技部重点领域创新团队，徐进良负责的“热科学与工程”团队入选首批全国高校黄大年式教师团队。

【加强对外合作与交流】 学校加强对外合作与交流，主要领导走访国家电网公司、中国南方电网公司、中国华能集团公司、中国大唐集团公司、中国华电集团公司、国家电投集团公司、国家能源集团公司、中国电力企业联合会等理事单位和中广核集团、粤电集团等战略合作伙伴洽谈重大合作；积极参与和支持雄安新区规划建设，稳步推进张家口科教园区建设，取得阶段性成果。学校举办系列国际高端学术论坛，举办中欧可再生能源创新研讨会促进全球可再生能源产业持续健康发展；参与举办第四届能源论坛暨国际工程科技发展战略高端论坛，以“能源革命与电力创新”为主题开展研讨；举办上海合作组织大学能源会议2017，推动中方和外方成员高校间的合作项目落地和开展国别电力研究。

【办学条件改善】 7月27日，北京校部主楼A、G座正式全部竣工投用，新增建筑面积64 000平方米，学校办学空间进一步改善，为教育教学工作提供了坚强的硬件保障。建筑面积2096平方米北京校部附属幼儿园于9月1日正式开园，解决了教师子女学前教育的后顾之忧。为强化党员和干部的先锋模范作用，调动广大师生干事创业的积极性，保定校区以“优化管理服务、改进工作作风”为主要内容，开展了“优化管理服务”活动。

（宣传部）

2017年大事简记

1月

23日 校长杨勇平率队访问国家电网公司，与国家电网公司董事长、党组书记舒印彪举行会谈。双方就推进协同创新、人才培养及科技成果转化等事宜进行深入交流。

2 月

10 日　应斯坦福大学中国学生学者联合会（ACSSS）的邀请，学校中国大学 MOOC 优秀教师、国家精品视频公开课主讲人赵洱岽在美国斯坦福大学做题为“The Opportunities of MOOC Development of China's Universities in this Era and Interpretation of Typical Online Open Courses Case（中国大学 MOOC 发展的时代机遇及典型在线开放课程案例解读）”主题报告。

17 日　华北电力大学第六届第五次教职工代表大会在北京校部隆重召开。会上明确“双一流学科”建设时间表、全面深化改革成为高频词、文本体例有创新、增强办学效益意识、史上最严教代会。

24 日　学校“新能源电力与低碳发展研究中心”被认定为北京市重点实验室，该实验室是学校第一个智库类重点实验室。

3 月

8 日　校长杨勇平率队访问中电联，与中电联常务副理事长、党组书记杨昆举行会谈。双方就推进电力行业卓越工程师培养校企联盟、共建中国能源与电力发展战略研究中心（智库）、服务电力“走出去”战略的国际合作、联合开展电力行业远程继续教育等工作进行深入的沟通与交流。

9 日　工信部中小企业局局长马向晖一行考察调研华北电力大学国家小型微型企业创业创新示范基地（国家大学科技园）总体情况以及小微双创工作情况。

12—19 日　副校长李双辰率团访问澳大利亚悉尼大学、新南威尔士大学、澳大利亚国立大学及新西兰惠灵顿维多利亚大学，受到四所大学及驻澳大使馆教育处的热情欢迎。

21 日　根据教育部党组统一部署，教育部党组第二巡视组巡视华北电力大学工作动员会召开。

28 日　中共贵港市市委常委、宣传部长、副市长宋震寰一行八人来校调研。

29 日　学校申请建设的河北省重点实验室河北省分布式储能与微网重点实验室通过河北省科技厅、财政厅、发改委共同组织的专家论证。

31 日　能源动力与机械工程学院辅导员许云燕在北京 58 所高校推荐的优秀辅导员中脱颖而出，获得大赛一等奖。

同日　国家电网公司副总工程师、中国科学院院士陈维江莅临华电，做“创新智能电网技术，助力新能源发展”专题演讲。

4 月

1 日　校长杨勇平拜访全球能源互联网发展合作组织主席、中国电力企业联合会理事长、华北电力大学理事会理事长刘振亚。双方就加强实质性合作，推动构建全球能源互联网，促进大学“双一流”建设，服务能源电力事业发展等问题进行深入交流。

4 日　学校志愿者代表到北京市长青园骨灰基地，缅怀杨人坚教授。

6 日　学校官方微信公众号“华北电力大学”获 2016 年度首都教育新媒体联盟最具特色奖。

6—8 日　学校西肯孔院受邀参加第十届全美中文大会并发表主题演讲。

8 日　华北电力大学与扬中市共建产学研合作基地暨第二届国际智慧能源互联网论坛在扬中市举行，标志着华北电力大学扬中智能电气研究中心、华电（江苏）智能电气创新产业园落户扬中高新区。

10 日　为进一步明确新形势下学校人才培养理念和目标定位，学校在全校范围内开展为期三个月的教育教学思想大讨论活动。

14 日　华北电力大学与中国电机工程学会签署战略合作协议。

15—16 日　第十五届中国国际人才交流大会在深圳会展中心举行，华北电力大学受邀参加 111 高校创新引智成果展。副校长檀勤良参加大会，并在国务院国有资产监督管理委员会组织的分论坛中做报告。

18 日　校长杨勇平拜访国家电力投资集团公司董事长、党组书记、华北电力大学理事会副理事长王炳华。双方就全面深化科技创新、人才培养合作进行友好交流，并就加强大型先进压水堆核电站和重型燃气轮机国家科技重大专项合作达成初步共识。

20 日　中国电机工程学会在北京组织召开“基于故障关联信息的站域分布式新型保护系统”技术鉴定会。该成果由华北电力大学电气与电子工程学院四方研究所与北京四方继保自动化股份有限公司联合研发共同完成。

27 日　学校“雄安新区社会建设与司法保障研究中心”揭牌。

5 月

5 日　遥感卫星总设计师张庆君校友回校作报告。

同日　华北电力大学西肯塔基大学孔子学院最新建成的示范孔院大楼中文学习中心举办揭幕典礼仪式，杨勇平校长参加揭幕典礼。

11 日　华北电力大学与巴基斯坦苏库尔工商管理大学签署教育合作协议。双方将围绕电气工程及其自动化本科项目和可再生能源与清洁能源硕士项目，在人才培养、科技合作等领域开展深度合作。

16 日　学校以视频形式在北京校部、保定校区同时召开干部教师大会，宣布教育部党组关于华北电力大学党委书记调整的决定。王立英代表教育部党组宣布《中共教育部党组关于周坚、吴志功同志职务任免的通知》（教党任〔2017〕53号）。根据文件，教育部党组任命周坚同志为中共华北电力大学委员会委员、常委、书记，免去吴志功同志的中共华北电力大学委员会书记、常委职务。

17日　张家口可再生能源发展与技术研究院共建签约仪式在张家口市举行。根据协议，研究院实行事业和企业单位并轨运行，采用两块牌子一套人马管理体制，初设编制50人。事业单位“张家口市可再生能源发展中心”作为张家口市政府直属的事业编制单位，承担政府职能，由政府配套预算资金；企业单位“张家口可再生能源发展与技术研究院”作为可再生能源先进技术研发及成果转化平台，并提供相应专业咨询服务。研究院将实施开放性运营，适时吸纳相关企业和科研机构加盟共建，引进多方技术、项目和资金，建设成为服务张家口可再生能源发展、国内一流的可再生能源专业咨询服务和前沿技术研发机构，打造国际知名的能源研究智库平台和产学研融合的创新基地。

19日　华北电力大学与中国电信股份有限公司北京分公司签署合作框架协议，双方约定基于共同发展、实现双赢的宗旨，在企业发展、人才培养、智慧校园、就业实习、创新创业等领域建立长期稳定的合作关系。

31日　学校党委书记周坚、校长杨勇平拜访中国华能集团公司董事长、党组书记、华北电力大学理事会副理事长曹培玺。双方围绕贯彻落实“一带一路”、京津冀协同发展等国家战略，全面深化人才培养、科技创新、教育培训、国际化等领域的合作进行友好交流，达成初步共识。

6月

5日　中国500强企业武汉盛隆电气集团董事长谢元德、副总裁聂伟等一行12人来校洽谈校企合作事宜。

6日　学校党委书记周坚、校长杨勇平拜访保定市市长郭建英，双方就如何共同贯彻落实京津冀协同发展、雄安新区建设等国家战略，全面加强校地合作进行交流。

13日　学校召开研究生“前沿&创新”学术论坛总结表彰大会暨200期主题报告会。

同日　学校召开“双一流”建设下学校文科发展研讨会。会议围绕“双一流”背景下学校文科的发展展开研讨。

21日　华北电力大学与浙江七一电器股份有限公司签署捐赠协议，浙江七一电器股份有限公司为学校捐资300万元，用于支持华电青年教师发展。

23日　中国电力企业联合会2017年第一次理事长会议暨华北电力大学理事会2017年一次会议在北京召开。会议审议通过《华北电力大学工作报告》，深入探讨华北电力大学“双一流”建设若干重大问题，部署大学理事会重点工作。

同日　罗普特（厦门）科技集团有限公司与北京华北电力大学教育基金会捐赠签署协议。罗普特集团捐赠人民币300万元在华电设立华北电力大学电力安全监测与评价研究中心，并支持研究中心项目开展。

30日　美国加州大学河滨分校Dr. Kim Wilcox校长一行8人访问华北电力大学，校长杨勇平会见来访客人。

本月　王祥科教授入选中青年科技创新领军人才、董长青教授入选科技创新创业人才、“新型薄膜太阳电池基础及应用研究”团队（负责人：戴松元教授）入选重点领域创新团队。

7月

2—8日　副校长郝英杰率团访问法国巴黎中央理工—高等电力学院、科学传播出版社和格勒诺布尔—阿尔卑斯大学，并在德国访问全球能源互联网欧洲研究院、勃兰登堡工业大学、达姆施塔特工业大学。此行的主要目的在于进一步推动华北电力大学中欧可再生能源创新中心的实质性建设，深化与法国、德国相关高校、机构的合作，把中欧可再生能源创新中心建设成集教育合作、联合科研、技术研发和转让、校企合作于一体的综合性国际合作平台。

3日　学校召开能源电力科学与工程一流学科建设方案专家论证会。

17—19日　华北电力大学足球队夺得全国总决赛冠军。

25日　保定校区的两个学生创新项目在上海参加绿色能源全球创新案例挑战赛中国区决赛，Repacking和WeWarm两个项目分别获得中国区冠军和季军。

25—28日　学校“AIM电气科技有限公司”“基于工业级无人机的电力巡检系列系统”两项目分获第十六届全国大学生机器人大赛机器人创业赛全国一等奖、全国三等奖；学校获大赛优秀组织奖。

8月

9—11日　由教育部高等教育司主办，教育部高等学校能源动力学科教学指导委员会与华北电力大学共同承办，神雾集团协办的第十届“神雾杯”全国大学生节能减排社会实践与科技竞赛决赛在华北电力大学成功举行。

19—22日　由教育部学位与研究生教育发展中心、全国工程专业学位研究生教育指导委员会、中国电子学会共同主办的“华为杯”第十二届中国研究生电子设计竞赛全国总决赛在广东省惠州市举办。学校选派的研究生代表队AIIR团队在全国总决赛中获商业计划书类团队一等奖、最具投资价值奖和全国总决赛团队三等奖，指导教师罗毅获商业计划书类优秀指导教师。

本月　北京市教育委员会公布“第十三届北京市高等学校教学名师奖”获奖名单和“首届北京市高等学校青年教师教学名师奖”获奖名单。数理学院张娟获第十三届北京市高等学校教学名师奖，经管学院赵洱岽获首届北京市高等学校青年教学名师奖。

本月　保定校区六支参赛队分别参加 2017 中国机器人大赛机器人探险、工程机器人和 FIRA 小型组仿真项目，共获一等奖 2 项，二等奖 2 项，三等奖 2 项。其中，甘萌莹、赵冠宇、周浩祖同学在工程机器人比赛中获得季军，刘旭、贾浩松、李耀阳、陈思宇、李嘉文同学在机器人探险项目中获一等奖。

9 月

1 日　华北电力大学幼儿园举行开园仪式。

14 日　学校“环境/生态学”首次进入 ESI 世界前 1%行列，至此学校已有“工程学”和“环境/生态学”2 个学科进入 ESI 世界前 1%行列。

19 日　由中国核工业集团公司主办、中国辐射防护学会、中国辐射防护研究院、中国核学会、复旦大学承办的第二届全国高校学生课外“核＋X”创意大赛在上海落下帷幕。核科学与工程学院团委书记赵珥希指导，郭晓宇、李桐、何雯、郑海洋 4 位同学组成的“魅力核电美丽中国”创意团队获全国一等奖。

19 日　校足球队以 5:4 的比分战胜新疆农业大学，获得 2016—2017 中国大学生足球联盟（校园组）全国总冠军。

21 日　学校举行“艾博奖学金”捐赠仪式。“艾博奖学金”由华北电力大学热动 90 级校友崔小勃创办的广州艾博电力设计院有限公司捐赠人民币一百万元设立。

21 日　广东省能源协会调研考察团携广东盛弘工程有限公司、广州艾博电力设计院有限公司、炜达科技股份有限公司等 8 家会员企业一行 14 人来保定校区进行调研和考察。考察团对学校创新创业中心、高压实验室、新能源国家重点实验室和杨奇逊小屋进行参观。

21—22 日　由中国工程院和国家能源局主办，国家电网公司、南方电网公司协办，中国工程院能源与矿业工程学部、华北电力大学等单位承办的第四届能源论坛暨国际工程科技发展战略高端论坛在北京举行。本次论坛以“能源革命与电力创新”为主题，围绕电力系统与能源互联网、可再生能源与清洁高效发电、智能用电与储能、能源战略与政策等议题展开。中国 39 位两院院士，国际 5 位具有影响力的专家，14 位政府官员及央企高层特邀出席。华北电力大学刘吉臻院士、校长杨勇平、副校长檀勤良出席会议。

22—26 日　校航模队在 2017 年中国国际飞行器设计挑战赛暨科研类全国航空航天模型锦标赛获国家级一等奖 1 项、国家级三等奖 2 项。

25 日　刘吉臻院士在主楼礼堂给控计学院 2017 级新生上入学教育第一课，这也是刘吉臻院士连续第 16 年给新生上入学教育第一课。《光明日报》科教文版头条进行报道。

25—26 日　校长杨勇平参加在京举行的 2017 全球能源互联网高端论坛，并受聘为全球能源互联网发展合作组织咨询（顾问）委员会和技术（学术）委员会（以下简称“两委”）委员。

25—26 日　上海合作组织大学（以下简称“上合大学”）能源会议 2017 在华北电力大学召开，来自中国、俄罗斯、哈萨克斯坦、塔吉克斯坦等国 12 所高校参加会议。此次会议目的是为上合大学能源学方向各成员高校搭建学术交流、合作共享的平台，探讨在人才培养、科学研究和智库建设中协调配合，推动中方和外方成员高校间的合作项目落地，和开展国别电力研究。

26 日　南哈萨克斯坦奥埃佐夫国立大学校长梅尔哈雷科夫・茹玛汉、副校长洛夫・坎纳特等一行 4 人来访。校长杨勇平会见来访客人，并与梅尔哈雷科夫・茹玛汉签订合作协议。

本月　根据汤森路透 ESI 最新数据显示，学校赵毅教授为第一作者撰写的“Simultaneous removal of SO_2, NO and Hg^0 through an integrative process utilizing a cost- effective complex oxidant”（基于经济高效复合氧化剂的集成工艺系统同时脱硫脱硝脱汞方法）入选全球“工程和环境”领域 Top 1% ESI 高被引论文。

10 月

12 日　校长杨勇平教授、新能源电力系统国家重点实验室主任刘吉臻院士、港澳台办主任段春明参加在台湾大学举办的海峡两岸气候变迁与能源可持续发展论坛。海峡两岸气候变迁与能源可持续发展论坛前身为“两岸能源与环境永续发展科技研讨会”，2005 年由两岸学者共同发起，现由财团法人台湾永续能源研究基金会、中国工程院能源与矿业工程学部、海峡两岸气候变迁与能源可持续发展理事会共同指导举办。论坛目标是达成两岸能源可持续领域的合作、建立两岸能源与环境专家学者交流的平台、促进两岸能源产业合作。论坛至今已经举办 13 届，已经成为海峡两岸绿色能源领域最有影响力的论坛。论坛理事会已经决定 2018 年将在华北电力大学举办该论坛。

14 日　经管学院院学生焦安静继 9 月 24 日获崇礼半程马拉松女子组冠军后，时隔 20 天后再获常州西太湖半程马拉松女子组冠军。

17 日　刘吉臻院士创新团队田亮、牛玉广等人完成的“供热机组调峰运行控制关键技术及工程应用”项目，通过由中国电机工程学会组织的技术鉴定。

18 日　中国共产党第十九次全国代表大会隆重开幕。学校师生高度关注十九大，通过收看收听、座谈交流、课堂教学等形式迅速掀起学习宣传贯彻热潮。

24 日　为深入学习宣传贯彻党的十九大精神，办好中国特色社会主义大学，更好地为青年学生的健康成长服务，学校召开“我与校长面对面”座谈会，校长杨勇平与 30 名本科学生代表就学校的改革与发展等问题进行座谈交流。

同日　财政部科教司司长赵路一行三人来校调研。

25 日　学校与浙江七一电器股份有限公司共建研究生工作站揭牌。

28 日　华北电力大学校友会会员代表大会暨第二届理事会会议在北京校部举行。

31 日　中国科学技术信息研究所发布 2016 年中国科技论文统计结果。学校科技论文发表再创佳绩，SCIE 论文进步显著。具体统计数据如下：中国科技论文与引文数据库（CSTPCD）收录学校科技论文 1412 篇，在全国高校排名第 48 位。科学引文索引扩展版（SCIE）收录学校科技论文 949 篇，比上一年增长 28%，占学校科技论文比重首次突破 20%。工程索引核心版（EI）收录华北电力大学科技论文 1440 篇，在全国高校排名第 37 位。科学会议录引文索引（CPCI-S）收录学校科技论文 911 篇，在全国高校排名第 14 位。

31 日　中国科学技术信息研究所发布“2016 年中国卓越科技论文产出状况报告”，学校卓越国内论文数量在高等院校中排名第 13 位，比上年提升 8 位。一篇论文获 2016 年度“中国百篇最具影响国际学术论文”，两篇论文获 2016 年度“中国百篇最具影响国内学术论文”。

本月　教育部、财政部、国家发展改革委印发《关于公布世界一流大学和一流学科建设高校及建设学科名单的通知》（教研函〔2017〕2 号），公布世界一流大学和一流学科（简称“双一流”）建设高校及建设学科名单，学校入选一流学科建设高校。根据教育部文件要求，华北电力大学“双一流”建设学科自主确定，可以是现有的一级学科，也可以是交叉学科和学科群。经学校研究决定，学校“双一流”建设学科名称最终确定为“能源电力科学与工程”，核心学科是“电气工程”和“动力工程及工程热物理”。

本月　中国产学研合作促进会公布 2017 年中国产学研合作创新成果奖获奖名单。北京能源发展研究基地与中国大唐集团公司共同合作的课题成果“能源电力生产端与消费端联合节能减排的关键技术”获 2017 年中国产学研合作创新成果奖一等奖（最高奖项）。

本月　学校自动化系辅导员杨红月被评为“2017 年河北省高校辅导员年度人物”。

11 月

5 日　保定校区创行团队凭借“沼气蓬勃”项目夺得阿美亚洲“能源杯”大赛赛事总冠军，是创行团队继 2014 年夺得创行世界杯冠军之后，再次在国际大赛夺冠。

7 日　《光明日报》刊发校樊良树撰写的学习体会文章《开启自然生态减压的时间窗口》，倡导应抓住资源节约这个牛鼻子，全国一盘棋，通过调整生产结构、退出生产功能、调节生产时序，辅以严格的休养生息措施，取之有度，用之有节，以润物细无声的功夫助推生态修复，恢复其生机与活力。

12 日　由中国产学研合作促进会与山东省人民政府共同主办的第十一届中国产学研合作创新大会暨第二十六届山东省产学研展洽会在山东济南举行。学校所属学科性公司——华电智连科技（北京）有限公司总经理刘松博士被授予 2017 年“中国产学研合作创新奖”。

12 日　华北电力大学召开中国共产党华北电力大学第二次党员代表大会。

13 日　经济管理学院教授、新能源电力与低碳发展北京市重点实验室（智库）副主任袁家海接受中央电视台新闻调查栏目专访，就当前电煤博弈、煤电亏损、煤电供给侧改革、电力市场化等相关问题发表专家意见。

14 日　澳大利亚驻华大使馆教育与研究公使衔参赞 Katherine Vickers 一行来访问，杨勇平校长会见来访客人。

15 日　法国科学传播出版社（EDP sciences Publishing Group）董事长 Jean-Marc Quilbé 先生，出版总监 Agnès Henri 博士以及法国贝尔福大学工学院副院长 David BASSIR 教授一行来校访问交流。

16 日　法国格勒诺布尔理工大学副校长 Jeanne Duvallet、国际合作处处长 Alice Caplier 来访。

同日　由华北电力大学主办、德国黑森州中国合作促进中心协办的中欧可再生能源创新中心研讨会华北电力大学召开。来自英国曼彻斯特大学、爱丁堡大学、纽卡斯尔大学、克兰菲尔德大学、法国科学传播出版社、格勒诺布尔理工大学、德国布兰登堡科技大学、德累斯顿工业大学等高校领导及 20 余名可再生能源领域的专家和学者参加此次研讨会。此次研讨会旨在更好地促进中欧可再生能源创新中心的发展，推进可再生能源领域人才培养和科学研究，同时加强同欧洲合作伙伴大学在可再生能源领域的沟通和交流，搭建学术交流、合作共享的平台，为加快建立清洁低碳、安全高效的现代能源体系，促进可再生能源产业持续健康发展贡献力量。来自教育部中外人文交流中心、国家外国专家局、全球能源互联网发展合作组织的领导及相关国家驻华使馆的工作人员出席开幕式。校长杨勇平出席开幕式并致辞，副校长王增平主持会议。

17日　由华北电力大学徐进良教授为项目负责人，华中科技大学、西安交通大学、安徽工业大学、东南大学、浙江大学、广东工业大学、中国科学院工程热物理研究所、中国华能集团清洁能源技术研究院有限公司、河北省电力勘测设计研究院、南京科远自动化集团股份有限公司等参加的国家重点研发计划项目“超高参数高效二氧化碳燃煤发电基础理论与关键技术研究”项目正式启动。

同日　学校与中国电力企业联合会作为发起单位，牵手国家电网公司、中国南方电网公司、中国大唐集团公司等16家大型能源电力企业以及清华大学、浙江大学、武汉大学等30所高校成立“电力行业卓越工程师培养校企联盟”。

27日　经济管理系与中电联电力发展研究院签署战略合作框架协议，筹备成立中电联电力发展研究院—华北电力大学经济管理系能源经济与电力发展研究中心，就人才培养、教育教学、科研创新等领域开展合作。

29日　华北电力大学研发的燃煤电厂飞灰在线改性吸附脱汞技术及装备在神华国华徐州发电有限责任公司2号1000MW燃煤机组顺利通过168小时考核，达到投入商业运行要求。

30日　校足球队2:0战胜河北师范大学足球队，再次捧得河北大学生校园足球联赛（校园组）冠军奖杯，至此，华电男足已连续七年夺得河北省冠军。

本月　动力工程系硕士研究生马明皓凭借其在创新创业、公益事业、学生工作等方面优异的成绩，荣登《中国研究生》2017年10月份第154期的封面人物。

本月《大学研究》就新时期如何加强高校教育教学思想建设等问题对专访杨勇平校长，并在2017年第7/8期刊发访谈实录。

本月　中国科学技术协会发布入选“第二届中国科协优秀科技论文”名单，华电吴正人、王松岭、戎瑞、孙哲所作论文代表行业最好水平，顺利入选。

本月　中冠新科（北京）投资有限公司与学校教育基金会签署捐赠协议，决定捐赠人民币1500万元，用于支持华北电力大学研究智库建设。

12月

1日　学校与保定天威保变电气股份有限公司签署战略合作框架协议。

2日　保定校区培育的沼气蓬勃项目获第三届中国青年志愿服务公益创业赛金奖（全国共10项），暖鑫壹号项目获公益创业赛银奖（全国共40项）。

3日　以“新动能、新发展”为主题的2017能源与电力工程管理创新高端论坛在华北电力大学召开。来自电力行业、高等院校、科研院所的嘉宾和经济管理学院部分师生代表共约300人参加论坛。论坛由新能源电力与低碳发展研究北京市重点实验室主任乌云娜教授发起，华北电力大学新能源电力与低碳发展研究北京市重点实验室、华北电力大学经济与管理学院、英大传媒投资集团《项目管理评论》杂志社联合主办。

5日　由中国南方电网公司举办的2017创新驱动与电网发展南方电网国际技术论坛在广州举办。副校长律方成教授受邀参加论坛，就电力设备绝缘及智能化关键技术研究做主旨报告，分别从环氧树脂复合材料综合性能提升方法研究，基于分布式光纤传感的绕组温度和变形检测技术研究，电力设备智能化关键技术研究等三个方面讲述学校科研团队在该研究方向所做工作。

6日　副校长檀勤良率队赴国网河北雄安新区供电公司走访调研。

7日　国际纳米科技领军人物、中国科学院外籍院士、欧洲科学院院士王中林教授莅临华电，为师生做《基于纳米发电机的自驱动系统和蓝色能源》学术报告。报告会由校长杨勇平主持。

8日　美国伊利诺伊理工大学副校长Michael Gosz教授、副校长助理April Welch、国际事务部中国办公室主任瞿华一行三人来访。

10日　华北电力大学与中国核能电力股份有限公司签署核电人才订单联合培养协议。

12日　第十二届全球孔院大会在西安召开，来自140个国家和地区的大学校长、孔子学院代表共2500多人出席大会。西肯孔院2017年汉语考试人数超过6000人，占北美地区总人数的27%，连续第三年保持北美第一。

14日　由华北电力大学、中国电力企业联合会、中国南方电网有限责任公司、珠海市会展集团有限公司等联合主办的2017中国（珠海）绿色创新电力峰会暨展览会在珠海国际会展中心开幕，贯彻落实国家创新驱动发展战略，以“引领粤港澳大湾区电力创新”为主题，加强电力行业交流与合作，助力粤港澳大湾区电力产业升级和经济发展。

17—19日　由华北电力大学和宁波诺丁汉大学共同举办的3rd International Symposium of Fluids and Thermal Engineering（第三届流体与热能工程国际会议）会议在诺丁汉大学宁波校区召开。徐进良教授及英国诺丁汉大学阎玉英教授共同作为大会主席。副校长檀勤良参加会议。

20日　华北电力大学与中共中央党校中国干部学习网签署战略合作协议。开启双方全方位、深层次合作。

21日《中国教育报》刊发杨勇平校长署名文章“办一所负责任的新时代大学”，从坚持立德树人培养时代新人、扎根中国大地提升四个服务、建设文化高地传承中华文化等三个方面，系统介绍华北电力大学全面加快“双一流”建设，全力向高水平研究型大学的转型跨越中履行新使命、展现新作为。

21—23 日　应自动化系邀请，韩国科学院、工程院院士韩彰秀（Chang-Soo Han）教授与韩国汉阳大学机器人工程系主任申奎植（Kyoo-Sik Shin）教授来校进行学术访问。

24 日　校团委推荐的仲晓雨获评河北省青少年“自强之星”称号并获 20 000 元筑梦奖学金。

27 日　国能中电集团与华北电力大学举行签约仪式，继续向华电捐赠人民币 100 万元设立奖学金。在原有奖励范围的基础上，新增面向优秀学生干部群体的国能中电社会责任奖学金、面向西部生源群体的国能中电西部先进奖学金，及面向创新创业群体的国能中电创新创业奖学金。

28 日　教育部发布第四轮全国学科评估结果，学校取得历史最好成绩，学校“双一流”拟建设的“能源电力科学与工程”学科群的核心学科电气工程、动力工程及工程热物理两个高峰学科排名大幅提升，分别位列 A 档和 A－档，双双进入国内一流学科行列。

本月　国家大学科技园“中小企业涉电产品公共检测服务平台”通过中国合格评定国家认可委员会（简称 CNAS）实验室认可评审。申请的电气设备、继电器、继电保护及自动化设备、配电自动化远方终端设备、信息技术设备在电气领域中的电磁兼容、性能测试和电学试验三个子领域 14 项试验全部通过评审，检测能力基本覆盖标准要求。

本月　据国家教育部教体艺函〔2017〕20 号文件，华北电力大学入选教育部国防教育特色学校。

本月　共青团河北省委、中共河北省委高校工委、河北省教育厅等部门发文，对近年来在志愿者活动中做出突出贡献的集体和个人进行表彰。校团委获第十二届河北省青年志愿服务优秀组织奖，动力工程系团委、法政系团委获评第七届河北省教育系统优秀志愿服务先进单位。

本月　共青团中央、全国学联等部门对 2017 年全国大学生社会实践活动进行集中表彰。校部团委获 2017 年全国大中专学生志愿者暑期“三下乡”社会实践活动优秀单位、2017 年全国大学生“一带一路”暑期社会实践专项行动优秀组织单位，“绿色电力进乡村，探索扶贫新途径”精准扶贫实践项目获 2017 年全国大中专学生志愿者暑期“三下乡”社会实践活动千校千项成果“最具影响好项目”。

本月　北京四方继保自动化股份有限公司续签 3 年捐赠协议，继续支持华电学子成长。“四方奖学金”由北京四方继保自动化股份有限公司在华北电力大学设立，持续 22 年奖励华北电力大学优秀的本科生、研究生和辅导员，累计奖励 1500 余人。

机构与干部

Departments and Carders

华北电力大学 2017 年校级领导干部

党委书记　周　坚
校　　长　杨勇平
党委副书记　杨勇平　何　华　汪庆华　郭孝锋
副 校 长　李双辰　郝英杰　孙忠权　王增平
　　　　　律方成　檀勤良
纪委书记　何　华
党委常委　周　坚　杨勇平　何　华　李双辰
　　　　　郝英杰　孙忠权　汪庆华　郭孝锋
　　　　　律方成　檀勤良　张天兴

（党政办　彭　伟　提供）

华北电力大学 2017 年机构设置及负责人

（北　京　校　部）

机构类别	机构名称	姓名	职　　务
校机关	党委办公室、校长办公室	赵秀国	党委办公室主任、校长办公室主任
	党委组织部、党校	鹿　伟	党委组织部部长、党校常务副校长
	党委统战部	张天兴	党委常委、党委统战部部长
	党委宣传部、新闻中心	陈　志	党委宣传部部长、新闻中心主任、新闻发言人
	纪委办公室、监察处	范　立	纪委副书记、纪委办公室主任、监察处处长
	审计处	刘　斐	审计处处长
	党委教师工作部、人事处	张新娟	党委教师工作部部长、人事处处长
	教务处、卓越工程师教育培养办公室	柳长安	教务处处长、卓越工程师教育培养办公室主任、教师教学发展中心主任（兼）
	科学技术研究院	杜小泽	科学技术研究院院长
	党委学生工作部、党委武装部、学生处	沈　岚	党委学生工作部部长、党委武装部部长、学生处处长、学生资助管理中心主任
	研究生院、学位办公室	卢占会	研究生院常务副院长、学位办公室主任、专业学位教育中心主任
	党委研究生工作部	李　林	党委研究生工作部部长兼研究生院副院长
	计划财务处	潘　洁	计划财务处处长
	国际合作处、港澳台办公室	段春明	国际合作处处长
	资产管理处	于喜海	资产管理处处长
	基建处、校园规划办公室	（空缺）	
	后勤管理处、后勤服务集团	白　海	后勤管理处处长、后勤服务集团总经理
	产业管理处	林长强	产业管理处处长
	党委保卫部、保卫处	倪景峰	党委保卫部部长、保卫处处长
	学科建设办公室	赵冬梅	学科建设办公室主任、211 工程办公室主任
	人才工作办公室、博士后管理工作办公室	刘明军	人才工作办公室主任、博士后管理工作办公室主任
	对外联络与合作部	胡三高	对外联络与合作部部长
	网络与信息化办公室	杨万华	网络与信息化办公室主任、附属学校建设与管理办公室主任
	离退休工作办公室	李献东	离退休工作办公室主任
	工会	张瑞雅	工会常务副主席

续表

机构类别	机构名称	姓名	职　务
校机关	团委、艺术教育中心	王集令	团委书记
	教育基金工作办公室	王子杰	教育基金工作办公室主任
	继续教育学院	沈剑飞	继续教育学院院长
	档案馆	陈　军	档案馆副馆长
	招标中心	范寒松	招标中心主任
教学科研部门	电气与电子工程学院	李庚银	电气与电子工程学院院长、电气与电子工程学院党委副书记
	能源动力与机械工程学院	徐进良	能源动力与机械工程学院院长
	控制与计算机工程学院	房　方	控制与计算机工程学院常务副院长
	经济与管理学院	李彦斌	经济与管理学院院长兼 MBA 教育中心主任、经济与管理学院党委副书记
	可再生能源学院	戴松元	可再生能源学院院长、可再生能源学院党委副书记
	环境科学与工程学院	王祥科	环境科学与工程学院院长、环境科学与工程学院党总支副书记
	核科学与工程学院	（空缺）	
	人文与社会科学学院	苑英科	人文与社会科学学院院长、人文与社会科学学院党委副书记
	马克思主义学院	孙　平	马克思主义学院副院长（主持工作）
	数理学院	（空缺）	
	外国语学院	赵玉闪	外国语学院院长、外国语学院党委副书记
	国际教育学院	李庆民	国际教育学院院长、国际教育学院党总支副书记
	体育教学部	曹运华	体育教学部主任
	新能源电力系统国家重点实验室	毕天姝	新能源电力系统国家重点实验室常务副主任
	生物质发电成套设备国家工程实验室	董长青	生物质发电成套设备国家工程实验室常务副主任
	国家火力发电工程技术研究中心	顾煜炯	国家火力发电工程技术研究中心常务副主任
	现代电力研究院	张粒子	校长助理、现代电力研究院常务副院长
	苏州研究院	（空缺）	
	高等教育研究所	（空缺）	
	政策法规研究室	郭炜煜	政策法规研究室主任
其他部门	图书馆	刘宗歧	图书馆馆长
	校医院	刘晓峰	校医院院长兼直属党支部书记
	期刊出版部	王佃启	期刊出版部主任
	工程实践中心	尹忠东	工程实践中心主任
	金工实训中心	夏延秋	金工实训中心主任

（保　定　校　区）

机构类别	机构名称	姓名	职　务
机关	校长助理	米增强	校长助理
	党委办公室、校长办公室	陈立伟	党委办公室副主任、校长办公室副主任、机关（保定）党委书记（兼）
	党委组织部、党委统战部、党校	李　瑾	党委组织部副部长、党委统战部副部长、党校副校长
	党委宣传部、新闻中心	仇必鳌	党委宣传部副部长、新闻中心副主任
	纪委办公室、监察处、审计处	刘志远	纪委副书记、纪委办公室副主任、监察处副处长、审计处副处长
	党委教师工作部、人事处、人才工作办公室、博士后管理办公室	姜　波	党委教师工作部副部长、人事处副处长、博士后管理办公室副主任、人才工作办公室副主任

续表

机构类别	机构名称	姓名	职　务
机关	教务处、教师教学发展中心、卓越工程师教育培养办公室	张晓宏	教务处副处长、卓越工程师教育培养办公室副主任、教师教学发展中心副主任（兼）、教科（保定）党总支书记（兼）
	科学技术处（保定）	丁常富	科学技术研究院副院长、科学技术处（保定）处长
	党委学生工作部、学生处、武装部、就业指导中心	李　东	党委学生工作部副部长、党委武装部副部长、学生处副处长、学生资助管理中心副主任
	党委研究生工作部、研究生院、学科建设办公室、专业学位教育中心、学位办公室、211工程办公室	顾雪平	研究生院副院长、学位办公室副主任
	财务与资产管理处（保定）	丁相宝	财务与资产管理处（保定）处长
	国际合作处、国际教育学院	武彦军	国际教育学院（保定）党总支书记、国际合作处副处长、国际教育学院副院长
	后勤与基建管理处（保定）	曲　涛	后勤与基建管理处（保定）处长
	产业管理处	李长青	产业管理处副处长
	党委保卫部（保定）、保卫处（保定）	卢青松	党委保卫部（保定）部长、保卫处（保定）处长
	对外联络与合作部	赵冬鸣	对外联络与合作部副部长
	网络与信息化办公室	王迎新	网络与信息化办公室副主任
	离退休工作办公室	陈　武	离退休（保定）党委书记、离退休工作办公室副主任
	工会（保定）	杨实俊	工会（保定）常务副主席
	团委（保定）	（空缺）	
	艺术教育中心	吴乐为	艺术教育中心主任
	招标中心	周　泽	招标中心副主任
	继续教育学院	张栾英	继续教育学院副院长
	高等教育研究所	（空缺）	
院系部门	电力工程系	刘云鹏	电力工程系主任兼电气与电子工程学院副院长、电力工程系党委副书记
	电子与通信工程系	戚银城	电子与通信工程系主任兼电气与电子工程学院副院长、电子与通信工程系党委副书记
	动力工程系	韩中合	动力工程系主任兼能源动力与机械工程学院副院长、动力工程系党委副书记
	机械工程系	范孝良	机械工程系主任兼能源动力与机械工程学院副院长、机械工程系党委副书记
	自动化系	王印松	自动化系主任兼控制与计算机工程学院副院长
	计算机系	李春祥	计算机系副主任（主持工作）
	经济管理系	李　伟	经济管理系主任兼经济与管理学院副院长、经济管理系党委副书记
	环境科学与工程系	付　东	环境科学与工程系主任兼环境科学与工程学院副院长、环境科学与工程系党委副书记
	数理系	（空缺）	
	法政系	（空缺）	
	马克思主义学院（保定）	（空缺）	
	英语系	（空缺）	
	科技学院	宋　玮	科技学院常务副院长、科技学院党委副书记
	体育教学部	房游光	体育教学部（保定）主任
教辅部门	校医院	李迎春	校医院（保定）院长
	图书馆	高　强	图书馆（保定）馆长
	工程训练中心	王秀梅	工程训练中心主任

（注：以上数据统计截止时间为2017年12月20日，组织部　徐　定　提供）

华北电力大学2017年直属各党委、党总支、党支部书记

（北　京　校　部）

序号	直属各党委、党总支、党支部	姓名	职　　务
1	电气与电子工程学院党委	（空缺）	
2	能源动力与机械工程学院党委	徐　鸿	能源动力与机械工程学院党委书记
3	经济与管理学院党委	于新华	经济与管理学院党委书记
4	控制与计算机工程学院党委	刘　威	控制与计算机工程学院党委书记
5	可再生能源学院党委	刘永前	可再生能源学院党委书记
6	核科学与工程学院党委	陆道纲	核科学与工程学院党委书记
7	人文与社会科学学院党委	（空缺）	
8	数理学院党委	吴万凯	数理学院党委书记
9	外国语学院党委	徐玲玲	外国语学院党委书记
10	国际教育学院党总支	李　旸	国际教育学院党总支书记
11	马克思主义学院党总支	蔡利民	马克思主义学院党总支书记
12	环境科学与工程学院党总支	马小勇	环境科学与工程学院党总支书记
13	继续教育学院党总支	梁立新	继续教育学院党总支书记
14	机关党委	（空缺）	
15	教学科研党总支	肖万里	教学科研党总支书记
16	图书网络党总支	林　红	图书网络党总支书记
17	后勤服务集团党总支	杜建国	后勤服务集团党总支书记
18	离退休党委	李金全	离退休党委书记
19	体育教学部直属党支部	（空缺）	
20	校医院直属党支部	刘晓峰	校医院院长兼直属党支部书记
21	苏州研究院直属党支部	（空缺）	

（保　定　校　区）

序号	直属各党委、党总支、党支部	姓名	职　　务
1	电力工程系党委	赵书强	电力工程系党委书记
2	电子与通信工程系党委	李红霞	电子与通信工程系党委书记
3	动力工程系党委	李秋夫	动力工程系党委书记
4	机械工程系党委	葛永庆	机械工程系党委书记
5	自动化系党委	严　立	自动化系党委书记
6	计算机系党委	王韶坡	计算机系党委书记
7	经济管理系党委	祝志杰	经济管理系党委书记
8	环境科学与工程系党委	赵宏宇	环境科学与工程系党委书记
9	数理系党委	屈朝霞	数理系党委书记
10	法政系党委	梁　平	法政系党委书记
11	马克思主义学院（保定）党总支	（空缺）	

续表

序号	直属各党委、党总支、党支部	姓名	职　务
12	英语系党总支	张冬生	英语系党总支书记
13	国际教育学院（保定）党总支	武彦军	国际教育学院（保定）党总支书记、国际合作处副处长、国际教育学院副院长
14	科技学院党委	曹晓新	科技学院党委书记
15	机关（保定）党委	陈立伟	党委办公室副主任、校长办公室副主任、机关（保定）党委书记（兼）
16	教科（保定）党总支	张晓宏	教务处副处长、卓越工程师教育培养办公室副主任、教师教学发展中心副主任（兼）、教科（保定）党总支书记（兼）
17	离退休（保定）党委	陈　武	离退休（保定）党委书记
18	后勤与基建管理处（保定）党总支	（空缺）	
19	体育教学部（保定）直属党支部	（空缺）	
20	图书馆（保定）直属党支部	谢　红	图书馆（保定）直属党支部书记
21	校医院（保定）直属党支部	陈惠芸	校医院（保定）直属党支部书记

（注：以上数据统计截止时间为2017年12月20日，组织部　徐　定　提供）

党群工作与行政管理

Influence of the Relations

Between the Party and the Masses on Administration

○ 综　　述

2017 年，华北电力大学在党建与思想工作方面，深入学习贯彻习近平新时代中国特色社会主义思想和党的十九大精神，落实“全面从严治党”要求，召开学校第二次党员代表大会，完成《北京普通高等学校党建和思想政治工作基本标准》入校检查工作，推进“两学一做”学习教育常态化制度化，强化干部培训和管理，夯实基层组织建设和党员发展教育管理，持续深入开展“一个支部一个目标、一个党员一个任务”活动。

2017 年，华北电力大学深化劳动人事制度改革，进一步完善人才选拔、使用和培养机制；调整科研教研工作量和绩效奖励标准；修订专业技术职务评聘办法，实施分类评价；全面规范非事业编制岗位管理；制定七级及以下职员职级晋升办法。年度引进国家“千人计划”1 人，引进和培育国家“杰出青年基金”获得者 2 人，入选国家“万人计划”3 人，获北京市高等学校教学名师和青年教学名师 2 人。在科技部科技创新创业人才、北京百名科技领军人才等高层次人才队伍方面取得重要进展;“热科学与工程团队”“新型薄膜太阳电池基础及应用研究团队”分别入选首批全国高校黄大年式教学团队、科技部重点领域创新团队。加强青年教师队伍建设，选派 50 余名青年教师出国研修，8 名博士后获中国博士后科学基金资助。

2017 年，华北电力大学本科生学生工作围绕立德树人的根本任务，加强和改进思想政治工作，开展理想信念主题教育和社会主义核心价值观培育践行活动；开展新世纪以来首次全校范围内的教育教学思想大讨论，明确新形势下学校人才培养理念和目标定位，形成修订本科专业人才培养方案指导意见；加强招生宣传，进行本科大类招生改革，生源质量和录取分数保持高位，学生考研率、出国深造率稳步提升，就业结构进一步优化，就业率保持在 96%以上。

2017 年，华北电力大学研究生工作以研究生奖助激励体系建设为引导，以科技学术文化活动为主线，把思想政治教育贯穿到研究生培养和管理的全过程，进一步探索和构建全员、全过程、全方位育人格局。举办以“加强学生党支部书记理论武装和实践锻炼”为主题的学生党支部书记理论与实务培训活动。探索研究生辅导员队伍建设新模式和新机制，首批试点完成 6 名研究生辅导员选拔、聘任和上岗；开展研究生“前沿&创新”学术论坛和研究生学术交流年会等品牌活动。启动研究生党建调研基金第七期资助项目，资助六支队伍对高校基层党建、高校建设、文化培养及社会热点等领域的专题问题进行深入研究。坚持以人为本，围绕研究生成长成才和研究生教育质量提高，完善研究生思想政治教育“1-2-3-4”工作模式。建立健全研究生奖助体系，北京校部研究生共获奖助学金总额 9972 余万元。举办研究生“前沿&创新”学术论坛 62 期、第十五届研究生学术交流年会和第二届面向博士研究生的“博乐颂”活动月等学术文化交流活动。先后邀请著名流体物理学家、中国科学院院士胡文瑞等各领域资深专家学者为研究生开展科技前沿讲座，营造校园学术氛围。开展以“青年行九州，践行知中国”为主题的暑期科技服务和社会调研活动。北京校部和保定校区全年共发放“三助一辅”岗位助学金 869.51 万元，鼓励和支持研究生在学校教学、科研与管理服务中发挥作用。毕业研究生一次就业率为 98.18%，持续保持较高的就业质量。

2017 年，华北电力大学工会发挥群众组织的优势，在维护教职工权益、推进师德建设、参与学校民主管理、构建和谐校园、丰富校园文化生活、为教职工办实事办好事及加强自身能力建设等方面，进行创新性探索与实践。

2017 年，华北电力大学加强安全稳定工作，保证党和国家重大维稳任务的完成和校园良好的教学生活秩序；不断加大基础设施建设，提升精细化管理水平，推进花园式、节约型校园建设，构建与高水平大学相适应的后勤服务保障体系。完成总收入突破 20 亿元目标任务，为学校事业发展提供有力支撑。竣工交付综合楼 A、G 座和后勤服务楼；规划调整办公用房布局，加强招标、实验室安全、仪器设备管理及信息化建设。推进产业规范化管理和科技成果产业化，2 家公司在新三板成功挂牌上市；大力推进校园网基础设施建设，制定学校信息化中长期建设与发展规划，一体化数字华电门户系统、新办公 OA 系统、移动微校园等信息系统投入应用，互联网紧急事件处置调度室建成使用；附属幼儿园正式开园，图书、档案、医疗、期刊、离退休服务保障水平进一步提升。

党 政 办 工 作

【概述】 2017 年，华北电力大学党政办围绕学校战略任务和中心工作，以“三服务”为目标，充分发挥“沟通上下、协调左右、咨询参谋、督察督办”的作用，强化工作职责，创新工作方法，改进工作作风，为学校的重大事项、重点工作、重要任务的推进与落实做好优质服务。

2017 年，华北电力大学党政办围绕学校战略任务和中心工作做好全年重大活动组织协调工作。3 月 17—18 日，华北电力大学第六届第五次教职工代表大会在北京校部召开。党政办做好教代会校长报告起草、会务组织协调等工作。3 月 21 日至 4 月 26 日，教育部党组第二巡视组对华北电力大学开展巡视。6 月 22 日，教育部党组第二巡视组向学校反馈巡视意见，对学校整改落实工作提出具体要求。党政办切实按照学校党委要求，组织协调全校上下迎接巡视并完成整改工作。11—13 日，学校召开中国共产党华北电力大学第二次党员代表大会。大会选举产生新一届党委和纪委领导集体。党政办做好大会期间各项组织协调工作。1 月和 7 月，学校先后两次围绕“十三五”发展规划和“双一流”建设、人才队伍建设、提升人才培养质量、60 周年校庆等主题召开校级领导班子务虚会，相关部门作主题发言，学校领导作重要讲话，党政办做好会议期间各项组织协调工作。

（朱周斌）

【概况】 2017 年，华北电力大学党政办做好重大活动组织协调工作。完成教育部党组巡视组入校巡视、学校第二次党员代表大会、北京市党建评估入校检查等重大活动的组织、协调及全过程会务工作。参与组织中国工程院第四届能源论坛、第十届“神雾杯”全国大学生节能减排大赛等大型活动的会务工作。组织协调教代会、毕业典礼、开学典礼、运动会、务虚会、团拜会、校庆 60 周年倒计时启动仪式等学校层面 20 余次大型活动、会议的组织协调及会务工作。

综合行政服务。全年面向师生员工接待用印 4310 余次，提供学校事业法人证书复印件 597 份；统筹开展学校保密和文件传输工作，全年流转教育部、北京市各类行政文件、信函、传真件及机要文件等 3200 余份，试卷、人事档案等各类机要收发及查询 3000 余份。

文秘工作。研究起草教代会校长工作报告、本科生和研究生开学典礼及毕业典礼校长致辞、元旦新年贺词、学生表彰大会、干部教师大会及各大型活动领导讲话等重要稿件；本科新生校长致辞被推送《中国高等教育》微信公众号平台，在《大学》（研究版.2017.7/8）推出“校长高端访谈”。参与学校巡视整改、党建验收、教学评估、学校信息公开年度报告等多种报告撰写；起草邀请函、贺信、唁电稿件累计 30 余篇。撰写发布党委常委会会议、校长办公会议、校领导碰头会等会议纪要 54 期；全年流转发布公文 520 份。

制度建设。出台学校《关于进一步推进大学实质性一体化建设的通知》，配合财务处出台《华北电力大学两校区公务往来差旅费报销办法（试行）》。研究起草《督查督办工作实施办法（试行）》《校领导联系基层制度》《国内公务接待管理办法（修订）》。

信访和安全稳定工作。规范信访工作程序，实现 “件件有回音”目标；全面整理梳理校长信箱，推动召开校长与学生面对面座谈会、分管校领导与部门及院系座谈会，梳理师生意见并推动问题解决；坚持节假日和特殊时期值班制度，做好节假日安全稳定工作；协调参与突发事件处理工作。

（朱周斌）

【周坚任华北电力大学党委书记】 2017 年 5 月 16 日，学校召开干部教师大会，宣布教育部党组关于校党委书记调整决定，教育部党组成员、中纪委驻教育部纪检组长王立英，中共北京市委教育工委常务副书记郑吉春等领导出席，根据文件精神，教育部党组任命周坚同志为中共华北电力大学委员会委员、常委、书记，免去吴志功同志的中共华北电力大学委员会书记、常委职务。

周坚，女，1964 年 5 月生，汉族，江西吉水人，中共党员。1984 年 8 月参加工作，清华大学企业管理专业硕士研究生毕业。曾任教育部财务司外资利用处副处长、处长、义务教育经费保障处处长，2008 年 8 月任教育部督导办副主任，2013 年至 2014 年，挂职任云南省大理白族自治州副州长，2016 年 4 月任教育部教育督导局副局长、国务院教育督导委员会办公室副主任。2017 年 5 月起任华北电力大学党委书记。

（朱周斌）

【组织完成各类典礼】 2017 年 3 月、6 月、9 月，党政办分别组织完成研究生、本科生毕业典礼暨学位授予和新生开学典礼仪。全年组织完成团拜会等各级各类重大会议 20 余次。

（朱周斌）

组　织　工　作

【概述】 2017 年，华北电力大学党委深入学习贯彻习近平新时代中国特色社会主义思想和党的十九大精神，落实“全面从严治党”要求，召开学校第二次党员代表大会，完成《北京普通高等学校党建和思想政治工作基本标准》入校检查工作，推进“两学一做”学习教育常态化制度化，强化干部培训和管理，夯实基层组织建设和党员发展教育管理，持续深入开展“一个支部一个目标、一个党员一个任务”活动，推动各项工作向前发展。

“两学一做”工作。下发《关于推进华北电力大学“两学一做”学习教育常态化制度化的实施方案》《关于在“两学一做”学习教育中召开专题组织生活会的通知》《关于开展2017年民主评议党员工作的通知》《关于建立党支部主题党日制度的通知》等文件通知，组织基层党支部认真召开“两学一做”专题组织生活会，开展“三会一课”和主题党日活动，对照“四个合格”进行民主评议党员，参加教育部第二届全国高校“两学一做”支部风采展示活动等。

干部队伍建设。迎接教育部党组巡视和选人用人专项检查，根据巡视检查反馈意见，全面开展干部工作整改落实，有序推进干部换届调整工作。以“优化管理服务”活动为抓手，改进工作作风。根据学校工作需要和干部队伍整体情况，按照《党政领导干部选拔任用工作条例》，共调整和选拔任用干部31名，其中平级调整干部19名，提任干部12名。

制度建设。出台《华北电力大学处级领导干部选拔任用工作纪实办法（试行）》（华电党组〔2017〕1号）、《华北电力大学处级领导干部离任交接工作办法（试行）》（华电党组〔2017〕29号）。

述职考核。根据上级有关要求，开展直属党委（党总支、党支部）书记抓基层党建述职评议考核工作。采取现场述职和书面述职相结合的方式，先后组织两批直属党委（党总支、党支部）书记共16人进行基层党建工作述职，同时全面开展基层党支部书记述职工作。

奖励表彰。获评2014—2016年度北京高校党建研究会工作先进单位、北京市委教育工委2016年度党内统计报表优秀单位。

（林　林　徐大圣）

【概况】 至年底，华北电力大学共有24个直属党委、12个党总支、6个直属党支部、483个基层党支部，其中学生党支部276个、在职教职工党支部192个、离退休职工党支部18个。至年底，华北电力大学共有中共党员7436名，其中在职教职工党员2109名、离退休教职工党员536名、本科生党员1823名、研究生党员2869名。共发展中共党员1408名。年内，完成本校4名第一批保定市管优秀专家考核工作，新增6名正处级组织员。组织全校107名领导干部参加干部专题培训。

（高　洁　秦芳芳）

【完成校级领导班子民主生活会工作】 2017年1月，华北电力大学党委按照中组部、教育部和北京市委教育工委要求，召开校级领导班子民主生活会。班子成员严格按照程序和要求认真进行对照检查，并开展批评和自我批评。

（林　林　徐大圣）

【完成党代表选举工作】 2017年1—6月，根据中央、北京市委和保定市委要求，组织校内党组织、党员，经过差额推荐、差额考察、差额选举、公示等程序，分别完成党的十九大代表推荐、北京市和保定市党员代表大会代表推荐选举工作。校党委副书记汪庆华当选中国共产党北京市第十二次代表大会代表，校党委副书记汪郭孝锋、法政系梁平当选中国共产党保定市第十一次代表大会代表，并分别参加会议。

（高　洁　秦芳芳）

【完成校级领导班子及领导人员年度考核】 2017年2月，华北电力大学按照教育部要求完成2016年度校级领导班子及领导人员考核工作。于教代会期间召开述职测评大会，校领导述职报告提前印发，考核民主测评表由教育部统一采用机读方式统计测评结果。

（林　林　徐大圣）

【完成干部选拔任用一报告两评议工作】 2017年2月，华北电力大学按教育部要求，开展干部选拔任用“一报告两评议”工作。校党委报告干部选拔任用工作情况，包括2016年校党委选拔任用干部总体情况，创新选人用人措施和办法、建立健全干部选拔任用和监督机制等情况；教职员工对干部选拔任用工作和2016年提拔任用的4名处级干部进行民主评议。

（林　林　徐大圣）

【开展精准扶贫驻村工作】 2017年3月，华北电力大学党委选派李宝树、赵振东为队长，崔振国、张天新、幸莉仙、邵燕霞为队员的工作队入驻阜平县龙王庙村、凹里村，开展为期一年的精准扶贫驻村工作。9月，华北电力大学2016年驻史家寨工作组获河北省第十二届“助力脱贫攻坚”优秀青年志愿服务集体荣誉称号；范大志获河北省第十二届“助力脱贫攻坚”优秀青年志愿者荣誉称号。

（徐大圣）

【完成基层党支部集中换届选举工作】 2017年3月起，学校对任届期满的党支部，开展集中换届选举工作。各党支部严格执行党内选举有关规定，参照学校制定的《华北电力大学党支部换届选举工作参考手册》等，按照规定程序、步骤实施，完成换届选举工作。按照北京市教工委要求，换届后北京校部机关党支部书记已全部由部门正职担任。

（高　洁　秦芳芳）

【开展评选工作】 2017年3—6月，按照北京市委教育工委的要求，学校开展北京高校先进基层党组织、优秀共产党员和优秀党务工作者推荐、评选、上报工作。电气与电子工程学院四方研究所党支部被评为“北京高校先进基层党组织”，经济与管理学院院长李彦斌、马克思主义学院教师王威威被评为“北京高校优秀共产党员”。

（高　洁）

【开展党员活动日活动】2017年4月，按照保定市委要求，保定校区持续开展“党员活动日”活动，结合工作实际，将每月第一个星期四定为活动时间，探索“党员活动日+”模式，丰富组织生活内涵，推动基层党组织活动正常化、规范化、制度化。

（秦芳芳）

【开展优化管理服务活动】2017年4月，保定校区以处级及以上领导班子和领导干部为重点开展“优化管理服务”活动，校领导担任领导小组组长，办公室设在组织部，11个部门组成七个工作组，39个单位和103位在校处级干部参与。活动对各单位开展情况进行定期和不定期实地巡查，定期刊发活动简报。通过活动，各直属党组织、各单位进一步强组织、转作风、促发展，处级领导干部的思想觉悟得到提高、作风得到改进。

（徐大圣　赵　萱）

【开展北京高校教师党员在线学习】2017年4—12月，依托北京高校教师党员在线学习平台，学校开展2017年北京高校教师党员在线学习网络培训，人均学时排名位居北京高校第2名。

（徐　定）

【开展特色项目申报工作】2017年6月，保定校区组织开展2017年高校基层党建与思想政治教育研究课题、基层党组织特色项目申报、评审工作。7个党建课题和6个特色项目正式立项，并获经费支持。

（秦芳芳　赵　萱）

【开展一个支部一个目标一个党员一个任务活动】2017年6月，校部对2016年校级“优秀支部目标”进行评比验收。评出一等奖1名、二等奖4名、三等奖6名、优秀奖9名，支部先进典型在全校推广。12月，全校启动新一轮“一个支部一个目标、一个党员一个任务”活动。

（高　洁　秦芳芳）

【党建和思想政治工作基本标准入校检查】2017年，为做好5年一次的《党建和思想政治基本标准》入校检查工作，6月，学校发布迎接《北京普通高等学校党建和思想政治工作基本标准》集中检查工作方案。迎检期间，共组织会议12次，下发各类通知25个，实地走访检查直属党委（党总支、党支部）20个，抽查党支部工作手册102本，整理学校迎检支撑材料152盒。11月22日，北京市检查组专家们通过召开汇报会，听取学校工作报告、查阅基础性材料、分6个组分别召开座谈会、深入6个学院及实验室、党员之家、大学生心理健康中心等进行实地走访等形式，全面检查学校五年来党建和思想政治工作情况。

（高　洁）

【谷云东援疆挂职锻炼】2017年9月，根据《关于做好教育部第九批援疆干部人才选派工作的通知》（教人司〔2017〕263号）要求，学校9月起派出数理学院教师谷云东到新疆财经大学挂职锻炼。

（徐　定）

【开展党支部重点问题排查整顿工作】2017年11月，按照北京市教工委有关要求，开展党支部重点问题排查整顿工作。全校各党支部对照《党支部重点排查问题及计分要点》进行打分，查找自身存在问题，制定整改措施。根据支部自评及直属党委（党总支）评定的情况确定5个后进党支部，并要求按期整改。

（高　洁）

【开展优秀基层党建项目评选交流工作】2017年11月，保定校区开展优秀基层党建项目评选工作，经直属各党委（党总支、党支部）推荐、评委初审、答辩评审，最终评出优秀基层党建项目一等奖2项，二等奖3项，三等奖5项。12月，召开优秀基层党建项目交流会，邀请党委书记周坚、党委副书记郭孝锋、副校长律方成为获奖项目进行颁奖，并选取部分获奖项目进行学习交流。通过打造党建项目精品，全面提升基层党建工作科学化水平。

（赵　萱　秦芳芳）

【举办教工党支部书记培训班】2017年12月22日、23日，华北电力大学在北京稻香湖景酒店举办2017年教工党支部书记培训班，深入学习贯彻党的十九大精神，着重提高教工党支部书记做好新形势下基层党建工作和思想政治工作水平。北京校部77名在职教工党支部书记和支部委员参加培训，党委书记周坚出席开班仪式并作重要讲话。

（徐　定）

统　战　工　作

【概述】2017年，华北电力大学统一战线各项工作稳步推进。完成各级人大代表、政协委员换届推荐工作。李继清当选北京市第十五届人民代表大会代表，冼海珍为政协北京市第十三届委员会委员，郭孝锋当选河北省第十三届人民代表大会代表，王增平当选政协河北省第十二届委员会常委，王印松为政协河北省第十二届委员会委员，毕天姝当选北京市昌平区人大代表，沈剑飞、荀振芳、李继清、何理为北京市昌平区政协委员，王海峰当选保定市第十五届人民代表大会代表，王印松当选政协保定市第十三届委员会副主席，康辉、侯思祖当选政协保定市第十三届委员会常委，王璋奇、史会峰、武群丽、黄新颖、温磊为政协保定市第十三届委员会委员。加强统战工作规范化、制度化建设，起草学校关于加强和改进新形势下统一战线工作的实施意见、重大事项向党外代表人士通报情况和征求意见办法、领导干部联系民主党派和与党外代表人士联系交友办法等文件制度。增强二级党组织统战工作力量，由直属各党委（党总支、党支部）书记负责本单位统战工作，兼任统战委员，强化基层党组织在统战工作中的基础性作用。组织统战成员开展理论学习，通过情况通报、集中学习、座谈研讨、参观调研等多种方式，认真学习党的十八届六中全会精神、学校第六届第五次教代会精神、“新工科”与高等工程教育改革等内容，组织统战成员集体观看党的十九大开幕式和习近平总书记重要报告。先后组织召开校级领导班子民主生活会征求意见座谈会、教育教学思想大讨论专题座谈会和学校第二次党员代表大会“两委”报告征求意见座谈会等，充分发挥党外代表人士在推动学校“双一流”与高水平大学建设中的积极作用。做好民主党派和无党派人士工作，支持帮助民主党派基层组织加强思想、组织、制度建设，协助民盟支部举办支部成立20周年纪念暨精准扶贫研讨会，完成学校党外知识分子联谊会章程起草和会员推荐工作。完成民族宗教、港澳台侨、统战理论研究等工作。沈剑飞、李继清被政协北京市昌平区委评为“优秀政协委员”，何理被评为“2017年度昌平政协提案工作先进个人”，姚万业被民建保定市委评为“2017年度优秀会员”，温磊被民建保定市委评为“2017年度参政议政工作先进个人”。

（秦芳芳　徐　定）

【概况】 2017年，华北电力大学共有民主党派成员114名，其中民革4人，民盟42人，民建10人，民进21人，农工党3人，致公党1人，九三学社32人，台盟1人。民主党派基层组织共有5个，分别是中国民主同盟华北电力大学支部（北京）、中国民主同盟华北电力大学支部（保定）、九三学社华北电力大学支社（保定）、中国民主促进会华北电力大学支部（保定）、中国民主建国会华北电力大学支部（保定）。

（秦芳芳　徐　定）

【召开党外代表人士座谈会】 2017年1月9日，党委书记吴志功主持召开党外代表人士座谈会，征求党外代表人士对学校开展“两学一做”学习教育、领导班子及领导干部、“十三五”发展规划实施及各方面工作的意见建议。

（徐　定）

【增补一名北京知联会理事】 2017年1月10日，经北京党外高级知识分子联谊会二届四次会议审议通过，增补何理为北京党外高级知识分子联谊会第二届理事会理事。

（徐　定）

【完成保定市政协委员人大代表推荐工作】 2017年1月，根据保定市工作部署，保定校区完成保定市第十三届政协委员、保定市第十五届人民代表大会代表推荐工作。王印松当选保定市第十三届政协副主席，侯思祖、康辉当选保定市政协常委，王璋奇、武群丽、史会峰、温磊、黄新颖5人为保定市政协委员。

（秦芳芳）

【增补1名省政协委员】 2017年1月，经中国人民政治协商会议河北省第十一届委员会常务委员会第二十次会议审议通过，王印松增补为河北省第十一届政协委员。

（秦芳芳）

【开展统战工作理论研究】 2017年3月，根据河北省委统战部要求，保定校区开展“河北省统一战线喜迎党的十九大胜利召开”主题征文活动。6月，开展2017年度统战研究课题申报立项工作。

（秦芳芳）

【组织统战成员集中学习学校教代会精神】 2017年3月，学校分别在校部和保定校区组织部分民主党派、无党派、侨联代表人士集中学习学校第六届第五次教职工代表大会精神。校党委常委、统战部部长张天兴作教代会精神专题辅导报告，从建设背景、内涵要求、关键保障等方面对“双一流”建设进行解读，重点阐释下一步学校要取得的“六个突破点”及“五项改革”，同时强调加强资源保障和全面从严治党等方面要求。参会人员结合自身工作交流学习体会。

（秦芳芳　徐　定）

【完成留学人员、新侨等情况统计】 2017年3月，按照保定市委统战部、保定市归国华侨联合会和保定市外事侨务办公室有关文件要求，对保定校区新中国成立以来，特别是十一届三中全会以后，正在留学人员以及留学归国人员进行全面摸底调查。11月，根据保定市侨联要求，对保定校区新侨及新侨组织情况进行摸底调查。

（秦芳芳）

【举办北京高校党外专家教授企业行活动】 2017年4月20日，华北电力大学与北京科技大学、中国政法大学等六所高校联合举办“北京高校党外专家教授企业行”活动，邀请30余名党外专家教授深入北京奔驰、三元食品等著名企业生产科研一线参观考察，推进高校之间、高校与企业之间的联系交流。

（徐　定）

【召开教育教学思想大讨论专题座谈会】 2017年5月19日，学校组织召开党外代表人士教育教学思想大讨论专题座谈会。座谈会邀请部分人大代表、政协委员，民主党派成员、无党派人士，党外中层干部，相关职能部门负责人共十余人参加，校党委常委、党委统战部部长张天兴主持会议。与会人员围绕本次教育教学思想大讨论活动的主题，就明确人才培养目标定位、探索学生分类培养和通识教育、扎实做好培养方案制定、进一步加强师资队伍建设、加强学科融合和建设良好学风等方面畅所欲言，相关部门领导也结合自身工作进行发言。

（徐　定）

【推荐党外知识分子联谊会、海外联谊会理事和会员】 2017年5月，按照昌平区委统战部要求，学校推荐李泓泽为北京市昌平区党外知识分子联谊会常务理事，推荐马德香、肖海平、胡永辉、卞星明为北京市昌平区党外知识分子联谊会会员，推荐王素华、黄海、古丽米娜为北京市昌平区海外联谊会理事。

（徐　定）

【1人当选民进河北省常委】 2017年6月，王印松当选中国民主促进会河北省第九届委员会常委。

（秦芳芳）

【1人当选台盟北京市常委】 2017年7月，冼海珍当选台湾民主自治同盟北京市第十一届委员会常委。

（徐　定）

【完成二级党组织统战委员调整工作】 2017年7—8月，按照中共中央统战部、中共教育部党组有关文件要求，学校直属各党委（党总支、党支部）对统战委员进行调整，由直属各党委（党总支、党支部）书记负责本单位统战工作兼任统战委员。

（秦芳芳　徐　定）

【完成政协委员及省人大代表推荐工作】 2017年10月至年底，根据保定市工作部署，完成第十三届全国政协委员、河北省第十二届政协委员和河北省十三届人大代表推荐工作。副校长王增平当选河北省第十二届政协常委，王印松为河北省第十二届政协委员。校党委副书记郭孝锋当选河北省十三届人大代表。

（秦芳芳）

【接受党建和思政工作入校检查】 2017年11月22日，学校迎接《北京普通高等学校党建和思想政治工作基本标准》入校检查，检查组专家通过查阅资料、召开座谈会、实地走访等形式对学校统战工作进行检查。

（徐　定）

【完成政协委员及市人大代表推荐工作】 2017年11月，经学校考察推荐，李继清当选北京市第十五届人民代表大会代表，冼海珍为政协北京市第十三届委员会委员。

（徐　定）

【推荐民主党派骨干参加调训】 2017年11月，经学校推荐，民主党派基层组织负责人李继清、王璋奇参加2017年北京高校党外代表人士高级研修班。

（徐　定）

【举办支部成立20周年纪念活动】 2017年12月18日，民盟华北电力大学支部举行支部成立20周年纪念活动。民盟北京市委秘书长严为，民盟昌平区工委主委刘淑华，民盟中央社会服务部教育处处长王强，华北电力大学党委副书记、纪委书记何华，党委常委、党委统战部部长张天兴等出席活动。民盟昌平区工委各支部、民盟中国地质大学支部、民盟保定校区支部代表以及学校其他民主党派代表和民盟支部全体盟员一同参加纪念活动。严为和何华为“盟员之家”揭牌。

（徐　定）

宣　传　工　作

【概述】 2017年，学校宣传思想工作围绕迎接、宣传、贯彻党的十九大主线，紧密结合学校第二次党员代表大会目标任务，坚持立德树人、强化思想引领，积极培育和践行社会主义核心价值观，不断加强和改进思想政治工作，把握意识形态工作的领导权主动权，为学校“双一流”和高水平研究型大学建设提供坚强的思想保障、精神动力和文化条件。

2017年，学校深入学习宣传贯彻党的十九大和学校第二次党员代表大会精神，以习近平新时代中国特色社会主义思想武装干部师生头脑。在会前、会后分别组织召开宣传工作动员会和学习贯彻动员部署会，围绕迎接、宣传、贯彻党的十九大制定宣传方案、宣讲方案和学习贯彻方案，提前谋划和统筹部署相关工作，制定出时间表和路线图，强化任务分解，落实工作责任。组织全校干部师生集体收听收看十九大开幕会，校领导深入基层与师生共同观看，并在开幕会后与师生交流观看体会。十九大期间及闭幕后，校领导分别与各学院党委（党总支）书记、学生代表、学生干部等进行多场学习宣传贯彻十九大精神座谈会。学校加强理论学习，修订《华北电力大学党委理论学习中心组学习制度》，制定理论学习计划。校党委中心组开展集体学习9次。率先深入学习党的十九大精神，将对习近平新时代中国特色社会主义思想学习教育引向深入。全体中层干部共撰写学习心得体会文章114篇。邀请陈子季等校外专家和十九大代表作党的十九大精神辅导报告。校党委书记周坚、校长杨勇平以《不忘初心　牢记使命》和《人民至上的宣誓　矢志不渝的奋斗》为题录制微党课。学校十九大校内宣讲团成员深入基层开展宣讲 32 场，实现基层宣讲全覆盖。学校分别在本科生和研究生中开展“心系十九大　逐梦新征程”和“聚焦十九大　青春献祖国”系列学习教育活动，兴起学习宣传贯彻热潮。学校以十九大精神为指引开好学校第二次党员代表大会，精心制作第一次党代会以来学校发展成就展。利用道旗、条幅、电子显示屏等悬挂宣传标语，张贴宣传海报，布置校园彩旗，为十九大的召开营造良好氛围。制作学习十九大精神和党代会精神两个专题学习网站，充分利用校报、新闻网、官方微博、微信等多种平台进行宣传，发表学习宣传贯彻十九大精神的外宣稿件十余篇。制作学校第二次党员代表大会简报 9 期，出版党代会专题校报 1 期。

2017 年，学校贯彻落实意识形态工作责任制，推动建立意识形态工作长效机制。3 月，学校对二级单位的意识形态工作责任制落实情况进行专项督查。根据教育部党组在巡视中指出的相关问题，结合《北京普通高等学校党建和思想政治工作基本标准》入校集中检查工作，进一步梳理和督查学校意识形态工作情况，查找问题并明确整改措施。对照《北京普通高等学校党建和思想政治工作基本标准》，全面总结意识形态工作，对基层党委进行校内走访检查时重点检查意识形态工作，以评促建、以评促改。学校定期组织分析研判意识形态领域情况，通报学校当前意识形态领域形势。印发《华北电力大学党委意识形态工作专项督查办法（试行)》，建立意识形态工作相关督查制度，完善意识形态工作体制机制。加强意识形态阵地管理。开展意识形态阵地调研，严格落实哲学社会科学类报告会、研讨会、讲座、论坛等“一会一报”制，严格规范微博微信公众号登记备案程序。通过新媒体联盟和自媒体协会加强对自媒体平台的管理引导，建立网络舆情管理系统，及时了解、掌握师生网络意识形态和舆情动向。全年共审批讲座 43 次，学校各自媒体平台通过官方认证的微博共计 23 个，微信公众号共计 45 个。

2017 年，学校建立思想政治工作联席会议制度，不断加强和改进思想政治工作。发挥思想政治工作联席会议作用，及时沟通报送新情况新问题，探索建立思想动态调研常态化工作机制。学校把师生思想动态调研作为思想政治工作的基础性工作抓紧抓实，运用整体性大调研、专题性小调研、小型化分散化的微调研等多种形式多次开展师生思想动态调研，并把调研成果作为下一步工作的重要参考，因势利导制定有效举措，推进思政工作效果最大化。校党委书记周坚和校长杨勇平为学生上思想政治理论课，解读党的十九大精神。其他校领导带头上讲台，为全体新生作“筑梦华电　扬帆起航”辅导报告，为研究生新生作科学道德与学风建设专题讲座，讲学习贯彻落实党的十九大精神专题团课，为学工干部作落实全国高校思想政治工作会议精神专题辅导报告和党的十九大精神专题党课等。加强教师思想政治工作，坚决执行“师德一票否决制”，把政治标准放在首位，在各级各类人才奖励计划遴选、选聘教师、进修培训、考核评优等政策文件制定和修订中完善师德监督评价机制，加大师德因素的权重。鼓励青年教师结合学科专业开展社会调查和课题研究，学校获北京高校青年教师社会调研项目一等奖一项、二等奖二项，资助金额共计 2 万元。组织教师参加北京市哲学社会科学教学科研骨干研修班、北京高校青年骨干教师理论培训班的理论学习和教师学习考察等社会实践活动。

2017 年，学校精心打造融媒体平台，巩固壮大主流思想舆论。在发挥校报、新闻网等媒体平台优势的基础上，继续加强官方微博和微信等新媒体平台的建设。坚持“正能量是总要求”，将传统媒体的内容优势和新媒体技术手段相结合，推动新媒体和传统媒体融合发展。新媒体平台影响力逐步提升。官方微博共发布微博 1001 条，其中阅读量 2 万以上的共 158 条。官方微信共发表图文推送 285 篇，其中有 24 篇点击量过万，原创校庆图文《忆峥嵘岁月　庆辉煌华诞》点击量超过 2 万。官方微博和官方微信粉丝持续增长，学校获年度首都教育新媒体联盟最具特色奖。利用网络平台对师生观看党的十九大开幕式、校友会会员代表大会暨第二届理事会会议、校庆 59 周年暨 60 周年倒计时一周年启动大会，以及第二次党员代表大会开幕式等多次大型活动进行线上全程直播。基于 H5 页面技术，以校庆 59 周年暨 60 周年倒计时一周年启动大会为契机，线上推出为华电送祝福活动，H5 点击量突破 200 万。

2017 年，学校加强大学文化建设，推进文明校园创建工作。编印《华电记忆 4》，深入挖掘和宣传师生中的先进典型，发挥榜样的示范引领作用，弘扬和传承华电精神，不断增强师生对学校历史和发展的认同感、责任感、使命感。发挥文化载体的实用功能，面向全校印发 2017 年（丁酉年）华电文化周历，以文化周历的形式修订理念文化手册，让办学理念、办学方针、办学目标、办学特色、校歌、校训等理念文化更加深入人心。完成《华北电力大学“双一流”建设项目计划任务书》“文化建设”类“校园文化传承”建设项目的立项工作。根据教育部、中央文明办《关于深入开展文明校园创建活动的实施意见》文件要求，认真按照《高校文明校园标准》“六好”要求，强化工作统筹协调，整体推进文明校园创建活动。保定校区获河北省 2015—2016 年度“省级文明校园”称号。

2017 年，学校坚持网上网下联动，提升对外宣传工作水平。秉承“讲好华电故事　传播华电声音　提升华电形象”的理念，围绕学校重点和亮点工作，加强与校外媒体联系，宣传学校“大电力”学科优势、“学生创新创业”“绿色电力扶贫公益行动”等工作特色，扩大学校影响力。积极开展对外宣传，在中央电视台、中国教育电视台和《人民日报》《光明日报》《中国教育报》等 20 多家主流媒体刊发 97 篇新闻报道，树立学校良好形象。

（孙翠亭）

【概况】 2017 年，华北电力大学党委宣传部和新闻中心，共有工作人员 15 人，其中北京校部 11 人，保定校区 4 人。

2017 年，党委宣传部出版《华北电力大学校报》共计 11 期，对外宣传稿件共计 97 篇。

（孙翠亭）

【获年度首都教育新媒体联盟最具特色奖】 2017 年 4 月，北京市教育系统舆论引导工作总结培训会暨“新视域 • 微传播 • 正能量”首都教育新媒体联盟发展论坛上，学校官方微信公众号“华北电力大学”获 2016 年度首都教育新媒体联盟最具特色奖。此次活动是北京教育新闻宣传学会和首都教育新媒体联盟主办，近 200 名来自北京各高校和区教委宣传部门负责人和新媒体工作者参加培训和论坛。首都教育新媒体联盟由北京市委教育工委、市教委于 2015 年 11 月发起成立，学校是联盟的首批成员单位。

（孙翠亭）

【编印《华电记忆 4》】 2017 年 5 月，华北电力大学编辑印发《华电记忆 4》图书。《华电记忆 4》与前三辑一脉相承，“以索隐华电历史，探赜文化传承”为旨志，荟萃口述、专访、名师、故事、师恩、校友、媒体、情愫、青春、追忆、影像等栏目，字里行间流淌着华电人的精神气质。本辑新开“片石”栏目，借扬州何园片石山房“一拳则太华千寻，一勺则万里江湖”之意，于片言只语中记述曾经影响和感动华电的人和事。

（孙翠亭）

【修订理论学习制度】 2017 年，根据教育部党组的巡视反馈意见，学校结合工作实际，就原《华北电力大学党委理论学习中心组学习制度》（华电党宣〔2016〕1 号）进行修订，新修订的《华北电力大学党委理论学习中心组学习制度（2017 年修订）》经 2017 年第 15 次党委常委会讨论通过，并于 9 月印发，以进一步加强和规范学校党委中心组理论学习，扎实推进领导班子的思想政治建设。

（孙翠亭）

【印发意识形态工作专项督查办法》】 2017 年 9 月，经 2017 年第 15 次党委常委会讨论通过，学校印发《华北电力大学党委意识形态工作专项督查办法（试行）》。学校党委将成立督查领导小组，于每年下半年开展意识形态工作专项督查。文件中明确意识形态工作专项督查的主要内容和督查方式，强调要加强督查结果的运用。

（孙翠亭）

【开展党的十九大精神宣讲工作】 2017 年，华北电力大学认真开展党的十九大精神宣讲工作，领导干部带头上讲台。党委书记周坚、校长杨勇平以《不忘初心 牢记使命》和《人民至上的宣誓 矢志不渝的奋斗》为题录制微党课，并为学生上思政课解读十九大精神。直属各党委（党总支、党支部）书记等中层干部带头讲党课，学校十九大校内宣讲团成员深入基层开展宣讲 32 场，实现基层宣讲全覆盖。

（孙翠亭）

【编印 2018 年华电文化周历】 2017 年 12 月，华北电力大学印发 2018 年［戊戌年］华电文化周历。文化周历以学习贯彻党的十九大、学校第二次党员代表大会精神为主线，摘录习近平总书记在中国共产党第十九次全国代表大会上所作报告和学校党委书记周坚在中国共产党华北电力大学第二次党员代表大会上所作报告的重要内容。文化周历设计上以“华电蓝”为主色调，排版简洁大方，具备日历记事功能。

（孙翠亭）

纪检监察工作

【概述】 2017 年，华北电力大学纪委结合学校实际，确定“12335”总体思路，围绕一个主题推进全面从严治党，聚焦作风建设和责任落实两个方面，在制度、队伍和信息化“三个建设”上下功夫，进一步深化“三转”，以“五化”推动学校党风廉政建设的各项工作，即推进“四种形态”的具体化、信息来源的多元化、党内监督的立体化、校内巡察的机制化、廉洁教育的常态化。坚持问题导向，严格监督执纪问责，推动全面从严治党向纵深发展，为学校“十三五”改革、建设与发展和“双一流”建设提供政治保障。学校纪委协助党委认真细化分解党风廉政建设责任，督促各级领导干部认真履行“一岗双责”，把反腐倡廉建设和党风廉政建设责任制工作纳入党政领导班子、领导干部年度任务中，做到与教育教学工作紧密结合，一起部署，一起落实，一起检查，一起考核，形成齐抓共管、协同作战的工作格局。协助党委每年与全校 50 余个院（系、部）、处、室的党政主要负责人签订《华北电力大学党风廉政建设责任书》。学校接受教育部党组第二巡视组巡视。根据校党委的统一部署，学校纪委认真完成相关工作，起草纪委接受巡视的工作报告，认真准备相关支撑材料共 28 盒。认真研究处理巡视组移交的相关问题线索，逐一制定执纪审查方案，积极提供所需材料，集中力量开展核查工作。学校纪委两次召开全会，就巡视组移交问题线索办理进展情况及处理建议进行研究，并及时报校党委常委会审议决定。根据核查结果，决定运用“四种形态”对个别党组织进行问责，对若干名同志进行谈话提醒，纪检部门下达多份监察建议书，清退不规范使用科研经费，并及时推进相关问题整改，做到对问题线索事事有回音，件件有着落。

2017年，学校纪委完成学校第二次党代会的纪委有关工作。认真起草纪委工作报告，筹备多次纪委工作报告座谈会征求意见建议，在纪委网站及微信公众号开展党代会宣传工作。党政办、纪委办、组织部联合印发《关于严肃第二次党代会期间有关纪律的通知》，强化政治站位，严明纪律要求。对学校第二次党代会选举工作进行监督，确保程序合规、公平公正。召开中共华北电力大学第二届纪律检查委员会第一次全体会议。

2017年，学校纪委完成北京普通高等学校党建和思想政治工作集中检查中党风廉政建设方面工作，从建立健全党风廉政建设责任体系、惩防体系建设和权力运行监督、严肃党纪党规和信访处理纪律审查四个方面共梳理和汇总有关支撑材料34盒，配合完成党建与思想政治工作校内实地走访检查记录工作。

2017年，围绕“严肃党内政治生活，用好监督执纪“四种形态”，推动全面从严治党向纵深发展”的主题，学校开展为期一个多月的“2017年党风廉政建设宣传教育月活动”。围绕全面从严治党的鲜明主题，把“四种形态”作为落实主体责任的重要抓手，充分理解并综合运用好第一种形态，严肃党内政治生活，强化责任担当，推动全面从严治党向纵深发展，营造风清气正的育人环境，推进学校党风廉政建设和反腐败工作。

2017年，学校纪委根据校内巡察发现的问题，制定“回头看”方案，抓好巡察整改落实，对相关部门进行督导检查。通过巡察“回头看”，巩固巡察成果，规范权力运行，严肃党内组织生活，营造风清气正的教书育人环境。

2017年，学校纪委对新任的副处以上干部逐一进行廉政谈话，要求干部在年终述职中进行述廉，促进领导干部树立正确的权力观、地位观、利益观，保证学校干部队伍的清正廉洁；确保把好党风廉政意见回复关，完成干部换届、各级各类代表选举中的党风廉政意见回复工作；严明招生工作纪律，健全集体决策制度和招生考试责任制，充分发挥内部监督职能，强化纪律监督，加强对招标采购、科研经费使用的监督监管。

2017年，学校纪委对学校近年来的各类信访件进行起底梳理工作，对有调查线索的信访件重新进行补充核实，并建立登记备查制度，对上级部门纪委交办、批办的信访举报件进行核实。制定《华北电力大学践行监督执纪四种形态实施办法（试行）》，细化分解每种形态。

2017年，学校纪委通过“华电纪委办监察处廉洁提示”短信平台，采取统一发送方式，确保党员干部在节假日都能收到温馨提醒和宣传教育，早打招呼、提前预防，做到对党员干部的全覆盖。依托微信等新媒体探索新的宣传教育模式，增强反腐倡廉宣传教育的影响力、渗透力和吸引力。

2017年，学校纪委抓住重大节假日公款送礼等腐败行为突出的现象，通过短信提醒、发布通知通告等形式，着重抓好五一、十一、元旦、春节、教师节等重要节点，维护八项规定的严肃性和权威性，有效遏制不正之风蔓延。

2017年，学校纪委修改制定《华北电力大学党风廉政义务监督员聘任及工作实施办法（试行）》、《华北电力大学二级党组织纪律检查委员工作职责（试行）》《中共华北电力大学纪律检查委员会委员岗位职责》和《中共华北电力大学纪律检查委员会议事规则》等各项制度。建立党风廉政建设义务监督员队伍，通过座谈会、调查问卷等形式，拓宽监督信息多元化，在每个基层党支部配齐支部纪检员，强化兼职纪检队伍力量。

（蹇文馨　牛英杰）

【概况】 2017年，北京校部纪委办、监察处有工作人员4名，其中处长1名，副处长1名，职员2名。保定校区纪委办公室、监察处、审计处（保定）合署办公，保定校区共有工作人员6名，其中副处长（正处级）1名，副处级1名，职员4名，其中本科学历5人，研究生学历1人；共有副高级职称2人，中级职称3人，助理职称1人。共接收、接待来信来访53件（含重复件），按有关规定进行认真调查处理和信息反馈。

（蹇文馨　牛英杰）

【开展廉政谈话】 2017年1月3—6日，为切实落实从严治党各项要求，推进校内党风廉政建设，根据《党政领导干部选拔任用工作条例》和《中共华北电力大学委员会落实党风廉政建设主体责任的实施细则》的要求，校党委副书记、纪委书记何华对新任5名校级领导和全体新任正处级干部进行个别或集体廉政谈话，此次廉政谈话基本达到“全覆盖”，针对新任职校级领导，重点岗位、关键部门，调整过的部分正处级领导干部进行个别廉政谈话31人次；其他正处级领导进行集体谈话7次，参加谈话人数67人。廉政谈话是按照主体责任、监督责任及“一岗双责”的要求，以问题为导向，结合不同谈话对象，按不同部门岗位实际，分门别类，有针对性开展。

（王　燕　蹇文馨）

【召开纪委全会（扩大）会议】 2017年4月14日，学校召开2017年中共华北电力大学纪律检查委员会第一次工作（扩大）会议。会议就2017年党风廉政建设暨纪检监察审计工作报告的起草进行说明；对《华北电力大学践行监督执纪四种形态实施意见（试行）》《华北电力大学党风廉政义务监督员聘任及管理实施办法（试行）》《华北电力大学二级党组织纪律检查委员工作职责（试行）》等3项拟订制度向纪委委员征求意见，会议通报学校2016年校内巡察工作基本情况；并就2016—2017年收到的问题线索处置情况进行通报。

（王　燕　蹇文馨）

【何华调研教材选用采购情况】 2017年4月18日、20日，北京校部、保定校区同步对学生教材选用采购情况进行调研。校党委副书记、纪委书记何华就本科生、研究生教材选用采购情况，走访调研教务处、研究生院。宣传部、纪委办、招标中心等部门主要负责人陪同调研。调研中，教务处、研究生院、人文与社会科学学院、数理学院、外国语学院、马克思主义学院、经济与管理学院、法政系等部门、院系主要负责人，介绍学校学生教材选用采购情况。与会人员就如何在进一步做好本科生、研究生教材审编、选用、采购等工作，进行探讨。

（王　燕　蹇文馨）

【何华调研研究生招生监督情况】 2017年4月20日，校党委副书记、纪委书记何华赴研究生院走访解研究生招生情况，研究生院常务副院长卢占会，纪委副书记范立陪同走访。何华检查研究生院保密室，了解“学校标准化考点电子巡查系统”建设情况，听取2017年硕士生招生情况和博士研究生复试录取工作等情况汇报。何华对研究生招生工作、全日制和非全日制研究生并轨第一年计划完成情况表示肯定，并指出研究生招生工作是纪检监察工作关注的重点，要在原有良好工作基础上履行职能监管，加强和完善招生工作。

（王　燕　蹇文馨）

【设立党风廉政义务监督员】 2017年4月26日，按照《中国共产党党章》等有关制度和规定的要求，学校印发《华北电力大学党风廉政义务监督员聘任及工作实施办法（试行）》。旨在加强学校党风廉政建设工作，拓宽监督渠道，完善监督机制，强化民主监督。同日，学校召开党风廉政义务监督员两地视频培训会。会议结合《华北电力大学党风廉政义务监督员聘任及工作实施办法（试行）》，就党风廉政义务监督员的设立条件和程序、党风廉政义务监督员的职责及工作方式、权利和义务等进行介绍说明，与会党风廉政义务监督员围绕如何履职、如何发挥好监督作用等问题进行讨论。

（王　燕　蹇文馨）

【召开党风廉政建设暨纪检监察审计工作会】 2017年4月27日，学校党委召开2017年党风廉政建设暨纪检监察审计工作视频会议。会议部署2017年学校党风廉政建设和纪检监察工作主要任务，明确2017年工作总体要求；通报2016年学校对电气与电子工程学院等8个单位开展的校内巡查中发现的问题。会上学校聘任42名首批党风廉政义务监督员，时任校党委书记吴志功与学校二级单位负责人代表签订党风廉政建设责任书。5月5日，根据会议讲话精神，学校印发《关于印发吴志功书记在2017年党风廉政建设暨纪检监察审计工作会议上的讲话和何华副书记所作工作报告的通知》。

（王　燕　蹇文馨）

【印发党风廉政建设和纪检监察工作文件】 2017年5月5日，学校印发《华北电力大学2017年党风廉政建设和纪检监察工作要点》，该文件从全面贯彻落实十八届六中全会、中纪委七次全会精神和习近平总书记系列重要讲话精神等七个方面共十八项具体工作要点对学校2017年党风廉政建设和纪检监察工作进行部署和安排。

（王　燕　蹇文馨）

【印发践行监督执纪四种形态实施办法】 2017年6月7日，学校印发《华北电力大学践行监督执纪四种形态实施办法（试行）》。该文件共58页，从六个方面明确学校落实监督执纪的指导思想、工作原则、责任追究办法等，对运用监督执纪“四种形态”提出具体操作办法，细化各级党委、相关部门监督执纪、践行“四种形态”的工作要求，完善监督、执纪、问责工作的公文规范，使学校落实践行“四种形态”具体化、常态化，具有指导性和可操作性。学校还印发《华北电力大学践行监督执纪“四种形态”工作手册》，分别包括校党委书记、校长、校纪委书记、校领导班子成员、党政办、纪委办、组织部、宣传部、统战部、直属各党委（党总支、党支部）、处级领导干部共十一种工作手册，明确各级领导干部、各单位（处室）践行监督执纪“四种形态”的任务分工和操作指南，以简洁易懂的表格形式固化工作流程、严格操作程序。

（王　燕　蹇文馨）

【启动党风廉政建设宣传教育月活动】 2017年6月7日至7月7日，学校党委在全校范围内开展为期一个月的2017年党风廉政建设宣传教育月活动。该活动以“严肃党内政治生活，用好监督执纪“四种形态”，推动全面从严治党向纵深发展。”为主题，在活动内容和形式上大胆创新，将通过集中学习、召开领导班子学习讨论会、组织廉政主题教育活动、召开基层党委专题组织生活会、开展大学生廉洁修身主题教育活动等，对全校党员干部廉政教育实现全覆盖，增强党员干部纪律规矩意识和实干担当精神，让党员进一步牢固树立知敬畏、明底线、守规矩，推动学校党风廉政建设，营造风清气正的育人环境。

（王　燕　蹇文馨）

【开展巡察回头看工作】 2017年6月21日至7月15日，根据《中国共产党巡视工作条例》和《中共教育部党组贯彻〈中国共产党巡视工作条例〉实施办法》等相关文件要求，结合2016年校内巡察工作反馈意见及有关被巡察单位、部门整改报告，学校党委、纪委对电气与电子工程学院、经济与管理学院、资产管理处、后勤管理处（后勤服务集团），计算机系、财务与资产管理处、后勤与基建管理处、产业管理处（保定）开展2017年校内巡察回头看工作。重点巡察各有关单位、部门巡察整改方案中具体整改任务的完成情况及各有关单位、部门是否存在老问题反弹或出现新问题的情况。

（王　燕　蹇文馨）

【召开第二次纪委全体会议】 2017年7月13日，学校召开2017年第二次纪委全体会议。会议以视频形式在北京校部、保定校区召开。会议传达教育部党组第二巡视组关于巡视华北电力大学情况的反馈意见，通报学校整改方案及全面从严治党具体整改措施，汇报学校执纪审查有关问题及问题线索处置相关情况。就《华北电力大学纪律检查委员会议事规则》、《华北电力大学纪委委员工作职责》修订情况、北京市党建评估工作中党风廉政建设部分进展情况等进行通报讨论。

（蹇文馨　牛英杰）

【开展消费高档白酒集中排查整治工作】 2017年8月3—14日，根据中央纪委、中纪委驻教育部纪检组有关要求，学校党委统一部署，纪委办深入贯彻落实中央八项规定精神、巩固纠正“四风”工作成果，会同财务、审计、后勤、资产管理、国际合作处等相关部门，对违规公款购买消费高档白酒等事项进行集中排查整治工作。

（蹇文馨　牛英杰）

【召开第三次纪委全会】 2017年8月21日，学校召开2017年第三次纪委全体会议。会议以视频形式在北京校部、保定校区召开。会议就教育部第二巡视组移交的问题线索审查进展情况及整改工作进行布置，并就《华北电力大学纪检监察信访举报细则》《华北电力大学纪律检查委员会议事规则》《华北电力大学纪委委员工作职责》修订的情况进行汇报。

（蹇文馨　牛英杰）

【召开第四次纪委全会】 2017年9月28日，学校召开2017年第四次纪委全体会议。会议以视频形式在北京校部、保定校区召开。纪委委员讨论中国共产党华北电力大学第二次党员代表大会纪委工作报告征求意见稿，并提出具体修订意见与建议。

（蹇文馨　牛英杰）

【印发纪律检查委员会委员岗位职责】 2017年9月30日，学校印发《中共华北电力大学纪律检查委员会委员岗位职责》，该文件从认真学习贯彻校党委和上级纪委的有关文件及指示精神，坚决贯彻执行学校纪委全委会的决议和决定等九个方面规范和明确校纪委委员岗位职责。

（蹇文馨　牛英杰）

【印发纪律检查委员会议事规则】 2017年9月30日，学校印发《中共华北电力大学纪律检查委员会议事规则》，该文件从议事规则、议事范围、议事程序、议事规则、议事纪律及附则共六个方面进一步明确和规范学校纪律检查委员会议事工作制度。

（蹇文馨　牛英杰）

【出台干部廉政档案管理办法（试行）】 2017年10月13日，学校出台《华北电力大学干部廉政档案管理办法（试行）》，该文件从廉政档案人员范围、主要内容、档案收集与整理、使用范围、档案管理等方面建立和规范学校干部廉政档案制度加强对领导干部廉洁从政情况监督管理，促进领导干部廉洁自律。

（蹇文馨　牛英杰）

【何华当选纪委书记】 2017年11月13日，中国共产党华北电力大学第二届纪律检查委员会举行第一次全体会议。会议讨论通过中国共产党华北电力大学第二届纪律检查委员会第一次全体会议选举办法，讨论通过中国共产党华北电力大学第二届纪律检查委员会书记、副书记候选人名单以及监票人名单。会议选举产生中国共产党华北电力大学第二届纪律检查委员会书记、副书记，选举结果报请华北电力大学第二届党委第一次全体会议通过。何华当选为华北电力大学第二届纪委书记，范立、刘志远当选为华北电力大学第二届纪委副书记。

（蹇文馨　牛英杰）

【开展警示教育活动】 2017年12月14日，校纪委组织纪委委员及部分处室负责人、基层党委纪检委员、党风廉政义务监督员赴某监狱开展反腐倡廉警示教育活动。该活动旨在要求全体纪委委员从自身做起，严以修身、严以用权、严以律己，切实发挥纪委委员在监督执纪问责方面的作用。全体人员听取《珍惜幸福生活远离职务犯罪——基于犯罪成本的实证分析》专题警示教育报告；参观监区、教育中心、探访室、宿舍等服刑人员生活场所，监狱工作人员向大家介绍监狱在押人员生活、学习和劳动情况，并回答大家提问。

（蹇文馨　牛英杰）

本科生学生工作

【概述】 2017年，华北电力大学落实全国高校思想政治工作会议部署，把握立德树人中心任务和学习宣传党的十九大精神主线，强化思想引领，推动改革创新，加强大学生思想教育工作，各项工作取得新进展。

思想政治教育。落实全国高校思想政治工作会议精神。加强学生思想状况调研，完成《2017年本科生思想政治状况调查报告》。开展“心系十九大　逐梦新征程”系列主题教育活动，成立学生特色宣讲团和学习小组，分获“北京高校学习宣传十九大精神优秀项目”和北京市“百校千组学讲行”主题教育活动示范学习小组。实施“一系一品牌，一班一亮点”思政工作品牌项目建设，党委学工部获2017年“河北省学校思想政治教育先进集体”称号。开展“我的中国梦，我的成才路”理想信念教育、组织学生参加十八届六中全会精神中央宣讲团首场报告会、聆听“砥砺奋进的五年”报告会，参观庆祝建军90周年主题展览、砥砺奋进的五年大型成就展等，组织召开学习习近平总书记中国政法大学重要讲话、一带一路高峰论坛主旨演讲座谈会。开展“激扬青春　梦筑华电”新生入学教育活动，引导新生走好大学第一步。组织实施“互联网＋”大学生创新创业主题教育活动，鼓励青年学生把自己的创新创业梦融入伟大中国梦，以青春和理想谱写信仰和奋斗之歌。广泛开展校长奖学金、国家奖学金优秀学生事迹宣传及大学生年度人物评选的宣传教育活动，挖掘优秀典型，树立青春榜样，大力营造社会主义核心价值观培育和践行的浓厚氛围。推进学生基层党组织建设，7个学生党支部分获北京高校红色“1＋1”活动二等奖、三等奖、优秀奖。

学生管理工作。以安全稳定为核心，扎实推进“平安校园”建设，为学校人才培养工作营造和谐环境。以学生安全防范预警机制为工作抓手，促进和谐校园建设；定期排查安全隐患，为学生健康成长、快乐成才清扫障碍；以特殊学生群体、突发事件等工作为突破口部署相关工作，集学生工作合力，形成校内相关部门联动、家校互动的工作机制，有效维护校园安全稳定。

制度建设。学校全面修订学生管理相关制度，修订《华北电力大学学生管理规定》等6个主要规定，报北京市教委、河北省教育厅备案通过，协调各部门修订配套文件40多项，编印新版学生手册，组织全校范围内的校规校纪教育，加强学生管理工作规范化。推进学生信息网络化，加强学生信息数据库建设，升级学生成绩查询系统，组织开发学生体育锻炼记录系统。

学业辅导工作。开展学业辅导视频直播，邀请任课教师为学生在线辅导，学校获评首批“北京高校学业辅导示范中心”。进一步巩固优良的校风学风，加强学风建设调研、讨论，找问题、究根源、促提高；注重学业困难学生帮扶引导，开展学籍预警工作，强化学生学业过程管理，加强与家长联系和沟通；加强考风考纪宣传教育，增强学生学习的主动性、自律性；开展学生评优表彰活动，激励学生奋发图强。

辅导员队伍建设。依托全国辅导员职业能力大赛等赛事，以赛代训，以赛促训。许云燕获北京高校辅导员职业能力大赛一等奖，全国复赛二等奖。立足学生工作难点热点，做好辅导员工作室培育工作。以“磐石计划”为载体，继续从全面提升能力素质与分类化专业拓展两方面，推进高素质学工队伍建设。开展学生工作研讨会、多期学工沙龙、新生辅导员班主任培训、新一轮长城计划课题开展等活动，并修订完善考评体系，加强考核激励，调动和激发学生政工干部工作积极性和主动性。

资助工作。学校构建以国家助学贷款、国家奖助学金和国家励志奖学金为核心，以补偿代偿、困难补助、地方政府和企业资助、基金会资助、勤工助学为基础的多元资助体系。整理、补充和修订本科生困难补助管理办法、国家助学贷款实施细则、校园地国家助学贷款还款救助操作细则、学生资助档案管理办法和学生资助管理办法等文件，增进资助工作在管理、实施等方面的科学规范性。开展家庭经济困难学生认定、国家助学贷款、基层就业补偿代偿、各类奖助学金、勤工助学等工作。发挥网络平台作用，建立学生资助管理中心官方微信公众号，新版学生资助管理中心网站上线运行。结合“诚信教育月”“资助政策宣传月”“感恩教育月”等活动，针对家庭经济困难学生开展主题教育活动。推进建设家庭经济困难学生的“绿色家园”，实施“绿芽计划”，推进成长“1＋1”结对帮扶工作，开展“绿色氧吧”工作坊。

心理健康教育。以“用心暖心，让爱流动”为主题，深化心理健康教育，开展兼职咨询师队伍建设，提升兼职队伍专业水平和危机意识。通过“心飞扬”心理宣传计划，宣传心理健康理念，普及心理健康知识。通过“木棉”心理帮助计划——以个体咨询、成长训练营、树洞心语、团体辅导、心理测评等方式为学生提供心理服务，构建心理健康防火墙。

就业创业工作。学校就业指导中心完善全程化、特色化、个性化职业指导新体系；打造全方位、各类型、多元化就业市场新模式；争创分层次、多平台、多维度创新创业工作新格局；实施人性化、细致化、专业化就业帮扶新举措；倡导价值引领型西部和基层就业新风尚，提升就业创业工作水平，推进大学生就业创业。毕业生一次就业率保持在96%以上，签约世界五百强企业毕业生约占签约总人数六成，升学、出国人数不断攀升，就业结构得到优化。学校获批“北京市示范性创业中心”，“电火花”众创空间入选保定市“双创示范基地”。创业项目代表“沼气蓬勃”负责人麻腾威作为“青年红色筑梦之旅”的大学生代表接受中央电视台采访。8名在校教师，21名校友、企业家导师入选教育部全国万名优秀创新创业导师人才库。

招生录取工作。严格实施招生工作“阳光工程”，组织开展普通高考招生和自主招生、高校专项等特殊类型招生工作，与 31 个省（自治区、直辖市）招生部门合作，完成本科招生录取工作。录取分数继续提升，生源质量再创新高。

国防教育。采取有效举措，开展国防教育，成效显著，获教育部“国防教育特色学校”，北京校部挂牌“昌平区征兵工作站”。保定校区获批“河北省征兵工作先进单位”。

（葛　超）

【概况】 2017 年，学校共评选出本科生先进班集体 44 个、三好学生标兵 175 人、优秀学生干部标兵 39 人、创新创业标兵 10 人、校级三好学生标兵 96 人、校级三好学生 1578 人、校级优秀学生干部标兵 19 人、校级优秀学生干部 166 人、院系级三好学生 2342 人、院系级优秀学生干部 334 人；各类单项荣誉 2801 人；一等奖学金 826 人、二等奖学金 1669 人，三等奖学金 1643 人，各类单项奖学金 3112 人。此外，10 人获“校长奖学金”，190 人获国家奖学金，并评选各类社会奖学金 36 项，奖金总额 201.2 万元。经济与管理学院会计 1502 班获北京市示范班集体。北京校部、保定校区 10 人分别获“十佳班主任”荣誉称号，146 人获“优秀班主任”荣誉称号。北京校部 10 人获“十佳辅导员”荣誉称号、保定校区 5 人获“优秀辅导员”荣誉称号。保定校区 3 个院系获“学生工作先进集体”荣誉称号，2 人获“优秀学生管理干部”荣誉称号。杨红月获评 2017 年河北省高校辅导员年度人物，3 名辅导员被评为“大家访”先进个人。北京校部两项研究成果分别获评 2015—2016 年度首都大学生思想政治教育优秀科研成果论文类二等奖、课题类三等奖。“立学 • 立志 • 立心工作室”入选第二批北京高校辅导员工作室建设项目。北京校部《综合运用网络信息技术，精准做好学生思政工作》入选教育部高校管理与评价实践案例。在河北省高校思想政治工作创新案例评选中，获三等奖 1 项；党委学工部获河北省学校思想政治教育先进集体；魏彤儒获评河北省学校思想政治教育先进工作者。学校为 2853 名学生发放生源地信用助学贷款，贷款金额合计 1857.77 万元，为 543 名家庭经济困难学生续放校园地国家助学贷款，贷款金额合计 358.12 万元。为 6811 名家庭经济困难学生发放国家助学金，共计 678.45 万元，北京校部为 30 名学生发放服义务兵役补、赴基层就业学费补偿贷款代偿金。开辟包括学生工作助理、网络管理员、学业辅导员、图书管理员等勤工助学岗位 2200 余个，发放勤工助学工资超过 485 万元。发放临时困难补助、因灾致贫补助、伙食补助、路费补助等共计 1354 万余元，采取各类资助形式，基本实现家庭经济困难学生资助全覆盖，提高资助工作水平和学生受益面，事业经费用于学生资助共计 2640 余万元。保定校区 2367 名学生参加大学生城镇居民医疗保险，学校为学生补助参保费 4.67 万元。学校心理健康服务中心全年咨询 1683 人次，向院系发布心理危机预警 80 人，心理危机干预 32 次。在 2017 级 7700 余名新生中开展心理普查，回访 732 人，筛选出各类重点关注学生 67 人。为学工队伍安排心理主题培训 10 人次。完成北京市重点教改课题结题一项。获 2016—1017 年度北京市教工委颁发集体奖“特色工作奖”。北京校部录取 2920 人，本科生源质量持续保持较高水平。高考改革省份（浙江、上海）录取工作顺利完成且录取分数段位分布靠前（其中，浙江的投档线在高科大学联盟高校中位列前三）。在非改革省份，理工类录取最低分超出当地重点线 75.37 分（比近三年平均数 74.91 略高），有一半省份录取最低分超出当地重点线达到 90 分以上，辽宁、河北等录取最低分高出重点线 130 分以上；理工类录取平均分超出当地重点线 100.04 分（比近三年的平均数 94.08 高 6 分）。文史类录取最低分超出当地重点线 53.59 分，比去年的 48.49 高 5 分，比近三年的平均数 42.35 高出 11 分；平均分超出重点线 59.56 分，比去年的 56.03 高 3 分，比近三年的平均数 51.61 高出 8 分。保定校区录取 3264 人。从各省录取的平均情况来看，保定校区录取分数继续保持增长趋势，去掉综合改革及本科批次合并省份，理工类录取最低分的平均分超重点线 72.33 分，比去年高 3.67 分，录取平均分的平均分超过重点线 87.02 分，比去年高 1.94 分；文史类录取最低分的平均分超过重点线 35.43 分，比去年高 5.83 分，录取平均分的平均分超过重点线 40.85 分，比去年高 4.39 分。华北电力大学接待进校招聘单位 5231 家。举办各省网公司、发电集团、能源集团专场招聘会 70 余场。北京校部本科生一次就业率 96.27%，研究生一次就业率 98.59%。保定校区本科生一次就业率 96.02%，研究生一次就业率 97.29%。毕业生就业率和就业质量保持较高水平。国旗护卫队获第八届北京高校国旗护卫队检阅式一等奖；武装部青春迷彩协会参加首都高等学校第十四届越野攀登赛获二等奖；参加市教委第三届军事特训营获佳绩。

（葛　超）

【举办大学生年度人物评选】 2017 年 5 月，学校举办以“榜样精神伴我行 共筑青春中国梦”为主题的第三届大学生年度人物评选活动，共评选出大学生年度人物 6 人。

（张　骞）

【孙军昌一行到校调研】 2017 年 6 月，首都大学生思想教育研究中心办公室副主任孙军昌、《北京教育（德育）》执行主编杜华等一行 5 人就如何促进大学生思想政治教育研究工作到校调研。校党委副书记汪庆华，学工部部长沈岚、副部长卜春梅，各学院党委副书记代表、辅导员代表，宣传部、学工部相关人员参加调研座谈。

（戚坚军）

【开展十九大精神学习宣传教育活动】 2017 年 9—12 月，学校开展“心系十九大，逐梦新征程”主题宣传教育活动。

开展“看家乡变化，喜迎党的十九大”主题征文活动；组织学生观看学习习近平总书记重要讲话；开展“收听收看十九大 微言微语华电情”活动，推出“喜迎十九大，今天你满分了吗？”等网络知识问答。11—12月，按照《关于在广大学生中开展学习贯彻党的十九大精神活动的通知》，开展“为青春充电 与祖国同心——喜迎党的十九大”“勇担使命，砥砺前行”十九大精神学习主题班会、“新时代，青春梦”十九大线上主题知识竞赛、十九大精神“微宣讲”、主题横幅签名等活动，组织十九大精神新媒体宣传团，在学生中宣传十九大精神。

（葛 超 张 骞）

【学生学习十九大精神系列活动获佳绩】 2017年11月，北京市高校广泛开展“百校千组学讲行——党的十九大精神 我学我讲我践行”主题教育活动。华北电力大学“服务基层 创新驱动”学习小组被评选为“百校千组学讲行”主题教育活动示范学习小组。学工部申报的“结合能源电力特色，积极打造宣传贯彻党的十九大精神学生宣讲团”参加市委教工委开展的北京高校学习宣传贯彻党的十九大精神优秀项目遴选，获“北京高校学习宣传贯彻党的十九大精神优秀项目”荣誉称号。

（葛 超）

【新媒体育人获佳绩】 2017年，学生处整合新媒体资源，围绕学生成长需求开展平台建设，打造“指尖华电”新媒体育人品牌，栏目内容丰富多元、发布信息权威高效、表达方式接地气，服务学生需求、启发学生成长，提升育人实效，《以学生为中心学生工作新媒体平台建设》项目获河北省校园文化建设二等奖。

（张 骞）

【学生获省级表彰】 2017年4月，学校在河北省2016—2017学年度省级三好学生、优秀学生干部和先进班集体评选工作中获佳绩。经院系推荐，学校审核，河北省教育厅核定，黄彦宁等14人获省级三好学生荣誉称号；赵茹萱等4人获省级优秀学生干部荣誉称号；电创新1401班、自动实1401班获省级先进班集体荣誉称号。

（张春旺）

【获批北京高校学业辅导示范中心】 2017年，学校学业辅导实行学校、院系两级工作机制，开展一系列具有华电特色的学业辅导工作。已开设学习方法课44门，上线慕课2门，举办考研、出国深造讲座20余场。12月，市委教育工委组织开展北京高校学业辅导示范中心建设评选工作，华北电力大学获批学业辅导示范中心。

（汤明润）

【开展磐石计划系列活动】 2017年3—12月，保定校区开展10余期磐石计划活动及多期学工沙龙。该活动包括辅导员工作精品项目申报、职业能力大赛经验分享交流、普通高等学校学生管理规定研讨、大学生心理危机预警与干预、辅导员工作方法与技巧研讨交流等多个专题。

（张 健）

【实施朋辈辅导员计划】 2017年9月，学校在2017级新生中继续实施新生朋辈辅导计划。按该计划要求，每名新生安排1名高年级朋辈辅导员负责引领和指导。通过团体破冰、校史校情与保定风土人情、大学目标规划与生涯指导及校园认知等多项工作，促进新生适应融入大学生活。

（张 健）

【十佳辅导员评选】 2017年2月，北京校部组织开展十佳辅导员评选工作。经过个人申报、院系推荐、学校综合评审，卜叶蕾、任华、许云燕、吴薇、张江昆、郑乐、赵珥希、崔灿、靳周、潘振东10人获2016年度“十佳辅导员”。

（孙清磊）

【学生工作队伍考核评优】 2017年10月，保定校区以《院系学生工作年度量化考核评估体系》为重点，开展2016—2017学年度学生工作队伍考核评优工作。自动化系等3个院系获“学生工作先进集体”荣誉称号，10人获“十佳班主任”荣誉称号，80人获“优秀班主任”荣誉称号，5人获“优秀辅导员”荣誉称号，2人获“优秀学生管理干部”荣誉称号。

（张 健）

【参加辅导员职业能力大赛中获佳绩】 2017年3月，由中共北京市委教育工委主办、北京高校辅导员培训研修基地（北京师范大学）承办的第五届北京高校辅导员职业能力大赛决赛在北京师范大学举行。华北电力大学选送的能源动力与机械工程学院辅导员许云燕获大赛一等奖。随后许云燕代表北京市辅导员参加第六届全国高校辅导员职业能力大赛第二赛区复赛，获复赛二等奖。

（孙清磊）

【入选北京高校辅导员工作室】 2017年，北京市委教育工委开展第二批北京高校“辅导员工作室”申报评选工作。旨在落实全国和北京高校思想政治工作会议部署，加强辅导员队伍建设，打造一批专家型辅导员骨干，推进辅导员工作专业化、品牌化。经专家评审、现场答辩和网络公示，人文学院崔灿负责的“立学·立志·立心”学生党建工作室获北京市立项支持。

（孙清磊 戚坚军）

【思政工作创新案例获佳绩】 2017年11月22日，河北省教育厅公布2017年高校思想政治工作创新案例评选结果。学校的《新时代高校学生党建工作引领大学生思想政治教育新模式——华北电力大学“两畅通三要求四模范”实践教育体系》项目获河北省三等奖。

（张 健）

【红色“1+1”共建活动获北京市二等奖】 2017年11月，北京高校红色“1+1”示范活动展示评审会在北京化工大学举行。经现场答辩评审，华北电力大学可再生能源学院2015级学生党支部获北京高校红色“1+1”示范活动二等奖。全市共有1000余个共建支部参加评审。

（戚坚军）

【思想政治教育先进集体和先进工作者】 2017年8月28日，河北省教育厅公布2017年河北省学校思想政治教育先进集体和先进工作者评选结果。华北电力大学党委学工部获2017年河北省学校思想政治教育先进集体。华北电力大学魏彤儒获2017年河北省学校思想政治教育先进工作者。

（张　健）

【资助工作受到媒体关注】 2017年，华北电力大学资助工作多次受到《人民日报》等媒体报道。国家奖学金获得者徐天娇获《人民日报》报道，其事迹入选教育部编辑出版的《希望——国家奖学金获奖学生风采录》一书；春节期间举办联欢及家访慰问活动获《人民日报》报道；《华北电力大学依托大数据实施精准资助》获教育部官方网站《一线采风》栏目报道；华北电力大学学生资助工作及华电师生学习十九大感受等获“中国学生资助”官方微信公众号报道。

（王　璐）

【主题征文活动获佳绩】 2017年11月，华北电力大学获全国“助学·筑梦·铸人”主题征文系列宣传活动优秀组织奖。电气与电子工程学院刘雪涛的作品《阳光下的山水仙》获全国“助学·筑梦·铸人”征文三等奖。

（王　璐）

【开展诚信教育活动】 2017年4月和5月，学校深入开展诚信教育月系列活动。通过诚信教育大会、微信公众平台、出展板、印制宣传册等形式提升在校生诚信意识。各院系各班级响应学校号召，开展主题班会、辩论赛、知识竞赛，诚信主题签字、新媒体平台线上宣传等多种多样的诚信教育活动，多层次、分阶段、全方位加强学生诚信意识，强化资助育人工作成效。

（王　璐　张汉军）

【成立学生事务服务中心】 2017年5月8日，华北电力大学学生事务服务中心成立。该中心以“增强服务意识、提高工作效率、优化育人环境、促进学生成长”为宗旨，为全校学生学习、生活等各方面需求提供咨询、办理等服务。中心线上模式依托“指尖华电”微信平台实现，线下工作地点在二校区学工楼103室。学生事务服务中心由学生处指导，由大学生自务会负责日常管理。学生事务服务中心自成立以来，累计现场服务学生600余人，解决学生各种问题130余项，通过微信平台回答问题3000余条。

（张汉军）

【自立自强学子评选】 2017年6月，保定校区举办第十一届自立自强学子评选活动，活动面向全校，通过评委打分，微信投票，现场答辩等环节，评选出十位优秀学子。11月，举办第十一届自立自强学子报告会，邀请到其中的三位优秀学子分享学习心得和生活体会。

（张汉军）

【举办感恩教育活月系列活动】 2017年11月，华北电力大学保定校区举办以“感恩·立志·成才”为主题的资助教育宣传月活动。活动期间，学校组织包括“书信传恩情”“爱要大声说”感恩留言、“助学、筑梦、铸人”征文评选、感恩微电影拍摄等活动。此项活动作为典型得到教育部全国学生资助管理中心宣传报道。

（张汉军）

【开展心理委员培训工作】 2017年3月、4月、5月、12月，心理健康服务中心为心理委员开展业务培训20次。该培训采取讲座、体验式主题班会、团体沙盘、心理论坛等形式开展。

（石世平）

【举办心理文化活动】 2017年4—5月，华北电力大学举办系列心理文化活动。北京校部以“心灵相约，你我同行”为主题，举办包括“宿舍里那些事儿征文活动”美文征集、“鼓圈”“外场咨询”、心理电影展播、心理实验室、“校园寻宝大赛”等活动，近700名学生参加。4月23日至5月27日，保定校区举行“习惯养成，惠及一生”心理健康宣传月活动。活动以二十一天习惯养成为核心目标，融合游戏活动、团体辅导、咨询体验、书信疏导等多种活动形式，帮助学生从养成小习惯开始，逐渐学会目标管理。

（袁　萌　宋一辰）

【开展朋辈团体心理辅导】 2017年，学校聘请多位团体带领者，共举行不同主题成长性团体10余支，开展结构式与非结构式不同主题团体辅导60余次，参加活动人数1000余人。保定校区以自动化系为试点，为2017级新生开展长程团体心理辅导，以新生心理适应为主，进行班级建设、人际交流、宿舍关系、学业习惯、自我成长等主题的朋辈辅导，共开展活动40余次。

（袁　萌　宋一辰）

【创办树洞心语心理服务项目】 2017年，学校从政教部选修心理咨询课程的研究生中选拔朋辈咨询员，创办树洞心语。该项目利用咨询室晚间时段服务学生，无需预约、无需登记信息，降低学生寻求心理援助门槛。

（宋一辰）

【首次面向全国实施大类招生】 2017年，学校面向全国实施大类招生，即在原有59个本科专业基础上合并成21个专业大类（北京校部19个、保定校区17个）进行招生。

（彭军林　王　倩）

【完成内高班首次网上录取】 2017年，内高班（含内地新疆班、内地西藏班）首次实施网上录取。北京校部录取内地西藏班33人、内地新疆班31人；保定校区录取内地新疆班26人。

（彭军林　王　倩）

【组织自主招生校内测试】 2017年6月11日，保定校区组织自主招生和高校专项招生校内测试。测试包括心理潜能测试、笔试、综合素质测试等。面试环节采用“四随机”，即考官考场随机抽取、考生面试序号随机抽取、考场随机抽取、测试题目随机抽取，确保测试公平公正。入选名单在本科招生信息网公示后按教育部要求在阳光高考平台、省招生办和中学公示。保定校区录取自主招生78人、高校专项51人。

（彭军林　王　倩）

【开展招生宣传工作】 2017年，学校加大招生宣传力度，成立由各院系及各职能部门负责人为组长的31个招生宣传工作组。各院系参与招生宣传，印制本系宣传材料，派出骨干教师参与招生宣传工作。宣传工作组于3月、6月、10月奔赴全国各地走访中学，开展现场咨询活动80余场，比去年同期咨询活动增加50余场。在首批高考综合改革试点省份浙江和上海，学校在志愿填报期间专门派招办工作人员及院系领导和学科带头人等组成的招生宣传组深入开展宣传活动和志愿填报辅导，收效明显。编印《华北电力大学2017年招生简章》，制作2017年报考指南，在各省免费发放30 000余份宣传资料。招募寒假招生宣传大使近300人赴全国各地100余所重点高中开展招生宣传活动，发放宣传材料5000余份。

（彭军林　王　倩）

【举办多场大型校园双选会】 2017年4—5月和11—12月，华北电力大学北京校部举办6场双选会，5场综合类双选会，1场为经管文法语言及电子信息类，共有742家用人单位进校招聘，招聘专业涵盖学校所有专业。接待进校招聘单位4059家。另外，还举办各省网公司、发电集团、能源集团专场招聘会70余场。提供就业岗位4958个。3月27—31日，保定校区举办春季双选周，主要针对非电气类学科、新兴学科、交叉学科，时间持续一周，共有180余家用人单位进校招聘。9月19日，中国大唐集团公司2018届毕业生专场招聘会在保定校区文体中心举行，包括大唐国际、大唐新能源、各省分公司等近百家用人单位，本次招聘不仅面向传统电气、热动等大类专业，同时也面向会计、工商、计算机等非电专业。10月26日，华能国际电力股份有限公司2018届毕业生校园宣讲招聘会在保定校区举办，华能国际下属近30家二级单位参加，吸引包括全校各院系、兄弟院校600余名毕业生参加。10月30日，第十五届电力人才招聘大会在保定校区举行。参会单位包括部分国家电网公司及蒙东、蒙西电网共计36家用人单位。吸引校内外几千名学生参会。11月7日，中国国电集团2018届校园招聘宣讲会在保定校区举办。国电集团下属13家二级单位参加，宣讲会共吸引校内外600余名毕业生参加。12月9日，保定校区举办“华北电力大学2018届毕业生冬季双选会”，吸引150多家用人单位和2000余名毕业生，涵盖电力、通信、机械制造、化工环保、互联网、金融、教育咨询、贸易服务等众多行业，提供岗位600余个，基本覆盖学校全部专业。

（王栋梁　李兰涛　谢铠羽）

【开展就业服务月系列讲座】 2017年9月，华北电力大学就业指导中心主办2017届毕业生就业指导服务月活动。该活动包含多场讲座，内容涉及就业形势、就业准备、职场知识、电网招聘、公务员应考、出国留学、模拟面试、院系特色等八个主题，涵盖就业的各个方面，通过形式多样、内容丰富、针对性强、富有成效的就业指导活动提高学生就业竞争力。

（王栋梁　吕思宇）

【就业官网就业APP上线】 2017年，华北电力大学设计开发的就业官网、就业APP正式上线。至年底，累计注册单位数量为1045家，发布招聘岗位1914个，岗位需求总数35 850个，定向推送就业信息35 850条，平均网站日浏览人次达3万以上。将学生就业指导、就业信息、就业咨询、职业生涯规划等服务信息化、数据化。就业指导中心微信公众号开设的“就业嘚吧嘚”“就业印象”“我是华电人”等栏目反响良好。该平台开设“就业信息”“就业指导”和“创业园地”三大板块，实现各类招聘信息及时发布、就业政策手续解读及创业入孵指导等功能，至年底，关注量突破27 000人。

（王栋梁　吕思宇）

【获创行世界杯奖项】 2017年4—5月，就业指导中心扶持和指导的创行团队参加创行世界杯，获华北赛区一等奖、全国三等奖，靖仕寅获创行全国最佳指导老师。

（王栋梁　靖仕寅）

【签署创新创业基金合作协议】 2017年6月，就业指导中心与中国电信北京分公司签订合作协议。根据协议，中国电信北京分公司提供30万元资金用于支持华电学生开展创新创业实践。

（王栋梁　靖仕寅）

【获批北京市示范性创业中心】 2017年8月，在北京市教委组织的北京地区高校示范性创业中心评选活动中，学校通过评审，被评为北京市示范性创业中心。

（王栋梁　靖仕寅）

【获优秀创业项目一等奖】 2017年10月，就业指导中心选送的项目参加北京市教委组织的2017年北京地区高校大学生优秀创业项目评选，分获一、二等奖及两个潜力奖。

（王栋梁　靖仕寅）

【全国大学生创业大赛获佳绩】 2017年11月，学校就业指导中心扶持和孵化的两个创业项目参加“中教未来杯”第二届苏州独墅湖全国大学生创业大赛总决赛，获铜奖和优胜奖。

（王栋梁　靖仕寅）

【举办就业创业企业嘉年华活动】 2017年12月，学校举办就业创业企业嘉年华活动，邀请数十家世界500强企业进校招聘。本次嘉年华设置职业能力测评、创业能力训练等环节提升学生就业创业能力。

（王栋梁　靖仕寅）

【举行创新创业奖学金评定】 2017年12月，就业指导中心举行国能中电创新创业奖学金评定会。6名学生分别获得15 000元/年的创业资金支持。

（王栋梁　靖仕寅）

【举办毕业生情牵母校系列活动】 2017年5月，学校举行2017届毕业生“情牵母校”系列活动。该系列活动时间为5至6月，包括优秀校友专题讲座、OPA系列经验交流会、旧爱流转和捐赠活动、随手拍图文征集、创业毕业生典型故事汇、学生证书立体拍、写首诗词献母校、毕业生主题班会以及院系特色活动等九个主题，旨在引导毕业生提升素养，适应职场，感恩母校，为校园增添风采、传递正能量。5月11日，学校举行“畅叙母校情，共话青春梦”优秀校友专题报告会。1980届校友王英彬受邀讲述成长经历分享成长感悟。

（程利敏）

【实施大学生就业扶助项目】 2017年4—7月，北京校部、保定校区配合华民慈善基金会分别完成2018届北京校部63名、保定校区37名获得该基金会“大学生就业扶助项目”学生信息的统计、审核、复核工作。5月，北京校部、保定校区分别为2017届获得华民慈善基金会“大学生就业扶助项目”的北京校部58名、保定校区42名学生每人发放二期就业资助金1000元。

（李　燕　程利敏）

【开展职业导航月活动】 2017年9月22日，华北电力大学在保定校区开展第九届大学生职业导航月活动。该系列活动包括：就业形势、就业政策、就业准备、求职礼仪、公务员应考、出国留学、生涯团辅、朋辈助航、院系特色等十个主题，涵盖就业的各个方面，通过线上线下、内容丰富、针对性强、富有成效的就业指导活动提高学生就业竞争力。在为期近2个月的活动中，共吸引5000余人次参与。

（程利敏）

【省教厅来校督查就业创业工作】 2017年11月22日，以河北科技师范学院副院长张福喜为组长的河北省教育厅督查组一行四人对学校就业创业工作开展专项督查。副校长律方成、学生处、教务处、研工部、团委等职能部门负责人参加汇报会。专家组对学校就业创业工作给予好评。

（彭建章　李兰涛　程利敏）

【视察观摩创业孵化中心】 2017年，大学生创业孵化中心多次校领导视察及师生观摩。2月28日，校长杨勇平、校党委副书记郭孝锋一行视察大学生创业孵化中心；5月18日，校党委书记周坚、校党委副书记郭孝锋视察大学生创业孵化中心；12月，学校组织各院系学生分批次观摩大学生创业孵化中心。

（彭建章　王晓帅）

【入选保定市双创示范基地】 2017年3月，学校“华电•电火花”众创空间入选保定市双创示范基地。

（彭建章　高树彬）

【开展五四青年节团日活动】 2017年5月4日，学校绿色电力创新创业先锋班前往顺平县贾各庄小学开展五四青年节团日活动，为当地儿童带去温暖，并洽谈电力扶贫等相关事宜。8月22日，“绿色电力”创新创业先锋班举办学习习总书记给“互联网＋”大赛“青年红色筑梦之旅”同学们回信座谈会。

（彭建章　高树彬）

【创新创业团队接受央视采访】 2017年8月16日，作为参加第三届中国“互联网＋”大学生创新创业大赛“青年红色筑梦之旅”的成员之一，学校大学生创新创业团队代表麻腾威接受中央电视台新闻联播节目采访。

（彭建章　王晓帅）

【创新创业获佳绩】 2017年9月，学校电火花众创空间推荐的项目参加保定市大学生科技创新创业项目评选，获一等奖3项，二等奖6项，三等奖20项，优秀奖1项，共计获得奖金139万，约占600万奖金总额的四分之一，获奖项目数量和奖金居本次34家参赛众创空间之首。学校推送的23个项目参加第六届中国创新创业大赛（河北赛区）暨河北省第五届创新创业大赛决赛，获一等奖3项、二等奖9项、三等奖4项。

（彭建章　王晓帅）

【征兵工作获佳绩】 2017年，学校成立征兵领导小组，建立征兵工作站，并通过制作宣传片、举办优秀大学生退伍士兵报告会、召开征兵动员大会、开展征兵讲座、征兵政策宣讲、征兵咨询等方式开展征兵宣传活动，落实转专业等大学生应征入伍优惠政策，学校参军入伍人数逐年提高。学校被评为河北省征兵工作先进集体，相关个人被评为保定市征兵工作先进个人。

（王文才　赵书彬）

【军训增加新内容】 2017年9月3—16日，学校组织新生军训工作，重点开展共同科目、野外科目、实用训练和创新训练，主要进行军姿军容、队列动作、分列式、擒敌拳、警棍术、武术等军事技能训练，增加刺杀操、匕首操、八公里校园拉练等新内容。

（王文才　赵书彬）

研究生学生工作

【概述】 2017年，党委研究生工作部围绕学习贯彻十九大精神和学校第二次党代会要求，以贯彻落实中央31号文件为契机，以研究生党建和干部队伍建设为抓手，以培育和践行社会主义核心价值观为重点，以研究生奖助激励体系建设为引导，以科技学术文化活动为主线，把思想政治教育贯穿到研究生培养和管理的全过程，进一步探索和构建全员、全过程、全方位育人格局。

党建与思想政治教育。以“与高水平大学研究生教育同行”“筑梦”等品牌主题教育平台为载体，组织学习贯彻习近平总书记在全国高校思想政治教育工作会议重要讲话、党的十九大和学校第二次党代会精神，结合“两学一做”学习教育常态化制度化，举办以“加强学生党支部书记理论武装和实践锻炼”为主题的学生党支部书记理论与实务培训活动；举办以“践行十九大，共筑中国梦”为主题的研究生党支部书记学习党的十九大精神暨2017级研究生新生党支部工作实务培训班，全体研究生党支部书记和2017级研究生党支部支委共计345人参加培训；探索研究生辅导员队伍建设新模式和新机制，从2017级非全日制研究生中选聘全职研究生辅导员，首批试点完成6名研究生辅导员选拔、聘任和上岗；开展研究生“前沿&创新”学术论坛和研究生学术交流年会等品牌活动，支持学生党建重点项目建设和党建调研活动，组织研究生科技服务与社会调研活动等一系列益于研究生成长成才的建设活动，推进研究生思想政治教育工作的发展。启动研究生党建调研基金第七期资助项目，资助六支队伍对高校基层党建、高校建设、文化培养及社会热点等领域的专题问题进行深入研究。坚持以人为本，围绕研究生成长成才和研究生教育质量提高，完善研究生思想政治教育“1-2-3-4”工作模式：以尊重获得感和塑造成年人责任意识为工作基石（一块基石）；以学术创新、创业实践为工作载体（两个载体）；以基层党建组织保障、创新创业教育与科研学术融合、校企校政协同为工作主线（三条主线）；以学术交流论坛、创新创业实践、科技助理挂职和创新创业孵化为工作平台（四个平台）。

奖助体系。建立健全研究生奖助体系，支持研究生实现经济自立，从而解决心理纠结，安心学习和潜心科研，肯定研究生既是知识学习者又是科技创新参与者的角色定位，以其自立和尊重获得感，实现从本科生到研究生思维转换，使成年人的责任意识和责任感内化于心，构建富有研究生特质的思想政治教育工作基石。

学术交流。以学术软环境为载体，建立研究生学术交流长效机制。举办研究生“前沿&创新”学术论坛62期、第十五届研究生学术交流年会和第二届面向博士研究生的“博乐颂”活动月等学术文化交流活动。先后邀请著名流体物理学家、中国科学院院士胡文瑞，国际超导标准委员会专家、中科院百人计划入选者王银顺，教育部“长江学者”特聘教授、教育部“新世纪人才资助计划”入选者朱宗宏等各领域资深专家学者为研究生开展科技前沿讲座，营造校园学术氛围。

创新创业教育。开展以“青年行九州，践行知中国”为主题的暑期科技服务和社会调研活动，重点支持5支团队、一般支持7支团队，分别深入新疆、青海、甘肃等地区，采取基层调查走访、互动学习与宣传、问卷调查与研究等多种活动，将专业性、实践性和社会性相结合，提升研究生创新创业服务社会能力。

（李　林　周　华　刘献伟）

【概况】 2017年华北电力大学党委研究生工作部专职工作人员共9人，其中北京校部6人，保定校区3人。学校开展研究生优秀奖学金评定和研究生先进评选工作，共有5名研究生获校长奖学金，32名博士研究生和147名硕士研究生获研究生国家奖学金，62名博士获优秀博士奖学金，196名研究生获社会奖学金，50名研究生获优秀研究生标兵称号，703名研究生获优秀研究生称号，394名研究生获优秀研究生干部称号，31个研究生班级获先进集体称号，644名博士研究生获学业奖学金，1692名硕士研究生获一等学业奖学金，1696名硕士研究生获二等学业奖学金，796名硕士研究生获三等学业奖学金。加大研究生“助研、助教、助管和兼职辅导员”（简称三助一辅）工作力度，面向全体595名博士设立助教助研岗位，设置和选聘90名研究生从事学业辅导，161名研究生从事课程助教，34名研究生从事研究生兼职辅导员工作。北京校部和保定校区全年共发放“三助一辅”岗位助学金869.51万元，鼓励和支持研究生在学校教学、科研与管理服务中发挥作用。北京校部研究生共获奖助学金总额9972余万元。毕业研究生一次就业率为 98.18%，持续保持较高的就业质量。

（李　林　周　华　刘献伟）

【开展毕业教育工作】 2017 年 3 月，学校面向 2017 届研究生开展以“献力双一流，感恩系母校”毕业生教育活动。各学院从理想信念、爱国荣校、就业创业、诚信道德、安全健康等角度开展专题教育活动，通过组织毕业生服务团、“感恩•师友”毕业主题班会、经典好书交流传递、校友座谈会、毕业生晚会等一系列特色活动，加强理想信念教育，营造文明离校氛围。

（李　林　戴　民）

【开展学雷锋活动】 2017 年 3 月，保定校区开展学雷锋活动。先后共有 26 个研究生班到敬老院、社区、军校广场、校内等地开展关爱帮扶、义务劳动、理论学习等活动，以实际行动传递当代雷锋精神，弘扬志愿者精神，传播志愿服务文化。

（戴　民　龚信华　李欢欢）

【开展公益募捐活动】 2017 年，研究生工作部开展以“毕业季爱传递”为主题，携手校图书馆、北京公益服务发展促进会、北京光爱学校开展募捐活动。此次募捐活动规模较上年更大、物资收集范围更宽，毕业研究生共募捐衣物 1900 余件、书籍 260 余本、学习生活用品 500 余件。

（李　林　周　华　刘献伟）

【举办师生联谊暨毕业生晚会】 2017 年 3 月 26 日，第十四届研究生师生联谊暨毕业生晚会在主楼礼堂举办。副校长王增平、党委副书记汪庆华，研究生院、研工部、各院系领导及 1300 余名师生观看晚会。晚会以“研途花开”为主题，将花的生长历程与研究生的成长相结合，展现毕业生对母校深爱与不舍，也表达学校领导和老师们对毕业生诚挚祝福和期盼。

（李　林　周　华　刘献伟）

【开展五个多读教育活动】 2017 年 4—9 月，保定校区开展“五个多读”活动。活动以习近平总书记“勤学、修德、明辨、笃实”八字箴言为指导，以具体主题实践活动为支撑，充分发挥研究生的自主性和创造性，调动院系力量，将五个“多读”活动的精神实质落到实处。该活动激发研究生们读书热情，提高他们的道德修养、人文素质。

（戴　民　李欢欢　龚信华）

【开展创新创业系列竞赛经验座谈会】 2017 年 4 月 13 日，由保定校区研工部主办研究生创新创业系列竞赛经验座谈会。座谈会以“扬求实创新风气，创争鸣学术氛围”为主题，电子通信系副教授范寒柏和计算机系副教授庞春江参加座谈。本次活动旨在增进研究生对全国各级科技创新类竞赛的了解，调动研究生参与竞赛及自主学习的积极性。

（戴　民　龚信华　李欢欢）

【开展心理健康教育活动】 2017 年 5 月，保定校区举办第二届研究生“阳光五月，友爱同行”心理健康教育活动。本次活动以“520 爱要大声唱出来”为口号，吸引来自全校各个院系 17 支队伍参加。活动充分展示研究生蓬勃向上良好风貌，营造出和谐共进的校园文化氛围。

（戴　民　李欢欢　龚信华）

【举办学生党支部书记理论与实务培训班】 2017 年 4 月 22 日至 5 月 21 日，党委研究生工作部结合“两学一做”学习教育常态化制度化，举办以“加强学生党支部书记的理论武装和实践锻炼”为主题的学生党支部书记理论与实务培训活动。培训活动历时一个月，包括主题辅导报告、专题讲座、网络课程学习、院系党委书记沙龙、习近平总书记“高校讲话”专题研讨、知识竞赛、党务经验交流研讨会和狼牙山革命纪念馆参观访学等八大板块，从各个方面提高党员骨干理论水平，增强党员骨干实际工作能力。

（李　林　周　华　刘献伟）

【开展研究生党建基金调研活动】 2017 年 5 月，研究生党建调研基金第七期资助项目启动。经申请、立项、中期考核及项目结题等环节，六支优秀队伍将对高校基层党建、高校建设、文化培养及社会热点等领域的专题问题进行研究。

（李　林　周　华　刘献伟）

【举办博乐颂系列活动】 2017 年 5—6 月，研工部组织开展第二届“博乐颂”活动月，围绕博士研究生日常生活、就业经验、科研分享等方面，开展博士生羽毛球赛、博士沙龙、趣味交等一系列活动，参与博士研究生 200 余人。

（李　林　周　华　刘献伟）

【开展暑期科技服务与社会调研】 2017 年暑期，研工部以“青年行九州，践行知中国”为主题，开展“不忘初心，坚定步伐跟党走”“能源解困，探索发展新方向”“科技助力，构建区域新态势”“礼敬传统，中华文化伴我行”四项研究生暑期科技服务与社会调研实践活动。

（李　林　周　华　刘献伟）

【研究生辅导员队伍建设】 2017 年，党委研究生工作部率先探索研究生辅导员队伍建设新模式和新机制，从应届毕业、中共党员的非全日制研究生中选聘研究生辅导员，并首批试点完成 6 名研究生辅导员的选拔、聘任和上岗，学校校研究生辅导员从原来的 6 人增加为 12 人。

（李　林　周　华　刘献伟）

【学习十九大和学校第二次党代会精神】 2017 年，研究生工作部以“与高水平大学研究生教育同行”“筑梦”等品牌主题教育平台为主线，组织学习贯彻习近平总书记在全国高校思想政治教育工作会议重要讲话、党的十九大精神和学校第二次党代会要求。组织研究生思想动态调研、教育教学思想大讨论，邀请校长杨勇平与研究生代表座谈。组织研究生党员集中收看十九大开闭幕会、展览参观和专题学习，通过网络新媒体推送等方式，营造学习宣传氛围。

（李　林　周　华　刘献伟）

【举办学习贯彻十九大精神培训班】 2017 年 10—12 月，北京校部和保定校区同时举办研究生党支部书记学习党的十九大精神暨 2017 级研究生新生党支部工作实务培训班。培训活动注重构建交流互动平台，集中培训与自主学习相结合，理论学习与实践锻炼相结合，分别设置院系党委书记沙龙座谈会、“践行十九大，共筑中国梦”主题实践活动、培训班学员演讲比赛等多种培训形式，广泛动员新生党支部干部学员，培训效果良好。

（李　林　戴　民）

【参加创新实践系列赛事获佳绩】 2017 年，研工部组织研究生参加全国研究生数学建模竞赛、2017 年京津冀高校首届研究生网络与信息安全技术大赛、全国英语口译大赛、第三届全国大学生能源经济学术创意大赛、“希望之星”英语风采大赛、第十六届首都高校英语演讲风采大赛等各项竞赛获佳绩。参加第十四届全国研究生数学建模竞赛获一等奖 2 项，二等奖 13 项，三等奖 33 项，北京校部和保定校区连续多年获优秀组织奖称号；参加 2017 年京津冀高校首届研究生网络与信息安全技术大赛获省部级二等奖 1 项；参加 2017 年全国英语口译大赛获北京市三等奖 1 项；参加第三届全国大学生能源经济学术创意大赛获省部级一等奖 1 项、省部级二等奖 1 项、省部级三等 1 项；参加“希望之星”英语风采大赛获国家级三等奖 1 项；参加第十六届首都高校英语演讲风采大赛获北京市三等奖 1 项。

（李　林　周　华　刘献伟　龚信华）

【开设就业与创业规划指导课】 2017 年，学校开设研究生就业与创业规划指导课，举办“名企实习有约”活动、“名企零距离”参观等活动，先后组织研究生参观感受“ABB”电气世界、神州数码日、北京慧聪互联信息技术有限公司、拉勾网、紫光测控、金风科技等企业，广泛挖掘校企和校政协同合作资源，开阔研究生职业规划思路。

（周　华　刘献伟）

【开展两校区研究生交流活动】 2017 年 12 月 2—3 日，北京校部与保定校区共计 210 余名研究生党员骨干齐聚保定，深入学习十九大精神，联合开展文化体育活动。此次两校区研究生交流活动是学校党委研究生工作部以党的十九大精神为指引，不忘初心，牢记使命，砥砺前行，努力做好研究生思想建设工作的创新，也是践行学校第二次党代会精神，深入推进两校区一体化发展的举措。

（戴　民　龚信华　李欢欢）

安全保卫工作

【概述】 2017 年，学校安全保卫工作围绕学校中心工作抓校园治安防范、火灾预防、交通管理、意识形态阵地建设、重大活动安保等工作，确保学校政治稳定、校园秩序良好。保卫处对原有视频监控系统进行升级改造，基本实现校园重点要害部位、重点公共区域全覆盖，提升校园技防工作水平；完成消防设施、电气设备防火检测和校内所有建筑物的避雷系统检测；定期进行思想动态摸排，建立重点人台账，解决矛盾纠纷，防范邪教势力渗透；严格校内车辆通行证审查，更新交通设施，有效遏制校外穿行车辆，确保校内交通秩序；在十九大、学校第二次党代会、新生入学、运动会、国家级考试等重大活动期间，全体人员坚守岗位，分工明确、尽职尽责，保证各项活动顺利举行；加强安全教育，通过电子屏幕、横幅、警示标语、安全宣传栏、“安临华电”和“爱失招”微信公众号等形式发布有关防盗、防火、防诈骗、禁毒、反恐、交通等各类安全知识，举办安全知识有奖问答、安全问卷调查、安全知识进宿舍等活动，提高师生的安全意识。

根据工作需要，经民主推荐和组织考察，学校任命倪景峰为党委保卫部部长、保卫处处长。

（鄢　知）

【概况】 2017 年，保卫处共有保卫干部 20 人（含保定 9 人），其他职工 14 人（含保定 10 人）。

校园治安。保卫处布置安保力量加强巡逻值守，侦破案件 55 起，捡拾、返还学生财物等共 36 件（次），为师生挽回经济损失共计 45 793.66 元，诈骗案件比去年减少 50%，迎新期间校内未发生一起学生被诈骗事件。发布治安预警通告 9 次，出版《安全动态》8 期。举办两次安全教育月活动，对新生进行 10 余次安全常识教育，其中包括安全委员培训，5 次窃盗、诈骗、传销、反恐等安全知识讲座，消防灭火培训及疏散演练等，增强学生自我保护意识和法制观念。对重点要害部位定期检查，及时消除安全隐患，加强对相关人员培训。通过飞信、微信公众号等信息发布平台，为 1000 多名安全信息员提供安全咨询，共发布安全信息动态 180 多条。

消防设施。北京校部对约 16.7 万平方米建筑物的消防设施和电气设备进行防火检测和校内所有建筑物的避雷系统进行检测，完成对 5000 多具到期灭火器逐期逐批年度维保；保定校区定期检查维护保养全校现有消防应急照明指示灯、安全出口、疏散通道指示牌 3788 套，维修维护和更换 221 套，维修维护更换补充 661 具，维修维护、保养试水试压注油室内消防栓1079套（件），维护保养、清洗光电感烟感温探测器2638只，新增、更换光电感烟感温探测器156只，新增补充粘贴更换消防设施警示、禁止、提示标识牌2799个。

政保工作。加强对学生入伍、就业入职、参加重要活动的政审工作，针对学生办理护照、签证等事项的背景核查工作。对3人护照办理情况进行核查，对33名入职重要岗位学生进行在校情况鉴定，对19名申请入伍学生进行政审，对15名学生进行核实并开具户籍证明，对11名出国交流求学的学生进行政审，对7名申请贫困生资助、援疆助学金的学生办理无犯罪证明。

户籍管理。北京校部将原有学校集体户合二为一，统一为昌平区回龙观镇北农路2号华北电力大学，为1816名新生办理落户和身份证，为1700多名毕业生办理户籍迁出业务，清理196名多年滞留在学校的毕业生户籍；保定校区为1100多名新生办理落户，为2200多名毕业生办理户籍迁出业务，为在校生及教师办理户籍借用手续3000余人次，办理各类证件150余个。

奖励表彰。北京校部被北京市昌平区交通安全委员会评为区级交通安全先进单位。保定校区被保定市委评为十九大安保工作先进集体称号，卢青松被河北省评为2017年度学校安全稳定工作先进个人。

（鄢　知　刘　让）

【召开学校安全稳定工作会议】 2017年，学校共召开三次安全稳定工作会议。3月6日，学校召开安全稳定工作会议（两地视频），校领导和相关部门主要负责人、直属各党委（党总支、党支部）书记参加会议。会议传达教育部办公厅、北京市关于高校安全稳定工作文件精神，对学校如何进一步做好安全稳定工作提出具体要求。9月26日，学校召开迎接党的十九大安全稳定工作部署会议，党委书记周坚就进一步做好学校安全稳定工作，为开好第二次党代会、迎接党的十九大营造良好氛围进行部署并提出要求。党委书记周坚、党委副书记汪庆华、职能处（室）及教辅单位主要负责人、直属各党委（党总支、党支部）书记参加会议。10月17日，为进一步营造良好的校园安全稳定环境，以安全稳定的政治局面，喜迎十九大的胜利召开，学校召开安全稳定工作会议，党委书记周坚、党委副书记汪庆华、职能处（室）及教辅单位主要负责人、各科研平台负责人、直属各党委（党总支、党支部）书记、副书记出席会议。

（鄢　知）

【举办安全知识竞赛】 2017年4月，华北电力大学保定校区举办“校园安全与大学生活”知识竞赛。活动采用问答等方式，涉及校园治安、交通常识、消防知识、心理健康、校规校纪等多项内容，全校共有12支院系代表队参加。

（刘　让）

【建立台账管理】 2017年4月，学校保卫处对各类重点学生建立档案进行台账管理，加强对重点学生的管控帮扶力度，按“一人一策、一人一组、一人一案”的要求建立帮教工作机制，严格落实管控与帮教责任。落实矛盾纠纷源头预防工作机制，排查全校院系和重点单位的矛盾纠纷，做到矛盾纠纷早发现、早报告、早化解，全年未出现重大涉校矛盾纠纷。

（秦中彤　鄢　知）

【举行消防演练】 2017年4月和11月，“119消防周”期间，保卫处组织大学生治安服务队在学生第二食堂和第三食堂外广场做消防知识宣传。通过防火宣传活动和模拟使用灭火器材扑救初起火灾的演练活动，引导师生学会使用消防器材，掌握相关知识，保证师生在火灾发生时具备自救能力。

（鄢　知）

【反邪教宣传】 2017年5月，保卫处组织大学生治安服务队在学生第二食堂和第三食堂外广场开展校内反邪教宣传活动，共发放反邪教宣传材料3000余份，并向师生讲解如何防范抵御校园传教行为，倡导师生热爱科学，积极参加健康向上的文体活动。

（秦中彤）

【新生消防安全演练】 2017年9月13日，学校组织2017级近3000名大学一年级新生进行消防疏散演练，旨在增强新生消防安全意识，提高防火自救能力。保卫处、学生处牵头，北京市昌平区回龙观消防中队、校医院、后勤服务集团等多个单位共同参与，党委副书记汪庆华进行现场指挥，昌平区电视台对此次演练进行相关报道。

（鄢　知）

【视频监控系统升级改造】 2017年10月，保卫处完成监控系统升级改造工程，此工程投资近630万元，对全校视频监控系统进行升级改造，调整中控室布局，分设应急指挥中心、消防控制中心、视频监控中心、视频查询室、视频设备区五大功能区。新增440个高清摄像机点位，含人脸识别摄像机7套和紧急报警求助装置3套。基本实现校园重点要害部位、重点公共区域全覆盖。

（单纪胜）

【安全隐患大排查大清理大整治专项行动】 2017年，按照中共北京市委教育工作委员会、北京市教育委员会统一部署，11月21日至12月底，集中开展40天安全隐患大排查大清理大整治专项行动。11月21日学校召集全校各单位、各部门安全负责人就安全隐患大排查大清理大整治专项行动召开部署会，下发排查整治通知，要求各单位结合本单位实际制定具体落实方案，启动排查整治工作。通过本次“三大专项行动”，对用火、用电、用气、用水、用热等重点场所安全隐患及涉及火灾防控、可燃物清理、危化品管理、防拥挤踩踏、交通安全、饮食安全等隐患进行全面排查，切实集中清查一批突出隐患问题，整治一批违法违规行为，有效防范较大以上事故和社会影响大的事故，遏制重特大事故发生，确保学校安全稳定。

（郦　知）

【交通设施改造】 2017 年 11 月，学校对门岗道闸进行人性化改造，通过缩短升降时间和上下班高峰期对有校园通行证的车辆直接放行，提高通过率，避免高峰期校门口车辆排队。对模糊不清的校园停车位、道路标线、自行车停车位、设置不合理的交通标线重新合理规划喷划，新增标线长度 3567 米。在危险路段安放石球、设置安全反光贴，保障校园停车、行驶安全，保持校园交通井然有序。在学校南门安置爆闪灯、51 米减速带和 34 个安装隔离柱，规划斑马线，减少安全隐患。在学校北侧必经之路设置 18 米长伸缩门，对校外穿行车辆设防规劝，减少校外穿行校园车辆数量，最大限度保障校园安全。对已经损坏、缺失的减速带进行更换补充，共更换和添置减速带 137.5 米，增设安全提示牌标牌 26 块，鱼目镜 1 块，轮廓标 39 个，导向标 37 个，更换受损隔离栏 150 米。

（单纪胜）

工　会　工　作

【概述】 2017 年，华北电力大学工会围绕学校中心，服务大局，努力发挥群众组织的优势，在维护教职工权益、推进师德建设、参与学校民主管理、构建和谐校园、丰富校园文化生活、为教职工办实事办好事及加强自身能力建设等方面，进行创新性探索与实践。

2017 年，校工会作为教代会工作机构，以深化教代会制度建设和推进教代会专委会建设为抓手，有力促进学校民主管理。学校召开第六届第五次教代会，会议主题为全面贯彻落实党的十八大、十八届三中、四中、五中、六中全会精神，深入学习贯彻习近平总书记系列重要讲话精神和治国理政新理念新思想新战略，贯彻落实全国高校思想政治工作会议、全国教育工作会议精神，总结 2016 年学校工作，分析当前的形势和任务，明确 2017 年工作思路和工作重点，凝心聚力、锐意改革、真抓实干、实现突破，全面开创“双一流”建设新局面。

2017 年，校工会发挥工会“大学校”作用，以服务教职工队伍建设为重点，通过多种形式的教育活动，提高教职工队伍的整体素质。积极开展教师师德评选、青年教师教学竞赛、青年教师社会调研等项目。举办 2017 年度青年教师教学基本功比赛，共评出一等奖 4 名、二等奖 11 名、三等奖 5 名、优秀奖 7 名，最佳教案奖 1 名、最佳教学演示奖 1 名，最受学生欢迎奖 1 名，优秀指导教师奖 1 名，优秀组织奖 3 个，其中宋玉旺、王玮分获北京市青教赛理工 A 组二等奖、三等奖，王平、郭喆获 2017 年河北省高校青年教师讲课大赛二等奖；继续开展青年教师社会调研，推选 5 位教师参评北京高校青年教师社会调研优秀成果资助项目，其中，门宝辉获一等奖，李彬、陈宏霞获二等奖。2017 年度校工会获北京市教育工会“特色工作奖”，保定校区数理系获河北省模范职工小家称号。

2017 年，校工会积极探索教职工服务体系建设，努力提高工会的服务能力，为教职工做实事、解难事，把学校党政对教职工的关怀直接送到教职工身边。举办校部五大杯赛、校区七大体育赛事，组织参与两地田径运动会等文体活动，与体育教学部合作开办教职工子女假期体育训练托管班。举办新春茶话会、区人大代表与师生员工交流座谈会、服务教职工的系列讲座等活动，受到教职工群体欢迎。关心关注教职工的民生问题，举办雾霾天气慰问、新春笔会、评选“幸福家庭”、节假日慰问教职工、“职工互助一日捐”等项目。加强和完善保护妇女合法权益，组织女性主题讲座等；针对女职工的劳动保护和计划生育问题做宣传工作，无违反计生工作的事件。

（田　里　杨一哲）

【概况】 2017 年，华北电力大学工会共有会员 3606 人（其中非在编会员 620 人）、分工会 36 个、教工文体协会和艺术团 13 个。校工会安排 33 名教职工外出疗养，组织 162 人次教职工自费外出旅游。

评优表彰。北京校部评出先进分工会 9 个，工会工作特色奖 4 个，先进分工会主席 25 人；校级先进协会 6 个，校级先进协会会长 12 人，校级协会活动积极分子 104 人；工会宣传积极分子 18 人，工会工作积极分子 226 人；表彰分工会教职工协会 20 个，先进分工会教职工协会会长 39 人。保定校区评选出先进分工会（含协会）11 个，1 工会工作标兵 1 名、优秀工会干部 26 名、优秀工会积极分子 111 名、先进工会小组 28 个。学校对从事教育工作满三十年的 69 名教职工进行表彰。

女工和计划生育工作。全年无违反计划生育工作的事件。建立女会员、人口信息、劳动关系信息管理系统数据，女教职工（包括女务工人员）入会率在 100%。在每年的 5 月和 10 月对女教工的婚育情况进行调查研究，及时发现并解决女职工关心的难点、热点问题；对办理婚育证明的教职工，包括学生的婚育证明进行管理归类，有效实施女职工“关爱行动”，定期对女职工身体普查，发现问题，及时医治，保障女职工身体健康，督促落实《女职工劳动保护规定》，做好女职工信访和思想政治工作，加强《妇女权益保护法》和新《婚姻法》的宣传工作，增强女职工法制意识，提高维权能力。积极协调、帮助解决基层和女职工工作干部的困难和问题，为女职工工作干部开展工作积极创造条件，提供支持。坚持每年与有关部门在春节期间慰问看望女困难职工、女病号，送去慰问品；坚持每年与有关部门一起开好迎春茶话会，组织女教职工节目表演；坚持每年的年三十慰问女在岗职工并送去慰问品。“三八”妇女节打造节日活动特色品牌，精心策划组织武夷茶文化赏析讲座、参观观复博物馆等活动；组织女教职工开展形体舍宾、瑜伽培训；为学校1540多名女职工和离退休女职工发放纪念品。

服务师生。发放2017年独生子女医疗统筹24.74万元；为47名退休独生子女父母发放离退休教职工独生子女父母一次性奖励；为345人次办理准生证、婚育证、独生证等有关证明、证件；为2017届全体研究生和本科生毕业生开具婚育状况证明。为患病教工1人办理女工特疾保险理赔，理赔金1万元。为在职去世教工1人申请办理“首都教职工爱心专项基金”1万元。

（田　里　窦　敏）

【召开第六届第五次教代会】 2017年2月17—18日，第六届第五次教职工代表大会在北京校部召开。会上，校长杨勇平做题为《凝心聚力 锐意改革 全面开创“双一流”建设新局面》的工作报告，原党委书记吴志功做题为《认清任务 明确要求 问题导向 凝练项目 设计模式 制定政策 全力推进中国特色社会主义一流大学建设》的讲话。会议听取审议校长工作报告、学校年度财务工作报告、教代会提案工作报告；审议教代会年度工作报告（书面）和学术委员会年度工作报告（书面）；进行校级领导班子、领导干部述职和民主测评等议程。

（杨一哲　田　里）

【开展青年教师教学基本功比赛】 2017年4月15日和4月17日，校工会分别在两地举办2017年度青年教师教学基本功比赛。经决赛评委认真评选，共评出一等奖4名、二等奖11名、三等奖5名、优秀奖7名，最佳教案奖1名、最佳教学演示奖1名，最受学生欢迎奖1名，优秀指导教师奖1名，优秀组织奖3个。

（田　里　杨一哲）

【召开教代会执委会扩大会议】 2017年7月10日，学校在第六届第五次教代会闭会期间召开华北电力大学第六届教代会执委会扩大会议。会议听取讨论人事处关于《专业技术职务评聘办法》和《科研教研工作量和绩效奖励调整方案》的情况汇报，会议由副校长、校工会主席、第六届教代会执委会主任李双辰主持，两校区47名教代会执委会委员和教代会代表参加会议。

（田　里）

【开展青年教师调研工作】 2017年，校工会与党委宣传部联合开展青年教师社会调研，继续采取个人或集体申报立项资助的方式，推选5位教师参评北京高校青年教师社会调研优秀成果资助项目。其中，门宝辉获一等奖，李彬、陈宏霞获二等奖。

（田　里）

【开展系列文体活动】 2017年，校工会协同相关院系、机关和文体协会，除完成两地田径运动会的组织工作外，在校部举办“控计杯”羽毛球团体赛、“继教杯”教职工篮球联赛等五大杯赛；在保定校区举办三八节毽球比赛、“英语杯”拖拉机比赛、“电力杯”羽毛球团体赛、运动会健身操表演等20多项文体赛事。组织全校12幅优秀作品参加“保定市教职工书画作品展”，暑假白桦林合唱团在河南艺术中心参加“金水杯”第三届全国教师合唱节获银奖，协同有关部门举办新春茶话会。学校工会除积极参与上级单位组织的文体活动外，各分工会亦积极开展具有日常性和广泛性的文体活动。

（田　里　王晓洁）

共青团工作

【概述】 2017年，共青团华北电力大学委员会（以下统称校团委）围绕学校中心工作和上级团组织的工作部署，坚持立德树人，服务学生成长成才，取得一系列成果。

特色成果。根据共青团中央改革要求，结合学校具体实际，印发《华北电力大学共青团改革实施方案》，明确新形势下学校共青团改革的指导思想、基本原则、主要目标、改革措施、保障机制；加强理论类社团建设，成立“学习会”、青马知行研究会、习近平新时代中国特色社会主义思想研究会，系列活动被《中国青年报》等新闻媒体报道；“沼气蓬勃”项目团队作为“青年红色筑梦之旅”活动的成员，受到习近平总书记回信勉励，项目成员被央视新闻联播采访和报道；保定校区“两中心一网站”精准服务学生需求。北京校部《绿色电力——大学生新能源科技教育扶贫服务行动》获评第九届全国高校校园文化建设优秀成果推选展示二等奖；《华北电力大学大学生艺术节》《“绿色电力”——大学生新能源科技教育扶贫服务行动》获大学素质教育优秀品牌活动银牌。保定校区团委申报的《大思政格局下高校共青团思想宣传话语体系转型构建——基于河北省部分高校的实证研究》和《基于第二课堂的创新创业教育评价体系及反馈机制》两项课题，通过共青团中央立项。学校3个团支部获全国高校“示范团支部”荣誉称号，保定校区仲晓雨同学获河北省青少年“自强之星”称号，北京校部团委获“全国五四红旗团委”称号。

科技竞赛。两地团委结合学校资源，充分发挥能源电力学科优势特色，为学生搭建科技创新平台，建立校内比赛评价机制与指导体系，提升大学生创新能力与创新作品竞争力。在2017年首都和全国“挑战杯”大学课外学术作品竞赛中取得新突破，北京校部获全国二等奖1项，全国三等奖2项，获“累进创新奖”全国三等奖，积分排名北京市高校前10名；第六届大学生科技创新作品与专利成果展示推介会上共获二等奖2项、三等奖3项，连续五年获最佳组织奖。保定校区全年共组织学生参加省部级以上竞赛18项，参与学生达4300人次，共获国家级奖励35项，省部级奖励141项；获全国“互联网＋”大赛银奖；获阿美亚洲“能源杯”大赛亚太区总冠军、施耐德绿色能源全球创新案例挑战赛中国区冠军、默克创行绿色能源循环经济挑战赛全国冠军等奖项。

社会实践。校团委组织开展以“喜迎十九大·青春建新功”为主题的社会实践活动，两地共组建500余支实践团队，参与学生4000余人。学校获全国大中专学生志愿者暑期“三下乡”社会实践活动优秀单位、全国大学生“一带一路”暑期社会实践专项行动优秀组织单位。“情暖童心”公益夏令营实践团获评全国优秀团队，“保定市电力设备制造企业调研团”获2017年“三下乡”暑期社会实践活动全国重点团队，“绿色电力进乡村，探索扶贫新途径”精准扶贫实践项目获全国大中专学生志愿者暑期“三下乡”社会实践活动千校千项成果“最具影响好项目”。“甘肃天水支教队”“智慧校园”志愿服务团队获2017“‘天翼’互联网＋教育”重点团队，校艺术团实践团获2017年“印象长白山•筑梦十三五”大学生暑期实践活动重点团队。

志愿服务。累计组织参与志愿服务760余次，参与志愿服务人数近16 000人次，累计服务志愿时长16万余小时。学校获“一带一路”国际高峰合作论坛志愿者工作“先进组织奖”；4个项目入围中国青年志愿服务大赛决赛，并获金银奖各1项；“情暖童心”项目获全国青年志愿服务示范项目创建提名和河北省志愿服务创新项目；承接第四届能源论坛暨国际工程科技发展战略高端论坛、毛主席纪念堂志愿服务项目等重大志愿服务活动。两地共选拔14名学生成立第二十届研究生支教团。

文化体育。结合时代特征和学校特色，开展大学生艺术节、E-star、社团文化节、辩论赛、体育文化节、“五月的花海”歌咏比赛、迎新生晚会、青春风采大赛、“不插电”弹唱比赛、“金话筒”主持人大赛、校园辩论赛等一系列校园文化活动品牌等校园文化活动，开展高雅艺术进校园、民族艺术进校园活动，引进高水平演出13场。保定校区团委组织开展第四十九届田径运动会、第二十八届体育节等体育活动，学生参与率达90%以上。保定校区足球协会获“全国百佳校园足球社团”称号。

服务师生。保定校研究生会开展“四点半课堂”公益项目，为教职工子女提供放学后学业辅导和陪伴服务。学生会成立“大学生学习互助服务中心”，常态化帮助学生解决学习困难。

（任威宇　刘杨嘉佳）

【概况】 2017年，北京校部共青团共有教职工4人，下设11个基层团委，2个基层团总支，共有兼职基层团委（总支）书记12人，共青团员15 982人，团支部554个，学生社团62个，在学校团员教育评议工作中共评出优秀团员463人，优秀团干部155人，优秀团支部36个，科技标兵10人，志愿服务标兵10人；保定校区共青团共有教职工5人（含保研辅导员2人），共有专职基层团委（团总支）书记13人，下设11个基层团委，2个基层团总支，共青团员19 820人，团支部699个，学生社团77个，在学校团员教育评议工作中共评出优秀团员1033人，优秀团支部135个，创新创业先进419人，优秀团干部318人，团员标兵20人，志愿服务先进358人。北京校部团委参加全国及首都评优评选获全国五四红旗团委，1个团支部获全国高校“活力团支部”荣誉称号，获北京市优秀共青团干1名，北京市优秀学生干部5名，北京市三好学生10名，北京市优秀班集体5个，首都“先锋杯”优秀基层团干5名、优秀共青团员18名、优秀团支部10个。参加首都大学生暑期社会实践获首都优秀实践工作者5名、优秀个人5名、优秀团队10支、优秀调研成果10项。保定校区团委参加全国、河北省、保定市评优，2个团支部获全国高校“活力团支部”荣誉称号，2个分团委获保定市五四红旗团委荣誉称号，2个团支部获保定市五四红旗团支部荣誉称号，20名学生获保定市优秀共青团员、优秀大学生等荣誉称号。保定校区团委开展以“喜迎十九大•青春建新功”为主题的暑期社会实践活动，共组建国家级重点团队3支、省市级重点团队8支、校级重点团队24支、院系级重点团队300余支，1支团队、2名教师、3名学生在“体验省情•服务群众”主题实践活动中获省级表彰。

（任威宇　刘杨嘉佳）

【开展志愿服务】 2017年，校团委组织志愿者参与大型活动志愿服务工作。1月5日，组织28名志愿者前往人民大会堂宴会厅参与为期三天的百花迎春中国文学艺术界春节大联欢志愿服务工作。3月5日，保定校区组织60余名志愿者分别前往保定市客运中心和保定市便民服务站开展以“传承雷锋精神”为主题的志愿活动。

9月19—22日，校团委组织115名志愿者参与第四届能源论坛暨国际工程科技发展战略高端论坛会议注册、礼仪接待等工作。9月22—24日，组织全校49名志愿者参与2017世界大学生魔术交流大会筹备、接待、引导等工作。10月，组织350名学生参与科普中国——绿色核能主题科普展览志愿服务工作。10月15日至11月2日，组织47名志愿者参与毛主席纪念堂志愿服务项目。12月，保定校区召开志愿服务项目经验分享交流会。12月5日，学校召开志愿服务表彰大会，北京市志愿者联合会特聘专家罗永生及校内相关负责人、北京市优秀公益组织负责人以及优秀志愿者代表出席。12月，校部团委获2017年全国大中专学生志愿者暑期“三下乡”社会实践活动优秀单位、2017年全国大学生“一带一路”暑期社会实践专项行动优秀组织单位，“绿色电力进乡村，探索扶贫新途径”精准扶贫实践项目获2017年全国大中专学生志愿者暑期“三下乡”社会实践活动千校千项成果“最具影响好项目”。保定校区团委获2017年全国大中专学生志愿者暑期“三下乡”社会实践活动优秀单位，“‘情暖童心·筑梦未来’关爱留守儿童公益夏令营”获2017年全国大中专学生志愿者暑期“三下乡”社会实践活动优秀团队。1月，校团委、电力工程系团委获河北省志愿服务先进单位，动力系团委获保定市志愿服务优秀组织奖，学校3个集体、5个项目、4名教师、19名学生分获省市级表彰。

（任威宇　刘杨嘉佳）

【暑期社会实践获省级表彰】 2017年1月，河北省“表彰三下乡”社会实践活动。华北电力大学获“体验省情·服务群众”主题实践活动先进学校，校团委获“三下乡”社会实践活动先进单位，共有5支团队、10名教师、15名学生获省级表彰。

（刘杨嘉佳）

【获评中国大学生自强之星称号】 2017年2月，由共青团中央、全国学联主办的2016年度寻访“中国大学生自强之星”活动获奖结果揭晓，保定校区学生梁博通获中国大学生自强之星称号。

（刘杨嘉佳）

【举办校园体育比赛】 2017年，华北电力大学分别在北京校部、保定校区举办开展丰富的校园体育比赛。4月23日，举办第二届露禅杯武术比赛。5月，保定校区举办七人制足球赛、三人制篮球赛，同月，还举办首届“践行三走，跃动青春”毽绳比赛。10月，保定校区举办“我的研途风景”系列活动之“篮球嘉年华”研究生篮球赛。11月，保定校区举行第十四届定向运动，活动历时一天，场地跨一、二校区，共设置二十五个游戏点，旨在让学生走出宿舍，走向校园，体会智力与体力并重的户外趣味运动。

（任威宇　刘杨嘉佳）

【举办藏历新年文艺晚会】 2017年2月26日，第二届藏文化节暨火鸡年藏历新年晚会“舞动雪域”在国际交流中心举办。晚会由雪莲花锅庄舞协会主办。

（任威宇）

【获评全国百佳校园足球社团称号】 2017年3月，由共青团中央、全国学联、全国青少年足球文化与发展中心联合举办的2016年度寻访“全国百佳校园足球社团”活动结果揭晓。保定校区大学生足球协会被评为2016年度“全国百佳校园足球社团”。

（刘杨嘉佳）

【举办系列社团文化活动】 2017年，北京校部举办形式多样的社团文化活动。3月28日，校团委主办、学生社团联合会承办第十三届社团文化节。4月15日，由华北电力大学社团联合会主办，华电粤语社承办第一届粤语歌唱大赛。4月23日，举办“海盗传说”第九届北京市主持人风采大赛。5月14日，校团委主办，华电社联、理论实践类社团承办华电首届科技展“华博会”。9月26日，校团委组织开展“青春喜迎十九大，百团大战展风采”活动。通过社团文化展示及在“迎接华电第二次党代会和十九大”展板留言等方式，迎接党的十九大召开。

（任威宇）

【举办首都高校志愿服务交流会】 2017年4月15日，“因益而聚，为善而行”第三届首都高校交流会在华北电力大学召开。北京市书院中国文化发展基金会代表孟庆磊，爱益志愿者联盟负责人曾勇，亿人帮公益平台公益项目组负责人孟令爽，北京工业大学、中国人民公安大学、中国政法大学等12所高校志愿公益组织代表出席交流会。

（任威宇）

【举行第二十八届体育节】 2017年4月，保定校区举行第二十八届体育节。校党委副书记郭孝锋，组织部、学生处、党委研工部、体育教育部、校团委等部门负责人及各院系团委书记出席开幕式。

（刘杨嘉佳）

【获全国五四红旗团委称号】 2017年5月，华北电力大学团委被共青团中央授予2016年度全国五四红旗团委荣誉称号，也是获此殊荣的唯一首都普通高校团委，也是北京校部历史上首次获此荣誉。

（任威宇）

【召开团干部座谈会】 2017年5月3日，校党委副书记汪庆华参加校团委和各学院团干部座谈会。座谈会由校团委书记王集令主持，党委学生工作部部长沈岚、副部长张兵仿、卜春梅及各学院团委书记和部分团干部代表参加座谈会。

（任威宇）

【举办首届中华传统文化大赛】 2017年5月，由保定校区团委主办，校学生会承办的首届中华传统文化大赛总决赛在文体中心举行。本次大赛旨在弘扬中华民族优秀传统文化，激发当代大学生对中华优秀传统文化认同与热爱，增强民族自豪感和文化自信，引领广大学生践行社会主义核心价值观。

（刘杨嘉佳）

【21个学生社团获保定市优秀社团称号】 2017年5月，共青团保定市委、保定市学生联合会组织驻保高校优秀社团表彰，保定校区21个学生社团获奖。

（刘杨嘉佳）

【举办校园大型辩论赛】 2017年5月，保定校区举办第二十四届校园大型辩论赛决赛。该活动由校团委主办、校自育会承办，主题为“博古通今明新志，继往开来创未来”。

（刘杨嘉佳）

【获大型公益活动最佳组织奖金奖】 2017年5月，由中国教师发展基金会、中国教育发展济基金会、教学考试杂志社联合主办的2016“感谢师恩·你我同行”大型公益活动表彰大会在华北电力大学举行。校团委获最佳组织奖金奖，张宇获“优秀感恩大使”代表并在表彰大会发言。

（任威宇）

【获志愿者工作先进组织奖】 2017年5月18日，“一带一路”国际合作高峰论坛在北京闭幕，来自北京高校1489名大学生志愿者参加。华北电力大学共有49名志愿者参与，累计100人次上岗，累计志愿服务时长1040小时，学校获志愿者工作先进组织奖

（任威宇）

【首都大学生户外挑战赛获佳绩】 2017年6月11日，“来挑战吧”首都大学生户外挑战邀请赛（第三季）在北京国际青年营房山营地闭幕。华北电力大学北京校部“深蓝战队”和保定校区“精英战队”获“挑战奖”“原始技术”单项奖。其中，保定校区“精英战队”作为河北省唯一代表受邀参加，以小组第一晋级总决赛，并获第四名。

（任威宇）

【大学生课外学术科技作品竞赛获佳绩】 2017年6月，“挑战杯”河北省大学生课外学术科技作品竞赛终审决赛揭晓，华北电力大学代表队共获得5项，一等奖7项，二等奖10项，三等奖8项。学校获“优秀组织奖”，魏彤儒、夏珑、张红莲、房静、王建红等5名教师获“优秀指导教师”荣誉称号。

（刘杨嘉佳）

【获全球创新案例挑战赛中国区冠军】 2017年7月，保定校区的两个学生创新项目在上海参加绿色能源全球创新案例挑战赛中国区决赛，华北电力大学选送的Repacking和WeWarm两个项目分别获中国区冠军和季军。获冠军的Repacking项目直接晋级全球12强，代表中国参加10月在法国巴黎举办的全球总决赛。BiogasVitality项目入围全国30强。

（刘杨嘉佳）

【全国航空航天模型锦标赛创佳绩】 2017年9月，保定校区由15名学生组成的校航模队代表学校参加全国航空航天模型锦标赛电动滑翔机、模型火箭运载与返回、垂直起降载运空投三个项目比赛，并获电动滑翔机项目国家级一等奖1项、国家级三等奖1项，垂直起降运载空投国家级三等奖1项。

（刘杨嘉佳）

【大学生创新创业大赛获破】 2017年9月，第三届中国“互联网＋”大学生创新创业大赛全国总决赛在西安电子科技大学举行。保定校区“绿芽包裹——环保型快递包装及回收”项目获全国银奖，跻身全国119强，取得参赛以来最好成绩。“沼气蓬勃”项目受邀参加第三届“互联网＋”大学生创新创业大赛青年红色筑梦之旅项目成果展并受到国务院副总理刘延东接见。学校还作为发起高校加入“青年红色筑梦联盟”。

（刘杨嘉佳）

【获创意大赛一等奖】 2017年9月19日，由中国核工业集团公司主办、中国辐射防护学会、中国辐射防护研究院、中国核学会、复旦大学承办的第二届全国高校学生课外“核＋X”创意大赛在上海落下帷幕举行。华北电力大学由核科学与工程学院团委书记赵珥希指导，郭晓宇、李桐、何雯、郑海洋4名学生组成的“魅力核电 美丽中国”创意团队获全国一等奖。

（任威宇）

【千名志愿者助力保定市文明城市创建】 2017年9—10月，为积极响应保定市委、市政府提出的“创建省级文明城市”工作，助力保定市规范通行管理，创造畅通有序、文明和谐的道路交通环境。保定校区各院系动员1000多名本科生和研究生志愿者参与文明城市创建活动。

（刘杨嘉佳）

【举行青春校园跑活动】 2017年10月10日，校学生会根据团中央《关于深入开展大学生“走下网络、走出宿舍、走向操场”主题群众性课外体育锻炼活动的指导意见》，举行“喜迎党代会，青春校园跑”“三走”运动打卡活动。该活动旨在为引导学生以饱满的热情和良好的精神面貌迎接学校第二次党员代表大会召开，倡导“健康华电 全员锻炼”理念。

（任威宇）

【获中国电信奖学金】 2017年10月，共青团中央公布2017

年度“中国电信奖学金”评选结果，北京校部电气与电子工程学院余培、能源动力与工程学院王子奇，保定校区马克思主义学院梁博通、动力工程系马明皓4名学生获2017年“中国电信奖学金·飞Young奖”暨“践行社会主义核心价值观先进个人”。

（任威宇　刘杨嘉佳）

【成立习近平新时代中国特色社会主义思想学习研究会】 2017年10月18日，习近平新时代中国特色社会主义思想学习研究会成立。该研究会为校团委直属理论社团，旨在引领大学生学习、研究和宣传习近平新时代中国特色社会主义思想。

（任威宇）

【召开学生干部学习十九大报告座谈会】 2017年10月23日，学校召开“勇做新时代中国特色社会主义的弄潮儿”——学生干部学习十九大报告座谈会。校党委副书记汪庆华，校团委负责人，校学生会、研究生会、社团联合会、“学习会”等团学组织主要学生干部参加座谈会。

（任威宇）

【初级团校启动】 2017年10月，初级团校启动。初级团校培训针对2017级团支书、班长及年级长。校团委书记王集令做开班动员，在初级团校之后，各学院团委根据自身特色相继开展二级团校教育活动。

（任威宇）

【获阿美亚洲能源杯大赛亚太总冠军】 2017年11月5日，保定校区创行团队参加阿美亚洲能源杯大赛，凭借“沼气蓬勃”项目夺得总冠军，这是创行团队继2014年夺得创行世界杯冠军之后，再次在国际大赛中夺冠。新加坡、韩国、马来西亚、菲律宾等冠军代表队同台角逐。

（刘杨嘉佳）

【第十五届挑战杯全国赛获佳绩】 2017年11月，第十五届“挑战杯”全国大学生课外学术科技作品竞赛在上海大学举办。保定校区获三等奖5项。北京校部获二等奖1项、三等奖2项，北京校部获“累进创新奖”全国三等奖，积分排名北京市高校前10名，取得全国赛最好成绩。

（任威宇　刘杨嘉佳）

【开展十佳社团评比活动】 2017年12月，由校团委开展年度十佳社团评比活动，共有65个社团参与角逐。极·坐标话剧团、广播台、Unsleep街舞协会等社团获“十佳社团”称号，C-Wing动漫社等获“最具人气社团”称号。

（刘杨嘉佳）

【获中国青年志愿服务项目大赛金奖】 2017年12月，保定校区培育的4个项目入围第四届中国青年志愿服务项目大赛决赛，其中沼气蓬勃项目获第三届中国青年志愿服务公益创业赛金奖（全国共10项），暖鑫壹号项目获公益创业赛银奖（全国共40项）。“情暖童心”公益行动获评首批全国青年志愿服务示范项目创建提名（全国120项）。该赛事由团中央、中央文明办、民政部等7个中央部委和四川省委联合举办，是全国志愿服务领域最权威、最具影响力的赛事。

（刘杨嘉佳）

【举办华电不插电比赛】 2017年12月，保定校区举办第七届华电不插电比赛。本次比赛由校社团联合会主办，音乐协会承办，光影华电摄影协会等社团协办。校团委曹志旭、保定市慕星网络科技有限公司执行董事郝清华及学校921团队项目负责人李成作为嘉宾出席活动。

（刘杨嘉佳）

【赴延川县梁家河开展现场教学活动】 2017年12月15日，华北电力大学“学习会”、习近平新时代中国特色社会主义思想学习研究会骨干学员在团委副书记王新军、指导教师谢昂均带领下赴延川县梁家河开展现场教学活动。旨在学习宣传贯彻党的十九大精神，强化大学生理论社团建设。

（任威宇）

离 退 休 工 作

【概述】 2017年，华北电力大学离退休工作始终坚持围绕中心，服务大局，认真贯彻落实党和政府的有关政策，不断强化服务意识和管理意识，全方位地做好管理和服务工作。认真贯彻落实中办发2016（3）号文件精神、全面落实离退休干部的政治待遇和生活待遇。逢春节、七一优先安排走访慰问离休老干部、老领导、老党员；主动邀请老同志参加学校教代会、党员代表大会等活动。组织召开老同志座谈会，利用学校迎新茶话会、老同志新春联欢会等形式向老同志通报学校发展变化和重要事项；定期召开党委委员和支部书记会议，通报学校和离退休工作情况并通报全体老同志。坚持为离退休老同志订购书报杂志，并将学校每一期校报及时寄送到每一位离休老干部手中，确保老同志及时了解学校动态。

医疗服务。配合校医院到离退休老同志居住地集中为老同志报销医药费、体检。通过摸底调查，对因瘫痪等原因生活长期不能自理的1名离休干部提高护理费标准，组织“关爱老人，构建和谐”口腔健康义诊；并为困难老同志发放困难补助。

个性化服务。学校做好共性服务同时，加强个性化服务工作，做到“四必访”，即重大节日必访，生病住院必访，长期生病卧床在家的必访、家中有重大变故必访。随时了解空巢老人身体和生活情况。做好来信来访和说服引导工作，协调有关部门解决老同志合理诉求，维护老同志合法权益。

组织开展文体活动。北京校部举办 2017 年迎新联欢会；组织老同志集体到中粮集团生态园参观；参加“颂歌献给党，喜迎十九大”2017 年北京老教育工作者文艺演出；参加北京市老干部处组织的健身舞表演赛，并获“风采展示奖”；参加北京市教育部门老干部门球比赛并获得第六名；举办“庆十九大，欢度重阳”文艺会演；为八十周岁以上老同志集体过生日；参加北京市老干部处举办的离退休老领导读书班。保定校区举办每年一度新年联欢会；与市老龄委联合举办大型文艺会演；举办重阳节文体活动和书画展览；铁球队、舞蹈队、腰鼓队等参加社区等文体活动；组织离退休党员和部分教工到城南庄抗战纪念馆和雁翎队抗日纪念馆接受传统教育；组织全体支部干部到延安干部培训学院学习。参加河北省社会体育指导员技能教练展示大赛保定地区分站赛获突出贡献奖。参加保定市首届百姓大舞台才艺大赛获优秀奖。参加保定市泰和康复杯舞蹈大赛获三等奖。

队伍建设。参加教育部直属高校直属单位加强和改进离退休干部工作培训班；举办支部支委和文体骨干培训班。

信息化建设。针对近年来离退休人员进出数量多，信息变化大的实际，完善离退休人员信息库、离退休党员信息库；利用十余个微信群为老同志之间互传信息、交流文化、交流养老经验、关心国家大事、分析国内外形势和了解学校动态创造条件；完善离退休工作办公室职责和各工作岗位职责，各项工作实现规范化、制度化。

党建工作。推进党支部“两项”建设和离退休活动阵地建设。本着有利于离退休党员参加活动和发挥作用及就近参加活动原则，设立党支部，保证每月一次支部生活。按照身体好、有热心、有威信的原则选配党支部书记和支委，采取以会代训、集中培训的方式对支部书记和支委及骨干进行培训和工作指导，并对工作突出的党支部书记、支委和骨干进行表彰奖励。加强党费收缴工作，及时接转党员组织关系。至年底，离退休党委 545 名党员。离退休党委组织召开“畅谈新变化，建言十九大”离退休干部座谈会，校党委书记周坚参加并讲话，按照学校党委部署，组织所属离退休党支部认真学习宣传贯彻十九大精神并召开“学习贯彻‘党的十九大’和学校第二次党代会精神暨党员干部骨干培训会”，组织党员参观《砥砺奋进的五年》大型成就展；组织离退休党员到阜平城南庄晋察冀边区革命纪念馆参观学习，让全体党员全面了解党的十八大以来，以习近平同志为核心的党中央团结带领全党全国各族人民，坚持和发展中国特色社会主义，统筹推进“五位一体”总体布局、协调推进“四个全面”战略布局，改革开放和社会主义现代化建设取得的新的伟大成就，同时，为全体离退休党员购买十九大报告单行本。

关心下一代工作。主动为老同志实现老有所为的人生理想创造条件，把老同志发挥余热、甘愿奉献的积极性引导好、保护好，鼓励和支持离退休老同志在学校发展建设中发挥积极作用。如：老教师参加关心下一代委员会，参加本科教育督导组，指导大学生参加各类比赛等。

（张　丽　彭绍文）

【概况】 华北电力大学离退休办公室实行北京校部和保定校区一体化办公，党委实行属地化管理。为便于工作开展，本着有利于离退休党员参加活动和发挥作用以及就近参加活动的原则，两地分别组织各种活动。离退休办公室北京校部现有主任 1 人、离退休党委书记 1 人、正处级调研员 2 人，工作人员 2 人，外聘员工 2 人。保定校区主任 1 人，工作人员 2 人。北京校部共有离退休人员 457 人，其中离休人员 15 人。退休人员 442 人，其中司局级 17 人，正高职 127 人，副高职 102 人，中级职称及以下 57 人，工人 70 人，正处级 28 人，副处级 11 人，科级及以下 45 人。2017 年北京校区有离退休党员 251 人，党支部 11 个。保定共有离退休人员 685 人，其中离休人员 12 人。退休人员 673 人，工人 206 人，其中司局级 2 人，正高职 114 人，副高职 173 人，中级 107 人，正处级 20 人，副处级 17 人，科级及以下 63 人，保定校区离退休党员 293 人，党支部 8 个。北京校区小营家属宿舍区地下室设有老干部活动中心，占地 500 平方米。有阅览室，沙狐球，乒乓球、台球室、音乐教室，卡拉 OK 室，健身器材等。保定校区老干部活动中心有 700 多平方米，设有多功能厅、乒乓球、台球、棋牌室、健身房等。

（张　丽　彭绍文）

【参与校庆相关活动】 2017 年，离退办参与学校 60 周年校庆倒计时活动。配合学校 60 年校庆组委会组织召开离退休老同志座谈会。老同志结合自身经历，围绕 60 周年校庆重点活动设计，并就校庆如何更好地总结办学经验、如何凸显学校特色、如何做到全员化参与、如何助力学校“双一流”建设等方面提出意见和建议。

（张　丽　彭绍文）

【推进文化养老工作】 2017 年，离退办创新工作方式，深化文化养老工作。重点加强两项建设：离退休干部思想建设和党组织建设；强化三支队伍：选好、培训好、调动好、引导好三支队伍（工作人员队伍、党支部干部队伍、老有所为骨干队伍）；唱红四个平台：引导老同志在四个平台上（家庭、社区、学校、互联网）讲好中国故事，传播中国好声音，增添正能量；用好五个载体：尽心组织好五个载体开展活动（教育部离退休局、北京市教工委、华北电力大学、社区、党支部开展的各类活动）。

（张　丽　彭绍文）

人　事　管　理

【概述】 2017年，学校围绕“双一流”建设目标，不断完善与学校事业发展相适应的劳动人事制度体系，为实现一流师资队伍建设目标提供体制机制保障。

全面提升教师思想政治素质。把政治标准放在人才队伍建设首位，成立党委教师工作部，与人事处合署办公，统筹做好教师思想教育和管理服务工作。党委教师工作部以人事工作的基本业务模块为落脚点，结合党建工作、结合教学科研等业务工作、结合教职工的文化生活，先后参与人事制度改革相关文件中关于师德部分内容的制定工作；组织学校领导与新教工进行入职谈话，为2017年新入职教职工配备工作导师；以“迎接党的十九大　做好学生引路人”为主题，开展庆祝教师节系列活动，包括在学校校园和“两微一端”等平台宣传优秀教师典型事迹、组织召开学校首次全体教职员工参加的教师节庆祝暨表彰大会等。

深化人事制度改革。完善人才选拔和用人机制，出台《华北电力大学新进教职工聘用管理办法》，调动新进教职工的工作积极性；围绕学校“双一流”建设目标，结合国家教学科研项目、奖励政策体系，出台《华北电力大学科研教研工作量计分标准和绩效奖励调整方案》，进一步强调代表性业绩和取得的实际工作效果，强化奖励的导向性；围绕学校“双一流”建设目标，出台《华北电力大学专业技术职务评聘办法》，把师德放在评价的首位，实施分类评价，提高评聘条件，强调代表性成果，完善同行专家评价机制。

推进各项基础性工作。积极与人力资源和社会保障部、教育部、河北省人社厅等单位加强沟通协调，严格按照时间节点完成学校养老保险改革和绩效工资改革的各项工作；出台《关于教职工劳动纪律的补充通知》，进一步规范教职工劳动纪律，明确相关待遇，保证学校各项工作的顺利进行；根据实际工作需要对部分机构职能进行调整，成立科研机构；严格按照国家和地方文件要求，稳步提升在职教职工待遇、做好离退休人员离退休费调整工作；按时完成教职工考核、专业技术职务评聘、教职工培训等常规性工作；严格按照学校党委和机关党委要求，按时完成各项党支部学习任务。

（董　剑）

【概况】 至2017年底，华北电力大学共有教职工2899人（北京1515人，保定1384人）。其中教师1852人（北京1021人，保定831人），占教职工比例63.9%；管理人员493人（北京272人，保定221人），占教职工比例为17%；其他专业技术人员397人（北京203人，保定194人），占教职工比例为13.7%；工勤人员157人（北京19人，保定138人），占教职工比例为5.4%。拥有工程院院士2人，双聘院士5人，国家“千人计划”6人，青年“千人计划”2人，“长江学者”特聘教授5人，国家“高层次人才特殊支持计划”6人，“973”首席科学家4人，国家级教学名师1人，国家杰出青年科学基金获得者9人，国家优秀青年科学基金获得者4人。

（程　诚）

【学校内设机构调整】 2017年，为进一步适应学校改革发展的新形势，优化管理流程，提高管理效能，经2017年第14次校长办公会议、中共华北电力大学第二届委员会常委会2017年第1次会议审议通过，对校内机构进行调整：1.党委办公室与校长办公室合并成立党政办公室。2.撤销“211工程”办公室、优势学科创新平台管理办公室，成立“双一流”建设办公室。“双一流”建设办公室与学科建设办公室合署办公。3.撤销产业管理处。原北京校部产业管理处国有经营性资产监督管理职能划归资产管理处；原保定校区产业管理处国有经营性资产监督管理职能划归财务与资产管理处。各类企业的管理、协调和服务职能划归北京华电天德资产经营有限公司；“华北电力大学经营资产管理委员会”办公室设在资产管理处。4.撤销保定校区后勤与基建管理处。在保定校区成立基建处，承担保定校区校园规划、基建管理及校园修缮工作，基建处为学校一体化部门；成立后勤管理处（保定），负责保定校区后勤管理相关工作。5.附属学校建设与管理办公室由与网络与信息化办公室合署办公变更为与后勤管理处合署办公。6.成立国家重大科技基础设施筹建办公室，挂靠科学技术研究院。

（董　剑）

【成立党委教师工作部】 2017年，为贯彻落实中共中央、国务院《关于加强和改进新形势下高校思想政治工作的意见》（中发〔2016〕31号）文件精神，经2017年第5次党委常委会研究、第5次校长办公会审议，决定成立党委教师工作部。党委教师工作部为正处级建制，与人事处合署办公。主要职责是在学校党委领导下，按照党的路线、方针、政策，组织实施教职工的思想政治工作、师德师风建设和人才队伍思想政治素质提升等。

（董　剑）

【成立电动汽车与新能源电网研究中心】 2017年2月22日，华北电力大学电动汽车与新能源电网研究中心成立。该中心的成立旨在丰富学校“大电力”学科体系，凝练学术方向，汇聚人才队伍，拓展发展空间，形成新的学科战略增长点，增强学校对国家重大战略需求任务的承接能力，推进高水平大学建设。

（董　剑）

【成立智能电气创新研究中心】 2017年3月8日，华北电力大学智能电气创新研究中心成立。该中心成立旨在适应学校改革和发展需要，探索新型研发机构的组织模式和运行机制，更好实现科技和产业融合。该中心与扬中市政府共建，其主要职能是智能电气相关技术研发，建设智能电气新兴产业公共研发平台、中试基地和孵化平台，推动校内科技成果落地转化，助力地方相关行业转型升级，为学校创新创业教育提供校外基地等。其研发方向包括先进能源材料、智能微电网、电气信息化、发电厂节能增效、机器视觉等领域。

（董　剑）

【成立政策法规研究室】 2017年3月24日，华北电力大学政策法规研究室成立。该研究室主要工作包括统一负责学校的政策研究、战略规划、法律支持、综合改革和智库建设等。

（董　剑）

【成立世界一流大学教育基金研究中心】 2017年4月21日，华北电力大学世界一流大学教育基金研究中心成立。该中心是跨学科、跨学院的校级、校际研究机构，旨在通过理论和政策研究为中国教育基金管理实践提供战略指导、政策建议、人才培养等高端服务。增强学校财务自主权和统筹安排经费的能力。中心将通过与中国人民大学公共治理研究院、哥伦比亚大学教育学院建立战略合作关系，力争建成中国教育基金研究“高地”、教育基金治理精英的成长“摇篮”和影响中国教育基金长期发展的政策“孵化器”。

（董　剑）

【成立热辐射与燃烧监控大数据研究中心】 2017年4月21日，华北电力大学热辐射与燃烧监控大数据研究中心成立，该中心的成立旨在丰富“大电力”学科体系，凝练科学研究方向，汇聚人才队伍，提高人才培养质量，拓展发展空间，形成新的学科战略增长点，增强学校对国家重大战略需求任务的承接能力，推进高水平特色型大学建设。该中心的主要研究方向为：热辐射及其在相关领域的应用；燃烧诊断、燃烧理论及技术；锅炉及高温动力装置运行大数据及智能发电技术研究。

（董　剑）

【成立国学研究中心】 2017年6月1日，华北电力大学国学研究中心成立。该中心成立旨在提升学校在文化传承与创新方面的软实力和影响力，进一步凝练学科方向，汇聚人才队伍，提高人才培养质量，拓展发展空间。国学研究中心是具有学科交叉性的科学研究平台，中心的主要研究方向为：中国传统文化与马克思主义中国化研究；中西文化比较研究；儒家、道家和法家思想研究；中国古代文学艺术研究等。

（董　剑）

【成立中国能源经济管理研究中心】 2017年6月22日，华北电力大学中国能源经济管理研究中心成立。该中心成立旨在丰富“大电力”学科体系，积极促进学校能源科学与工程学科群能源经济领域的发展，汇聚人才队伍，形成新的学科战略增长点。研究中心将通过加强与能源行业及研究院校的国内外协同合作，在能源经济管理领域组建重大创新团队，大力开展具有针对性的高水平研究工作，形成标志性成果，为国家的能源经济发展和学校的“双一流”建设做出贡献。

（董　剑）

【成立低碳能源研究院】 2017年10月9日，华北电力大学低碳能源研究院成立。旨在丰富“大电力”学科体系，积极促进学校能源电力科学与工程学科群低碳能源研究领域的发展，汇聚人才队伍，形成新的学科战略增长点。

（董　剑）

【调整科研教研工作量和绩效奖励计分标准】 为深化学校人事制度改革，引导教师教学科研行为与学校“双一流”建设目标相一致，根据国家《中共中央　国务院关于加强和改进新形势下高校思想政治工作的意见》《关于深化人才发展体制机制改革的意见》和教育部《关于深化高校教师考核评价制度改革的指导意见》等文件精神，学校经广泛调研，充分征求意见，制定《华北电力大学科研教研工作量计分标准和绩效奖励调整方案》。

（董　剑）

【规范新进教职工聘用管理】 为深化劳动人事制度改革，不断完善人才选拔和用人机制，充分调动新进教职工的工作积极性，学校按照“择优聘用、合同管理、严格考核”的原则与新进教职工签订聘用合同，明确双方的权利、义务和责任。首次聘用合同为固定期限合同，合同期为四年。

（董　剑）

【拓宽管理人员晋升通道】 为深化校内人事制度改革，建设一支与高水平大学相适应的管理人员队伍，学校制订《华北电力大学管理岗位七级以下职员职级晋升办法（试行）》。旨在积极拓展管理人员发展通道，鼓励管理人员将主要精力投入到管理工作中，提高学校的管理水平和服务能力。

（董　剑）

【制定专业技术职务评聘办法】 为进一步深化校内人事制度改革，建设一支与高水平大学相适应的专业技术人才队伍，根据《中共中央国务院关于加强和改进新形势下高校思想政治工作的意见》《关于深化人才发展体制机制改革的意见》《关于深化职称制度改革的意见》和教育部《关于深化高校教师考核评价制度改革的指导意见》等文件精神，结合学校实际，制定《华北电力大学专业技术职务评聘办法》。

（董　剑）

【副校长孙平生退休】 2017年3月，孙平生副校长退休。孙平生先后在国家教委、中国驻美国芝加哥总领事馆、河北省完县、中国驻德国大使馆、教育部等单位工作，先后担任国家教委办公厅干部、计划司干部，中国驻美国芝加哥总领事馆副领事、领事，国家教委财务司一处副处长、综合处处长，中国驻德国大使馆一等秘书，教育部财务司专项资金管理处处长等职务。2006年2月起担任华北电力大学党委常委、副校长。作为学校领导班子成员，主要职责是协助校长负责基本建设、后勤资产、计划财务、校医院、招标采购等方面的工作，先后分管过基建处、后勤管理处、计划财务处、资产管理处、招标中心等部门，联系数理学院。多年来兢兢业业，围绕中心，服务大局，大力推进校园基础建设，积极实行后勤体制改革，较好地完成校区后勤保障和服务工作。在学校安排下，组织实施北京校部西区主楼B/C/D/E/F座、学生澡堂、学生公寓13号宿舍楼、金工实训中心、风洞实验室、海洋能实验室、中水处理站、篮球场、校园道路等基础设施的规划、建设、改造、维护等工程，为学校发展提供有力保障。防范财务风险，盘活闲置资产，使学校国有资产合理配置及有效利用，充分发挥国有资产的使用效益，并保持国有资产完整性。努力增加学校财务收入，多方位为学校筹措资金，大幅度提高教职工工资性收入水平，使教职工在分享学校发展成果方面有实实在在的获得感。完善和修订分管领域的大量管理制度，推进后勤服务、资产及财务管理、招投标管理的信息化建设，提高后勤服务水平，提升资产及财务管理、招投标管理工作效率。

（董　剑）

【张希荣教授退休】 2017年12月，张希荣教授退休。张希荣教授曾先后在中国人民解放军八九九四六部队和宁夏大学工作，于1999年10月至2017年12月在华北电力大学任教。曾先后担任华北电力大学（北京）基础部副主任，华北电力大学（北京）数理系主任，华北电力大学数理学院院长。从教30余年来，主讲过10余门数学方向本科生和研究生课程，主要从事函数逼近论方向的研究工作。发表科研论文20余篇，有多篇文章被SCI等文献检索；主持校级精品课程1项；主编出版教材2部，普通高等教育"十二五"规划教材1部；指导学生参加数学建模竞赛，多次获一等奖等奖项；获校级教学成果二等奖、最受学生欢迎奖、优秀共产党员等奖项。曾应邀到加拿大和俄罗斯进行学术交流。

（董　剑）

【张建华教授退休】 2017年7月，张建华教授退休。张建华教授1982年毕业于华北电力大学，主要从事新能源微电网、综合能源系统规划运行等研究，承担国家及省部级和地方重大科研项目100余项，获省部级科技进步奖3项。在国内外发表论文150余篇，其中SCI、EI收录80余篇，与法、英、美、加等国家的大学和公司的教授和学者建立密切的学术交流和合作关系。现任中国电机工程学会能源系统专委会委员，国家科技部"973"计划能源领域专家组成员、IEC/TC8微电网标准组牵头人，IEE资深会员（IEE Fellow）。

（董　剑）

【李全化教授退休】 2017年3月，李全化教授退休。1979年7月获河北师范大学体育教育学学士学位，同年来华北电力大学体育教学部任教。1998年获教授职称，指导本科学生体育课的教学。2000年10月担任体育教学部直属党支部书记。发表学术论文近50余篇，曾获校级首届"三育人"师德标兵称号并多次获校级优秀共产党员、优秀党务工作者、校工会优秀干部、教学优秀奖、优秀教练员等荣誉称号。担任校田径队跳跃项目主教练，1979年起带领华北电力大学参加省市及全国比赛，其中田径队跳跃组队员多次获全国冠军。

（付立新）

【王建伟教授退休】 2017年11月，王建伟教授退休。王建伟教授1982年1月获北京体育大学体育教育学学士学位，同年来华北电力大学体育教学部任教。2001年获教授职称，指导本科学生体育课的教学。主编华北电力大学足球专项课教材，发表学术论文50余篇，多次获校教学优秀奖。2009年起带领华北电力大学足球队参加河北省高校大学生足球赛，并连续7年获得冠军。2017年7月率华北电力大学足球队在全国大学生足球赛（校园组）中获总决赛冠军。

（付立新）

【王振旗教授退休】 2017年8月，王振旗教授退休。王振旗教授1982年1月获东北工学院计算机科学及工程专业学士学位，同年毕业分配到冶金部铝加工研究所工作，1987年10月调入华北电力学院工作。在华电，从计算中心到信息与网络管理中心再到计算机系直至退休。历任计算中心副主任，信息与网络管理中心主持工作副主任、主任、直属党支部书记，工程师、高级工程师、副教授、教授。面向全校非计算机专业讲授《大学计算机基础》《高级语言程序设计（C＋＋）》《计算机网络应用基础》等本科课程，指导毕业硕士研究生40余名，主编出版《计算机网络应用基础》教材1部。公开发表学术论文50余篇，获中国电力科学技术二等奖1项，参与完成省部级和横向科研项目多项。

（付立新）

【张文建教授退休】 张文建，男，1957年生，教授，硕士生导师。1982年毕业于北京工业学院机械制造工艺及设备专业，获工学学士学位；1982—1985年在兵器部第五八研究所从事现场技术工作；1988年毕业于北京工业学院研究生院机械制造专业，获工学硕士学位；1988年来校任教。曾任教研室主任，机械工程学院副院长，工程训练中心主任，校教学指导委员会委员，中国电力教育协会能源动力工程学科教学委员会委员，教育部工程训练教学指导委员会委员。主要从事机械工程及自动化领域的教学、科研和学科建设工作，主讲《机械制造技术基础》《先进制造技术》等本科课程和研究生课程，参与科研项目12项，主持或参与教改项目10余项，发表科研和教改论文30余篇，多次获学校教学优秀奖。

（付立新）

【祖林教授退休】 2017年3月，祖林教授退休。祖林教授1981年7月毕业于河北保定高等师范专科学校英语系，1992年7月获西北师范大学教育科学研究所教学论专业硕士学位，1995年9月在华北电力大学基础系英语教研室任教，后在英语系翻译教研室任教，讲授大学英语、外语教学心理学、英汉对比语言学、英汉对比及翻译等本科和研究生课程多门，指导毕业硕士研究生20多名，参与出版著作3部。发表学术论文60余篇，参与完成国家级、省部级和校级等科研项目10多项，指导学生参加大学生创行比赛获得世界冠军，指导学生参加全国及省级英语辩论和英语演讲等英语比赛获一等奖、二等奖20余项。

（付立新）

人　才　工　作

【概述】 2017年，学校入选“双一流”建设高校。“双一流”建设目标对学校的人才工作提出更高要求。人才工作办公室调整人员结构，提升自身素质修养。通过学习习近平总书记的《关于人才工作论述摘编》，提高思想认识，通过参加各类培训，提升业务水平。以习近平新时代中国特色社会主义思想为指导，贯彻落实党的十九大精神。深入推进“大人才”发展战略，开创“双一流”人才工作建设新局面。在人才引进、人才申报、人才服务各中心工作中，围绕人才队伍建设核心，拓展人才引进渠道，修订完善高层次人才引进待遇，优化和规范人才招聘流程。围绕学校学科建设目标，结合校内师资队伍建设规划，着力引进电气、能动、核、环化、可再生等学校重点发展学科的急需人才，构建结构合理、层次清晰、定位明确的人才体系。将高层次人才纳入各级人才培育、引进的资助计划体系中，完善校内中青年人才支持计划，营造尊重知识、尊重人才、尊重创新的人才环境氛围。落实用人单位人才引进、培养与使用主体责任，强化对用人单位人才队伍建设工作考核，明确学术评价主导地位，对人才引进、人才计划申报提供优质支撑服务。加大青年骨干教师出国选派力度，提升青年教师“三化”水平。人才工作体制机制改革取得新的进展，师资队伍结构得到改善。学校坚持以人为本，努力探索人才工作的新模式。积极筹备能源电力国际“青年论坛”，通过“请进来”的方式搭建青年人才引进新渠道；完善博士后制度，下发《关于印发〈华北电力大学师资博士后管理办法（试行）〉的通知》，启动师资博士后培养计划，提升博士后培养水平。

人才引进与人才招聘。学校拓展人才引进渠道，创新人才引进手段、落实吸引人才举措，大力引进高层次人才与急需人才。积极筹备世界能源电力青年学者论坛，通过校领导带队出访世界名校举办学术交流会的方式，主动“走出去”，提升学校在国际知名高校的学术影响力、吸引优秀青年才俊加盟；积极筹划，精准出击，将大有潜力的优质青年“引进来”。在科学人才网、千人网等多种渠道发布招聘信息。通过师生传承、大师推荐等方式，广泛搜集海内外高层次杰出人才与优秀应届博士毕业生博士后简历，推荐至相关院系，提升师资招聘整体质量。修订杰出人才引进及支持条件，提升学校对青年人才的支持力度，为人才工作的科学高效、公平公正奠定基础，给予人才成就事业提供更加丰厚的资金支持。国家千人计划特聘专家张小东教授，国家杰出青年基金获得者郭宝珠教授加盟，促进学校相关学科发展，并与千人计划专家潘伟平、闫勇续签合同。开展多渠道合作模式，通过客座教授、兼职教授等方式，柔性引进各类人才，开展教学、科研等合作交流。日本早稻田大学横山隆一教授被聘为学校客座教授。

人才计划申报。徐超入选国家第三批“万人计划”青年拔尖人才。王祥科再度入选工程技术、环境与生态两个领域全球2017年“高被引科学家”。刘洋入选北京科技新星计划。郭森入选北京市优秀人才培养资助。张娟获“第十三届北京市高等学校教学名师奖”荣誉称号。赵洱岽获“首届北京市高等学校青年教学名师奖”荣誉称号。

人才服务。学校实施高层次人才年薪制，引进人才、用好人才、服务人才的环境得到改善。高层次人才与学校领导一对一联系，提升学校对人才的人文关怀。人才办转变工作理念，提升管理水平，强化服务意识，加大人才聘后服务，协助高层次引进人才办理科研启动费、安家费，解决周转房及办公用房问题，办理免税申报等事宜。切实帮助引进人才解决生活困难问题。协助后勤资产等部门对校内周转住房进行翻新装修，提升周转住房质量，为人才安居乐业奠定良好基础。将高层次人才纳入教师考核体系，通过年终工作汇报的形式对高层次人才进行绩效跟踪，深入了解人才工作进展情况，切实保障学校投入资金的效益产出。

人才国际化。学校继续实施青年教师“三化”建设。推进青年教师“国际化”工程，加快青年教师成长步伐。通过几年的努力，青年教师“国际化”意识得到极大加强，出国研修积极性得到提高。青年教师出国研修，继续采用先全额资助、再青年骨干、后自筹研修的三层资助申报管理体系，通过个人申报，专家评审，实施国家公派高级研究学者、访问学者资助优先，青年骨干教师出国研修项目为主、自筹访学为辅的配套申报管理办法，公派出国人数与质量明显提升，青年教师“国际化”进程成效突出。

实施师资博士后制度。人力资源社会保障部、全国博士后管理委员会联合下发关于贯彻落实《国务院办公厅关于改革完善博士后制度的意见》有关问题的通知（人社部发〔2017〕20）。学校为全面贯彻落实华北电力大学“大人才”发展战略，加快一流师资队伍建设步伐，于2017年第12次校长办公会上审议通过文件《关于印发〈华北电力大学师资博士后管理办法（试行）〉的通知》（华电校人才〔2017〕17号）。师资博士后旨在吸引国内外著名高校的优秀博士生来校深造，与普通博士后相比，提高博士后招聘条件，提升博士后待遇，规范招聘程序，优化在站培养，明确出站聘用条件，提升博士后培养水平。学校师资博士后制度的实施，为学校选拔培养未来优秀的青年学科带头人提供人才储备。学校与企业博士后工作站联合，合作培养博士后，先后与北京国网富达科技发展有限责任公司、全球能源互联网研究院、国家电投集团电站运营技术（北京）有限公司、国网北京经济技术研究院、国网能源研究院、国网冀北电力有限公司技能培训中心、中国华能集团公司、神华集团有限责任公司等单位联合培养博士后研究人员，为学校、企业、社会培养一批高层次人才。

（赵友君　路雨欣　年中华）

【概况】 2017年度，全校教师岗位招聘共计45人（北京校部28人，保定校区17人）。其中，博士后11人，占24%；40人具有博士学位，占89%。完成非教师岗位招聘22人（北京校部15人，保定校区7人）；聘任客座教授/兼职教授16人，截至2017年底，在聘34人。58名教师获批出国访学资助计划。其中，19人获批全额资助项目；26人获批青年骨干教师出国研修项目；3人获批高等教育行政管理人员出国研修项目；2人获批高等教育教学法出国研修项目（LH）；5人获批国际清洁能源拔尖创新人才培养项目。另有3人由学校配套经费派出访学。共招收进站博士后研究人员20人，出站12人。至年底，累计招收博士后145名，出站86人，在站59人。出站博士后基本进入高等院校、科研院所或国有大型企业工作。在站联合培养博士后研究人员15人。2人获国家自然科学基金资助；8名博士后研究人员获博士后科学基金资助，其中1人获博士后科学基金特别资助，1人获博士后科学基金面上一等资助，6人获博士后科学基金面上二等资助。

（赵友君　路雨欣　年中华　黄楠楠）

【引进国家杰出青年科学基金获得者郭宝珠】 2017年，学校引进国家杰出青年科学基金获得者郭宝珠。郭宝珠，男，1962年2月生，教授，博导。国家杰出青年科学基金获得者，中国科学院“百人计划”入选者，南非科学院院士。郭宝珠教授研究方向为无穷维系统（分布参数系统）的建模，控制，数值分析，偏微分方程解。在无穷维系统的非耗散控制设计与分析，线性无穷维系统的Riesz基理论，偏微分系统的适定，正则性理论方面做出一系列奠基性工作。至年底，其工作集中在自抗扰控制理论的研究。其对一般非线性系统的系列研究，奠定该新控制技术理论基础，应用到无穷维系统和随机系统的控制中，并取得成功。2009年山西省首届“百人计划”专家。曾长期任职中国科学院数学与系统科学研究院研究员，南非金山大学（University of the Witwatersrand），计算与应用数学系讲座教授。郭宝珠教授已发表190多篇国际杂志的研究论文，四本专著。专著（Z.H.Luo，B.Z.Guo and O.Morgul，Stability and Stabilization of Infinite Dimensional Systems with Applications，Springer-Verlag，1999）为国际上分布参数系统的主要教科书和参考书之一。被国际学者称为“非常重要的著作”;“引导读者进入这一非常重要的研究领域”;“足以成为应用数学专业学生的教科书或对无穷维系统分析和控制感兴趣的控制工程师和应用数学家的参考书”。新的著作（B.Z.Guo and Z.L.Zhao，Active Disturbance Rejection Control for Nonlinear Systems：An Introduction，Wiley & Sons，2016）为自抗扰控制的基础理论著作。数篇文章被国际学者评价为“卓越的文章”;“非常重要而且有用的文章”。其对Riesz基理论的研究被研究者称为“郭氏型的Bari定理”。

（赵友君）

【徐超入选青年拔尖人才支持计划】 2017年，徐超获第三批国家“万人计划”青年拔尖人才称号。徐超，男，1980年5月1日生，能源动力与机械工程学院教授，博士生导师，电站设备状态监测与控制教育部重点实验室副主任。2015年获国家优秀青年基金资助，2002年获西安交通大学学士学位，并保送攻读西安交通大学硕士学位，师从何雅玲院士；2004年进入香港科技大学攻读博士学位，师从赵天寿教授；2008年获机械工程专业博士学位，并进入美国康涅狄格大学进行博士后研究，师从国际传热界最高奖Max Jakob Memorial Award获得者Amir Faghri教授；2010年作为“创新人才”副研究员加入中科院电工研究所；2013年加入华北电力大学。长期从事新能源领域涉及的工程热物理问题研究工作，针对太阳能利用、储能、燃料电池、强化换热等开展较长期和系统的研究工作。主持国家自然科学基金优秀青年基金、国家973项目课题、国家重点研发计划子课题等多项研究。至年底，在本领域核心期刊上已发表SCI论文70余篇，其中有9篇论文入选SCI数据库中ESI高被引论文；授权发明专利6项。曾在能源领域的国际顶级期刊《Progress in Energy and Combustion Science》上受邀发表综述文章一篇，并在国际知名出版社Elsevier出版的《Encyclopedia of Electrochemical Power Sources》上撰写英文章节一章。所发表论文被SCI期刊正面他引1500余次，SCI的H因子为27。2012年入选中国科学院青年创新促进会，2017年入选国家光热发电标准化技术委员会委员。获中国工程热物理学会吴仲华优秀青年学者奖，及《Applied Energy》高被引论文奖。曾担任《Science Bulletin》(《科学通报》英文版，SCI期刊) Associate Editor，目前担任《American Journal of Engineering and Applied Science》等6个国际期刊编委。

（路雨欣）

【刘洋入选北京科技新星计划】 2017年，刘洋入选北京科技新星计划。刘洋，女，1982年1月出生。2008年毕业于清华大学，物理学专业，获博士学位，在核科学与工程学院从事教学科研工作。主要从事核辐射探测及核技术应用领域研究工作，以脉冲辐射探测、航天应用为主要研究目标，开展系列科研工作。主持国家自然科学基金、国防纵向课题、省部级纵向课题、北京市科技新星资助项目、航天五院重大预研课题、中科院战略性先导科技专项资助、国家重点实验室开放课题、国防重点实验室开放课题、中央高校基本科研业务费优青培育项目等科研项目20余项，承担科研总经费1000余万元，多项研究成果在国防、航天领域得到重要应用；共发表学术论文60余篇，其中SCI、EI论文50余篇；获国家发明专利授权4项；被评为北京市科技新星、华北电力大学巾帼之星、创新人才支持计划青年骨干教师、科技工作先进个人、三育人先进个人；获北京市教学成果奖一等奖（排名第2）、华北电力大学教学成果奖特等奖（排名第2）、二等奖（排名第2）、获华北电力大学青年教师教学基本功比赛优秀奖。北京市科技新星计划（以下简称新星计划）是由市财政经费支持、北京市科学技术委员会（以下简称市科委）组织实施的科技人才培养计划。新星计划旨在选拔一批优秀的青年科技骨干，以项目为依托开展科研工作，不断提高科技水平和管理能力，培养造就一批思想政治素质高、具有创新精神的青年科技带头人和科技管理专家，逐步形成青年科技专家群体。经过形式审查、材料初审、会议评审等环节，2017年，共有120人入选北京科技新星计划。

（路雨欣）

【郭森获北京市优秀人才培养资助】 2017年，郭森入选北京市优秀人才培养资助青年骨干个人项目。郭森，男，1987年3月出生，华北电力大学与美国密歇根大学联合培养博士，经济与管理学院讲师，华北电力大学优秀博士学位论文获得者，北京市优秀毕业研究生。2016年博士毕业后留校任教，讲授《微观经济学》（本科生）和《中级微观经济学》（研究生留学生）。主要从事能源经济与环境、电力技术经济与智能优化决策等方面研究。作为项目负责人主持北京市优秀人才资助计划青年骨干项目、北京市社会科学基金青年项目和中央高校基本科研业务费项目；作为项目主研人参与国家重点研发计划专项和国家自然科学基金项目等国家级项目。以第一作者或通讯作者在Applied Energy、Energy、Renewable and Sustainable Energy Reviews、Journal of Cleaner Production等国际知名期刊发表SCI/SSCI检索论文24篇，其中ESI高被引论文3篇；在《电网技术》《中国电力》等EI、核心期刊发表论文7篇；出版学术专著1部；担任Applied Energy、Energy Policy、Energy等多个SCI期刊的审稿人。曾获中国商业联合会科学技术奖二等奖1项，国网优秀管理咨询课题二等奖1项，“2014年度F5000论文”荣誉。北京市优秀人才培养资助项目，旨在通过项目资助的形式，支持一批具有较好专业基础和较大发展潜力的优秀青年人才成长，支持各区县、各部门和各类用人单位创新人才培养机制、完善人才工作体系，促进首都高层次人才队伍建设。该项目分为青年骨干个人项目、青年拔尖个人项目、青年拔尖团队项目和人才工作集体项目等四类。资助工作每年开展一次，每次资助青年骨干个人300名左右，青年拔尖个人50名左右，青年拔尖团队5个左右，人才工作集体项目20个左右。

（路雨欣）

【王祥科教授入选高被引科学家】 2017年，王祥科教授再次被汤森路透评选为高被引科学家，同时入选工程技术、环境科学与生态学两个领域。这也是王祥科教授连续4年被汤森路透评选为高被引科学家。王祥科，男，1973 年 3 月 4 日生，教授，博士生导师，2003 年入选中科院百人计划“引进海外杰出人才”，2012 年获国家杰出青年基金资助（2016 年结题优秀），2015 年被评为教育部长江学者特聘教授，获 2016 年科技部中青年科技创新领军人才和 2016 年北京市百名科技领军人才，2017 年第三批国家“万人计划”领军人才。2014 年调入华北电力大学，任环境科学与工程学院院长。分别于 1995 年和 2000 年在兰州大学获学士和博士学位。2000 年 9 月至 2003 年 10 月分别在法国南特 SUBATECH 国家实验室和德国卡尔思路国家研究中心做博士后和洪堡研究员。主要从事三废治理、纳米材料在废水处理、等离子体技术应用、环境污染检测和治理中的应用等方面的研究工作。主持与参加中科院百人计划项目、国家自然科学基金杰出青年科学基金、重点基金、国家 973 项目、国家重点研发计划课题等多项研究。近几年以通讯作者身份在国际学术期刊如 Chem. Soc. Rev.，Adv. Mater.，ACS Nano，Environ. Sci. Technol.，Geochim. Cosmochim. Acta，Chem. Sci.，Water Res.，Sci. China Chem.等重要杂志发表 SCI 论文 330 余篇，其中邀请综述 10 余篇，有 7 篇论文（通讯作者）分别被评为 2008，2010（2 篇）、2011、2012、2015 和 2016 年（2 篇）中国最具影响百篇国际学术论文，有 64 篇论文被评为高引用论文（highly cited paper），11 篇论文被评为热点论文（hot paper），个人 H 因子 86，被他人正面引用和评价 20 000 余次，论文多次被评为研究亮点及被选为封面论文，多次被 Chem. Rev.，Nature Chem.，Nature Nanotechnol.，Chem. Soc. Rev.等期刊论文大段引用和评价。已毕业 23 名博士研究生中，4 人获中科院“院长特别奖”，3 人获中科院优秀博士学位论文，1 人获安徽省优博论文，2 人获安徽省杰出青年科学基金等，7 人获中科院院长优秀奖等。候选人多次被评为中国科学院优秀研究生导师、优秀研究生指导教师、朱李月华优秀导师等荣誉称号，获得 2013 年安徽省科学技术奖（自然科学奖）一等奖（排名第一）、安徽省青年科技奖、安徽省杰出青年科技创新奖等荣誉称号。受邀请担任多个国内外学术期刊如 J. Hazard. Mater.，Sci. China Chem.，J. Mol. Liquid，Radiochim. Acta，中国科学化学期刊编委和多个学术委员会委员。

（路雨欣）

财 务 管 理

【概述】 2017 年，华北电力大学认真贯彻落实党和国家的财经方针、政策，在制度建设、预决算管理、规范会计基础工作、加强内部控制、防范财务风险等方面开展工作，积极组织收入，有效控制支出，保障教职工收入适度增长、学生奖助体系建设、“双一流”建设、教育教学改革、重点实验室建设、教学科研设备购置、人才引进、基本建设等重点建设项目的资金供给。学校年度收入突破 20 亿元，资产、净资产持续增加，财务状况良好。

制度建设。2017 年，学校制定《华北电力大学经济活动绩效管理办法（试行）》《华北电力大学二级单位发展基金管理办法》《华北电力大学两校区公务往来差旅费报销办法（试行）》和《关于进一步做好科研项目资金管理等政策贯彻落实工作的通知》，修订完成《华北电力大学改善基本办学条件专项资金管理办法》和《华北电力大学票据管理办法》。

预决算管理。2017 年，计划财务处按教育部要求完成学校各类预决算的编制工作，包括 2017 年部门决算和 2018 年部门预算、2017 年住房改革支出决算和 2018 年住房改革支出预算、全国教育经费统计报表等。

（李成鹏）

【概况】 2017 年，华北电力大学资产总额 547 153 万元（其中保定 174 604 万元），较上年度增长 6.52%；固定资产 394 352 万元（其中保定 133 405 万元）；流动资产 135 219 万元（其中保定 36 082 万元）；负债总额 31 600 万元（其中保定 13 260 万元），其中银行贷款 2200 万元（仅北京）；净资产总额 515 552 万元（其中保定 161 344 万元），较上年增长 6.45%。总收入 204 767 万元（其中保定 71 493 万元），总支出 195 422 万元（其中保定 68 897 万元）。中央高校改善基本办学条件专项项目支出 12 064 万元（其中保定 6064 万元）。计划财务处共录入凭证 84 054 份（其中保定 26 731 份），会计分录 277 103 笔（其中保定 81 603 笔），审核报销单据 1 269 399 张（其中保定 533 295 张），装订凭证 5923 册（其中保定 823 册）。北京校部科研经费实际到账突破 3.62 亿元，创历史新高。

（李成鹏　周　航　朱安华）

【选派人员参加教育部相关工作】 2017 年，学校选派 1 人参加教育部驻外机构巡回会计工作；选派 1 人参加教育部财务司直属高校 2018 年二上预算的汇总审核工作。

（杨利国　李成鹏）

【创新服务方式】 2017 年，校部开通学生收费网上缴费和微信缴费，实现网上缴费与线下缴费并行的收费模式。编印《科研经费管理服务问答》和《差旅费报销问答》，以科研人员角度提出问题，用科研人员能听得懂的语言回答，成为科研人员的实用工具手册。为备案科研财务助理提供社群服务，宣贯最新政策、实时解答科研人员在科研项目执行过程中遇到的各类问题，同时科研人员也可以登录社群下载科研项目资金管理最新的文件材料，社群中共性问题的答疑解惑为科研经费管理提供丰富的学习和讨论素材。

（朱晓林　杨利国　李　烨　张　静）

【本科教学评估财务数据采集】 2017 年，计划财务处按照教务处本科教学评估工作安排，组织协调两校区完成本科教学评估财务数据采集及报告编写工作。

（李成鹏　高　艳）

【科研财务助理培训】 2017 年，北京校部备案科研财务助理 19 人，其中校级 4 人，院系聘用 7 人，项目组自行聘用 8 人。计划财务处联合人事处、科研院、审计处举办两期科研财务助理培训，旨在提高科研财务助理政策水平与业务能力。

（杨利国　张　静）

【实行简易计税】 2017 年，华北电力大学经向主管税务机关办理登记，自 2017 年 6 月起，北京校部科研“四技服务”、教育辅助服务开具增值税发票实行 3%简易计税方法，即增值税税率从原来的 6%降至 3%（价外税），折合附加后税负由原来的 6.23%降为 3.21%。

（杨利国　张　静）

【财务管理自评】 2017 年，根据教育部财务自评工作安排，学校计划财务处与审计处、资产处协作，完成 2016 年度财务自评工作，得分 80.6 分，评档为 B。

（周　航）

【基建财务】 2017 年，按财建（2016）503 号文件要求，学校完成锅炉房煤改气工程和后勤服务楼工程两个项目的“工程竣工财务决算报告”编制和审计工作，报增项目固定资产 4804 万元；完成综合教学楼 A 座、G 座及 15 号学生宿舍楼三个工程项目财政补助资金支付工作，在建项目建设资金及时支付，保证建设工期按计划完成；综合楼 A 座 G 座财务暂估入账，报增固定资产 25 000 万元；编制完成 2017 年度基本建设财务决算报表工作。

（张冬媛）

审　计　工　作

【概述】 2017 年，华北电力大学审计工作围绕学校“十三五”发展规划的奋斗目标、发展战略和重大任务，降低学校管理风险、促进提高经济效益，强化科学审计理念，提高审计成效，全方位、多层次开展审计工作，充分发挥审计监督和服务职能。

财务收支和预算执行审计。促进教育资金的规范管理和资金使用效益的提高，针对被审计单位在制度建设、财务管理、资产管理中存在的不足提出审计意见和建议。

科研经费审计。重点审查科研项目经费支出是否合理、资产管理是否完善、预算执行是否到位、外委协作是否规范等内容，并将科研经费审签、审计调查和专项审计结合起来，针对审计过程中发现的问题发表审计意见，突出科研经费审计工作的服务性和建设性。

领导干部离任经济责任审计。贯彻落实教育部办公厅印发的《关于做好教育系统经济责任审计工作的通知》的相关要求，从多个重点方面开展对 3 位新提任校级领导干部和 3 位处级领导干部的离任经济责任审计。针对领导干部任职期间部门发展、责任人遵守经济法规和贯彻国家方针政策、“三重一大”制度执行、与领导干部履职有关的管理决策等经济活动效益、遵守相关廉洁规定等方面情况，有计划实施审计工作，对领导干部履职情况进行客观公平评价，并依据审计结果，针对经济责任人所在部门的制度建设、财务管理、资产管理、内部控制等方面提出审计意见和建议。

基建、修缮工程结算审计。通过全年的工程结算审计工作，节约建设资金，维护学校利益。促进工程造价管理方式不断改进，取得良好的审计效果。

工程审计工作。进一步扩大工作范围，涵盖投资 100 万元以上工程的投资评审、招标文件和招标控制价的审核，并通过管理建议书的方式，对修缮工程管理过程中不规范之处提出改进建议。

队伍建设。一是加强思想建设和理论学习和职业道德教育，研究探讨上级文件，把握学校审计工作动态，树立为学校发展服务的大局意识。二是通过组织审计人员参加有关后续教育和培训及高校审计业务交流活动，开展多形式业务学习活动，拓宽眼界、丰富知识、增长才干，提高业务素质和工作能力。三是注重加强与中国教育审计学会、教育部直属高校审计协作组、教育部直属高校审计北京片（组）会及兄弟院校之间的业务交流和理论研究，不断提高审计人员业务水平和理论修养。

业务技能提升。落实审计人员定期学习制度和后续教育制度，安排业务培训 8 人次，促进审计人员知识更新和专业技能改进，提升专业胜任能力。

后续审计工作。针对上年度审计项目发现问题的整改情况及审计意见和建议的落实情况开展后续审计工作，检查、督促被审计单位落实整改措施，并提交整改情况报告，促进审计结果转化和应用。

（刘　斐　白　静）

【概况】 2017 年，华北电力大学审计处两地（北京、保定）共有人员 11 人，其中硕士生学历 3 人，本科学历 8 人。共有高级专业技术职务 5 人，中级专业技术职务 4 人，初级专业技术职务 2 人。全年完成横向和纵向科研项目经费审签 107 项、专项审计 51 项，审计科研经费总额 5862 万元。完成基建、修缮工程结算审计 90 项，送审金额为 1.14 亿元，审减 707.5 万元，审减率 7.19%。其中 89 项为委托审计，1 项为自审。出具工程管理建议书 3 份；完成招标控制价的审核 2 份，送审金额总计 544.3 万元，审减金额 127.9 万元，审减率 23.5%。进行项目跟踪审计一项，当年完成跟踪投资 2980 万元。开展对学校 2016 年度预算执行与决算情况的审计，审计资金 19.16 亿元；完成国际交流中心 2015 年 1 月—2017 年 5 月财务收支审计，审计资金 3366.81 万元，并针对被审计单位在制度建设、财务管理、资产管理中存在的不足提出审计意见和建议 9 条。

（刘　斐　白　静）

【召开党风廉政建设暨纪检监察审计工作会】 2017 年 4 月，华北电力大学召开党风廉政建设暨纪检监察审计工作会，回顾总结 2016 年学校党风廉政建设和反腐败工作，部署 2017 年工作任务。

（刘　斐　白　静）

【发布三项制度文件】 2017 年 5 月，根据教育部、审计处有关文件精神，结合学校工作实际，修订并发布三项制度文件，分别为《华北电力大学科研经费审计实施办法》《华北电力大学预算执行与决算审计实施办法》《华北电力大学建设工程管理审计规定》。

（刘　斐　白　静）

【组织实施 6 位领导干部离任经济责任审计】 2017 年 6 月，审计处组织实施 3 位新提任校领导和 3 位处级领导干部的离任经济责任审计工作。

（刘　斐　白　静）

【完成国际交流中心财务收支审计】 2017 年 7 月，审计处完成对国际交流中心 2015 年 1—5 月财务收支审计，提出 8 个方面发现的问题和审计建议。

（刘　斐　白　静）

【完成 6 项投资评审工作】 2017 年 6—10 月，审计处完成创新实践教育中心、体育场看台、16 号学生宿舍楼、17 号学生宿舍楼、分散式太阳能改造工程、留学生公寓改造工程投资评审工作。

（刘　斐　李　桦）

【完成施工招标文件及招标控制价审核】 2017 年 11 月，审计处完成 A 座配套改造工程、分散式太阳能改造工程施工招标控制价审核工作。

（刘　斐　李　桦）

【完成对计财处全年银行对账单审计】 2017 年 12 月，完成对学校计财处全年银行对账单的审核、审签，对万元以上进出款项进行审核、监督。

（刘　斐　张继红）

资　产　管　理

【概述】 2017 年，学校落实对中央单位政府采购预算管理和中央高校、科研院所科研仪器设备采购管理的“放管服”配套政策完善工作，出台《华北电力大学政府采购管理暂行办法》（华电校资〔2017〕1 号），补充政府采购环节的管理规章，完善科研仪器设备采购管理，扩大仪器设备采购人自主权。建立专项工作领导小组，明确相关部门的职责和工作协调机制，针对学校涉及教学科研仪器设备采购工作制定实施细则，明确操作流程，简化优化服务流程，精简规范服务程序，工作效率得到提高，教育部主管部门组织专家就此项工作到校调研。

仪器设备管理规范化。建立和完善仪器设备的全寿命管理过程，从仪器设备购置审核开始，以学校发展规划和“双一流”建设需求为导向，通过加强购置申请的审核论证，优化增量资源的配置；严格执行招标管理要求，规范仪器设备采购工作；规范新增仪器设备的验收管理，建立院-校两级验收审核，确保账物相符；严格执行资产处置工作的要求，规范资产处置管理工作。

设备处置与资产管理。针对废弃资产深挖再利用的价值，具有历史价值的交由档案馆保存；可以调拨使用的调拨使用；经专业技术人员报废鉴定，确无价值且达到报废条件的，经过逐级审批后，进入资产处置程序。完善资产管理制度体系，加强资产管理信息化建设，建设“资产购置管理平台”大大简化采购流程，节约采购周期，妥善存储重要采购资料。“资产管理报增系统”升级实现资产实物账和财物账的实时对应，便于师生办理报增等相关手续，资产信息化管理和服务水平得到明显提高。

实验室技术安全管理。在全校范围内开展实验室安全大检查的工作，建立实验室安全检查通报机制，编辑出版《实验室安全检查通报》，及时督导整改，消除实验室安全隐患。顺利完成教育部对学校实验室的安全入校检查工作。加强技术安全管理培训，统一制作并安装实验室安全信息牌，明示实验室基本情况及安全隐患信息，确保信息公示规范化，增强全校师生的实验室安全管理意识。

（李福顺　何　旸　石　峰）

【概况】2017年，华北电力大学房屋建筑总面积1 123 803.1平方米，其中：北京校部646 950.84平方米，保定校区476 852.26平方米。仪器设备总计95 937台，价值114 936.24万元，其中：北京校部55 980台，价值72 299.8万元；保定校区39 957台，价值42 636.44万元。学校新增仪器设备8034台，价值12 312.22万元，其中：北京校部5040台，价值8770.69万元；保定校区新增设备2994台，价值3541.53万元软件38件，295.35万元，家具4759台件，价值218.32万元。学校新增10万元以上设备178台，价值5601.18万元，其中：北京校部119台，价值4381.31万元，保定校区59台（套），价值1219.87万元；新增40万元以上设备26台，价值2684.02万元，其中：北京校部24台，价值2577.22万元，保定校区2台，价值106.8万元。完成中央政府采购货物总额为：2060.8049万元。北京校部共办理进口设备免税手续项目37个，合计：854.6042万元。处置报废资产4156台件，账面价值1672.16万元，回收残值21.22万元。其中：北京校部报废仪器设备家具542台件，账面价值223.75万元，收回残值7.37万元；保定校区报废仪器设备家具3614台件，账面价值1448.41万元。收回残值13.85万元。北京校部五处建筑物完成拆除报备工作。协调相关部门对校内10处不在账房产，完成上账手续、规范校内房屋资产出租出借等事项。实现校内房产账物相符，年度房产出租收益为1817.87万元。保定校区收缴各类房屋出租出借收益115.88万元。

（李福顺　何　旸　石　峰）

【审议通过公用房整体搬迁调整方案】2017年7月7日，第七次校长办公会审议通过学校办公用房的整体搬迁调整方案。学校西区主楼A、G座建成投入使用，学校办学条件得到改善，为做好此次公用房搬迁调整工作，资产处会同教务处、科研院、基建处、后勤管理处等多部门，在广泛征询院系教学科研用房屋需求，并结合学校十三五发展规划建设，根据各单位房产资源配置现状和主要需求，制定此次学校办公用房整体搬迁调整方案。

（何　旸）

【规范房产出租出借事项】2017年，根据上年《华北电力大学资产清查工作报告》整改措施中提出的强化和规范房产出租出借管理的要求，资产管理处对后勤管理处（69处）、科学技术研究院（195处）、图书馆（3处）、继续教育学院（2处）和国家火力发电中心（1处）五个部门270处出租网点的出租用房协议、公开招标文件（部分）、企业经营执照及法人身份证等资料进行整理。至年底，校内所有出租信息整理完毕。

（何　旸）

【核验职工房改住房信息】2017年3月，根据国管局房改办工作要求，学校对校内教职工住房信息进行核验并上传数据。至年底，资产管理处共计整理人员信息和房源信息714份，上传至国管局房改办。并将所有材料分类整理，装订成册，录入电子信息。

（何　旸）

基　建　管　理

【概述】2017年，学校各项工程按计划推进，综合教学楼A、G座项目完成节能、五方及消防等专项验收。后勤服务楼（幼儿园）交付使用。15号学生宿舍项目正式开工。供电改造项目完成，供电安全得到保障。16号学生宿舍楼新建项目可行性研究报告得到批复，计划2018年下半年动工。根据教育部要求，完成建设项目年度投资计划及中央改善基本办学条件项目申报。保定校区后勤与基建管理处根据学校发展规划，结合保定校区实际情况，编写2017年基建投资计划及三年滚动计划。规范管理，强化质量，严格遵守工程质量、工程进度、投资控制、施工安全等方面的管理，认真监管和审核工程变更、洽商签证，严格按照设计、招标文件、投标清单等要求，检查验收工程材料；按照工程合同相关规定及审计结果，对改善办学条件专项项目及学校维修、零修项目，按计划分批次完成各项目付款审批工作。完成教育部改善办学基本条件有关专项项目及各项修缮工程项目，做好十九号学生宿舍楼建设前期工作，完成二十号学生宿舍的监理、施工招标，并办理施工前的相关手续。为进一步适应学校改革发展的新形势，优化管理流程，提高管理效能，学校发布《关于机构调整的通知》（华电校人〔2017〕31号），撤销保定校区后勤与基建管理处，在保定校区成立基建管理处，承担保定校区校园规划、基建管理及校园修缮工作，基建管理处为学校一体化部门；成立华北电力大学（保定）后勤管理处，负责保定校区后勤管理相关工作。同时，成立后勤（保定）党总支（华电党组〔2017〕23号），并对处级领导干部进行相应调整，对原后勤与基建管理处工作人员进行划分。

（曹宇博　刘　洁）

【概况】 2017年，华北电力大学北京校部基建处正式员工8人，岗位设置分为行政综合管理、项目前期管理、计划及投资管理、工程管理和校园规划管理等职能岗位。依据基建管理新要求新规范，进一步完善和优化流程、制度，细化各岗位职责和工作明细，做到任务清晰、要求明确、工作制度完善。建立基本建设项目内部控制制度、修订廉政风险防控、学习制度等多项工作制度。保定校区后勤与基建管理处工程管理职能部门设有计划管理科、工程技术科，负责校园规划、修缮工程和基建工程管理，拥有专业工程师、水电气专业管理人员8名。编写“2018—2020年教育部修购改善办学条件专项基金项目可行性报告”。完成改善办学基本条件专项项目三年规划（2018—2020年）项目申报和2018年改善办学基本条件项目评审工作。根据工程完工情况、立项情况及资金来源，向审计处递交工程结算报审项目40项。配合招标中心完成2017年改善办学基本条件项目23项分项工程和3项校内维修改造工程招标工作，与施工单位签订施工合同，向施工单位下达委托书39项。

（曹宇博　刘　洁）

【综合教学楼A、G座项目完成验收】 2017年，北京校部综合教学楼A、G座项目完成验收。综合教学楼A座总建筑面积为32 180.5平方米，地上9层建筑面积为25 865平方米，地下2层建筑面积为6315.5平方米，建筑高度35米，位于学校西区北侧，由北京韩建集团有限公司承建，北京中联环建设工程管理有限公司监理、深圳鑫中建设计顾问有限公司设计。综合教学楼G座总建筑面积为31 783.6平方米，地上9层建筑面积为26 018.6平方米，地下2层建筑面积为5765平方米，建筑高度35米，由北京城建集团承建，北京华清技科工程管理有限公司监理、深圳鑫中建设计顾问有限公司设计。综合教学楼A、G座属于西区工程二期工程。

（曹宇博）

【后勤服务楼项目投入使用】 2017年，北京校部后勤服务楼投入使用。该项目由北京市京航建筑有限责任公司承建，北京星舟工程管理有限公司监理，北京都林国际工程设计咨询有限公司设计。建筑面积为2096平方米，地上3层，高13.65米。后勤服务楼项目作为幼儿园使用，于2017年9月正式开园，面向全体教职工适龄子女招生。

（曹宇博）

【15号学生宿舍楼项目开工】 2017年，15号学生宿舍楼项目开工建设。该项目位于校园东北角，建成后将有效改善本科生住宿条件。设计高度为30米，地上八层，地下一层，总建筑面积达11 280平方米。设有学生宿舍215间，包括无障碍宿舍2间。该项目采用现代建筑设计手法，力求体形简单鲜明，创造出新颖独特、富于时代感的建筑形象。宿舍周边设置环形消防车道，北侧设置消防救援场地，宿舍周边非硬化地面种植本土植物，校园整体绿化率达到35%以上。

（曹宇博）

【完成供电改造项目】 2017年，北京校部完成供电改造项目。该项目的实施使锅炉房箱变供电安全得到保障，对各供电回路分布进行优化，解决电流偏向问题，并为15号学生宿舍项目的建设预留电源接口，解决15号学生宿舍供电问题。通过在教一楼东侧配置新箱变解决教一楼因旧箱变负荷过大导致高温跳闸的隐患。

（曹宇博）

【建设投资计划及改善基本办学条件项目申报】 2017年，根据教育部要求，完成制定本年度基本建设投资计划、本年投资调整计划及下年建议计划编制上报。完成综合楼连廊改造工程、教四楼外墙保温修缮工程、学生宿舍外墙保温修缮工程三项2018—2020年中央高校改善基本办学条件项目申报工作。

（曹宇博）

【完成学生餐厅基础设施改造】 2017年，保定校区完成学生餐厅基础设施改造（二期）工程项目并于暑假开学前投入使用。该项目自2016年6月起进行施工方案讨论、优化，并申报教育部2017年改善办学基本条件专项项目，获批准后，合理安排工期，利用寒暑假时间依次组织施工，主要对第一学生餐厅、第二学生餐厅及第三学生餐厅门窗、空调、吊顶进行集中更换，并对部分墙面进行重新粉刷，改善学生就餐环境。

（刘　洁）

【完成防水改造及住宿环境改善项目】 2017年，保定校区部分宿舍房间粉刷及部分楼宇防水改造项目和学生公寓住宿环境改善项目（一期）项目完成并于暑假开学前投入使用。该项目旨在整体提升学生住宿条件，改善住宿环境。分别对自动化楼、第二学生餐厅后厨、教六楼、教七楼、教十一楼等楼宇屋面防水进行重做，粉刷所有毕业生房间和学六舍至学十八舍公共区域，更换楼道吊顶、房间门，对学二舍室内整体粉刷，卫生间进行整体改造。

（刘　洁）

【完成实验室整体改造项目】 2017年，动力工程系完成实验室整体改造项目。该项目对教四楼卫生间进行整体改造，铺设实验室内楼地面，粉刷墙面、油漆木门。项目于暑假开学前完工并投入使用。

（刘　洁）

【完成二校区基础设施改造项目】 2017年，二校区基础设施改造项目是集教七楼至教八楼南北向道路及配套设施改造，一二校区蓄热式开水炉改造以及教九楼、教十楼B座暖气改造、室内粉刷等为一体的综合性改造项目，旨在整体提升二校区基础设施条件。该项目于暑假开学前按时完成改造并投入使用。

（刘　洁）

【中水站整改和保障设备购置项目】 2017年，保定校区完成中水站整改和保障设备购置项目的落实执行。通过更新浴室更衣柜、长条椅，更换不锈钢加热水箱，配备安装综合实验楼电梯机房空调及部分生产工具，提高保障能力和生产效率。通过对中水站全面大修维护技改，产水能力显著提升，水质明显改善，提高能源利用效率，中水供水压力保持稳定。

（刘　洁）

附属学校建设工作

【概述】 2017年，华北电力大学继续本着"附校所需、大学所能、优势互补、资源共享、合作共建、协同发展"的原则，充分发挥学校教育资源优势，深入开展高校支持附校建设的工作，不断扩大优质教育资源覆盖面，促进基础义务教育优质均衡发展，取得多方面的建设成果。

2017年，高校支持中小学发展项目进入总结阶段。华北电力大学充分发挥大学在师资、学科、科研、管理等方面的教育资源优势，增加优质教育资源供给，扩大优质教育资源覆盖面，对附中附小开展全方位的支持与合作，引领和带动附中附小发展，提高其办学水平和教育质量。附属学校建设与管理办公室统筹协调学校11个部门，按照共建项目要求创建、执行九大子项目，切实提升附中附小的软实力。因为创新模式，全校参与，附属学校帮扶建设工作受到昌平区教委和北京市教委肯定。高校支持附中附小建设项目历经四年，华北电力大学和附属学校之间从建立合作到共建共赢，经过不断地探索与实践，提升华北电力大学及附属学校的办学实力和社会影响力，实现大学服务社会、解决自身发展瓶颈的双赢目标，形成可持续发展长效机制。

2017年9月，华北电力大学附属幼儿园正式开园招生。华北电力大学附属幼儿园由学校与昌平区教委合作共建，同时也是昌平区名园引进园，园区设于华北电力大学校园中部，占地面积5200平方米。2016年1月20日学校与教委签约，由华北电力大学提供房舍和场地建设支持，由附属幼儿园负责后续发展建设和日常运行管理，双方以建成优质示范幼儿园为目标，以高起点、精细化的管理模式，合作共建助力小朋友茁壮成长。2017年9月1日附属学校幼儿园如期开园，既更好地解决学校教职工的后顾之忧，让教职工能够安心投入学校教学管理工作中，又辐射附近居民，满足广大市民对优质教育资源的现实需求。附属幼儿园目前为北京市一级二类幼儿园（临时证书），截至2017年12月，在园教职工35人，设2个小班，1个中班，共3个班级，在册幼儿91名。

2017年6月，华电附中、附小分别与美国布伦特伍德中学、美国科罗拉多州格里利-埃文斯第六学区多斯里奥斯（Dos Rios）小学建立姊妹合作关系，通过师生交流、人文交流、学术提升和游学互访，扩大对外交流合作，提升附属学校国际影响力，拓展学生国际化视野。此外，华电附小还与经济欠发达地区的宁夏固原市原州区张易中小学签约共建，学习地处艰苦地区师生的自强自立、奋发有为、乐业乐学的奋斗精神，增强师生的使命感，探索激发学生学习的主动性和积极性。

2017年，华北电力大学作为资源单位继续参与北京市教委组织的初中开放性科学实践项目，依据协议如期开设自主选课和送课到校。2017年开展春季学期科学实践项目课程7个，开课次数30次，接待学生585人。

2017年9月，经附属学校建设与管理办公室积极沟通协调，华北电力大学2017年符合条件的教职工子女入学附中、附小工作顺利完成，解决大学教职工子女入学问题，共建工作反哺促进大学发展和建设，进一步调动大学教职员工参与附属学校建设的积极性和主动性。

2017年，华北电力大学发挥大学优势，结合学校能源电力优势，为附校开设特色课程。学校与附中、附小共同开发《实践与创新》《能源与环境》《经济与法律》三门特色校本课程，设小学、中学两个系列，分别设置16个主题，涉及无线电、空气动力科学、核科学、环保科学、材料科学等多个学科。同时，大学借助国际教育学院的优势，选派3位来自美国等英语国家的外籍教师到附中附小教授口语课程，共计授课219课时，进一步提高学生学习英语兴趣。

2017年12月底，根据工作需要，学校决定附属学校建设与管理办公室由与网络与信息化办公室合署办公变更为与后勤管理处合署办公。

（张　玮）

【概况】 2017年，华北电力大学附属幼儿园完成各项开园筹备工作，园内各项指标经检测合格，符合国家制定的开园标准。9月，华北电力大学附属幼儿园正式开园，招收第一批适龄幼儿共计 72 人。学校完成初中开放性实践项目春季学期 7 个科学实践项目的课程开展，开课次数 30 次，接待学生 585 人。完成 2016—2017 学年度初中开放性实践活动经费结算工作。本次结算为 16 个科学实践项目共计 94 次课的授课教师及助教学生，进行劳务费结算。学校组织协调附中、附小教师培训 60 余次，培训人数近 800 人次。学校协助附中、附小组织志愿服务活动 13 次。学校还多次组织协调附中、附小、幼儿园相关会议、演出及其他活动。学校选派 200 余名优秀大学生为附中学生开展“学业辅导计划”，阳光助学 667 人次，服务时长 7676 学时。学校做好教委、附属学校、项目组以及兄弟院校的沟通协调、上传下达、下情上报的服务工作，每月按时上报简报共 10 篇，跟进共建活动并发布新闻稿，及时更新网站项目动态。

（张　玮）

【组织学科专题培训】 2017 年 3 月，华北电力大学邀请专业教育机构为附属中学初三师生进行中考学科专题培训，帮助学生掌握行之有效的学习方法，提高解决综合问题能力，提高教师指导学生备考的针对性和实效性。此外，华北电力大学还为附属中学聘请名校教师，为初二年级教授英语、体育课程，有效缓解附中学科教师师资紧缺问题。

（张　玮）

【开设书法课】 2017 年 3 月，华北电力大学支持附属小学开展书法课，学生们在过程中感受到中国书法精髓，感受中国文化，提高学生书写水平，为学生书写基础打下良好基础。

（张　玮）

【美国西肯塔基大学孔院师生到附中交流】 2017 年 4 月 5 日，华北电力大学国际教育学院与华电附中联合开展美国西肯塔基大学孔子学院 St. Francis Spring Break Trip 汉语与华电附中印象体验之旅活动。美国来访团听取附中校长李华民对学校发展及课程建设等情况介绍，观摩学校的特色校本课程，体验中国传统饮食文化活动，学习包饺子、拌馅、擀皮等各个环节。附中篮球队员和美国学生在篮球馆进行篮球友谊赛。

（张　玮）

【与宁夏签署合作共建协议】 2017 年 4 月 18 日，宁夏固原市原州区教育局别志俊局长率宁夏固原市原州区张易中小学一行赴华北电力大学及华北电力大学附属中小学参观考察，附属学校建设与管理办公室主任杨万华全程陪同，双方签署共建协议。

（张　玮）

【开设英语外教口语课】 2017 年 4 月起，华北电力大学先后聘请 Dominique、Neka、Jorie 三位外籍教师为附中初一年级 8 个班学生教授英语口语课。口语课上，学生们接触到地道的英语口语、英语表达和英语思维，学生们学习英语的兴趣得到激发，英语表达能力有所提升。

（张　玮）

【开展综合实践展示活动】 2017 年 4 月 26 日，华电附小在华北电力大学礼堂举行“好习惯助力我成长”一年级综合实践活动。华北电力大学附校办主任杨万华、昌平区小学教研室门海英主任、昌平区教科室可持续发展教育负责人魏秀江老师、校长李晓亮、杜主任及一年级 200 多位家长观看汇报展示活动。学生们采用课本剧、小品、舞蹈、朗诵等多种形式进行展示，展现好习惯。该综合实践活动体现学校尊重理念，即尊重人、尊重自然、尊重多元文化、尊重科学。

（张　玮）

【举办体育文化节】 2017 年 5 月 19 日，华北电力大学附属中学举办以“奔跑吧，青春！”为主题的第二届体育文化节。本次活动新增 3D 立体摄影体验及 720° 现场场景互动，华电摄影教师徐保云亲自指导，记录师生们在活动中的飒爽英姿，为附中师生留下精彩瞬间。此次活动为学生提供展示个人才能平台，让学生们进一步学习先进的科学文化知识，拓展学科视野，培养学习情趣，促进学校阳光体育事业蓬勃发展。

（张　玮）

【苏州工业园区独墅湖学校来访】 2017 年 5 月 23 日，苏州工业园区独墅湖学校校长朱红伟一行 6 人来访华电附小，这是苏州友好学校首次出访华电附小，受到附小校长李晓亮等的热情接待。

（张　玮）

【举办书香传递活动】 2017 年 6 月 15 日，华北电力大学图书馆研究生团队前往附属小学举办以“弘扬爱国情，理想伴我行”为主题的第三届“书香传递”活动。学校研究生走进附属小学校园同小学生们进行读书交流，结合小学生理想教育、学生的成长及当前继承弘扬中华优秀文化传统和革命传统的需求，给小学生推荐好书，鼓励小学生积极读书，从而培养他们养成阅读习惯，形成积极的人生态度和正确的世界观、价值观。

（张　玮）

【与美国中小学建立姊妹合作关系】 2017 年 6 月 15 日，华北电力大学附属中学、附属小学分别与美国布伦特伍德中学、美国科罗拉多州格里利-埃文斯第六学区多斯里奥斯（Dos Rios）小学建立姊妹合作关系，并举行签约仪式。出席本次签约仪式的有华北电力大学副校长孙忠权、美国科罗拉多州格里利-埃文斯第六学区副局长 Rhonda Haniford、布伦特伍德中学校长 Heather Severt、多斯里奥斯小学校长 Matt Thompson、华北电力大学附属学校办公室主任杨万华、国际合作处处长段春明、国际合作处副处长郑宗明、华电附中校长李华民、华电附小校长李晓亮等。

（张　玮）

【推动附属学校依法办学】 2017 年，华北电力大学根据附中附小处理学校法律事务的需要，聘请校内人文与社会科学学院两位法学教授为法律顾问，为附属学校师生提供法律咨询和宣讲，并不定期为学生开展法律讲座。这一举措，不仅增强学生法律意识，同时可有效协助学校构建现代学校制度的法律框架，促进学校依法行政、依法治校。

（张　玮）

【附小教师暑期培训】 2017 年 7 月 3—7 日和 7 月 16—18 日，华北电力大学分两期为附小教师开展暑期师资培训及拓展培训活动，对教师基础写作、视频捕获、阅读和词汇、语言教育的智能教学开发、反转课堂技术策略等方面进行全方位培训。促使教师在团队活动中增加凝聚力、增强自信、激发教学热情、锻炼意志。

（张　玮）

【举办亲子培训会】 2017 年 8 月 29 日，附属小学在华北电力大学多媒体教室召开主题为“在爱的怀抱中幸福成长”的亲子教育培训，三百多名新生家长到校参加，积极与培训老师沟通交流。使一年级新生尽快适应小学生活，让新生家长及时、详尽地了解学校的相关规定，缩短学生、家长和学校、教师之间的磨合期。

（张　玮）

【附属幼儿园开园】 2017 年 9 月 1 日，学校附属幼儿园正式开园。开园仪式由附校办主任杨万华主持，校长杨勇平、副校长孙忠权出席活动，参加活动的还有昌平区教委副主任徐大生、昌平区教委后勤管理科科长许国营、昌平区教委学前科科长张媛媛、昌平区教委督导室科长苏凤兰、王蓉，昌平区教委学前科陈红梅、张宁。徐大生、杨勇平为附属幼儿园揭牌。

（张　玮）

【开设英语外教口语课】 2017 年 9 月，华北电力大学支持附校开展外教课，授课教师为来自美国芝加哥的教师 Jorie Struck。附小学生以年级为单位分别从文化、节日、礼仪和习俗等方面开展英语主题外教课。

（张　玮）

【组织附小教师赴西安培训】 2017 年 9 月，华北电力大学组织附属小学四名教师赴西安参加为期 4 天的教师培训，此次培训从教学理念、教学方法等方面提升教师专业素质。在培训结业比赛中，附小教师取得优异成绩。

（张　玮）

【开设未来城市校本课程】 2017 年 9 月，华北电力大学委托北京康邦科技有限公司为附中初一、初二年级学生开设未来城市校本课程，以使学生及早了解、适应未来科技城市的发展，了解创客文化，提高创新自信力、增强学习能力、提升生活能力、锻炼坚强意志，从而促使其综合素质的提高，为今后提高工作效率、成长为祖国建设的栋梁奠定基础。

（张　玮）

【开设科技实践课程】 2017 年 9 月起，学校电气与电子工程学院电工电子中心教师带领团队设计开发初中科学实践课程，为附中初一年级开设每周一课时的科技课程。课程包括声光控电灯、电子幸运转盘的制作、10s 录音机的制作等三个模块，培养学生动手操作能力，达到寓教于乐的效果。

（张　玮）

【召开附中课程建设推动会】 2017 年 11 月，华北电力大学组织外籍专家为附小英语组教师进行教师培训。结合附小教师需求，华电安排外籍教师 Donna 为附小开展教师培训，教师们受益匪浅。

（张　玮）

【英语专业学生到附小实习】 2017 年 11 月 6—17 日，华北电力大学外国语学院 37 名学生在附小进行为期 2 周实习。实习生作为副班主任或驻班部门助理进入附小各班级、各部门，结合所分配的主题准备各项材料、设计方案，较好的完成所分配任务。

（张　玮）

【召开附中课程建设推动会】 2017 年 11 月 10 日，华北电力大学召开课程建设推动会，会议在华电附中举行，华北电力大学附校办主任杨万华、教务处主任高继周、北京康邦科技有限公司刘涛、北方天途航空技术发展（北京）有限公司王智慧、华北电力大学附属中学校长李华民、教学副校长高玉祥、教务处副主任于昌凤等参会。会上主要商讨“小球马拉松”、“未来城市”与“无人机”三个校本课程的建设，并与公司签订三方协议。

（张　玮）

【承办小学生篮球联赛】 2017 年 12 月 19 日，北京市昌平区第三届“华电附小杯”小学生三人制篮球联赛在华电体育馆举行，来自 18 所学校的 43 支队伍、300 余名师生参与，经过一天激烈角逐，华电附小男子篮球队获甲组冠军，女子篮球队获乙组亚军。

（张　玮）

【开展篮球特色课程培训】 2017 年，华北电力大学全力支持华电附小开展篮球培训活动。旨在提升附小学生身体素质，提高学生篮球技能。通过这一举措，收效明显，附小篮球队获北京市篮球冠军杯亚军，这也是昌平区历年最好成绩。

（张　玮）

【新年文化节活动】 2017年12月29日，华北电力大学支持附小开展“一班为一国”的“世界与我·新年文化节”活动。4至6年级每个班级选择一个国家以新年为主题，围绕不同国家庆祝新年的习俗及文化特点开展一系列综合实践活动，学生们在探究中学习，在实践中体验，在思考中创造，在分享中交流，在感悟中成长。

（张 玮）

档 案 工 作

【概述】 2017年，华北电力大学档案工作贯彻落实《高等学校档案管理办法》，在基础档案建设、档案信息化建设、档案数字化建设、档案编研、档案管理及校史工作等方面创新工作方式，服务水平继续提升。全年重点完成档案基础业务夯实、基础资源建设等多项工作。制定各单位归档清单、建立健全各学院归档清单制度。《华北电力大学招标档案管理实施办法》正式施行，至年底，档案的指导培训和收集著录工作如期完成年初计划。

档案标准化建设。完成档案档号规则的重新修订。

档案信息化与数字化建设。分别完成档案检索库四期建设任务与馆藏档案数字化扫描二期建设任务。

档案利用与编研。围绕学校中心工作完成相关编研服务和查档服务工作。通过档案课题验收1项，发表档案专业论文1篇。

校史工作。完成人物档案二期建设，完成实物档案三期征集工作，完成共计30位老领导、老干部、老校友的口述历史整理工作。

档案宣传。积极配合国家档案局开展国际档案日宣传服务活动。通过实地参观档案馆、举办档案知识培训、发放档案法律法规读本等方式，对新入职教职员工集中进行档案培训，提高新员工的档案法律意识和责任意识，通过现场宣讲、发放《档案馆服务卡》等方式，对广大新生进行校史档案宣传教育。

对外交流。学校积极参加全国及省市级档案工作研讨与业务交流活动，充分利用北京高校档案研究会及中档会等业务交流平台，向北京市及其他省市兄弟院校介绍学校档案管理成果，并认真学习高校档案界先进的管理理念与管理经验。

史志鉴工作。《华北电力大学年鉴2017》由中国工商出版社出版发行，编校质量进一步提升，该卷年鉴获北京市第二届年鉴综合质量评比一等奖；顺利完成《中国教育年鉴》《中国电力年鉴》《北京教育年鉴》《昌平年鉴》稿件报送工作。参加“第八次全国地方专业年鉴研讨会暨首次全国高校年鉴论坛”，王振华撰写的论文《高校年鉴框架设计的存在问题及若干建议——以〈华北电力大学年鉴〉等几部教育部直属高校年鉴为例》入选研讨会论文集并在会上作报告。

（王振华）

【概况】 2017年，学校有档案工作人员14人，北京校部11人、保定校区3人。学校档案馆藏7个全宗，共计139 023卷、照片档案16 884张、馆藏资料3600册。学校档案业务指导和培训165余人次。全年接收各类档案8942卷。实物档案598件，照片档案1356张。视频资料76份、共计1.5TB，音频文件资料94份，时长140余小时。全年利用档案5367卷。完成档案、年鉴工作先进单位及先进个人评比表彰活动。评出档案工作先进单位32个、先进个人53名；评出学生社团档案、班级档案先进集体共44个，先进个人44名。评出年鉴工作先进参编单位30个、先进个人69名。

（王振华）

【出版第2017卷年鉴】 2017年10月，《华北电力大学年鉴2017》由中国工商出版社出版发行，该卷年鉴是学校第17本年鉴，首印600册。全书共计1400千字、彩色插图38张，各类统计报表65个，全面体现学校2017年的工作重点和教科研、国际交流、人才培养等方面的建设成果。

（王振华）

【年鉴获全国评比一等奖】 2017年3月8日，由中国出版协会年鉴工作委员会组织的2015—2016年度全国年鉴编校质量评比结果公布，《华北电力大学年鉴2016》获一等奖，这也是该年鉴自2001年创刊以来获得的最高荣誉。在本届评比中，全国共有华北电力大学、上海交通大学、大连理工大学、北京理工大学等4所高校年鉴获奖。

（王振华）

【王振华获教师节表彰】 2017年9月8日，档案馆年鉴编辑部王振华获学校2017年教师节表彰。这是王振华继2017年4月获北京市地方志工作先进个人表彰后，再获学校表彰。王振华自2012年起担任《华北电力大学年鉴》执行主编。执行主编的《华北电力大学年鉴2014》《华北电力大学2016》分别获第二届北京市编校质量评比一等奖、全国年鉴编校质量检查评比一等奖。

（陈 军）

招 标 管 理

【概述】 2017年，招标中心围绕“双一流”建设目标任务，结合教育部巡视反馈意见和学校巡视整改领导小组要求，依法招标，完成各项招标工作。组织并完成“保定校区二十号学生宿舍楼项目施工”“视频监控系统工程建设（二期）”等项目公开招标共160次；“校燃气锅炉低氮改造项目——小营家属院部分(清河小营17号院燃气锅炉改造项目)”等项目邀请招标3次；“2017年教工体检采购项目”等项目单一来源谈判6次；“大功率IGBT器件功率循环测试平台的控制系统”等项目竞争性谈判1次；“现代信息通信网络创新实验平台建设项目”等项目竞争性磋商23次。

（冯海群　周　泽　吴学辉）

【概况】 2017年，华北电力大学招标中心共有在编员工5人（北京3人，保定2人），非在编员工1人（北京1人）。华北电力大学公开招标160次（北京校区82次、保定校区78次），公开招标预算金额15 617.02万元（北京校部6560.45万元，保定校区9056.57万元），中标金额13 637.60万元（北京校部5758.81万元，保定校区7878.79万元），中标金额比预算金额减少1979.41万元（北京校部中标金额比预算金额减少801.63万元，保定校区中标金额比预算金额减少1177.78万元），中标金额是预算金额的87.33%(北京校部中标金额是预算金额的87.78%，保定校区中标金额是预算金额的86.00%)。学校组织邀请招标3次（北京校部3次），预算金额187.00万元，中标金额181.80万元，中标金额为预算金额的97.22%。学校组织单一来源谈判6次（北京校部2次、保定校区4次），预算金额590.00万元(北京校部207.00万元，保定校区383.00万元)，中标金额587.35万元(北京校部205.78万元，保定381.57万元)，中标金额为预算金额的99.55%(北京校部99.41%,保定校区99.63%)。学校组织竞争性谈判1次（北京校部1次），预算金额170.00万元，中标金额168.50万元，中标金额为预算金额的99.12%。学校组织竞争性磋商23次（保定校部23次），预算金额789.82万元，中标金额685.44万元，中标金额为预算金额的86.78%。学校中标金额比预算金额降低2093.15万元（北京校部809.55万元，保定校区1283.59万元），比预算金额减少12.06%（北京校部减少11.36%，保定校区减少12.55%），有效提高学校资金使用效率，降低项目成本。

（冯海群　周　泽　吴学辉）

【校园有线及无线网络建设项目招标】 2017年，学校委托中央国家机关政府采购中心完成华北电力大学校园有线及无线网络建设项目的招标工作。按照教育部财务司和中央国家机关政府采购中心文件要求，学校加强与中央国家机关政府采购中心的合作。招标工作的社会影响面更广、参与投标的公司企业更多，过程更为规范合理。

（冯海群　周　泽　吴学辉）

【20号学生宿舍楼项目招标】 2017年，学校完成20号学生宿舍楼设计、施工、监理的招标工作。20号学生宿舍楼作为学校2018年基建重点项目，招标过程中，学校精心组织，详细审阅招标文件的完整性与准确性，确保招标计划顺利进行，确保2018年8月新生入住，为施工建设和竣工结算打好基础。

（冯海群　周　泽　吴学辉）

学科、学位建设与教育教学

Discipline Construction and Degree Management Affairs, Education and Teaching

○ 综　　述

2017 年，学校入选国家“双一流”建设高校名单，这是继“211 工程”“985 工程优势学科创新平台”建设高校之后的又一大重要发展成就，是建设高水平研究型大学的一个重要里程碑。学校编制完成一流学科建设方案，推动“能源电力科学与工程”学科建设。第四轮学科评估成绩喜人，电气工程、动力工程及工程热物理两个优势学科排名大幅提升，分别位列 A 档、A-档；“环境/生态学”成为继“工程学”之后学校第二个进入 ESI 世界前 1%行列的学科。

2017 年，学校研究生院围绕学校“双一流”高水平大学建设和“十三五”发展规划任务，加强学位与研究生教育内涵式发展，进一步修订《华北电力大学关于硕博连读研究生选拔与培养工作暂行办法》。按照一级学科/学位类别（领域）对学校 5 个一级博士学科及 23 个一级硕士学科及 7 个类别专业学位的研究生培养方案进行全面修订并于 2017 年 9 月正式实施。2017 年毕业的博士研究生发表 SCI 检索人数占年毕业总人数的 75%，创历年毕业科研成果新高。人均发表论文数 5.9 篇，三大检索论文人均 4.1 篇，其中个人最高发表 SCI 检索论文 10 篇，单篇最高影响因子为 7.182，进入 ESI 前 1%高被引论文。学校毕业研究生共计 2304 人，就业率为 98.18%。组织研究生参加全国研究生数学建模竞赛、2017 年京津冀高校首届研究生网络与信息安全技术大赛等各项研究生竞赛，取得优异的成绩。

2017 年，学校开展本科教学审核评估迎评工作；通过优化质量评价和过程监控，全面推进学位授权点校内自评估；成功举办第十届“神雾杯”全国大学生节能减排大赛。教育教学改革成效显著：获省级教学成果奖 25 项，其中特等奖 1 项、一等奖 8 项；1 门慕课获评首批国家精品在线开放课程，25 个项目获批省部级产学合作协同育人项目和教改立项；出版教材 33 部，其中国家级规划教材 1 部。学校获得教育部“国防教育特色学校”；马克思主义学院教师的思政课、学生“沼气蓬勃”扶贫项目被央视新闻联播报道。学生在创新创业和各类学科、文体竞赛中表现突出：承担大学生创新创业训练计划项目国家级 240 个、省级 203 个；荣获国际、国家级各类学科竞赛奖项 595 项、省部级 520 项；揽获全国大学生节能减排社会实践与科技竞赛、美国大学生数学建模竞赛等竞赛特等奖、一等奖多项，夺得中国大学生足球联赛 CUFL 校园组全国总冠军、阿美亚洲“能源杯”大赛亚太总冠军，学校名列“2017 年全国普通高校学科竞赛评估结果（本科）”第 20 位。

2017 年，学校继续教育工作围绕学校“双一流”建设的目标任务和学校”十三五”规划战略目标，持续提升继续教育教学质量，规范继续教育管理制度。学校成人学历教育在校生共计 5386 人，录取新生 2869 人，毕业生共计 2787 人，授予学士学位 496 人。学校非学历继续教育全年共举办培训班 152 期，参加培训 12 112 人次。完成“中国电力行业继续教育网”门户网页改版工作，更新录制远程课程 11 门，410 课时，完成远程教学计划 40 个。“面向国家能源战略发展的电力领域教育培训体系构建与实践”课题分别获华北电力大学教学成果奖特等奖和北京市教学成果奖一等奖；学院获教育部在线教育中心颁发的“2017 中国品牌影响力高校网络与继续教育学院”。

2017 年，学校艺术教育开展各类艺术课程 10 余门，涉及音乐、美术、舞蹈、戏剧、书法等各类艺术门类。开展各类“高雅艺术进校园”文化活动，先后邀请北京交响乐团、中国音乐家协会、中国戏曲学院、湖北省歌剧舞剧院、商洛市剧团、开心麻花等艺术团体到校演出。校蓝色动力合唱团受邀参与由中央电视台戏曲频道和音乐频道共同推出的重点创新节目《中国戏歌》录制，受邀参加在民族文化宫大剧院举行的“喜迎十九大 唱响小康路”文艺扶贫歌曲创作成果汇报音乐会。

学　科　建　设

【概述】 2017 年，华北电力大学学科建设成果喜人，成功入选国家一流学科建设高校，第四轮学科评估成绩优异，“环境/生态学”进入 ESI 世界前 1%行列。“双一流”建设。完成《华北电力大学一流学科建设方案》的编制工作，学校列入国家“双一流”建设行列。成立“双一流”建设领导小组和若干专项工作组，下设“双一流”建设办公室，制定并下发《“双一流”建设管理办法》和《“双一流”建设资金管理办法》，按照“双一流”建设方案有序推进“双一流”建设项目的论证和立项工作。

第四轮学科评估。电气工程和动力工程及工程热物理两个学科的排名大幅提升，均位列 A 类，进入国内一流学科行列。从 2007 年第二轮学科评估开始，电气工程学科基本上按照每四年前进 3 名的幅度，从第 9 名到第 6 名再到位列 2017 年的 A 档；动力工程及工程热物理学科从第 12

名到第 11 名再到位列 A-档，跻身国内一流学科行列。

ESI 学科发展。环境/生态学进入 ESI 世界前 1%行列，成为继工程学之后第二个进入 ESI 世界前 1%的学科。ESI 论文被引频次增长率高达 44.5%，高被引论文增长率达到 96%。按照发文量指标排名，学校工程学学科入围 ESI 世界前 1‰行列，标志着学校在工程学领域初步跻身世界一流学科行列。

中央专项经费统筹管理。成立中央专项经费建设项目统筹协调委员会并召开第一次会议。中央专项统筹协调委员会下设办公室(简称专项管理办)，挂靠学科建设办公室，负责委员会的日常工作。专项管理办组织完成 2018 年中央改善基本办学条件专项经费和 2018 年中央高校建设世界一流大学（学科）和特色发展引导专项资金的项目申报工作及 2017 年“双一流”引导专项资金管理工作。中央专项经费的统筹管理提高各中央专项经费的使用、执行效率，带动 2018 年中央专项经费成倍增长。

学位授权点申报。申报环境科学与工程、机械工程等 10 个博士学位授权一级学科点和金融、法律 2 个硕士专业学位授权点。9 个博士学位授权一级学科点和 2 个硕士专业学位授权点通过北京市学位委员会审议，并上报国务院学位委员会进行评审。

学科排名研究。持续关注国际四大排名情况，与国际四大排名机构保持密切合作。先后完成 ESI 学科分析报告和软科大学与学科排名、QS 学科排名等六期学科简报的编写工作，预测出“环境/生态学”进入 ESI 世界前 1%的重大突破，分析出 ESI 五大学科校内院系与人员的贡献程度，为学校“双一流”建设和学校发展战略决策提供重要参考。

（赵　凡　贾琳恒）

【概况】 至 2017 年底，华北电力大学拥有 2 个国家级重点学科和 25 个省部级重点学科；5 个博士后科研流动站；5 个一级学科、30 个二级学科博士学位授权点，23 个一级学科、123 个二级学科硕士学位授权点；7 个专业学位类别，12 个工程硕士授权领域；2 位国务院学科评议组成员。在学科国际排名方面，“工程学”“环境/生态学”2 个学科进入 ESI 世界前 1%行列，按被引频次和发文量统计，工程学分别排名世界 176 位和 126 位（入围世界前 1‰行列），环境/生态学分别排名世界 834 位和 574 位；在 ARWU2017 世界大学学科排名中，学校“能源科学与工程”“机械工程”2 个学科进入全球前 200 位；在 2017 年 QS 世界大学学科排名中，学校电气与电子工程学科进入排名榜单，位列世界 251～300 位、中国大陆高校并列 19 位；在 U.S.News 2018 世界大学学科排名中，学校工程学位列世界第 135 位、中国大陆高校第 24 位，材料科学位列世界第 393 位、中国大陆高校第 74 位。

（赵　凡　贾琳恒）

【成立中央专项经费建设项目统筹协调委员会】 2017 年 4 月，为适应学校“双一流”建设要求，优化财政资源配置，完善预算管理制度，提高中央专项资金使用效益，经学校 2017 年第 4 次校长办公会议研究，决定成立中央专项经费建设项目统筹协调委员会，负责学校中央专项经费建设项目的统筹规划和管理使用。列入统筹协调的中央专项经费主要包括：中央高校建设世界一流大学（学科）和特色发展引导专项资金、中央高校改善基本办学条件专项资金、中央高校教育教学改革专项资金、中央高校基本科研业务费等。中央专项经费建设项目统筹协调委员会下设办公室（简称专项管理办），负责委员会的日常工作。专项管理办挂靠学科建设办公室，办公室主任由学科建设办公室主任兼任。5 月 2 日，中央专项经费建设项目统筹协调委员会在北京校部召开第一次会议，13 位中央专项经费建设项目统筹协调委员会委员参加会议，学科建设办公室、教务处等部门有关人员列席会议。会议由中央专项经费建设项目统筹协调委员会主任杨勇平主持。会议听取中央专项经费建设项目情况及绩效评价工作、中央专项经费建设项目统筹工作思路和 4 个中央专项经费管理制度建设工作和 2018 年中央高校改善基本办学条件专项资金预建设项目三方面汇报，并围绕中央专项经费管理存在的问题、中央专项经费统筹管理的方式、机制等内容、中央专项经费统筹管理的下一步工作、中央专项经费统筹管理 3 年规划的制定与部署等进行深入讨论。年内，专项管理办先后组织完成 2018 年中央改善基本办学条件专项经费和 2018 年中央高校建设世界一流大学（学科）和特色发展引导专项资金的项目申报工作，并完成 2017 年“双一流”引导专项资金管理工作。2018 年中央专项经费实现成倍增长，“双一流”引导专项由 1000 万元增长至 6400 万元，改善基本办学条件专项由 1 亿元增长至近 1.6 亿元，其他专项经费均有小幅增长。

（赵　凡　贾琳恒）

【召开学科建设工作会议】 2017 年 5 月 10 日，学校召开 2017 年学科建设工作视频会议。校长杨勇平，副校长律方成、檀勤良，两校区各院系主要负责人，学科办、党校办、政策法规室、科研院、教务处、研究生院、人事处、人才办、计划财务处等相关职能部门主要负责人出席会议，会议由杨勇平主持。会议就学位授权点申报、“双一流”建设方案编制和中央专项经费统筹建设项目申报三项 2017 年学科建设重点工作进行部署和讨论。围绕 2017 年学科建设三项重点工作，杨勇平分别进行阐述和部署。他指出，2017 年学位授权点申报工作，要从顶层设计、材料准备、加强联系、加强沟通和加强领导五个方面开展工作，精心谋划、认真准备，力争使学位点建设取得历史性突破；“双一流”建设方案编制要围绕国家重大需求、世界科学前沿和能源科学与工程学科群建设，凝练代表能源学科主流发展方向的重大项目，组建跨学科、跨院系、跨两地的重大创新团队，协同作战，抢占制高点，要调动、发挥各学科带头人作用；中央专项经费统筹建设项目要从过去的“碎片化”管理使用模式向顶层设计、统筹规划、学科牵引的滚动预算与项目库制度改变，要提高中央专项经费使用效益，为学校“双一流”建设和“十三五”发展规划目标的实现产出更多重大成果。

（赵　凡　贾琳恒）

【编制《华北电力大学一流学科建设方案》】 2017 年 5—7 月，学科建设办公室组织全校各院系、各职能部门、各学科带头人历时 3 个月完成“双一流”建设方案编制工作，经校学术委员会和专家论证会审核通过，于 7 月底上报教育部审核。在一流学科建设方案中，学校将构建“能源电力科学与工程”学科群，并重点围绕化石能源高效转化利用、新能源与核能开发利用、智能电网与电力变换传输、智慧能源与综合能源系统、能源环境治理与生态修复等五大学科领域，以拔尖创新人才培养、学术领军人物和创新团队培育、科研平台和基地建设、优秀文化传承、成果转化与社会服务等五大建设任务为核心内容，打造世界一流能源电力科学与工程学科和高层次人才培养基地，为国家能源电力可持续发展提供科技和人才支撑。依托能源电力科学与工程一流学科建设，围绕国家《统筹推进世界一流大学和一流学科建设总体方案》提出的五大改革任务，秉承华北电力大学“办一所负责任大学”的办学理念，学校重点围绕加强党的领导、建立现代大学制度、构建社会参与机制、推进国际合作交流等方面推进改革进程，实现人事制度改革、人才培养模式创新、科技评价与成果转化、资源筹集和配置机制等若干环节的重点突破，打造与高水平大学相适应的一流的师资队伍、一流的科学研究、一流的人才培养、一流的社会服务，推动优势特色学科和学校整体迈向世界一流。

（赵　凡　贾琳恒）

【组织新增博士硕士学位授权点申报工作】 2017 年 6—7 月，根据国务院学位委员会《关于印发博士硕士学位授权审核办法的通知》（学位〔2017〕9 号）、《关于开展 2017 年博士硕士学位授权审核工作的通知》（学位〔2017〕12 号）和《北京市学位委员会关于开展 2017 年博士硕士学位审核工作的通知》等文件要求，学校组织开展 2017 年新增博士硕士学位授权点遴选推荐工作。经学院申报、专家组评议和华北电力大学第五届学位评定委员会第二次会议审议、投票，决定报送 10 个博士学位授权一级学科点（信息与通信工程、机械工程、软件工程、水利工程、材料科学与工程、核科学与技术、环境科学与工程、数学、公共管理、马克思主义理论）、2 个硕士专业学位授权点（金融、法律）。至年底，9 个博士学位授权一级学科点和 2 个硕士专业学位授权点通过北京市学位委员会审议，并上报国务院学位委员会进行评审。

（赵　凡　贾琳恒）

【召开一流学科建设方案专家论证会】 2017 年 7 月 3 日，一流学科建设方案专家论证会在华北电力大学举行。党委书记周坚，校长杨勇平，党委副书记、纪委书记何华，副校长王增平、律方成、檀勤良出席会议，相关院系和职能处室主要负责人列席会议，会议由副校长律方成主持。受邀参加本次论证会的校内外专家包括：清华大学薛其坤院士、韩英铎院士、唐传祥教授，南京理工大学宣益民院士，西安交通大学何雅玲院士，中国科学院赵进才院士、肖立业研究员，国家电网公司陈维江院士、王继业教授级高工，机械科学研究总院副院长单忠德研究员、中国社会科学院李平研究员，华北电力大学杨奇逊院士、刘吉臻院士。薛其坤院士任专家组组长。周坚致欢迎词，向长期以来对学校的建设与发展给予大力支持和帮助的各位专家表示感谢，并希望通过此次专家论证会，各位专家能对学校一流学科的建设与发展出谋划策、精准把脉，提出宝贵意见和建议，以促进学校一流学科建设再上新台阶。杨勇平代表学校对学校的双一流建设方案作详细汇报。他从建设目标、建设任务、改革任务、预期成效及组织保障五个方面对《华北电力大学一流学科建设方案》做详细阐述。专家组就方案提出的学科内涵、学科方向和人才培养等方面进行重点讨论。专家组在充分肯定学科建设思路与目标基础上，特别指出，华北电力大学要紧密依靠并发挥所属电力行业特点，在能源电力领域以世界一流学科为参照，加大教师队伍、拔尖创新人才培养，在科学研究方面要从重点研究方向突破，完成世界一流学科建设目标。该建设方案得到专家组成员一致认可，建议在此方案基础上进一步细化实施细则、加大重点领域的投入力度。

（赵　凡　贾琳恒）

【“环境/生态学”进入 ESI 世界前 1%】 2017 年 9 月 14 日，根据 ESI 基本科学指标数据库（Essential Science Indicators，简称 ESI）公布的最新数据，华北电力大学“环境/生态学”首次进入 ESI 世界前 1%行列，至此学校已有“工程学”和“环境/生态学”2 个学科进入 ESI 世界前 1%行列。同时，在工程学领域，按发文量指标排名，学校位列世界第 129 位，首次入围世界前 1‰行列。

（赵　凡　贾琳恒）

【入选一流学科建设高校】 2017 年 10 月，教育部、财政部、国家发展改革委联合公布世界一流大学和一流学科建设高校及建设学科名单，华北电力大学入选一流学科建设高校。经学校研究决定，学校“双一流”建设学科名称确定为“能源电力科学与工程”，核心学科是“电气工程”和

“动力工程及工程热物理”。学校的“双一流”建设将分三步走。到2020年，能源电力科学与工程学科整体水平进入世界一流行列；到2030年，能源电力科学与工程学科整体水平进入世界一流前列；到2050年，建成一批掌握世界学术话语权、有力支撑国家重大战略的优势学科群，建成世界能源电力领域具有引领作用的标杆高校，成为国际能源电力领域的人才培养高地、科技创新发展中心和产业驱动引擎。

（赵　凡　贾琳恒）

【启动双一流建设项目论证立项工作】 2017年10—12月，“双一流”建设办公室先后制定完成《华北电力大学“双一流”建设管理办法》和《华北电力大学“双一流”建设资金管理办法》，经2017年第13次校长办公会审议通过，并于12月8日颁布执行。11月24日，华北电力大学“双一流”建设项目（第一批）启动会召开，标志着学校“双一流”建设项目的论证、立项工作正式启动。

（赵　凡　贾琳恒）

【第四轮学科评估创佳绩】 2017年12月28日，教育部发布第四轮全国学科评估结果，华北电力大学取得历史最好成绩，“双一流”建设的电气工程和动力工程及工程热物理两个高峰学科排名大幅提升，双双进入国内一流学科行列。其中，电气工程学科位列A档，从第三轮学科评估的第4梯队并列第6名(20%)跨越式发展至第2梯队(2%～5%)；动力工程及工程热物理学科位列A-档，实现快速增长，从第三轮学科评估的第5梯队第11名（30%）直接晋级第3梯队（5%～10%）。其他学科排名也均有大幅提高。其中，管理科学与工程和工商管理两个学科均进入B+档，分别从第三轮学科评估的第6、第5梯队上升至本轮的第4梯队；控制科学与工程学科进入B档，从第三轮学科评估的第6梯队上升至本轮的第5梯队。与第三轮学科评估相比，材料科学与工程和计算机科学与技术两个学科位次百分位均上升30%，信息与通信工程、马克思主义理论和法学三个学科位次百分位均上升20%。

（赵　凡　贾琳恒）

研究生教育教学

【概述】 2017年，研究生院围绕学校“双一流”高水平大学建设和 “十三五”发展规划任务，加强学位与研究生教育内涵式发展。修订《华北电力大学关于硕博连读研究生选拔与培养工作暂行办法》，加大硕博连读选拔力度。稳步推进一级学科招生，实现一级学科内生源统筹。全面修订并实施研究生培养方案。结合国家能源战略改革对人才培养要求，加强研究生教育顶层设计，体现不同类别、不同层次研究生培养方案的区分度，优化核心课程建设，适度提高研究生学位授予标准，导向产出高水平研究成果。并按照一级学科/学位类别（领域）对学校5个一级博士学科及23个一级硕士学科及7个类别专业学位的研究生培养方案进行全面修订并于2017年9月实施。研究生培养质量明显提高，2017年毕业的博士研究生发表SCI检索人数占年毕业总人数的75%，创历年毕业科研成果新高。人均发表论文数5.9篇，三大检索论文人均4.1篇，其中个人最高发表SCI检索论文10篇，单篇最高影响因子为7.182，进入ESI前1%高被引论文。共有6篇硕士论文获河北省优秀硕士学位论文奖励。2017年依托国家留学基金委的公派留学项目，各类项目共资助31名研究生出国进行学术交流。探索以研究生工作站为载体的联合培养模式、2017年组织召开华北电力大学研究生工作站工作交流会。邀请55家合作单位，近200名校企专家、指导教师及相关负责人参加会议，深化研究生工作站交流机制。党委研究生工作部围绕学习贯彻十九大精神和学校第二次党代会要求，以贯彻落实中央31号文件为契机，以研究生党建和干部队伍建设为抓手，以培育和践行社会主义核心价值观为重点，以研究生奖助激励体系建设为引导，以科技学术文化活动为主线，把思想政治教育贯穿到研究生培养和管理全过程，探索和构建全员全过程全方位育人格局。以“与高水平大学研究生教育同行”“筑梦”等品牌主题教育平台为载体，组织学习贯彻习近平总书记系列重要讲话精神，围绕党的十九大精神和学校第二次党代会要求，开展学生党支部书记理论与实务培训班、研究生党支部书记学习党的十九大精神暨2017级研究生新生党支部工作实务培训班；探索研究生辅导员队伍建设新模式和新机制，从2017级非全日制研究生中选聘全职研究生辅导员并首批试点完成6名研究生辅导员的选拔、聘任和上岗；继续开展研究生“前沿&创新”学术论坛和研究生学术交流年会等品牌活动，支持学生党建重点项目建设和党建调研活动，组织研究生科技服务与社会调研活动等一系列活动推进研究生思想政治教育工作的发展。

（卢占会　顾雪平）

【概况】 2017年，华北电力大学研究生院、党委研究生工作部专职工作人员29人，其中北京校部16人，保定校区13人。华北电力大学党委研究生工作部专职工作人员共7人，其中北京校部4人，保定校区3人。学校共招收博士研究生212人，硕士研究生3622人，其中全日制硕士研究生2376人（其中北京1476人，保定900人），非全日制硕士研究生1246人（北京754人，保定492人）。至年底，在校学历教育研究生9080人，其中博士研究生1075人，硕士研究生8005人（北京全日制硕士研究生4272人，保定2643人。北京非全日制667人，保定423人）。在校非学历教育研究生5449人，其中北京3063人，保定2386人。完成两次研究生学位论文答辩及学位授予工作，共授予176人博士学位、3437人硕士学位，博士毕业人数创历史新高。北京校部和保定校区2017届毕业研究生共计2304人，就业率为98.18%。共有5名研究生获校长奖学金，32名博士研究生和147名硕士研究生获研究生国家奖学金，62名博士获优秀博士奖学金，196名研究生获社会奖学金，50名研究生获优秀研究生标兵称号，703名研究生获优秀研究生称号，394名研究生获优秀研究生干部称号，31个研究生班级获先进集体称号，644名博士研究生获学业奖学金，2620名硕士研究生获一等学业奖学金，2618名硕士研究生获二等学业奖学金，1266名硕士研究生获三等学业奖学金。组织研究生参加全国研究生数学建模竞赛、2017年京津冀高校首届研究生网络与信息安全技术大赛等各项研究生竞赛，取得优异成绩。在第十四届全国研究生数学建模竞赛中，获一等奖2项，二等奖13项，三等奖33项，北京校部和保定校区连续多年获优秀组织奖称号，在全国高校保持前列；在2017年京津冀高校首届研究生网络与信息安全技术大赛中，获省部级二等奖1项；在2017年全国英语口译大赛中，获北京市三等奖1项；在第三届全国大学生能源经济学术创意大赛中，获省部级一等奖1项、省部级二等奖1项、省部级三等1项；在“希望之星”英语风采大赛中，获国家级三等奖1项；在第十六届首都高校英语演讲风采大赛中，获北京市三等奖1项。

（何　健　张　杨）

【启动双一流研究生人才培养项目】 2017年，学校设立并全面启动“双一流”研究生人才培养项目，涵盖研究生优质课程建设、拔尖创新人才培育、产学研联合培养基地建设、教学成果奖培育四个子项目。到2020年，实现人才培养质量达到国内前列，形成多元化研究生人才培养体系。

（宋晓华　王青霞）

【推进研究生招生机制改革】 2017年，学校平稳实施全日制和非全日制研究生招生并轨。北京和保定两校区非全日制研究生计划完成率分别达90%和74%，超过高科联盟高校65%的平均完成率。修订《华北电力大学关于硕博连读研究生选拔与培养工作暂行办法》，加大硕博连读选拔力度，录取博士生硕博连读占比达到47%。2个博士点、8个硕士点实行一级学科招生，实现一级学科内生源统筹，对吸引高质量生源具有积极作用。

（杜广微　李宝儒）

【研究生导师队伍建设】 2017年6月27日，学校召开第五届学位评定委员会第二次会议，按照“按需设岗，择优聘任”原则，新增69位校内硕士生导师，28位校外硕士生导师，认定10位博士生导师充实学校研究生导师队伍。

（宋晓华　何明华）

【修订实施研究生培养方案】 2017年9月，学校5个一级博士学科、23个一级硕士学科及7个类别专业学位的研究生培养方案进行全面修订并于实施。本轮培养方案修订结合国家能源战略改革对人才培养的全新要求，加强研究生教育顶层设计，体现不同类别、不同层次研究生培养方案的区分度，优化核心课程建设，适度提高研究生学位授予标准，导向产出高水平研究成果。

（宋晓华　王青霞）

【启动研究生优质课程建设工作】 2017年，按照“十三五”规划以及“双一流”建设具体要求，学校针对专业核心课程，立项资助60门研究生优质课程建设工作。主要面向学位课、实践课以及具有跨学科与交叉学科性质的研究型课程三大类。重点资助建设基础好、学生受益面大、能够运用互联网技术创新教学方法和模式、对学校发展和研究生培养起重要作用、在全国同类课程中具有一定辐射性和影响的课程。

（宋晓华　王青霞）

【学制修订】 2017年，依据教育部关于学制和上级关于完善研究生培养财政拨款制度等最新规定及广泛调研的基础上，结合学校具体情况，将全日制硕士生基本学制普遍改为3年，个别专业学制改为2年。博士生基本学制为4年。增加研究生科研时间，提升科研能力，提高培养质量和论文水平。

（卢占会　姜家宗）

【制定/修订研究生管理规章制度】 2017年，根据《普通高等学校学生管理规定》（教育部令第41号）文件，学校修订《华北电力大学研究生学籍管理规定》《华北电力大学学位授予工作细则》等8份管理文件。根据《学位论文作假行为处理办法》（教育部令第34号）文件，制定《华北电力大学学位论文作假行为处理办法实施细则》。根据国家能源战略改革对人才培养的全新要求，修订《华北电力大学研究生学籍管理规定》等规章制度。

（王宗华　何明华）

【举行广州艾博工作站见面会】 2017年11月18日，研究生院举行广州艾博工作站见面会。此次见面会通过宣传片及幻灯片等方式对工作站基本情况、培养与培训模式、联合培养需求、专业实践期间待遇及生活管理等进行介绍，并回答研究生提问的问题。此次宣讲涵盖电力、动力、机械、新能源、环境、工程管理和市场营销等 7 个专业领域，2017 级 80 余名专业学位研究生参加见面会。

（黄　慧　孙中伟）

【“工程伦理”课程培训】 2017 年，研究生院分别选派电力系、经管系优秀骨干教师参加第三期、第四期由全国工程专业学位研究生教育指导委员会主办的“工程伦理”课程师资培训班。培训内容涵盖“‘中国制造 2025’背景下的工程、职业伦理”“工程伦理课的组织与教学”“教学方法与教学艺术”“工程伦理的共性问题——公正”等课程。培训形式采取集中授课、分组讨论、说课交流、团队沟通、行动学习工作坊等形式，注重授课内容与教师们的体会、认识相结合，注重总结分享会和内化提升。“工程伦理”课程是在中国工程教育正式与国际接轨以及中国制造 2025 强国战略背景下开设的一门具有重要现实意义与理论价值的新兴职业伦理课程，是新增的全体工程硕士专业学位研究生的公共课必修课。“工程伦理”课程培训是应全国工程专业学位研究生教育指导委员会在全国培养“工程伦理”课程教学优秀师资的要求。

（黄　慧　孙中伟）

【河北省优秀硕士论文评选】 2017 年，共有 6 篇硕士论文获河北省优秀硕士学位论文:《新型空冷凝汽器单元及其传热特性研究》（作者任泽民、导师程友良）、《交直流混合微网 AC/DC 断面换流器的 H∞鲁棒控制方法研究》（作者于晓蒙、导师李鹏）、《微秒脉冲下环氧树脂沿面闪络与老化特性研究》（作者刘熊、导师谢庆）、《航拍图像中绝缘子定位与状态检测研究》（作者刘宁、导师赵振兵）、《计及源-荷互动的交直流混合微网优化运行方法研究》（作者徐多、导师李鹏）、《代为执行与债权人代位权的立法冲突与解决》（作者项斌斌、导师甄增水）。

（顾雪平　王万雨）

【产学研基地建设】 2017 年，研究生院组织召开华北电力大学研究生工作站工作交流会。旨在探索以研究生工作站为载体的联合培养模式。会议邀请 55 家合作单位，近 200 校企专家、指导教师及相关负责人参加。年内，分别与广州艾博电力设计院、浙江七一电器建立研究生工作站。

（卢占会　顾雪平）

【举行研究生毕业典礼】 2017 年 3 月 30 日、31 日，学校分别在北京校部和保定校区召开 2017 届研究生毕业典礼暨学位授予仪式。校领导吴志功、杨勇平、何华、李双辰、郝英杰、孙忠权、王增平、郭孝锋、律方成、檀勤良，学校有关职能部门、各院系负责人和圆满完成学业的 143 名博士、3507 名硕士研究生共同参加学位授予仪式。校学位评定委员会主席、校长杨勇平发表题为《珍惜青春年华，争做社会栋梁》的讲话。

（李　林　戴　民）

【举办前沿&创新学术论坛】 2017 年，研究生院举办“前沿&创新”62 期学术论坛。邀请著名流体物理学家、中国科学院院士胡文瑞，国际超导标准委员会专家、中科院百人计划入选者王银顺，教育部“长江学者”特聘教授、教育部“新世纪人才资助计划”入选者朱宗宏等各领域资深专家学者为研究生带来科技前沿讲座。

（刘献伟）

【开展研究生辩论赛】 2017 年 6 月，研工部组织保定校区 8 个院系共 11 支研究生代表队以“慎思明辨”为主题的辩论赛。经管系代表队获冠军，电力系代表队获亚军，电子系与马克思主义学院分获三、四名。

（戴　民　李欢欢　龚信华）

【开展暑期科技服务与社会调研】 2017 年暑期，以“青年行九州，践行知中国”为主题开展研究生暑期科技服务与社会调研活动。共有 12 支团队围绕“不忘初心，坚定步伐跟党走”“能源解困，探索发展新方向”“科技助力，构建区域新态势”“礼敬传统，中华文化伴我行”四个板块，分别深入新疆、青海、甘肃等地区进行调研实践。

（李　林　刘献伟）

【举办研究生学术交流年会】 2017 年，学校举办第十五届研究生学术交流年会。本届年会共收到学术论文 979 篇，评选出一等奖论文 101 篇，二等奖论文 144 篇，三等奖论文 246 篇，孔艳强、叶小宁等获首届研究生“十佳学术之星”荣誉称号，能源动力与机械工程学院、控制与计算机工程学院、经济与管理学院、人文与社会科学学院获第十五届研究生学术交流年会优秀组织奖。

（李　林　刘献伟）

本科生教育教学

【概况】 2017 年，华北电力大学贯彻落实“十三五”事业发展规划，积极实施“双一流”建设方案，持续推动教学研究与课程改革。1 门慕课《管理沟通》被认定为首批国家精品在线开放课程；7 个项目获批教育部高等教育司产学合作协同育人项目立项；17 个项目获批河北省教育厅教学研究与改革立项；25 个项目获省级教学成果奖，其中，

16个项目获第八届北京市高等教育教学成果奖，包括：特等奖1项（历史性突破）、一等奖6项、二等奖9项；9个项目获第七届河北省高等教育教学成果奖，包括：一等奖2项、二等奖4项、三等奖3项；1人获第十三届北京市高等学校教学名师奖，1 人获首届北京市高等学校青年教学名师奖。出版教材33部，其中国家级规划教材1部，出版社规划教材 22 部。39 部教材入选中国电力出版社“十三五”普通高等教育规划教材立项项目，出版教材15部。承担大学生创新创业训练计划项目国家级 240 个、省级 203 个，学生共获专利 219 项，发表论文 176 篇，3 项创新创业作品入围 2017 年度全国大学生创新年会。学生参加各类学科竞赛获国际、国家级奖项 595 项、省部级 520 项。第十届全国大学生节能减排社会实践与科技竞赛获特等奖 1 项；全国大学生数学建模竞赛获全国一等奖 3 项，至此，学校已连续 10 年在该赛事中获全国一等奖，在全国高校中名列前茅；美国大学生数学建模竞赛获特等奖 1 项。全校共设自然班 801 个（含保定校区 372 个），其中实验班 30 个（含保定校区 15 个），共授课学时 223 612 个（含保定校区 109 690 学时）。

（孙志凌　陈海燕）

【7个项目获批产学合作协同育人项目立项】2017年8月，教育部高等教育司发布《教育部高等教育司关于公布有关企业支持的 2017 年第一批产学合作协同育人项目立项名单的函》（教高司函〔2017〕37号），闫江毓负责的《面向系统能力的计算机组成原理教学改革》，翟永杰负责的《热工大迟延对象控制》、梁光胜负责的《电创创客空间》《基于众创空间的创造创新创业教育探索与实践》，马平负责的《热工过程＋自控＋通讯＋界面》，柳赟负责的《“模拟电子技术”口袋实践课程建设》，安利强负责的《输电线路杆塔塔材力学特性实验系统》获批教育部高等教育司产学合作协同育人项目立项。

（孙志凌）

【2人获市教学名师奖】 2017年8月，北京市教育委员会发布《北京市教育委员会关于公布第十三届北京市高等学校教学名师奖、首届北京市高等学校青年教学名师奖获奖名单的通知》（京教函〔2017〕403 号），华北电力大学张娟获评第十三届北京市高等学校教学名师奖，赵洱岽获评首届北京市高等学校青年教学名师。

（孙志凌）

【9项成果获省级教学成果奖】 2017年1月11日，河北省教育厅下发冀教高〔2017〕2 号《河北省教育厅关于公布第七届河北省高等教育教学成果奖获奖名单的通知》，华北电力大学王秀梅主持的《学研双驱、课内外统合，扎实推进创新人才培养模式改革》、盛四清主持的《电气工程及其自动化专业创新人才培养的研究与实践》获第七届河北省高等教育教学成果奖一等奖；谷根代主持的《基于创新人才培养的数学建模教育教学体系的建设与实践》、谢志远主持的《电子技术课程综合改革与实践》、张文建主持的《大学生多学科交叉融合综合创新实践模式的研究与实践》、范孝良主持的《具有行业特色的机械类专业人才培养体系研究与实践》获第七届河北省高等教育教学成果奖二等奖；程晓荣主持的《计算机专业创新人才培养模式改革与研究》、李斌主持的《基于“大工程观”的能源与动力工程专业“卓越工程师”人才培养体系的创新与实践》、翟永杰主持的《自动化专业卓越工程师计划人才培养模式研究与实践》获第七届河北省高等教育教学成果奖三等奖。

（陈海燕）

【17项教改项目入选省级教改项目】2017年12月4日，河北省教育厅下发冀教高函〔2017〕74号文件《河北省教育厅关于公布 2017—2018 年度河北省高等教育教学改革研究与实践项目和新工科研究与实践项目名单的通知》，华北电力大学葛玉敏主持的《以培养学生能力为中心的电路课程混合式教学模式研究与实践》、张磊主持的《以能力提升为目标导向的“流体力学”课程综合改革与实践》、潘卫华主持的《以学习为中心，以能力为目标的程序设计课程教学综合改革》、何玉钧主持的《以专业人才培养目标为引领的电子技术基础课程全过程教学改革与实践》、王涛主持的《面向创新能力培养的线性代数课程全过程立体化教学改革与实践》、李松涛主持的《基于创新培养的大学物理多维度教学改革的研究与实践》、张树国主持的《基于 BIM 的工程造价专业建筑类课程体系改革研究》、朱晓光主持的《工程图学课程双模块化体系研究与实践》、王聚芹主持的《基于目标导向的高校思政课“五位一体教学模式创新研究及实践”》、程晓荣主持的《多层次螺旋式递进的计算机系统能力培养课程建设》、梁海峰主持的《外语大类招生背景下“英语精读”课“双线型”培养模式探究》、储艳主持的《外语大类招生背景下“英语精读”课“双线型”培养模式探究》、齐立强主持的《环境工程专业工程化实践（验）体系的构建》、秦伟江主持的《大类招生背景下的公共管理类平台课程综合改革研究》、王璋奇主持的《移动互联背景下基础力学课程资源精品化重构及优秀教学团队建设》项目入选河北省教育教学改革研究与实践项目，翟永杰主持的《自动化专业新工科多方协同育人模式改革与实践》、王璋奇主持的《多学科交叉复合的新工科专业——输电工程建设的探索与实践》项目入选河北省新工科研究与实践项目。

（陈海燕）

继续教育教学

【概述】2017年，华北电力大学继续教育工作围绕学校“双一流”建设的目标任务和学校”十三五”规划战略目标，持续提升继续教育教学质量，规范继续教育管理制度，推进学校继续教育各方面工作均衡、协调、持续、健康发展。深入开展“学习贯彻十九大精神”专题学习教育、落实学校第二次党代会目标任务，学习习总书记系列讲话，不忘初心、继续前进，以“四个合格”党员理念严抓作风和纪律，形成团结进取，积极向上工作新风貌。

教学及建设成果。“面向国家能源战略发展的电力领域教育培训体系构建与实践”课题分别获华北电力大学教学成果奖特等奖和北京市教学成果奖一等奖；学院获教育部在线教育中心颁发的“2017中国品牌影响力高校网络与继续教育学院”；完成继续教育信息化中长期建设规划方案，并获“北京市与中央共建人才培养项目——高校信息化服务平台和在线资源开发建设”项目资金支持。

基地工作。华北电力大学国家级专业技术人员继续教育基地（以下简称基地）各项工作有序推进。基地面向电力行业开展高层次、急需紧缺和骨干专业技术人才的培养培训工作，并承办国家人力资源和社会保障部中国电力企业实施“一带一路”战略高级研修班。

成人学历教育。落实两个主体责任，加强校外教学站点的监管，各校外教学站通过所在省市教育厅检查评估。根据教育部文件规定，结合大学十三五规划，围绕大学发展理念和发展方向，梳理学校高等学历继续教育专业目录，完成高等学历继续教育专业申报工作。推进网络学习与面授相结合的混合式教学模式，有效缓解工学矛盾，节约授课教师差旅及时间成本。规范合作办学，加强招生和收费管理；加强师资队伍建设和管理，严抓教学环节的实施，强化质量监控，努力提高教育教学质量。

校企合作。积极发挥服务社会、服务电力作用，深入开展校企合作，举办中国大唐集团公司市场营销人员专题培训班、国电电投北京公司人才储备建设工程培训班、内蒙古电力（集团）有限责任公司电网技术培训班等；贯彻落实“十九大”精神，适应绿色发展理念和能源革命新形势，举办企业碳交易与碳资产管理培训班、储能政策解读与市场解析培训班、分布式能源并网（光伏）管理培训班等绿色能源类培训班。

（颉　倩）

【概况】2017年，学校成人学历教育在校生共计5386人，录取新生2869人，毕业生共计2787人，授予学士学位496人。现有教学站41个。学校非学历继续教育全年共举办培训班152期，参加培训12 112人次。完成“中国电力行业继续教育网（www.dljxjy.com）”门户网页改版工作，更新录制远程课程11门，410课时，完成远程教学计划40个。该网已上线2000门课程、4600课时课件，已有在线注册学员6万多名。

（张淑莉　高慧颖　颉　倩）

【举办工程造价审计实务操作培训班】2017年3月18日，内蒙古电力（集团）有限责任公司20kV及以下配电网工程造价审计实务操作培训班开班。该培训班为期12天，围绕工程审价开展理论与实践课程，帮助学员掌握工程审价方法，解决工作中的实际问题，并拓宽思路和视野。

（颉　倩）

【欧盟中国城市发展委员会到访】2017年3月27日，欧盟中国城市发展委员会主席张毅、副秘书长胡振明、以色列-比利时商会秘书长Shiloh Miller先生（委员会理事会成员）及欧洲技术转移联合会总裁Henrich Guntermann先生（委员会理事会成员）一行到校访问交流。并与继续教育学院共同探讨中欧电力专业人才培养合作事宜。双方就在欧洲及“一带一路”沿线国家创建电力行业学习中心，整合欧洲电力专业优质学术及能力建设资源，为中欧电力合作、为“一带一路”能源合作提供智力支持达成共识。

（颉　倩）

【举办大修技改工程审价实务操作培训班】2017年4月6日，内蒙古电力（集团）有限责任公司大修技改工程审价实务操作培训班开班。华北电力大学继续教育学院副院长张宝良、内蒙古电力（集团）有限责任公司内控审计处长高淑梅、华北电力大学继续教育学院程美山老师、杜威老师参加开班仪式。该培训班为期12天，培训课程围绕大修技改工程审价理论与实践展开，来自内蒙古电力（集团）有限责任公司及其下属单位的290余名学员参加本次培训。

（颉　倩）

【山东郯城县县委书记到访】2017年5月4日，山东郯城县委书记、县人大常委会主任刘连栋带领县委、县政府一行7人到校交流调研。副校长郝英杰、继续教育学院院长沈剑飞、副院长张宝良、王晓霞参加座谈会。双方就电力行业科研及培训方式进行深入探讨和交流。

（颉　倩）

【举办企业碳交易与碳资产管理培训班】2017年5月8日，华北电力大学“企业碳交易与碳资产管理培训班”开班。培训旨在全国碳市场启动之际，帮助企业熟悉并掌握碳市场的交易规则，实现碳资产有效管理，积极参与中国碳市场建设和抢占市场先机，推进重点排放行业碳减排和低碳转型。该培训班为期4天，来自各大发电集团公司电厂、新能源公司及相关研究咨询公司30余名学员参加培训。

（颉　倩）

【举办网络教学平台应用培训会】 2017年6月29日，成人教育招生工作暨网络教学平台培训会议在北京召开，该会议旨在加强规范管理并推广应用混合式学习模式。来自北京、内蒙古、山东、广东、重庆、新疆等13个校外教学站（点）的18位代表及继续教育学院部分工作人员参加会议。通过培训，各函授站代表理顺教学站在混合式学习模式管理工作中的职能、定位，并掌握网络平台基本操作。

（张淑莉）

【举办函授站工作会议】 2017年7月7日，保定校区召开第二十六次函授站工作会议。来自全国6个省份22个函授站的31名代表及继续教育学院部分工作人员参加会议。继续教育学院副院长张栾英做2016年度工作报告，系统总结过去一年的成绩和存在问题，并予以剖析、找出差距，指明努力方向，同时部署下一学年度重点工作。会议评选并表彰7个优秀函授站和21名函授站先进个人。

（高慧颖）

【举办一带一路战略高级研修班】 2017年7月10日，由中国电力联合会主办、华北电力大学承办的中国电力企业实施“一带一路”战略高级研修班在华北电力大学开班。该高研班列入国家人社部2017年全国专业技术人员高级研修班计划，得到各方积极响应，来自全国各地能源电力集团公司及相关企业中高层管理人员、专业技术人员80余人参加。此次高研班旨在贯彻落实国家“一带一路”发展战略，促进电力行业“走出去”战略实施。研修内容涉及“一带一路”宏观政策、法律事务、安全环境、投资风险、项目管理、文化交流等方面。

（颉　倩）

【举办分布式能源并网（光伏）管理培训班】 2017年9月，内蒙古电力（集团）有限责任公司分布式能源并网（光伏）管理培训班在华北电力大学举办。培训班共两期，先后于9月18—22日、9月25—29日进行，学员来自9个不同旗县的分子公司。该培训班课程由理论讲解、座谈交流、企业参观及光伏企业进课堂等方式组成。

（颉　倩）

【举办市场营销专题培训班】 2017年10月10日，中国大唐集团公司2017年市场营销人员专题培训班开班。本期培训班由大唐集团公司计划营销部主办、干部培训学院协办，华北电力大学继续教育学院承办。培训班为期52天，学员55人，均来自大唐集团公司二、三级单位的业务骨干；师资由大学、政府、企业等专家教授构成。培训班策划实、学员精、师资强、内容新、课时足，侧重实用性，围绕教学质量，通过“基础理论＋案例教学＋观摩实践”相结合的专题培训方式开展。

（颉　倩）

【出席中国国际远程与继续教育大会】 2017年11月14日，2017中国国际远程与继续教育大会在北京举行。会议以“国家战略与在线教育发展”为主题，举行“2017中国最具社会影响力院校”颁奖典礼、“2017中国高校远程与继续教育优秀案例库”评选活动颁奖典礼。继续教育学院院长沈剑飞教授出席并代表学校接受“2017中国品牌影响力高校网络与继续教育学院”称号。

（颉　倩）

【举办储能政策解读与市场解析培训班】 2017年12月5日，华北电力大学“储能政策解读与市场解析培训班”开班。该培训针对《关于促进储能技术与产业发展的指导意见》的目的和背景、总体思路、政策着力点等相关问题进行全面解读，同时邀请参与《意见》起草的专家授课，助力企业有效利用储能相关利好政策，促进企业创新发展和产业转型升级。该培训班为期4天，采用“理论培训＋座谈研讨＋产业对接＋储能项目考察”方式锚点，来自储能领域相关公司、电力行业相关用户、新能源公司、能源系统集成商、地方园区及科研院所40余名学员参加培训。

（颉　倩）

艺术教育教学

【概述】 2017年，华北电力大学艺术教育工作围绕学校工作中心和“双一流”的建设目标，以大学生艺术团建设、通识教育教学以及艺术实践活动为主，坚持“国际化、精品化、项目化、专业化”工作思路，弘扬中华民族传统文化，倡导校园主流文化，旨在通过对艺术知识的普及和实践活动，提高广大师生艺术修养和鉴赏力，丰富学校文化生活。

艺术课程开设。开展各类艺术课程10余门，涉及音乐、美术、舞蹈、戏剧、书法等各类艺术门类，课程通过对艺术作品的广泛涉猎和艺术鉴赏活动的参与，提升学生艺术修养和审美情趣。除本校艺术教师专职授课外，聘请知名艺术专家担任客座教授或兼职教授授课。

艺术教育精品化。充分调动多方面力量开展各类“高雅艺术进校园”文化活动，将高雅艺术、民族艺术引入校园，让广大师生能足不出户欣赏名家作品。先后邀请北京交响乐团、中国音乐家协会、中国戏曲学院、湖北省歌剧舞剧院、商洛市剧团、开心麻花等艺术团体到校演出。学校蓝色动力合唱团受邀参与由中央电视台戏曲频道和音乐频道共同推出的重点创新节目《中国戏歌》录制，受邀参加在民族文化宫大剧院举行的“喜迎十九大 唱响小康路”文艺扶贫歌曲创作成果汇报音乐会。学生艺术团六个分团分别举办专场演出。

艺术教育专业化。充分发挥专职教师作用。合唱团、舞蹈团、话剧团、民乐团、西洋乐团、声工厂人声乐团均有专职教师负责，切实提高大学生艺术团水平。新组建华北电力大学交响乐团，进一步丰富大学艺术活动。

艺术教育成果。华北电力大学艺术教育取得团体及个人多项荣誉，并代表中国赴美国西肯塔基大学孔子学院巡演。

（苏　群　王　楠）

【概况】 2017 年，华北电力大学艺术教育中心有专职教师 8 人，兼职教师 10 人。华北电力大学艺术团下设合唱团、舞蹈团、话剧团、声工厂、民乐团、西洋乐团、交响乐团、电声乐队，共有团员 800 余名。各团由具有相关专业背景的教师担任艺术指导。面向本科生开设《中外名曲欣赏》《书法鉴赏》《美术鉴赏》《艺术导论》《舞蹈鉴赏》《舞蹈形体》《影视鉴赏》《戏剧鉴赏》《乐理基础》《合唱与指挥》等选修课程。

（苏　群　王　楠）

【举办大学生艺术节】 2017 年，华北电力大学举办年度大学生艺术节。该艺术节通过校内艺术团专场演出的形式，为大学生的健康成长营造良好文化环境，引领大学生参与“高雅艺术进校园”活动，弘扬优秀民族文化，吸纳人类先进文化成果，提高艺术修养和文化素质。湖北省歌剧舞剧院、保定交响乐团、春韵京剧社进行专场演出。艺术节期间，共举办多场大学生艺术节系列活动。5 月 25 日，光合话剧团演出悬疑戏《无人生还》；6 月 8 日，舞蹈团举行“轻舞飞扬”舞蹈专场。

（王　楠　苏　群）

【赴西肯孔院交流演出】 2017 年 5 月 1—5 日，受国家汉办委派，华电艺术团赴美国西肯塔基大学孔子学院进行为期 5 天的文化艺术交流活动，五天内共进行四场中国传统文化文艺演出。

（苏　群　王　楠）

【参加北京市大学生舞蹈节】 2017 年，华北电力大学大学生艺术团参加北京大学生音乐节获两金一银一铜。舞蹈团民舞团《蝶恋花·美人楼》获北京市大学生舞蹈节群舞 B 类金奖、优秀创作奖。舞蹈团锅庄舞团《启明雪域》获北京市大学生舞蹈节群舞 A 类金奖、优秀创作奖。楼兰舞团《舞韵天山》获北京市大学生舞蹈节群舞 A 类银奖，街舞团《Belief》获北京市大学生舞蹈节群舞 B 类铜奖。

（苏　群）

【参演北京市大学生舞蹈节闭幕式】 2017 年 6 月 3 日，舞蹈团作为优秀参赛代表，与首都多所专业院校，如北京舞蹈学院、北京体育大学等高校同台，参演 2017 年北京大学生舞蹈节闭幕式晚会剧目展示，演出节目《启明雪域》。

（苏　群）

【合唱团参加 CCTV《中国戏歌》节目录制】 2017 年 7 月 2 日，学校蓝色动力合唱团受邀参与由中央电视台戏曲频道和音乐频道共同推出的重点创新节目《中国戏歌》录制。此次节目录制，蓝色动力合唱团与孟广禄、袁慧琴等京剧名家及中国最顶尖的交响乐团之一中国爱乐乐团合作，呈现全新演绎的《梨花颂》《家风代代传》《同圆中国梦》三首作品。

（苏　群）

【赴河北文艺支教和慰问演出】 2017 年 7 月 8—9 日，华电艺术团赴河北省保定市阜平县黑崖沟村进行为期两天文艺支教和慰问演出活动。

（苏　群）

【赴吉林参与大学生文艺志愿者走边关活动】 2017 年 7 月 26 日，华北电力大学大学生艺术团赴吉林长白边防检查站参与“大学生文艺志愿者走边关”活动。

（苏　群）

【受邀参加创作成果汇报音乐会】 2017 年 9 月 8 日，蓝色动力合唱团受邀参加在民族文化宫大剧院举行的“喜迎十九大 唱响小康路”文艺扶贫歌曲创作成果汇报音乐会。蓝色动力合唱团与男中音歌唱家霍勇、女高音歌唱家王喆合作，为观众呈现文艺志愿者主题歌《到人民中去》。

（苏　群）

【参加共青团中央音为梦想活动】 2017 年 9 月 28 日，华北电力大学声工厂人声乐团作为特邀嘉宾参加“音为梦想”——全国青年独立音乐人才艺展示，暨“唱·青春”2017 北京青年邻里音乐节。

（苏　群）

【参加北京市大学生戏剧节】 2017 年 10 月 29—30 日，光合话剧团参加在清华大学蒙民伟音乐厅举办的 2017 北京市大学生戏剧节。光合话剧团短剧《电波》《明天》获铜奖。演讲朗诵团作品《背叛》获银奖。

（苏　群）

【蓝色动力合唱团入选全国大艺展】 2017 年 11 月 8 日，蓝色动力合唱团在清华大学新清华学堂参加全国第五届大学生艺术展演活动北京赛区声乐选拔。蓝色动力合唱团凭借《陌上桑》《Twa Tanbou》两首曲目在 9 所高校中脱颖而出，首次晋级全国第五届大学生艺术展演。

（苏　群）

【艺术教育科研论文获佳绩】 2017 年 12 月，艺术教育中心三位教师参与北京高校艺术教育科研论文活动评选获 2 金 1 铜。

（苏　群）

【为乐组合参加央视节目录制】 2017 年 8 月、12 月，华北电力大学“为乐”组合两次受邀参加中央电视台综艺频道《群英汇》节目的录制。该组合 2016 年 8 月成立，由保定校区艺教中心四位教师组成，2017 年 6 月和 12 月分别举办中国作品和外国作品专场音乐会。

（王　楠）

【高雅艺术进校园】 2017 年，华北电力大学共开展 9 场高雅艺术进校园活动。4 月 5 日，中国音乐家协会爱乐男生合唱团《春天的歌声》音乐会在主楼礼堂举办。4 月 20 日，举办脱口秀进校园活动，著名主持人张绍刚到本校演出。4 月 21 日，国家艺术基金 2016 年度资助项目、纪念汤显祖莎士比亚逝世四百周年的跨界融合戏剧《杜丽娘与朱丽叶》在华北电力大学主楼礼堂演出。4 月 27 日，由中国戏曲学院编创和演出的话剧大戏《过年》在主楼礼堂举办。6 月 5 日，北京交响乐团华北电力大学专场音乐会在主楼礼堂举行。11 月 1 日，音乐剧经典曲目演唱会《你好，音乐剧!》2017 年校园公益巡演华北电力大学站在主楼礼堂举行。11 月 15 日，商洛市剧团新编花鼓现代剧《疯娘》在主楼礼堂演出。12 月 1—3 日，开心麻花团队话剧《婚前旅行指南》在主楼礼堂演出。

（苏　群）

【开展师生走进专业剧院观演活动】 2017 年，华北电力大学共组织 11 场次师生走进专业剧院观看演出活动。3 月 5—6 日，走进解放军歌剧院观看话剧《兵者 • 国之大事》；3 月 5 日，走进北京梅兰芳大剧院观看京剧《寿州救驾》《李逵探母》；9 月 4 日，走进北京梅兰芳大剧院观看上海评弹团原创中篇评弹《林徽因》；9 月 14 日，走进北京国家大剧院观看苏州市吴中区评弹团《吴语话江南》评弹专场；9 月 16 日，走进北京梅兰芳大剧院观看广西戏剧院京剧团现代京剧《红灯记》；9 月 22、23 日，走进北京梅兰芳大剧院观看国家京剧新编传统京剧《徐母传》；11 月 1 日，走进国图艺术中心观看北京民族乐团情景音乐会《五行》；11 月 9 日，走进北京梅兰芳大剧院观看现代京剧《党的女儿》；11 月 20 日，走进民族文化宫大剧院观看曲剧《四世同堂》；11 月 22 日，走进保利剧院观看舞剧《丝路长城》；12 月 24 日，走进天桥剧院观看中央芭蕾舞团经典芭蕾舞剧《舞姬》。

（苏　群）

科技研究与产业开发

Sci-Tech Research and Industrial Development

○ 综　　述

2017 年，科研院认真贯彻落实党的十九大和学校第二次党代会精神，围绕“双一流”建设的目标任务，紧跟国家科技体制创新步伐，主动谋划科研管理机制体制创新；着力在能源电力、环境保护、“一带一路”建设等一批国家重大战略领域有所突破。科研合同经费再创新高，达 6.8 亿元，共承担各类科技项目 1014 项，其中国家科技计划项目 52 项，国家自然科学基金和社科基金项目 114 项，国防军工项目 2 项。科研成果产出实现数量和质量双突破。获国家、省部级科技成果奖 74 项，其中获国家科技进步特等奖 1 项、一等奖 1 项。共申请专利 1351 项，其中发明专利 780 项；授权专利 735 项，其中发明专利 343 项。科技论文发表在全国高校排名继续攀升，其中发表国内科技论文排名第 48 位，科学引文索引扩展版（SCIE）排名 69 位，工程索引核心版（EI）排名 37 位，科技会议录引文索引（CPCI-S）排名 14 位，赵成勇、刘永前、孙玉兵等撰写的 3 篇论文获 2016 年度“中国百篇最具影响国际学术论文”。

2017 年，学校产业现有企业 30 家，形成以电力科技为核心，电子、通讯、计算机、机械、环保等产品和服务并举，内外联合，多层次、多渠道发展的格局。至年底，资产总额 179 924.80 万元，比 2016 年增长 4.91%；所有者权益 87 773.88 万元，比 2016 年增加 9.33%。学校控股、参股企业收入 81 664.62 万元，比 2016 年降低 13.29%；实现净利润 6923.85 万元，比 2016 年降低 84.07%。净资产总额为 18 135.21 万元；营业收入为 12 227.52 万元，净利润为 1851.81 万元。

2017 年，现代电力研究院围绕能源市场、能源政策、能源信息化等研究方向的关键问题开展理论研究和应用研究。在国家发展和改革委员会价格司指导下，筹建“中国能源经济监管研究院”。签订科研课题 16 项（含能源基金会项目 1 项），其中，纵向课题 8 项。全年科研经费共计 343.6 万元，完成全年科研任务的 152%。

2017 年，学校主办的期刊按计划完成编辑出版工作，办刊质量总体上稳中有升，社会影响力进一步扩大。《学报（自然科学版）》和《电力科学与工程》的影响力指数 CI 值在 106 种 TM 类电气工程学科专业期刊中分别排名第 12 位和第 35 位，影响因子分别为 1.40 和 0.799；《现代电力》的影响力指数 CI 值在 106 种 TM 类电气工程学科专业期刊中排名第 19 位，影响因子为 0.989。《现代电力》和《学报（自然科学版）》综合评价总分别排名第 9 位和第 10 位。

2017 年，苏州研究院开展科技创新，打造科研平台建设。申报江苏省自然科学基金项目 1 项，承担横向项目 2 项，与 20 家企业展开技术转移工作，总收入 207.36 万元。研究院环境修复与功能材料实验室申请苏州市项目 1 项，收录 SCI 论文 8 篇，申请发明专利 12 项。与新加坡国立大学苏州研究院及西安交通大学苏州研究院联合成立的“为侨服务工作站”“联合侨联”。

科　学　研　究

【概述】 2017 年，科学技术研究院围绕“双一流”建设的目标任务，紧跟国家科技体制创新步伐，主动谋划科研管理机制体制创新；破除思维定式和路径依赖，深挖潜力，凝练优势，着力在能源电力、环境保护、“一带一路”建设等一批国家重大战略领域有所突破，在国家及行业重大重点科研项目、科研平台建设、科技人才队伍建设、科技成果产出和转移转化、国家大学科技园建设和制度建设等方面取得喜人成果，科研合同经费再创新高。

科技人才队伍和平台建设。新增科技部中青年科技创新领军人才 1 名，首次获得科技创新创业人才、重点领域创新团队，实现新突破；批准成立燃气轮机研究中心等 11 个校级研究中心；研究出台《华北电力大学科研机构管理办法》等系列管理文件，推进科研管理体制改革；科技论文发表在全国高校排名继续攀升，专利申请和授权数量不断增加。

科技成果转移转化。完成教育部战略规划课题研究和结题工作；推进张家口科教园区等外派机构建设工作；续签衡水蓝火计划高校科研成果推广转化工作站；加入“电力装备产业技术创新”等 2 个省级科技创新联盟；加入保定市电力装备行业协会并当选名誉理事长单位。

大学科技园管理服务体系日臻完善，服务园区企业能力显著提升。构建全链条式产业生态，有效推动园区企业科技成果转化落地。

（花之蕾）

【概况】 2017 年，华北电力大学校科研合同经费再创新高，达 6.8 亿元，共承担各类科技项目 1014 项，其中国家科技计划项目 52 项，国家自然科学基金和社科基金项目 83 项，国防军工项目 2 项。张化永教授负责的国家科技重大专项水体污染控制与治理专项项目获批准立项，总经费达 2.12 亿元。申报国家重点研发计划 62 项，覆盖智能电网技术与装备等 10 个重点专项，以徐进良教授为首席科学家的国家重点研发计划项目——“超高参数高效二氧化碳燃煤发电基础理论与关键技术研究”获批立项，获批经费达到 2842 万元；申报国家自然基金项目 366 项，立项资助 79 项，资助金额 5226.88 万元。毕天姝教授获得“国家自然科学基金杰出青年基金项目”资助，资助金额直接经费 400 万元；刘吉臻院士、崔翔教授分别获批国家自然科学基金委员会—国家电网公司智能电网联合基金项目 1 项，李庆民教授负责的国家自然科学基金重点项目获批立项。申报国家社会科学基金项目 36 项，首次获批国家社科基金后期资助项目一项。横向项目方面，共签订项目 716 项，合同总经费 28 930.7123 万元。北京市技术市场登记合同 102 项，合同成交额 7098 万元，技术交易额 6886 万元，其中技术服务类 89 项，技术开发类 1 项，技术咨询类 12 项。新增科技部中青年科技创新领军人才 1 名、科技创新创业人才 1 名、重点领域创新团队 1 个；新增首都科技领军人才 1 名；中国科协“青年人才托举工程”2 名、电机工程学会“青年人才托举工程”2 名。科研成果产出实现数量和质量双突破。获国家、省部级科技成果奖 74 项，其中获国家科技进步特等奖 1 项、一等奖 1 项。共申请专利 1351 项，其中发明专利 780 项；授权专利 735 项，其中发明专利 343 项。科技论文发表在全国高校排名继续攀升，其中发表国内科技论文排名第 48 位，科学引文索引扩展版（SCIE）排名 69 位，工程索引核心版（EI）排名 37 位，科技会议录引文索引（CPCI-S）排名 14 位，赵成勇、刘永前、孙玉兵等撰写的 3 篇论文获 2016 年度“中国百篇最具影响国内国际学术论文”(编者注：因数据次年公布，故推迟一年刊登)。期刊学术影响稳步提升。《华北电力大学学报》（自然科学版）影响因子 1.4，首次突破 1.0，同比增加 48.15%，影响因子排名、学科排序均有大幅提升。《电力科学与工程》2017 年影响因子 0.799，和去年相比增加 11.3%，影响因子排名 33 位。华电科技园注册在园企业 284 家，毕业流转企业 26 家；上缴学校房租收入 1016.3 万元，上缴税金 172.54 万元。组织园区企业申报 2017 年度北京市科技创新引导专项（基金），资助总额金额 1160 万元，推动园区企业科技成果转化落地；与昌发展签署合作框架协议，构建全链条式产业生态；推进未来科学城有关北京能源产业创新研究院建设工作，加快三方战略合作协议的签署。

（花之蕾　申金波）

【两项目获国家科学技术奖】 2017 年，华北电力大学两个项目获国家科学技术奖。分别是齐磊教授参与完成的“特高压±800kW 直流输电工程”项目获国家科技进步特等奖；刘吉臻教授参与完成的“600MW 超临界循环流化床锅炉技术开发、研制与工程示范”项目获国家科技进步一等奖。

（齐宏景）

【承办第四届能源论坛】 2017 年 9 月 21—22 日，由中国工程院和国家能源局主办，国家电网公司、南方电网公司协办，中国工程院能源与矿业工程学部、华北电力大学等单位承办的第四届能源论坛暨国际工程科技发展战略高端论坛在北京举行。中国工程院院长周济为该论坛开幕式致辞，论坛以“能源革命与电力创新”为主题，围绕电力系统与能源互联网、可再生能源与清洁高效发电、智能用电与储能、能源战略与政策等议题展开。9 月 22 日，刘吉臻院士在大会上作 “灵活发电技术”报告，报告从新能源电力发展瓶颈与对策、火电机组灵活发电关键技术及灵活发电安全经济性能分析三部分进行介绍。

（花之蕾）

【1 篇论文入选 ESI 高被引论文】 赵毅教授为第一作者撰写的“Simultaneous removal of SO_2, NO and HgO through an integrative process utilizing a cost-effective complex oxidant”（基于经济高效复合氧化剂的集成工艺系统同时脱硫脱硝脱汞方法）入选全球“工程和环境”领域 Top 1% ESI 高被引论文，该论文于 2016 年 1 月发表在《Journal of Hazardous Materials》（SCI 一区，影响因子为 6.065）。赵毅课题组在燃煤烟气多污染物协同控制理论和一体化控制技术方面开展创新研究，在《中国科学》和《Environ. Sci. Technol.》等权威刊物上发表研究论文，并进行多个工程实践和示范研究，为发展新型烟气污染控制技术奠定重要基础。

（花之蕾　齐宏景）

【学校“环境/生态学”进入 ESI 世界前 1%行列】 2017 年 9 月 14 日，ESI 基本科学指标数据库（Essential Science Indicators，简称 ESI）公布最新数据，学校“环境/生态学”首次进入 ESI 世界前 1%行列，至此学校已有“工程学”和“环境/生态学”2 个学科进入 ESI 世界前 1%行列。在“环境/生态学”领域，全球共有 849 所科研机构入围，中国大陆高校入围 31 所。按 Top 论文统计，学校并列世界 492 位，并列中国大陆高校 15 位；按发文量统计，学校位列世界第 571 位，中国大陆高校第 29 位；按篇均被引频次统计，学校位列世界第 824 位，中国大陆高校第 24 位；按被引频次统计，学校位列世界第 831 位，中国大陆高校第 30 位。

（花之蕾　齐宏景）

【召开科研工作会议】 2017 年 7 月 5 日，学校召开北京——保定两地科研工作视频会议。副校长律方成、檀勤良出席会议。会议由科学技术研究院副院长丁常富主持。科学技术研究院院长杜小泽对 2017 年上半年学校科研工作进行全面总结。檀勤良指出，高水平大学与高水平的科研密不可分，科研工作决定学校的高度和发展。律方成提出，学校要进一步提高科研质量，争取在标志性成果方面下功夫。科学技术研究院负责人、各学院（系）分管科研工作副院长（副主任）、省部级以上科研平台主要负责人、科研秘书以及科学技术研究院全体工作人员参加会议。

（花之蕾）

【乌云娜教授获奖】 2017年，据中共北京市委宣传部、北京市教育委员会和北京市人力资源和社会保障局联合下发的《关于表彰北京市第十四届哲学社会科学优秀成果奖的决定》（京宣发〔2017〕28号）文件，学校经济与管理学院乌云娜教授主持完成的调研报告《新能源电力项目群组合管理理论、决策方法、管理系统》获北京市第十四届哲学社会科学优秀成果奖二等奖。该调研报告从新能源电力企业战略发展角度出发，将优化的管理方法深入到新能源电力项目全过程。同时，该报告研发与理论体系相对应的管理系统，增强研究成果实用性和可操作性。研究成果在全国大型能源企业、国家示范工程得到规模化辐射推广应用。

（花之蕾　齐宏景）

【承办全国反应堆热工流体学术会议】 2017年9月25—27日，由中国核学会核能动力分会反应堆热工流体专业委员会和中核核反应堆热工水力技术重点实验室主办，华北电力大学核科学与工程学院承办，华能山东石岛湾核电有限公司和国核示范电站有限责任公司协办的第十五届全国反应堆热工流体学术会议暨中核核反应堆热工水力技术重点实验室2017年度学术年会在山东省荣成市举行。学校副校长孙忠权致开幕辞，中国核学会核能动力分会反应堆热工流体专业委员会秘书长黄彦平主持会议。全国13个科研院所和16所高校的230名专委会委员、专家学者、工程技术人员及研究生参会。孙忠权在致辞中介绍学校“双一流”建设情况、学科特点以及核科学与工程学院在承担国家级重大科研成果、人才培养和科技创新等方面成果。核科学与工程学院副院长牛风雷教授受大会邀请作“华北电力大学反应堆热工水力进展”报告。该学术会议设六个分会场、12个专门议题，共159篇论文进行口头报告交流。

（花之蕾）

【1篇论文入选ESI高被引论文】 2017年，根据最新的ESI高被引论文数据库，学校能源动力与机械工程学院张宇宁（副教授）作为第一通讯作者的一篇题为“A review of rotating stall in reversible pump turbine”的论文入选，该论文是应英国机械工程师协会会刊C辑（Proceedings of the Institution of Mechanical Engineers，Part C：Journal of Mechanical Engineering Science）邀请撰写的综述论文，详细介绍作者、合作者及相关同行在抽水蓄能电站稳定性领域提炼的科学问题、取得的研究进展和未来拟解决的核心问题。该论文自2017年4月发表以来，已被引用15次。该论文与中国石油大学（北京）和清华大学合作完成，第一单位为学校电站设备状态监测与控制教育部重点实验室，得到国家自然科学基金及学校中央高校基本科研业务费重点项目的资助。

（花之蕾　齐宏景）

【中国动力工程学会秘书长工作会议】 2017年4月7—8日，中国动力工程学会2017年度秘书长工作会议在保定举办。科学技术研究院副院长丁常富介绍学校发展历程及在热能工程领域研究取得的成绩。中国动力工程学会秘书长张树林主持会议。7日，会议传达和学习中国科协等上级组织的文件精神，总结和交流2016年各分委员会工作，讨论决定2017年工作计划。各专业委员会和工作委员会秘书长就工作中存在的困难、积累的成功经验及新形势下如何做好学会工作等问题进行研讨。8日，与会代表参观学校新能源电力系统国家重点实验室等省部级科研教学平台，对学校在科学研究和人才培养方面取得的成绩给予肯定。

（王　成　申金波）

【召开科研工作视频会议】 2017年4月14日，学校召开科研工作视频会议。副校长律方成、人事处、科学技术研究院、各科研平台和院系有关人员参加会议。会议由科学技术研究院副院长丁常富主持。科学技术研究院副院长杜小泽对2017年第一季度学校科研工作进行全面总结，通报第一季度科研经费完成情况，国家自然科学基金项目申报情况和中央高校基本科研业务费项目立项情况；重点介绍中央高校基本科研业务费管理办法修订要点、科研考核与绩效管理办法修订初稿以及校院两级学术委员会换届与筹建工作。律方成在讲话中指出，纵向项目申报要从指南编制环节做起，抓好中间环节，重点抓好优势学科申报，科研管理人员做好内引外联工作；绩效文件修订要与学科评估和双一流建设结合，同时遵循科研发展规律，重视青年人才和团队的培养，引导教师发表高水平期刊和会议论文；院系负责人在工作中应该抓好队伍建设，培育更多的杰出青年和优秀青年基金项目，推动学校科研质与量同步增长。

（王　成　花之蕾）

【科技成果通过中国电机工程学会鉴定】 2017年4月20日，中国电机工程学会在北京组织召开“基于故障关联信息的站域分布式新型保护系统”技术鉴定会。该成果由学校电气与电子工程学院四方研究所与北京四方继保自动化股份有限公司联合研发共同完成。项目鉴定委员会由中国工程院韩英铎院士担任主任委员，国内知名高校、国家电网公司、中国南方电网公司、中国能源建设股份有限公司等单位的11名专家组成。参加鉴定会的专家还有学校杨奇逊院士、电气与电子工程学院院长李庚银、新能源电力系统国家重点实验室常务副主任毕天姝、科学技术研究院主任朱正茂以及电气与电子工程学院、新能源电力系统国家重点实验室和北京四方继保自动化股份有限公司有关人员。鉴定委员会分别听取学校王增平教授、马静教授、北京四方秦红霞教高关于该项目的技术报告、工作报告及效益分析报告等情况的介绍，审阅有关技术资料，一致认为该项目在基于故障关联信息的站域分布式保护方面开展深入分析研究，解决传统后备保护难以满足电网发展的要求和现有广域保护实现方式难以实用化等难题，全面提升继电保护性能，为智能变电站及智能电网的发展提供先进的保护技术和发挥工程示范作用。

（齐宏景）

【雄安新区社会建设与司法保障研究中心揭牌】 2017年4月27日，学校举行“雄安新区社会建设与司法保障研究中心”揭牌仪式。党委副书记、纪委书记何华，法政系、经济管理系、马克思主义学院负责人、科研骨干及科学技术处相关人员参加仪式。仪式由科学技术处副处长赵鹤翔主持。科学技术处处长丁常富宣读《关于成立“雄安新区社会建设与司法保障研究中心”的决定》。法政系党委书记梁平介绍中心成立背景及今后主要研究方向和发展方向。何华指出，雄安新区的设立是实现“两个一百年”奋斗目标和中华民族伟大复兴的重要举措和有力探索。他还对研究中心今后的发展提出希望。一要加强学习，把握方向。二要整合力量，协同创新。三要大处着眼，小处着手。四要理论与实际相结合。五要教学与科研相结合。

（王　成）

【共建张家口可再生能源发展与技术研究院】 2017年5月17日，“张家口可再生能源发展与技术研究院”共建签约仪式在张家口市举行。张家口市委书记回建、市长武卫东，华北电力大学校长杨勇平，国网节能服务有限公司总经理郭炬，河北省发改委副主任毛宇山出席签约仪式。副校长郝英杰，国网节能公司副总经理常建平、范振华参加仪式。

（刘　晓）

【加入京津冀大学科技园联盟】 2017年5月27日，由学校国家大学科技园、北京航空航天大学国家大学科技园、天津大学国家大学科技园等19家国家级大学科技园组成的京津冀大学科技园联盟在保定市成立，学校国家大学科技园当选为联盟副理事长单位。科技部高新司、教育部科技司有关负责人，京津冀三地科技管理部门领导、京津冀19家国家级大学科技园代表等200人出席会议。学校副校长律方成、科学技术研究院副院长丁常富受邀参会。该会议旨在依托京津冀地区高校综合智力资源优势，完善大学科技园孵化体系，发挥桥梁纽带作用和辐射引领作用，促进科技上中下游及相关产业链衔接，建立资源共享机制，加速科技成果转化。5月27日，学校参加国家大学科技园京津冀片区调研座谈会，共同分享大学科技园建设运营经验，以期推动区域经济创新和经济转型升级。

（刘　晓）

【大学生创新创业项目评选启动】 2017年5月16日，由保定市科学技术和知识产权局、财政局、人力资源和社会保障局、团市委主办，学校和保定市众创空间创新联盟、大学生创新创业联合会承办的保定市大学生科技创新创业项目评选启动。保定市副市长蒋栋、科技局、财政局、人社局、团市委等单位负责人，学校党委副书记郭孝锋及有关部门负责人和各驻保高校创新创业团队成员及学校学生600余人参加启动仪式。市科技局副局长裴冬梅重点介绍保定市众创空间发展情况及大学生创新创业试点市工作情况。众创空间创新联盟理事长刘志强、大学生创新创业联合会会长雷俊杰和华电电火花众创空间创客代表分别在发言中介绍保定市大学生创新创业有关情况。郭孝锋指出，培养创新创业型人才，既是当前高校加快推进世界一流大学和一流学科建设的使命所在，也是大学服务国家和经济社会发展的职责所在。

（王　成）

【学校科技园与昌发展签署合作框架协议】 2017年5月16日，学校国家大学科技园与北京昌平科技园发展有限公司签署合作框架协议。昌平区区委副书记、区长张燕友，昌平区副区长周金星，校长杨勇平，副校长孙忠权、檀勤良，双方相关部门负责人，参加签约仪式。仪式由孙忠权主持。杨勇平介绍学校发展情况和下一步工作计划。檀勤良和昌发展董事长王海岭分别代表双方签署《合作框架协议》。根据协议，双方将设立能源电力科技成果转化基地、能源电力企业孵化基地，设置多功能商务中心，成立国际能源电力学术交流中心，设立垂直于能源电力行业的配套产业基金，促进科技成果转化、产业化及行业上下游整合。学校科技园和昌发展将成立合资公司，共同开展全方位产学研用合作。

（刘　晓）

【参加第十五届中国国际人才交流大会】 2017年4月15—16日，由国家外国专家局和深圳市人民政府共同主办的第十五届中国国际人才交流大会在深圳会展中心举行。学校科技园受国资委邀请，和国家电网、国机集团、中智集团、招商局、中国节能、诚通集团、中国航信、中广核集团等9家企业，以“凝心聚力，引才引智，深化国际合作，做强做优做大国有企业”为主题参会，在国务院国资委组团的中央企业展区参展。中央政治局委员、国务院副总理马凯，中央政治局委员、广东省委书记胡春华，广东省委副书记、广东省省长马兴瑞，国家外国专家局局长张建国等领导出席开幕式。副校长檀勤良受邀做“协同国企创新人才布局，助力电力行业快速发展”的专题演讲。学校和国家电网、国机集团、中国节能、中国航信、中广核等6家单位被国资委授予“国际合作引智创新试点基地”。会议围绕“融全球智力，促共同发展”的主题和“国际化、高端化、专业化、精品化、市场化、信息化”的目标，涵盖展览洽谈、人才招聘、项目对接、高峰论坛、人才培训、专题研讨等15大板块，包括全球才智论坛、中国深圳创新创业人才大赛国际赛、第44届世界技能大赛全国选拔赛、全国引智成果展览交流、央企引智项目及人才对接、外国专家组织与培训项目对接、海外留学人才及项目交流推介、国际技术转移与创新合作专题等重点项目。

（花之蕾　徐岸柳）

【新能源电力与低碳发展研究中心】 2017年，北京市科技委员公布2016年北京市重点实验室和工程技术研究中心名单，华北电力大学新能源电力与低碳发展研究中心被认定为北京市重点实验室，该实验室是学校第一个智库类重点实验室。“新能源电力与低碳发展研究北京市重点实验室”的认定，对提升学校“双一流”的学科建设、特色办学水平意义重大，也将对学校和经济与管理学院的整体发展产生深远影响。

（花之蕾）

【工信部中小企业局考察】 2017年3月9日，工信部中小企业局局长马向晖一行考察调研学校国家小型微型企业创业创新示范基地（国家大学科技园）总体情况以及小微双创工作情况。北京市经信委委员任世强、昌平区副区长周金星、区财政局、区经信委、区科委、区商务委、市工商局昌平分局、中关村科技园区昌平园管委会等各委办局领导陪同考察，学校副校长檀勤良、科学技术研究院副院长肖万里、国家大学科技园管理办公室主任王宏盛以及科技园相关工作人员陪同调研。考察团参观基地企业公共服务平台、基地展厅以及基地贵宾室和会议室。基地代表性企业北京华电泰锐科技有限公司向考察团简要介绍企业情况。考察团在基地代表性企业北京华电光大环保技术有限公司听取公司董事长董长青教授汇报，充分了解学校科技成果产业化取得的成绩。

（刘　晓）

【分布式储能与微网重点实验室通过论证】 2017年3月29日，学校申请建设的河北省重点实验室河北省分布式储能与微网重点实验室通过由河北省科技厅、财政厅、发改委共同组织的专家论证。论证委员会委员，河北省科技厅平台与基础处处长李志平、副处长梁超，河北省财政厅教科文处副处长张学军，保定市科技局副局长徐春齐、计划处处长许春良、计划处副处长段志勇和学校副校长律方成、校长助理米增强，科技处、电力系负责人，实验室学术人员参加论证会。律方成表示，能源与环境问题日益成为关系国计民生的重大问题，京津冀一体化协同发展已上升为国家战略，为学校全面深入推进学科发展创造良好氛围和条件。实验室主任颜湘武从实验室建设的必要性，研究方向、内容和目标，现有条件，建设目标与计划，支撑条件与保障等五个方面介绍实验室建设情况。委员会成员考察实验室现场，核实相关佐证材料，并结合拟建省级重点实验室的基本条件进行质疑答辩，最后形成项目可行性论证意见。

（王　成　花之蕾）

【2名教师入选中国科协青年人才托举工程】 2017年，中国科协公布第二批“青年人才托举工程”（2016—2018年度）入选名单，全国共有206名青年科技人才入选。学校电气与电子工程学院两位青年教师马国明、卞星明入选，他们也是新能源电力系统国家重点实验室的固定研究人员。“青年人才托举工程”是由中国科协启动的人才支持项目，旨在帮助青年科技人才在创造力黄金时期做出突出业绩，努力成长为品德优秀、专业能力出类拔萃、社会责任感强、综合素质全面、具有国际视野的学术技术带头人，成为国家主要科技领域高层次领军人和高水平创新团队的重要后备力量。

（齐宏景）

【召开国家重点实验室学术委员会会议】 2017年1月14日，新能源电力系统国家重点实验室第二届学术委员会第一次会议在学校召开。科技部基础司司长叶玉江、教育部科技司基础处处长郃忠智，学术委员会委员黄其励院士、李立浧院士、金红光院士、罗安院士、刘吉臻院士、研究员肖立业、沈炯教授、王成山教授、崔翔教授，实验室特聘专家韩英铎院士、杨奇逊院士，校长杨勇平、王增平、律方成、副校长檀勤良、校长助理米增强以及科研院副院长杜小泽、电气与电子工程学院院长李庚银、可再生能源院长戴松元、控制与计算机工程学院副院长房方、经济管理学院副院长李彦斌和实验室科研骨干100余人参加会议。檀勤良主持会议并宣读《新能源电力系统国家重点实验室学术委员会委员聘任文件》。杨勇平为第二届学术委员会委员颁发聘书。教育部郃忠智处长作重要讲话，对新能源电力系统国家重点实验室建设以来取得的成绩给予肯定，也对实验室接下来的工作提出具体的指导意见与建议。实验室主任刘吉臻院士作2016年度实验室工作报告。田德教授、齐磊教授、刘云鹏教授、毕天姝教授、内蒙古电力科学研究院院长张叔禹分别作代表性成果进展汇报和内蒙古试验研究基地筹建进展报告，崔翔对实验室开放课题的情况作汇报。刘吉臻院士做总结发言，指出相关研究人员将进一步凝练学术方向与科学问题，尽快制定实验室第二个五年规划。

（朱正茂）

【召开科研工作会议】 2017年1月10日，学校召开科研工作视频会议，副校长律方成、檀勤良出席会议。科学技术研究院副院长肖万里、各学院（系）分管科研工作副院长（副主任）、省部级以上科研平台主要负责人、科研秘书以及科学技术研究院全体工作人员参加会议。会议由科学技术研究院副院长丁常富主持。科学技术研究院副院长杜小泽对2016年学校科研工作进行全面总结，部署2017年科研重点工作。

（花之蕾）

【召开综合能源系统仿真平台开发研讨会】 2017年10月13日，学校召开2017综合能源系统仿真平台开发研讨会。会议邀请南方电网公司科技部主任郑耀东、处长胡玉峰，神华集团公司电力管理部处长凌荣华、科技发展部处长孔广亚，学校副校长檀勤良，科研院院长杜小泽，经管学院院长李彦斌，能源互联网研究中心主任曾鸣，控计学院院长房方等出席。檀勤良就学校开展综合能源系统仿真平台工作的目的和意义进行致辞。曾鸣提出未来能源转型方向是由系统纵向发展到综合能源系统共建，综合能源系统将助力打破能源子系统间的壁垒、助力应对国家能源发展困境和问题以及助力推动国家能源战略转型，构建综合能源系统仿真平台对于综合能源系统建设、提升学校在综合能源领域的影响力具有重要的推进作用。各院系专家汇报项目前期工作开展情况。

（花之蕾）

【主办700℃超超临界发电关键技术研讨会】 2017年，由徐鸿教授和德国斯图加特大学Stefan Weihe教授共同组织发起的第一届中德700℃超超临界发电关键技术研讨会在德国斯图加特大学MPA会议中心举行。来自中国华北电力大学、清华大学、大连理工大学、武汉大学的8位教授，以及来自德国斯图加特大学、达姆斯塔特工业大学、弗赖堡大学、凯泽斯劳滕大学、开姆尼茨工业大学以及德累斯顿工业大学等学术机构的10位教授，和日本NIMS、印度BHEL的专家学者，以及德国曼海姆发电有限公司、美国GE公司、德国西门子公司、上海电气集团等企业科技人员参加该研讨会。徐鸿做题为"Situation and Development of Ultra-supercritical and Advanced USC Power Plants in China"的大会报告，介绍中国700℃超超临界发电技术的发展现状和存在的问题以及发展前景。刘宗德教授做题为"An Experimental Study on the High Temperature Oxidation Behavior of Laser Cladding Ni-Al Alloy Coating on TP347H Stainless Steel"的主题报告，介绍激光覆熔技术的实验研究及其在超超临界机组上的应用。张乃强副教授做题为"The Corrosion and Stress Corrosion Cracking of the metals for USC power plant in in Supercritical"的主题报告，介绍超临界水环境下700℃超超临界候选材料的氧化腐蚀和应力腐蚀开裂问题的研究。研讨会后，参会代表参观欧洲700℃计划基础研究实验室和现场验证机组GKM HWT Ⅰ和HWT Ⅱ，探讨700℃超超临界电站部件验证平台的设计和实验过程及实验结果。

（花之蕾）

【1课题成果获创新成果奖一等奖】 2017年，中国产学研合作促进会公布中国产学研合作创新成果奖获奖名单。华北电力大学北京能源发展研究基地与中国大唐集团公司共同合作的课题成果"能源电力生产端与消费端联合节能减排的关键技术"获2017年中国产学研合作创新成果奖一等奖（最高奖项）。该课题由能源基地首席专家谭忠富教授主持，能源基地主任王伟、研究员鞠立伟等共同参与。该课题累计成果包括获发明专利1项，出版著作3部，国内外权威期刊论文70余篇（包括：SCI检索论文18篇，EI检索论文22篇和中文核心期刊30篇）。

（徐岸柳　齐宏景）

【1项目通过中国电机工程学会技术鉴定】 2017年10月17日，刘吉臻院士创新团队田亮、牛玉广等人完成的"供热机组调峰运行控制关键技术及工程应用"项目，通过由中国电机工程学会组织的技术鉴定。清华大学岳光溪院士担任鉴定委员会主任，电力规划设计总院副院长孙锐和东南大学沈炯教授担任鉴定委员会副主任。与会专家一致认为该项目能够显著提高抽汽式供热机组的整体控制水平，对缓解弃风弃光问题意义重大。

（花之蕾）

【科技论文发表创佳绩】 2017年10月31日，中国科学技术信息研究所发布2016年中国科技论文统计结果。学校科技论文发表再创佳绩，SCIE论文进步显著。中国科技论文与引文数据库（CSTPCD）收录学校科技论文1412篇，在全国高校排名第48位；论文被引用4591篇9998次，在全国高校排名第33位。科学引文索引扩展版（SCIE）收录学校科技论文949篇，比上一年增长28%。工程索引核心版（EI）收录学校科技论文1440篇，在全国高校排名第37位。科学会议录引文索引（CPCI-S）收录学校科技论文911篇，在全国高校排名第14位。10月31日，中国科学技术信息研究所发布2016年中国卓越科技论文产出状况报告，学校卓越国内论文数量在高等院校中排名第13位，比上一年提升8位。一篇论文获2016年度中国百篇最具影响国际学术论文，两篇论文获2016年度中国百篇最具影响国内学术论文。

（齐宏景）

【召开学科创新引智基地项目汇报会】 2017年11月7日，副校长王增平主持召开高等学校学科创新引智基地（简称

111 计划）项目汇报会议，“111 计划”项目负责人、校内专家、科研院、国际合作处和财务处负责人参加会议。大电网保护与安全防御创新引智基地等 5 个“111 计划”项目负责人汇报引智进展，包括“111 计划”定位和总体目标。王增平指出，相关院系和项目团队要重视“111 计划”项目的执行和引智工作，充分发挥“111 计划”项目的带动和引领作用，实现引智基地平台建设、团队建设、科研合作和人才培养“四位一体”协调发展，要实现“引进来”和“走出去”并重，外专引智和人才引进并重，更加重视青年教师“走出去”，更加重视引进拔尖青年科学家。

（朱正茂）

【1 项目获工博会特等奖】 2017 年 11 月 7—11 日，以“创新、智能、绿色”为主题的第十九届中国国际工业博览会在国家会展中心（上海）举行。28 个国家和地区的 2562 家参展商参展，博览会设置 9 大专业展、28 万平方米展示规模。开幕当天，教育部科技发展中心主任罗方述、北京市教委校办产业管理中心主任程诗敏、上海市教委及江苏省扬中市高新区负责人分别莅临现场指导工作。由学校能动学院薛志勇和电气学院刘明基老师联合研发的“非晶合金高速永磁电机研制及测试平台开发”项目获得高校展区特等奖。

（徐岸柳）

【获中国产学研合作创新奖】 2017 年 11 月 12 日，由中国产学研合作促进会与山东省人民政府共同主办的第十一届中国产学研合作创新大会暨第二十六届山东省产学研展洽会在山东济南举行。学校所属学科性公司——华电智连科技（北京）有限公司总经理刘松博士在本次大会上被授予 2017 年“中国产学研合作创新奖”。中国产学研合作促进会会长路甬祥作主旨报告，山东省委副书记、省长龚正出席并致辞。大会以党的十九大精神为指导，以“产学研协同创新 迈向新时代新征程”为主题，分别举办高峰论坛，表彰 2017 年中国产学研合作创新与促进先进集体和个人。来自全国产学研、政金介、商媒用各界一线的 1000 余名代表和山东省、国家有关部委的领导、专家学者出席大会。开幕式上，中国工程院院士、上海交通大学校长林忠钦，全国政协经济委员会副主任石军，中国大唐集团公司董事长、党组书记陈进行，浪潮集团有限公司执行总裁王洪添分别作专题讲演。大会分别收到国务院总理李克强、国务院副总理刘延东对产学研工作作出的重要批示。

（花之蕾　徐岸柳）

【国家重点研发计划项目启动】 2017 年 11 月 17 日，由学校徐进良教授为项目负责人，由华中科技大学、西安交通大学、安徽工业大学、东南大学、浙江大学、广东工业大学、中国科学院工程热物理研究所、中国华能集团清洁能源技术研究院有限公司、河北省电力勘测设计研究院、南京科远自动化集团股份有限公司等参加的国家重点研发计划项目“超高参数高效二氧化碳燃煤发电基础理论与关键技术研究”项目正式启动。副校长檀勤良指出，二氧化碳发电系统具有高效、低污染排放特性，项目实施具有重要意义。科技部高技术中心处长朱卫东解读国家重点研发计划管理流程及文件并建议进一步完善项目的实施方案和管理制度。徐进良代表项目组汇报项目立项依据，关键科学技术问题，学术思路，研究内容和预期目标。专家建议，在加强基础研究的同时，加强实验研究、原理样机研制及关键技术指标的实现，用有限的时间和财力，抓住问题核心和本质，力争二氧化碳燃煤发电在国际上产生重要学术影响，并推进产业应用。

（朱正茂）

【召开中国动力工程学会十届四次理事会议】 2017 年 11 月 24、25 日，中国动力工程学会（简称学会）十届四次理事会议在华北电力大学召开。学会理事长黄迪南，荣委会主任陆燕荪、荣委会主任委员孙昌基，副理事长刘吉臻、朱元巢、严宏强、倪明江，校长杨勇平、学会秘书长张树林 120 余位代表出席会议。大会开幕式黄迪南理事长主持大会开幕式。杨勇平致欢迎辞。十届四次理事会议听取和审议学会 2017 年工作报告。报告回顾过去一年学会国内外学术交流工作，以及学会的组织建设及管理工作，并提出 2018 年工作初步设想。会议听取学会财务情况汇报、学会部分专委会工作委员会工作汇报以及学校的学科建设和科研进展情况报告。中国动力工程学会学术论坛部分邀请上海发电设备成套设计研究院史进渊教授与浙江大学高翔教授分别做 “发电机组寿命与可靠性研究的新进展”和“燃煤烟气污染物超低排放技术”的学术报告。理事会议后，与会代表一同参观学校国家火力发电工程技术研究中心和电站设备状态监测与控制教育部重点实验室。

（花之蕾）

【与中电联电力发展研究院签署合作协议】 2017 年 11 月 27 日，学校经济管理系主任李伟与电力发展研究院副院长张慧翔代表校企双方签署战略合作框架协议。中国电力企业联合会副秘书长沈维春、电力发展研究院副院长张慧翔、电力发展研究院各部门负责人，副校长律方成，及中电联电力发展研究院、学校相关部门负责人出席签约仪式。仪式经济管理系党委书记祝志杰主持仪式。沈维春介绍研究院的总体情况与业务职能并表达校企合作愿望。律方成介绍学校总体发展战略及近年来在国家重点学科、国家重点实验室、国家大学科技园、国家重大科研、创新项目、师资队伍建设等领域重大成就，并表示，校企合作是创新人才培养模式的重要途径，是企业、学校共赢的重要举措，也是学校推进“双一流”建设的必然选择。

（花之蕾　刘　晓）

【举办能源与电力工程管理高端创新论坛】2017年12月3日，由新能源电力与低碳发展研究北京市重点实验室主任乌云娜教授发起，新能源电力与低碳发展研究北京市重点实验室、学校经济与管理学院、英大传媒投资集团《项目管理评论》杂志社联合主办的以“新动能、新发展”为主题的2017能源与电力工程管理创新高端论坛在学校召开。来自电力行业、高等院校、科研院所的嘉宾和经济管理学院部分师生代表300余人参加论坛。中国科学院周孝信院士和学校副校长檀勤良为重点实验室揭牌。周孝信院士以“能源转型中我国新一代电力系统技术发展趋势”为题做报告，从能源转型与电力转型的逻辑关系、2050年能源与电力转型的关键衡量指标、新一代电力系统的四个主要技术特征、五类新技术突破对电力系统的全局性影响等方面系统阐述能源转型背景下未来电力系统的演化趋势。国家应对气候变化战略研究和国际合作中心主任李俊峰以“电力系统在能源转型中的历史使命”为主题，从国际国内两个视角阐述全球能源形势的“变”与“不变”，解读新时代能源革命的三个本质特征，提出电力系统的“三大转变”，论证电力系统在推动能源清洁化、低碳化、智能化以及人人享有清洁可持续中的核心作用和关键机制。国家电网能源研究院原副院长胡兆光教授以“我国经济发展与电力需求展望”为题做第三个主旨报告。重点实验室副主任赵新刚教授以“能源低碳转型的顶层制度设计：配额制”为题做第四个主旨报告。重点实验室副主任袁家海教授以“一带一路绿色电力合作”为题做第五个主旨报告。五名具有丰富理论与实践经验的专家就新形势下能源电力企业管理创新、湄洲湾EPC总承包项目的管理创新实践、海外项目投资的合法合规与风险防控、微安全平台助力电力安全管理的理论与实践、PowerOn在电力工程项目管理中的应用案例进行了分享与交流。

（花之蕾）

【调研国网河北雄安新区供电公司】2017年12月6日，副校长檀勤良率队赴国网河北雄安新区供电公司走访调研，学校科研院及有关学院专家10余人参与调研。国网河北省电力有限公司党委委员、副总经理兼雄安新区供电公司筹备组组长、临时党委副书记王罡，筹备组临时党委书记、副组长郭向军等会见檀勤良一行。王罡介绍雄安新区未来的城市规划和电网规划，阐述国家电网公司打造雄安“绿色低碳、智慧高效、友好便捷、坚强可靠”国际一流绿色智能电网的工作部署，展望未来雄安新区能源体系布局。檀勤良介绍学校沿革历史、学科建设、人才培养、科学研究及成果转化等方面情况。学校全球能源互联网研究中心主任曾鸣教授就综合能源系统平台建设和能源互联网研究中心当前的重点工作做详细介绍，并提出合作愿望。

（乔开文）

【举行计算机视觉专委会走进高校系列报告会】2017年12月7日，由学校电子与通信工程系、自动化系、科技处联合承办的中国计算机学会计算机视觉专委会（CCF-CV）走进高校系列报告会第44期活动——“计算机视觉前沿技术及工业应用”在学校举行。活动邀请中国科学院自动化所研究员王亮、北京交通大学倪蓉蓉教授、西安交通大学孟德宇教授及微软亚洲研究院副研究员傅建龙四位专家做报告。王亮做题为“人工智能时代的视觉大数据分析”的报告。倪蓉蓉以“图像取证的研究热点和进展”为题，介绍多媒体取证的研究热点、图像操作及图像来源的取证及基于深度学习的取证方法。孟德宇以“误差建模原理”为题，介绍如何针对包含复杂噪声数据进行误差建模的鲁棒机器学习原理。傅建龙以“精细化物体识别”为题，介绍精细化物体识别技术。张珂副教授主持题为“计算机视觉技术在智能电网中的应用”的研讨会。报告嘉宾从电力巡检视频图像智能分析的复杂性、知识图谱在输电线路视频图像巡检中的应用以及输电线路图像数据集的构建等三个方面提出观点和指导性建议。

（花之蕾）

【举办流体与热能工程国际会议】2017年12月17—19日，由华北电力大学和宁波诺丁汉大学共同举办的3rd International Symposium of Fluids and Thermal Engineering（第三届流体与热能工程国际会议）会议在诺丁汉大学宁波校区召开。徐进良教授及英国诺丁汉大学阎玉英教授共同作为大会主席。学校副校长檀勤良，诺丁汉大学宁波校区副校长May-Tan Mullins，宁波市科技局王程局长、诺丁汉大学宁波校区工学院院长Tao Wu、宁波市日本九州大学Yasuyuki Takata教授，美国Jungho Kim教授，美国南卡罗莱纳大学Chen Li教授、英国布鲁内尔伦敦大学Tassos Karayiannis教授，清华大学姜培学教授及来自10多个国家和地区的近150名专家学者参加会议。檀勤良在致辞中指出，能源可持续发展是全球共同面对的重大课题，资源紧张、环境影响与气候变化成为能源发展的重要约束，此次会议契合时代发展的脉搏，意义深远。徐进良以动力设备润湿性调控及功能化为主题，做大会报告。能动学院10多名师生参加会议并做报告。

（花之蕾）

【张化永教授主持的国家科技重大专项启动】2017年12月12日，由张化永教授为项目负责人的“十三五”国家水体污染控制与治理科技重大专项“京津冀西北水源涵养及永定河（上游）水质保障技术与工程示范”项目签订任务合同书。该项目借鉴联合国教科文组织、世界粮农组织、美国BAT和TMDL的先进理念和方法，以张家口地区水源涵养功能保持与生态空间优化综合决策支持系统为基础，以冬奥会核心区生态修复与水源涵养功能提升、区域水环境保护及湿地水质保障集成技术工具包为支柱，构建由一个决策支持系统和两个集成技术工具包组成的京津冀西北水源涵养及永定河（上游）水质保障综合技术体系，为京津冀西北水源生态涵养功能提升、“绿色办奥”和区域绿色发展提供科技支撑。通过技术推广，提升京津冀西北燕山-太行山脉水源生态涵养功能，在“一带一路”北线B传播中国生态文明理念。

（花之蕾　张　充）

【徐进良教授主持的国家重点研发计划专项启动】 2017年11月17日，以徐进良教授为首席科学家的国家重点研发计划专项项目启动。该项目为煤炭清洁高效利用和新型节能技术专项领域中超高参数高效率燃煤发电的基础研究。主要从4个方面进行研究：S-CO_2燃煤发电系统概念设计与热学优化，S-CO_2锅炉燃烧及污染物控制，S-CO_2流动传热机理及换热器优化，S-CO_2透平热功转换机理和设计方法。预期创新成果：理论方面建立S-CO_2燃煤火力发电系统能质传递与转换过程耦合机理及尺度效应理论和超高参数燃料化学能释放、能量梯级利用及热学优化理论。技术方面建立S-CO_2燃煤火力发电系统一体化概念设计方法，突破S-CO_2燃煤发电系统中的锅炉、换热器、透平及污染物排放关键技术。

（花之蕾　张　充）

【毕天姝教授获国家自然科学基金杰出青年基金项目资助】 2017年10月，毕天姝教授申报的国家自然科学基金杰出青年基金项目获批立项。毕天姝教授长期从事电力系统保护控制理论技术研究。针对国家大规模新能源并网导致系统故障特性变化、新能源侧主保护失效和重负荷输电线路开断易造成后备保护连锁跳闸问题，揭示主保护时间尺度的新能源电源故障电流时频特性和后备保护时间尺度的潮流转移机理，发明适用于保护控制的动态相量测量方法；提出基于同步波形相似度特征的主保护原理，创新发展可识别潮流转移的广域后备保护控制理论方法；研发适用于保护控制的PMU及其动态测试系统，应用于90%以上PMU厂家的产品；研发出新能源送出线路保护装置，应用于内蒙古等典型新能源接入区域；研发广域后备保护系统，在国网和南网多地投运。该项目是华北电力大学在科研领军人才培养方面的又一重大突破。

（花之蕾　张　充）

【毕天姝教授获国家杰出青年科学基金项目资助】 2017年9月，毕天姝教授申报的国家自然科学基金委杰出青年科学基金项目获得立项资助，资助金额400万元。毕教授长期从事电力系统保护控制理论技术研究。针对中国大规模新能源并网导致系统故障特性变化、新能源侧主保护失效和重负荷输电线路开断易造成后备保护连锁跳闸问题，揭示主保护时间尺度的新能源电源故障电流时频特性和后备保护时间尺度的潮流转移机理，发明适用于保护控制的动态相量测量方法；提出基于同步波形相似度特征的主保护原理，创新发展可识别潮流转移的广域后备保护控制理论方法；研发适用于保护控制的PMU及其动态测试系统；研发新能源送出线路保护装置，应用于内蒙古等典型新能源接入区域；研发了广域后备保护系统，在国网和南网多地投运。主持包括国家重大科研仪器研制项目在内的重大重点项目10项，发表学术论文200余篇（SCI论文37篇），授权国家发明专利29项，获国家科技进步二等奖1项、教育部技术发明一等奖1项、其他省部级科技进步奖8项，入选首届优青和国家万人计划领军人才。

（花之蕾　张　充）

【李庆民教授获国家自然科学基金重点项目立项资助】 2017年9月，李庆民教授申报的国家自然科学基金重点项目获得立项资助，资助金额360万元，这是李教授继2014年获批国家自然基金国际（地区）合作与交流（重点）项目后，又一大的突破，该项目的研究可为提高直流GIL绝缘强度和运行可靠性提供理论和技术基础，对发展直流管道输电具有重要的学术意义和应用价值。

（花之蕾　张　充）

【刘吉臻院士、崔翔教授获国家自然科学联合基金立项资助】 2017年12月，刘吉臻院士和崔翔教授申报的国家自然科学基金委——国家电网公司智能电网联合基金获得批准立项，资助金额分别为350.4万元和340.9万元。刘院士的项目主要研究新能源发电及并网特性、大规模新能源发电主动支撑控制技术、发展可调度资源特性分析与深度开发利用技术、高比例新能源接入下的源网协同控制方法等，针对大规模新能源电力的安全有效利用难题，力求在新能源电力系统特性与控制方面开展系统性研究，在取得理论创新的同时，推进关键技术成果的示范性应用。崔教授的项目围绕IGBT/FRD芯片规模化压接并联封装多物理场相互作用机制的科学问题，以电磁场理论为根本，协同半导体物理、应力场和温度场理论，通过学科交叉，采用理论分析与实验测量相结合的研究方法，从4个方面开展研究（压接并联下芯片的电路模型/特性/表征与筛选方法、压接封装寄生参数对芯片规模化并联动态特性的影响、压接封装绝缘材料绝缘特性及其影响因素、压接封装多物理场与调控方法），认知多物理场相互作用机制，掌握调控方法，为国家自主制造满足智能电网需求的压接型IGBT器件，奠定科学基础。

（花之蕾　张　充）

产 业 管 理

【概述】 华北电力大学产业现有企业30家，是中国电力行业有影响力的高科技产业群体之一，形成以电力科技为核心，电子、通信、计算机、机械、环保等产品和服务并举，内外联合，多层次、多渠道发展格局。并依托大学优势学科与相关企业在战略性新兴产业，尤其是电力领域节能减排，推动清洁能源技术领域搭建广泛应用的桥梁，致力于探索将高校智力资源与企业需求建立紧密结合长效机制的新模式。构建“大电力”特色的智力支撑平台，促进产学研合作良性发展。年内，学校围绕大学社会服务功能，专注于产业规范化建设、科技成果产业化以及学校经营性资产的保值增值，加强对学校控股和参股企业监管，保证学校经营性资产安全、保值和增值。研究制定鼓励学科性公司发展的政策措施，加快学校学科性公司成立步伐，重点孵化具有本校学科特色和优势、具有自主知识产权的科技企业。拓展促进交叉学科、跨行业领域的产学研合作模式，促进科技成果的转化；充分发挥学校学科优势及多学科协作的技术潜力，激活学校人才、技术、实验装备等优势资源，走产学研紧密结合之路，充分利用科技和人才优势扶植创办学科性企业。

（金海燕　姚敬伟　常雅丽）

【概况】 2017年，华北电力大学控股、参股企业资产总额179 924.80万元，比2016年增长4.91%；所有者权益87 773.88万元，比2016年增加9.33%；负债91 217.24万元，资产负债率53.19%。学校控股、参股企业收入81 664.62万元，比2016年降低13.29%；实现净利润6923.85万元，比2016年降低84.07%。截至2017年12月，学校在控股、参股公司所持股权的净资产总额为18 135.21万元；2017年所持股权的营业收入为12 227.52万元，净利润为1851.81万元。

（金海燕　姚敬伟　常雅丽）

【召开经营性资产管理委员会会议】 2017年1月6日，华北电力大学经营性资产管理委员会（以下简称经资委）主任杨勇平主持召开2017年第一次会议，常务副主任孙忠权，副主任李双辰、律方成，委员丁相宝、于喜海、刘斐、杜小泽、李长青、林长强、潘洁出席会议，产业管理处、北京华电天德资产经营有限公司（以下简称资产公司）等有关部门负责人参加。会议审议通过或听取《关于变更派出北京华电天仁电力控制技术有限公司董事的议案》，同意派出金海燕代表资产公司担任北京华电天仁电力控制技术有限公司董事等十一项议案。3月29日，经资委主任杨勇平主持召开2017年第二次会议，常务副主任孙忠权，副主任李双辰、檀勤良，委员丁相宝、于喜海、刘斐、李长青、林长强、潘洁出席会议，产业管理处、大学科技园管理办公室、资产公司等有关部门负责人列席。会议听取或审议通过《关于北京华电天德资产经营有限公司年度工作报告及财务决算情况的汇报》《关于对控股参股公司股权处置结果的通报》等十一项议案。7月11日，经资委主任杨勇平主持召开2017年第三次会议，常务副主任孙忠权、副主任李双辰、律方成、檀勤良，委员丁相宝、刘斐、杜小泽、李长青、林长强、潘洁出席会议，产业管理处、资产公司、对外联络与合作部等有关部门负责人列席。会议审议通过或听取《关于组建北京华电慧能科技有限公司（暂命名）的议案》等八项议案。经资委作为学校经营性资产监督管理机构，在学校党委、行政和国有资产管理委员会的领导下开展工作，代表学校对经营性资产行使占有、使用和收益分配权。

（金海燕　姚敬伟　常雅丽）

【参展第十九届中国国际工业博览会】 2017年11月7—11日，以“创新、智能、绿色”为主题的第十九届中国国际工业博览会在国家会展中心（上海）举行。华北电力大学参展项目是由产业管理处、资产公司组织学校科研平台、华电扬中智能电气研究中心、首都科技条件平台华北电力大学研发实验服务基地、学校学科性公司汇聚选拔出来，产品项目涉及新能源、新材料及公共安全防护领域最新科研成果。其中，由能源与动力工程学院薛志勇和电气工程学院刘明基联合研发的“非晶合金高速永磁电机研制及测试平台开发”项目获本届工博会高校展区特等奖。该项目通过制备适用于高速永磁电机的非晶带材，实现永磁电机效率达到95%，功率高出传统硅钢永磁电机功率37.5%，并开发出高速电机性能测试平台。此外，学校还获得第十九届工博会高校展区优秀组织奖，资产公司总经理金海燕获高校展区优秀个人奖。

（姚敬伟）

【珠海绿色创新电力峰会暨展览会】 2017年12月14—16日，华北电力大学与中国电力企业联合会、中国南方电网有限责任公司、珠海市会展集团有限公司等联合主办的2017中国（珠海）绿色创新电力峰会暨展览会在珠海国际会展中心举办。校长杨勇平出席峰会并致辞，副校长孙忠权出席峰会。此次活动组织工作由校长办公室、对外联络与合作部、科研院、产业管理处、资产公司等多部门联合完成。组织多家学科性公司及十多项创新产品和技术参展。

（姚敬伟　刘　航）

【举行百进千对接会】 2017年5月22日，华北电力大学科技成果产业化培训暨首都科技条件平台华北电力大学研发实验服务基地百家重点实验室进千家企业对接会在华北电力大学举行。该活动由学校实验基地主办，资产公司承办，昌平工作站、能源环保中心、华北电力大学国家大学科技园协办。邀请中科院创新孵化投资公司副总经理李中华做“专利运营——让创新的价值最大化”主题发言。北京市科学技术委员会条件财务处调研员李建玲、昌平区科学技术委员会副主任张卫军、首都科技条件平台专项工程师毛振芹、产业管理处处长林长强、科学技术研究院基地管理办公室主任朱正茂、资产公司总经理金海燕以及学校教师科研团队、学生创业团队、相关企业和部分兄弟院校、单位代表70余人出席。培训结束后，举办2017年度实验基地的百家重点实验室进千家企业活动，并与人人实验（北京）科技有限公司签订合作协议。7月，实验基地完成2016—2017年度考核工作。

（姚敬伟）

【两家所属企业挂牌新三板】 2017年5月26日，北京华电光大环境股份有限公司（以下简称华电光大）股票在全国中小企业股份转让系统挂牌获批，股票代码：871633。12月6日，华电光大在全国中小企业股份转让系统中心举行新三板挂牌上市敲钟仪式。华北电力大学校长杨勇平，副校长孙忠权，中关村科技园区昌平园管理委员会副主任康巍巍，产业管理处处长林长强、资产公司执行董事兼总经理金海燕，国泰君安证券股份有限公司执行董事陈新义等相关领导，受邀出席敲钟仪式，与华电光大董事长董长青及公司核心管理团队，共同见证这一里程碑时刻。华电光大于2013年注册成立，是学校生物质发电成套设备国家工程实验室研究团队以自主知识产权创办的学科性公司，是国内唯一一家具有独立自主知识产权的板式脱硝催化剂生产企业。公司致力于SCR脱硝技术、SNCR脱硝技术、生物质锅炉、直喷式生物质燃烧器、特种锅炉（焚烧垃圾、废气、废液、危险废物）等技术和产品的研发、设计和推广应用。7月31日，保定华仿科技股份有限公司（以下简称保定华仿）股票在全国中小企业股份转让系统挂牌获批，股票代码：872152。9月21日，保定华仿公司在全国中小企业股份转让系统有限公司举行挂牌敲钟仪式。华仿科技董事长马士英，副校长孙忠权，资产公司执行董事兼总经理金海燕及保定市相关领导，中介机构负责人共同出席活动。华仿科技于2002年注册成立，是从华北电力大学成功孵化的高新技术企业。公司致力于计算机仿真系统、电动机节能调速系统等大型软件和设备的研发生产，以及电力系统运行人员技能培训和鉴定的服务，是中国电力企业联合会认定的仿真培训基地和电力系统运行人员技能鉴定第三方认证机构。新三板挂牌是保定华仿和华电光大发展历史上的重要里程碑，也是学校科技产业发展中的重要篇章。

（金海燕　常雅丽）

【组建三家学科性公司】 2017年，三家学科性公司先后成立。6月8日，北京华电恒锐科技有限公司注册成立；11月30日，北京华电能源互联网研究院有限公司注册成立；12月11日，北京华电新能源电工材料研究院有限公司注册成立。资产公司代表华北电力大学分别持股20%。

（金海燕　常雅丽）

【召开科技产业发展珠海座谈会暨扬中市招商推介会】 2017年12月14日，由资产公司主办、广东校友会企业家俱乐部协办的华北电力大学科技产业发展珠海座谈会暨扬中市招商推介会在广东省珠海市国际会议中心召开。来自学校科学技术研究院、扬中市、校办企业及校友企业20余位嘉宾代表参加。副校长孙忠权出席并就学校科技产业发展总体方向做重要指示。来自各个专业领域企业家代表分享各自领域的成果和经验。

（姚敬伟　刘　航）

【共建产学研合作基地】 2017年4月8日，华北电力大学与扬中市共建产学研合作基地暨第二届国际智慧能源互联网论坛在扬中市举行。校长杨勇平、副校长孙忠权等出席活动。

（常雅丽　贾玉丹）

【津冀协同创新与科技成果转化论坛】 2017年4月20—21日，由北京高校科技产业协会主办的，京津冀协同创新与科技成果转化论坛暨北京高校科技成果转化联盟2017年会在河北省怀来县召开，华北电力大学作为北京高校科技产业协会会员由资产公司委派代表参会。来自全国13个区、县、市政府代表，12所北京高校代表，43家企业代表，怀来县政府、工商联、开发区及37家规模以上企业代表共200余人参加会议。

（姚敬伟　刘　航）

【当选中国产权协会资本投资运营专业分会理事单位】 2017年4月25日，中国企业国有产权交易机构协会（以下简称中国产权协会）举办资本投资运营专业分会成立大会暨揭牌仪式。资产公司作为54家发起单位之一成为资本投资运营专业分会首批高校类会员单位，并被选举担任分会理事单位，总经理金海燕参会。资产公司加盟分会，将有利于资产公司与产权交易机构、社会资本投资公司及资本运营公司紧密对接，为实现科技创新链、产业发展链、商业价值链以及风险投资链的有机结合打下良好基础，有效推进学校科技成果产业化工作。

（常雅丽　贾玉丹）

【中央企业国有资本收益申报】 2017年，根据《财政部关于做好2017年度中央企业国有资本收益申报工作的通知》（教材司函〔2017〕199号）要求，资产公司聘请北京慧运会计师事务所有限公司对资产公司2016年度财务报表进行审计，并对资产公司所属5家控股公司审计报告进行审核并出具合并审计报告。根据审计报告填写2017年度中央企业国有资本收益申报表，于5月24日报至教育部，12月，完成国资资本收益上交工作。

（常雅丽　贾玉丹）

【获2017年中国产学研合作创新奖】 2017年11月12日，资产公司所属学科性公司——华电智连科技（北京）有限公司（以下简称华电智连）总经理刘松博士在第十一届中国产学研合作创新大会上被授予2017年“中国产学研合作创新奖”。本届中国产学研合作创新大会暨第二十六届山东省产学研展洽会由中国产学研合作促进会与山东省人民政府共同主办。华电智连成立于2015年4月，华电智连技术团队在公司总经理刘松博士的带领下，开发出具备领先（国内外）同类产品一系列具有自主知识产权的配用电信息采集处理整套技术与产品，完成技术成果转化及产业化。

（班莹梅）

【前沿科技创新大赛创佳绩】 2017年11月24日，由中关村管委会、北京市教委、北京市人社局、北京大学、清华大学等主办，中关村前沿科技与产业服务联盟、北京银行承办的首届中关村前沿科技创新大赛在北京举办。资产公司所属学科性公司华电智连凭借电力物联网系统核心技术获“2017中关村前沿科技创新大赛——智慧城市•物联网与信息安全领域TOP10”。

（班莹梅）

【获最佳产权交易组织奖】 2017年12月，北京产权交易所授予资产公司2017年度最佳产权交易组织奖称号，以此表彰资产公司在组织实施产权进场交易方面的突出表现。

（常雅丽）

现代电力研究院建设

【概述】 2017年，现代电力研究院（以下简称“研究院”）围绕能源市场、能源政策、能源信息化等研究方向的关键问题开展理论研究和应用研究，在科学研究、平台搭建、人才培养、国际交流等方面取得进展。加强机构优化和整合，在国家发展和改革委员会价格司指导下，筹建“中国能源经济监管研究院”。

（刘秋霞　李　君）

【概况】 2017年，研究院有在编教职工7人，其中，双肩挑管理人员1人，专任教师4人（教授2人，讲师2人），管理人员2人。研究院下设6个研究中心，分别是“能源市场与价格研究中心”“中国能源政策研究中心”“新能源产业技术经济研究中心”“数字电力与节能研究中心”“智慧能源与信息研究中心”和“电气设备状态检测研究中心”。

2017年，研究院签订科研课题16项（含能源基金会项目1项），其中，纵向课题8项。全年科研经费共计343.6万元，完成全年科研任务的152%。

2017年，研究院教师出国参会、交流访问1人次，外国专家来访5人次。

（刘秋霞　李　君）

【召开能源战略-电力规划-电力市场协调关系研讨会】 2017年5月9日，研究院组织召开“能源战略-电力规划-电力市场协调关系”研讨会，来自国家发改委和国家能源局相关管理部门、科研机构、高等院校、电力企业等单位负责人、专家、学者共40余人参会。研讨会邀请4位专家做主题报告，分别是：中国能源研究会常务副理事长周大地作题为《提高能源系统优化能力是能源革命的重要内容》的报告，中国能源建设集团总工程师吴云作题为《“十三五”及未来电力规划的主要考虑因素、基本原则和落实措施》的报告，华北电力大学校长助理张粒子作题为《电力市场机制与能源战略、电力规划的协同关系探讨》的报告，三峡集团市场营销部主任赵峰作题为《跨省跨区大水电消纳面临的问题及措施建议》的报告。

（刘秋霞　李　君）

【举办电力市场培训班】 2017年5—6月，研究院承担广东省粤电集团有限公司2期电力市场培训项目。培训内容包括中国电力体制改革政策解析，电力市场热点问题研讨及相关理论、实践知识。

（刘秋霞　李　君）

【加拿大何爱民博士来访】 2017年10月25日，加拿大电力监管机构专家何爱民博士应邀来访，并作《北美/加拿大能源发展战略、电力政策、市场机制和监管》专题报告，为国家大水电市场化改革政策研究提供有价值的经验。相关领域的专家和研究院部分师生参加报告会。

（刘秋霞　李　君）

【美国李伟仁教授来访】 2017年11月18—25日，美国德州大学阿灵顿分校李伟仁教授应邀来访，参与《基于大数据分析的智能型风电场技术研究》《山东电力现货市场可行性研究》等课题的项目讨论会，并指导年轻教师和博士生的科研和论文工作。

（丁肇豪　李　君）

【举办现代能源发展论坛】 2017年12月16日，华北电力大学和中国电机工程学会能源系统专委会联合主办、英国繁荣基金项目支持的“第七届现代能源发展论坛”在北京召开，论坛主题是“电力改革与能源电力系统优化”。论坛邀请北京电力交易中心谢开副主任、英国电力和天然气市场监管机构朱敏主任、三峡集团市场营销部赵峰主任和英国国网欧洲日前市场经理马志博先生等4位嘉宾作主题报告。来自国家能源管理部门、英国大使馆、电网企业、发电企业、电力交易中心、科研院所、高校等单位和机构的120余名能源电力领域专家学者参会并交流。

（刘秋霞　李　君）

学术期刊建设

【概述】 2017年，华北电力大学主办的《华北电力大学学报（自然科学版）》（双月刊）、《华北电力大学学报（社会科学版）》（双月刊）、《现代电力》（双月刊）和《电力科学与工程》（月刊）按计划完成编辑出版工作，办刊质量总体上稳中有升，社会影响力进一步扩大。四个期刊共计出版正刊30期，其中《华北电力大学学报（自然科学版）》《华北电力大学学报（社会科学版）》和《现代电力》各出版6期，《电力科学与工程》出版12期；发表论文共计470篇，四个期刊分别发表论文数为100篇、135篇和81篇和154篇；发行共计48 000册，四个期刊分别发行6000册、6000册、6000册和30 000册。

按照《中国学术期刊影响因子年报》对于期刊影响力指数的统计，2017年《学报（自然科学版）》和《电力科学与工程》的影响力指数CI值在106种TM类电气工程学科专业期刊中分别排名第12位和第35位（去年为第18位和37位）；影响因子分别为1.40和0.799（上年为0.945和0.718）。两种重要指数均有明显提升。《现代电力》的影响力指数CI值在106种TM类电气工程学科专业期刊中排名第19位（上年为第19位）；影响因子为0.989（上年为1.092），略有下降。《学报（社会科学版）》的影响力指数CI值在617种综合性人文社科期刊中排名为225位（去年为208位）；影响因子为0.359，排名225位（去年为0.511，排名第170位）。

根据中国科技信息研究所最新发布的《2017年版中国科技期刊引证报告（核心版）》，在32种电气工程类期刊中，《现代电力》和《学报（自然科学版）》综合评价总分排名第9位和第10位，在期刊数量增加的前提下排名保持平稳。

2017年，期刊出版部协助教育部完成教育部主管社科类学术期刊调查统计以及《中国高校社科类学术期刊调研报告》起草工作；协助国家新闻出版广电总局完成北京市哲学社会科学期刊相关信息报送工作。

（王佃启　杜红琴）

【概况】 华北电力大学主办的《华北电力大学学报（自然科学版）》《华北电力大学学报（社会科学版）》《现代电力》及《电力科学与工程》四个学术期刊，共有正式员工10人。其中拥有副高以上职称的编辑人员5人，硕士及以上学历的7人，均具有新闻出版署颁发的编辑出版人员从业资格证书。按照新闻出版管理部门要求，于2017年年底完成责任编辑资格证续展工作。期刊出版部作为学校两地一体化办公的职能部门，贯彻执行党和国家有关期刊出版的方针政策和法律法规，行使对华北电力大学主办期刊的行政管理及工作指导权。

（杜红琴）

【期刊国际化前期调研】 2017年，期刊出版部主任王佃启先后与从事期刊数字化出版与传播的法国EDP-Sciences出版公司、加拿大TRENDMD公司、爱尔兰Compuscript公司、瑞士MDPI AG公司进行接触与了解，并与法国EDP-Sciences出版公司董事长祁贝一行进行正式洽谈。此外，完成创办英文科技期刊的前期调研工作。

（杜红琴）

【承办活动被央视报道】 2017年，学报（社科版）编辑部承办北京市高教学会社会科学学报研究会第七届会员代表大会及“墨香校园——刘艺书法艺术研究会进校园”首站活动，其中“墨香校园——刘艺书法艺术研究会进校园”首站活动被中央电视台以及30余家国内媒体宣传报道。

（杜红琴）

【单篇学术论文下载超千次】 2017年，《现代电力》发表的《新能源微电网研究综述》论文被下载1234次，在2017年发表的71 843篇电力工业类期刊论文中下载量排名第七。

（杜红琴）

【学报被中央办公厅收藏】 2017年，华北电力大学《学报》（社科版）2016年第6期杂志被中共中央办公厅调研室调取收藏。

（杜红琴）

苏州研究院建设

【概述】2017年，华北电力大学苏州研究院开展科技创新，科研平台建设取得进展。获批江苏省自然科学基金项目1项，承担横向项目2项，与20家企业展开技术转移工作，总收入207.36万元。依托现有智库，推进校企对接，深化产学研合作。先后举办中国钢铁行业碳捕集、利用与封存产学研技术研讨会和电能质量综合管理及数据检测评估培训活动，成效颇丰。与新加坡国立大学苏州研究院及西安交通大学苏州研究院联合成立“为侨服务工作站”“联合侨联”。研究院环境修复与功能材料实验室科研水平得到提高，先进生物制品制造联合实验室正式运转。

（张安冬）

【概况】2017年，华北电力大学苏州研究院科研成果丰硕，申报江苏省自然科学基金项目1项，获上级拨款10万元；承担横向项目2项，项目合同总额为78.76万元。科技服务工作稳步进行，新增服务企业10余家，累计服务科技企业40家，协助1家企业认定高新技术企业，协助3家企业进行高新技术企业培育工作，与4家企业联合共建区级研究生工作站，收入约64.72万元。苏州研究院总收入约207.36万元，其中江苏省自然科学基金拨款10万元；横向收入78.76万元；技术服务、技术开发费用约64.72万元；培训项目收入约3.1万元；上级补助约37万元；事业性收入约1万元；其他收入约12.78万元。研究院环境修复与功能材料实验室申请苏州市项目1项，收录SCI论文8篇，申请发明专利12项。现有员工10人，常驻教师、科研人员4人。博士和中高级职称人员5人。

院长：柴大鹏

（张安冬）

【协鑫大学常务副校长闻曙明到访】2017年9月4日，协鑫大学常务副校长闻曙明到华北电力大学苏州研究院交流访问。闻曙明校长介绍协鑫大学的办学模式与教育培训情况。双方就电力行业科研及培训工作进行探讨。

（张安冬）

【举办钢铁行业研讨会】2017年11月16日，华北电力大学苏州研究院举办“中国钢铁行业碳捕集、利用与封存技术产学研研讨会”。该研讨会旨在搭建产学研平台，促进科技成果转化，解决产业共性技术问题。专家学者与企业代表就钢铁行业碳捕集、利用与封存技术领域的最新技术成果进行交流分享，与会专家与企业代表共同探讨技术应用与产业化发展问题。

（张安冬）

【举办电能质量综合管理及数据检测评估培训活动】2017年11月23日，华北电力大学苏州研究院与电无忧学院联合举办“电能质量综合管理及数据检测评估”培训活动。该活动主要利用典型案例报告分析电能质量测试数据，介绍电能质量系统实时监测状态，解决电力系统常见问题，提升电力技术人员实操水平。

（张安冬）

【成立为侨服务站、联合侨联】2017年12月14日，华北电力大学苏州研究院、新加坡国立大学苏州研究院与西安交通大学苏州研究院联合成立“为侨服务工作站”和“联合侨联”。该平台架设起侨界人士联谊合作桥梁，成为园区侨界人士沟通的纽带。

（张安冬）

科研平台建设

Construction of Research Platform

○ 综　　述

2017 年，新能源电力系统国家重点实验室以多学科交叉为基础，开展基础性创新性研究。实验室三大研究方向：新能源电力系统特性及多尺度模拟、规模化新能源电力变换与传输、新能源电力系统控制与优化。获国家奖 2 项，省部级一等奖 5 项。新增科技项目 207 项，其中，国家级 22 项，省部级 5 项，横向项目 180 项。共发表中英文论文 520 篇，SCI 检索 227 篇，出版专著 3 部，获授权发明专利 121 项。研自主研究课题共计 30 项，其中重点类课题 9 项，探索类课题 21 项。实验室戴松元教授团队入选科技部重点领域创新团队，毕天姝教授获国家自然科学基金杰出青年基金资助，徐超教授入选中组部“万人计划领军人才青年拔尖人才”。实验室多次主办或承办大型学术交流会，已成为新能源电力系统领域最具影响的科学研究、人才培养、学术交流和成果转化基地之一。

2017 年，生物质发电成套设备国家工程实验室新增国家和省部级纵向项目共 12 项，中央高校基本科研业务项目 4 项，发表论文 26 篇，其中 SCI 收录 13 篇、EI 收录 6 篇。获授权专利 5 项。实验室作为“中关村开放实验室”，承担国能生物发电集团有限公司、国网节能服务有限公司、大唐环境产业集团股份有限公司及辽宁能源研究所等科研机构委托的技术攻关及检验测试项目共 27 项。

2017 年，国家火力发电工程技术研究中心围绕火力发电的安全、清洁、高效等需求，探索“产、学、研、用”的新机制、新模式和新途径，实现火力发电过程的应用基础研究、技术研发、成果转化、辐射与推广的一体化创新服务体系。中心在应用基础研究和技术原理探索、关键技术攻关、新产品新系统研发等不同层次上为国家火电机组的优化运行提供技术保障。获各级各类纵向科技项目资助 21 项，签订横向科技合作项目 38 项，获国家和省部级科技奖励 3 项，授权专利 28 项，软件著作权 6 项，发表高水平论文 249 篇。

2017 年，电站设备状态监测与控制教育部重点实验室面向国家节能减排与能源环境可持续发展的重大需求，围绕化石能源火力发电和可再生能源发电安全、高效和清洁热功转换过程中的关键科学问题开展应用基础研究。新增固定资产共 104 台套，获各类纵向科技项目资助共 36 项，其中，国家级项目 25 项，省部级科技项目 3 项；签订横向科技项目合同 31 项，获得授权发明专利 29 项，实用新型专利 18 项，软件著作权 6 项，共发表论文 171 篇，其中，SCI 收录 100 篇，中文期刊论文 71 篇，EI 检索 82 篇。

2017 年，资源环境系统优化教育部重点实验室是依托华北电力大学环境科学与工程学院，整合学校其他优势科技资源而形成的一个研究实体。承担的重大科研项目包括：高等学校学科创新引智计划项目、国家重点研发计划、国家自然科学基金重大和面上项目、环保部公益项目、水利部公益项目、联合国开发计划署（UNDP）合作项目。新增科研项目 15 项，纵向项目经费 251 万元，横向项目经费 168.8 万元。发表论文 45 篇，其中 SCI 检索 30 篇。

2017 年，高电压与电磁兼容北京市重点实验室获得科研项目总经费 5343.31 万元。获立项国家重点研发计划课题 7 项，其中国家重点研发计划专项课题 4 项，国家自然科学基金 5 项，获 21 项国家发明专利授权、7 项实用新型授权，发表 SCI 收录论文 52 篇。获“特高压±800kV 直流输电工程”获国家科技进步奖特等奖。

2017 年，能源的安全与清洁利用北京市重点实验室国家自然科学基金项目申报 20 项，持续 4 年保持在 20 项以上。发表科研论文约 112 篇，其中 SCI 论文 94 篇，获项目总经费达 2666 余万。获批授权发明专利 9 项。实验室成员戴松元教授带领、实验室主任姚建曦教授所在团队“新型薄膜太阳电池基础及应用研究”团队，获批科技部重点领域创新团队。实验室戴松元教授入选 2017 领军人才万人计划。

2017 年，工业过程测控新技术与系统北京市重点实验室与新能源电力系统国家重点实验室发电过程测控新技术实验平台共享实验设备以及人才。承担纵向科研项目 10 余项，金额达 2000 余万元，新专利授权 13 项，授权实用新型专利 5 项，软件著作权 3 项，新发表学术论文 80 篇以上，其中 SCI 收录的学术论文 14 篇，EI 期刊 22 篇，中文核心 33 篇。“600MW 超临界循环流化床锅炉技术开发、研制与工程示范”获国家科技进步奖一等奖。

2017 年，低品位能源多相流动与传热北京市重点实验室依托学校优势学科，结合国家和京津冀地区战略需要，在低品位能源利用方面进一步深入研究，并拓展相变传热装置多尺度协同性及构造前沿领域研究。发表期刊论文 38 篇，其中 SCI 收录论文 17 篇，申请和获批发明专利共 7 项。实验室“热科学与工程”教师团队获首批“全国高校黄大年式教师团队”。

2017 年，北京市电力信息技术工程研究中心围绕电力信息安全、电力大数据应用、智能配用电等方向开展研究。承担国家电网公司科技项目 1 项，为“面向同期线损管理的多专业数据治理技术与挖掘应用研究”；完成国家电网公司科技项目申报工作 2 项，分别为“适应源网荷互动的工控系统多层协同防御技术研究及应用”“新能源厂站网络安全防护关键技术研究”。发表学术论文20篇，其中SCI 1篇，EI期刊1篇，中文核心2篇，获授权发明专利7项，申请软件著作权4项。完成面向电力的北斗应用平台建设，开展北斗卫星通信技术在电力行业的应用研究。

2017年，河北省输变电设备安全防御重点实验室主要在电磁环境与电磁兼容耦合机理及测试技术的研究、电气设备状态监测与故障诊断技术的研究、超特高压输变电关键技术的研究等方面进行重点研究。国家重点研发计划5项，国家自然科学基金5项，累计获批经费支持200余万元；河北省自然科学基金3项；承担和完成横向科研项目28项，获得研究经费支持1900余万元；发表论文27篇，其中SCI收录9篇，EI收录14篇；获发明专利授权6项、实用新型专利授权8项，申请发明专利13项。

2017年，河北省发电过程仿真与优化控制工程技术研究中心围绕“火电生产过程建模、仿真与优化控制”“大型火电机组运行优化与节能减排技术研究与应用”“清洁能源发电过程优化运行与控制”等研究方向展开课题研究。工程中心承担和完成科研项目30余项，实到研究经费800余万元。中心积极推动科技成果的转化与应用，为相关企业创造经济效益上亿元。发表论文和出版专著30余篇，获自主知识产权20余项，其中发明专利4项。成果应用5项。

2017年，北京能源发展研究基地针对京津冀地区大气污染治理问题，结合自身优势，继续推出“京津冀雾霾治理一体化”系列学术沙龙，取得良好学术效果。能源基地获各类纵向项目资助共计15项，其中，国家级5项，省部级10项；各类纵向项目结题共计11项，其中，国家级4项，省部级7项；新签横向合同32项；获优秀成果奖励7项，其中，省部级以上奖励6项；发表能源类学术论文共计67篇，其中SSCI检索论文6篇，EI检索论文12篇，SCI检索论文10篇，CSSCI检索论文19篇；出版能源类学术专/译著5部。

新能源电力系统国家重点实验室

【概述】 新能源电力系统国家重点实验室面向国家规模化新能源开发、利用的重大需求，聚焦新能源电力系统的重大科技问题，以多学科交叉为基础，开展基础性创新性研究。实验室由3个大型的综合实验平台和24个功能实验平台以及公共服务区域组成。实验室三大研究方向：①新能源电力系统特性及多尺度模拟；②规模化新能源电力变换与传输；③新能源电力系统控制与优化。2017年，该实验室积极推进新能源电力系统国家重点实验室内蒙古试验研究基地建设。以迎接2018年评估为契机，进一步凝练研究方向，稳步推进主楼A座实验平台建设。围绕国家大规模开发利用与消纳新能源的需求，从新能源电力系统特征出发，立足现有基础，超前规划布局，打造涵盖材料-装备-系统级的五大研究平台。经反复研讨，完成平台建设方案编制，召开平台建设论证会议，部署平台建设具体任务，签订平台搬迁目标责任书。精心筹备并成功举办第二届学术委员会第一次会议，发挥学委会的指引作用。依托团队采取主动措施加快现有人才的成长过程，戴松元教授团队入选科技部重点领域创新团队，毕天姝教授获国家自然科学基金杰出青年基金资助，徐超教授入选中组部“万人计划领军人才青年拔尖人才”，卞星明副教授、王玮副教授、马国明副教授入选中国科协青年人才托举工程，马国明副教授获“2017中国电力优秀青年工程师”荣誉称号。至年底，实验室已成为新能源电力系统领域最具影响的科学研究、人才培养、学术交流和成果转化基地之一。

（彭跃辉　张　洪）

【概况】 2017年，新能源电力系统国家重点实验室有固定人员88名，其中研究人员78人，技术保障及管理人员10人。有中国工程院院士2人、国家杰出青年科学基金获得者3人、国家“千人计划”3人、“万人计划”领军人才2人、国家级教学名师1人、国家百千万人才工程人选4人、中科院百人计划3人、国家优秀青年科学基金获得者2人、“万人计划”青年拔尖人才1人、“青年千人计划”1人、教育部新世纪优秀人才8人。科技部重点领域创新团队1个，教育部创新团队2个，“111”学科创新引智基地3个。实验室获国家奖2项，省部级一等奖5项。其中，齐磊教授参与完成的“特高压±800kV直流输电工程”项目获国家科技进步奖特等奖；刘吉臻院士参与完成的“600MW超临界循环流化床锅炉技术开发、研制与工程示范”项目获国家科技进步奖一等奖。实验室新增科技项目207项，合同总经费14 315万元，实际到款12 285万元。其中，国家级22项，经费4225.96万元；省部级5项，经费93万元；横向项目180项，合同经费9996.7万元。年内共发表中英文论文520篇（其中，SCI检索227篇），在本学科领域1区发表高水平文章96篇；出版专著3部；获授权发明专利121项。实验室在研自主研究课题共计30项，其中重点类课题9项，探索类课题21项。新增探索类课题3项，人才类项目4项。围绕研究领域的核心科学问题和关键科学技术，批准设立开放课题22项，资助经费130万元。实验室主办或承办“第四届能源论坛暨国际工程科技发展战略高端论坛”“中欧可再生能源创新论坛”“中国工程院可再生能源协调发展与高效利用工程前沿技术研讨会”“海峡两岸绿色能源与应用学术研讨会”等学术会议 7 场次；实验室成员应邀作特邀报告 29 次。邀请海外专家讲学 45 人次；派实验室人员往境外交流 30 人次。全年共接待社会各界人士参观 80 余场次，接待各类参观人员 800 人次。

主　任：刘吉臻

副主任：毕天姝　崔　翔　牛玉广　张海波

徐　岩　黄永章　彭跃辉

网　址：http：//laps.ncepu.edu.cn/

（彭跃辉　张　洪）

【召开第二届学术委员会第一次会议】 2017 年 1 月 14 日，新能源电力系统国家重点实验室第二届学术委员会第一次会议在华北电力大学召开。学术委员会委员黄其励院士、李立浧院士、金红光院士、罗安院士、刘吉臻院士、肖立业研究员、沈炯教授、王成山教授、崔翔教授，实验室特聘专家韩英铎院士、杨奇逊院士，科技部基础司司长叶玉江、教育部科技司基础处处长郜忠智，校长杨勇平、副校长王增平、律方成、檀勤良出席会议。檀勤良宣读《新能源电力系统国家重点实验室学术委员会委员聘任文件》。杨勇平致欢迎辞，并为第二届学术委员会委员颁发聘书。专家、委员听取实验室主任年度工作报告、代表性研究报告、内蒙古试验研究基地筹建进展报告及开放课题情况汇报，肯定实验室在平台建设、人才培养及科研成果等方面取得的显著成绩，对实验室今后的发展提出宝贵建议与意见。

（张　洪）

【入选第二批青年人才托举工程】 2017 年 3 月 17 日，中国科协公布第二批“青年人才托举工程”（2016—2018 年度）入选名单，全国共有 206 名青年科技人才入选。新能源电力系统国家重点实验室马国明副教授（高电压与绝缘技术专业）及卞星明副教授（电气工程专业）分别经中国电机工程学会、中国电工技术学会推荐并入选。“青年人才托举工程”是由中国科协启动的人才支持项目，旨在帮助青年科技人才在创造力黄金时期做出突出业绩，努力成长为品德优秀、专业能力出类拔萃、社会责任感强、综合素质全面、具有国际视野的学术技术带头人，成为国家主要科技领域高层次领军人和高水平创新团队的重要后备力量。

（张　洪）

【两项成果获国家科学技术奖】 2017 年 1 月 8 日，新能源电力系统国家重点实验室研究人员参与完成的 2 项科技成果获 2017 年度国家科学技术奖：齐磊教授参与完成的“特高压±800kV 直流输电工程”项目获国家科技进步奖特等奖；刘吉臻院士参与完成的“600MW 超临界循环流化床锅炉技术开发、研制与工程示范”项目获国家科技进步奖一等奖。2017 年度国家科学技术奖励大会在北京举行，共授予 2 名最高奖获奖人、271 个项目、7 名外籍专家。

（张　洪）

【获国家杰出青年科学基金】 2017 年 8 月 4 日，国家自然科学基金委员会公布 2017 年度国家杰出青年科学基金建议资助项目申请人名单，毕天姝教授入选资助名单。

（张　洪）

【两项目通过技术鉴定】 2017 年，新能源电力系统国家重点实验室两个项目通过技术鉴定。4 月 20 日，中国电机工程学会在北京组织召开“基于故障关联信息的站域分布式新型保护系统”技术鉴定会。项目鉴定委员会由中国工程院韩英铎院士担任主任委员，国内知名高校、国家电网公司、中国南方电网公司、中国能源建设股份有限公司等单位的 11 名专家组成。专家认为该项目在基于故障关联信息的站域分布式保护方面开展深入分析研究，解决传统后备保护难以满足电网发展的要求和现有广域保护实现方式难以实用化等难题，全面提升继电保护的性能，为智能变电站及智能电网的发展提供先进的保护技术和发挥工程示范作用。成果推广应用为可使国家持续引领站域-广域保护理论研究及工程实践水平，进一步确立中国在世界继电保护领域的引领地位。与会专家对本项目给予高度评价，认为该成果整体处于国际领先水平。10 月 17 日，刘吉臻院士创新团队田亮、牛玉广等人完成的“供热机组调峰运行控制关键技术及工程应用”项目，通过由中国电机工程学会组织的技术鉴定。清华大学岳光溪院士担任鉴定委员会主任，电力规划设计总院孙锐副院长和东南大学沈炯教授担任鉴定委员会副主任。与会专家对项目给予高度评价，一致认为该项目能够显著提高抽汽式供热机组的整体控制水平，对缓解弃风弃光问题意义重大，项目总体居国际先进水平，其中基于利用热网蓄热的机炉热协调快速变负荷控制技术居国际领先水平。

（张　洪）

【承办能源论坛】 2017 年 9 月 21—22 日，第四届能源论坛暨能源革命与电力创新”国际工程科技发展战略高端论坛”（The 4th Energy Forum “Energy Revolution & Electrical Innovation”）召开。此次会议由中国工程院和国家能源局联合主办，华北电力大学等单位承办，国内外高校与学会协会支持。会议邀请 39 位两院院士、5 位具有重要影响力国际专家、14 位政府官员及来自有关企业、高校和研究院所专家和师生代表共 1700 余人参加会议。

（张　洪）

生物质发电成套设备国家工程实验室

【概述】 2017年，生物质发电成套设备国家工程实验室加强研发平台建设，包括生物质燃烧实验平台、生物质选择性热解实验平台、生物质热解炭化实验平台、生物质热解气化实验平台、生物质发电设备材料实验平台、生物质发电动力设备实验平台、生物质发电测控技术实验平台、生物质收储运实验平台、生物质发电仿真实验平台、生物质发电成套设备验证性实验平台、锅炉烟气污染物治理实验平台、生活垃圾热解处理实验平台、有机废液高效焚烧实验平台、无机废水处理实验平台等。实验室集理论研究、技术开发与装备研制为一体，为生物质发电行业、锅炉烟气污染物治理行业等的理论研究与工程实践提供理论支撑与技术支持。

实验室承担国家973计划、国家自然科学基金、北京市科技计划等多项重大科研项目，为科研院所、高新技术企业等提供技术攻关和检验测试服务。

实验室在生物质电站集成设计与优化运行技术、燃煤锅炉内生物质混燃技术、生物质高效热化学转化技术、板式脱硝催化剂技术、生物质成型技术等方面进行专利布局，并推进自主创新科研成果的产业化。

实验室培养“新能源科学与工程”本科生及“新能源与可再生能源”研究生，为能源行业输送高素质人才。

实验室与荷兰代尔夫特理工大学、比利时根特大学、爱荷华州立大学等国外机构开展合作和交流。

（孔凌楠）

【概况】 2017年，实验室新增国家和省部级纵向项目共12项，其中国家自然科学基金面上项目2项，北京市自然科学基金项目面上1项，北京市共建项目1项，国家重点工程实验室开发基金项目共3项，农业部农业生态和资源保护总站资助项目1项，农业部法制与政策调研项目1项，教学改革项目3项。实验室新增中央高校基本科研业务项目4项。实验室发表论文26篇，其中SCI收录13篇、EI收录6篇。实验室获授权专利5项，申请专利10项。

2017年，实验室作为“中关村开放实验室”，承担国能生物发电集团有限公司、国网节能服务有限公司、大唐环境产业集团股份有限公司及辽宁能源研究所等科研机构委托的技术攻关及检验测试项目共27项。

2017年，实验室董长青教授入选科技部创新人才推进计划科技创新创业人才，陆强副教授入选北京市科技新星计划。

2017年，实验室继续加强国内外行业交流。实验室代表应邀参加“第三届全国青年燃烧学术会议”“火电灵活性改造技术交流研讨会”“第十七届全国分析与应用裂解学术会议”等学术会议，并做主题报告。

2017年，实验室进一步加强国际交流与合作。荷兰代尔夫特理工大学Adrianus Verkooijen教授、爱荷华州立大学的Xianglan Bai副教授、比利时根特大学生物系统工程系WolterPrins教授等外国专家来访，与实验室师生进行深入交流，并举办多场学术报告。

主　任：吴占松

常务副主任：董长青

副主任：陆　强

实验室网址：http: //nelb.ncepu.edu.cn/

（孔凌楠）

【参加检验检测工作会议】 2017年3月27—31日，实验室人员，参加由教育部科技发展中心主办的实验室内部审核工作会议和高校实验室仪器设备内部校准工作会议。9月、10月，实验室人员分两批次参加由国家认证认可监督管理委员会认证认可技术研究所举办的实验室资质认定内审员培训班。

（孔凌楠）

【参加分析测试能力验证】 2017年7月，实验室参加国家认监委委托煤炭科学研究总院承办的“煤灰特性分析”能力验证计划，测试项目结果为满意。10月，实验室人员参加国家煤炭质量监督检验中心在重庆召开“2017年能力验证暨煤质检测技术交流会。

（孔凌楠）

【参加安全管理培训】 2017年12月28日，实验室人员参加由北京市教委举办的《高等院校实验室危险化学品安全管理规范（试行）》宣贯培训班。通过此次培训班，实验室人员系统学习实验室危化品管理专业知识，增强安全意识，认识到应急管理及应急演练的重要性。实验室人员将培训所学知识运用到安全管理的具体实践中，对实验室各个房间开展安全检查，张贴安全警示标识和气瓶配置状态标识，将安全管理工作日常化、规范化。

（孔凌楠）

【外国专家来访】 2017年9月23日至10月21日，荷兰代尔夫特理工大学Adrianus Verkooijen教授访问实验室，期间围绕可再生能源，欧洲电力市场，核能新技术等能源专题举办多场学术报告，并就下一步开展人才培养合作进行交流。8月18日，爱荷华州立大学的Xianglan Bai副教授应邀访问实验室，就生物质高效热化学转化技术开展讨论。8月25日，美国林务局森林产品实验室高级研究科学家 Junyong Zhu 博士应邀来访实验室进行学术交流，并围绕木质素纤维素类生物质的高效利用做学术报告。10 月 22—28 日，比利时根特大学生物系统工程系 Wolter Prins 教授应邀来访，并围绕生物质高效热化学转化做学术报告。

（孔凌楠）

国家火力发电工程技术研究中心

【概述】 国家火力发电工程技术研究中心围绕火力发电的安全、清洁、高效等需求，以火电机组调峰和高效变工况运行、火电机组过程节能、火力发电清洁运行与环保减排、火力发电测控与仿真等技术为主要研究方向，探索“产、学、研、用”的新机制、新模式和新途径，实现火力发电过程的应用基础研究、技术研发、成果转化、辐射与推广的一体化创新服务体系。

2017 年，中心各项工作有序开展。中心在技术研发和创新基地、人才培训基地、中试产业化示范基地、成果转化和辐射扩散基地、工程技术咨询与信息服务基地等基地建设方面成效显著，中心建成以先进电力材料研发、火力发电过程节能与机组优化运行、火电厂清洁运行与环保减排技术等方向为主的大型研发及中试实验平台，建设的太阳能储能实验平台、电能层析成像实验平台，声学监测实验平台、超临界水环境金属氧化实验平台等平台技术指标处于国内领先水平，平台总体利用率和研发能力处于国内先进水平。并积极承担国家 973、863、科技支撑计划等多项重大课题及企业委托的各类项目，建立良好的“产、学、研、用”合作交流机制。

（王　敏）

【概况】 2017 年，该中心在应用基础研究和技术原理探索、关键技术攻关、新产品新系统研发等不同层次上为国家火电机组的优化运行提供技术保障。中心建成五大研发和中试基地，占地面积达 4038 平方米，仪器设备等固定资产总额 4023 万元，形成国内一流的研发平台和中试基地及集研发、中试和推广应用的完整链条。中心试验基地占地面积约 2023 平方米，实验台及仪器设备 112 台（套），固定资产总额 2125 万元，位于主楼 F 座；培训基地 1 个，占地面积 600 余平方米，位于行政楼 4 层；火力发电空冷技术研发基地占地面积约 1013 平方米，实验台及设备 53 台（套）；能源环境科学与工程研究基地拥有大型仪器 22 台，试验平台 11 套，总资产达 2028 万元，在火力发电重金属污染的监测与控制领域处于国际领先水平。

2017 年，国家火力发电工程技术研究中心继续加强与行业大型企业集团、科研院所以及依托单位重点实验室等研发单位的紧密合作，通过整合依托单位的多学科技术优势，承担国家项目、联合攻关、技术服务、技术咨询、人才培养和成果转化等方式，中心共获各级各类纵向科技项目资助 21 项，共签订横向科技合作项目 38 项；获国家和省部级科技奖励 3 项，授权专利 28 项，软件著作权 6 项，发表高水平论文 249 篇。

2017 年，中心拥有专业结构合理、技术水平高、创新能力强、工程化经验丰富的研发队伍，中心有固定人员 67 人、流动人员 98 人，其中教授占 40%、副教授占 29%，高层次专业技术人才比重大，是一支研究和工程相结合、固定和流动相结合，年龄与职称合理、具有创新能力和创新精神的人才队伍。中心拥有一批拔尖的高层次专业技术人才和研发团队，其中中国工程院院士 3 人，千人计划专家 3 人，973 首席科学家 3 人，教育部“长江学者和创新团队发展计划”学术带头人 2 人，国家杰出青年科学基金获得者 3 人，国家“百千万人才工程”入选者 3 人，新世纪优秀人才支持计划获得者 7 人，创新人才支持计划 20 余人。

主　任：杨勇平
常务副主任：顾煜炯
副主任：陈海平　程伟良　席新铭
网　址：www.tprc.org.cn

（王　敏）

【参加三证培训班和资质申请准备工作】 2017 年 3—5 月，中心参加由国家认监委研究所（CCAI）组织的 2017 年检验检测机构资质认定/实验室认可内审员及评审员培训班，并顺利通过考核，取得检验检测机构资质认定内审证书（国家认监委印制）、CNAS 实验室认可内审员证书（17025）、检验机构认可内审员证书（17020），中心实验室顺利完成基础条件改造和 CMA 资质认证的材料准备和工作流程建设等工作，中心将通过燃煤电厂重金属检测方向申请国家检验检测机构资质，为企业进行检测服务的过程中积累的经验与资源，也对中心的科研能力提升、成果转化具有促进作用。

（王　敏）

【与中国节能减排有限公司进行合作交流】 2017 年 8 月 24 日，中心、生物质发电成套设备国家工程实验室与中钢集团天澄环保科技股份有限公司召开合作交流座谈会。会议就火力发电节能减排环保领域的热点话题进行技术交流座谈，中心对电站直接空冷系统空气流场节能优化技术进行详细介绍，并希望借此契机加强产学研用合作，共同促进成果转化落地。

（王　敏）

【开展专项检查和治理】 2017 年 10—12 月，在学校资产处的统一指导下，通过多次全校及中心内部安全检查和安全专项治理工作，重点对危险化学品、高压气瓶、特种设备、水电布置等常见问题进行集中整治，及时发现安全隐患，并完成整改，预防和减少安全事故。在实验室公共安全设施方面，通过充分调研，配备急救箱、喷淋洗眼装置等安全设施，针对实验室内通风能力不足等问题，中心制定实验室加装通风设备实施方案，彻底解决实验室长期存在的通风不畅等问题。

（王　敏）

【1000MW 燃煤机组通过 168 小时考核】 2017 年 11 月 29 日，中心团队研发的燃煤电厂飞灰在线改性吸附脱汞技术及装备在神华国华徐州发电有限责任公司 2 号 1000MW 燃煤机组顺利通过 168 小时考核，可以移交生产投入商业运行。改性飞灰吸附系统投运后，最终汞浓度低于 2μg/Nm^3，综合汞脱除效率高于 90%，该成果的商业应用是中心成果从研发，小试、中试及工程转化的成功典范。

（王　敏）

【完善规章制度】 2017 年，中心实验室管理水平进一步提高，《国家火力发电工程技术研究中心实验平台管理办法》等一系列管理制度得到进一步完善，并建立实验室的“准入与退出”机制、实验平台动态管理机制和实验台建设审核机制，以促进中心高水平实验平台建设和成果产出。

（王　敏）

【发行《火力发电》刊物】 2017 年中心与联盟内部发行《火力发电》杂志共 6 期，杂志面向联盟与中心理事单位、火力发电厂、火力发电设备制造商、火力发电协会学会、大专院校、科研院所等单位及火力发电行业技术专家、技术主管、高级管理者等重要人士。《火力发电》刊物将加强联盟成员单位之间的技术交流，实现优势互补，推动火力发电产业的技术创新发展，是中心与联盟对外宣传服务的重要窗口。

（王　敏）

电站设备状态监测与控制教育部重点实验室

【概述】 电站设备状态监测与控制教育部重点实验室面向国家节能减排与能源环境可持续发展的重大需求，围绕化石能源火力发电和可再生能源发电安全、高效和清洁热功转换过程中的关键科学问题开展应用基础研究。立足动力工程及工程热物理与材料科学与工程、机械工程、控制科学与工程的多学科交叉，研究全工况状态监控与运行优化理论与方法，探索复杂能源动力系统能量多尺度输运机理、多因素耦合特性及能耗时空分布规律，为国家电力能源工业的健康发展提供科技支撑。实验室包括四个相互关联的研究方向：①燃烧过程检测与污染控制；②高温金属材料特性与失效预防；③高效热功转换与过程节能；④电站运行状态监控。围绕前述方向，通过对检测方法、材料特性和过程机理的探索，研究电站设备运行状态及其发展变化规律，实现安全、高效和清洁的化石能源和新能源发电。

（唐宁宁）

【概况】 2017 年，电站设备状态监测与控制教育部重点实验室新增固定资产共 106 台套，总价值 144.94 万元。实验室占地面积 3930 平方米，科研设备总资产 3200 多万元。实验室有大型仪器和检测设备共计 41 台套对外开放共享，总价值 1800 万余元。获各类纵向科技项目资助共 36 项，资助金额为 7028.2 万元。其中，国家级项目 25 项，省部级科技项目 3 项；签订横向科技项目合同 31 项，合同金额 1394.128 万元。合同金额超过 100 万元项目有 3 项。获得授权发明专利 29 项，实用新型专利 18 项，软件著作权 6 项；共发表论文 171 篇，其中，SCI 收录 100 篇，中文期刊论文 71 篇，EI 检索 82 篇。在团队建设方面，新增教育部长江学者特聘教授 1 名（杜小泽）；新增国家“万人计划”青年拔尖人才 1 名（徐超）；引进国家杰出青年基金获得者周怀春教授及其团队；徐进良教授团队入选首批全国黄大年式教师团队；栗永利副教授入选 2017 年江苏省“双创计划”创新领军人才；张宇宁副教授被 SCI 收录国际期刊 IET Renewable Power Generation 正式任命为副主编。有 4 名青年教师分别在美国、澳大利亚、加拿大等国家进行为期一年的学术交流。实验室科技成果获得 4 个奖项，其中，“高寒地区特高压设备安装关键技术”获 2017 年度电力建设科学技术进步奖二等奖 1 项，“太阳能-相变蓄热结合用于建筑节能的关键问题研究”获 2016 河北自然科学奖二等奖，“导电率为 61%IACS 的耐热铝合金导体材料研制及导线工程应用”获 2016 中国有色金属工业科学技术奖一等奖。实验室作为“火力发电过程节能与清洁运行”北京市国际科技合作基地，继续发挥平台的优势作用，积极加强和促进国际合作与交流。实验室主办或承办国际学术会议 2 次；邀请国外专家进行学术交流活动 14 次，有来自美国、英国和法国等国家的专家学者访问实验室；实验室专家受邀做学术报告 6 次。实验室固定研究人员 34 名、流动研究人员

23 名、实验技术人员 3 人，以富有创新力的中青年学术骨干为主，包括：国家杰出青年基金获得者 4 名；教育部长江学者特聘教授 2 名；国家“千人计划”学者 1 名；国家“万人计划”首批科技创新领军人才 1 名；国家“百千万人才”一、二层次人选 3 名；国家“973 计划”首席科学家 3 人次；国家重点研发计划首席专家 1 名；国家优秀青年基金获得者 1 名；国家“万人计划”青年拔尖人才 1 名；中科院“百人计划”学者 3 名；教育部新世纪优秀人才 7 名。重点实验室培养毕业博士研究生 14 名、硕士研究生 98 名。1 名博士研究生在美国进行为期一年的交流学习。

主　任：徐　鸿

副主任：杜小泽　张乃强　徐　超

网　址：http: //cmc.ncepu.edu.cn/

（唐宁宁）

【与诺丁汉大学共同举办国际会议】 2017 年 12 月 17—19 日，由重点实验室和宁波诺丁汉大学共同举办的 3rd International Symposium of Fluids and Thermal Engineering（第三届流体与热能工程国际会议）会议在诺丁汉大学宁波校区召开。重点实验室学术带头人徐进良教授及英国诺丁汉大学阎玉英教授共同作为大会主席，来自 10 多个国家和地区近 150 名专家学者参加会议。该会议聚焦工程热物理与材料、化学等交叉学科前沿热点问题。徐进良教授以动力设备润湿性调控及功能化为主题，做大会报告，重点实验室及能动学院 10 多名师生参加会议并做报告。

（唐宁宁）

【世界首台套百万燃煤机组飞灰脱汞系统通过考核】 2017 年 11 月 29 日，潘伟平教授团队研发的燃煤电厂飞灰在线改性吸附脱汞技术及装备在神华国华徐州发电有限责任公司 2 号 1000MW 燃煤机组通过 168 小时考核，可以移交生产投入商业运行。研究团队潘伟平教授和张永生副教授首创燃煤电厂飞灰在线改性吸附脱汞技术并研制相关设备。该技术以燃煤电厂废弃飞灰为原料，通过机械力和化学方法在电厂对飞灰在线改性，形成脱汞吸附剂；改性后的吸附剂喷射到电厂烟道，对烟气中的汞进行吸附脱除。改性飞灰吸附系统投运后，最终汞浓度低于 $2\mu g/Nm^3$，综合汞脱除效率高于 90%。

（唐宁宁）

【外籍教师现场授课】 2017 年 9 月 19 日，可再生学院研究生课程《现代仪器分析》在重点实验室进行现场教学。外籍教师对重点实验室 X 射线衍射仪和扫描电镜两个大型检测仪器进行讲解，并由实验室技术人员进行操作演示。通过讲解，现场 20 名研究生基本了解仪器功能、操作流程及注意事项，为今后科研实验打下基础。

（唐宁宁　袁晓娜）

【密苏里大学张玉文教授到实验室学术交流】 2017 年 10 月 13 日，美国密苏里大学机械工程系张玉文教授来实验室进行学术交流，并做题为“Multiscale Modeling and Simulation of Selective Laster Sintering”学术报告。参加学术交流的有华北电力大学能动学院院长、重点实验室学术带头人徐进良教授和重点实验室的魏高升教授等 50 余位师生。此次报告围绕增材制造技术进行交流，通过图片讲解和案例分析增材制造技术中选择性激光烧结、激光化学气相沉积、激光化学气相渗透等技术的工作原理与实际应用及与传统工艺相比的优缺点分析。

（唐宁宁）

【国家重点研发计划项目启动】 2017 年 11 月 17 日，华中科技大学、西安交通大学、安徽工业大学、东南大学、浙江大学、广东工业大学、中国科学院工程热物理研究所、中国华能集团清洁能源技术研究院有限公司、河北省电力勘测设计研究院、南京科远自动化集团股份有限公司等共同参加的国家重点研发计划项目“超高参数高效二氧化碳燃煤发电基础理论与关键技术研究”正式启动。该项目负责人为重点实验室团队带头人徐进良教授。

（唐宁宁）

【举办实验室安全培训】 2017 年 9 月 26 日，能源动力与机械工程学院组织，国家火力发电工程技术研究中心和电站设备状态监测与控制教育部重点实验室共同举办能动学院实验室安全培训会。该学院一年级博、硕士研究生和部分青年教师 240 余人参加。培训会由国家火力发电工程技术研究中心副主任席新铭主持。电站设备状态监测与控制教育部重点实验室副主任张乃强通过安全事故案例分析、化学品安全基础知识、实验室废弃物处理、特种设备使用安全、电气安全与消防安全、实验事故应急处理和实验室安全管理规定等七部分内容对实验室安全知识进行详细阐述。

（席新铭）

【主办 700℃超超临界发电关键技术研讨会】 2017 年 10 月 9—14 日，重点实验室主任徐鸿教授和德国斯图加特大学 Stefan Weihe 教授共同组织发起的第一届中德 700℃超超临界发电关键技术研讨会在德国斯图加特大学 MPA 会议中心举行。会议由中德科学中心资助。来自中国华北电力大学、清华大学、大连理工大学、武汉大学的 8 位教授、来自德国斯图加特大学、达姆斯塔特工业大学、弗赖堡大学、凯泽斯劳滕大学、开姆尼茨工业大学以及德累斯顿工业大学等学术机构的 10 位教授，日本 NIMS、印度 BHEL 的专家学者，德国曼海姆发电有限公司、美国 GE 公司、德国西门子公司、上海电气集团等企业科技人员参加此次研讨会。所有参会代表均为 700℃超超临界发电技术领域国际知名学者，全部都做研究主题报告，并交流各自研究所的研究领域和进展，对 700℃超超临界发电技术领域中最主要的研究主题（材料研究、力学特性与设计制造工艺）进行深入讨论。本次研讨会共有 25 个学术报告，涵盖 700℃超临界机组的高温部件材料研究、高温部件力学特性研究、设计及制造工艺研究等内容。基于 700℃超超临界发电技术发展过程中出现的问题，重点对下一步的理论和实验研究方向等进行深入讨论。

（张乃强）

【一篇论文入选 ESI 高被引论文】 2017 年，根据最新 ESI 高被引论文数据库，重点实验室青年学术骨干张宇宁副教授作为第一和通讯作者的一篇题为“A review of rotating stall in reversible pump turbine”的论文入选，该论文是应英国机械工程师协会会刊 C 辑“Proceedings of the Institution of Mechanical Engineers，Part C：Journal of Mechanical Engineering Science”邀请撰写的综述论文，详细介绍作者、合作者及相关同行近期在抽水蓄能电站稳定性领域提炼的科学问题、取得的研究进展和未来拟解决的核心问题。该论文自 2017 年 4 月发表以来，已被引用 15 次。

（张宇宁）

【朱广东高级工程师访问实验室】 2017 年 7 月 25 日，来自美国国家可再生能源实验室（NREL）的朱广东高级工程师访问实验室，并做题为“Linear Fresnel-a Concentrating Solar Power Technology to Advance Energy Innovation”的学术报告，先进能量系统研究所魏高升教授主持本次报告，杜小泽、冼海珍、沈国清、巨星、叶锋、廖志荣等 30 余位师生听取报告。报告重点介绍线性菲涅耳太阳能线性聚光技术最新进展及美国国家可再生能源实验室最新研究成果。

（魏高升）

【法国国家科研中心一级主任研究员到访】 2017 年 11 月 14 日，法国国家科研中心一级主任研究员、法国国家科研署能源部科技负责人、南特热学与能源工程研究所联合领导成员、流动与能源系统强化传递研究室主任罗灵爱到实验室交流访问，并做题为“多尺度能量系统的效率优化”的学术报告。参加报告的有重点实验室栗永利副教授、张宇宁副教授等及学校其他院系师生。

（唐宁宁）

【美国里海大学 Carlos E. Romero 教授到访】 2017 年 12 月 19 日，美国里海大学 Carlos E. Romero 教授到访，并做题目为《煤中稀土元素萃取及相变储热研究》的学术报告。Carlos 教授为美国里海大学能源研究中心主任、首席科学家，美国机械工程师协会、国际燃烧协会会员。在热能动力和洁净煤燃烧领域有三十多年的研究经验，研究领域包括燃煤电厂排放控制和性能改进、化学动力学、可再生能源等领域。承担美国、加拿大、墨西哥、欧洲和中国等多地区相关科研项目研究，项目经费两千五百多万美元，发表论文 250 多篇。Romero 教授从储热材料的性能及功能特性讲起，针对不同成分的效果阐述其对于空冷过程中换热效率的影响，并介绍样机的设计和相关运行过程的效果数据。

（张永生）

资源环境系统优化教育部重点实验室

【概述】 资源环境系统优化教育部重点实验室是依托华北电力大学环境科学与工程学院，整合学校其他优势科技资源而形成的一个研究实体，2010 年 12 月由教育部批准立项建设，2016 年 12 月通过教育部验收。实验室主要针对能源供需矛盾、温室气体、大气污染及与社会、政治、经济相关的复杂环境问题开展科学研究，为多区域、多种尺度的资源与环境系统管理提供科学的决策支持，为解决与防治中国经济发展中的诸多资源与环境问题提供科学依据。实验室研究方向主要包括：不确定性优化理论与技术；中国特色的多尺度区域能源模型；能源与环境系统互动机理与耦合技术研究；能源系统风险预测预警与管理决策综合研究等。研究方向涉及能源与环境工程、热能工程、管理科学与工程、可再生清洁能源等领域。实验室在建设过程中将依托实验室的多个学科点和相关博士后科研流动站，为国家培养资源与环境领域的专业技术人才。

2017 年，该重点实验室针对多尺度区域能源系统模拟研究室、能源与环境耦合过程研究室、能源系统虚拟现实管理研究室、不确定性理论系统分析中心、能源系统随机过程高级计算中心、智能信息处理中心、区域能源高级计算中心加大固定资产投入。新增固定设备资产 58 万元。发挥科研优势，加强关键科学问题的深入研究和集成，实现多个重点领域和重要方向的跨越发展。新增纵向项目科研经费 251 万元，新增横向项目科研经费累计 168.8 万元。承担的重大科研项目包括：高等学校学科创新引智计划项目、国家重点研发计划、国家自然科学基金重大和面上项目、环保部公益项目、水利部公益项目、联合国开发计划署（UNDP）合作项目。

国际合作与交流。与国内外多家知名院校、企业在人才培养、科技攻关、科技成果转化、产学研结合等方面展开全方位交流与合作。聘请多名国内外专家、学者到重点实验室进行指导讲座；博士生于磊、王冰完成“2016年国家建设高水平大学公派研究生项目联合培养博士研究生选派计划”回国，访问期间，与里贾纳大学科研人员开展学术合作，在能源规划与环境系统分析研究领域取得丰硕成果；邀请加拿大同步辐射光源中心的凤任飞博士进行学术交流与访问，与凤任飞博士就同步辐射及加速器应用合作事宜达成共识；邀请台湾辅英科技大学的陈建中教授进行学术交流与访问，拟开展环控物联网的研发和应用等方面的科研合作。

研究成果产业化。高度重视产学研结合，积极将研究成果产业化，转化为实际生产力，通过与企业、政府、兄弟院校以及科研院所多层次的密切合作，在规划制定、政策咨询、方案评估、节能减排等领域取得较好社会和经济效益；与多个企业和园区开展各个层面的合作，在大中小循环层面，制订编写循环经济发展规划和实施方案，解决当地政府和企业的在发展经济和保护环境、节能减排方面的深层次问题，经由可持续发展之路发展经济，提高人民生活水平；与国网电力科学研究院（武汉）能效测评中心合作进行电动汽车冷热电联供等数据收集项目研究；与国家应对气候变化战略研究和国际合作中心合作进行“十三五”推动碳捕集、利用和封存（CCUS）发展的工作方案制定研究；与中国石油集团安全环保技术研究院合作开展基于分子对接技术的芳香烃生物降解刺激方法开发研究；与清华大学合作进行碳捕获和存储技术对中国碳排放交易体系的主要影响研究；与中国科学院生态环境研究中心合作进行千烟洲红壤丘陵区样品分析测试项目研究；与北京师范大学合作研究基于多种降尺度技术流域高分辨率多情景气象数据集；与中石油集团安全环保技术研究院合作研究石油污染场地新型联合处理工艺开发；与北管道联合有限公司西部分公司合作研究土壤及地下水修复-污染模拟。

科研成果。师生共发表论文45篇，其中SCI检索30篇，获2016年度高等学校科学研究优秀成果奖（科学技术）自然科学奖二等奖 1人。

研究生培养。毕业博士6人，硕士36人；新入学博士研究生4人，硕士生29人；在读博士生20人，硕士生90人；博士研究生靳舒葳、于磊，硕士研究生焦阔获研究生国家奖学金荣誉；博士研究生邱尤丽获优秀博士奖学金荣誉；博士研究生于磊、索彩、邱尤丽，硕士研究生焦阔、王晓蕾、吕静、翟梦瑜、杨佳雯、王灵志、辛美玲、薛颖、江桂红获优秀研究生荣誉；博士研究生包哲，硕士研究生陈晨、何源、杨兰获优秀研究生干部荣誉；硕士研究生何姗姗获春季优秀毕业研究生称号；博士研究生任丽霞、张俊龙、刘静获夏季优秀毕业研究生称号；博士研究生于磊完成“2016年国家建设高水平大学公派研究生项目联合培养博士研究生选派计划”回国，访问期间，与里贾纳大学科研人员积极开展学术合作，在能源规划与环境系统分析研究领域取得丰硕成果。

（郑如秉　郭军红　李　薇）

【概况】 2017年，资源环境系统优化教育部重点实验室有固定在编人员37人，在编客座研究人员27人，聘请7位本领域国内外著名专家担任学术顾问。其中包括中组部“千人计划”人才2人、国家杰出青年基金获得者2人、教育部长江学者特聘教授2人、973计划首席科学家1人、优秀青年基金获得者 1 人、“青年拔尖人才计划”入选者 1 人。该重点实验室硕士研究生在校人数90人，新入学硕士生29人，硕士毕业生36人。在读博士研究生20人，新入学博士研究生4人，博士毕业生6人。优秀毕业研究生4人，国家奖学金获得者2人，优秀博士奖学金获得者1人，优秀研究生奖学金获得者12人，优秀研究生干部获得者4人。2017届毕业研究生36人全部与用人单位签订三方协议。新增科研项目15项，其中国家或省部级纵向项目8项，企事业单位委托科技项目7项。新增纵向项目经费251万元，横向项目经费168.8万元。重点实验室师生共发表论文45篇，其中SCI检索30篇。获2016年度高等学校科学研究优秀成果奖（科学技术）自然科学奖二等奖 1 人。该重点实验室到访外国专家或外籍教师10人次，国家建设高水平大学公派研究生项目联合培养博士研究生选派计划归国2人次。

该重点实验室拥有研究室4个，下设研究中心和实验室15个。

实验室主任：黄国和

学术委员会主任：王　浩

（郑如秉　郭军红　李　薇）

【王盛萍获自然科学奖二等奖】 2017年2月22日，中华人民共和国教育部发布教技〔2017〕3号文件，《教育部关于2016年度高等学校科学研究优秀成果奖（科学技术）奖励的决定》，正式公布2016年度高等学校科学研究优秀成果奖（科学技术）获奖名单，该教重实验室王盛萍副教授参与的“中国北方森林恢复多尺度生态水文响应机理”项目获自然科学奖二等奖。

（郑如秉　郭军红）

【加拿大同步辐射光源中心凤任飞博士到访】 2017年3月28日，加拿大同步辐射光源中心的凤任飞博士应邀对重点实验室进行学术交流与访问。访问期间，凤任飞博士做题为“Synchrotron Radiation and Related Applications”的主题讲座，并与重点实验室师生共同讨论辐射光源的基本原理、历史发展、加速器构造和领域应用等内容。提问互动环节，凤任飞博士就现场师生所关心的问题进行详细解答，同时也希望与重点实验室进行进一步合作。会议由黄国和教授主持，该重点实验室部分师生出席。

（郑如秉　郭军红）

【台湾辅英科技大学陈建中教授应邀到访】 2017年6月1

日，台湾辅英科技大学陈建中教授应邀对重点实验室进行学术交流与访问。陈建中教授为重点实验室师生做题为“环控物联网之系统优化与教学应用”的学术讲座，并与重点实验室师生进行座谈，就实验室建设及未来科研合作等方面达成共识。

（郑如秉　郭军红）

高电压与电磁兼容北京市重点实验室

【概述】 高电压与电磁兼容北京市重点实验室于 2004 年 5 月获批建设。该实验室以新一轮的能源革命为发展契机，并紧密围绕北京市建设布局合理、运行灵活、绿色智能的现代化电网和发展新型电工装备支柱专业的战略需求，重点开展下列研究：①电介质物理与放电机理；②低温绝缘与超导输电；③多物理场交互作用与复杂电磁环境；④输变电装备故障诊断与状态评估。

（程养春）

【概况】 2017 年，实验室成员 33 人，其中教授 17 人（含博士生导师 12 人），高级工程师 3 人，副教授 9 人，讲师 4 人。实验室成员中千人计划入选者 1 人，国家杰出青年基金获得者 1 人，国家百千万人才工程入选者 2 人，教育部新世纪优秀人才 1 人，中国科学院百人计划入选者 1 人。

（程养春）

【教学成果】 2017 年，实验室完成本科生、留学生、函授成教和研究生教学高电压、电磁学科十余门课程。

（程养春）

【科研成果】 2017 年，实验室获得研项目总经费 5343.31 万元。科研立项方面，国家重点研发计划课题 7 项，其中国家重点研发计划专项课题 4 项：“运行条件下油纸绝缘性能动态演化规律与故障仿真”“1000kV 环保 GIL 用支撑绝缘子设计制造技术”“±1100kV 直流换流站绝缘子与外绝缘关键技术研究”“特高压开关设备用环氧绝缘缺陷 诊断与运维技术”；国家自然科学基金 5 项，获 21 项国　家发明专利授权、7 项实用新型授权，发表 SCI 收录论文 52 篇。

2017 年度，“特高压±800kV 直流输电工程”获国家科技进步奖特等奖，获省部级及其他奖项共计 6 项。

（程养春）

【平台建设】 2017 年，实验室结合主楼 A 做搬迁，规划建设高压大功率电力电子器件与组件大电流关断特性实验平台、磁性材料高频磁化与损耗特性测试平台、高压大功率高频变压器电磁-热-振动噪声特性实验平台、器件特性测试实验平台、器件封装实验平台、高温超导材料电磁特性和稳定性实验平台、大电流和低温绝缘实验平台、电磁兼容测试平台、先进绝缘固体材料试验平台、先进绝缘液体材料试验平台、先进传感技术研究平台和先进测量技术研究平台。

（程养春）

能源的安全与清洁利用北京市重点实验室

【概况】 2017 年，能源的安全与清洁利用北京市重点实验室在科研、学科工作取得较大进展。实验室成员国家自然科学基金项目申报 20 项，持续 4 年保持在 20 项以上。实验室成员发表科研论文约 112 篇，其中 SCI 论文 94 篇。至年底，实验室成员项目总经费达 2666 余万元。其中横向项目经费 2086 余万元，纵向项目经费 580 余万元；2017 年实验室成员共申请发明专利 9 项，获批授权发明专利 9 项。实验室成员戴松元教授带领、实验室主任姚建曦教授所在团队“新型薄膜太阳电池基础及应用研究”团队，获批科技部重点领域创新团队。实验室成员戴松元教授入选 2017 领军人才万人计划。实验室共有博士生导师 17 人，教授 21 人，副教授 20 人。实验室硕士研究生招生 64 人，博士研究生招生 18 人，在籍研究生 245 人。接受外国来华留学生攻读硕士研究生 3 名，博士研究生 2 名。

实验室主任：姚建曦

（姚建曦）

【开展国际科技合作交流】 2017 年 6 月，实验室分别协办中国工程院可再生能源协调发展与高效利用工程前沿技术研讨会及海峡两岸绿色能源与应用学术研讨会，并有多名团队成员在论坛上作专题报告。

（姚建曦）

【戴松元教授出席国际学术会议并作报告】 2017 年 6 月，戴松元教授参加在韩国成均馆大学举行的“第六届成均国际太阳能论坛（SISF2017）”国际学术会议，并做报告；2017 年 10 月，受日本九州工业大学邀请，戴松元教授参加在日本九州工业大学举办的中日双边会议，项目：纳米材料及其应用新能源设备。以及在日本姬路市举办的第十一届纳米杂化太阳能电池会议（NHSC）并做报告。

（姚建曦）

【外国专家来访】 2017 年，实验室共邀请 Tasawar Hayat、Sankar Gopinathan、唐军旺、Dionysios Demetriou、Thierry Pauporte 等多位国外专家作为“111 引智”专家到实验室进行交流访问。

（姚建曦）

工业过程测控新技术与系统北京市重点实验室

【概述】工业过程测控新技术与系统北京市重点实验室（华北电力大学）为北京市教育委员会和北京市科学技术委员会于 2008 年 12 月 30 日批复增补认定的北京地区普通高等学校北京市重点实验室。新能源电力系统国家重点实验室为科技部于 2011 年 3 月 29 日颁布的文件同意立项，并将其列入国家重点实验室 2011 年建设计划。发电过程测控新技术试验平台（原名发电过程状态监测与优化控制平台）是新能源电力系统国家重点实验室的一个重要研究平台，承担国重建设任务。工业过程测控新技术与系统北京市重点实验室与新能源电力系统国家重点实验室发电过程测控新技术实验平台共享实验设备以及人才。

2017 年，实验室承担纵向科研项目 10 余项，金额达 2000 余万元，其中包括国家重点研发计划两项；科研设备总资产达到 1800 余万元，10 万元以上仪器设备达到 22 件。“600MW 超临界循环流化床锅炉技术开发、研制与工程示范”获国家科技进步奖一等奖；“燃煤电站经济运行关键技术研究及应用”获陕西省科学技术奖一等奖。

（李　青）

【概况】 2017 年，实验室在传统能源与新能源建模、控制与优化等方面进行深入研究。主要研究方向包括：工业过程检测新技术；基于大数据分析的建模与仿真；大机组先进控制技术与系统；测控系统信息安全。

科研队伍。重点实验室有固定研究人员及技术人员 23 名，其中院士 1 人，教授 10 人，副教授 5 人，讲师 5 人，高级工程师 1 人，工程师 1 人。实验室有“发电过程状态监测与优化控制”研究团队，团队负责人为刘吉臻院士。在科研现状及成果方面，承担各类纵向科技项目资助 10 余项，资助金额达 2000 万元，其中 2017 年新增国家重点研发计划专项项目 2 项，山西科技重大专项 1 项，中国国电集团 2017 重点科技项目 1 项。2017 年度新专利授权 13 项，申请发明专利 24 项，授权实用新型专利 5 项，软件著作权 3 项，新发表学术论文 80 篇以上，其中 SCI 收录的学术论文 14 篇，EI 期刊 22 篇，中文核心 33 篇。“600MW 超临界循环流化床锅炉技术开发、研制与工程示范”获国家科技进步奖一等奖；“燃煤电站经济运行关键技术研究及应用”获陕西省科学技术奖一等奖。

平台建设。至年底，实验室占地面积 1631.55 平方米，科研设备总资产 1800 余万元，10 万元以上仪器设备达到 22 件。

教育教学。实验室培养硕士研究生 28 名，博士研究生 4 名。承担控制与计算机工程学院的教学任务及培训工作，为本科生的培养教育提供实验设备及场地，接待国内外专家开展多项学术交流及参观活动，促进学术进步并促成多项项目合作。

主　任：曾德良

网　址：http: //cce.ncepu.edu.cn/mcs

（李　青）

【参研项目获国家科技进步奖一等奖】 2017 年，由华北电力大学、清华大学、东方电气集团东方锅炉股份有限公司、神华集团等 30 余家单位共同参与研发的 600 兆瓦超临界循环流化床锅炉技术开发、研制与工程示范项目获国家科技进步奖一等奖。华北电力大学单位排名第四，团队负责人刘吉臻个人排名第九。该项目成功解决循环流化床锅炉技术从 300 兆瓦亚临界自然循环突破到 600 兆瓦超临界强制流动带来的理论及工程挑战，完成世界首台 600 兆瓦超临界锅炉的创新实践，“发电过程状态监测与优化控制”研究团队在多年研究积累的基础上参加该项目，攻克 CFB 锅炉燃烧过程建模、“即燃碳”在线软测量、控制系统优化设计等技术难题，构造出一种全新的 CFB 机组控制系统。系统投用三年多来，运行稳定、控制品质优良，解决大型 CFB 机组控制这一世界级难题，该成果也成为该项目取得的三大创新成就之一。

（李　青）

【1 项目获陕西省科学技术奖一等奖】 2017 年，曾德良教授参研项目燃煤电站经济运行关键技术研究及应用”获陕西省科学技术奖一等奖，该项目为国家科技支撑计划课题，由西安热工研究院有限公司牵头，西安西热节能技术有限公司、西安交通大学、华北电力大学四家单位共同参与完成。

（李　青）

【新增 4 个纵向科研项目】 2017 年，实验室新 4 个增纵向科研项目。分别是国家重点研发计划，常规供热机组调节能力提升与电热综合协调调度技术，负责人牛玉广，时间 2017—2020 年，经费 600 万元；国家重点研发计划，高效灵活二次再热发电机组研制及工程示范，负责人曾德良，时间 2017—2020 年，经费 277 万元；山西科技重大专项，燃煤电厂大型空冷系统节能与安全运行技术及装备开发，负责人刘吉臻，时间 2017—2019 年，经费 200 万元；中国国电集团 2017 年重点科技项目，基于平台开放型的智能 DCS 关键技术研发，负责人曾德良，时间 2017—2018 年，经费 150 万元。

（李　青）

【周坚、汪庆华参观实验室】 2017 年 10 月 20 日，校党委书记周坚，副校长汪庆华到实验室参观指导工作，院党委书记刘威及院长房方陪同参观，实验室主任曾德良教授接待交流。

（李　青）

【东南大学李世华教授来访】 2017 年 10 月 31 日，东南大学李世华教授来访，并做题为“机电系统建模、分析与非线性控制方法及其应用研究”的报告。

（李　青）

【英国拉夫堡大学 Wenhua Chen 教授来访】 2017 年 11 月 7 日，英国拉夫堡大学 Wenhua Chen 教授来访，并做题为“风电控制系统建模、分析与先进控制方法及其应用研究”的报告。

（李　青）

低品位能源多相流动与传热北京市重点实验室

【概述】 低品位能源多相流动与传热北京市重点实验室依托学校优势学科，紧密结合国家和京津冀地区战略需要，在低品位能源利用方面进一步深入研究，并拓展相变传热装置多尺度协同性及构造前沿领域研究，取得多项代表性研究成果。

代表性成果研究进展。发表期刊论文 38 篇，其中 SCI 收录论文 17 篇，申请和获批发明专利共 7 项。进行相变传热装置多尺度协同性及构造，中低温热源开发与利用，太阳能的高效利用与转换等规划的研究内容。实验室对徐进良主任承担的重点基金“相变传热装置多尺度协同性及构造”和国家自然科学基金国际合作项目“中低温热源驱动的有机工质朗肯循环热功转换的基础研究”进行相关研究，其中国家自然科学基金国际合作项目结题。由徐进良教授牵头的国家重点研发计划“超高参数高效二氧化碳燃煤发电基础理论与关键技术研究”项目获批准并展开研究工作。实验室主任徐进良教授负责的“热科学与工程”教师团队入选首批“全国高校黄大年式教师团队”。与广东微铭公司、河北省电力勘探设计研究院等单位开展技术合作。另外还进行 6 个国家自然科学基金的相关研究。年内，实验室在 9 个方面取得进展。①大面积金属基浸润性异质表面及阵列液滴的制备；②液滴碰撞亲-疏水性组合壁面的动力学机理研究；③纳米尺度下沸腾核化的分子动力学模拟；④改性乳突多尺度表面池沸腾传热研究；⑤热管蒸发器和冷凝器亲疏水匹配调控两类（核态和对流）相变传热机理；⑥高温太阳能的热利用；⑦ORC 系统自适应控制动态特性的实验研究；⑧有机朗肯循环系统孤网运行的实验研究；⑨实验室成果产业化进程（有机朗肯循环的反渗透海水淡化复合系统；百千瓦级 ORC 样机研制）。

国际交流合作。波诺丁汉大学和华北电力大学共同举办 3rd International Symposium of Fluids and Thermal Engineering 国际会议，徐进良教授任大会共同主席。徐进良教授在第一届非共沸工质研究高端论坛、上海研究生学生论坛和第十五届全国热管会议等会议作特邀报告。实验室博士生余雄江博士在英国爱丁堡大学 Khellil Sefiane 教授团队做短期学术交流。同时在研究生培养、申请国际项目和共同发表成果方面达成协议。实验室徐进良教授及其他研究人员等到英国、加拿大及美国做学术交流。

徐进良教授作为专家委员会主任举办第十届全国大学生节能减排大赛，参会人数达 1000 余人。

荣誉及获奖。徐进良教授作为团队负责人的“热科学与工程”教师团队获首批“全国高校黄大年式教师团队”。徐进良教授作为负责人牵头的国家重点研发计划“超高参数高效二氧化碳燃煤发电基础理论与关键技术研究”获批并启动。实验室研究的流型调控换热技术及设备参加第十九届中国国际高新技术成果交易会获优秀产品奖，获奖名称：流型调控换热器及关键技术。

（刘广林）

【概况】 2017 年，徐进良教授为项目负责人获批国家重点研发计划 1 项，总经费 2842 万元；徐进良教授获得 Elsevier 高被引中国科学家称号；实验室团队入选首批全国高校黄大年式教师团队；实验室科研人员苗政副教授获批基金委面上基金 1 项，谢剑博士后获博士后基金资助 1 项；徐进良教授作为会议共同主席参加宁波诺丁汉大学举办的 3rd International Symposium of Fluids and Thermal Engineering；实验室引进刘国华教授 1 名，毕业博士生 5 人；实验室主任徐进良被邀请做会议大会报告 4 次；2 名研究生获国家奖学金和优秀研究生称号；实验室余雄江博士在英国爱丁堡大学 Khellil Sefiane 教授团队做短期学术交流。实验室产业化研究再获突出成果，与华能清能院签订技术服务协议，在 ORC 产业化、大功率 LED 照片冷却方面获新成果。

主　任：徐进良教授

（刘广林）

【获科技部专项资助】 2017年，实验室主任徐进良教授作为负责人，承担国家重点研发计划项目“超高参数高效二氧化碳燃煤发电基础理论与关键技术研究”经过多轮答辩获批，资助经费2842万元，参加单位包括华中科技大学、西安交通大学、安徽工业大学、东南大学、浙江大学及中国科学院工程热物理研究所等11家院校研究所。项目11月启动，科技部高技术中心处长朱卫东，总体专家组张忠孝教授、吕清刚研究员、李春启教授；项目专家组何雅玲院士、刘吉臻院士、高翔教授、姜培学教授；项目科技管理专家组副校长檀勤良，院长杜小泽及课题负责人参加会议，深入探讨项目前景展望、科学技术问题及实施方案等。

（刘广林）

【入选首批黄大年式团队】 2017年，实验室团队在徐进良带领下申请全国高校黄大年式教师团队，经过院系推荐，学校评审公示，教育部评审等环节入选首批“全国高校黄大年式教师团队”。该团队以黄大年同志为榜样，心有大我、教书育人、敢为人先，淡泊名利、甘于奉献，把爱国之情、报国之志融入祖国改革发展的伟大事业之中、融入人民创造历史的伟大奋斗之中，从自己做起，从本职岗位做起，为学校新时代高水平大学建设和“双一流”建设，为教育科研事业贡献力量。

（刘广林）

【徐进良教授获高被引科学家称号】 2017年，世界著名国际出版商爱思唯尔（Elsevier）发布2017年中国高被引学者（Most Cited Chinese Researchers）榜单。榜单由世界著名国际出版商爱思唯尔（Elsevier）发布，利用爱思唯尔的Scopus数据库，基于论文引用数遴选而成。该榜单制作者从Scopus中筛选来自中国大陆机构的论文作者，统计他们在不同学科之间的分布，并按总数2000人计算出各学科的名额分配，随后在各个学科按相应名额筛选出作为通讯作者或第一作者发表的论文被引总次数排名最高的作者名单。榜单展示国内40个学科中表现最好的1776名高被引学者。实验室主任徐进良教授连续4年入选能源领域高被引科学家。

（刘广林）

【产业化成果再获突破】 2017年，实验室在低品位能源有机朗肯循环发电系统和大功率LED冷却方面研究成果实现企业转化，实验室长期提供技术咨询，并与华能清能院签订技术服务协议。

（刘广林）

【举办国际学术会议】 2017年12月，3rd International Symposium of Fluids and Thermal Engineering国际学术会议在宁波诺丁汉大学举行。该会议由英国诺丁汉大学Yuying Ya和徐进良教授担任共同主席，150余名国内外学者参加会议。徐进良教授团队作为大会共同主席出席此次会议，团队10余名师生参会。

（刘广林）

【国内外交流多元化】 2017年，实验室在学术研究方面坚持“走出去，引进来”政策，引进刘国华教授，余雄江博士在英国爱丁堡大学Khellil Sefiane教授团队做短期学术交流；徐进良教授为专家委员会主任承办第十届全国大学生节能减排大赛；徐进良教授参加北京产业技术前沿大讲堂、上海研究生学生论坛及中国力学大会等并做报告。

（刘广林）

【获批2项国基项目资助】 2017年，实验室研究以国家需求为指引，实验室科研人员苗政副教授获批低品位能源发电混合工质研究基金委面上基金1项，谢剑博士后获强化冷凝传热研究的博士后基金资助1项。

（刘广林）

北京市电力信息技术工程研究中心

【概况】 北京市电力信息技术工程研究中心是北京市科委与华北电力大学共建的北京市科研平台，全称为“电力信息技术北京市高等学校工程中心，Beijing Higher Institution Engineering Research Center of Electric Information Technology”（简称为“工程中心”），2010年3月经北京市科委、教委核准成立。工程中心是国家科技创新体系的重要组成部分，是北京市设立的唯一一所专业从事电力行业信息技术研究和成果推广应用的工程中心。工程中心隶属北京市，依托华北电力大学建设和管理。工程中心按专业科研机构设立和建设运营，承担大学科研成果转化和市场推广的任务，是大学科研成果产业化、产品化的工程平台。

工程中心面向国家电力发展及智能电网建设的重大需求，研究信息技术支撑智能电网建设的前沿问题和应用技术问题，解决电力信息化和智能电网建设的关键问题，是推进电力信息技术进步和科技成功产业化的重要基地。工程中心实际使用面积有1500平方米，拥有7个实验室、1个大数据中心、1个研究所、1个测试中心，在电力信息安全、电力智能软件、智能配电网以及电力大数据应用等方面有较好的研究基础和先进的研究成果。

2017年，工程中心围绕电力信息安全、电力大数据应用、智能配用电等方向开展研究。承担国家电网公司科技项目1项，为“面向同期线损管理的多专业数据治理技术与挖掘应用研究”；完成国家电网公司科技项目申报工作2项，分别为“适应源网荷互动的工控系统多层协同防御技术研究及应用”“新能源厂站网络安全防护关键技术研究”。

2017年，工程中心发表学术论文20篇，其中SCI 1篇，EI期刊1篇，中文核心2篇，获授权发明专利7项，申请软件著作权4项。完成面向电力的北斗应用平台建设，开展北斗卫星通信技术在电力行业的应用研究。

2017年，工程中心团队新增博士生1人、硕士生17人；毕业硕士研究生20人，博士研究生1人。

工程中心主任：吴克河

（张晓良）

河北省输变电设备安全防御重点实验室

【概述】河北省输变电设备安全防御重点实验室2009年成立，至2017年年底，是学校唯一一所河北省输变电设备研究领域省级重点实验室。实验室以实现校企联合，科技创新，人才培养为宗旨，围绕国家及河北省能源电力的科技需求开展工作，主要在电磁环境与电磁兼容耦合机理及测试技术的研究、电气设备状态监测与故障诊断技术的研究、超特高压输变电关键技术的研究等方面进行重点研究。实验室涉及学科包括电气工程一级学科博士点，高电压与绝缘技术、电工理论与新技术、电机与电器3个二级学科博士点和1个电气工程博士后科研流动站。本实验室具有培养博士后、博士、硕士、本科四个层次人才的完善体系。

（耿江海）

【概况】 2017年，河北省输变电设备安全防御重点实验室有固定人员37人，其中具有正高级职称13人，副高级职称9人，其中70%以上具有博士学位，是一支以中青年学术骨干为主的科研团队，人员素质及结构不断提升。实验室现有科研用房1420平方米，办公用房647平方米，主要仪器设备146台套，资产总值2574.2万元。团队拥有国家杰出青年科学基金获得者1人、国家级教学名师1人、全国模范教师1人、国家电网特高压交流试验示范工程特殊贡献专家1人、霍英东青年教师基金获得者2人。

2017年，实验室在研“±500kV直流电缆系统试验及运维技术”“工程过电压绝缘配合与外绝缘及电磁环境技术”等国家重点研发计划5项，国家自然科学基金5项，累计获批经费支持200余万元；河北省自然科学基金3项；承担和完成横向科研项目28项，获得研究经费支持1900余万元；发表论文27篇，其中SCI收录9篇，EI收录14篇；获发明专利授权6项、实用新型专利授权8项，申请发明专利13项。实验室现有博士点2个、硕士点3个。

2017年，实验室共招收博士研究生10人、硕士研究生68人，毕业博士研究生7人、硕士研究生63人。“智能高压开关设备关键技术及其应用”获中华人民共和国教育部科学技术进步奖一等奖。

实验室主任：律方成

（耿江海）

【一项科研成果获教育部科技进步一等奖】2017年2月22日，律方成教授参与完成的“智能高压开关设备关键技术及其应用”项目，获中华人民共和国教育部科学技术进步奖一等奖。该项目由中国电力科学研究院、清华大学、华北电力大学等多家单位共同承担，对智能高压开关设备开展系统研究，突破设计、制造与检测、状态评估与控制等三方面若干关键技术，建立国家、行业和企业三级技术标准体系。

（耿江海）

河北省发电过程仿真与优化控制工程技术研究中心

【概述】 2017年，河北省发电过程仿真与优化控制工程技术研究中心以电力行业为背景，围绕“火电生产过程建模、仿真与优化控制”“大型火电机组运行优化与节能减排技术研究与应用”“清洁能源发电过程优化运行与控制”等研究方向展开课题研究，与国内外知名科研院所和工程单位密切合作，取得多项技术突破，创造良好社会和经济效益。

2017年，工程中心与上海明华电力工程技术有限公司、北京华科新纪控制技术有限公司、国电科学技术研究院、北京华电杰德科技有限公司等工程单位合作展开优化控制站的完善与升级工作。该系统在分散控制系统研究成果的基础上，对传统的系统结构进行扩展。该优化控制系统已应用于国内多家火力发电企业。工程中心进一步完善两票培训考核及开票专家系统。该系统以电力企业两票制度和安规制度为基础，为电力企业提供一套集实际开票、安规培训考核、开票培训、实时系统图监测等功能为一体的软件，具有较强的通用性和可扩展性。软件的应用可以显著提高员工的业务素质，降低开票错误率，提升电力生产安全性。工程中心在原国电投东北公司下属的7家电厂应用的基础上进一步优化该系统结构，为其在国电投公司的全面推广打好基础。

2017年，工程中心与多家相关企事业单位和科研院所合作，发挥各自的优势，实现强强联合。先后与北京国电智深控制技术有限公司、上海明华电力工程有限公司、国电科学技术研究院、国电投东北公司等工程单位在一系列工程研究领域中进行实质性合作。共同完成“现场总线设备管理系统”“热工过程优化控制系统”“基于虚拟现实技术的热力设备检修培训与管理系统”等多个工程研究项目和技术课题。

2017年，工程中心与国电投技术研究中心合作，主要针对发电企业信息化管理软件开发；火电机组建模、仿真与优化控制软硬件开发；新能源发电系统监控与运行优化；发电设备3D模拟与虚拟检修等方面的技术研究，确定建立定期协商机制。共同构建产学联盟新体系，努力实现校企合作、产学双赢，强强联合，实现技术研发与工程应用直接对接。

2017年，工程中心充分发挥资源优势，积极利用基础设施进行对外服务，开放火电机组仿真系统等仪器设备对外进行研究和技术培训工作。承担建设的华北电力大学自动化系卓越工程师实验室为“卓越工程师计划”试验班学生的生产实践环节服务。该实验室提供的激励式仿真平台，在培养和锻炼学生的工程实践能力方面，发挥重要作用。同时，该实验室还包含“卓越工程师计划”培养过程大部分专业技术课程实验，包括自动控制理论、过程控制、电子技术基础、计算机控制技术与系统等。

（董　泽）

【概况】 2017年，河北省发电过程仿真与优化控制工程技术研究中心现拥有固定人员48人，其中教授16人，副教授18人，高级工程师1人。工程试验用房面积1480平方米，办公用房面积620平方米。中心拥有“600MW超临界火电机组仿真系统”“1000MW超超临界火电机组仿真系统”“STS7激励式仿真支撑系统”等先进设备，仪器设备总值达到3235万元。工程中心承担和完成科研项目30余项，实到研究经费800余万元。中心积极推动科技成果的转化与应用，为相关企业创造经济效益上亿元。发表论文和出版专著30余篇，获自主知识产权20余项，其中发明专利4项。成果应用5项。入学研究生66人，毕业研究生63人。主办学术交流会议2次。工程中心充分利用自身设备进行高级技术人才培养工作，共有500余人次在工程中心参加技术培训。

主　任：董　泽

（董　泽）

【韩璞教授专著出版发行】 2017年4月5日，韩璞教授历时5年完成的《现代工程控制论》由中国电力出版社正式出版发行。这是一部面向控制工程学科的理论联系工程实际的著作。它集聚韩璞教授40年来从事自动控制学科的理论学习、教学和科研经验及所取得的成果，从现代工程实际需求的角度阐述自动控制理论体系内容。本书架起“控制理论”与“控制工程”之间的桥梁，创建基于计算机数值计算的“自动控制理论”新体系。该书的出版，在电力系统自动化领域、甚至整个工业自动控制领域引起轰动，为现代工程控制理论及实践的发展做出巨大贡献。

（董　泽）

【召开国家级教学团队合作联盟建设研讨会】 2017年4月15日，由河北工业大学与华北电力大学联合承办的第五届全国控制类国家级教学团队合作联盟假设研讨会在河北工业大学召开。参加本次会议的有中国科学技术大学吴刚教授、河北工业大学孙鹤旭教授、东南大学戴先中教授、华北电力大学韩璞教授等。会议研讨主题为“双一流”与教学团队建设与发展。研讨内容包括：控制类专业主干课程教学改革与建设；审核评估与工程教育认证工作；“双一流”（一流大学、一流学科）建设；教师队伍建设与青年骨干教师培养；自动化与“工业4.0”等。韩璞教授做题为“数字仿真技术的发展给自动控制理论体系内容带来的变革”主题报告。

（董　泽）

【与华电潍坊发电公司签署项目协议】 2017年4月17日，工程中心与潍坊发电公司签署项目协议。9月14日，该项目主汽温优化控制策略投入跟踪，并正式投入运行。经过4个多月运行测试，证明该系统运行稳定可靠，达到设计要求。系统的投入极大改善主汽温控制系统的品质，为企业带来良好的社会和经济效益。至年底，该项目已进入验收阶段。

（董　泽）

【出席课程体系改革与建设试点会议】 2017年4月22日，“自动化专业课程体系改革与建设试点”第三次全体会议在长安大学召开。5所试点学校分别介绍“自动化专业课程体系改革与建设试点”工作最新进展、遇到的问题、采取的解决办法，并研讨下一步试点工作。会议由教育部高等学校自动化类专业教学指导委员会主办，长安大学承办。韩璞教授作为改革试点学校工作组负责人参与中国地质大学试点工作进展、问题与措施的交流讨论。

（董　泽）

【邀请张秋生专家授课】 2017年4月25日，受工程中心邀请，中国神华能源股份有限公司张秋生专家到工程中心为师生做有关“火电厂热工自动化控制系统的调试”的培训。该培训为期两天，主要培训内容是火电厂热工调试方法及策略方案、自动发电控制（AGC）指标及其优化方案。培训的目的是让工程中心师生能更多接触实际工程中的技术及存在问题。在以后的项目工作中，让学生能更加切合当今技术实际来设计项目方案。

（董　泽）

【韩璞教授受三峡大学邀请做学术讲座】 2017年5月10日，韩璞教授受邀为三峡大学自动化专业部分师生做“计算机时代下的自动控制理论与自动化技术”学术报告，并与自动化系全体教师开展以“面向工程教育的自动化专业课程体系构建”为主题的座谈会，就自动化专业建设和教学改革提出见解。座谈中，韩璞还对华北电力大学自动化专业“卓越工程师计划”教学改革相关情况进行介绍。

（董　泽）

【长沙理工大学邀请韩璞教授做学术讲座】 2017年5月16日，应长沙理工大学邀请，韩璞教授做题为《计算机时代下的自动控制理论与自动化技术》的专题报告。韩教授从两个方面介绍计算机时代下的自动控制理论与自动化技术基本特征。一是从时间维度，提出自动化技术是一项与时俱进的技术，应当紧密跟踪与运用计算机技术的最新发展，研究、传授与最新计算机技术相适应的自动控制理论与方法。二是从控制工程对控制理论与控制方法的根本要求出发，提出计算机时代下控制理论与控制方法的知识体系结构，主要包括控制系统建模理论与方法、优化算法理论与方法、复杂对象智能控制理论与方法。此后，韩教授还接受自动化系邀请，对自动化专业（热工自动化方向）的培养方案进行指导并提出修改意见。

（董　泽）

【韩璞教授做客郑州大学名师名家讲坛】 2017年5月18日，由郑州大学研究生院承办的研究生“名师名家讲坛”，特邀请韩璞教授做题为“计算机时代下的自动控制理论与自动化技术”学术报告。电气工程学院相关师生参加报告会。报告会具体内容包括：数字计算机的发展简史；自动控制理论发展的三个阶段与计算机发展的关系；数字仿真技术的发展及应用；计算机与群体智能（全局）优化算法；系统智能建模方法；计算机时代下的自动控制理论体系内容变革；计算机的发展给自动化设备带来的巨变；计算机网络下的信息处理技术等。

（董　泽）

【出席教育部教指委全体会议】 2017年5月6日，韩璞教授作为指导委员出席在东北大学召开的自动化类专业教学指导委员会第五次工作会议。此次会议由教指委和中国自动化学会主办、东北大学信息科学与工程学院承办。会议重点研讨自动化专业卓越计划评价（验收）工作方案及自动化专业发展战略与“新工科”建设两个议题，回顾上年度工作对下年工作进行安排，并讨论决定出2018年教指委全会由兰州交通大学承办。会议期间，韩璞教授与到会教学指导委员讨论和交流其新书《现代工程控制论》。

（董　泽）

【召开中国发电自动化技术论坛】 2017年6月5日，中国发电自动化技术论坛在郑州召开。该论坛由中国自动化学会发电自动化专业委员会承办，发电自动化专业委员会的委员及来自全国各地的200余名专业人员参加。会上，对2016年度优秀热控工程师和2017论坛论文集优秀论文进行颁奖，并举办委员会专题、科技项目与成果、中国制造、热控系统故障预控等专题交流会议，共有24位专家发言。韩璞教授在中国制造专题会议中，就《计算机时代下的自动控制理论》进行交流。他从电子元器件和计算机发展过程、自动控制理论发展过程两条线路讲述在计算机时代下的自动控制理论体系内容。

（董　泽）

【韩璞教授受青岛大学邀请做学术报告】 2017年6月22日，应青岛大学自动化与电气工程学院邀请，韩璞教授做题为《计算机时代下的自动控制理论与自动化技术》的专题报告。自动化专业师生共40余人参加报告会。韩璞教授以现代视野解释什么是科学、工程、技术、人工智能，指出大多数研究和教学都是围绕技术展开。他还就自动化技术发展的历史脉络，探讨在计算机时代下，如何从教学与科研两方面发展与创新自动化技术。报告通过具体实例进行论述，讲解深入浅出，具有启发意义。报告结束后，韩璞教授就师生在实际工程中遇到的问题进行详细解答。

（董　泽）

【长春工业大学邀请韩璞教授做学术报告】 2017年6月27日，应长春工业大学邀请，韩璞教授做题为《计算机时代下的自动控制理论与自动化技术》的专题报告。报告内容主要包括：简述自动控制学科；介绍电子元器件与数字计算机的发展简史；阐述自动控制理论的三个发展阶段；介绍计算机时代控制理论的数学工具——数字仿真与参数优化；对自动控制系统分析与优化设计的分析。韩璞教授通过具体的实例详细对自动控制系统分析与优化设计的分析进行解读，并与与会师生进行学术交流。

（董　泽）

【韩璞教授受多所大学邀请做学术报告】 2017年6月9日、6月14日、6月16日和6月28日，受中国矿业大学信息与控制工程学院、湘潭大学信息工程学院、山西大学自动化系、东北电力大学邀请，韩璞教授分别到四所大学做题目为《计算机时代下的自动控制理论与自动化技术》的学术报告。韩璞从电子元器与数字计算机发展简史，到计算机时代控制理论的数学工具——数字仿真及参数优化；从自动控制理论的发展各个阶段，到控制系统的智能建模方法、分析与优化等几个方面进行深入讲解。并结合自己团队的科研成果，对复杂系统中的控制问题及解决方法做翔实阐述，并就师生提出的问题进行解答和讨论。

（董　泽）

【召开两票培训考核系统技术交流会】 2017 年 6 月 30 日，两票培训考核系统技术交流会在国电投宁夏能源铝业公司召开。与会专家包括该公司负责安全生产的领导以及下属各电厂相关技术负责人。会上工程中心负责两票系统开发的技术人员介绍系统升级最新进展及下一步工作。国电投宁夏能源铝业公司的专家就系统的功能配置、界面设计等方面提出建议。该会议明确两票培训考核系统今后的工作重点，为该系统的下一步推广应用工作提供有效支持。

（董　泽）

【与内蒙古东胜热电有限公司签署合作协议】 2017 年 7 月 5 日，工程中心与国电内蒙古东胜热电有限公司签署《330MW 亚临界燃煤机组的全范围仿真系统》合作协议。该系统采用激励式仿真技术。激励式电站仿真机技术是仿真领域最先进的技术，其仿真模型仅包括机、炉、电专业的设备模型，控制系统模型在 DCS 仿真系统中实现，其修改、调试与实际控制系统完全一致。具有 DCS 工程师站的仿真功能，能够实现对热工人员培训，完成 DCS 系统画面和控制组态与调试。针对电厂运行人员和管理人员进行 330MW 亚临界燃煤机组启停、正常运行和故障处理等全方位培训，以使受训学员掌握 330MW 亚临界机组的运行特性，并可结合电厂实际工况，分析运行方式，制定反事故措施。用户工程师可在该仿真机上进行电厂控制系统的各种研究和设计工作。

（董　泽）

【与国电达州发电有限公司签署合作协议】 2017 年 8 月 3 日，工程中心与国电达州发电有限公司签署《330MW 亚临界燃煤机组的全范围仿真系统》合作协议。该系统采用激励式仿真技术。双方确定开发工程进度计划，研究解决合作过程中存在的问题，为今后长期合作及时做出相应决策。

（董　泽）

【与浙江浙能乐清发电有限责任公司签署协议】 2017 年 10 月 5 日，工程中心与浙江浙能乐清发电有限责任公司签署《基于大数据的大型火电机组热工系统优化运行实施平台的开发与应用》合同协议。根据协议，技术服务包括：①搭建现场运行数据“再现”及新型控制方案论证实验平台（实验平台包括：主机 DCS 系统、脱硫 DCS 系统、GIS 画面、就地设备操作画面）；②基于热工对象动态特性的激励分析和实时历史数据的深度挖掘，研究传递函数和状态空间模型的单/多变量建模方法；③研究若干种切实有效的单/多变量控制系统的结构和参数辨识算法，可以实现系统的离线辨识；④基于辨识模型，开发一个控制器参数调整与寻优的软件包，使热工人员能够对控制器参数进行准确、快速的整定，能够基于辨识模型进行控制系统的综合设计。双方确定开发工程进度计划，研究解决合作过程中存在的问题，为今后长期合作及时作出相应决策。

（董　泽）

【巴基斯坦电力专家 Dr.Dastgir 到访】 2017 年 9 月 29 日，巴基斯坦电力专家 Dr.Dastgir 来访北京。Dr.Dastgir 与工程中心人员就“低热值煤循环流化床清洁燃烧技术研究” 进行探讨。循环流化床燃烧技术是大规模利用劣质煤以及洗煤废物的唯一有效方式。双方技术上的交流，对中心项目“300MW CFB 发电机组超低排放仿真系统的研发”有很大的指导作用。

（董　泽）

【两票培训考核系统项目结项】 2017 年 10 月 29 日，两票培训考核系统在清河发电有限责任公司结项。该系统部署在辽宁清河发电有限责任公司，系统部署完成测试无误后，在清河发电生产技术部主任李峰的组织下，各个相关部门主任参与两票培训考核系统培训，并掌握系统的操作方法。此次结项进一步完善系统功能，同时为两票培训考核系统在项目推广上积攒更多经验，系统推广应用取得阶段性发展。

（董　泽）

【与天健美朗发电有限公司进行首次商议】 2017 年 11 月 1 日，工程中心与天健美朗发电有限公司就南苏一号信息化建厂进行首次商议。会议内容主要是进行信息化建厂总体要求的传达。为最大限度实现美朗公司、穆印南苏公司两厂资源共享，按照尽量减少信息维护人员及信息化投入的原则，提出在国华信息化建设标准基础上根据电厂实际情况进行基建项目。双方针对在本质安全提升技术、智能诊断技术、运行方式自动寻优以及经营决策方面展开讨论，并就下一步合作事项进行深入交流。

（董　泽）

【1 项目验收结项】 2017 年 12 月 1 日，由工程中心与上海明华电力技术工程有限公司合作开发的“多模型预测控制优化控制站”项目通过验收。该项目以动态矩阵控制（DMC）算法为理论基础，采用阶跃响应模型作为预测模型，无需对系统进行建模，简化计算过程，通过滚动优化与反馈校正机制，增强控制系统的鲁棒性。该中心将该算法运用到优化控制站的设计中，设计多模型 DMC 控制器，即采用多个模型逼近现场非线性系统，经仿真模拟与现场验证，该优化控制站对于大惯性、大迟延系统相较传统控制器具有调节速度快、超调量小等品质。该项目完成规定

的任务指标，得到双方专家一致认可。

（董　泽）

【与国电投技术研究中心签署战略合作协议】 2017 年 12 月 22 日，工程中心与国电投技术研究中心在沈阳签署战略合作框架协议。双方确定建立定期协商机制，研究解决合作过程中存在问题，为今后长期合作及时做出相应决策。双方针对发电企业信息化管理软件开发；火电机组建模、仿真与优化控制软硬件开发；新能源发电系统监控与运行优化；发电设备 3D 模拟与虚拟检修等方面的技术工作展开讨论，并就下一步合作事项进行深入探讨交流。董泽教授、董建勋董事长分别代表工程中心和国电投技术中心有限公司在战略合作协议上签字。

（董　泽）

【与大唐新能源公司进行技术会谈】 2017 年 12 月 30 日，中心与中科诺维（北京）科技有限公司，大唐新能源北京公司就大唐青灰岭风光发电示范项目合作进行会议洽谈。双方主要针对青灰岭项目三维可视化建模和数字化工程管理的相关技术进行商讨。会议着重讨论电力科技与虚拟现实技术热点，面向行业与项目需求，以期实现电力工程与时新技术的良好结合。将三维可视化技术与现场工程相融合，实现虚拟现实交互技术。双方确定合作机制，探讨项目中遇到的问题，为今后长期合作制订规划确立方案。该中心希望通过此次合作，进一步提高针对发电企业三维虚拟建模技术，结合企业数据库，完善企业工艺管理、设备管理、操作培训，三维漫游等业务应用。此次会议为搭建基于三维模型平台的智能机建系统，实现数字化工程管理奠定基础。

（董　泽）

北京能源发展研究基地

【概述】 北京能源发展研究基地（以下简称能源基地）是全国首家开展能源决策研究的省部级哲学社会科学研究基地。具体开展国家和北京市“十三五”能源规划研究；北京市新能源发展战略研究；国家能源政策与立法研究；能源经济与管理研究。

2017 年，能源基地延续《北京能源发展研究基地工作简报》编送制度，共编制工作简报 43 期。通过简报，能源基地向上级反映基地工作的信息、动态，使主管领导部门及时了解基地工作情况便于指导。能源基地针对京津冀地区大气污染治理问题，结合自身优势，继续推出“京津冀雾霾治理一体化”系列学术沙龙。至年底，已举办至第 27 期，邀请校内外相关领域专家学者就雾霾治理理论和实践开展多角度多层次探讨，取得良好学术效果。

能源基地以“世界经济论坛能源架构绩效指标与京津冀地区能源结构优化研究”“京津冀地区产业园区多能互补激励政策及能源互联网发展模式研究”为选题方向，面向社会公开进行课题招标。共收到有效投标课题申报书 10 份，经能源基地组织专家评审并报学术委员会审核通过，确定中标课题 2 项。

能源基地多位研究员就能源发展转型、电力体制改革等问题在《人民日报》《光明日报》等主流媒体发表评论文章、接受国内能源媒体的独家专访、在国内外高端学术会议发表主旨演讲。2 位研究员入选 2017 版中国哲学社会科学最有影响力学者经济与管理科学交叉学科排行榜。

国内外合作与交流。国内交流共计 20 余人次，并与国发智库研究院就共同举办能源转型与全球治理高端论坛，合作研究“一带一路”能源企业走出去、能源清洁发展议程、能源精准扶贫、大都市能源转型等问题拟定初步合作计划；国际交流共计 10 余人次，再次邀请美国纽约大学 Shakeel Kazmi 教授访问基地并举办讲座和学术沙龙。由于在治理结构、智库资源、智库成果、智库活动等四个方面的特色发展和优异表现，2017 年年底能源基地成功入选 2017 年 CTTI 来源高校智库综合评分 Top 100，学术和社会影响力进一步扩大。

（沈　磊）

【概况】 2017 年，能源基地有专职和兼职研究人员 75 人（包括高级专家 13 人），与基地建立科研协作关系的研究人员 28 人，形成一支由能源领域专家、教授、博士、研究生组成，勇于开拓、善于创新、能打硬仗的科研团队。能源基地获各类纵向项目资助共计 15 项，其中，国家级 5 项，省部级 10 项；各类纵向项目结题共计 11 项，其中，国家级 4 项，省部级 7 项；新签横向合同 32 项；获优秀成果奖励 7 项，其中，省部级以上奖励 6 项；发表能源类学术论文共计 67 篇，其中 SSCI 检索论文 6 篇，EI 检索论文 12 篇，SCI 检索论文 10 篇，CSSCI 检索论文 19 篇；出版能源类学术专/译著 5 部。共编制《北京能源发展研究基地工作简报》43 期。

（沈　磊）

【举办学术沙龙】 2017 年 1 月 7 日，能源基地举办第二十三期“京津冀雾霾治理一体化”学术沙龙。此次学术沙龙由能源基地研究员姚建平教授主持，以“石墨烯高分子复合电热膜应用与前景”为主题，邀请内蒙古国暖热力有限公司董事长李春学担任主讲嘉宾。

（高瑞笛）

【李俊峰获扎耶德未来能源奖个人终身成就奖】 阿布扎比当地时间2017年1月16日，能源基地名誉主任、国家发展改革委国家应对气候变化战略研究和国际合作中心主任李俊峰因在推动中国不断转型成为可再生能源利用和发展领域的全球领袖方面做出的突出贡献和成就，获2017年"扎耶德未来能源奖"个人终身成就奖。

（沈　磊）

【姚建平担任中国-欧盟项目中方专家】 2017年2月1日，能源基地研究员姚建平教授成为中国-欧盟社会保障改革项目的中方专家。此前姚建平教授积极参加国际学术合作研究，担任世界银行、亚洲开发银行等国际组织项目专家。

（王瑜芳）

【曾鸣被特聘为专家顾问】 2017年2月19日，能源基地研究员曾鸣教授被特聘为智慧能源投资控股集团专家顾问。

（沈　磊）

【袁家海撰写的研究报告正式发布】 2017年2月，由能源基地研究员袁家海教授与国网吉林省电力有限公司周景宏博士共同完成的研究报告《吉林省煤电搁浅资产：风险与政策建议》正式发布。

（王瑜芳）

【学术著作出版发行】 2017年3月，由能源基地研究员孔志国撰写的专著《The Making of a Maritime Power - China's Challenge and Policy Responses》（海权的形成——中国的挑战与对策）一书由斯普林格出版社（Springer）出版。

（王瑜芳）

【曾鸣出席座谈会】 2017年3月17日，能源基地研究员曾鸣教授应邀出席宁夏回族自治区能源与电力经济座谈会，就解决宁夏回族自治区2000万kW电力富余装机消纳问题展开深入探讨。

（陈　昱）

【国发智库研究院执行院长沈刚到访】 2017年3月29日，国发智库研究院执行院长沈刚访问能源基地，基地主任王伟代表能源基地就双方相关合作事宜展开深入洽谈。

（陈　昱）

【研究报告正式出版】 2017年4月，《北京能源发展研究报告2016》正式出版，该报告针对北京市能源发展中存在的重大问题，由能源基地组织科研人员重点研究并积极建言献策，形成的专题研究成果。

（王瑜芳）

【樊良树前往贵州大学进行学术交流】 2017年4月28—30日，能源基地研究员樊良树出席由贵州大学主办的"一带一路"视野下的中国西南文化走廊研讨会并做主题发言。

（沈　磊）

【举办科普论坛】 2017年5月12日（全国防灾减灾日），能源基地与中国水力发电学会、中国大坝工程学会共同组织，举办"水力发电与地质减灾"科普论坛活动。

（王瑜芳）

【曾鸣出席会议】 2017年5月23日，能源基地研究员曾鸣教授出席第六届"储能国际峰会暨展览会2017"并发表题为"综合能源系统与储能"的主旨演讲。

（王瑜芳）

【樊良树在《光明日报》发表文章】 2017年5月25日，《光明日报》评论版刊发能源基地研究员樊良树撰写的题为《不夭其生，不绝其长》的文章。

（沈　磊）

【学术著作出版发行】 2017年6月，能源基地研究员董军教授参与的译著《全球电力市场演进：新模式、新挑战、新路径》由机械工业出版社出版发行。

（王瑜芳）

【学术著作出版发行】 2017年6月，能源基地首席专家谭忠富教授撰写的专著《煤电能源供应链风险递展动因分析及风险控制模拟模型研究》一书由科学出版社出版。

（沈　磊）

【参与REN21年度报告审稿工作】 2017年6月，"21世纪可再生能源政策网络"（REN21）发布《2017年全球可再生能源现状报告》和《2017年全球可再生能源未来报告》。能源基地名誉主任李俊峰、研究员张素芳参与两份报告的审稿工作，对报告的顺利发布做出积极贡献。

（沈　磊）

【李俊峰接受澎湃新闻记者专访】 2017年6月2日，能源基地名誉主任、国家应对气候变化战略研究和国际合作中心原主任李俊峰就美国宣布退出应对全球气候变化的《巴黎协定》事件接受澎湃新闻记者专访。

（王瑜芳）

【曾鸣出席论坛开幕式】 2017年6月6日，能源基地研究员曾鸣教授应邀出席"2017（第七届）中国分布式能源国际论坛开幕式暨主旨报告会"并做题为"能源互联网背景下分布式能源未来发展关键支撑技术"的主旨演讲。

（陈　昱）

【举办学术沙龙】 2017年6月共举办四期学术沙龙。2日，举办第二十四期"京津冀雾霾治理一体化"学术沙龙。此次学术沙龙以"技术的困境：需求侧响应，智能家居管理系统和居民的能源效率行为社会心理学分析"为主题，邀请美国超广域弹性电力传输网络研究中心（CURENT）教育与多样性计划主任陈建妃博士担任主讲嘉宾。5日，举办第二十五期"京津冀雾霾治理一体化"学术沙龙。此次学术沙龙以“全球应对气候变化体系的历史：联合国气候变化谈判的回顾、历史、主要问题和主要谈判参与方”为主题，邀请美国纽约大学 Shakeel Kazmi 教授担任主讲嘉宾。6 日，举办“华电大讲堂”暨第二十六期“京津冀雾霾治理一体化”学术沙龙。此次学术沙龙以“美国退出《巴黎协定》后气候变化协议的未来和中国的作用”为主题，邀请到美国纽约大学 Shakeel Kazmi 教授担任主讲嘉宾；9 日，能源基地举办第二十七期“京津冀雾霾治理一体化”学术沙龙。此次学术沙龙以“可再生能源政策与法律：国际可再生能源机构在国家能源政策制定中的作用”为主题，邀请到美国纽约大学 Shakeel Kazmi 教授担任主讲嘉宾。

（王瑜芳）

【曾鸣出席论坛】 2017 年 6 月 7 日，能源基地研究员曾鸣教授应邀出席“2017（第九届）国际新能源博览会暨储能及多能互补高峰论坛”并做题为“综合能源系统与储能”的主旨演讲。

（陈　昱）

【曾鸣出席亚洲开发银行亚洲清洁能源论坛】 2017 年 6 月 8 日，能源基地研究员曾鸣教授应邀出席“2017”亚洲开发银行亚洲清洁能源论坛，并在深度研讨会和主论坛上就中国的可再生能源发展问题分别进行演讲和讨论。

（陈　昱）

【曾鸣访问菲律宾国家电力公司】 2017 年 6 月 9 日，能源基地研究员曾鸣教授访问菲律宾国家电力公司，就菲律宾电力系统和市场机制等相关问题进行座谈交流。

（陈　昱）

【曾鸣受邀出席学术研讨会】 2017 年 6 月 28—29 日，能源基地研究员曾鸣教授应邀出席“海峡两岸绿色能源与应用学术研讨会”，并于会后与台湾电力股份有限公司前董事长、中原大学教授黄重球举行会谈。

（陈　昱）

【曾鸣做专题讲座】 2017 年 7 月 7 日，能源基地研究员曾鸣教授应河北建投能源投资股份有限公司邀请到石家庄做“多能互补背景下能源投资企业商业模式创新”的专题讲座。

（陈　昱）

【曾鸣参加 IEEE 年会】 2017 年 7 月 16—20 日，能源基地研究员曾鸣教授出席在美国芝加哥召开的全球电气工程领域的年度学术盛会——电气电子工程师学会电力与能源分会 2017 年年会（IEEE PES General Meeting），并参加电力经济与综合能源系统两个分论坛。

（陈　昱）

【曾鸣访问美国阿贡国家实验室】 2017 年 7 月 23 日，能源基地研究员曾鸣教授一行访问位于芝加哥的美国阿贡国家实验室，就未来综合能源系统以及综合能源市场建设问题与阿贡国家实验室能源—环境—经济系统分析中心（Argonne Center for Energy，Environment and Economic Analysis，CEEEA）王剑辉博士等 13 位国内外知名的能源电力系统领域专家进行学术交流，形成多个研究方向合作意向。

（陈　昱）

【曾鸣访问国网天津经研院】 2017 年 8 月 2 日，能源基地研究员曾鸣教授访问国网天津经研院，就新形势下国资国企改革以及进一步的研究合作问题进行座谈交流。

（陈　昱）

【樊良树赴贵阳学院讲学】 2017 年 8 月 25 日，能源基地研究员樊良树在贵阳学院做题为“环境维权视域下的微信动员与风险应对”的学术报告。

（陈　昱）

【樊良树在《光明日报》发表文章】 2017 年 9 月 12 日，《光明日报》评论版刊发能源基地研究员樊良树撰写的《因天材，就地利，故城郭不必中规矩》一文。

（王瑜芳）

【研究员入选交叉学科排行榜】 2017 年 9 月 24 日，能源基地首席专家谭忠富教授、研究员曾鸣教授入选 2017 版中国哲学社会科学最有影响力学者经济与管理科学交叉学科排行榜。

（王瑜芳）

【袁家海接受央视专访】 2017 年 10 月 13 日，能源基地研究员袁家海教授接受中央电视台新闻调查栏目专访，就当前电煤博弈、煤电亏损、煤电供给侧改革、电力市场化等相关问题发表专家意见。

（王瑜芳）

【课题成果获奖】 2017 年 10 月 18 日，能源基地与中国大唐集团公司共同合作的课题成果“能源电力生产端与消费端联合节能减排的关键技术”获 2017 年中国产学研合作创新成果奖一等奖（最高奖）。

（沈　磊）

【入选顶尖学术论文名单】 2017 年 10 月 21 日，中国科学技术信息研究所公布 2016 年度领跑者 5000（F5000）中国精品科技期刊顶尖学术论文入选名单。由能源基地首席专家谭忠富教授指导，并与其博士研究生宋艺航（第一作者）、李欢欢、刘文彦共同完成的论文《促进风电消纳的发电侧、储能及需求侧联合优化模型》入选。

（沈　磊）

【樊良树开展项目调研】 2017 年 11 月 25 日，能源基地研究员樊良树前往位于浙江省杭州市的国家林业局华东林业调查规划设计院开展项目调研。

（沈　磊）

【马卫华指导竞赛作品创佳绩】 2017 年 12 月，能源基地研究员马卫华教授指导大学生参加各类社会实践与课外学术科技作品竞赛，由其指导的学生作品获奖 9 项，其中全国性奖项 5 项、北京市级奖项 4 项。

（沈　磊）

【学术著作出版发行】 2017 年 12 月，能源基地研究员李英教授撰写的专著《北京市低碳电力法律保障机制研究》一书由知识产权出版社出版。

（李卉雯）

【姚建平做学术报告】 2017 年 12 月 18 日，能源基地研究员姚建平教授在民盟华北电力大学支部成立 20 周年纪念活动大会上做题为《脱贫攻坚中的社会救助兜底保障——基于河南省的考察》学术报告。

（李卉雯）

【入选 CTTI 高校智库 Top 100】 2017 年 12 月 20 日，光明日报社、南京大学在联合主办的“2017 中国智库治理暨思想理论传播高峰论坛”上发布 2017 年 CTTI 来源智库发展报告。能源基地入选 2017 年 CTTI 来源高校智库综合评分 Top 100。该基地在治理结构、智库资源、智库成果、智库活动等四个方面表现优异。

（李卉雯）

【1 引智基地直接入选 111 计划】 2017 年 12 月 22 日，教育部公布 2018 年新建“高等学校学科创新引智计划”（简称“111 计划”）通讯评审结果。由能源基地学术委员牛东晓教授负责的“中国绿色电力发展研究学科创新引智基地”评审结果为优秀，直接进入立项阶段。

（李卉雯）

新型薄膜太阳电池北京市重点实验室

【概述】 新型薄膜太阳电池北京市重点实验室 2014 年挂牌成立，该实验室定位为提升北京市及国家在薄膜太阳电池领域的国际竞争力和保持可持续发展提供源头创新。

实验室现有研究人员 24 人，技术人员 2 人，管理人员 2 人，研究人员全部具有博士学位。实验室成员中，973 首席科学家 1 人，青年千人计划 1 人，优秀青年基金获得者 2 人，教育部新世纪优秀人才 5 人，北京市科技新星 1 人，北京市优秀人才 1 人，北京市青年英才 3 人。

实验室成立以来，在科研、学科工作都取得进展，获得十余项代表性成果，分别为：新型 FA 基 MD 钙钛矿材料；介孔掺镧锡酸钡作为电子传输层；新型有机空穴传输层；基于旋节分相结构阳极薄膜；三维连续网络结构阳极薄膜；亚微米球光阳极；小分子凝胶电解质研究；PbS 量子点在钙钛矿太阳电池中的应用；长期实时监测对电池界面及性能的影响；有机太阳电池阴极修饰层；聚光太阳电池。

获批国家级项目/课题资助 29 项；合同总经费 7136 万元。获批发明专利 27 项。

发表高水平论文 51 篇、出版学术著作共 3 部。

国际方面，实验室与瑞士洛桑高工 EPFL 实验室、荷兰国家能源研究所 ECN 、德国 BASF、日本 Sharp、英国帝国理工大学、日本伊滕忠商事株式会社、澳大利亚 Dyesol、韩国汉阳大学等多所国际大学研究所合作。

国内方面，实验室与中国科学院、清华大学、南开大学、复旦大学、浙江大学、南京大学等多所高校及研究院合作。

企业方面，实验室与国电集团公司、英利公司、常州天合等多家公司建立长期合作关系。

（濮　妍）

【概况】 2017 年，实验室共有专职人员 30 人，其中博士生导师 8 人，教授 10 人，副教授 10 人。实验室硕士研究生招生人数为 25 人，博士研究生招生人数为 5 人，在校研究生 105 人。接受外国来华留学生攻读硕士研究生 13 名，博士研究生 4 名。实验室获纵向经费资助共计 378 万元，获横向经费资助 513 万元，获批授权发明专利 13 项。实验室团队成员共发表论文 30 余篇，其中 SCI 检索 23 篇。1 月，由戴松元教授为首席科学家，苏州大学、陕西师范大学和南方科技大学共同承担的国家重点研发计划项目“钙钛矿电池关键材料设计制备及高性能柔性器件”正式启动。5 月，协助组织举办中国工程院可再生能源协调发展与高效利用工程前沿技术研讨会议。6 月，协助举办由戴松元教授担任常务副主任的，能源软科学研究中心学启动会暨学术委员会工作会议。协助组织举办 2017 年海峡两岸绿色能源与应用学术研讨会，并有多名团队成员在论坛上作专题报告。戴松元教授带领的团队“新型薄膜太阳电池基础及应用研究”团队，获批科技部重点领域创新团队。实验室主任戴松元教授入选 2017 领军人才万人计划。

实验室主任：戴松元

（濮　妍）

合作交流和对外联络

Cooperation， Exchange and Foreign Connections

○ 综　　述

2017 年，不断深化大学理事会工作及对外合作，召开第二届理事会第四次全体会议和校友会会员代表大会，开展高层系列走访，洽谈重大战略合作，争取社会广泛支持；践行国家战略，积极参与支持雄安新区规划建设，稳步推进张家口科教园区建设；强化校企合作，开展行业高层次、急需紧缺和骨干人才的培养培训工作；全面推动优势资源整合和科研深度合作，联合组建高等学校智能电网创新战略联盟，加盟北京未来科学城“氢能技术协同创新平台”，成为国家“氢能与燃料电池”战略联盟以及国家“新能源汽车”技术创新中心的首批发起单位之一。成立学校六十周年校庆筹备工作委员会，高标准启动校庆筹备工作。国际合作与对台交流层次不断提高。国际学生规模持续增长，中外合作办学稳步推进；外专项目取得新突破，新增“111计划”引智基地 1 项；承办“上海合作组织大学能源会议 2017”，举办中欧可再生能源创新中心研讨会和海峡两岸绿色能源与应用学术研讨会，着力加强同境外高水平大学、科研机构、学术组织的实质性合作，积极参与“一带一路”建设。

2017 年，学校围绕“双一流”建设战略部署，在学科建设、人才培养、科学研究、社会服务等方面全面引领学校的校企、校地合作工作，取得丰硕成果。与国网节能公司签署共建“张家口可再生能源发展与技术研究院”三方协议；发起成立“电力行业卓越工程师培养校企联盟”；与中国电机工程学会签署战略合作协议，搭建产学研用相结合的科技创新平台；与中广核、粤电集团等洽谈战略合作，并争取增设为大学副理事长单位。

2017 年，学校进一步健全大学理事会制度建设，加强与理事单位的交流与合作，争取理事单位的持续、更大支持，实现更深层次的融合，有力助推“双一流”大学建设。与理事单位在全球能源互联网等领域开展广泛合作，推动电力行业产学研协同创新；召开华北电力大学第二届理事会第四次会议，审议通过杨勇平校长所做的工作报告，深入探讨大学“双一流”建设若干重大问题。与理事成员单位达成战略合作 2 项，开展科技、人才合作 5 项，共建研究中心 2 个。

2017 年，学校校友工作围绕学校的中心工作和发展大局，依法依规开展校友工作。时值学校建校 59 周年华诞，举办会员代表大会暨第二届理事会会议；共组织、接待大型校友返校活动 20 余次，接待校友 2000 余人次；邀请 30 余位校友返校举办知名校友进校园系列讲座；做好校友、校友企业和地方校友会交流走访，召开校友企业座谈会，服务校友企业，促进校企合作。

2017 年，学校教育基金会募集资金额度持续增加，各项工作均取得可喜成果。签订捐赠协议 36 笔，协议金额 51 748 100.00 元，年内实际收到资金和资产价值 43 106 400.00 元，其中实际收到资金 19 606 800.00 元，收到捐赠股权价值 23 500 000.00 元。年度支出合计 12 124 800.00 元，其中：业务活动成本 11 765 100.00，筹资、管理费用 359 700.00 元。本年度工作人员工资福利和行政办公支出占本年支出比例的 2.97%。

国际合作与交流　港澳台工作

【概述】 2017 年，华北电力大学国际化工作服务于国家外交战略，发挥大学的学科优势，为发展中国家提供专业技术和管理培训，为中国电力企业“走出去”提供智力和人才的支撑；同时服务于北京市国际交往中心和创新中心的城市功能定位，推动国际合作与交流工作。学校国际交流更加频繁，教师和学生交流、外专和外宾来访、留学生数量、国际会议等均有较大幅度增长。举办中欧可再生能源创新中心研讨会、上海合作组织大学能源学会议 2017、首次举办海峡两岸绿色能源与应用学术研讨会。在外专引智、联合科研、优质教育资源引进和国际学术交流等方面推动高水平大学建设。

校长杨勇平参加西肯塔基大学示范孔子学院大楼揭幕仪式，赴台湾参加海峡两岸气候变迁与能源可持续发展论坛并访问台湾中原大学；副校长李双辰访问澳大利亚悉尼大学、新南威尔士大学、澳大利亚国立大学及新西兰惠灵顿维多利亚大学推进同澳大利亚、新西兰高校的校际合作交流；副校长郝英杰访问法国巴黎中央理工-高等电力学院、科学传播出版社和格勒诺布尔-阿尔卑斯大学，并在德国访问全球能源互联网欧洲研究院、勃兰登堡工业大学、达姆施塔特工业大学推动华北电力大学中欧可再生能源创新中心实质性建设，深化与法国、德国相关高校、机构的合作，把中欧可再生能源创新中心建设成集教育合作、联合科研、技术研发和转让、校企合作于一体的综合性国际合作平台；副校长孙忠权随团赴澳大利亚、新西兰参加教育展团；副校长王增平访问塔吉克斯坦国立技术大学、俄罗斯莫斯科动力学院、英国爱丁堡大学、曼彻斯特大学和巴斯大学。

学校全年共接待 40 余团组，同俄罗斯、美国、英国、澳大利亚等多国合作伙伴院校签署一系列校际协议，外事出访以及外事接待为学校国际合作向高层次、宽领域发展，搭建实质性交流平台，对全校国际化战略的推进起到铺垫和引领作用。教师出国（境）交流共 303 人，其中国家公派出国研修共 55 人次，北科罗拉多大学访学项目 4 人，因公出国共 146 个团组，242 人次，分别赴美国、韩国、澳大利亚、英国、日本、加拿大等 36 个国家和地区进行交流访问、学术交流、国际会议、学生交流、招生宣传等。长期外国专家聘请和短期专家来访规模进一步扩大，国家外国专家局文教专家聘请计划资助额度创新高。聘请外国专家 208 人次来校工作，聘请专家总月数为 165 月。208 名来校工作的专家中，长期语言教师共 13 人，长期专业专家共 2 人，短期专家共 193 人。来校工作的专家中，共有院士级别专家 3 人，各学科领域权威学者 20 人，教授级别专家 123 人，副教授级别专家 14 人，助理教授级别专家 18 人，知名跨国公司主要负责人 25 人。从专家所属专业领域来看，短期来访专家主要为工程与材料科学领域的专家，共 167 人，占来访专家总人数的 80%。

学校新增海外名师项目 1 项、学校特色项目 1 项、外国青年人才引进项目 2 项。新申报学校重点聘专项目 78 项（其中北京校部 54 项，保定校区 24 项）。资助金额较上一年度增长 14%。

学校积极推动国际交流与合作平台建设，中欧可再生能源创新中心研讨会在华电召开，加强同欧洲合作伙伴大学在可再生能源领域的沟通和交流，搭建学术交流、合作共享的平台，为可再生能源产业持续健康发展贡献力量。上海合作组织大学能源会议在华电召开，为上合大学能源学方向各成员高校搭建学术交流、合作共享的平台，探讨在人才培养、科学研究和智库建设中协调配合，推动中方和外方成员高校间的合作项目落地，和开展国别电力研究。学校对台工作成果颇丰，海峡两岸绿色能源与应用学术研讨会在华北电力大学召开。此次会议分享海峡两岸绿色能源发展经验，促进绿色能源学术交流，加强两岸绿色能源科学与工程领域的合作。

至年底，学校已与美国、加拿大、澳大利亚、波兰、捷克、法国、俄罗斯、韩国等 20 多个国家的 90 多所大学签订合作交流协议，并根据协议开展各种形式的学生长短期海外学习交流项目。共派出 707 名学生赴国（境）外进行交流学习。其中，241 名应届毕业生出国（境）留学，116 名本科生参加中外合作办学项目，350 名本科生、硕士生和博士生参加交流交换项目和学术交流。

北京和保定两地分别承办科技部可再生能源发电及入网技术国际培训班及坦桑尼亚电力系统管理及运营培训班。来自巴基斯坦、蒙古、尼泊尔和坦桑尼亚等国的 35 名外国学员到校学习。同美国西肯塔基大学共建的孔子学院取得丰硕成果。上海合作组织大学实现跨越式发展。

来华留学生招生结构进一步优化，在自主招生来华留学生及与境外优秀院校合作培养来华留学生方面取得新突破。

（赵子健）

【概况】 2017 年，学校共聘请来自美国、法国、韩国、德国、芬兰等多个国家和地区的 13 名外籍文教专家开展长期工作。执行各类引智项目共计 62 项，其中包括：5 项国家“111”项目，3 项教育部“海外名师项目”，3 项教育部“学校特色项目”，2 项“外国青年人才引进项目”，以及 51 项国家外国专家局“高校重点聘专项目”。

学校推荐的 19 位教师经国家留学基金委资格审核、专家评审全部获批；26 人申请青年骨干教师出国研修项目全部获批；7 人校内申请 2018 年高等教育行政管理人员出国研修项目，向基金委报上 3 人，3 人获批；4 人申请 2017 年高等教育教学法出国研修项目（LH），2 人获批；7 人校内申请 2017 年国际清洁能源拔尖创新人才培养项目中加学者交换项目，向基金委报上 5 人，5 人获批。共有 113 名学生获得国家留学基金管理委员会资助，赴国外高水平院校进行交流学习。其中包含上合组织大学项目 22 人，国家公派研究生项目 31 人，优秀本科生国际交流项目 60 人。共有 31 名研究生获得国家留学基金管理委员会的资助，赴英国、美国、澳大利亚、丹麦、加拿大等国家参加联合培养和学术交流等项目。

学校共有 12 个优秀本科生国际交流项目获得国家留学基金管理委员会的立项批准，60 名学生获得资助，赴美国、英国、波兰、澳大利亚、新西兰、韩国、捷克、西班牙、澳大利亚等国家进行交流学习。共有 241 名应届毕业生选择出国（境）深造，攻读硕士和博士学位。共计 116 名本科生（2014 级、2015 级）在美国、英国的所合作伙伴大学参加中外合作办学项目及转学分项目。共计 107 名学生赴国外 29 所合作院校进行一学期或一学年的交流学习。共派出 29 名学生赴台湾四所合作院校进行交换学习。共有 101 名学生持因私护照和通行证件赴美国、英国、加拿大、澳大利亚、法国、德国、日本、瑞典、香港、意大利、印度尼西亚、新西兰、新加坡等 23 个国家和地区进行学术交流。共 15 名学生赴国外知名院校参加寒暑假短期交流项目。共计 82 名来自台湾大学、新竹清华大学、台湾中山大学、台湾科技大学、台湾中原大学、台南大学的优秀硕士生和本科生到华北电力大学参加交流交换项目。共招收各类留学生 747 人，其中学历生 569 人，非学历生 178 人。

（赵子健）

【杨勇平参加西肯孔院大楼揭幕仪式】 2017年5月5日，学校西肯塔基大学孔子学院最新建成的示范孔院大楼中文学习中心举办揭幕典礼仪式，校长杨勇平参加揭幕典礼。此次典礼邀请国务院参事许琳女士、工程院院士谢克昌、鲍灵格林当地知名人士、全美50多位孔子学院院长教师参加，典礼由西肯塔基大学 Gary Ransdell 校长主持，中国日报、人民网及鲍灵格林 Dailynews（每日电讯）等新闻媒体进行报道。

（赵子健）

【参加气候变迁与能源可持续发展论坛】 2017年10月12日，校长杨勇平教授、新能源电力系统国家重点实验室主任刘吉臻院士、港澳台办主任段春明参加在台湾大学举办的海峡两岸气候变迁与能源可持续发展论坛。海峡两岸气候变迁与能源可持续发展论坛前身为“两岸能源与环境永续发展科技研讨会”，论坛目标是达成两岸能源可持续领域的合作、建立两岸能源与环境专家学者交流的平台、促进两岸能源产业合作。论坛理事会已经决定2018年将在华北电力大学举办该论坛。

（赵子健）

【李双辰一行访问澳大利亚、新西兰四所大学】 2017年3月12—19日，副校长李双辰率团访问澳大利亚悉尼大学、新南威尔士大学、澳大利亚国立大学及新西兰惠灵顿维多利亚大学，受到四所大学及驻澳大使馆教育处欢迎。访问推进学校同澳大利亚、新西兰高校的校际合作交流、学生联合培养打下良好基础，并深入海外高层次人才中举办招聘会并取得成功。

（赵子健）

【郝英杰一行访问法国和德国大学】 2017年7月2—8日，副校长郝英杰率团分别访问法国巴黎中央理工-高等电力学院、科学传播出版社和格勒诺布尔-阿尔卑斯大学，并在德国访问全球能源互联网欧洲研究院、勃兰登堡工业大学、达姆施塔特工业大学。此行主要目的在于进一步推动华北电力大学中欧可再生能源创新中心的实质性建设，深化与法国、德国相关高校、机构的合作，把中欧可再生能源创新中心建设成集教育合作、联合科研、技术研发和转让、校企合作于一体的综合性国际合作平台。

（赵子健）

【孙忠权访问澳大利亚、新西兰大学】 2017年11月20—29日，副校长孙忠权一行访问澳大利亚、新西兰，执行高等教育展团任务。中国教育国际交流协会副秘书长沈雪松任团长，34所高校有关主管校领导、国际学院和外事部门负责人等64人参与。教育展期间，随团在澳大利亚和新西兰实地拜访中国驻外领馆，了解中外双方教育交流与合作情况；与中国驻澳大利亚及新西兰教育参赞进行深度交流，全面了解双边教育外事政策及实践；实地访问4所高校，增进中外高校间的深入交流；参加中国高校教育展及 B2B 会谈等。

（赵子健）

【王增平访问塔俄英三国合作伙伴大学】 2017年5月24日至6月2日，副校长王增平一行5人赴塔吉克斯坦国立技术大学、俄罗斯莫斯科动力学院、英国爱丁堡大学、曼彻斯特大学和巴斯大学访问。双方就塔吉克斯坦国立技术大学本科联合培养项目的2+2培养模式、专业范围、学生在塔和在华北电力大学学习的课程系统、授课语言及学习方式、学费等问题进行深入磋商。

（赵子健）

【美国加州大学河滨分校代表团来访】 2017年6月30日，美国加州大学河滨分校 Dr. Kim Wilcox 校长一行8人来访，同行的还有该校负责国际事务的副校长 Dr. KelechiKalu，伯恩斯工程学院院长 Dr. Sharon Walker，伯恩斯工程学院副院长 Dr. Marko Princevac，电气与计算机工程系主任 Dr. Jay Farrell，电气与计算机工程系助理教授 Dr. Nanpeng Yu，伯恩斯工程学院院长助理 Mr. Jun Wang，发展部高级主任 Mr. Jed Schwendiman。此访旨在加深了解，增加互信，并以此为契机开展实质性合作。

（赵子健）

【杨勇平会见澳驻华大使馆公使衔参赞】 2017年11月14日，澳大利亚驻华大使馆教育与研究公使衔参赞魏柯玲（Katherine Vickers）一行来访，杨勇平会见来访客人。魏柯玲表示，在中澳两国建交45周年之际，澳大利亚使馆正在寻找对中澳交流做出积极贡献的具有影响力的人物及他们的故事，杨奇逊院士就是代表人物，感谢杨院士对推进中澳交流所做出的贡献。

（赵子健）

【杨勇平会见德国布兰登堡工业大学校长】 2017年11月15日，德国布兰登堡工业大学（BTU）校长 Jorg Steinbach 和国际合作部主任 MareikeKunze 等一行四人到访。校长杨勇平和副校长王增平会见来宾。杨勇平代表华北电力大学对 Jorg Steinbach 校长一行的来访表示欢迎。

（赵子健）

【法国科学传播出版社代表团来访】 2017年1月15日，法国科学传播出版社（EDP sciences Publishing Group）董事长 Jean-Marc Quilbé先生，出版总监 Agnès Henri 博士及法国贝尔福大学工学院副院长 David BASSIR 教授一行来校访问交流。杨勇平介绍华北电力大学的历史和现状。Jean-Marc Quilbé表示希望今后能够与华电在著作、论文及国际会议论文集发表等方面开展多元化交流与合作，在现有期刊的基础上进行高层次合作或创建新期刊。

（赵子健）

【美国科罗拉多州教育代表团到访】 2017年6月12—15日，美国科罗拉多州格里利-埃文斯第六学区 Rhonda Haniford 副局长、布伦特伍德中学校长 Heather Severt 和多斯里奥斯小学校长 Matt Thompson 一行受邀访问华电及附属学校，就华北电力大学附属学校与格里利-埃文斯第六学区学校建立姊妹校关系，师生交流交换、人文交流、学术提升、增加国际化体验等进行深入交流。

（赵子健）

【澳大利亚新南威尔士大学代表团到访】 2017年6月6日，澳大利亚新南威尔士大学电气与通讯工程学院副院长 Julien Epps 教授、特聘教授 Joe Dong 到访，副校长王增平接待来访客人。

（赵子健）

【法国格勒诺布尔理工大学代表团到访】 2017年11月16日，法国格勒诺布尔理工大学副校长 Jeanne Duvallet、国际合作处处长 Alice Caplier 到访，副校长王增平接待来宾。双方就可再生能源领域的合作研究和学生联合培养项目进行探讨，并借此机遇推进更深层次校际合作。

（赵子健）

【南乌拉尔国立大学代表团到访】 2017年12月4日，俄罗斯南乌拉尔国立大学第一副校长 Radionov Andrey 教授、机电系主任 Gasiyarov Vadim 教授、国际交流办公室主任 Vasileva Tatiana 女士一行三人到访。双方就开展本科生交流交换项目进行沟通。建议两校每年互派5～10名本科生到对方大学交流学习，互免学费。双方签署硕士生双学位联合培养项目协议。

（赵子健）

【美国伊利诺伊理工大学代表团到访】 2017年12月8日，美国伊利诺伊理工大学副校长 Michael Gosz 教授、副校长助理 April Welch、国际事务部中国办公室主任瞿华一行三人到访。副校长王增平接待来宾。双方就“3+2”“3+2+2”和其他硕士联合培养项目等进行深入研讨。

（赵子健）

【巴西大学校长代表团到访】 2017年5月3日，副校长律方成及国际合作处负责人应邀参加在河北大学举行的巴西大学校长代表团与驻保高校交流座谈会。2015年9月，华电承办的商务部2015年巴西电力特高压技术规划与发展研修班有效推动中巴电力行业技术交流。华北电力大学希望与巴西高校开展更多更广泛合作与交流。

（赵子健）

【美国纽黑文大学代表团到访】 2017年5月18日，美国纽黑文大学校长助理朔比·斯瓦达桑（ShobiSivadasan）、中国关系部主任戴安娜·陈（Diana Chen）来保定校区参观访问。副校长律方成会见来访客人，双方就推动校际间合作等事宜进行交流和洽谈。

（赵子健）

【美国可再生能源国家实验室布里-马赛厄斯·霍奇博士到访】 2017年5月7—14日，美国可再生能源国家实验室布里-马赛厄斯·霍奇博士应邀到校进行学术访问。布里-马赛厄斯·霍奇在电力工程系举行学术报告会，与米增强教授团队就双方合作研究工作进行交流，双方初步达成合作意向。

（赵　谦）

【阿塔纳西奥斯·克里奥斯博士到访】 2017年5月8日，英国克兰菲尔德大学（Cranfield University）阿塔纳西奥斯·克里奥斯（Athanasios Kolios）博士对保定校区进行学术访问与交流。阿塔纳西奥斯·克里奥斯博士的到访为学校相关领域教学及科学研究工作提供有益的帮助和支持，并为双方进一步的合作奠定基础。

（赵子健）

【捷克工业大学教授到访】 2017年5月11日，捷克工业大学电气工程学院电力工程系系主任 Zdenek Muller、电力驱动与牵引系教授 Jiri Pavelka、电力驱动与牵引系助教 Pavel Kobrle、博士生 Tomas Kostal、硕士生 Jakub Zednik 到访。Zdenek Muller 主任谈到，中捷之间的合作与交流往来频繁。捷克共和国主席当月出席“一带一路”高峰论坛。捷克工业大学与中国许多高校互派留学生，开展科研合作项目，并与中国在通用实验室等方面有着密切的合作。

（赵子健）

【克兰菲尔德大学教授到访】 2017年5月19日，英国克兰菲尔德大学动力工程能源技术中心 John Oakey 教授到访，双方就研究生联合培养、交流交换和促进教师交流等进行深入讨论。John Oakey 教授介绍克兰菲尔德大学能源与动力领域研究生培养的方向、规模、学制及课程设置。双方充分依托两校科研合作基础，优先在传统能源或新能源等方向开展研究生联合培养。双方同意共同汇集资源，申请研究生奖学金，筹集资金资助研究生出国。

（赵子健）

【加拿大卡尔加里大学李宗鹏教授到访】 2017年，加拿大卡尔加里大学计算机系李宗鹏教授应邀到校进行学术交流。李宗鹏教授与数理系青年教师就未来信息技术的发展进行交流，共同探讨在新形势下如何把握机会求发展，并做题为“Network Coding”的学术报告。此次交流，进一步拓宽学校教师对于计算机网络编码的视野，开阔在网络编码研究的方向，并为学校同卡尔加里大学和武汉大学的进一步合作交流打下基础。

（赵　谦）

【克拉克森大学教授到访】 2017年5月16—28日，美国克拉克森大学机械与航空工程系苏雷什·达尼亚拉（Suresh Dhaniyala）教授到校进行学术访问。5月18日，苏雷什·达尼亚拉做客华电大讲堂，做题为“大尺度空气质量监测的新型传感器”学术报告。苏雷什·达尼亚拉的精彩报告受到师生欢迎。

（赵子健）

【丹麦科技大学电力能源研究中心主任到访】 2017年6月9日，丹麦科技大学电力能源研究中心主任 Jacob Ostergaard 教授到访，双方探讨合作办学和合作研究中涉及的诸多细节问题，就开展国家留学基金委员会优本项目和博士生联合培养项目等人才培养项目进行深入探讨，对课程设置进行初步沟通。

（赵子健）

【香港理工大学乔中华到校学术交流】 2017年6月6—7日，香港理工大学数学系副教授乔中华应邀到校开展学术交流。数理系谷根代教授、青年教师代表及动力系、计算机系等10余位相关领域专家参加交流会。乔中华做关于“薄膜外延增长方程的大时间步长方法”报告，就近几年对偏微分方程数值解方法研究的新进展及如何应用提出的方法处理流体物理中的两相流问题与到场教师进行交流。

（赵子健）

【米亚德拉扎·沙菲埃卡博士到访】 2017年5月25日至6月4日，葡萄牙贝拉因特拉大学机电工程学院米亚德拉扎·沙菲埃卡（MiadrezaShafiekhah）博士来校进行学术访问。沙菲埃卡的此次访问主要就电力市场的运营模式、需求侧响应以及电动汽车的发展与应用等问题开展学术交流。5月31日，沙菲埃卡做题为“An overview on demand response，electricity market and electric vehicle”的学术报告。

（赵子健）

【犹他大学助理教授凯瑞·凯莉博士到访】 2017年6月25日至7月4日，美国犹他大学化工系助理教授、美国犹他州空气质量董事局副主席凯瑞·凯莉（Kerry Kelly）博士来校进行学术访问。凯莉博士的此次访问主要就吕建燚的国家外国专家局2017年度聘请单位重点引智项目开展学术交流，内容涵盖细颗粒物（PM2.5）的源解析、健康影响及防治措施等问题。6月28日，凯莉做题为“Fine Particulate Matter：Health Effects，sources and US Regulation”的学术报告。

（赵子健）

【英国巴斯大学托尼·詹姆斯教授到访】 2017年7月2—6日，英国巴斯大学化学系托尼·詹姆斯（Tony James）教授到校进行学术访问。托尼·詹姆斯此访主要就李檬的国家外国专家局2017年度聘请单位重点引智项目开展学术交流。托尼·詹姆斯的此次应邀来访为学校相关教学及科学研究工作的深入开展提供帮助和支持，为环境学科在国内和国外的交流提供契机，并为双方进一步的合作奠定基础。

（赵子健）

【英国亚伯大学刘永怀副教授到访】 2017年6月28日至7月10日，英国亚伯大学计算机科学系刘永怀（Yonghuai Liu）副教授到校进行学术访问。刘永怀此访主要就计算机系副主任鲁斌副教授的国家外国专家局2017年度聘请单位重点引智项目开展学术交流并走访中科遥感等合作企业，为横向项目的开展及国家中外政府间科技合作重点项目申报献言献策。

（赵子健）

【纽约州立大学安东尼·吉福内教授到访】 2017年6月29日至7月10日，美国纽约州立大学法明代尔学院安东尼·吉福内（Anthony Giffone）教授到校进行学术访问。7月6日，安东尼·吉福内做题为“2016 Nobel Prize Winner in Literature：Bob Dylan”的讲座。安东尼·吉福内此访为英语系相关教学及科学研究工作的深入开展提供帮助和支持，并为双方进一步的合作奠定基础。

（赵子健）

【佐治亚理工学院教授到访】 2017年7月10—14日，应华北电力大学数理系和河北省分布式储能与微网重点实验室邀请，美国佐治亚理工学院讲席教授阿米斯特德·罗素（Armistead G. Russell）到校进行学术访问，罗素此行参观国家新能源电力系统重点实验室、河北省分布式储能与微网重点实验室、数理系超级电容实验室、环工系中试工程实验室等多个实验室，并与相关师生就多学科交叉领域的研究、教学与实验改革等问题进行深入讨论。罗素此次应邀来访为华电相关科学研究及教学工作的深入开展提供有益的帮助和支持，并为双方进一步的合作奠定良好基础。

（赵子健）

【韩国光云大学代表团到访】 2017年7月13日，韩国光云大学国际合作处处长沈相烈、国际交流科主任申汶澈到访。通过此次访问进一步推进两校间的合作，并进一步推进两校教师的交流合作。

（赵子健）

【麦吉尔大学杰斯兰·麦克卢尔到访】 2017年9月18—19日，加拿大麦吉尔大学杰斯兰·麦克卢尔（Ghyslaine McClure）教授和张晓鸿研究员到校进行学术交流。9月18日，杰斯兰·麦克卢尔作客华电大讲堂为在校师生做题为“灾害条件下架空输电线路安全性研究进展”的学术报告。

（赵子健）

【伊利诺伊大学厄巴纳－香槟分校李杰教授到访】 2017年9月24日至10月9日，伊利诺伊大学厄巴纳－香槟分校李杰（Jessica Li）教授应邀来校进行学术访问。李杰在电力工程系举行学术报告会，与王飞团队就双方合作研究工作进行交流，与课题组及电力系教师就居民用电行为分析等问题展开交流讨论，并同课题组学生就各自研究内容与未来研究方向进行学术交流。

（赵　谦）

【美国北科拉多大学代表团到访】 2017年10月24日，美国北科罗拉多大学教育和行为科学学院副院长黄静子，研究生院招生处Erika Feckova到访。黄静子指出，北科罗拉多大学重视同华北电力大学的合作伙伴关系，并详细介绍赴该校参加本科生交换项目和教育硕士项目的具体内容，并提出暑期语言项目教学大纲。希望未来更多华北电力大学学生到北科罗拉多大学学习。

（赵子健）

【丹麦奥尔堡大学陈哲教授到访】 2017年11月21—24日，丹麦奥尔堡大学（Aalborg University）能源技术系陈哲教授到校进行学术访问。陈哲教授做题为“Development of renewable energy based energy systems”的学术报告，参观新能源电力系统国家重点实验室，并就电力电子变压器、新能源发电并网系统等问题与实验室师生进行讨论。

（赵　谦）

【韩国科学院、工程院院士韩彰秀教授与韩国汉阳大学申奎植教授到访】 2017年12月21—23日，韩国科学院院士、韩国工程院院士韩彰秀（Chang-Soo Han）教授与韩国汉阳大学机器人工程系主任申奎植（Kyoo-Sik Shin）教授到校进行学术访问。韩彰秀院士与申奎植教授分别做题为“Wearable Robot for Human Life：Rehabilitation & Prevention from Musculoskeletal Injuries”和“Recent Trend of Collaborative Robots”的学术报告，与相关师生就火电机组的建模与仿真、电力机器人发展等多个问题进行深入讨论。

（赵　谦）

【中欧可再生能源创新中心研讨会】 2017年11月16日，由华北电力大学主办、德国黑森州中国合作促进中心协办的中欧可再生能源创新中心研讨会在华北电力大学召开。来自英国曼彻斯特大学、爱丁堡大学、纽卡斯尔大学、克兰菲尔德大学、法国科学传播出版社、格勒诺布尔理工大学、德国布兰登堡科技大学、德累斯顿工业大学等高校领导及20余名可再生能源领域的专家和学者参加研讨会。此次研讨会旨在更好地促进中欧可再生能源创新中心发展，推进可再生能源领域人才培养和科学研究，同时加强同欧洲合作伙伴大学在可再生能源领域沟通和交流，搭建学术交流、合作共享的平台，为加快建立清洁低碳、安全高效的现代能源体系，促进可再生能源产业持续健康发展贡献力量。

（赵子健）

【上海合作组织大学能源会议】 2017年9月25—26日，上海合作组织大学（以下简称“上合大学”）能源会议2017在华北电力大学召开，来自中国、俄罗斯、哈萨克斯坦、塔吉克斯坦等国12所高校参加会议。此次会议目的是为上合大学能源学方向各成员高校搭建学术交流、合作共享的平台，探讨在人才培养、科学研究和智库建设中协调配合，推动中方和外方成员高校间的合作项目落地和开展国别电力研究。

（赵子健）

【举办海峡两岸绿色能源与应用学术研讨会】 2017年6月28—29日，海峡两岸绿色能源与应用学术研讨会在华北电力大学召开。来自台湾清华大学、新竹交通大学、中原大学、勤益科技大学、台南大学、中兴大学、中央大学、台湾科技大学和中央研究院等9所高校和科研院所23名台湾学者参加会议。可再生能源学院院长戴松元教授、港澳台办公室主任段春明及学校40余名专家学者参加会议。此次会议是可再生能源学院建院十周年系列学术活动之一，旨在分享海峡两岸绿色能源发展经验，促进绿色能源学术交流，加强两岸绿色能源科学与工程领域的合作。

（赵子健）

【两岸高校绿色能源学堂】 2017年7月4日，对台教育交流项目“两岸高校绿色能源学堂”在华电开幕。该项目由教育部资助，来自台湾大学、台湾清华大学、台湾中山大学、台湾科技大学、台南大学、中原大学、中央大学七所高校82名师生在华电进行为期11天学习交流活动。

（赵子健）

【可再生能源发电及入网技术国际培训班开班】 2017年6月27日，可再生能源发电及入网技术国际培训班开班。该培训班为科学技术部国际合作司主办，华电承办的科技援外项目。来自尼泊尔、塔吉克斯坦、缅甸、印度尼西亚、泰国、马来西亚、伊朗、古巴、蒙古和老挝10个国家23名电力企业领导、电力企业科研人员、高校教师将在华电进行为期20天的研修。

（赵子健）

【坦桑尼亚电力系统运营与管理培训班】 2017年9月9日，由商务部主办、华北电力大学承办的坦桑尼亚电力系统运营与管理培训班开班。18名学员来自坦桑尼亚国家电力公司、坦桑尼亚能矿部、坦桑尼亚石油开发公司、坦桑尼亚能源和供水监管局及坦桑尼亚农村电力局。培训班历时 21 天，共举行 16 场专题讲座、6 场座谈交流会和 13 场参观考察活动。

（赵子健）

校企、校地合作

【概述】 2017 年，华北电力大学围绕“双一流”建设战略部署，在学科建设、人才培养、科学研究、社会服务等方面全面引领学校的校企、校地合作工作，取得丰硕成果。

2017 年，校地合作实现新突破。学校全力推进张家口科教园区有关工作，积极稳妥开展与张家口市在用地、规划设计等方面的谈判，并与张家口市、国网节能公司签署共建“张家口可再生能源发展与技术研究院”三方协议。雄安新区出台后，校地双方决定以共建“京冀新能源（张家口）协同创新研究中心”为合作重点，现已争取北京市、河北省等上级部门的支持，谈判进入实施阶段。学校积极参与支持雄安新区建设有关工作，负责编制《华北电力大学参与雄安新区建设发展规划方案》，对学校在雄安建设研究型、国际化校区进行初步规划和可研分析，并于 5 月初报送雄安新区管委会。12 月向教育部上报《华北电力大学支持雄安新区建设初步方案》，得到高度认可。

2017 年，校企合作得到新发展。发起成立“电力行业卓越工程师培养校企联盟”。与中电联共同携手国家电网等 16 家大型能源电力企业及 30 所高校，全力探索行业创新人才培养的新机制与新模式，努力打造新时代电力行业卓越工程师。学校与中国电机工程学会签署战略合作协议，将围绕国家能源电力发展的战略需求，搭建产学研用相结合的科技创新平台，在前瞻性和先进性技术交流、科技成果转化、优秀科技人才培养、学科发展史研究、科学技术普及等方面开展紧密合作。同时，学校积极与中广核、粤电集团等洽谈战略合作，并争取增设为大学副理事长单位。

2017 年，学校在软科学研究和智库建设方面，充分发挥多学科优势，在全球能源互联网、雄安新区能源规划、能源电力管理、法律法规以及电力改革等领域发挥智囊团作用，进行学术研究，积极建言献策，研究成果为政策制定和企业决策提供智力支持。同时，面对社会舆论和行业热点问题，学校组织专家学者开展研究，发表客观、科学的观点论据，正确引导社会舆论，传播正能量，为能源电力行业健康发展发挥积极作用。

（吴良器）

【概况】 华北电力大学对外联络与合作部下设校企合作办公室、理事会工作办公室及校友工作办公室等三个处级机构，同时设置综合管理与规划办公室。现有正式教职工 12 人，其中北京校部 9 人，保定校区 3 人。华北电力大学校企合作工作经过多年的发展，校企合作的规模、广度、深度不断拓展，以理事会为核心的多层级校企合作平台日趋成熟，重要战略合作伙伴达到 100 余家，覆盖电力生产运营、设备制造、科研院所等所有类型企业，涵盖教育培训、高层次人才培养、重大科技攻关、战略联盟等广泛领域。2017 年，华北电力大学校企、校地合作通过搭建平台与企业及地方政府签署战略合作协议 5 项，达成合作意向 4 项；共建校地研究院 2 个，共建人才培养基地 2 个。

（吴良器）

【与中国电机工程学会签署战略合作协议】 2017 年 4 月 14 日，学校与中国电机工程学会战略合作协议签约仪式在北京校部举行。校长杨勇平，副校长郝英杰、檀勤良，中国电机工程学会理事长郑宝森、副理事长兼秘书长谢明亮、副秘书长陈小良出席签约仪式。杨勇平介绍学校的基本情况、发展历程和办学成就，学校正站在国家建设“双一流”大学的新起点，希望得到电机工程学会一如既往的支持与帮助。杨勇平认为在当前能源生产与消费革命的新形势下，双方的合作契合度高，条件成熟，意义重大。他希望双方加强合作战略规划和组织落实，围绕国家能源电力科技创新发展和电力行业热点问题，进一步扩大合作的领域，搭建更为广阔的科技创新、学术交流、工程教育及国际合作平台。杨勇平与郑宝森签署战略合作协议。根据协议，双方将围绕国家能源电力发展的战略需求，搭建产学研用相结合的科技创新平台，在前瞻性和先进性技术交流、科技成果转化、优秀科技人才培养、学科发展史研究、科学技术普及等方面开展紧密合作。

（吴良器）

【吴志功、杨勇平会见张家口市领导】 2017 年 5 月 12 日，学校党委书记吴志功、校长杨勇平会见来访的张家口市委书记回建、市长武卫东，双方就深入推进新形势下校地合作进行会谈。副校长郝英杰、孙忠权，张家口市委常委、纪委书记陈佩鸿，副市长陈冲，市政府秘书长杨千河，副秘书长田启等参加会谈。吴志功希望双方落实京津冀协同发展、“一带一路”、冬奥会筹办等国家战略需求，发挥各自优势，筹划重大项目，实现共赢发展。杨勇平希望双方能充分利用“天时地利人和”的有利条件，服从国家战略、加强顶层设计、做好战略规划、完善工作机制，以先进的理念、崭新的姿态，共同推进双方合作的进一步发展。

（吴良器）

【共建张家口可再生能源发展与技术研究院】 2017年5月17日，“张家口可再生能源发展与技术研究院”共建签约仪式在张家口市举行。张家口市委书记回建、市长武卫东，华北电力大学校长杨勇平，国网节能服务有限公司总经理郭炬，河北省发改委副主任毛宇山出席签约仪式。副校长郝英杰，国网节能公司副总经理常建平、范振华参加仪式。杨勇平回顾学校建设与发展取得的一系列成就，重点介绍在新能源、智能电网等领域学科建设、科学研究、校企地合作有关情况。杨勇平希望各方进一步争取国家政策、资金等支持，不断创新合作模式。

（吴良器）

【杨勇平会见特变电工副总裁刘钢】 2017年5月24日，校长杨勇平会见特变电工股份有限公司副总裁刘钢一行。校党委副书记汪庆华参加会见。杨勇平对特变电工近年来取得的一系列成就，尤其是在服务国家“一带一路”战略方面作出的贡献表示赞赏。杨勇平希望校企双方在“一带一路”“中国制造 2025”等国家战略任务的驱动下，进一步加强在科技创新、人才培养、教育培训等方面的合作。汪庆华向刘钢一行全面介绍学校在学科建设、人才战略、科技创新、人才培养、社会服务等方面的情况和近年来所取得的成绩。

（吴良器）

【武汉盛隆电气来校洽谈校企合作】 2017年6月5日，中国500强企业武汉盛隆电气集团董事长谢元德、副总裁聂伟等一行12人来校洽谈校企合作事宜。副校长律方成出席洽谈会。谢元德希望通过与华北电力大学的合作，让盛隆电气集团的项目在保定地区落地开花。律方成希望双方优势互补、共同培养人才，合作共赢。

（吴良器）

【周坚、杨勇平与保定市长郭建英举行会谈】 2017年6月6日，校党委书记周坚、校长杨勇平拜访保定市市长郭建英，双方就如何贯彻落实京津冀协同发展、雄安新区建设等国家战略，全面加强校地合作进行交流。保定市委副书记郭竞坤、市政府党组成员葛庆敏、市政府机关党组书记王保辉、市政府副秘书长张墀，学校党委副书记郭孝锋、副校长律方成出席会谈。郭建英表示保定市委、市政府将在原来基础上更好地支持华北电力大学发展，为学校提供优质服务，努力实现双方同步发展。周坚表示，学校将和保定市加强合作，共同服务“一带一路”建设、京津冀协调发展。杨勇平表示学校将充分发挥两地资源优势，进一步改善保定校区办学条件、提升办学水平，进而在服务地方经济发展、提升城市文化品位中发挥更大的作用。

（吴良器）

【杨勇平会见贵州理工学院、贵州省教育厅来宾】 2017年6月13日，贵州理工学院院长龙奋杰、贵州省教育厅高教处处长邸姜滔、贵州理工学院副院长宋建波等一行8人来校调研。校长杨勇平、副校长郝英杰会见来访客人。杨勇平表示华北电力大学愿与包括贵州理工学院在内的贵州高校，共同把握住“一带一路”“京津冀一体化”“双一流”建设等各项国家战略，加强沟通与了解、交流与互动，搭建合作平台、构筑合作机制、拓展合作领域，在更好地履行好高校服务国家经济社会发展各项职责的进程中，实现共赢。

（吴良器）

【七一电器研究生工作站挂牌成立】 2017年10月25日，学校与浙江七一电器股份有限公司共建研究生工作站签约暨揭牌仪式在浙江省开化县举行。副校长律方成、开化县县委常委组织部长李昱、七一电器股份有限公司董事长余永松等出席揭牌仪式。律方成和李昱为工作站揭牌。律方成希望校企双方依托研究生工作站平台，共同建立长期的科技人才培养机制，创新研究生培养模式，提高科技人才质量，促进科技成果转化，实现优势互补、互利共赢。

（吴良器）

【郝英杰赴浙江多地走访调研】 2017年11月23日，副校长郝英杰带队在浙江大学调研校庆筹备工作。浙江大学常务副校长宋永华、任少波分别会见郝英杰一行，浙江大学120周年校庆活动筹备委员会秘书长兼办公室主任、原校长助理张美凤详细介绍浙江大学120周年校庆活动的组织筹备工作。郝英杰希望借助此次来访，能够促进双方各部门的沟通和交流，加深友谊，进一步推进两校间的深入合作。24日和25日，郝英杰一行赶赴温州市和乐清市，就校地合作进行洽谈。期间，温州市政府副秘书长郑邦良，乐清市市长方晖、副市长吴呈钱分别接见郝英杰，他们希望通过“政府牵头、企业操作”的方式强化与华北电力大学在科技创新、成果转化和人才培养等方面的合作，为温州市和乐清市打造创新型电气产业集群注入新的发展动力。

（吴良器）

【与保定天威签署战略合作框架协议】 2017年12月1日，学校与保定天威保变电气股份有限公司战略合作框架协议签约仪式在保定校区举行。校长杨勇平，副校长律方成，校长助理米增强，保定天威保变电气股份有限公司董事长薛桓，总经理、党委副书记刘淑娟等出席签约仪式。律方成认为经过双方多轮磋商签约仪式如期举行，标志着校企双方的合作创新迎来新的历史机遇，迈入新的历史时期。他希望校企双方共同面向新时代，书写校企合作、互利共赢的新篇章。

（吴良器）

【签署核电人才订单联合培养协议】 2017年12月10日，学校与中国核能电力股份有限公司签署核电人才订单联合培养协议。校长杨勇平，副校长王增平，中国核能电力股份有限公司副总经理顾健，董事会秘书罗小未，秦山核电党委副书记曹水林，中国核电人力资源部主任贾建富，秦山核电总经理助理石建新参加签约仪式。杨勇平指出2018年是华北电力大学建校六十周年，希望双方能进一步深化合作，优势互补，合作共赢。顾健副总经理认为此次与华北电力大学的合作，是基于双方一致的战略目标，文化认同以及相同的发展理念。

（吴良器）

【杨勇平访问中国广核集团有限公司】2017年12月12日，校长杨勇平访问中国广核集团有限公司，与中国广核集团党组成员、核电股份公司总裁高立刚举行会谈，双方就增设中国广核集团为大学副理事长单位及进一步深化校企在人才培养、科技创新等领域的合作进行交流。杨勇平认为，双方合作历史悠久，合作成果丰硕，双方在核电领域开展的“订单＋联合”大核电人才培养模式，已经成为行业校企合作人才培养的典范，为国家核电事业的发展作出积极贡献。他希望双方未来围绕国家核电发展战略，加强协同创新，在基础研究、人才培养、政策研究等方面开展更为广泛与深入的合作。

（吴良器）

【杨勇平访问广东粤电集团有限公司】2017年12月13日，杨勇平校长访问广东粤电集团有限公司，与粤电集团党委书记、董事长李灼贤举行会谈，双方就增设广东粤电集团为大学理事会成员单位及进一步深化校企合作等事宜进行交流。杨勇平指出，粤电集团是珠三角地区电力改革的领军企业，多年来在国家能源转型升级中经验丰富、竞争实力较强。他希望双方在长期友好合作的基础上，进一步探索构建新型校企合作创新平台，在科研攻关、政策研究、人才培养和信息化建设等领域开展全方位、深层次的合作，实现共同发展。

（吴良器）

【杨勇平出席中国（珠海）绿色创新电力峰会】 2017年12月14日，由华北电力大学、中国电力企业联合会、中国南方电网有限责任公司、珠海市会展集团有限公司等联合主办的2017中国（珠海）绿色创新电力峰会暨展览会在珠海国际会展中心开幕。杨勇平指出，绿色发展，电力先行。本次峰会顺应新发展理念，围绕国家战略，聚焦大湾区未来能源电力发展的关键问题，对于助推电力行业创新绿色发展具有战略意义。杨勇平表示面对粤港澳大湾区发展新的历史方位，华北电力大学愿与政府、企业、高校等各方携手，集思广益、增进共识、深化交流与合作，共同打造“开放、合作、创新、共赢”的粤港澳能源电力“发展共同体”。

（吴良器）

大学理事会工作

【概述】 2017年，学校进一步健全大学理事会制度建设，加强与理事单位的交流与合作，争取理事单位的持续、更大支持，实现更深层次的融合，有力助推“双一流”大学建设。

2017年，华北电力大学理事会充分发挥秘书处、人才培养委员会及科技合作委员会职能，围绕“一带一路”倡议、雄安新区建设、全球能源互联网等重大问题，服务国家能源电力发展重大需求，与理事单位在全球能源互联网等领域开展广泛合作，推动电力行业产学研协同创新。

2017年，理事会工作取得新发展。召开华北电力大学第二届理事会第四次会议，审议通过校长杨勇平工作报告，深入探讨大学“双一流”建设若干重大问题，充分征求理事长、副理事长对学校发展的意见建议。开展理事会系列走访工作。由校党委书记周坚、校长杨勇平带队，先后走访全球能源互联网发展合作组织、中电联、国家电网、华能集团、国电投集团、南方电网，拜会大学理事长刘振亚和各位副理事长，寻求增补大学理事会成员单位、构建校企合作长效机制，共促“双一流”大学建设。

2017年，华北电力大学依托理事会与中电联平台，与以理事成员单位为主体的电力行业企业保持密切的联系，在人才培养、科学研究等方面进一步加强合作，在共建科研平台、科研合作、联合人才培养、奖学金等方面取得丰硕成果。

（吴良器）

【概况】 华北电力大学理事会现有理事单位9家，其中理事长单位为国家电网有限公司，副理事长单位有：中国南方电网有限责任公司、中国华能集团有限公司、中国大唐集团公司、中国华电集团有限公司、国家电力投资集团有限公司、国家能源投资集团有限责任公司、中国电力企业联合会及华北电力大学。本届理事会理事共19人，理事长由中电联理事长兼任，副理事长由各理事单位任中电联副理事长的领导兼任，秘书长由中电联秘书长兼任。理事会秘书处挂靠中电联。理事会下设人才培养委员会与科技合作委员会。2017年华北电力大学与理事成员单位达成战略合作2项，开展科技、人才合作5项，共建研究中心2个。

（吴良器）

【杨勇平与舒印彪举行会谈】 2017年1月23日，校长杨勇平率队访问国家电网公司，与国家电网公司董事长、党组书记舒印彪举行会谈。双方就推进协同创新、人才培养及科技成果转化等事宜进行交流，并将进一步深化合作，提升能源领域联合攻关能力，推进校企共同发展，为国家能源电力事业作出更大贡献。副校长郝英杰、党委副书记汪庆华，国家电网公司副总经理刘泽洪出席会谈。杨勇平希望双方今后进一步加强学科建设、人才培养、科技创新、成果转化、平台建设等方面的合作，针对能源领域重大问题开展联合攻关，实现共赢发展。

（吴良器）

【杨勇平与杨昆举行会谈】 2017 年 3 月 8 日，校长杨勇平率队访问中国电力企业联合会，与中电联常务副理事长、党组书记杨昆举行会谈。双方就推进电力行业卓越工程师培养校企联盟、共建中国能源与电力发展战略研究中心（智库）、服务电力“走出去”战略的国际合作、联合开展电力行业远程继续教育等工作进行深入的沟通与交流。杨勇平认为“走校企合作的强校之路”，利用依靠行业和企业办学，是华北电力大学的立校之本。无论是学校步入“211”工程院校行列，还是获批“985”优势学科创新平台，都离不开行业、企业的支持，希望双方不断深化在新时期的战略合作。

（吴良器）

【杨勇平与刘振亚举行会谈】 2017 年 4 月 1 日，校长杨勇平拜访全球能源互联网发展合作组织主席、中国电力企业联合会理事长、华北电力大学理事会理事长刘振亚。双方就加强实质性合作，推动构建全球能源互联网，促进大学“双一流”建设，服务能源电力事业发展等问题进行深入交流。杨勇平希望双方依托大学理事会与中电联平台，在全球能源互联网人才培养、科技创新、政策研究、国际交流合作等方面开展更为广泛与深入的合作，在新一轮科技革命中发挥学校智力支持与学术支撑等作用，为解决全球能源与环境问题贡献自身力量。

（吴良器）

【杨勇平与王炳华举行会谈】 2017 年 4 月 18 日，校长杨勇平拜访国家电力投资集团公司董事长、党组书记、华北电力大学理事会副理事长王炳华。双方就全面深化科技创新、人才培养合作进行交流，并就加强大型先进压水堆核电站和重型燃气轮机国家科技重大专项合作达成初步共识。杨勇平高度赞赏国家电投近年来在科学发展、创新发展方面取得的成就。他表示，华北电力大学需要学习借鉴国家电投创新发展的成功经验，促进自身的内涵发展。他希望依托大型先进压水堆核电站和重型燃气轮机两项国家级科技重大专项，双方加强协同创新，在基础研究、人才培养、政策研究等方面开展更为广泛和深入的合作。

（吴良器）

【周坚、杨勇平与曹培玺举行会谈】 2017 年 5 月 31 日，学校党委书记周坚、校长杨勇平拜访中国华能集团公司董事长、党组书记、华北电力大学理事会副理事长曹培玺。双方围绕贯彻落实“一带一路”、京津冀协同发展等国家战略，全面深化人才培养、科技创新、教育培训、国际化等领域的合作进行交流，达成初步共识。中国华能集团公司总经理黄永达，党组副书记、副总经理邓建玲，副总经理叶向东，副校长郝英杰，党委副书记汪庆华，副校长檀勤良出席会谈。周坚建议双方在创新型人才培养、前沿科技攻关、软科学研究等领域进一步开展合作，实现互利共赢、共同发展。杨勇平希望双方围绕国家战略需求和华能集团建设具有国际竞争力的世界一流企业的现实需要，共同探索创新人才培养模式与机制；共同承担国家重大项目，共建研发中心、研发团队；加强教育培训合作，培养更多应用型人才；加强国际合作，为华能集团“走出去”培养本土化人才。

（吴良器）

【大学理事会召开 2017 年第一次会议】 2017 年 6 月 23 日，中国电力企业联合会 2017 年第一次理事长会议暨华北电力大学理事会 2017 年第一次会议在北京召开。会议审议通过《华北电力大学工作报告》，深入探讨华北电力大学“双一流”建设若干重大问题，部署大学理事会下一步重点工作。校长杨勇平，中电联副理事长、华北电力大学理事会副理事长、中国工程院院士刘吉臻，副校长郝英杰，党委副书记汪庆华，华北电力大学理事会副理事长、理事和有关负责人出席会议。杨勇平全面展示学校在党的建设、学科建设、人才培养、科学研究、校企合作及国际合作等方面取得的成绩，从国家需求、行业需要、学校自身发展等角度深入分析华北电力大学“双一流”建设的形势与任务。对大学理事会 2018 年的重点工作提出四点建议，同时建议 2018 年中电联第二次理事长会议和大学理事会会议在华北电力大学召开。

（吴良器）

【杨勇平访问中国南方电网公司】 2017 年 12 月 13 日，校长杨勇平访问中国南方电网有限责任公司，与南方电网公司党组书记、董事长李庆奎举行会谈，双方就行业创新人才培养、科技创新等事宜进行交流。杨勇平指出，南方电网公司是大学副理事长单位，双方渊源深厚，有着悠久而良好的合作历史，近年来共同取得多项重大合作成果。他希望双方今后进一步拓展合作的广度和深度，创新合作机制，推动合作落实，实现共赢发展。

（吴良器）

【汪庆华出席中电联理事长会议】 2017 年 12 月 15 日，中电联 2017 年第二次理事长会议、第六届理事会第三次常务理事会议在京召开，学校党委副书记汪庆华出席会议。会议听取讨论中电联党组书记、常务副理事长杨昆所做的工作报告，听取审议《中国电力企业联合会五年发展规划（2018—2022 年）（征求意见稿）》编制情况等三个报告。汪庆华代表周坚书记、杨勇平校长、刘吉臻副理事长，对中电联 2017 年取得的成绩表示祝贺。他充分肯定中电联与华北电力大学共同发起成立电力行业卓越工程师培养校企联盟等一系列工作，简要通报学校 2017 年在学科建设、人才培养等方面所取得的进展，向各理事长单位对华北电力大学进入国家“双一流”一流学科建设高校等事业发展所给予的大力帮助、支持表示感谢。

（吴良器）

校友联络工作

【概述】 2017 年，学校校友工作围绕学校的中心工作和发展大局，坚持“三个有利于”的原则，发挥校友会“一家一桥一平台”的作用，努力做好“三个服务”，学习《社会团体登记管理条例》、社会团体评估等相关规章，学习“三严三实”、《中国共产党廉洁自律准则》和《中国共产党纪律处分条例》，保证依法依规开展校友工作。参加全国校友工作研讨会，学习校友工作先进经验。继续担任中国高等教育校友工作研究分会监事单位。时值学校建校 60 周年华诞，华北电力大学校友会举办会员代表大会暨第二届理事会会议，校友联络工作以此为契机邀请多位校友返校参加活动，增进交流，为今后的校友工作奠定良好基础。

（王瑞琪）

【概况】 2017 年，华北电力大学校友工作办公室共组织、接待大型校友返校活动 20 余次，接待校友 2000 余人次；走访上海、广东、浙江等地方校友；依托校友之家举办各种特色活动，累计接待 2000 多名校友和在校师生交流座谈，学生创新创业得到锻炼，助力学校人才培养；邀请 30 余位校友返校举办知名校友进校园系列讲座；印发《华电校友》2 期，通过校友会网站、微信平台发布新闻百余条；接收校友捐款和项目合作共计 220 余万元，完成年度校友奖助金评选、发放工作；做好校友、校友企业和地方校友会交流走访，召开校友企业座谈会，服务校友企业，促进校企合作。

（王瑞琪）

【江西校友会返校交流】 2017 年 3 月 3 日，江西校友会一行返回母校，参观校友文化长廊与校友之家，并就地方校友会组织建设和活动开展进行探讨交流。校友之家接受江西校友会捐赠瓷板画和十套景德镇茶具。

（王瑞琪）

【海南校友会年会举办】 2017 年 2 月 18 日，100 多位校友抵达海南省定安县，举办华北电力大学海南校友会年会。年会主题是“健康·定安”，除了特色美食，还组织骑行、篮球、羽毛球多项体育活动。吴清理事长做 2017 年校友会工作报告。陈永军校友进行财务汇报。在年会专题科技讲座上，多位校友代表做学术报告。此次海南校友会年会的特点是将兴趣爱好和学术交流相结合。

（王瑞琪）

【举办杨以涵教授九十寿辰学术研讨会】 2017 年 3 月 4 日，为庆祝华北电力大学杨以涵教授 90 大寿，校领导、在校师生及各地校友共同参加“庆贺杨以涵老师 90 寿辰学术研讨会”。张粒子介绍研讨会的背景，校长杨勇平致辞并赠送字画，校友杨昆代表北京校友会赠送王永干校友书法作品，学生代表赠送影集、论文集等。杨教授向与会师生寄语并分享长寿秘诀。校友们进行学术研讨，并交流分享近期电力发展新成果。

（王瑞琪）

【校友参加两会】 2017 年 3 月 3 日，两会在北京人民大会堂召开，刘吉臻院士和校友代表史玉波、王淑玲、贺禹、王抒祥参加全国政协会议，校友代表李小鹏、闫少俊、尹正民参加全国人大会议。

（王瑞琪）

【校友会走访调研天大南开校友工作】 2017 年 4 月 11 日，对外联络与合作部校友工作办公室一行和校友企业走访调研南开大学和天津大学校友工作，并参观两所高校校友之家。此次调研内容包括校友总会、地方校友会、行业校友分会等相关工作及校友信息化建设、校友校企合作模式、校友之家管理模式、校园文化产品的开发等。

（王瑞琪）

【校友参加中国高校校友羽毛球联赛】 2017 年 4 月 9 日，第二届“动享 YONEX”中国高校校友羽毛球联赛在北京举行。来自全国 20 所高校校友组成的 28 支队伍分成甲乙两组进行比赛。华北电力大学校友羽毛球俱乐部 24 名校友组成华电羽球队、华电四方队、华电兴业队参加比赛。杜德安校友、张庆生校友代表公司赞助比赛。副校长李双辰为参赛队员加油助威。赛事组织方肯定华北电力大学校友羽毛球俱乐部的活动参与能力，为华北电力大学授予“最佳组织奖”和“最具人气高校奖”。

（王瑞琪）

【李政光校友返校】 2017 年 4 月 27 日，计算机 81 级校友李政光携夫人返校，校友办聂国欣主任带领校友参观校友文化长廊并在校友之家茶叙。

（王瑞琪）

【张庆君校友返校做报告并与青年教师座谈】 2017年5月5日，遥感卫星总设计师张庆君校友返校做报告。校党委副书记郭孝锋，党校办、党委宣传部、教务处、科技处、学生处、研工部、团委、对外联络部负责人和近千名师生共同聆听此次报告会。张庆君校友回忆大学生活、介绍国家航天航空事业、解答师生疑问，并为母校带来他主持设计研发的高分三号卫星的模型。报告会后，张庆君与电子与通信工程系青年教师展开座谈，在科研方向选定、科研基金申报、联合申报项目、科研成果转化及学生个性化培养等方面进行深入探讨。

（王瑞琪）

【王英彬校友返校参加主题报告会】 2017年5月11日，2017届毕业生"情牵母校"系列活动之优秀校友专题报告会在华北电力大学举行。本次报告会由计算机专业王英彬校友主讲。校友办主任聂国欣，毕业班辅导员及毕业生代表聆听讲座。王英彬围绕创新创业展开报告，并详细解答与会学子就业与考研、国内与国外选择中的困惑，并对全体毕业生提出殷切希望和美好祝愿。

（王瑞琪）

【杨勇平看望浙江校友】 2017年5月20日，校长杨勇平参加浙江大学120周年校庆之际，看望浙江校友代表，并与校友亲切交谈。杨勇平向校友介绍学校发展近况及领导班子调整情况，对广大校友一直以来对学校事业发展的关注和支持表示感谢，希望校友们2018年回母校参加60周年校庆活动。

（王瑞琪）

【高曙教授八十寿辰】 2017年6月4日，学校举行庆祝高曙教授八十寿辰活动。高曙教授及其学生40余人参加活动。高曙教授对自己的从教生涯进行回顾，秦建明、李庚银、朱永利、孙洪、池瑞华、段振国、郭涛等学生代表发言感谢老师的栽培与教导。副校长李双辰指出，高曙教授是学校宝贵的精神财富，是学生学习的楷模，是凝聚校园的桥梁。

（王瑞琪）

【会计93级返校并捐赠景观石】 2017年8月18日，会计93级校友返校举行毕业20周年聚会活动。校友们为母校捐赠景观石一块，内容为经管院院训"求实、奉献、团结、超越"。校党委副书记汪庆华、经管院党委书记于新华为景观石揭幕。

（王瑞琪）

【崔小勃校友捐设奖学金】 2017年9月21日，"艾博奖学金"捐赠仪式在华北电力大学举行。党委书记周坚接见广州艾博电力设计院出席捐赠仪式的代表。副校长郝英杰与崔小勃签署捐赠协议。校领导孙忠权、汪庆华、律方成分别与崔小勃等进行会谈。捐赠仪式后，崔小勃为华电学子做题为"我与艾博共成长"的创业主题讲座。现场学生就大家关心的成长成才问题，与崔小勃进行互动交流。

（王瑞琪）

【热自83级校友举行爱心救助金捐赠仪式】 2017年9月23日，热自83级校友毕业30周年聚会时为母校捐赠资金拾万元，用于救助保定校区因遭受意外伤害、突发意外事故、罹患重大疾病等特殊原因导致家庭经济困难的在校学生。对外联络与合作部、学生处参加捐赠仪式。

（王瑞琪）

【举办校友足球友谊赛】 2017年9月23—24日，第三届校友足球友谊赛在华北电力大学开赛。校党委副书记郭孝锋，副校长律方成及校内相关职能部门负责人，校友足球俱乐部理事长孙洪等和校友代表出席开、闭幕式，来自全国各地14支队伍270余名校友参与活动。校友足球友谊赛由对外联络与合作部主办，校友会、体育教学部承办，校友足球俱乐部、校工会、科技学院协办。比赛为期两天，14支球队分四个小组，进行小组赛和决赛共计35场比赛。科技学院队获冠军，华电赣鄱队获亚军，电子传奇队获季军，华电老炮队获精神文明奖。

（王瑞琪）

【举行博纳之星奖学金续签仪式】 2017年9月27日，"博纳之星"奖学金续签仪式在华北电力大学举行。学校党委副书记汪庆华、北京博纳电气股份有限公司董事长韩明出席仪式，学生处、对外联络与合作部、教育基金工作办公室相关负责人，北京博纳电气股份有限公司相关人员参加仪式。"博纳之星"奖学金由北京博纳电气股份有限公司于2011年在华北电力大学设立。2017年9月，该公司决定提升捐赠金额，并增设"博纳之星团结进步奖学金"。

（王瑞琪）

【罗静校友举行分享会】 2017年9月28日，中国首位登顶13座8000+米雪峰的女登山家罗静校友应邀返校举行登山专场分享会。党委副书记郭孝锋、副校长律方成会见罗静并进行座谈。罗静做题为《一切源于对生命的热爱》的演讲。她叮嘱与会学弟学妹找到内心真正的热爱，因为有热爱就能克服任何困难，有热爱才能不忘初心，不惧未来。罗静获2017年度最佳非奥项目运动员提名奖及新华社国内十佳运动员荣誉。

（王瑞琪）

【举行丹华奖学金捐赠仪式】 2017年9月29日，"丹华奖学金"捐赠仪式在华北电力大学举行。副校长郝英杰、北京丹华昊博电力科技有限公司董事长李砚、杨以涵教授出席仪式，电气与电子工程学院、党委学生工作部、教务处、对外联络与合作部、教育基金工作办公室负责人，北京丹华昊博电力科技有限公司相关人员参加仪式。

（王瑞琪）

【电自77级校友入学40周年】 2017年10月13—15日，电自77级校友入学40周年纪念活动在华北电力大学举行。校党委副书记郭孝锋，副校长律方成，电力系主要负责人，当年班主任、任课教师和电自77级的校友们参加活动。

（王瑞琪）

【举行校友羽毛球友谊赛】 2017年10月14日，“中电兴业”杯第二届华电校友羽毛球团体赛在北京举行。原北京市体育局副局长、冬奥会组委体育部副部长王艳霞，华北电力大学副校长李双辰、王增平出席并观看比赛，中国电力建设有限公司人董部主任孙德高，校友羽毛球俱乐部主席杜德安，校友羽毛球俱乐部秘书长张庆生，北京校友会秘书长杨兆静等多名来自全国各地的170余名校友及学校的老师代表们共同参加比赛。华电智盟获冠军，强队获亚军，粤羽科锐获季军。

（王瑞琪）

【加拿大校友会换届】 2017年10月，华北电力大学加拿大校友会换届。新四届加拿大校友会理事会成员如下。理事长：王鑫；副理事长：高向民、叶秋波、方道平、姚子文；秘书长：李晓玲。

（王瑞琪）

【校友参加十九大】 2017年10月18日，中国共产党第十九次全国代表大会在人民大会堂开幕。华北电力大学校友舒印彪、王抒祥、陈峰、李小鹏作为十九大代表参加会议，分别在清洁能源系统、电力系统、科技创新和交通运输系统等方面献言献策。

（王瑞琪）

【校友会会员代表大会暨第二届理事会会议】 2017年10月28日，华北电力大学举行校友会会员代表大会暨第二届理事会会议。第一届理事会成员、地方校友会校友代表及在京校友共计180余人参会。党委书记周坚致辞，副校长郝英杰做《校友会第一届理事会工作报告》，对外联络和合作部副部长聂国欣做《关于修改华北电力大学校友会章程的说明》。大会审议《关于修改华北电力大学校友会章程的议案》。对外联络和合作部部长胡三高做《校友会第二届理事会组成原则说明》。大会审议表决华北电力大学校友会第二届理事会组成人员。会议表决选举刘吉臻、杨奇逊、沈国荣、史玉波为华北电力大学校友会第二届理事会名誉理事长，杨勇平为华北电力大学校友会第二届理事会理事长，郝英杰为常务副理事长；会议表决选举出律方成、张金辉、王永干、张成杰等副理事长20人，常务理事62人，各界理事130人。

（王瑞琪）

【汪庆华一行走访国网上海电力公司】 2017年11月15日，党委副书记汪庆华一行走访国网上海电力公司，与国网上海电力公司总经理张俊利就人才培养、校企合作等问题进行交流。汪庆华一行专程看望在国网上海电力公司机关和浦东公司工作的部分华电校友代表。

（王瑞琪）

【通信92级校友举行情系母校捐赠仪式】 2017年11月19日，通信92级校友向母校捐赠资金12.2万元。党委副书记郭孝锋，对外联络与合作部、教育基金工作办公室、电子系有关负责人，原电子系92级辅导员，通信92级校友及电子系学生代表参加活动。

（王瑞琪）

【郝英杰一行赴浙江多地走访调研】 2017年11月23—25日，副校长郝英杰赴浙江大学、温州市、乐清市就校庆筹备及校地合作开展调研交流。双方就进一步推进两校合作和校地合作进行洽谈。

（王瑞琪）

【电力系举办优秀校友报告会】 2017年11月30日，电力工程系举办“相约校园，对话成长”优秀校友报告会。主讲人为华北电力大学电力系2009届本科毕业生姜博。姜博在交流互动环节对同学们提出的人生、求学、创业、就业等相关问题进行详细解答。

（王瑞琪）

【多批校友返校聚会】 2017年，多批校友返校聚会。主要有以下班级：电气0304、电讯8308、机械93级、机电031、工业031、工程031、物流031、工艺032、设计032、信管031、热自034、农电031、电监941、自动0302、电气0301、电气0302、测控0301、计算机0303、通信93、电讯8401、电力93级、热能0307、电子0301、会计031、网络031、通信031、电气031等。

（王瑞琪）

【保定校区校友之家启用】 2017年12月1日，保定校区校友之家建成启用。校长杨勇平，副校长律方成，党校办、对外联络与合作部、科技处、电力系、动力系、机械系、计算机系相关负责人等来到校友之家参观。6月，校友之家由对外联络与合作部开始筹划酝酿设计方案，并于2017年12月建成。至年底，两地校友之家均已建成，建成后的校友之家作为返校校友接待、交流的固定场所，是学校对外开放的窗口，也是校友和校友企业展示、宣传，资源共享的平台。

（王瑞琪）

【举办四方奖学金捐赠续签仪式】 2017年12月1日，“四方奖学金”捐赠续签仪式在华北电力大学举行。副校长郝英杰、北京四方继保自动化股份有限公司总裁张涛、副总裁赵志勇出席仪式，学校党委学生工作部、党委研究生工作部、党委教师工作部、就业指导中心、教育基金工作办公室负责人及北京四方继保自动化股份有限公司相关人员参加捐赠仪式。

（王瑞琪）

【召开校友企业联合会研讨会】 2017年12月2—3日，校友企业联合会成立筹备会暨运行模式研讨会在华北电力大学召开。副校长律方成，保定国家高新技术产业开发区管理委员会副主任、华北电力大学计算机系党委书记王韶坡，对外联络与合作部有关负责人及78位校友企业家参加研讨。

（王瑞琪）

【杨勇平一行走访电力企业】 2017年12月12—13日，校领导杨勇平、郝英杰、孙忠权、律方成及校内有关部门先后走访中国广核集团有限公司、中国南方电网公司、广东粤电集团、艾博电力设计院并与各企业负责人、校友代表座谈交流，进一步拓展校企合作广度和深度，创新合作机制，推动合作落实，实现共赢发展。

（王瑞琪）

【杨勇平出席中国（珠海）绿色创新电力峰会】 2017年12月14日，2017中国（珠海）绿色创新电力峰会暨展览会开幕，校长杨勇平出席峰会并致辞。面对粤港澳大湾区发展新的历史方位，华北电力大学将与政府、企业、高校等各方携手，集思广益、增进共识、深化交流与合作，共同打造“开放、合作、创新、共赢”的粤港澳能源电力“发展共同体”。会后，杨勇平看望当地校友，了解校友动态和需求，表达母校对校友的牵挂和关怀。

（王瑞琪）

【发电77级校友纪念入学40周年】 2017年12月16日，发电77级校友纪念高考暨入学40周年座谈会在学校举行。党委书记周坚，校长杨勇平，副校长李双辰、王增平，党委副书记汪庆华，副校长律方成，部分任课老师，发电77级40余名校友，部分师生代表参加。周坚代表学校为每位发电77级校友颁发校友纪念徽章。77级校友是国家恢复高考后的首批大学生，他们在社会主义现代化建设中贡献突出。

（王瑞琪）

【机械工程系举行年度学风总结表彰大会】 2017年12月23日，机械工程系召开2016—2017学年度学风表彰暨昊蓬机电奖助学金颁奖大会。校党委副书记郭孝锋，机械系88级校友、北京昊蓬机电设备有限公司总经理刘君业，89级校友、华电集团人力资源部劳动组织处处长郭文喜，机械工程系师生代表等500余人参加。昊蓬机电奖助学金自2011年11月设立以来，已连续7年奖励、资助华电师生。

（王瑞琪）

【郭文喜校友回校做专题讲座】 2017年12月23日，人力资源领域专家、校友郭文喜在华北电力大学大讲堂做题为“新时代的使命与担当——寄语能源领域未来领军人才”的讲座。郭文喜从分析77级现象入手，探讨领军人才的特质、其与时代的联系及成长途径等。并就新时代的新特性和如何面对新时代的挑战进行分享交流。

（王瑞琪）

【青海校友会换届】 2017年12月28日，华北电力大学青海校友会完成换届工作，这是继10月28日校友总会召开校友会会员代表大会暨第二届理事会会议之后率先完成换届工作的省级校友会。

（王瑞琪）

基金会工作

【概况】 2017年，华北电力大学教育基金工作办公室（基金会）采取有效措施，募集资金额度持续增加，各项工作均取得可喜成果。基金会签订捐赠协议36笔，协议金额51 748 100.00元，年内实际收到资金和资产价值43 106 400.00元，其中实际收到资金19 606 800.00元，收到捐赠股权价值23 500 000.00元。年度支出合计12 124 800.00元，其中：业务活动成本11 765 100.00元，筹资、管理费用359 700.00元。本年度工作人员工资福利和行政办公支出占本年支出比例的2.97%。

（史雪霏）

【13家公司捐资超3000万元支持学校建设】 至2017年底，共有13家公司共捐资超3000万元以不同方式支持学校建设。2月16日，积成电子股份有限公司捐赠300万元用于支持学校积成电子风电实验室建设。3月6日，保定米高电气科技有限公司捐赠50万元用于设立“米高青年教师发展基金”。3月13日，神雾集团捐资100万元设立“神雾集团大学生节能减排创新实践基金”。5月10日，领新（南通）重工有限公司捐赠500万元用于支持国家能源发展研究院建设发展。5月10日，MR中国公司捐资6万元设立“MR优秀新生奖学金”。6月19日，浙江省开化七一电力器材有限责任公司捐赠300万元用于设立开化七一青年教师发展基金。6月23日，罗普特（厦门）科技集团有限公司捐资300万元设立华北电力大学电力安全监测与评价研究中心，并支持研究中心项目开展。7月13日，保定市毅格通信自动化有限公司协议捐资50万元用于支持学校青年教师发展。9月

27日，北京博纳电气股份有限公司捐资50万元继续用于设立“博纳之星”奖学金，鼓励华电学子成长。9月29日，北京丹华昊博电力科技有限公司捐资20万元，用于设立“丹华奖学金”。11月10日，中冠新科（北京）投资有限公司捐资1500百万元，用于支持学校研究智库建设。12月1日，北京四方继保自动化股份有限公司捐资60万元，继续用于设立“四方奖学金”，支持华电学子成长。12月27日，国能中电集团捐资100万元，继续用于设立“国能中电奖学金”。

（史雪霏）

【设立EPTC创新基金】 2017年8月18日，教育基金会设立EPTC创新基金，该基金主要支持电力学科发展，年内收到捐赠款70万元。

（史雪霏）

【崔小勃校友捐资100万元设立艾博奖学金】 2017年9月21日，学校热动90级校友崔小勃创办的广州艾博电力设计院有限公司捐赠仪式在学校举行，该校友捐资100万元设立“艾博奖学金”。

（史雪霏）

【热自83级校友捐资10万元救助困难学生】 2017年9月23日，学校热自八三级校友捐赠10万元，该资金用于救助保定校区因遭受意外伤害、突发意外事故、罹患重大疾病等特殊原因导致家庭经济困难的在校学生。

（史雪霏）

【推出校友小额微捐项目】 2017年10月28日，借助校庆倒计时一周年契机，基金办策划并推出第一个通过微信平台募集的校友小额微捐项目—“甲子华电”，校友通过该微信平台，捐赠6元、60元、600元的金额，祝福母校，项目截至2017年底已收到捐赠款近3万元。

（史雪霏）

院系部建设

Construction of Schools， Institutes and Departments

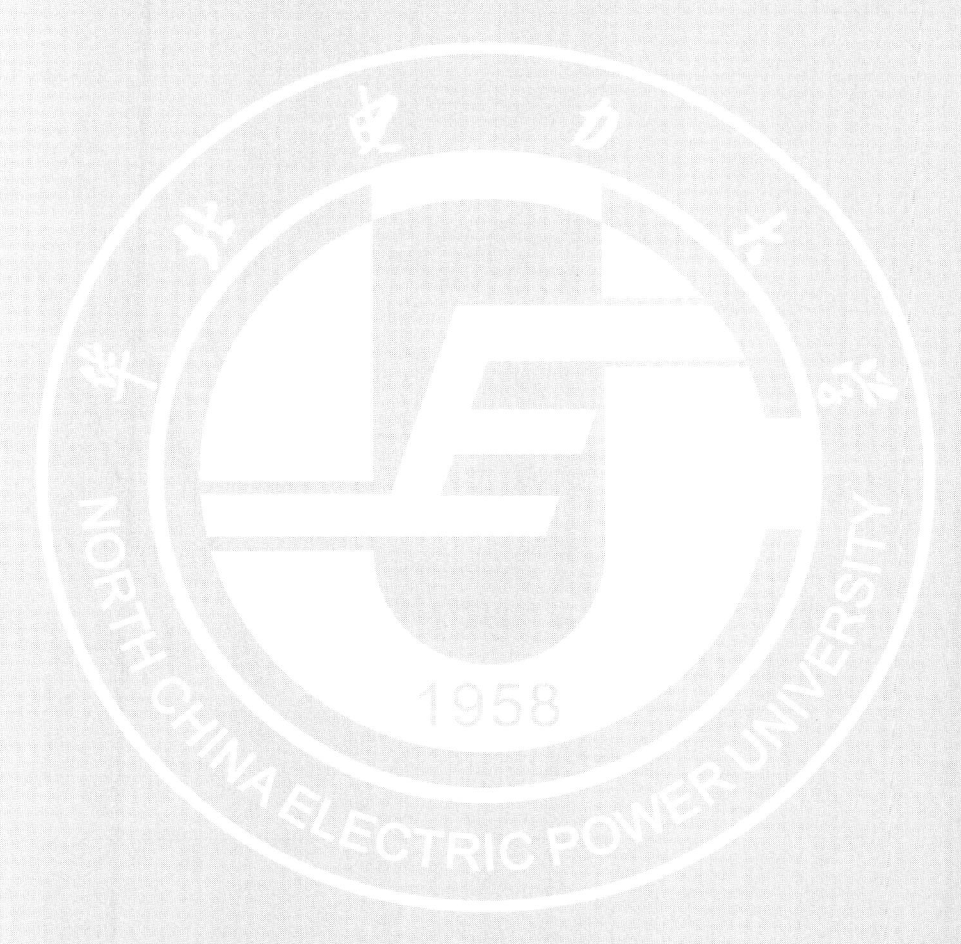

○ 综　　述

2017年，电气与电子工程学院在教育部第四轮学科评估中电气工程学科获得A等级，进入一流学科行列，信息与通信工程获得C+等级。学院完成电气工程博士点和信息与通信工程等5个硕士点合格评估。全面启动“双一流”建设工作。北京市智能电网安全国际科技合作基地通过评估验收，北京市能源电力信息安全工程技术研究中心通过绩效考核。河北省分布式储能与微网重点实验室通过专家论证和立项建设。科技经费合同额总计19 985.89万元，其中纵向经费6425.81万元。学院开展教育教学思想大讨论，完成2017版本科人才培养方案修订工作。学院本部获北京市教学成果奖一等奖1项、二等奖2项，5位老师分获全国教师技能竞赛一、二等奖。电力工程系修订教学团队管理办法并完成首届优秀教学团队评选，获河北省教学成果一等奖1项，获批河北省高等教育教学改革研究与实践项目2项。电子与通信工程系获河北省教学成果二等奖2项，省教改项目资助2项。

2017年，能源动力与机械工程学院完成教育部第四轮学科评估。两校区合作共同承办“神雾杯”第十届全国大学生节能减排社会实践与科技竞赛；北京校部召开中国动力工程学会十届四次理事会议，进行能源研究会热科学与工程分会的换届工作；与英国诺丁汉大学合作，召开第三届流体与热能工程国际会议；机械工程系举办河北省振动工程学会第七届理事会议。北京校部合同金额共计6449万元，其中纵向科研经费4728万元，横向科研经费1721万元；获批国家重点研发计划项目及课题多项，徐进良教授主持的“超高参数高效二氧化碳燃煤发电基础理论与关键技术研究”项目正式启动，“低品位能源多相流与传热”北京市重点实验室通过验收，“火力发电过程节能与清洁运行”北京市国际合作基地通过验收。北京校区获北京市教学成果特等奖，北京市教学成果二等奖2项；动力工程系获批河北省高等教育教学改革与实践项目1项，获批教育部能源动力类教指委“高等学校能源动力类新工科研究与实践项目”3项，获批河北省高等学校创新创业教育教学改革研究与实践项目1项。

2017年，经济与管理学院在学科建设、科学研究和国际化方面取得重大突破。工商管理、管理科学与工程两个一级学科的评估取得好成绩：B+。获批“双一流”研究生教学成果奖培育类建设项目1项，“双一流”研究生人才培养项目2项，工程管理一流专业建设进入双一流建设。新获批金融专业学位硕士点，人才培养上新台阶。完成6个学位点的合格自评估工作。科研经费超额完成，全年完成6252万元，完成大学下达任务的139.26%。获国家自然基金资助4项，国家社科基金资助2项。成功申请“中国绿色电力发展研究”教育部“111引智基地”。开展教育教学大讨论，完成2017版人才培养方案修订，取消3个本科专业。“管理沟通”MOOC获评国家级精品课程，“十三五”首批国家精品在线开放课程。出版教材5本。

2017年，控制与计算机工程学院参与学校“能源电力科学与工程”一流学科建设方案的编制工作，提出“智能发电理论与技术”和“能源大数据分析与协同安全”两个重点建设方向，完成由学校多个部门组织的多项一流学科建设项目申报书和预算的编制工作。在全国第四轮学科评估中，学院控制科学与工程学科进入B档，计算机科学与技术、软件工程学科进入B-档，其中计算机科学与技术学科排位上升30%。承担各类科研项目合同额3200余万元；组织申报工信部两级重大专项项目5项；获批国家自然科学基金联合基金重点项目1项、教育部社科基金重点项目1项、国家重点研发计划专项课题1项；获2017年度国家科技进步一等奖1项、中国电力科学技术进步一等奖1项、省部级科研奖励6项，成果数量和级别均创历史新高。保定校区“华北电力大学工业控制实践教学基地”建成并投入使用；建设的罗克韦尔自动化实验室、艾默生数字化工厂实验室是国内同型号最大规模的校企合作实验室。自动化系签署各类纵横项目合同额600余万元；获批国家自然科学面上项目1项、河北省自然科学基金面上项目1项、北京市自然科学基金面上项目1项、河北省科技厅项目1项。保定校区计算机系签署科研合同额280余万元。

2017年，人文与社会科学学院制定实施学院“十三五”规划，积极凝练“双一流”建设项目。北京能源发展研究基地入选2017年CTTI来源高校智库综合评分Top100，基地与中国大唐集团公司共同合作的课题成果“能源电力生产端与消费端联合节能减排的关键技术”获2017年中国产学研合作创新成果奖一等奖（最高奖）。科研经费到账252万元，其中纵向122万元，横向130万元，完成学校额定任务。学院教师发表CSSCI及以上期刊论文18篇，出版著作7部，译著1部，获省部级成果二等奖1项。教师姚建平受聘担任世界银行、欧盟和亚洲开发银行等国际组织项目专家。

2017年，外国语学院制定“十三五”发展规划，确定学院任务清单和经费预算，为学院“十三五”的发展确定目标。制定《华北电力大学外国语学院分学术委员会章程》《外国语学院分学术委员会委员选举办法》，选举成立外国语学院分学术委员会。学院不断推进教学研究，结题、验收北京市教改项目和北京市精品视频课程项目2项，立项、结项河北省教改项目2项；获学校教学成果奖5项（含保定2项）。举办学校“英语文化节”活动，组织学生参加全国大学生英语竞赛、英语演讲比赛、英语写作大赛、英语阅读大赛等多项学科竞赛以及英语戏剧展演活动，校部20人次在各类英语类竞赛中获奖。院部本科生的英语专业四级一次通过率为89%，保定校区本科生的英语专业四级一次通过率为 81.5%。毕业生就业质量良好，北京校区本科生、研究生的一次就业率分别为97.37%、97.87%；保定校区本科生、研究生就业率达100%。

2017年，数理学院贯彻落实全国高校思想政治工作会议精神和《华北电力大学2017年教育教学思想大讨论活动实施方案》，开展一系列的教育教学思想大讨论活动。科研平台建设取得重大成果：“京津冀西北水源涵养及永定河（上游）水质保障技术与工程示范”项目获批国家科技重大专项资助。签订纵向科研项目6项，横向科研项目2项，实现科研合同金额共计 7762.74 万元；发表高水平学术论文65篇（其中SCI检索论文40篇，EI检索论文1篇，论文集10篇）；获计算机软件著作权12项。数理系（保定），获纵向科研项目3项，横向科研项目3项，实现科研合同金额共计180万元，经费完成比例为保定校区最高。韩颖慧主持的“钴基亚硫酸镁氧化催化剂成型技术评价及制备工艺开发”项目获批国家重点研发计划子课题资助，王志刚主持的“利用 QCD 求和规则研究多夸克态的性质”项目获批国家自然科学基金面上项目资助。发表论文72篇，其中被SCI检索论文41篇，被EI检索论文5篇，被ISSHP（CPCI-SSH）检索论文1篇，被CSSCI检索论文1篇，出版专著1部，发明专利7项。

2017年，可再生能源学院开展教育教学思想大讨论，组织研讨79次；备战2018本科教学评估，整理2016—2017年教学资料，从严记录、审核、规范；校级教改项目结题验收11项。获北京市教学成果特等奖1项；获教育部科学技术进步一等奖、高等学校科学研究优秀成果一等奖、甘肃省科技进步一等奖、辽宁省科学技术进步二等奖、电力建设科学技术进步奖二等奖、北京市科学技术奖三等奖各1项。“新型薄膜太阳电池”北京市重点实验室通过验收。新增“水利工程”一级学科博士点。获纵向项目立项 25项，到账经费2458万元；横向项目立项60项，到账经费5068 万元，合计到账经费 7526 万元；发表研究论文 124篇，其中 SCI 论文 64 篇。国家自然科学基金项目获批14项，经费 677 万元，获资助项数及资助金额均位列北京校部第2名。学院本科毕业生就业率98.08%，研究生就业率100%；实现贫困生资助全覆盖。

2017年，核科学与工程学院完成“核科学与技术”博士一级学科授权点申报工作，编制完成“双一流”学科“先进反应堆工程与安全”和“前沿核技术及应用”两个重点建设方向的项目与“本科人才培养”“研究生人才培养”“国际合作”项目的申请工作。开展教育教学思想大讨论活动，完成2016—2017年度本科数据采集工作。联合哈尔滨工程大学、上海交通大学、中广核集团申报的“服务国家战略、突破工程教育瓶颈的‘订单＋联合’大核电人才培养模式与实践”项目获北京市教学成果一等奖，“核工程与核技术专业多元化实践教学体系”项目获校级教学成果二等奖。承办第二届全国高校学生课外“核＋X”创意大赛的校内组织和选拔工作，获全国一等奖1项、优秀奖2项。学院新签合同额890万元，在研项目203项（新增科研项目23项）。新增项目中，国家科技重大专项1项，国家自然科学基金项目4项，纵向项目408万元，横向项目482万元。本科生就业率为 93.89%，硕士研究生就业率 97.37%，博士研究生就业率100%。

2017年，国际教育学院中外合作办学项目在留学派出环节，留学服务从单一讲授模式逐步发展至内容专业化、多样化的培训体系；完善“4＋0”培养方案及《华北电力大学国际教育学院推荐优秀本科毕业生免试攻读硕士学位研究生方案》。进一步推进留学生招生工作的改革，调整学生结构，不断优化生源质量，来华留学生招生规模稳定增长。全年共招收各类正式注册留学生275人，其中学历生比例进一步提高至 78%，比上一年增加 17 个百分点，学历生中硕博比例为 79%。《华北电力大学来华留学生高端电气工程人才培养项目》获批，获教育部奖学金生159人；成功将北京市奖学金原有的 90 万/年资助额度提高为 100万/年额度；申请北京市的“一带一路”专项奖学金项目，最终获北京市奖学金74人。

2017年，环境科学与工程学院申报一级学科“环境科学与工程”博士点1个，获北京市“环境科学与工程”博士点申报排名第一；完成“环境科学与工程”“化学工程与技术”2 个学位点评估，并获评全国高校环境学科优秀学位点称号；申报增设“环境科学”本科专业1个。完成“环境科学教学方案”教改大学大纲及相关专业课程16套，其中，8门课程完成研究型课堂改革；获“北京市教学成果”二等奖1项。科学项目进展经费2241.75万元，超额完成学校下达任务（1993万元），完成率112.48%。全院教师共计发表SCI论文90余篇，人均绩效（8615.50元）全校排名第一；获批国家自然科学基金6项，重点研发计划课题1项，总理基金2项。大学生创新创业科技成果屡创新高，国家级成果共计70余项，省部级成果30余项。就业工作成绩突出，本科生就业率98.6%，研究生就业率98.8%。

2017年，体育教学部从多方面提高和改进师生的健身理念，创造良好的锻炼环境，为高水平大学建设提供有效支撑和保障。把体育教学和体育课程建设放在首位，积极进行体育教学改革，通过“一课双项”的体育专选课教学、校代表队训练、校园足球活动、院系组织的课余体育活动和各单项体育协会协调配合搞好学校体育人才全方面的培养。获校级教学成果奖2项；纵向课题3项；横向课题2项；主编体育专著9部、参编体育专著5部，共发表论文48篇，其中核心期刊7篇；国际学术会议论文11篇，其中SCI检索3篇、EI检索2篇、CPCI-SHH检索4篇。参加国际学术会议交流2项；举行校内学术交流1项，交流论文8篇。

2017年，马克思主义学院开展教育教学思想大讨论，认真研究教学教法，确保思想政治理论课教学质量提升。承办京津冀地区“毛泽东思想和中国特色社会主义理论体系概论”课教学研讨会；参加全国“习近平新时代中国特色社会主义思想与高校思想政治理论课创新”学术研讨会。发表学术论文73篇，其中中文核心期刊6篇；出版学术著作1部，出版读本1部；申报市级及以上纵向项目12项。获“我心中的思政课”全国高校学生微电影展示活动全国二等奖1人；被河北省教育厅授予“学校思想政治教育工作先进个人”1人。

电气与电子工程学院

【概述】 2017年，电气与电子工程学院坚持以习近平新时代中国特色社会主义思想为指导，深入学习宣传贯彻党的十九大精神和华北电力大学第二次党代会精神。组织广大师生集体收看十九大开幕式，开展学习十九大精神座谈会，召开专题辅导报告会，党支部组织多种形式的宣传教育活动，多措并举掀起学习十九大精神热潮。同时，认真贯彻落实学校第二次党代会精神，把学习宣传全国及北京市高校思想政治工作会议精神贯穿到育人全过程。学院本部完成党建验收自查以及北京市教工委党建现场验收检查，完成教育部巡视整改的院系对照项目和校内巡视回头看工作，四方研究所党支部获北京高校先进基层党组织。电力工程系获河北省教育工作先进集体称号。在教育部第四轮学科评估中电气工程学科获得A等级，进入一流学科行列，信息与通信工程获得C+等级。学院完成电气工程博士点和信息与通信工程等5个硕士点合格评估。全面启动“双一流”建设工作。北京市智能电网安全国际科技合作基地通过评估验收，北京市能源电力信息安全工程技术研究中心通过绩效考核。河北省分布式储能与微网重点实验室通过专家论证和立项建设。全学院科技经费合同额总计19 985.89万元，其中纵向经费6425.81万元。学院启动本科教学评估工作，提交电气工程专业认证申请并获得受理。学院开展教育教学思想大讨论，完成2017版本科人才培养方案修订工作。学院本部获北京市教学成果奖一等奖1项、二等奖2项，5位教师分获全国教师技能竞赛一、二等奖。电力工程系修订教学团队管理办法并完成首届优秀教学团队评选，获河北省教学成果一等奖1项，获批河北省高等教育教学改革研究与实践项目2项。电子与通信工程系获河北省教学成果二等奖2项，省教改项目资助2项。人才队伍建设取得新突破，毕天姝获国家杰出青年科学基金，李庚银获北京市优秀教师称号，刘云鹏获河北省优秀教师称号，谢志远获河北省教学名师，卞星明入选中国科协青年人才托举工程，夏世威入选北京市优秀人才。学院本部继续推进“对标985”工程，IEEE学生分会继成为全国最大学生分会后，又获全国最佳分会奖。电力工程系完善“一体两翼”管理体系，确立“抓两头，带中间”的学风建设举措。电子与通信工程系建立以党支部为责任主体的立体式学业困难学生帮扶机制，成效明显。

（刘春磊）

【概况】 2017年，学院本部设在北京校部，在保定分设电力工程系、电子与通信工程系。现有国家重点学科1个、国家重点实验室1个、省部级重点实验室4个。设有博士后科研流动站1个，博士学位授权学科（电气工程）1个，学术型硕士学位授权学科4个（电气工程、电子科学与技术、信息与通信工程、农业电气化二级学科），专业学位硕士学位授权专业2个（电气工程、电子与通信工程），本科专业7个（电气工程及其自动化、通信工程、电子信息工程、电子科学与技术、电子信息科学与技术、农业电气化、智能电网信息工程）。学院有中国工程院院士 1 人（杨奇逊），国家千人计划专家2人（王海风、黄永章），国家杰出青年科学基金获得者2人（崔翔、毕天姝），万人计划科技创新领军人才1人（毕天姝），国家百千万人才工程入选者2人（崔翔、李成榕）、中科院百人计划1人（王银顺）、国家青年千人计划专家1人（龚雁峰）、教育部新世纪优秀人才3人（毕天姝、李庆民、刘崇茹）。

学院本部有教职工212人，其中，专任教师170人（教授62人、副教授71人，具有博士学位的教师为83.5%）、实验技术人员25人、党政及管理人员17人。院本部出国进修3人，新进教师6人。电力工程系有教职工131人，其中，专任教师103人（教授24人、副教授28人，具有博士学位的教师为74.8%）、实验技术人员17人、党政及管理人员11人。电力工程系新进教师4人、实验员1人。

电子与通信工程系有教职工 68 人，其中，专任教师 51 人（教授 10 人、副教授 21 人，具有博士学位的教师占教师的 66%）、实验技术人员 10 人、党政管理人员 6 人。电子与通信工程系新进教师 1 人。学院本部毕业学生 1261 人，其中博士研究生 70 人，硕士研究生 417 人，普通本科生 774 人；学院本部招生 1152 人，其中博士研究生 59 人、全日制硕士研究生 445 人、普通本科生 648 人；学院本部在校生 4662 人，其中，博士研究生 230 人、硕士研究 1748 人。本科生就业率为 98.45%，研究生就业率为 99.04%。2017 年，电力工程系毕业学生 811 人，其中硕士研究生 212 人，普通本科生 599 人；电力工程系招生 743 人，其中全日制硕士研究生 230 人，普通本科生 513 人；2017 年电力工程系在校生 2923 人，全日制硕士研究生 686 人，普通本科生 2237 人。本科生英语四级一次通过率为 93.87%，本科毕业生一次就业率为 99.15%，研究生毕业生一次就业率为 100%；本科考研上线率 37.48%，升学率为 24.36%。2017 年，电子与通信工程系毕业学生 215 人，其中，硕士研究生 76 人，普通本科生 139 人；电子与通信工程系招生 238 人，其中，全日制硕士研究生 79 人、普通本科生 159 人；电子与通信工程系在校生 877 人，其中，硕士研究生 236 人，普通本专科生 641 人。本科生的英语四级一次通过率为 91.13%。学院本部设有 130 个学生班级，大二接收转专业学生 65 人，其中院内转专业 31 人，院外其他专业转入 34 人，设有辅导员岗位 13 个（其中副书记 1 人），其中正式编制 7 个、聘任 5 个。2017 年，电力工程系设有 89 个学生班级，其中实验班 6 个，设有辅导员岗位 6 个，其中 5 个为正式编制。电子与通信工程系设有 26 个学生班级，设有辅导员岗位 2 个，均为正式编制。学院教师承担普教本科生课程 205 门、函授生课程 64 头、留学生本科课程 50 门，总共 255 门，64 个头。开设研究生课程 89 门，完成教学 2432 学时。电力工程系开设研究生课程 33 门，完成教学 984 学时；开设本科生课程 147 门次，完成教学 6104 学时；实践环节 84 门次，159.5 周学时。电子与通信工程系开设研究生课程 31 门，完成教学 912 学时；开设本科生课程 49 门次，完成教学 3616 学时；实践环节 35 门次 2552 学时。学院本部拥有研究所 15 个，另整合形成本科教学实验教学中心 6 个，分别是国家级工程实践中心、北京市电工电子实验教学中心（下辖电工实验室、电子实验室），国家级电气工程专业实验教学中心（下辖电力电子教学实验室、微机保护教学实验室、电力系统仿真教学实验室、电力市场仿真实验室、高电压技术教学实验室、电机教学实验室、实习用 35kV 变电站）、电子信息实验教学中心、电子科学实验教学中心、通信工程与智能电网信息工程实验教学中心。学院本部学生实习基地 19 个（其中冀北电力公司——华北电力大学校外实习基地为国家级工程实践教育中心及北京市校外实习基地）、科技研究（创新）基地 2 个，北京高等学校示范性校内创新实践基地（电力经济管理人才培养创新实践基地）1 个，大学生科技创新乐园 1 个。电力工程系拥有教研室 7 个、科研创新团队 13 个、电气工程基础实验中心 1 个、专业实验室 4 个、河北省输变电设备安全防御重点实验室 1 个、新能源电力系统国家重点实验室物理模拟平台 1 个，学生实习基地 16 个。电子与通信工程系拥有教研室 3 个、实验室 2 个、学生创新实习基地 1 个。学院本部承担各类科技项目 261 项，科技经费计 16 696.4 万元，连续第 7 年过亿元。其中：纵向项目 41 项，资助金额 5780.81 万元，其中国家重点研发计划课题 2 项、子课题 10 项，国家自然科学基金杰出青年基金项目 1 项、联合基金项目 1 项、重点项目 1 项、面上项目 9 项、青年项目 3 项，国家基金委（合作）项目 1 项，北京市自然科学基金项目 6 项，其他省部级项目 6 项，地市级项目 1 项；横向项目 220 项，合同经费 10 915.59 万元。纵横向项目金额之比为 52.96%。纵向项目到账经费 6233.5 万元，横向项目到账经费 9219.1 万元，到账经费总计 15 452.6 万元。获奖 35 项，其中：国家级科技奖 1 项、省部级科技奖 25 项、社会力量奖 1 项、其他 8 项。获得授权专利 102 项，其中：发明专利 78 项、实用新型 23 项、外观设计 1 项。发表论文 538 篇，其中：SCI 检索 113 篇、EI 期刊 153 篇、一级学报 34 篇、国外期刊 18 篇、其他核心期刊 131 篇。出版著作 6 部，其中：专著 3 本、译著 3 本。获鉴定成果 3 项，均为国际领先。电力工程系签订纵横向科研项目 57 项，其中纵向 12 项、横向 45 项，实现科研合同金额共计 2388 万元，其中纵向科研经费 439 万元，横向科研经费 1949 万元；其中国家重点研发计划项目子课题 3 项、国家自然科学基金 3 项，河北省自然基金 5 项，北京市自然科学基金 1 项。发表核心期刊以上论文 376 篇，其中 SCI 收录 55 篇、EI 核心 89 篇；出版专著 1 部。申请国家发明专利 73 项，实用新型专利 23 项，外观设计专利 2 项，申请计算机软件著作权登记 175 项。获授权发明专利 44 项，实用新型专利 14 项，外观设计专利 1 项，计算机软件著作权 187 项。获河北省技术发明奖一等奖 1 项，河北省技术发明奖三等奖 1 项，省级科技进步奖三等奖 3 项。电子与通信工程系纵横向科研项目 24 项，实现科研合同金额共计 901.49 万元，其中横向科研经费 695.49 万元、纵向科研经费 206 万元。发表核心期刊以上论文 60 篇，其中三大检索收录 23 篇。专利授权 24 项；其中发明专利 18 项，实用新型专利 6 项，出版编著 1 部。学院本部设有 60 个党支部，有中共党员 1005 人，新发展党员 176 人（包括研电 1411 党支部补办入党志愿书 1 人）。2017 年，电力工程系设有 32 个党支部，有中共党员 511 人、新发展党员 113 人。电子与通信工程系设有 12 个党支部，有中共党员 171 人，新发展党员32人。学院本部本科学生获国家奖学金23人；获励志奖学金79人。本科生社会奖学金进行评选，校友奖助金15人、博纳之星奖学金4人、四方股份奖学金10人、南瑞继保5人、协鑫奖1人、特高压奖学金6人、巨邦奖学金4人、节能奖学金2人、国能中电社会责任奖学金1人、国能中电西部先进奖学金2人、艾博奖学金6人、博纳团结进步奖助学金6人、丹华奖学金10人、丹华自强奋进奖学金12人。研究生企业奖助金评选工作中，获国家奖学金37人、优秀博士19人、四方股份奖学金16人、南瑞继保奖学金6人、泰科电子奖学金5人、校友奖助金3人、艾博奖学金3人、巨邦奖学金8人。本科综合测评及奖学金三好学生优秀学生干部评选，一等奖105人；二等奖210人；三等奖210人；单项奖学金315人；校级三好学生标兵21人，校级三好学生126人，院系级三好学生168人；校级优秀学生干部标兵4人、校级优秀学生干部21人，院系级优秀学生干部45人。电力工程系被评为华北电力大学"学生工作先进院系""就业工作先进集体""河北省教育系统志愿服务先进单位"。2017年，电力工程系学生有35人（含研究生16人）获国家奖学金，有67人获国家励志奖学金，有350人获国家助学金，另有185人获社会奖学金、助学金。2017学年电力工程系共获批创新型实验项目76项，本科学生中有发明专利3项，59项实用新型专利，软件著作130项，外观设计专利11项，本科生共发表学术论文156篇，其中SCI 2篇，中文核心2篇。参加学科创新竞赛，获国家级301人次，省部级254人次。共组建3支校级队伍、210支系级队伍，形成暑期社会实践报告共计424篇。各实践分队均围绕各实践分队均围绕理论普及宣讲活动，国情社情观察活动，"绿色电力"能源解困实践活动，教育关爱服务实践活动，创新创业实践活动，"助力校庆，校友寻访"，博硕生促进地区经济发展实践活动，就业创业见习实践活动，"三下乡"实践活动等几大主题奔赴全国各地开展形式多样、内容丰富、主题新颖的实践活动，社会实践活动获媒体网站报道40余篇。一支实践团获2017年河北省"三下乡"暑期社会实践先进团队，3人获河北省社会实践先进个人荣誉。电子与通信工程系新立省级教改项目1项，省级精品课程4门。指导大学生科技创新项目13项，其中国家级二等奖2项，国家级三等奖0项，省部级二等奖1项。指导大学生创新创业项目33项，其中国家级6项，省级5项，校级22项。2017年度获南瑞继保奖教金2人。

院长：李庚银（2016年12月29日—2017年12月27日）（刘云鹏 保定电力工程系主任；戚银城 保定电子与通信工程系主任，2017年5月27日华电党组〔2017〕10号文件任命）

书记：李庚银（2017年12月27日华电党组〔2017〕26号文件任命）（赵书强 保定电力工程系书记；李红霞 保定电子与通信工程系书记）

网　址：http: //electric.ncepu.edu.cn

（刘春磊　李红梅　谷喜岭）

【一批科研成果获省部级以上奖励】 2017年，学院一批科研成果获省部级以上奖励。1月，盛四清、李永刚、王永强等完成的"电气工程及其自动化专业创新人才培养的研究与实践"获河北省教学成果一等奖。1月，谢志远教授"电子技术课程综合改革与实践"获河北省教学成果二等奖。2月，律方成、刘云鹏、谢庆等完成的"基于多信息融合的电力变压器智能化关键技术研究与应用"获河北省科学技术进步奖一等奖。2月，律方成、李燕青、王子建完成的"智能高压开关设备关键技术及其应用"获教育部科学技术进步奖一等奖。3月，电创新1401班获2016—2017年度河北省省级先进班集体。4月，谢志远教授获河北省高等学校（本科）教学名师。5月，电工电子中心孙淑艳等分获鼎阳杯"2017年全国电工电子基础课程实验教学案例设计竞赛"一等奖和二等奖。6月，刘云鹏获河北省优秀教师称号。6月27日，华北电力大学电气与电子工程学院四方研究所党支部获北京高校先进基层党组织。7月，电力工程系获河北省教育工作先进集体荣誉称号。7月，李燕青获新疆生产建设兵团优秀援疆干部人才荣誉称号，并记二等功一次。8月11日，李庚银教授被评为"北京市优秀教师"。

（刘春磊　李红梅　宋金鹏　谷喜岭）

【获批国家重点研发计划课题2项】 2017年7月，学院教师齐磊获批国家重点研发计划课题"500kV直流断路器半导体组件规模化成组关键技术"，资助金额1545万元；2017年9月，学院教师薛安成获批国家重点研发计划课题"配电网高精度同步相量测量技术研究与微型PMU装置研制"，资助金额810万元。

（吴启宏）

【获批国家自然科学基金重点项目】 2017年8月，学院教师李庆民获批国家自然科学基金重点项目，项目名称"直流GIL金属颗粒运动与空间电荷积聚的时空交互作用及活性抑制研究"，资助金额300万元。

（吴启宏）

【一批教学成果及个人获校级奖励】 2017年8月，李岩松、李慧奇获第四届华北电力大学教学名师奖。梁海峰入选华北电力大学"教学名师培育计划"项目（第2期）。9月，王增平作为主要完成人的"立足前沿，教研并重，特色发展，电力系统继电保护课程体系建设三十年实践"获校级教学成果奖特等奖，李庚银作为主要完成人的"面向智能电网，构建卓越电力人才培养体系——电气工程专业改革与建设十年实践”和孙淑艳作为主要完成人的“自主型、研究型、创新型”三型一体的层次化电子实践教学模式与实践获校级教学成果一等奖，刘宝柱作为主要完成人的“面向首都电网发展需求，实施“双培计划”培养卓越电力人才”获校级教学成果二等奖。

（宋金鹏）

【教改项目结题与立项】 2017年9月，孙淑艳、尹忠东主持的两项2013年立项的北京市教改项目正式结题。1月，学院2014年立项的21项教改项目结题。9月，申请北京市“卓越联盟共享实践类课程”立项建设一门。

（宋金鹏）

【申报电气工程教育专业认证获批】 2017年9—12月，学院完成“电气工程教育专业认证申请书”编写，并获得认证受理。

（宋金鹏）

【获批国家自然科学基金杰出青年基金项目】 2017年10月，毕天姝获批国家自然科学基金杰出青年基金项目，项目名称“电力系统保护控制”，资助金额350万元。

（吴启宏）

【获国家科学技术进步奖特等奖】 2017年12月，齐磊参与完成的“特高压±800kV直流输电工程”项目获2017年度国家科学技术进步奖特等奖，单位排名第15，个人排名第30，证书编号：2017-J-21702-0-01-R30。

（吴启宏）

【获高校工程应用技术教师大赛奖】 2017年12月，刘晋获第三届全国高等院校工程应用技术教师大赛电力电子与调速技术赛项二等奖。该比赛由全国高等教学学会举办。

（宋金鹏）

【获批国家自然科学基金联合基金项目】 2017年12月，崔翔教授获批国家自然科学基金联合基金项目，项目名称“压接型IGBT器件封装的多物理场相互作用机制”，资助金额299万元。

（吴启宏）

能源动力与机械工程学院

【概述】 2017年，能源动力与机械工程学院继续加强工程热物理、动力机械及工程等省级以上重点学科建设，调整机械工程和材料工程学科方向，逐步向能源环境、能源装备领域延伸，在学科建设、人才培养、科学研究及党团分工会等方面取得进展。

学科建设方面。通过“自上而下”顶层设计与“自下而上”需求征集方式，围绕国家“十三五”规划和科技创新2030计划，集成大团队和大人才，确定热科学基础理论与技术、燃煤发电系统能效提升、燃煤发电系统清洁排放、太阳能储能及利用、动力装备材料及设计制造等5个主要研究方向。高质量完成教育部第四轮学科评估，动力工程及工程热物理学科从第11名到位列A-档（并列第五），实现快速增长，机械工程、材料科学与工程、土木工程学科排名稳步提升。完成7个学位授权点合格评估工作，评议专家一致认为：研究生培养体系完备、师资队伍结构合理、质量保证措施有力、在科学研究和人才培养方面具备鲜明的能源电力行业特色。北京保定两地同心戮力推进机械工程博士学位点申报工作，申报材料和学科水平得到学科评议组专家好评。

教育教学方面。学院继续建设骨干课程，统筹编写若干教材。继续落实“严爱计划”和“大课责任教师”制度，开展严肃考风考纪专题讨论和整治工作。两校区全面开展教育教学思想大讨论，全面修订本科生人才培养方案，丰富创新人才培养实践环节和新概念发电技术认知环节等。优化研究生/博士生培养方案，制定动力工程及工程热物理一级学科留学生研究生培养方案，搭建留学生英语课程体系。组织力量积极申报教学成果奖，其中北京校区获北京市教学成果特等奖，北京市教学成果二等奖2项；动力工程系获批河北省高等教育教学改革与实践项目1项，获批教育部能源动力类教指委“高等学校能源动力类新工科研究与实践项目”3项，获批河北省高等学校创新创业教育教学改革研究与实践项目1项，获河北省教学成果奖三等奖1项，校级教学成果奖一等奖一项，二等奖2项；机械工程系获批河北省高等教育教学成果奖二等奖2项，校级教学成果特等奖1项。

人才培养方面。学院继续落实学校“博士化、工程化、国际化”人才工程，按照学校“用好现有人才、引进急需人才、培育未来人才”的工作思路，积极开展人才培养工作。继续加大优秀人才、团队实体化建设的力度，坚持强化通过博士后流动站作为学院主要学科人才选拔、考察和留用的人才引进方式，并逐步向学院所有学科推广。杜小泽教授入选西部长江学者特聘教授，徐超教授入选国家“万人计划”青年拔尖人才，徐进良教授入选爱思唯尔2017年高被引学者，其团队入选首批全国黄大年式教师团队。继续实施青年学术人才培养战略，对人才实施学术指导，在科研启动经费、研究生指标分配、国际学术交流等方面提供支持。

平台建设及科学研究。北京校部合同金额共计6449

万元，其中纵向科研经费 4728 万元，横向科研经费 1721 元；获批国家重点研发计划项目及课题多项，徐进良教授主持的“超高参数高效二氧化碳燃煤发电基础理论与关键技术研究”项目正式启动，“低品位能源多相流与传热”北京市重点实验室通过验收，“火力发电过程节能与清洁运行”北京市国际合作基地通过验收。共发表论文 196 篇，其中三大检索收录 83 篇，核心期刊 113 篇；获授权专利 7 项，其中发明专利 4 项，实用新型专利 3 项。动力工程系科研合同总额 371.4 万元，其中纵向项目合同额 140.6 万，横向项目合同额 230.8 万；获河北省科技进步奖三等奖 1 项，河南省科学技术进步奖二等奖 1 项；专利授权 102 项，其中发明专利 9 项，实用新型专利 51 项，计算机软件著作权 40 项，外观设计 2 项；共发表论文 255 篇，其中 SCI 检索 49 篇，EI 核心和一级学报文章 57 篇。机械工程系承担各类科技项目 31 项，合同总额 496.95 万，其中省部级以上纵向基金经费 177.6 万元，横向经费 234.35 万，参与河北省科学技术进步奖二等奖 1 项，河北省技术发明奖三等奖 1 项，河北省科学技术进步奖三等奖 1 项，国家电网公司科学技术进步奖二等奖 1 项，获得批准 80 项专利及软件著作权。其中，发明专利 18 项，实用新型 15 项，外观设计 22 项，软件著作权 25 项。

国内外合作交流。两校区合作共同承办“神雾杯”第十届全国大学生节能减排社会实践与科技竞赛。本届竞赛共有 343 所高校报名参加，提交作品 3196 件，参与高校和作品申报数量创历史新高。首次引入“启迪之星”作为赛事孵化合作方，决赛期间共有 4 家企业与 10 支参赛队伍达成合作意向并进行现场签约仪式。在北京校部召开中国动力工程学会十届四次理事会议，进行能源研究会热科学与工程分会的换届工作；与英国诺丁汉大学合作，召开第三届流体与热能工程国际会议。机械工程系举办河北省振动工程学会第七届理事会议。

党团分工会及学生工作。完成北京市党建与思想政治工作专项检查，完成学校“一个支部一个目标，一个党员一个计划”工作，其中热能工程党支部目标获校级优秀目标一等奖，办公室党支部代表学校参加全国高校“两学一做”支部网络风采展示。完成教职工党员在线学习，其中办公室党支部获优秀党支部，侯步蟾获教师党员在线学习优秀个人。继续开展工会建设工作，发挥工会在师德建设、维护教职工权益、丰富教职工文体活动等方面的作用，营造和谐学院氛围。学院陆续开展健走、飞镖、跳绳、动感颠球等“爱能动，爱运动”系列活动，羽毛球协会、合唱协会日趋完善；组织慰问退休老教师，以感恩之心为他们送去学院关怀；多次开展不同规模的学院座谈会，听取教职工意见，维护教职工利益。

学生获奖情况。北京校部获第十届全国大学生节能减排竞赛特等奖 1 项，一等奖 5 项，二等奖 1 项；全国大学生数学建模竞赛一等奖 1 项，二等奖 1 项，三等奖 3 项；第十五届挑战杯全国大学生课外学士科技作品竞赛三等奖 1 项；第十一届全国周培源大学生力学竞赛个人三等奖 2 项。动力工程系组织学生参加国家级类创新训练项目 41 人次；其中：2 人获全国大学生节能减排社会实践与科技竞赛一等奖；5 人获全国大学生节能减排社会实践与科技竞赛二等奖；6 人获第十一届全国周培源大学生力学竞赛三等奖；2 人获创行世界杯创新公益大赛国家级二等奖；1 人获第七届施耐德电气绿色能源全球创新案例大学生挑战赛国家级一等奖；1 人获第七届施耐德电气绿色能源全球创新案例大学生挑战赛国家级三等奖；1 人获中国工程机器人大赛暨国际公开赛全国特等奖；1 人获全国大学生英语竞赛全国特等奖；4 人获“创青春”全国大学生创业大赛全国三等奖；2 人获第二届中国“互联网＋”大学生创新创业大赛全国铜奖；1 人获第二届“协鑫杯”大学生绿色能源科技创新创业大赛全国三等奖；2 人获中国机器人大赛全国三等奖；2 人获第二届中关村人才创客大赛全国三等奖；1 人获中国旅游暨安防机器人大赛全国二等奖；2 人获中国国际飞行器设计挑战赛暨科研类全国航空航天模型公开赛（哈尔滨站）三等奖；1 人获第二届中国青年公益创业大赛全国银奖；1 人获第三届中国青年志愿服务项目大赛全国银奖。机械工程系组织学生参加国家级、省部级各类大赛并获奖 317 人次。其中，1 人获全国大学生节能减排社会实践与科技竞赛全国二等奖；1 人获 2016 年全国大学生数学建模竞赛全国一等奖；1 人获第五届全国工程训练综合能力竞赛全国一等奖；2 人获第十六届全国大学生机器人大赛机器人创业赛全国三等奖；2 人获第七届全国大学生电子商务“创新、创意及创业”挑战赛中获全国二等奖；2 人获“挑战杯”河北省大学生课外学术作品竞赛河北省特等奖；1 人获中国工程机器人大赛暨国际公开赛全国特等奖。

（侯步蟾　李　非　谢海洋）

【概况】 2017 年，学院有教职工 329 人，其中，专任教师 265 人（教授 63 人、副教授 103 人，具有博士学位的教师为 70.6%）、有实验及技术人员 34 人、党政及管理人员 30 人。学院新增教授 3 人、副教授 8 人。学院中国工程院院士 3 人，享受政府津贴 6 人。共引进师资 9 人，其中教师 9 人。学院有毕业学生 1609 人，其中博士研究生 46 人（实际毕业人数），硕士研究生 493 人，普通本科生 1070 人；学院招生 1846 人，其中博士研究生 51 人，硕士研究生 427 人，普通本科生 1419 人；学院在校生 6411 人，其中博士研究生 299 人，硕士研究生 1304 人，普通本科 4808 人。本科生的英语四级一次通过率 86.9%，本科毕业生一次就业率 97.5%，研究生毕业生一次就业率 98.5%；本科考研报名 517 人，实际考取 355 人，考研率 68.6%。学院签定纵、横向科研项目 113 个，其中纵项 55 项，横项 58 项，实现科研合同金额共计 7317.3 万元，其中纵向科研经费 5131.2 万元，横向科研经费 2186.1 元；发表论文 553 篇，其中三大检索收录 171 篇，核心期刊 206 篇。自编教材 2 本；学院举行学术交流会 28 次，其中国外专家学术交流会 6 次，国内专家学术交流会 22 次。92 人次参加国际学术会议。学院完成科研项目 21 个，通过验收 1 个。获省部级以上奖 9 项。获授权专利 189 项，其中发明专利 31 项，实用新型专利 69 项，计算机软件著作权 65 项，外观设计 2 项。学院拥有教研室 18 个、研究所 16 个、实验室 30 个、学生实习基地 21 个，科技研究（创新）基地 3 个。学院开设研究生课程 294 门，完成教学 10 166 学时；开设本科生课程 1168 门，完成教学 46 931 学时；举办各类培训班 3 期，共培训学员 160 人，其中电力系统学员 160 人。学院设有 81 个党支部，拥有中共党员 1113 人、发展党员 249 人，其中学院本部发展党员 111 人，动力工程系发展党员 88 人，机械工程系发展党员 50 人。学院设有 225 个学生班级，其中实验班 11 个，设有辅导员岗位 14 个，其中正式编制 12 个、聘任 2 个；学生获各类省部级奖励 592 人次。

院　长：徐进良

书　记：徐　鸿

（侯步蟾　李　宁　谢海洋）

【组织学习党的十九大精神】 2017 年，学院两校区多形式组织学习党的十九大精神。北京校部邀请学校十九大专题宣讲团蔡利民教授做“共产党人的初心和使命”专题解读，同时院团委联合学生党支部赴回龙观镇进行主题宣讲活动。动力工程系制定《动力工程系学习宣传贯彻党的十九大精神实施方案》。机械工程系党委书记葛永庆讲授十九大精神专题党课。

（侯步蟾　李　宁　谢海洋）

【杜小泽获西部长江学者】 2017 年 4 月 1 日，教育部公布 2016 年度“长江学者奖励计划”入选名单，学院杜小泽教授入选。杜小泽，男，中共党员，教授，博士生导师，2000 年于清华大学获工程热物理专业博士学位，2002 年至今在华北电力大学工作，2002—2003 年在香港科技大学从事访问研究。现任科学研究院常务副院长。主持和完成国家自然科学基金项目 4 项、国家 973 计划课题 2 项、教育部重点科技项目 1 项、教育部博士点基金项目 1 项、北京市重大科技计划课题 1 项，以及企业委托课题 30 余项；发表 SCI 收录的国际学术期刊论文 100 余篇，授权发明专利 20 余项；研究成果获国家科技进步二等奖 1 项和省部级科技进步奖励 4 项；入选教育部新世纪优秀人才支持计划，获评全国优秀科技工作者，并获茅以升北京青年科技奖。

（侯步蟾）

【举办能源之星学术夏令营活动】 2017 年 7 月 8 日，动力工程系举办 2017 年“能源之星”全国优秀大学生暑期学术夏令营，来自吉林大学、郑州大学、东北电力大学等 18 所高校 28 名学生参加此次活动。该活动旨在加强全国优秀学生之间的交流和互动，为选拔优秀本科生免试攻读硕士研究生奠定良好基础。

（李　宁）

【承办全国大学生节能减排大赛】 2017 年 8 月 9—12 日，由教育部高等教育司主办，教育部高等学校能源动力学科教学指导委员会与华北电力大学共同承办，神雾集团协办的第十届“神雾杯”全国大学生节能减排社会实践与科技竞赛决赛在华北电力大学举行。竞赛收到来自全国各地区 343 所高校，共计 3190 件有效作品，参赛人数超过 16 000 人，参赛作品数量和参赛人数均创历史新高，经过初评、会评、决赛三个阶段角逐，10 件作品获大赛特等奖，63 件作品获大赛一等奖，116 件作品获大赛二等奖，86 所高校获大赛优秀组织奖。

（侯步蟾）

【徐超获万人计划青年拔尖人才】 2017 年 9 月 19 日，经过中央宣传部、教育部、科技部、人力资源社会保障部等部门组织专家，通过通讯评审、会议评审、咨询顾问组把关等程序，遴选产生 2016 年“万人计划”青年拔尖人才人选 189 名，学院徐超教授入选。徐超，男，中共党员，教授，博士生导师，2008 年香港科技大学工学博士毕业。2013 起在华北电力大学工作。主持和完成国家自然科学基金项目、国家 973 计划子课题 2 项等项目；发表 SCI 收录的国际学术期刊论文 30 余篇，授权发明专利 6 项，2016 年获国家自然科学基金优秀青年基金。

（侯步蟾）

【举办河北省振动工程学会第七届理事会】 2017 年 11 月 17 日，机械工程系承办河北省振动工程学会第七届理事会，来自河北工业大学、河北大学、国网河北电力科学研究院、国电联合动力技术（保定）有限公司等科研所和高校振动领域的专家学者出席该会议。华北电力大学校长助理米增强教授和机械工程系主任范孝良教授出席并致词。会议审议通过第六届理事会工作报告和财务报告，并选举产生第七届理事会组织机构。

（谢海洋）

【迎接北京市党建和思想政治工作检查】 2017 年 11 月 22 日，北京石油化工学院原党委副书记刘仲仁、北京市委教工委统一战线与群众工作处处长王建辉、市委教工委宣传处副处长于海莅临能动学院进行北京市党建和思想政治工作检查，学院党委书记徐鸿、副院长李惊涛、台盟冼海珍教授等 10 余教师参会。徐鸿代表学院党委作汇报，检查组专家对学院 2012—2017 年党建工作表示肯定，并从党政联席会制度落实、统战工作开展、工会工作落实、少数民族学生管理等几个方面进行交流。

（侯步蟾）

【完成7个学位授权点合格评估工作】 2017年12月14日，校外专家对学院7个学位授权点进行评估，评议专家一致认为：学院研究生培养体系完备、师资队伍结构合理、质量保证措施有力、在科学研究和人才培养方面具备鲜明的能源电力行业特色。

（侯步蟾）

【承办中国动力工程学会十届四次理事会议】 2017年11月24日，由学院承办的中国动力工程学会十届四次理事会议在学校召开。学会理事长黄迪南、荣委会主任陆燕荪、荣委会主任委员孙昌基、副理事长刘吉臻、朱元巢、严宏强、倪明江，华北电力大学校长杨勇平、学会秘书长张树林等120余位代表出席会议。会议审议通过2017年学会工作报告，并选举产生新一届理事会成员。

（侯步蟾）

【完成教育部学科评估】 2017年12月28日，教育部学位与研究生教育发展中心公布全国第四轮学科评估结果，动力工程及工程热物理学科评为A-档，排名提升15%；材料科学与工程学科评为C档，排名提升30%；机械工程学科评为C档，排名提升10%。

（侯步蟾）

【入选首批全国高校黄大年式教师团队】 2017年，学院“热科学与工程”团队入选首批全国高校黄大年式教师团队。教育部“长江学者”特聘教授、国家杰出青年基金获得者、973首席科学家徐进良教授担任团队负责人，团队成员由国家优秀青年基金获得者、“万人计划”青年拔尖人才、欧盟玛丽居里学者、吴仲华优秀青年学者等组成。团队承担国家科技部重点专项、国家863项目、国家自然科学基金重点项目等国家级纵向项目及多项北京市重点科研项目，纵向科研经费累计4700多万元，研究成果获教育部自然科学一等奖等多个奖项；承担企业关键技术研发等多项委托研发项目，经费达2000万元，解决众多关键技术，实施的余热利用项目被国家发改委列为重点推广项目，2项专利向企业转让，在实际应用中取得良好的社会效益和经济效益。

（侯步蟾）

【获省级优秀志愿服务先进单位】 2017年，学院动力工程系团委获批河北省教育系统“优秀志愿服务先进单位”。多年来，动力工程系团委利用社会实践契机先后建立“涞源寺儿沟”“阜平史家寨”等志愿服务基地，常年开展支教等三下乡活动，先后开展志愿服务活动近50余次，动员志愿服务者1200余人次。同时抓住能源专业优势，相继推出“节能减排绿色宣传”“能源电力服务一带一路”“科技下乡、节水抗旱”等系列活动，充分发挥青年学生的优势，将活动中积累的经验和数据进行分析，转化为社会热点项目进行科学调研，积极为社会发展献言献策。

（李　宁）

【范大志获优秀青年志愿者称号】 2017年，学院动力工程系团委书记范大志获评河北省“‘助力脱贫攻坚’优秀青年志愿者”称号。范大志，男，中共党员。在太行山区开展志愿服务活动累计服务时长900小时，动员青年志愿者1000多人次，主持志愿服务项目10余项，组织志愿活动上百次。为响应中央、省委号召，范大志报名参加精准扶贫工作，成为华北电力大学驻阜平县史家寨村工作组的一名队员，投入到太行山区的百姓脱贫致富工作中。

（李　宁）

【组织学生参与创新性比赛】 2017年，学院组织学生参加多次创新性比赛。其中，北京校部获第十届全国大学生节能减排竞赛特等奖1项，一等奖5项，二等奖1项；全国大学生数学建模竞赛一等奖1项，二等奖1项，三等奖3项；第十五届挑战杯全国大学生课外学士科技作品竞赛三等奖1项；第十一届全国周培源大学生力学竞赛个人三等奖2项。动力工程系组织学生参加国家级类创新训练项目41人次；其中：2人获全国大学生节能减排社会实践与科技竞赛一等奖；5人获全国大学生节能减排社会实践与科技竞赛二等奖；6人获第十一届全国周培源大学生力学竞赛三等奖；2人获创行世界杯创新公益大赛国家级二等奖；1人获第七届施耐德电气绿色能源全球创新案例大学生挑战赛国家级一等奖；1人获第七届施耐德电气绿色能源全球创新案例大学生挑战赛国家级三等奖；1人获中国工程机器人大赛暨国际公开赛全国特等奖；1人获全国大学生英语竞赛全国特等奖；4人获“创青春”全国大学生创业大赛全国三等奖；2人获第二届中国“互联网＋”大学生创新创业大赛全国铜奖；1人获第二届“协鑫杯”大学生绿色能源科技创新创业大赛全国三等奖；2人获中国机器人大赛全国三等奖；2人获第二届中关村人才创客大赛全国三等奖；1人获中国旅游暨安防机器人大赛全国二等奖；2人获中国国际飞行器设计挑战赛暨科研类全国航空航天模型公开赛（哈尔滨站）三等奖；1人获第二届中国青年公益创业大赛全国银奖；1人获第三届中国青年志愿服务项目大赛全国银奖。机械工程系组织学生参加国家级、省部级各类大赛并获奖317人次。其中，1人获全国大学生节能减排社会实践与科技竞赛全国二等奖；1人获2016年全国大学生数学建模竞赛全国一等奖；1人获第五届全国工程训练综合能力竞赛全国一等奖；2人获第十六届全国大学生机器人大赛机器人创业赛全国三等奖；2 人获第七届全国大学生电子商务“创新、创意及创业”挑战赛中获得全国二等奖；2 人获“挑战杯”河北省大学生课外学术作品竞赛河北省特等奖；1 人获中国工程机器人大赛暨国际公开赛全国特等奖。

（武昌杰　李　宁　谢海洋）

经济与管理学院

【概述】2017 年，经济与管理学院深入开展“两学一做”学习教育，落实教育部全国科学道德和学风建设宣传报告会精神，组织党员学习《中国共产教育党章程》和习近平新时代特色社会主义思想，执行《八项规定》和《党政机关国内公务接待管理规定》等有关严禁公款购买赠送贺年卡、烟花爆竹等年货节礼通知要求。坚持“创国内一流、国际知名的经管学院”的目标，结合大学“十三五”规划和大学第六届第五次教代会精神，总结反“四风”活动、“三严三实”教育和“两学一做”学习教育，接受教育部对大学的巡视、北京市党建基本标准检查和大学对学院进行的校内巡察，列出巡视、检查和巡察整改清单，完成巡视、检查和巡察各项整改工作，通过建章立制，规范学院教学、科研、学生管理等各项管理工作。

学科建设。工商管理、管理科学与工程两个一级学科评估取得好成绩：B＋。获批“双一流”研究生教学成果奖培育类建设项目 1 项，“双一流”研究生人才培养项目 2 项，工程管理一流专业建设进入双一流建设。新获批金融专业学位硕士阶。完成 6 个学位点自评估工作。包括：工商管理、管理科学与工程、应用经济学、会计、工程管理、物流工程。会计学博士开始招生，专业迎来第一位会计学博士研究生。

科学研究。科研经费超额完成，全年完成 6252 万元，完成学校下达任务的 139.26%。全年人均绩效 2940，高于全校平均数。获国家自然基金资助 4 项，国家社科基金资助 2 项。以获评优秀免答辩的成绩，成功申请“中国绿色电力发展研究”教育部“111 引智基地”。进一步增强中国能源电力管理的声誉，在国际能源领域重要期刊发表被 SCI/SSCI 收录的学术论文 66 篇、EI 收录学术论文 17 篇，中文核心期刊 51 篇，其中 CSSCI12 篇。举办学术交流活动，如：诺贝尔奖获得者 Daniel M.Kammen 院士参加经济与管理学院举办的国际大师校园行活动等。

国际化。招收留学 29 人，其中博士生 10 人，硕士生 19 人。7 名教师出国进修学术访问。莱茵豪森集团（MR）到校进行第三次合作续签，并与获得 MR 奖学金和参加赴德学习的 MBA 学生进行座谈交流。

人才培养。李彦斌获“北京市高校优秀共产党员”。赵洱东被评为“北京市青年教学名师”。开展教育教学大讨论，完成 2017 版人才培养方案修订，取消 3 个本科专业。“管理沟通”MOOC 获评国家级精品课程，“十三五”首批国家精品在线开放课程。出版教材 5 本。加强会计非全硕士招生宣传，招收 270 名会计非全硕士。完成全日制研究生培养方案的修订工作，制定非全日制专业学位研究生培养方案和留学生培养方案。韩宝庆的案例入选全国百篇优秀管理案例。9 门研究生课程获优质课程资助。获校级优秀博士学位论文 3 篇，校级优秀硕士学位论文 7 篇。根据教学科研发展需要，引进学生辅导员 2 人。学院出国学习教师 6 人，学成回国 2 人。

教风学风。获学校学生党员先锋工程优秀组织奖和党员责任区工作优秀奖、研究生无职党员工作优秀奖。本科生就业率 95%，研究生就业率 98%，深造率比 2017 年增长 5%，36 名学生获“北京市优秀毕业生”。坚持以班级文化节、宿舍文化节等活动为载体夯实班级工作基础，传承优良班风舍风。学生焦安静在 2017 年获 5 次全国马拉松长跑冠军。阿依多斯作为核心球员获全国青少年校园足球联赛上大学生足球联赛校园组全国总冠军。1 人获 2017 年大学生暑期社会调研实践活动市级先进个人，“产业转移 协同发展”京津冀社会实践团获市级优秀社会实践团队。获“首都大学先锋杯优秀团支部” 1 个，获“北京市三好学生”1 人。2 个班级获学校“十佳示范性优秀班集体”，1 个学生宿舍获学校“十佳宿舍”，1 名教师获学校“十佳优秀班主任”，12 名教师获学校“优秀班主任”。4 个团队获校级优秀社会实践团队 4 名 MBA 学生获“尖峰时刻”全国模拟大赛全国二等奖，5 名 MBA 学生获全国三等奖；2 名 MBA 学生获第三届全国大学生能源经济学术创意大赛一等奖。教师指导学生竞赛与创新创业，获全国大赛二等奖 1 项、全国大赛三等奖 20 项、省部级大赛一等奖 2 项、省部级大赛二等奖 2 项、省部级大赛三等奖 9 项。开展对话青春榜样系列主题教育活动，邀请校内外的优秀师生党员代表，以座谈会、报告会等形式，同青年学生交流心得，激发学生理想担当，发挥党员典型示范作用。

（董宏伟）

【概况】2017 年，经济与管理学院在北京设学院本部，在保定校区设经济管理系。学院有省部级重点学科 2 个、省部级重点实验室 1 个，省部级示范中心 1 个、国际级虚拟仿真中心 1 个，省部级研究基地 1 个。设有博士后科研流动站 2 个，在站博士后 12 人；博士点专业 7 个（其中具有一级学科博士学位授予权的2个）、硕士点专业15个、本科专业11个。有教职工204人（其中保定69人），专任教师179人（其中保定59人），教授49人（其中保定13人）、副教授82人（其中保定22人），具有博士学位的教师为80%，有实验及技术人员4人（其中保定1人）、党政及管理人员21人（其中保定9人）。享受政府津贴2人。共引进辅导员2人。毕业生1299人（保定372人），其中博士研究生22人，全日制硕士研究生245人（保定82人），在职工硕243人（保定90人），MBA硕士151人（保定4人），普通本科生638人（保定196人）；学院（系）招生1794人（保定652人），其中博士研究生博士生27人，全日制硕士研究生323人（保定96人），非全日制硕士研究生481人（保定171人），MBA硕士115人，普通本科生848人（保定385人）；学院在校生5549人（保定1751人），其中，博士研究生85人，全日制硕士研究生841人（保定272人），非全日制硕士研究生481人（保定171人），在职工硕954人（保定322），MBA硕士384人（7人），普通本科生2831人（保定979人）。本科生英语四级一次通过率院部87.7%（保定93.58%），本科毕业生一次就业率院部95.02%（保定94%），研究生毕业生一次就业率院部98.16%（保定91.46%）；本科考研报名326人（保定86人），实际考取169人（保定46人），考研率院部27.82%（保定23.47）。签订纵横向科研项目160个，其中纵项29项、横项131项，实现科研合同金额共计6693.11万元（保定441.11万元）；共发表论文310篇，其中三大检索收录138篇，核心期刊70篇。出版专著9部，自编教材2本，国外专家学术交流会2次，国内专家学术交流会12次。参加国际学术会议50人次。学院共获得省部级以上奖励238人次，其中，本科生获奖201人次，研究生获奖66人次，教师获奖49人次。学院拥有经济与管理系（保定）1个、教研室9个、研究所26个、实验室10个、学生实习基地42个，科技研究（创新）基地2个。学院开设研究生课程253门（保定71门），完成教学6300学时（保定2032学时）；开设本科生课程547门（保定218门），完成教学19 501学时（保定8600学时）；举办各类培训班1期，共培训学员70人。学院设有55个党支部（保定17个），拥有中共党员736人（保定206人）、发展党员162人（保定48人）。学院设有143个学生班级（保定42个），设有辅导员岗位18个，其中正式编制10个（保定3个）、聘任3个、兼职5个。

院　长：李彦斌（李　伟　保定经管系主任）

书　记：于新华（祝志杰　保定经管系书记）

网　址：http: //business.ncepu.edu.cn

（董宏伟　张　清　王　宁　郝险峰　史蓉辉　孙晓琼）

【举办贫困学生返乡公益活动】 2017年1月6日，王老吉公司与经济与管理学院共同举办资助华电贫困学子春节回家公益活动。王老吉公司北京分公司市场部经理鲁奇萌，经济与管理学院党委书记于新华，学生处资助中心主任卜春梅出席活动。本次活动由经济与管理学院党委副书记赵军伟主持。

（董宏伟）

【中国双法学会统筹分会学术年会】 2017年1月8日，第九届中国“双法”学会统筹分会学术年会暨第三届常务理事会召开。本届年会以“统筹法的进展与应用”为主题，针对当前统筹领域研究热点问题结合社会经济发展前沿问题开展学术交流。来自华北电力大学、国防大学、中国石油大学、北京工业大学、北京城市学院等代表学者参加。会议选举牛东晓教授为统筹分会常务副理事长、檀勤良教授为常务理事。

（董宏伟）

【召开落实学校务虚会精神会议】 2017年1月14日，经济与管理学院召开落实学校务虚会精神会议。学院党委书记于新华主持会议，并传达学校务虚会精神。当天下午，副院长李彦斌主持开展学院2017年工作计划研讨，指出2017年学院要贯彻落实好学校务虚会精神，科学规划好学院各项工作。按照学校务虚会要求，制定好学院2017年工作计划。

（董宏伟）

【赵洱岽斯坦福大学做主题报告】 2017年2月10日，应斯坦福大学中国学生学者联合会（ACSSS）邀请，中国大学MOOC优秀教师、国家精品视频公开课主讲人经济与管理学院教师赵洱岽在美国斯坦福大学做题为“The Opportunities of MOOC Development of China’s Universities in this Era and Interpretation of Typical Online Open Courses Case（中国大学MOOC发展的时代机遇及典型在线开放课程案例解读）”主题报告。

（董宏伟）

【美国伯克利大学Dana Magenau博士一行到访】 2017年2月14日，美国伯克利大学Dana Magenau博士一行到访。学院副院长李彦斌接见来访客人。李彦斌听取Dana Magenau博士对伯克利大学的介绍后，向客人介绍学院近年发展情况和成就。双方就能源类高级管理人员培训形式、内容等方面进行深入探讨，并表达进一步合作的意愿。

（董宏伟）

【1研究中心被认定为北京市重点实验室】 2017年，在北京市科学技术委员会组织的2016年北京市重点实验室申报评审中，新能源电力与低碳发展研究中心获认定为北京市重点实验室。该中心依托华北电力大学，是学院第一个科研平台，也是学校第一个新型智库。

（董宏伟）

【东北电力大学经济管理学院到访】 2017 年 4 月 14 日，东北电力大学经济管理学院院长韩洁平院长等一行 7 人到学院进行交流访问。副院长李彦斌、牛东晓教授、副院长何永秀、相关教研室主任及实验教学中心人员参加交流活动。李彦斌主持会议。

（董宏伟）

【捐款修缮晋察冀卫生学校】 2017 年 4 月 17 日，河北省唐县牛眼沟村村主任和书记来到学校，将一面写有“情系老区、爱心捐助”的锦旗交到经济管理系党委书记祝志杰手中，以表达感谢之情。此前经济管理系贾正源教授及部分研究生曾捐款修缮晋察冀卫生学校。

（董宏伟）

【召开教育教学思想大讨论动员会】 2017 年 4 月 19 日，学院召开教育教学思想大讨论动员大会，全体教职员工参加。学院成立教育教学思想大讨论工作组，学院党委书记于新华、院长李彦斌担任组长，工作组主要成员为副院长何永秀、张兴平、闫庆友，副书记赵军伟及各教研室主任、书记。

（董宏伟）

【贵州大学管理学院到学院交流访问】 2017 年 4 月 27 日，贵州大学管理学院院长李烨一行 5 人到学院调研。学院书记于新华、副院长李彦斌、副院长张兴平等相关人员参加交流座谈。双方就创业教育、学院认证、学科科研平台建设、创新团队建设、院系二级运行机制等方面进行探讨，还就未来发展方向、“双一流”建设等进行交流。

（董宏伟）

【到南京航空航天大学经管学院调研】 2017 年 5 月 12 日，学院副院长何永秀、经济学教研室主任张晓春、工程管理教研室主任李金超一行 3 人赴南方航空航天大学经济与管理学院开展教学调研，南京航空航天大学经济与管理学院副院长王英、党委副书记许静、院长助理邓晶、工商系副主任马珩参加座谈交流。

（董宏伟）

【邀请京东高级产品经理延志远做报告】 2017 年 5 月 14 日，受会计教研室夏宁教授邀请，京东金融集团公司高级产品经理延志远为会计专业师生做“带你走进京东金融”的报告。

（董宏伟）

【刘力纬斯坦福大学发表主题演讲】 2017 年 5 月 21 日，美国斯坦福大学中国访问学者第七届（2017）学术年会在美国斯坦福大学李嘉诚中心（Li Kashing Center）召开。中国企业社会责任智库学术副主席、华北电力大学经管学院刘力纬教授出席会议并发表主题演讲。

（董宏伟）

【召开专题交流会】 2017 年 5 月 23 日，学院邀请北京工商大学文科实践中心原主任、国家级实验教学示范中心经管学科组原副组长秦艳梅教授到学院做题为“互联网＋经管类专业教学的思考和实践”的讲座并召开研讨会。活动由副院长何永秀主持，学院部分学科负责人、教研室主任、教研室书记、实验中心主任、实验教师参加活动。

（董宏伟）

【召开干部任命宣布会】 2017 年 5 月 23 日，经管学院召开干部任命宣布大会。校党委书记周坚、组织部部长鹿伟、党办校办主任赵秀国、经管学院班子成员及全体教职员工参加。会议由于新华主持。鹿伟宣读校党委任命通知，任命李彦斌为经济与管理学院院长、MBA 中心主任（兼）、党委副书记。

（董宏伟）

【召开两地交流研讨会】 2017 年 6 月 29 日，院长李彦斌教授等一行 4 人到保定经济管理系交流研讨，经济管理系主任李伟及 20 余名教师代表参加会议。此次会议旨在加强两地院系间交流与合作。

（董宏伟）

【举行从严治党专题报告会】 2017 年 7 月 4 日，学院组织全体教职工学习从严治党专题报告会。邀请学校原党委副书记朱常宝做题为《认真学习十八届六中全会精神，迎接党的十九大胜利召开》的报告。报告会由学院党委书记于新华主持。

（董宏伟）

【李彦斌获评北京市高校优秀共产党员】 2017 年，北京市委教育工委对北京高校先进基层党组织、优秀共产党员和优秀党务工作者进行评选表彰。学院李彦斌教授被评为“北京高校优秀共产党员”。

（董宏伟）

【乌云娜获北京市哲学社会科学优秀成果奖】 2017 年，据中共北京市委宣传部、北京市教育委员会和北京市人力资源和社会保障局联合下发的《关于表彰北京市第十四届哲学社会科学优秀成果奖的决定》（京宣发〔2017〕28 号）文件，学院乌云娜教授主持完成的调研报告《新能源电力项目群组合管理理论、决策方法、管理系统》获北京市第十四届哲学社会科学优秀成果奖二等奖。

（董宏伟）

【赵洱岽获北京市青年教学名师奖】 2017 年，北京市教育委员会公布“第十三届北京市高等学校教学名师奖”获奖名单和“首届北京市高等学校青年教师教学名师奖”获奖名单。学院教师赵洱岽获首届北京市高等学校青年教学名师奖。至此全校已有 16 位教师获北京市教学名师奖。

（董宏伟）

【多名教师获教师节表彰】 2017 年 9 月 7 日，学院多名教师获学校教师节表彰。包括获北京市高校优秀共产党员、北京市师德先锋荣誉称号的李彦斌教授；获北京市第十四届哲学社会科学优秀成果二等奖及获北京市高等教育学会第九次高等教育科学研究优秀成果一等奖的乌云娜教授；获首届北京市高等学校青年教学名师奖荣誉称号、第四届华北电力大学教学名师奖及北京校部 2016—2017 学年教学优秀特等奖的赵洱岽等。

（董宏伟）

【李彦斌讲党课】 2017 年 9 月 7 日，学院院长、党委副书记李彦斌以题为《共产党员的先锋模范作用与工匠精神》为学院全体党员讲授党课，共 317 名党员到场聆听。

（董宏伟）

【韩宝庆获全国百篇优秀管理案例】 2017 年，第八届“全国百篇优秀管理案例”评选结果揭晓，学院教师韩宝庆撰写的原创案例《BYX 人力资源公司：劳务派遣新规下派遣用工咋规范？》入选。

（董宏伟）

【召开考研留学动员暨经验交流会】 2017 年 9 月 26 日，学院在主楼礼堂召开考研留学动员暨经验交流会。校党委副书记汪庆华、学生处处长沈岚、国际合作处处长段春明、研究生院副院长宋晓华、教务处副处长高继周、经济与管理学院院长李彦斌、副院长张兴平、MBA 常务副主任闫庆友、党委副书记赵军伟及学院全体教职工、班主任、辅导员及 1300 余名本科生参加会议。会议由学院党委书记于新华主持。

（董宏伟）

【举办主题教育活动】 2017 年 9 月 26 日，学院举行“对话青春榜样，激发理想担当”主题教育活动。该活动旨在通过三名优秀青年榜样的先进性事迹，激发全体学生志存高远，勇于担当，成长为德才兼备的栋梁之材。

（董宏伟）

【稻田大学横山隆一教授受聘经管学院】 2017 年 9 月 26 日，早稻田大学横山隆一客座教授聘任仪式在华北电力大学举行，校长杨勇平教授为横山隆一教授颁发聘书。学院院长李彦斌和能源互联网研究中心副主任刘敦楠出席本次受聘仪式。

（董宏伟）

【罗静应邀做登山专场分享会】 2017 年 9 月 28 日，知名校友、登山家罗静应经管、自动化系、数理系邀请来到保定校区，在华电大讲堂，为在校师生举行一场题为《一切缘于对生命的热爱》登山专场分享会。

（董宏伟）

【非全日制 MPAcc 学生参观一流企业】 2017 年 9 月 28 日，学院 2017 级非全日制 MPAcc 学生前往用友软件园进行企业参观交流，实地感受国内一流企业的管理模式与企业文化。

（董宏伟）

【周坚视察安全稳定工作】 2017 年 9 月 29 日，校党委书记周坚视察学院安全稳定工作并出席学院安全稳定工作汇报会。院长李彦斌、副院长张兴平、副书记赵军伟及各部门相关人员参加汇报会。学院党委书记于新华主持会议。听取汇报后，周坚一行对学院实验室、研究所等进行实地考察。

（董宏伟）

【汪庆华调研班主任工作】 2017 年 10 月 17 日，校党委副书记汪庆华到学院进行 2017 级本科新生班主任工作调研，了解 2017 级本科生入学后有关情况和班主任工作开展情况。学生处、教务处、经济与管理学院领导，经管学院辅导员和 2017 级班主任参加会议，学院党委书记于新华主持调研座谈会。

（董宏伟）

【学习十九大报告】 2017 年 11 月 6 日，学院中心组集中学习十九大精神。学院党委委员、班子成员参加会议。院党委书记于新华主持会议。于新华书记以“不忘初心遵章纪　牢记使命践宗旨”为题谈十九大报告学习感受。院长李彦斌以“不忘初心 筑梦未来 培养一流经管人才”为题谈十九大报告学习感受。其他中心组成员结合本职工作畅谈学习心得。

（董宏伟）

【袁家海教授接受央视专访】 2017 年 10 月 13 日，新能源电力与低碳发展北京市重点实验室（智库）副主任袁家海教授接受中央电视台新闻调查栏目专访，就当前电煤博弈、煤电亏损、煤电供给侧改革、电力市场化等相关问题发表专家意见。

（董宏伟）

【诺奖得主 Daniel M.Kammen 应邀到访】 2017 年 11 月 20 日，应华北电力大学校长杨勇平和能源互联网研究中心副主任刘敦楠邀请，诺贝尔奖获得者、美国加州大学伯克利分校教授、可再生能源实验室主任 Daniel M.Kammen，美国能源经济协会院士、斯坦福大学 Precourt 能源效率中心主任、管理科学及工程系教授 James L.Sweeney，以及美中绿色能源促进会常务副会长张晓枫女士参加经济与管理学院举办的国际大师校园行活动，并进行学术交流。

（董宏伟）

【签署战略合作框架协议】 2017 年 11 月 27 日，学院经济管理系与中电联电力发展研究院签署战略合作框架协议。根据协议，双方将筹备成立中电联电力发展研究院—华北电力大学经济管理系能源经济与电力发展研究中心。中国电力企业联合会副秘书长沈维春、电力发展研究院副院长张慧翔、电力发展研究院各部门负责人，副校长律方成及中电联电力发展研究院、学校相关部门负责人出席签约仪式。仪式由系党委书记祝志杰主持。

（董宏伟）

【能源与电力工程管理高端创新论坛】 2017年12月3日，以“新动能、新发展”为主题的2017能源与电力工程管理创新高端论坛在华北电力大学召开。会议由华北电力大学新能源电力与低碳发展研究北京市重点实验室、华北电力大学经济与管理学院、英大传媒投资集团《项目管理评论》杂志社联合主办，由新能源电力与低碳发展研究北京市重点实验室主任乌云娜教授主持。

（董宏伟）

【召开教职工代表大会】 2017年12月12日，学院召开教职工代表大会。会议由分工会主席赵军伟主持。学院140余名教师参加会议。大会审议通过工作报告和财务报告。

（董宏伟）

【召开十九大精神学习会】 2017年12月12日，经济与管理学院召开十九大精神学习会，邀请马克思主义学院教师周作芳给全院教职工授课，学习的主题是“习近平新时代中国特色社会主义思想”。

（董宏伟）

【1引智基地（111计划）获教育部评审优秀】 2017年12月22日，教育部科技司、国家外国专家局公布教科文卫专家司组织的2018年新建高等学校学科创新引智基地通讯评审结果。由教育部长江学者、华北电力大学经济与管理学院牛东晓教授负责的“中国绿色电力发展研究创新引智基地”（以下简称“引智基地”）评审结果为优秀，直接进入立项阶段。

（董宏伟）

控制与计算机工程学院

【概述】 2017年，控制与计算机工程学院在党建工作、巡视整改、学科建设、教育教学、科学研究、交流合作等方面取得可喜进展。

党建工作。落实巡视整改工作，完善规章制度。按照教育部巡视整改要求，对照党建验收基本标准，制定学院巡视整改任务书和时间推进表，确定整改项目责任人，完成各项整改任务。围绕基层党组织建设开展“四项重点工作”，构建学院党建与思想政治工作的“四梁八柱”。学院本部积极筹备迎接北京市教工委党建验收检查工作并通过验收。坚持党政联席会制度，实行学院民主管理和集体决策；坚持党委中心组理论学习会制度，重点学习党的十九大及习近平系列重要讲话精神；重视基层党组织建设，夯实基层党建工作。开展“1+1+1”党支部共建活动，探索“产学研”协同育人新机制。长期开展党建带团建及“智慧党建”特色工作。为加强学生党员、团员政治思想教育，打造国内第一家团员在线学习教育考核平台；依托党建管理平台，借助信息化手段及可视化的统计与分析实现党员和积极分子培养全过程记录，打造出“智慧党建”新模式，在党建验收检查中得到专家组肯定。保定校区自动化系组织开展学习贯彻十九大精神系列活动；党员发展按照“三推荐、两考核、一审查”的工作流程，把好党员发展质量关。系主要领导干部每年至少两次为新党员和入党积极分子上党课，帮助学生坚定理想信念。自动化系党委全年共发展新党员50名，培养入党积极分子198名；各支部每月召开支部会，每周进行党小组理论学习；各党支部均有规范的会议记录，记录规范、内容完整、条理清楚；领导班子成员经常深入基层，落实领导干部联系基层制度，党委书记深入学生宿舍与学生交流，听取学生意见，了解最新动态；建立领导班子学生接待日，拟定每周五下午一名领导班子成员到二校直接与学生交流，了解学生动态、解决切实问题。保定校区计算机系党建工作以开展“优化管理服务”为契机，解决教师和学生关心的重点问题。对照教育部巡视组整改意见，认真查找问题，将整改工作落到实处。制定“计算机系党政联席会制度”等民主制度，落实纪检委员参加党政联席会等民主监督制度。开展学习“十九大报告”、准则和条例、学校第二次党代会报告等学习活动；针对各年级学生特点，通过年级例会、主题班会、专题座谈等形式，以“社会主义核心价值观”“学习习总书记讲话”为引导，开展“大学生职业生涯规划”“优秀学生风采展示会”、创新创业指导、志愿服务、爱国教育、形势政策教育等活动，增强学生爱国爱校、奉献社会的责任感和使命感。

学科建设。参与学校“能源电力科学与工程”一流学科建设方案编制，提出“智能发电理论与技术”和“能源大数据分析与协同安全”两个重点建设方向，完成一流学科建设项目申报书和预算编制。集中学院各学科优势力量，组织申报“软件工程”一级学科博士点。组建第一届分学术委员会，制定分学术委员会章程。在全国第四轮学科评估中，学院控制科学与工程学科进入B档，计算机科学与技术、软件工程学科进入B-档，其中计算机科学与技术学科排位上升30%。

制度建设。制定和修订《控计学院廉政风险防控管理工作实施办法》《控计学院关于贯彻落实“党委（党组）意识形态工作责任制实施办法”的实施细则》《党支部学习例会管理办法》《党委中心组学习管理办法》《党委会议制度》《党政联席会议制度》《领导班子成员深入基层调查研究密切联系群众的实施意见》《贯彻落实意识形态工作责任制实施》《贯彻落实意识形态责任书》《分学术委员会章程》《关于学术报告、讲座及论坛等会议管理办法》《学生支部工作条例》等20余项规章和管理办法。保定校区自动化系成立新一届系教学督导组，制定《教学督导工作细则》。对照教育部巡视反馈意见对党建工作存在的问题进行梳理和整改，建章立制22条。

教育教学。组织教育教学思想大讨论，深化本科和研究生教学改革，探索新的工科人才培养模式；完成2017版本科生培养方案制定；启动并稳步推进普通高等学校本科教学工作审核评估工作。组织收集整理研究生教育教学数据，完成控制科学与工程、计算机科学与技术、软件工程三个学科的博士点、学术硕士点和专业学位授权点自评估工作；总结教育教学经验和成果，申报3项北京市教学成果奖；重视青年教师教学能力培养，通过教学基本功比赛遴选出的优秀青年教师获市级比赛三等奖。保定校区自动化系加强实验室建设和改造工作，经过两期修购项目实施，“华北电力大学工业控制实践教学基地”建成并投入使用；建设的罗克韦尔自动化实验室、艾默生数字化工厂实验室是国内同型号最大规模的校企合作实验室；与艾默生公司联合举办“艾创大赛”华北电力大学赛区竞赛，并组队参加“艾创大赛”全国决赛及“艾创大赛”全国交流会。保定校区计算机系获河北省教学成果三等奖1项，获批河北省教学改革项目1项、验收项目1项；获批教育科研网下一代互联网技术创新项目2项。

科研工作。承担各类科研项目合同额3200余万元；组织申报工信部两级重大专项项目5项（主持1项、参与4项）；获批国家自然科学基金联合基金重点项目1项、教育部社科基金重点项目1项、国家重点研发计划专项课题1项；作为主要完成单位获2017年度国家科技进步一等奖1项（“600MW超临界循环流化床锅炉技术开发、研制与工程示范”，刘吉臻院士团队完成）、中国电力科学技术进步一等奖1项、省部级科研奖励6项，成果数量和级别均创历史新高。保定校区自动化系签署各类纵横项目合同额600余万元；获批国家自然科学面上项目1项、河北省自然科学基金面上项目1项、北京市自然科学基金面上项目1项、河北省科技厅项目1项。保定校区计算机系签署科研合同额280余万元。

师资队伍建设。重视青年教师培养，鼓励并协助青年教师申报各类人才培养项目，学院1人入选第三届中国科协青年人才托举工程；引进高水平人才，计算机方向引进中南大学大数据研究院院长李建彬教授，牵头成立华北电力大学“能源电力大数据研究院”；自动化方向拟引进国家优秀青年基金获得者1人；引进海外博士后申报青年千人计划项目。引进清华大学、北京航空航天大学等知名高校博士或博士后，引进人才的成果水平和学缘结构明显提升。

对外合作交流。围绕学院承担的111引智基地和外专局重点项目开展高质量国际合作与交流，聘请多位国际知名专家讲座交流；开拓学生国际合作培养新领域，与美国密苏里大学（堪萨斯）对接，计划开展计算机和自动化方向的培养项目；以双一流建设为指引，规划未来三年国际合作的重点发展方向，召开学院第一次国际化工作会议。

学生工作。结合重要事件和关键时间节点，开展丰富多彩的主题教育活动，取得良好成效。推进智慧党建工作，自主开发党建信息管理系统，将支部建在网上，利用大数据技术，将获取数据、统计分析数据及预测数据等功能应用于学生党建工作，提升学生党建工作信息化、专业化和规范化水平。鼓励、支持、组织学生参与各类科技创新活动，本科生获省部级以上奖励101人次，研究生获省部级奖励7人次。针对学习困难学生实施党员教师“1＋1＋1”精准帮扶计划，帮扶52名学业困难学生，减少挂科课程156门，41人减少挂科课程，5人实现零挂科。完成新一轮研究生培养方案修订与实施。对全日制硕士研究生免试推荐和报名考试工作进行周密准备和组织。筹备研究生学术交流年会。组织论文交流和多种主题活动8场次，参加交流论文数量排名全校第一，获优秀组织奖。研究生就业率95.07%，出国率0.99%，读博率1.97%。在研究生招生改革的大背景下，出国深造率比往年有重大突破。北京校部研究生2人获校友奖助金。206人获一等奖学金，169人获二等奖学金，81人获三等奖学金。8人被评为校级优秀毕业生，8人被评为北京市优秀毕业生。洪烽等3人获博士国家奖学金，龙东腾等14人获硕士国家奖学金，李荆获校长奖学金。李荆等72人获优秀研究生荣誉称号。

保定校区自动化系完善学风建设的品牌——“雁阵”学风建设模式，打造全新创新人才培养体系。本科生英语四级一次通过率88.04%，本科毕业生一次就业率98.88%；本科毕业生考研上线率42.42%，考研率为28.79%。百余名学业困难的同学通过虚拟班集体帮扶成绩得到提高。通过构建“头雁领航”优秀学生教育平台，开展一系列科技类交流培训活动。教育平台调动学生参与科技创新的积极性，创新性实验项目申报较往年有大幅提高。本科生共发表论文38篇，获各类专利软件著作授权68项，参加各类科技竞赛获国家级奖励155人次，省部级奖励103人次。保定校区自动化系设立研究生管理办公室，安排研究生主管、学生骨干、党支部成员进行日常值班，严格执行研究生请销假。完善《自动化系研究生评优细则》《自动化系研究生实验室管理条例》，在各研究生实验室工位安装标牌，安排研究生实验室卫生管理值周，加强对研究生实验室日常安全检查。研究生毕业生一次就业率为 100%。保定校区计算机系本科生获国家级和省部级科技创新奖励 105 项，获奖率提高 2%；达到转专业条件 27 人中 19 人选择留原专业学习；毕业生考研上线率达 42.42%；本科生就业率达到 98.98%。

工会工作。院长、书记带领全体教职工参与学校各项活动并获佳绩。参加“控计杯”羽毛球赛甲组比赛获得亚军。

社会服务工作。完成全国计算机等级考试工作及面向大中型用人单位招聘及注册认证考试工作。有效应对非全日制硕士研究生招生方式的改变。加强对在职工程硕士培养环节监控，协助导师督促在职研究生按时完成培养过程各个环节。保定校区自动化系承担电力行业仿真教练员教师资格认证、仿真指导高级教师资格认证、电厂运行培训等项目，在电力行业具有重要影响，社会效益良好。

（施　翰　马良玉　翟永杰　杨红月　胡建强）

【概况】 2017 年，学院有教职工 290 人，校本部 136 人，其中专任教师 113 人、教授 32 人、副教授 39 人。中国工程院院士 1 人，国家千人计划 1 人，国家百千万人才计划 1 人，中科院百人计划 1 人，教育部新世纪优秀人才 3 人；保定校区自动化系教职工 65 人，其中专任教师 44 人，教授 15 人，具有博士学位教师 34 人，占教师 75.55%，实验教师 12 人，党政及学生管理人员 8 人；保定校区计算机系教职工 89 人，其中专任教师 68 人，教授 10 人，副教授 12 人，具有博士学位教师占 42.65%，有 4 位教师开始攻读博士学位，出国留学 1 人，实验室及技术人员 6 人、公共机房 7 人，系领导及管理人员 10 人。学院有在校生 5629 人，其中包括北京校本部校本科生 1825 人，研究生 715 人；保定自动化系本科生 995 人、硕士研究生 318 人；保定校区计算机系本专科生 873 人、硕士研究生 222 人。

学院拥有控制科学与工程一级学科博士点、博士后科研流动站。拥有控制科学与工程、计算机科学与技术、软件工程 3 个一级学科硕士点。其中，控制科学与工程一级学科博士点下设控制理论与控制工程、检测技术与自动化装置、模式识别与智能系统、信息安全、系统分析运筹与控制等五个二级学科博士点。拥有控制工程、计算机技术、软件工程 3 个工程硕士专业学位授予权。学院设立有自动化、测控技术与仪器、计算机科学与技术、软件工程、信息安全、物联网工程、网络工程七个本科专业。学院围绕“宽口径、重实践、强能力”的人才培养目标，依托国家级、北京市教学团队和特色专业、北京市及校级教学名师、北京市示范性校内创新实践基地，努力培养拔尖创新型人才，为社会培养两万余名本科生、硕士生和博士生。学院有多个省部级以上科研平台：新能源电力系统国家重点实验室发电过程测控新技术实验平台、工业过程测控新技术与系统北京市重点实验室、北京市电力信息技术工程研究中心、河北省发电过程仿真与优化控制工程技术研究中心、燃烧及先进检测技术教育部创新团队、智能化分布式能源系统教育部“111”引智基地。刘吉臻院士作为主要完成人获 2017 年度国家科技进步一等奖 1 项，实现学院科研成果获奖重大突破，被授予华北电力大学“2015—2017 年度科技创新突出贡献奖”；袁桂丽获评校十佳班主任，校教学优秀特等奖，校工会“巾帼之星”；王玮获华北电力大学 2017 年度青年教师教学基本功比赛第 2 名，并入选华北电力大学教学名师培育计划，2017 年 9 月参加北京高校第十届青年教师教学基本功比赛，获三等奖，入选第三届（2017—2019 年度）中国科协青年人才托举工程；费翔获评校级研究生暑期社会实践优秀指导教师，指导的研究生学术交流年会连续两年获校优秀组织奖；潘振东带领 2015 级学生党支部获北京市红色 1＋1 特色示范活动评选优秀奖，获评校十佳辅导员；暑期职业体验优秀指导教师，所带党支部校特色活动先进党支部；刘娜获评四方奖教金；胡阳、李明扬等 20 名教师获“工会积极分子”称号。保定计算机系王建文获 2017 年河北省教育系统志愿服务先进个人。保定自动化系分工会获校优秀分工会；校学生工作先进集体、校就业工作先进院系。辅导员杨红月获河北省辅导员年度人物，测控 1503 班班主任张立峰获校十佳班主任荣誉称号。自动化 1401 班团支部获“全国活力团支部”荣誉称号、测控 1503 班团支部获“保定市五四红旗团支部”。

党委书记：刘　威

常务副院长：房　方

（施　翰　马良玉　翟永杰　杨红月　胡建强）

【打造智慧党建工作样本】 2017 年，学院党委秉承“网络在哪里，党建工作就要覆盖到哪里”的党建工作理念，打造智慧党建工作新模式。至年底，学院已形成“1＋3＋N”全覆盖立体网格式党建工作平台。利用信息化工具将各支部、各党员及积极分子活动记录进行统计分析，利用图表、图形等可视化工具进行展示，多维度地展示实时党建工作效果，一方面对需要加强支部或是党员个人提供针对性的预警，另一方面通过数据分析及时调整党建工作思路和方式，提高党建工作效率，推进党建工作的精细化、专业化和规范化。

（施　翰）

【开展支部“1＋1＋1”结对共建活动】 2017 年，学院开展“1＋1＋1”党支部结对共建活动，以“资源共享、优势互补、双向收益、共同提高”为原则，坚持服务师生、密切联系群众的宗旨，探索“产学研”协同育人新机制。至年底，学院 7 个教工党支部与企业、高校开展共建活动。企业党支部积极响应，其中结对共建的华电天仁、京能集团和科东公司与结对共建教工党支部均有合作项目。"1＋1＋1" 结对共建项目在人才培养、科学研究、社会服务等方面发挥集合优势，推进党建工作落实、落细、落小。

（施　翰）

【刘吉臻院士为新生上入学教育第一课】 2017 年 9 月 25 日，中国工程院院士、原校长刘吉臻教授在礼堂为学院 2017 级新生上入学教育第一课并做专业介绍报告。自 2002 年开始，刘吉臻教授已经连续第 16 年为控计学院新生做专业介绍。光明日报在教科文新闻版对刘吉臻院士为新生上的第一课进行头条报道。

（施　翰）

【首获国家科技进步一等奖】 2017 年，刘吉臻院士作为主要完成人承担的"600MW 超临界循环流化床锅炉技术开发、研制与工程示范"项目获国家科技进步一等奖，这是继 2006 年、2014 年先后两次获得国家科技进步二等奖后，刘吉臻院士获得的第三项国家科技进步奖励，这也是学校历史上首次获国家科技进步一等奖，实现科研获奖重大突破。

（施　翰）

【国家优秀青年基金获得者肖峰教授做学术报告】 2017 年 10 月 12 日，学院邀请国家优秀青年基金获得者哈尔滨工业大学肖峰教授为学院师生做题为《异步网络化动态系统》的学术报告。报告通过三个典型系统介绍异步网络化动态系统，从理论上解释事件驱动控制中去除 Zeno 行为一类有效方法。

（施　翰）

【召开学位授权点合格自评估专家评审会】 2017 年 12 月 4 日和 12 月 18 日，控制学科和计算机学科分别进行研究生学位授权点合格自评估专家评审会。以北京大学系统与控制研究中心主任王龙教授为组长的控制学科学位评估专家和以清华大学计算机系副主任赵有健教授为组长的计算机学科学位评估专家认真听取学位点汇报、审阅相关自评估报告、附件材料、备查材料，考察实验室，召开师生座谈会，并经过咨询和讨论。专家组对学院研究生学位点办学水平及自评估工作质量给出高度评价，专家组一致认为，学院各学位授权点均已达到国务院学位委员会和教育部对一级学科博士、硕士学位以及专业学位授权点的要求。

（葛　红）

【学生参加科技比赛获佳绩】 2017 年，学院学生参加各类科技比赛获得优异成绩。6 月 26 日。自动化系 12 组学生参加"艾工程 创未来"技术竞赛华北电力大学赛区比赛，获一等奖一组，二等奖二组，三等奖三组。7 月 19 至 21 日，牛博通、曹传刚、任昱杰参加华北赛区西门子智能制造挑战赛获一等奖；张金帅、姜文倩、徐万欣参加逻辑控制设计开发赛得华北三赛区二等奖。7 月 24 日，自动化系王晓燕带队参加第三届"卓越工程师培养艾智慧工程营"获一等奖。7 月 24—26 日，学校智能队参加第四届"台达杯"高校自动化设计大赛获三等奖。7 月 30 日，孙到位、李斌、王文成、高愫婷两组选手入围第五届"AB 杯"全国大学生自动化系统应用大赛并获特等奖和一等奖。8—9 月，侯文星等的小豌豆儿童植物教育平台参加第二届智能互联创新大赛获国家级三等奖；徐健等的"家喻户晓"计划和靳晓忠等的隧道巡检智能车获省级二等奖；罗成于等的基于 Ibeacon 出租车地联控运营系统和王新越等的多功能智能婴儿床获省级三等奖。8 月 23—26 日，学院 18 人参加第十二届全国大学生"恩智浦杯"智能汽车竞赛，其中 6 人获一等奖 2 项，8 人获二等奖 2 项。7 月 18—21 日，光电组、摄像头组参加华北赛区智能汽车竞赛获华北赛区一等奖；电磁组、追逐组获华北赛区二等奖；信标组获华北赛区三等奖；电轨组获华北赛区优秀奖。12 月 14 日，自动化系研究生刘冠甫等同学参加"艾默生"全国工程实践创新能力培养交流总决赛获得最佳工业实践应用奖。

（马良玉）

【参加飞思卡尔杯智能汽车总决赛获佳绩】 2017 年，学院组织参加第十二届恩智浦杯全国大学生智能汽车竞赛。其中，5 支队伍入围全国总决赛，首次夺得华北赛区第一名，获全国一等奖、二等奖各两项。

（马良玉）

【一实践教学基地建成投用】 2017 年，经过 2016、2017 两期修购项目实施，华北电力大学工业控制实践教学基地建设完毕并投入使用，自动化系本科及研究生实践教学条件得到较大改善。其中，罗克韦尔自动化实验室、艾默生数字化工厂实验室成为为国内同型号最大规模校企合作实验室。

（翟永杰）

【获省部级教学成果三等奖】 2017 年，由翟永杰负责的《自动化专业卓越工程师计划人才培养模式研究与实践》项目获河北省教学成果奖三等奖。

（翟永杰）

【自动化系举行党委换届大会】 2017 年 5 月 14 日，自动化系党委换届选举大会在国际会议中心召开。学校党委组织部副部长李秋夫出席大会。大会审议通过《华北电力大学自动化系党委换届选举办法》，并选出新一届党委委员。会后，自动化系新一届党委委员召开第一次会议，选举产生自动化系党委书记和副书记。

（马良玉）

【成立雁阵帮扶工作团队】 2017 年，学院成立雁阵帮扶工作团队。该团队主要把挂科超 2 门的学生组成虚拟级，开展集体自习、假期补习、作业辅导等帮扶工作。院系党委副书记、教学副主任共同担任虚拟班集体班主任，对学习有困难的学生有针对性地进行指导。

（马良玉）

【头雁领航优秀学生教育平台】 2017 年，头雁领航优秀学生教育平台为提供 180 余名学生提供科技创新培训。2016 年 12 月成立的自动化系西门子 campus-hub 校园学习中心，至 2017 年年底，为自动化系近百名学生提供 dcs、plc 等控制类培训；4 月，为 80 余名大一新生开设自动化科技创新培训课堂。“头雁领航”优秀学生教育平台是学院师生以“智能车俱乐部”为依托，组织“自动化系科技创新培训课堂”系列，拓展学生创新创业技能，鼓励和支持教工指导学生创新创业项目，建立以竞赛为索引的兴趣小组。该小组形成优秀学生组内交流、优秀教师进组指导的“头雁领航”模式，逐步形成因材施教、分级培养、层层递进的创新人才培养模式。

（马良玉）

【设立知行学堂】 2017 年，学院（系）根据各年级工作重点，分层培养、按需培训，设立自动化系知行学堂，落实“四阶段”培养目标：即大一适应性教育，引导学生进行大学生涯规划；大二创新创业教育，引导学生参加科创竞赛；大三就业择业教育，引导学生规划未来发展思路；大四未来发展教育，引导学生规划未来职业生涯。至年底，知行学堂已为各年级提供培训 10 期，包括：安全知识培训、就业技巧及模拟面试、专利申报培训、科技竞赛指导、考研出国经验交流等专题。在此基础上，设立“绘声绘影”兴趣小组等兴趣爱好类培训小组，拓展学生综合素质。

（杨红月）

人文与社会科学学院

【概述】 2017 年，华北电力大学人文与社会科学学院以习近平新时代中国特色社会主义思想为指导，学习宣传贯彻党的十九大精神和华北电力大学第二次党代会精神。组织广大师生集体收看十九大开幕式，党委副书记、纪委书记何华与学生党员开展学习十九大精神座谈会，学院主要领导为学生党员做专题辅导，各个党支部组织多种形式的宣传教育活动，掀起学习十九大精神热潮。同时，推进“两学一做”工作部署，贯彻落实学校第二次党代会精神，把学习宣传全国及北京市高校思想政治工作会议精神和立德树人各项工作紧密结合起来。

巡视整改工作。学院党委根据学校巡视整改工作领导小组工作要求，开展巡视整改工作，做好自查整改，形成巡视整改自查报告，拟定出整改任务书。结合迎接北京市党建和思想政治工作基本标准集中检查任务，加强党建各项工作。学院党委按照整改任务书，逐项落实，做到事事有回音，件件有着落，并完善和新建制度 10 余项，健全制度体系，通过学校巡视整改工作督查。在巡视整改的基础上，学院党委以党建验收为契机，对党建工作全面进行检查梳理，加强相关工作，收到良好的效果。

制定实施学院“十三五”规划。学院把握住新常态下的经济社会形势变化，抓住发展的历史新机遇，结合学校要求，以振兴文科为己任，以发展特色文科为目标，以能源治理能力和治理系现代化为学科发展主线，积极凝练“双一流”建设项目。学院围绕党的建设、学科建设、师资队伍、人才培养、科学研究等多个方面，进一步修订完善学院“十三五”发展规划，确立未来五年发展目标和战略举措。

开展教育教学思想大讨论。学院以立德树人为根本任务，以通识教育为理念，落实学校教育思想大讨论各项部署，探讨大类招生背景下学院教育教学改革创新发展路径。通过师生座谈会、班级讨论会、支部恳谈会、社团专题会等多种形式，广泛组织师生围绕教学改革、课程建设、通识教育、人才培养等不同主题，展开深入讨论，进一步强化人才培养质量的核心意识，增强学科发展的龙头意识，明确科研对高水平大学的支撑意识，并修订完成新的人才培养方案，明确教育教学改革重难点。

科学研究。通过精心组织和全院教师努力，学院科研经费到账 252 万，其中纵向 122 万，横向 130 万，完成学校额定任务。学院教师发表 CSSCI 及以上期刊论文 18 篇，出版著作 7 部，译著 1 部，获省部级成果二等奖 1 项。学院科研影响力提升，教师姚建平受聘担任世界银行、欧盟和亚洲开发银行等国际组织项目专家。学术交流活动蓬勃开展，国内外多名专家学者，到学院开展学术交流活动 30 余次，学院教师参加世界诉讼法学大会、全国 MPA 院长工作论坛等多个学术研讨会，并赴多所高校开展学术交流和调研。

社会服务。学院将社会服务与教学科研有机结合，通过第三方评估工作，获政府和社会认可。完成民政部社会组织等级评估工作、北京市级 25 家社会组织等级评估工作。学院教师参加中央财政支持社会组织参与社会服务项目北京地区立项评估、第四届中国青年志愿服务项目大赛、北京市社工委市级“枢纽型”社会组织考核评价资金购买社会组织服务项目立项评估（首促会）等近 10 个社会组织评估和项目评估工作，均获政府和社会认可。

师生获奖。学院获第九届全国大学生广告艺术大赛全国总赛区二等奖3个、三等奖1个；在北京分赛区中获一等奖1个、二等奖6个、三等奖16个，学院被北京市教育委员会授予“北京赛区优秀组织单位”称号，徐保云、张勤、陈玲、庞涛四位教师被授予“北京赛区优秀指导教师”称号。中文1401班获北京市先进班集体、首都大学中职业院校“先锋杯”竞赛优秀基层团支部两项荣誉称号。本科2016级学生党支部在北京高校红色“1+1”活动中获优秀奖。法学专业学生代表队在北京大学生模拟法庭竞赛中获二等奖。研1639班代表学校参加首都高等学校第五届徒步运动大会并获优秀组织奖，学生社团国学斋组织参赛队代表学校参加北京市人文知识竞赛并获三等奖。

（王　硕）

【概况】 2017年，华北电力大学人文与社会科学学院在北京设有学院本部，在保定校区设有法政系。学院有省部级能源发展研究基地1个。设一级学科硕士点专业2个、本科专业5个。学院教职工98人（含保定34人），其中，专任教师83人（含保定29人），其中教授13人（含保定3人）、副教授41人（含保定9人），具有博士学位的教师为63%（含保定11人）、党政及管理人员15人（含保定5人）。学院新增教授1人（含保定0人）、副教授2人（含保定1人）。共引进师资4人（含保定2人），其中教师4人（含保定2人）。学院（系）有毕业学生286人（含保定99人，本科161，研究生26），其中硕士研究生35人（含保定9人）、普通本科生251人（含保定90人）。学院（系）学院（系）招生431人（含保定207人，北京本科生159，研究生65），其中硕士研究生86人（含保定21人）、普通本专科生345人（含保定186人）。学院（系）在校生1322人（含保定500人），其中，硕士研究生198人（含保定47人）、普通本专科生1134人（含保定453人）。本科生英语四级一次通过率为96.32%（保定为96.15%），本科毕业生一次就业率为96.89%（保定为97.78%），研究生毕业生一次就业率为100%（保定为100%）；本科考研报名110人（含保定46人），实际考取79人（含保定29人），考研率为31.63%（保定为32.22%）。学院（系）签定纵横向科研项目63个（含保定28个），其中纵项36项（含保定25个）、横项18项（含保定3个），实现科研合同金额共计364.65万元（含保定112.65万），其中纵向科研经费219.65万元（含保定97.65万），横向科研经费145万元（含保定15万）；承担校内科研项目9个（含保定6个）；共发表论文103篇（含保定37篇），其中三大检索收录22篇（含保定10篇），核心期刊27篇（含保定11篇）。出版专著9部（含保定2篇），自编教材4本（含保定0本）；学院（系）举行学术交流会32次（含保定2次），其中国外专家学术交流会7次（含保定0次），国内专家学术交流会12次（含保定2次）。23人次参加国际学术会议（含保定8人）。学院（系）共完成科研项目14个（含保定2个），通过验收14个（含保定2个）。学院（系）共获省部级以上奖励3项（含保定0项）。学院（系）拥有教研室7个（含保定3个），研究所16个（含保定3个）、实验室8个、学生实习基地22个（含保定15个），科技研究（创新）基地2个（含保定2个），其中当年新增1个、名称为：雄安新区社会建设与司法保障研究中心。学院（系）开设研究生课程87门（含保定39门），完成教学2688学时（含保定1248学时）；开设本科生课程391门（含保定176门），完成教学14 896学时（含保定8190学时）。学院（系）设有20个党支部（含保定5个），拥有中共党员307人（含保定73个）、发展党员93人（含保定25个），其中学院（系）本部发展党员43人（含保定0个）。学校党建研究课题和基层特色项目获学校优秀基层党建项目二等奖一项，三等奖一项。学院（系）设有48个学生班级（含保定16个），设有辅导员岗位4个（含保定1个），其中正式编制4个（含保定1个）；学生获各类省部级奖励294人次（含保定147人次），其中教育部奖励16人次、北京市奖励118人次、河北省奖励139人次。2014级社工专业学生赵茹萱获校长奖学金。

院　长：苑英科

副书记：王　硕

学院网址：http: //law.ncepu.edu.cn

（崔　灿　石兵营）

【教育教学思想大讨论】 2017年4月，人文学院举办教育教学思想大讨论系列活动。法学教研室围绕“模拟国际仲裁商事法庭课程建设及人才培养”“诉讼法课程建设及人才培养”等专题；公管教研室围绕“公共管理改革课程及人才培养”“教风学风建设”“新形势下教学改革与公共管理专业人才培养”“教学改革与公共管理课程建设”等专题；广告教研室围绕“招生背景下广告专业如何协调通识教育和专业教育的关系”“广告专业如何在通识教育大背景下保持自己的学科特色、在全媒体人才培养下，经费投入、人才引进与实验室扩展如何进行”“广告专业通识课程”“通识教育下广告专业课程具体培养细节”等专题开展，各教研室教师参加活动。

（方仲炳）

【成立雄安新区社会建设与司法保障研究中心】 2017年4月27日，雄安新区社会建设与司法保障研究中心成立，校党委副书记、纪委书记何华出席大会并为中心揭牌。

（石兵营）

【汪庆华参加团日活动】 2017年5月8日，人文与社会科学学院中文1401团支部开展主题为“准备 冲刺”团日活动。校党委副书记汪庆华，校团委书记王集令，人文学院院长苑英科，人文学院党委副书记王硕，中文教研室主任郑路，人文学院团委书记、14 级辅导员马冬，校团委干事任威宇等参加该活动。

（马　冬）

【举办院士进校园科普论坛活动】 2017 年 5 月 12 日，人文学院北京能源研究基地与中国水利发电学会、中国大坝工程学会共同举办《水力发电与地质减灾》科普论坛活动。中国水利发电工程学会、中国大坝工程学会的领导和专家，中国著名岩土力学专家、中国科学院院士，国际水利与环境工程学会原副主席、清华大学教授，国家大坝安全委员会执行委员、中国水利水电科学研究院专家、中国著名能源政策研究专家、国务院发展研究中心资源环境研究所研究员、华北电力大学人文学院、北京能源研究基地领导、专家，法学、公共管理、项目管理专业的教授、硕士生、本科生 30 余人参加论坛。

（王　伟）

【召开一流学科建设汇报会】 2017 年 5 月 19 日，人文学院举行学科建设汇报会。学科办、教务处相关负责人出席会议。学院行政领导、学科带头人、学科负责人、教研室主任、院长助理及有关教师参加会议。会议由院长苑英科主持并简要介绍学院学位点申报、中央基本专项经费建设、双一流学科建设等工作的安排和进展情况。

（王　伟）

【何华与学生代表座谈】 2017 年 6 月 6 日，校党委副书记、纪委书记何华与人文学院学生代表进行座谈，座谈会就学生的发展结合教育教学思想大讨论听取大家的意见和建议。校党委宣传部长陈志、人文学院院长苑英科、党委副书记王硕参加座谈。

（王　硕）

【何华到人文学院调研】 2017 年 8 月 21 日，校党委副书记、纪委书记何华到人文学院开展调研，了解学院开学各项工作进展情况，并就当前一些重要工作作出指示。院长苑英科，副院长王伟、方仲炳，人文学院党委副书记王硕，院长助理赵旭光、陈建国参加调研活动，并作工作汇报。

（王　硕）

【召开党代表选举大会】 2017 年 9 月 7 日，人文与社会科学学院党委召开全体党员大会，选举出席中共华北电力大学第二次党员代表大会的代表。院党委副书记王硕主持会议，师生各党支部共 69 名党员参加会议。

（王　硕）

【承办京津冀协同发展司法服务和保障论坛】 2017 年 9 月 23 日，由河北省高级人民法院主办、华北电力大学承办、保定市中级人民法院协办的“京津冀协同发展司法服务和保障论坛”举行。此次论坛有效提升学校知名度和影响力。

（石兵营）

【何华与人文学院党员师生畅谈十九大】 2017 年 10 月 18 日，党委副书记、校纪委书记何华到学院与人文学院院长苑英科，人文学院党委副书记王硕，辅导员马海红及人文学院学生党员、党员发展对象一起，观看中国共产党第十九次全国代表大会直播。当日，何华再次来到人文学院，与苑英科、王硕、马海红、崔灿等一起，共同参加本科 2015 级党支部 15 名学生党员专题学习活动。

（崔　灿）

【学习贯彻党的十九大精神】 2017 年 10 月，人文与社会科学学院举办学习贯彻党的十九大精神专题系列讲座。院长苑英科、公管教研室副教授陈建国、党委副书记王硕分别作专题报告。全体辅导员、学生党员及入党积极分子参加学习。

（崔　灿）

【举行第十五届学术交流年会】 2017 年 12 月 12 日，人文与社会科学学院举行第十五届学术交流活动。学院副院长王伟，法学专业教师李英、陈维春、曹治国、李喜蕊，公管专业教师张绪刚、姚建平、高富峰、卢海燕、李玲玲参与活动，人文学院党委副书记王硕主持开幕式。

（王　伟）

【能源发展研究基地创佳绩】 2017 年，北京能源发展研究基地入选 2017 年 CTTI 来源高校智库综合评分 Top100，初步进入高端新型智库行列。基地科研成果影响力进一步提升，基地与中国大唐集团公司共同合作的课题成果“能源电力生产端与消费端联合节能减排的关键技术”获 2017 年中国产学研合作创新成果奖一等奖（最高奖）。

（王　硕）

【1 工作室获批建设】 2017 年，由教师崔灿申报，马海红共同负责的“立学・立志・立心工作室”获批北京高校辅导员工作室建设项目，实现学校辅导员工作室建设新突破。该工作室项目预期三年建设，经费获批投入 15 万。工作室立足十九大精神和习近平新时代中国特色社会主义思想学习宣传教育工作，探索学习宣传教育的科学理念、有效模式，实践路径，形成特色鲜明的模式，并力争推广到其他兄弟院校。

（王　硕）

【入选大学 MOOC 无界奖学金挑战赛课程】 2017 年，人文与社会科学学院《生活中的纠纷与解决》获“2017 年大学 MOOC 无界奖学金挑战赛课程”。由王学棉、赵旭光、方仲炳、李红枫、田海鑫五位教师为主讲而拍摄的慕课《生活中的纠纷与解决》在中国大学 MOOC 平台上线，课程开课两轮，选课人数已超过 2 万人，居法学类慕课前列，入选“2017 年大学 MOOC 无界奖学金挑战赛课程”。

（王　硕）

外国语学院

【概述】 2017年，外国语学院围绕人才培养和教学质量，规范管理，推进改革，学院各项工作逐步推进。制定完成外国语学院“十三五”发展规划，确定学院任务清单和经费预算。

学科建设。坚持以评促建，召开学位点自评专家论证会，完成外国语言文学一级硕士学位点和翻译硕士学位点自评工作；坚持以评促改，提交翻译硕士整改报告；拓展外语学科，开展法语学科的调研论证；修订外国语言文学硕士培养方案、新订留学生培养方案；获批研究生优质课程建设项目2项（含保定1项）。

教育教学。学院制定教育教学思想活动方案，院部围绕6项主要议题、6门主干课程，全院师生从学院、教研室、课程、学生、院际5个层面进行深入讨论，梳理问题，形成共识，达成初步成果。修订英语专业、翻译专业和大学英语的本科生培养方案，调整课程设置，撰写课程大纲。新建《新视野视听说教程教学平台》；完善《研究生外语智能学习平台》使用，推进研究生公共英语后续课程体系建设。办好 “教学质量月”活动。成立学院教学督导组，校督导组组长专家到学院召开主题座谈会。推进教学研究，结题、验收北京市教改项目和北京市精品视频课程项目 2项，立项、结项河北省教改项目2项；获学校教学成果奖5项（含保定2项）；组织出版《电力英语阅读》《电力英语听力》《电力英语口语》教材3部。加强英语第二课堂建设，举办学校“英语文化节”活动，组织学生参加全国大学生英语竞赛、英语演讲比赛、英语写作大赛、英语阅读大赛等多项学科竞赛及英语戏剧展演活动，校部20人次参加各类英语类竞赛并获奖，保定校区英语系教师指导学生获英语阅读大赛河北赛区特等奖1项、全国总决赛三等奖1项、英语写作大赛河北赛区三等奖1项，河北省第18届“世纪之星”英语演讲大赛专业组一等奖、二等奖各1项，非专业组一等奖各1项，省级指导教师一等奖3人；二等奖2人。新建天津乐译通翻译服务有限公司、四方电气、上海文策翻译有限公司3家实习基地，拓展学生实习渠道，遴选校外专家为学生进行职业知识训练，邀请校外实习基地专家来校参加研讨会，探讨研究生校企合作培养。院部本科生英语专业四级一次通过率为89%，保定校区本科生英语专业四级一次通过率为81.5%。

科学研究。制定《华北电力大学外国语学院分学术委员会章程》《外国语学院分学术委员会委员选举办法》，选举成立外国语学院分学术委员会。院部聘请国内知名专家学术讲座13场，将每年11月定为“学术交流月”。院部科研项目立项横向项目2项，到账9万元。发表论文82篇，其中A & HCI检索论文1篇，其他ISSHP（CPCI-SSH）12篇，核心刊和国外期刊30篇，国际学术会议论文12篇；出版专著3部，译著5部。保定校区英语系举办高水平学术讲座6场、邀请一名外国专家驻校讲学10天；在各级各类的科研项目、教研项目的申请、验收等环节加入答辩、外审等内容，引入成长性评价，促进科研提升水平。共发表论文 56 篇，其中核心期刊 3 篇，国外正式学术期刊 8篇，ISSHP检索5篇；中央高校基本业务费项目4项；省级纵向项目立项3项，结项1项；横向项目2项，结项1项；出版专著4部，编著1部，译著2部。

师资队伍。学院举办青年教师教学基本功比赛，推选优秀教师参加学校、北京市和河北省讲课比赛、演讲比赛获佳绩。武艳获2017年河北省高等学校外语教学大赛暨第八届“外教社杯”全国高校外语教学大赛大学英语组特等奖（第一名），郭喆获二等奖；郭喆分获保定市教育工会第七届大中专院校青年教师说课比赛人文组一等奖、第二届河北省高校青年教师教学竞赛二等奖；2 人获学校青年教师教学基本功比赛一等奖；2人分获河北省第18届“世纪之星”英语演讲大赛一等奖、三等奖；宋晓漓、彭霞媚分获“第三届中国外语微课大赛”北京市二、三等奖。学院鼓励和资助教师参加专业培训和研修，院部42人次参加教学方法、听说读写译、科研等研修培训21场。李丽君、李海燕入选学校“名师培育计划”（第五期），8 名教师被评为校级教学优秀奖（含保定4人）。学院新增国内读博教师1名，国外读博教师3名；选派8名教师出国访学交流（含保定2人），7名教师结束访学回国（含保定2人）；新晋教授2人，副教授3人（含保定1人）；增选硕导5人（含保定3人）；学院引进教师2名（含保定2人），退休教授2名（含保定2人）。新聘3名兼职教授或教师，续聘4名兼职教师。

建设项目申报与实施。注重实验室安全，申报建设项目。执行学校安全生产大检查实施方案，及时开展大检查并将安全隐患台账上报，建立安全责任体系。完成华北电力大学2018—2020年中央专项经费建设项目、语音实验室配套修缮改造项目的申报工作。翻译硕士专业购置 SDL TRADOS 2017 翻译软件1套。院部资料室订购中外文期刊报刊27种。

党建工作。举办十九大精神专题讲座和系列学习活动，开展红色行主题教育活动；学习贯彻学校第二次党代会精神；扎实开展政治学习和理论研讨；推进“两学一做”学习教育常态化；开展巡视整改，完成党建评估工作。丰富基层党组织活动日内容，强化特色党支部建设；开展好“党员导师制”，做好师生读名著活动；开展基层党支部书记述职评议和党支部考核测评，完成支部换届选举工作；党委共获得3项校级优秀单位称号，党员干部9人次获优秀个人称号；两支部被确定为校优秀支部目标，两支部获校三等奖，一支部获评先进基层党组织。英语系（保定）党总支持续加强领导班子建设和作风建设，继续坚持例会制度和中心组学习制度、党政联席会议，推进党的十九大精神学习和落实。开展学习和实践活动，举办十九大精神学习系列主题讲座和培训班，集体学习习总书记系列重要讲话精神，组织观看《我的长征》等红色文化电影，全体党员赴北京参观“砥砺奋进的五年”大型成就展及中国人民抗日战争纪念馆，深入学习习总书记重要讲话精神。落实党委要求，抓基层党建整改工作，召开专题会议，成立整改领导小组，夯实领导班子作风建设。

学生工作。院部开展形式多样的社会主义核心价值观教育活动，夯实优良学风建设和优秀基层组织建设，加强班主任工作，王海若获评校十佳班主任；加强创新创业教育，结题大学生创新创业项目11项；赴武汉大学、中国政法大学进行学生培养、就业情况调研，2017届毕业生就业质量良好，本科生、研究生的一次就业率分别为97.37%、97.87%；以第二课堂建设为平台，举办华北电力大学第九届英语文化节；发挥新媒体工具优势，网络思政平台《西窗雨》开辟宣传学习十九大精神专栏；卜叶蕾入选全国“双巡”活动北京高校优秀辅导员宣讲团成员。保定校区英语系坚持“强基础、攻专业、尚科技、固安全、促就业”的学生工作主线，充分发挥学生工作思想育人、管理育人、服务育人的三育人功能，提升学生综合素质，推动学生全面发展。继续开展形式多样、内容丰富的思想政治教育活动。坚持实施就业工作“一把手”工程，形成党总支、各教研室等二级部门协同、教研室教师和学生工作教师全员参与的毕业生就业协调机制。本科生、研究生就业率达100%。发挥新媒体平台作用，加大力度建设“华电英语系社团联盟”公众平台与英语系网站，组织学生骨干成立“宣传小组”，加大学生工作宣传力度，同时利用新媒体平台，配合河北省文件要求组织学生参加时政热点竞赛、习总书记系列讲话竞赛等，打造良好的思想政治学习环境。开展英语文化节系列活动，举办“外研社杯”全国大学生英语辩论赛校内选拔赛、“世纪之星”英语演讲比赛校内选拔赛、英语学习经验交流会等。依托专业优势，继续坚持“译信”编译工作室建设，不断壮大队伍，达成多项合作意向。

国际交流与合作。完成外专项目1项，举办国外院校入院交流讲座4场，选派2名学生（含保定1名）赴境外学习交流，选派11名教师到国外进行长短期访学、进修，教师回国后举办出国研修教师经验交流会。学院组织赴美参加西肯塔基大学孔子学院示范孔院大楼中文学习中心揭幕庆典等系列活动。

机构及制度建设。成立学院教学督导组、学术分委员会等教学学术机构。制定和修订《外国语学院教材选用和质量评估工作规范》、《外国语学院关于教师参加研修会议的管理规定》等11项管理规定。保定校区英语系强化规约治系，全年制定和修订各类规章制度共24项，其中规范领导班子自身的制度6项、规范管理优化评优评奖类的文件13项、鼓励青年教师发展和调动基层积极性的文件5项。

工会工作。落实二级教代会制度，推进二级教代会提案质量，开展各项文体活动，营造积极向上氛围。院部分工会获评校级先进分工会，获学校运动会团体总分乙组第三名、后勤杯扑克牌赛组织奖等。保定英语系工会获2016—2017学年度先进分工会称号，校田径运动会团体总分第三名，郭喆获工会工作标兵称号。并举办英语系迎新年趣味运动会、“电影一家亲”活动、英语系“做美丽的女教工”之风采摄影展等活动。

（郑志平　窦学欣）

【概况】 2017年，外国语学院在北京设学院本部，在保定校区设英语系。学院拥有外国语言文学一级学科硕士学位授权点和翻译硕士专业学位授权点，设有学术型硕士学位授权专业2个（英语语言文学和外国语言学及应用语言学）、专业学位硕士学位授权专业2个（英语笔译和英语口译）、本科专业2个（英语和翻译）。

学院有教职工131人（含保定63人），其中，专任教师118人（含保定57人），专任教师中教授11人（含保定5人）、副教授39人（含保定15人），讲师61人（保定33人），助教7人（含保定4人），具有博士学位教师18人（含保定3人）；有实验及技术人员2人（含保定1人）、党政及管理人员11人（含保定5人）。新增硕导5人（含保定3人），新晋教授2人，新晋副教授3人（含保定1人），新进教师2人（含保定2人），退休教师2人（含保定1人）。学院有毕业学生119人（含保定48人），其中硕士研究生43人（含保定18人），普通本科生76人（含保定30人）；招生177人（含保定100人），其中硕士研究生34人（含保定15人），普通本科生143人（含保定85人）；在校生619人（含保定319人），其中硕士研究生128人（含保定55人），普通本科生491人（含保定264人）。校部本科生英语专业四级一次通过率为89%。本科毕业生一次就业率为97.37%，本科考研率28.3%，研究生毕业生一次就业率97.87%。保定校区本科生的英语专业四级一次通过率81.5%，本科毕业生一次就业率100%，本科考研率30%，研究生毕业生一次就业率100%。学院签订科研横向项目2项，实现科研合同到账金额共计9万元；签订科研纵向项目 2 项（含保定 2 项），实现科研合同到账金额共计 1 万元；获 2017 年度中央高校基金资助面上项目 6 项（含保定 4 项），金额 30 万元；共发表论文 138 篇（含保定 56 篇），出版专著 6 部（含保定 3 部），编著 1 部（含保定 1 部），译著 6 部（含保定 1 部）。举行国内外专家学术交流会 16 场（含保定 3 场）。8 人获校级教学优秀奖（含保定 4 人），1 人获评学校十佳班主任。2 人入选学校“名师培育计划”（第五期）。2 人参加“第三届中国外语微课大赛”分获北京市二等奖、三等奖；2 人参加河北省高等学校外语教学大赛暨第八届“外教社杯”全国高校外语教学大赛大学分获英语组特等奖、二等奖；1 人参加保定市第七届大中专院校青年教师说课比赛获人文组一等奖、参加第二届河北省高校青年教师教学竞赛获二等奖；2 人分获河北省第 18 届“世纪之星”英语演讲大赛一等奖、三等奖。学院拥有教研室 10 个（含保定 5 个）、实验室 19 个（含保定 4 个）、学生实习基地新增 3 个（含保定 1 个）。院部开设研究生课程 60 门，完成教学 5476 学时；开设本科生课程 107 门，完成教学 16 949 学时。保定校区英语系开设研究生课程 62 门，完成教学 1696 学时；开设本科生课程 100 门，完成教学 3680 学时。学院设有 11 个党支部（含保定 5 个），拥有中共党员 176 人（含保定 69 人），其中教师党员 80 人（含保定 36 人）；发展党员 28 人（含保定 10 人）。学院设有 30 个学生班级（含保定 15 个），学生获各类省部级奖励 32 人次（含保定 17 人次），其中北京市奖励 13 人次，河北省奖励 12 人次。

院　长：赵玉闪

党委书记：徐玲玲

英语系（保定）党总支书记：张冬生

网　址：http: //sfl.ncepu.edu.cn/

（郑志平　窦学欣）

【举行教学基本功决赛】2017 年 3 月 29 日，学院举行 2017 年青年教师教学基本功比赛决赛。本次比赛是 3 月份“教学质量月”活动的重要环节，通过专家课堂听课推荐和个人自荐，共选出 7 名青年教师参加比赛，全院青年教师现场观摩。通过教学展示和专家评委现场打分，评出一二三等奖，并择优推荐参加学校和北京市讲课比赛。

（窦学欣）

【与中译语通公司商谈校企合作】 2017 年 4 月 27 日，中译语通科技（北京）有限公司规划协调部总监刘四元译审到院交流校企合作事宜。中译语通科技（北京）有限公司是学院翻译实习基地，双方对工作流程、学生实习模式、实习选拔机制、过程监控和环节设置、企业导师上课模式等问题进行交流探讨。

（窦学欣）

【开展学院教育教学思想大讨论】 2017 年 4 月 19 日至 5 月 19 日，外国语学院组织开展教育教学思想大讨论。学院成立工作组，制定讨论工作方案，全员动员，围绕 6 项主要议题、6 门主干课程，全院师生从学院、教研室、课程、学生、院际 5 个层面进行讨论。

（窦学欣）

【举办出国研修经验交流会】 2017 年 5 月 19 日，学院举办出国研修教师经验交流会。主管国际交流工作的学院领导司微介绍 2016 年度教师出国研修总体情况，3 名出国研修教师李丽君、宁圃玉、杨春红等分别汇报各自在国外学习的详细情况。此次经验交流会分别从资助项目、学术交流情况、科研情况、学科发展、学术活动、校园文化、人文、民族传统、生活等多个角度分享研修过程中的心得体会及经验。此次交流会有助于外国语学院教师了解国外先进的教学理念和教学方法，为继续派出骨干教师进行出国研修提供可供借鉴的经验。

（窦学欣）

【邀请黄友义来校讲座】 2017 年 6 月 6 日，学院特邀中国外文局前副局长兼总编辑、国务院学位委员会委员、全国翻译研究生专业学位教学指导委员会主任委员黄友义来校讲座。讲座题目为“‘一带一路’与对外传播翻译——以《习近平谈治国理政》为例”。外国语学院（含保定校区英语系）师生近 150 人通过两地视频方式参加此次讲座。讲座前，副校长王增平教授接见黄友义先生，就翻译专业建设和发展进行交流和探讨。

（窦学欣）

【与天津乐译通翻译服务有限公司签署合作协议】 2017 年 6 月 13 日，外国语学院与天津乐译通翻译服务有限公司签署《关于建立翻译专业实习基地的协议》。根据协议，双方在应用型及复合型翻译人才培养、应届生职业规划和就业指导、就业人才输送等方面，进行教育合作实践，为学生提供实习、培训、就业、科研等多方面实践平台。天津乐译通翻译服务有限公司是一家新型的语言服务企业，一直以来坚持校企合作，就复合型外语人才培养与多家高校展开合作。

（窦学欣）

【邀请柴明颎教授来校讲座】 2017 年 6 月 20 日，学院特邀上海外国语大学高级翻译学院创始人和荣誉院长柴明颎教授来校讲座。讲座题目为“技术新时代的翻译教学与学习。外国语学院（含保定校区英语系）全体翻译教学任课教师以及 MTI 学生通过两地视频的方式参加此次讲座。柴明颎教授是国际大学翻译学院联盟副主席、国务院学位委员会全国翻译专业学位研究生教育指导委员会委员兼副秘书长、教育部高等学校翻译专业教学协作组副组长。讲座前，副校长郝英杰接见柴明颎教授，就翻译人才培养、学位点建设、校企合作等交换意见。

（窦学欣）

【选举出席学校第二次党员代表大会代表】 2017年9月5日，外国语学院党委召开全体党员大会选举出席中共华北电力大学第二次党员代表大会的党员代表。会议由丁文俊主持，副校长郝英杰出席会议。按照学校要求和选举程序，投票推选出卜叶蕾、司微、郝英杰、赵玉闪和徐玲玲等5人为外国语学院党委出席中共华北电力大学第二次党员代表大会代表。

（窦学欣）

【参加北京市2017年百姓宣讲调研汇讲活动】 2017年9月26—28日，由北京市百姓宣讲工作领导小组办公室主办的“北京市2017年百姓宣讲调研汇讲”在新兴宾馆举行。外国语学院辅导员卜叶蕾受北京市教工委选派，作为6名高校代表之一参与汇讲。此次活动旨在营造首都喜迎十九大的浓厚氛围，展示首都百姓宣讲工作成绩及广大百姓宣讲员的精神风貌。全市16个区及市委教育工委、市直机关工委等共21家单位参与。

（窦学欣）

【签署MTI翻译实习基地协议】 2017年9月，上海文策翻译有限公司与华北电力大学（保定）英语系签署合作协议。根据协议，双方共同建设华北电力大学（保定）MTI翻译实习基地。

（郑志平）

【举办英语文化节】 2017年9—11月，学院举办以“To Inherit the Traditional Chinese Civilization”为主题的第九届英语文化节。本次文化节由教务处、校团委主办，外国语学院承办，共设有英语演讲比赛、英语写作比赛、英语阅读比赛、英语翻译比赛和英语戏剧展演等活动。全校本科生和研究生踊跃参与，并从中选拔优秀选手参加北京市大学生英语演讲比赛、“外研社杯“写作比赛等。

（卜叶蕾）

【举行研究生筑梦系列教育活动动员会】 2017年10月12日，英语系举行研究生“筑梦”系列教育活动动员大会。党总支副书记刘持伟、辅导员宣兆卫出席，全体研究生参会。本次动员大会从人生目标、思想道德教育和科技创新能力提升等方面对“筑梦”系列教育活动的开展进行阐释，对英语系学生担当意识、大局意识、责任意识和创新认识的培养起到积极作用。

（宣兆卫）

【举办研究生英语演讲比赛】 2017年11月13日，北京市英语演讲比赛华电赛区暨第八届研究生英语演讲比赛在国际交流中心举行。本次比赛由研究生院、党委研工部、外国语学院主办，校研会承办，旨在营造良好的英语学习氛围，提升学生综合语言运用能力，展现研究生的良好风貌。比赛的主题为“我眼中的一带一路”。评选出2名选手代表学校参加北京市研究生英语演讲比赛。

（窦学欣）

【迎接北京市委党建评估检查】 2017年11月22日，外国语学院党委接受北京普通高校党建和思想政治工作基本标准集中检查专家组实地走访，北京联合大学党委副书记付晨光和市委教工委市委离退休干部处副调研员窦海超莅临学院指导党建工作。专家一行听取学院党建工作汇报，实地走访党员之家、教工之家、教研室、实验室等，对学院党建工作成效予以肯定。

（窦学欣）

【举办首届学术交流月活动】 2017年11月，学院将每年11月份定为学术交流月，并举办首届“学术交流月”系列活动。活动期间，学院邀请专家进校，为学院师生举办4场学术讲座和交流活动。学术交流月是在学校“双一流”建设大背景下设立，旨在提高教师和研究生学术水平，并结合学校每年一度的“研究生学术交流年会”开展活动。

（窦学欣）

【举办上海红色行主题教育活动】 2017年12月，外国语学院党委组织部分教职工及学生党员代表开展上海红色行主题教育活动。活动以“追寻足迹 不忘初心 逐梦前行”为主题，先后参观中共一大会址、上海宋庆龄故居、中华艺术宫（原上海世博会中国馆）等。

（窦学欣）

【举办迎新晚会暨班级风采大赛】 2017年12月3日，英语系举办2017年迎新晚会暨班级风采大赛。本次晚会主题为“以心迎新，梦想起航”，由英语系党总支主办，英语系学生会承办。英语系党总支书记张冬生，副书记刘持伟及各班班主任、部分任课教师出席活动。

（宣兆卫）

【举办学习党的十九大精神主题讲座】 2017年12月7日，英语系党总支、体育教学部直属党总支举办党的十九大精神学习主题讲座，活动邀请马克思主义学院王建红主讲，主题为《“初心”视角下的“新时代”内涵及启示》，英语系全体党员、学生骨干参加活动，讲座由英语系党总支副书记刘持伟主持。英语系以本次活动为契机，开展系列十九大主题学习活动，包括重点发展对象和入党积极分子培训班、学生骨干培训、新生教育大会等。

（宣兆卫）

【举办党的十九大报告精神学习专题报告会】 2017年12月19日，外国语学院举办党的十九大报告精神学习专题报告会。本次报告会邀请马克思主义学院院长孙平主讲，主题为《从党代会的历史进程看十九大》。报告会由党委书记徐玲玲主持，全院师生参加。外国语学院党委以此次活动为契机，将学习贯彻党的十九大精神相关活动引向深入。学院党委书记徐玲玲、院长赵玉闪老师先后走入大二年级的《形势与政策》课堂，开展十九大精神主题宣讲。

（窦学欣）

【赴京开展主题党日活动】 2017 年 12 月 23 日，英语系党总支组织全系党员赴北京“砥砺奋进的五年”大型成就展览馆及中国人民抗日战争纪念馆开展主题党日活动。此次活动，旨在增强英语系党员凝聚力，提升党员理论水平的同时坚定理想信念。

（宣兆卫）

数 理 学 院

【概述】 2017 年，数理学院在组织建设、学科建设、师资培育、人才培养等方面取得进展。

组织建设。数理学院定期召开党委会或党委扩大会议，专题研究党员教育管理、基层支部建设、党风廉政建设、群团工作、统战宣传和学院发展等重要工作。落实巡视整改要求，完成整改和迎评任务。落实“三会一课”任务，开展“一个支部一个目标、一个党员一个任务”和“主题党日”活动，活动有新意、接地气。严把教师入职关、授课关、考核关、评聘关、推优关，严把政治关，坚持师德一票否决制度。利用微信公众号“华电数理”、“理研视野”等网络新媒体宣传党的主张，建立党的宣传网络阵地，并制定《数理学院学生微信公众号管理办法》，落实党委主体责任和“一岗双责”，模范遵守民主集中制、党政联席会、“三重一大”、党风廉政等制度。数理系（保定）邀请马克思主义学院魏彤儒教授为全系党员做十九大精神专题报告；创新活动形式，开展“十九大知识竞赛”，组织全体学生党员赴京学习“砥砺奋进的五年”大型成就展等；加强基层党组织建设，完善 22 项规章制度。团结民主党派和无党派人士，以“数理系青年论坛”为载体加强团员青年思想政治教育。深入开展党风廉政建设，探索创新党员廉政教育有效模式，开展“迎七一创先争优”党内表彰、“廉政文化作品展”等有影响力的活动。推进优化管理服务活动，围绕“两计划一中心”，着力提升管理服务水平。

制定“青年教师培养计划”，青年教师教学科研水平整体提升。连续四年完成科研任务，获省教学成果二等奖 1 项，省高校数学青年教师课堂教学比赛特等奖 1 项。创新人才培养计划，以创新实践基地为依托，注重引导和服务，学生参加全国航空航天模型锦标赛获国家级一等奖 1 项，三等奖 2 项；创新学生工作活动形式，举办京津冀博硕风采论坛等活动，有效提升思想政治教育实效。探讨以“学生为中心”的教学质量保障措施，建立和完善以院系为主导的质量监控体系，推进教学改革和专业培养方案修订。

学科平台建设。学院签订纵向科研项目 6 项，横向科研项目 2 项，实现科研合同金额共计 7762.74 万元；发表高水平学术论文 65 篇（其中 SCI 检索论文 40 篇，EI 检索论文 1 篇，论文集 10 篇）；获计算机软件著作权 12 项。科研平台建设取得重大成果：“京津冀西北水源涵养及永定河（上游）水质保障技术与工程示范”项目获批国家科技重大专项资助。团队加强与国外高水平大学交流与合作，与美国洛克菲勒大学、堪萨斯大学、英国玛丽皇后学院及日本东京大学开展科研合作。发表高水平 SCI 检索学术论文 22 篇，其中一篇发表在 Nature Climate Change 杂志。张化永教授以科研绩效积分 20 550 分在学校“科研工作量公示”中排名第五。数理系（保定）获纵向科研项目 3 项，横向科研项目 3 项，实现科研合同金额共计 180 万元，经费完成比例为保定校区最高。韩颖慧主持的“钴基亚硫酸镁氧化催化剂成型技术评价及制备工艺开发”项目获批国家重点研发计划子课题资助（资助金额 79 万元），王志刚主持的“利用 QCD 求和规则研究多夸克态的性质”项目获批国家自然科学基金面上项目资助（资助金额 60 万元）。发表论文 72 篇，其中被 SCI 检索论文 41 篇，被 EI 检索论文 5 篇，被 ISSHP（CPCI-SSH）检索论文 1 篇，被 CSSCI 检索论文 1 篇，出版专著 1 部，发明专利 7 项。

师资队伍建设。学院引进中国科学院百人计划入选者、国家杰出青年基金获得者、南非科学院院士、中国科学院数学与系统科学研究所研究员郭宝珠，应届博士田永兰、田旺。张娟获第十三届北京市高等学校教学名师奖；黄霞获批 2017 年青年骨干教师出国研修项目资助；黄霞、肖智 2 名教师获批校内硕士生指导教师资格；石玉英、胡冰、邓加军、冯兰兰、何凤霞、周继泉等 6 名教师获 2016—2017 学年教学优秀奖；胡冰入选华北电力大学教学名师培育计划（第 5 期）；王雷、丁迅雷、黄海、赵红涛、黄霞、曹李刚、彭慧春、赵引川、陈学刚、李瑞洁、任华、周继泉、公敬、柳燕、余丹等 15 名教师获华北电力大学 2015—2016 学年度考核优秀荣誉。数理系（保定）阎占元、王涛 2 名教师获批 2017 年青年骨干教师出国研修项目资助；曹春梅、任芝、白占武、张贵银、史会峰、张隆阁、杨玉华、卢艳霞、石彤菊、马新顺、刘敬刚等 11 名教师获华北电力大学 2016—2017 学年度考核优秀荣誉。严艳、任芝、赵美玲、王永杰、王小哲、张慧鹏等 6 名教师获 2016—2017 学年教学优秀奖；王平、孔倩参加保定市第七届青年教师说课比赛分获一、二等奖；王平参加河北省高校青年教师数学竞赛获二等奖；国宝华、郭燕参加河北省高校数学青年教师课堂教师比赛分获特等奖和二等奖。

教育教学。学院按计划完成全校本科生及研究生公共数学、物理学课程教学任务。开展系列教育教学思想大讨论活动。教师获华北电力大学教学成果奖一等奖 1 项，二等奖 2 项；指导学生参加美国大学生数学建模竞赛，获国际一等奖 14 项，国际二等奖 89 项；指导学生参加全国大学生数学建模竞赛，获全国一等奖 1 项，二等奖 2 项，北京市一等奖 10 项，北京市二等奖 31 项；指导学生参加全国研究生数学建模竞赛，获全国一等奖 1 项，全国二等奖 5 项，全国三等奖 15 项。数理系（保定）获河北省教学成果奖 1 项；指导学生参加美国大学生数学建模竞赛，获一等奖 11 项，二等奖 27 项；指导学生参加全国大学生数学竞赛，获国家级二等奖 2 项；指导学生参加全国大学生数学建模竞赛，获国家级一等奖 2 项，二等奖 6 项。

学生工作。围绕“党的十八大及其历次中央全会和习近平总书记系列重要讲话精神”及“党的十九大精神”分年级、分层次开展党员、团员思想教育活动。依托“两学一做”“学校教育教学思想大讨论”“党的十九大精神学习”“首都党的建设和思想政治工作评估”“落实学校巡视整改任务”“学校第二次党代会精神学习”“红色 1+1”“特色活动示范党支部”“学生党建工作项目”等活动平台开展工作，学生第一党支部获评北京市“红色 1+1”活动三等奖。实现必修课学生上课出勤情况普遍性督查和重点关注学生重点督查全覆盖；实现研究生与本科生党、团、学组织统筹管理，建立基于团组织的有数理特色的学生干部会商决策机制，成立院学生事务中心；推进本科生升学深造考前动员、考中激励、考后指导工作，升学率达 54.68%的全校第一和历史最好水平；创新学生区域管理新模式，夯实“四室一舍”平台建设；提升学业辅导工作水平，实行团队化管理，实现一、二年级学业辅导全覆盖，期中考试实现常态化和精准化；鼓励学生参加学科竞赛和科技创新活动，在数学建模大赛、国内外数学竞赛、“挑战杯”大学生课外学术作品大赛、校大学生创新实验项目等方面成果突出；加强毕业生服务工作组建设，本科生、研究生就业率近 100%；2 名毕业生被中组部西藏基层公务员项目录用，1 名在校生参军入伍，超额完成学校下达的任务。

学生管理方面。修订《数理学院请销假管理办法》《研究生年度综合测评实施办法（2017）》。成立学生事务中心。“研究生带本科生协同发展”的工作制度得到深化。建立关爱“学业困难、经济困难、心理问题”等困难学生的院、班两级工作联动机制，实现重点关注学生档案一人一档，建立分类别、分层次定期深度辅导谈话制度，加强上课督查和日常表现调查、记录和反馈工作，保持与任课教师、班主任、学生家长有效沟通；强化与班主任的工作协同机制，定期与班主任座谈交流工作，建立班主任工作微信群，加强信息互动，开办班主任工作培训专题讲座，提高工作专业化水平。建立班级工作督察巡视工作机制，设立学生督察员，依托党团组织，加强对基层班、团建设工作的指导和监督。“以奖励学，资助育人”工作取得新突破，获校“助学·筑梦·铸人”活动优秀组织奖和个人奖。共青团工作层面：围绕“习近平新时代中国特色社会主义思想”“社会主义核心价值观”“新生引航”“创先争优”“创新创业”“成长成才”六大主题展开班团干部培训；筹划建立《数理学院优秀学生组织和个人表彰管理办法》《数理学院学风督察结果适用管理办法》；学院团委获评校“五四先进团委荣誉称号”；计科 1401 班获“2016 年‘优团计划’首都高校优秀基层团支部荣誉称号”；开展“绿色光伏精准扶贫，协同发展惠及民生”为主题的暑期赴河北省阜平县黑崖沟村社会实践活动，获评团中央学校部大中专学生暑期社会实践“千校千项”最具影响力好项目荣誉称号，并获中国青年网报道；联合外国语学院成功举办“第四届毕业生晚会”，独立举办第二届院迎新年晚会；举办“挑战杯”作品评审活动和数学建模大赛知识讲座；围绕社会主义核心价值观教育主题，制作完成以大学生参军报国为题材的微电影；学院“海清支教”项目获评校优秀志愿项目等。荣誉成果：学院共有 99 人获校内奖学金，41 人获校内三好学生、优秀学生干部称号，2 人获国家奖学金，8 人获国家励志奖学金，11 人获各级各类社会奖学金。学院团委获校级五四先进团委荣誉称号；“绿色光伏精准扶贫，协同发展惠及民生”大学生社会实践活动获中国青年网报道，并获评全国大中专学生“三下乡”社会实践“千校千项”活动最具影响好项目荣誉称号。计科 1601 班获校级“示范性十佳先进班集体荣誉称号”；计科 1601、计科 1602、物理 1601 班联合获校级“团日活动优秀团支部”荣誉称号；研数理 1536 班获“校级优秀团支部”荣誉称号；学院 7 号宿舍楼 B 区 416 宿舍获学校“优秀宿舍”荣誉称号，物理 1601 班获首都大学、中职院校“先锋杯”优秀团支部荣誉称号。数理学院学生第一党支部获北京市红色“1+1”支部共建活动三等奖荣誉称号。李忠艳、马新科、丁迅雷 3 位教师获校级“优秀班主任”荣誉称号，石玉英获校级“优秀研究生班主任”荣誉称号，李忠艳获校级“十佳班主任”荣誉称号。物理 1401 班尹思瀚获北京市三好学生荣誉称号，计科 1401 班兰淼获北京市优秀共青团员荣誉称号。数理系（保定）开展优秀学子访谈、学习经验交流会、优秀学子展示、“迎七一创先争优活动”等多种活动。修订《数理系评优补充实施细则》等文件，推行“数理系本科生全程导师制”，继续开展“远离手机，回归课堂”、党员一对一帮扶、集中早晚自习等活动。推进数理系创新实践基地建设，引导、服务学生提升创新能力。完善学生工作日常管理制度，落实《数理系学生行为量化管理实施细则》。推进学生宿舍文明创建工作，数理系星级宿舍获奖比例两个学期均居全校第一。开展心理健康、消防安全专题讲座，推进各班级开展阳光教育主题活动。倡导“高质量就业”，建立“数理系考研深造校友交流群”，加强考研全过程指导，提升深造率。鼓励毕业生到基层就业，连年有毕业学生参军入伍。邀请优秀校友返校开展“就业、创业”报告会，建立多个就业实习基地。推进毕业生感恩主题教育，举办“花开半夏”师生联欢会、师生友谊篮球赛等活动。开展青年论坛——与“数理青年说”微信平台同名的线下思想交流平台，活动邀请院系领导、名师、优秀校友等与学生面对面交流。举办数理系“青马班”、团学干部技能大赛等系列活动，强化思想引领，增强学生骨干的凝聚力和服务能力。联合举办“京津冀博硕风采论坛”数理专场，开展硕士生名师指导做科研活动，邀请香港理工大学、美国佐治亚理工学院专家学者来校对学生开展讲座报告。设立“畅聊吧”为学生提供高效、温馨的服务。订制赠送印有华电校徽的书签，激发学生爱校情怀。着力推进数理系创新实践基地建设，完善规章制度，规范运行管理。完善科技竞赛组织服务，加强学生社团对于科技竞赛组织动员，提高竞赛获奖率。系学工人员牵头负责指导的校航模队获科研类全国航空航天模型锦标赛国家一等奖 1 项、三等奖 2 项。获全国大学生数学建模一等奖 1 人次，二等奖 1 人次；获美国大学生数学建模一等奖 5 人次，二等奖 6 人次，获省部级以上竞赛奖励达 41 人次。本科生共发表论文 14 篇，专利 5 项，软件著作权 11 项。共有 114 名学生获校内奖学金，39 人次获校三好学生、优秀学生干部称号，3 人获国家奖学金，10 人获国家励志奖学金，10 人获各级各类社会奖助学金。郭燕获华北电力大学“十佳班主任”荣誉称号，李金花、何琦获华北电力大学“优秀班主任”称号。

工会工作。学院分工会获学校年度“先进分工会”称号，张顺涛、王莉等 2 人获学校先进分工会主席，石玉英、王小英、周继泉、黄霞、侯居跃、车剑韬、杨晓忠、吴立飞、李晓伟、吴万凯、严稳利、朱勇华等 12 人获学校工会工作积极分子。数理系（保定）分工会除组织教职工参加校工会各项活动外，还组织开展青年教师教学基本功讲课比赛、乒乓球对抗赛、师生篮球赛、包饺子比赛等 9 项文体活动，调动广大教工的主动性，提升教职工归属感和凝聚力。获华北电力大学先进基层分工会荣誉称号。

（潘雪飞）

【概况】 2017 年，数理学院有系统分析、运筹与控制 2 个二级学科博士点，数学、物理学 2 个一级学科硕士点，计算数学、应用数学、运筹学与控制论、理论物理、凝聚态物理 5 个硕士学位授权二级学科，应用统计硕士专业学位授权点。应用数学、理论物理为河北省重点学科。学院在编教职工 177 人（北京 99 人，保定 87 人），专任教师 166 人（北京 88 人，保定 78 人），教授 37 人（北京 22 人，保定 15 人），副教授 60 人（北京 38 人，保定 22 人），实验技术人员 10 人（北京 6 人，保定 4 人），党政及管理人员 9 人（北京 5 人，保定 4 人）。学院设有 19 个党支部（北京 10 个，保定 9 个），拥有中共党员 236 人（北京 128 人，保定 108 人），发展党员 42 人（北京 20 人，保定 22 人）。学院设有 33 个班级（北京 18 个，保定 15 个），设有辅导员正式岗位 2 个，北京保定各 1 个。学院毕业学生 200 人（北京 100 人，保定 100 人），其中硕士研究生 52 人（北京 35 人，保定 17 人），普通本科生 148 人（北京 65 人，保定 83 人）；招生 291 人（北京 149 人，保定 142 人），其中硕士研究生 91 人（北京 69 人，保定 22 人），普通本专科生 200 人（北京 80 人，保定 120 人）；在校生 885 人（北京 481 人，保定 404 人），其中硕士研究生 232 人（北京 193 人，保定 39 人），普通本科生 653 人（北京 288 人，保定 365 人）。

校部、保定校区本科生的英语四级一次通过率分别为 83.1%和 82.89%，本科毕业生一次就业率分别为 96.88%和 90.95%，研究生毕业生一次就业率分别为 100%和 100%；考研率分别为 54.68%和 26.19%。

（潘雪飞）

【校领导参加学院教育教学思想大讨论】 2017 年 5 月 16 日，数理学院召开教育教学思想大讨论第五场讨论会。副校长王增平，教务处处长柳长安，学院领导班子成员，各教研室主任及全体正教授参加讨论会。王增平对数理学院开展的立体式、交叉式教育教学思想大讨论活动给予充分肯定，对数理学院一线教师为学校发展做出的贡献表示感谢，对参加此次教育教学思想大讨论教师提出的关于学校“双一流”建设的思考、学院学科发展思路、人才培养新策略表示由衷的赞许，并强调，此次教育教学思想大讨论活动，恰逢国家实现“两个百年”奋斗目标及中华民族伟大复兴中国梦的关键时期，恰逢学校开创“双一流”建设新局面的关键时期，学校各级各部门必须上下一心，明确方向，共同形成先进的思想共识；问题导向，重点突破，形成长效机制；锐意改革，着眼实效，形成华电独特发展文化。

（李晓伟）

【获国家科技重大专项资助】 2017 年 12 月 15 日，中华人民共和国科学技术部发布《关于水体污染控制与治理科技重大专项 2017 年立项项目（课题）的批复》（环科技函〔2017〕268 号），张化永教授主持的“京津冀西北水源涵养及永定河（上游）水质保障技术与工程示范项目”（项目编号：2017ZX07101）获国家科技重大专项立项（总额：

7589.64 万元）。

（李晓伟）

【获北京市教学名师奖】 2017 年 8 月 29 日，根据《北京市教育委员会关于公布第十三届北京市高等学校教学名师奖、首届北京市高等学校青年教学名师奖获奖名单的通知》（京教函〔2017〕403 号），张娟获第十三届北京市高等学校教学名师奖。

（李晓伟）

【教学成果获省部级奖】 2017 年 2 月，由谷根代、史会峰、刘敬刚、马新顺、张坡、张国立、张亚刚等 7 名教师完成的“基于创新人才培养的数学建模教育教学体系的建设与实践”项目获河北省教学成果奖二等奖。

（李超雄）

【指导数学建模竞赛获佳绩】 2017 年 12 月 7 日，“华为杯”第十四届中国研究生数学建模竞赛颁奖典礼在西安交通大学举行，华北电力大学共有 27 支队伍获奖，其中，一等奖 2 项，二等奖 13 项，三等奖 33 项，获奖情况居全国高校前列。学校被大赛组委会授予优秀组织奖，自 2011 年以来，学校连续七年获此荣誉。

（李晓伟）

【指导物理实验竞赛获佳绩】 2017 年 11 月 19 日，北京市大学生物理实验竞赛在北京交通大学举办，该赛事由北京市教委牵头。胡冰指导的《超声波牵引装置》获二等奖。

（胡　冰）

【指导大学生物理竞赛获佳绩】 2017 年 12 月 10 日，物理竞赛指导团队指导学生参加第三十四届全国部分地区大学生物理竞赛获佳绩。获非物理 A 类一等奖 1 项，二等奖 11 项，三等奖 22 项。本次比赛由北京市物理学会主办。

（胡　冰）

【获学校先进分工会称号】 2017 年 1 月 17 日，中国教育工会华北电力大学委员会发布“关于表彰 2016 年度工会先进集体和个人的决定”（华电工〔2017〕2 号文件），数理学院分工会获华北电力大学先进分工会称号。

（李晓伟）

【社会实践取得国家级荣誉】 2017 年 7—8 月，学院团委组织学生参加暑期社会实践活动，全院 114 名学生报名参加，占全院总人数 40%。其中参加个人实践活动 102 项，团队实践活动 2 项。在全校社会实践活动成果评比中，学院 1 人获评团中央“三下乡真情实感志愿者”荣誉称号，1 人获评市级社会实践先进个人，5 人获评校级社会实践先进个人，1 个团队获评市级社会实践优秀团队，1 个团队获评校级社会实践优秀团队。2 篇团队论文获评校级优秀团队论文，1 篇个人论文获评校级优秀个人论文。“绿色光伏先锋”暑期社会实践团队获“全国大中专学生三下乡社会实践千校千项好项目”荣誉称号，团队通讯稿登中国青年报官网。

（任　华）

【“红色 1＋1”活动获突破】 2017 年，学院学生第一党支部参加全校“红色 1＋1”活动评比，以全校第二名获推参评北京市“红色 1＋1”优秀党支部，因活动契合主题，共建成效明显，社会反响良好，获该活动北京市三等奖。

（任　华）

【开展井冈山爱国主义教育】 2017 年，学院党委组织全院教工党员和学生党员江西井冈山爱国主义教育基地参观学习，通过参观、现场教学和观摩等活动。一方面使全系党员缅怀革命先烈丰功伟绩，另一方面坚定跟党走，为共产主义奋斗终生的理想信念，使全院党员加强使命意识、责任意识和担当意识。

（任　华）

【新媒体条件下的思想政治教育新方法】 2017 年，学院以主题教育活动视频制作为切入点，发展微视频教育，网络教育，组建一支以学生为主的新媒体技术团队，完成多个主题教育微视频，完成学院历史上第二部社会主义核心价值观主题微电影《参军让梦想远航》。

（任　华）

【毕业生晚会】 2017 年 6 月，学院团委与外国语学院团委合作举办 2017 届毕业生晚会，连续第四年将系毕业生晚会的规模、层次和影响力扩展到全校，大量采用新媒体技术提升活动的创新性和感染力，实现学院毕业生主题教育活动新突破。

（任　华）

可再生能源学院

【概述】 2017 年，可再生能源学院围绕学校建设“双一流”大学的目标，在学科建设、人才培养、科研、教学等方面成绩突出。

党建与思想政治工作。完成党建验收，完成党支部换届、2016 年度党支部书记述职评议、党风廉政宣传教育月工作；选举校第二次党代会代表及校两委委员候选人，推选北京市党代会代表；学习贯彻十九大、校第二次党代会精神；发展党员 68 名，培训发展对象和入党积极分子 211 名。学院举行十周年院庆系列活动：协办 2017 年校春季运动会、中国工程院可再生能源协调发展与高效利用工程前沿技术研讨会、海峡两岸绿色能源与应用学术研讨会、上海合作组织大学能源会议、中欧可再生能源创新中心论坛，举办民革中央、民革北京市委会—华北电力大学能源软科学研究中心揭牌仪式。主办“碧叶季”可再生能源学院十周年院庆暨2017届毕业生晚会。

人才工作。董长青入选科技部“科技创新创业人才”；戴松元负责的“新型薄膜太阳电池基础及应用研究”团队入选科技部“重点领域创新团队”；陆强入选“北京市科技新星计划” 李美成、李英峰等完成的“用于太阳能转化的微纳结构材料研究”获北京市科学技术奖三等奖。李继清获“北京市优秀教师”称号；胡笑颖、葛铭玮入选“名师培育计划”；门宝辉荣获教学优秀特等奖；杨世关、 邓英、孙万泉、何少剑获教学优秀奖；古丽米娜获校“十佳班主任”；褚立华、戴松元、李美成、龙凯、覃吴、张尚弘获“优秀班主任”。靳周、常青云被评为研究生优秀班主任。

教学工作。开展教育教学思想大讨论，组织研讨 79次；做好 2018 本科教学评估准备工作，整理 2016—2017教学资料，做到从严记录、审核、规范；校级教改项目结题验收 11 项。“北京市优秀教师” 1 人，新增校“名师培育计划”教师 2 人，获校“十佳班主任” 1 人，“优秀班主任” 8 人。

科研工作。纵向项目立项 25 项，到账经费 2458 万元；横向项目立项 60 项，到账经费 5068 万元，合计到账经费7526 万元；发表研究论文 124 篇，其中 SCI 论文 64 篇。国家自然科学基金项目获批 14 项，经费 677 万元，获资助项数及资助金额均位列北京校部第 2 名。

学科与科研平台建设工作。获北京市教学成果特等奖1 项；获教育部科学技术进步一等奖、高等学校科学研究优秀成果一等奖、甘肃省科技进步一等奖、辽宁省科学技术进步二等奖、电力建设科学技术进步奖二等奖、北京市科学技术奖三等奖各 1 项；获北京高校青年教师社会调研项目一等奖、北京市红色“1+1”共建活动二等奖各 1 项、校教学成果奖 2 项、教学优秀奖 5 项。申报“双一流”各类建设项目 19 项。“新型薄膜太阳电池”北京市重点实验室通过验收。新增“水利工程”一级学科博士点。

学生工作。学院共有学生 1742 人，64 个行政班级，其中本科 48 个，研究生 16 个，共有班主任 64 人。本科班主任中，硕士及以上学历 47 人，博士及以上学历 46 人。学院贯彻落实“名师担任班主任”政策，经过全面考核共有 8 人获“优秀班主任”光荣称号，古丽米娜获校十佳班主任称号。2017 届本科毕业生就业率 98.08%，研究生就业率 100%；实现贫困生资助全覆盖。学院共发展党员 68人，其中本科生 52 人，研究生 16 人。学院 2015 级学生党支部获得北京市红色“1+1”共建活动二等奖。学院 53人次参加各类比赛成绩优异。参加第十届节能减排全国大学生课外科技与实践作品竞赛，获国家级一等奖 1 项，国家级三等奖 1 项；参加西门子杯中国智能制造挑战赛获全国三等奖 1 项，华北赛区二等奖 1 项；参加 2017 中国工程机器人大赛暨国际公开赛获国家级一等奖一项；参加中国“互联网＋”大学生创新创业大赛获北京市三等奖两项，参加第三届全国大学生能源经济学术创意大赛获全国三等奖1 项；参加北京地区高校大学生优秀创业团队评选，一支团队获北京市二等奖。

工会工作。协办华北电力大学 2017 年运动会。教师代表队取得总成绩第二名并获“特殊贡献奖”。通过青年教师教学培训、教学沙龙等提高青年教师教学水平，鼓励青年教师深入开展调研。李继清获 2017 年“北京市优秀教师”荣誉称号；门宝辉获 2017 年北京高校青年教师社会调研优秀项目一等奖；5 位教师获校教学优秀奖，其中门宝辉获教学优秀特等奖，杨世关、邓英、孙万泉、何少剑获教学优秀奖，葛铭纬、胡笑颖入选名师培育计划。胡笑颖、古丽米娜获青年教师比赛校级三等奖；组织召开 2017 年度国家自然科学基金项目申请动员大会，学院获国家自然基金资助 12 项。协助“可再生能源学院成立十周年”系列庆祝活动。学院参加学校“乒乓球协会”、“篮球协会”杯赛成绩优异，参加“远程教育杯”篮球比赛获甲组第三名，参加“经管杯”乒乓球比赛获第三名。“后勤杯”扑克牌比赛获组织奖。召开学院二级教代会，并通过学院工作报告。

（刘振增　常青云）

【概况】 2017 年，可再生能源学院有教职工 88 人，其中教授 24 人，副教授 29 人。学院在校生 1742 人，其中本科生 1346 人，硕士 322 人，博士 74 人。学院接收免试攻读硕士研究生 8 人。接受外国来华留学生攻读硕士研究生 12人，博士研究生 6 人，高级进修生 1 人。学院有 64 个行政班级，其中本科 48 个，研究生 16 个，共有班主任 64 人。本科班主任中，硕士及以上学历 47 人，博士及以上学历46 人。完成党建验收；完成党支部换届、2016 年度党支部书记述职评议、党风廉政宣传教育月工作；选举出校第二次党代会代表 7 人。发展党员 68 名，培训发展对象和入党积极分子 211 名。陈旭明、刘刚等 2 人入伍。刘永前、戴松元、李美成、耿晔、常青云、龚一纯出席华北电力大学第二次党员代表大会。李继清当选北京市第十五届人民代表大会代表。纵向项目立项 25 项，到账经费 2458 万元；横向项目立项 60 项，到账经费 5068 万元，合计到账经费7526 万元；发表研究论文 124 篇，其中 SCI 论文 64 篇。国家自然科学基金项目获批 14 项，经费 677 万元，获资助项数及资助金额均位列北京校部第 2 名。杨勇平、陆强、胡笑颖等完成的“生物质电站安全高效发电关键技术”获教育部科技进步一等奖；田德等完成的“千万千瓦级风光发电集群控制关键技术及应用”获甘肃省科技进步一等奖；邓英等完成的“网源友好型风力发电系统设计技术及应用”获辽宁省科技进步二等奖；李美成、李英峰等完成的“用于太阳能转化的微纳结构材料研究”获北京市科学技术三等奖；李莉、刘永前、韩爽等完成的”大型风电基地尾流效应测试与模型实证技术研究及应用“获电力建设科技进步二等奖。戴松元入选国家“万人计划”领军人才；董长青入选科技部“科技创新创业人才”；“新型薄膜太阳电池基础及应用研究”团队入选科技部重点领域创新团队；李美成入选“首都科技领军人才”。杨勇平、戴松元、田德、杨世关等为主要完成人的《紧跟国家战略需求的新能源专业创建与发展模式》获北京市教学成果特等奖；李继清获评“北京市优秀教师”荣誉称号；获校教学成果奖2项，门宝辉、邓英、孙万泉、杨世关、何少剑5名教师获校教学优秀奖；胡笑颖、葛铭纬入选“名师培育计划”；古丽米娜获校“十佳班主任”称号，8人获“优秀班主任”称号；胡笑颖、古丽米娜获校青年教师讲课比赛三等奖。靳周、常青云荣获2016—2017学年度优秀研究生班主任。举办十周年院庆系列活动：协办2017年校春季运动会、中国工程院可再生能源协调发展与高效利用工程前沿技术研讨会、海峡两岸绿色能源与应用学术研讨会、上海合作组织大学能源会议、中欧可再生能源创新中心论坛。举办民革中央、民革北京市委会—华北电力大学能源软科学研究中心揭牌仪式。举办十周年院庆暨2013级毕业生毕业晚会。开展教育教学思想大讨论，组织研讨79次；校级教改项目结题验收11项。申报“双一流”各类建设项目19项。“新型薄膜太阳电池”北京市重点实验室通过验收。搭建创新创业平台，创立“新竹工作坊”，53人次在各类科技比赛中获得荣誉。本科毕业生就业率98.08%，研究生就业率100%；实现贫困生资助全覆盖。获“远程教育杯”篮球比赛甲组第三名，“经管杯”乒乓球比赛第三名。学院学生参加各类比赛，53人次获奖。学生参加在第十届节能减排全国大学生课外科技与实践作品竞赛中，获国家级一等奖1项，国家级三等奖1项；参加西门子杯中国智能制造挑战赛获全国三等奖1项，华北赛区二等奖1项；参加中国工程机器人大赛暨国际公开赛中，获国家级一等奖1项；参加中国“互联网＋”大学生创新创业大赛中，获北京市三等奖2项，参加第三届全国大学生能源经济学术创意大赛，获全国三等奖一项；北京地区高校大学生优秀创业团队评选中获北京市二等奖。

院　长：戴松元

书　记：刘永前

学院网址：http: //kzsxy.ncepu.edu.cn/

（刘振增　常青云）

【双一流研究生人才培养】 2017年，学院“双一流”研究生人才培养项目，获批优质课程建设7门，经费51万；拔尖人才培养项目博士研究生6人，经费60万；校企联合培养基地2项，经费15万；教学成果奖培育项目1项。

（李玉华）

【召开学位评定会议】 2017年3月15日，学院召开第五届学位评定委员会第一次会议学院分委员会会议，会议审议全日制学术硕士学位研究生57人，博士学位研究生3人。

（李玉华）

【召开国家重点研发计划项目启动】 2017年1月9日，由华北电力大学作为牵头单位，苏州大学、陕西师范大学和南方科技大学共同承担的国家重点研发计划项目“钙钛矿电池关键材料设计制备及高性能柔性器件”启动。项目负责人戴松元教授做项目整体情况汇报，包括项目的整体研究计划，研究目标。各课题负责人分别就所承担课题向项目专家组成员做汇报。

（濮　妍）

【协办学校运动会】 2017年5月12日，华北电力大学举办2017年田径运动会。本次运动会由校体育运动委员会主办，体育教学部承办，可再生能源学院协办。校运会的吉祥物由五个可爱的卡通形象组成，分别是鑫鑫、森森、淼淼、焱焱、垚垚。五行是构成物质的基本元素，金、木、水、火、土三字叠，代表着万物生长，能源之本，更代表着国家大力扶持发展新能源的现状。

（刘振增）

【可再生能源协调发展与高效利用工程前沿技术研讨会】 2017年5月23日，中国工程院可再生能源协调发展与高效利用工程前沿技术研讨会召开。此次研讨会由中国工程院能源与矿业工程学部主办，中国电力科学研究院承办，新能源与储能运行控制国家重点实验室、新能源电力系统国家重点实验、华北电力大学可再生能源学院协办。

（刘振增）

【十周年院庆暨毕业生晚会】 2017年6月7日，可再生能源学院举办十周年院庆暨13级毕业生晚会。中国工程院院士刘吉臻，校长杨勇平，副校长檀勤良，有关职能部门和院系负责人参加。

（刘振增）

【能源软科学研究中心揭牌】 2017年6月9日，民革中央教科文卫体委员会—华北电力大学能源软科学研究中心、民革北京市委会—华北电力大学能源软科学研究中心揭牌仪式暨学术委员会第一次工作会议在华北电力大学举行。民革中央副主席、民革中央教科文卫体委员会主任、民革北京市委会主委傅惠民，华北电力大学校长杨勇平，中国工程院院士、能源矿业学部主任彭苏萍共同为研究中心揭牌。

（刘振增）

【科研成果获奖】 2017年，学院科研成果突出，多人获得奖励。刘永前等撰写的论文获2016年度“中国百篇最具影响国际学术论文”。李美成、李英峰等完成的“用于太阳能转化的微纳结构材料研究”获北京市科学技术奖三等奖。杨勇平、陆强、胡笑颖等完成的“生物质电站安全高效发电关键技术”获高等学校科学研究优秀成果奖（科学技术）一等奖。门宝辉教授《北京市水资源可持续利用的调查评价研究》获北京高校青年教师社会调研优秀项目一等奖。

（濮　妍）

核科学与工程学院

【概述】 2017年，核科学与工程学院以建院十周年为契机，在学科建设、教学工作、学生培养、对外交流与合作方面取得新进展。

学科建设。学院完成“核科学与技术”博士一级学科授权点申报工作，编制完成“双一流”学科“先进反应堆工程与安全”和“前沿核技术及应用”两个重点建设方向的项目与“本科人才培养”“研究生人才培养”“国际合作”项目的申请工作。按照一流专业建设方案，完成“核工程与核技术”一流专业三年建设方案编制工作，力求在优质课程建设、国家级虚拟仿真实践教学平台项目建设和工程认证三个方面实现标志性突破。

教学工作。学院联合哈尔滨工程大学、上海交通大学、中广核集团申报的“服务国家战略、突破工程教育瓶颈的‘订单+联合’大核电人才培养模式与实践”项目获华北电力大学教学成果特等奖，“核工程与核技术专业多元化实践教学体系”项目获校级教学成果二等奖。开展教育教学思想大讨论活动，完成2016—2017年度本科数据采集工作。按照专业认证标准，修订“核工程与核技术”“辐射防护与核安全”培养方案。“核工程与核技术”专业通过工程认证初评。结合实验室安全教育学习材料，对本科生进行实验室安全知识测试，对研究生新生组织实验室安全培训。朱卉平获华北电力大学2017年青年教师教学基本功比赛优秀奖，马续波、刘芳获2016—2017学年校级教学优秀奖。

科研工作。学院牛风雷教授、张小东教授荣获2015—2017年度华北电力大学科技创新突出贡献奖。张钰浩获国家科技重大专项资助，隋丹婷、郭张鹏、朱卉平、钟达文分别获国家自然科学基金青年项目资助。

师资队伍建设。学院引进国家“千人计划”专家张小东教授、青年教师周益娴、张钰浩。曹博、李向宾专业技术职务晋升为副教授。刘洋获评华北电力大学第四届“巾帼之星”，王升飞、朱卉平获评2016—2017年度校级优秀班主任，赵珥希获评2016年度校级十佳辅导员，曹博、周世梁、黄美、郝祖龙、张科获评2016—2017学年度考核优秀等级，臧启勇、隋丹婷、陈娟、张竞宇通过首聘期考核签订无固定期限合同。

党务工作。学院完成北京市党建验收、学院党委巡视整改、党支部书记述职述评、党员评议等工作，在基层组织中加强并落实党建工作。在全体师生党员中开展学习贯彻落实党的十九大精神，组织学院党员师生收看收听党的十九大报告、学校十九大宣讲团进院宣传报告会、党团知识竞赛、专题党课等系列活动。该学院党委、核辐射防护与环境工程教研室党支部和赵珥希、曹博分别获评2016年度党员在线学习优秀党委、党支部和优秀个人。

工会工作。学院分工会获“远程教育”杯教职工篮球联赛乙组亚军，获评工会工作特色奖、二级教代会规范单位。李辉获评先进分工会主席，刘芳获评女工先进工作者，张科获评福利先进工作者，赵珥希、王升飞、马雁、刘芳、李向宾被评为工会积极分子。

学生工作。学院学生工作在多个学生竞赛领域中获国家级、省部级荣誉。承办第二届全国高校学生课外“核+X”创意大赛的校内组织和选拔工作，获全国一等奖1项、优秀奖2项。赵珥希指导的“派对+悦享缤纷生活”创业项目进入CCTV寻陌创客秀总决赛，共有6支团队入围并成功达成投资意向。核电1501班获评北京市班集体，核电1501班、核电1504班获评校级示范性十佳班集体。28人参加数学建模，60人大学生创新创业计划，李军获“北京市三好学生”称号、江滢滢获“2016年度首都‘先锋杯’优秀基层团干部”称号，程怀远获“2016年度首都‘先锋杯’优秀基层团员”称号。该学院继续执行落实《学风建设实施办法》，在整顿学风和争创优良学风班风的指导思想下，推进学风建设工作，年度发放学风建设奖励1.28万元。

对外交流与合作。学院促成华北电力大学与中国核电股份有限公司签订核电人才订单联合培养协议，拓宽校企联合人才培养渠道。承办第十五届全国反应堆热工流体大会，在核领域进一步宣传该学院的综合实力。该学院教师短期出国参会、交流访问7人次，玉宇、王汉、曹博、周世梁分别通过国家公派项目出国研修。该学院继续招收巴基斯坦、苏丹等国家留学生，服务国家核电“走出去”战略。承担由中国科协、国家能源局、国家原子能机构、国家核安全局联合主办的“科普中国——绿色核能主题科普展览”的志愿服务工作，收到主办方感谢信。

（张　科　赵珥希）

【概况】 2017年，核科学与工程学院有1个“核科学与技术”一级学科硕士点，在该学科下设有“核能科学与工程”

“辐射防护及环境保护”2 个目录内二级学科硕士点；2 个本科专业名称为“核工程与核技术”“辐射防护与核安全”。在“动力工程及热物理”一级学科下自设有“核电与动力工程”二级学科博士点。学院有在编教职工 41 人，非在编教职工 3 人。其中，专任教师 35 人（教授 10 人、副教授 8 人，具有博士学位的教师为 97%）、有实验及技术人员 3 人、管理人员 7 人。学院有“千人计划”专家 1 名，学术带头人 7 名，博士生导师 6 名，中国工程院院士 3 人（兼职）。学院党委下设党支部 7 个，其中教工党支部 2 个，研究生党支部 4 个，本科生党支部 1 个。核反应堆工程教研室党支部转入 1 人，核辐射防护与环境工程教研室党支部发展党员 1 人，共有教工党员 29 人，学生党员 109 人（其中本科生 51 人，研究生 58 人）。共发展党员 31 人，91 人成为入党积极分子，117 名学生递交入党申请书。学院本科生在校人数达 565 人，新招本科生 137 人，本科毕业生 131 人。在读研究生 154 人（硕士 135 人，博士 19 人），新招硕士研究生 52 人，新招博士研究生 6 人，硕士毕业生 37 人，博士毕业生 5 人。新招外国留学研究生 20 人，毕业 8 人。5 人获研究生国家奖学金（其中博士 1 人、硕士 4 人），2 人获优秀博士奖学金。学院本科生就业率为 93.89%，硕士研究生就业率 97.37%，博士研究生就业率 100%。学院开设研究生课程 13 门，完成教学 384 学时。开设本科生课程 57 门，完成教学 1940 学时。举办联合培养班 1 期，共 49 名学员。其中，北京校区中广核学员 27 人，保定校区苏州班学员 22 人。学院新签合同额 890 万元，在研项目 203 项（新增科研项目 23 项）。新增项目中，国家科技重大专项 1 项，国家自然科学基金项目 4 项，纵向项目 408 万元，横向项目 482 万元。学院有教研室 2 个，分别为核反应堆工程教研室、核辐射防护与环境工程教研室。实体化科研团队 5 个。实验室 27 个，其中教学实验室 20 个，科研实验室 7 个。学生实习基地 8 个，分别为中国核动力研究设计院、中国原子能科学研究院、清华大学核能研究院、山东海阳核电、华南辐射监督站、田湾核电站、国核软件中心、中电投核电技术研究中心。省部级重点实验室 2 个，分别为非能动核能安全技术北京市重点实验室、国家能源核电软件重点实验室（参与单位）。

书　记：陆道纲

（张　科　赵珥希）

【召开党支部书记汇报会】 2017 年 4 月 5 日，核科学与工程学院党委召开党支部书记述职评议汇报会，学院党委书记陆道纲、副书记李辉、党委委员赵珥希、吴军和 5 名党支部书记参加述职评议汇报会。汇报以 2016 年党支部工作为内容，着重在支部落实“两学一做”，“一个支部一个目标、一个党员一个任务”进展，党支部建设中存在的难点和问题及 2017 年工作重点等方面进行汇报。

（张　科）

【组织教学基本功比赛】 2017 年 4 月 11 日，该学院组织青年教师教学基本功比赛，17 名 40 岁以下专业教师参赛。比赛形式为授课演示，授课内容选自承担本科生专业课程的某一章节或知识点。学院党委书记陆道纲、教学指导委员会、教授代表及 5 名学生代表担任评委打分。朱卉平获一等奖，隋丹婷、张斌、吕雪峰获二等奖，周世梁、赵强、郝祖龙、马续波、曹琼获三等奖。

（张　科）

【召开教育教学思想大讨论启动会】 2017 年 4 月 26 日，该学院召开教育教学思想大讨论启动暨动员大会，全院教师和学生班长参会。李辉对《核科学与工程学院教育教学思想大讨论实施办法》做解读，陆道纲对师生作动员讲话。按照学校的统一部署，学院将通过学习报告、外出调研和调查问卷等方面入手为教育教学思想大讨论提供全方位的支持。

（张　科）

【倪明玖教授作报告】 2017 年 5 月 2 日，倪明玖访问该学院，为学校师生做题为“磁约束聚变液态锂壁相关的磁流体力学问题研究”的华电大讲堂报告。倪明玖，中国科学院大学教授，国家杰出青年基金获得者，《Fusion Engineering and Design》《Acta Mech. Sinica》《Theore. Appl. Mech. Letters》等期刊编委。主要从事磁约束聚变堆关键部件液态锂铅包层及液态锂壁相关的流体力学研究，是中国磁约束聚变能专项“液态锂壁在未来聚变装置应用的基础研究”项目首席。

（张　科）

【朱继洲教授做讲座】 2017 年 5 月 18 日，朱继洲访问该学院，为学院教师做题为“信息化教育技术在高校课堂教学中的有效使用”的课堂教学辅导讲座。朱继洲，西安交通大学核科学与技术学院教授、博士生导师，现为西安交通大学教师教学发展中心专家工作组成员。曾任国家环境保护部第五、第六届核安全与环境专家委员会委员、全国高等学校核科学与工程学科教学指导委员会委员、西安交通大学高等教育研究所副所长、西安交通大学教学委员会副主任、西安交通大学第一、第二届教育质量专家督导组组长。曾获国家级教学成果二等奖一项。1993 年起享受国务院政府特殊津贴。

（张　科）

【举办毕业生晚会】 2017 年 6 月 19 日，该学院十周年院庆暨 2013 级毕业生晚会“今夕核夕”在主楼礼堂举行。晚会以歌舞、小品、朗诵等形式展现学院从无到有、从有到强的发展历程。

（张　科）

【周坚到核学院调研】 2017 年 6 月 23 日，华北电力大学党委书记周坚到该学院调研，与学院领导班子、教师代表座谈。陆道纲从学院发展历程、师资队伍、学科水平、标志性成果、人才培养、国内外合作、党建和思想政治工作等方面进行汇报。会后，周坚一行参观该学院实验室。

（张　科）

【核+X 大赛创佳绩】 2017 年 9 月 19 日，由中国核工业集团公司主办、中国辐射防护学会、中国辐射防护研究院、中国核学会、复旦大学承办的第二届全国高校学生课外“核+X”创意大赛在上海进行颁奖。该学院教师赵珥希指导，郭晓宇、李桐、何雯、郑海洋 4 名学生组成的“魅力核电 美丽中国”创意团队获全国一等奖，由潘自强院士、胡思得院士共同颁发奖杯及证书。该学院另外两组团队“寻核记”和“少年，给你个机会如何拯救世界”分别获优秀奖。

（张　科）

【承担绿色核能主题科普展览志愿服务工作】 2017 年 9 月 14 日至 10 月 10 日，由中国科协、国家能源局、国家原子能机构、国家核安全局联合主办的“科普中国——绿色核能主题科普展览”在北京中国科技馆举办，应主办方邀请，华北电力大学承担本次展览的志愿服务工作。赵珥希负责志愿者组织工作，参与学生 350 人。中共中央政治局常委、中央书记处书记刘云山、刘延东、刘奇葆、李源潮、万钢等参观展览。

（张　科）

【承办全国学术会议】 2017 年 9 月 25—27 日，第十五届全国反应堆热工流体学术会议暨中核核反应堆热工水力技术重点实验室 2017 年度学术会议在山东省荣成市举行，会议由中国核学会核能动力分会反应堆热工流体专业委员会和中核核反应堆热工水力技术重点实验室主办，华北电力大学核科学与工程学院承办，华能山东石岛湾核电有限公司和国核示范电站有限责任公司协办。全国 13 个科研院所和 16 所高校的 232 名专委会委员、专家学者、工程技术人员及研究生参加会议。该会议设六个分会场、12 个专门议题，159 篇论文进行口头报告交流。学院 30 名参会师生作为大会志愿者为该会议提供服务。

（张　科）

【吴宏春教授作报告】 2017 年 10 月 18 日，吴宏春访问该学院，为学院师生做“中子输运计算面临的挑战与进展”学术报告。吴宏春教授，西安交通大学常务副院长，国务院学科评议组成员，“863”项目首席专家，中国核学会理事，中国核学会计算物理学会反应堆数值计算与粒子输运专业委员会委员，陕西省核学会理事，陕西省计算物理学会理事，反应堆系统设计与关键技术国家级重点实验室学术委员会委员。

（张　科）

【组织实验室安全培训】 2017 年 11 月 1 日，该学院面向研究生新生组织召开实验室安全培训会。学院实验员吴军和臧启勇分别在实验室安全管理规定、实验室运行期间用电安全、水以及废物回收、突发问题应急应对等方面做培训指导。

（张　科）

【签订联合培养协议】 2017 年 12 月 10 日，华北电力大学与中国核能电力股份有限公司签署核电人才订单联合培养协议。中国核能电力股份有限公司副总经理顾健，董事会秘书罗小未，秦山核电党委副书记曹水林、中国核电人力资源部主任贾建富、秦山核电总经理助理石建新，中国核电人力资源部部刘先劼，秦山核电人力资源处詹应武、华北电力大学校长杨勇平，副校长王增平，教务处处长柳长安，就业指导中心主任张兵仿，核科学与工程学院党委书记陆道纲，副院长刘洋参加签约仪式。王增平与罗小未分别代表华北电力大学（以下简称“乙方”）和中国核能电力股份有限公司（以下简称“甲方”）签署《中国核能电力股份有限公司—华北电力大学核电人才订单联合培养协议》。根据协议，甲方依托乙方办学场所和条件，每年从三年级核电相关专业全日制学生中招聘一定数量在校本科生（以下简称“学员”），签订三方“就业意向书”。双方共同对学员联合培养一年，培养期满后甲方与达到规定要求的学员签订劳动会同。签约仪式后，中国核能电力股份有限公司一行参观该学院非能动核能安全技术北京市重点实验室。

（张　科）

【举办建院十周年庆祝活动】 2017 年 12 月 10 日，该学院举办校友返校座谈会和文艺会演活动，拉开建院十周年庆祝系列活动的序幕。2005 年以来毕业的各年级校友代表和该学院全体师生参加庆典活动。

（张　科）

【李建刚院士作报告】 2017 年 12 月 19 日，李建刚访问该学院，在华电大讲堂为学校师生作题为“磁约束聚变——人类未来理想的战略能源”的学术报告。李建刚，中国工程院院士、中科院等离子体物理研究所研究员，中国磁约束聚变专家委员会召集人，曾获国家科技进步一等奖两项，德国赫尔姆兹杰出成就奖，华人物理协会杰出贡献奖等。

（张　科）

国际教育学院

【概述】 2017年，国际教育学院留学生规模稳定增长，全年共招收各类正式注册留学生275人，创历史之最；中外合作办学项目在留学派出环节，留学服务从单一讲授模式逐步发展至内容专业化、多样化的培训体系；完善“4＋0”培养方案及《华北电力大学国际教育学院推荐优秀本科毕业生免试攻读硕士学位研究生方案》；外方合作院校多名外方教授来校讲授专业课，引进优质教育资源；西肯孔院注册学生人数超过19 000人，居全美之首，全美第一座新建示范孔院大楼落成；通过《高等学校来华留学生质量认证》实现“以评促改，以评促建”，确保来华留学生教育从量到质的可持续发展。

党建与思想政治工作。学院党总支以学校第二次党员代表大会为契机，向党员宣讲此次代表大会对于学校发展的重大意义，通过参与选举基层代表，向上级党委建言献策，提升党员的主人翁意识。通过定期召开专题民主生活会，开展批评与自我批评等方式征集群众意见，不断改进干部作风，促进党员干部思想观念解放和教育理念转变，提高干部队伍党性观念、精神境界、服务意识。完善学院党总支制度建设，先后出台并完善多项党内外规章制度，完成学校党建验收工作，推进学院法治建设进程。

招生工作。推进留学生招生工作改革，调整学生结构，优化生源质量，来华留学生招生规模稳定增长。全年共招收各类正式注册留学生275人，其中学历生比例进一步提高至78%，比上一年增加17个百分点。学院以“招展招生渠道，扩大招生规模，优化生源结构”为工作目标，加大宣传力度，开展多种合作；与学校各院系各部门通力合作，建立品牌效应；申请国家资金支持，吸引更多优质生源。完善更新中英文《2018华北电力大学留学生招生简章》，编制英语、葡萄牙语、西班牙语、俄语留学生招生宣传图册及宣传单页，重视现代媒体传播效应，多渠道全方位发布招生信息。创新招生策略，加强校企及校际合作，推进企业委培项目及反向合作办学项目，维护并拓展与美国、俄罗斯、韩国、巴基斯坦、苏丹、印尼、哈萨克斯坦、塔吉克斯坦、蒙古、卢旺达、古巴等近20个国家的高中、大学、中介、使馆、华侨教育、孔子学院等机构建立的招生渠道。以全面可持续营销策略取代单一的推销模式，统筹协调各机构在来华宣传方面的资源的能力，通力合作，搭建来华留学宣传招生有效平台。推进英文授课项目，与各学院通力合作，建设及完善英文授课专业本科层次2个、硕士研究生层次14个、博士研究生层次11个，英文授课人数由上年132人增至188人。留学生在线申请系统上线并全面向学生开放，使用该系统完成申请报名的学生达600余人，占所有申请者人数一半以上。依托后勤管理处解决学生住宿问题。制定立足于学校电力能源优势专业，以政府资助为主、以企业委培和自费生为辅的倡议。学院申请的“华北电力大学来华留学生高端电气工程人才培养项目”获批2017/2018学年度“丝绸之路”教育部奖学金项目，获教育部奖学金生159人。在申请北京市奖学金项目方面，成功将北京市奖学金原有的90万/年资助额度提高为100万/年额度。申请北京“一带一路”专项奖学金项目，获北京市奖学金生74人。

教育教学。修订完善中外合作办学培养方案，起草并完善推免方案，优化人才培养模式；推进国外教授讲授专业课，来校教授人数和讲授课程门数均创新高；一名教师获学校教学优秀奖特等奖；一项北京市教改项目获校级教学成果奖二等奖；开展教学思想大讨论系列活动，邀请国外教育专家开设讲座。在留学生规模、层次都进一步提高的背景下，留学生的教学注重制度化管理，加强留学生教学过程管理，重视教学质量的提高，在专业留学生班级中开展教学质量调查活动；规范全英语授课专业培养方案，制订新的英语授课研究生培养方案。

学生工作。加强海外学生管理。通过网络新媒体平台，打通海内外学生交流渠道，丰富海内外学生、教师、家长之间的沟通方式，构建国际化背景下的新型学生管理模式。在原有品牌活动——飞翔的蒲公英基础，将海内外学生交流渠道拓宽，沟通方式进一步优化，推出在线网络直播节目《蒲公英er说留学事》，使海外留学生、国内学生、教师、家长之间的交流与沟通更加实时、同步，为朋辈教育开展，学院学生管理等教育工作创造有利条件。依托学院多年来的办学经验与成果，发挥海外校友资源优势，在合作办学院校建立多个学生海外校友组织，并开展一系列活动。在当地没有海外校友组织的则主动联系学校校友办，配合学校校友办各项活动，做到尽可能与国内同步。通过海外学生校友组织的努力，海外学生组织得到壮大，华北电力大学在海外的美誉度得到提升。

留学生管理工作。来华留学生队伍继续扩大，长短期学生近600人。通过签署承诺书、微信等手段详细宣传管理规定，利用留学生会做好自我管理、自我服务和自我教育。对来华留学生实施严格的日常考核与年度考核，巩固和提高培养质量和水平。国际文化节、聊以行国等品牌活动展示学校多元文化国际风貌与国际化办学水平。继续创新理论与研究，凝练项目，如北京市政府 “一带一路”专项奖学金项目、华北电力大学与国机集团中国机械设备有限公司、全球能源互联网发展合作组织校企合作项目等，来华留学生教育培养跨上新台阶。

（张丹丹）

【概况】 2017年，国际教育学院中外合作办学项目有专业2个。电气工程及其自动化专业（“2+2”）有教学班9个，在校生258名；核工程与和技术专业（中法联合）有教学班1个，在校生3名。开展中外合作办学项目 1个，专业为电气工程及其自动化。总计报名 192人，录取 93人。中外合作办学项目及校际转学分项目共计英、美两国 10个项目，派出人数北京校部 23人，保定校区 9人，共计 32人。其中北京校部赴爱丁堡大学 10人，曼彻斯特大学 7人，斯莱斯克莱德大学 3人，伊利诺伊理工大学 3人。25名学生赴国外合作院校深造；103人取得工学学士学位，2人取得经济学学士学位，16人取得管理学学士学位；有15名学生因外方合作学校毕业时间较晚等原因推迟毕业。招收正式注册各类奖学金及自费留学生275人，是学院成立以来招生人数最多的一年。其中有博士生 50人，硕士生121人，本科生45人，普通和高级进修生8人，汉语进修生 51人，学历生比例为78%，远高于北京市来华留学生学历生比例，学历生中硕博比例为79%。英文授课人数由去年的132人增长至188人，其中非学历生层次9人，本科层次21人，硕士层次113人，博士层次45人。275名留学生中有中国政府奖学金生159人，北京市政府奖学金生74人，孔子学院奖学金生7人，自费生24人，校际奖学金生 11人。留学生新生分别来自35个国家，10人以上为巴基斯坦、苏丹、蒙古、哈萨克斯坦、韩国、也门、俄罗斯等7个国家。学院通过严格考察共发展党员21名；教师姜良杰、郑乐、王娟，学生王友潮、魏仁杰、冉荞野获评民主评议党员优秀。国际教育学院党总支设有党支部 2个，分别为教工党支部和学生党支部。其中，教工党支部党员共15人，学生党支部党员共72人；72名学生递交入党申请书；经过培训，共有58人通过入党积极分子培训班考核，成为入党积极分子；共发展党员21人。学院中外合作办学学生获省部级奖励15人次，获奖学金112次。电气GJ1602获北京市先锋杯优秀团支部，2人获北京市先锋杯优秀团干部，1 人获北京市先锋杯优秀团员。学院团总支被评为校特色团总支，电气 GJ1602 班被评为校级优秀团支部，电气 GJ1603 被评为十佳示范优秀班集体，中外合作办学学生获评校级三好学生标兵2人，校级优秀学生干部标兵1人，校级优秀团干2人，校级优秀团员7人，十佳青年志愿者标兵1人，十佳文体标兵1人，十佳科技标兵 1人。2013级有 10 名学生被评为华北电力大学优秀毕业生，5 名学生被评为北京市优秀毕业生。北京校部留学生总人数为729人，其中本科生141人，硕士生281人，博士生126人，高级进修生11人，普通进修生8人，长期语言生121人，短期语言生41人。学校有34名本科留学生、24名硕士留学生、1名博士留学生完成教学计划全部内容，取得毕业资格并被授予学士、硕士和博士学位。与驻华使馆、北京市公安局、保险公司等互相配合，有效化解各类安全突发事件5起。组织共计500多名来华留学生参加 “在华电 看世界”——第四届华北电力大学国际文化节、“聊以行国——各国文化主题沙龙”、汉语之星大赛等各类文体活动20余次。

（张丹丹）

【召开国际合作项目临行教育会】 2017年，国际教育学院召开国际合作项目临行教育会。临行教育会是学院一系列出国留学服务培训活动之一，通过前期筹划，会议达到覆盖范围广、授课人员层次高、讲授内容丰富实用的目标，培训会内容丰富、紧凑、针对性强；发放的培训材料涵盖留学政策、爱国主义教育、领事保护、留学安全知识、海外法律法规、跨文化交流、学习与生活心理辅导、留学目的国教育制度、学术准备等。培训邀请到心理健康教育中心讲师史海松博士，电气与电子工程学院博士研究生李厚源，北京德威集团高级实操教官陈天宇、唐娟主讲。

（陈 雯）

【获“认可雅思机构”】 2017 年，华北电力大学与英国文化教育协会达成协议，正式成为全球9000所“认可雅思机构”之一。国际教育学院副院长齐郑出席匾额授予仪式并接受牌匾，随后学院承办第一场雅思英语教师专题培训，与英国文化教育协会雅思考试专家共同探讨中外合作办学项目英语教学创新体系的构建。

（陈 雯）

【修订中外合作办学培养方案】 2017年，学院对中外合作办学培养方案进行修订。根据学校要求，修订、完善后的培养方案，降低总学分、加大专业课英语或双语授课课程比例、放宽选修课要求选修类别。

（袁予熙 李沐音）

【外教授课】 2017年，学校引进外方合作院校优质教学资源，推进外方教授来校讲授专业课，邀请斯莱斯克莱德大学、爱丁堡大学等国外大学教授讲授电路理论 A、工程电磁场、电机学、模拟电子技术基础、信号分析与处理、电力电子技术等课程，全年共开展专业课讲授10人次。

（李沐音）

【1项教学研究成果获奖】 周涛、袁予熙、徐玲玲、火月丽、陈娟的教改项目“大电力特色人才培养国际化改革与实践”获校级教学成果奖二等奖。撰写论文《大学教学管理国际化实践研究》并发表于《教育教学论坛》2017年10月刊。

（袁予熙 李沐音）

【开展教育思想大讨论】 2017年，学校开展教学思想大讨论系列活动。按照学校关于教育教学思想大讨论的总体部署，邀请电气学院、核学院、马克思主义学院教师就中外合作办学及留学生教学过程中的进步与不足等问题展开研讨。并邀请美国西肯塔基大学教育专家就“教”与“学”的问题，面向师生开设讲座。

（李沐音）

【首个志愿者基地挂牌成立】 2017年，华北电力大学首个志愿者基地于2017年12月正式挂牌成立。该基地由国际教育学院团总支发起并负责运行。这是华北电力大学落实团中央提出的共青团改革方案的实质性举措。

（郑　乐）

【举办毕业生座谈会】 2017年，国际教育学院举办2017届留学毕业生座谈会，校党委副书记汪庆华出席活动。学校领导和师生就海外留学生对于国内外培养方式的异同等问题进行讨论。

（郑　乐）

【暑期社会实践获多个奖项】 2017年，国际教育学院参加暑期社会实践获得多个奖项。8支队伍通过校选立项，2支队伍获北京市重点团队立项（全校共10支队伍），2人获北京市先进个人（全校共10人）。这是学院获得的历史最好成绩。

（郑　乐）

【人才培养结硕果】 2017年，国际教育学院的人才培养成果丰硕。2017届毕业生有近百人被世界一流名校录取，其中被英国帝国理工大学录取7人，哥伦比亚大学1人，爱丁堡8人，曼彻斯特大学19人，巴斯大学2人，美国东北大学3人，杜克大学1人，美国西北大学1人，另有多名学生被南加州大学、美国约翰霍普金斯大学、苏黎世联邦理工学院、伦敦大学学院、伊利诺伊理工大学香槟分校、威斯康星大学、悉尼大学、新南威尔士大学、清华大学、香港大学等世界名校录取。此外，还有多名学生签约国家电网及海外电力科技公司。

（郑　乐）

【签订留学生委托培养协议】 2017年3月14日，华北电力大学与中国重型机械有限公司签署《柬埔寨留学生委托培养合同》。这是学校首次针对柬埔寨学生进行的教育合作。根据协议，参加本次培训项目的学生为柬埔寨籍学生，本科学历，培训时间为2017年至2019年。

（齐　郑　王　娟　胡金光）

【与巴基斯坦苏库尔工商管理学院签署合作协议】 2017年5月11日，华北电力大学与巴基斯坦苏库尔工商管理大学签署《华北电力大学-巴基斯坦苏库尔工商管理大学电气工程及其自动化本科合作协议》和《华北电力大学-巴基斯坦苏库尔工商管理大学可再生能源与清洁能源硕士项目合作协议》。巴基斯坦苏库尔工商管理大学校长Nisar Ahmad Siddiqui，教务长Zahid Husaain Khand、电气学院院长Faheem Akhter，华北电力大学副校长王增平，国际教育学院原院长李庆民，华北电力大学国际教育学院书记李旸，国际教育学院副院长齐郑，经济与管理学院副院长张兴平，可再生能源与清洁能源学院副院长姚健曦，电气与电子工程学院院长助理徐衍会，双方相关部门负责人参加签约仪式。华北电力大学-巴基斯坦苏库尔工商管理大学可再生能源与清洁能源硕士项目是华北电力大学首个与境外大学开展的反向硕士层次1+1项目。根据协议，双方将致力于合作培养兼具专业技能、语言能力和国际化视野的高层次国际化复合型人才。

（齐　郑　王　娟）

【中国政府奖学金丝绸之路项目获批】 2017年7月12日，教育部国际合作与交流司发布教外司留〔2017〕1502号文件。根据文件，华北电力大学2017/2018年招生奖学金名额为80个，其中申报的《华北电力大学来华留学生高端电气工程人才培养项目》丝绸之路奖学金项目名额为50个。8月21日，国家留学基金管理委员会发布留金来〔2017〕4606号文件，追加补充名额70个。中国政府奖学金项目是学校留学生工作最重要的生源渠道和学生经费来源，“丝绸之路”奖学金项目的成功申报，使得学校最终录取中国政府奖学金学生159人。

（齐　郑　王　娟）

【留学生网上申请系统上线】 2017年2月1日，华北电力大学留学生网上申请系统上线并向学生开放。该系统上线运行提高留学生招生工作信息化、规范化，简化留学生报名流程，提高采集数据的准确性和标准化水平，为实现外国留学生全流程信息化管理打好基础。

（王　娟）

【举行留学生招生宣讲会】 2017年3月17日，学院首次组织在校留学生举行留学生招生宣讲会，该宣讲会调动老生向同胞宣传并推荐华电的积极性。学院首次建立留学生申请咨询微信群，实时回复各类申请咨询问题，至2017年底，群成员300余人。

（王　娟）

【参加国际学生管理研修班】 2017年6—9月，受国家留学基金委委派，经学院同意，留学生管理干部胡金光赴加拿大阿尔伯塔大学国际学生管研修班学习，学习加拿大高等学校国际学生管理模式和经验，助力华北电力大学来华留学事业发展。

（胡金光）

【获北京市高校来华留学生管理工作优秀干部奖】 2017年12月13日，北京高教学会外国留学生工作研究会公布2017年北京高校来华留学生管理优秀干部个人奖、终身成就奖及优秀团队奖获奖名单，学校留学生管理干部胡金光获

2017 北京市高校来华留学生管理工作优秀干部二等奖。

（胡金光）

【获中国政府优秀留学生奖学金】 2017 年，电气与电子工程学院2014级巴基斯坦学生Furqan Rafique Syed博士入选2017年度中国政府优秀留学生奖学金。优秀来华留学生奖学金由教育部国际司和留学基金委共同设置，为获奖的研究生提供一次性 30 000 元奖励。

（胡金光）

【获汉语之星大赛最佳表现奖】 2017 年 6 月 12 日，第七届北京外国留学生汉语之星大赛决赛在北京电视台举行。来自古巴的学校留学生王少聪获 2017 年汉语之星最佳表现奖（即汉语之星二十强）。华北电力大学等举办分赛区高校获“优秀组织奖”，刘松获汉语之星优秀辅导教师称号。

（胡金光）

【举办国际文化节】 2017 年 5 月 7 日，正值“一带一路”国际合作高峰论坛即将在京召开之际，华北电力大学举行“在华电看世界——第四届国际文化节”。南苏丹大使迈克尔・米利・侯赛因先生、肯尼亚教育参赞鲁本•阿尔固特及卢旺达、塔吉克斯坦、斐济、塞内加尔、贝宁和埃塞俄比亚大使馆工作人员共 20 多名外宾应邀出席，华北电力大学党委副书记纪委书记何华、主管副校长王增平、相关处室及学院领导和中外师生 2500 余人参加文化节活动。

（胡金光）

【通过全国来华留学质量认证】 2017 年 12 月 15 日，中国高等教育国际化发展状况调查报告发布暨来华留学质量认证工作会在北京召开，会上发布来华留学质量认证第二批试点院校，华北电力大学通过全国高校来华留学质量认证。国际教育学院院长李庆民代表学校接受中国教育国际交流协会赵灵山秘书长颁发的来华留学质量认证证书。

（胡金光）

【开展校企合作】 2017 年，学校与企业联合培养来华留学生。新增华北电力大学与国机集团中国机械设备有限公司联合培养柬埔寨硕士研究生。首次邀请全球能源互联网发展合作组织、上海电气集团等知名企业走进校园走近来华留学生宣讲，并招聘 10 名来华留学生进入全球能源互联网发展合作组织实习 3 个月。

（胡金光）

【最受留学生欢迎教师评选】 2017 年 6 月，学院在留学生中开展“教学评估——最受留学生欢迎教师”评选活动。刘松、康肖杨、火月丽、曾雅云等 4 位教师获评为 2016—2017 学年汉语类课程最受留学生欢迎教师。

（吴春卿　许慧慧）

【免费开设 HSK 模拟考试】 2017 年，学院与 HSK 网考考点王府学校合作，为在校留学生免费开设 HSK 模拟考试。该项服务旨在方便在校留学生参加 HSK 考试，自我检测水平，准确把握考试动态，促进学生报考积极性。

（刘　松）

【留学生全英语授课】 2017 年，学校扩大留学生全英语授课专业范围，至年底，全英语授课博士专业 11 个，分别为电力系统及其自动化、核能科学与技术、可再生能源与清洁能源、热能工程、工程与项目管理、控制理论与控制工程、管理科学与工程、环境能源与工程、软件安全、信息安全、环境科学；全英语授课硕士专有 10 个，分别为电力系统及其自动化、核能科学与技术、可再生能源与清洁能源、计算机应用技术、材料科学与工程、控制理论与控制工程、热能工程、企业管理、化工过程机械、环境科学；全英语授课本科专业 2 个，为电气工程及其自动化、机械工程，其中机械工程专业为今年首次招生。

（吴春卿　许慧慧）

【留学生 2+2 项目】 2017 年，华北电力大学与蒙古科技大学联合 2+2 项目继续执行，共有 13 名电气工程及其自动化专业和 1 名能源与动力工程专业蒙古学生来校学习。

（吴春卿　许慧慧）

【制定留学生培养方案】 2017 年 6 月，学校学术委员会讨论通过国际教育学院制订的英语授课留学生培养方案。该方案涵盖全校 6 个博士一级学科、13 个硕士专业（学科）。

（吴春卿　许慧慧）

【教学优秀奖评选】 2017 年，火月丽参加华北电力大学 2016—2017 学年度教学优秀奖评选。获特等奖。

（刘　松）

【孔奖学生 HSK 考试】 2017 年，根据国家汉办要求，国际教育学院面向孔子学院奖学金学生开展 HSK4-6 级考前辅导，组织学生在北京王府学校（网考考点）参加各级别模拟考试及正式考试。其中，HSK 四级通过率 100%。

（刘　松　曾雅云）

【组织孔奖学生文化参访及游学活动】 2017 年，学院坚持开展留学生语言文化实践系列课程。以“发展中的当代中国”为主题，先后组织师生赴北京城市规划展览馆、古北水镇、上海外滩、杭州 G20 峰会会址、陕西博物馆、秦始皇陵兵马俑等地参观，结合当地情况开展语言实践活动。此举增进学生对当代中国和中国文化的理解，促进汉语教学成效，培养学生知华、友华情感，加深学生归属感与认同感。

（刘　松　曾雅云）

【北京高校留学生汉语之星大赛】 2017 年 4 月，学院承办第七届北京高校留学生汉语之星大赛海选阶段的比赛组织工作，获优秀组织奖。学校古巴留学生王少聪凭借优异的表现进入总决赛，并获得“汉语之星大赛优秀奖”，刘松获“优秀指导教师”称号。

（刘　松）

环境科学与工程学院

【概述】 2017 年，环境科学与工程学院牢固树立“科学管理、服务育人”的教育教学理念，做好人才培养、师资筹建、学科建设及教学科研等各项工作。

党建工作。学院领导班子充分贯彻学习党的十九大、学校第二次党代会精神，组织召开“全院党员学习大会”5 次，宣传贯彻党的十九大精神和习近平新时代中国特色社会主义思想，组织全院教职工开展“巡视整改自查”“北京市党建评估”“党风廉政建设”“教育教学思想大讨论”等重点党建工作召开相关党务工作学习研讨会议 9 次，学院书记带头为全院党员教师开展“贯彻党的十九大精神专题辅导报告”2 次。获评华北电力大学“2017 年度教师党员在线学习优秀党总支”。

学科建设。申报一级学科“环境科学与工程”博士点 1 个，获北京市“环境科学与工程”博士点申报排名第一；完成“环境科学与工程”、“化学工程与技术”2 个学位点评估，并获评全国高校环境学科优秀学位点称号；申报增设“环境科学”本科专业 1 个。

教学工作。完成“环境科学教学方案”教改大学大纲及相关专业课程 16 套，其中，8 门课程完成研究型课堂改革；获“北京市教学成果”二等奖 1 项，校级教学成果奖 2 项，校级教改项目 3 项，校级优秀班主任 2 人。强化学风建设，积极开展学风建设主题活动。创新人才培养取得较好成绩，获河北省优秀硕士论文 6 篇；大学生创新创业科技成果屡创新高，国家级成果共计 70 余项，省部级成果 30 余项。就业工作成绩突出，本科生就业率 98.6%，研究生就业率 98.8%。定期组织青年教师参加 2017 年学校教学业务培训，已基本形成本科教学梯队和研究生培养教学梯队，博士学历教师覆盖率 100%。

科研工作。以王祥科教授为学术带头人的引领下，进一步优化科研团队基础平台建设，高起点、高标准、高水平发表各类重要核心期刊学术论文，强化科研团队学术贡献，科研工作求实创新并取得重大成果：完成科学项目进展经费 2241.75 万元，超额完成学校下达任务（1993 万元），完成率 112.48%。全院教师共计发表 SCI 论文 90 余篇，人均绩效（8615.50）全校排名第一；获批国家自然科学基金 6 项，重点研发计划课题 1 项，总理基金 2 项。至年底，王祥科教授发表文章被他引超过 21 000 次，H 影响因子为 88。

师资队伍建设。逐步建成一支思想素质过硬、科研能力强、具有创新意识和团队精神的师资队伍；形成一支以院长王祥科教授（已荣获“高被引科学家”“杰青”“长江学者”）为学科带头人，以中青年学术骨干为支撑，具有稳定的研究方向和可持续发展能力的学术梯队。新招环境专业博士教师 6 名，在职博士后 2 名；形成 29 名教师的教学梯队，组建和完善本科教学团队和研究生培养教学团队。

工会工作。积极参加各项学校工会活动，在 2017 年春季学校运动会、校工会体育赛事中取得优异成绩，获个人运动赛事项目第一名 3 人，第二名 7 人，多人获其他比赛项目计分成绩名次；2 人获“2017 工会活动优秀先进个人”荣誉称号。

学生工作。6 人获学校一等奖学金、15 人获二等奖学金、20 人获三等奖学金、2 人获国家奖学金、4 人获校友办社会奖学金、6 人获国家励志奖学金，1 人获校级三好生称号、3 人获院级三好生称号。加强本科生科技创新创业工作；组织创新项目和创业项目培训实践，参加各类创新竞赛，1 人获工程能力竞赛北京市一等奖、1 人获节能减排校级二等奖、3 人获化学实验竞赛校级三等奖。

对外交流与合作。共邀请 20 余人次国内外学术专家到学院开展科技访问交流，如美国德州埃尔帕索大学化学及环境科学与工程学院的“杜德利教授”Jorge Gardea-Torresdey、韩国韩瑞大学博士生导师与韩国碳素学会常任理事 Won-Chun Oh 教授、德国知识研究协会主席以及迁移会议的国际指导委员会主席 Horst Geckeis 教授等，累计开展“华电大讲堂”9 次，其他国内专家学者到华电开展学术报告 10 余次。因公出国 16 人次；其中，王盛平副教授受国家留学基金委资助公派出国访问 1 年。在研究生的国际合作教学方面，培养巴基斯坦博士留学生 3 名，并自筹经费建设留学生科研实验室。

（何杰涛　谢　晶）

【概况】 2017 年，环境科学与工程学院有“环境科学与工程”一级学科硕士点 1 个，在该学科下设有“环境科学”“环境工程”目录内二级学科硕士点 2 个；在一级学科“环境科学与工程”下设的二级学科“环境工程”本科学位点，以及一级学科“化学工程与技术”下的二级学科“应用化学”本科学位点这两个具体学科。在“动力工程及热物理”一级学科下自设有“能源环境”二级学科博士点。2017年申报“环境科学与工程”一级学科博士点，获北京市“环境科学与工程”博士点申报排名第一。该院由原学校环境与化学工程系、资源环境研究院合并重新组建，现有在编教职工29人，非在编教职工2人。其中，专任教师22人（教授8人、副教授6人，具有博士学位的教师为100%）、有实验及技术人员3人、管理人员4人。学院现有学术带头人3名，博士生导师7名，“长江学者”2人，“杰青”1人，“总理基金”获得者1人，科技部“百名科技创新领军人才”1人，“万人计划”1人。该院教工党支部转入11人、现有党员20人。该院全年发展预备党员20人，12人成为入党积极分子；其中，12名学生递交入党申请书。本科生在校人数达206人，新招本科生56人。在读研究生189人（硕士158人，博士26人，博士后5人），留学生3人，新招硕士研究生46人，新招博士9人，新招博士后2人。开设研究生课程12门，完成教学496学时。开设本科生课程16门，完成教学576学时，认识实习2周。该院新签合同额2241.75万元，完成学校下达的任务（1993万元），完成率112.48%。在研项目26项（新增科研项目11项）。新增项目中，国家自然科学基金青年项目3项，国家自然科学基金面上项目6项，重大项目1项，总理基金1项。2017年，该学院教师共发表高水平学术论文90余篇，其中SCI检索91篇，人均科研绩效8615.50。建设本科教研室2个，研究生教学团队2个。实体化科研团队5个（环境放射化学方向、大气污染综合防治方向、火电厂排放脱硫脱硝方向、水资源保护与研究、土壤修复与重金属离子祛除）。本科教学实验室在建7个，在建科研实验室3个。

书　记：马小勇

院　长：王祥科

副院长：彭　林

（何杰涛　谢　晶）

【环境放射化学国际学术会议】 2017年3月14日，校长杨勇平参加环境学院“环境放射化学”研讨会，为提升学校环境领域学科声望及影响力，突出学校电力特色环境学科办学优势，实现华北电力大学环境学院“十三五”期间的跨域式发展奠定坚实基础。中科院高能物理研究所柴之芳院士、学科办主任赵冬梅、环境学院院长王祥科、科研院副院长杜小泽，以及“环境放射化学”学术领域各高校学院及科研院所主要负责人参加研讨会。

（何杰涛　谢　晶）

【王祥科在Advanced Materials上发表内封面论文】 2017年3月22日，学院王祥科教授与纳米中心孙向南及天津大学胡文平在Advanced Materials上合作发表内封面论文《Ternary NiCo2Px Nanowires as pH-Universal Electrocatalysts for Highly Efficient Hydrogen Evolution Reaction》[2017，29，1605502（1-6）]。

（何杰涛　谢　晶）

【王祥科论文入选中国科学十大优秀论文】 2017年3月26日，学院王祥科教授发表的论文《Graphene oxides for simultaneous highly efficient removal of trace level radionuclides from aqueous solutions》（Sci.China Chem.，2015，58（11）：1766—1773），入选中国科学2015年十大优秀论文；中国科学十大优秀论文以其较高的引用率和上网点击率，代表国家科学领域最新的研究成果。

（何杰涛　谢　晶）

马克思主义学院

【概述】 2017年，华北电力大学马克思主义学院在学科建设、教学工作等方面展开工作，各方面工作都取得显著成效。严格把关，确保思想政治理论课教学的政治方向；开展教育教学思想大讨论，认真研究教学教法，确保思想政治理论课教学质量提升；积极拓展学科建设，确保学科均衡发展；引进急需人才培养现有人才，确保教学、科研、团队的可持续发展；狠抓科研，全面提升马克思主义学院科研水平。以现有人才资源为基础，充分挖掘潜力，实现优势绽放，各教研室开展集体备课活动，推进十九大精神进课堂、进学生头脑。在此基础上，努力使教学质量再上新台阶，着力培养学科带头人4名，校级教学骨干4名，深入推进思想政治理论课教师的“专业化、专家化”工程。

（赵天怡　陈晓蕾）

【概况】 2017年，马克思主义学院设有思想政治教育专业硕士点1个，马克思主义中国化专业硕士点1个。学院有教职工47人。其中，专任教师43人，其中教授10人，副教授19人，讲师14人，管理人员4人。专任教师中具有博士后学历4人，具有博士学位20人，硕士生导师14人。马克思主义学院全日制硕士研究生春季答辩毕业13人，毕业13人；招收2017级思想政治教育专业12人，马克思主义中国化专业5人，共17人。学院教师发表学术论文73篇，其中中文核心期刊6篇；出版学术著作1部，出版读本1部；申报市级及以上纵向项目12项。承办京津冀地区“毛泽东思想和中国特色社会主义理论体系概论”课教学研讨会；邀请西安交通大学教授来校举行“大数据与马克思主义理论研究方法”专题讲座；学院教师参加第二届“全国马克思主义青年学者珞珈论坛”等马克思主义理论类相关研究论坛8次；参加全国“习近平新时代中国特色社会主义思想与高校思想政治理论课创新”学术研讨会1人；作为河北新型智库“长城文化安全研究中心”理事会理事，参加十九大前舆情研讨会1人。到美国进行学术交流的访问学者1人。学院获“我心中的思政课”全国高校学生微电影展示活动全国二等奖1人；被河北省教育厅授予“学校思想政治教育工作先进个人”1人；被共青团河北省委、河北省教育厅等评选为“挑战杯”大学生课外学术科技作品 “河北省优秀指导教师”1人。

书　记：蔡利民

副院长：孙　平（主持工作）

副书记：王聚芹（保定）

（赵天怡　陈晓蕾）

【周坚视察马克思主义学院】 2017年5月23日，校党委书记周坚到马克思主义学院调研，就马院的建设发展提出四点建议和希望：第一，马院的发展，要牢牢把握正确的方向，必须坚持马克思主义的指导地位，这是立院之本。第二，马院的发展，要植根于中国特色社会主义伟大实践。办好马院，必须密切关注马克思主义在中国的实践，特别要关注改革开放以来中国特色社会主义的发展历程。第三，马院的发展，要紧紧围绕人才培养这一核心。人才培养是大学的首要功能。第四，马院的发展，要抓住教师人才队伍这一关键。办大学，人才是根本；办好学院，更是需要人才作为支撑。要健全评价激励机制，营造良好工作氛围，把马院教师的积极性主动性切实调动起来，为大家干事创业营造良好氛围。

（赵天怡　陈晓蕾）

【学习宣传十九大精神】 2017年，学院成立教师党员十九大精神宣讲团；组织多名教师参与学校部署的微党课录制。11月，成立研究生“十九大精神学习宣讲小组”。12月2日，在校党委副书记何华的带领下，马克思主义学院党员教师瞻仰位于上海兴业路76号的中共一大会址纪念馆。

（赵天怡　陈晓蕾）

【入选马克思主义理论教学指导委员会委员】 2017年3月6日，保定校区马克思主义学院魏彤儒、王聚芹、孟祥林入选为2017—2020河北省高等学校“马克思主义理论教学指导委员会”委员，主要围绕高等学校马克思主义理论教育教学的研究、咨询、指导、评估、服务等开展工作。

（陈晓蕾）

【成立国学研究中心】 2017年6月，国学研究中心成立。该中心是组建马克思主义学院成立以来第一个由马克思主义学院教授牵头的校级科研机构，由王威威教授担任主任。

（赵天怡）

【获全国挑战杯省赛特等奖】 2017年6月，保定校区马克思主义学院《高校志愿服务项目运作模式研究》和《当代大学生对马克思主义的全面认知及引领策论——基于马克思主义理论学科建设背景的调研》项目分别获第十五届全国“挑战杯”竞赛省赛特等奖。魏彤儒、王建红获“优秀指导教师”荣誉称号。

（陈晓蕾）

【王威威获评北京市优秀党员】 2017年6月，王威威被评为“北京市优秀党员”，受到北京市委的表彰。

（赵天怡）

【三位教师获校教师节表彰】 2017年9月8日，在华北电力大学2017年教师节庆祝暨表彰大会上，马克思主义学院三位教师受到表彰：魏彤儒获“河北省学校思想政治教育先进工作者”荣誉称号、王聚芹获第十五届河北省社会科学优秀成果奖二等奖、孙芳获河北省2016年高校“形势与政策”课教学展示一等奖与2016—2017年度校教学优秀奖。

（陈晓蕾）

【科研项目获立项】 2017年9月20日，赵鲁臻主持申报的《危机下的变革：晚清陆军战术及训练研究》（项目编号：17FZS015）项目获立项资助。王旭琰成功申报北京市社科基金。

（赵天怡　陈晓蕾）

【获北京市教学成果奖二等奖】 2017年11月，蔡利民教授主持的教学成果项目《弘扬中华传统文化，培育和践行社会主义核心价值观的教学探索与实践》获北京市教学成果奖二等奖。

（赵天怡）

【获微电影展示全国二等奖】 2017年11月10日，王建红指导的《说唱毛概》获“我心中的思政课”全国高校学生微电影展示活动全国二等奖。

（陈晓蕾）

【举办硕士学位点合格自评专家评审会】 2017年11月，学院先后两次举行马克思主义理论硕士学位授权点合格自评估专家评议会，分别邀请到五位校外权威专家参会。校党委副书记、马克思主义学院研究生导师汪庆华，学院北京、保定两校区硕士生导师、教师代表及部分研究生参加会议。

（赵天怡　陈晓蕾）

体育教学部

【概述】2017年，体育教学部遵循“以人为本，健康第一”的指导思想，从多方面提高和改进师生的健身理念，创造良好的锻炼环境，为高水平大学建设提供有效支撑和保障，使体育教学部教学、群体、科研、竞赛训练等工作质量不断提高。

体育教学和体育课程建设。积极进行体育教学改革，通过“一课双项”的体育专选课教学、校代表队训练、校园足球活动、院系组织的课余体育活动和各单项体育协会协调配合搞好学校体育人才全方面的培养。推动体育教育教学主体从“以教为主”向“以学为主”转变，做到“创新教育模式、激发锻炼志趣、提高培养质量、搞好校园足球”。运动队和运动竞赛是学校的窗口，在认真搞好教学和课外体育的同时，认真搞好各种竞赛活动和高水平运动队建设，校男女篮球队、排球队、足球队、田径队、乒乓球队、毽绳队、啦啦操队、体育舞蹈队、街舞队、藤球队、铁人三项队、武术队、越野攀登队、跆拳道、传统养生、健身气功，在全体教练员科学管理和严格要求下，运动员刻苦训练、努力拼搏，在比赛中取得优异成绩。开展阳光体育运动，引导组织各院系开展趣味运动会。要求学生在上好体育课基础上，积极参加各种体育活动，结合自己实际在不同的时间和场合进行有效的体育锻炼。

科学研究。体育教学部教改课题获校级教学成果奖2项，一等奖（北京）、二等奖（保定）各1项；纵向课题3项，到账金额6万；横向课题2项，到账金额3万；主编体育专著9部、参编体育专著5部，共发表论文48篇，其中核心期刊7篇；国际学术会议论文11篇，其中SCI检索3篇、EI检索2篇、CPCI-SHH检索4篇。参加国际学术会议交流2项；举行校内学术交流1项，交流论文8篇。

人才培养。支持鼓励教师尤其是青年教师出国进修和外出参加学术研讨和交流会，开阔眼界，交流思想；鼓励青年教师参加高级别的体育学术论文报告会，提升学术交流的档次和内涵。采取传帮带的策略及参加高级研修班，提高高水平教练员的专业水平。指导支持青年教师钻研业务、提高教学水平。

（李文忠　赖其军）

【概况】2017年，体育教学部有教职工58名（保定26人），其中，专任教师53人（保定24人），教授5人（保定3人）、副教授22人（保定12人），具有硕士学位的教师（北京）89%，（保定）63%。管理人员3人（保定1人），实验及技术人员2人（保定1人），体育教学部有中共党员44人（保定19人）。华北电力大学体育教学部分北京和保定2个教学部。现有体育运动中心1座，有标准塑胶田径场3块（保定2块），场内均设有标准足球场地。室外篮球场49块（保定35块），排球场14块（保定12块），塑胶网球场地11块（保定5块），羽毛球场地8块（保定），小足球场4块（保定），乒乓球台110张（保定60张）。教学器材种类齐全，数量充足，各运动项目器材配备完善。运动场总面积11.57万平方米（保定65 950平方米），室内运动场面积为8244.55平方米（保定3150.55平方米）。室内运动场地包括400平方米综合训练场1个（保定），414.75平方米健美操教室2个（保定1个，193.75平方米），1780平方米乒乓球室3个（保定1个，500平方米），111平方米健美教室1个（保定），404.5平方米武术、跆拳道教室1个（保定），205.5平方米形体教室1个（保定），637.8平方米综合体育教室1个（保定），869.5平方米大学生体质健康测试室两个（保定1个，169.5平方米），528.5平方米体育活动中心跑廊1个（保定）。

（赖其军　王　艳）

【第八届大中学生武术比赛获佳绩】2017年1月8—11日，河北省第八届大学生武术比赛在河北农业大学举行，来自全省的38所高校、5个地市共计43支代表队的388名运动员参加比赛。学校武术代表队参加乙组比赛，获一金三银的优异成绩。

（赖其军）

【体育工作会议获得奖励】2017年1月17—20日，河北省普通高校体育工作会议在石家庄市召开。华北电力大学体育教学部（保定）被河北省教育厅思政体卫处和河北省大学生体协授予“学校体育工作管理优秀单位”荣誉称号；学校体育教学部（保定）房游光、孙宇获河北省优秀体育教师荣誉称号。

（赖其军）

【获首都高校阳光体育联赛朝阳杯优胜校】2017年3月18—19日，在国家会计学院召开北京市大学生体育协会第五届会员代表大会，来自首都的近80所高校代表出席会议，会议对2016年首都高校阳光体育联赛“阳光杯”“朝阳杯”获奖学校进行颁奖，华北电力大学以团体总分1240分获甲组第七名，同时获朝阳杯优胜校奖牌。

（王　艳）

【中国登山赛获佳绩】2017年4月8日，由中国登山协会和中国风景名胜区协会共同举办的2017中国健身名山•登山赛在八达岭长城举行，共2000余名选手参赛，王臣善、王天蔚、李欣林分获男子组前三名，高萌、牟甜鸽分获女子组前两名。

（赖其军）

【首都高校武术比赛夺冠】 2017年4月23日，由北京市大学生体育协会主办，北京市大学生体育协会武术分会、北京林业大学承办的2017年首都高校武术集体项目比赛在北京林业大学举行。来自首都高校近200名大学生参加比赛。华北电力大学由张晓栋老师带队参加比赛，获集体项目组初级拳一等奖、集体项目组24式太极拳一等奖、团体总分第六名。张晓栋获优秀教练员称号。

（王　艳）

【获特步CUFL大足联赛亚军】 2017年5月20日，华北电力大学足球队参加2016—2017全国青少年校园足球联赛特步中国大学生校园足球联赛校园组（东北区）决赛，2:3负于东道主中国地质大学（北京）获得亚军，并获全国总决赛资格。学校自2013年参加大足联赛分区赛以来，共获冠军1次，亚军3次，季军1次。华北电力大学足球队是全国唯一一支五次进入全国总决赛的队伍。

（赖其军）

【啦啦操锦标赛获佳绩】 2017年5月22—28日，由国家体育总局和中国大学生体育协会联合主办的2017年全国啦啦操锦标赛在天津举行。来自全国65所高校，共286支队伍6600余选手参赛。华北电力大学两项技巧套路，一项双人爵士分别获一、二、三名。

（赖其军）

【高校田径邀请赛获佳绩】 2017年5月29日，华北电力大学田径代表队参加“晋冀鲁豫”四省高校田径邀请赛高水平运动员组（甲组）13项比赛，共获5金、2银、1铜。该邀请赛由河南大学承办，共有晋冀鲁豫四省六所高校的120名运动员参加17个项目角逐。

（赖其军）

【全国大学生网球锦标赛获突破】 2017年5月26—28日，华北电力大学网球队参加第二十二届全国大学生网球锦标赛华北赛区比赛，男子甲组团体、女子甲组团体均取得历史性突破，获得第八名。华北赛区共有来自北京、天津、河北、山东、内蒙古五省市自治区20所高校参加。

（赖其军）

【首都高校铁人三项赛创佳绩】 2017年6月3日，首都高校第六届校园铁人三项赛暨全国高校第五届校园铁人三项邀请赛在中国石油大学举行。来自全国25个院校的180名选手参赛。比赛分为小轮车三项、小轮车两项、轮滑三项、轮滑两项和水陆两项五个项目。华北电力大学派出10名队员参赛，获三个单人项目第一名、团体总分第四名和“体育道德风尚奖”，徐新利获“优秀教练员奖”，沈弘、申海波获“铁人精神奖”。

（王　艳）

【首都高校武术比赛夺冠】 2017年6月4日，由北京市大学生体育协会主办，北京市大学生体育协会武术分会、北京理工大学、北京武道体育文化发展有限公司、北京市房山区武术运动协会承办，2017年“龙魂杯”首都高校武术比赛在房山区良乡体育中心举行，来自首都高校465名大学生参加比赛。华北电力大学张洪敏获初级棍第一名、三路长拳第三名、初级刀第四名。

（王　艳）

【中国大学生跆拳道品势锦标赛获佳绩】 2017年6月19—22日，中国大学生跆拳道（品势）锦标赛在辽宁省辽阳市举行。本次比赛由中国大学生体育协会主办，辽宁省辽阳市弓长岭区人民政府和沈阳师范大学联合承办。参加本次比赛的共有53个高校代表队，总计500名运动员。华北电力大学跆拳道队参赛，获1金2银7铜。获“优秀代表队”称号和“道德风尚奖”。

（赖其军）

【获大学生足球联赛全国总冠军】 2017年7月12日，全国瞩目的CUFL大足联赛校园组全国总决赛在哈尔滨工程大学举行，来自全国的东北、东南、西北、西南四个分区赛的前四名共十六支队伍参赛。华北电力大学足球队参加比赛，领队房游光、王建伟，主教练闫旭，助理教练云欣、单嘉恒。在东北赛区三强同在D组的小组赛中，以小组第一进入八强。在淘汰赛八进四中战胜夺冠呼声最高的西北区冠军呼和浩特民族学院进入四强。18日，校足球队在半决赛中战胜武汉理工大学队进入决赛，并在19日决赛中战胜新疆农业大学，夺得总冠军。闫旭获全国最佳教练员称号，阿依多斯获最佳运动员称号。

（赖其军）

【第十九届大学生运动会获佳绩】 2017年7月17日，河北省第19届大学生运动会在河北建筑工程学院体育场举行。本次比赛由河北省教育厅主办，省大学生体育协会协办，河北建筑工程学院承办，来自全省90余所高校3000余名运动员参赛，设甲乙丙丁四个组别的比赛，华北电力大学田径队派出由12人参加丁组（体育特招生组）24个项目的比赛。获2金5银8铜，并获体育道德风尚奖。

（赖其军）

【校足球队夺取全国总冠军表彰大会】 2017年7月19日足球队获2016—2017中国大学生足球联盟（校园组）全国总冠军。为嘉奖足球队取得历史性突破，学校于9月8日举行表彰大会。校长杨勇平、副校长孙忠权、党委副书记汪庆华、党委副书记郭孝锋、副校长律方成和有关部门负责人及体育教学部教师、足球队全体队员参加表彰会。表彰大会由郭孝锋主持。党委书记周坚等校领导在表彰大会前参观由体育教学部制作的学校足球队夺冠展览。孙忠权宣读对校足球队及教练组给予表彰奖励的决定，汪庆华宣读授予校足球队“华北电力大学青年五四奖章集体”的决定。杨勇平向体育教学部颁发“足球队发展奖励金30万元”奖牌，孙忠权为足球队颁发“华北电力大学学生体育活动标兵团队”奖杯，律方成为获得“华北电力大学体育之星”的学生阿依多斯颁发证书，汪庆华为校足球队颁发“华北电力大学青年五四奖章集体”证书。杨勇平在表彰会上发表重要讲话，号召全校师生以足球队夺冠为榜样，学习和发扬他们勇于攻坚克难、敢于挑战和获取胜利的精神，并把这种精神带入“双一流”大学建设的各项事业中。

（赖其军）

【首都高校第十届大学生藤球比赛获佳绩】 2017年11月5日，由北京市大学生体育协会、北京市体育协会毽绳运动分会、北京高校民族体育研究会等共同举办的首都高校第十届学生藤球比赛在对外经济贸易大学进行，来自北京的十余所高校参加比赛。华北电力大学获男子团体和女子团体队甲组第三名。李亮获最佳教练员称号，仁增多吉获最佳运动员。

（王　艳）

【杜松彭主席一行赴华北电力大学参观交流】 2017年11月9日，北京市大学生体育协会主席杜松彭、秘书长刘启孝、教学群体科研部主任张威携毽绳分会相关负责人赴华北电力大学体育教学部进行座谈、参观和交流。体育教学部主任曹运华、副主任李文忠参加座谈交流。曹运华首先做关于华北电力大学体育教学部师资、教学、科研、群体、训练等方面的报告，李文忠对群体方面做补充，杜松彭主席对学校体育工作的开展给予肯定，与体育工作主管校长孙忠权交换意见。教学群体科研部主任张威对体育工作的开展提出四点看法：①作为大学校，要有与学校发展同步的体育排名；②华电的师资队伍中，高级职称占有率偏低，不利于积极性的调动和工作的开展；③教学要有计划地进行推进，做到“一项一品、一人几品”；④群体活动开展不错，在项目开展中争取做到“一系一项”，教师联系院系，做到“人手一队”。

（王　艳）

【全国大学生健康活力大赛获佳绩】 2017年11月23—26日，由中国大学生体育协会主办，中国大学生体育协会健美操艺术体操分会执行，淳安县人民政府、浙江省健美操协会承办的“2017年第十三届全国大学生健康活力大赛暨全国大学生健美操健身健美校园健身操舞锦标赛”开赛，共有172个代表队，2000多名运动员参赛。华北电力大学Unsleep街舞代表队夺得两个全国一等奖第一名，五个全国一等奖第二名的好成绩，并获街舞项目“最佳表演奖”。

（赖其军）

【第三十四届田径精英赛获佳绩】 2017年11月25日、12月24日，北京大学生第三十四届田径精英赛在北京建筑大学和北京市先农坛体育场开赛，来自23所高校，300多名运动员参赛。学校派出领队曹运华，教练员王建军、王莹琪、耿爱华和27名运动员参赛。华北电力大学田径队获10金、7银、3铜，女子团体第一名，男子团体第三名。朱子龙以22.32秒的成绩打破200米首都高校纪录。

（王　艳）

【首都高校第十八届传统养生赛获佳绩】 2017年11月25日，首都高校第十八届传统养生体育比赛在北京建筑大学举行。来自23所高校282名中外学生参加比赛。华北电力大学代表队获“集体导引保健功”第一名、“集体益气养肺功”获第二名；个人项目男子导引保健功第三名、第五名，男子和胃健脾功第六名，男子太极功夫扇第八名，女子益气养肺功第五名，女子导引保健功第八名。学校获团体总分第八名。

（王　艳）

【获首都高校乒乓球锦标赛亚军】 2017年11月25日、26日，首都高校乒乓球锦标赛在北方工业大学举行，来自63所首都高校800余名运动员参赛，华北电力大学由教师那铎带队，王洁聪、季新苗获女双第二名，陈伟瑜、季新苗获混双亚军，男单、男双、女单进入16强。

（王　艳）

【河北大学生羽毛球公开赛获佳绩】 2017年11月25—26日，第一届河北省大学生羽毛球公开赛在河北科技大学风雨操场主体育馆内举办。华北电力大学羽毛球队获男双冠军、女双冠军、混双亚军。该比赛由河北省大学体育协会、河北省羽毛球协会、河北新闻网联合主办，共62所高校476名学生参加，其中30所高校的127名学生进入决赛。

（赖其军）

【大学生足球联赛勇夺七连冠】 2017年11月30日，由河北省教育厅主办、燕山大学承办的河北省大学生足球联赛（校园组）在燕山大学体育场举办，共12支大学代表队伍参加校园组竞技。华北电力大学足球队2:0战胜河北师范大学足球队，捧得冠军奖杯，这也是华电男足连续第七年夺得河北省冠军。同时获得“体育道德风尚奖代表队”荣誉称号。队员在参加的五场比赛中，取得进26球零失球的优异成绩，最佳射手阿依多斯踢进11粒进球，超过其他球队进球总数。

（赖其军）

【首都高校羽毛球锦标赛获佳绩】 2017年12月3日，由北京市大学生体育协会主办，北京市大学生体育协会羽毛球分会、北京大学承办，李宁公司协办的2017首都高校羽毛球锦标赛在李宁中心拉开帷幕。来自首都高校的众多选手参赛。华北电力大学由王萍带队，石梦麟获男单乙C组第一名，李欣宁获女单乙C组第五名，林芳向获女单乙C

组第八名，柳乐怡、吴沁莹获女双乙C组第三名，陈嘉敏、王宗扬获混双乙B组第三名。

（王　艳）

【首都高校大学生毽绳比赛获七连冠】 2017年12月3日，首都高校第二十五届大学生毽绳比赛在华北电力大学举行，来自首都22所高校600余名运动员参加比赛，华北电力大学由奚彩莲、漆小红带队，获跳绳女子团体第一名、男子团体第一名、男女团体第一名；踢毽女子团体第一名、男子团体第三名、男女团体第一名；毽绳女子团体第一名、男子团体第一名、男女团体第一名；花样跳绳一等奖、体育道德风尚奖、最佳人气奖及个人单项奖等，实现毽绳团体赛七连冠。

（王　艳）

【焦安静获多项体育赛事冠军】 2017年，焦安静参加多项国内、国际体育赛事成绩优异。9月24日，参加崇礼半程马拉松获女子组冠军。10月14日，参加常州半程马拉松赛，用时1小时18分50秒，获国内半程马拉松女子组冠军，获国际组第二名，来自全国20 000多名选手参赛。10月15日，参加江苏昆山半程马拉松赛获女子组冠军。11月25日，参加北京大学生第三十四届田径精英赛获5000米第二名，10 000米第一名。12月10日，参加广州马拉松赛，以2小时40分17秒，获“广马”全程女子组国内第二名，国际第八名。该赛事是2017—2018赛季中国马拉松大满贯第二站，来自多个国家和地区的30 000余名选手参赛。

（王　艳）

教科研设施与服务保障

Infrastructure and Service Guarantee

○综　　述

2017年，图书馆以建设“双一流”高水平大学为目标，优化传统服务，拓展新服务功能，提升学科服务能力，推进阅读推广资源推介平台，提高文献信息资源利用效益，为学校教学科研提供文献信息和服务保障。利用微博、微信、QQ群等新媒体平台开展服务宣传、资源推广，为读者提供阅读指导和服务咨询。BALIS原文传递服务在96家成员馆中综合排名第四，获先进集体、先进个人称号；馆际互借服务在88家成员馆服务评估中排名23，获先进集体三等奖、个人先进二等奖。开展北京高校图书馆研究基金项目“华北电力大学电力特色数据库建设研究”建设，建成研究生论文全文数据库，全面数字化博硕士研究生论文；《图书馆与文献检索》课程获教育部和“爱课程”网图书馆（学）在线课程联盟慕课课程立项；“一种基于云平台和移动终端的论文自动查收查引方法”获发明专利；《北京高校图书馆资源建设趋势及分析对策》获2017“科技信息服务与创新”学术年会优秀论文一等奖，《我国高校图书馆无障碍环境建设的思考》获优秀论文二等奖。

2017年，网信办按照学校提出的进一步理顺信息化建设的管理体制和运行机制，建立网信办一体化运行管理制度，推进两地信息化建设。建设师生一站式服务大厅，开通服务热线电话；建成移动微校园，提供教务、财务、一卡通、图书馆、通知文件等查询服务；建成两会电子会务系统、人脸识别签到系统；建设两校区一体化数字华电门户系统，建设新办公OA系统、新教务管理系统、人事管理系统二期等，升级财务、科研和资产等系统。保定校区完成校园无线网一期，校区新版主页改版上线，10个院系新网站上线运行。

2017年，工程训练主要承担学生的工程训练、教学综合实验和创新实践活动、为机械学科提供科研平台和开展对外技术服务。负责管理全校国家级大学生创新实践项目，参与创新实践学生达2300人次，合计30万人时数。中心发表高水平论文2篇，中心教师获省级教学成果奖1项、校级教学成果奖1项；国家级教学研究项目2项、教指委项目1项；科研项目2项，科研经费36万元，编写教材1部，发表论文7篇。

2017年，金工实训中心完成电气学院、能动学院、控计学院、可再生学院、核学院、国际教育学院、经管学院等七个学院18个专业75个班，约2100人为期2～3周的实习任务，教学运行机制和教学质量进一步提升。组织、指导学生参与创新实践，获中国工程机器人大赛暨国际公开赛全国一等奖1项；获北京市第六届大学生工程训练综合能力竞赛一等奖2项、二等奖2项。

2017年，华北电力大学后勤围绕学校二次党代会精神，以节约型、花园式校园建设为中心，结合工作实际，推进后勤制度、文化建设，完善和提高后勤管理服务质量与水平，努力构建与高水平研究型大学相适应的后勤服务保障体系。北京校部完成学校《公务用车管理办法》、后勤《三重一大》《会议制度》等20余项制度的制定（修订），初步建立与高水平研究型大学相适应的后勤制度体系；先后完成食堂排油烟系统及配套设施改造，教一楼360余个房间用电线路改造，重点打造海棠园、月季园、紫叶李大道、榆叶梅大道、荷花池小河等景观，校园绿化覆盖率达到45%。保定校区后勤推进管理和服务规范化建设，完善文件收发、登记、借阅及档案管理，建立信息发布审批制度，规范固定资产新购置登记及报废等相关流程；接待中心安装人像身份识别系统，实现客人身份信息的准确采集；建立中心安全管理工作季报制度。

2017年，校医院深入学习党的十九大精神和大学第二次党代会精神，以“为师生提供可靠的健康保障”为宗旨，满足师生和社区患者日益增长的健康服务需求，为师生提供安全、有效、便捷、价廉、温馨的医疗服务，落实国家的各项医改政策，完成公共卫生防控、健康教育、常见病诊疗、健康体检和公费医疗管理等各项工作。学校获北京市“无偿成分献血突出贡献奖”，医院获昌平区结核病防控先进单位，获大学春季田径运动会优秀组织奖和乙组第四名。

图书馆建设

【概述】 2017年，华北电力大学校部图书馆以建设“双一流”高水平大学为目标，优化传统服务，拓展新服务功能，提升学科服务能力，推进阅读推广资源推介平台，提高文献信息资源利用效益，为学校教学科研提供文献信息和服务保障。在信息服务、读者培训、学科服务、信息化基础建设、文化建设、立德树人教育等方面为学校教科研、人才培养提供支撑。

业务规则调整。校部图书馆针对电子资源连年涨价、购置经费有限的现状，大幅减订纸本期刊并修订纸本期刊采购原则，即电子期刊与纸本期刊协调采购，专业期刊以电子版为主；停订非核心专业期刊；停订人大报刊复印资料；保留学校特色专业期刊；重点收藏时事政治经济文化等休闲类期刊。调整图书借阅规则，取消文化教育（G）、语言（H）类图书的保留本，扩大图书外借范围。

学科服务。根据上海软科发布《中国最好大学排名2017》《QS世界大学学科排名（2017）》《T.H.E.2017年亚洲大学排名》和《ESI数据统计与分析》（2017年3—11月份）等数据，为学科办开展定题服务，完成学校学科排名统计分析报告8份，为研究学科发展实际水平提供科学参考。开展嵌入式学科服务，嵌入电子与通信工程系“无线通信”及经济管理系“产业经济学”课堂，针对课程文献的检索为本科生讲解相关数据库及文献管理软件的使用；举办第三届研究生科研达人培训和选拔活动，采用理论测试和实务操作相结合的方式，帮助研究生开展学术探索，提高科研写作水平；创建经济管理系、英语系学科服务QQ群，为教师和研究生推送图书馆资源与服务信息。

阅读推广。围绕世界读书日，举办借阅排行展、读书交流会、读书明星、书香班级、荐购达人评选等15项活动；开展“红色经典”阅读推广活动：设置“红色经典图书”书架，在微信公众号“图书网络党总支”及“华电小图”定期推送红色经典图书书目，提供师生线下线上阅读；推出“马工程教材”专架，集中摆放哲学社会科学专业的基础理论课程和专业主干课程教材；邀请热爱读书的教师参与图书馆阅读推广活动，建设书香华电。编写《2016年图书馆资源与利用白皮书》对图书馆资源及其利用状况进行数据对比分析，帮助师生了解学校科研动态及热点；举办MDPI国际英文期刊投稿与写作讲座和全球专利分析数据库培训使用培训，提升师生科研能力。

新技术应用。利用微博、微信、QQ群等新媒体平台开展服务宣传、资源推广，通过为读者提供阅读指导和服务咨询，提高图书馆资源的使用效率。读者通过4台自助借还机借还图书221 556册，占总借还书量的91.2%。读者通过手机扫描二维码，使用电子书借阅机借阅各类电子书共计49 171册；座位预约系统为读者提供服务共计1 137 954人次，座位使用率由之前的40.9%提升至88.2%，有效规范阅览秩序。5个研讨空间为大学生创新项目、数学建模、课程设计、辩论赛筹备提供空间服务，全年预约使用2606次，接待师生11 500人。

馆际协作。BALIS原文传递服务在96家成员馆中综合排名第四，比2016年提高三个名次，获先进集体、先进个人称号；馆际互借服务在88家成员馆服务评估中排名23，获先进集体三等奖、个人先进二等奖。参与高科联盟图书馆各项工作：按照高科联盟数字资源采购方案统一购买学校2017年数字资源；参与高科联盟《科技文献检索》系列教材编写工作：负责主编《科技信息检索与利用（专业硕士理工类）》教材，参编《科技信息检索与利用（学术硕士）》教材。

科研成果。开展北京高校图书馆研究基金项目“华北电力大学电力特色数据库建设研究”建设，建成研究生论文全文数据库，全面数字化博硕士研究生论文；《图书馆与文献检索》课程获教育部和“爱课程”网图书馆（学）在线课程联盟慕课课程立项；“一种基于云平台和移动终端的论文自动查收查引方法”获发明专利；《北京高校图书馆资源建设趋势及分析对策》获2017“科技信息服务与创新”学术年会优秀论文一等奖，《我国高校图书馆无障碍环境建设的思考》获优秀论文二等奖。

信息服务。编写《华北电力大学ESI学科数据分析报告》，分析学校学科发展情况，评估优势学科、潜力学科，提交给校领导决策层；在图书馆主页建立“ESI”专栏，建立学校ESI上榜学科、高被引论文及热点论文档案（每两个月更新一次）；邀请ESI讲师做“‘双一流’学科发展与绩效分析研讨会”，为与会科研管理人员及教师解答关于ESI高被引论文、高水平论文发表以及选刊投稿等问题。

读者培训。举办主题为“利用文献资源，写好毕业论文”“深化信息服务，助力科学研究”“科研路上 图书馆与你同行——研究生入馆教育”“图书馆数字资源概览”等13个专题讲座13场；完成本科生、研究生669人次的检索课教学工作；电子阅览室举办“大数据环境下的图书馆应用”“图书馆馆藏使用方法及服务简介”“常用外文数据库的使用检索技巧”等8个专题“半小时讲座”16场；开展2017级本科新生入馆教育培训，共有63个班级的2951人通过集体入馆教育培训及测试。

信息化基础建设。完成网络间交换机更换及UPS电源改造升级；完成图书馆文献管理系统升级及微信平台构建和兼容性改造；完成学位论文管理系统ETD3.0前期调研论证、购置、安装调试及与原Apabi学位论文数据的转换工作。

文化建设。举办第八届读书节“我读书、我成长、我快乐”系列活动8项，参与者上千人次；举办“世界读书日”系列活动，推选“悦读华电：最受大学生欢迎的图书榜单”，发出“共读一本书”活动倡议，启动《平凡的世界》共读和交流活动；6月，面向2017届毕业生推出专项系列活动：“致毕业生——伴一缕书香前行”“图书馆为你准备的毕业‘行囊’——处世择业类图书推荐”“毕业生捐赠图书倡议书——情满华电 书暖人心”；图书馆主页及微信平台同步推送系列馆藏推荐活动：“好书推荐”电子期刊9期，每期推荐10本馆藏新书；一校图书馆科技阅览室推出“小微邀你来读书”10期，每期推荐科技类图书20本，设立专门展架；一校图书馆社科阅览室推出 15 期主题书展，展出社科类图书 217 册。

立德树人教育。图书馆志愿者服务注册报名 184 人，累计上岗服务时间 4296 小时，上岗服务时间满 40 小时的志愿者 85 人，年内上岗服务时间满 100 小时的志愿者 8 人。至年底，注册志愿者 1158 人，上岗服务时间满 40 小时的 320 人，上岗服务时间满 100 小时的 33 人，志愿者累计上岗服务时间 23 062.5 小时；诚信书屋接受捐赠图书 4549 册，至年底，累计接受捐赠 151 707 册；向精准扶贫点中小学捐赠衣物 174 件、图书 1251 册、期刊 2587 册。

成果与荣誉。赵丽香、田永超等获河北省高校图书馆服务创新案例大赛优秀奖；陈力、周晓兰、张卫平获“河北省高校图书馆先进工作者”称号；读者协会获保定市十佳全民阅读社会组织。

（林建华　赵丽香）

【概况】 2017 年，北京校部图书馆馆舍总面积 1.86 万平方米（注：经校资产处重新核定），阅览座位 1984 个。实际完成年度文献购置经费 716.42 万元，其中购置中外文图书 203.03 万元，中外文报刊 51.02 万元，电子资源 426.37 万元。年进新书 42 070 册，订阅中外文报刊 851 种。接收博硕士学位论文 2269 册，新增随书光盘 172 种。至年底，共拥有纸质文献 118.00 万册，其中图书 107.96 万册，期刊合订本 7.72 万册，博硕士学位论文 2.32 万册；随书光盘 1.06 万种；电子图书 128.76 万折合册，电子论文 165.12 册，电子期刊 22.19 万种，26.29 万折合册（按教育部计量标准统计）。全年共接待读者近 139.96 万人次；外借图书 12.18 万册；图书馆网站访问量达 126.17 万人次。微博、微信、QQ 群等新媒体平台总计关注人数达 11 370 人，共推送各类导读荐读文章 1788 条，解答读者问题 12 万余字，师生通过微信荐购群推荐中外文图书 765 种。完成《中国期刊网》等 50 余个已有数据库的续订和外文数据库合同的重新审核工作，新增《IET 电子书—1979～2016 版权年》《科学文库—科学出版社电子书》《欧洲数学学会期刊》《TotalPatent 全球专利数据库》《Knovel 在线工程参考工具数据库》《PatentStrategies 专利分析平台》《ESI》《SCOPUS》《SciVal》9 种数据库资源。完成查新课题 236 项。北京校部开通试用数据库 30 个。

保定校区图书馆馆舍面积 2 万平方米，阅览座位 1700 余个。实际完成年度文献购置经费 592.52 万元，其中购置中外文图书 155.19 万元，中外文报刊 27.23 万元，电子资源 410.09 万元。年进新书 41 661 册，中文报刊 748 种，外文期刊 22 种。接收博硕士学位论文 1301 册，新增光盘 1167 片。至年底，拥有纸质文献 148.30 万册，其中图书 138.47 万册，报刊合订本 8.35 万册，博硕士论文 1.48 万册；电子图书 19.27 万折合册，电子论文 189.43 万册，电子期刊 12.88 万种，13.20 万折合册（按教育部计量标准统计）。全年接待读者 30.00 万人次，外借图书 13.29 万册，网页访问量 100.89 万人次。官方微信平台“华电微图”及“华电读者小助手”关注用户达 10 322 人。共推送资源及服务信息 316 条，回复咨询及跟帖 1567 人次，推荐好书 460 种。用国家图书馆、中国高校人文社科文献中心（CASHL）、北京地区高校图书馆文献资源保障体系（BALIS）等系统处理文献请求 337 篇；通过 Web of Science，EI、CSSCI 等检索型数据库为校内外科技人员提供 1281 人次 3367 篇的查收查引工作。新增“中国共产党思想理论资源数据库”；新增“中文在线数字平台”的期刊资源 3500 种，新增 Springer2014～2016 三个版权年电子书（科技工程类）12 591 册，“畅想之星”电子书 1321 册，增加“edX 国际网络课程平台”和“国家哲学社会科学文献中心”两个开放资源。开通试用数据库 50 余个。完成查新课题 128 项。

（林建华　赵丽香）

【阅读推广月活动】 2017 年，校部图书馆开展以“走近图书 快乐阅读”为主题的全民阅读推广月活动。4—6 月，先后举办中外文新书展示荐购、BALIS 原文传递与馆际互借服务宣传和推广、“书香传递”读书交流、广告作品展、图书借阅排行榜、“书香班级”“读书明星”“荐购达人”“用座文明之星”评选等 15 项活动。

（易　彬）

【读者协会获保定市荣誉称号】 2017 年 4 月 21 日，保定校区图书馆读者协会获保定市全民阅读办公室、保定市文化广电新闻出版局颁发的“十佳全民阅读社会组织”称号。保定校区图书馆读者协会成立于 2002 年，致力于图书馆利用指导和阅读推广活动。该协会累计举办“好书交换”“好书推荐”“好书捐赠”“读书交流会”等主题活动近 100 项，出版“读者文轩”“图书馆通讯”等宣传品近 100 期，并通过“读书天地”“读者协会”网站及微信平台等新媒体宣传推广，打造全方位、全程化、多渠道的阅读推广模式，营造浓郁的阅读氛围。

（赵丽香）

【开展献爱心活动】 2017 年 4 月 26 日，保定校区图书馆党支部、分工会向学校精准扶贫点阜平县史家寨捐赠书刊 427 本，衣物 174 件，图书馆期刊、杂志 170 种 2587 册，“北京蔚蓝公益基金”捐赠图书 824 册，码洋 20 345.40 元。此次扶贫助学活动是自 2015 年图书馆启动向山区学生捐赠图书活动以来的第三次活动，捐赠的图书和期刊缓解史家寨中小学阅读素材缺乏的实际困难。

（高玉平）

【举办美化校园活动】 2017 年 5 月 12 日，保定校区图书馆党支部与工会组织开展“蓁蓁校园，吾添其华——日新园绿植挂‘名片’”活动，由图书馆设计并制作的“植物名片”详细记录植物学名、产地和形态特征。该活动的宗旨是开展“展示形象美化校园环境”志愿服务活动，促进校园文化多元化发展。

（谢　红）

【举办书香传递活动】 2017年5月16日，校部图书馆和附小共同举办第三届“书香传递”活动——班级读书会之“弘扬爱国情，理想伴我行”活动。6名华电研究生走进华电附小，引导小学生广泛阅读书籍。通过一起阅读爱国励志图书、互相交流英雄事迹等方式，加深学生们对爱国的理解，促进附小学生在阅读中成长。

（吴京红　马　磊）

【多篇论文获学术年会奖项】 2017年6月16日，2017“科技信息服务与创新”学术年会在北京林业大学举行。校部图书馆投送学术论文4篇，其中方燕虹等人撰写的《北京高校图书馆资源建设趋势及分析对策》获年会优秀论文一等奖，范建平、刘宗歧撰写的《我国高校图书馆无障碍环境建设的思考》获优秀论文二等奖。

（刘宗歧）

【编制图书馆资源与利用白皮书】 2017年6月，校图书馆编制完成《2016年图书馆资源与利用白皮书》。内容包括图书馆概况、图书馆文献资源、图书馆资源服务、图书馆资源利用、SCI/SSCI/CPCI-S/ EI/ESI收录学校发表论文数据分析和科技查新站等6部分内容。以数据和图表形式系统介绍2016年北京校部图书馆和保定校区图书馆发展概况、资源、服务，并通过数据对比分析资源利用情况和查新站完成的查新项目列表，清晰反映学校科研热点及趋势，为学校科研发展提供科学参考。

（林建华　赵丽香）

【举办双一流学科发展交流研讨会】 2017年7月7日，保定校区图书馆、学科建设办公室和科技处共同举办“华北电力大学‘双一流’学科发展与绩效分析研讨会”。此次研讨会特邀科睿唯安公司专家作报告。内容包括科研绩效评价和学科分析的权威数据、Web of Science（WoS）科研发现数据库介绍、ESI基本科学指标介绍、华北电力大学WoS论文和ESI科研绩效表现、华北电力大学科研绩效与相关高校比较、华北电力大学冲击前1%学科的对策和建议等内容。这种利用定量数据补充同行评议的分析与评估方法，为高校在识别关键问题、实现科学决策和加速改革转型方面提供强有力支撑。

（周晓兰）

【升级图书馆文献管理系统】 2017年7月17—23日，保定校区图书馆文献管理系统全面升级。新升级的文献管理系统5.5版增加多个实用功能：在公共检索平台（OPAC）中增加图书导航定位、预约委托、物流服务、送书服务、课程参考书、公共书架、读者个人数据展示分析、我的课程、读者积分系统、读者毕业回顾、书刊所在地指示等新功能；在应用服务系统（邮件平台）中，增加证件到期提醒、预约催还、荐购处理通知、检索历史、邮件报表统计、邮件历史检索等新功能；在应用客户端侧，增加集成的云服务、委托订购管理、回溯管理、书刊排架号管理、课程参考书管理、客户端自动升级等22项新功能。

（王炳江）

【资源服务器迁移】 2017年，校部图书馆将9个数字文献资源应用平台和40T磁盘存储阵列迁移至校网信办大机房，完成文献资源数据库服务器的虚拟化迁移。22台服务器减少到11台，存储由40T减为0，实现办公节能、降耗、绿色、环保。

（马　磊）

【启用汇文微信平台系统】 2017年8月25日，“华电微图”启用汇文微信平台系统。该系统具备汇文文献管理系统微服务、多种移动资源手机应用、通知和资源信息发布、常用问题解答等功能。至此，“华电微图”由订阅号升级为服务号，增强平台信息推送能力，读者可以浏览查询图书馆发布信息、读者证件信息、馆藏查询、借阅历史、荐购历史等，便捷办理续借、委托、预约、证件挂失等业务，提升保定校区图书馆微信平台服务能力。

（陈　力）

【现采主旋律精品图书】 2017年9月11日，校部图书馆组织员工参加“第十二届中国北京国际文化创意产业博览会——台湖国际图书分会场”活动并现场采选图书。针对图书馆的馆藏现状并结合展会主题，确定以A类图书即马克思主义、列宁主义、毛泽东思想类图书作为采选重点，精心挑选马列主义、毛泽东思想、政治经济文学等经典图书200多种，有效补充馆藏图书。

（吴京红）

【举办读书节系列活动】 2017年9月28日至11月9日，保定校区图书馆举办主题为“我读书、我成长、我快乐”第八届读书节系列活动。活动通过多种宣传方式，揭示馆藏，引导读者了解图书馆、利用图书馆、热爱图书馆，营造书香校园，促进校园文化建设。读书节期间举办“2017年校十佳读者评选”“好书推荐”“好书交换”“图书馆资源利用培训”“超期图书免罚”“个人签名捐赠”“共读一本书——《平凡的世界》共读交流会”“名家讲座：《清代省府第一衙——直隶总督署》”等8项活动。读书节期间举办培训讲座六场，参加者覆盖全学段在校生近千人。10名读者获十佳读者；交换好书40余册，推荐好书170种。华北电力大学读书节自2010年开始举办，已成为华电具有影响力的校园活动之一。

（赵丽香）

【开展微信红色经典导读】 2017年10月9日，校部图书馆在新媒体平台，开设“红色经典阅读推广——专题图书导读”栏目。图书馆将收藏的党史党建、廉政建设、党史人物传记以及革命战争题材为主的经典书籍，共计2000余种，通过“图书网络党总支”和“华电小图”微信公众号，定期向全校师生推送书目及内容简介等信息，并提供在线阅读。

（吴京红）

【查收查引方法获发明专利】 2017年10月10日，陈月从申报的《一种基于云平台和移动终端的论文自动查收查引方法》获国家发明专利授权。该发明提供一种适用于高校图书馆科技查新站的基于云平台的论文自动查收查引移动应用方法。该方法将实现用户在手机或平板电脑上远程完成检索过程，代替原来亲自到站检索、反复沟通、往返多次的方式，大大方便用户使用。

（陈月从）

【红色经典图书展】 2017年10月16日，校部图书馆举行“阅读红色经典，树立理想信念”红色经典阅读推广活动。该活动是配合图书馆党支部“聚焦红色经典理论和革命传统”主题教育活动而策划。活动的形式是在二层大厅设置“红色经典专题书架”，推出“喜迎十九大红色经典图书展”。集中展示一批新近出版的36种，共95册红色经典热销图书。

（吴京红　易　彬）

【举办地方文化讲座】 2017年10月19日，保定直隶总督署博物馆馆长马永祥作客华电大讲堂，做题为《清代省府第一衙——直隶总督府》的讲座。讲座由图书馆和电子与通信工程系联合举办，图书馆馆长高强主持。马永祥从直隶省的来历、保定的由来，到直隶总督的设置、直隶总督署的建立、曾国藩、李鸿章、袁世凯等著名总督，再到保定直隶总督署博物馆的建立分别做详细而生动的阐述。

（赵丽香）

【举办读书交流会】 2017年10月26日，保定校区图书馆举办“共读一本书”读书交流会。交流会以“共读一本书”为主题，围绕著名作家路遥的《平凡的世界》展开讨论。英语系教师薛晓瑾和河北大学教师、华电在读博士生张颖与学生共同分享阅读心得。此次读书交流会是图书馆第八届读书节推出的系列活动之一，旨在为读书爱好者们提供交流阅读心得平台，引导读者更加深入地了解喜欢的作品，激发阅读兴趣，建立阅读习惯。

（赵丽香）

【举办MDPI投稿与写作研讨会】 2017年10月27日，校部图书馆邀请MDPI出版总监到校举办国际英文期刊投稿与写作讲座，并就论文写作和投稿过程中的具体问题与师生进行交流，以帮助师生快速甄选适合自己研究的期刊，提高在MDPI期刊投稿的接收率，从而提升研究影响力。

（方燕虹）

【举办IEEE数据库培训讲座】 2017年11月2日，保定校区图书馆邀请IEEE数据库产品培训师为师生做“深度解密IEEE——科研检索与学术投稿”专题讲座。重点介绍IEL数据库和IEEE Xplore平台，演示如何在数据库中检索文献，以及IEEE期刊会议投稿流程、相关注意事项、IEEE相关资源推介、IEEE相关竞赛活动等内容。近200人参加培训。

（于会萍）

【开展经典品读活动】 2017年11月16日，校部图书馆开展“经典品读——华电阅读推广”活动，邀请学校教职员工前往人天书店书库参观学习并现采图书。来自能动学院、经管学院、科研院、体训部等七个部门24名教职工参加活动。

（吴京红）

【全球专利分析数据库培训】 2017年11月29日，校部图书馆邀请北京律商联讯公司培训师来学校开展培训讲座。旨在帮助师生全面了解和使用LexisNexis® Patent-Strategies全球专利大数据分析平台，提高师生对专利数据库的认知和检索能力。

（方燕虹）

网络与信息化工作

【概述】 2017年，网络与信息化办公室按照学校提出的进一步理顺信息化建设的管理体制和运行机制，整合力量，加快学校信息化建设的要求，建立网信办一体化运行管理制度，推进两地信息化建设。

规范化建设。建立网信办两地每周视频工作例会制度，开创一体化部门工作新模式；牵头制定《学校信息化中长期建设与发展规划》；制定并颁布《关于成立华北电力大学网络安全和信息化领导小组的通知》《华北电力大学网络与信息技术安全事件报告处置及应急预案》《华北电力大学公共信息编码标准》《华北电力大学统计工作管理办法》《华北电力大学校园网管理办法》。

党建。充分发挥党员先锋模范作用和支部战斗堡垒作用，按时全部完成2017年校长工作报告任务分解表和2017年重点工作年历中网信办所列重点工作任务；开展

“支部是堡垒、党员是旗帜、工作创一流、喜迎十九大”的主题活动，梳理2017—2018年第一学期网信办重点工作任务64项，列标列表，上墙公示，明确责任人，按期完成。

服务师生。建设师生一站式服务大厅，开通服务热线电话，提升师生良好服务体验；梳理优化网信办工作流程68项，在网站上公示，为师生提供便捷服务；建成移动微校园，提供教务、财务、一卡通、图书馆、通知文件等查询服务；建成两会电子会务系统、人脸识别签到系统；建设两校区一体化数字华电门户系统，建设新办公OA系统、新教务管理系统、人事管理系统二期等，升级财务、科研和资产等系统。

基础设施建设。北京校部完成主楼A、G座网络接入和主楼无线网改造工程、完成14号博士生公寓宿舍楼（无线）网络建设；北京校部完成189间多媒体教室一卡通刷卡开机，安装12座教学办公楼31个刷卡门禁点；保定校区完成校园无线网一期，校区新版主页改版上线，10个院系新网站上线运行。

网络与信息安全保障。建成互联网紧急事件处置调度室；建设运维安全审计系统、数据库审计系统、虚拟化平台安全防护和备份与恢复系统、网站监控系统；完成华北电力大学网站等6个系统的安全等级保护定级、备案、测评和整改工作；完成8次教育部和北京市下发的网络安全自查，组织开展2017国家网络安全宣传周活动；精心部署，高质量完成两会、“一带一路高峰论坛”、十九大、学校第二次党代会等重要时期的网络与信息安全保障工作。

信息统计。完成2017年度高等学校教育基础统计工作，完成学校各类评估指标测算及各类社会统计工作，累计报表达100余份，报送数据项10 000余条。

附属学校建设。附属学校建设稳步推进，华电附属幼儿园正式开园。

（荆振宇　丁立新）

【概况】 2017年华北电力大学北京校部网络与信息化办公室工作人员为18人，高级职称9人，博士学位2人，硕士学位13人。网络与信息化办公室下设办公室、网络运行管理室、网络信息管理室、公共计算机机房、一卡通中心、综合信息室。北京校部校园网IPv4出口总带宽5300Mb/s，出口平均流量4800Mb/s，其中教育网出口带宽700Mb/s，平均流量400Mb/s；公网出口带宽4600Mb/s，平均流量4500Mb/s；IPv6出口带宽1000Mb/s，平均流量900Mb/s。共有IPv6地址45 297个，IPv4地址36 864个，信息点14 349余个，无线接入点2683个。校园网用户25 000余人，其中教学办公区9000余人，宿舍区16 000余人，全部采用实名认证方式上网。计算机教学机房10间，共有计算机820多台，接待自由上机40 817人次共计57 162机时，完成教学实验五十多万机时。保定校区信息化工作人员13人，其中副教授和高级工程师4人，博士学位2人，硕士学位的8人。保定校区校园网IPv4出口总带宽4900Mb/s，出口平均流量4700Mb/s，其中教育网IPv4出口带宽1000Mb/s，平均流量900Mb/s；公网出口带宽3900Mb/s，平均流量3800Mb/s；IPv6出口带宽300Mb/s，平均流量300Mb/s。共有IPv6地址2001：DA8：232：：/48个，IPv4地址22 528个，各类综合信息点16 000余个。

（荆振宇　丁立新）

【校园网有线及无线改造升级】 2017年，校园网有线及无线改造升级完成。该项目2017年9月启动，主要包括北京校部主楼A、G座的有线网和无线网及14号楼无线网建设，主楼D座的无线网入户及全校有线接入网交换机的升级更换，共投入资金212.8万元，采购核心交换机1台、汇聚交换机31台、接入交换机225台、无线POE交换机95台、无线AP1260台。项目完成后将实现主楼A、G座的有线无线全覆盖，主楼D座及14号博士宿舍楼的无线入户无缝覆盖，并通过2.4G和5G双频接入及无感知认证，极大提高校园网接入速度和便捷性。

（胡　涛）

【移动微校园应用上线】 2017年8月，网信办集成OA、财务、教务、一卡通、图书馆、网络计费、网站群等系统，推出基于微信平台的“移动微校园”应用服务。移动微校园上线后，师生可通过微信公众号平台一键获得财务、教务、校园卡等多种常用服务，具体包括工资、成绩查询、会议通知、校园新闻、移动图书馆、失物招领及IPTV直播等。

（马新科　孙雅娟　胡涛　张至柔）

【综合办公平台上线】 2017年12月，新综合办公平台上线，该综合办公平台与数字华电深度集成，向师生提供办文、办会和办事等服务。

（马新科）

【运维管理和安全审计系统项目】 2017年1月，网信办采购齐治科技Shterm-LIC10设备2台，该设备采用双机热备架构，对数据中心机房所有设备和系统进行运维审计，经过近10个月的调试、完善和测试等工作，到11月，项目建设阶段完成。该系统通过采用有效技术手段，对运维环境中人员、设备、操作行为等诸多要素的统筹管理和策略定义，建立一个具有完备控制和审计功能的运维管理系统，为业务生产系统安全运维和进一步发展建立基础。

（张晓华）

【电子办公会议系统上线】 2017年12月，网信办建成电子办公会议系统并上线运行，改变传统会议模式，提高学校党委常委会和校长办公会等会议组织效率。

（马新科）

【建成一卡通智能通道综合管理系统】 2017年，一卡通中心建设智能通道综合管理系统，增加多项校园一卡通使用功能，包括23台直饮净水机刷卡供水、31处门禁系统刷卡出入、189间多媒体教室刷卡开关设备，并实现在第六届第五次教代会开闭幕式期间通过一卡通进行电子签到。

（孙雅娟）

【软件类课程平台】 2017年，网信办保定校区依托教育部修购项目，建成可支持多种语言，支撑多门课程的程序设计类学习训练平台。

（丁立新）

【教学教研成果】 2017年，网信办保定校区参与法政系《2017年"挑战杯"河北省大学生课外学术科技作品竞赛》并获省部级特等奖；参与由动力系申报的省级教改项目《建筑环境与能源应用工程专业教学实践体系的改革与创新》并获教学成果二等奖。

（丁立新）

工程训练中心建设

【概况】 华北电力大学工程训练中心于2005年3月由原实习工厂、机械制造实验室和保定华电配电设备有限公司组建成立，是集教学、科研和产业为一体的校直属单位。主要任务是承担学生的工程训练、教学综合实验和创新实践活动、为机械学科提供科研平台和开展对外技术服务。

2017年，该中心有员工27人，其中教授1人，高级工程师2人，工程师3人，技师10人。拥有加工中心、三坐标测量机、快速成型机、数控铣床、数控车床、数控线切割机床、电火花机床等先进设备，教学设备达300余台套，总值1400余万元，房屋面积5500余平方米。可开出金工实习、电工实践训练、机电结合训练、先进设计与制造系统训练、创新实践等训练项目，已经培养学生40余届。具备每年接受学生近8000人次的培训能力。经过多年建设，该中心已成为特色鲜明，机械工程与电力工程结合的，集教学、科研、生产为一体的工程实践教学基地。中心在建设过程中进行教学改革研究，逐步形成"以培养学生工程意识和工程能力，提高学生工程素质和创新能力为目标"的实践教学理念，完成以操作技能训练和课程验证实验为主到以综合性工程训练和创新实践为主的教学观念和教学实践的转变。中心按照"覆盖面大、层次多、强调工程性、系统性、开放性和特色性"的建设思路，以能力培养为核心，构建与理论教学有机结合，具有鲜明特色四年不断线的工程实践教学体系。

教学工作。通过建章立制，听课和巡视加强教学质量监管和安全保障，保证教学质量和教学安全。加强和完善教学计划管理，精心组织教学，抓质量，保安全，完成年内教学任务，共开设实践课程15门，承担机械系实践课程2门，课程实验7项，完成实践教学30多万人时数。继续推进教学改革，发表高水平论文2篇，中心教师获省级教学成果奖1项、校级教学成果奖1项；国家级教学研究项目2项、教指委项目1项；科研项目2项，科研经费36万元，编写教材1部，发表论文7篇，通过建立教学质量标准，完善大学生创新俱乐部体系，推进多学科学生综合创新实践项目，加强新技术在训练中应用进一步进行教学改革。进行安全隐患大排查，并对查出的隐患制定具体的整改措施，并建立定期检修制度和专人负责制度，对各种教学设备进行全面检查，对存在故障的设备及时维修，消除安全隐患，确保师生实习安全。

创新实践及学科竞赛。按照学校规划，精完成综合性创新基地建设。利用新增场地和设备，学生创新实践水平得到提升。参与创新实践学生达2300人次，合计30万人时数。中心负责管理全校国家级大学生创新实践项目。在研项目200余项，结题国家级大创项目51项。由中心教师指导结题的大创项目国家级3项，省级6项，校级3项。由中心教师指导的学生参加中国工程机器人大赛暨国际公开赛，获一等奖5项，二等奖 4项，三等奖7项，获中国机器人大赛，一等奖1项，二等奖2项；获中国旅游暨安防机器人大赛一等奖1项，二等奖2项；获首届金砖国家创客大赛二等奖2项；获河北省第二届大学生创新创业年会一等奖1项，二等奖2项，三等奖2项。

交流与合作。中心接待领导视察、与国内外高校交流、与企业合作交流、接待中小学参观共计31次。接待教育部副部长王丽英等、河北省教育厅、教育部田立新司长等、保定市科技局等7次，校领导视察5次。与巴西大学校长代表团、清华大学等国内外高效参观交流8次。与企业合作交流共7次。接待中小学参观4次，共212人。

设施与队伍建设。利用修购基金项目，完成中心的环境改造和配套设施建设。针对中心队伍老化，知识更新不足的问题，采用请进来、送出去的办法，先后安排2次有关"智能制造"报告；先后三次安排青年教师外出学习；组织人员四次调研国内高校工程训练中心。到企业考察先进制造技术设施。

党建与思想政治工作。中心支部定期组织政治理论学习，提高党员和职工政治思想水平，积极培养和发展积极分子，确定重点培养对象2人。积极开展党风廉政教育，组织民主生活会，党员和干部职工没有违法违纪行为。

（范建明）

金工实训中心建设

【概述】 华北电力大学金工实训中心2013年成立并运行。面向全校学生提供工程实践训练服务。2017年，中心将实习安全和积累教学经验作为首要职责，在创建有华电金工特色的实习工作中寻求突破。依照中心“安全第一、教习相长、防微杜渐”的原则，加强教职工安全制度培训和提高教学质量，防患实习中的不安全因素；严抓安全教育环节，从思想根源上深化学生的安全意识；同时下功夫研究在各工种教学中“如何在降低风险前提下，提高教学质量”的方法，确保学生实习顺利进行。

日常教学。中心完成电气学院、能动学院、控计学院、可再生学院、核学院、国际教育学院、经管学院等七个学院18个专业75个班，约2100人为期2～3周的实习任务，教学运行机制和教学质量进一步提升。

改善教学环境。新增光固化3D打印机两台。主楼展示柜新增学生用3D打印设计制造的刀具摆设装置。新增教三大厅增加宣传栏两组，主要用于展示实习形式内容、设备场地等，同时及时传递课程安排、比赛日程等信息。在国内首次用磁控溅射技术解决鸭嘴锤生锈问题。

赛事组织。中心组织、指导学生参与创新实践，获中国工程机器人大赛暨国际公开赛全国一等奖1项；获北京市第六届大学生工程训练综合能力竞赛一等奖2项、二等奖2项。

对外交流。中心利用课余时间接待中小学生、高校同仁及相关专业师生。与北京高校金工教学单位进行交流与沟通，促进学校金工发展。

（夏延秋　吴　浩）

【概况】 2017年，华北电力大学金工实训中心有员工21人，其中在职管理人员2人，外聘指导教师11人，返聘退休指导教师4人，实习生4人。中心拥有加工中心、三坐标测量仪、真空镀膜设备、三维扫描仪、快速成型机（含工业机与桌面机）、激光打标机、激光淬火成套设备、激光内雕机（含三维照相机）、激光雕刻机、费斯托机电一体化系统、数控车床、数控模拟系统、数控线切割机床、电火花成型机床、高速数控雕铣机、机器人工作站等先进设备。中心建筑面积约2200平方米，各类设备仪器两百余台套件，累计投入经费超过1700万元。中心可开出金工实习、先进设计与制造系统训练、创新实践等训练项目。中心已成功运行的工种有：车工、钳工、铣工、焊工、数控加工、电加工、激光加工、快速制造、微型机器人组装等。

（夏延秋　吴　浩）

【参加机器人大赛获佳绩】 2017年5月，中国工程机器人大赛暨国际公开赛在江苏徐州中国矿业大学落下帷幕。华北电力大学北京校部派出一支队伍参加工程越野项目全地形赛比赛并获一等奖。

（夏延秋　吴　浩）

【参加工程训练竞赛获佳绩】 2017年12月，由北京市教育委员会主办，清华大学和北京建筑大学承办的北京市大学生工程训练综合能力竞赛在北京建筑大学学生活动中心举行，经过校内竞赛，华北电力大学校选拔四支队伍参赛，共获一等奖2项、二等奖2项。

（夏延秋　吴　浩）

后勤管理与服务

【概述】 2017年，华北电力大学后勤围绕学校二次党代会精神，以节约型、花园式校园建设为中心，结合工作实际，继续强化管理，深化改革，积极创新，着力推进后勤制度、文化建设，不断完善和提高后勤管理服务质量与水平，努力构建与高水平研究型大学相适应的后勤服务保障体系。

规范化建设。北京校部后勤加强各项制度建设，严格后勤集团党总支议事规则，凡属重大事项必须按照组织程序集体决策。完成学校《公务用车管理办法》、后勤《三重一大》《会议制度》等20余项制度的制定（修订），初步建立与高水平研究型大学相适应的后勤制度体系。保定校区后勤推进管理和服务规范化建设，完善文件收发、登记、借阅及档案管理，建立信息发布审批制度，规范固定资产新购置登记及报废等相关流程。细化节能监管平台项目建设，完成第三方系统集成。成立直属车队，完成定向保障车辆配置方案。完成教育部高等学校基础信息统计、全国教师管理信息采集、非教师系列岗位及人员信息上报和本科教学评估等各类信息统计工作。

节能减排。积极推进节能减排工作，从思想节能、技术节能、管理节能方面构建全方位节约型校园。北京校部后勤建立节能巡视、巡查工作机制，制定《定额用能管理办法（试行）》，将节能目标任务纳入年终考核体系；完成清河小营锅炉房2台供暖锅炉、朱辛庄校区4台热水锅炉的更换及低氮改造；单位建筑能耗较上一年降低6.44%，为学校节约能源开支198万元。参与组建中国智能供热制冷产业技术创新联盟，并当选理事长单位。

餐饮服务。通过加强管理内挖潜力，强化成本核算，降低伙食办伙成本，应对用工成本、市场物价上涨造成的办伙压力，保证全校学生食堂基本伙稳定，花色品种、饭菜质量稳步提高。北京校部后勤完成化验室升级改造；在基本伙后厨增加后厨监控和明厨亮灶系统；与来自浙江工业大学饮食服务中心的厨师交流学习，开阔餐饮员工的视野，丰富食堂的菜品；与数理学院开展党员联谊，开展华电餐饮文化推广“家的味道”系列活动。保定校区后勤提升餐饮服务质量，以学生第一餐厅为试点，开展校区间厨师技术交流活动，新增特色菜品50余种；加大内部挖潜，各类人员打通使用，提高工作效率，新增花色品种40余种。利用暑期，完成科技学院二餐厅的硬件改造提升工作，改造后的餐厅环境干净优美，装修风格更加符合学生喜爱，饭菜品种进一步丰富。聚博园餐厅引进社会优质资源，实现由单一经营模式向多元化模式转变。延长3.3餐厅营业时间，增设建议栏，开通支付宝结算方式，为师生提供便捷服务。

基础设施建设。北京校部后勤先后完成食堂排油烟系统及配套设施改造，教一楼360余个房间用电线路改造，重点打造海棠园、月季园、紫叶李大道、榆叶梅大道、荷花池小河等景观，校园绿化覆盖率达到45%。保定校区后勤加强基础设施建设，提高经营服务水平。接待中心安装人像身份识别系统，实现客人身份信息的准确采集。校内超市统一价签，规范商品摆放，引进安装自动售货机，改善购物环境。华电幼儿园坚持以《幼儿园教育指导纲要》和《3～6岁儿童学习与发展指南》为引领，细化不同层次教学内容，引进新蒙氏教具，更换多媒体教学设备，新建科学探究室。

服务保障。北京校部后勤利用好后勤阵地，与院系党组织共建，举办“井上添花”井盖美化、“家的味道”餐饮文化日系列“1＋1”共建活动；开展后勤优质服务周、迎新服务月等特色活动，与师生建立常态化的、多种形式的沟通渠道，集中解决一批师生反映强烈的热点难点问题，师生员工获得感明显增强。保定校区后勤完善和优化物业管理服务水平，根据现有房源，合理分配房间、床位，二校区773名学生搬至一校区。加强保洁公司业务指导和协调监管，延长浴室洗浴时间，满足学生洗浴需求。非采暖期完成二次管网改造18项计划内工作，保障校区和家属区集中供热的稳定性。应对全市天然气供应短缺问题，打破规定工作运行时间，确保学生洗浴、开水供应、餐厅主食加工的供热保障。加强和补充垃圾清运力量，配备清运垃圾车，与市相关部门协调沟通，有效缓解垃圾滞留问题；改变冬季树枝、树叶清理方式，配备专业设备，降低成本，效果突出。

安全生产。北京校部后勤坚持执行分级值班制度与日、周、月、节假日安全检查相互结合的方式做好安全预案工作；定期开展专题培训，定期排查安全隐患，保证安全生产；后勤一站式服务大厅全天候服务，接报16 840起报修、咨询等事项及时解决回复，增设后续回访跟踪，回访率达到100%；全年校长信箱反映的各中心热点问题及时回复处理；建立信息收集与反馈机制；积极开展安全生产大检查、安全隐患大排查大清理大整治等专项活动。保定校区后勤加强安全管理监管力度，建立中心安全管理工作季报制度。发布汛期安全工作通知，全面落实防汛工作责任制。组织开展“安全生产大检查”“安全生产周”及空调室外机，燃气管道、液化气罐、易燃易爆危险品、电气火灾等各类专项安全排查活动。

文化建设。坚持以人为本文化理念，组织开展系列员工活动和比赛；举行岗位技能大练兵，通过多种形式培训提高社会用工队伍综合素质，将员工的职业发展规划与后勤的可持续发展目标相统一；办好后勤职工子女课外免费辅导班，为广大的后勤职工切实解决子女教育的后顾之忧。重视发挥宣传工作凝心聚力的积极作用，围绕节约型、花园式校园建设，开展“节能有我，绿色共享”2017年华北电力大学节能宣传周、在微信公众号开办“那些花儿”定期宣传、四季赏花地图等推送。吸引学生积极参与后勤文化建设工作。改版后勤网站、与学生共同拍摄后勤文化宣传片《我们陪伴在您身边》、设计后勤卡通形象，通过全方位多层次宣传和文化建设，使员工热爱后勤，师生了解后勤、理解后勤。

党建工作。北京校部后勤根据后勤工作特点和实际，运用新媒体等载体，开展多种形式的学习教育和主题党日活动，实现“两学一做”常态化；加强支部建设，配齐配强支部书记，做好党员的教育与管理，完善落实“三会一课”制度，明确基层党组织的政治属性和服务功能，有效发挥党组织战斗堡垒作用。把“1＋1”共建模式拓展为“1＋1＋*n*”，开展多方位深层次的宣传与动员，重视学生社团桥梁作用的发挥，进一步凸显后勤育人作用。保定校区后勤加强思想和意识形态领域建设，做好党的十九大精神宣传、学习和贯彻落实，部署开展系列学习活动。贯彻落实从严治党，始终做好党风廉政建设工作，建立党风廉政建设责任承诺书备案制度，认真执行监督执纪“四种形态”。完成学校第二次党代会和教育部及2016年校内巡视整改有关工作。持续推进基层党支部规范化建设，组织完成党组织和党员基本信息采集工作和党员统计工作。组织完成党支部换届、党支部书记述职以及民主评议党员等相关工作。开展好各项重点活动，推进“两学一做”学习教育常态化制度化，持续开展好“一个支部一个目标、一个党员一个任务”活动，组织开展“优化管理服务”活动，制定重难点问题任务 10 项，以党支部为单位组织开展不同形式、不同主题党员活动 20 余次。

机构调整。为适应学校改革发展新形势，优化管理流程，提高管理效能，学校撤销保定校区后勤与基建管理处，在保定校区成立基建管理处；成立华北电力大学（保定）后勤管理处；成立后勤（保定）党总支，并对处级领导干部进行相应调整。

（白　海　曲　涛）

【概况】 2017 年，北京校部后勤管理处（后勤服务集团）事业编制职工 43 人，非事业编制员工 525 人，正副主任以上管理干部 18 名，设党总支 1 个，党支部 4 个，党员 52 人，2 人入党，1 人按时转正。下设综合管理科、计划财务科、后勤管理科、物业管理中心、餐饮管理中心、能源与修缮管理中心、公寓管理中心、综合服务中心。保定校区后勤事业编制员工 116 人，人事代理制员工 20 人，中心正副主任及以上管理人员 22 人。后勤（保定）党总支现有正式党员 53 人，下设 4 个党支部。北京校部全年平稳供水 84.89 万吨，用电 2574.63 万度，完成全校 58.12 万平方米建筑物的供暖，燃气用量 4 242 166.88 立方米。为 130 万人次提供开水供应及浴室服务，全年处理中水约 72 万吨；完成全校挂号信、汇款、平信 6.5 万余件、报刊和杂志 5.5 万件的接收发送；保证 2 万人左右就餐，每天主副食 80 余种，总数 140 余种，全年 200 多种，为师生提供多种菜式选择。完成 23 万平方米绿植养护，花园式校园建设显成效；完成学校各项重大活动接待服务保障工作，全年接待校内小型会议 650 余场，校内外大型活 30 场，专场演出 14 场；完成 4600 多名毕业生离校、新生本科 2952 人、硕士 1387 人、博士 166 人，外国留学生 300 名新生入学等后勤保障任务；完成全校课桌椅，门房窗床，灯管电扇，水电暖 1.1 万余项大小维修及安装项目，全年接到报修 21 362 次，抢修 43 次。配合学校完成修缮、粉刷、电增容等改造工作，承接校内小型工程约 80 项。保定校区后勤完成一、二校区、科技学院三个校区在校生的供餐任务。“123”综合信息平台全年受理咨询、报修 12 066 次，受理各类维修任务约 1.8 万余次，主动巡检巡修 5000 多次，完成水电气热突发故障抢修 34 次。重要和特种设备设施严格按照行业标准及要求定期维护保养、设备维护完好率达到 90% 以上；全面检修校区便道砖、广场地砖、路面、楼前台阶整修、部分楼宇墙面处理等基础设施，消除安全隐患，为 60 周年校庆创造良好环境。完成学生公寓管理与配套服务工作，做好校园环卫保洁、绿化美化及家属区物业工作；保证中水及浴室、电力、高压配电、电梯、中央空调、通讯等设备设施的运行；保障校区采暖期间跑、冒、滴、漏的维修；完成校内报刊订阅及信函、邮件收发投递管理。完成各类会议接待和会场服务等工作。全年完成各类文件流转 96 份，回复校领导和处长信箱问题 196 个，接待来信来访、电话传真反馈 22 次；登记固定资产 1723 件，报废固定资产 1836 件；签订各类合同或协议 54 份，累计金额 2028.316 14 万元；更换学生实习用工作服、工作帽等物品 1000 套，办理借用品审批程序 150 余次；在大学新闻及后勤网站发布新闻报道 23 篇，编撰工作信息 10 条。

（张　凯　魏　娜）

【开展优化管理服务活动】 2017 年 3 月，保定校区后勤党总支根据学校有关文件精神和要求，组织开展“优化管理服务”活动。结合工作实际，成立活动领导小组，研究制定活动方案，组织完成各阶段工作，制定重难点问题任务 10 项并全部落实完成。

（魏　娜　刘　洁）

【成立直属车队】 2017 年 4 月 17 日，保定校区后勤直属车队成立。车队主要职责是按照“集中管理、统一调度”的要求，负责保定校区公务车辆日常管理，车辆调度，安全运行及服务保障。

（魏　娜　刘　洁）

【举办井上添花活动】 2017 年 4 月 25 日，后勤服务集团机关党支部与经管学院 2015 级学生党支部“1+1”党建活动：“创建花园校园扮靓美丽华电”系列之四——“井”上添花活动启动。该活动通过向全校同学征集绘画作品，用学生们的奇思妙想装点校园古力盖，既美化校园又警示行人。后勤服务集团党总支和经管学院党委围绕后勤中心工作，通过举办系列共建活动，实现互利双赢、互通有无、共同提高。

（张　凯　宋　婧）

【开展后勤优质服务月活动】 2017 年 4 月，保定校区后勤开展 “优质服务月”活动。餐饮管理与服务中心实施的“特色菜品服务窗口活动”、物业管理与保障中心实施的“创造公寓、公房健康生活工作环境活动”“设立综合维修服务站，提供免收服务费的优质服务活动”和综合经营与服务中心实施的“幼儿园‘优质服务月’系列活动项目”获“固化项目”奖。

（魏　娜　刘　洁）

【灵雀园开园】 2017 年 5 月 11 日，学校新增校园景观“灵雀园“正式开园启用，为花园式校园又增添一抹亮丽景色。为保证孔雀健康成长，后勤安排有专人对孔雀进行看管、饲养，同时与党委宣传部联手发起孔雀征名活动，通过制作孔雀知识观赏牌、文明观雀提示牌等行为，提高师生参与花园式校园建设的热情。

（张　凯　宋　婧）

【获校运动教工甲组团体总分第一名】 2017 年 5 月 12—13 日，后勤服务集团参加校运会并获教工甲组团体总分第一名和 2017 年校运会优秀组织奖，集中展现后勤凝聚力和良好精神风貌。

（张　凯　宋　婧）

【周坚调研后勤基建校医院工作】 2017 年 6 月 9 日，校党委书记周坚调研后勤基建校医院工作，先后实地考察主楼 A 座、校医院、锅炉房、15 号学生宿舍楼施工现场、学生食堂、学生公寓、学校商业街、太阳能热水房等地。并与后勤管理处、后勤服务集团、基建处、校医院班子成员，后勤管理处、后勤服务集团各科室、各中心负责人举行座谈会，对做好服务保障等工作提出指导性意见。

（张　凯　宋　婧）

【举办节能减排宣传周与优质服务周活动】 2017 年 6 月 12 日，北京校部后勤举办节能减排宣传周活动，旨在宣传节约资源和保护环境的基本国策，倡导勤俭节约校园风尚，推动节约型绿色低碳校园发展。6 月 15—22 日，开展以主题为“面对面、心贴心”系列活动。集团各部门积极响应，完成服务周各项任务。

（张　凯　宋　婧）

【召开节能目标考评现场考核会】 2017 年 6 月 28 日，北京昌平区发改委召开 2016 年度重点用能单位节能目标考评现场考核会。通过专家组现场评分，华北电力大学通过节能目标责任考核。专家一致认为：在学校快速发展前提下，近年来年全校综合能耗明显下降，对学校节能管理工作给予充分肯定。

（张　凯　宋　婧）

【召开主任工作（扩大）会议】 2017 年 8 月 28 日，北京校部后勤集团召开主任工作（扩大）会议，传达学校领导对后勤工作新指示，集团将 2017 年作为后勤制度建设年，要求各单位认真梳理，做好规章制度“废改立”工作，力争每项工作都有制度保障，全面实现工作流程全覆盖。

（张　凯　宋　婧）

【党代会代表和两委会代表选举】 2017 年 8—9 月，保定校区后勤按照学校有关文件精神和要求，落实学校第二次党代会相关工作。集中研讨选举工作相关事宜，通过“三上三下”选举程序，完成学校第二次党代会代表和“两委”会代表选举工作。

（魏　娜　刘　洁）

【召开全体党员大会】 2017 年 9 月 5 日，北京校部后勤服务集团召开全体党员大会，选举出席华北电力大学第二次党员代表大会代表。大会按照选举程序，组织实施选举工作，经无记名投票，差额选举出白海、杜建国、耿洁 3 人出席学校二次党代会。

（张　凯　宋　婧）

【北京校部后勤召开党政联席会】 2017 年 9 月 11 日，集团召开党政联席会，专题研究和部署党风廉政工作和安全工作。会议原则通过《后勤管理处后勤服务集团政务信息公开实施办法》。

（张　凯　宋　婧）

【开展校园安全大检查】 2017 年 9 月 30 日，副校长孙忠权带队进行校园安全大检查。此次安全生产检查结合学校安全工作安排。对学校实验室、食堂、宿舍、办公区域、校园等场所进行全面排查，对发现隐患和问题，列出清单、建立台账，明确整改时限、责任，切实落实整改措施，彻底堵塞漏洞，形成安全管理长效机制，确保生产安全。

（张　凯　宋　婧）

【保定校区华电幼儿园新建科学探究室】 2017 年 9 月，华电幼儿园新建“科学探究室”。依托中科启元而创建的科学探究室作为国内最专业、最系统的儿童科学室，内容涵盖科学原理和现象、生命科学、物质变化和天文地理等多个科学领域，涉及经典科学实验、声音、光、电、磁、空气与风、水的游戏、物质变化、力与平衡、机械运动、植物乐园、动物乐园、人体探秘、天文地理、观察工具、实验工具等 16 大主题。该探究室本着激发幼儿探索兴趣与欲望的目标，以幼儿主体性发展为原则，使孩子们在做中学，玩中学，增强动手能力和动脑能力，培养幼儿正确的科学价值观。

（魏　娜　刘　洁）

【当选中国智能供热制冷产业技术创新联盟理事长单位】 2017 年 10 月 27 日，“中国智能供热制冷产业技术创新联盟成立大会暨智慧供热制冷产业高峰论坛”在北京举行，华北电力大学当选为联盟理事长单位。作为联盟理事长单位，华北电力大学将参加智慧供热示范项目改造工作、申报相关国家示范项目及课题、组织召开全国智慧供热现场技术交流研讨会，并与学校相关院系开展热电联产与智慧供热产学研用方面的技术合作及项目试点等工作。

（张　凯　宋　婧）

【举办主题党日活动】 2017 年 11 月 28 日，后勤服务集团机关党支部和餐饮管理中心党支部联合举办主题党日活动，活动以召开会议的形式开展，活动主题“我为餐饮文化日献计献力”，两个支部共 24 名党员参加会议，会议由机关党支部书记张凯主持。分管餐饮管理中心的副处长周劲松表示，要探索尝试更多的活动形式，让学生参与到餐饮工作中来，发挥好后勤的服务育人功能。党总支书记杜建国指出，要将全面从严治党落到实处，需要大家的力量，更需要党员干部的模范带头作用。

（张　凯　宋　婧）

【兄弟院校到校考察交流后勤工作】 2017年4月19日，北京工商大学后勤基建处副处长张凯伟一行4人到华电参观学生大浴室余热回收系统和学生公寓1、2号楼太阳能洗浴及学生1、2、3号太阳能开水房运行情况，并对浴室节能改造，水电维修、耗材、采购等进行深入交流。11月23日，安徽师范大学副校长毕明福一行5人到华电考察，就后勤管理服务理念以及能源管理工作进行交流。11月29日，宁夏职业技术学院后勤服务处杨海波处长一行6人到华电就后勤管理模式和餐厅标准化、后勤信息化管理进行考察交流。

（张　凯　宋　婧）

【与浙江工业大学开展厨师交流学习】 2017年12月4日，餐饮中心在一食堂二楼开设浙江工业大学交流厨师窗口，浙江特色菜深受师生喜欢，通过与来自浙江工业大学饮食服务中心的厨师交流学习，开阔餐饮员工视野，丰富食堂菜品，为师生提供更多菜品选择。

（张　凯　宋　婧）

【开展餐饮文化日系列活动】 2017年12月5日，学校开展以“家的味道”为主题的华北电力大学餐饮文化日系列活动。12月12日，后勤集团党总支与数理学院党委在各食堂门口联合举办第一次外场活动。该活动聚焦师生需求，融合党建元素，采用后勤搭台、院系唱戏、社团参与的“1＋1＋n”运行模式。该活动计划在每月固定时间围绕学校餐饮工作动态、品牌菜、新菜品、饮食文化普及等内容长期坚持下去。旨在通过“家”文化的传播，逐步构建具有华电特色的后勤文化体系，从而在服务对象与服务者之间建立友好和谐的家人关系。

（张　凯　宋　婧）

【举办学习贯彻党的十九大精神专题讲座】 2017年12月12日，后勤服务集团邀请学校党的十九大精神宣讲团成员马克思主义学院王威威教授作题为“十九大报告精神：中华民族伟大复兴与文化自信”的专题讲座。集团领导班子成员及集团所有党员聆听讲座。

（张　凯　宋　婧）

【召开党的十九大精神宣讲会】 2017年12月14日，保定校区后勤党总支组织召开党的十九大精神宣讲会，邀请学校党的十九大精神宣讲团成员、马克思主义学院教师孙芳为全体党员作题为“深刻把握我国社会主要矛盾转变”的宣讲。此次宣讲从“美好生活需要”本质内涵、深刻理解发展的不平衡不充分及国家社会主要矛盾转变的深远意义三个方面阐述如何理解和把握国家社会主要矛盾的转变。

（魏　娜　刘　洁）

【组织参观博物馆】 2017年，校部后勤组织多次参观活动。12月19日，后勤服务集团机关党支部与餐饮管理中心党支部组织全体党员参观北京轻武器博物馆。12月26日，能源与修缮管理中心党支部组织全体党员和入党积极分子一行12人参观国家博物馆。

（张　凯　宋　婧）

【完成低氮改造锅炉烟气检测】 2017年12月14日和18日，海淀区、昌平区环保部门分别对清河小营家属院和朱辛庄校区共6台低氮改造锅炉进行烟气检测，二氧化氮排放浓度为17mg/m^3，低于30mg/m^{3}的国家标准。

（张　凯　宋　婧）

【举办第二届副食品大集市】 2017年12月22日，后勤服务集团餐饮管理中心举办“副食品大集市”活动，选择一批安全有保障的食堂优质供应商来回馈师生员工，以丰富广大师生员工菜篮子。第二届“副食品大集市”在二食堂东侧举办，活动时间从上午10：30持续到14：00，该活动受到广大师生热情参与。

（张　凯　宋　婧）

【保定校区进行组织机构调整】 2017年12月25日，学校发布《关于机构调整的通知》（华电校人〔2017〕31号），撤销保定校区后勤与基建管理处，在保定校区成立基建管理处，承担保定校区校园规划、基建管理及校园修缮工作，基建管理处为学校一体化部门；成立华北电力大学（保定）后勤管理处，负责保定校区后勤管理相关工作。同时，成立后勤（保定）党总支（华电党组〔2017〕23号），并对处级领导干部进行相应调整，对原后勤与基建管理处工作人员进行划分。

（魏　娜　刘　洁）

医　疗　服　务

【概述】 2017年，华北电力大学医院落实国家医改政策，强化传染病防控和急诊急救能力，积极改善办公条件和就医环境，综合健康服务能力得到提高，完成公共卫生防控、健康教育、常见病诊疗、健康体检和公费医疗管理等各项工作，并获北京市“无偿成分献血突出贡献奖”、昌平区结核病防控先进单位等。华北电力大学（保定）医院加强基层医疗卫生服务体系和全科医生队伍建设，坚持预防为主，倡导健康文明生活方式，预防控制重大疾病，坚持中西医并重，传承发展中医药事业。完成医疗、预防保健、传染病防控等工作。安排青年医师利用假期到三甲医院学习最新诊疗方案。坚持外聘三甲医院专家每月1次来院进行业务培训，并派多名医护人员参加国家、省、市级各种学术研讨会议提高业务水平。同时启动保定校区优化管理服务工作，开展服务质量思想大讨论，组织“H7N9防控”“人感染H7N9禽流感”等知识培训考试；成立诺如病毒防控工作组，做到全员掌握防治知识及时准确诊断病情；完成药品供应商招标工作；修订管理组、医疗组、护理组、感染组、医技组等相关制度，结合校医院实际情况完善各科室相关管理方案；派出年轻医师参加省卫计委组织的学校卫生知识竞赛，学校全年无医疗差错及事故。

（赵海鹏　岳　宇）

【概况】 2017年，华北电力大学医院共有职工39人（含在编25人，返聘2人，外聘12人），其中高级职称12人，设12个临床及辅助科室，开设病床26张。全年完成门急诊60 520人次（含发热2380人次，腹泻20人次），输液1027人次，肌肉注射793人次，外伤处置2191人次，理疗7603人次。发现上报和隔离治疗传染病85人次（含疑似结核病34例、水痘50例、菌痢1例），院内住院患者87人次（含疑似结核22例、水痘49例、带状疱疹15例、甲流1例）。完成各种化验25 366份，完成X线透视767份，X线摄片10 033人次，心电图检查5175人次，动态心电图检查68人次，动态血压监测69人次，彩超检查871人次，13C尿素呼吸实验187人次，肢体动脉检测15人次，液态氮冷冻治疗285人次，黑光治疗768部位。完成各种预防接种3013人次（含师生预防免疫接种麻疹疫苗2939人次，社区儿童计划免疫接种46人次，外来务工人员28人次）；完成各类学生体检8584人次（含本科生新生体检3000人次，研究生新生体检1453人次，推免研究生体检629人次，毕业生体检1885人次，研究生初筛体检1617人次）；为本科和研究生新生中181名结核菌素试验强阳性学生组织专场专家报告会，其中65名学生参加为期3个月的自愿预防用药；全年无疫情暴发和流行。完成约3000名本科新生15天的军训保健工作，完成大学运动会、老干部外出活动、研究生招生及四六级英语考试、大学自主招生等20次大型会议和活动的保健任务。开展健康教育讲座25场；组织结核病、艾滋病等传染病全校性宣传活动3次，发放宣传手册12 000余份；完成4084人次门诊转诊、507人次住院转诊和师生医疗费审核工作，医保信息上报781人次；师生无偿成分献血376单位。华北电力大学（保定）医院完成门诊（内科、外科、儿科、口腔科、中医科、妇科、二校医务室）77 094人次，急诊抢救44人次；留观输液1623人；各类注射1313人次；各类换药、清创缝合及小手术1803人次；彩超检查2230人次；胸透检查5450人、DR拍片10 220余人；化验室各类检查26 520人次；心电图检查2060人次。无发生医疗差错及事故；新生、硕士生、博士生入学及毕业体检12 191人次（含本科新生体检、研究生新生体检、本科毕业生体检、研究生毕业体检、建工系体检），离退休人员462人，45岁以上教职工体检638人次，35岁以下教工体检232人次，入职和其他体检22人，为女职工进行专科体检、宫颈癌前病变筛查545人，为离退休教工、45岁以上教职工及35岁以下教工进行肿瘤标志物筛查1332人次；各类自费疫苗接种1400人次，孕产妇系统管理19人，儿童计划免疫425人；全年网络直报并上报管理传染病人47例（含肺结核9人、肺炎2人、结核性胸膜炎1人、流行性感冒1人、带状疱疹2人、水痘21人、乙肝1人、感染性腹泻2人、丘疹性荨麻疹1人、右侧胸腔积液1人、其他传染病6人），全年无重大疫情流行和暴发。发放艾滋病健康教育处方6290份，开展健康生活方式，外科急救、创伤救护、心肺复苏、意外伤害、常见传染病防控（流感、结核病、病毒性肝炎、艾滋病）知识讲座44学时。聘请专家针对发病率较高、危害较大的结核病、艾滋病等传染性疾病进行宣讲，开展有针对性健康教育活动5次。

（赵海鹏　岳　宇）

【完成医药分开综合改革工作】 2017年4月8日起，北京市实施医药分开综合改革。校医院根据北京市的要求完成改革相关工作，实现医院全部药品从北京市阳光采购平台采购、药品零差价、医事服务费和436种价格调整。为更好服务师生，普通门诊医事服务费按照20元收取。4月8日，北京市昌平区卫生监督所所长段玉林率领区卫计委医药分开综合改革督导组一行3人到医院督导检查并给予好评。

（赵海鹏）

【诊室改造与设备购置】 2017年7月，校医院通过自筹资金50余万元，将医院二楼西区改造为中医、针灸、理疗康复诊疗区，将三楼东区改造为口腔诊疗区、门诊手术室，并购置自助挂号收费一体机3台及电脑、办公桌椅等多台套。9月，校医院（保定）中医科购置中频脉冲电治疗仪、红外线治疗仪、电子艾灸治疗仪等设备一批，借此拓展业务范围，加强中医非药物疗法，让更多教工获益。

（赵海鹏）

【获批教育部专项资金80余万元】 2017年11月，校医院获批2018年教育部设备购置专项50万元、信息化建设专项31.5万元。该资金用于购置口腔综合治疗仪、红蓝光治疗仪、磁热振仪器等设备和慢病管理系统、医院公众平台、中医药管理模块建设。

（赵海鹏）

【人才队伍建设】 2017年，校医院引进北京大学医学部暨中日友好医院临床医学硕士毕业生1人。一名医师完成为期2年的北京中医药大学东直门医院规范化培训。校医院

（保定）外聘主治医师、护师及文员各 1 人。

（赵海鹏　岳　宇）

【获评结核病防控先进单位】 2017 年，校医院获昌平区结核病防控先进单位。全年上报和隔离疑似结核病 34 例，结核病流调 11 例，结核病密接筛查 1600 人次，对 181 名本科和研究生新生中结核菌素试验阳性的学生组织专场专家报告会，并对65名自愿服药者进行为期3个月的健康管理。12 月 20 日，北京市结防所主任罗萍、昌平区结防所所长马树波率市结防所专家到校督导检查，学校的结核病防控工作获得专家好评。

（赵海鹏）

【获北京市无偿成分献血突出贡献奖】 2017 年 12 月 14 日，北京市召开首都高校无偿成分献血表彰大会，华北电力大学获无偿成分献血突出贡献奖，并作大会经验介绍。至年底，学校组织成分献血近 30 次，大学生无偿献成分血总计 376 单位，居北京市高校前列。

（赵海鹏）

【党建工作】 2017 年，校医院深入学习党的十九大精神和大学第二次党代会精神，扎实开展“一个支部、一个目标、一个党员一个任务”和“教工党员在线学习”，接受党委组织部、学校巡视组督导检查并落实整改。保定医院直属支部加强支部和班子成员的思想理论建设，进行形势政策教育和理想信念教育。强化直属支部职责，定期召开支委会，研究党建、思想政治等；召开党政联席会研究分析意识形态、安全稳定等工作；按照校党委对教育部巡视整改要求，完成校医院巡视整改报告，落实巡视整改方案；持续推进“两学一做”：完善《校医院理论学习中心组学习制度》，坚持“三会一课”并针对校医院工作特点，开展个人、部门和组织三个层面学习，保障学习时间。利用校医院和校医院党员微信等新媒体，开展理论教育和宣传，提高党员领导干部和职工政治理论学习时效性。持续开展“一个支部一个目标一个党员一项任务”活动；健全医院党风廉政建设领导小组，制定年度工作要点，医院党政领导认真履行“一岗双责，党政同责”，促进医院党风廉政建设；党的十九大召开之际，组织党员干部和职工及时收听收看大会盛况。完成学校第二次党代会代表选举和“两委委员”推荐提名工作并组织学习贯彻落实学校第二次党代会精神。

（赵海鹏　岳　宇）

【通过保定市卫生局专家组检查评审】 2017 年 10 月 31 日，保定市卫生局专家组根据《保定市民营、厂企医疗机构医疗质量记分管理》的考核内容及评分标准，对校医院（保定）进行医疗质量检查评审。此本次评审针对医院管理、医疗质量、医技管理、医院院感、医疗文书、人员资质、药品设备、护理常规、人员操作、医废管理等多方面工作进行督导检查。督导组在管理、设施、制度、医疗质量与医疗安全等方面给予肯定与好评。其中，医疗质量考核满分 200 分，校医院得分 164.1 分，位于基层医院前列。根据评审结果，校医院针对管理工作存在的薄弱环节进行改善。

（岳　宇）

【建立传染病防控微信群及公众号】 2017 年，校医院（保定）牵头建立由全校 360 多名班级生活委员组成的“学校传染病防控”微信群。及时监测学生因病缺勤情况，由被动等待变成主动发现，做到早发现、早报告、早隔离、早治疗、早控制；并通过“微信群、校医院公众号”线上线下同时进行传染病防控知识宣传，以此提高师生自我防控能力。

（岳　宇）

【改善医疗环境】 2017 年，校医院（保定）对消毒供应室墙面和屋顶进行特殊材料修缮，达到抗菌、耐高温、耐潮湿标准。

（岳　宇）

【校运会成绩获突破】 2017 年 10 月 20 日，校医院（保定）校运会成绩实现突破，取得团体总分第二名和队列优胜奖。

（岳　宇）

【举办防艾滋病宣传活动】 2017 年 12 月 1 日，校医院（保定）联合校红十字协会、校学生会组成红丝带志愿者队伍于第 30 个世界艾滋病日，在校园内举办“共担防艾责任，共享健康权利，共建健康中国”为主题的防艾宣传系列活动。该活动分为“止‘艾’签名”“为‘艾’奔跑”“防‘艾’行走”和“关‘艾’征集”等四个部分。

（岳　宇）

规章制度建设

Rules and Regulations Building

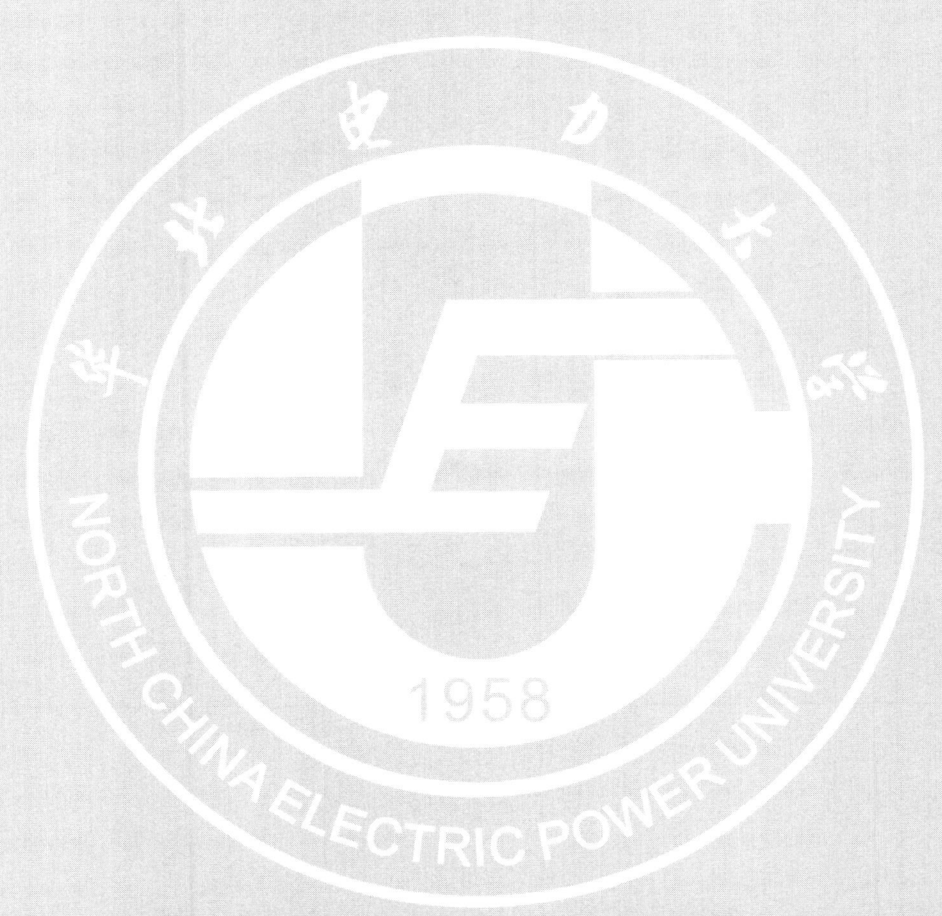

华北电力大学处级领导干部选拔任用工作纪实办法（试行）

华电党组〔2017〕1号

第一条 为严格执行《党政领导干部选拔任用工作条例》，规范干部选拔任用工作，加强选人用人全程监督和倒查追责，坚决防止选人用人上的不正之风，根据中组部《关于加强干部选拔任用纪实工作的若干意见》和《教育部干部选拔任用工作纪实办法（试行）》等有关规定，结合学校实际情况，制定本办法。

第二条 本办法所指的干部选拔任用工作纪实是指如实记载动议、民主推荐、考察、讨论决定、任职等干部选拔任用各个环节的主要工作和重要情况，形成和保管以干部考察文书档案为基础的有关资料，客观反映选人用人全过程和相关责任主体履职情况。

第三条 纪实对象为拟提任正副处级的党政领导干部。

第四条 纪实工作实行“谁办理、谁负责”，要做到客观真实、贯穿全程、重点突出、简便管用，使每个干部的选任过程各环节可追溯、可倒查。

第五条 纪实内容主要有：

动议环节，主要纪实动议主体、动议时间、提出动议理由，职数空缺情况，对选任资格条件、范围、方式的建议，研究确定的工作方案。

民主推荐环节，主要纪实会议投票推荐和个别谈话推荐的范围、时间、应到人数、实到人数，以及有效票数、得票数、得票率等。采取竞争性选拔的，还需纪实选拔方式、测试测评情况、成绩和排名等。

考察环节，主要纪实何时通过何种方式确定考察对象，民主测评情况，个别谈话情况，征求纪检监察等相关部门意见情况等，以及考察期间的群众举报情况、个人有关事项报告表格查阅核实及个人档案查阅等情况。

讨论决定环节，主要纪实在党委常委会议讨论前根据考察情况对拟任人选酝酿的意见，党委常委会议的参会人员及讨论表决情况。

任职环节，主要纪实任职前公示、备案情况，任职通知文号、试用期和任前谈话等情况。

第六条 存在《党政领导干部选拔任用工作有关事项报告办法（试行）》中规定的需要报告上一级组织（人事）部门批复同意或征求意见的情况时，需记录相关报告和批复、意见等情况。

第七条 选拔任用过程中存在以下情况的，须纪实相关过程和结果：在酝酿、讨论或决定有关干部任用事项时有意见不一致情况的；超职数配备干部的；考察和任前公示期间有信访举报的；征求纪检监察等相关部门意见过程中有需要说明的；其他需要说明的重要情况。

第八条 选拔任用过程中对了解到的下列情况也要采取适当方式记录在案：说情打招呼、私自干预下级或原任职单位（部门）选人用人的；要求提拔本人近亲属、指令提拔身边工作人员的；拉票、跑官要官的；存在人选不符合资格条件或廉政等方面存在影响任用的问题时，仍坚持提拔任用的；存在阻挠、制止对选人用人问题调查核实和依规依纪处理的；其他搞用人不正之风的。

第九条 纪实工作在学校党委领导下开展，由党委组织部负责组织实施，党委组织部负责干部管理选任工作的人员承担具体纪实工作，党委组织部部长履行监督审核职责。

第十条 纪实资料是开展选人用人监督检查和实行责任追究的重要依据，《华北电力大学处级领导干部选拔任用工作纪实表》（见附件）、干部考察任免文书档案材料以及在任用过程中形成的其他相关材料应及时归档，形成干部选拔任用纪实专卷。

第十一条 参与干部选拔任用工作的人员要及时向纪实人员提供各种应当纪实的真实情况和信息。纪实人员要严格遵守工作纪律，以认真负责、实事求是的态度，及时、准确做好纪实，严禁弄虚作假和泄漏纪实内容。

第十二条 对提供虚假信息、泄密、未按规定程序和要求选拔任用干部、用人失察失误等情况造成严重后果的责任人员，按照《党政领导干部选拔任用工作责任追究办法（试行）》等相关规定进行追究。

第十三条 本办法授权党委组织部负责解释。

第十四条 本办法自发布之日起施行。

2017年3月1日

华北电力大学公务车辆使用管理暂行办法

华电校勤〔2017〕1号

第一章 总 则

第一条 为进一步加强学校公务车辆管理，规范公务用车行为，按照《中央公务用车制度改革领导小组关于印发〈中央事业单位公务用车制度改革实施意见〉的通知》（中车改〔2015〕35号）和《教育部直属高校和直属单位公务用车制度改革实施方案》（教办〔2016〕5号）文件要求，根据教育部批复的《华北电力大学公务用车制度改革总体方案》，结合学校两地办学实际，制定本办法。

第二条 本办法所称公务车辆，是指学校各部门、各单位以学校名义购置、租赁或接受捐赠的，用于学校教学、科研、行政管理、后勤保障服务等各类业务及公务活动的机动车辆。

第二章 车 辆 管 理

第三条 学校共有公务车辆43辆，其中北京校部27辆，保定校区16辆。所有公务车辆按照“集中与分散相结合”的原则进行管理。

第四条 后勤管理部门（北京校部后勤管理处，保定校区后勤与基建管理处）为学校车辆归口管理单位，除校医院医疗救护等特殊业务用车外，其他车辆均由学校车辆管理部门负责日常管理。资产管理部门（北京校部资产管理处、保定校区财务与资产管理处）负责相关车辆的移交、处置工作，财务管理部门（北京校部计划财务处、保定校区财务与资产管理处）负责车改整体经费管理工作。

第五条 对用于科研用途的公务车辆，学校车辆管理部门与相关课题组签订《科研用途公务车辆使用管理协议》（见附件），课题组须向学校缴纳管理费，年度管理费计算办法为：3000元＋车辆原值/10×（10－车龄）×10%，对车龄超过10年（不含）的车辆每年只缴纳3000元定额管理费。科研用途公务车辆一切运行、维护费用均由课题组承担。

第三章 车 辆 使 用

第六条 学校主要负责人及院士用车。因工作需要，保留学校主要负责人符合规定标准的非固定公务用车2辆；保留现有院士等高层次人才用车1辆。

第七条 其他人员用车。学校各部门、各单位公务出行以公务交通报销为主，副职校领导一般公务出行以符合规定的社会化方式保障，特殊情况下由学校车辆管理部门统一安排，按需提供非固定公务用车服务。

第八条 两校区间异地通勤用车。根据两地办学需求，由学校统一安排的北京、保定两校区间的重要会议、重大活动、交流学习等，由学校车辆管理部门安排用车。

第九条 科研用途公务车辆使用。课题组应向学校车辆管理部门提出车辆使用申请，明确使用责任人，确保车辆只用于公务活动。如出现因私用车，所产生的一切后果均由课题组承担。因使用不当或课题组停止使用，车辆将收归学校车辆管理部门统一调度。

第十条 科研用途公务车辆管理费按有关规定进行管理。学校将进一步健全日常使用登记和公示制度，相关车辆尽量标识化，确保车辆严格用于规定用途。

第四章 车 辆 处 置

第十一条 学校拟取消的车辆严格按照国有资产管理的有关规定，履行资产管理处置审批手续。由资产管理部门根据总体方案中的工作进度要求和《华北电力大学公务用车制度改革车辆处置方案》的具体办法对相关车辆开展处置工作。

第十二条 公务车辆处置收入按有关财务管理制度进行管理和核算。公务车辆到期报废后，车辆牌照指标由学校车辆管理部门统一调配，学校资产管理部门将按规定进行车辆更新。

第五章　附　　则

第十三条　具有独立法人资格的附属单位公务用车管理参照本办法执行。

第十四条　本办法授权学校公务车辆管理部门负责解释。

第十五条　本办法从发布之日起施行。此前有关公务车辆管理规定与本办法不一致的，按本办法执行。

2017年3月21日

华北电力大学二级单位发展基金管理办法

华电校财〔2017〕13号

第一章　总　　则

第一条　为加强校内各单位发展基金管理，规范收支行为，明确审批流程，防范财务风险，根据《高等学校财务制度》《华北电力大学收入管理办法》《华北电力大学经济活动绩效管理办法（试行）》等文件，制定本办法。

第二条　本办法所称二级单位发展基金（以下简称发展基金），是指根据校内有关制度或经审批后由相关单位管理使用的经费。

第三条　发展基金全额纳入学校预算统一管理、集中核算，严禁截留、隐瞒、挪用、私收、私分和坐支。

第四条　各单位负责人为本单位发展基金管理和使用的第一责任人，负责建立健全本单位发展基金的管理制度。

第二章　收　入　管　理

第五条　发展基金的取得必须符合国家、地方及学校有关规定，坚持合法、合规、公开的原则。

第六条　收入来源：

（一）根据校内有关制度划归相关单位管理使用的经费；

（二）根据《华北电力大学收入管理办法》，因对外服务取得的其他收入，按核定比例上交学校资源补偿费用后的剩余部分。

第七条　发展基金收入（收费）申请及变更需办理相应审批程序：

（一）填写《二级单位收入（收费）审批表》（见附件1）并准备相关材料（见填表说明）；

（二）涉及国有资产出租出借的需由资产管理部门签署意见；

（三）提交财务部门形式审查；

（四）经财经工作领导小组审议通过后由校领导签署执行，金额较大的报校长办公会审议。

第八条　各单位服务性收费必须严格按照《二级单位收入（收费）审批表》批准的收费项目、范围、标准收取。不得自行设立或隐瞒收费项目，制定或调整收费范围和标准。

第三章　支　出　管　理

第九条　发展基金使用应严守财经纪律，践行“八项规定”，厉行节约、反对浪费。

第十条　发展基金应首先用于弥补本单位事业运行经费不足。可用于设备及修缮支出（购置家具、设备，小型修缮改造等）、人员支出（确因工作需要发生的加班费用，外聘人员薪酬、福利等）以及其他公务及业务支出。

（一）使用方向：

1. 支持教学、科研、学科建设；
2. 改善基本办学条件；
3. 支持学生创新创业等活动；
4. 支持党、团、工会活动和文化体育活动；
5. 职工慰问、大病救助；
6. 对外交流联络。

（二）发展基金可支出与上述活动相关的餐费及汽油费，总额不得超过该单位当年度该经费收入总额的20%。

1．业务用餐标准应不高于80元/人·餐，单张发票金额应在1000元以内，报销时需附“业务用餐审批单”（见附件3）。业务用餐由单位负责人负责审批；

2．加班用餐标准应不高于30元/人·餐，报销时需附“加班费用审批单”（见附件2）。加班用餐由单位负责人负责审批。

（三）加班费从严控制，由各单位提出标准报人事处审核同意，财务处备案，各单位通过财务网上申报管理系统发放。

第十一条 发展基金支出负面清单：

（一）严禁违规发放在编人员固定津补贴；

（二）严禁以发票报销形式变相发放补贴；

（三）严禁支出国家明令禁止的礼品、商业预付卡等。

第十二条 发展基金支出严格执行学校财务规章制度和报销审批程序。原则上单位主要负责人负责本单位发展基金的审批，确因工作需要可书面授权本单位其他领导审批。

单笔支付15万元以上（含）需主管（或联系）校领导审批，30万元以上（含）还需主管财务的校领导会签审批。

第十三条 因对外服务产生的收入可参照《华北电力大学经济活动绩效管理办法（试行）》执行。

第十四条 发展基金年度结余结转下年继续使用。

第四章 附 则

第十五条 各单位应定期对发展基金收支情况展开自查自纠，财务部门不定期对发展基金收支情况进行抽查，审计部门将发展基金列入内部审计范围，一旦发现违反本办法的行为将严肃处理。

第十六条 本办法自2017年起施行，原有文件中与本办法不一致的，以本办法为准。

第十七条 本办法授权计划财务处负责解释。

2017年6月16日

华北电力大学公共信息编码标准

华电校信〔2017〕2号

信息标准化和数据表示的一致性是信息化建设的基础和主要环节。为加强信息化建设的统一领导，建立信息化标准的管理体系，保障信息在全校各应用系统采集、处理、交换、传输的过程中遵循统一的标准规范，促进信息和数据资源的共享，在深入调研我校信息化建设现状的基础上，结合各类标准，兼顾它们之间的兼容性、一致性和标准本身的可扩展性，特制定华北电力大学公共信息编码标准。

第一章 前 言

第一条 标准制定通用规则。信息编码标准是规范信息项的填写内容，便于应用系统数据录入和查询统计而制定的。本标准制订规则为：

（一）优先使用国家标准及行业相关标准。

（二）无国家和行业标准的，由学校制订公共编码标准，如组织机构编码、教职工工号、学生学号标准等。

（三）学校统一制订其他方面的编码标准。

（四）编码标准的编码种类及数据内容将随着学校业务的发展变迁、基础数据建设内容的增加而需逐步扩展。

第二条 编码设计通用原则。

（一）唯一性：每一个编码对象仅有一个赋予它的编码，一个编码只唯一表示一个编码对象。

（二）可扩性：编码结构必须能适应同类编码对象不断增加的需要，必须为新的编码对象留有足够的备用码，以适应不断扩充的需要。

（三）简单性：编码结构应尽量简单，长度尽量短，以便节省机器存储空间和减少编码的差错率，同时提高计算机处理的效率。

第三条 编码维护体系。编码标准总体维护方案如图 1-1 所示。

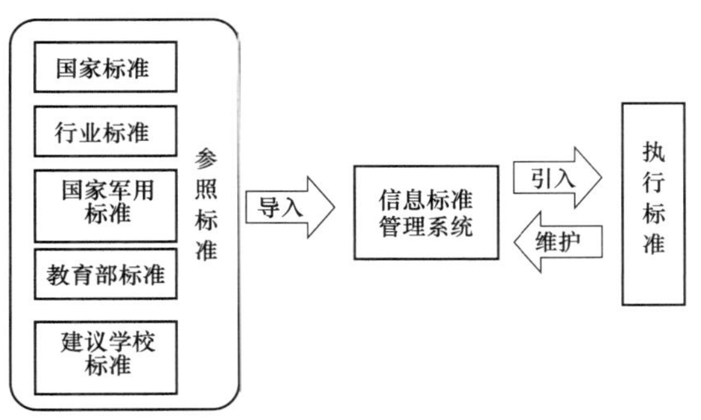

图 1-1 编码标准总体维护方案

第二章 学校信息标准编码体系

第四条 编码体系组成。信息编码标准包括学校制定的公共信息编码标准和各业务部门制定的业务信息编码标准两个部分，体系框架如图 2-1 所示。

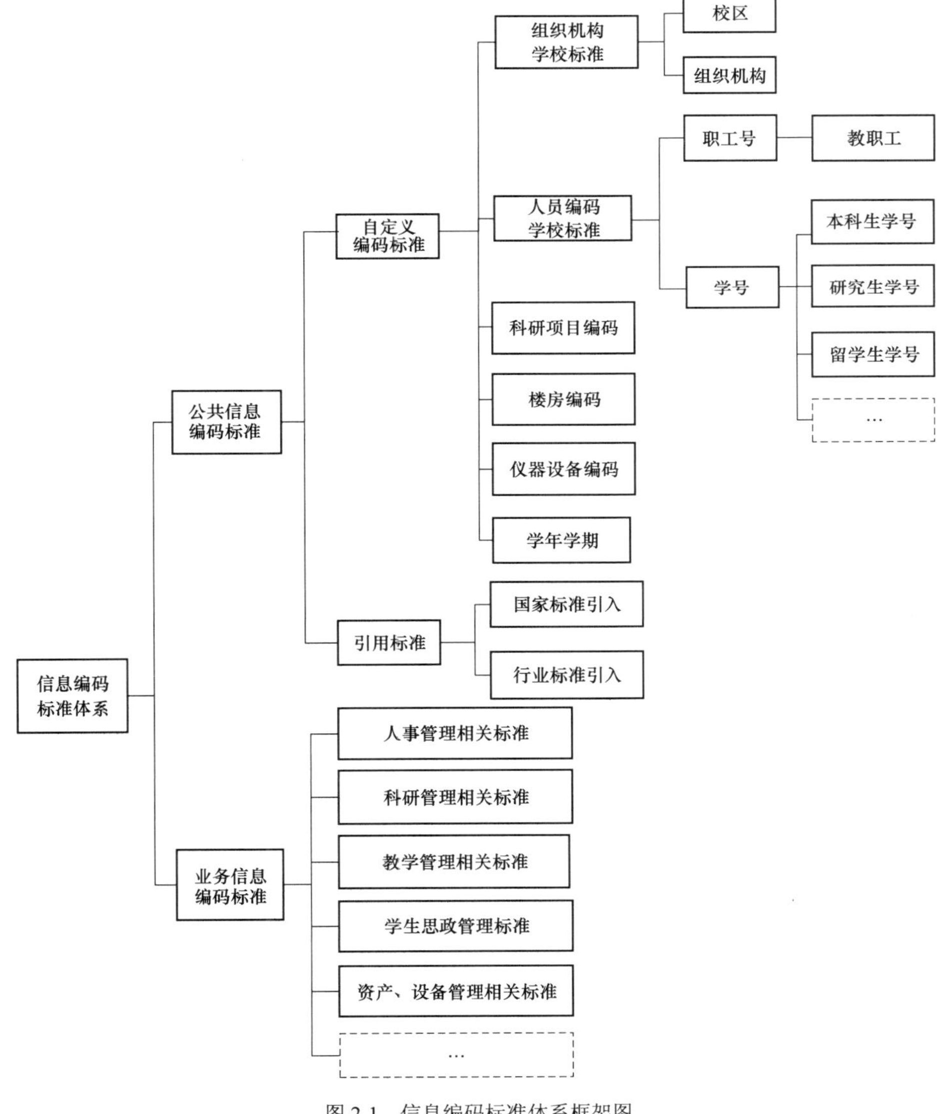

图 2-1 信息编码标准体系框架图

第三章 学校编码管理和使用规则

第五条 网络与信息化办公室是学校信息标准的统筹单位，本信息编码标准自发布之日起开始执行，文件发布前已编制的编码保持不变。本信息编码标准由网络与信息化办公室负责编制与解释。

第六条 学校自定义的公共信息编码由相关的业务主责单位创建，主责单位包括人事处、学生处、研究生院、科学技术研究院、资产管理处、财务与资产管理处等业务部门。主责单位根据本编码标准，对其业务系统的信息进行规范编码。例如，组织机构编码、教职工号由人事处负责编制，本科生学号由学生处和教务处共同负责编制，研究生学号由研究生院负责编制，科研项目编码由科研院负责编制，仪器设备编码、楼房编码由资产处负责编制。校内其他部门需要使用相关的信息编码时，均以主责单位编制的编码为准。主责单位编制好编码后，将其提供给网络与信息化办公室，由网络与信息化办公室进行审核备案，并进入学校公共数据中心。校内其他部门或信息系统需要使用该编码时，从网络与信息化办公室获取。

第四章 学校公共信息编码内容

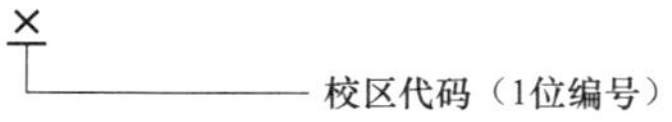

×
校区代码（1位编号）

图 4-1 校区编码规则图示

第七条 校区编码

（一）编码规则。采用 1 位阿拉伯数字作为校区编码，如图 4-1 所示。

（二）编码数据。如表 4-1 所示。

表 4-1 编码数据表

编码	名称	编码	名称
1	华北电力大学北京校部	3	华北电力大学科技学院
2	华北电力大学保定校区		

（三）主责单位。校区编码主责单位是网络与信息化办公室。

（四）适用范围。此编码用于与校区属地化有关的标识中，适用于所需要的业务系统。

第八条 组织机构编码

（一）编码规则

1．编码对象是学校批准成立的各级部门。

2．部门编码为 6 位数字组成，第一位表示二级部门所属部门类别编码，第二、三位表示二级部门编码，第四、五、六位表示三级部门编码。

3．部门名称、类别及排序原则以学校文件为依据。

4．新增部门按本编码标准进行编码。

组织机构编码规则如图 4-2 所示，具体编码内容如表 4-2 所示。

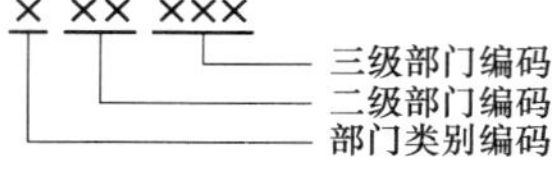

图 4-2 组织机构编码规则图示

表 4-2 部门类别编码表

部门类别编码	部门类别名称	部门类别编码	部门类别名称
1	党务	6	科研
2	行政	7	产业
3	教管	8	后勤
4	教辅	9	其他
5	教学		

（二）使用规则

1．二级部门指院系、部处等处级单位；三级部门指教研室、科室等科级单位。按工作性质分类后，顺序排列编码。每一个部门均有唯一的编码。两校区一体化部门采用不同的编码，学院中的系需要按处级单位单独编码。如：电气工程学院和保定校区电力工程系需要编制不同的编码。

2．对具有双重性质、双重名称的部门，按其主要工作性质归类编码。

3．当部门变化时，依据如下原则修改其编码：

（1）部门改名：原编码不变。

（2）部门撤销：原编码保留为空码。

（3）增加部门：按顺序新增编码。

（4）部门合并、拆分：一律按顺序重新编码，原编码保留为空码。

4．校级领导（含常委、校长助理）单独编码。

（三）主责单位。组织机构编码的维护和管理由人事处负责。

（四）适用范围

1．组织机构编码适用于校内各部门建立管理信息系统。

2．组织机构编码适用于部门内与部门间的信息交换。

3．凡涉及组织机构编码的子系统必须使用此编码，以实现数据共享。

第九条 教职工号编码

（一）编码规则

1．教职工编码原则

（1）为适应我校目前教工实际情况，给教工进行准确编码，把我校教工分为正式在编教职工（含离退休人员），外聘人员（不再分学校外聘和部门外聘人员），其他人员三类。

（2）教工编码终身不变，即我校正式教工在校内跨校区、跨部门调动以及离退休时，教工号不变，可继续使用；教工离校后，原编码保留为空码。

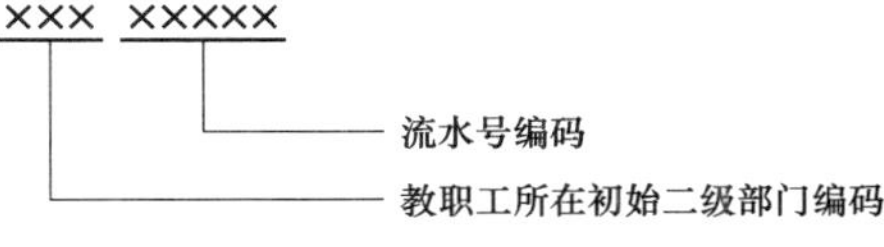

图 4-3 在编教职工编码规则图示

2．在编教职工编码规则。编码规则如图 4-3 所示。

（1）教工编码由 8 位数字组成，从左至右的含义是：第 1 至第 3 位表示该教工所在初始二级部门编码；第 4 至第 8 位分别由北京校部和保定校区人事处按本校教工报到顺序以流水号形式生成，其中 00001～49999 号由北京校部使用，50001～99999 号由保定校区使用。不足 5 位的在其左侧以 0 补足。

（2）校级领导（含校常委、校长助理）的教工编码前三位编为 100。

例：电气与电子工程学院，部门编码为 501，某教工的流水号是 00789，其教工编码应为 50100789。

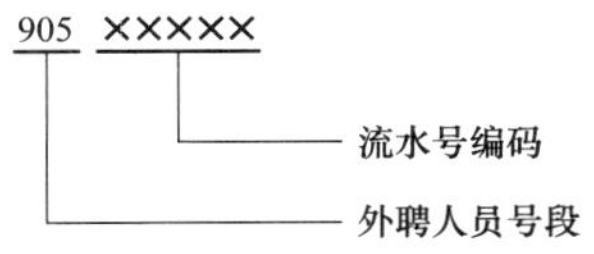

图 4-4 外聘教职工编码规则图示

3．外聘教职工编码规则。编码规则如图 4-4 所示。

（1）外聘人员（外聘（含外籍）教职工、访问学者、借调人员和各部门外聘工作人员等）的教职工由 8 位数字组成，编码前 3 位为 905，后 5 位为流水号，00001～49999 号由北京校部使用，50001～99999 号由保定校区使用。

（2）外聘人员编码由引入该人员的二级部门提出申请，分别由北京校部和保定校区人事处按报到顺序以流水号统一负责编制。

4．临时人员编码规则

北京校部临时人员编码规则如图 4-5 所示。

保定校区临时人员编码规则如图 4-6 所示。

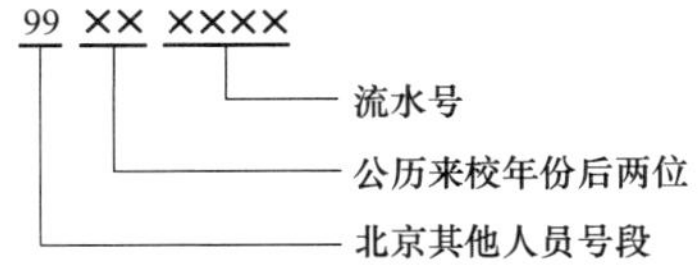

图 4-5 北京校部临时人员编码规则图示

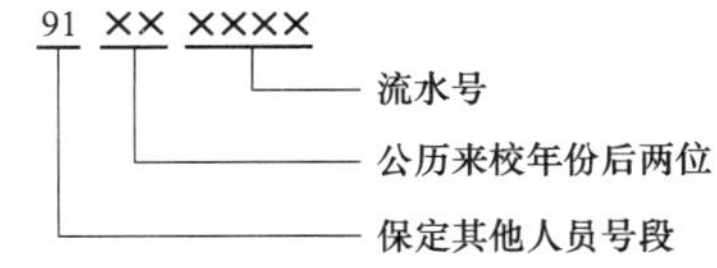

图 4-6 保定校区临时人员编码规则图示

（1）临时人员编码由 8 位数字组成，从左至右的含义是：第 1 至第 2 位表示其他人员类别，北京校部用“99”表示，保定校区用“91”表示；第 3 至 4 位表示来校年份，用公历年后两位表示；第 5 至 8 位表示当年来校人员流水号，每年从 0001 开始。

（2）临时人员包括：租赁学校办公场所的公司人员、后勤商户、来校参观、参加会议、短期培训等无需在人事处登记备案而又有安全保卫统计需求、上网需求和一卡通需求的所有临时来校人员。

（3）临时人员编码由引入该人员的二级部门提出申请，由网络与信息化办公室属地负责编制。

（二）主责单位

1．在编教职工、外聘人员编码由人事处属地负责编制。

2．临时人员编码由网络与信息化办公室属地负责编制。

第十条 学生学号编码

（一）编码规则

学生学号编码规则如图 4-7 所示。

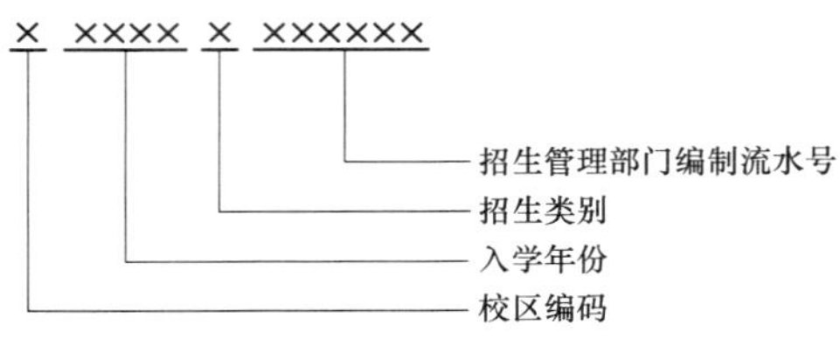

图 4-7 学生学号编码规则图示

学生学号编码共由 12 位数字组成，从左到右的含义是：

1．第 1 位表示学生所属校区，用数字表示，北京校部为 1，保定校区为 2，科技学院为 3；

2．第 2 至 5 位为学生的入学年份，用 4 位公元纪年表示；

3．第 6 位为招生类别，具体内容如表 4-3 所示。

表 4-3 招生类别编码表

编码	名称	编码	名称
1	本科生	6	借读生
2	研究生	7	保留
3	成教生	8	二学位学生
4	留学生	9	预科生
5	培训生（长期）		

4．第 7 至 12 位为学生在其所属类别当年入学学生中的流水号，不足 6 位的在其左侧以 0 补足，各招生部门可以根据自身的情况制订流水规则，但须将编码规则报网络与信息化办公室备案。

5．保留学籍的学生，沿用已编学号。

（二）使用规则

凡进入我校学习的研究生、本科生、成教脱产及函授学生、留学生及各类进修人员均具有唯一的终身编码，编码不随学生学籍变化而改变。保定生源到北京借读的学生，学号要重新编制，同时保留原保定学号。

（三）主责单位

1．新录取本科生的学号由所在校区学生处产生，教务处维护与管理；其他本科生学号由所在校区教务处产生、维护与管理；保定校区科技学院学生学号由科技学院产生、维护和管理。

2．研究生的学号由所在校区研究生院产生、维护与管理。

3．成教生和长期培训生的学号由所在校区继续教育学院产生、维护与管理。

4．留学生的学号由所在校区国际教育学院产生、维护与管理。

（四）适用范围

1．学生编码（即学号）是学生在校内的身份标识，供学生登录各信息服务系统，以及办理一卡通时使用。

2．凡涉及学生信息的信息服务系统必须使用此编码，以实现数据共享。

第十一条 科研项目编码

（一）编码规则

科研项目编码规则如图 4-8 所示。

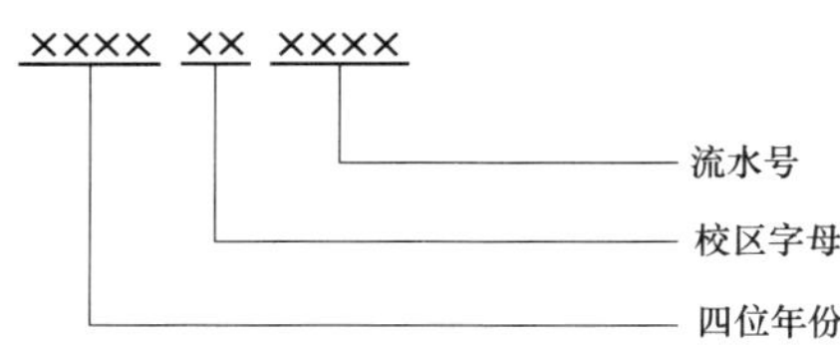

图 4-8 科研项目编码规则图示

科研项目编码由 10 位字符组成：

1．第 1 至 4 位表示科研项目的年份，由公历的四位年份组成；

2．第 5 至 6 位表示校区，由 2 位字符组成：BJ 表示北京校区；BD 表示保定校区（该编码规则是沿袭科研院原编码规则）；

3．第 7 至 10 位表示流水号，由三位阿拉伯数字组成。

例如：北京校部录入的某一个项目编码为：2014BJ0001。

（二）主责单位。科研项目编码由科学技术研究院负责管理和维护。

（三）适用范围。凡涉及科研项目编码的系统必须使用此编码，以实现数据共享。

第十二条　仪器设备编码

（一）编码规则

仪器设备编码规则如图 4-9 所示。

仪器设备编码由 8 位数字和字母组成，从左到右依次为：

1．第 1 至 2 位为公历年份后 2 位；

2．第 3 位表示校区，1 为北京校部，2 为保定校区，3 为科技学院；

3．第 4 至 7 位表示仪器设备的流水编号，每年从 0001 开始；

4．第 8 位表示仪器设备的类别：S 表示设备，J 表示家具。

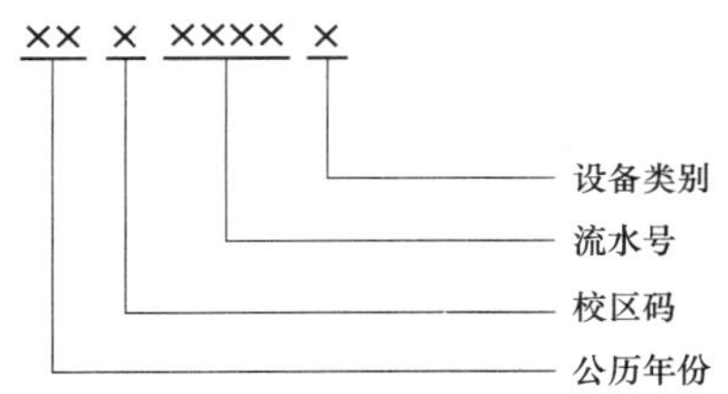

图 4-9　仪器设备编码规则图示

（二）主责单位。仪器设备编码由资产管理处、财务与资产管理处负责管理、维护。

（三）适用范围。凡涉及仪器设备的系统必须使用此编码，以实现数据共享。

第十三条　楼房编码

（一）编码规则

1．建筑物编码。建筑物编码规则如图 4-10 所示。

× ×××
流水号
校区码

图 4-10　建筑物编码规则图示

为了方便对全校所有建筑物编码，对现所有建筑物采用四位码，对编码建筑物起到唯一标识作用。

（1）第 1 位：校区编码，1 为北京校部；2 为保定校区；3 为科技学院。

（2）第 2、3、4 位是顺序号，顺序号的编码为 3 位数字，范围为 001～999，同属于一个校区的建筑物顺序从 001 开始向后编排，不能重复。示例如表 4-4 所示。

表 4-4　建筑物编码示例表

建筑物代码	代码解释	建筑物名称
1001	北京校区第一栋建筑物	主楼
1008	北京校区第八栋建筑物	教学楼

2．楼层编码。楼层全部采用 2 位字符编码，地上建筑从 01-99 层，地下建筑从 B1-B9 层。

3．房间号编码。

（1）房间号采用多位字符编码，例如：301、919、1010、1203 等；若建筑物有多个单元或楼座，则在房间号前加单元号、楼座号（若单元号为数字，需以“半角”连字符“-”分割单元号和后续房间号）：3-301、D0420 等。房间号编码示例如表 4-5 所示。

表 4-5　房间号编码示例表

建筑物代码	楼层代码	房间号	代码解释	房间唯一地址码
1008	B1	0101	教学楼地下 1 层 101 房间	1008B10101
1001	02	D0204	主楼 2 层 D0204 房间	100102D0204
1001	11	F1107	主楼 11 层 F1107 房间	100111F1107
1033	01	3-101	住宅 33 楼 3 单元 1 层 101 房间	1033013-101

（2）如果房间拆分成多间，则在原有的编码后加上大写的字母 A、B 等英文字母。例如：房间 0301，拆分成两间，则是 0301A、0301B。

（二）主责单位。楼宇房间编码的维护和管理由资产管理处和财务与资产管理处负责。

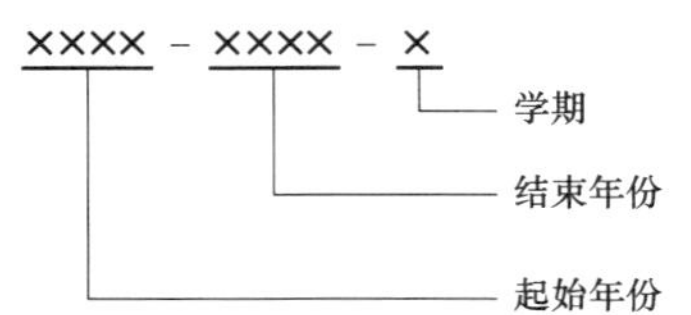

图 4-11　学年与学期编码规则图示

（三）适用范围。凡涉及楼宇房间的系统必须使用此编码，以实现数据共享。

第十四条　学年与学期

（一）编码规则。学年与学期编码规则如图 4-11 所示。

学年与学期编码共 9 位，分别为：

1．第 1、2、3、4 位表示学年起始年份。

2．第 5、6、7、8 位表示学年结束年份。

3．第 9 位表示学期。

学年与学期编码内容如表 4-6 所示。示例：2013- 2014-1。

表 4-6　　学年与学期编码内容表

编码	名　　称	编码	名　　称
1	第一学期	3	第三学期
2	第二学期	9	不分学期

（二）主责单位。学年与学期编码由教务处管理和维护。

第五章　附　　则

第十五条　本标准自公布之日起施行，由网络与信息化办公室负责解释。

2017 年 9 月 5 日

华北电力大学研究生学籍管理规定（2017 年修订）

华电校研〔2017〕10 号

第一章　总　　则

第一条　为规范学校博士研究生和硕士研究生（以下简称研究生）管理行为，维护学校正常的教育教学秩序，加强与完善研究生学籍管理，促进研究生德、智、体、美等方面全面发展，根据教育部《普通高等学校学生管理规定》（中华人民共和国教育部令第 41 号）、《华北电力大学章程》等文件，制定本规定。

第二条　本规定适用于在华北电力大学接受普通学历教育的研究生。其他类别研究生参照执行。

第二章　入 学 与 注 册

第三条　按照国家招生规定录取的新生应持华北电力大学研究生录取通知书和《研究生入学须知》中规定的相关材料，按学校规定的日期来校办理入学手续。

因故不能按期入学者，应于开学前向学校请假，请假不得超过 2 周；未请假或者请假逾期的，除因不可抗力等正当事由以外，视为放弃入学资格。

第四条　学校在报到时对新生入学资格进行初步审查，审查合格的办理入学手续，予以注册学籍；审查发现新生的录取通知、考生信息等证明材料，与本人实际情况不符，或者有其他违反国家招生考试规定情形的，取消入学资格。

第五条　学生入学后，学校在 3 个月内按照国家招生规定对其进行复查。复查中发现学生存在弄虚作假、徇私舞弊等情形的，确定为复查不合格，取消学籍；情节严重的，移交有关部门调查处理。

第六条　符合以下条件之一，新生可以申请保留入学资格 1 年：

1．复查中发现学生身心状况不适宜在校学习，经学校指定的二级甲等（含）以上医院诊断并经校医院认定，需要在家休养的；

2．已经怀孕的；

3．创新创业的（需附由我校相关部门认定的创新创业证明）；

4．其他需要保留入学资格的。

新生应征参加中国人民解放军（含中国人民武装警察部队），学校可保留其入学资格至退役后2年。

保留入学资格的不具有学籍，不享受在校研究生待遇。拟申请入学时，需在拟入学第一学期开学1周前向研究生院提出入学申请，经研究生院审查合格后，按当年新生办理入学手续；审查不合格的或逾期不办理入学手续且未有因不可抗力延迟等正当理由的，视为放弃入学资格。

第七条 每学期开学时，研究生需于开学2周内持研究生证到所在院（系）办理学期注册手续。因故不能如期注册的，必须履行暂缓注册手续，并经所在院（系）批准后方为有效。有缴费协议的研究生到学校财务部门缴纳相关费用后再行注册。开学2周内未办理注册手续或请假逾期仍未注册的，视为放弃学籍，按自动退学处理。

通过注册的研究生，其学籍有效期截止到下学期开学之前，退学等特殊情况将导致学籍立刻终止。

第三章 学制与学习年限

第八条 研究生学制根据各专业、类别（领域）培养方案的规定确定，硕士研究生学制为2年至3年，博士研究生学制为4年。

研究生学习年限（含休学和保留学籍）由基本学习年限与最长学习年限确定。基本学习年限参照学制执行。全日制硕士研究生最长学习年限为基本学习年限加1年（休学参与创新创业实践的硕士研究生，最长学习年限为基本学习年限加2年）。非全日制硕士研究生最长学习年限为5年，博士研究生最长学习年限为8年。

休学参与创新创业的全日制硕士研究生申请延长学习年限时，需提供由我校相关部门认定的创新创业证明，并填写《华北电力大学全日制硕士研究生延长学习年限申请表》，经导师和院（系）同意，报研究生院批准后，方为有效。

研究生在学超过最长学习年限，学校不再保留其学籍，按自动退学处理。

第九条 硕博连读研究生取得博士学籍后，硕士学籍即自动取消，学习年限按照博士研究生学习年限要求执行。

第四章 转导师、转专业与转学

第十条 研究生在校期间，其指导教师因故不能继续担负指导研究生责任的，研究生可以提出在同一专业更换导师的申请。转导师申请经转出导师、接收导师及所在院（系）同意后报研究生院审批，审批通过后予以变更。每学期开学2周内集中受理审批工作一次。

第十一条 研究生入学后，原则上不能转专业。特殊情况下，学校根据社会对人才需求情况的发展变化，所学专业调整或原指导教师变动，在原专业无法继续培养，或因其他特殊情况认为必须转专业的，经本人申请，转出导师、接收导师、转出院（系）主要负责人和接收院（系）主要负责人同意后，报研究生院审批。

第十二条 研究生入学后，原则上不能转学。特殊情况下，如患病或确有某种特殊困难、特别需要，无法继续在本校学习或者不适应本校学习要求的，可申请转学。医病转学的，须附学校医院或学校指定的二级甲等（含）以上医院诊断证明。

第十三条 研究生有下列情形之一，不得转学：

1．入学未满一学期或者毕业前1年的；

2．以定向就业招生录取的；

3．拟转入学校、专业的录取控制标准高于其所在学校、专业的；

4．应予退学的；

5．无正当转学理由的。

学生因学校培养条件改变等非本人原因需要转学的，学校可以出具证明，由北京市教育委员会或河北省教育厅协调转学到同层次学校。

第十四条 研究生转学手续按教育部规定执行。

第五章 休学与复学

第十五条 研究生可以分阶段完成学业，但应当在学校规定的最长学习年限（含休学和保留学籍）内完成学业。研究生申请休学或者学校认为应当休学的，以学期为单位（从休学申请之日起，到本学期结束，计为休学1学期），每次申请限

1个学期。休学期满后仍不能复学的，可继续申请休学1学期，但累计不得超过2次，累计休学时间不得超过1学年。累计休学达到1学年，仍未能复学的，按自动退学处理。创新创业的硕士研究生需办理休学手续，休学时间不超过2学年，累计休学达到2学年，仍未能复学的，按自动退学处理。

第十六条 研究生在校生应征参加中国人民解放军（含中国人民武装警察部队）的，可凭入伍通知书办理保留学籍手续，学校将保留学籍至退役后2年，保留学籍期间，与其所在部队建立管理关系，不享受在校生待遇。在其退役后根据学校相关要求按时办理恢复学籍手续。凡在退役后2年内未提出恢复学籍申请的，按自动退学处理。本款规定不适用于以现役军人身份入学的研究生。

第十七条 研究生在学期间参加我校组织的国内跨单位联合培养或国际联合培养项目，在联合培养单位学习期间，我校同时为其保留学籍。研究生在此保留学籍期间，与其所在联合培养单位等组织建立管理关系，其权利和义务由联合培养单位规定。

第十八条 休学研究生应在办完休学手续后1周内离校，学校保留其学籍。研究生休学期间，不享受在校生待遇。休学期间患病，其医疗费按学校规定办理。

第十九条 研究生在休学期间，学校不受理其出国或出境等其他手续。

第二十条 休学期满的研究生，需在拟入学学期开学1周内提出复学申请，经学校审查合格，办理完相关手续，方可复学。学期中途不办理复学手续。

第六章 退　　学

第二十一条 研究生有下列情形之一，应予退学：

1. 无论何种原因，学业成绩未达到学校要求或者在学校规定最长学习年限内未完成学业的；
2. 休学或保留学籍期满，在学校规定期限内未提出复学申请、继续休学申请或申请未获得批准的；
3. 经学校医院或学校指定医院诊断，患有疾病或者意外伤残不能继续在校学习的；
4. 全日制研究生未经批准连续两周未参加学校规定的教学活动的；
5. 开学2周内未按学校规定办理注册手续，而又未履行暂缓注册手续的；
6. 本人申请退学的；
7. 因其他特殊原因需退学的。

第二十二条 研究生主动申请退学或自动退学的处理，由研究生院报主管校领导审批。其他情形退学的处理由研究生院报校长办公会或者校长授权的专门会议研究决定，并进行合法性审查。对退学的研究生，由学校出具退学证明书并送达本人，因特殊情况无法送达本人的，在学校网站公告30日期满后即视为送达。

第二十三条 退学的研究生需在退学决议生效后10个工作日内办理离校手续。退学的研究生，按已有毕业学历和就业政策可以就业的，由学校报北京市或河北省毕业生就业部门办理相关手续；在学校规定期限内没有聘用单位的，办理退学手续离校。

退学学生的档案由学校退回其家庭所在地，户口应当按照国家相关规定迁回原户籍地或者家庭户籍所在地。

第二十四条 退学的研究生，一律不予复学。

第二十五条 研究生如对退学处理有异议，可向学校学生申诉处理委员会提出书面申诉，申诉程序参照《华北电力大学学生校内申诉管理规定》办理。

第七章 毕业、结业与肄业

第二十六条 研究生在学校规定的学习年限内，修完教育教学计划规定内容，成绩合格，完成毕业（学位）论文并通过答辩，达到学校毕业要求，学校准予毕业并在离校前颁发毕业证书。

第二十七条 研究生在校学习已满基本学习年限，修完教育教学计划规定内容，成绩合格，毕业（学位）论文完成，但未达到毕业要求的，学校准予结业，颁发结业证书。研究生结业后，不再补做毕业（学位）论文和答辩，不换发毕业证书。

第二十八条 对退学研究生，学校颁发肄业证书或写实性学习证明。

第二十九条 取得硕博连读入学资格的硕士研究生，获得博士学籍后同时终止硕士培养。取得博士学籍两年后，不适宜继续攻读博士学位者，经导师申请、所在院学位评定分委员会审议通过并报研究生院审批备案后，可转为硕士生培养或申请博士结业（或肄业）。

第三十条 学校严格按照招生时确定的办学类型和学习形式，以及学生招生录取时填报的个人信息，填写、颁发学历证书及学位证书。

第三十一条 学校执行高等教育学籍学历证书电子注册管理制度，每年将颁发的毕（结）业证书信息报教育部备案。

第三十二条 对违反国家招生规定取得入学资格或者学籍的，学校将取消其学籍，不发给学历证书、学位证书；已发的学历证书、学位证书，学校依法予以撤销。对以作弊、剽窃、抄袭等学术不端行为或者其他不正当手段获得学历证书、学位证书的，学校依法予以撤销。

被撤销的学历证书、学位证书已注册的，学校予以注销并报教育行政部门宣布无效。

第三十三条 毕业、结业、肄业证书和学位证书遗失或者损坏，经本人申请，学校核实后出具相应的证明书。证明书与原证书具有同等效力。

第八章 附 则

第三十四条 本规定自2017年9月1日起施行，原《华北电力大学研究生学籍管理规定》同时废止。如其他有关规定与本规定相悖，以本规定为准。未尽事宜，按现行国家有关规定办理。

第三十五条 本规定授权研究生院负责解释。

2017年8月3日

华北电力大学普通本科学生学籍管理规定（2017年修订）

华电校教〔2017〕19号

为了维护学校正常的教育教学秩序和生活秩序，树立良好的学风，不断提高教育和教学质量，保障学生身心健康，促进学生德、智、体、美全面发展，维护学生的合法权益，依据《中华人民共和国教育法》《中华人民共和国高等教育法》《普通高等学校学生管理规定》（教育部令第41号）、《华北电力大学章程》以及其他相关法律、法规，结合我校实际情况，制定本规定。

第一章 入学与注册

第一条 按照国家招生规定，新生入学应当持我校规定的有关证件和《录取通知书》，并按学校有关要求在规定的期限内来校报到，办理入学手续。因故不能按期入学的，应当事先向学校请假。假期一般不得超过两周。未经请假或请假逾期的，除因不可抗力等正当事由以外，视为放弃入学资格。

第二条 学校在新生报到时对新生入学资格进行初步审查，审查合格的办理入学手续，予以注册学籍；审查发现新生的录取通知、考生信息等证明材料，与本人实际情况不符，或者有其他违反国家招生考试规定情形的，取消入学资格。

第三条 新生入学后，学校在3个月内按照国家招生规定对其进行复查，复查不合格的，由学校区别情况，予以处理，直至取消学籍。

复查内容主要包括以下方面：

（一）录取手续及程序等是否合乎国家招生规定；

（二）所获得的录取资格是否真实、合乎相关规定；

（三）本人及身份证明与录取通知、考生档案等是否一致；

（四）身心健康状况是否符合报考专业或者专业类别体检要求，能否保证在校正常学习、生活；

（五）艺术、体育等特殊类型录取学生的专业水平是否符合录取要求。

复查中发现学生存在弄虚作假、徇私舞弊等情形的，确定为复查不合格，取消学籍；情节严重的，学校移交有关部门查究。

第四条 新生可以根据自身情况申请保留入学资格，保留资格期限为1年，学生在提交申请后，应当在一周内办完离校手续。保留入学资格的学生不具有学籍，不享受在校学生待遇。

对身心状况不适宜在校学习的新生，经学校指定医院（二级甲等以上医院或专科医院）诊断，需要在家休养的，可以按照第四条的规定保留入学资格。

新生应征参加中国人民解放军（含中国人民武装警察部队），学校保留其入学资格至退役后2年。保留入学资格由招生部门确定，教务处备案。

新生保留入学资格期满前应向学校申请入学，经学校审查合格后，办理入学手续。审查不合格的，取消入学资格；逾期不办理入学手续且未有因不可抗力延迟等正当理由的，视为放弃入学资格。

第五条 学生每学期应当在学校规定的时间内，持学生证及有关证明材料到所在院系办理注册手续。每学年第一学期学生必须缴齐当学年应缴学费后，方能注册。学生注册后取得在校学习资格，方可参加学校的选课及其他有关活动。学生证加盖注册章后方始有效。

未按学校规定缴纳学费或者其他不符合注册条件的，不予注册。因故不能按期注册的，应当履行暂缓注册手续。

家庭经济确实困难的学生，可以申请助学贷款或者其他形式资助，办理有关手续后注册。

学校按照国家有关规定为家庭经济困难学生提供教育救助，完善学生资助体系，保证学生不因家庭经济困难而放弃学业。

第二章　学制、学习年限与学分

第六条 学制：四年

第七条 学习年限：三至六年

允许学有余力的学生提前修满培养方案规定的学分（含理论课和实践环节），提前毕业，学习期限最短为三年；允许学生自主安排学习进程，但最长为六年（含休学和保留学籍时间），参军入伍和休学创业的根据国家有关规定和实际情况可适当延长1年。

第八条 我校普通本科学生实行学分制管理。各专业毕业学分按各专业培养方案学分要求确定。

第三章　课程考核与成绩记载

第九条 学生在校期间应当按学校规定参加选课并参加所选课程和实践等教学环节（以下统称课程）的学习和考核。考核通过，方能获得规定的学分；考核不通过，学分为“0”。无论何种原因未能参加课程考核的，成绩均以“0”分计。

第十条 课程考核分为考试与考查两种。

必修课为考试课，考试方式根据课程性质、教学改革要求，可采用多种方式进行。成绩评定以课程结课考试与平时成绩相结合，按百分制记载。学生体育课成绩根据考勤、课内教学、课外锻炼活动和体质健康等情况综合评定。

选修课为考查课，其成绩由平时作业、小论文、小测验、实验报告、课程总结、笔试、口试等方式评定。成绩以百分制或五级分制记载。

独立开设实践教学环节成绩以百分制或五级分制记载。

学生思想品德的考核、鉴定，以教育部41号令第四条为主要依据，采取个人小结、师生民主评议等形式进行。

第十一条 五级分制与百分制可按如下关系折算：

序号	等级对应百分制分数	百分制分数区间对应等级
1	优秀：95	[90，100]：优秀
2	良好：85	[80，90)：良好
3	中等：75	[70，80)：中等
4	及格：65	[60，70)：及格
5	不及格：60分以下	[0，60)：不及格

第十二条 有作业和实验的课程，学生应按任课教师的要求按时完成作业和实验（包括实验报告）方可以参加考核。到课程结束时仍未完成作业和实验的，取消考核资格，该课程成绩以“0”分计，注明“作业未交”或“实验未完成”字样。

第十三条 学生无故缺课，视为旷课。累计超过该学期相应课程教学时数的三分之一的，不得参加该课程的考核，成绩以“0”分计，注明“旷考”字样。

第十四条 考生在考试过程中，应当自觉遵守考场纪律。考试违规的，该课程考核成绩无效，且根据实际情况注明“违纪”“作弊”“严重作弊”等字样，给予相应的纪律处分，具体按《华北电力大学学生违纪处理规定》执行。

考试违规的，经教育表现较好，可以对该课程给予补考或者重修机会。

第十五条 学分绩、学分绩点是评定学生学习质和量的标准，学校用平均学分绩、平均学分绩点（GPA）作为学生课程学习的综合评价指标。

将所取得某一课程的学分乘以该课程考核成绩（折合成百分制成绩，考试违规的按“0”分计）即为该课程的学分绩。以学生某一时段内所修课程所得的学分绩之和，除以此时段内该生所修课程学分总和，即为该生平均学分绩。

$$平均学分绩=\frac{\Sigma(课程成绩\times课程学分)}{\Sigma课程学分}$$

课程绩点=（课程成绩－50）/10（60分以下绩点记为0），将所取得某一课程的学分乘以该课程绩点即为该课程的学分绩点。以学生某一时段内所修课程所得的学分绩点之和，除以此时段内该生所修课程学分总和，即为该生平均学分绩点（GPA）。

$$平均学分绩点（GPA）=\frac{\Sigma(课程绩点\times课程学分)}{\Sigma课程学分}$$

平均学分绩、平均学分绩点（GPA）可为选拔优秀学生、评定奖学金和推荐免试硕士研究生、转专业、出国留学等提供参考依据。按学期或学年结算的为学期或学年平均学分绩（点）；从入学后不分学期累计结算的为累计平均学分绩（点）。

第十六条 学生可以根据学校有关规定，申请辅修其他专业或者选修其他专业课程。具体按学校《关于本科学生辅修专业和辅修学位实施办法》和选课有关规定执行。

第十七条 学生可以根据校际间协议并办理有关手续后跨校修读课程，可以参加学校认可的开放式网络课程学习，学生修读的课程成绩（学分），经学校审核同意后，予以承认。

第十八条 学生参加创新创业、社会实践等活动以及发表论文、获得专利授权等与专业学习、学业要求相关的经历、成果，可以折算为课外素质教育等学分，计入学业成绩，具体按学校有关规定执行。

第十九条 学生确因患病或其他原因不能参加课程的考核时，应当在考前办理缓考手续，填写缓考申请表（因病须有医院证明），经教务处批准后方能生效。因事一般不准缓考。缓考随下学期开学补考一同进行，缓考成绩按正常考试记载，注明“缓考”字样。考试通过后方能取得学分，考试未通过的应当重修。

第二十条 学生当学期教学计划开设必修课程考核未通过的，允许参加补考一次，补考通过后方能取得学分，补考未通过的应当重修。

独立开设的实践教学环节考核未通过的，不安排补考，应当重修。

选修课程考核未通过的，可以改选，也可以重修，但学生应当修满培养方案规定的选修课学分。

补考、重修成绩按实际成绩记载并予以注明。

第二十一条 学生对培养方案规定的课程，经过各种途径学习后通过考核的，可以申请免修。对于学习成绩优秀或重修课程与其他课程上课时间冲突的学生，经任课教师同意，所在院系批准，可以免听部分课程或课程的部分内容。具体按免修、免听相关文件执行。

第二十二条 学生因退学等情况中止学业，其在校学习期间所修课程及已获得学分，应当予以记录。学生重新参加入学考试、符合录取条件，再次入学的，其已获得学分，经学校认定，可以予以承认。

第四章 转专业与转学

第二十三条 学生一般应在被录取的专业完成学业，按照大类招生培养的学生后续会进行专业分流。学生有下列情况之一的，可以申请转专业：

（一）大学一年级结束时，对于品学兼优，学习能力突出的本科生，本着个人自愿的原则，可以申请转专业；

（二）学生入学后确因患某种疾病或生理缺陷，经学校指定的医疗单位检查证明，不能在原专业继续学习，但尚能在本校其他专业学习的，可以申请转专业；

（三）学校根据社会对人才需求情况的发展变化以及学校的办学资源情况，经学生同意，必要时有条件地调整部分学生所学专业；

（四）学生在学习期间对其他专业有兴趣和专长的，转专业更能发挥其特长的，可以申请转专业；

（五）休学创业或退役后复学的学生，因自身情况需要转专业的，可以申请转专业。

第二十四条 转专业的学生需经个人申请，学生所在院系推荐，转入院系考核同意，学校批准，方可转入另一专业学习。转入院系在接收转专业学生时，要考虑转入专业的办学条件，酌情接收（具体办法见《华北电力大学本科生转专业和大类专业分流管理办法》）。

第二十五条 以特殊招生形式录取的学生，国家有相关规定或者录取前与学校有明确约定的，不得转专业。

第二十六条 转专业的手续一般在第3学期开学后前四周内办理完毕。

第二十七条 学生一般应当在被录取学校完成学业。因患病或者有特殊困难、特别需要，无法继续在本校学习或者不适应本校学习要求的，可以申请转学，且转入专业应为相同或相近专业。（具体办法见《华北电力大学本科生转学实施办法》

第二十八条 学生有下列情形之一的，不得转学：

（一）入学未满一学期或者毕业前1年的；

（二）高考成绩低于拟转入学校相关专业同一生源地相应年份录取成绩的；

（三）由低学历层次转为高学历层次的；

（四）以定向就业招生录取的；

（五）其他不符合国家有关规定或无正当理由的。

第二十九条 学生转学由学生本人提出申请，说明理由，经所在学校和拟转入学校同意，由转入学校负责审核转学条件及相关证明，认为符合本校培养要求且学校有培养能力的，经学校校长办公会或者经校长授权的专门会议研究决定，可以转入。

跨省转学的，由转出地省级教育行政部门商转入地省级教育行政部门，按转学条件确认后办理转学手续。须转户口的由转入地省级教育行政部门将有关文件抄送转入学校所在地的公安机关。

学校按照国家有关规定，对转学情况及时进行公示，并在转学完成后3个月内，由转入学校报所在地省级教育行政部门备案。

第三十条 凡申请转学、转专业的学生，未经批准或未办完有关手续前，应当参加原专业、班级的学习，否则视为旷课。

第五章 休学与复学

第三十一条 学生可分阶段完成学业。因各种原因需暂停学业或不能正常学习的，可申请休学。

第三十二条 学生有下列情况之一的，应予休学：

（一）因病不能参加正常学习和考试的，可根据医院证明申请休学；

（二）因某种原因一学期请假缺课超过本学期课程总学时数的三分之一的；

（三）因个人原因本人申请休学或学校认为应当休学的。

休学的学生，应当填写休学申请表，经院系负责人签署意见，报教务处审批。由于身体原因休学时应当交验医院证明。其他原因申请休学，应当交验必要的证明。

第三十三条 休学一般以一学年为期，累计不得超过2年（对休学创业的学生，根据实际情况可适当延长1年）。超过规定年限的，按自动退学处理。学期结束前开始休学的，该学期按休学计算。休学期间保留学籍。

第三十四条 休学学生的有关问题按照下列规定办理：

（一）学生在休学期间的待遇，按照国家和我校的有关规定办理。休学期间不享受在校学生待遇；

（二）因病休学的学生，其医疗费用按国家及当地有关规定处理。

第三十五条 在校学生应征参加中国人民解放军（含中国人民武装警察部队），学校保留其学籍至退役后2年。

第三十六条 学生复学按下列规定办理：

（一）学生休学期满，应当于开学第一周持有关证件，向学校申请复学并办理有关手续。因病休学的学生申请复学时，应当经学校指定的二级甲等以上医院或专科医院复查，复查合格后，方可复学。复查不合格的，不得复学。

（二）休学学生复学后，编入原专业的相应年级。如相应年级无该专业，可由院系提出意见，经教务处会同有关部门研究批准编入相近的专业学习。

（三）复学的学生，已修读并经过考核合格的课程，可不再修读；因休学未能参加补考或重修的不及格课程，复学后应当申请该课程的补考或重修。

第三十七条 保留入学资格、保留学籍、休学的学生，在保留入学资格、保留学籍、休学期间，要遵守大学生的行为规范。有违法乱纪行为的，取消复学资格，按退学处理。

第六章 降级与退学

第三十八条 学校建立学业预警机制，对必修课出现不及格的学生予以警示。

第三十九条 已注册在籍的学生无论何种原因，出现下列情况之一的，予以降级。

（一）每学年补考后，学生一学年所取得对应所属年级必修课程（环节）学分已达到该学年教学计划规定的必修课程（环节）总学分的30%，但不足60%的（已降级的学生所取得的学分按累计取得对应所属年级教学计划规定的必修课程学分计算）；

（二）每学年补考后，学生累计未取得教学计划规定的必修课程（环节）学分达到或超过已修读学年教学计划规定的必修课程（环节）学年平均学分的50%的。

第四十条 学生出现下列情况之一的，予以退学。

（一）每学年补考后，学生一学年所取得必修课程（环节）学分未达到该学年教学计划规定的必修课程（环节）总学分的30%的（已降级的学生所取得的学分按累计取得对应所属年级教学计划规定的必修课程学分计算）；

（二）在学校规定的最长学习年限内（含休学和保留学籍）未完成学业的；

（三）第二次予以降级的；

（四）休学、保留学籍期满，在学校规定期限内未提出复学申请或者申请复学经复查不合格的；

（五）经学校指定二级甲等及以上医院或专科医院诊断，患有疾病或意外伤残无法继续在校学习的；

（六）未经批准连续两周未参加学校规定的教学活动的；

（七）超过学校规定期限未注册而又未履行暂缓注册手续的。

学生本人申请退学的，经学校审核同意后，办理退学手续。

第四十一条 按照上述第四十条规定退学，对学生不是一种处分。

第四十二条 在对学生做出退学决定之前，学校应当告知学生做出决定的事实、理由及依据，并告知学生享有陈述和申辩的权利，听取学生的陈述和申辩。

第四十三条 除由本人申请退学外，其他情况退学均须提交校长办公会或者校长授权的专门会议研究决定。

第四十四条 学生如对退学处理有异议，在收到退学决定书之日起10日内可以按程序进行申诉，具体按《华北电力大学学生校内申诉管理规定》办理。

第四十五条 退学处理决定书应当直接送达学生本人，学生拒绝签收的，可以以留置方式送达；已离校的，可以采取邮寄方式送达；难于联系的，可以利用学校网站、新闻媒体等以公告方式送达，公告日期为15日。

第四十六条 学生退学有关事宜按下列规定办理：

（一）各院系要认真做好退学学生的相关工作。

（二）经批准退学的学生，应当在学校规定日期内（一般不超过两周）办理退学手续离校，退学学生的档案由学校退回其家庭所在地，户口应当按照国家相关规定迁回原户籍地或者家庭户籍所在地。

（三）退学的学生自学校批准之日起，即停止一切学生待遇。

第七章 毕业、结业、肄业与学位

第四十七条 学生在学校规定的学习年限内，修完教育教学计划规定内容，成绩合格，达到学校毕业要求的，学校准予毕业，并在学生离校前发给毕业证书。

第四十八条 在修满本专业学分的同时，修满辅修专业学分并达到“辅修专业”毕业要求的，由学校发给辅修专业证书。

第四十九条 学生在学校规定学习年限内，修完教育教学计划规定内容，但未达到学校毕业要求的，学校可以准予结业，发给结业证书。

第五十条 结业处理的学生，在不超过学校规定的最长学习期限之内返校重修，并按学校规定交纳费用，达到毕业要求的换发毕业证书。

第五十一条 退学的学生，学满1年及以上退学的，学校颁发肄业证书；不足1年的发给写实性学习证明。

第五十二条 符合《华北电力大学学士学位授予工作细则》的，授予相应学士学位证书。

在取得本专业学位证书的同时，修满辅修学位课程和完成毕业设计（论文）并取得学分，符合“辅修学位”规定的，授予相应辅修学位。

第五十三条 学校严格按照招生时确定的办学类型和学习形式，以及学生招生录取时填报的个人信息，填写、颁发学历证书、学位证书及其他学业证书。

学生在校期间变更姓名、出生日期等证书需填写的个人信息的，应当有合理、充分的理由，并提供有法定效力的相应证明文件。学校进行审查，需要学生生源地省级教育行政部门及有关部门协助核查的，有关部门应当予以配合。

第五十四条 学校应当执行高等教育学籍学历电子注册管理制度，完善学籍学历信息管理办法，按相关规定及时完成学生学籍学历电子注册。

第五十五条 对违反国家招生规定取得入学资格或者学籍的，学校取消其学籍，不发给学历证书、学位证书；已发的学历证书、学位证书，学校将依法予以撤销。对以作弊、剽窃、抄袭等学术不端行为或者其他不正当手段获得学历证书、学位证书的，学校将依法予以撤销。

被撤销的学历证书、学位证书已注册的，学校应当予以注销并报教育行政部门宣布无效。

第五十六条 毕业、结业、肄业证书和学位证书遗失或者损坏，经本人申请，学校核实后出具相应的证明书。证明书与原证书具有同等效力。

第八章 附 则

第五十七条 本规定自发布之日起开始执行，原《华北电力大学本科学生学分制学籍管理规定（试行）》（华电校教〔2010〕21号）同时废止。其他有关文件规定与本规定不一致的，以本规定为准。具体授权教务处、学生处负责解释。

2017年9月1日

华北电力大学科研机构管理办法

华电校科〔2017〕18号

第一章 总 则

第一条 为加强学校各类科研机构的建设和管理，推进科研管理体制改革，以适应科技创新和创新型人才培养的需要，依据国家发展和改革委员会、教育部、科技部及相关部门的有关规定，结合学校实际情况，制定本办法。

第二条 华北电力大学建立校院两级的科研机构管理体系，科学技术研究院（以下简称“科研院”）为学校归口管理科研机构的部门，具体管理其设立、运行、考核、评估、撤销等事项。

（一）学校成立科研机构建设领导小组（以下简称“领导小组”），负责研究机构建设发展中的重大事项的研究论证、管理决策和运行监管，必要时提请学校党委常委会或者校长办公会研究决定。

领导小组组长由大学分管科研的校领导担任，成员由科学技术研究院、对外联络与合作部、研究生院、人事处、计划财务处、资产管理处等部门主要负责人组成。

（二）各学院（系）成立科研机构建设推进小组（以下简称“推进小组”），推进小组负责为科研机构的建设进行可行性论证、提供条件保障、营造良好氛围、监督日常运行等。

第三条 科研机构建设管理目标

（一）构建探索科学前沿、培养拔尖创新人才的支撑平台，推动学校形成若干优势学科，提升学校科研水平与人才培养质量；

（二）构建科学研究、成果转化平台，面向国家重大需求，培育科研团队，促进原始创新、集成创新和消化吸收再创新，为国家经济社会发展做出更大贡献；

（三）构建跨院系的科研合作平台，推动学科交叉融合，深化学校科研合作体制和机制改革；

（四）构建与国（境）外大学、研究机构或组织的交流平台，提高学校科研及学术的国际影响力。

第四条 科研机构的分类

根据批准建立的主体，我校科研机构分为三类，共六种。

第一类：政府部门批准建立（以下简称“政府批建”）的科研机构。

（一）部委依托我校建立的政府系列重点科研机构；

（二）具有国家认可资质的科技服务机构。

第二类：学校自主批准建立（以下简称“自主批建”）的科研机构。

（三）非实体校级科研机构，即不配备专职管理人员、不给予专项建设经费支持、不另行提供科研或办公场地等支持；

（四）实体校级科研机构，即学校根据发展需要配备一定数量的专职管理人员、实验研究人员，给予专项建设经费、科研或办公场地等的支持；

第三类：学校以协议形式与校外独立法人单位联合建立（以下简称“联合共建”）的科研机构。

（五）与国内企事业单位或国（境）外企业合作建立的联合科研机构；

（六）与国（境）外大学、研究机构或组织合作建立的联合科研机构。

第二章　科研机构的设立

第五条　政府批建科研机构在向政府主管部门提交申请前须经依托学院（系）推进小组同意，科研院审核，主管科研校领导批准，获得政府主管部门批准后正式成立。

自主批建非实体科研机构原则上由依托学院推进小组对研究机构建设申请进行可行性论证后，向科研院提出申请，科研院审核后报领导小组讨论决定，学校发文成立。

自主批建实体科研机构由学校根据科研发展和学科建设需要进行顶层设计产生。科研院根据学校部署组织专家论证后，报学校校长办公会讨论决定，学校发文成立。

联合共建科研机构的建立与续签原则上由科研院审核、法律顾问对共建协议把关后报主管科研校领导批准。

第六条　科研机构的建立需满足如下基本要求：

（一）符合学校办学理念和学科发展要求，且学校在相应学科未建立同类科研机构；

（二）有明确的研究方向、发展规划与目标；

（三）有高水平的学术带头人和相对稳定的科研团队；

（四）有科研任务、经费来源和必要的研究设施条件；

（五）有明确规范的运行管理规章制度。

第七条　科研机构的建立须同时具备如下条件：

（一）政府批建科研机构：

符合政府主管部门的建设要求。

（二）自主批建科研机构：

1．非实体校内机构：符合学校发展规划要求，能有效支撑本单位的学科建设，理工类科研团队规模不少于 10 人，人文社科类科研团队规模不少于 5 人，近三年科研任务饱满，其中人文社科类科研经费到账达到 100 万以上，基础研究类科研经费到账达到 200 万以上，科技开发类科研经费到账达到 400 万以上，技术服务与成果推广类科研经费到账达到 600 万以上。

2．实体科研机构：实体研究机构定位于学校急需发展的国家重大战略需求领域，新兴学科、交叉学科或学科交叉的重大前沿领域。研究机构负责人具有很深的学术造诣和较强的学术影响力，一般应为院士、长江学者、杰出青年基金获得者或万人计划入选者等，依托研究机构组建实体化研究团队，团队规模不少于 10 人。

（三）联合共建科研机构：

1．与国内企事业单位或国（境）外企业合作建立的联合科研机构：合作方 3 年累计科研经费投入不低于人民币 300 万元（人文社科领域适当放宽，不低于 100 万元），其中启动及日常运行经费的比例原则上不低于 10%。

有以下情况之一，可降低合作方经费投入要求：

（1）对学校有重大捐助；

（2）前期合作效果显著，对学科发展有突出贡献；

（3）合作方是世界著名或国内行业骨干单位，通过合作对提升学校科研水平、科研竞争力和国际影响力有显著作用。

2．与国（境）外大学、研究机构或组织合作建立的联合科研机构：有合作方出具的明确表达合作意向的正式文件；有明确的研究目标、经费来源、研究团队和科研计划；有合作方在相关领域具备国际一流的水平和影响力的证明材料。

第八条　科研机构的命名

（一）政府批建科研机构，中英文名称依照政府主管部门有关规定执行；若政府主管部门对其命名无具体规定，则参照自主批建科研机构命名规则执行。

（二）自主批建科研机构，可直接冠用“华北电力大学（NCEPU）”字样，命名方式原则上为：华北电力大学××研究中心（或研究院），Center/Institute for××，NCEPU。

自主批建科研机构中文简称通常为××中心（或研究院）；英文缩写应以NC（或NI）开头、后为与中文简称相对应的英文简称的各单词首字母顺序排列，原则上不超过6个字母。

（三）联合共建科研机构，命名方式为：华北电力大学（依托院或系简称）－合作方中文名称××联合研究中心（或实验室），NCEPU（依托院或系英文名称）-合作方英文全称 Joint Research Center/ Laboratory for ××。命名中若不出现合作方企业冠名，则参照自主批建科研机构命名规则执行。

第九条 政府主管部门规定必须注册为独立法人的科研机构，由依托院（系）提出申请，经学校经营资产管理委员会审议通过，科研院提请校长办公会研究讨论，同意后按规定程序申请注册。其他科研机构不得注册为独立法人。

第三章 科研机构的管理

第十条 各类科研机构必须牢牢把握意识形态的主动权，坚持党的领导、坚持中国特色社会主义道路，开展学术活动（包括学术讲座、承担国际合作项目或港澳台合作项目、接受境外机构或个人的科研经费资助等）应按照学校相关规定报批，其内容必须坚持维护国家安全和利益、保守国家秘密、维护社会秩序等。

第十一条 科研机构实行主任负责制。科研机构主任负责机构的日常运行管理，且每人一般只能担任一个同类科研机构的主任。科研机构可根据需要设立学术委员会或专家指导委员会，为机构的学术研究提供指导和咨询。

第十二条 科研机构一般设主任一名，副主任若干名，原则上无行政级别，确需配备具有行政级别的主任或副主任的，由学校组织部门按相关程序聘任并发文。

（一）政府批建科研机构的领导班子其设立和换届，由科研院会同有关院（系）共同组织考察提名，经党委常委会讨论通过后，对国家、部省级科研基地需报请上级主管部门审批的，在接到正式批文后学校发文公布。

（二）自主批建实体校级科研机构主任和副主任的人选，由科研院会同有关院（系）或人事管理部门共同组织考察提名，经党委常委会讨论通过后，学校发文聘任。

自主批建非实体校级科研机构主任和副主任人选须经依托院（系）的推进小组推荐，由科研院提请领导小组审定，研究同意后学校发文聘任。

（三）联合共建科研机构负责人人选经依托院（系）的推进小组推荐，由科研院提请主管校领导同意后备案。

第十三条 科研机构的教学、人事、学生、财务、设备、场地、党群等归口依托院（系）管理。政府批建科研机构中的国家级科研机构（国家重点实验室、国家工程实验室、国家工程技术研究中心等）如具备相应条件，并经学校研究同意的可以按实体化运行，其政策另行制定。

第十四条 科研机构印章的制作及使用按《华北电力大学印章管理办法》执行。已撤销或变更名称的科研机构应及时将科研机构交还至科研院，科研院按照学校相关程序对收回印章进行处理。

第十五条 科研机构应建立相应的规章制度，完善运行机制，加强自我监督，建立安全防护体系，自觉维护学校声誉，坚持正确的学术导向。

（一）除具备相关资质以外，科研机构不得自行以华北电力大学或该机构的名义对外签订任何合同（协议）。若有需要，应按照学校有关合同管理的规定，通过科研院办理。

（二）科研机构不得以华北电力大学或该机构的名义举办或参与任何与科研无关的活动，不得从事商业性宣传活动。

（三）未经学校审批，科研机构不得以华北电力大学或该机构的名义向校外人员颁发聘书或签订聘任协议，不得聘请校外人员担任兼职（客座）教授、副教授。

（四）科研机构不得从事上述情况以外的其他违反学校、国家有关规定的活动。

（五）科研机构原则上不得自行在校外建立分支机构。

第十六条 科研机构的考核和评估

（一）科研机构实行年度考核制。科研机构每年应进行工作总结，撰写科研机构年度工作报告，经依托单位推进小组审核后，于次年的3月15日前报送科研院。校领导小组在听取各科研机构主任工作报告，审阅年度工作报告的基础上，评出年度考核结果。年度考核结果在科研院网站公布。

（二）政府批建科研机构应参加政府主管部门组织的评估。

（三）自主批建科研机构每三年进行一次综合评估，由科研院组织，评估结果分为优秀、合格、基本合格和不合格四类。评估指标包括承担科研项目情况、研究水平与学科贡献、研究队伍建设、平台条件建设、合作交流与运行管理等。

（四）联合共建科研机构有共建双方根据共建协议组织评估。

（五）科研机构评估成绩将作为各类资源配置的重要依据。评估优秀的科研机构，将通过中央高校基本科研业务费、实体化研究团队建设、研究生名额分配等方式予以重点支持，评估不合格的将予以整改或撤销。

第四章　科研机构的变更和撤销

第十七条　科研机构的变更

科研机构名称的变更，须经依托院（系）的推进小组同意，由科研院提请领导小组审定。

科研机构主任和副主任变更，须经依托院（系）的推进小组同意，由科研院按科研机构主任和副主任的聘任程序进行变更。

第十八条　科研机构的撤销

政府批建科研机构的撤销由政府主管部门批准，其结果由科研院向领导小组汇报。

自主批建科研机构出现下列情形之一的，经领导小组审议可予以撤销处理：

无故不按期提交年度工作报告；

无故不参加评估；

违反本办法禁止性规定相关条款；

以华北电力大学名义从事违反学校、国家有关对规定的其他活动，给学校造成重大负面影响；

依托单位因其他原因自行提出撤销申请。

联合共建科研机构的撤销有共建双方研究决定。

科研机构撤销后，其人员、场地归属关系不变，设备、经费等归学校所有。

第五章　附　　则

第十九条　科研机构的建立和运行管理必须严格遵守本管理办法。如有违反，学校将依据有关规定追究相关单位和责任人的行政责任。

第二十条　本办法自公布之日起执行。学校以往有关办法与本办法不一致的，以本办法为准。

第二十一条　本办法与国家有关规定不一致的，遵从国家规定。

2017 年 9 月 29 日

华北电力大学异地研究院管理办法

华电校科〔2017〕17 号

第一章　总　　则

第一条　为进一步加强华北电力大学异地研究院的管理，明确定位，明晰权责，规范行为，创新模式，学校根据有关法律法规、规章以及《华北电力大学章程》，结合实际情况，特制定本办法。

第二条　本办法所称异地研究院，是指由学校与地方政府联合共建或政产学研多方协同共建的具有科技创新、技术转移和技术服务等综合职能的独立科研实体机构。

第三条　异地研究院旨在进一步拓展华北电力大学办学资源，促进学校快速发展，同时推进教育、科技与地方产业、经济紧密结合，更好地服务区域经济社会发展。异地研究院建设应当充分结合学校和地方实际，发挥各方优势，明确发展定位、目标和重点。

第二章　管　理　架　构

第四条　学校成立华北电力大学异地研究院管理领导小组（以下简称领导小组），负责异地研究院建设发展中的重大事项的研究论证、管理决策和运行监管，必要时提请学校党委常委会或者校长办公会研究决定。

领导小组组长由大学校长担任，分管科研、校地合作、产业的校领导担任副组长，成员由科学技术研究院、对外联络与合作部、研究生院、审计处、人事处、计划财务处、资产管理处、产业处、北京华电天德资产经营有限公司等部门主要负责人组成。

第五条 领导小组下设办公室，挂靠科学技术研究院。

第六条 各异地研究院须建立完善的治理结构。异地研究院应当成立管理委员会（或理事会、合作委员会等）（以下简称委员会），负责决定研究院建设发展的重大事项。异地研究院委员会的议事规则及其中由学校委派委员（或者理事等）的席位，应当确保学校对于异地研究院发展所负责任的落实。

第七条 异地研究院实行委员会领导下的院长负责制。原则上设院长一人，副院长若干人。

第八条 异地研究院应当按照规定建立党的基层组织，原则上由所属地管理。

第三章 权利与责任

第九条 异地研究院的合作区域及职责范围须经学校核定并在设立文件（或共建协议）中明确规定。异地研究院开展学校核定职责范围之外的合作须经学校事先批准。

第十条 学校原则上不在同一市级区域设立性质相同的校地合作机构。学校授权各异地研究院协调在同一行政区域的校地合作事项。

第十一条 各异地研究院未经学校批准不得在合作行政区域内设立非法人分支机构（分院、分中心等），不得在合作行政区域外设立任何分支机构（分院、分中心等）。

第十二条 各异地研究院原则上只能设立一家由华北电力大学经营性资产管理委员会研究决定的投资主体出资、并作为全资股东或者控股、参股股东的有限责任公司或者股份有限公司（以下简称平台公司）。平台公司董事会应设有学校推荐代表董事席位。平台公司应以推动科技成果转化为主营业务，并将所得收益用于支持研究院及学校发展。

第十三条 各异地研究院应充分利用当地优势资源，支持学校科技创新、人才培养和学科发展等事业发展，并按时完成学校下达的年度考核任务。

第十四条 异地研究院应当制定章程以及建立完善规章制度，报领导小组审核备案。异地研究院章程和规章制度不得与国家有关法律法规以及学校规章制度相冲突。

异地研究院应当严格依法依规进行管理，确保各项规章制度落实。

第四章 设 立

第十五条 异地研究院的设立应当同时满足以下条件：

（一）符合学校发展战略和发展规划；

（二）符合国家或地方发展战略，满足社会重大需求；

（三）具备胜任能力的管理团队；

（四）具备明确可行的发展战略规划；

（五）具备重大平台、重大项目或者重大合作成果等前期工作基础；

（六）具备稳定持续运行所需的政策、资金、场所等支撑条件；

（七）学校认为应当满足的其他必要条件。

第十六条 异地研究院设立流程

（一）对外联络与合作部接收异地研究院设立建议书，经领导小组批准后，组建异地研究院筹建工作组；

（二）筹建工作组与地方政府合作起草合作协议，并制定异地研究院建设方案。研究院建设方案应当明确研究院的宗旨、职能、合作区域、发展战略及预期目标，以及与学校的权利责任密切相关的其他重要事项；

（三）异地研究院合作协议及建设方案经对外联络与合作部初审合格，并报领导小组讨论后，提请党委常委会或校长办公会研究决定；

（四）人事处明确异地研究院的成立。

第十七条 新设立异地研究院的中文命名方式为：华北电力大学＋XX（合作区域）＋YY 研究院；中文简称为：XXYY 研究院；英文命名方式为：YY Research Institute of NCEPU，XX；英文缩写为 Y＋I＋N＋所在地拼音首字母，原则上不超过六个字母。

第五章 重大事项决策

第十八条 异地研究院在决策以下重大事项之前，应当经由科学技术研究院书面报请领导小组审议，提出明确意见，通过学校委派的委员（或者理事等）在异地研究院委员会会议上参与决策：

（一）异地研究院章程和理事会议事规则的制定和修改；

（二）异地研究院注资机构的变更或注资份额的变动；

（三）根据《中华人民共和国公司法》，平台公司经营过程中需提交股东会审议决策的有关重大事项；

（四）异地研究院的收益分配方案；

（五）其他重大事项。

第十九条 领导小组认为需由学校审议的重大事项，经由科学技术研究院提请学校审议，通过学校委派的委员（或者理事等）在异地研究院委员会上根据学校意见参与决策。

第六章 人员管理

第二十条 异地研究院委员会中由学校委派的委员（或者理事等）人选，须经学校领导小组酝酿，党委常委会讨论通过后，由校长聘任并委派。

第二十一条 异地研究院院长、副院长人选，除设立文件（或共建协议）中另有规定的，须学校领导小组酝酿，学校党委常委会讨论通过后，向委员会推荐。异地研究院主任、副主任参照学校省部级及以上科技创新平台专职主任进行管理。

第二十二条 任职异地研究院的学校事业编制人员，其考核、晋升纳入学校同系列人员管理，其薪酬由异地研究院管理和承担（其中由学校统一发放的部分应当由异地研究院返还给学校）。其薪酬管理应当符合学校人事管理相关规定，并制定专门的管理办法。

第二十三条 除学校事业编制人员外，其他人员均实行合同制管理，异地研究院应建立完整的人员聘任、考核、薪酬等管理制度，所聘人员不纳入学校人员管理。

第七章 财务与资产管理

第二十四条 异地研究院应建立健全财务管理制度，围绕其发展战略和发目标，编制年度预算，依法进行会计核算。异地研究院对预算执行、经费使用和资金调度等事项的处理，应建立分级授权审批制度并落实各级人员责任。

第二十五条 异地研究院资金管理应遵循合法、安全、有效的原则，建立投资责任体系和追踪问责机制，通过过程管理控制投资风险。

第二十六条 异地研究院应建立健全资产管理制度和责任体系，资产的购置、使用和处置等应符合国家及相关部门的政策规定。

异地研究院应建立资产定期盘点制度，做到账实相符、账表相符、账账相符。

异地研究院应合理配置和有效利用资产，防止资产流失，实现保值增值。

第八章 知识产权管理

第二十七条 异地研究院及其下属机构应当维护学校声誉。

异地研究院及其经学校批准设立的分支机构，冠用校名和使用学校商标时应当符合学校相关规定。异地研究院其他下属机构不得冠用校名和使用学校商标。

第二十八条 异地研究院转化学校科技成果过程中产生的知识产权由学校与异地研究院共有。根据《华北电力大学科技成果转化试点工作方案》，异地研究院作为第三方参与机构，转化学校科技成果所获得收益，按照 70%、20%、5%、5%比例分别分配至科研团队、学校、院系和异地研究院。

第二十九条 异地研究院所聘人员独立开展的、与学校教师和科技成果无关的研究过程中，所形成的知识产权，归异地研究院所有。异地研究院可以根据国家、地方和学校政策制定成果处置和利益分配政策，并进行规范管理。

第三十条 异地研究院应当向学校上交资源使用费，用于支持学校相关学科发展和技术研发。异地研究院应当在每年第一季度根据学校要求将上一年度资源使用费转入学校财务账户。

第九章　评估、考核与审计

第三十一条　学校对异地研究院实施评估、考核与审计。评估、考核与审计工作由科学技术研究院牵头组织学校相关职能部门共同承担。

第三十二条　学校每年召开领导小组会议，听取各异地研究院工作报告。

第三十三条　学校可以根据需要对异地研究院的运营情况开展全面或专项检查评估。

第三十四条　学校每年核定异地研究院考核指标，并按年度进行考核。对超额完成考核指标的异地研究院予以奖励，对未完成考核指标的异地研究院予以诫勉，对连续两年未完成考核指标的异地研究院予以警告，对连续三年未完成考核指标的异地研究院采取整改、撤销等措施。

第三十五条　学校可以按照相关规定安排校内审计部门对异地研究院进行定期审计、任期审计或者专项审计。异地研究院须按要求提供会计资料和其他有关资料，并对所提供资料的真实性和完整性负责。

第三十六条　异地研究院应建立定期财务报告制度，准确、及时、完整地反映单位财务状况，应按规定公开财务信息，接受社会公众监督。

第十章　变 更 与 撤 销

第三十七条　异地研究院的重大事项变更，须由理事会提出，经学校主管领导同意后报校长办公会审议通过，并在属地登记管理机关报备或者报批。

第三十八条　异地研究院出现下列情形之一须予以撤销或者终止：

学校与共建地方政府已就异地研究院签订撤销或者终止协议；

其他导致研究院无法继续运行的情形。

第三十九条　异地研究院撤销或终止，须按国家有关规定依法清理债权、债务并处理其他相关事项。

第十一章　附　　则

第四十条　本办法授权科学技术研究院负责解释。

第四十一条　本办法自公布之日起执行。学校以往有关办法与本办法不一致的，以本办法为准。

第四十二条　本办法与国家有关规定不一致的，遵从国家规定。

2017 年 9 月 29 日

华北电力大学两校区公务往来差旅费报销办法（试行）

华电校财〔2017〕24 号

第一章　总　　则

第一条　为进一步加强学校一体化管理，增强校部与校区间的交流、沟通和融合，方便教职工在北京校部和保定校区之间公务往来，根据《关于进一步推进大学实质性一体化建设的通知》（党办〔2017〕1 号）、《华北电力大学差旅费管理实施细则》（华电校财〔2016〕19 号）等文件精神，结合学校两地办学实际情况，制定本办法。

第二条　北京校部和保定校区公务往来活动（以下简称两校区公务往来）是指两校区教职工有实质性工作需要和具体工作内容，需要往来北京校部和保定校区的公务活动。

第三条　两校区公务往来差旅费报销遵循“重事实、严审批、不唯票据”的原则，简化差旅费报销手续。两校区公务往来差旅费实行凭据报销与定额包干相结合的办法。

第二章　差　旅　费

第四条　两校区公务往来差旅费是指教职工因公务需要往来北京校部和保定校区所发生的城市间交通费、住宿费、交通补助和伙食补助等。

第五条 教职工参加学校安排的重要会议，并由学校统一安排交通、食宿的，所发生的费用按会议费管理，不再报销两校区公务往来差旅费。

第六条 交通费及交通补助。

（一）为落实国家公务用车改革精神，学校提倡和鼓励教职工选择公共交通工具城市间出行。

1．乘坐公共交通工具的按照《华北电力大学差旅费管理实施细则》规定交通费级别标准凭据报销。

2．其他方式出行的，交通费按标准包干使用。单程标准为：70元/人。包干标准随公共交通票价适时调整。

3．交通补助按标准包干使用。标准：80元/人·天。往返驻地和公共交通场站的市内交通费可凭票据实报销，但不再领取当天的交通补助。领取交通补助最高不超过两天。

（二）搭乘（乘坐）学校统一安排车辆的，不再报销交通费及交通补助。

（三）两校区公务往来不再报销租车等其他费用。

第七条 两校区公务往来确需住宿的，由校办统一安排。按以下程序办理：

（一）申请及审批：

住宿人员需填写“华北电力大学两校区公务往来住宿申请”（附件1第一联），住宿校区校办审核后出具“华北电力大学两校区公务往来住宿安排函”（附件1第二联）。

（二）办理入住：

住宿人员持“华北电力大学两校区公务往来住宿安排函”（附件1第二联）前往校内接待中心办理住宿。

（三）退宿签单：

住宿人员办理退宿时核对“华北电力大学两校区公务往来住宿结算单”（附件2）住宿时间及住宿费用，签字确认。

（四）财务对账：

接待中心根据“华北电力大学两校区公务往来住宿安排函”和“华北电力大学两校区公务往来住宿结算单”（附件2）定期汇总与校区财务部门对账。

第八条 两校区公务往来学校安排就餐的不再发放伙食补助。未安排就餐的按实际天数计发伙食补助，标准：50元/人·天。

第九条 两校区公务往来发生的费用原则上由属地部门日常运行经费列支。

第三章 报 销 审 批

第十条 部门（院系）主要负责人两校区公务往来经费报销需经主管（或联系）校领导审批。

第十一条 部门（院系）副职及其他人员两校区公务往来经费报销需经部门（院系）经费负责人审批。

第十二条 校领导两校区公务往来由校办主任审批。

第四章 附 则

第十三条 本办法自发布之日起执行。

第十四条 本办法未明确事项参照《华北电力大学差旅费管理实施细则》有关规定执行。

第十五条 本办法授权计划财务处和校长办公室负责解释。

2017年11月23日

华北电力大学“双一流”建设管理办法

华电校学科〔2017〕4号

第一章 总 则

第一条 根据教育部《统筹推进世界一流大学和一流学科建设总体方案》《统筹推进世界一流大学和一流学科建设实施办法》等有关文件精神，规范和加强我校“双一流”建设工作，制定本管理办法。

第二条 高举中国特色社会主义伟大旗帜，以马克思列宁主义、毛泽东思想、邓小平理论、“三个代表”重要思想、科学发展观、习近平新时代中国特色社会主义思想为指导，认真落实党的十八大、十九大精神，深入贯彻习近平总书记系列重要讲话精神，坚定“四个自信”，牢固树立“四个意识”，明确新时代我国的总任务、新时代我国社会的主要矛盾，加快“双一流”建设，实现高等教育内涵式发展。

以立德树人为根本任务，坚持“中国特色、世界一流”为核心。按照“五位一体”总体布局、“四个全面”战略布局，全面贯彻党的教育方针，坚持社会主义办学方向，加强党对高校的领导，扎根中国大地，为中国特色社会主义建设培养合格建设者和可靠接班人，为提高我国高等教育综合实力和国际竞争力提供有力支撑。

立足我校“双一流”建设全局，坚持以一流为目标、以学科为基础、以绩效为杠杆、以改革为动力的基本原则，突出第三方评价，强化绩效考核，实施滚动建设，把改革和建设任务真正落实到位，以“双一流”建设带动学校全面提升。

第三条 本管理办法适用于纳入华北电力大学“双一流”建设方案的五大建设和五大改革任务，主要包括：建设一流师资队伍；培养拔尖创新人才；提升科学研究水平；传承创新优秀文化；着力推进成果转化；加强和改进党对高校的领导；完善内部治理结构；实现关键环节突破；构建社会参与机制；推进国际交流合作。

第二章 组织与管理

第四条 学校成立“双一流”建设领导小组和若干专项工作组，领导小组下设“双一流”建设办公室，挂靠学科建设办公室（附件 1）。“双一流”建设领导小组由主要校领导担任组长，相关校领导担任分管领域专项工作组组长，相关院系和职能处室负责人担任成员。

第五条 “双一流”建设领导小组主要职责是：

（一）审议“双一流”建设方案和建设计划任务书。

（二）审议“双一流”建设的有关管理规章和制度。

（三）审议“双一流”建设涉及的人才培养、科学研究、师资队伍、党建文化、综合改革等方面的发展规划、建设计划和经费预算等内容。

（四）审议“双一流”建设项目的考核评价与绩效等工作。

第六条 “双一流”建设项目实行专项工作组领导下的项目负责人制。专项工作组主要职责是：

（一）负责本专项涉及的“双一流”建设项目的发展规划、立项论证、项目负责人遴选、年度考核、中期检查、项目验收等工作。

（二）统筹本专项涉及的“双一流”建设资金和其他资金的使用，协调项目建设所涉及的各种资源，共同推进“双一流”建设。

项目负责人主要职责是：

（一）组织项目组成员制定项目建设规划与计划。

（二）负责组织落实各项计划任务的建设和实施。

（三）负责项目建设经费的预算及其计划执行。

（四）负责做好项目的年度报告、中期检查和验收考核等工作。

第七条 “双一流”办公室具体负责“双一流”建设项目的日常管理工作，主要职责是：

（一）制定学校“双一流”建设发展规划和建设方案，以及相关的管理规章制度，并组织实施。

（二）统筹协调全校“双一流”建设项目的立项论证、年度计划、年度总结、中期检查和项目验收等工作。

（三）负责“双一流”建设专项资金的预算、决算、审计等工作，监督各项专项资金的执行情况。

第三章 项目管理

第八条 “双一流”建设项目主要包括以下五大类：人才培养类、科学研究类、师资队伍类、党建文化类和综合改革类项目。

（一）人才培养类项目：坚持立德树人，突出人才培养的核心地位，着力培养具有历史使命感和社会责任心，富有创新精神和实践能力的各类创新型、应用型、复合型优秀人才。加强创新创业教育，大力推进个性化培养，全面提升学生的综合素质、国际视野、科学精神和创业意识、创造能力。完善质量保障体系，将学生成长成才作为出发点和落脚点，建立导向正确、科学有效、简明清晰的评价体系，激励学生刻苦学习、健康成长。

（二）科学研究类项目：以国家重大需求为导向，坚持有所为有所不为，加强学科布局的顶层设计和战略规划，围绕重点建设一批国内领先、国际一流的优势学科和领域。提高基础研究水平，争做国际学术前沿并行者乃至领跑者。推动加强战略性、全局性、前瞻性问题研究，着力提升解决重大问题能力和原始创新能力。

（三）师资队伍类项目：深入实施人才强校战略，加快培养和引进一批活跃在国际学术前沿、满足国家重大战略需求的一流科学家、学科领军人物和创新团队，聚集世界优秀人才。以中青年教师和创新团队为重点，优化中青年教师成长发展、脱颖而出的制度环境，培育跨学科、跨领域的创新团队。加强师德师风建设，培养和造就一支有理想信念、有道德情操、有扎实学识、有仁爱之心的优秀教师队伍。

（四）党建文化类项目：建立健全党委统一领导、党政分工合作、协调运行的工作机制，牢牢把握高校意识形态工作领导权，有效发挥高校基层党组织战斗堡垒作用和党员先锋模范作用，全面推进高校党的建设各项工作。完善体现高校特点、符合学校实际的惩治和预防腐败体系，严格执行党风廉政建设责任制。加强大学文化建设，增强文化自觉和制度自信，形成推动社会进步、引领文明进程、各具特色的一流大学精神和大学文化。

（五）综合改革类项目：着力推进成果转化，深化产教融合；构建社会参与机制，加快建立健全社会支持和监督学校发展的长效机制；完善内部治理结构，建立健全大学章程落实机制；实现关键环节突破，加快推进人才培养模式改革、人事制度改革和科研体制机制改革；加快建立资源募集机制，在争取社会资源、扩大办学力量、拓展资金渠道方面取得实质进展。

第九条 “双一流”建设项目管理分工

（一）人才培养类项目由人才培养与教育教学专项工作组负责，专项工作组由教务处、研究生院牵头，国际教育学院、学生处、校团委和各学院配合开展工作。

（二）科学研究类和师资队伍建设类项目由科学研究与师资队伍专项工作组负责，专项工作组由科学技术研究院、人事处、人才工作办公室牵头，各学院、各省部级以上科研平台、研究院（中心）配合开展工作。

（三）党建文化类项目由党的建设与大学文化专项工作组负责，专项工作组由党委组织部、党委宣传部牵头，党委统战部、纪委办公室、党委教师工作部、党委学工部、党委研工部、校工会、校团委等部门配合开展工作。

（四）综合改革类项目由内部治理与综合改革专项工作组负责，专项工作组由学科建设办公室、政策法规研究室牵头，教务处、研究生院、学生处、科学技术研究院、人事处、人才工作办公室、对外联络部、国际合作处、校工会等相关部门配合开展工作。

第十条 “双一流”项目建设流程：

（一）在“双一流”建设领导小组统一部署下，“双一流”建设办公室按照学校“双一流”建设方案和建设规划，统一发布建设项目立项申请文件。

（二）各专项工作组按照文件要求组织项目立项论证和申报。论证通过的项目填写《华北电力大学“双一流”建设项目计划任务书》（简称《任务书》）（附件 2），报“双一流”建设办公室汇总后上报“双一流”建设领导小组审批。

（三）“双一流”建设领导小组召开会议审议《任务书》，审批通过的项目由“双一流”建设办公室统一发布项目立项通知。

（四）各专项工作组、项目负责人根据立项文件组织开展项目建设工作，并按照要求提交《华北电力大学“双一流”建设项目年度实施计划》（附件 3）、《华北电力大学“双一流”建设项目年度总结报告》（附件 4）等文件。

（五）“双一流”建设办公室按照上级要求做好项目的过程管理和监督检查等工作，按时提交项目中期检查报告和项目验收报告等文件。

第四章　资　金　管　理

第十一条 “双一流”建设资金由中央高校建设世界一流大学（学科）和特色发展引导专项资金、中央高校教育教学改革专项资金、中央高校基本科研业务费、中央高校改善基本办学条件专项资金、中央基本建设投资专项资金、地方政府共建资金和学校自筹资金等组成，分为中央专项基金和其他资金两大类。

第十二条 纳入“双一流”建设的各类资金严格遵照各专项资金的管理办法，按照建设需要编制项目整体预算及年度预算，严格执行预算编制程序。项目整体预算及年度预算经“双一流”建设领导小组会批准后执行。有关“双一流”建设资金使用管理细则见《华北电力大学“双一流”建设资金管理办法》。

第五章　绩　效　评　价

第十三条　在“双一流”建设领导小组统一领导下，“双一流”建设办公室协同第三方评价机构制定“双一流”建设各类项目考核方式及标准。根据不同建设项目需要及整体规划方案要求，定期对“双一流”建设项目进行考核，结合与标杆高校的比较和各项目自身的绝对动态发展等主客观因素分析，定期发布项目建设简报以及项目评价、评估和绩效报告。

第十四条　“双一流”建设各类项目的绩效考核标准、奖惩办法按照建设任务和改革任务两大类分别制定。建设任务类包括人才培养类项目、科学研究类项目和师资队伍建设类项目；改革任务类包括党建文化类项目和综合改革类项目。

建设任务类考核标准依据教育部学位中心发布的《第四轮学科评估指标体系》《华北电力大学科研教研工作量计分标准和绩效奖励调整方案》等文件作为考核依据；改革任务类考核标准依据《北京高校党建和思想政治工作基本标准》《华北电力大学综合改革方案》等文件作为考核依据。

第十五条　“双一流”建设领导小组根据“双一流”建设办公室编制的评价、评估和绩效报告，依照制定的考核标准，施行滚动建设机制，对建设绩效明显的项目加大资金和资源的投入，并给予项目组绩效奖励；建设成效不明显、停滞不前的项目则进入退出程序，适时调整资金和资源的投入。各类项目考核及奖惩结果，由“双一流”建设领导小组会审议后执行。

第六章　附　　则

第十六条　本管理办法授权“双一流”建设办公室负责解释。

第十七条　本管理办法自发文之日起施行。

2017 年 12 月 8 日

重要文件

Important Articles

关于成立华北电力大学电动汽车与新能源电网研究中心的通知

华电校人〔2017〕4号

校直各单位：

为进一步丰富我校“大电力”学科体系，凝练学术方向，汇聚人才队伍，拓展发展空间，形成新的学科战略增长点，增强我校对国家重大战略需求任务的承接能力，推进高水平大学建设，经2017年第1次校长办公会研究决定，成立华北电力大学电动汽车与新能源电网研究中心。

电动汽车与新能源电网研究中心依托新能源电力系统国家重点实验室建设，主要研究方向为：先进充放电拓扑与控制技术；多源接入与协调控制；规模化电动汽车对电能质量与电网的影响。

中心实行主任负责制，由依托单位推荐人选报学校平台建设管理委员会审议批准。中心由固定人员和流动人员组成，中心根据研究方向聘任若干学术带头人及技术支撑人员为固定人员，流动人员则由任务为牵引进行组建。中心业务指导部门为科学技术研究院。

2017年2月22日

关于成立华北电力大学智能电气创新研究中心的通知

华电校人〔2017〕6号

校直各单位：

为适应学校改革和发展的需要，探索新型研发机构的组织模式和运行机制，更好的实现科技和产业的融合，经2017年第2次校长办公会研究决定，成立华北电力大学智能电气创新研究中心。

智能电气创新研究中心与扬中市政府共建，其主要职能是智能电气相关技术的研发，建设智能电气新兴产业公共研发平台、中试基地和孵化平台，推动校内科技成果落地转化，助力地方相关行业转型升级，为学校创新创业教育提供校外基地等。其研发方向包括先进能源材料、智能微电网、电气信息化、发电厂节能增效、机器视觉等领域。

智能电气创新研究中心要积极创新管理体制与运行机制，努力探索产学研相结合的多元化合作发展道路，建成研究型创新实体，成为学校科技创新和成果转化的示范区。中心由科学技术研究院负责管理与考核，实行主任负责制，中心主任由科学技术研究院推荐人选报学校平台建设管理委员会审议批准。

2017年3月8日

关于成立华北电力大学政策法规研究室的通知

华电校人〔2017〕7号

校直各单位：

根据学校改革和发展需要，经学校2017年第4次党委常委会议研究决定，成立华北电力大学政策法规研究室，统一负责学校的政策研究、战略规划、法律支持、综合改革和智库建设等工作。政策法规研究室的主要职责为：

一、跟踪、研究国内外政治经济、科技教育、能源政策以及高校改革发展的新举措、新情况、新趋势，为学校决策提供依据。

二、研究、论证、组织制定学校中长期发展规划、阶段性规划；对学校发展建设中的全局性、战略性问题进行调研和咨询论证，形成研究报告，为学校决策提供依据、建议和方案。

三、依据大学章程，统筹学校依法治校工作，推进中国特色现代大学制度体系建设；为学校规章制度建设、文书文本起草等工作提供法律支持。

四、依据学校综合改革方案，加强对学校改革发展的全局性研判和战略性谋划，保证综合改革的规律性、系统性、连续性和可操作性。

五、总结凝练学校办学理念、办学特色和办学经验，起草学校工作中的重要文件、文稿，成为学校发展的智库。

政策法规研究室为正处级单位，在北京校部独立设置。研究室由专职人员与兼职人员组成。

2017 年 3 月 24 日

关于成立华北电力大学热辐射与燃烧监控大数据研究中心的通知

华电校人〔2017〕12 号

校直各单位：

为进一步丰富我校“大电力”学科体系，凝练科学研究方向，汇聚人才队伍，提高人才培养质量，拓展发展空间，形成新的学科战略增长点，增强我校对国家重大战略需求任务的承接能力，推进高水平特色型大学建设，经 2017 年第 4 次校长办公会研究决定，成立华北电力大学热辐射与燃烧监控大数据研究中心。

热辐射与燃烧监控大数据研究中心的主要研究方向为：热辐射及其在相关领域的应用；燃烧诊断、燃烧理论及技术；锅炉及高温动力装置运行大数据及智能发电技术研究。

研究中心独立建制，实行主任负责制，由固定人员和流动人员组成，研究中心根据研究方向聘任若干学术带头人及技术支撑人员为固定人员，流动人员则由任务为牵引进行组建。党建、工会、学生管理挂靠能源动力与机械工程学院。研究中心业务指导部门为科学技术研究院和电站设备状态监测与控制教育部重点实验室。

2017 年 4 月 21 日

关于成立华北电力大学世界一流大学教育基金研究中心的通知

华电校人〔2017〕11 号

校直各单位：

为进一步落实《国家教育事业发展“十三五”规划》，更好地服务于“双一流”建设，有效整合学科、聚合团队，经学校 2017 年第 4 次校长办公会研究决定，成立“华北电力大学世界一流大学教育基金研究中心”。

华北电力大学世界一流大学教育基金研究中心是跨学科、跨学院的校级、校际研究机构，旨在通过理论和政策研究为中国教育基金管理实践提供战略指导、政策建议、人才培养等高端服务。增强学校财务自主权和统筹安排经费的能力。中心将通过与中国人民大学公共治理研究院、哥伦比亚大学教育学院建立战略合作关系，力争建成中国教育基金研究“高地”、教育基金治理精英的成长“摇篮”和影响中国教育基金长期发展的政策“孵化器”。

研究中心实行主任负责制，采取专兼职结合的方式，由固定人员和流动人员组成。研究中心根据研究方向聘任若干学术带头人及技术支撑人员为固定人员，流动人员则由任务为牵引进行组建。党建、工会、学生管理挂靠人文与社会科学学院。

2017 年 4 月 21 日

关于成立党委教师工作部的通知

华电党〔2017〕5 号

直属各党委（党总支、党支部），校直各单位：

为贯彻落实中共中央、国务院《关于加强和改进新形势下高校思想政治工作的意见》（中发〔2016〕31 号）文件精神，经2017年第5次党委常委会研究、第5次校长办公会审议，决定成立党委教师工作部，现将有关事项通知如下：

党委教师工作部为正处级建制，与人事处合署办公，人员编制另行制定。主要职责是在学校党委领导下，按照党的路线、方针、政策，组织实施教职工的思想政治工作、师德师风建设和人才队伍思想政治素质提升等。

2017年5月19日

关于成立华北电力大学国学研究中心的通知

华电校人〔2017〕14号

校直各单位：

为提升学校在文化传承与创新方面的软实力和影响力，进一步凝练学科方向，汇聚人才队伍，提高人才培养质量，拓展发展空间，经学校研究决定，成立华北电力大学国学研究中心。

国学研究中心是具有学科交叉性的科学研究平台，中心的主要研究方向为：中国传统文化与马克思主义中国化研究；中西文化比较研究；儒家、道家和法家思想研究；中国古代文学艺术研究等。

国学研究中心独立建制，实行主任负责制，由固定人员和流动人员组成。固定人员根据研究方向确定，流动人员以任务为牵引进行组建。研究中心党建、工会、学生管理挂靠马克思主义学院，业务指导部门为科学技术研究院、马克思主义学院和人文与社会科学学院。

2017年6月1日

关于成立华北电力大学中国能源经济管理研究中心的通知

华电校人〔2017〕17号

校直各单位：

为进一步丰富“大电力”学科体系，积极促进学校能源科学与工程学科群能源经济领域的发展，汇聚人才队伍，形成新的学科战略增长点，经学校研究决定，成立华北电力大学中国能源经济管理研究中心（以下简称研究中心）。

研究中心将通过加强与能源行业及研究院校的国内外协同合作，在能源经济管理领域组建重大创新团队，大力开展具有针对性的高水平研究工作，形成标志性成果，为国家的能源经济发展和学校的“双一流”建设做出贡献。

研究中心实行主任负责制，采取专兼职结合的方式，由固定人员和流动人员组成。研究中心根据研究方向聘任若干学术带头人及技术支撑人员为固定人员，流动人员由任务为牵引进行组建。研究中心党建、工会、学生管理挂靠经济与管理学院，业务指导部门为科学技术研究院。

2017年6月22日

关于成立学生资助管理中心的通知

华电校人〔2017〕19号

校直各单位：

为建立健全学校学生资助管理体系，结合上级有关文件精神，经2017年第7次校长办公会审议，决定在学校学生资助中心的基础上成立学生资助管理中心，现将有关事项通知如下：

学生资助管理中心挂靠学生处，人员编制另行制定。其主要职责是统筹管理全校的国家奖学金、国家励志奖学金、国家助学贷款、国家助学金、勤工助学、困难补助、学费减免、资助育人等工作。

2017年8月15日

关于成立中国共产党华北电力大学第二次党员代表大会筹备工作领导小组的通知

直属各党委（党总支、党支部）：

根据学校党委《关于筹备召开中国共产党华北电力大学第二次党员代表大会的通知》要求，为保证大会筹备工作顺利进行，决定成立中国共产党华北电力大学第二次党员代表大会筹备工作领导小组及相应工作机构。现将有关事宜通知如下：

一、筹备工作领导小组

组　长：周　坚　杨勇平

副组长：何　华　汪庆华　郭孝锋

成　员：李双辰　郝英杰　孙忠权　律方成　檀勤良　张天兴

筹备工作领导小组办公室设在党委组织部，负责具体落实领导小组的工作部署及工作协调。

筹备工作领导小组下设文秘宣传组、组织组、会务组三个工作组。

二、筹备工作组

1. 文秘宣传组

组　长：何　华　汪庆华

副组长：赵秀国　范　立　陈　志　郭炜煜　仇必鳌　杨万华

成员单位：党委办公室、纪委办公室、党委宣传部、政策法规研究室、网络与信息化办公室

工作职责：起草党委和纪委工作报告及相应的决议；承担党代会筹备及大会期间的文字工作（领导讲话稿、主持词、开幕词、闭幕词、决议文本、信息通报稿件）；拟定大会会议记录人和各代表团联络员的工作职责、工作程序和纪律要求，确定具体人选并开展培训工作；负责大会文件、资料的编制印刷，编印大会简报；制定党代会宣传工作方案，协调党代会筹备及大会期间的对内对外宣传工作，营造良好氛围；密切关注并认真分析大会筹备和召开期间可能出现的热点问题，掌握舆情动态，及时报告，妥善处置；负责大会筹备及召开期间的新闻报道、摄影、摄像、会标等工作。

2. 组织组

组　长：李双辰　张天兴

副组长：鹿　伟　李　瑾

成员单位：党委组织部

工作职责：负责党代会筹备过程中的人选工作，负责整个换届工作的时间安排；起草向上级组织请示的文件；起草筹备党代会、选举党代表、推荐“两委”委员和召开党代会等通知；分配代表名额及指导选举工作；组织“两委”委员候选人提名推荐工作；确定大会监票人、计票人工作职责和工作程序；拟定大会主席团建议名单，拟定秘书长名单，拟定计票人、监票人人选，并开展培训工作；拟定党代会召开期间代表分组安排和代表团团长人选；负责大会签到、核实人数；起草大会选举办法，组织大会 选举；起草党费收缴使用和管理报告；制定大会日程安排和作息时间；负责与上级组织联系并汇报党代会的筹备情况、开会情况和选举结果。

3. 会务组

组　长：孙忠权　郭孝锋

副组长：赵秀国　陈立伟

成员单位：党委办公室、党委保卫部、后勤管理处

工作职责：负责党代会筹备期间有关会议通知、会场布置等会务安排；负责有关会场、会场周边及会务保障、安全预案等；负责大会期间全体会议和各代表团会议的会务安排，协调大会的安全保卫工作；在大会召开之前协助领导小组确定邀请参加大会人员名单，发出邀请并确认出席会议嘉宾；制作代表证和列席代表、来宾、主席团、秘书长、总监票人、监票人、总计票人、计票人及大会工作人员证件；制作文件袋；安排大会的讨论地点、资料分发、交通、来宾接待等工作；负责大会的会场布置、座次安排，调试会场设备，准备国歌、国际歌光盘等；负责选举票箱和会场服务等工作。

2017 年 8 月 22 日

关于筹备召开中国共产党华北电力大学第二次党员代表大会的通知

直属各党委（党总支、党支部）：

经学校党委全委会研究，报上级党组织批准，拟定于2017年10月召开中国共产党华北电力大学第二次党员代表大会。现将筹备召开这次代表大会的有关事宜通知如下：

一、代表大会的指导思想

这次代表大会的指导思想是：高举中国特色社会主义伟大旗帜，以邓小平理论、“三个代表”重要思想和科学发展观为指导，全面贯彻党的十八大和十八届三中、四中、五中、六中全会精神，深入学习贯彻习近平总书记系列重要讲话精神和治国理政新理念新思想新战略，贯彻全国高校思想政治工作会议精神，贯彻教育部、北京市、河北省决策部署，全面总结我校第一次党员代表大会以来学校改革发展稳定和党的建设取得的主要成绩和重要经验，讨论决定今后一个时期学校改革发展和党的建设的目标、任务和主要措施，选举产生中国共产党华北电力大学第二届委员会和纪律检查委员会，团结动员全校师生员工进一步统一思想，凝聚共识，锐意改革，真抓实干，积极推进综合改革和“双一流”建设，为把我校建设成特色鲜明的多科性、研究型、国际化高水平大学而努力奋斗。

二、代表大会的主要议程

1．听取和审查中共华北电力大学第一届委员会的工作报告；

2．审查中共华北电力大学纪律检查委员会的工作报告；

3．选举中共华北电力大学第二届委员会；

4．选举中共华北电力大学第二届纪律检查委员会。

三、代表名额、构成比例及分配原则

截至2017年5月，我校共有党员7073名，其中正式党员5591名。第二次党员代表大会代表名额拟定为210名。其中：各级领导干部代表占35%左右，教师、专业技术人员和管理服务一线代表占50%左右，学生代表占7%左右，离退休代表占8%左右；妇女代表比例不低于42%，少数民族代表比例不低于6%，年龄在50岁以下的代表比例不低于50%。上述比例除妇女代表比例和少数民族代表比例以外均为指导性比例。代表名额的分配，拟参照上述各方面的比例要求，按照各选举单位所辖党组织的数量、党员人数以及工作需要确定。（代表名额分配与产生办法另行通知）

四、工作要求

中国共产党华北电力大学第二次党员代表大会，是我校政治生活中的一件大事，是学校新时期改革与发展进程中的一次重要会议。直属各党委（党总支、党支部）要切实加强领导，精心组织，认真落实好各个环节的工作。全校共产党员要充分认识开好第二次党员代表大会的重要意义，统一思想，凝聚力量，以高度的政治责任感、饱满的工作热情，不断开拓创新，奋发有为，以优秀的业绩迎接我校第二次党员代表大会的胜利召开。

2017年8月22日

关于2017年教师节表彰先进的决定

华电校人〔2017〕24号

校直各单位：

2016—2017学年度，全校广大教职员工在科研、教学、管理等各项工作中辛勤耕耘，取得了可喜成绩，涌现出一批先进集体和个人。为进一步弘扬尊师重教的良好风尚，增强广大教师和教育工作者教书育人的荣誉感和责任感，学校决定对获得国家级和省部级综合奖励的集体和个人予以表彰。

一、受表彰的集体

1．校团委荣获“全国五四红旗团委”荣誉称号。

2．戴松元负责的“新型薄膜太阳电池基础及应用研究”团队入选科技部“重点领域创新团队”。

3．华电·电火花众创空间入选国家级众创空间。

4．电气与电子工程学院四方研究所党支部被评为“北京高校先进基层党组织”。

5．党委学生工作部荣获“河北省学校思想政治教育先进集体”荣誉称号。

6．学生处荣获2015—2016北京高校学生心理素质教育工作“特色工作奖”。

7．校团委荣获“第六届河北省教育系统志愿服务先进单位”以及“河北省大中专学生志愿者暑期文化科技卫生‘三下乡’社会实践活动先进单位”荣誉称号。

8．电力工程系荣获“河北省教育工作先进集体”荣誉称号。

二、受表彰的个人

1．毕天姝荣获“国家杰出青年科学基金项目”资助。

2．王祥科入选“中青年科技创新领军人才”及“全球2016年高被引科学家”。

3．董长青入选科技部“科技创新创业人才”。

4．马国明、卞星明入选中国科协“青年人才托举工程”。

5．夏世威、张世平、周振宇入选“北京市优秀人才培养资助计划”。

6．陆强入选“北京市科技新星计划”。

7．崔柳入选“香江学者奖励计划”。

8．李彦斌荣获“北京市高校优秀共产党员”及“北京市师德先锋”荣誉称号。

9．王威威荣获“北京市高校优秀共产党员”。

10．姚建平荣获“北京市师德先锋”荣誉称号。

11．李庚银、王修彦、李继清荣获2017年“北京市优秀教师”荣誉称号。

12．张娟荣获“第十三届北京市高等学校教学名师奖”荣誉称号。

13．赵洱岽荣获“首届北京市高等学校青年教学名师奖”荣誉称号。

14．谢志远荣获“河北省高等学校教学名师”荣誉称号。

15．刘云鹏荣获“河北省优秀教师”荣誉称号。

16．魏彤儒荣获“河北省学校思想政治教育先进工作者”荣誉称号。

17．彭建章、李鹤荣获“河北省教育工作先进个人”荣誉称号。

18．石立宁荣获“河北省优秀共青团干部”荣誉称号。

19．李燕青荣获新疆生产建设兵团“优秀援疆干部人才”荣誉称号，并记二等功一次。

20．许云燕荣获“全国辅导员职业能力大赛”第二赛区复赛二等奖。

21．任威宇荣获“北京市优秀团干部”及“2016年度首都大中专学生暑期社会实践先进工作者”荣誉称号。

22．武昌杰荣获2016年度首都大中专学生暑期社会实践先进工作者荣誉称号。

23．王振华荣获北京市地方志工作先进个人荣誉称号。

24．闫旭荣获“2016—2017全国青少年校园足球联赛特步CUFL大足联赛总决赛（校园组）最佳教练员”荣誉称号。

25．杨博、宣兆卫、崔帅荣获“2016年河北省‘三下乡’社会实践活动先进个人”荣誉称号。

26．孙芳荣获河北省2016年高校“形势与政策”课教学展示一等奖。

三、获奖的科研、教学成果

1．杨勇平、陆强、胡笑颖等完成的“生物质电站安全高效发电关键技术”荣获高等学校科学研究优秀成果奖（科学技术）一等奖。

2．毕天姝、刘灏、王增平等完成的“电力系统动态同步相量测量技术及其应用”荣获高等学校科学研究优秀成果奖（科学技术）一等奖。

3．律方成、刘云鹏、谢庆等完成的“基于多信息融合的电力变压器智能化关键技术研究与应用”荣获河北省科技进步奖一等奖。

4．周国兵、杨勇平等完成的“太阳能-相变蓄热结合用于建筑节能的关键问题研究”荣获河北省自然科学奖二等奖。

5．乌云娜荣获北京市第十四届哲学社会科学优秀成果二等奖。

6．汪庆华完成的“高校构建培育和践行社会主义核心价值观协同机制探析”荣获首都大学生思想政治教育优秀科研成果奖论文类二等奖。

7. 王增平参与完成的“提高配电网故障处理能力关键技术与应用”及孙毅等参与完成的“面向智能电网的物联关键技术及工程化应用”荣获辽宁省科学技术奖二等奖。

8. 肖湘宁参与完成的“HVDC 送端系统火电机组频发次同步振荡抑制关键技术研究与应用”荣获中国电力科学技术奖二等奖。

9. 韩晓娟参与完成的“计及风光储的区域电力经济调度研究及其风电消纳应用”及吴克河等参与完成的“基于数据驱动的电力安全风险综合评估与预警关键技术研究与应用”荣获吉林省科学技术奖二等奖。

10. 王聚芹完成的“东方社会发展模式比较研究”，王敬敏、孙伟、王立军等人完成的“保定市能源结构调整与清洁能源替代战略研究”，李雷、梁平等人完成的“审判监督体系研究”荣获第十五届河北省社会科学优秀成果奖二等奖。

11. 李东负责的项目“以学生为中心学生工作新媒体平台建设”荣获 2017 年河北省高校校园文化建设优秀成果二等奖。

12. 李东、张健申报的项目“‘双扶工程’—华北电力大学少数民族学生教育管理实践”荣获 2016 年度河北省高校思想政治工作创新案例二等奖。

13. 李美成、李英峰等完成的“用于太阳能转化的微纳结构材料研究”及肖湘宁等完成的“大型火电机组频发次同步振荡机理与抑制关键技术研究及应用”荣获北京市科学技术奖三等奖。

14. 刘文颖参与完成的“含大规模新能源的复杂大电网综合安全预警及控制关键技术与应用”荣获甘肃省科技进步奖三等奖。

15. 毕天姝参与完成的“基于广域量测的同步发电机在线参数辨识关键技术研究及应用”荣获安徽省科学技术奖三等奖。

16. 陈传敏参与完成的“燃煤电厂脱硫脱汞协同净化与碳减排关键技术”荣获中国电力科学技术奖三等奖。

17. 李鹏等人完成的“风电并网运行关键技术及其应用” 荣获山西省科技进步奖三等奖。

18. 王春波参与完成的“电站锅炉多煤种低氮优化燃烧技术研究与示范应用”及鲁斌、刘丽、刘书刚参与完成的“基于北斗短报文和区域云的交通信号协同控制系统”荣获河北省科技进步奖三等奖。

19. 梁海平、王涛、刘艳参与完成的“电网在线动态应急恢复支持技术研究与应用”荣获云南省科技进步奖三等奖。

20. 姜良杰完成的“‘90 后’大学生社会责任意识培育路径创新——基于对华北电力大学的调查分析”荣获首都大学生思想政治教育优秀科研成果奖课题类三等奖。

21. 张清、贺湘硕、高然完成的“低碳城市发展研究——基于保定实证分析”荣获第十五届河北省社会科学优秀成果奖三等奖。

22. 王盛萍参与完成的“中国北方森林恢复多尺度生态水文响应机理”荣获高等学校科学研究优秀成果奖（科学技术）。

23. 葛超负责的基于慕课技术的大学生思想政治教育探索与实践入选“全国高校辅导员工作精品项目”。

24. 邹琳指导的《吉祥阳光》《Janger》节目在 2016 年北京大学生音乐节中荣获金奖。

25. 王秀梅、米增强、贾俊菊等人完成的“学研双驱、课内外统合，扎实推进创新人才培养模式改革”，盛四清、李永刚、王永强等人完成的“电气工程及其自动化专业创新人才培养的研究与实践”荣获第七届河北省教学成果奖一等奖。

26. 乌云娜申报的“高等教育质量协同监管体系及其信息化平台建设”荣获北京市高等教育学会第九次高等教育科学研究优秀成果一等奖。

27. 谷根代、史会峰、刘敬刚等人完成的“基于创新人才培养的数学建模教育教学体系的建设与实践”，谢志远、尚秋峰、马海杰等人完成的“电子技术课程综合改革与实践”，张文建、房静、安利强等人完成的“大学生多学科交叉融合综合创新实践模式的研究与实践”，范孝良、花广如、王璋奇等人完成的“具有行业特色的机械类专业人才培养体系研究与实践”，高强、郭丰娟、宋玮等人完成的“独立学院应用转型模式研究与实践”荣获第七届河北省教学成果奖二等奖。

28. 程晓荣、鲁斌、袁和金等人完成的“计算机专业创新人才培养人才模式改革与研究”，李斌、韩中合、刘彦丰等人完成的“基于‘大工程观’的能源与动力工程专业‘卓越工程师’人才培养体系的创新与实践”，翟永杰、韩璞、王印松等人完成的“自动化专业卓越工程师计划人才培养模式研究与实践”，董天、赵洁等人完成的“独立学院大学英语全方位教学改革研究与实践”荣获第七届河北省教学成果奖三等奖。

希望受到表彰的先进集体和个人珍惜荣誉，谦虚谨慎，发扬成绩，再接再厉。广大教职员工要以他们为榜样，爱岗敬业、严谨笃学，勇于创新、奋发进取，为建设高水平大学而努力奋斗。

2017 年 9 月 4 日

关于成立华北电力大学低碳能源研究院的通知

华电校人〔2017〕26号

校直各单位：

为进一步丰富“大电力”学科体系，积极促进学校能源电力科学与工程学科群低碳能源研究领域的发展，汇聚人才队伍，形成新的学科战略增长点，经学校研究决定，成立华北电力大学低碳能源研究院（以下简称研究院）。

研究院紧密服务国家战略，通过加强与国际、国内能源行业及院校的合作，在低碳能源研究领域组建高水平、国际化重大创新团队，大力开展具有针对性的科学研究工作，形成标志性成果，成为国家低碳发展战略的决策智库和全球有影响力的创新中心，为国家绿色、低碳可持续发展和学校“双一流”建设做出贡献。

研究院实行院长负责制，采取专兼职结合的方式，由固定人员和流动人员组成。研究院根据研究方向聘任若干学术带头人及技术支撑人员为固定人员，流动人员由任务为牵引进行组建。研究院挂靠经济与管理学院，业务指导部门为科学技术研究院。

2017年10月9日

关于成立学业辅导中心的通知

华电校人〔2017〕28号

校直各单位：

为进一步加强学校学生学业辅导工作，推进优良学风建设，根据上级有关文件精神，学校研究决定，成立学业辅导中心。

学业辅导中心挂靠学生处，其主要职责是统筹协调全校学生学业辅导工作，推动学校学生学业辅导的系统化建设，组织开展学业辅导工作研究和队伍专业化培训等。

2017年10月26日

华北电力大学2017年党发、校发文目录

（党 发 文 件）

文 号	文 件 标 题	发文日期
党办〔2017〕1号	关于进一步推进大学实质性一体化建设的通知	11月8日
党办〔2017〕2号	关于成立华北电力大学网络安全和信息化领导小组的通知	11月21日
党办〔2017〕3号	关于印发中国共产党华北电力大学第二次党员代表大会领导重要讲话的通知	11月21日
党办〔2017〕4号	关于印发《华北电力大学学习贯彻党的十九大精神宣讲活动工作方案》的通知	11月21日
华电党〔2017〕1号	关于成立华北电力大学张家口科教园区建设领导小组和工作组的通知	2月23日
华电党〔2017〕2号	关于印发校党委书记吴志功同志在第六届第五次教代会闭幕式上的讲话的通知	2月28日
华电党〔2017〕3号	关于印发《华北电力大学2017年度党建工作计划》的通知	4月28日

续表

文号	文件标题	发文日期
华电党〔2017〕4号	关于转发中共教育部党组（教党任〔2017〕53号）文件的通知	5月16日
华电党〔2017〕5号	关于成立党委教师工作部的通知	5月19日
华电党〔2017〕7号	关于印发《中共华北电力大学委员会迎接〈北京普通高等学校党建和思想政治工作基本标准〉集中检查工作方案》的通知	6月21日
华电党〔2017〕12号	关于筹备召开中国共产党华北电力大学第二次党员代表大会的通知	8月22日
华电党〔2017〕13号	关于成立中国共产党华北电力大学第二次党员代表大会筹备工作领导小组的通知	8月22日
华电党〔2017〕14号	关于成立中国共产党华北电力大学第二次党员代表大会代表资格审查小组的通知	8月22日
华电党〔2017〕15号	关于做好中国共产党华北电力大学第二次党员代表大会代表选举工作的通知	8月22日
华电党〔2017〕16号	关于做好中国共产党华北电力大学第二届委员会和纪律检查委员会委员候选人预备人选推荐提名工作的通知	8月22日
华电党〔2017〕24号	关于召开中国共产党华北电力大学第二次党员代表大会的通知	11月8日
华电党〔2017〕26号	关于印发中国共产党华北电力大学第二次党员代表大会党委工作报告及决议的通知	11月21日
华电党〔2017〕27号	关于印发中国共产党华北电力大学第二次党员代表大会纪委工作报告及决议的通知	11月30日
华电党〔2017〕28号	关于印发《华北电力大学共青团改革实施方案》的通知	12月6日
华电党办〔2017〕2号	关于筹备召开第六届第五次教职工代表大会的通知	1月9日
华电党办〔2017〕5号	关于成立华北电力大学思想政治工作领导小组和工作组的通知	3月6日
华电党办〔2017〕7号	关于转发《中共中央组织部中共中央宣传部中共教育部党组关于认真贯彻习近平总书记重要指示广泛开展向黄大年同志学习活动的通知》的通知	6月19日
华电党办〔2017〕10号	关于印发《中国共产党第十九次全国代表大会中国共产党华北电力大学第二次党员代表大会宣传工作方案》的通知	9月20日
华电党纪〔2017〕2号	关于印发《华北电力大学党风廉政义务监督员聘任及工作实施办法（试行）》的通知	4月26日
华电党纪〔2017〕3号	关于印发吴志功书记在2017年党风廉政建设暨纪检监察审计工作会议上的讲话和何华副书记所作工作报告的通知	5月5日
华电党纪〔2017〕5号	关于印发《华北电力大学践行监督执纪四种形态实施办法（试行）》的通知	6月7日
华电党纪〔2017〕6号	关于开展2017年党风廉政建设宣传教育月活动的通知	6月7日
华电党纪〔2017〕7号	关于开展2017年校内巡察回头看工作的通知	6月21日
华电党纪〔2017〕12号	关于印发《华北电力大学干部廉政档案管理办法（试行）》的通知	10月13日
华电党宣〔2017〕1号	关于印发《华北电力大学党委理论学习中心组　学习制度（2017年修订）》的通知	9月15日
华电党宣〔2017〕3号	关于认真学习宣传贯彻党的十九大精神的通知	11月9日
华电党学〔2017〕2号	关于印发《华北电力大学2017年学生党员先锋工程实施计划》的通知	5月5日
华电党学〔2017〕3号	关于表彰2016—2017学年学生党员先锋工程获奖单位的决定	8月31日
华电党组〔2017〕1号	关于印发《华北电力大学处级领导干部选拔任用工作纪实办法（试行）》的通知	3月1日
华电党组〔2017〕2号	关于印发《中共华北电力大学委员会关于中国共产党北京市第十二次代表大会代表选举工作方案》的通知	3月8日
华电党组〔2017〕3号	关于郭炜煜陈溪同志任免职的通知	3月24日
华电党组〔2017〕4号	关于陈溪同志任职的通知	3月24日
华电党组〔2017〕5号	关于李全化同志免职的通知	3月24日
华电党组〔2017〕6号	关于钱跃飞同志免职的通知	3月24日
华电党组〔2017〕7号	关于黄国和等同志免职的通知	3月24日
华电党组〔2017〕8号	关于王增平等同志任免职的通知	5月27日
华电党组〔2017〕10号	关于李彦斌等同志任职的通知	5月27日
华电党组〔2017〕11号	关于倪景峰同志任职的通知	5月27日

续表

文 号	文 件 标 题	发文日期
华电党组〔2017〕12 号	关于杜小泽等同志任职的通知	5 月 27 日
华电党组〔2017〕13 号	关于撤销校产（保定）党总支的通知	5 月 27 日
华电党组〔2017〕15 号	关于蒲沿洲杨利国同志正式任职的通知	7 月 11 日
华电党组〔2017〕18 号	关于张新娟　姜波同志任职的通知	10 月 11 日
华电党组〔2017〕19 号	关于沈岚　李东同志任职的通知	10 月 11 日
华电党组〔2017〕20 号	关于印发《华北电力大学关于加强组织员队伍建设的暂行规定》的通知	11 月 17 日
华电党组〔2017〕21 号	关于印发《关于推进华北电力大学“两学一做”学习教育常态化制度化的实施方案》的通知	11 月 17 日
华电党组〔2017〕22 号	关于开展 2017 年民主评议党员工作的通知	12 月 19 日
华电党组〔2017〕23 号	关于成立后勤（保定）党总支的通知	12 月 26 日
华电党组〔2017〕24 号	关于林长强等同志任免职的通知	12 月 27 日
华电党组〔2017〕25 号	关于赵秀国等同志任免职的通知	12 月 27 日
华电党组〔2017〕26 号	关于李庚银等同志任免职的通知	12 月 27 日
华电党组〔2017〕27 号	关于梁平等同志任免职的通知	12 月 27 日
华电党组〔2017〕28 号	关于乔开文同志任职的通知	12 月 27 日
华电党组〔2017〕29 号	关于印发《华北电力大学处级领导干部　离任交接工作办法（试行）》的通知	12 月 27 日
华电纪检〔2017〕1 号	关于印发《华北电力大学二级党组织纪律检查委员工作职责（试行）》的通知	5 月 2 日
华电纪检〔2017〕6 号	关于印发《华北电力大学纪律检查委员会委员岗位职责》的通知	9 月 30 日
华电纪检〔2017〕7 号	关于印发《中共华北电力大学纪律检查委员会议事规则》的通知	9 月 30 日

（校　发　文　件）

文 号	文 件 标 题	发文日期
华电工〔2017〕1 号	关于对第六届第五次教代会代表调整、撤换、增补的通知	1 月 6 日
华电工〔2017〕2 号	关于表彰 2016 年度工会先进集体和个人的决定	1 月 17 日
华电工〔2017〕3 号	关于开展第四届“巾帼之星”评选活动的通知	2 月 24 日
华电工〔2017〕4 号	关于表彰第四届“巾帼之星”“先进女职工”的决定	3 月 7 日
华电工〔2017〕5 号	关于举办 2017 年度青年教师教学基本功比赛的通知	3 月 14 日
华电工〔2017〕6 号	部门负责人与教代会代表通报会实施办法	3 月 16 日
华电工〔2017〕8 号	关于对北京校部从事教育工作满三十年教职工进行表彰的决定	9 月 5 日
华电团〔2017〕1 号	关于表彰 2016—2017 学年度优秀学院团委（团总支）、优秀团支部、优秀团干部优秀团员及各类标兵的决定	5 月 4 日
华电团〔2017〕2 号	关于授予我校学生男子足球队“华北电力大学青年五四奖章集体”的决定	9 月 6 日
华电校〔2017〕2 号	关于印发第六届第五次教代会校长工作报告和大会决议的通知	2 月 28 日
华电校〔2017〕4 号	关于调整招生工作领导小组组成人员的通知	4 月 28 日
华电校〔2017〕6 号	关于 11 月 18 日留学生公寓失火事件的通报	12 月 27 日
华电校办〔2017〕1 号	关于成立中央专项经费建设项目统筹协调委员会的通知	4 月 17 日
华电校办〔2017〕3 号	关于对“神雾杯”第十届全国大学生节能减排社会实践与科技竞赛组织工作先进集体和先进个人通报表扬的决定	9 月 7 日
华电校办〔2017〕4 号	关于成立学校 60 周年校庆筹备工作委员会的通知	10 月 9 日

续表

文　号	文　件　标　题	发文日期
华电校办〔2017〕5号	关于成立学校60周年校庆筹备工作委员会办公室的通知	10月26日
华电校财〔2017〕9号	关于进一步做好科研项目资金管理等政策贯彻落实工作的通知	4月21日
华电校财〔2017〕10号	关于印发《华北电力大学经济活动绩效管理办法（试行）》的通知	5月15日
华电校财〔2017〕13号	关于印发《华北电力大学二级单位发展基金管理办法》的通知	6月16日
华电校财〔2017〕19号	关于印发《华北电力大学票据管理办法》的通知	9月28日
华电校财〔2017〕20号	关于印发《华北电力大学改善基本办学条件专项资金管理办法》的通知	9月28日
华电校财〔2017〕24号	关于印发《华北电力大学两校区公务往来差旅费报销办法（试行）》的通知	11月23日
华电校产〔2017〕1号	关于调整经营性资产管理委员会的通知	1月4日
华电校档〔2017〕1号	关于印发《华北电力大学招标档案管理实施办法》的通知	10月25日
华电校继〔2017〕2号	关于印发《华北电力大学培训工作管理办法（2017年修订）》的通知	5月23日
华电校教〔2017〕1号	关于公布2015—2016学年院系（部）本科教学状态的通知	1月5日
华电校教〔2017〕5号	关于印发《华北电力大学推荐优秀应届本科毕业生免试攻读硕士学位研究生工作实施办法（2017年修订）》的通知	3月1日
华电校教〔2017〕6号	关于印发《华北电力大学2017年教育教学思想大讨论活动实施方案》的通知	4月10日
华电校教〔2017〕8号	关于印发吴志功书记、杨勇平校长在2017年教育教学思想大讨论活动启动大会上讲话的通知	5月3日
华电校教〔2017〕13号	关于印发《华北电力大学本科生转专业和大类专业分流实施办法》的通知	7月17日
华电校教〔2017〕14号	关于印发《2017版本科专业人才培养方案指导意见》的通知	7月17日
华电校教〔2017〕15号	关于对第四届“华北电力大学教学名师奖”获得者进行表彰的决定	8月24日
华电校教〔2017〕16号	关于对获得2016—2017学年教学优秀奖教师进行表彰的决定	8月24日
华电校教〔2017〕19号	关于印发《华北电力大学普通本科学生学籍管理规定（2017年修订）》的通知	9月1日
华电校教〔2017〕22号	关于公布2017年华北电力大学教学成果奖获奖名单的通知	9月19日
华电校教〔2017〕23号	关于组建华北电力大学第七届教学督导组的通知	9月19日
华电校教〔2017〕24号	关于成立华北电力大学“本科教学工作审核评估”迎评工作组织机构的通知	9月20日
华电校教〔2017〕25号	关于印发《华北电力大学“本科教学工作审核评估”迎评工作方案》的通知	9月20日
华电校教〔2017〕31号	关于2016级本科生转专业的决定	11月3日
华电校教〔2017〕32号	关于印发《华北电力大学学分制实施方案（2017年修订）》的通知	11月3日
华电校教〔2017〕33号	关于印发《华北电力大学普通本科学生课程考试和成绩管理规定》的通知	11月3日
华电校教〔2017〕34号	关于印发《华北电力大学考试规范及考试违规处理办法（2017年修订）》的通知	11月3日
华电校教〔2017〕35号	关于印发《华北电力大学普通本科学生学籍管理预警制度暂行办法（2017年修订）》的通知	11月3日
华电校教〔2017〕37号	关于印发《华北电力大学新任教师授课资格认定办法（试行）》的通知	11月9日
华电校科〔2017〕3号	关于聘任新能源电力系统国家重点实验室学术委员会委员的通知	1月13日
华电校科〔2017〕9号	关于2017年度华北电力大学中央高校基本科研业务费专项资金项目批准立项的通知	5月12日
华电校科〔2017〕11号	关于乌云娜同志任职的通知	6月22日
华电校科〔2017〕12号	关于聘任华北电力大学第四届学术委员会委员的通知	6月26日
华电校科〔2017〕17号	关于印发《华北电力大学异地研究院管理办法》的通知	9月29日
华电校科〔2017〕18号	关于印发《华北电力大学科研机构管理办法》的通知	9月29日
华电校科〔2017〕19号	关于印发《华北电力大学中央高校基本科研业务费管理办法》的通知	9月29日
华电校科〔2017〕20号	关于郭春林等同志聘任的通知	9月30日

续表

文　号	文　件　标　题	发文日期
华电校勤〔2017〕1号	关于印发《华北电力大学公务车辆使用管理暂行办法》的通知	3月21日
华电校人〔2017〕1号	关于对荣获2015—2016年度社会奖教金人员进行表彰的决定	1月10日
华电校人〔2017〕2号	关于印发2015—2016学年度教职工考核结果的通知	1月10日
华电校人〔2017〕4号	关于成立华北电力大学电动汽车与新能源电网研究中心的通知	2月22日
华电校人〔2017〕5号	关于印发《华北电力大学新进教职工聘用管理办法》的通知	3月7日
华电校人〔2017〕6号	关于成立华北电力大学智能电气创新研究中心的通知	3月8日
华电校人〔2017〕7号	关于成立华北电力大学政策法规研究室的通知	3月24日
华电校人〔2017〕8号	关于刘春明等108名同志专业技术职务评聘的通知	4月1日
华电校人〔2017〕9号	关于对刘金朋等61名同志进行首聘期考核的通知	4月11日
华电校人〔2017〕10号	关于表彰我校2017年度青年教师教学基本功比赛获奖集体和个人的决定	4月21日
华电校人〔2017〕11号	关于成立华北电力大学世界一流大学教育基金研究中心的通知	4月21日
华电校人〔2017〕12号	关于成立华北电力大学热辐射与燃烧监控大数据研究中心的通知	4月21日
华电校人〔2017〕14号	关于成立华北电力大学国学研究中心的通知	6月1日
华电校人〔2017〕15号	关于印发刘金朋等61名同志首聘期考核结果的通知	6月7日
华电校人〔2017〕16号	关于教职工劳动纪律的补充通知	6月14日
华电校人〔2017〕17号	关于成立华北电力大学中国能源经济管理研究中心的通知	6月22日
华电校人〔2017〕19号	关于成立学生资助管理中心的通知	8月15日
华电校人〔2017〕20号	关于印发《华北电力大学科研教研工作量计分标准和绩效奖励调整方案》的通知	8月24日
华电校人〔2017〕21号	关于印发《华北电力大学专业技术职务评聘办法》的通知	8月24日
华电校人〔2017〕22号	关于2016—2017学年教职工考核工作的通知	8月30日
华电校人〔2017〕24号	关于2017年教师节表彰先进的决定	9月4日
华电校人〔2017〕26号	关于成立华北电力大学低碳能源研究院的通知	10月9日
华电校人〔2017〕27号	关于2017年专业技术职务评聘工作的通知	10月25日
华电校人〔2017〕28号	关于成立学业辅导中心的通知	10月26日
华电校人〔2017〕31号	关于机构调整的通知	12月25日
华电校人才〔2017〕17号	关于印发《华北电力大学师资博士后管理办法（试行）》的通知	11月6日
华电校审〔2017〕2号	关于印发《华北电力大学科研经费审计实施办法》的通知	5月25日
华电校审〔2017〕3号	关于印发《华北电力大学预算执行与决算审计实施办法》的通知	5月25日
华电校审〔2017〕4号	关于印发《华北电力大学建设工程管理审计规定》的通知	5月25日
华电校信〔2017〕1号	关于印发《华北电力大学校园网管理办法》的通知	6月26日
华电校信〔2017〕2号	关于印发《华北电力大学公共信息编码标准》的通知	9月5日
华电校信〔2017〕3号	关于印发《华北电力大学统计工作管理办法（2017年修订）》的通知	11月1日
华电校信〔2017〕4号	关于印发《华北电力大学网络与信息技术安全事件报告、处置流程和应急预案》的通知	11月21日
华电校学〔2017〕4号	关于给予北京校部曹家振等976名学生寒假返乡补助的决定	1月12日
华电校学〔2017〕48号	关于印发《华北电力大学校园地国家助学款还款救助操作细则》的通知	4月26日
华电校学〔2017〕49号	关于印发《华北电力大学本科生困难补助管理办法》的通知	4月26日
华电校学〔2017〕53号	关于印发《华北电力大学定向生履约管理实施细则》的通知	5月23日
华电校学〔2017〕55号	关于印发《华北电力大学国家助学贷款实施细则（2017年修订）》的通知	6月7日
华电校学〔2017〕56号	关于印发《华北电力大学家庭经济困难学生认定实施细则（2017年修订）》的通知	6月7日

续表

文 号	文 件 标 题	发文日期
华电校学〔2017〕57 号	关于印发《华北电力大学学生资助档案管理办法》的通知	6 月 22 日
华电校学〔2017〕65 号	关于给予二〇一七届北京市优秀毕业生通报表扬的决定	6 月 26 日
华电校学〔2017〕66 号	关于授予北京校部王超等 269 名学生二〇一七届校级优秀毕业生称号的决定	6 月 26 日
华电校学〔2017〕67 号	关于表彰北京校部何以松等 242 名“到基层工作”毕业生的决定	6 月 26 日
华电校学〔2017〕73 号	关于批准 2017 年“长城计划”课题立项的通知	7 月 7 日
华电校学〔2017〕75 号	关于印发《华北电力大学学生资助管理办法》的通知	7 月 11 日
华电校学〔2017〕76 号	华北电力大学关于做好 2017 年普通高等教育本科招生工作的通知	7 月 12 日
华电校学〔2017〕79 号	关于印发《华北电力大学学生管理规定》的通知	9 月 1 日
华电校学〔2017〕80 号	关于印发《华北电力大学学生违纪处理规定》的通知	9 月 1 日
华电校学〔2017〕81 号	关于印发《华北电力大学学生校内申诉管理规定》的通知	9 月 1 日
华电校学〔2017〕82 号	关于印发《华北电力大学学生校内听证管理规定》的通知	9 月 1 日
华电校学〔2017〕84 号	关于对北京校部 2016—2017 年度十佳班主任优秀班主任进行表彰的决定	9 月 5 日
华电校学〔2017〕89 号	关于对 2017 级新生入学成绩优秀奖获得者进行表彰的决定	9 月 6 日
华电校学〔2017〕111 号	关于给予柴晓康等 4754 名学生国家助学金的决定	11 月 6 日
华电校学〔2017〕115 号	关于对 2016—2017 学年度学生先进集体先进个人予以表彰的决定	12 月 6 日
华电校学〔2017〕116 号	关于对 2016—2017 学年度学生综合奖学金单项奖学金获得者予以表彰的决定	12 月 6 日
华电校学〔2017〕117 号	关于对荣获 2016—2017 学年度企业专项奖助学金的学生予以表彰的决定	12 月 6 日
华电校学〔2017〕118 号	关于对荣获 2016—2017 学年度校友奖助金的学生予以表彰的决定	12 月 6 日
华电校学〔2017〕119 号	关于对 2016—2017 学年度校长奖学金获得者予以表彰的决定	12 月 6 日
华电校学科〔2017〕4 号	关于印发《华北电力大学“双一流”建设管理办法》的通知	12 月 8 日
华电校学科〔2017〕5 号	关于印发《华北电力大学“双一流”建设资金管理办法》的通知	12 月 8 日
华电校学位〔2017〕1 号	关于公布第五届校学位评定委员会组成人员名单的通知	3 月 7 日
华电校学位〔2017〕2 号	华北电力大学第五届学位评定委员会第一次会议纪要	4 月 17 日
华电校学位〔2017〕4 号	华北电力大学第五届学位评定委员会第二次会议纪要	7 月 12 日
华电校学位〔2017〕5 号	关于印发《华北电力大学研究生学位论文保密管理规定（2017 年修订）》的通知	8 月 3 日
华电校学位〔2017〕6 号	关于印发《华北电力大学学位授予工作细则（2017 年修订）》的通知	8 月 3 日
华电校学位〔2017〕7 号	关于印发《华北电力大学优秀博士硕士学位论文评选及奖励办法（2017 年修订）》的通知	8 月 3 日
华电校学位〔2017〕8 号	关于印发《华北电力大学学位论文作假行为处理办法实施细则》的通知	8 月 3 日
华电校学位〔2017〕9 号	关于授予潘芊辰等 98 位同学学士学位的决定	10 月 9 日
华电校研〔2017〕4 号	关于授予何东欣等 163 名研究生“二〇一七届春季优秀毕业研究生”称号的决定	4 月 5 日
华电校研〔2017〕8 号	关于授予王健等 20 名研究生“二〇一七届夏季优秀毕业研究生”称号的决定	6 月 29 日
华电校研〔2017〕9 号	关于对 2017 年研究生学术“创优”奖学金获奖学生予以表彰的决定	7 月 10 日
华电校研〔2017〕10 号	关于印发《华北电力大学研究生学籍管理规定（2017 年修订）》的通知	8 月 3 日
华电校研〔2017〕11 号	关于印发《华北电力大学攻读博士学位研究生培养工作规定（2017 年修订）》的通知	8 月 3 日
华电校研〔2017〕12 号	关于印发《华北电力大学攻读学术学位硕士研究生培养工作规定（2017 年修订）》的通知	8 月 3 日
华电校研〔2017〕13 号	关于印发《华北电力大学攻读专业学位硕士研究生培养工作规定（2017 年修订）》的通知	8 月 3 日
华电校研〔2017〕14 号	关于印发《华北电力大学专业学位研究生专业实践要求及考核办法（2017 年修订）》的通知	8 月 3 日
华电校研〔2017〕20 号	关于对 2017 年研究生国家奖学金获奖学生予以表彰的决定	11 月 21 日

续表

文　号	文　件　标　题	发文日期
华电校研〔2017〕21 号	关于对荣获 2017—2018 学年学业奖学金的研究生予以表彰的决定	11 月 21 日
华电校研〔2017〕23 号	关于对 2016—2017 学年度研究生先进个人和先进集体予以表彰的决定	12 月 6 日
华电校研〔2017〕24 号	关于对 2017 年优秀博士奖学金获奖学生予以表彰的决定	12 月 6 日
华电校研〔2017〕25 号	关于对荣获 2016—2017 学年度研究生社会奖学金的学生予以表彰的决定	12 月 6 日
华电校研〔2017〕26 号	关于对荣获 2016—2017 学年度优秀研究生班主任予以表彰的决定	12 月 8 日
华电校研〔2017〕27 号	关于印发《华北电力大学校领导班子成员指导研究生工作管理办法》的通知	12 月 25 日
华电校招〔2017〕1 号	关于印发《华北电力大学招标管理办法》的通知	4 月 28 日
华电校招〔2017〕2 号	关于印发《华北电力大学招标文件编制及审核实施细则》的通知	10 月 25 日
华电校资〔2017〕1 号	关于印发《华北电力大学政府采购管理暂行办法》的通知	1 月 5 日
华电校资〔2017〕8 号	关于调整华北电力大学实验室安全工作小组成员的通知	9 月 5 日
华电校资〔2017〕9 号	关于印发《华北电力大学迎接教育部 2017 年度高校科研实验室安全检查工作方案》的通知	9 月 18 日

统计报表与附录资料

Statistics and Appendixes

学生基本数据情况表

华北电力大学2017年硕士研究生分专业学生数

专业名称	毕业生数	授予学位数	招生数		在校生数					
			合计	其中：应届毕业生	合计	一年级	二年级	三年级	四年级	五年级及以上
甲	1	2	3	4	5	6	7	8	9	10
硕士研究生	2131	2131	3558	2334	8116	3558	2316	2242	0	0
其中：女	883	5320	1581	1034	3528	1581	1031	916	0	0
学术学位硕士	1193	1193	1325	1093	3806	1325	1281	1200	0	0
其中：女	515	515	547	469	1660	547	593	520	0	0
国家任务学术学位硕士	1161	1161	0	0	2478	0	1281	1197	0	0
管理科学与工程学科	0	0	0	0	0	0	0	0	0	0
管理科学与工程学科	27	27	0	0	55	0	30	25	0	0
管理科学与工程学科	7	7	0	0	14	0	11	3	0	0
凝聚态物理	5	5	0	0	14	0	8	6	0	0
公共管理学科	2	2	0	0	30	0	17	13	0	0
辐射防护及环境保护	1	1	0	0	6	0	1	5	0	0
行政管理	11	11	0	0	4	0	1	3	0	0
行政管理	4	4	0	0	6	0	4	2	0	0
会计学	9	9	0	0	23	0	10	13	0	0
会计学	9	9	0	0	16	0	10	6	0	0
计算机软件与理论	0	0	0	0	0	0	0	0	0	0
计算机软件与理论	6	6	0	0	11	0	5	6	0	0
水工结构工程	6	6	0	0	12	0	6	6	0	0
供热、供燃气、通风及空调工程	4	4	0	0	10	0	4	6	0	0
供热、供燃气、通风及空调工程	9	9	0	0	20	0	10	10	0	0
流体机械及工程	2	2	0	0	4	0	2	2	0	0
流体机械及工程	6	6	0	0	8	0	5	3	0	0
材料学	13	13	0	0	0	0	0	0	0	0
运筹学与控制论	6	6	0	0	9	0	5	4	0	0
运筹学与控制论	2	2	0	0	4	0	2	2	0	0
计算机系统结构	7	7	0	0	18	0	9	9	0	0
计算机系统结构	4	4	0	0	7	0	4	3	0	0
外国语言学及应用语言学	12	12	0	0	20	0	12	8	0	0
技术经济及管理	31	31	0	0	59	0	34	25	0	0
技术经济及管理	18	18	0	0	40	0	18	22	0	0
英语语言文学	2	2	0	0	6	0	2	4	0	0
英语语言文学	10	10	0	0	16	0	7	9	0	0

续表

专业名称	毕业生数	授予学位数	招生数		在校生数					
			合计	其中：应届毕业生	合计	一年级	二年级	三年级	四年级	五年级及以上
思想政治教育	3	3	0	0	16	0	6	10	0	0
思想政治教育	3	3	0	0	10	0	5	5	0	0
热能工程	64	64	0	0	117	0	62	55	0	0
热能工程	37	37	0	0	86	0	39	47	0	0
马克思主义中国化研究	3	3	0	0	10	0	5	5	0	0
产业经济学	3	3	0	0	9	0	5	4	0	0
产业经济学	2	2	0	0	7	0	5	2	0	0
机械工程学科	0	0	0	0	14	0	14	0	0	0
机械工程学科	0	0	0	0	27	0	27	0	0	0
控制科学与工程学科	4	4	0	0	8	0	4	4	0	0
动力机械及工程	7	7	0	0	14	0	8	6	0	0
动力机械及工程	5	5	0	0	13	0	6	7	0	0
机械设计及理论	3	3	0	0	6	0	0	6	0	0
机械设计及理论	6	6	0	0	5	0	0	5	0	0
计算数学	6	6	0	0	20	0	10	10	0	0
计算数学	2	2	0	0	4	0	2	2	0	0
应用数学	16	16	0	0	26	0	12	14	0	0
应用数学	3	3	0	0	6	0	3	3	0	0
数量经济学	0	0	0	0	3	0	3	0	0	0
数量经济学	1	1	0	0	7	0	4	3	0	0
金融学（含：保险学）	4	4	0	0	5	0	3	2	0	0
金融学（含：保险学）	4	4	0	0	7	0	4	3	0	0
光学	2	2	0	0	6	0	3	3	0	0
统计学	3	3	0	0	2	0	0	2	0	0
民商法学（含：劳动法学、社会保障法学）	3	3	0	0	7	0	4	3	0	0
诉讼法学	3	3	0	0	1	0	0	1	0	0
诉讼法学	1	1	0	0	5	0	3	2	0	0
法学学科	0	0	0	0	22	0	10	12	0	0
环境与资源保护法学	0	0	0	0	0	0	0	0	0	0
国际法学（含：国际公法、国际私法、国际经济法）	4	4	0	0	0	0	0	0	0	0
教育经济与管理	0	0	0	0	0	0	0	0	0	0
企业管理（含：财务管理、市场营销、人力资源管理）	11	11	0	0	22	0	11	11	0	0
企业管理（含：财务管理、市场营销、人力资源管理）	6	6	0	0	20	0	10	10	0	0
社会保障	0	0	0	0	0	0	0	0	0	0
社会保障	2	2	0	0	3	0	2	1	0	0
化学工程	2	2	0	0	3	0	2	1	0	0

续表

专业名称	毕业生数	授予学位数	招生数		在校生数					
			合计	其中：应届毕业生	合计	一年级	二年级	三年级	四年级	五年级及以上
化学工程	2	2	0	0	2	0	1	1	0	0
环境工程	10	10	0	0	36	0	18	18	0	0
环境工程	12	12	0	0	31	0	15	16	0	0
环境科学	0	0	0	0	9	0	9	0	0	0
环境科学	3	3	0	0	4	0	2	2	0	0
软件工程学科	8	8	0	0	14	0	7	7	0	0
电机与电器	7	7	0	0	17	0	10	7	0	0
电机与电器	4	4	0	0	12	0	6	6	0	0
电子科学与技术学科	0	0	0	0	25	0	15	10	0	0
电子科学与技术学科	0	0	0	0	12	0	6	6	0	0
电工理论与新技术	5	5	0	0	14	0	10	4	0	0
电工理论与新技术	14	14	0	0	32	0	17	15	0	0
水利水电工程	6	6	0	0	11	0	5	6	0	0
电路与系统	6	6	0	0	0	0	0	0	0	0
电路与系统	1	1	0	0	0	0	0	0	0	0
通信与信息系统	19	19	0	0	0	0	0	0	0	0
通信与信息系统	30	30	0	0	0	0	0	0	0	0
应用化学	5	5	0	0	9	0	4	5	0	0
水文学及水资源	11	11	0	0	20	0	11	9	0	0
电力系统及其自动化	138	138	0	0	278	0	139	139	0	0
电力系统及其自动化	76	76	0	0	164	0	90	74	0	0
核能科学与工程	28	28	0	0	58	0	33	25	0	0
高电压与绝缘技术	18	18	0	0	39	0	20	19	0	0
高电压与绝缘技术	9	9	0	0	27	0	13	14	0	0
电气工程学科	29	29	0	0	68	0	39	29	0	0
信号与信息处理	11	11	0	0	0	0	0	0	0	0
信号与信息处理	9	9	0	0	0	0	0	0	0	0
信息与通信工程学科	0	0	0	0	54	0	27	27	0	0
信息与通信工程学科	0	0	0	0	73	0	36	37	0	0
电力电子与电力传动	15	15	0	0	30	0	14	16	0	0
电力电子与电力传动	10	10	0	0	21	0	11	10	0	0
控制理论与控制工程	32	32	0	0	57	0	28	29	0	0
控制理论与控制工程	30	30	0	0	61	0	30	31	0	0
农业电气化与自动化	9	9	0	0	15	0	7	8	0	0
理论物理	2	2	0	0	6	0	3	3	0	0
理论物理	5	5	0	0	10	0	5	5	0	0
车辆工程	2	2	0	0	1	0	0	1	0	0
机械电子工程	6	6	0	0	8	0	0	8	0	0

续表

专业名称	毕业生数	授予学位数	招生数		在校生数					
			合计	其中：应届毕业生	合计	一年级	二年级	三年级	四年级	五年级及以上
机械电子工程	12	12	0	0	15	0	0	15	0	0
计算机应用技术	35	35	0	0	70	0	35	35	0	0
计算机应用技术	26	26	0	0	53	0	26	27	0	0
模式识别与智能系统	11	11	0	0	26	0	14	12	0	0
模式识别与智能系统	7	7	0	0	16	0	8	8	0	0
系统工程	4	4	0	0	11	0	5	6	0	0
系统工程	6	6	0	0	12	0	6	6	0	0
电磁场与微波技术	3	3	0	0	0	0	0	0	0	0
电磁场与微波技术	4	4	0	0	0	0	0	0	0	0
工业催化	1	1	0	0	4	0	4	0	0	0
动力工程及工程热物理学科	2	2	0	0	4	0	2	2	0	0
制冷及低温工程	1	1	0	0	2	0	2	0	0	0
制冷及低温工程	2	2	0	0	2	0	1	1	0	0
化工过程机械	0	0	0	0	1	0	1	0	0	0
工程热物理	11	11	0	0	18	0	10	8	0	0
工程热物理	6	6	0	0	14	0	6	8	0	0
机械制造及其自动化	4	4	0	0	3	0	0	3	0	0
机械制造及其自动化	4	4	0	0	5	0	0	5	0	0
材料科学与工程学科	0	0	0	0	35	0	18	17	0	0
检测技术与自动化装置	16	16	0	0	30	0	15	15	0	0
检测技术与自动化装置	8	8	0	0	16	0	8	8	0	0
委托培养学术学位硕士	32	32	0	0	3	0	0	3	0	0
电力系统及其自动化	1	1	0	0	1	0	0	1	0	0
管理科学与工程学科	1	1	0	0	0	0	0	0	0	0
模式识别与智能系统	2	2	0	0	0	0	0	0	0	0
控制理论与控制工程	1	1	0	0	0	0	0	0	0	0
信号与信息处理	1	1	0	0	0	0	0	0	0	0
电气工程学科	2	2	0	0	0	0	0	0	0	0
电力系统及其自动化	6	6	0	0	1	0	0	1	0	0
水文学及水资源	1	1	0	0	0	0	0	0	0	0
通信与信息系统	1	1	0	0	0	0	0	0	0	0
环境工程	1	1	0	0	0	0	0	0	0	0
企业管理（含：财务管理、市场营销、人力资源管理）	1	1	0	0	0	0	0	0	0	0
教育经济与管理	0	0	0	0	0	0	0	0	0	0
诉讼法学	3	3	0	0	0	0	0	0	0	0
金融学（含：保险学）	1	1	0	0	0	0	0	0	0	0
数量经济学	0	0	0	0	0	0	0	0	0	0

续表

专业名称	毕业生数	授予学位数	招生数		在校生数					
			合计	其中：应届毕业生	合计	一年级	二年级	三年级	四年级	五年级及以上
热能工程	1	1	0	0	0	0	0	0	0	0
思想政治教育	4	4	0	0	0	0	0	0	0	0
英语语言文学	0	0	0	0	0	0	0	0	0	0
技术经济及管理	0	0	0	0	0	0	0	0	0	0
外国语言学及应用语言学	0	0	0	0	0	0	0	0	0	0
会计学	2	2	0	0	0	0	0	0	0	0
行政管理	3	3	0	0	0	0	0	0	0	0
管理科学与工程学科	0	0	0	0	1	0	0	1	0	0
全日制学术学位非定向硕士	0	0	1294	1073	1294	1294	0	0	0	0
马克思主义理论学科	0	0	10	9	10	10	0	0	0	0
检测技术与自动化装置	0	0	8	5	8	8	0	0	0	0
工程热物理	0	0	6	4	6	6	0	0	0	0
制冷及低温工程	0	0	2	2	2	2	0	0	0	0
动力工程及工程热物理学科	0	0	2	1	2	2	0	0	0	0
工业催化	0	0	2	2	2	2	0	0	0	0
系统工程	0	0	7	6	7	7	0	0	0	0
模式识别与智能系统	0	0	8	5	8	8	0	0	0	0
理论物理	0	0	5	3	5	5	0	0	0	0
计算机应用技术	0	0	26	24	26	26	0	0	0	0
农业电气化与自动化	0	0	5	4	5	5	0	0	0	0
控制理论与控制工程	0	0	31	28	31	31	0	0	0	0
电力电子与电力传动	0	0	10	8	10	10	0	0	0	0
信息与通信工程学科	0	0	37	32	37	37	0	0	0	0
高电压与绝缘技术	0	0	13	11	13	13	0	0	0	0
电工理论与新技术	0	0	15	11	15	15	0	0	0	0
管理科学与工程学科	0	0	9	7	9	9	0	0	0	0
行政管理	0	0	2	1	2	2	0	0	0	0
计算机软件与理论	0	0	6	5	6	6	0	0	0	0
会计学	0	0	9	6	9	9	0	0	0	0
计算机系统结构	0	0	4	3	4	4	0	0	0	0
运筹学与控制论	0	0	3	3	3	3	0	0	0	0
流体机械及工程	0	0	6	2	6	6	0	0	0	0
供热、供燃气、通风及空调工程	0	0	12	12	12	12	0	0	0	0
应用数学	0	0	3	1	3	3	0	0	0	0
外国语言文学学科	0	0	14	12	14	14	0	0	0	0
计算数学	0	0	2	2	2	2	0	0	0	0
动力机械及工程	0	0	6	4	6	6	0	0	0	0
机械工程学科	0	0	27	17	27	27	0	0	0	0

续表

专业名称	毕业生数	授予学位数	招生数		在校生数					
			合计	其中：应届毕业生	合计	一年级	二年级	三年级	四年级	五年级及以上
产业经济学	0	0	4	3	4	4	0	0	0	0
技术经济及管理	0	0	22	17	22	22	0	0	0	0
热能工程	0	0	33	32	33	33	0	0	0	0
电力系统及其自动化	0	0	80	69	80	80	0	0	0	0
应用化学	0	0	5	4	5	5	0	0	0	0
电子科学与技术学科	0	0	5	2	5	5	0	0	0	0
电机与电器	0	0	5	3	5	5	0	0	0	0
环境科学	0	0	2	2	2	2	0	0	0	0
环境工程	0	0	18	16	18	18	0	0	0	0
化学工程	0	0	1	1	1	1	0	0	0	0
社会保障	0	0	4	2	4	4	0	0	0	0
企业管理（含：财务管理、市场营销、人力资源管理）	0	0	9	7	9	9	0	0	0	0
诉讼法学	0	0	3	2	3	3	0	0	0	0
民商法学（含：劳动法学、社会保障法学）	0	0	3	0	3	3	0	0	0	0
光学	0	0	5	2	5	5	0	0	0	0
金融学（含：保险学）	0	0	4	3	4	4	0	0	0	0
数量经济学	0	0	4	1	4	4	0	0	0	0
检测技术与自动化装置	0	0	16	15	16	16	0	0	0	0
材料科学与工程学科	0	0	18	18	18	18	0	0	0	0
管理科学与工程学科	0	0	0	0	0	0	0	0	0	0
管理科学与工程学科	0	0	30	28	30	30	0	0	0	0
公共管理学科	0	0	10	9	10	10	0	0	0	0
凝聚态物理	0	0	10	8	10	10	0	0	0	0
行政管理	0	0	0	0	0	0	0	0	0	0
辐射防护及环境保护	0	0	0	0	0	0	0	0	0	0
会计学	0	0	8	7	8	8	0	0	0	0
计算机软件与理论	0	0	0	0	0	0	0	0	0	0
外国语言学及应用语言学	0	0	14	12	14	14	0	0	0	0
技术经济及管理	0	0	30	26	30	30	0	0	0	0
计算机系统结构	0	0	6	6	6	6	0	0	0	0
运筹学与控制论	0	0	6	5	6	6	0	0	0	0
材料学	0	0	0	0	0	0	0	0	0	0
流体机械及工程	0	0	4	2	4	4	0	0	0	0
供热、供燃气、通风及空调工程	0	0	4	2	4	4	0	0	0	0
水工结构工程	0	0	7	6	7	7	0	0	0	0
英语语言文学	0	0	6	1	6	6	0	0	0	0
思想政治教育	0	0	7	4	7	7	0	0	0	0

续表

专业名称	毕业生数	授予学位数	招生数		在校生数					
			合计	其中：应届毕业生	合计	一年级	二年级	三年级	四年级	五年级及以上
热能工程	0	0	56	54	56	56	0	0	0	0
产业经济学	0	0	4	3	4	4	0	0	0	0
计算数学	0	0	10	8	10	10	0	0	0	0
机械设计及理论	0	0	0	0	0	0	0	0	0	0
动力机械及工程	0	0	9	4	9	9	0	0	0	0
机械工程学科	0	0	15	12	15	15	0	0	0	0
数量经济学	0	0	0	0	0	0	0	0	0	0
应用数学	0	0	10	9	10	10	0	0	0	0
金融学（含：保险学）	0	0	2	2	2	2	0	0	0	0
统计学	0	0	5	4	5	5	0	0	0	0
诉讼法学	0	0	0	0	0	0	0	0	0	0
法学学科	0	0	10	10	10	10	0	0	0	0
国际法学（含：国际公法、国际私法、国际经济法）	0	0	0	0	0	0	0	0	0	0
环境与资源保护法学	0	0	0	0	0	0	0	0	0	0
教育经济与管理	0	0	0	0	0	0	0	0	0	0
企业管理（含：财务管理、市场营销、人力资源管理）	0	0	12	9	12	12	0	0	0	0
化学工程	0	0	3	3	3	3	0	0	0	0
社会保障	0	0	0	0	0	0	0	0	0	0
环境工程	0	0	16	14	16	16	0	0	0	0
环境科学	0	0	9	8	9	9	0	0	0	0
电机与电器	0	0	9	6	9	9	0	0	0	0
软件工程学科	0	0	8	6	8	8	0	0	0	0
通信与信息系统	0	0	0	0	0	0	0	0	0	0
水文学及水资源	0	0	21	19	21	21	0	0	0	0
电力系统及其自动化	0	0	139	124	139	139	0	0	0	0
核能科学与工程	0	0	39	33	39	39	0	0	0	0
电路与系统	0	0	0	0	0	0	0	0	0	0
水利水电工程	0	0	9	7	9	9	0	0	0	0
电工理论与新技术	0	0	11	6	11	11	0	0	0	0
电子科学与技术学科	0	0	16	12	16	16	0	0	0	0
电气工程学科	0	0	34	29	34	34	0	0	0	0
高电压与绝缘技术	0	0	23	19	23	23	0	0	0	0
信号与信息处理	0	0	0	0	0	0	0	0	0	0
信息与通信工程学科	0	0	30	26	30	30	0	0	0	0
控制理论与控制工程	0	0	32	29	32	32	0	0	0	0
电力电子与电力传动	0	0	15	12	15	15	0	0	0	0

续表

专业名称	毕业生数	授予学位数	招生数		在校生数					
			合计	其中：应届毕业生	合计	一年级	二年级	三年级	四年级	五年级及以上
机械电子工程	0	0	0	0	0	0	0	0	0	0
理论物理	0	0	4	2	4	4	0	0	0	0
模式识别与智能系统	0	0	14	12	14	14	0	0	0	0
计算机应用技术	0	0	39	32	39	39	0	0	0	0
电磁场与微波技术	0	0	0	0	0	0	0	0	0	0
系统工程	0	0	5	3	5	5	0	0	0	0
机械制造及其自动化	0	0	0	0	0	0	0	0	0	0
工程热物理	0	0	9	8	9	9	0	0	0	0
化工过程机械	0	0	1	1	1	1	0	0	0	0
制冷及低温工程	0	0	2	2	2	2	0	0	0	0
全日制学术学位定向硕士	0	0	31	20	31	31	0	0	0	0
企业管理（含：财务管理、市场营销、人力资源管理）	0	0	1	1	1	1	0	0	0	0
公共管理学科	0	0	2	2	2	2	0	0	0	0
会计学	0	0	1	1	1	1	0	0	0	0
技术经济及管理	0	0	1	1	1	1	0	0	0	0
英语语言文学	0	0	1	1	1	1	0	0	0	0
热能工程	0	0	1	1	1	1	0	0	0	0
应用数学	0	0	1	0	1	1	0	0	0	0
法学学科	0	0	2	2	2	2	0	0	0	0
电力系统及其自动化	0	0	5	4	5	5	0	0	0	0
控制理论与控制工程	0	0	2	2	2	2	0	0	0	0
电工理论与新技术	0	0	1	0	1	1	0	0	0	0
控制理论与控制工程	0	0	3	1	3	3	0	0	0	0
系统工程	0	0	1	0	1	1	0	0	0	0
数量经济学	0	0	1	0	1	1	0	0	0	0
诉讼法学	0	0	2	1	2	2	0	0	0	0
企业管理（含：财务管理、市场营销、人力资源管理）	0	0	1	1	1	1	0	0	0	0
社会保障	0	0	1	1	1	1	0	0	0	0
电子科学与技术学科	0	0	1	0	1	1	0	0	0	0
电力系统及其自动化	0	0	2	1	2	2	0	0	0	0
行政管理	0	0	1	0	1	1	0	0	0	0
专业学位硕士	938	938	2233	1241	4310	2233	1035	1042	0	0
其中：女	368	368	1034	565	1868	1034	438	396	0	0
国家任务专业学位硕士	896	896	0	0	2077	0	1035	1042	0	0
公共管理	0	0	0	0	5	0	3	2	0	0
工程	327	327	0	0	687	0	344	343	0	0

续表

专业名称	毕业生数	授予学位数	招生数		在校生数					
			合计	其中：应届毕业生	合计	一年级	二年级	三年级	四年级	五年级及以上
工程管理	1	1	0	0	5	0	4	1	0	0
会计	8	8	0	0	14	0	8	6	0	0
工商管理	2	2	0	0	5	0	0	5	0	0
资产评估	7	7	0	0	6	0	2	4	0	0
应用统计	0	0	0	0	4	0	2	2	0	0
翻译	8	8	0	0	24	0	13	11	0	0
应用统计	0	0	0	0	47	0	27	20	0	0
资产评估	17	17	0	0	12	0	6	6	0	0
翻译	7	7	0	0	24	0	10	14	0	0
翻译	4	4	0	0	4	0	2	2	0	0
工程	146	146	0	0	319	0	150	169	0	0
工程	37	37	0	0	73	0	39	34	0	0
工程	103	103	0	0	214	0	110	104	0	0
工程	22	22	0	0	54	0	27	27	0	0
工程	19	19	0	0	41	0	22	19	0	0
工程	17	17	0	0	36	0	20	16	0	0
工程	36	36	0	0	76	0	35	41	0	0
工程	41	41	0	0	94	0	47	47	0	0
工程	11	11	0	0	28	0	12	16	0	0
工程	11	11	0	0	37	0	17	20	0	0
工程	0	0	0	0	0	0	0	0	0	0
工程	0	0	0	0	0	0	0	0	0	0
工商管理	56	56	0	0	182	0	84	98	0	0
公共管理	0	0	0	0	29	0	20	9	0	0
会计	13	13	0	0	44	0	24	20	0	0
工程管理	3	3	0	0	13	0	7	6	0	0
委托培养专业学位硕士	31	31	0	0	0	0	0	0	0	0
资产评估	1	1	0	0	0	0	0	0	0	0
翻译	4	4	0	0	0	0	0	0	0	0
工程	3	3	0	0	0	0	0	0	0	0
工程	1	1	0	0	0	0	0	0	0	0
工程	2	2	0	0	0	0	0	0	0	0
工程	2	2	0	0	0	0	0	0	0	0
工程	1	1	0	0	0	0	0	0	0	0
工程	2	2	0	0	0	0	0	0	0	0
工程	1	1	0	0	0	0	0	0	0	0
工商管理	14	14	0	0	0	0	0	0	0	0
自筹经费专业学位硕士	11	11	0	0	0	0	0	0	0	0

续表

专业名称	毕业生数	授予学位数	招生数		在校生数					
			合计	其中：应届毕业生	合计	一年级	二年级	三年级	四年级	五年级及以上
工商管理	1	1	0	0	0	0	0	0	0	0
工商管理	9	9	0	0	0	0	0	0	0	0
工程管理	1	1	0	0	0	0	0	0	0	0
全日制专业学位非定向硕士	0	0	1021	747	1021	1021	0	0	0	0
应用统计	0	0	4	3	4	4	0	0	0	0
工程	0	0	362	296	362	362	0	0	0	0
公共管理	0	0	4	0	4	4	0	0	0	0
会计	0	0	11	5	11	11	0	0	0	0
工程管理	0	0	4	0	4	4	0	0	0	0
应用统计	0	0	28	21	28	28	0	0	0	0
工程	0	0	149	123	149	149	0	0	0	0
工程	0	0	40	31	40	40	0	0	0	0
工程	0	0	105	84	105	105	0	0	0	0
工程	0	0	41	26	41	41	0	0	0	0
工程	0	0	22	15	22	22	0	0	0	0
工程	0	0	19	12	19	19	0	0	0	0
工程	0	0	33	24	33	33	0	0	0	0
工程	0	0	53	44	53	53	0	0	0	0
工程	0	0	9	8	9	9	0	0	0	0
工程	0	0	23	19	23	23	0	0	0	0
工商管理	0	0	48	0	48	48	0	0	0	0
公共管理	0	0	12	0	12	12	0	0	0	0
会计	0	0	36	28	36	36	0	0	0	0
工程管理	0	0	10	0	10	10	0	0	0	0
工程	0	0	8	8	8	8	0	0	0	0
全日制专业学位定向硕士	0	0	34	9	34	34	0	0	0	0
翻译	0	0	1	0	1	1	0	0	0	0
工程	0	0	6	2	6	6	0	0	0	0
公共管理	0	0	1	0	1	1	0	0	0	0
工程	0	0	4	3	4	4	0	0	0	0
工程	0	0	1	0	1	1	0	0	0	0
工程	0	0	2	1	2	2	0	0	0	0
工程	0	0	1	1	1	1	0	0	0	0
工商管理	0	0	4	0	4	4	0	0	0	0
公共管理	0	0	7	0	7	7	0	0	0	0
会计	0	0	6	2	6	6	0	0	0	0
工程管理	0	0	1	0	1	1	0	0	0	0

续表

专业名称	毕业生数	授予学位数	招生数		在校生数					
			合计	其中：应届毕业生	合计	一年级	二年级	三年级	四年级	五年级及以上
非全日制专业学位非定向硕士	0	0	945	480	945	945	0	0	0	0
应用统计	0	0	5	3	5	5	0	0	0	0
工程	0	0	160	102	160	160	0	0	0	0
公共管理	0	0	2	0	2	2	0	0	0	0
会计	0	0	122	79	122	122	0	0	0	0
工程管理	0	0	11	0	11	11	0	0	0	0
工程	0	0	133	63	133	133	0	0	0	0
工程	0	0	15	8	15	15	0	0	0	0
工程	0	0	6	4	6	6	0	0	0	0
工程	0	0	25	14	25	25	0	0	0	0
工程	0	0	1	0	1	1	0	0	0	0
工商管理	0	0	48	0	48	48	0	0	0	0
会计	0	0	307	166	307	307	0	0	0	0
工程管理	0	0	17	0	17	17	0	0	0	0
工程	0	0	25	13	25	25	0	0	0	0
工程	0	0	35	19	35	35	0	0	0	0
工程	0	0	14	7	14	14	0	0	0	0
公共管理	0	0	13	0	13	13	0	0	0	0
应用统计	0	0	6	2	6	6	0	0	0	0
非全日制专业学位定向硕士	0	0	233	5	233	233	0	0	0	0
工程	0	0	36	0	36	36	0	0	0	0
工程	0	0	5	1	5	5	0	0	0	0
工程	0	0	1	0	1	1	0	0	0	0
工程	0	0	1	0	1	1	0	0	0	0
工商管理	0	0	15	0	15	15	0	0	0	0
会计	0	0	22	0	22	22	0	0	0	0
工程管理	0	0	4	0	4	4	0	0	0	0
工程	0	0	2	0	2	2	0	0	0	0
公共管理	0	0	23	0	23	23	0	0	0	0
工程	0	0	107	4	107	107	0	0	0	0
公共管理	0	0	4	0	4	4	0	0	0	0
会计	0	0	6	0	6	6	0	0	0	0
工程管理	0	0	7	0	7	7	0	0	0	0

（网络与信息化办公室　牛辰昊　提供）

华北电力大学2017年博士研究生分专业学生数

专业名称	毕业生数	授予学位数	招生数		在校生数					
			合计	其中：应届毕业生	合计	一年级	二年级	三年级	四年级	五年级及以上
甲	1	2	3	4	5	6	7	8	9	10
博士研究生	175	175	212	44	1079	212	195	195	477	0
其中：女	45	5320	59	6051	294	59	55	22 716	124	0
学术学位博士	175	175	212	44	1079	212	195	195	477	0
其中：女	45	45	59	10	294	59	55	56	124	0
国家任务学术学位博士	134	134	0	0	804	0	195	195	414	0
管理科学与工程学科	3	3	0	0	19	0	6	3	10	0
管理科学与工程学科	2	2	0	0	14	0	3	2	9	0
管理科学与工程学科	1	1	0	0	22	0	4	5	13	0
工商管理学科	1	1	0	0	17	0	4	5	8	0
技术经济及管理	8	8	0	0	87	0	10	15	62	0
热能工程	20	20	0	0	100	0	24	23	53	0
控制科学与工程学科	2	2	0	0	5	0	2	2	1	0
控制科学与工程学科	0	0	0	0	6	0	2	2	2	0
动力机械及工程	4	4	0	0	30	0	8	7	15	0
流体机械及工程	1	1	0	0	9	0	1	4	4	0
企业管理（含：财务管理、市场营销、人力资源管理）	0	0	0	0	19	0	2	3	14	0
电机与电器	0	0	0	0	3	0	0	0	3	0
电工理论与新技术	3	3	0	0	7	0	0	0	7	0
电力系统及其自动化	31	31	0	0	64	0	0	0	64	0
高电压与绝缘技术	8	8	0	0	14	0	0	0	14	0
电气工程学科	0	0	0	0	121	0	63	58	0	0
电气工程学科	6	6	0	0	19	0	0	0	19	0
电气工程学科	12	12	0	0	64	0	22	16	26	0
电力电子与电力传动	3	3	0	0	9	0	0	0	9	0
控制理论与控制工程	7	7	0	0	46	0	11	11	24	0
动力工程及工程热物理学科	8	8	0	0	18	0	5	7	6	0
动力工程及工程热物理学科	11	11	0	0	60	0	15	16	29	0
模式识别与智能系统	1	1	0	0	8	0	2	3	3	0
化工过程机械	0	0	0	0	13	0	3	3	7	0
工程热物理	1	1	0	0	20	0	4	8	8	0
检测技术与自动化装置	1	1	0	0	10	0	4	2	4	0
委托培养学术学位博士	41	41	0	0	63	0	0	0	63	0
动力工程及工程热物理学科	0	0	0	0	6	0	0	0	6	0
控制理论与控制工程	7	7	0	0	3	0	0	0	3	0
电气工程学科	2	2	0	0	1	0	0	0	1	0

续表

专业名称	毕业生数	授予学位数	招生数		在校生数					
			合计	其中：应届毕业生	合计	一年级	二年级	三年级	四年级	五年级及以上
电气工程学科	2	2	0	0	4	0	0	0	4	0
高电压与绝缘技术	1	1	0	0	4	0	0	0	4	0
电力系统及其自动化	9	9	0	0	20	0	0	0	20	0
电工理论与新技术	3	3	0	0	1	0	0	0	1	0
电机与电器	1	1	0	0	1	0	0	0	1	0
动力机械及工程	2	2	0	0	4	0	0	0	4	0
控制科学与工程学科	0	0	0	0	0	0	0	0	0	0
热能工程	6	6	0	0	9	0	0	0	9	0
技术经济及管理	0	0	0	0	1	0	0	0	1	0
技术经济及管理	5	5	0	0	6	0	0	0	6	0
管理科学与工程学科	2	2	0	0	2	0	0	0	2	0
管理科学与工程学科	1	1	0	0	0	0	0	0	0	0
管理科学与工程学科	0	0	0	0	1	0	0	0	1	0
全日制学术学位非定向博士	0	0	169	39	169	169	0	0	0	0
管理科学与工程学科	0	0	5	1	5	5	0	0	0	0
管理科学与工程学科	0	0	3	2	3	3	0	0	0	0
管理科学与工程学科	0	0	2	1	2	2	0	0	0	0
技术经济及管理	0	0	7	1	7	7	0	0	0	0
工商管理学科	0	0	2	0	2	2	0	0	0	0
会计学	0	0	1	0	1	1	0	0	0	0
热能工程	0	0	20	3	20	20	0	0	0	0
控制科学与工程学科	0	0	2	1	2	2	0	0	0	0
控制科学与工程学科	0	0	1	0	1	1	0	0	0	0
动力机械及工程	0	0	7	4	7	7	0	0	0	0
企业管理（含：财务管理、市场营销、人力资源管理）	0	0	1	0	1	1	0	0	0	0
流体机械及工程	0	0	1	0	1	1	0	0	0	0
电气工程学科	0	0	57	13	57	57	0	0	0	0
电气工程学科	0	0	19	3	19	19	0	0	0	0
控制理论与控制工程	0	0	7	1	7	7	0	0	0	0
动力工程及工程热物理学科	0	0	5	0	5	5	0	0	0	0
动力工程及工程热物理学科	0	0	17	6	17	17	0	0	0	0
检测技术与自动化装置	0	0	2	0	2	2	0	0	0	0
工程热物理	0	0	7	3	7	7	0	0	0	0
化工过程机械	0	0	2	0	2	2	0	0	0	0
模式识别与智能系统	0	0	1	0	1	1	0	0	0	0
全日制学术学位定向博士	0	0	43	5	43	43	0	0	0	0
模式识别与智能系统	0	0	2	0	2	2	0	0	0	0

续表

专业名称	毕业生数	授予学位数	招生数		在校生数					
			合计	其中：应届毕业生	合计	一年级	二年级	三年级	四年级	五年级及以上
动力工程及工程热物理学科	0	0	1	0	1	1	0	0	0	0
动力工程及工程热物理学科	0	0	3	0	3	3	0	0	0	0
控制理论与控制工程	0	0	4	0	4	4	0	0	0	0
电气工程学科	0	0	8	0	8	8	0	0	0	0
电气工程学科	0	0	3	2	3	3	0	0	0	0
企业管理（含：财务管理、市场营销、人力资源管理）	0	0	1	0	1	1	0	0	0	0
动力机械及工程	0	0	3	0	3	3	0	0	0	0
控制科学与工程学科	0	0	1	0	1	1	0	0	0	0
控制科学与工程学科	0	0	1	0	1	1	0	0	0	0
热能工程	0	0	4	0	4	4	0	0	0	0
会计学	0	0	1	1	1	1	0	0	0	0
工商管理学科	0	0	3	1	3	3	0	0	0	0
技术经济及管理	0	0	3	0	3	3	0	0	0	0
管理科学与工程学科	0	0	1	0	1	1	0	0	0	0
管理科学与工程学科	0	0	2	0	2	2	0	0	0	0
管理科学与工程学科	0	0	2	1	2	2	0	0	0	0

（网络与信息化办公室　牛辰昊　提供）

华北电力大学2017年普通本科分专业学生数

专业名称	毕业生数	授予学位数	招生数				在校生数					
			合计	其中：			合计	一年级	二年级	三年级	四年级	五年级及以上
				应届毕业生	春季招生	预科生转入						
甲	1	2	3	4	5	6	7	8	9	10	11	12
普通本科生	5320	5287	6051	5684	0	99	22 716	6054	5587	5610	5465	0
其中：女	1860	1855	1957	1861	0	35	7434	1957	1761	1890	1826	0
高中起点本科	5315	5282	6051	5684	0	99	22 695	6054	5566	5610	5465	0
核工程类专业	0	0	138	129	0	0	138	138	0	0	0	0
水利类专业	0	0	85	83	0	0	85	85	0	0	0	0
农业电气化	51	51	0	0	0	0	178	0	57	63	58	0
行政管理	56	56	0	0	0	0	153	0	47	62	44	0
新能源科学与工程	154	152	0	0	0	0	493	0	165	168	160	0
信息与计算科学	56	55	0	0	0	0	162	0	52	55	55	0
信息与计算科学	45	45	0	0	0	0	149	0	52	48	49	0
材料科学与工程	42	42	54	50	0	1	207	54	56	51	46	0
人力资源管理	27	26	0	0	0	0	82	0	28	30	24	0
工程造价	58	58	0	0	0	0	188	0	59	64	65	0

续表

专业名称	毕业生数	授予学位数	招生数				在校生数					
			合计	其中：			合计	一年级	二年级	三年级	四年级	五年级及以上
				应届毕业生	春季招生	预科生转入						
会计学	87	87	0	0	0	0	193	0	58	63	72	0
会计学	71	71	0	0	0	0	213	0	69	66	78	0
财务管理	59	59	0	0	0	0	188	0	59	64	65	0
工业工程类专业	0	0	57	51	0	1	57	57	0	0	0	0
劳动与社会保障	28	28	0	0	0	0	84	0	28	28	28	0
公共管理类专业	0	0	122	116	0	3	122	122	0	0	0	0
公共管理类专业	0	0	105	95	0	3	105	105	0	0	0	0
智能电网信息工程	92	91	0	0	0	0	260	0	86	93	81	0
水文与水资源工程	28	28	0	0	0	0	82	0	27	26	29	0
核工程与核技术	119	118	0	0	0	0	364	0	117	126	121	0
能源化学工程	56	55	0	0	0	0	166	0	54	61	51	0
环境科学	29	29	0	0	0	0	81	0	27	27	27	0
水利水电工程	50	50	0	0	0	0	176	0	59	55	62	0
环境科学与工程类专业	0	0	238	230	0	6	238	238	0	0	0	0
电气工程及其自动化	643	640	458	443	0	0	2020	458	474	543	545	0
电气工程及其自动化	574	570	0	0	0	0	1744	0	596	577	571	0
计算机科学与技术	77	77	0	0	0	0	236	0	86	76	74	0
计算机科学与技术	45	42	0	0	0	0	160	0	57	52	51	0
电子信息工程	43	43	0	0	0	0	166	0	54	59	53	0
机械设计制造及其自动化	79	79	0	0	0	0	257	0	89	95	73	0
信息安全	25	24	0	0	0	0	85	0	28	29	28	0
信息安全	49	49	0	0	0	0	166	0	57	62	47	0
电子信息类专业	0	0	195	186	0	6	195	195	0	0	0	0
电子信息类专业	0	0	253	236	0	2	253	253	0	0	0	0
通信工程	70	69	0	0	0	0	224	0	81	68	75	0
通信工程	89	89	0	0	0	0	270	0	96	83	91	0
电子科学与技术	23	23	0	0	0	0	84	0	28	30	26	0
物联网工程	23	23	0	0	0	0	87	0	30	29	28	0
网络工程	47	47	0	0	0	0	169	0	58	55	56	0
机械工程	91	91	0	0	0	0	293	0	73	105	115	0
机械工程	28	28	60	57	0	0	178	60	62	35	21	0
新能源材料与器件	28	27	0	0	0	0	87	0	28	30	29	0
经济学类专业	0	0	84	81	0	1	84	84	0	0	0	0
经济学类专业	0	0	60	57	0	1	60	60	0	0	0	0
金融学	27	26	0	0	0	0	86	0	29	27	30	0
外国语言文学类专业	0	0	86	81	0	2	86	86	0	0	0	0
外国语言文学类专业	0	0	56	52	0	0	56	56	0	0	0	0

续表

专业名称	毕业生数	授予学位数	招生数				在校生数					
			合计	其中：应届毕业生	其中：春季招生	其中：预科生转入	合计	一年级	二年级	三年级	四年级	五年级及以上
数学类专业	0	0	69	65	0	0	69	69	0	0	0	0
数学类专业	0	0	120	114	0	2	120	120	0	0	0	0
法学类专业	0	0	63	57	0	2	63	63	0	0	0	0
广告学	28	28	0	0	0	0	87	0	26	30	31	0
汉语言文学	0	0	0	0	0	0	48	0	25	0	23	0
经济学	24	24	0	0	0	0	74	0	26	23	25	0
经济学	26	26	0	0	0	0	89	0	30	33	26	0
法学	31	31	0	0	0	0	93	0	28	33	32	0
法学	52	52	55	52	0	2	207	55	44	60	48	0
国际经济与贸易	18	18	0	0	0	0	76	0	25	24	27	0
社会工作	24	24	0	0	0	0	86	0	28	28	30	0
应用化学	53	53	0	0	0	0	166	0	57	54	55	0
应用化学	0	0	56	53	0	0	212	56	52	52	52	0
翻译	0	0	0	0	0	0	53	0	26	27	0	0
翻译	0	0	0	0	0	0	41	0	20	21	0	0
能源与动力工程	282	282	0	0	0	0	929	0	329	301	299	0
能源与动力工程	341	339	310	298	0	2	1323	310	308	358	347	0
应用物理学	27	27	0	0	0	0	79	0	28	25	26	0
应用物理学	19	19	0	0	0	0	72	0	26	23	23	0
软件工程	55	54	0	0	0	0	169	0	56	57	56	0
软件工程	47	47	0	0	0	0	182	0	65	62	55	0
测控技术与仪器	104	103	0	0	0	0	321	0	116	108	97	0
测控技术与仪器	80	79	0	0	0	0	248	0	82	85	81	0
计算机类专业	0	0	189	178	0	3	189	189	0	0	0	0
计算机类专业	0	0	299	278	0	6	299	299	0	0	0	0
环境工程	57	57	0	0	0	0	162	0	53	54	55	0
机械类专业	0	0	351	336	0	10	352	352	0	0	0	0
能源动力类专业	0	0	319	303	0	8	319	319	0	0	0	0
能源动力类专业	0	0	201	189	0	3	201	201	0	0	0	0
过程装备与控制工程	27	27	0	0	0	0	87	0	32	31	24	0
自动化	156	154	0	0	0	0	489	0	150	177	162	0
自动化	143	142	0	0	0	0	482	0	155	156	171	0
英语	30	30	0	0	0	0	126	0	40	39	47	0
英语	46	46	0	0	0	0	134	0	39	39	56	0
辐射防护与核安全	18	18	0	0	0	0	64	0	27	22	15	0
自动化类专业	0	0	274	253	0	9	275	275	0	0	0	0
自动化类专业	0	0	264	248	0	0	264	264	0	0	0	0

续表

专业名称	毕业生数	授予学位数	招生数				在校生数					
			合计	其中：应届毕业生	其中：春季招生	其中：预科生转入	合计	一年级	二年级	三年级	四年级	五年级及以上
电气类专业	0	0	612	563	0	10	613	613	0	0	0	0
建筑环境与能源应用工程	18	17	27	25	0	0	110	27	29	29	25	0
建筑环境与能源应用工程	61	61	0	0	0	0	171	0	60	53	58	0
电子信息科学与技术	51	50	0	0	0	0	174	0	65	53	56	0
机械电子工程	57	57	0	0	0	0	210	0	90	60	60	0
市场营销	41	41	0	0	0	0	133	0	46	43	44	0
物流管理	19	18	0	0	0	0	78	0	29	24	25	0
工商管理类专业	0	0	97	92	0	2	97	97	0	0	0	0
工商管理类专业	0	0	108	96	0	0	108	108	0	0	0	0
信息管理与信息系统	21	21	0	0	0	0	76	0	25	24	27	0
信息管理与信息系统	27	27	0	0	0	0	76	0	26	24	26	0
工业工程	28	28	0	0	0	0	81	0	28	30	23	0
产品设计	40	39	0	0	0	0	132	0	44	47	41	0
公共事业管理	25	25	0	0	0	0	73	0	25	25	23	0
公共事业管理	35	35	0	0	0	0	90	0	34	27	29	0
工程管理	65	65	0	0	0	0	183	0	60	65	58	0
土木类专业	0	0	65	61	0	1	65	65	0	0	0	0
设计学类专业	0	0	44	34	0	0	44	44	0	0	0	0
工商管理	27	27	0	0	0	0	87	0	29	30	28	0
工商管理	26	26	0	0	0	0	81	0	30	25	26	0
管理科学与工程类专业	0	0	271	248	0	8	271	271	0	0	0	0
管理科学与工程类专业	0	0	206	194	0	5	206	206	0	0	0	0
电子商务	17	17	0	0	0	0	76	0	27	24	25	0
第二学士学位	5	5	0	0	0	0	21	0	21	0	0	0
电气工程及其自动化	2	2	0	0	0	0	4	0	4	0	0	0
电气工程及其自动化	1	1	0	0	0	0	9	0	9	0	0	0
人力资源管理	2	2	0	0	0	0	8	0	8	0	0	0

（网络与信息化办公室　牛辰昊 提供）

华北电力大学2017年在职人员攻读硕士学位分专业（领域）学生数

专业名称	授予学位数	招生数	在校生数			
			合计	一年级	二年级	三年级及以上
甲	1	2	3	4	5	6
硕士学位学生	1281	0	5450	0	1439	4011
其中：女	298	5320	1246	6051	373	873
专业学位硕士	1281	0	5450	0	1439	4011
专业学位硕士其中：女	298	0	1246	0	373	873

续表

专业名称	授予学位数	招生数	在校生数			
			合计	一年级	二年级	三年级及以上
工商管理	68	0	97	0	25	72
工程	97	0	440	0	109	331
工程	94	0	460	0	72	388
工程	511	0	2386	0	666	1720
工程	52	0	221	0	87	134
工程	44	0	218	0	29	189
工程	40	0	352	0	99	253
工程	345	0	1053	0	234	819
工程	18	0	167	0	108	59
工程	12	0	56	0	10	46

（网络与信息化办公室　牛辰昊　提供）

华北电力大学2017年成人本科分专业学生数

专业名称	授予学位数	招生数	在校生数						
			合计	一年级	二年级	三年级	四年级	五年级	六年级及以上
67 甲	2	3	4	5	6	7	8	9	10
成人本科生	374	1812	4439	1812	2068	72	280	207	0
其中：女	197	6051	1257	526	578	22 716	82	54	0
函授本科	189	1333	3413	1333	1716	49	204	111	0
其中：女	112	357	886	357	451	12	49	17	0
高中起点本科	29	63	465	63	38	49	204	111	0
会计学	0	0	0	0	0	0	0	0	0
电气工程及其自动化	20	63	454	63	35	46	203	107	0
计算机科学与技术	1	0	0	0	0	0	0	0	0
能源与动力工程	7	0	11	0	3	3	1	4	0
工商管理	1	0	0	0	0	0	0	0	0
市场营销	0	0	0	0	0	0	0	0	0
专科起点本科	160	1270	2948	1270	1678	0	0	0	0
电气工程及其自动化	145	925	2335	925	1410	0	0	0	0
会计学	1	28	48	28	20	0	0	0	0
市场营销	0	0	0	0	0	0	0	0	0
工商管理	2	81	123	81	42	0	0	0	0
能源与动力工程	12	225	425	225	200	0	0	0	0
能源动力类专业	0	0	0	0	0	0	0	0	0
计算机科学与技术	0	11	17	11	6	0	0	0	0
业余本科	185	479	1026	479	352	23	76	96	0
其中：女	85	169	371	169	127	5	33	37	0
高中起点本科	31	9	217	9	13	23	76	96	0

续表

专业名称	授予学位数	招生数	在校生数						
			合计	一年级	二年级	三年级	四年级	五年级	六年级及以上
会计学	7	0	24	0	0	0	16	8	0
电气工程及其自动化	15	9	124	9	13	23	31	48	0
计算机科学与技术	4	0	12	0	0	0	4	8	0
工商管理	4	0	34	0	0	0	25	9	0
人力资源管理	1	0	23	0	0	0	0	23	0
国际经济与贸易	0	0	0	0	0	0	0	0	0
专科起点本科	154	470	809	470	339	0	0	0	0
电气工程及其自动化	109	257	494	257	237	0	0	0	0
会计学	8	54	83	54	29	0	0	0	0
人力资源管理	1	0	0	0	0	0	0	0	0
工商管理	12	159	221	159	62	0	0	0	0
计算机科学与技术	1	0	0	0	0	0	0	0	0
电气类专业	0	0	0	0	0	0	0	0	0
能源与动力工程	23	0	11	0	11	0	0	0	0

华北电力大学 2017 年成人专科分专业学生数

专业名称	毕业生数	招生数	在校生数				
			合计	一年级	二年级	三年级	四年级及以上
甲	1	2	3	4	5	6	7
成人专科生	654	715	1347	715	632	0	0
其中：女	5320	185	6051	185	214	0	22 716
函授专科	486	467	885	467	418	0	0
其中：女	66	86	193	86	107	0	0
高中起点专科	486	467	885	467	418	0	0
供用电技术	54	58	78	58	20	0	0
市场营销	0	0	0	0	0	0	0
电厂热能动力装置	4	10	13	10	3	0	0
火电厂集控运行	0	0	0	0	0	0	0
电力系统自动化技术	28	31	60	31	29	0	0
机电一体化技术	3	68	100	68	32	0	0
计算机类专业	10	25	47	25	22	0	0
电力技术类专业	334	137	426	137	289	0	0
发电厂及电力系统	25	53	61	53	8	0	0
工商企业管理	0	49	49	49	0	0	0
热能与发电工程类专业	28	36	51	36	15	0	0
业余专科	168	248	462	248	214	0	0
其中：女	78	99	206	99	107	0	0
高中起点专科	168	248	462	248	214	0	0

续表

专业名称	毕业生数	招生数	在校生数				
			合计	一年级	二年级	三年级	四年级及以上
电力系统自动化技术	84	74	146	74	72	0	0
工商企业管理	59	136	234	136	98	0	0
机电一体化技术	0	0	0	0	0	0	0
人力资源管理	3	0	1	0	1	0	0
语言类专业	0	0	0	0	0	0	0
会计	22	38	81	38	43	0	0
国际经济与贸易	0	0	0	0	0	0	0
计算机应用技术	0	0	0	0	0	0	0

（网络与信息化办公室　牛辰昊　提供）

华北电力大学2017年外国留学生情况

		编号	毕（结）业生数	授予学位数	招生数		在校生数					
					合计	其中：春季招生	合计	第一年	第二年	第三年	第四年	第五年及以上
甲		乙	1	2	3	4	5	6	7	8	9	10
总计		1	200	59	311	12	588	311	159	80	32	6
其中：女		2	67	11	73	5	115	73	22	13	6	1
按学历分	小计	3	59	59	235	2	512	235	159	80	32	6
	专科	4		*								
	本科	5	34	34	37		100	37	26	18	18	1
	硕士研究生	6	24	24	137	2	277	137	93	44	3	
	博士研究生	7	1	1	61		135	61	40	18	11	5
培训		8	141	*	76	10	76	76				
按大洲分	亚洲	9	82	48	198	6	361	198	110	33	18	2
	非洲	10	40	9	87	2	186	87	42	44	10	3
	欧洲	11	30		22	3	25	22	3			
	北美洲	12	47	1	3	1	10	3	3	1	3	
	南美洲	13			1		3	1		1		1
	大洋洲	14	1	1			3		1	1	1	
按经费来源分	国际组织资助	15										
	中国政府资助	16	70	38	284	4	485	284	115	64	18	4
	本国政府资助	17										
	学校间交换	18			11	2	11	11				
	自费	19	130	21	16	6	92	16	44	16	14	2

（网络与信息化办公室　牛辰昊　提供）

华北电力大学2017年学生组织社团一览表

（北 京 校 部）

序号	社团名称	社团负责人	负责人班级
1	晨星文学社	王 彧	实践核1501
2	中外友好交流协会	武倩钰	电气1509
3	公共行政研究会	郭懿萱	公共1501
4	大学生法学会	杨忠来	法学1501
5	飞行器协会	孙国栋	创自1501
6	风庄推理协会	詹智超	能科1504
7	和之日语社	王晓榆	会计1502
8	魔方社	马晨星	软件1602
9	极客派对社	呼延辉	核安1601
10	科技协会	王天生	化学1501
11	临睢国学斋协会	张凌子	公共1601
12	星野天文社	李 鑫	创自1501
13	粤语协会	黄思灏	核电1501
14	英语协会	谢 彧	会计1601
15	金融协会	张本铃	商务1501
16	编程协会	张红杉	计算1601
17	棒垒协会	江士波	应化1501
18	长跑协会	沈 弘	研电1702
19	飞跃滑板社	韩 煦	经贸1501
20	户外运动协会	张雨思	测控1504
21	篮球裁判协会	梁 璐	自动1503
22	迷彩体训社	林科星	自动1601
23	排球协会	李贞钰	电子1501
24	乒乓球协会	沈 忱	能科1505
25	普拉提与瑜伽健身协会	郭楠楠	软件1502
26	清风轮滑社	梅 鹏	化学1502
27	台球协会	张业成	能动1506
28	太极拳协会	谭心源	法学1602
29	藤球协会	瞿 杨	广告1501
30	网球协会	秦亚炳	建环1501
31	武术协会	吕海铭	核电1503
32	阳光跆拳道协会	吉世川	热能1512
33	羽毛球协会	王宗扬	创电1501
34	征途自行车协会	李筱风	电网1501
35	逐影双节棍协会	王 梓	能科1504
36	足球协会	胡家亮	电气1503
37	毽绳协会	江 卓	核电1602

续表

序号	社团名称	社团负责人	负责人班级
38	B-Box 社	陈　超	核电 1402
39	惦鹤手工社	何健文	建环 1601
40	动漫社	何承文	能动 1507
41	火柴人电影协会	吕雪纯	能科 1502
42	金色旋律口琴社	郑名阳	测控 1601
43	快手社	熊中浩	研控计 1626
44	楼兰协会	加依达尔·加尔恒	电网 1501
45	迷音吉他社	沈军衡	能科 1506
46	摩登舞协会	徐　蓓	自动 1501
47	墨友书画社	丁世伦	建环 1601
48	摄影协会	冯雪菱	信安 1501
49	时尚艺术团	朱生辉	自动 1405
50	星河弈站棋牌社	李浩东	信安 1501
51	演讲朗诵团	车雨琦	电气 1501
52	一笑堂	王滢珺	法学 1602
53	昭华古风社	林树锋	化学 1601
54	自媒体发展协会	孙天一	营销 1501
55	魅影魔术社	孙研哲	电网 1503
56	雪莲花锅庄舞协会	布旺格	建环 1601
57	海峡西岸实践交流会	杨城昌	工管 1501
58	三晋能源发展促进协会	郭　然	英语 1502
59	微光志愿者协会	何立柳	财务 1601
60	希望手语社	龚梅芳	自动 1502
61	小动物保护协会	齐　琳	行管 1502
62	青草环保社	孙硕锴	电气 1512

（北京校部非社联社团）

序号	社团名称	社团负责人	负责人院系
1	华北电力大学校广播台	杨昊泽	可再生能源学院
2	国旗护卫队	薛　超	电气与电子工程学院
3	大学生职业发展协会	尹贺然	电气与电子工程学院
4	华电青年报	宋存娟	经济与管理学院
5	Enactus 团队	王宇轩	电气与电子工程学院
6	大学人文编辑部	高鹤桐	人文与社会科学学院
7	蓝之焰青年志愿者协会	师佳媛	数理学院
8	大学生治安服务队	徐文龙	能源动力与机械工程学院
9	大学生校史电力史研究会	撒金钊	控制与计算机工程学院
10	教学信息中心	栾婷婷	经济与管理学院
11	大学生调研中心	李文婧	外国语学院

续表

序号	社团名称	社团负责人	负责人院系
12	大学生自我管理委员会	虞心怡	人文与社会科学学院
13	通讯社	马文松	控制与计算机工程学院
14	大学生创业协会	黄　磊	可再生能源学院
15	自服会	王航宇	可再生能源学院
16	艺术团总团	梁沁雯	电气与电子工程学院
17	民乐团	赵家琪	可再生能源学院
18	西洋乐团	彭诗程	能源动力与机械工程学院
19	蓝动	邹英桐	可再生能源学院
20	声工厂	张国政	电气与电子工程学院
21	舞蹈团	谢生钰	可再生能源学院
22	话剧团	刘　畅	经济与管理学院
23	《华电小报》杂志社	王彦伦	电气与电子工程学院
24	华电心理学社	朱悦榕	电气与电子工程学院
25	争流网站管理委员会	郭积邑	电气与电子工程学院
26	自强社	王　奕	电气与电子工程学院
27	新闻中心记者团	潘　畅	控制与计算机工程学院
28	电视台学生记者站	陈诗苗	人文与社会科学学院
29	华北电力大学红十字会学生分会	曾　汉	电气与电子工程学院

（保　定　校　区）

序号	社团名称	社团负责人	负责人班级
1	校学生会	范振宇	电气 1414
2	校研究生会	施凯伦	硕电力 162
3	学生团体联合会	王欣月	信息 1501
4	大学生青年志愿者协会	许子倩	能动 1509
5	大学生自我教育委员会	胡广国	应化 1502
6	大学生自我服务委员会	冯浩楠	测控 1403
7	大学生自律委员会	张建凯	通信 1401
8	职业发展协会	陈启擘	自动化 1402
9	大学生科学技术协会	吕　涛	自动化 1501
10	创业协会	荣　壮	造价 1502
11	计算机视频与图像设计协会	张　越	机电 1502
12	华电创行	仲晓雨	能化 1501
13	机器人俱乐部	杨　振	能动 1403
14	机器猫编程俱乐部	邓　迪	网络 1602
15	华电百科俱乐部	郑　哲	输电 1502
16	BIM 俱乐部	李　田	造价 1501
17	礼仪队	冀　燕	信管 1501
18	HSD 曳舞社	陈　林	计科 1603
19	棋牌社	裴志文	电实践 1501

续表

序号	社团名称	社团负责人	负责人班级
20	光影华电摄影协会	关天宇	信管 1501
21	街舞协会	宋祥宇	通信 1501
22	动漫社	高　越	法学 1501
23	书画协会	林　染	电气 1604
24	极坐标	张　鑫	计科 1502
25	星韵文学社	刘明龙	输电 1503
26	武术协会	周小洁	工商 1501
27	音乐协会	廖万滨	电气 1503
28	国标舞协会	徐　昕	电力英 1502
29	魔术协会	杨浩锐	电气 1509
30	绘画联合会	张琦林	产品 1602
31	相声社	孙瑛杰	建环 1401
32	粤语社	赖颢文	计科 1502
33	新媒体研究会	李斯斯	社工 1501
34	青年记者站	梁晓欣	动创新 1501
35	MMD	文　淏	电气 1504
36	青马研究会	康　超	硕马院 16 级
37	团委调研室	杨莉媛	英语 1502
38	团委宣传部	李睿玲	会计 1501
39	团委组织部	亢美琪	测控 1503
40	团委报刊社	朱云佳	计科 1501
41	指尖华电	侯赟艺	电气 1510
42	读者协会	杜　彪	能动 1504
43	《大学·新语》杂志社	刘玉洁	测控 1501
44	科幻协会	肖宇宸	计科 1503
45	法律协会	卢梦雨	造价 1501
46	民族与文化协会	张景发	农电 1601
47	历史研究协会	王敏娟	法学 1501
48	推理爱好者协会	傅永浩	自动实 1601
49	国学社	秦江龙	能动 1506
50	自行车协会	龚子铭	能动 1506
51	篮球协会	王凌飞	机电 1502
52	健身协会	杜伟涛	工程 1501
53	足球协会	苏　俊	电气 1505
54	乒乓球协会	狄晓栋	农电 1501
55	羽毛球协会	简惠远	建环 1502
56	网球协会	韦　琛	能动 1502
57	轮滑协会	谭棕宝	电实践 1501
58	跆拳道协会	田佳正	电气 1509

续表

序号	社团名称	社团负责人	负责人班级
59	健美操协会	付邵春	物理 1501
60	搏击俱乐部	王玉祥	电子 1502
61	台球协会	杨　涛	设制 1501
62	滑板协会	范好雨	输电 1503
63	二校广播台	靳浩元	自动化 1502
64	一校广播台	仝师伟	硕电子 161
65	红十字	王润东	电气 1504
66	国防社	张松涛	社工 1601
67	心理协会	张嘉宸	环工 1402
68	网管协会	杨　勇	通信 1502
69	校友工作志愿者协会	葛续涛	电气 1510
70	管协	谢　鑫	农电 1502
71	外语协会	贾泽辉	软件 1502
72	主持人协会	崔　皓	动创新 1501
73	爱心社	姜　倩	电气 1506
74	山鹰户外俱乐部	贾泽辉	软件 1502
75	演讲与口才协会	朱　璇	会计 1501
76	模联	温雅文	翻译 1501
77	手工协会	张鹤年	能化 1501

（校团委　任威宇　刘杨嘉佳　提供）

毕 业 生 名 单

华北电力大学 2017 年研究生获学位名单

（北京校部春季部分）

博士：27 人

学科门类	获学位专业及人数		姓名			
工学	电力系统及其自动化	2 人	刘文轩	周树鹏		
	电工理论与新技术	1 人	姚国珍			
	电气信息技术	2 人	项洪印	赵丽娟		
	高电压与绝缘技术	1 人	何东欣			
	热能工程	7 人	胡　玥	朱　勇	朱忠亮	宋东辉
			吴令男	王树民	刘　燕	
	动力机械及工程	2 人	贾亚雷	王晓龙		
	能源环境工程	2 人	张　盼	赵　磊		
	可再生能源与清洁能源	3 人	田永兰	于　超	安　宾	
	控制理论与控制工程	5 人	李　楠	祝牧	张　怡	张照彦
			秦天牧			
管理学	管理科学与工程	2 人	陈宏义	戴　枫		

学术硕士：712 人

1．经济学：10 人

获学位专业及人数		姓名							
产业经济学	2 人	范耀文	孙旸						
金融学	5 人	葛腾腾	王琳烨	韦倩茹	郭万望	王　溪			
统计学	3 人	李淑洁	刘素蔚	赵　迪					

2．法学：16 人

获学位专业及人数		姓名						
诉讼法学	6 人	陈　曦	丁　芳	段雅坤	贺　潇	袁梓旋	张海燕	
思想政治教育	7 人	冼　梁	孙逢倩	张嘉航	张卫正	赵　宇	特日格乐	呼和那荷雅
国际法学	3 人	杨　璐	丛　丹	侯洁林				

3．文学：12 人

获学位专业及人数		姓名							
英语语言文学	1 人	任晓晓							
外国语言学及应用语言学	11 人	过玲丽	刘　珂	王宇薇	薛晶晶	张晓翠	徐　娜	张　静	周　瑶
		李　莎	宋　菲	许　琳					

4．理学：34 人

获学位专业及人数		姓名							
应用数学	16 人	程　琼	田亚芳	王少慧	位晓艳	向雅捷	张丽丽	张晓乐	张　艳
		郝志奇	王俊超	王艳红	吴学会	张东杰	张萌萌	张　星	赵卫娟
计算数学	6 人	陈常龙	高　婷	石翔宇	杜　慧	贾利芬	田艳姣		
理论物理	2 人	李兴哲	刘志红						
运筹学与控制论	5 人	高　晋	郝中静	黄敬峰	姜书丽	秦建平			
凝聚态物理	5 人	侯力超	黄燕峰	苗　清	时　睿	王　丹			

5．工学：575 人

获学位专业及人数		姓名							
机械电子工程	6 人	梁　朋	马婧雯	吴　晖	刘　锐	王　钧	张　坤		
机械制造及其自动化	4 人	程友星	张晓龙	孙培栋	张鑫淼				
机械设计及理论	2 人	黄杨森	徐晓星						
材料学	12 人	解娜娜	梁承才	彭　波	谭　鸿	陶康宁	仪　凯	徐　萍	赵中昱
		李典山	苗　欢	石　践	唐　静				
工程热物理	10 人	曹晟磊	陈圆圆	靳　超	刘佳佳	彭向锋	李　伟	刘凯华	余晓辉
		陈雨帆	付旭晨						
热能工程	65 人	鲍丽娥	冯　涛	康　璐	李玉章	马向追	王雪波	于子博	赵宏伟
		曹　辉	葛文凯	李冰天	李兆豪	马　莹	王　野	张宏元	赵铁铮
		曹苏恬	韩　露	李　钞	李镇东	满孝增	吴　韬	张　健	赵晓山
		陈宇卿	黄平瑞	李　强	梁明宇	商攀峰	徐鸿飞	张景胤	赵一凡
		储德全	黄亚林	李　尚	林建维	帅志昂	徐　璋	张　靖	郑　杰
		翟鹏程	黄钰琛	李　腾	刘　涛	苏　欣	杨文飞	张凯利	郑炯智

续表

获学位专业及人数	姓名							
热能工程 65人	董伟	贾时轮	李彦龙	刘洋	孙衍谦	杨彦平	张强	郑晓欢
	段栋伟	姜越	李瑶	马帅	王步云	叶晨涛	张一迪	周盛妮
	范鹏							
动力机械及工程 5人	高倩	李笑飞	刘晓杰	欧荣旭	王超			
流体机械及工程 2人	张淆雨	周广鑫						
电机与电器 6人	付永旗	尚彤	郭帅	张迪	季澜涛	张宇鹏		
电力系统及其自动化 144人	曹闯	陈佳慧	丛诗学	范京艺	高寒	郭培林	黄震希	康胜阳
	曹炜	陈一潇	崔云峰	付聪聪	高林惠	郭鹏	姬煜轲	李冰
	车文学	陈宇	邓涛	付熙玮	高洋	郭帅	贾国滨	李博彤
	陈辰辰	陈奕汝	邓天成	付瑜	耿继瑜	郭裕群	江成	李飞
	陈聪	程云帆	樊玮	高飞	顾晨杰	郝杰	蒋碧松	李慧勇
	李晋	林奕夫	潘尧	万千惠	魏泽田	杨萌	张真	李璐
	李磊	刘畅	齐玉娟	王程	吴丹	尹毅然	郑立鑫	牛淑娅
	李宁坤	刘畅	钱晨	王大玮	夏妍	于鹏	周鹏	陶帅
	李淑心	刘航	邱扬	王海啸	肖彩霞	余笑东	周钦君	王皓
	李威仁	刘敬诚	沈致远	王浩	肖恒威	袁柳杨	周全兴	杨朝阳
	李文汗	刘瑞煌	施锦月	王敬	谢江	袁艺嘉	周楠	张在宝
	李霞	刘文斌	史卓	王宁	熊岩	张芬芬	朱溪	梁安琪
	李晓晗	刘永庆	司梦	王桐	徐超	张建鹏	邹兰青	欧阳婷
	李英姿	卢成楠	宋辉	王亚奇	徐慧婷	张瑞	佟欣	田彦鹏
	李颖	鲁丹丹	宋诗雨	王英瑞	徐硕	张森	贠宇婷	魏宏升
	李雨荣	陆格野	孙俊达	王圆圆	许菲菲	张首魁	郯鑫	杨玲玲
	李志超	明捷	孙吕祎	王璐	许力方	张西子	张泽锋	张旭
	李姗姗	那兰正	唐义	王睿喆	许瑞庆	OMER YASAR 奥玛		
	NABEEL ABDELHADI MOHAMED FAHAL 那兰正					BRIGHT DASHIELD 达西尔		
高电压与绝缘技术 18人	白华颖	代冲	段博涛	姜艺楠	李方青	罗山	庞志开	易登辉
	蔡承均	杜赫	樊达	蒋佟佟	刘晗	潘齐方	王兆东	张正渊
	张子豪	朱宗旺						
电力电子与电力传动 15人	蔡冰倩	范慧敏	孔维波	孙雅旻	王玲	王旌	夏宝亮	张淑萍
	杜少飞	冯寅	李佳宣	王超	王彦杰	蔚泽	徐莹	
电工理论与新技术 5人	曹旭速	魏昕	杨颖	祝艺嘉	王晟			
电路与系统 6人	郭超	刘志波	米昕禾	刘红丽	马士杰	袁至衡		
电磁场与微波技术 3人	陈小群	李沁远	余沸颖					
通信与信息系统 20人	陈玲	江雷雷	刘慕娴	宋志辉	王瑞杰	杨雄	张梦媛	周爽
	陈文伟	孔令基	马贵芳	索超男	王申	尹春雨	甄冲	杨刚
	贾孟扬	李杏	任赟	王萌				
信号与信息处理 12人	翟伟杰	李东格	李买林	卢美玲	孙媛媛	袁晶晶	王红敏	周晨轶
	胡宸铭	李积强	梁伟义	磨唯				
控制理论与控制工程 30人	包喜春	蒋勋	李沂洹	刘慧超	王琳博	徐一凡	张靖	周书清
	韩梅	李柯洁	李昭	罗仲丽	王仁锴	杨旼才	张一豪	周田蜜

续表

获学位专业及人数	姓名							
控制理论与控制工程 30人	侯 杰	李荣丽	李丞亮	彭扬子	王斯莹	杨 玉	赵建勋	郑可轲
	胡皓鹏	李腾飞	刘 畅	王 盾	王晓双	曾智勇		
检测技术与自动化装置 16人	高 阳	姜漫利	凌新梅	马仁婷	师登鹏	杨静思	杨雯宇	张 琦
	姬 栋	李航涛	刘玉奇	任 杰	王雪梅	杨 路	张 聪	赵泽昆
系统工程 4人	耿小飞	孙常浩	徐 鹏	左嘉志				
模式识别与智能系统 11人	杜 斌	黄 蕙	马 凯	翁 燃	徐腾	杨 帆	吴青豫	许榅增
	高悦凯	李昌霖	王毅磊					
计算机系统结构 6人	程 诚	郭攀攀	桑金嵩	张英强	王姣姣	亓国涛		
计算机应用技术 35人	陈思平	韩立媛	李 岩	刘 云	任 旭	席亚娟	杨 婕	张 洋
	程 瑞	侯超凡	李玉莹	马 杰	王凤晓	薛建永	张蜜蜜	张莹莹
	付德慧	李滨阳	李昭蓉	穆鸿涛	卫 泽	杨 柳	张 谦	张子浩
	高延太	李超鹏	刘广旭	裴倩倩	文 武	杨瀚钦	张小龙	周旭祥
	韩国龙	李 晶	刘瑞雪					
软件工程 8人	陈思路	江 萌	刘园园	王 楠	周 琰	韩建纲	解耘宇	王洪燕
供热、供燃气、通风及空调工程 4人	常乔磊	郭桂洋	高 娟	陆高锋				
水文学及水资源 12人	柴 阳	梁鹏腾	吴 昱	熊元武	于显亮	钟 馨	张天翔	翚 霁
	陈 凯	马 源	谢开杰	姚力玮				
水工结构工程 6人	池俊梦	李 远	徐 真	张馨月	初文婷	董 晔		
水利水电工程 6人	何贵成	李晓兵	王 超	郑 凡	覃桃慈	瞿晓峰		
化学工程 2人	王泽涛	杨 策						
核能科学与工程 30人	蔡 进	方晓璐	李连森	刘 军	彭明晟	王 树	曾晓佳	郑 颖
	常 牧	付 玉	李旭东	刘 冉	彭 奕	许 鑫	张 峥	郑 俞
	陈 伟	贺淑相	李宗洋	鲁 凡	王 聪	姚志鹏	郑君萧	王 平
	陈彦霖	雷锦云	刘博伟	梅传颂	SARMAD BIN SAEED 莎麦德			
	MUHAMMAD ZEESHAN ALI 泽山							
辐射防护及环境保护 1人	钱治成							
环境工程 11人	柴 淼	程 茜	黄润雅	李倩倩	王源意	种 潇	宋欣爽	钟林发
	陈 莹	高 楠	李 扬					
制冷及低温工程 1人	严鹏航							
可再生能源与清洁能源 31人	白云鹏	丁 平	贺一博	李秋翔	彭 竹	孙 莹	延玲玲	张子杭
	程 愉	董晓晨	金 武	李 亚	戚风亮	王艳宁	延 平	周 正
	崔岩松	樊东晓	孔凡迪	林彦楷	乔文远	吴浙攀	银 坚	马 功
	丁保迪	方明德	黎方潜	刘世冬	孙晓丹	吴 骥	张 浩	
管理科学与工程 26人	丁 艳	李 亚	刘 凯	毛春宇	王 堃	许 克	张 也	郑书誉
	范 亮	李彦青	芦智明	潘昕昕	王雅娴	杨 萌	张 倩	纵翔宇
	胡晓强	李沐阳	鲁 平	谈惟敏	熊媛媛	姚蒙蒙	赵志杰	闫 振
	李兴才	刘金珠						

6．管理学：65 人

获学位专业及人数		姓名							
会计学	11 人	白俊维	高　博	刘月湖	孙浦萌	尉　潇	张向荣	孙婧豪	张慧文
		陈晓阳	李晓婷	宋建威					
企业管理	11 人	韩培培	胡珂源	姜文涵	廉巍露	龙　露	田鹂声	刘　颖	龙　腾
		贺东元	霍振方	李　阳					
技术经济及管理	30 人	蔡泓忻	国潇丹	李泽森	彭道鑫	唐亚平	王文晶	张春成	钟雅珊
		陈康婷	何　珊	刘文雅	邱金鹏	王单单	肖伯文	张吉祥	闫风光
		樊倩男	黄雅莉	刘再领	苏　娟	王瑞武	徐　阳	张雅坤	覃泓皓
		高　遥	雷　祺	刘睿智	孙静惠	王守凯	应昱杭		
行政管理	13 人	陈一丹	梁晓丽	邱瑞昕	王　迪	杨可帆	张纪彩	赵晓燕	赵昱程
		李翠红	林振兴	孙腊梅	谢益桂	蔺奕丹			

工程硕士：669 人

获学位专业及人数		姓名							
动力工程	144 人	毕　琨	冯澎湃	梁梓钰	宋　阳	谢昂均	郑天帅	付金涛	齐庆利
		蔡悠然	冯俞楷	林常枫	孙凯丽	许　鑫	周雅君	郭吉泽	任韬哲
		柴永志	高　尚	刘从从	孙诗梦	杨伯乾	周子力	何　波	史晓宏
		常　浩	郭中旭	刘仁志	孙伟娜	姚　远	朱　赫	胡治平	孙英波
		陈柏旭	和圣杰	刘彦达	孙晓婉	姚　远	朱莉林	黄卫军	王　辰
		陈　辰	何孝天	刘宇佳	孙　莹	尤晓菲	朱子琪	靳江波	王　刚
		陈　浩	何逸凡	吕法彬	唐晓兵	游聪娅	朱倩雯	李光彪	王俊奎
		陈琼环	胡峻榕	吕　婧	汪泽远	原奇鑫	郑慧娜	李书房	王利年
		陈义端	胡　哲	马山川	王琳珍	岳国强	蔺卓玮	李艳山	王少锋
		陈　袁	黄　兴	马腾飞	王　鹏	詹焕芬	闫阳阳	李永成	王维英
		程　泰	金晶岚	马　英	王　洒	张润生	白　翎	李　楠	魏　彬
		戴玉坤	靳洪训	牛兵兵	王少宁	张延明	常　亮	林　杨	吴建军
		董坤杰	兰学娜	欧阳袁渊	王恬悦	张　优	陈　锋	刘　宁	俞　文
		董　巧	李红传	彭　愿	王霄楠	张振森	陈海民	刘智勇	张国龙
		董芮廷	李　琳	齐　心	王晓进	张璐璐	陈华杰	刘　琦	张莉莉
		杜亦航	李瑞华	钱怡洁	王永占	赵　航	陈昀丛	吕毅涛	赵清秀
		樊晓溪	李文涛	沈亚洲	王　婷	赵　钧	程　伟	罗保顺	周志刚
		方永旭	李　享	宋　彬	王晔云	赵　朦	杜长青	平士斌	朱小东
电气工程	267 人	蔡　悦	陈　涛	单晓东	符瑜科	何凌云	胡永良	姜　维	李诗童
		曹士冬	陈　意	邓义茂	耿　然	何　艺	黄涵颖	孔　建	李西明
		曹书云	陈　鑫	杜青云	郭　京	赫嘉楠	霍　箭	李建南	李夏威
		陈光辉	崔　仪	方雨康	郝　辉	胡博文	贾　凯	李鹏飞	李　霄
		李　亚	刘　洋	苏晨博	吴　蒙	叶　琪	赵立严	初金良	黄启震
		李玉容	刘　阳	苏洪玉	吴　震	于梦琪	赵　乔	董俐君	黄延军
		李　越	刘　振	孙小磊	肖　莞	于普瑶	赵亚男	范振中	季　峰
		李　志	刘　琦	唐秀朝	谢文超	于　硕	朱观炜	方　方	金一瑜
		李潇潇	刘钊印	田　坤	谢瀚阳	于志诚	朱晓美	冯立中	金　哲

续表

获学位专业及人数	姓名							
电气工程 267人	李玟萱	卢亮宇	田　天	徐偲畅	于　钊	朱永梅	冯　毅	雷志俊
	廖　烨	罗　娅	王晨语	徐　良	袁宝超	逄　燕	付　强	李多娇
	林海涛	马丽斌	王德辉	许鹏程	张碧涵	滕文涛	高　花	李晶晶
	林　兼	马玉晖	王　飞	严晓宇	张　宾	褚　艺	高　玲	李　俊
	林心昊	明晓航	王鹤橦	杨　波	张博越	陈　东	高志佳	李　俊
	刘　昌	穆文喆	王嘉钰	杨尔蕾	张成炜	陈葛伟	葛　斌	李　磊
	刘　畅	牛　健	王少阳	杨　光	张　春	陈　浩	韩　超	李　敏
	刘君伟	齐晓琳	王铁胜	杨嘉楠	张　浩	陈建卫	韩晓明	梁　飞
	刘启建	任哲锋	王相锋	杨家莉	张继阳	陈　卓	何　韵	林　苹
	刘思华	商　超	王晓晨	杨　森	张　杰	陈自翀	何志祥	刘　浩
	刘　威	申　瑞	王晓丹	杨亚奇	张　琳	陈　娅	胡春磊	刘林萍
	刘文飞	石冰珂	王　欣	杨倩倩	张亚楠	陈曦璟	胡圣祥	刘胜利
	刘祥瑞	舒雅丽	王愈轩	杨奕飞	张宇琨	程宝玉	胡晓丽	刘　帅
	刘　旭	宋方方	王婷婷	阳以歆	张　琰	程银花	胡　艳	刘钰磊
	刘　洋	宋宏图	魏旭辉	叶湖芳	赵　灿	程　宇	黄宁洁	刘　鑫
	柳启俊	裴赢鑫	孙立伟	王　嘉	温学明	肖宏磊	薛云耀	张　璠
	芦　山	祁　晖	谭　妍	王梦亚	吴　凡	谢　超	杨一鸣	张　斌
	吕学增	钱　宇	田祥花	王　蓉	吴国峰	徐　峰	姚建光	张东海
	马　龙	任国卉	屠国昆	王铁铸	吴良方	徐　庆	叶家乐	张广辉
	莫杨斌	邵　帅	王晨晖	王巍清	武　文	徐正宏	喻圣放	张　凯
	潘海亮	宋浩杰	王冬松	王志勇	项文阔	徐琮凯	袁婷婷	张天浩
	裴传逊	孙方坤	王海平	魏新宇	肖岸原	徐昕远	章晓君	张　巍
	张文烨	张　越	赵更磊	赵树茂	钟　海	朱晓露	贠旭明	郑祥华
	张晓斌	张　雯	赵留学	赵学华	周渊敏	朱　新	朱　蕾	邹逸云
	张　叶	赵代英	赵　露					
电子通信与工程 45人	柏　慧	高丽丹	林从武	马　桤	吴荣钊	张　轶	闫　磊	姚　程
	陈威立	何子亨	刘　华	涂　浩	许　楠	赵鲲翔	黄汉华	张晓阳
	丁慧龙	蒋子昂	刘艳丽	王光波	于彦波	郑　宝	姜富升	朱冠亚
	杜施默	康　龙	吕　腾	王丽琴	张嘉琪	周晋宇	刘淑芳	朱炎平
	方晴程	来丰玉	罗田田	王美丽	张　晴	周　秋	牛诚东	牛　斐
	冯　云	李　丹	马　文	王峥烨	张　旭			
机械工程 17人	柴江涛	李　里	李林蔚	刘磊洋	罗方正	邵德伟	魏惠春	袁　荔
	邓　颖	李　力	刘会娜	刘　鹏	马　腾	石凯飞	杨茜芝	闫慧丽
	侯志超							
控制工程 48人	蔡云飞	韩　博	姜　卓	刘思思	王学冬	余卓晓	郑蒙蒙	刘宏亮
	陈　祺	郝瑞祥	蒋敏敏	卢继哲	王亚京	张　婳	周　辉	马骁雄
	范　昌	何宇婷	李成林	陆斯悦	吴国勋	张春雨	朱思彤	彭　飞
	郭楚珊	黄　鹏	李　南	马　超	杨彬彬	张佳楠	安　娜	王亚楠
	郭　欢	黄平平	李　扬	马　源	于　彬	张溢波	白　杨	王媛媛
	郭凯旋	冀　梦	李子民	苗田银	于　露	张　越	季姗姗	张景意

续表

获学位专业及人数	姓名							
软件工程 10人	安培秀	韩昊然	宋智超	谢　谊	赵　敏	吴小树	杨　旭	朱莉萍
	丁　婷	李　真						
计算机技术 41人	包智妍	姜　珂	卢陈越	苗文凯	唐　淼	熊　里	张可为	周会友
	陈　博	李树超	鲁玉江	乔　鑫	王小霞	姚　旭	张思航	车荣花
	程昌宽	李皓阳	吕　骁	苏品毓	王　怡	于　新	张通鑫	武爱敏
	迟俊琳	梁　超	吕鑫钢	孙杨博	王　璐	曾　帅	张振宇	张贝贝
	高晶晶	林　炜	马菁泽	汤浩征	吴彬彬	张　博	赵天宇	朱　力
	洪　海							
项目管理 31人	翟文欣	蒋锦霞	刘　畅	罗　佳	孙道麟	徐晓茜	张　超	张晓建
	冯晓兴	李　东	刘铁军	孟亚平	孙小羽	许　岩	张　华	钟　琳
	关首峰	李偈旸	卢志鹏	邱曙光	吴美静	杨　斌	张惠玲	亓　鹏
	姜波涛	李　楠	吕小南	任　申	吴思佳	元　杰	张　俐	
工业工程 34人	顾文琦	李若晨	孙一函	王　毅	张　超	孙丽莉	吴　凡	赵志山
	郭超豪	李昱瑾	唐天琦	杨　华	赵名锐	王　丹	徐力	郑　斌
	郭　潇	梁洪源	王丽华	杨志超	宗剑韬	王铁柱	张建曙	朱亦振
	韩江磊	林智明	王　强	袁丹丹	靳智嵩	温大为	张　明	祝碧贤
	吉立航	陆文兰						
环境工程 21人	白　杨	董艳艳	郭树银	华东旭	罗　彬	王琳瑞	王　峥	王文霞
	常　蓓	杜　斌	郭泽深	刘晓威	皮晶薇	王守艳	温迪雅	张建杰
	陈　庄	关攀博	何姗姗	刘　源	邵　峰			
物流工程 11人	程雅欐	姬　烨	李雅然	任东方	石佳星	宋吉昌	魏雅楠	余　康
	范　磊	李广兴	千　红					

工商管理硕士：95人

获学位名单					
白丹丹	黄　鑫	沈　佳	张　宇	金　靓	王　冬
白沁园	金学奇	宋　尧	赵　飞	康　培	王嘉颖
蔡晓静	孔璋璋	宋　征	赵建春	李　丰	韦亚敏
蔡晓亚	雷继帅	孙洪刚	赵　强	李攀峰	吴凌燕
陈宇飞	李华丽	王　淳	郑　波	梁　超	徐锦阳
成　林	李　晗	王建华	周　宇	刘军丽	许海霄
邓　蕾	梁　蕊	魏占华	蔺正茂	刘永新	颜　姝
丁　倩	刘凤贤	吴金花	保　瑞	卢　强	杨　荫
董林峰	刘　佳	许嘉毅	陈　力	路　璐	殷常斌
冯　奇	刘晓鹏	于冰新	顾　伟	秦　雯	袁　斌
郭瑞林	卢长红	袁玉赞	郭劲松	赏　炜	张海锋
郭　爽	马浩楠	章建明	何晶金	沈庆飞	张健全
郭　硕	马雪磊	张　娟	胡世通	沈　琦	张建玲
胡　航	孟庆建	张　林	黄　华	苏靖童	周健波
胡卫军	潘　军	张明明	黄　剑	孙亚翔	周　睿
黄红辉	邵　帆	张　蕊	贾德海	孙燕军	

工程管理硕士：**4** 人

获学位名单			
李　依	刘红云	茹　铭	张思文

会计硕士：**11** 人

获学位名单				
戴林君	焦亚男	时媛媛	王　娅	魏　烁
高冰	陆　阳	汤文君	王　瑜	周　雨
蒋文琦				

翻译硕士：**12** 人

获学位名单			
英语笔译　10 人	黄亿佳	马小文	杨树青
	李慧娇	宋　涛	赵小雪
	刘　明	谢凌云	左阳阳
	陆晓慧		
英语口译　2 人	马　阳	赵　炜	

资产评估硕士：**17** 人

获学位名单				
陈清贵	韩雅丽	刘　玉	牛英杰	许丹瑞
陈苏宁	蒋雨晗	刘　璐	孙小茹	叶生凡
董琦	李亚荣	吕　寒	王昭地	邹卓君
韩吉琼	刘松然			

（保定校区春季部分）

学术硕士：**436** 人

1．经济学：7 人

获学位专业及人数	姓名			
产业经济学　2 人	胡　澜	张婷婷		
数量经济学　1 人	袁　野			
金融学　4 人	刘非凡	刘宇萍	刘　薇	尹伊娜

2．法学：10 人

获学位专业及人数	姓名		
诉讼法学　1 人	孟思雨		
民商法学　3 人	陈凡羽	张凌云	周志忠
马克思主义中国化研究　3 人	高鹏飞	贾巾月	张颖超
思想政治教育　3 人	席俭俭	李雪丽	宋　婧

3．文学：10 人

获学位专业及人数		姓名							
英语语言文学	10 人	董月媛	邵平平	严海燕	杨明歌	尹瑞红	袁雯雯	张春明	张　喻
		郭淑贞	王　兰						

4．理学：14 人

获学位专业及人数		姓名				
应用数学	3 人	康绍岳	马秀秀	俞冬梅		
计算数学	2 人	何娟娟	王立彬			
理论物理	5 人	崔淑媛	丁丽萍	高静丽	徐冰冰	周　慧
运筹学与控制论	2 人	刘存哲	张艳丽			
光学	2 人	焦　键	汪　岩			

5．工学：355 人

获学位专业及人数		姓名							
车辆工程	2 人	王　勇	张朋亮						
机械电子工程	12 人	陈寨辉	高雪媛	李亚宁	南冰	王　坤	岳艳波	杨婧君	郑水清
		邓玮琪	李长朝	刘　亚	任永辉				
机械制造及其自动化	4 人	王　颖	赵　冲	赵光艺	赵久兰				
机械设计及理论	6 人	高　松	蒙玉超	张志强	代红川	卢文博	徐振磊		
工程热物理	6 人	李尊平	李　姗	曲耀鹏	张　岩	赵笙箫	周兆伦		
热能工程	37 人	陈星旭	冯　锐	黄星智	李新号	孟　岩	田东旭	肖炜刚	张俊强
		崔博譞	付晓俊	季　鹏	李鑫鑫	庞永超	王琳凯	徐搏超	张　硕
		戴宇晴	谷　兵	焦同帅	刘　聪	屈柯楠	王少雷	薛全喜	肖　雄
		邓　煜	郭永成	李　康	刘　康	孙立巍	王远鑫	尹立冰	张　晨
		范志愿	何　东	李秋菊	刘立帅	孙苗青			
动力机械及工程	4 人	郭　浩	贾　祥	李金岗	张　丹				
流体机械及工程	6 人	邓宇涵	董晓瑞	刘玉东	吕正蔚	张建坤	张雪梅		
制冷及低温工程	2 人	吉鸿斌	周博滔						
电机与电器	4 人	康文强	秦潇璘	温　云	袁浚峰				
电力系统及其自动化	72 人	常　宁	郭　通	霍启迪	刘丹丹	孙会伟	王羽凝	于　淼	张雄波
		陈　静	郭旭东	蒋晨阳	刘冠强	孙玉晶	王月茹	袁燕舞	张学伟
		陈群杰	郭学成	景世良	刘海航	王　东	肖志恒	岳贤龙	赵俊楷
		程亮亮	郭永明	李　凯	刘雷涛	王慧娟	许士锦	张　冰	赵来鑫
		丁　锐	何培成	李　浪	刘　庆	王佳琦	杨海悦	张佳怡	赵　阳
		杜　哲	何　宸	李永彬	刘晓丽	王景欣	杨　雷	张立娜	周家林
		高　静	侯杰群	李子瑞	娄晓琪	王　涛	杨　黎	张　蒙	周院超
		高永红	胡晓博	梁　宵	鲁振威	王　旭	尤阳阳	张少明	朱苑祺
		郭腾云	华浩瑞	梁艳红	吕子遇	王雪莹	于　航	张晓航	於慧敏
高电压与绝缘技术	9 人	郭　沁	韩　勇	李长元	李　敏	李昊鸾	刘　栋	戚岭娜	郁利超
		张君成							
信息安全	2 人	李斯斯	尹晓菁						

续表

获学位专业及人数	姓名							
电力电子与电力传动 9人	陈世超	孟娜娜	沈 超	沈亮印	王彦旭	于 德	张紫光	朱明飞
	江 涛							
电工理论与新技术 9人	高世强	刘 丹	王 沛	王 莹	李 艺	孙金竹	王亚潇	郑 璐
	胡志亮							
电磁场与微波技术 4人	关大伟	贾 菲	王 璐	张瀚方				
通信与信息系统 29人	车永强	韩思思	李远杰	申振涛	王梦云	杨 俊	张 杰	郑永濠
	范丽敏	郝聪慧	刘 卉	宋天慧	王文平	张 超	张 晓	周生平
	范利净	贾少栓	刘 佐	孙琳琳	徐国智	张 达	赵云伟	左保收
	方蓬勃	李文敬	柳小花	王 磊	许磊磊			
信号与信息处理 9人	方子希	梁思博	刘 毅	马艳梅	孙丽红	王之涵	杨润润	张景全
	李建超							
控制理论与控制工程 30人	安少茹	郭云娇	刘士波	史刘阳	王 帅	吴家佳	苑召雄	赵伟
	曹鹏蕊	李 珊	刘 轩	宋凯兵	王 桐	许 浩	张 栋	周鹏远
	伏甲琪	刘洪旗	刘 琛	王鹏飞	王晓雯	许志宏	张连强	闫 萧
	高 瑜	刘建兵	秦腾腾	王 蕊	王艳飞	余 健		
检测技术与自动化装置 8人	郝兆平	侯君虹	刘云飞	商丹丹	王 帅	杨金彭	张超峰	张 楠
模式识别与智能系统 7人	陈园艺	郝晓辉	回振桥	李东萍	刘立立	孙大瑞	张婉君	
计算机系统结构 4人	段泽源	李 俊	李 旭	王 辉				
计算机应用技术 26人	符佳慧	贾文瑞	李天琦	刘 晨	刘雨晨	石 倩	吴紫薇	张亚晶
	龚亚强	李海涵	李 瑶	刘 成	吕琛靖	孙建政	游 朗	赵彩迪
	韩龙美	李凯强	李紫君	刘午超	潘振福	王 菊	张建付	赵江曼
	赵 津	赵 庆						
计算机软件与理论 6人	韩天阳	郝 振	刘雪艳	魏 嘉	徐董冬	杨孟英		
供热、供燃气、通风及空调工程 9人	程永召	刘娇娇	刘新雨	田胜楠	张 飞	刘少威	茅天智	杨 颖
	李志灏							
化学工程 2人	李 伟	杨晓丹						
工业催化 1人	贾 佳							
电路与系统 1人	黄 腾							
系统分析、运筹与控制 2人	苏 磊	邸 帅						
农业电气化与自动化 3人	侯智剑	张银钏	张智勤					
环境工程 12人	安山龙	杜志辉	景甜甜	刘明珠	刘永春	徐冰漪	刘 琬	杨春燕
	毕 波	范艳翔	雷媛	刘晓冬				
环境科学 3人	李 丽	秦晋阳	袁晓东					
应用化学 5人	康 谦	米晨露	司文华	王璐媛	张立男			
系统工程 6人	房 芳	李颖男	刘 磊	门玉涵	徐东东	尹鹏娟		
可再生能源与清洁能源 2人	罗 敏	薛章涵						
管理科学与工程 2人	窦洪杰	杨文龙						

6．管理学：40 人

获学位专业及人数	姓名							
会计学 8 人	崔晓璇	蒋利亚	李　芳	刘鹏飞	孙华瑞	唐竞雄	田月怡	郑金燕
管理科学与工程 5 人	卢欣欣	王军利	张二女	张　浩	张　杰			
企业管理 6 人	李雅洁	马延郡	牛静杰	田晓景	王雅琪	杨　帆		
技术经济及管理 16 人	陈思玮	贾智杰	刘默涵	聂　婧	阮　波	申亚波	徐燕锋	曾　欢
	黄沈海	刘建强	刘彦君	潘　涛	尚　月	王延芳	叶民权	张会霞
社会保障 1 人	王静茹							
行政管理 4 人	丁瑞敏	侯俊龙	李　晴	李瑞凯				

工程硕士：551 人

获学位专业及人数	姓名							
动力工程 92 人	艾书剑	翟云雷	李嘉华	邵立欣	肖坤玉	赵洪嵩	高于祥	祁　杰
	边　岩	杜　斌	李军烁	石　宇	徐　劲	赵　凯	郭美玲	邵剑锋
	边禹铭	杜尚任	李永康	史久志	许　宁	赵　翔	郭效伟	石　磊
	操晓波	段俊阳	李永强	史亚骏	杨亚利	赵豫晋	黄志军	宋　超
	陈见永	范军辉	李永强	宋百川	于文圣	朱　瑞	季明彬	宋　鹏
	陈健阳	高彬彬	梁冉冉	汪　波	张　磊	闫　凯	梁佳斌	苏　伟
	陈启召	海云龙	刘秋升	王瑀喆	张鹏飞	胥佳瑞	刘家君	孙慧峰
	陈允驰	韩　健	刘万里	王路松	张　强	陈学科	刘志落	孙　卓
	陈　曦	郝晓路	刘志博	王美俊	张士兵	范睿锋	芦安生	田树鹏
	崔建光	李　聪	刘　琰	王晓峰	张耀祖	冯博智	吕　洲	韦　煜
	杨　彬	姚生魁	于　浩	张国梁	张铁强	赵海剑	赵大伟	赵中原
	姚鹏飞	于东雷	张　波	张立民				
电气工程 192 人	曹东亮	黄　馗	王佳裕	周佳林	方智永	李祥亘	尚　鹏	杨　杨
	曹鹏飞	蒋旻奕	王利桐	周松浩	冯佳川	李　岩	申　客	郁志星
	常　达	蒋　雨	王　强	朱锦山	高　飞	李一州	石海波	曾子厦
	常立娟	靳　哲	王少博	朱　静	高　燕	李源祎	苏　梅	张　冰
	常学佳	靳　楠	王　阳	朱以顺	高永利	李　震	苏　沛	张　波
	陈月辉	李　川	王　壮	宗围民	葛云龙	梁永福	田姗	张广兴
	程华新	李红萍	王　皓	邹　博	耿日升	梁睿光	王爱迪	张　江
	狄开丽	李　冉	夏　曼	邹连松	郭　城	林芳旭	王　冰	张　阔
	翟晨曦	李文帅	夏佚晨	佟子娟	郭静怡	刘　博	王福华	张　雷
	董晨晨	李沐峰	徐樊浩	白茂楠	韩　锋	刘海峰	王　刚	张　明
	董沛毅	林　岩	徐文岐	白霄磊	韩　鹏	刘海锋	王恭庆	张明伊
	杜　康	刘思宇	严　逍	白晓军	韩晓勃	刘　扬	王　冠	张　蕊
	高　杨	刘效斌	杨喆明	白玉洁	何亚坤	刘　洋	王建树	张子鑫
	葛红波	刘　行	杨津鸣	包铁华	何义良	刘子良	王立兵	张媛媛
	郭俊华	刘志博	杨　阔	鲍金春	贺　楠	刘　璐	王　强	张　瑜
	郭文红	刘沅昆	于立杰	毕绍聪	滑　葳	卢峰超	王文轩	张璨璨
	郝　毅	吕　熹	袁　贺	陈志平	黄常彬	罗晓东	王湘云	赵　刚
	何静波	马　诚	张　津	陈　瑜	霍晓良	马笑天	王一峰	赵丽君

续表

获学位专业及人数	姓名							
电气工程 192人	黑 阳	马 杰	张 宁	程 丽	蒋达飞	马助兴	王 影	赵梦露
	侯亚欣	孟凡辉	张姿姿	崔 青	李 晨	马 姗	吴 龙	周 婷
	胡芳芳	史 孟	张媛媛	代子阔	李 娟	乔霜竹	吴一敌	祝 捷
	华 征	孙苗苗	赵 倩	翟 兴	李 磊	全晓宇	谢建鑫	邹 栋
	黄 河	孙 奇	赵蓓蓓	董俊虎	李梦醒	任 鹏	杨 博	祖妍妍
	黄毅斌	王海蛟	郑洁	段志兴	李伟华	尚 亮	杨士鑫	荏 旭
电子通信与工程 44人	陈 奇	鞠 森	刘玉春	王会芳	张 浩	单 丽	刘金龙	王敬德
	陈青钦	李 佳	刘倩倩	王俊仃	张华乐	董正坤	刘 涛	王庭钧
	仇欢欢	李来杰	马 真	王雪玮	张卫华	关 禹	毛 曦	张 冀
	丁 玲	梁 冰	毛 娟	许婷婷	郑雪召	郝征宇	齐 霁	张 薇
	高 超	刘静雪	毛 训	薛凯夫	逯 希	焦建衡	沈 辰	赵东瑾
	胡乐峰	刘尧生	宋春晓	阳佑敏				
机械工程 30人	崔月瑶	李文浩	马晓萌	孙立江	王晓萌	张秋桦	郭彦伯	涂 冉
	郝金松	李 钊	彭 勃	唐春雨	吴 鹏	赵思思	花云浩	杨鹏飞
	李传帅	梁 成	乔 茜	田 锰	张 迪	仲 昊	康 刚	朱建斌
	李敬豪	刘 欢	任晨峰	王 峻	张力佳	邸薇薇		
控制工程 56人	陈国青	李 凡	罗 磊	孙建龙	王明会	姚 远	邬 峰	刘永华
	陈 琳	李继森	马朋飞	孙金龙	王玉华	殷 欢	铉佳欢	罗俊杰
	杜石存	李兴如	毛小丽	孙艺萌	卫丹靖	张栋	戴少石	倪晨玮
	耿军亚	李紫君	米 雪	谭继鹏	熊桂全	张杨林子	樊 文	宋 超
	郝鹏飞	李 珂	彭文邦	谭树东	徐 鹏	赵可心	韩时菲	唐 昭
	何宗源	刘昭麟	史腾飞	王 迪	杨建波	周小朋	解开元	肖旭东
	胡 艳	吕 猛	宋选锋	王凯宸	杨 朔	佟纯涛	李海轮	徐 强
软件工程 10人	包迅格	贺 月	刘家旭	彭晓凡	颜继红	刘甲林	王传洋	尹晓阳
	董景涛	李现京						
计算机技术 38人	陈建军	戈 阳	李 义	马泉泉	王秋萍	张 静	陈虬跃	李志军
	程晓佳	郝姜伟	梁伟强	牛 锐	许 静	张培华	高丽芳	梁汇淼
	翟加雷	焦亚菲	梁 晓	石江红	杨 璐	赵 蕾	侯瑞敏	王玲霞
	樊京杭	李长安	刘 燕	史奇琪	姚 陶	甄啊彪	李春明	吴 真
	冯 凯	李 强	马梦娇	孙 刚	苑俊杰	朱月贺		
项目管理 20人	袁 浩	董海伟	刘 明	马有青	宋曼瑞	王维铭	王 旭	杨宝渠
	邓凯心	贾 楠	马卫国	聂鸿谦	孙 静	王 旭	王元元	杨晶伟
	于 博	赵小淋	亓鹏飞	邬 宁				
工业工程 32人	葛小杰	任思思	张振良	姜 琴	刘 剑	王 宁	银 哲	张 希
	李红梅	王玥玥	韩敦伟	蒋建旭	刘铁钧	王勇峰	张红军	张晓丹
	李 岩	王春晨	胡日査	郎世伟	尚 勇	王占彬	张 宁	郑东阳
	齐小芸	王晓敏	纪永辉	李 琦	汪可询	许 亮	张 瑞	蔺 扬
环境工程 27人	冯雪玉	纪 妍	陆义海	王 丹	杨 静	张丽军	晏雅婧	孙伟峰
	付丽丽	李晓龙	曲飞雨	王弯弯	殷 东	赵 柄	郭慧苹	王耀挺
	胡梦轩	李 岩	孙中豪	杨慧轸	于 倩	赵彩霞	刘 刚	魏 强
	华继洲	刘兴昕	汪剑桥					
物流工程 10人	白 璐	胡银萍	刘 洋	王 讯	陆炳铮	刘占强	位光辉	宋书洋
	范莹莹	李丽萍						

工商管理硕士：2 人

获学位名单	
常晓炜	陶　倩

工程管理硕士：1 人

获学位名单
丁　伟

会计硕士：7 人

获学位名单				
姜　媛	刘　荧	薛元春	张　娜	张冰玉
孔令言	刘媛媛			

翻译硕士：8 人

获学位名单				
英语笔译	5 人	李姗姗	王佳婧	王晓越
		张效梅	雷海燕	
英语口译	3 人	刘　婷	赵　红	赵　政

资产评估硕士：7 人

获学位名单			
崔占朋	冯方舟	何　敏	申小雨
王晨莉	张梓原	褚向远	

（北京校部夏季部分）

博士学位

1．工学：128 人

获学位专业及人数		姓名				
工程热物理	1 人	陈　磊				
热能工程	19 人	常　愿	付文锋	刘　辉	任　婷	张茂龙
		褚东亮	高　鹏	卢　可	石　黎	张志远
		樊晋元	蒋东方	罗　彦	王梦娇	周璐瑶
		付　鹏	梁志永	马善军	张宏伟	
动力机械及工程	4 人	成立峰	韩　钰	胡　亮	刘尚坤	
流体机械及工程	1 人	王　剑				
能源环境工程	9 人	陈公达	刘　静	王春晓	张俊龙	庄晓雯
		樊　星	任丽霞	武传宝	甄纪亮	
可再生能源与清洁能源	11 人	付　蕊	李荣波	王华荣	谢　剑	张志荣
		关彦军	田　旺	王　洋	杨卧龙	周　峰
		姬忠涛				
电机与电器	1 人	绳晓玲				
电力系统及其自动化	42 人	陈奇芳	李　晖	牟澎涛	王上行	张　帆
		甘　磊	李少岩	倪晓军	王　帅	张　瀚

续表

获学位专业及人数		姓名				
电力系统及其自动化	42 人	葛小宁	李亚龙	孙银锋	王帅兵	赵天阳
		郭　鹏	刘柏林	索之闻	王　扬	赵云灏
		贾利虎	刘　晨	谭瑞娟	徐云飞	郑　彬
		贾文超	刘　铖	唐新灵	许　冬	邹志龙
		孔令国	刘力卿	王华伟	杨　洋	李海峰
		兰晓明	罗　超	王刘旺	苑　宾	马　丽
		艾斯卡尔	MUHAMMAD，　RAFIQ　勒费克			
高电压与绝缘技术	8 人	郭云翔	季洪鑫	王　健	赵　涛	赵晓林
		侯孟希	刘贺晨	向念文		
电力电子与电力传动	3 人	李建国	王新颖	于　明		
电工理论与新技术	5 人	安　勃	王振国	谢辉春	谢裕清	潘明明
电气信息技术	6 人	安　琪	崔　灿	李晓娟	梁晓林	谈元鹏
		曹旺斌				
控制理论与控制工程	9 人	陈　龙	韩耀振	李　艺	赵小鹏	祖向荣
		崔希望	李国栋	刘志宾	周　宏	
检测技术与自动化装置	1 人	白晓静				
模式识别与智能系统	1 人	李郅辰				
核电与动力工程	5 人	杜晓超	郭　超	李　璐	刘　亮	张钰浩
系统分析、运筹与控制	2 人	高骏强	杨燕燕			

2．管理学：21 人

获学位专业及人数		姓名				
管理科学与工程	3 人	刘慧晖	张昊渤	张　莉		
信息管理工程	1 人	李书科				
工程与项目管理	3 人	许　浒	张金颖	朱　茳		
能源管理	1 人	李娜娜				
技术经济及管理	13 人	白学祥	鞠立伟	王　冠	许晓敏	张　倩
		陈　娟	马天男	彭丽霖	薛贵元	杨雍琦
		冯俊杰	纳春宁	欧阳邵杰		

学术硕士：46 人

1．经济学：1 人

获学位专业及人数		姓名	
产业经济学	1 人	王　旭	

2．法学：1 人

获学位专业及人数		姓名	
国际法学	1 人	刘童一	

3．文学：2人

获学位专业及人数		姓名	
外国语言学及应用语言	1人	谷　雨	
英语语言文学	1人	王丽婷	

4．理学：1人

获学位专业及人数		姓名	
运筹学与控制论	1人	付　琳	

5．工学：35人

获学位专业及人数		姓名		
电力系统及其自动化	12人	UTENIYAZOVA BAYAN 巴音	KALIKASSOV，NURSULTAN 那索尔	
		RAHMAN，USAMA 乌沙马	ZHALMUKHAMED，ERMEK 尔麦克	
		SHARIF，ADNAN 阿德南	WILSON，JENOI WOLLANIA 贾诺埃	
		MUNIR，KASHIF 卡西夫	MUKHIDDINOV，KAKHRAMON 英雄	
		OKEMBA，ANANGE DEBREDE GERGELEY 奥凯门	龚成尧	
		任　艺	王英沛	
工程热物理	1人	黄恩铎		
动力机械及工程	2人	安劭璞	尹传涛	
电机与电器	1人	张若飞		
控制理论与控制工程	3人	李艾宸	李晗颖	杨妮妮
模式识别与智能系统	2人	王瑞丹	张　科	
计算机系统结构	1人	覃亦华		
材料学	1人	陈松林		
机械设计及理论	1人	陈川川		
可再生能源与清洁能源	1人	MBENGUE JOSEPH MICHEL 约瑟夫		
水利水电工程	3人	SHILPAKAR RAJESH 罗杰斯	SHRESTHA NARAYAN 那日英	
		MANANDHAR BIRODH 比罗德		
管理科学与工程	1人	于　晶		
核能科学与工程	6人	KAMIL ABBAS 卡米尔	MUHAMMAD ALI SHAHZAD　王子	
		MUHAMMAD ALI 阿里	NAEEM AHMAD 王礼	
		YOUSIF MOHAMMED GABRALLA，MOHAMMED HOSAM ALDEEN 墨哈墨德		
		KHALID MOHARAM MOHAMMED MOHARAM 哈利德		

6．管理学：6人

获学位专业及人数		姓名	
技术经济及管理	1人	潘　格	
企业管理	2人	李　彭	NGUYEN NHAT ANH 阮日英
公共管理	2人	李　娉	马涵慧
行政管理	1人	侯立鹏	

工程硕士：**499 人**

获学位领域及人数	姓名					
动力工程 55 人	王　鹏	安亚军	高泽明	刘海啸	钱召刚	王亚平
	王旭伟	卜元悦	郭锦涛	刘晓飞	邱利雄	王　昕
	杨　旭	常　勇	韩　博	刘志远	宋　旭	肖　宇
	杨　悦	陈云峰	韩　鹏	吕瑞庭	孙　迪	邢锁斌
	朱　敏	陈　楠	贾冰峰	罗　真	孙启德	徐狄柯
	雍　涛	丁连生	李振国	马永述	汪　伟	徐东伟
	张　磊	樊嘉欣	李志军	孟明亮	王江湖	阎　君
	张利权	高佳颖	李志明	潘　越	王　鹏	杨贺强
	张琦瑜	高晓辉	厉剑梁	彭加成	朱　峰	朱　珂
	庄文军					
电气工程 227 人	杜亚炜	常盛楠	杜思桥	郭　敏	金华芳	李　鑫
	刘俊杰	常益军	范　甬	海　伦	金荣江	栗　剑
	潘晓华	陈向民	丰　栋	韩艾强	金世杰	刘博阳
	宋梦琪	陈智建	傅洪全	韩红卫	金　毅	刘海波
	王海岩	程传飞	高冠伦	郝艳军	李冰彧	刘　箭
	王雨秋	程　林	高　欢	侯　飞	李　博	刘剑波
	曾奕铭	程先锐	高惠新	黄宏盛	李　策	刘　京
	邹丹贵	程学庆	高普杰	黄文江	李　程	刘　琳
	柏　帆	戴　亮	高　幸	霍亚泽	李　光	刘　沁
	鲍鹏恺	戴振华	高　鑫	霍圆方	李静漪	刘　莹
	蔡其东	邓小元	葛青青	冀和国	李　亮	陆涵晗
	曹飞翔	翟　凯	耿　浩	贾　磊	李　鹏	吕广宁
	曹志明	丁　伟	耿亚明	贾帅乔	李伟勇	吕　航
	常　诚	丁　一	龚成龙	姜　忝	李　勋	吕　颖
	常　润	董　靖	顾鸿莺	江　汛	李　智	马洁瑾
	马元鑫	舒建华	唐开伟	王　宁	吴朝阳	熊妍彦
	马晖军	宋　越	田浩宇	王　庆	吴　迪	徐坤婷
	买　波	苏贵江	汪　超	王文彬	吴　浩	徐　韦
	毛浩梁	苏　杨	汪娟英	王文利	吴慧政	许飞宇
	毛丽荣	苏　恺	汪　一	王晓斌	吴建云	许　京
	毛善忠	宿　波	王　程	王晓辉	吴培涛	许肖楠
	聂忠伟	孙　堃	王海燕	王晓康	吴　鹏	许旭辉
	牛文栋	孙　钢	王　虎	王　岩	吴为国	许永远
	潘明波	孙红松	王华林	王宜福	吴　蕴	颜兴军
	戚继辉	孙　杰	王　辉	王玉俊	吴　楠	阎　帅
	秦海波	孙　磊	王李冬	王志超	武星辰	阎顺强
	邱　凯	孙　鹏	王　莉	王昊宇	武学亮	杨　东
	邱卫卫	孙素娟	王　亮	韦　浩	夏　瑀	杨凡力
	曲向超	唐超颖	王　龙	魏　莱	熊　伟	杨静静

续表

获学位领域及人数	姓名					
电气工程 227 人	沈　杨	唐　杰	王　敏	闻　铭	熊照熠	杨　洋
	杨　阳	袁　玮	张科达	赵冰清	郑　琦	周　伟
	杨益伟	章诚亮	张　磊	赵德阳	周大伟	周文灿
	杨志义	张　斌	张　宁	赵晓东	周国雨	周　艳
	杨熠鑫	张伯公	张艳结	赵一昆	周佳丽	周宇曦
	朱　江	朱艳梅	朱义贤	左之峰	闫　东	瞿　梁
	朱　理	朱一帆	邹洪森	左志敏	闫　英	朱　博
	阴昌华	张贵中	张宇乐	赵婧琦	周立军	周紫瑞
	余　彬	张积鹏	张　灏	郑巧明	周　维	
电子与通信工程 11 人	刘　迪	陈晓科	郎　帅	刘　慷	任耀斌	姚博华
	姚　勇	黄国伦	李天野	刘　帅	汪　龙	
控制工程 33 人	马　契	陈　凯	李晋彪	宋立平	王东渠	张瑞祥
	王　佳	陈俐君	李文柱	孙　宇	王　威	张朕成
	郝　斌	樊　星	梁锦云	唐见智	王志刚	赵　祎
	贾璟瑶	高　飞	刘　旸	唐　鹏	谢　晔	赵　艳
	蒋　鑫	郭鹏飞	石　俊	王　彬	杨　文	郑博丹
	郑　明	郑　毅	郑宇轩			
计算机技术 48 人	白　玥	郭　微	贾　静	吕艳丽	王帅帅	杨细平
	陈金华	郭　香	荆振宇	綦　建	王　涛	张宏伟
	陈　泽	郝鹏宇	李慧东	祁东涛	王晓芳	张　露
	程华沈	郝庆利	李　露	汪双文	王　奕	张　文
	崔秀峰	胡敬强	李玉静	王　芳	王栎浩	赵　伟
	丁　磊	胡美琳	梁德祥	王国娟	吴　萍	朱丽娜
	董团伟	黄　蓉	刘　慧	王少鲁	徐　静	朱　铭
	段　清	黄　莹	柳来青	王树龙	许　峥	闫　伟
软件工程 1 人	穆文涛					
工业工程 32 人	张博华	边文聪	董　慧	李长青	任建宇	徐　颖
	张　郑	陈　明	杜　辉	林婷婷	舒　洁	许晓华
	赵　钢	陈文通	贾　僩	楼朝杰	孙广东	张树围
	朱　亮	陈仰翰	金寅生	卢　斌	万静滢	张一航
	潘宏伟	陈益坪	靳旺宗	孟　康	王建芳	魏　荣
	冷兆立	崔　赛				
项目管理 67 人	翁　骥	纪鹏志	刘晓雨	孙昶辉	魏春雷	张宏伟
	陈己宸	简　哲	刘　潇	陶应东	魏　鹏	张龙骧
	程　洋	焦　晨	马　健	王　犇	谢　丹	张晓晨
	董常利	李　波	马玉鸣	王博文	邢　铮	赵　炯
	耿建华	李　超	任　旭	王建信	许志远	赵　青
	何宁波	李　凯	邵　帅	王　进	颜世强	赵新华
	侯恩华	李　平	宋敏平	王美丽	杨林涛	赵　禹

续表

获学位领域及人数		姓名					
项目管理	67人	侯钦民	李　杨	宋述贵	王少东	杨　星	郑　捷
		侯　婕	李智刚	宋曦巍	王延海	姚　超	周洪亮
		胡德伟	刘宏伟	孙兴国	王志鹏	殷红赟	周育桢
		黄华晖	刘　伟	孙　婷	王　崙	余　俊	朱先清
		纪　坤					
物流工程	14人	高　雅	曹　阳	樊　杰	蓝　骞	秦慧敏	徐　璐
		蒋琼瑶	杜宏巍	胡志文	马　宁	宋　宁	张成效
		李　昂	张雅静				

工商管理硕士：52人

获学位名单					
陈　浩	姜　岩	马　宁	王少权	姚　琴	张洁浩
陈浙鲁	孔庆宇	齐　铭	谢　颖	叶　欣	张星星
胡建平	刘一冰	孙仁华	邢春明	袁　青	张永建
胡洋洋	芦　璐	王明石	杨兆静	张春雨	周露芳
才　华	郭瀚文	林　耳	史常宝	王婧丹	杨　瑛
陈　超	贺桂萍	刘锋军	苏皓琳	徐伯岑	殷　超
陈　婧	李　鹏	潘　杰	孙云方	徐晓泉	张　蓓
樊雨鑫	李尚宇	阮栩翔	王　征	徐瑜琼	张　琰
方群平	李　佶	邵航军	王志亮		

会计硕士：2人

获学位名单	
陈　露	李文姝

翻译硕士：3人

获学位名单		
英语笔译	1人	罗粲文
英语口译	2人	卢　姗
		赵天往

资产评估硕士：1人

获学位名单
聂明谏

（保定校区夏季部分）

学术硕士：24人

1．工学：19人

获学位专业及人数		姓名					
动力机械及工程	1人	董安宁					
电力系统及其自动化	5人	白　俊	刘凯靖	绳菲菲	孙　聪	张彩强	

续表

获学位专业及人数		姓名					
电工理论与新技术	5 人	单栋清	杜冰心	王星海	王志峰	于 聪	
电力电子与电力传动	1 人	卢玉舟					
农业电气化与自动化	6 人	慈亚楠	郭庭熙	马晓丰	王桂哲	吴 慧	徐建伟
通信与信息系统	1 人	郭思嘉					

2．管理学：5 人

获学位专业及人数		姓名					
技术经济及管理	3 人	魏朋邦	张 咪	祝雪尧			
管理科学与工程	1 人	张 建					
会计学	1 人	肖慧杰					

工程硕士：275 人

获学位领域及人数		姓名					
机械工程	2 人	陈 龙	李攀攀				
动力工程	39 人	曹玉平	刘广明	时 雷	文 涛	杨海军	赵 斌
		丰鹏海	刘国柱	苏日忠	谢占军	杨双华	赵 磊
		高春阳	刘 强	田文娟	辛志广	袁志国	赵龙伟
		高 健	刘 扬	王红娜	邢茂华	张 波	赵世杰
		李建鹏	刘志伟	王培青	徐 升	张光阴	赵云龙
		林 威	马青树	王 琦	许文杰	张余波	马文哲
		刘 冬	董 帅	韩 强			
电气工程	137 人	白生荣	龚蔚旭	江 溪	刘伯楠	裴建松	王超英
		白宗凯	郭家伟	康邦进	刘 杰	裴兴毅	王 东
		陈 宁	郭彦廷	康银娥	刘巧丽	彭 杰	王 冠
		陈 源	哈福申	康 莹	刘卫强	齐晓光	王红训
		程 洁	韩 莹	李 博	刘志勇	乔 奎	王乐媛
		程 曦	郝晓光	李洪宇	刘懿聪	沈 洋	王 乾
		崔永涛	何润泽	李 科	柳锦龙	史生萍	王晓宇
		单 青	何 旋	李满树	路万朋	宋 丹	王新星
		翟东海	贺 远	李 宁	吕传玉	宋艳慧	王洋阳
		丁文阁	宏晓飞	李 想	罗孝隆	孙 超	王依晨
		董科研	胡欣杨	李 杨	马西跃	谭学峰	王永才
		杜福生	黄 璜	李 昭	马晓龙	唐 丽	王泽洋
		高 峰	惠海芝	李昊昊	马一鸣	田 丹	王鑫明
		高胜宇	霍楚妍	栗维勋	潘 思	田小静	韦德福
		高 伟	姜 伟	梁嘉殷	潘 伟	王 博	习 雯
		邢 博	杨玉洲	张世超	赵晨星	郑家琪	阚 超
		邢 迪	姚 迪	张 帅	赵国安	周定均	杨行方
		徐华博	易学武	张向荣	赵 磊	朱加琪	滕 安
		徐秋实	张 博	张雅培	赵 娜	朱 强	邹尚斌
		杨 帆	张建臣	张 瑶	赵秀梅	朱 毅	甄宏宇

续表

获学位领域及人数		姓名					
电气工程	137 人	杨华	张金	张勇	赵一衡	朱莹	张鑫
		杨晓丹	张磊	张昕	赵峥嵘	朱智鹏	张启后
		澹台潇涵	仇敬宜	李龙发	李媛	刘二勇	
电子与通信工程	8 人	崔志国	米鹏	王宏昭	赵军愉	张琼文	郗兵
		付蓓	申雪娜				
控制工程	16 人	冯坤	李琳琳	孙培庆	吴万功	杨海林	尤斌
		候海霞	李苗	王旭康	徐娟	杨燕	於晓博
		康凯	米莎	王兆严	杨光		
计算机技术	16 人	陈泽	蓝存海	刘科	齐洁	肖曼	赵佩
		霍晓峰	李旭颖	刘力	田力勇	张玉婷	王九荣
		康翌	刘朝阳	卢潇潇	阿木古楞		
工业工程	26 人	曹鹏	高靖伟	李元丽	任慧彬	魏文	赵五州
		曹玉琦	关鸿雁	刘兴华	苏婧	张晓颖	赵晓阳
		陈言	韩秀娟	刘淼	索志宏	张岩	赵阳
		耿晓峰	李晓莉	伦季才	王毅	赵海军	朱岩
		侯福华	端木清滢				
项目管理	35 人	苍盛	郭琨	李长彧	刘鹏	王茂忠	张俐鹏
		陈辰	韩放	李明	刘世强	王涛	张思诗
		陈青	韩双学	李明泽	刘晓龙	徐洪东	张致嘉
		董博	黄斌	李然	刘阳	杨凯	赵阳
		杜晓晔	矫泰铭	李晓楠	潘月明	杨轶	赵昊东
		冯立强	金兆杨	刘博	王栋	于知远	
物流工程	3 人	陆冬尧	周怡彤	魏炜			
环境工程	5 人	汪鑫	王嘉婧	魏书洲	何楷强	孙晨皓	

工商管理硕士：1 人

获学位名单
许雷

会计硕士：1 人

获学位名单
邹家齐

资产评估硕士：1 人

获学位名单
聂明谏

（研究生院　何　健　提供）

华北电力大学2017年本科毕业生名单

（北　京　校　部）

电气与电子工程学院

张承志	王明阳	王荣杰	王雪莹	赵悦蓉	张　昊
淳　渝	王　鹏	曲　赫	徐飞阳	郭启明	秦炜淇
董金熹	吴　凯	王子哲	徐文杰	孟繁岐	王孝慈
黄典林	吴　越	朱雨杰	薛　星	王　涛	应超楠
刘　旭	徐诗甜	梁　冰	杨颖晖	张跃如	姚中天
吕　越	徐　舟	曹　恒	杨雨欣	简　玮	张永泉
罗郑博	杨　琴	陈　静	余明礼	李矾洵	李豪男
牛逸寒	云　梦	范富瀚	张永兴	刘广思	许　通
莎如拉	张沛铮	高伟嘉	张　政	祁　峰	董程程
商　硕	张毅涛	桂嘉诚	钟启航	田杰夫	姚尚润
王一帆	朱莹花	何朝博	钟展鹏	左林润泽	王喜森
吴楚琦	王　超	胡　瑶	苏　健	李　尧	李　彪
杨宇航	夏　琦	胡紫豪	张天一	苏　东	张文逸
杨泽青	张　弛	李　飞	谢柏铭	吴润叶	周光阳
叶宇堃	赵子凌龙	李永昌	侯玮琳	杨薇冬	成一平
于艺璇	闫　园	李宗强	黄华震	张玉莹	何金锐
张若林	陈　东	廖英怀	樊建寒	周泽成	何君毅
潘芋辰	崔　鹏	刘　捷	黄登一	邓镇明	姜春钰
苏　狄	戴天泽	牛铭康	李宛齐	施晓颖	刘弈卿
柴　晔	邓正臣	任继云	陈　标	张依然	陈修鹏
但京民	杜宏宇	任宇驰	陈邵怀	赵　韧	胡　博
韩文锴	贺中豪	森布日	陈　仙	李擎宇	李星宇
黄琦明	胡承鑫	盛明星	成燚彬	汪宁馨	王晓萌
计阳烨	黎道佩	王浩林	丁丹蕾	王天宇	张明强
梁雨耘竹	李高峰	王雅婧	胡苏颖	张力化	王　渊
米　兰	李志霖	吴景超	黄宣睿	周麟炜	徐昕彤
蒲虹旭	林明健	吴　琼	纪项钟	蔡雨晨	张　萌
孙昱淞	刘　琪	杨忠艳	刘师尧	刘　珂	钟建文
肖立宇	刘诗仑	朱　岩	刘伟东	王　璐	冯卓诚
肖灵茜	刘亦嘉	张　倩	刘鑫淼	仉健维	牟　亚
杨子江	马　喆	常　莎	路嘉琦	纪嘉敏	王昕平
张博原	曲文晖	刘　畅	马娅妮	纪　新	赵肖宇
张浩文	王志轩	孟雨杉	宋禹铭	陈旭东	陈翰林

续表

陈安然	岩龙挺	李文章	王靖瑞	毕雨穆	崔　开
邓祥瑞	颜熙炜	侍　凡	王麒翔	陈春林	邓美琴
丁　帆	杨皖昊	严菁菁	卫　璇	陈　明	关瑞欣
方原野	杨子豪	张一鸣	肖　雄	戴一峰	郭昊博
冯　圆	徐贤焕	许春蕾	杨博涛	樊峻维	侯亚博
高远达	尤嘉钰	陈俊宇	杨朝雯	冯佳耀	胡冠华
韩玉达	袁鲁星	曹雨洁	张韦维	付亚倩	姜脉哲
刘钊汝	张　炜	陈红发	张　震	郭宇飞	李　波
田镜伊	张文雅	杭天琦	赵　罡	何军松	李　欢
王念祖	张晓竹	何鸣乐	赵九才	侯利兵	李　鑫
王晟伍	张艺菲	黄思嘉	赵漫天	胡金宇	刘昌利
张思齐	赵东宁	李　洁	赵远志	胡　帅	刘雅敬
张雅君	赵　科	刘　欢	郑传良	胡振亚	冉号楠
王伯伦	方　正	刘　嵘	倪潇茹	金天一	吴雨聪
王　卓	郑雨晴	马瑞明	孙燕飞	李培坚	肖　蕾
丁嘉禾	彭　理	牟金梁	杨林超	李顺娇	谢　刚
窦昌靖	万　荟	聂　昊	张　航	李星宇	杨鸿皓
耿钰粼	陈　杰	宁　峰	刘丽莹	梁国邦	郁　凡
韩　星	程铄淇	潘　恒	周　爽	林逸衡	院成龙
李嘉晨	冯　琳	盘　卓	梁　聪	卢文清	张椿森
廖泽弘	韩士琦	裴　磊	毕嘉亮	卢昭睿	张　琦
林学健	姜　晨	孙　淼	陈冰莹	罗　遥	张一清
潘荐轩	李北晨	佟　尧	陈维镜	屈　硕	赵子菡
苏超凡	李　赛	王　斌	程川原	史庆楠	田昀佳
王柯轶	李思润	肖黄能	范小艳	唐光钰	嵇　燃
徐劭恕	李腾腾	徐贺煜	谷　铮	田葭玥	柏卓锋
曾志宏	梁　淦	许晨辉	陆宏宇	魏毓星	陈一童
张佳慧	林龙福	姚　铁	麻燕翔	徐少博	戴　蕊
张俊琛	刘昊宇	张　畅	蒙生永	张伟豪	黄小夏
张天煜	卢嘉程	郑博文	戚远泽	张　哲	李昊洋
赵耀华	罗雪霏	陈方义	沙江波	郑凌铭	李梦颖
郑泽涵	马进杰	杨　硕	庹　睿	刘博宁	李　鹏
周斯腾	马晓寒	魏宇尘	王春晨	陈沐乐	刘俊杰
蔡嘉炜	齐宏志	边亚琳	王珞珈	陈贤霞	刘思放
刘可文	汪章明	杜　熠	伍子奇	陈　育	罗　程
刘肇卿	王　彬	高竟珂	严　洁	成宇琦	穆　宇
刘壮壮	王稼舟	龚昱溧	张笑康	戴砚博	乔　冉

续表

潘艺文	应宇鹏	荀　亮	张展羽	段鹏遥	涂　昕
苏　悦	徐新宇	黄　罡	张卓尘	韩　飞	王　栋
汪玥君	杨　粤	李　沛	郑方磊	胡芮琪	王铁松
郗　琳	杨卓栋	李　蕊	郑世超	靳文钊	王学婧
曾浩源	余昊羽	林风山	周　佳	李宁德	王智伟
张嘉伦	喻建瑜	刘东奇	周　磊	梁凯鑫	望　元
钟策遥	张　敏	刘练文	周　威	林云浩	张哲豫
朱晚亭	左　彤	马江江	杜如钧	吕健康	朱思成
邢　月	胡智雄	毛　金	耿志超	吕雨桐	陈　鹏
韩　淼	刘育豪	么忠岳	张艺伟	孟子超	杜思奇
李一航	余青蔚	蒙　扬	李汶灿	任　福	段顺翔
杨京涛	蔡　景	齐孟媛	苏　翰	王　凯	甘宇源
刘一帆	程佳磊	盛　杰	陈昱伶	王泰贵	贺恬语
陈星豪	崔锦鹏	宋　昱	滕淳先	王钰沁	贾滨诚
陈奕倩	邓　为	王肖肖	王佳旭	吴　为	雷　珺
陈　煜	顾　嘉	熊　维	李昕冬	奚骋宇	李天兴
邓舒林	胡曦文	许志伟	陈柏屹	邢　通	林润哲
郭新宇	李博文	杨若涵	胡寰宇	杨　帆	刘　煜
郭泽昂	李　玉	杨艺烜	黄艳妮	张冰洁	吕鑫鹏
衡誉文	李肇敏	姚云博	刘一平	张　迪	马龙飞
李明杰	李征洲	袁于珉	吴鹤雯	张浩起	盆殿威
李烁炜	刘　康	曾　柯	袁铭阳	王　立	陶琳琰
牛云帆	刘　学	张博宇	柏佳音	陈一凡	王继宇
任　毅	马忠英	赵诗萌	郭勇帆	方艺闳	王　龙
王一沛	裘加涛	王腾岩	李思蔓	付　钰	王玮琦
曾宪雯	谭玲珑	闫昊辉	李文涵	郭文辉	王昱洁
张欣成	谭云秀	沈晓宇	王敏壕	何瑞鹏	韦荣桃
赵启涵	滕　俊	徐艺铭	王　旭	洪梓铭	魏沛芳
周　畅	王　超	杜蘅洲	陈奎烨	黄　琨	谢　欢
荣俊杰	王瑞君	张飞飞	林煜坚	黄　睿	邢诒政
李　钰	王潇阳	曹文远	徐　政	蒋　伟	张芙蓉
董志宁	王昕宇	董　林	张冠柔	李　翔	张　俊
刘子祎	吴陈硕	樊　卡	艾　昕	李　雪	蔡金棋
李宗翰	夏　蔚	房凡洪	卞歌晨	李玉冰	陈京生
谢浩铠	邢泽洲	冯　辛	瞿源浩	梁诗宇	陈　仪
封朝阳	徐　鹏	高欣然	王士元	沙小娟	杜姣姣
冯谟可	闫家铭	何杜豆	李伯森	石伟宏	郭和平

续表

李佳诚	杨景博	李　航	刘德舜	宋　辰	何航宇
宋冰倩	张若愚	李雪萍	施　颖	孙世宇	何紫君
陆　锋	张适宜	廖　原	王子博	王官攀	李　薇
张尧翔	沈　弘	刘　桥	许冬琪	王　琪	李院霞
何雄豪	韩可欣	莽修伟	杨　曦	翁俊凯	李　越
邓益斌	贾东方	牟翔宇	陈科枫	吴　洋	曲泉宇
付文雄	常　源	阮浩鸥	陈宇婷	严梓宁	申建亭
李　佳	陈生栋	孙晨茜	彭　庆	杨韬辉	宋志鸿
贺冬珊	方　煜	郃宝宇	王　鹏	叶瑞祥	王德勇
姜继恒	付胜军	汤存威	潘玺安	张安然	王昊天
夏　轩	耿小文	王　靖	郭　嘉	张丰绪	王锦秀
熊一蓉	韩　笑	王　涛	施铭涛	张敬淳	王　磊
郑逸飞	胡志宏	王雪埕	陶梦蝶	张梦晨	吴学洋
傅　实	蒋远杰	翁书文	朱康杰	张雅纯	赵红秀
温　李	李　涛	薛　融	蔡昕尧	赵晴雨	洛松次仁
应晓亮	李雪屹	杨清雄	纪　元	郑潇涵	蔡　立
吕　哲	李宇翔	张思楠	孙一通	陈　晨	胡泽升
万吉林	林声涛	张亚楠	许婉莹	顿鹏翔	姜少华
邬登金	刘　媛	赵铁凡	琚子超	付鑫如	蓝江艳
叶立群	吕　汀	郑　轩	彭希文	高　伟	李伟其
李穆晗	骆秋杨	张涌新	徐子祺	韩　臣	刘家伸
李　潇	桑晓秋	陈碧阳	赵宇新	韩　辉	罗　阳
安泰康	石羽辰	林晓宇	郑现州	韩金豆	石　霖
白祥宇	史清璞	王睿哲	周裕博	黄逍颖	王定勇
鲍　晨	史宇彤	郑含璐	程　鹏	焦梦龙	王思博
狄静远	万伯豪	郑小敏	程　爽	刘翊溦	王忠钰
董彩红	王健宇	黄子洋	吴迎新	马小虎	温　阳
郭　然	王志鹏	付荟钰	席燕萍	潘慧东	文一帆
李明超	辛建平	何金昭	邓宏远	潘三藩	夏　昂
李　燊	杨明宇	李融峰	李辉原	曲云甫	夏　琰
李思远	易　鸣	李司陶	刘佳奇	孙可欣	杨　帆
刘　立	张　恒	马永强	宋丹萌	王静雯	杨美辰
刘姝仪	张廉杰	任耀宇	张皓景	王秋伶	张冰妍
刘天一	张敏昊	沈　婧	周银平	王雨童	张　鹏
刘亦菲	张一乾	王　斌	胡家欣	韦慧兰	张晓萱
刘永奇	钟雁翎	王　昊	王明轩	谢　东	赵　譞
卢娟娟	朱汇文	王　晖	王明智	许　勇	赵悦姗
石皓天	宋　册	王　杰	张琳舒	晏黔东	郑陈熹
爱迪娜·阿斯卡尔	夏力哈尔·安那什	赛力克·巴合提			

核科学与工程学院

艾心珩	赵　昱	冯定攀	樊雨轩	姜景升	何家成
何　流	唐建孟	傅盛磊	顾思维	林盛盛	贺一海
郭子豪	蔡金成	郭宗鑫	贺卫亮	陆家纺	王　鑫
李　昊	车国华	赫连仁	黄奇凤	邱秋影	殷亭茹
马佳鹏	丁云龙	焦　博	黄小云	宋　怡	陈静涵
叶　晋	郭奇全	马源羚	梁瑞仙	王　枫	胡　真
陈东啸	黄　凯	隋卓婕	刘鸿斌	王子舰	李志豪
程　昊	黄勇超	王仕集	刘　帅	吴嘉昊	刘自结
程　杨	贾唐堂	王啸宇	毛勇俊	肖　异	史亚栋
冯琬昕	李志勇	许裕恒	荣　航	徐　博	宋文达
黄翊君	刘文德	杨　涛	田茂朗	徐明伟	张　瑞
降东阳	卢明昱	杨志煌	田　壮	许遴杰	黄　毅
靳楠楠	宋黎明	于宗玉	汪帅彧	杨　晔	秦家禄
黎瑶聪	唐　辉	张　浩	张力波	张满昌	王鸿鑫
李奕彤	吴　婷	张　智	郑海洋	高　恒	王　晴
孟祥源	吴源广	赵寿虹	任　杰	黄俊锋	曾　健
芮　恒	夏子涵	周　彪	陈浠毓	赖金旺	王睿智
孙妍妍	杨志凯	朱耀选	陈浩文	梁超凡	吴志友
王　聪	张志宏	黄俊峰	陈以涛	马翔凤	赵崇岩
吴世升	钟科廷	蔡　磊	陈　昭	陶春阳	程玉玉
许　帅	唐　飞	陈双龙	方　宏	徐兴嘉	董继宽
叶柏良	夏跃朋	陈喜配	高可庆	余绍兴	代　妮
赵杨昕宇	陈泉汐	程　笠	阿卜杜哈力克·麦麦提	巴依木拉提·阿勒热肯	

经济与管理学院

郭　睿	缑莉莉	廖嘉滢	王　佳	丁国江	于　硕
苟慧伦	丹增才旺	刘　谧	王秀慧	范杉杉	张博原
马玲玉	邓煜鑫	刘梓歆	杨梦雯	陆太虎	张卜元
皮乔可	丁　霞	马江林	杨云焱	马德昭	张学正
孙久迪	李　芸	马艳芳	叶　果	牛婷婷	田　政
孙郁九	李自智	潘昱霖	叶　子	齐志平	王夏男
韦祎凡	林芳宇	沈志炜	喻　菲	宋　健	陈茹伊
吴歆明	刘芳彤	谭冰冰	岳子贺	王　一	陈珊珊
薛一平	罗广旋	谭沐川	翟佳静	伍　越	陈威成
袁佳莉	罗　茜	王　丹	赵　妍	徐　禾	方　宇
张鸣辉	盛越强	文淑媛	朱若晨	徐　冉	姜　旭

续表

何冰清	童凌	武一帆	宗苑茹	阳佳颖	李偲
李明阳	童耀祖	叶嘉雯	曹玥	杨成龙	李皓晨
刘宇翔	王丽娜	钟志鸣	李珮	于兴广	李惠惠
孟钰	吴昊	李彦霖	周星迪	张鑫	刘红雨
郑欣怡	薛舒墅	刘昭国	庞博	艾昱	刘炜维
周星	闫雨东	柴晓艺	阮一倍	白玫	刘悦
张梅	杨增伟	陈楚慧	张浩	陈天恩	罗勇
常夏	叶博童	程璐	崔颖颖	陈泽瑾	马占喆
马遥	叶琪	邓彦丰	丁志楠	次央	任凯琴
周亚凡	张进	王其清	黄育平	单可意	芮成
陈余兰	张秋楠	胡茜	季子钧	董尧	帅梦芸
樊苏瑶	赵万如	纪博云	贾若兰	符敬婷	孙佳雪
冯芳馨	赵亚杰	蒋潇	解宇欣	高硕	田东旺
符婷婷	郑高洋	李昂	康丽	巩秋月	于泽滢
嘎玛卓嘎	郑丕昊	李佳琪	李亭亭	关梦娇	余春瑢
关锦	周建力	刘兴	梁滔桃	关敏	张笛
韩麟	周相宜	刘禹含	林湘敏	何畅	钟慧敏
金石轩	鲁萍	马芳	文明哲	何祥鸿	陈小亭
李慧	彭燕嘉	张儒昊	彭宇洁	胡邦穗	顾思源
李悦	王闽茜	满京京	沈辉基	李锡宇	胡松
刘畅	汪扬澜	牛萌	王欢	刘先婕	黄媛
刘俊瑶	戴赛岚	汪钰婷	王钟毓	邵双双	李金
刘心竹	陈巩凡	王德凯	杨林	宋晓嘉	李卫
刘璇	陈柯宇	严明红	杨柳	王可举	刘天宇
刘玉闪	冯瑞文	杨甜甜	杨雯君	王可欣	卢禹彤
马晴	黄平	杨艺茵	于梦飞	王榕	罗璇
倪文迪	李玲玲	尹俊欢	张婷婷	吴楠	王恒鑫
叶旌琦	李天芝	尤希琦	张馨月	杨莘博	魏典
孙雨诗	马真	余昊俊之	魏倩	张硕	吴明明
王佳锐	梅书凡	袁雨琦	雷之欣	张怡然	徐恩宁
王正雄	尼玛旦增	张梦雅	陈杰	周楠	许文广
卫传莹	聂青云	张一诺	旦增卓玛	艾先能	许兆
薛珊	潘柯利	钟秀娟	董映洁	曹宇	杨培文
杨阳	彭诗琪	任婕	蒋照生	陈旖	张小雯
余若曦	裘莫寒	邵甫青	李鹏龙	次仁拉姆	崔雨涛
李东明	宋籽锌	董晓耕	李晴晴	付静	旦增平措
郑梦菲	王瑾钰	李文澜	李天成	黄瀚	方雪娟

续表

周 平	王小峰	刘方舟	路 凡	黄振星	高 茹
邹晓因	王小涛	吴梦涵	毛楷文	贾卫兵	郭 岚
李欣颖	王 言	张雨枫	钱岱年	林 凯	郭舟杰
潘 月	魏豪君	曹雅娜	秦光宇	刘 卓	胡续颖
陈 璐	武 德	董蕴萌	邵丹娜	祁 馨	刘 涵
陈明慧	薛靖国	韩 媛	王 灿	苏 畅	刘绍炜
高 瑗	杨建焜	姬璐璐	王佳倪	孙 堃	刘素影
高 姗	杨倩如	贾腾思	王 麒	田立燚	罗布卓玛
李 昕	杨思佳	鞠冰清	王翘楚	王乾安	厉 艳
林燕如	扎西俄加	柯 鑫	王雅轩	王子煜	秦 琨
刘玉翠	张 兴	李婧轩	吴文锋	向巴泽仁	田艳锋
陆阳予婕	张 姿	李罗一帆	杨文忠	张晓星	田艺轩
罗怡凌	张 超	刘 韬	姚家琪	赵一凡	王天琪
马荣荣	孔颖超	龙孟婷	冶 童	董洁琼	吴志龙
清 格	浦 迪	牟馥萱	尹 航	高俊茹	杨卜铭
孙海峰	邓 迪	牛政涵	赵润豪	韩继锐	杨佳澄
覃人杰	王 旭	陶建业	赵 奕	蒋美康	杨 婷
王 鑫	陈星皓	田文燕	钟志祥	焦 昶	曾昱榕
王俞婷	陈云斐	童 蒙	仲桂玉	康 阳	张立强
相文兢	格桑次旦	哈 龙	迟海伶	李颖欢	张夕冉
闫晓宇	韩雅儒	姜宇赫	代鹏图	栗安琪	张 旭
杨 乔	何 倩	刘惠君	董 伟	梁少东	张译丹
袁淑婷	李霄彤	茹 斐	杜举友	梁 伟	赵紫锋
张珽文	李丹丹	沈佳俊	冯俊亮	廖坚强	邹 宁
张 萍	李泓颖	杨凯敏	付红娟	刘炳宏	阚冠华
张思佳	李佳璞	尧茜婷	钟海梅	马健永	朱姿桦
郑雯珈	李金孟	臧 威	朱雅欣	孙晓帆	胡思源
居勒都孜·木拉提	阿布都外力·依米提	阿依古丽·麦麦提阿卜杜拉	穆乃外尔·斯拉吉	古丽塔依·阿黑	迪拉热·斯坎丹
艾克旦·艾尔肯	阿依佐合然·艾合麦提	茉丽德尔·塔布斯	祖莱哈·乌斯曼	阿依波力·巴拉提	买合木提·阿布都里木
努尔荷娅·白迭勒汗	约日古丽·喀日毛拉				

可再生能源学院

刘 洋	西若平措	贺 瑜	常芯悦	王毓瀚	林 杰
陈邦和	肖焕秀	洪耀辉	陈旭鑫	王则祥	刘炳文
楚 月	于丰玮	李冠霖	董 浩	徐 雯	刘红宇

续表

宫月华	张超宇	李天晓	郝梦婕	杨文梯	尚朋阳
贺延聪	张艳影	李　彤	姜胜欣	喻小菲	宿非凡
贺　月	张　悦	廖音杰	廖艺鞠	赵　娜	王　娜
胡　冶	祝铮鸣	买春平	罗灌文	郑　郝	王晚词
黄　浩	王晨鸣	齐　瑶	罗一鑫	朱雯婷	谢世杰
金喜园	刘智皓	饶丽霞	彭贞杲	蔡　辉	徐申勇
李春雷	马潇洋	尚　锋	邱杨翊	陈　冲	杨　林
李　燕	陈　言	宋晗宇	施浩然	陈陆伟	杨　鑫
李垚垚	付　尧	汤光植	苏文静	次仁扎西	余张鹏
廖思婕	宫英杰	王海政	孙一啸	代炳珂	张瑞勇
刘成刚	韩雨彤	杨　翁	吴昱廷	杜　恒	朱宸曦
刘卓海	贺翰韵	袁群瑶	肖　雪	符小云	朱孔硕
闵亮亮	金文祥	甄子新	徐　智	郭东旭	黎　潘
彭　鹏	荆亚宁	宗慧欣	许　巍	李　佳	巴桑曲珍
王　帅	李学培	邹朋辰	杨洁钦	廖超月	白婉欣
王　续	李玉满	白建伟	张维军	廖智南	陈颖毅
王　宇	梁海东	曹立柱	赵　帅	林宜萍	成睿琦
武伟伟	麻文东	常甄文	朱科佳	刘云龙	次吉卓玛
谢伟丰	秦梦雅	陈炳成	邹志文	罗宗保	冯于达
徐华杰	石鹏举	陈晓涵	赵春艳	马克荣	贺福广
徐子毅	陶立壮	陈　哲	陈婧涵	马耀财	黄官德
于孟夏	陶　涛	邓钧水	陈书博	普布列琼	黄　婧
张志郢	王　进	洪成允	代　卓	孙　瑞	李佳杰
郑　璐	吴彦宏	胡傲宇	戴若菡	王浩宇	李　霄
杜　晟	吴伊雯	黄连友	丁　函	辛　阳	李泽豪
陈瑜璐	夏泽宇	景苏峰	后　锐	薛振晓	梁希金
程　淏	谢博文	李尚宇	胡文清	杨荣海	刘焕龙
葛　畅	严　凯	李　鑫	胡　哲	袁佩贤	罗皓峰
何　博	颜灵伟	刘永辉	靳再兴	张超学	屈承珺
李振中	杨晨星	鲁冠斌	李柏轩	张启凡	田　巍
林家俊	张　欢	师雪丽	李定龙	周中行	田振荣
刘河生	张雨薇	孙　静	李　俊	多吉旺堆	魏晓雯
刘　茜	赵璐瑶	孙盛平	李瑞阳	冯湘萍	吴智健
刘石林	吴开聪	王淑晗	龙　飞	管汉杰	伍　海
罗楚濛	何贝贝	翁良国	卢茹芯	黄　超	徐　赞
马鸿亮	陈　梦	吴　静	鲁凯强	黄　星	杨家升
宋彦辛	邓茗瀚	吴嫣媛	倪声悦	江安罗布	张继鹏

续表

孙士蔄	杜　洁	夏婷婷	汪德成	江俏杨	郑玉婷
滕铠轩	高　峰	殷卓君	王雪颖	丽娜•托库	周南玘
王　震	郭冠廷	张登宝	安银敏	林建庚	尼玛多吉
雪喀拉•阿巴白克里	霍尔虎特•叶勒木拉提				

人文与社会科学学院

唐　乐	高星宇	陈　思	冯　晓	高姝婷	方伟银
白玛德吉	郜　敏	陈雨佳	葛萌萌	郭菲阳	韩路杰
白　央	蒋文凤	迟田甜	黄　玥	何　玲	矫　芳
班世艳	李　慧	蒋　宁	季泱帆	胡慧悦	李海珍
陈　茜	李婕妤	焦　阳	康玥莹	贾烁扬	连亚新
成佳琪	李宇鑫	孔紫涵	李明翰	姜　雪	刘　唱
宫婷婷	刘明瑞	李洪艳	李玉蝶	李丹萍	柳家雯
顾振宁	刘思瑞	李麒麟	刘馨乔	李　婷	潘希龙
侯　硕	申晓岚	李宣廷	马银鹏	李　悟	强巴德吉
李雪远	沈文莉	李哲雅	秦少玉	廖偲伶	帅婕婷
陆海慧	王迪佳	刘　畅	陈芃起	刘　璇	粟显淇
戚　艳	王海东	刘　娜	万晓燕	刘洋洋	谭思垚
王　晶	王佳璐	陆　爽	王莉侥	罗静雯	唐香玉
王奕彤	王　淼	马文文	王梦婧	洛松次珍	王曌君
王子煜	伍　彤	庞　慧	王梦婷	彭伟伟	闻伯媛
韦旭丹	项　云	田　园	王心晴	王盼盼	邢　丹
吴应斌	肖彩珍	王思懿	吴钰琦	王　颖	杨轶雯
徐海兰	徐方怡	王肖莉	熊雪梅	央　金	袁玉颖
徐文天	杨　琦	王雅婷	杨佳梦	杨　健	曾　敏
余美玲	雍拉卓玛	吴淑纲	叶梦颖	杨钦宇	张婧怡
张媛敏	张洪源	杨江祎	张嘉梁	杨　涛	张若辉
张洛言	张亦弛	张哲豪	赵　岩	张洵逸	赵翊含
张馨宸	赵碧瑶	祖毕叶	周津羽	张毓敏	朱　文
张　艳	郑　瑞	胡　崾	边的佳	周　兰	陈穗霞
周佳惠	田语晨	陈珂伊	蔡雨薇	陈溢依	陈　曦
张　蕊	陈力贞	单君媛	曹　勇	程　丹	段佳佳
努尔曼•赛力克	赛尔达尔•木拉提	杜妍臻	陈凯欣	董　晨	

数理学院

苑小丽	罗　达	赵雪嘉	莫绮雯	耿岱玉	姚　远
陈　真	马　恩	安玉宾	申　桐	胡艺凡	叶毕勇

续表

丁高峰	任靖雯	郝奇琦	宋天阳	孔令谭	叶晨骁
付子祎	覃启东	何以松	谭晓琛	李伟朋	袁　晨
桂永明	王梓萱	贺建锋	王舒炤	马博韬	袁文俊
胡鹏程	尉迟静远	黄一北	武沛多	孟丽竹	郑宇鹏
李　芳	肖素容	黄英凡	徐文豪	苗宏图	朱琎琦
李晶晶	闫　彤	李清意	杨奕颖	皮海亚	曹迎迎
李志勇	湛雨潇	李秋实	张鸿荣	王新爱	卢秋茹
刘　瑞	张　德	梁慎源	张子扬	伍杨柳	徐　鹏
刘益博	张　雅	蔺　琳	周梦骄		

外国语学院

陈　瑞	彭梦莹	王佳瑶	许正秋	林　叶	尹紫妍
林榕榕	谭　莹	罗　誉	姚锦浩	刘六云	张馨月
黎雅希	王念煜	陈思敏	殷　蓉	刘　倩	郑　玲
李匡迪	王　帅	李　兰	张浩然	刘　艺	王姝懿
李晓文	王　天	梁娇娇	张　欢	宋艺雯	宫雨辰
刘天怡	张　琪	刘岳峰	周筠竹	谭　欢	孙　瑶
刘恬恬	赵丛莉	罗　瑞	喻　晨	唐　钰	汪辰晓
古丽妮尕尔·艾合麦提江	邹睿晟	马俊女	陈泽兰		

控制与计算机工程学院

陈昊文	吴亦继	马　旭	林全顺	陈鸿祥	戴谢慧
陈杰扬	吴　宇	马亚铭	刘鹏坤	陈　骞	段　由
陈梦娇	熊国宝	马泽菡	卢　琼	陈　莎	蒋　捷
杜应海	徐伟程	莫蓓蓓	罗　正	陈颖璇	井思桐
高　健	余俊璇	彭光辉	潘文龙	董　晨	李佳芮
顾玥莹	张情意	时智博	彭子豪	方晓兵	李晓彬
胡云皓	张晓理	万力威	商景辉	贾　帅	林维军
李凤杰	郑嘉雯	邢春晖	苏　鹏	金浩然	孟若含
李　彧	朱志超	杨玉莲	王安迪	金　伟	彭　挺
刘海燕	金世杰	张　华	王　瑞	李　瑞	齐作栋
刘英伟	陈鸿雁	张子明	王　宇	李永翔	邱东英
罗　颖	方　堃	甄　骏	吴若心	梁亚中	邵　丹
罗子睿	韩长兴	蔺家骐	徐洁瑞	刘均锋	宋继峰
杨　磊	韩梦娇	王泰玉	闫攀飞	毛宇峰	谭　天
南江峰	姜海涛	程　瑞	杨　泽	盛琦慧	肖松庆
蒲增浩	康　宁	董玉红	张潇龙	宋泽雅	张　艺
祁博健	李雅轩	何　辉	张新钰	唐子焯	殷　月

续表

宋霄霄	刘泽凡	胡逸凡	周笑天	魏桢	张威
宋哲	陆晓华	兰鑫玥	王彦杰	许炎	邹正浩然
吴伟	罗军	雷润民	安然	张家瑜	陈碧颖
徐建保	马锐	刘一可	程茵	张睿	陈峥嵘
杨爽	任芝含	刘怡	樊逸卓	尚暖	戴晓燕
曾雅雯	王锋	刘影	高岩	陈劲	涂康斌
张洪福	王乙	苏蒙	何张鑫	董竹林	蔡沁
张佳辉	王媛	王硕	胡吉洲	方楚辉	崔紫巍
赵明子	吴铭浩	巫佳龙	黄可馨	何正源	郭倩芸
赵松	吴易霖	许两逢	蒋山青	黄鑫	韩培鑫
朱慧娴	吴振民	杨春晓	黎智	李绍刚	黄德祎
陈培佳	徐金晖	姚司昀	李骏锋	李文涛	李茂菊
陈卓	徐宇	余刚刚	李渊博	李致宗	李笑笑
方黄峰	周璇	余涛	刘思奇	刘海鹏	李星琛
郭妙玲	邹媛青	张辰	陆鑫	刘建	李振刚
郭悦	杜桥	张林炜	莫程程	柳亚贤	唐植烟
韩仁辉	曹德尧	张世航	王敏鉴	任敏华	王维
胡申煌	冯良骏	朱万霞	王垚	汤志林	王兴杨
蒋文周	冯鹏远	张浩然	王宇恒	杨洪岐	王媛媛
解加盈	贺佳宾	林明明	杨超	杨剑梅	王云霄
李涛	胡玥	张亚坤	张晶晶	余威	吴勇昊
李伟桄	林润	周泉	张涛	朱瑞迪	吴泽先
刘佳伟	龙沫涵	陈润	郑智聪	朱元昊	熊凤升
刘鑫	张颖	郭孟瑶	周鑫	刘艺卓	于建帮
罗玮	古有志	何涛	朱海	董金凤	张军
马康丰	王秉乾	何旭东	李林善	苏伟芳	张维
彭琬清	王鑫	侯明	邓巍	史雨柔	赵佳康
沈玉龙	晏明皓	金冰鑫	董欣阳	柴雨桐	邹昌铭
盛梦月	陈燕坤	黎俊	郭倩	陈柏杉	刘佩妮
谭唯一	黄化	林雅婷	黄戎	陈星任	吴宇昕
王雨婷	曲星	乔丹	计鹏程	陈修森	奚芸华
余婧	王会盼	边巴次仁	李梦捷	傅一飞	黄馨
袁泽	王萌	时永祥	梁博欣	龚禧	祝可可
张景程	杜林坤	帅凯	刘宏建	韩明蕾	常宇
赵富翔	胡中杰	王浩铭	刘雪妍	何文宇	陈显云
郑格	黄毅	王鑫	刘宇凡	贾新潮	丁晓洁
周玉杰	许臻	王裕健	柳幼婷	马天恒	顾晨晖

续表

自咏冬	张宇森	王忠琦	雒 佳	马 伟	郝佳音
邹沁言	赵泽升	吴子锐	马龙强	闵 睿	黄文婷
符 健	陈铭豪	熊家祺	门志宏	权雨建	黄 鑫
付艺伟	李成行	严 鑫	沈 祥	唐若愚	江成龙
郭冉冉	秦 策	杨志鹏	王伯彦	王德震	兰明成
黄跃强	杨 婷	姚瀚钦	王 健	王昊哲	李佳玉
林诗琪	叶 茂	扎西顿珠	王智超	王姝月	刘世祺
刘闽建	吴 倩	张怀勇	尧聪聪	王 旭	罗 智
罗 丹	郑嘉乐	张金龙	于 宁	王屿冰	单雪峰
潘晨阳	晁岳雷	张 鹏	张 佳	尹钰君	孟 瑶
平博宇	顾 萌	赵 瑞	赵 鹏	张念东	秦 彬
沈炀智	郭彩云	陈佳琦	郑开航	赵雅丽	王 刚
苏 军	韩淑宇	丹增江村	加 参	赵彦旭	王瑞田
仝慧林	揭勇俊	邓国进	李 富	钟泰华	王 武
王同攀	金登峰	邓雅方	陈 淳	朱健斌	王 鑫
王周君	李 涛	郭鹏天	陈多政	吴振宇	王伊芮
魏 更	梁 成	黄立松	刘 煜	徐浩嘉	叶尔布力·别尔克太
麦麦提敏·艾则孜	白胡提·克麦力贝克	拜合提亚尔·阿力普江	马尼苏尔·帕它尔	沙克尔·把吐尔	米尔扎提·买合木提

能源动力与机械工程学院

杜 江	邓涵月	关 跃	杨明达	和俊松	李潇洒
郝贝宁	顾家铭	康浩强	张黎阳	季晓睿	刘 苗
何毓波	何其锋	李厚成	张天清	李佳明	芦连杰
贺成泷	何志君	李佳昕	陈泓铮	李健宁	马路遥
黄思敏	胡猛进	李浪波	何 宽	鲁 烨	齐 震
孔 耀	郎 超	雒玉新	杨朝晖	骆世凯	饶逸龙
刘 奇	雷何东	马维国	冯义钧	裴继兴	石 阳
刘欣蕊	雷 雨	苏 凤	侯哲帆	秦昌兴	汪 洋
马晨皓	李 傲	田 鹏	姜一博	屠皓天	吴楚瑜
乔思梦	李宪伟	万武峰	康 毅	韦兴希	伍 锦
孙 振	李怡然	王云楷	李国跃	肖梦月	邢增山
唐德振	廖 川	吴家明	李 宇	薛文君	张健旭
田忠原	林 昕	肖 博	陆 悦	闫 鑫	张斯奥
王海霞	刘德嘉	余瑞民	裘 实	杨 谞	赵乾坤
王鑫宇	任乐乐	张骞文	石千磊	叶士鹏	陈建伟
武加朋	史 磊	张志国	宋 磊	张朝旭	高东升

续表

闫宁	苏发昌	赵泓博	田玉琢	张琪	谷金宇
杨凌凡	田基森	仲华	童磁轩	张子卿	雷晨晖
杨硕望	王伟	李斌	王志楠	杜尚健	刘兆宇
张智勇	王艳	林玉栋	吴昊煜	高定恒	卢旭超
朱万利	王阳	郑舒恬	肖胜	郭诗鹏	马腾霄
常新科	吴悸	陈泽铭	尤清滨	李昊	马越
程文婷	杨晨光	代秋杰	张高强	李少鹏	倪清岱
范博文	尹嘉祺	范洪磊	周倩	李硕	齐彬邑
李雪松	张道水	冯凯鑫	刘洋	李桐	邱三人
李逸群	赵志伟	高峰	陈帅	李昱	宋平
李泽民	郑滨涛	郭磊	包凌霄	林亮宇	孙志宇
林小枫	周靖川	暨勇策	代礼豪	卢旭曜	王艺璨
刘得云	严宝林	兰天扬	杜睿	乔卿贝	肖斐
刘飞龙	陈梦昕	李家华	胡明波	索福德	叶维祥
刘钰	付发威	李明珠	黄登超	王小惠	殷浩洋
马前程	关玉儒	李艳梅	贾晓韪	韦泱均	袁永龙
山晓雯	郭鑫	刘子源	李巨峰	吴俊达	张茜
思河岳	郭咏昕	徐扬	林玮	许润民	赵旭
唐磊	李寒羽	杨洋	罗钦	杨冰玢	赵元财
王聪	李玥	于淼	南雄	余正敏	程露莹
王婷	刘畅	张诚	聂雅楠	张茗泉	白涛
王元宸	卢鹏	张敬斌	彭程	张天虎	黄南鳗
吴丹卉	蒲晓阳	张拓	孙天悦	张逸飞	章建徽
张鹏鲲	乔莹	张向阳	孙钰博	张志勇	邱洛楠
张倩倩	唐赟	张煊	王攀	周帅	杨谱
张燕	王磊	赵越	王彤	朱莎弘	刘聿昕
杨金泽	杨兆晟	顾书苑	王文鑫	周虹钢	张云
郭望旺	袁天培	蒋大浪	王鑫忠	郭欣欣	梁凯
王子奇	赵萌	刘牛	魏宗凯	杜宇航	汪旭
许杰	邹旭	陈勇胜	徐弘阳	李思宇	王翰涛
蔺世伟	刘青雨	冯建勇	许同川	李祥升	王晶
刘宇轩	颜济青	黄鹏中	杨丹	李洋	沈志杰
高舒潭	张诏珲	蒋承前	杨琼宇	刘俊	唐兴
史东	程健	焦丽丽	曾明全	孟凯鑫	胡涵
易文杰	程兆烁	雷帅	湛世界	祁寿贤	肖远
张韬	杜多	李秉宸	曹家旗	王梦宵	黄劢
黄超	来振亚	李羡扬	成造星	吴刚	兰晗晖

续表

焦鹏飞	李　辰	林志华	方璐瑶	徐　帅	雷俊鹏
陈　灿	梁　超	刘海波	冯润麒	姚贤槐	钟晓琨
刘晓乐	马　昊	缪思平	高吉奇	叶梦傲	朱亮宇
梅　庚	倪佳豪	乔　森	郭俊辰	袁莉星	甘润杰
王津汉	倪青山	孙树民	卢国鹏	曾郁兴	李　建
魏　庆	宋依璘	王博涵	卢孟宇	张浩东	林朱凡
肖　翾	王　丹	王　泉	吕培鑫	张继民	彭　锐
倪　黎	王琰伟	王绍宇	栾　天	张天影	丘嘉鸣
佘青汀	温生启	王晓东	罗　占	张野川	青　萌
陈虎良	席思宇	熊娅玲	邵明润	周　英	杨建川
丁冬冬	杨冠军	杨长荣	石金山	朱　琪	张尤俊
辛团团	余一鸣	周莹洁	宋成军	李唯铭	赵　亮
孟凡然	张　威	常泽潭	谭宏博	赵忠光	雷荫先
任相蓉	张　怡	崔天依	田　山	白镇铭	高鹏飞
孙晓艺	赵晋辉	董　鹏	王　冠	曹东宏	周　军
武文振	赵志伟	冯紫云	王妮妮	方文君	张雄贤
郑万晨	严　涵	何艺坤	王子逸	郭　扬	邓家玮
曾宇晴	边　策	杨　宇	吴霖鑫	胡　强	王　欣
迪里旦·阿不力米提	程　一	夏新洲			

国际教育学院

郑蕴华	曾传瀚	王雪婷	梁仲汉	于鹤宁	田润泽
肖　京	章鸣铭	魏梓文	方振宇	吴浩天	郑晨露
金　尧	杨鑫和	宫祥龙	袁启恒	周事好	邓骏鹏
丁锦德	卢　愿	董林啸	刘海洋	刘　沁	白辛雨
卢亚飞	王宇辰	陈弘毅	欧文琦	黄　恺	李孟晓
韩明宇	孙宇笛	祝子绚	赵文倩	张凌岳	李汶芝
袁妮妮	魏赫男	张多泽	卢　灏	王泽坤	张艺凡
于　骏	连城星	侯宇程			

（保　定　校　区）

电力工程系

吕梦妮	赵　铮	谢　鸿	马少龙	陆　迪	李松达
徐继霆	耿玉珠	廖婉莹	李昊萱	李栋奇	刘　通
丁玉杰	王龙飞	付佳良	张书伟	王思贝	王　迪
孙立鹏	徐学静	胡　灿	项　东	方思炜	周钰童
谭亚萍	马华兴	柯明东	刘海旭	丁奕杰	李卓然

续表

罗曼丹	焦维亮	梁睿智	杨　柳	张育宏	侯　佳
张　科	崔立鹏	张绍登	茶凤舻	邢　凯	李雪珊
王竹颖	裴继坤	安子浩	徐思宇	邵先琪	胡海洋
段国强	王之龙	门向阳	齐鑫淼	阚子悦	成明仪
任永恒	陈　耀	徐伟杰	袁长亮	李佳蓄	朱祥东
许　斌	黄天超	方　欢	谢佩瑀	蒋　达	蔡雪瑄
刘　强	朱广博	马春伟	刘力铭	王世杰	郭文诚
刘　进	胡志伟	张丁丁	高天宇	黄　湃	刘建栋
周梦璇	胡棉琦	李怡然	龚　任	王　磊	孙　飞
王浩博	孙佳安	陈其其	曹　昂	孔令霞	武向璐
韩啼啼	高志超	张雪原	李演达	陈　星	李默煊
丁亚雄	袁　塬	王　硕	司徒绮琳	安　东	李昌博
王璐雪	黎乾勇	周光奇	徐晨筱	岳莹莹	徐建行
许英强	袁　婧	冯　健	谢剑锋	李　博	邵辰炜
饶雄文	郭天宇	赵康同	杨　栩	康启炜	吴少鹏
蓝振滔	张建军	钱旭东	刁永锴	王博闻	贺迎忠
张思景	闫纪源	吴　恒	钱云冲	郭佳熠	郭智信
柳　骏	左琼莲	俞秦博	李东旭	马思达	孙辰戌
郭　奇	徐晓惠	陈玉婷	鞠佃军	刘玉珩	杨　岑
董圣孝	刘　渊	赵段杰	王　祯	刘　豪	杨　帆
胡韵婷	高亚鉴	王启鹏	孟庆瑶	杨　羚	胡雪杨
张柳芳	李庆杰	李兆鑫	苑　震	叶梓明	贺　鸣
林子健	李永光	李斯特	苏文存	杨晨旭	李　宾
苏至哲	刘卓承	孙建霆	亓开元	葛　琪	张宗迪
李　森	高雯曼	李锦钰	赵周武	姜　军	赵　毅
任俊霏	蔡　莹	杨安泊	张天洋	郝旭东	徐小雯
毛欣月	安　宁	尚　恺	张贻娜	林国雄	陈嘉敏
张　希	李　通	李浩天	贺　芳	袁　野	朱思丞
吕奕成	张冬雪	吴天驰	蒋似俊	吴　昊	崔泽宇
吴家俊	李　蕾	刘　喆	杨　铭	罗艾珂	王　涛
于东立	程子玮	欧阳宇佳	李超然	达尔汗	解力也
童格格	赵慧聪	高玉雅	周博建	张　鸣	吴若冰
王斯妤	何　帅	习智超	陆志文	李明儒	潘俊诚
李仲恒	冯雨霏	宋胜杰	吕慧芳	张子超	陈　力
李梦宇	居春雷	郭安琪	江明远	王若曦	邢雄丰
杨宇豪	高章鹏	程　琳	浦国琛	卢宇昊	米师农
刘一萌	聂　志	李美林	游　旅	宋　科	裴　鑫

续表

徐正亚	李　阳	张　照	吴夏洁	杜星雨	陶　冀
李　贺	马　冲	于　天	王旭升	李文涛	王长正
王榭崟	蔡雅慧	田普州	韩　沛	曹　刚	贾孟硕
彭　程	蒋　畅	杨宇轩	古珊珊	牟晓琳	魏安安
胡　江	张　一	程　睿	郭清璐	周泠紫	张智敏
刘舒靓	纪　欣	陈聪哲	刘士骏	邹竟成	胡姝雅
王　钊	李宛容	李京晶	赵雅倩	武鹏飞	邓莉荣
庞帅杰	赵　剑	韩　淼	甘圣萍	肖兴旺	魏　奕
王睿豪	刘欣悦	邹潇骏	王嘉琦	王伟哲	王训哲
刘　强	李新军	余　铮	马金田	王　希	马艳军
张邰博	邓卓俊	赵思谦	黄　伟	邹培根	黄昱熹
刘鑫宇	王溯堜	杨艺宁	何雪燕	魁富全	齐　杨
谭忠维	李贤明	肖　通	许　东	郝家伟	张雅倩
吕飞扬	牛天尧	张浩然	李　泽	陈星彤	翁浩源
张　琪	杨　跞	马　磊	黄馨仪	朱立见	张瑞雪
许乐然	寇博绰	齐　越	田瑞雨	欧凡波	邱子丛
吴　瑶	胡一丹	张　路	贾玉垒	毕　磊	李　璟
刘佳昊	王　玉	刘　辉	郑力勇	李政昊	孙少华
吴　睿	谢　波	赵夏瑶	李豪帅	牛占欣	胡　杰
陈贵滨	陈　媛	林　琪	温　潇	项　鑫	李家壮
宋广胜	步云鹏	沙全福	张大伟	丁　震	李　杰
苗志敏	袁秋宁	刘　震	贺丹琳	张韵秋	高怡擘
张婷婷	李　燕	徐家梅	何陈亮	宋　凯	曹晟哲
李宗哲	张啸远	肖良申	曹伊涵	李梦飞	蒋文权
刘浩东	葛厚磊	李添翼	蒋子龙	戴雨薇	赵泽锋
王英杰	张　豪	金基伟	轩　昂	刘兰涛	赵　宸
邢佳妮	崔笑菲	郑　琳	王若麟	黄丽娜	何仪颖
章钧恺	黄伟秦	王博宇	邓忻依	乔嗣欢	杨　雪
廖成城	张佳辉	魏晓伟	董宇航	尹辰斌	谭阳琛
王文杰	杨小龙	彭远会	何知遥	钱　晨	黄湘云
李　洋	崔笑笑	阚宇强	李源锟	魏湘盈	赵明曦
刘　祥	郭雅娇	曾宪泓	李虹霖	王一珺	龚宇佳
朱露莎	张　硕	张　引	杨　宇	李俊哲	吴光敏
刘清晨	张　斌	黄　岩	杨　瑾	赵晨晨	戴　明
尹文阔	陈洪伟	任晋伟	张双义	周长健	李　雪
龙志强	许梦娇	伏泽来	王　智	李光鹏	申津京
裴智琦	陈　晨	孙　昭	马圣明	黄嘉瑜	张国豪

续表

张 婕	贾润地	肖曾翔	吴天昊	申成龙	张占喜
赵国瑾	冯楚涵	刘 佳	刘函铭	韦 欣	魏石磊
李国杰	张 蕾	黄明利	邹 福	姚 远	丁晟辉
张奥斐	李傲雪	黄泰荣	雷 超	张双悦	王亚琦
罗力佳	张 舸	闫恒安	邓森勇	郭 伟	刘婧妍
韦世盛	任 凯	王凯强	杨晓璇	汪 源	李艺雄
常芳源	周家铭	刘奕坤	刘晓豪	袁可为	范文杰
张前楸	刘 越	牛骁阔	纪 晨	王 晗	姚文展
宋长颀	陈 宇	杨晓舟	李梦珊	赵浩然	贺宜恒
陈文文	罗梦青	张泽宇	马子岳	杨 超	赵篷阳
索 璕	杨颜冰	刘学智	袁 翔	郭书言	邢法财
王 源	奚博闻	张 龙	朱志鑫	李一萌	王江伟
周 璇	宋毅杨	吴 迪	尹奇兵	彭 勃	魏宇宁
张 普	陈 涵	施凯伦	张延峰	吴颖煜	王 炎
张冠群	吴楚风	戴军君	陈 蕊	谢翔杰	曹浚源
程子硕	杨 丹	刘 佳	郑 杰	赵华夏	晋红媛
张朋宇					

动力工程系

刘腾克	朱 红	张剑飞	金文华	杨海涛	胡皓玮
汪佳敏	吴高超	丁建勇	张江琪	王培鑫	王星雨
高亚驰	苗家栋	吴 清	张 芮	陈 都	高 建
马 越	徐敏杰	孟令彬	陈海文	易 浩	王洪跃
屈靖洁	虞熠鹏	雷 闻	曹枭虓	张悦麟	宋晓玮
郭士超	刘绍强	奚晗涛	甘汶艳	贺亦杉	刘 磊
赵玉良	许 童	王 沐	李 强	熊志永	许佳欢
胡轩萌	赵维君	张学远	王 慧	余正涛	徐巧变
张竞丹	曹煜轩	第青川	刘汇博	蔡喜军	何雪萍
陈飞雄	刘翊希	赵恒垣	张 瑞	傅文涛	胡晓天
牛佳玉	包 帅	陆天浩	黄保敬	曹志旭	张 晋
赵 霖	陈 坤	赵红芳	任小丁	赵得江	杨 雪
王未宇	王 江	丁伟婧	丁云花	陈 彬	陆永健
高 超	陈旭伟	李 锐	李 允	宋 健	夏 鑫
谢玮霞	周安鹂	王延强	秦若男	丁永钰	吴 涛
姜京东	岳慧强	范毅涛	徐一鸿	薛骥良	马玉锋
许 勉	张一鸣	张 和	王 兴	李智勇	肖卿宇
韩汶辰	宋满博	朴梦然	周一洲	李庆浩	张 夏
韦 征	黄 鹄	周鸿霖	徐 瑞	侯德杰	韩晓敏

续表

李　宁	吴　优	查致全	杨　灿	刘雪莹	王盖安
宋四明	王　涛	熊照雪	陈诗怡	张亚萌	钱　辉
陈萍萍	张海延	蔺小龙	于榕榕	薛　冬	刘树培
邹振雨	张东来	章丽婷	宋朝阳	保隐志	蒋　璇
张晓斌	张子龙	梁建超	蒋奎振	张一华	徐　亮
邹挺松	杨煜国	程　功	王天程	孟大旭	袁　博
张　华	张亚亚	李程龙	崔雅楠	潘昌玉	葛　臣
马　畅	李治涛	路　菲	俞鸿祥	李邦富	李鹏飞
丁　伟	王　曦	周安琪	左浩宇	杨延平	黄　振
贾昕瑜	高文静	马志飞	韩　炜	刘　帅	李　军
张婷婷	李得第	纪鹏飞	肖艳红	王学欣	方　远
唐瑞欣	任　昶	郑雁冰	胡娟娟	戴路遥	李林洪
马首航	朱浩涛	胡皓燊	崔　悦	苏孟翔	李春亮
韩　建	于　洋	郭殿奎	吉　玄	金　翀	卢　阳
姚倩蓉	苏安娜	况　聪	孙雁宇	谭　顺	赖建山
严雪南	马玉彪	米　行	陈士磊	王　健	梁雪琪
潘龙有	张铎亮	毛鹏飞	毛梦婷	龚立超	赵崇邦
万永清	吴思玥	谢模栋	肖　强	韦康怡	梁岂源
牛　犇	油亚峰	许旭斌	张　魁	贺莎莎	王　浩
李　瑾	李　刚	牛贝贝	胡昱楠	陈淑莲	胡连福
王小猛	罗　迪	洪森权	周润泽	刘欣欣	赖华盛
李英格	王超鹏	杨劭坤	吴　楠	尹云龙	王旭锋
梁小壮	赵俊妍	曲默丰	王　娅	周　阳	刘佳纹
朱胤熙	舒　欣	王丹阳	孙　岑	付朝阳	姚团强
何鹏飞	吴　松	于华健	赵　策	沈明海	肖品毅
刘　宇	胡欣培	石　磊	陈林炜	张　屹	舒富鹏
王飞飞	程　乐	黄麒二	王永超	刘智远	王志斌
王华胜	陈昆鹏	张晨浩	姚军军	黄思杰	斯震宇
游嵘臻	邱丽红	林　雨	许道秀	乐梦雅	郭常瑞
周武越	熊保全	魏川彬	袁冬杰	张伊甸	陈奕彬
范旭东	黄云璐	吴丽菊	纪官林	肖一鸣	潘旭东
蒋永芳	张林聪	张尧康	杨　凯	漆　聪	寇文涛
马　帅	车文聪	董敏敏	王　鑫	蒋慧卿	许　晨
胡天照	张玉鹏	赵丽花	刘　玥	李　凯	阿布力利木·阿布都热合曼
邱旭莹	葛　文	任从远	徐玉刚	李强辉	杨楚翘
崔荣涛					

电信系

陈伯凡
吴博渊
赵 云
马 迪
王 涛
贾 强
韦龙坤
贾铭箴
宋金薇
索 辉
黄文婵
陈 强
姜 越
蒋舒婷
彭仔豪
刘 欢
郑明威
许 恺
薛婷婷
刘 璇
苑 文
王 兵
于文超

李秀丽
李苑媛
马生青
赵鹏飞
苏国凯
乔 莹
陈沫言
王 尧
刘健成
孟凡钧
谭凤贤
李怡丹
周宇航
付 凯
胡大帅
张 艳
钟世泰
苏珍香
张雪菲
江 澜
赵彤彤
高少鹏

苗佳琦
于艺海
王文韬
陈 涛
郑超凡
杨 淼
张自安
王晓波
邱瑞鑫
赵雪靖
张 龙
胡旭欣
史上乐
徐善国
周广权
张 威
郑兆明
王 宁
姚源斌
詹佳彬
马天烁
何佳雯

陈曦雯
纪旻雁
江通政
汪梦闪
金 录
朱建斌
赵子齐
王子煜
马江蕊
马瑾瑜
杨华胜
邢磊德
齐振辉
恽 超
孟宪瑞
吴 宪
赵 慧
万福海
梁 睿
王子璘
郑鉴微
庞予童

农 真
谷 雨
柳 叶
李 炎
张嗣琦
夏 露
徐 想
赵 双
冯妍妍
任江华
刘佩松
王三名
许 密
林海蔚
连 策
王 硕
刘建梁
郑世彪
沈华萍
黄尔杰
杨 婷
张慧君

徐 森
刘建达
陈 文
胡雨婷
陈贵昌
唐年吉
杨 哲
郭鑫民
朱科夫
宋 湉
杨毅冉
王 露
文 鸣
郎天鸿
姜轶涵
吴 鹏
廉启旺
宋倩玉
袁伟博
姜忠昊
娄烜玮
杨立平

机械工程系

邱凯伟
庄子豪
陈远胜
车 豪
徐嘉骏
周展徽
蒋 行
王兴周
柴正英
张玉春
祝润生
侯智烽

陈润燊
邓仕晟
王 康
田 辉
王英瑞
谢 凡
亓茂吉
张 平
符永威
何广耀
王 聪
李未亭

吴远斌
朱惠成
何 飞
陈孟哲
李仕玉
张 冕
胡 鑫
黄虹霖
李宇倩
周子杰
周雀林
李志健

刘 冬
郑 盼
朱晔晖
耿雨潇
马 锐
李赛赛
贾淑惠
周 凯
单世民
郝雪彬
刘忠程
汪文秀

张国英
门泽楷
周泽辰
孙承艳
侯 钰
方静怡
陈 曦
秦一宁
刘力康
孔 琦
高 媛
纪安仕

杜梦娇
李洪文
陈 磊
蓝小辉
赵星驰
向星雨
益西加措
次仁央宗
闫 欢
陈泽帆
刘文政
解卫东

续表

张　楠	郝金鹦	卢谋芝	殷鹏程	王　岚	王志昊
郝承承	杨小宁	朱松阳	詹毓隆	董　浩	余帮节
董生英	宋正全	邱　振	周巧云	王泽汀	刘　豆
徐　达	郭曦煜	高　阳	洪　庆	张丽娟	许　朋
危友利	曾少波	付可可	刘利军	高玉洁	刘　雄
包晨光	赵鹏宇	王　珂	宋学成	张开元	汪新康
王文铃	贾晋鑫	王正舜	张钰阳	孔令雨	吴　炅
仲　明	张斌飞	杨建伟	黄楚文	陈　杰	强刚刚
许高渊	刘泽浩	王昊冉	吴艳梅	傅家伟	王海阳
马　杰	李春芳	张　博	李　杰	张建诚	祝志磊
罗天超	闫　遥	李鹏飞	马　辉	肖溢鹏	吴威华
严　寒	丁林山	阿如汗	刘　旭	符　博	赵中良
张文豪	曾柳盛	余定纯	李永刚	杨智超	董　强
尤旭东	吴芝浩	宋　阳	徐家威	殷　超	欧阳玲
蒋　凡	张　强	吕　鑫	杜云龙	尹孟然	谭珺泽
杨　阔	冯　渝	李永健	吴　桐	曹应平	孙　嫱
杨添博	卢南君	张　赛	易志敏	张　煜	陈煜兴
李　玥	阮昭基	李红兵	王淑娴	闫友璨	杨留胜
张　帅	李　辉	杨　康	马昊坤	贺新年	冷张圆
李琳鑫	李战争	孟永强	刘辰宇	贾宏伟	林立乾
黄安立	代　贺	姚瑞海	袁镇镇	张艺伟	曹　硕
王　邱	冯增行	邓伟健	陈永志	曹倩倩	李海超
陈庆昊	刘　智	黄　鹏	王一帆	陈湘阳	米家奇
章峻玮	武　森	谢林昊	王耀福	王高举	汤善发
孙　泽	丁　鹏	易浩杰	张　尧	梁永华	次仁白姆
陈　璠	解　铎	洪裕辉	赵　婷	刘　晗	周小波
范方铜	陈雪飞	张啸宇	毕胜男	陈丽敏	袁俊文
王季鑫	江　辉	金李艳	王晨芳	庞圣养	宣泽斌
陈柳桥	张伯麟	林伟成	周莹莹	毕董丹	温　文
陈全全	赵世卿	李东生	王志杰	施　文	杨学良
汪　田	何加彬	付德威	刘　鹏	王亚祝	范玉鑫
易元满	徐建栋	景永聪	朱艺璇	郑庆浩	雷　冬
管鲁南	田景超	李伟东	秦楚宣	陈文东	李　铮
周富林	孙尚飞	徐　磊	单绍琛	金　龙	王占帅
郭龙涛	汪宗正	张保留	张邑郡	王宪全	施　易
余媛君	王焕捷	尚聪宾	唐　畅	王欣彤	王子杰
李的晋	邱于里	国立峰	王晓雨	殷子沛	

环境学院

李峥嵘	曲聆瑞	候媛媛	罗金艳	来明超	刘晓明
刘 明	赵兴安	刘 畅	蒋德磊	王炳然	卢赛勇
晁 雪	张文强	赵 兵	王 凯	吕 喆	韩 斌
宣 言	钟林松	乔 羽	盛日月	王文博	董传发
李国良	邓雨晨	徐硕彦	孙晨馨	赵 翔	阮俊枭
何德瑞	常义强	沙 迪	曾韵洁	李 哲	张 华
孙东奇	陈孝妍	周林燕	李宗红	黎 帅	候 博
杨大金	刘雄威	张 丽	何 旭	李紫怡	牛俊蓉
刘 宇	冯育宁	向亚军	黄 恺	张泰源	王 朝
李 威	何耀博	林文伟	李 琳	赵 剑	谭松碧
柳文婷	曹泳智	刘海韬	罗 伟	吴星雨	陈 功
牛旭飞	邓泽昆	王春鑫	秦佳佳	胡 星	刘 媛
张 蕾	范珊珊	别 璇	李刘刚	何轶杰	孙 杰
张 菀	赵世盈	黄 凯	于 斌	赵 炎	王玉龙
陈少川	闫 利	尹宇发宁	陈嘉浩	朱怡霖	方 婷
童 伟	武 凯	甘隆豪	文 艳	李志刚	解鸿天
李 丹	张亚洲	余斯娴	吴晓娟	胡 璇	李海亮
刘向阳	柳 杨	邝昭辉	林铭巧	孙浩宇	闫昕童
王炳森	杨 康	陈建伟	黄旭文	龚奂彰	徐 芳
魏学志	韦百卓	刘思宇	陈 兴	宫庆坤	杨莫愁
王丽丽	王宇锟	王贺梅	郝树豪	陈儒佳	郑 浩
祝富杰	周世才	杨晓明	于 梦	郭文迪	刘 闯
苗张炬	徐象君	于 臻	田相峰	黄靖云	张金瑶
沈 耀	柏路遥	任炜坚	张嘉博	郝会超	王爱德
雒富强	张昊屹	董佳晨	金一山	曲成森	蔡文炯

经济管理系

梁 婕	王思韦	丁振华	周玉洁	裴胜丽	郑海旭
吴 凡	王 深	张雪婷	陈寒钰	解玲玲	蔡蓉蓉
朱汉成	付亚男	许毛毛	倪 宁	池子扬	常玛丽
张 强	张 雷	李雪莹	张 云	刘弦弦	韩丽丽
廖婧婧	梁进宇	李 倩	陈 妍	魏 昕	杨 玥
张敬柏	尚心睿	解亚敏	张 璇	尤 敏	陈 倩
孔德宇	姚东方	范衍铖	梁一景	黄 静	张起华
张知秋	李 畅	沈 磊	吕来城	王海潮	钱 程
王 乐	李 潇	邹 冲	姜鹏程	吴 薇	孙辰纬
刘显玲	张宇轩	马 坤	杨 柳	祝邑尧	马文清

续表

杨 峰	张佃坤	周庆伟	周 浩	闫双倩	杨 艳
郭玲玲	华叙桥	许 悦	郭梦娇	王 昕	胡 萧
李慧娟	王 珏	杜 磊	王家琨	刘 巍	方思博
张照远	张延伍	秦廷龙	袁 泉	陈静波	杨舒婷
李燕兰	郑天博	张 弛	张卓影	祝欣豪	张俊健
徐 瑶	王婧怡	朱桥枫	左 玥	徐明阳	于 航
周俊康	李 震	热纳古力·吐尔逊	田 风	高 丰	王科颖
符广润	陈雪莲	田裕	刘 娴	鲍辰雨	白莹洁
许 玥	周振江	赵国娟	刘泽远	李美琳	王华卿
黄媛媛	高 祺	尼革兰·阿不都吉里力	嘎 热	宋 阔	魏 帅
林 森	韩智强	郭 圆	马 璐	蔡晓玉	张 博
郭晓彤	铁万梅	孟立方	张思行	程 序	梁 艺
郭志明	李 锐	韩冰莹	王婕妤	王明辉	黄立君
赵 晨	刘立果	苗琬昀	焦美璇	宋志鹏	安 洋
赵德骁	王良良	姚 景	陈子威	王 敏	杨 帆
王彩飞	吴凯文	祖 帅	后春颖	朱晔晖	张 然
张峻恺	杨恩泽	段永建	牛晶磊	李 桐	王皓月
厉进月	尤立莎	杨施云	高 楠	王雨薇	牟晓梦
任 静	邸 燕	高 敏	文心怡	高婧瑶	孟秋薇
杨 丽	周天阳	李 威	张梦瑄	韩亮亮	胡林敏
杨高猛	彭小珂	黄莹雪	赵 航	刘 珂	孙 泽
苗峻玮	范文钊	刘仕鹏	乐玉熳	刘英霖	曹 丽
张 杭	姚 伟	吴石梅	张力阳	陈 莹	孙京鲁

英语系

蒋思琪	保林波	王翠竹	孙文裕	王淑婷	吴颖婕
朱瑞秀	侯 钰	汪美芳	杨 璐	徐鹏飞	陈婉诗
施智桥	朱思慧	张 鹤	范勃超	梁婷婷	焦文月
刘 琦	黄海燕	李 婕	郑 娜	殷秀英	康亚讷
赵斌宇	高晶晶	赵妍妍	周美亚	雷 也	薛 娜
高 彤	王 珂	桑康茹	刘 庆	王 杰	

法政系

潘柳含	周 涛	李昂琪	程良玉	王 章	曾媛媛
王斌斌	陈佳雨	彭丽颖	陈家慧	郭晓月	冯 琳
帕尔曼·艾沙江	雷 菁	邱小玲	耿世璇	杨佳树	廖黎明
努尔阿米娜·乌热依木	曹梦芸	刘昱初	宋庆凤	张 澜	张伊倬
贾子玉	贾 帆	孙 鹏	王健康	汪 钰	夏婉玲

续表

朱晨雨	蔡丽霞	高盈盈	樊石阳	申佳健	李　响
孙换届	卢　涛	于佳鑫	白　莉	王　烁	史志浩
姜立昊	么冬霞	刘　郴	赵晓敏	葛晶晶	焦凤琪
苏晨晨	辛　媛	温若帆	骆　菲	王晓俊	赵倩倩
孙　同	白　静	朱　搏	张桐君	杨　倩	邵际炜
张　悦	张　艺	崔晓梦	李珍峰	温　馨	杜雅轩
李泉怡	王海桃	李　玥	郭　齐	祁　忠	钟舒颖
武秀丽	李港生	徐媛媛	王学超	李佳怿	柳　虎
万娇娇	徐　慧	万紫千红	胡　蝶	闫　亮	郭少云

计算机系

陈逸凡	张昕楠	周　帅	尹佳兴	范　阳	赵圣楠
郑皓文	种　贺	吴欢欢	刘通慧	吉晓琼	陆祥东
祁明成	马利洁	全祖良	鄢光伟	史一杰	陈　慧
杜　桥	蒋天一	林　俊	东　昀	赵梦晴	阿不都外力•阿不都克然木
靳增辉	谷玉虎	王炜涛	罗　鑫	王　赞	阿布力克木•吾色曼
程鹏飞	朱　徽	张沛然	杨　凯	陈宏宇	洪　杰
李　青	叶庭桢	杨国瑞	綦人杰	王榆圣	从泽华
美渴丽亚•帕拉哈提	于佳文	柳智权	谢仁杰	李　东	贾　兵
刘光明	窦宗杰	段全洲	何　日	贾丹纱	涂豫平
程瑞营	郭　放	李姝瑶	孙　翔	靳亚康	应慧婧
杨　泽	杜炀东	张双黎	杜　群	李　杰	张文倩
关凯文	张　伟	陈　鑫	郭重阳	施少龙	吴雨桐
郭胜仁	张杰双	徐　敏	魏鹏达	王锦龙	孙渃琳
郭　雯	符　骞	黄跃骢	张馨月	陈柏扬	鲁学仲
何思元	刘　凯	张　洋	黄　康	韦　笑	翁诗瑶
宋强强	谷　桐	曹进平	戚　鹏	亚森•吐鲁洪	李　雪
曹新亚	吉　热	武文杰	林增贤	李宏强	袁夕岚
李微微	严婧婷	郭乙乐	谢铠羽	高　荣	姚天妃
张晓杨	王炜康	郝　晓	刘汉彤	于　峥	于治麒
成军超	徐　莹	孙大林	叶　靖	郭家琪	杨对红
栗　璞	董浩圆	秦　东	徐　聪	文　飞	王梦龙
刘德民	王国庆	任中杰	李明洁	刘洪歧	孙　聪
张少聪	秦　瑶	王　汉	安　慷	王功松	尹国卓
邱锡鑫	张毅民	王艺龙	李子侠	翁　敏	朱原兴
次仁美朵	杨江平	杨荣顺	郝晨亮	余　烨	李　杰

续表

韩宝卿	钟 渝	贺 韦	张 章	刘文昌	李忠阳
庆亚敏	唐 帅	曲天昱	周 扬	高永琳	李健凯
孙鹏宇	黄丹妮	韩金新	周洪洋	李二超	胡梓民
王 东	邵 可	崔亚男	邹展垚	胡 皓	尹炯杰
林 文	宣兆贝	王晨尧	张 翔	王 乐	武 洁
黄梦莹	王 硕	侯建康	唐刘健	邓 乾	梁 妍
王 恺	张琳佳	姚滕俊	朱云琦	满 意	李晓晗
刘莉菲	郭鹤旋	朱晓琳	苏 頔	李忠明	仝卜匀
赵 宁	宋旭鹤	高俊辉	高 超	冯明明	于润涛
马占军	赵海顺	李明昊	袁 野	张志伟	杨伟海
王 阳	晋志明	赵正阳	张宇潇	郑腾飞	图格木仁
杨春兰	钟策才				

数理系

王紫辉	苏 梭	陈子杰	尹 旭	张 进	鞠奇江
章柳吟	韩 博	黄 超	刘 娴	冯雪松	张飞航
张杨悦	何 琦	王 嘉	黎 明	康 恒	刘彤彤
齐鸿浩	徐嘉明	陈思阳	周 帅	李 芮	江 杰
彭嘉润	周凌峰	许敬秀	赵玥琦	杨 坤	张 靖
常万恒	蔡文东	李 硕	刘昕祥	沈清旭	陆建明
代家丞	鲜浩波	张 康	肖申强	侯佳奇	李浩森
朱学超	杨天驰	张露月	朱恒利	魏珠萍	任庆远
王伟华	国 赫	陆珏萦	安 晟	何 波	郑沛东
吴方国	林志勇	贾 冲	徐承毅	王秀芬	方 彬
班 灿	邓超语	周晓旭	李文乔	曹 治	刘 宇
于 淼	刘 祥	杨 健	吴昊滢	郭 凯	张 武
程 罡	章 煜	王长青			

自动化系

车蕴涛	庄文秀	唐甜甜	袁 彤	李志远	黄镇东
戎润雨	靳 鑫	丘舒婷	张广廷	刘 望	王润芳
包婷婷	李洪阳	师敏敏	王艳阳	陆新月	赵 雷
朱 祥	彭 浩	樊鹏浩	吴绍华	边会淳	杨知也
辛 雪	吴 冰	黄琰淦	邱华杰	刘 扬	加桑扎西
冶瑞鹏	程旭峰	邹 奔	赵凯旋	拉瑞祥	阿云嘎
曹 巍	屈言雪	牛 瑾	曹心怡	王子奇	王 瑞
朱 杰	李 迎	陈 肖	李 浩	魏嘉文	周梦璐
胡沛涛	张 楷	吴 镝	袁 彰	陈 瑞	李 静
严文锦	祝文翔	林一帆	王宇晨	惠秦翔	康美娜

续表

李亚玲	李雅雯	史　玥	张　琨	周　宇	张小梅
张沛尧	陈炜耿	谢工力	李晓云	郭丹丹	刘业鹏
韩思麒	刘　诚	梁夏风	蔡文斌	陈少鑫	刘为辰
罗语婷	陈　赟	沈一鸣	刘韶婧	徐宗强	韩　赓
周　亢	李美华	俞嘉成	蒋丽涛	汤之最	罗　凯
吉瑞芳	李　晓	张　羽	黄承德	董易闻	曾泽宇
任子龙	齐秋妍	景　琦	高　鸣	李　鹏	师昭蓉
崔　迪	陈少杰	马丽蓉	李飘达	蒋玉虎	吴　科
张　帆	包　晗	舒向前	韩宜轩	吴俊锐	吴梦莹
马铭远	洪　凯	李瀚潇	张克延	林诗焜	武志勇
柳叶晟	彭福祥	王　昱	范征宇	潘安琼	温家琦
刘　霜	李　翔	宋希喆	成其洋	丁续达	胡东阳
文　月	肖　群	全　杰	钱　雯	杨　帅	周　芸
林惠建	于　尧	冯楚棋	韦国珍	姜　达	钟汕林
张培阳	李秀美	袁　鹏	沙理想	刘佳吉	李　帅
吴宏旺	李　贵	田昕怡	张海洋	刘胜男	徐海洲
夏乐乐	颜溶均	韩新杰	蔡　攀	陈丽羽	黄伟强
骆明君	施　翼	刘　琳	梁乘潮	达祖森	王奕枫
施晓刘	喻福兴	翟文培	池浩湉	杨丽娟	韦冬梅
王佳鹏	王　凤	田　啸	刘　赛	赵泽辉	侯美玲
王　凯	张凤南	邱香域	尹金光	杨　攀	周新丽
李　靓	宋　超	孔　润	徐子安	聂　源	陶君明
王柯焱	苏晓宇	张华英	钱嘉琦	陈思宇	徐珮宸
石　睿	孟令虎	刘海喆	徐　江	黄碧漪	杨新宇
李卓群	贾　斌	王贵龙	央　宗	陈　永	王皓哲
曾文珺	任国俊	张　韬	宋　亮	秦　雷	逄　飞
阴俊博	乔依林				

（学生处　葛　超　提供）

奖励与表彰

华北电力大学2017届省市级优秀毕业生名单

（北　京　市）

电气与电子工程学院（共36人）

谢浩铠	陆　锋	姜继恒	宋冰倩	吕　哲	徐诗甜	方　正
闫　园	刘育豪	余青蔚	王　超	李征洲	朱雨杰	曹雨洁

续表

张一鸣	赵诗萌	李 沛	王睿哲	黄登一	黄子洋	倪潇茹
张韦维	杨林超	李宛齐	谷 铮	杜如钧	张艺伟	陈科枫
程 爽	姚尚润	牟 亚	靳文钊	顿鹏翔	刘思放	陈京生
夏 琰						

能源动力与机械工程学院（共 19 人）

曹东宏	陈建伟	付发威	顾书苑	来振亚	李寒羽	刘兆宇
孟凯鑫	邵明润	王 泉	王志楠	王子奇	吴俊达	伍 锦
肖 远	杨冰玢	叶维祥	章建徽	赵 越		

经济与管理学院（共 22 人）

尤希琦	王闽茜	刘玉闪	李 卫	邵双双	秦 琨	厉 艳
解宇欣	蒋照生	栗安琪	艾先能	阳佳颖	臧 威	刘昭国
裘莫寒	邹晓囡	汪钰婷	孔颖超	张 萍	满京京	魏 倩
张立强						

控制与计算机工程学院（共 22 人）

潘晨阳	余 涛	张 佳	柳幼婷	陈峥嵘	涂康斌	朱瑞迪
蒋山青	刘思奇	冯良骏	古有志	尚 暖	张 威	陈修森
吴宇昕	奚芸华	罗 玮	张浩然	刘 怡	刘鹏坤	董玉红
熊国宝						

人文与社会科学学院（共 8 人）

李玉蝶	李雪远	侯 硕	廖偲伶	王 颖	姜 雪	刘 畅
顾振宁						

可再生能源学院（共 12 人）

袁佩贤	程 淏	张超宇	严 凯	高 峰	甄子新	孙 静
李瑞阳	郑 郝	田 巍	李垚垚	武伟伟		

数理学院（共 6 人）

郝奇琦	姚 远	孟丽竹	何以松	叶毕勇	孔令谭

外国语学院（共 2 人）

赵丛莉	陈思敏

核科学与工程学院（共 7 人）

陈 昭	赵崇岩	孙妍妍	黄翊君	朱耀选	马翔凤	刘文德

国际教育学院（共 5 人）

李烁炜	丁嘉禾	曾志宏	韩 星	赵耀华

（河 北 省）

电力工程系

余小梦	梁芷睿	王蔚卿	李凤丽	齐小涵	张煌竟	陈思佳
林安妮	白雪儿	李奕颖	赵文天	王枭枭	胡怡霜	白 阳

续表

杨　斌	张　玉	马云凤	马　显	徐　媛	任　斌	尹钧毅
张　欣	陈濛迪	杨依睿	张晓磊	赵一名	李　梦	宋美琪

电子与通信工程系

徐晓禹	王　浩	付玲枝	安茜雯	韩　竞	郭子裕	汪莞乔

动力工程系

孙　琦	孟　冲	刘　洋	董　宁	牛广硕	宋佳桐	李依霖
朱烨璇	牛　凡	李树伟	刘明恺	杨　锟	李济东	费　龙
刘　贝	管逸鹏	于泽田	张　蓓			

法政系

高　婕	庄　冉	艾丽娜	郑翩翩	杜涵蕾

环境科学与工程系

李丹阳	王云阳	张　贺	蒙俊霖	李颖雪	孙晓慧	邢　磊
陈承涛	翁小玉					

机械工程系

田艺琼	朱天陆	闫保如	邓泽奇	黄旺旺	朱　丹	孙悦欣
柳　喆	季倩倩	张　斌	李志向	冯文韬	陈佳莉	王科登
史烨禾	李　闻					

计算机系

李晓珊	李辉年	李承阳	张瑞祥	刘建春	孟　欢	钟昊文
金　祥	任清清	张奥博				

经济管理系

王琪雅	韩　凝	闫佳堃	余兴锦	许　彪	林垚钰	王雯敏
裴天韵	徐小东	金　易				

数理系

霍晨鹏	牛　犇	纪春洋	王祥念

英语系

白　雪	苗蕊蕊

自动化系

李雅晶	张　玲	王安琪	刘　浪	李欣格	宋　悦	高旋畅
王　萃	柴佳能	田思佳	姜　炜	邵　丁		

（学生处　葛　超　提供）

华北电力大学 2017 届校级优秀毕业生名单

（北　京　校　部）

电气与电子工程学院（共 72 人）

王　超	李佳诚	赵子凌龙	喻建瑜	韩可欣	张适宜	王荣杰

续表

梁　冰	许春蕾	杭天琦	杨艺烜	徐艺铭	张涌新	陈碧阳
曹文远	黄华震	郑含璐	侯玮琳	卫　璇	郑传良	刘丽莹
王敏壕	吴鹤雯	王士元	张跃如	成一平	刘弈卿	周光阳
卢文清	冯佳耀	梁国邦	孟子超	黄　睿	赵子菡	吴雨聪
乔　冉	谢浩铠	陆　锋	姜继恒	宋冰倩	吕　哲	徐诗甜
方　正	闫　园	刘育豪	余青蔚	李征洲	朱雨杰	曹　雨
张一鸣	赵诗萌	李　沛	王睿哲	黄登一	黄子洋	倪潇茹
张韦维	杨林超	李宛齐	谷　铮	杜如钧	张艺伟	陈科枫
程　爽	姚尚润	牟　亚	靳文钊	顿鹏翔	刘思放	陈京生
夏　琰	王　超					

能源动力与机械工程学院（共38人）

丁冬冬	高舒潭	蒋大浪	李家华	李潇洒	刘　牛	邱洛楠
任相蓉	沈志杰	宋依璘	田基森	王绍宇	王小惠	韦泱均
辛团团	颜济青	张子卿	赵　亮	朱莎弘	曹东宏	陈建伟
付发威	顾书苑	来振亚	李寒羽	刘兆宇	孟凯鑫	邵明润
王　泉	王志楠	王子奇	吴俊达	伍　锦	肖　远	杨冰玢
叶维祥	章建徽	赵　越				

经济与管理学院（共43人）

林燕如	李佳琪	艾　昱	杨卜铭	叶嘉雯	杨培文	李亭亭
路　凡	聂青云	闫晓宇	杨倩如	李　珮	余若曦	张　硕
韩雅儒	龙孟婷	康　丽	邵丹娜	郑梦菲	刘芳彤	刘心竹
尤希琦	王闽茜	刘玉闪	李　卫	邵双双	秦　琨	厉　艳
解宇欣	蒋照生	栗安琪	艾先能	阳佳颖	臧　威	刘昭国
裘莫寒	邹晓囡	汪钰婷	孔颖超	张　萍	满京京	魏　倩
张立强						

可再生能源学院（共24人）

张启凡	刘红宇	尚朋阳	秦梦雅	张雨薇	师雪丽	殷卓君
汪德成	朱雯婷	白婉欣	刘焕龙	屈承珺	袁佩贤	程　淏
张超宇	严　凯	高　峰	甄子新	孙　静	李瑞阳	郑　郝
田　巍	李垚垚	武伟伟				

核科学与工程学院（共12人）

周　彪	贾唐堂	刘自结	黎瑶聪	宋　怡	陈　昭	赵崇岩
孙妍妍	黄翊君	朱耀选	马翔凤	刘文德		

人文与社会科学学院（共15人）

周津羽	王海东	余美玲	刘　璇	陈溢依	蒋　宁	陆　爽
李玉蝶	李雪远	侯　硕	廖偲伶	王　颖	姜　雪	刘　畅
顾振宁						

数理学院（共9人）

朱珽琦	任靖雯	黄一北	郝奇琦	姚　远	孟丽竹	何以松

续表

叶毕勇	孔令谭					

外国语学院（共 **4** 人）

谭　莹	马俊女	赵丛莉	陈思敏			

国际教育学院（共 **10** 人）

郑欣怡	苏　狄	柴　晔	李明杰	吕　越	李烁炜	丁嘉禾
曾志宏	韩　星	赵耀华				

控制与计算机学院（共 **42** 人）

尧聪聪	陈颖璇	陈铭豪	史雨柔	戴晓燕	李晓彬	王云霄
祝可可	南江峰	李凤杰	祁博健	罗　颖	赵　松	郑　格
李渊博	兰鑫玥	杨春晓	王　硕	何　涛	杨　泽	潘晨阳
余　涛	张　佳	柳幼婷	陈峥嵘	涂康斌	朱瑞迪	蒋山青
刘思奇	冯良骏	古有志	尚　暖	张　威	陈修森	吴宇昕
奚芸华	罗　玮	张浩然	刘　怡	刘鹏坤	董玉红	熊国宝

（保　定　校　区）

电力工程系

梁芷睿	余小梦	王蔚卿	李凤丽	齐小涵	张煌竟	陈思佳
林安妮	白雪儿	李奕颖	赵文天	王枭枭	胡怡霜	白　阳
杨　斌	张　玉	马云凤	马　显	徐　媛	任　斌	尹钧毅
张　欣	陈濛迪	杨依睿	张晓磊	赵一名	李　梦	宋美琪
董国静	盛超群	张　卓	郑　鑫	郭喆宇	金天然	陈　聪
车泉辉	郝芩羽	胡国雄	吴天琦	沈玉兰	姜雨枫	闫西慧
向　彪	杨欣悦	纪欣欣	印　昊	黄志成	孙　颖	宋子君
郑安然	王聪聪	许琬昱	郭　禹	黄凌宇	董文艳	董思同
刘杨嘉佳						

电子与通信工程系

徐晓禹	王　浩	付玲枝	安茜雯	韩　竞	郭子裕	汪莞乔
周俊杰	王鲜惠	丁　敏	董若南	胡煜翔		

动力工程系

孙　琦	孟　冲	刘　洋	董　宁	牛广硕	宋佳桐	李依霖
朱烨璇	牛　凡	李树伟	刘明恺	杨　锟	李济东	费　龙
刘　贝	管逸鹏	于泽田	王佩姿	陈洪浩	高中华	刘　阳
闫博康	蔡熙川	丁　敬	华趣仪	张　旭	祝遵强	商宇轩
董　博	张　蓓	白中泽	赵　创	孔祥民	张春秀	王彦博
蒋克涛						

法政系

高　婕	庄　冉	艾丽娜	郑翩翩	包　旭	郄乔慧	陈文娜

续表

梁　爽	杜涵蕾					

环境科学与工程系

李丹阳	王云阳	张　贺	蒙俊霖	李颖雪	孙晓慧	邢　磊
陈承涛	翁小玉	陈美云	张博闻	邓　婷	刘万生	王维鑫
王　雪						

机械工程系

田艺琼	朱天陆	闫保如	邓泽奇	黄旺旺	朱　丹	孙悦欣
柳　喆	季倩倩	张　斌	李志向	冯文韬	陈佳莉	王科登
史烨禾	李　闻	张天懿	赵蕾蕾	布鹏遥	李　松	徐榕壑
赵文波	杜　楠	徐　翔	吴俊雄	梁承华	陈士超	林师玄
李明明	秦颖峰	刘　派	黄祥怡			

计算机系

李晓珊	李辉年	李承阳	张瑞祥	刘建春	孟　欢	钟昊文
金　祥	任清清	张奥博	王　肖	黎孟晨	陈　威	马齐齐
郑传哲	吴　蓉	杨懿男	陈　卓	李佳忆		

经济管理系

王琪雅	韩　凝	闫佳堃	余兴锦	许　彪	林垚钰	王雯敏
裴天韵	徐小东	金　易	付成然	杜晓梦	檀小亚	范永雪
董佳倩	廖春静	宋晓静	简闻娉	石梦舒	陈可可	

数理系

霍晨鹏	牛　犇	纪春洋	王祥念	廖明伟	吴　同

英语系

白　雪	黄皓雯	苗蕊蕊

自动化系

李雅晶	张　玲	王安琪	刘　浪	李欣格	宋　悦	高旋畅
王　萃	柴佳能	田思佳	姜　炜	邵　丁	赵倩倩	李彩霞
陈超逸	张世雄	李佳音	钟羽洁	李一鸣	吴秋淑	孙天舒
陈郑逸帆						

（学生处　葛　超　提供）

华北电力大学2017年优秀毕业论文名单

（博士学位论文）

序号	姓名	学科	导师	论　文　题　目
1	李　探	电力系统及其自动化	赵成勇	模块化多电平换流器直流输电系统稳定性关键问题研究
2	江　军	高电压与绝缘技术	李成榕	基于光电传感技术的变压器油中溶解气体传感研究
3	李学宝	电力系统及其自动化	崔　翔	高压直流导线电晕放电可听噪声时域特性与计算模型研究

续表

序号	姓名	学科	导师	论 文 题 目
4	姜 龙	能源环境工程	李 鱼	基于量化计算与QSAR的PBDEs光谱辨识与环境行为控制研究
5	王晓龙	动力机械及工程	唐贵基	基于振动信号处理的滚动轴承故障诊断方法研究
6	朱忠亮	热能工程	徐 鸿	电站过热器材料在超临界水中的腐蚀机理研究
7	饶 娆	技术经济及管理	张兴平	电动汽车充放电优化及利益链协调研究
8	刘赟奇	信息管理工程	李存斌	建设项目链风险元反馈型传递模型及其信息系统研究
9	郭 森	能源管理	赵会茹	电力普遍服务的社会福利测度及其供给机制研究
10	张 怡	控制理论与控制工程	刘向杰	分布式模型预测控制在新能源电力系统负荷频率控制中的应用研究
11	王兵兵	可再生能源与清洁能源	王晓东	电场下液滴界面输运与传热特性的分子动力学研究

（硕士学位论文）

北京校部：45篇

序号	姓名	学科	导师	论 文 题 目
1	祝艺嘉	电工理论与新技术	卢铁兵	圆柱电极下颗粒物对直流导线合成电场影响的实验研究
2	付 瑜	电力系统及其自动化	王银顺	低温下准各向同性高温超导股线临界电流及机械特性的研究
3	吴 丹	电力系统及其自动化	郑 涛	基于MMC的UPFC接地方式及本体保护策略研究
4	张芬芬	电力系统及其自动化	刘连光	TCT式可控并联电抗器的保护方案及容量调节特性研究
5	钱 晨	电力系统及其自动化	刘连光	双电压等级电网GIC-Q扰动特征研究
6	刘瑞煌	电力系统及其自动化	薛安成	大规模风电接入的电力系统暂态稳定性研究
7	王 程	电力系统及其自动化	刘 念	基于分布式优化的微电网群经济运行方法
8	樊 玮	电力系统及其自动化	张建华	基于在线优化的用户侧微电网能量管理方法
9	杨 萌	电力系统及其自动化	艾 欣	电力市场下计及风险规避的售电公司购售电策略研究
10	熊 岩	电力系统及其自动化	赵成勇	MMC实时仿真与电平数优化设计
11	袁艺嘉	电力系统及其自动化	赵成勇	联接弱交流系统的VSC换流器控制方法研究
12	郭裕群	电力系统及其自动化	赵成勇	全桥型MMC直流融冰运行特性分析及控制策略研究
13	齐晓琳	电气工程	艾 欣	考虑新能源消纳的柔性负荷需求响应策略及优化调度
14	刘 昌	电气工程	袁 敞	虚拟同步机的储能物理约束及参数在线整定方法研究
15	王晓晨	电气工程	夏瑞华	高压直流断路器优化控制策略研究
16	刘思华	电气工程	李庆民	直流GIL中自由金属微粒的放电特性及危险程度评估
17	葛文凯	热能工程	王晓东	液滴在多孔介质上的铺展渗透研究
18	黄平瑞	热能工程	魏高升	泡沫陶瓷材料辐射特性探究及太阳能空气接收器的设计
19	张一迪	热能工程	魏高升	纳米尺度受限空间内气固耦合效应分子动力学研究
20	郑炯智	热能工程	刘文毅	燃气-蒸汽联合循环变工况运行优化
21	陆高锋	供热、供燃气、通风及空调工程	周国兵	平直和柱面翼涡发生器冲孔传热和流阻性能模拟及场协同分析
22	岳国强	动力工程	张乃强	超临界水环境中电站锅炉管材料应力腐蚀开裂行为研究
23	李瑞华	动力工程	庞力平	太阳能辅助燃煤发电系统性能分析
24	蒋桂武	产业经济学	赵新刚	可再生能源配额交易制与经济绩效
25	杨 萌	管理科学与工程	乌云娜	大型充换电站入网下的风光互补发电项目选址优化研究
26	刘金珠	管理科学与工程	唐平舟	复合电厂生态系统风险评价及预警系统研究
27	肖伯文	技术经济及管理	牛东晓	基于CGE的中国碳排放增长分解及减排策略研究

续表

序号	姓名	学科	导师	论 文 题 目
28	国潇丹	技术经济及管理	牛东晓	大气污染防治政策对我国光伏发电产业影响评估
29	雷 祺	技术经济及管理	袁家海	电力低碳转型背景下的中国电源规划研究
30	林智明	工业工程	侯学良	基于 BIM 的建设工程进度控制可视化平台的构建
31	陈 莹	环境工程	李 鱼	基于 3D-QSAR 和分子对接的 PCBs 迁移和生物降解特性研究
32	王源意	环境工程	黄国和	不确定条件水资源配置模型研究
33	李昭蓉	计算机应用技术	李元诚	面向智能调度的电网安全态势评估与预测研究
34	李荣丽	控制理论与控制工程	房 方	循环流化床锅炉燃烧过程的事件驱动控制策略研究
35	王诚诚	控制工程	刘向杰	变速恒频双馈风力发电机组滑模控制研究
36	张 越	控制工程	张文广	基于自适应模糊方法的电站锅炉燃烧优化研究
37	周 正	可再生能源与清洁能源	姚建曦	气相辅助溶液法制备具有双电子传输层的平面钙钛矿太阳电池研究
38	延玲玲	可再生能源与清洁能源	白一鸣	适用于 SERS 衬底的金属纳米颗粒可控制备及机理研究
39	李红传	动力工程	纪献兵	多尺度毛细芯结构平板热管传热特性的实验研究
40	赵卫娟	应用数学	杨晓忠	若干期权定价模型有限差分并行计算的新方法研究
41	郝志奇	应用数学	卢占会	时滞系统稳定性及在电力系统中的应用
42	罗 山	高电压与绝缘技术	屠幼萍	极性反转下炭黑/聚乙烯复合材料空间电荷的研究
43	米昕禾	电路与系统	郝建红	基于分岔理论的电力系统电压稳定分析及控制策略研究
44	孙诗梦	动力工程	戈志华	高背压梯级供热技术工程应用研究
45	吴 昱	水文学及水资源	张尚弘	三峡水库的动防洪库容及防洪调度研究

保定校区：42 篇

序号	姓名	学科	导师	论 文 题 目
1	高世强	电工理论与新技术	梁贵书	油浸式变压器绕组的分数阶模型辨识及其 VFTO 分布的计算方法
2	张佳怡	电力系统及其自动化	马燕峰	考虑时滞的广域电力系统阻尼控制
3	李 浪	电力系统及其自动化	赵洪山	基于振动信号的风电机组轴承故障诊断研究
4	岳贤龙	电力系统及其自动化	顾雪平	电网脆弱环节辨识及其预警方法研究
5	何培成	电力系统及其自动化	任建文	预防潮流转移引起连锁跳闸的紧急控制策略研究
6	郭旭东	电力系统及其自动化	米增强	永磁电机式机械弹性储能机组发电运行控制仿真与实现
7	徐国智	通信与信息系统	赵振兵	基于深度特征表达的绝缘子红外图像定位方法研究
8	郝聪慧	通信与信息系统	韩东升	无线异构网络中用户选择算法研究
9	黑 阳	电气工程	王 毅	直流电网的虚拟惯性控制研究
10	黄 河	电气工程	谢 庆	直流电压下聚合物表面电荷分布规律及其对沿面闪络特性影响的研究
11	王 阳	电气工程	谢 庆	纳秒脉冲叠加直流的表面介质阻挡放电特性研究
12	朱 静	电气工程	高亚静	计及不确定性因素的主动配电系统短期供电能力评估
13	张华乐	电子与通信工程	陈智雄	混合通信中基于综合性能评估的网络选择算法研究
14	徐搏超	热能工程	韩中合	基于 HVD 和相关向量机的转子多故障分类优化
15	庞永超	热能工程	韩中合	先进绝热压缩空气储能系统热力性能研究
16	张 硕	热能工程	李春曦	气-液界面对超疏水微通道减阻的影响
17	何 东	热能工程	阎维平	燃气轮机合成气燃烧稳定性及 NO_x 减排数值模拟研究
18	黄星智	热能工程	王春波	煤粉 $O_2/CO_2/H_2O$ 燃烧及 NO 释放特性研究
19	李金岗	动力机械及工程	吕玉坤	强风环境下瓷绝缘子的积污特性模拟研究

续表

序号	姓名	学科	导师	论 文 题 目
20	杨 颖	供热、供燃气、通风及空调工程	王江江	太阳能与天然气互补的冷热电联供系统研究
21	海云龙	动力工程	阎维平	含油污泥富氧燃烧特性及锅炉受热面设计研究
22	李永康	动力工程	叶学民	液滴在受热固体壁面上的润湿、铺展和传热特性研究
23	韩 健	动力工程	程友良	太阳能热电站蓄热装置的优化及性能分析
24	张鹏飞	动力工程	李慧君	基于改性 CaSO4 载氧体化学链燃烧还原反应的实验研究
25	李文浩	机械工程	花广如	变电站绝缘子 RTV 涂料自动喷涂系统设计及试验研究
26	张 浩	管理科学与工程	王敬敏	京津冀产业转移下园区能源效率驱动因素及策略研究
27	徐燕锋	技术经济及管理	孙 薇	基于改进萤火虫优化 LSSVM 算法的碳排放影响因素研究
28	刘默涵	技术经济及管理	孙 薇	我国电力产业技术创新效率评价及影响因素研究
29	贾智杰	技术经济及管理	李 伟	基于 CGE 模型的电动汽车与 CCS 推广政策对能源经济的影响
30	葛小杰	工业工程	王敬敏	京津冀协同下北京工业碳排放系统仿真与优化研究
31	刘明珠	环境工程	王淑勤	改性 TiO_2 对生物质与煤燃烧时脱汞及脱硝效率的影响
32	张立男	应用化学	马双忱	SCR 脱硝过程中 ABS 挥发动力学及控制方法研究
33	李天琦	计算机应用技术	程晓荣	面向智能电网的大数据可信度量方法研究
34	杨金彭	检测技术与自动化装置	姚万业	基于大数据分析的风电场故障预警
35	王 蕊	控制理论与控制工程	孙海蓉	粗糙集属性约简算法在热工系统中的应用研究
36	王 迪	控制工程	翟永杰	航拍图像中绝缘子检测与定位方法研究
37	吕 猛	控制工程	赵文杰	电站锅炉 NO_x 排放的预估方法研究
38	王凯宸	控制工程	马 平	基于物理平台的大迟延对象预测控制算法研究及实现
39	陈国青	控制工程	田 沛	基于动态振动区条件下水电机组负荷分配策略研究
40	李继森	控制工程	林永君	基于 FPGA 实现的支持向量机在储能逆变器中的应用
41	贾巾月	马克思主义中国化研究	王聚芹	当代中国文明崛起的超越意识研究
42	张艳丽	运筹学与控制论	马新顺	基于 L 型及滤子的随机规划算法研究

（学生处 葛 超 提供）

华北电力大学 2017 届基层工作毕业生名单

序号	姓名	专业名称	生源地区	单位名称	单位所在地	备注
1	魏 倩	金融	甘肃兰州	西藏自治区党委组织部	西藏拉萨市	基层项目
2	熊国宝	测控技术与仪器专业	青海海东	西藏自治区党委组织部	西藏拉萨市	基层项目
3	孔令谭	应用物理学	海南万宁	西藏自治区党委组织部	西藏拉萨市	基层项目
4	叶毕勇	应用物理学	贵州都匀	西藏自治区党委组织部	西藏拉萨市	基层项目
5	何以松	信息与计算科学	云南曲靖	西藏自治区党委组织部	西藏拉萨市	基层项目
6	刘文德	核科学与核技术	海南海口	西藏自治区党委组织部	西藏拉萨市	基层项目
7	顾振宁	法学	甘肃省	中共新疆阿克苏地委组织部	新疆阿克苏市	基层项目
8	董玉红	计算机科学与技术	甘肃省	中共新疆阿克苏地委组织部	新疆阿克苏市	基层项目
9	陈科枫	电气工程及其自动化	新疆维吾尔自治区乌鲁木齐市	北京穿越科技有限责任公司	北京	自主创业
10	谭宏博	能源与动力工程	内蒙古通辽市科尔沁区	北京阿美京文化传播有限公司	北京昌平	自主创业
11	严宝林	建筑环境与设备工程	青海省	国投哈密发电有限公司	新疆哈密市	西部就业

续表

序号	姓名	专业名称	生源地区	单位名称	单位所在地	备注
12	阿依佐合然·艾合麦提	金融学	新疆维吾尔自治区	新疆阿克苏农村商业银行股份有限公司	新疆阿克苏地区	西部就业
13	穆乃外尔罕·斯拉吉艾合	金融学	新疆维吾尔自治区	策勒县农村信用合作联社	新疆策勒县	西部就业
14	温生启	能源与动力工程	青海省互助土族自治县	大唐新疆发电有限公司	新疆乌鲁木齐市	西部就业
15	缪思平	能源与动力工程	新疆维吾尔自治区	新疆天池能源有限责任公司	新疆维吾尔自治区	西部就业
16	王鑫忠	能源与动力工程	新疆吐鲁番地区	新疆天池能源有限责任公司	新疆哈密市	西部就业
17	白祥宇	电气工程及其自动化	新疆乌鲁木齐市	国网新疆电力公司乌鲁木齐供电公司	新疆乌鲁木齐市	西部就业
18	刘　琪	电气工程及其自动化	新疆乌鲁木齐市	国网新疆电力公司乌鲁木齐供电公司	新疆乌鲁木齐市	西部就业
19	胡曦文	电气工程及其自动化	新疆乌鲁木齐市天山区	中国能源建设集团新疆电力设计院有限公司	新疆乌鲁木齐市天山区	西部就业
20	李宇翔	电气工程及其自动化	新疆阜康市	国网新疆电力公司乌鲁木齐供电公司	新疆乌鲁木齐市	西部就业
21	马尼苏尔·帕它尔	自动化	新疆吐鲁番市	中煤能源新疆煤电化有限公司	新疆乌鲁木齐市	西部就业
22	麦麦提敏·艾则孜	自动化	新疆喀什市	国网新疆电力公司疆南供电公司	新疆喀什市	西部就业
23	董　晨	信息安全	新疆昌吉市	国网新疆电力公司昌吉供电公司	新疆昌吉市	西部就业
24	居勒都孜·木拉提	工商管理	新疆塔城市	中国建设银行股份有限公司新疆维吾尔自治区分行	新疆乌鲁木齐市	西部就业
25	古丽塔依·阿黑	会计学	新疆昌吉市	特变电工股份有限公司	新疆昌吉市	西部就业
26	丁国江	电子商务	新疆维吾尔自治区	北京用友政务软件有限公司新疆分公司	新疆乌鲁木齐市	西部就业
27	伍　越	电子商务	新疆昌吉市	招商银行股份有限公司乌鲁木齐分行	新疆乌鲁木齐市	西部就业
28	贺　瑜	新能源科学与工程	新疆喀什地区	特变电工新疆新能源股份有限公司	新疆喀什地区	西部就业
29	李顺娇	智能电网信息工程	新疆阿克苏市	国网新疆电力公司乌鲁木齐供电公司	新疆乌鲁木齐市	西部就业
30	迪里旦·阿不力米提	能源与动力工程	新疆维吾尔自治区	华电新疆发电有限公司	新疆乌鲁木齐市	西部就业
31	迪拉热·斯坎丹	工程管理	新疆博乐市	中国建设银行股份有限公司新疆维吾尔自治区分行	新疆乌鲁木齐市	西部就业
32	赛力克·巴合提	智能电网信息工程	新疆阿勒泰市	国网新疆电力公司乌鲁木齐供电公司	新疆乌鲁木齐市	西部就业
33	杜应海	测控技术与仪器	宁夏中卫市	内蒙古大唐国际托克托发电有限责任公司	内蒙古呼和浩特市	西部就业
34	刘　鑫	测控技术与仪器	内蒙古鄂尔多斯市	内蒙古电力（集团）有限责任公司	内蒙古呼和浩特市赛罕区	西部就业
35	杨　洋	能源与动力工程	宁夏回族自治区	内蒙古大唐国际托克托发电有限责任公司	内蒙古呼和浩特市	西部就业

续表

序号	姓名	专业名称	生源地区	单位名称	单位所在地	备注
36	宋　磊	能源与动力工程	内蒙古赤峰市	内蒙古大唐国际托克托发电有限责任公司	内蒙古呼和浩特市	西部就业
37	裴继兴	能源与动力工程	山西省运城市	内蒙古大唐国际托克托发电有限责任公司	内蒙古呼和浩特市	西部就业
38	闫　鑫	能源与动力工程	内蒙古呼和浩特市	内蒙古大唐国际托克托发电有限责任公司	内蒙古呼和浩特市	西部就业
39	崔　鹏	电气工程及其自动化	内蒙古包头市青山区	内蒙古电力（集团）有限责任公司	内蒙古呼和浩特市赛罕区	西部就业
40	杨景博	电气工程及其自动化	内蒙古包头市	内蒙古电力（集团）有限责任公司	内蒙古呼和浩特市赛罕区	西部就业
41	高欣然	电气工程及其自动化	内蒙古包头市	内蒙古电力（集团）有限责任公司	内蒙古呼和浩特市赛罕区	西部就业
42	乔　丹	软件工程	内蒙古巴彦淖尔市	内蒙古电力（集团）有限责任公司	内蒙古呼和浩特市赛罕区	西部就业
43	陈　言	新能源科学与工程	内蒙古赤峰市	大唐（赤峰）新能源有限公司	内蒙古赤峰市	西部就业
44	景苏峰	新能源科学与工程	贵州省黔西南布依族苗族自治州	北京京能新能源有限公司内蒙古分公司	内蒙古呼和浩特市	西部就业
45	张维军	新能源科学与工程	甘肃省白银市	山东能源内蒙古盛鲁电力有限公司	内蒙古鄂托克前旗	西部就业
46	孙世宇	智能电网信息工程	内蒙古呼和浩特市	内蒙古电力（集团）有限责任公司	内蒙古呼和浩特市赛罕区	西部就业
47	徐子祺	电气工程及其自动化	内蒙古通辽市	国网通辽供电公司	内蒙古通辽市	西部就业
48	张力化	电气工程及其自动化	内蒙古巴彦淖尔市	内蒙古电力（集团）有限责任公司	内蒙古呼和浩特市赛罕区	西部就业
49	林小枫	材料科学与工程	宁夏中宁县	大唐平罗发电有限公司	宁夏石嘴山市	西部就业
50	李　昱	能源与动力工程	宁夏回族自治区	国电浙能宁东发电有限公司	宁夏灵武市	西部就业
51	张浩东	能源与动力工程	宁夏海原县	华电宁夏灵武发电有限公司	宁夏灵武市	西部就业
52	杨　琴	电气工程及其自动化	宁夏固原市	国网宁夏电力公司固原供电公司	宁夏银川市	西部就业
53	陈红发	电气工程及其自动化	甘肃省平凉市	国网宁夏电力公司	宁夏银川市	西部就业
54	牟翔宇	电气工程及其自动化	宁夏回族自治区	国网宁夏电力公司	宁夏银川市	西部就业
55	马永强	电气工程及其自动化	宁夏吴忠市	国网宁夏电力公司	宁夏银川市	西部就业
56	杨博涛	电气工程及其自动化	宁夏吴忠市	国网宁夏电力公司	宁夏银川市	西部就业
57	严　洁	电气工程及其自动化	宁夏固原市原州区	国网宁夏电力公司	宁夏银川市	西部就业
58	柳亚贤	自动化	宁夏银川市	宁夏大唐国际大坝发电有限责任公司	宁夏青铜峡市	西部就业
59	杨　磊	自动化	宁夏银川市	宁夏大唐国际大坝发电有限责任公司	宁夏青铜峡市	西部就业
60	张　俊	通信工程	宁夏固原市	中国移动通信集团宁夏有限公司	宁夏银川市	西部就业
61	马　旭	计算机科学与技术	宁夏银川市	中国移动通信集团宁夏有限公司	宁夏银川市	西部就业
62	李自智	工程管理	宁夏回族自治区	中国铁塔股份有限公司宁夏分公司	宁夏银川市	西部就业
63	李振中	新能源科学与工程	宁夏银川市	龙源宁夏风力发电有限公司	宁夏银川市	西部就业
64	金文祥	新能源科学与工程	青海省海东市乐都区	华电国际宁夏新能源发电有限公司	宁夏银川市	西部就业
65	戴一峰	智能电网信息工程	宁夏固原市	国网宁夏电力公司	宁夏银川市	西部就业

续表

序号	姓名	专业名称	生源地区	单位名称	单位所在地	备注
66	沙小娟	智能电网信息工程	宁夏固原市	国网宁夏电力公司	宁夏银川市	西部就业
67	刘佳伟	测控技术与仪器	陕西省汉中市	陕西清水川能源股份有限公司	陕西省榆林市	西部就业
68	沈玉龙	测控技术与仪器	宁夏银川市	陕西省能源赵石畔煤电有限公司	陕西省榆林市	西部就业
69	胡明波	能源与动力工程	陕西省	陕西能源赵石畔煤电有限公司	陕西省榆林市	西部就业
70	朱莹花	电气工程及其自动化	陕西省渭南市	国网陕西省电力公司渭南供电公司	陕西省渭南市	西部就业
71	马　喆	电气工程及其自动化	陕西省西安市	国网陕西省电力公司西咸新区供电公司	陕西省咸阳市	西部就业
72	王瑞君	电气工程及其自动化	陕西省西安市	国网陕西省电力公司检修公司	陕西省西安市	西部就业
73	杨清雄	电气工程及其自动化	陕西省榆林市	国网陕西省电力公司榆林供电公司	陕西省榆林市	西部就业
74	郭倩芸	自动化	陕西省华阴市	大唐彬长发电有限责任公司	陕西省咸阳市	西部就业
75	郑高洋	工程管理	江苏省淮安市	特变电工西安电气科技有限公司	陕西省西安市	西部就业
76	张　兴	工程管理	陕西省渭南市	中交第二公路工程局有限公司	陕西省西安市	西部就业
77	李思蔓	电气工程及其自动化	陕西省西安市	国网陕西省电力公司检修公司	陕西省西安市	西部就业
78	田杰夫	电气工程及其自动化	吉林省四平市	国网陕西省电力公司检修公司	陕西省西安市	西部就业
79	宋丹萌	电气工程及其自动化	陕西省西安市	国网陕西省电力公司西安供电公司	陕西省西安市	西部就业
80	王子博	电气工程及其自动化	陕西省咸阳市	国网陕西省电力公司铜川供电公司	陕西省铜川市	西部就业
81	王晨鸣	新能源科学与工程	新疆维吾尔自治区	特变电工西安电气科技有限公司	陕西省西安市	西部就业
82	何　宽	热能与动力工程	陕西省咸阳市	中国能源建设集团西北电力试验研究院有限公司	陕西省西安市	西部就业
83	赵富翔	测控技术与仪器	重庆市潼南区	中电（成都）综合能源有限公司	四川省成都市	西部就业
84	黄跃强	测控技术与仪器	四川省自贡市	绵阳京东方光电科技有限公司	四川省绵阳市	西部就业
85	程　一	能源与动力工程	重庆市垫江县	中电（成都）综合能源有限公司	四川省成都市	西部就业
86	兰天扬	能源与动力工程	四川省	中电（成都）综合能源有限公司	四川省成都市	西部就业
87	周　军	能源与动力工程	甘肃省定西市	成都建筑材料工业设计研究院有限公司	四川省成都市	西部就业
88	胡　瑶	电气工程及其自动化	北京市海淀区	国网四川省电力公司天府新区供电公司	四川省成都市	西部就业
89	聂　昊	电气工程及其自动化	四川省成都市	成都东帝士科技有限公司	四川省成都市	西部就业
90	肖　雄	电气工程及其自动化	河南省郑州市	国网四川省电力公司成都供电公司	四川省成都市	西部就业
91	叶立群	电气工程及其自动化	湖北省黄冈市	国网四川省电力公司德阳供电公司	四川省德阳市	西部就业
92	陈柯宇	工程管理	四川省乐山市	大唐四川发电有限公司	四川省成都市	西部就业
93	牟馥萱	会计学	甘肃省陇南市	四川九寨鲁能生态旅游投资开发有限公司	四川省九寨沟县	西部就业
94	石伟宏	智能电网信息工程	四川省资阳市	国网四川省电力公司资阳供电公司	四川省资阳市	西部就业
95	吴　洋	智能电网信息工程	海南省海口市	中国民航西南地区空中交通管理局	四川省成都市	西部就业
96	淳　渝	电气工程及其自动化	四川省广元市	国网四川省电力公司天府新区供电公司	四川省成都市	西部就业

续表

序号	姓名	专业名称	生源地区	单位名称	单位所在地	备注
97	祁　峰	电气工程及其自动化	黑龙江省大庆市	国网四川省电力公司成都供电公司	四川省成都市	西部就业
98	赵悦蓉	电气工程及其自动化	云南省	云南电网有限责任公司玉溪供电局	云南省玉溪市	西部就业
99	杨　柳	金融学	云南省怒江傈僳族自治州	云南电网有限责任公司昆明供电局	云南省昆明市	西部就业
100	王梦婷	广告学	云南省楚雄市	中国建设银行股份有限公司云南省分行	云南省昆明市	西部就业
101	杨　爽	测控技术与仪器	云南省保山市	云南电网有限责任公司楚雄供电局	云南省楚雄市	西部就业
102	蒋文周	测控技术与仪器	云南省昆明市	云南电网有限责任公司昆明供电局	云南省昆明市	西部就业
103	余俊璇	测控技术与仪器	云南省昆明市	大唐云南发电有限公司	云南省昆明市	西部就业
104	余正敏	能源与动力工程	云南省曲靖市	国电阳宗海发电有限公司	云南省昆明市	西部就业
105	袁莉星	能源与动力工程	云南省曲靖市	云南大唐国际红河发电有限责任公司	云南省开远市	西部就业
106	李明超	电气工程及其自动化	云南省曲靖市	云南电网有限责任公司昆明供电局	云南省昆明市	西部就业
107	刘姝仪	电气工程及其自动化	西藏阿里地区	云南电网有限责任公司玉溪供电局	云南省玉溪市	西部就业
108	赵　科	电气工程及其自动化	云南省曲靖市	云南电网有限责任公司曲靖供电局	云南省曲靖市	西部就业
109	杨忠艳	电气工程及其自动化	云南省临沧市	云南电网有限责任公司临沧供电局	云南省临沧市	西部就业
110	孙　淼	电气工程及其自动化	云南省曲靖市	云南电网有限责任公司曲靖供电局	云南省曲靖市	西部就业
111	肖黄能	电气工程及其自动化	云南省曲靖市	中国南方电网有限责任公司超高压输电公司检修试验中心昆明分部	云南省昆明市	西部就业
112	张明强	电气工程及其自动化	云南省保山市	云南电网有限责任公司昆明供电局	云南省昆明市	西部就业
113	王　立	电气工程及其自动化	云南省临沧市	云南电网有限责任公司昆明供电局	云南省昆明市	西部就业
114	赵远志	电气工程及其自动化	云南省昭通市	云南电网有限责任公司昆明供电局	云南省昆明市	西部就业
115	郑方磊	电气工程及其自动化	云南省昭通市	云南电网客户服务中心	云南省昆明市	西部就业
116	杨剑梅	自动化	云南省大理白族自治州	云南电网有限责任公司红河供电局	云南省蒙自市	西部就业
117	王定勇	电子信息工程	贵州省兴义市	云南电网有限责任公司昆明供电局	云南省昆明市	西部就业
118	张博原	信息管理与信息系统	云南省曲靖市	红云红河集团曲靖卷烟厂	云南省曲靖市麒麟区	西部就业
119	郑丕昊	工程管理	辽宁省丹东市	中国南方电网有限责任公司超高压输电公司昆明局	云南省昆明市	西部就业
120	杨建焜	工程管理	云南省临沧市	中国南方电网有限责任公司超高压输电公司曲靖局	云南省曲靖市	西部就业
121	薛　珊	财务管理	贵州省六盘水市	华夏银行股份有限公司昆明分行	云南省昆明市	西部就业
122	吴志龙	人力资源管理	云南省建水县	中国南方电网有限责任公司超高压输电公司大理局	云南省大理市	西部就业

续表

序号	姓名	专业名称	生源地区	单位名称	单位所在地	备注
123	林　杰	水利水电工程	重庆市丰都县	中国水利水电第十四工程局有限公司	云南省昆明市	西部就业
124	徐申勇	水利水电工程	云南省	华电云南发电有限公司	云南省昆明市	西部就业
125	施浩然	新能源科学与工程	云南省普洱市	云南电网有限责任公司普洱供电局	云南省普洱市	西部就业
126	后　锐	新能源科学与工程	云南省普洱市	云南电网有限责任公司普洱供电局	云南省普洱市	西部就业
127	王官攀	智能电网信息工程	云南省曲靖市	云南电网有限责任公司昆明供电局	云南省昆明市	西部就业
128	施铭涛	电气工程及其自动化	云南省大理市	云南电网有限责任公司大理供电局	云南省大理市	西部就业
129	左林润泽	电气工程及其自动化	云南省保山市	云南电网有限责任公司电力客户服务中心	云南省昆明市	西部就业
130	吴歆明	会计学	广西南宁市	中共大唐集团公司广西分公司	广西南宁市	西部就业
131	钟海梅	国际经济与贸易	广西玉林市	中国人民银行北流市支行	广西北流市	西部就业
132	何毓波	材料科学与工程	湖南省邵东县	中电（宜州）热电有限公司	广西宜州市	西部就业
133	黄思敏	材料科学与工程	广西南宁市	广西投资集团来宾发电有限公司	广西来宾市	西部就业
134	谭唯一	测控技术与仪器	广西柳州市	广西电网有限责任公司来宾供电局	广西来宾市	西部就业
135	李艳梅	能源与动力工程	云南省大理市	华能桂林燃气分布式能源有限责任公司	广西桂林市	西部就业
136	杨长荣	能源与动力工程	云南省昆明市	国投钦州发电有限公司	广西钦州市	西部就业
137	李　硕	能源与动力工程	广西壮族自治区	国投钦州发电有限公司	广西钦州市	西部就业
138	冯　琳	电气工程及其自动化	广西柳州市	广西电网有限责任公司来宾供电局	广西来宾市	西部就业
139	谭云秀	电气工程及其自动化	广西百色市	广西电网有限责任公司百色供电局	广西百色市	西部就业
140	钟雁翎	电气工程及其自动化	广西玉林市	广西电网有限责任公司玉林供电局	广西玉林市	西部就业
141	桂嘉诚	电气工程及其自动化	广西贺州市	广西电网有限责任公司南宁供电局	广西南宁市	西部就业
142	廖英怀	电气工程及其自动化	广西崇左市	广西电网有限责任公司南宁供电局	广西南宁市	西部就业
143	盘　卓	电气工程及其自动化	广西桂林市	广西电网有限责任公司贵港供电局	广西贵港市	西部就业
144	刘练文	电气工程及其自动化	广西桂林市	中国南方电网有限责任公司超高压输电公司百色局	广西百色市	西部就业
145	蒙生永	电气工程及其自动化	广西南宁市	广西电网有限责任公司柳州供电局	广西柳州市	西部就业
146	赵悦姗	电子信息工程	广西玉林市	广西电网有限责任公司南宁供电局	广西南宁市	西部就业
147	黄小夏	通信工程	广西河池市	广西电网有限责任公司玉林供电局	广西河池市	西部就业
148	黎　俊	软件工程	广西崇左市	广西电网有限责任公司崇左供电局	广西崇左市	西部就业
149	罗　正	软件工程	广西桂平市	广西电网有限责任公司贵港供电局	广西贵港市	西部就业
150	陈　淳	信息安全	广西玉林市	南宁铁路局	广西南宁市	西部就业

续表

序号	姓名	专业名称	生源地区	单位名称	单位所在地	备注
151	林芳宇	工程管理	广西南宁市	广西电网有限责任公司防城港供电局	广西防城港市	西部就业
152	潘柯利	工程管理	广西柳州市柳北区	广西柳州钢铁集团有限公司	广西柳州市柳北区	西部就业
153	杨云焱	会计学	广西壮族自治区	广西电网有限责任公司桂林供电局	广西桂林市	西部就业
154	郭舟杰	人力资源管理	湖南省益阳市	中国南方电网有限责任公司超高压输电公司百色局	广西百色市	西部就业
155	钟科廷	核工程与核技术	广东省深圳市	广西防城港核电有限公司	广西防城港市	西部就业
156	荣　航	核工程与核技术	广西崇左市	广西防城港核电有限公司	广西防城港市	西部就业
157	陆家纺	核工程与核技术	广西南宁市	中电（宜州）热电有限公司	广西宜州市	西部就业
158	梁海东	新能源科学与工程	广西柳州市	国家电投集团广西电力有限公司	广西南宁市	西部就业
159	陈贤霞	智能电网信息工程	广西钦州市	广西电网有限责任公司北海供电局	广西北海市	西部就业
160	莫程程	物联网工程	广西玉林市	中国移动通信集团广西有限公司玉林分公司	广西玉林市	西部就业
161	苏　东	电气工程及其自动化	广西柳州市	广西电网有限责任公司柳州供电局	广西柳州市	西部就业
162	杜举友	国际经济与贸易	贵州省铜仁市	中国建设银行股份有限公司贵州分行	贵州省贵阳市	西部就业
163	贺成泷	材料科学与工程	贵州省福泉市	贵州银行股份有限公司	贵州省贵阳市	西部就业
164	代秋杰	能源与动力工程	贵州省印江土家族苗族自治县	贵州粤黔电力有限责任公司	贵州省盘县	西部就业
165	赵乾坤	能源与动力工程	贵州省贵阳市	贵州黔西中水发电有限公司	贵州省黔西县	西部就业
166	刘　学	电气工程及其自动化	贵州省铜仁市	贵州电网有限责任公司铜仁供电局	贵州省铜仁市	西部就业
167	刘　捷	电气工程及其自动化	贵州省凯里市	贵州电网有限责任公司贵阳花溪供电局	贵州省贵阳市	西部就业
168	潘　恒	电气工程及其自动化	贵州省都匀市	贵州电网有限责任公司毕节供电局	贵州省毕节市	西部就业
169	王雪埕	电气工程及其自动化	贵州省	中国南方电网有限责任公司超高压输电公司天生桥局	贵州省兴义市	西部就业
170	李　波	通信工程	贵州省铜仁市	成都泰普科技有限公司	四川成都市	西部就业
171	张　华	计算机科学与技术	贵州省铜仁市	中国南方电网有限责任公司超高压输电公司贵阳局	贵州省贵阳市	西部就业
172	高　茹	人力资源管理	贵州省六盘水市	贵州黔能企业（集团）公司	贵州省贵阳市	西部就业
173	杨　林	水利水电工程	重庆市万州区	贵州乌江水电开发有限责任公司	贵州省贵阳市	西部就业
174	朱宸曦	水利水电工程	内蒙古包头市	河池江能电力有限公司	贵州省贵阳市	西部就业
175	贺福广	水文与水资源工程	贵州省安顺市	国电贵州电力有限公司红枫水力发电厂	贵州省清镇市	西部就业
176	赵晴雨	智能电网信息工程	贵州省铜仁市	贵州电网有限责任公司铜仁供电局	贵州省铜仁市	西部就业
177	马　遥	财务管理	青海省西宁市	西部机场集团青海机场有限公司	青海省西宁市	西部就业
178	哈　龙	国际经济与贸易	青海省西宁市	中国人民银行格尔木市支行	青海省格尔木市	西部就业
179	沈辉基	金融学	青海省西宁市	中国银行股份有限公司青海省分行	青海省西宁市	西部就业

续表

序号	姓名	专业名称	生源地区	单位名称	单位所在地	备注
180	余　婧	测控技术与仪器	青海省海东市	西部矿业集团有限公司	青海省西宁市	西部就业
181	祁寿贤	能源与动力工程	青海省西宁市	国家电投黄河上游水电开发有限责任公司	青海省西宁市	西部就业
182	李志霖	电气工程及其自动化	青海省西宁市	国家电网海省西宁市供电公司	青海省西宁市	西部就业
183	赵东宁	电气工程及其自动化	青海省海东市	国网青海省电力公司电力科学研究院	青海省西宁市	西部就业
184	马进杰	电气工程及其自动化	青海省大通回族土族自治县	国家电网青海省西宁市供电公司	青海省西宁市	西部就业
185	左　彤	电气工程及其自动化	青海省西宁市	青海省国家电网西宁市供电公司	青海省西宁市	西部就业
186	马忠英	电气工程及其自动化	青海省西宁市	青海省国家电网西宁市供电局	青海省西宁市	西部就业
187	裴　磊	电气工程及其自动化	青海省海东市	国网青海省电力公司检修公司	青海省西宁市	西部就业
188	兰明成	自动化	青海省西宁市	国网电投黄河上游水电开发有限责任公司	青海省西宁市	西部就业
189	王锦秀	电子信息工程	西藏自治区	中国联合网络通信有限公司青海省分公司	青海省西宁市	西部就业
190	张哲豫	通信工程	青海省海南藏族自治州	国网青海省电力公司信息通信公司	青海省西宁市	西部就业
191	韩金豆	电子科学与技术	青海省西宁市	国家电投黄河上游水电开发有限责任公司	青海省西宁市	西部就业
192	曹立柱	新能源科学与工程	甘肃省白银市	国家电投黄河上游水电开发有限责任公司	青海省西宁市	西部就业
193	黄连友	新能源科学与工程	广西桂林市	国家电投黄河上游水电开发有限责任公司	青海省西宁市	西部就业
194	张志郢	新能源材料与器件	甘肃省庆阳市	国家电投黄河上游水电开发有限责任公司	青海省西宁市	西部就业
195	杨韬辉	智能电网信息工程	青海省海东市	国网青海省电力公司经济技术研究院	青海省西宁市	西部就业
196	李辉原	电气工程及其自动化	青海省西宁市	国家开发银行股份有限公司青海省分行	青海省西宁市	西部就业
197	张婷婷	金融学	重庆市大足区	重庆京东方光电科技有限公司	重庆市北碚区	西部就业
198	袁　晨	应用物理学	重庆市忠县	国家电投集团重庆白鹤电力有限公司	重庆市开州区	西部就业
199	杜　江	材料科学与工程	重庆市北碚区	重庆水泵厂有限责任公司	重庆市	西部就业
200	范洪磊	能源与动力工程	重庆市忠县	华电国际电力股份有限公司奉节发电厂	重庆市	西部就业
201	马路遥	能源与动力工程	江苏省苏州市	华能重庆珞璜发电有限责任公司	重庆市江津区	西部就业
202	谭玲珑	电气工程及其自动化	重庆市梁平县	国网重庆市电力公司检修分公司	重庆市渝中区	西部就业
203	蒋远杰	电气工程及其自动化	重庆市开县	国网重庆市电力公司开州区供电分公司	重庆市渝中区	西部就业
204	曹　恒	电气工程及其自动化	重庆市合川区	重庆市送变电工程公司	重庆市九龙坡区	西部就业
205	龚昱溧	电气工程及其自动化	重庆市九龙坡区	国网重庆市电力公司江津供电分公司	重庆市江津区	西部就业
206	周　佳	电气工程及其自动化	重庆市江津区	国网重庆市电力公司北碚供电分公司	重庆市北碚区	西部就业
207	邹正浩然	自动化	四川省内江市	华能重庆珞璜发电有限责任公司	重庆市江津区	西部就业
208	童耀祖	工程管理	青海省海西蒙古族藏族自治州	国家电投集团远达环保工程有限公司	重庆市渝北区	西部就业

续表

序号	姓名	专业名称	生源地区	单位名称	单位所在地	备注
209	鞠冰清	会计学	新疆维吾尔自治区	重庆电力建设总公司	重庆市南岸区	西部就业
210	叶　果	会计学	重庆市云阳县	上汽依维柯红岩商用车有限公司	重庆市	西部就业
211	田茂朗	核工程与核技术	重庆市	重庆水泵厂有限责任公司	重庆市	西部就业
212	方　宏	核工程与核技术	安徽省铜陵市	重庆水泵厂有限责任公司	重庆市	西部就业
213	邹朋辰	新能源科学与工程	重庆市垫江县	重庆旗能电铝有限公司	重庆市綦江区	西部就业
214	喻小菲	新能源科学与工程	重庆市南岸区	重庆旗能电铝有限公司	重庆市綦江区	西部就业
215	王　琪	智能电网信息工程	重庆市梁平县	国网重庆市电力公司万州供电公司	重庆市渝中区	西部就业
216	周　鑫	物联网工程	重庆市丰都县	中国移动通信集团重庆有限公司	重庆市渝北区	西部就业
217	汪玥君	电气工程及其自动化	重庆市沙坪坝区	国网重庆市电力公司南岸供电分公司	重庆市渝中区	西部就业
218	缑莉莉	工程管理	宁夏中卫市	国网武威供电公司	甘肃省武威市	西部就业
219	白　涛	能源与动力工程	甘肃省平凉市	中核龙瑞科技有限公司	甘肃省嘉峪关市	西部就业
220	王　彤	能源与动力工程	甘肃省武山县	国电兰州范坪热电有限责任公司	甘肃省兰州市	西部就业
221	安泰康	电气工程及其自动化	甘肃省兰州市	国网兰州供电公司	甘肃省兰州市	西部就业
222	蔡　景	电气工程及其自动化	甘肃省天水市	国网甘肃省电力公司兰州供电公司	甘肃省兰州市	西部就业
223	李　飞	电气工程及其自动化	甘肃省定西市	中国能源建设集团甘肃省电力设计院有限公司	甘肃省兰州市	西部就业
224	苟　亮	电气工程及其自动化	甘肃省平凉市	中国能源建设集团甘肃省电力设计院有限公司	甘肃省兰州市	西部就业
225	王　晖	电气工程及其自动化	甘肃省临夏市	国网甘肃省电力公司检修公司	甘肃省兰州市	西部就业
226	程　璐	会计学	青海省格尔木市	兰州铁路局	甘肃省兰州市	西部就业
227	王德凯	会计学	甘肃省白银市	国网白银供电公司	甘肃省白银市	西部就业
228	蔡金成	核工程与核技术	新疆乌鲁木齐市	中核四〇四有限公司	甘肃省嘉峪关市	西部就业
229	陈春林	智能电网信息工程	甘肃省白银市	国网甘肃省电力公司兰州供电公司	甘肃省兰州市	西部就业
230	韩　飞	智能电网信息工程	甘肃省定西市	国网天水供电公司	甘肃省天水市	西部就业
231	任　福	智能电网信息工程	甘肃省白银市平川区	国网甘肃省电力公司检修公司	甘肃省兰州市	西部就业
232	高　岩	物联网工程	甘肃省白银市	中国移动通信集团甘肃有限公司	甘肃省兰州市	西部就业
233	扎西顿珠	软件工程	西藏拉萨市	西藏公安厅反恐怖特别侦察队	西藏拉萨市	西部就业
234	尼玛旦增	工程管理	西藏自治区	国网日喀则供电公司	西藏日喀则市	西部就业
235	扎西俄加	工程管理	西藏那曲地区	国网西藏电力有限公司经济技术研究院	西藏拉萨市	西部就业
236	张　迪	智能电网信息工程	河南省驻马店市	国网河南上蔡县供电公司	河南省上蔡县	中部基层
237	骆秋杨	电气工程及其自动化	河南省信阳市	国网河南省电力公司兰考县供电公司	河南省兰考县	中部基层
238	朱志超	测控技术与仪器	湖北省黄石市	湖北华电江陵发电有限公司	湖北省荆州市	中部基层
239	骆世凯	能源与动力工程	湖北省黄冈市	安徽淮南平圩发电有限责任公司	安徽省淮南市	中部基层
240	吴亦继	测控技术与仪器	安徽省黄山市	宿州市泗县深能环保有限公司	安徽省宿州市	中部基层
241	石金山	能源与动力工程	云南省	湖北华电江陵发电有限公司	湖北省荆州市	中部基层

华北电力大学2017级新生入学成绩优秀奖获得者名单

（北 京 校 部）

生源地	姓名	性别	科类	生源地	姓名	性别	科类
安徽	朱玥荣	女	理工类	辽宁	顾文元	男	理工类
	沈耀群	女	文史类		张一琪	女	文史类
北京	李欣怡	女	理工类	内蒙古	高文卓	男	理工类
	李梦瑶	女	文史类		江晚疏	女	文史类
福建	陈浩维	男	理工类		侯晓云	女	文史类
	林伟韬	男	文史类		冀 娜	女	文史类
甘肃	杨成琦	男	理工类	宁夏	马 轩	男	理工类
	魏 芳	女	文史类		马海洋	男	文史类
广东	肖俊平	男	理工类	青海	雷延明	男	理工类
	鄂秦伊澜	女	文史类		解 阳	女	文史类
广西	黄东文	男	理工类	山东	吴德钊	男	理工类
	唐济蔚	女	文史类		孙一玮	女	文史类
贵州	杨 鸿	男	理工类	山西	李新宇	男	理工类
	陈 瑶	女	文史类		雷淑珍	女	文史类
海南	张昭诚	男	理工类	陕西	黄 颖	女	理工类
	王小丽	女	文史类		张奕田	女	文史类
河北	刘志宇	男	理工类	上海	杨广亮	男	综合改革
	李萌宇	女	文史类		王奕承	男	综合改革
河南	郝 琪	女	理工类	四川	张敬星	男	理工类
	吴若彤	女	文史类		王 然	女	文史类
黑龙江	张云晓	女	理工类	天津	杨明鑫	男	理工类
	吴 璇	女	文史类		武润良	男	文史类
湖北	李 泽	男	理工类	西藏	付啸为	男	理工类
	肖玉欣	女	文史类		黄智森	男	文史类
湖南	王雅筠	女	理工类	新疆	李欣悦	女	理工类
	罗 暄	女	文史类		陈芙蓉	女	文史类
吉林	伊飞龙	男	理工类	云南	李 宇	男	理工类
	李佳欣	女	文史类		王梓旭	女	文史类
江苏	刘 慧	女	理工类	浙江	周文鑫	女	综合改革
	蒋李文	男	文史类	重庆	周卓然	男	理工类
江西	刘志慧	女	理工类		陈千禧	女	文史类
	吴怡梦	女	文史类				

（保 定 校 区）

生源地	姓名	性别	科类	生源地	姓名	性别	科类
安徽	何孝满	男	理工类	江西	熊 耀	男	理工类
	徐 斌	男	文史类		鄢志娥	女	文史类
北京	王越琳	女	理工类	辽宁	郝嘉钰	男	理工类
	王 硕	男	文史类		程 强	男	文史类
福建	陈智雄	男	理工类	内蒙古	赵 鑫	男	理工类
	胡毅敏	女	文史类		魏昊冉	女	文史类
甘肃	赵 磊	男	理工类	宁夏	马树阳	男	理工类
	王爱兵	男	文史类		杨子潇	女	文史类
广东	陈 曼	女	理工类	青海	杨越文	男	理工类
	顾婉玉	女	文史类		杨慧敏	女	文史类
广西	杨 伦	男	理工类	山东	吕廷彦	男	理工类
	满 园	女	文史类		张心怡	女	文史类
贵州	姚灵通	男	理工类	山西	薛 炎	男	理工类
	董国锴	男	文史类		贺 誉	女	文史类
海南	李睿琛	男	理工类	上海	李佳松	男	综合改革
河北	杨凯硕	男	理工类	陕西	屈晨光	男	理工类
	黎家彤	男	文史类		王玉蕊	女	文史类
河南	郑朋雨	男	理工类	四川	尹佳庆	女	理工类
	郝宇翔	男	文史类		张 妍	女	文史类
黑龙江	王惠东	男	理工类	天津	王翕钰	男	理工类
	柯雅芳	女	文史类		刘芮囡	女	文史类
湖北	曹春悦	女	理工类	新疆	杨雨轩	男	理工类
	刘秋悦	女	文史类		石国芳	女	文史类
湖南	张志聪	男	理工类	云南	戴 景	女	理工类
	文婉荃	女	文史类		李昌宇	男	文史类
吉林	李俊隆	男	理工类	重庆	夏耀扬	男	理工类
	郭丁夢	女	文史类		何妮珈	女	文史类
江苏	曹炜鹏	男	理工类	浙江	王馨扬	女	综合改革
	叶亚冬	男	理工类	西藏	汤林海	男	理工类
	童 睿	女	文史类				

（学生处 葛 超 提供）

华北电力大学2017年艺术团获省部级奖励一览表

（北 京 校 部）

获奖级别	获 奖 名 称
省部级	民族舞团舞蹈《蝶恋花·美人楼》获北京市大学生舞蹈节群舞B类金奖、优秀创作奖
省部级	楼兰舞团舞蹈《舞韵天山》获北京市大学生舞蹈节群舞A类银奖
省部级	锅庄舞团舞蹈《启明雪域》获北京市大学生舞蹈节群舞A类金奖、优秀创作奖

续表

获奖级别	获 奖 名 称
省部级	街舞团舞蹈《Belief》获北京市大学生舞蹈节群舞 B 类铜奖
省部级	话剧团短剧《电波》、《明天》均获得 2017 北京市大学生戏剧节铜奖
省部级	演讲朗诵团剧目《背叛》获 2017 北京市大学生戏剧节银奖
省部级	话剧团短剧《只有我和你配去的地方》获“南海子杯”京津冀戏剧小品大赛三等奖

华北电力大学 2017 年学生参加科技竞赛获奖情况一览表

（北 京 校 部）

1. 2017“挑战杯”全国大学生课外学术科技作品竞赛	大数据视角下精准扶贫项目绩效评估管理体系的调研——以河北省张家口市崇礼区和阳原县为例	国家级银奖
	北京地区大学生网络贷款现状及对策研究	国家级铜奖
	钢企之痛：去产能背景下大型国有企业职工分流安置的调查研究——以武汉钢铁（集团）公司为视角	国家级铜奖
	偏远少数民族聚集区绿色能源精准扶贫模式研究——以甘肃省临夏回族自治州和政县为视角	国家级铜奖（专项）
	大数据视角下精准扶贫项目绩效评估管理体系的调研——以河北省张家口市崇礼区和阳原县为例	省部级特等奖
	北京地区大学生网络贷款现状及对策研究	省部级金奖
	环形线性菲涅尔高倍聚光器	省部级银奖
	基于仿生结构的减反自清洁型太阳能电池	省部级银奖
	大学生微商创业成功率与影响的调查与分析	省部级银奖
	钢企之痛：去产能背景下大型国有企业职工分流安置的调查研究——以武汉钢铁（集团）公司为视角	省部级银奖
	新电改背景下电力用户精准化营销方案研究	省部级银奖
	日晷式太阳能追踪器	省部级铜奖
	斜单轴跟踪支架光伏组件自动清洁装置	省部级铜奖
	MotionCatcher（基于智能家居的手势捕捉系统）	省部级铜奖
	基于程序控制的太阳光动态入户装置	省部级铜奖
	文胸清洗机	省部级铜奖
	关于北京市高校新能源电动汽车分时租赁的调查研究	省部级铜奖
	对宁陕少数民族聚居区农村贫困家庭精准扶贫的调查研究——以宁夏回族自治区隆德县、西吉县、陕西省延川县为例	省部级铜奖
2. 第六届大学生科技创新作品与专利成果展示推介会获奖名单	夏季汽车高温利用的车内定时制冷系统	省部级二等奖
	光伏组件无水式自动清洁装置——用于斜单轴跟踪支架	省部级二等奖
	减速带能量回收发电装置	省部级三等奖
	基于绿色建筑理念的太阳能窗帘储电应用系统	省部级三等奖
	除霾神技：燃煤电站 PM2.5 团聚脱除协同废水零排放处理技术	省部级三等奖
	关于北京市高校新能源电动汽车分时租赁的调查研究	省部级入围奖
	关于网络舆论对司法公正影响的社会调查	省部级入围奖
	秦淮线附近城市供暖现状调研及优化供暖模式研究	省部级入围奖
	支教扶贫模式：少数民族聚集区农村留守儿童的教育与关爱——以湖南省湘中与湘西为视角	省部级入围奖
	E 咖啡桌游吧	省部级入围奖
	一种新型新功能智能电气箱柜	省部级入围奖

续表

2．第六届大学生科技创新作品与专利成果展示推介会获奖名单	校园节能开关研究与设计	省部级入围奖
	澡堂分流显示装置	省部级入围奖
	结合“互联网＋”的充电桩实时信息监测反馈系统	省部级入围奖
	便携式气动离子清洗机	省部级入围奖
	超临界水煤直接氧化复合工质循环新型发电系统	省部级入围奖
	北京市农村煤改电政策实施的调查研究	省部级入围奖
	E-newergy 科技有限责任公司	省部级入围奖
	真实果园科技有限公司	省部级入围奖
	益约乒乓有限责任公司	省部级入围奖
3．第三届“协鑫杯”国际大学生绿色能源科技创新创业大赛	E-newergy 科技有限责任公司	省部级优秀奖
4．2017 年全国青年科普创新实验暨作品大赛	便携式气动离子清洗机	省部级二等奖
	抛物面汇聚原理的可视化展示	省部级三等奖

（保 定 校 区）

创新实践比赛	作 品 名 称	获奖情况
1．第三届河北省“互联网＋”大学生创新创业大赛决赛	E 药管家	铜奖
	城市轨道交通智能酒测健康关爱平台	铜奖
	电厂智能巡检系统	铜奖
	慧眼如炬的绝缘子红外探伤仪	铜奖
	基于 iBcacon 的家居智能寻物系统	铜奖
	基于 VR 技术的房屋租赁平台	铜奖
	基于电力载波通信和微信公众平台的智能家居	铜奖
	基于互联网＋的风电取水一体装置	铜奖
	基于互联网的塔筒清洁机器人	铜奖
	基于互联网的新型沼气大棚系统	铜奖
	基于热成像技术电力设施智能检测系统	铜奖
	基于互联网的高精度压电驱动粉料输送装置	铜奖
	基于手机蓝牙对电机的精准控制	铜奖
	检测叶片的机器人	铜奖
	利用手机音频接口测量工业信号	铜奖
	绿色鱼塘	铜奖
	强制对流曝气式电动车电池组	铜奖
	私人衣橱	铜奖
	吾印记忆	铜奖
	新型震动发电电池	铜奖
	易泊	铜奖
	智慧城市电梯应急抢救救援平台系统	铜奖
	智能农业物联系统	铜奖
	Halo 视界	银奖

续表

创新实践比赛	作　品　名　称	获奖情况
1．第三届河北省“互联网＋”大学生创新创业大赛决赛	变电站绝缘子串清洗机器人	银奖
	电力操作安全机器人组	银奖
	荷电水雾综合抑尘系统	银奖
	架空输电线路智能巡检机器人	银奖
	节能环保型免清洗钢管	银奖
	绿芽包裹——环保型快递包装及回收	银奖
2．2017年“挑战杯”河北省大学生课外学术科技作品竞赛	高校志愿服务项目运作模式研究	省部级特等奖
	暖心续航：“三社联动”应用与失独家庭服务的实践探索	省部级特等奖
	当代大学生对马克思主义的全面认知及引领策略——基于马克思主义理论学科建设背景的调研	省部级特等奖
	从机构到机制：农村互助养老模式的重新定位与困境突围——基于常人方法学理论的实证分析	省部级一等奖
	蓝色隐忧：农村老年人抑郁现状调查与风险因素分析——基于河北省三个县农村老年人的调查	省部级一等奖
	我国大学生生命教育关键策略分析——基于全国九省市实证调研数据	省部级一等奖
	雄安新区生态文明建设的路径探索——以白洋淀芦苇产业为例	省部级一等奖
	政府、企业、合作社、村民四位一体助力旅游精准扶贫——基于对野三坡地区的调查研究	省部级一等奖
	农村留守儿童心理健康状况调查与干预机制探索——基于河北省S县的调查与分析	省部级二等奖
	政府购买居家养老服务的过程和结果评估——以保定市为例	省部级二等奖
	大学生防灾减灾教育现状及对策研究	省部级二等奖
	大学生“能源村官”精准扶贫模式探索——基于黑崖沟光伏养老爱心电站的实证研究	省部级二等奖
	离家不离亲：嵌入式社区微型养老院现状、问题与路径优化	省部级二等奖
	草原旅游区垃圾污染问题及治理现状的调查分析——基于内蒙古希拉穆仁草原的调研	省部级三等奖
	京津冀地区老年人日间照料中心运营模式及其效果评估	省部级三等奖
	网购时代的格式合同风险及其防控——基于对大学生消费群体的考察	省部级三等奖
	以穗为源，化废为宝：基于五元三层结构的秸秆发电发展策略探索——以河北省晋州市为例	省部级三等奖
	高精度压电驱动粉料输送装置	省部级特等奖
	配电线路绝缘修复机器人	省部级特等奖
	城市污泥用于制备超级电容器电极材料	省部级一等奖
	lool.Lens智能眼镜	省部级一等奖
	应用于绝缘子防污闪的超疏水表面构筑	省部级二等奖
	一种用于处理脱硫液的双功能型催化/吸附剂	省部级二等奖
	基于多传感的电气设备智能检测诊断系统	省部级二等奖
	基于物联网的节能日光温室地下蓄热与滴灌系统	省部级二等奖
	脱硫废水用于燃煤烟气中元素态汞的脱除技术	省部级二等奖
	一种机翼可倾转式二轴飞行器	省部级三等奖
	双转子双流道潮流能发电装置	省部级三等奖
	一种基于光伏沼气互补发电的能源复合利用系统	省部级三等奖
	一种阵列微孔不锈钢纤维	省部级三等奖
3．2017年调研河北	河北省高校西部志愿者发展概况调查分析	省部级一等奖
	京津冀一体化背景下城镇化与特色产业发展研究	省部级一等奖

续表

创新实践比赛	作　品　名　称	获奖情况
3．2017 年调研河北	自媒体环境下河北省高校舆论危机事件应对机制研究	省部级一等奖
	我国农村推进新能源供暖的有效探索	省部级一等奖
	绿色电力精准扶贫研究	省部级特等奖
	京津冀农村地区冬季取暖现状以及影响因素分析	省部级三等奖
	“剩男”问题，社会如何抉择？	省部级三等奖
	“一个都不能少”城市社区精准扶贫新模式调查研究	省部级三等奖
	关于分布式能源（DER）对缓解京津冀大气污染调研	省部级三等奖
	高校创新创业成果转化与产业转型升级研究	省部级三等奖
	关于居民生活垃圾处理的调查与思考	省部级三等奖
	河北省保定市、石家庄市老年人日间照料中心运营模式及其效果评估	省部级三等奖
	河北省快递垃圾回收处理方案调查研究	省部级三等奖
	河北省农村闲置宅基地再利用的阻碍因素及对策研究	省部级三等奖
	河北无障碍公共设施建设调查	省部级三等奖
	后撤点并校时代河北省农村基础教育现状调查	省部级三等奖
	基于 PPP 模式下的京津冀农村生活垃圾处理分析	省部级三等奖
	联系城乡的纽带——关于网络在农村的普及程度调查	省部级三等奖
	落实精准扶贫、建设美丽乡村的课题研究	省部级三等奖
	体验省情、服务社会：河北省社会化养老服务体系的探索与构建	省部级三等奖
	温暖破碎之心、重启生命之航：“三社联动”关爱失独家庭	省部级三等奖
	新型城镇化和城乡统筹示范区建设的公众认知度调查	省部级三等奖
	新年龄结构下老年人养老及生活状况调查研究	省部级三等奖
	智能时代下手机依赖现象的调查研究	省部级三等奖
	城市客运出租车的运营管理调研报告	省部级二等奖
	白洋淀水产养殖业现状及发展策略研究	省部级二等奖
	大学生生命教育基本策略探究	省部级二等奖
	大学生微商发展过程中存在的问题及对策分析	省部级二等奖
	关于促进京津冀地区绿色水泥产业发展的调查研究	省部级二等奖
	关于大学生网络支付行为的调查研究	省部级二等奖
	河北省农村沼肥综合利用现状与发展思路研究	省部级二等奖
	京津冀区域再生水利用现状及节水潜势分析	省部级二等奖
	京津冀地区大学生理想信念教育现状调研方式与研究	省部级二等奖
	中老年人预防网络诈骗知识调查	省部级二等奖
4．第三届“协鑫杯”国际大学生绿色能源科技创新创业大赛	燃煤工业锅炉同时脱硫脱硝废液处置及其资源化技术	国家级三等奖
5．第十五届“挑战杯”中国银行全国大学生课外学术科技作品竞赛	一种用于处理脱硫液的双功能型催化/吸附剂	国家级三等奖
	配电线路绝缘修复机器人	国家级三等奖
	暖心续航：“三社联动”应用与失独家庭服务的实践探索	国家级三等奖
	城市污泥用于制备超级电容器电极材料	国家级三等奖
	雄安新区生态文明建设的路径探索——以白洋淀芦苇产业为例	国家级三等奖

续表

创新实践比赛	作 品 名 称	获奖情况
6. 2017 第六届中国（河北）青年创业创新大赛	建筑领域的热能调控及反哺系统	省部级二等奖
	变电站智能巡检平台	省部级三等奖
	一种结合风力发电的新型空气取水装置	省部级二等奖
7. 2017 年第二十届“外研社杯”全国大学生英语辩论赛	韩颖团队	省部级三等奖
8. 河北省第八届大学生工业设计创新大赛	动车组智能装配平台（装备型）	省部级一等奖
	一次性快速应急垃圾桶	省部级二等奖
	防跌落井盖改良设计	省部级二等奖
	爬楼梯式垃圾清洁车	省部级二等奖
	“万花筒”激光笔	省部级二等奖
	激光尺	省部级三等奖
	一种多功能医疗保健产品设计	省部级三等奖
	多功能拼插儿童书架	省部级三等奖
	动车折叠婴儿座椅	省部级三等奖
	八旋翼农药喷洒无人机	省部级三等奖
	老年便识别药盒	省部级三等奖
	无障碍厨房操作台	省部级三等奖
	益智组装儿童玩具	省部级三等奖
	“不倒翁”台灯	省部级三等奖
9. 第六届高等院校企业竞争模拟大赛	李若晰团队	国家级三等奖
	邹佳艺团队	国家级二等奖
10. 中国国际飞行器设计挑战赛暨科研类全国航空航天模型公开赛	火箭刹车式分离结构与超精简返回	国家级一等奖
	模型火箭运载与返回	国家级二等奖
	限距载重空投	国家级三等奖
	电动滑翔机	国家级三等奖
	垂直起降载运	国家级三等奖
11. 第十六届全国大学生机器人大赛机器人创业赛	AIM 电气科技有限公司	国家级一等奖
	基于工业级无人机的自动化电力巡检系列系统	国家级三等奖
12. 2017 年施耐德电气绿色能效全球创新案例挑战赛	WeWarm—开源节流项目	国家级三等奖
13. 默克-创行循环经济挑战赛	沼气蓬勃	全国冠军
14. 阿美亚洲“能源杯”大赛	沼气蓬勃	全国冠军
15. 2017 创行世界杯创新公益大赛	绿色鱼塘、芦苇花开	国家级二等奖
16. 第三届中国“互联网+”大学生创新创业大赛	绿芽包裹——环保型快递包装及回收	国家级二等奖

华北电力大学 2017 年学生学科竞赛获奖情况一览表

（北 京 校 部）

获奖项目	获奖等级	获奖队数	姓名	班级	姓名	班级	姓名	班级	指导教师
全国大学生数学建模与计算机应用竞赛	全国一等奖	1	王嘉宁	电气 1504	李钰洋	电气 1510	高浚盛	电网 1603	马德香、雍雪林、潘 志、曹艳华、谷云东、高 欣、赵红涛、黄晔辉、王小英、邱启荣
	全国二等奖	2	康静雅	创新电 1501	阮景晴	软件 1501	李黛睿	电气 GJ1502	
			郭以重	电气 1512	林 欣	电气 1503	高天初	电气 1512	
	北京一等奖	10	蓝文鸿	实践核 1501	王 彧	实践核 1501	周谢阳	实践核 1501	
			李华东	电气 1507	李竹青	电气 1507	周晓娟	电气 1507	
			刘朋杰	实践核 1501	荀港益	计科 1501	彭心富	核电 1504	
			李卓耘	电气 1512	张亚宁	计科 1501	潘 超	电网 1502	
			王子涵	创新电 1501	王浩意	电气 1511	郭陟峰	创新电 1501	
			李 丹	创新动 1501	杨 鹤	创新动 1501	陈 卓	信安 1502	
			江崇瑜	创新电 1601	易昕怡	创新电 1601	马浩天	创新电 1601	
			方 楠	电网 1502	刘雪涛	电网 1502	宰 睿	电网 1602	
			周瑀涵	电气 GJ1503	魏邦吉	创新动 1501	杨 董	创新动 1501	
			谢箫阳	核电 1604	童一鸣	核电 1604	华浩钧	核电 1601	
	北京二等奖	31	王姝彦	电气 1501	何伟严	实践电 1501	徐 涛	实践电 1501	
			任春频	创新电 1501	韩释瑶	电气 1506	黄廷恩	创新动 1501	
			朱 政	自动 1504	唐瑜璐	自动 1504	吴昊天	自动 1504	
			许家鸣	实践动 1501	何旭圆	电气 1512	章郁桐	自动 1505	
			韩翔宇	能动 1511	刁浩楠	实践动 1501	万博文	电气 1507	
			于 群	创新电 1601	陈世萍	创新电 1601	吕乃航	创新电 1601	
			陈飞鹏	创新动 1601	叶秋麟	创新动 1601	于国良	创新动 1601	
			丁 岩	能动 1511	李公伟	电气 1511	郭佳奇	电气 1511	
			戴冰清	水电 1502	高晨祥	电气 1505	许汇锋	创新动 1501	
			吴思航	电气 1507	宇文天悦	计算 1502	王 星	营销 1501	
			刘彤宇	能动 1505	吴昀辉	实践动 1501	方 浩	能动 1503	
			邱健珲	计科 1502	魏育坤	软件 1502	陈健忠	信管 1501	
			陈明昊	通信 1501	陈 恺	通信 1501	李东昊	通信 1501	
			官 威	计科 1502	刘重阳	物理 1501	刘悦滨	经济 1501	
			郭楠楠	软件 1502	米 乐	计科 1501	王 翔	计科 1501	
			李 彤	信安 1502	邓 开	创新自 1501	范勋峰	信安 1501	
			王子钰	电网 1502	马丽雅	电气 1506	常宇清	软件 1501	
			陈刘东	电气 1507	陈喜辉	实践电 1401	陈倩	实践电 1501	
			张 钰	经贸 1501	陈品东	物联 1501	许光华	物联 1501	
			邵凌宇	能动 1509	唐 叶	电气 1509	刘政昊	实践动 1501	
			杨晓伟	电网 1501	石 岩	电气 1506	宋绪鹏	电气 1512	
			郭 柳	能动 1508	冯 宇	测控 1504	杨明传	自动 1603	
			唐浩文	能动 1509	孙 宁	能动 1511	司起步	能动 1512	
			刘中建	电气 1510	郇政林	电气 1508	李 轩	电气 1512	

续表

获奖项目	获奖等级	获奖队数	姓名	班级	姓名	班级	姓名	班级	指导教师
全国大学生数学建模与计算机应用竞赛	北京二等奖	31	管庆丰	计科 1602	李昊洋	能材 1601	褚银浦	电子 1601	马德香、雍雪林、潘　志、曹艳华、谷云东、高　欣、赵红涛、黄晔辉、王小英、邱启荣
			吴亚洲	化学 1502	王昕鑫	能科 1503	王路瑶	化学 1502	
			杨夏童	实践核 1501	陈亚鹏	通信 1501	钱宇瑞	实践核 1501	
			胡　凡	创新动 1601	吕书航	创新动 1601	牛葳韬	建环 1501	
			张文璟	实践电 1501	宋远见	创新电 1501	柴　华	电气 1502	
			周鹏威	创新自 1501	王佳宇	创新自 1501	陈　锐	创新动 1501	
			钟楚丛	电气 GJ1502	虞宋楠	电气 1503	吕佳鹏	通信 1503	
美国大学生数学建模竞赛	特等奖	1	孙鲁嘉	电气 1410	赵子轩	电气 1411	张　婷	电子 1401	李　敏、雍雪林、赵红涛、黄晔辉、邱启荣、刘永琴、高　欣、谷云东、曹艳华、王小英、潘　志、张希荣，陈学刚、魏军强、甄亚欣、冯兰兰、韩励佳、郑宏文、刘　勇、侯居跃、周继泉
	一等奖	14	郭长营	计科 1401	付　钰	工管 1402	郑丽君	测控 1404	
			赵德福	商务 1401	许国强	能科 1406	王丽蓉	水电 1401	
			林　欣	电气 1503	高天初	电气 1512	郭以重	电气 1512	
			钱浩然	物理 1401	范迦羽	电气 1401	邢书成	物理 1401	
			韩释瑶	电气 1506	黄廷恩	创动 1501	任春频	创电 1501	
			张方博	水文 1501	张　超	水文 1501	马星辰	能科 1502	
			杨　坤	自动 1405	宋子秋	测控 1403	谭方辉	工商 1401	
			丁琰妍	能动 1503	陈兰鑫	能动 1512	刘　倩	能动 1502	
			戴谷禹	工管 1402	董海泉	创新动 1401	李一鸣	财务 1402	
			杨　涛	电气 1503	彭　意	电气 1503	杨昀龙	电气 1503	
			单俊儒	创新电 1401	李静轩	创新电 1401	马昕雨	实践电 1401	
			李乔乔	创新电 1401	马　铁	电气 1410	王　戈	电气 1401	
			蓝文鸿	实践核 1501	王　彧	实践核 1501	周谢阳	实践核 1501	
			邵寿甲恒	创新电 1501	林泽川	创新电 1501	张茗洋	创新电 1501	
	二等奖	89	周　丽	工商 1401	李航宁	能动 1402	刘泽铖	实践动 1401	
			郇政林	电气 1508	李　轩	电气 1512	刘中建	电气 1510	
			郭枳邑	通信 1501	张　佳	水电 1501	雷　萌	测控 1503	
			于汇琳	信息 1502	姚　博	会计 1501	于益民	会计 1502	
			方　楠	电网 1502	谭川茜	材料 1501	李　伟	核电 1503	
			孙梓源	GJ1601	汪昭辰	GJ1603	张　楠	GJ1601	
			段立昊	国教 1501	黄曼茜	电气 1511	王傲阳	国教 1503	
			廖海君	电网 1502	池屿璠	电气 1509	杨夏童	实践核 1501	
			杨雨月	软件 1402	王文浩	软件 1401	刘尔佳	电气 1414	
			周瑀涵	电气 GJ1503	魏邦吉	创新动 1501	李　志	电气 1502	
			李卓耘	电气 1512	庄嘉研	电气 1411	蔡靖杰	实践电 1501	
			赵云龙	经贸 1501	刘琦	信息 1501	崔　昊	信息 1501	
			朱丽萍	电气 1409	葛青宇	电气 1405	武绍琮	电气 1411	
			张宇琛	能科 1505	孙国栋	创自 1501	蔡　玮	创自 1501	
			周鹏威	创新自 1501	肖昕岩	创新电 1501	黄翊峰	创新电 1501	
			李延旭	计算 1402	王稼琪	自动 1401	刘　凯	创自 1401	
			徐　亮	经贸 1401	吴　璇	创动 1401	周昊翀	会计 1402	

续表

获奖项目	获奖等级	获奖队数	姓名	班级	姓名	班级	姓名	班级	指导教师
美国大学生数学建模竞赛	二等奖	89	洪晨威	创新电 1401	樊 鑫	创新电 1401	谢时雨	工商 1401	李 敏、雍雪林、赵红涛、黄晔辉、邱启荣、刘永琴、高 欣、谷云东、曹艳华、王小英、番 志、张希荣，练学刚、魏军强、甄亚欣、冯兰兰、韩励佳、郑宏文、刘 勇、侯居跃、周继泉
			从逸洲	实践电 1401	吴 凡	实践电 1401	徐泰来	实践电 1401	
			武倩钰	电气 1509	陈 倩	实践电 1501	陈刘东	电气 1507	
			陈璐颖	电气 1507	刘 越	电气 1510	陈心怡	通信 1502	
			伍泽赟	能动 1408	孔大力	实践动 1401	刘桦珍	自动 1401	
			刘德成	软件 1401	郭昊明	软件 1401	郑凯宇	核电 1404	
			闫永恒	实践电 1401	陈逸轩	实践核 1501	钱宇瑞	电气 1411	
			吕 煜	创新电 1401	王延浩	电气 1411	周晓东	计算 1501	
			唐逸文	计算 1501	袁佳昕	计算 1501	李志圆	信安 1502	
			李 彤	创自 1501	邓 开	通信 1401	叶 欣	材料 1402	
			童 磊	会计 1401	贾云华	实践动 1401	赵荣发	信安 1502	
			徐道君	信安 1502	王潇淇	创电 1501	汪钦枢	自动 1403	
			常新远	自动 1403	王子琦	自动 1403	张 杰	自动 1403	
			侯 婷	创自 1401	幸 心	创自 1401	薛 涛	创电 1401	
			叶杨莉	实践电 1401	许冰倩	电气 1403	高 骏	通信 1401	
			崔 鹏	创新电 1401	刘云阳	创新电 1401	蒋纯冰	电气 1501	
			刘 珠	核电 1401	刘少华	核电 1401	吴雪雯	核电 1404	
			邵凌宇	能动 1509	唐 叶	电气 1509	刘政昊	实践动 1501	
			王少杰	创新电 1401	沙 韵	创新电 1401	黄怡凌	创新电 1401	
			吴浩然	自动 1402	郗 玥	自动 1402	孟柒柒	国教 1502	
			汪洋帆	信管 1501	刘吉力	工管 1502	厉松芮	工管 1502	
			刘校销	电气 1410	黄茂然	电气 1408	廖圣文	创新电 1401	
			何 妍	通信 1403	李若行	信息 1401	何继勇	信息 1401	
			胡 阳	创新电 1401	俞永杰	实践电 1401	汪明轩	电气 1412	
			孙精辰	测控 1403	马云峰	创新动 1401	刘文博	国教 1503	
			于侯健	电网 1402	李政轩	电网 1403	张 擎	电网 1402	
			王姝彦	电气 1501	何伟严	实践电 1501	徐 涛	实践电 1501	
			段延达	电气 1404	丁全正	营销 1401	李佳婧	电气 1407	
			王 晨	创新动 1501	谢 衍	创新自 1501	黎 睿	软件 1502	
			白正阳	实践动 1501	张馨元	实践动 1501	陆树银	实践动 1501	
			张文默	物联 1501	汪云涛	实电 1501	秦天骄	核电 1503	
			艾柄均	工管 1402	刘华鑫	会计 1402	庞 博	会计 1402	
			高 天	化学 1502	李雪莹	创电 1501	郭佳奇	电气 1511	
			宇文天悦	计算 1502	林孟群	软件 1501	张爱京	电子 1501	
			谢 聪	电气 1507	牟宇梁	电气 1507	张毅飞	电气 1507	
			佟景鑫	能科 1401	吴宇涛	能动 1508	石息星	能科 1404	
			孙 瑶	电气 1405	李粽宣	信安 1401	龚锦华	创新动 1401	
			李 宣	电气 1408	王燕宁	电气 1408	侯延琦	电气 1408	
			田颖池	电气 1508	于欢昌	电气 1508	朱悦榕	电气 1508	

续表

获奖项目	获奖等级	获奖队数	姓名	班级	姓名	班级	姓名	班级	指导教师
美国大学生数学建模竞赛	二等奖	89	封　钰	创新电 1401	张　健	创新电 1401	王月莹	会计 1402	李　敏、雍雪林、赵红涛、黄晔辉、邱启荣、刘永琴、高　欣、谷云东、曹艳华、王小英、潘　志、张希荣，陈学刚、魏军强、甄亚欣、冯兰兰、韩励佳、郑宏文、刘　勇、侯居跃、周继泉
			魏　巍	电气 1412	高　琦	实践电 1401	杨晓伟	电网 1501	
			高　伟	实践动 1401	黄　杨	能动 1401	杨先正	创动 1401	
			丁　岩	能动 1511	李公伟	电气 1511	李思成	电网 1501	
			刘心研	经济 1601	胡浩楠	经济 1601	毛文泽	物理 1601	
			王鹤淇	电气 1503	李雨莹	实践电 1501	许　力	电气 1505	
			陈　昌	实践电 1401	杨　雪	通信 1403	张慧雯	通信 1403	
			延　奇	测控 1401	梁瑞雪	电气 1402	刘倬诚	化学 1401	
			薛元亮	电气 1403	陈伟达	计算 1402	孔　贺	电气 1403	
			朱思颖	能科 1404	唐舒建	能科 1404	王闻墨	能科 1404	
			黄　婷	通信 1401	巩金鑫	通信 1401	李东昊	通信 1501	
			于　群	创新电 1601	陈世萍	创新电 1601	吕乃航	创新电 1601	
			林弋莎	电气 1403	赵　臻	电气 1402	夏嘉航	实践电 1401	
			王　翔	计科 1501	廖　异	计算 1502	陈国庆	电气 1506	
			朴晶琳	电气 1407	杨梦瑶	实践电 1401	王　姝	电网 1401	
			马丽雅	电气 1506	王子钰	电网 1502	常宇清	软件 1501	
			徐长达	物理 1401	王彤彤	电气 1409	刘金洁	电气 1410	
			李钰洋	电气 1510	刘睿松	电气 1510	韦建征	电气 1510	
			黄淦彩	能动 1504	王宇航	软件 1501	阮景晴	软件 1501	
			李睿之	核电 1403	樊芮伶	核电 1403	冯琬昕	核安 1301	
			郁　媛	电气 1507	谌庆芳	电气 1412	韩泽萱	实践电 1501	
			王亚婕	电气 1412	宋曼青	电气 1401	俞　婷	核安 1401	
			宋明樾	实践电 1501	章家欢	实践电 1501	郭翼泽	能动 1502	
			李怀翔	能动 1409	满晨阳	能动 1409	杨光照	实践电 1501	
			王义函	能动 1501	吴　婵	电气 1502	王艺澎	能动 1501	
			王章霞	化学 1402	熊世剑	能科 1406	马　铢	水电 1402	
			郭凌霄	电网 1502	王粟斌	电气 1511	国宏宇	电网 1502	
			薛莲婷	物联 1501	俞智铭	物联 1501	邓于可	电气 1512	
			韩翔宇	能动 1511	习浩楠	实践动 1501	万博文	电气 1507	
			陈泓佚	电气 1512	张家铭	电气 1510			
			舒　鹏	电气 1610	李孔源	电气 1609	陈　盛	能科 1603	
			刘昕宇	国教 1502	吴智颢	国教 1501	林晓宇	国教 1502	
			王瑞嘉	软件 1602	李晨希	电网 1603	高浚盛	电网 1603	
2017 全国大学生电子设计竞赛	国家二等奖	2	管文博	电气 1501	王　硕	创自 1401	戴　健	自动 1402	孙淑艳、赵　东、柳　赟、黄晓明、刘向军、文亚凤、王　赟、刘春颖
			吴坤聪	电气 1609	戴宇松	能科 1605	刘天琪	物联网 1601	
	省一等奖	3	管文博	电气 1501	王　硕	创自 1401	戴　健	自动 1402	
			吴坤聪	电气 1609	戴宇松	能科 1605	刘天琪	物联网 1601	
			吴　润	测控 1402	马永华	自动 1504	石梁征	水电 1502	
	省二等奖	9	周晓东	电气 1612	刘苏梅	电气 1612	高鹏鸣	电子 1401	

续表

获奖项目	获奖等级	获奖队数	姓名	班级	姓名	班级	姓名	班级	指导教师
2017全国大学生电子设计竞赛	省二等奖	9	邓伟成	电气1511	任春频	创新电1501	赵易如	信安1501	孙淑艳、赵　东、柳　赟、黄晓明、刘向军、文亚凤、王　赟、刘春颖
			常有为	自动1504	苏　填	自动1501	章栩华	电气1512	
			郭子栋	自动1402	叶　涛	自动1401	李钰洋	电气1510	
			宋子秋	测控1403	刘德成	自动1401	常新远	自动1403	
			谌文澜	创自1501	林惠孚	电网1503	王秉宸	通信1503	
			许朝宗	自动1401	朱晶菁	创新电1501	李　超	电网1502	
			刘　凯	创自1401	吕子奎	创自1401	马一鸣	创自1401	
			吴思航	电气1507	陈刘东	电气1507	宇文天悦	计算1502	
	省三等奖	5	王鹏程	信息1402	凌一尘	信息1402	蔡　玮	创自1501	
			张馨予	创自1401	吴晓伦	创自1401	谭　懿	创自1401	
			廖拥文	创自1401	雷　萌	创自1401	张东升	创自1401	
			许哲源	电气1411	何子晨	电气1407	田宝宁	电气1611	
			孙国栋	创自1501	劳泓杰	测控1503	李　鑫	创自1501	
第十届全国大学生节能减排社会实践与科技竞赛	特等奖	1	林园铖	实践动1501	吴昀辉	实践动1501	邓　开	创新自1501	陈海平、梁光胜、张乃强、宋玉旺、肖海平、魏高升、肖仕武、李美成、杨国田、马卫华
			陈湛旻	化学1401	林　欣	电气1503			
	一等奖	5	赵荣发	实践动1401	田军权	实践动1401	蒋鑫宇	创新动1401	
			李亚群	通信1401	罗　兰	计算1401	张泽群	电气1506	
			王　简	实践电1401	唐　悦	电气1409	李朋达	创新动1401	
			孙慧君	材料1401	张明瑞	软件1401	杨　旭	信息1401	
			康　璐	创新电1501	肖昕岩	创新电1501			
			董文娜	电气1404	王旭明	能科1402	曹家振	电气1502	
			黄星琪	能科1601	唐舒建	能科1404			
			余瑞民	能动1302	肖　博	能动1302	邢学利	创新动1401	
			黄廷恩	创新动1501					
	二等奖	1	沈　丹	能动1401	何　雯	能动1410	来振亚	能动1301	
			李富康	能动1401	李　岩	能动1401	高　伟	实践动1401	
	三等奖	6	元海霞	电气1509	李　影	电气1507			
			李　冉	能动1410	孙立伟	能动1401	马　优	能动1410	
			赵建宇	能动1501					
			王丹琪	能动1403	孙　瑶	电气1405	龚锦华	创新动1401	
			孙文彬	电网1503	张耕瑞	物联1401	王子杰	电网1501	
			闫永恒	核电1404					
			张　超	水文1501	辛浩杰	电气1510	高晨祥	电气1505	
			谢锐彪	测控1503	沙雨飞	电气1508	冯　斌	电气1506	
			司起步	能动1512					
			牛葳韬	建环1501	于孟娇	建环1501	胡生民	材料1501	
			李　昂	建环1501	张子祎	英语1501	时天元	电气1501	
			王奕霖	法学1401					

续表

获奖项目	获奖等级	获奖队数	姓名	班级	姓名	班级	姓名	班级	指导教师
中国“互联网＋”大学生创新创业大赛北京赛区	二等奖	2	王昱颖	计算 1402	白如玉	电网 1401	陈健忠	信管 1501	靖世寅、马卫华、钱跃飞、朱晓红、梁光胜、任威宇、杨淑霞、邓　英、潘振东
			韩天行	广告 1401	刘权椿	测控 1402	王翊丞	信安 1401	
			王韦玉	电气 1504	张　楠	自动 1505	庞　珍	自动 1505	
			甘雨丰	物联 1601	王玮格	自动 1602	胡柳静	物联 1601	
			梁　帅	自动 1402	李怀翔	能动 1409	陈思彤	能科 1403	
			李怀翔	能动 1409	范世源	创新电 1401	高富山	通信 1401	
			席星璇	社保 1401	徐成珍	财务 1501			
	三等奖	9	孙文博	经济 1501	武文睿	经济 1501	郑　宸	经济 1503	
			鲍　迪	营销 1501					
			施国贵	软件 1402					
			王旭明	能科 1402	唐舒建	能科 1404	潘保霏	工管 1602	
			黄星琪	能科 1601					
			唐化江	电子 1401	李明瑞	电子 1401	张文瑞	电子 1401	
			胡煜星	法学 1401	刘苏雯	广告 1501	马　倩	行管 1502	
			林家睿	法学 1502	王　星	营销 1501	江久旺姆	财务 1601	
			巴桑多吉	会计 1602	李文基	金融 1401	鲁芝琳	通信 1402	
			王云龙	能科 1404	田　巍	水文 1301	高薇婷	法学 1502	
			张丽霞	自动 1403	郭　鹏	电气 1412	武文睿	经济 1501	
			伏敏航	财务 1402	魏　巍	电气 1412	陈湛旻	化学 1401	
			高　琦	实践电 1401	岳　然	工管 1402	孔大力	实践动 1401	
			王奕霖	法学 1401	张家琪	法学 1402			
			陈湛旻	化学 1401	王方圆	公管 1301			
			李　文	法学 1501	余开媛	电网 1501	孙　霖	信息 1502	
			段　玲	电气 1402					
			王　鹏	能动 1512	苏惠琳	自动 1502	李洪裕	电气 1501	
			林宇彤	财务 1401	李建东	能动 1512	佟景鑫	能科 1401	
			石岱星	能科 1404	侯晓宁	水文 1401	马茜茜	广告 1401	
			周逸伦	能科 1604					
ACM-国际大学生程序竞赛	三等奖	1	宋子秋	测控 1403	杨　坤	自动 1405	李棕宣	信安 1401	马　炜、贾静平
第十一届周培源力学竞赛北京赛区	三等奖	2	于晨阳	能动 1507	耿俊杰	创新动 1501			何　青、李　斌
全国大学生“飞思卡尔”杯智能汽车竞赛	华北赛区三等奖	2	马永华	自动 1505	常有为	自动 1505	吴昊天	自动 1506	刘俊承、刘春阳
			张泽群	电气 1506	杨文楷	创动 1501	成梁成	电气 1410	
2017 年北京市大学生物理实验竞赛	二等奖	1	王天生	化学 1501	石梁征	水电 1502			胡　冰

续表

获奖项目	获奖等级	获奖队数	姓名	班级	姓名	班级	姓名	班级	指导教师
第九届大学生广告设计大赛	全国二等奖	3	安　鑫	广告 1601	尚　蕊	广告 1601			陈　玲、庞　涛、张　勤、刘　扬、徐保云、陈　波
			刘　霜	广告 1401	封　钰	创新电 1401			
			黄　晟	广告 1401					
	全国三等奖	1	刘文钰	广告 1501	王鹏飞	广告 1501			
	北京市一等奖	1	周文辉	软件 1401	万　君	电气 1410	郑凯宇	软件 1401	
	北京市二等奖	4	张鑫伟	广告 1601					
			韦　祎	英语 1602					
			田　颖	广告 1601	张歆博	广告 1601			
			高志鹏	广告 1601	吴培逸	广告 1601	骆昊翔	广告 1601	
	北京市三等奖	7	杨若澜	广告 1401	何富江	电气 1402			
			许　斌	广告 1401	杨若澜	广告 1401			
			宋沛林	广告 1601	邢　群	会计 1402			
			韩天行	广告 1401	伏敏航	财务 1402			
			宋维琦	广告 1401					
			方　萱	广告 1501					
			鲍泽文	广告 1601	蒲炳君	会计 1602	马　倩	行管 1502	
北京市大学生模拟法庭竞赛	北京市二等奖	1	车芮颉	法学 1501	饶　臻	法学 1501	靳宇晖	法学 1502	王春波
			林家睿	法学 1502	刘嘉蕙	法学 1502	彭　晴	法学 1502	
2017 年北京市大学生英语演讲比赛	三等奖	1	杨　璐	物理 1401					牛跃辉
全国大学生英语竞赛	一等奖	10	陈子钰	自动 1603	叶　波	电气 1404	张子筠	工商 1401	宁圃玉、姜　雪、高晓薇、王皎皎、彭霞媚、司　微、余青兰、王　欣、彭霞媚
			李靖怡	电气 1505	钟健儿	电气 1604	林泽川	创电 1501	
			王燕宁	电气 1408	薛　涛	创新电 1401	刘思放	通信 1302	
			陈逸轩	实践电 1401					
	二等奖	48	许弈飞	创新电 1601	马昕雨	实践电 1401	张秋磊	创动 1501	
			张华夏	核电 1504	孟　洁	国教 1502	薛钦文	公共 1601	
			刘书棋	创新电 1601	李黛睿	国教 1502	袁佳昕	计算 1501	
			蔡孟玥	自动 1602	罗　臻	实践电 1501	谭方辉	工商 1401	
			王文楠	国教 1502	娄云天	信安 1601	孟柒柒	国教 1502	
			林家睿	法学 1502	朱俊翰	信安 1601	谈文睿	通信 1601	
			顾　雷	材料 1601	付　康	电气 GJ1601	吴　璇	创新动 1401	
			易昕怡	创新电 1601	涂　腾	电气 1402	吴　高	能科 1404	
			方静宜	自动 1502	何子晨	电气 1407	孙梓源	电气 GJ1601	
			李乔乔	创新电 1401	王月莹	会计 1402	花赟玥	测控 1601	
			甘雨丰	物联 1601	张霁月	电气 GJ1601	浦　昊	创新电 1601	
			张佳成	财务 1602	王雅文	财务 1501	李鹏翎	GJ 电气 1501	
			王仕旭	能动 1606	姚　皓	电气 1407	朱　浩	电气 1403	
			朱思颖	能科 1404	周星辰	能动 1402	田梦园	国教 1502	

续表

获奖项目	获奖等级	获奖队数	姓名	班级	姓名	班级	姓名	班级	指导教师
全国大学生英语竞赛	二等奖	48	李昭辉	创新电 1601	余思雨	电气 1405	唐　叶	电气 1509	
			石逸雯	电网 1603	苏靖雅	电气 1404	王嘉伟	电气 1407	
	三等奖	80	张　楠	电气 GJ1601	赵涵明	自动 1402	甘海毅	电气 1603	
			梁卓航	通信 1601	于　群	创新电 1601	尤宏森	电气 GJ1603	
			王　薪	社保 1401	詹昕蕊	软件 1602	朱元斌	信息 1601	
			朱丽萍	电气 1409	邓　丽	法学 1501	易湘瑜	工管 1601	
			张琴芳	金融 1401	谌佳倩	电气 GJ1601	陈世萍	创新电 1601	
			江崇瑜	创新电 1601	彭　意	电气 1503	赵　卓	电气 GJ1603	
			郑馨姚	工商 1601	冯文泽	工管 1402	陈慕禹	国教 1602	
			杨先正	创新动 1401	陈　倩	实践电 1501	刁春燕	创新电 1401	
			张粹玲	测控 1502	李雪莹	创电 1501	王上清	软件 1602	
			叶杨莉	实践电 1401	秦思畅	电气 1410	许佳妮	测控 1602	
			吕书航	创新动 1601	刁虹尹	信安 1602	刘吉力	工管 1502	
			张　熙	创新电 1601	许可依	能科 1501	吴单萱	自动 1403	
			陈　超	核电 1402	林子健	通信 1603	吴淑慧	经贸 1501	
			白若雯	工管 1602	谢　彧	会计 1601	任春频	创电 1501	
			张誉籍	创电 1501	黄子娟	工管 1401	王姝彦	电气 1501	
			王兆霖	电气 1606	陈思齐	电气 1612	张　涵	实践动 1401	
			陈亚丹	实践动 1501	王　简	实践电 1401	张漫兮	中文 1601	
			张雨曼	电气 1410	周　淳	电气 1504	李若行	信息 1401	
			吕　挺	信息 1602	薛莲婷	物联 1501	曲鸿妍	建环 1601	
			王佳宇	创新自 1501	赵　臻	电气 1402	王彤彤	电气 1409	
			陈书缘	财务 1602	张　楠	自动 1505	蒲炳君	广告 1601	
			邵寿甲恒	创电 1501	陈舸禹	国教 1602	薛　玮	社保 1401	
			郑颖宣	实践电 1501	章家欢	实践电 1501	邓　琦	能动 1404	
			张文悦	电气 1506	刘金洁	电气 1410	危彦霓	电气 GJ1603	
			王媛媛	会计 1602	庄雅洁	自动 1602	彭冀浔	创新电 1601	
			钟楚丛	国教 1502	龚宛婷	资源 1601	刘家铭	信安 1502	
			朱碧波	计科 1602	刘欢畅	电气 GJ1601			
北京市大学生数学竞赛	北京市一等奖	13	王学良	创新电 1601	郭　磊	创新自 1501	杨可文	电气 1604	彭武安
			杨　晨	创新电 1601	江崇瑜	创新电 1601	曹子楷	创新电 1601	
			于晨阳	能动 1507	刘书棋	创新电 1601	刘朋杰	实践核 1501	
			易昕怡	创新电 1601	陈飞鹏	创新动 1601	陈　超	电气 1604	
			王健飞	核电 1503					
	北京市二等奖	14	吕书航	创新动 1601	王子鸣	创新电 1601	李林燕	电气 1603	
			邵　煜	创新动 1601	吴淑慧	经贸 1501	萧灿琳	电气 1601	
			谢箫阳	核电 1604	许弈飞	创新电 1601	董翔宇	电气 1601	
			李业成	电气 1604	杨瀚文	机械 1501	陈世萍	创新电 1601	
			王肖宇	创新自 1601	朱天星	核电 1604			

续表

获奖项目	获奖等级	获奖队数	姓名	班级	姓名	班级	姓名	班级	指导教师
北京市大学生数学竞赛	北京市三等奖	11	杜　帅	能科 1603	王晓伟	创新自 1601	袁雷栋	能动 1507	
			吴　迪	创新电 1601	刘江薇	工商 1501	董淑文	电气 1602	
			丁文杰	能科 1601	宋远见	创新电 1501	卢　欢	会计 1501	
			王玮格	自动 1602	洪　霄	信息 1502			
全国部分地区大学生物理竞赛	一等奖	1	陈飞鹏	创新动 1601					付星球
	二等奖	11	吕书航	创新动 1601	侯彦明	创新电 1601	彭家琪	能动 1604	付星球、董　瑾、李社强、胡　冰、邓加军、史小川、李瑞洁
			曹子楷	创新电 1601	高晨格	电气 1612	袁　帅	创新电 1601	
			莫锦涛	电气 GJ1603	刘天元	核电 1604	李　乐	电气 1605	
			吕乃航	创新电 1601	刘奕彤	电气 1601			
	三等奖	22	李运虎	能动 1606	邓淼森	能动 1603	于明凯	电气 1610	彭　建、董　瑾、李社强、付星球、张业奇、刘喜排、史小川
			易昕怡	创新电 1601	王学良	创新电 1601	许弈飞	创新电 1601	
			杨方宇	水电 1601	杨　晨	创新电 1601	杨明传	自动 1603	
			王子鸣	创新电 1601	江崇瑜	创新电 1601	王兆霖	电气 1606	
			关庆澍	创新自 1601	汤金璋	电气 1612	徐李清	创新电 1601	
			曲鸿妍	电气 1606	邵　煜	创新动 1601	刘书棋	创新电 1601	
			刘晨曦	电气 1604	朱离垚	能动 1608	王晨欣	电气 1601	
			谭　昊	电气 1612					
第八届蓝桥杯全国软件和信息技术专业人才大赛	省部级一等奖	1	李棕宣	信安 1401					马　炜、贾静平
	省部级二等奖	11	杨瀚文	机械 1501	宋子秋	测控 1403	张宇琛	能科 1505	
			韩释瑶	电气 1506	李志圆	计算 1501	周鹏威	创自 1501	
			国宏宇	电网 1502	姚泽胜	自动 1503	袁佳昕	计算 1501	
			王浩宇	电网 1402	柴晓萱	测控 1504			
	省部级三等奖	19	马克琳	信管 1401	王宇航	软件 1501	黄怡凌	创电 1401	
			封　浩	计算 1402	李延旭	计算 1402	杨雨月	软件 1402	
			阳　琼	软件 1401	刘　胜	核电 1601	常宇清	软件 1501	
			黄翊峰	创新电 1501	黎　睿	软件 1502	毛　昊	测控 1603	
			刘朋杰	实践核 1501	陈国庆	电气 1506	刘　凯	创新自 1401	
			黎冠新	软件 1401	张　震	测控 1403	赵易如	信安 1501	
			郭昊明	软件 1401					
全国大学生计算机博弈大赛	二等奖	2	常宇清	软件 1501	王宇航	软件 1501	阮景晴	软件 1501	刘春阳
			黎　睿	软件 1502	郭楠楠	软件 1502			
			李鹏程	软件 1402	黄伟鑫	软件 1501	唐逸文	计算 1501	
			张曼祺	计算 1501					
	三等奖	4	陈婧菲	信安 1501	白　薇	信安 1501	冯雪菱	信安 1501	
			范勋峰	信安 1501	剡振业	信安 1501			
			袁佳昕	计算 1501	欧阳志群	软件 1402	鲍喜妮	计算 1501	
			彭丽朝	计算 1501	杨雨月	软件 1402			
			李延旭	计算 1402	刘　凯	创自 1401	黎冠新	软件 1401	
			李繁菀	信安 1501	封　浩	计算 1402			
			李志圆	计算 1501	唐逸文	计算 1501	郭昊明	软件 1401	

续表

获奖项目	获奖等级	获奖队数	姓名	班级	姓名	班级	姓名	班级	指导教师
第九届全国尖峰时刻商业模拟大赛	全国二等奖	1	葛青宇	电气 1405	伏敏航	财务 1402	于　洋	信安 1402	张　琪、马同涛
			郝晨昱	电气 1411	年家呈	信安 1402	王玲瑶	经济 1401	
			林宇彤	财务 1401	韩云逸	财务 1401			
	全国三等奖	19	宋金溪	通信 1401	张子筠	工商 1401			
			陈思彤	能科 1403	卢　昂	水电 1401	马　铢	水电 1402	
			刘　欢	工管 1402	鲍林辉	工管 1402	戴谷禹	工管 1402	
			沈　晶	财务 1401	赵冠昆	电气 1411			
			张琴芳	金融 1401	肖昕卓	会计 1402	宁　静	财务 1401	
			邱锋凯	工管 1401	万　君	电气 1410	吴文卓	营销 1402	
			徐　磊	经贸 1401	王玉洁	经贸 1401	王亚婕	电气 1412	
			刘华鑫	会计 1402					
			郭昊明	软件 1401	周昊翀	会计 1402	刘德成	自动 1401	
			王　姝	电网 1401					
			周瑀涵	电气 GJ1503	倪兆林	电气 1501	唐淑玉	会计 1502	
			李文基	金融 1401	李安强	电气 1407	范晓杰	会计 1402	
			丁全正	营销 1401	杨梦瑶	实践电 1401	阳佳颖	商务 1301	
			王丽婉	物流 1401	李　院	会计 1401	李庆庆	物流 1401	
			谭方辉	工商 1401	吴　润	测控 1402	李乔乔	创新电 1401	
			李泽宇	商务 1401	黄凌峰	能动 1402	钟高朗	电气 1409	
			蒋　军	工管 1402	全丽君	工管 1402	刘洁凝	工管 1502	
			熊　胖	物流 1401	张　毅	电气 1402	陈　晨	物流 1401	
			李怀翔	能动 1409	范世源	创新电 1401	郭长营	计科 1401	
第三届全国大学生能源经济学术创意大赛	全国一等奖	1	付　强	电气 1644	徐幼珍	经管 1530			张兴平
	全国二等奖	2	孔大力	财务 1401	邢学利	创新动 1401	鲁芝琳	通信 1402	张　琪
			陈思彤	能科 1403					
			沈　晶	财务 1401	赵冠琨	电自 1401			
	全国三等奖	8	王　简	实践电 1401	杨　旭	信息 1401	唐　悦	电气 1409	梁光胜
			左兴龙	机械 1602					
			宫　梦	能科 1406					
			范晓杰	会计 1402	李文基	金融 1401	孙丽洁	工管 1401	马卫华
			余思雨	电气 1405					
			王　星	营销 1501	吴文卓	营销 1402	胡煜星	法学 1401	牛东晓
			杨倩如	工管 1302	聂青云	工管 1302	梅书凡	工管 1302	刘金朋
			孔颖超	工管 1302					
			黄雨婷	社保 1401	林冰婕	资源 1401			袁家海
			封　钰	创新电 1401	王少杰	创新电 1401	沙　韵	创新电 1401	袁家海
			丁全正	营销 1401					

续表

获奖项目	获奖等级	获奖队数	姓名	班级	姓名	班级	姓名	班级	指导教师
第九届全国大学生网络商务创新应用大赛	全国一等奖	1	徐　亮	经贸 1401	江小豪	经贸 1401	周昊翀	会计 1401	田惠英
			隋怡君	工管 1401	付　钰	工管 1401			
中国工程机器人大赛	创业赛 全国一等奖	1	石梁征	水电 1502	劳泓杰	测控 1503	王天生	化学 1501	夏延秋、冯　欣
2017 年北京市大学生工程训练综合能力竞赛	一等奖	2	吴鸿晖	能动 1511	耿宝多	机械 1501	孟含笑	能动 1510	冯　欣、谢东岩
			丁文杰	能科 1601	杨岱鑫	自动 1604	尤　建	能科 1602	冯　欣、谢东岩
	二等奖	2	肖旭东	电气 1508	孙晓晴	自控 1504	杨向飞	机械 1602	吴　浩、谢东岩
			刘天琪	物联网 1601	戴宇松	能科 1605	吴坤聪	电气 1609	夏延秋、谢东岩
	三等奖	1	丁文杰	能科 1601	孟含笑	能动 1510	肖旭东	电气 1508	冯　欣、谢东岩
第十三届“博创杯”全国大学生嵌入式设计大赛	全国一等奖	1	蒋纯冰	电气 1501	付成洁	电子 1501	付志斌	电子 1401	梁光胜
	华北赛区 一等奖	1	唐化江	电子 1401	张慧雯	通信 1403	鲁芝琳	通信 1402	
	华北赛区 二等奖	2	马永华	自动 1504	罗卓童	测控 1501	石梁征	水电 1502	
			康　璐	自动 1504	肖昕岩	创新电 1501			
第七届赛佰特杯全国大学生物联网创新应用设计大赛	全国一等奖	2	吴昊天	自动 1504	石梁征	水电 1502	王天生	化学 1501	梁光胜
			劳泓杰	测控 1503	罗卓童	测控 1501			
			蒋纯冰	电气 1501	付成洁	电子 1501	付志斌	电子 1401	
			周文辉	软件 1401	万　君	电气 1410			
	全国三等奖	1	孙精辰	测控 1403	吕鹏博	软件 1401	吴单萱	自动 1403	
“西门子”杯中国智能制造挑战赛（原“西门子”杯全国大学生工业自动化挑战赛）	全国三等奖	2	杨更宇	电气 1406	赵吴昊	电气 1406	赵源筱	电气 1412	邓　英、邓茹枝
			石岱星	能科 1404	佟景鑫	能科 1401	杨志伟	能科 1402	
	华北赛区 特等奖	1	吕子奎	创新自 1401	侯　婷	创新自 1401	幸　心	创新自 1401	房　方、邓　英
	华北赛区 一等奖	4	王子琦	自动 1403	刘德成	自动 1401	宋子秋	测控 1403	邓　英、郭　鹏、曾德良、张　莹
			廖拥文	创新自 1401	马一鸣	创新自 1401	张东升	创新自 1401	
			孙精辰	测控 1403	王延浩	创新电 1401	吴单萱	自动 1403	
			郭嘉杰	创新动 1401	陈思彤	能科 1403	孔大力	实践动 1401	
	华北赛区 二等奖	3	何丁义	能科 1402	林爱美	能科 1402	刘权椿	测控 1402	邓　英
			张雨曼	电气 1410	陈忠纤	电气 1510	黄翊峰	创新电 1501	
			孙　瑶	电气 1405					
第二届全国移动互联创新大赛	全国一等奖	2	刘　建	自动 1301	陈科枫	电气 1313	劳泓杰	测控 1503	梁光胜
			石梁征	水电 1502	马永华	自动 1504	常新远	自动 1403	
			陈科枫	电气 1313	刘　建	自动 1301	周　洋	电气 1201	杨国田
			邓宏远	电气 1314					
	全国二等奖	1	陈智鹏	软件 1402	付鑫如	电子 1301	高鹏鸣	电子 1401	梁光胜
			韩天行	广告 1401	余哲明	测控 1201	常宇清	软件 1501	
			郭楠楠	软件 1502					
	全国三等奖	1	张恒友	电子 1101	李　欣	电子 1401	张晓萌	电子 1401	

续表

获奖项目	获奖等级	获奖队数	姓名	班级	姓名	班级	姓名	班级	指导教师
2017年“协鑫杯”大学生绿色能源科技创新大赛	全国三等奖	2	王　简	实践电1401	燕富超	信息1401	唐　悦	电气1409	梁光胜
			闫永恒	核电1404					
			魏　巍	电气1412	高　琦	实践电1401	陈修鹏	实践电1301	
			左瀚文	电气1407	成一平	实践电1301			
2017年全国大学生物联网设计竞赛（TI杯）	华北赛区特等奖	2	王鹏程	信息1402	许哲源	电气1411	唐化江	电子1401	梁光胜
			李鹏程	软件1402					
			曹占国	电子1201	王　晖	电子1201	范宗皓	电子1201	
			李　艺	电子1201					
2017年“外研社杯”全国英语写作大赛北京赛区	二等奖	2	何梦心	翻译1501	袁佳昕	计算1501			吴学慧、王姣姣
2017年“外研社杯”全国英语阅读大赛北京赛区复赛	一等奖	1	朱思颖	能科1404					姜　雪
	二等奖	1	田雨晨	翻译1501					王　欣
2017年“外研社杯”全国英语演讲大赛北京赛区复赛	三等奖	1	叶泽楠	能科1602					高晓微
IET 全球英语演讲竞赛中国赛区	第二名	1	周星辰	能动1402					薛明磊
第十届国际大学生iCAN创新创业大赛	全国一等奖	1	陈科枫	电气1313	刘　建	自动1301	周　洋	电气1201	杨国田
			邓宏远	电气1314					
	北京市一等奖	1	郗　玥	自动1402	张馨予	创新自1401	文佳豪	计算1401	吴　华
			管文博	创新自1401					
第三届大学生工程设计表达竞赛	二等奖	4	何明明	机械1602	王　文	机械1602	孙宇宏	机械1601	李　红、杨志凌
			段　茵	能动1612	杜广瀚	能动1611			
			田儒剑	机械1601	蒙　康	机械1601	胡宇浩	机械1601	
			陈晔雯	能科1601	陈品卓	创动1601			
			谢文銮	能科1506	程怡玮	创动1501	蒙　康	机械1601	郑　凯、冯　欣
			蔡　玮	创自1501	毛　昊	测控1603			
			刘天元	核电1604	刘家豪	电气1505	王　皓	自动1603	
			黎曦琳	机械1501	杨瀚文	机械1501			
第五届全国大学生水利创新设计大赛	国家级二等奖	1	胡　旺	信息1402	张　涵	实践动1401	郭昊明	软件1401	梁光胜、李继清
			周正荣	能材1401	王若晗	水电1402			

（保 定 校 区）

竞 赛 名 称	获奖级别	获奖等级	获奖队数
全国大学生英语竞赛	国家级	特等奖	12
		一等奖	5
		二等奖	84
		三等奖	135
美国国际大学生数学建模竞赛	国际级	一等奖	27
		二等奖	102
第八届全国大学生数学竞赛	国家级	二等奖	2
第五届全国大学生工程训练综合能力竞赛	国家级	一等奖	1
		二等奖	1
第五届全国大学生工程训练综合能力竞赛河北赛区	省部级	一等奖	4
		二等奖	2
		三等奖	4
中国工程机器人大赛暨国际公开赛	国家级	特等奖	2
		一等奖	3
		二等奖	4
		三等奖	5
中国旅游暨安防机器人大赛	国家级	一等奖	1
		二等奖	2
第六届全国大学生电子商务“创新、创意及创业”挑战赛	国家级	二等奖	1
		三等奖	5
第六届全国大学生电子商务“创新、创意及创业”挑战赛河北赛区	省部级	特等奖	1
		一等奖	5
		二等奖	7
		三等奖	2
第十二届“恩智浦”全国大学生智能汽车竞赛	国家级	一等奖	2
		二等奖	2
第十二届“恩智浦”全国大学生智能汽车竞赛华北赛区	省部级	一等奖	4
		二等奖	2
全国大学生数学建模竞赛	国家级	一等奖	2
		二等奖	6
全国大学生数学建模竞赛河北赛区	省部级	一等奖	10
		二等奖	20
第十一届全国周培源大学生力学竞赛	国家级	三等奖	19
第十一届全国周培源大学生力学竞赛河北赛区	省部级	一等奖	19
		二等奖	44
		三等奖	38
全国大学生电子设计竞赛	国家级	一等奖	1
		二等奖	1

续表

竞　赛　名　称	获奖级别	获奖等级	获奖队数
全国大学生电子设计竞赛河北赛区	省部级	一等奖	2
		二等奖	6
中国机器人大赛	国家级	一等奖	1
		三等奖	3
金砖国家技能发展与技术创新大赛	国家级	三等奖	2
获第九届全国大学生广告艺术大赛河北分赛区	省部级	一等奖	2
		二等奖	1
		三等奖	5
第 20 届“外研社杯”全国大学生英语辩论赛华北赛区	省部级	三等奖	1
河北省高等学校“外研社杯”写作大赛	省部级	二等奖	1
		三等奖	2
河北省高等学校“外研社杯”阅读大赛	省部级	特等奖	1
		一等奖	1
河北省高等学校“世纪之星”英语演讲大赛	省部级	一等奖	2
		二等奖	2
第二届河北省大学生创新创业年会	省部级	一等奖	1
		二等奖	2
		三等奖	2
国际水中机器人大赛	省部级	二等奖	1
		三等奖	3
河北省高校制图与构型能力大赛三维设计大赛	省部级	特等奖	2
		一等奖	2
		二等奖	7
		三等奖	1
全国大学生机械产品数字化设计大赛	省部级	三等奖	1
第四届全国高校物联网应用创新大赛华北赛区	省部级	一等奖	4
		二等奖	3
		三等奖	7
第十届全国大学生先进成图技术与产品信息建模创新大赛	省部级	一等奖	2
		二等奖	6

华北电力大学 2016—2017 学年度学生评优获奖名单

华北电力大学 2017 年获国家奖学金学生名单

北京校部（121 人）

一、电气与电子工程学院

博士（10 人）

陈鹏伟	周宏扬	邓二平	倪筹帷	王皓界	王　琦	王义龙	李承昱
秦骏达	闫江燕						

硕士（27 人）

杨 泉	任瀚文	项晓强	王 烨	黎 晓	冯家欢	井 皓	卢 超
韩 笑	冯俊豪	王 杰	岳 帅	张嘉琴	马宇飞	阴 凯	王志远
张伟波	成敏杨	关 睿	龙日尚	高彩霞	宋占象	杨治中	孙洪宇
宁琳如	陈 剑	黄 婷					

二、能源动力与机械工程学院

博士（10 人）

曹正锋	刘月超	张 衡	王 建	靳舒葳	孔艳强	周亚男	褚凤鸣
徐 婧	于 磊						

硕士（17 人）

李 威	冯书勤	郑雅文	曹 琦	孙 倩	张新宇	谢 天	焦 阔
席 翔	刘涵子	郭忠玉	矫延林	白 璞	刘秀龙	姚 文	茹 宇
王春兰							

三、控制与计算机工程学院

博士（3 人）

周琬婷	洪 烽	王耀函

硕士（14 人）

于松源	熊智林	王海威	王梦翼	王梦圆	王 睿	刘大贺	李 荆
司冠林	李 妍	张 报	李 响	龙东腾	白雪剑		

四、经济与管理学院

博士（4 人）

宋宗耘	梁燕妮	陈开风	苑嘉航

硕士（11 人）

李玲闻樱	何丹丹	戴舒羽	董厚琦	石 磊	杨蕙嘉	王 杨	吴 晗
龙 芸	张为荣	张栩蓓					

五、可再生能源学院

博士（4 人）

陈义忠	叶小宁	李 聪	任英科

硕士（6 人）

李文达	梁 宇	王雅萍	周民星	范威威	鄞 铃

六、核科学与工程学院

博士（1 人）

刘 雨

硕士（4 人）

齐 实	李 楠	王 雨	李小波

七、数理学院

硕士（5 人）

张 岩	郝 和	蔡刘颖	张佳丽	廖珩璐

八、人文与社会科学学院

硕士（2 人）

于家琪	吉柯宇

九、外国语学院

硕士（2人）

王汝佳	沈　敏

十、马克思主义学院

硕士（1人）

李德贞

保定校区（58人）

一、电力系（16人）

何梦媛	靳伟佳	刘辉海	吴成坚	杨佳伟	姚　磊	任　洁	刘　佳
刘婧妍	李演达	邹培根	初文奇	马倩倩	李　雪	蒋云涛	薛伏申

二、电子系（6人）

苏思岚	孙海波	刘　薇	郑　冰	郑宏达	郭丹丹

三、动力系（9人）

赵若丞	张　宁	丁　艺	马文静	谷青峰	薛晓东	郭森闯	梅中恺
马明皓							

四、法政系（1人）

李延宇

五、环工系（3人）

王佳男	伍思宇	李宗红

六、机械系（4人）

马一丹	高　楠	赵东雷	张钰淇

七、计算机系（4人）

杨明晓	毕营帅	马利洁	李晓晗

八、经管系（5人）

彭晨阳	孙静怡	史玉芳	景凯强	王彩飞

九、马克思主义学院（1人）

梁博通

十、数理系（2人）

王鹏卉	陶齐勇

十一、英语系（1人）

张宏燕

十二、自动化系（6人）

马彬彬	刘　潇	李应保	刘业鹏	张少康	刘　霜

（档案馆　王振华　提供）

华北电力大学2016—2017学年度国家励志奖学金获奖学生名单

（北　京　校　部）

电气与电子工程学院：79人

汪金长	吴国梁	吴嘉玲	鲁芝琳	宋金溪	黄　婷	徐晓明	王亚楠

续表

叶敏芝	李幸芝	李明芮	葛青宇	董文娜	王 静	练丹阳	刘方蕾
梁瑞雪	何 乐	李 宣	唐 悦	许丞昊	李广萍	毛 雨	万 君
查李云	黄 婉	刘金洁	章家欢	周子涵	高晨祥	余秋萍	乔登科
刘晓博	余少琪	陈 天	邓盈盈	杨鑫慧	杨 昊	黄惠娟	姜之强
王 艳	王 鑫	韩 颖	钱胡胜	闫书赫	王骁龙	刘雪涛	方 楠
魏 颖	陈亚鹏	曾 琴	胡 玮	姚丽娟	尤 兰	李昭辉	王学良
夏赞阳	苏佩珊	李林燕	曹洪铭	刘苏梅	曹 兴	戴明浩	陈泽浩
张彩链	郭鹏程	赵 川	韩林池	汪顺莉	王 婷	李 琰	李贵苹
覃丁宇	刘朋矩	李 杰	戴泽印	郭鲁斌	黄仕麒		

核科学与工程学院：16 人

王健飞	陈秋香	彭心富	刘朋杰	唐 彬	刘少华	闫永恒	李 军
盛慧敏	黄礼玲	汪丽伟	魏场超	黄俊文	李镇杉	韩 乐	杨 健

控制与计算机工程学院：54 人

张东升	侯 婷	崔文庆	盛歆歆	叶 涛	豆 晓	萱延奇	杨 焱
林 峰	李海爽	陈思璇	张珍杰	张萌楠	陈伟达	李军旗	李艳斌
常 凯	马永华	朱 政	雷 萌	陈晰颖	肖伟红	宋 雪	廖 异
李友焜	赵易如	叶佳宁	邓 开	蔡 玮	余照国	李广泽	赵富有
邓红珍	杨天宇	张粹玲	周成顺	郭 健	吴仕浩	王佳惠	杨 飞
黄欣欣	杨明传	曹婉莹	刘梓安	王晓伟	吴孟雪	李 宁	张 鸿
崔梦圆	王乃玉	李文俊	刘 金	张泽茹	陈 鹤		

可再生能源学院：40 人

李宝良	常智理	安 远	余甜甜	黄 蕊	柴建伟	李 睿	侯加浩
黄依平	何强锐	熊军超	贺 宇	徐珍瑶	梁 蕊	王冰馨	马 晶
刘本玉	王路瑶	吴亚洲	伊菊霞	赵 挺	刘 菲	闫琳琳	姚礼双
杨玺艳	张 超	徐东寒	李 倩	周正荣	段明君	熊世剑	成 宏
张 冠	王丽蓉	王绍洲	王端敏	叶凯华	阮雅丽	陈思彤	朱思颖

外国语学院英语系：3 人

曹文芳	王 佳	图尔荪古丽•托合提

能源动力与机械工程学院：53 人

吴修贤	周 峰	丁 波	马玉成	张晨佳	梁高明	李朋达	高 伟
滕 庚	杨 婷	邓正宝	王 磊	李 冉	李瑞涛	唐 杰	薛建民
杨余锋	胡生民	余 丹	张天宇	吕来权	韩翔宇	孟含笑	李天雄
谢立斌	刘宏雄	李 丹	曹文静	孙 宁	李文志	朱震庭	陈志董
沈 园	李 乐	周海军	黄荣孝	王 娜	高艳飞	杨向飞	高桥东
李林飞	蒙 康	张玉浩	李雷红	黄贤斌	王宏春	项维灿	汤孝天
陈智盟	尹志华	易天保	曹端浩	蒋梓涛			

人文与社会科学学院：19 人

谢梦灵	柴 松	马茜茜	张婧琪	柯安妮	王超杰	刘佳莹	张利乐

续表

邱扬洁	关媛馨	潘　雨	刘美玲	束天尧	邓　丽	李　文	张静茹
蒋良竹	马　欢	范雪峰					

数理学院：8 人

吴柏想	胡铮然	唐爱星	侯天赐	荀港益	吴翰翔	杨　乐	宋芳兵

经济与管理学院：54 人

宁　静	李一鸣	孙丽洁	邱锋凯	刘华鑫	张凤敏	李文基	章夏莲
徐　磊	张明慧	黄雨婷	熊　胖	王凤飞	吴文卓	曾小梅	陈　梦
王　丽	何　瑜	梁美玲	杨瑞慈	付雅芮	程晓彬	苏凤宇	周泯含
杨　阳	陈兴鑫	刘悦滨	胡淑然	张　帆	宋雨倩	李婉莹	张精宁
王　星	赵嘉欣	谭彩霞	王永呈	张　钰	程小萌	张美娟	廖丽珍
赵军军	付　林	易湘瑜	谭星星	魏美玲	赵许钢	吴小颖	刘言言
李　昊	程晓钰	徐璐滢	郝　创	赵凯新	吴　澜		

（保　定　校　区）

电力工程系：67 人

王梓宇	林华祥	沈广进	刘翔宇	胡加伟	赵　展	孙　帆	蔡雨萌
刘一瑾	李思俣	吴辉捷	刘长荣	张青青	罗诗怡	李华雄	丁　星
王新娇	吕重阳	赵鹏飞	杨晓华	陈文军	李守强	周益斌	谌杨春
梁延昌	袁　淼	陶柳妃	张　正	魏冲冲	韩　栩	乔　鑫	李靖雯
徐华伟	胡康生	赵晓君	刘嘉硕	柯　松	张龙涛	肖兆杭	陈　俊
陈媛媛	唐雅妮	张　曼	张衡戈	田　平	李梦婷	刘西娅	李嘉靓
魏子文	马明玉	杨　奕	李　德	易小杰	李进生	周彦君	吕天舒
冯永强	朱玲慧	臧雨铼	王东旭	安亚楠	董　磊	段松召	牛芳龙
宋智玲	吴梦焓	张峻华					

电子与通信工程系：18 人

乔珊珊	孙艳楠	李　智	马　军	吴超群	王　鹏	荆　森	李晶晶
刘保阔	魏银红	刘汝仪	冯玉挺	唐东星	冯天娇	刘玉鹏	曹文涛
张竞月	张　蓉						

动力工程系：43 人

潘　宇	铁　渊	王俊杰	张沛雯	董佳俊	田　妮	高光亚	李雨鑫
刘铭礼	耿世福	黄志豪	明荷菁	吴　翔	彭世彬	罗　成	刘颖超
金铃杰	刘　涛	祝敏捷	陈泽彬	许煜娜	韦晨阳	肖　寒	周　赛
杜伟彪	冯丽芳	邱姗姗	邓雨竹	杨万鹏	李小倩	王　颖	唐晓宇
高士超	代满庄	闫沛伟	郝隆飞	李俊成	李　诺	周子莜	刘　余
张泽宝	胡佳君	郭杰杰					

法政系：11 人

甘玉婷	张颖杰	师慧娟	吴　越	吴　琳	刘　艳	毛　珊	杨文材

续表

赵思博	张昱朝	刘晓鑫					

环境学院：23 人

王慧雯	张东霞	林冰勇	冯慧芬	李文军	夏天杰	刘　翔	武靖博
卯声敏	尹蓝凝	黄倩晖	钱　真	韩云凤	赵宇翔	王柏鑫	龙林宏
吴昌南	席争辉	袁绍雨	赵瑞曦	李德远	程文浩	王雨洁	

机械工程系：43 人

李学成	宋　雨	徐庆文	荀振宇	包洪源	王思琦	刘　英	侯　毅
彭　阳	蒋成达	余盛灿	路蕤恺	李林春	王　潇	岑添添	陈雪雪
董天文	杜　晓	何泓樟	靳晓忠	李　程	李　洁	李诗康	牛嘉怡
祁朋园	苏　浩	王子健	辛侠云	张博剑	熊大建	张　琨	梁　旭
李　楠	李　冉	郝犇珂	潘依依	王荣荣	王　凯	郑　飞	戚宇航
洪艳玲	陈亚杰	郭涵涛					

计算机系：27 人

刘玉琪	徐雅婕	刘玲珊	蔡小雯	陈　聃	李晓孟	蒋来来	何紫伶
臧宇航	付彦铎	毛帅男	王子渊	马志远	葛云洁	郑凯玄	王　辉
贾中翔	郭晨贺	张官正	陈旭彬	黄　茜	阴立强	吴　莹	李鹏熙
胡伟业	黄　艳	白举霞					

经济管理系：25 人

李　恺	赵美齐	李　璠	白　月	王盈盈	孟繁玉	王晓晴	冯雪飞
乔新娜	王子轩	田　欢	李观长	蒋　浩	司亚欣	吕孟锦	武晨煜
郭　燕	冯雅儒	何爱娟	杜田丰	李　申	王　爽	罗　晶	石宇峰
冯凌姝雅							

数理系：10 人

王艳霞	解佳腾	马建乐	周程宁	李春琴	魏道鑫	胡　倩	尧　甜
古珊珊	王海洋						

英语系：7 人

齐　芬	金艳洁	高　珊	刘洪泽	周冰倩	沈亦夫	张婉婷

自动化系：29 人

雷文博	刘民帅	杨　花	魏佳楠	乙　洁	杨佳轩	冯　时	尹珊珊
侯文星	张兴轩	匡南宇	张国斌	冯　媛	徐晓宇	邓梓鹏	何婷婷
赵　欣	李韶璇	郭晓阳	高　卓	郝治涛	王少君	陈国柳	刘　镇
王小莹	曾德智	李　媛	罗佳钰	赵仲轩			

（档案馆　王振华　提供）

华北电力大学 2016—2017 学年度校长奖学金获奖学生名单

（北　京　校　部）

电气与电子工程学院：2 人

王少杰	邓二平

能源与动力工程学院：3 人

林园铖	孔艳强	姚　文

控制与计算机工程学院：2 人

刘德成	李　荆

经济与管理学院：2 人

谭方辉	陈　阳

可再生能源学院：1 人

林常枫

（保　定　校　区）

电力工程系：1 人

吴天昊

动力工程系：1 人

周庆国

自动化系：1 人

姜文倩

经济管理系：1 人

彭晨阳

环境科学与工程系：1 人

何安恩

法政系：1 人

赵茹萱

（档案馆　王振华　提供）

华北电力大学 2016—2017 学年度学业奖学金名单

（北　京　校　部）

一、一等学业奖学金（1023 人）

二、二等学业奖学金（1028 人）

三、三等学业奖学金（460 人）

（编者注：限于篇幅，学业奖学金只列获奖人数，名单从略）

（保　定　校　区）

一、一等学业奖学金（669 人）

二、二等学业奖学金（668 人）

三、三等学业奖学金（336 人）

（编者注：限于篇幅，学业奖学金只列获奖人数，名单从略）

（档案馆　王振华　提供）

华北电力大学 2016—2017 学年度研究生社会奖学金获奖学生名单

一、四方股份奖学金（38 人）

北京校部（28 人）

成　锐	许　阔	王可坛	马玉龙	程宇頔	熊伟鹏	胡　浩	吕　良
沈雅琦	张　瑜	吉雅坤	康文博	谢文强	刘　炜	王守鹏	李　树

续表

陈　宇	王　刚	刘亦芳	高燕维	王鹏毅	韩继朋	彭　范	王宝源
康逸群	陆　昊	吴高翔	曾癸森				

保定校区（10 人）

王　琛	穆　斌	郭佳熠	杨凯旋	郑　兰	杨少东	周　沛	王月坤
徐运生	朱航江						

二、南瑞继保奖学金（20 人）

北京校部（8 人）

赵　剑	徐义良	王　兵	陈　萌	阚常涛	卫思明	余晓玲	王艺萌

保定校区（12 人）

孙彦萍	李鑫明	刘　然	王逸仙	胡兰青	钟　正	高　兆	赵映宇
陈　鹏	仲　凯	于长海	王晓亮				

三、泰科电子奖助金（10 人）

北京校部（5 人）

刘利亚	王　超	王婉君	赵　娜	王　璇

保定校区（5 人）

赵存璞	尹胜利	董　玥	黄馨仪	臧二彬

四、协鑫奖学金（12 人）

北京校部（6 人）

王伟佳	尹二新	肖鑫利	肖　黎	李　洋	刘明慧

保定校区（6 人）

池　骋	杨　硕	覃智补	张雪婷	顾　浩	庄绪增

五、中国风电研究生入学奖学金（10 人）

北京校部（10 人）

张雨薇	陶　涛	陶立壮	陈　梦	马耀财	孙　瑞	魏晓雯	屈承珺
蔡　辉	刘　茜						

六、巨邦电气助学金（8 人）

北京校部（8 人）

孙宁姚	张正卫	王红梅	李　玲	沙江波	申淑梅	张　哲	韩　辉

七、MR 优秀新生奖学金（12 人）

北京校部（12 人）

翁月莹	李青甄	金　泉	赵家瑶	童英杰	白　雪	杜　伟	赵成樱
赵云飞	刘珠慧	相　倩	郭玉振				

八、艾博奖学金（20 人）

北京校部（10 人）

王东来	周昕炜	汤卓凡	金鑫明	齐铁月	张　光	张　涛	王晓鹏
陈杰威	胡烨子						

保定校区（10 人）

曹　轩	黄丽娜	郑苗苗	许占科	白智中	付　静	张湘珊	蒋奎振
王永杰	姜　海						

九、广哈通信奖助金（8 人）

保定校区（8 人）

郭利花	郝少华	杨君霄	孟格格	范晓晴	陈　文	张景芝	吴　艳

十、昊蓬机电奖助金（5 人）

保定校区（5 人）

祁复功	王贤龙	孙尚飞	张钰阳	王耀福

十一、江苏泽宇奖助金（9 人）

保定校区（9 人）

李　杨	靳梦莉	吕天成	姚亚青	陈咨彤	杜丽群	闫晓然	郭新瑶
黄文婵							

十二、思源电气奖学金（22 人）

保定校区（22 人）

刘　畅	逯晨阳	杨　越	薛　晨	王　爽	靳艳娇	董平平	靳保源
金绘民	焦　洁	易　琛	焦晓鹏	许　磊	苏亚慧	王召盟	张　莹
张建涛	裴继坤	梁少栋	马明珠	张佳佳	姜楠楠		

十三、东方电子奖学金（2 人）

保定校区（2 人）

韩鹏飞	王博闻

十四、许亮校友奖学金（1 人）

保定校区（1 人）

刘帅志

（档案馆　王振华　提供）

华北电力大学 2016—2017 学年度企业专项奖助学金获奖名单

1．四方股份奖学金：30 人

北京校部：20 人（2000/人，共 40 000）

朱丽萍	郭以重	李竹青	杨晓伟	孙　霖	曹子楷	田宝宁	李君洛
谭尚晨	石逸雯	吕思妤	张玮玮	林小楠	彭家琪	于佳慧	叶秋麟
孔大力	刘桦珍	吉　祥	康源惠				

保定校区：10 人

滕先浩	马云聪	魏超然	杨美颖	张　茹	高群翔	周琼阳	丁耀东
张　晨	董海斌						

2．电力电子新春奖助金：30 人

保定校区：30 人

奖学金：10 人

王梓宇	王敬尧	郇　悦	吴再驰	原晟淇	王小妞	梁永涛	黄　强
蔡广燚	裘森悦						

助学金：20 人

陈爱君	杨　奕	陈　忠	孙兴宇	张志伟	胡次涛	史旭潇	袁炳灵
辛菲菲	祝克良	王继发	李金铄	秦洁玉	荣　壮	彭锦锦	朱娇阳
汤香誉	任昱杰	付　丹	刘　旭				

3．“天河（保定）”环境工程有限公司奖助学金：14 人

保定校区：14 人

奖学金：6 人

周达海	刘 洁	张鹤年	赵 旭	吴晓帅	杨 帆

助学金：8 人

秦明月	吕 薇	王 泽	高 敏	闫鹏鹏	孙业财	刁鹏博	黄 陈

4．“协鑫奖”奖学金：8 人

北京校部：4 人（4000/人，共 16 000）

保定校区：4 人

张瑞杰	高愫婷	武晓霞	王娅宁	周清雅	李 昂	沙 韵	谭方辉

5．特高压奖学金 ：10 人

北京校部：6 人（10 000/人，共 60 000）

马昕雨	苏靖雅	黄怡凌	林泽川	王姝彦	陈世萍

保定校区：4 人

吴天昊	周智行	沈广进	徐小龙

6．昊蓬机电奖助学金：24 人

保定校区：24 人

王 玲	邹文珏	李正寅	李依诺	李 勃	李 桓	冯天瑜	周文轩
郑昕桥	孙 悦	邵常焜	赵家佑	吾什但	陈 闯	权凯军	郝洪策
迟耀东	赖 典	董思捷	胡 苗	陈 伟	高 曦	颜 森	陈 鸿

7．巨邦电气助学金：22 人

北京校部：4 人（5000/人，共 20 000）

彭 雨	王 岚	张嘉伟	鄢长焘

保定校区：18 人

魏子文	李爱莲	谢良杰	冯永强	董 磊	张文辉	王 欢	闫俊朝
朱嘉彬	刘 勋	鲁建红	赵 磊	王 光	任丽媛	李文正	白玛央宗
惹格石洛	阿地力·吐拉麦提						

8．广哈通信奖助学金：35 人

保定校区：35 人

奖学金：25 人

李博阳	马明月	杨 洋	田雨禾	王文丹	李文洁	贾 瑞	罗中霖
陈佩茹	谯渊源	谈黎明	燕艺薇	田斯劼	许智军	杨 帆	袁子凡
李孟儒	李思琪	赵宇琛	郑 彤	念欣然	彭 洁	艾子硕	梁文亮
吴晨寅							

助学金：10 人

戈 贝	仪豆豆	姜凤民	王 锐	付晓霞	刘汝仪	程鹏飞	高 熠
徐云霜	牙生·买买提						

9．江苏泽宇奖助学金：42 人

保定校区：42 人

奖学金：25 人

蒋海颜	汪 弈	杨振宁	马 倩	杨 超	尹立亚	孙一然	韩 松

续表

季 翔	吴应臻	李盼盼	赵 蓓	吴志鹏	邹 瑶	范新宇	谭懿璇
班旭阳	杨添驿	马 瑜	王占东	马玉博	陈业新	黄 志	农彩艳
邹树岭							

学习进步奖：4 人

李玉雯	王瑞仪	张丹妮	林琪添

优秀学生干部奖：3 人

张之浩	王洪菠	甘祥宇

助学金：10 人

李兴瑞	贾欲胜	熊国杰	冯雪莲	王 莉	陈 坚	皇朝彪	李鑫宁
白佳乐	郭俊杰						

10．宁波瑞宜乐奖助金：20 人

保定校区：20 人

宁波瑞宜乐奖学金：6 人

景晓云	杨笑培	张楚璇	池上荷	孙博华	刘元向

宁波瑞宜乐助学金：8 人

杨富兴	彭子娟	周 园	户家宝	刘 晓	倪书权	王思龙	白光福

宁波瑞宜乐创新创业奖学金：6 人

姜一琳	冯欣波	徐 帆	陆悦江	肖智勇	梁旭阳

11．思源电气奖学金：56 人

保定校区：56 人

张天策	曹文君	孙 帆	胡加伟	卢 甲	郭舒毓	刘一瑾	马 锐
宫 鑫	王义凯	陈雅婷	谌杨春	朱思宇	梁延昌	韩翔宇	易小杰
李 德	丁 宁	张志远	褚雨昂	占志刚	王一迪	安亚楠	赵汉武
王东旭	吴 超	谢玮琛	张艺潇	闫月宁	张雨辰	廖 伟	谌可炜
夏君怡	牛剑锋	史泽南	马茗婕	吕 品	邵梦雨	李朋飞	高 勇
陈力绪	官佳源	舒垣开	肖钟秀	侯来运	朱 媛	王加浩	廖芷燕
谢子豪	李国锋	郭志博	任晓钰	张泽乐	叶书荣	丁 筱	张燕荣

12．南瑞继保奖学金：15 人

北京校部：5 人（2000/人，共 10 000）

林弋莎	杨光照	孙文彬	杨 晨	吴柯洁

保定校区：10 人

傅雨荷	王照远	李至峪	李进生	刘炳文	曹雨含	张志宇	冯舒婷
甘萌莹	王权圣						

13．东方电子奖学金：8 人

保定校区：8 人

胡淳珂	李守强	孙瑀晗	赖曦文	刘珊珊	周儒畅	王禹琪	刘明杰

14．艾博奖学金：30 人

北京校部：15 人（2000/人，共 30 000）

陈 琪	高 天	刘 源	李玉娇	蔡文馨	王浩然	陈鹏嘉	吴鸿晖

续表

陈　锐	段　玲	徐　飞	杨方琦	杨　涛	于　吉	马斯宇	

保定校区：15 人

林华祥	夏基鼎	杨志国	郭泽峰	韩　雪	李　顺	胡光亚	金志宏
卢　奎	牟　芮	李林春	陈雪雪	祁朋园	王增基	李艺璇	

15. 博纳之星奖学金：40 人

北京校部：40 人（一等 3000/人［10］，二等 2000/人［30］，共 90 000）

许佳妮	李黛睿	张　涵	王　翔	苏　阳	钟　妍	王昕鑫	武其乐
高新慧	张文璟	王子琦	张　楠	方静宜	刘洪君	冷若萱	张泽坤
李梦璇	习浩楠	吴宇涛	王　雷	徐婉莹	钱浩然	王潇萃	尹　馨
丰　立	范晓杰	刘振华	蒋皓然	蒲曾鑫	尹俊杰	沈军衡	林家睿
鲍泽文	蒋美佳	许瀚文	郭　然	庞凯恒	耿雨柔	余开媛	阿依多斯•黑勒木汗

16. 节能奖学金：15 人

北京校部：15 人（2000/人，共 30 000）

陈诗琳	石　鎏	钟楚丛	丁　岩	黄廷恩	陈维勤	程怀远	范鹏宇
李劲峰	张　佳	黎　响	常铃敏	冉维维	周　正	李钰洋	

17. 中国风电奖学金：36 人

北京校部：36 人（5000/人［6］，3000/人［10］，2000/人［20］，共 100 000）

佟景鑫	辛永琳	左峥瑜	许可依	吴世豪	杨雨欣	何丁义	林爱美
王　爽	王旭明	马星辰	杜博文	王新澜	蔡梦路	段文静	闫　旭
周家慷	刘阿罗	唐培源	武延林	谷春璐	黄　智	杨志伟	陈　卓
邓奇蓉	苏　豪	张雨菲	张　策	郑明杨	戴逸雯	陈晔雯	丁文杰
田若菡	陈　阳	邓远卓	盛奕玮				

18. 张宝恒奖学金：4 人

北京校部：4 人（1500/人，共 6000）

周　硕	刘政昊	王　娜	陈志鸿

19. 博纳团结进步奖助学金：30 人

北京校部：30 人（2000/人，共 60 000）

黄林杰	郭　畅	魏　静	潘　阳	刘先富	王润华	李　欢	陆　茜
古　悦	梁惠勋	霍　达	张天岳	周　磊	马　倩	马　蓉	张明瑞
姚泽胜	和昊婷	杨丽莹	姚　祎	甘雨丰	潘　婷	周文杰	罗文婷
韦建征	廖嘉敏	穆合丽赛•依明江	古丽巴合提	艾克热木•阿卜来提	阿丽米娜•阿力玛斯		

20. 丹华奖学金：10 人

北京校部：10 人（5000/人，共 50 000）

王少杰	张丽阳	唐化江	富子豪	任春频	韩释瑶	陈心怡	许弈飞
舒　鹏	卞潇颖						

21. 丹华自强奋进奖学金：50 人

北京校部：50 人（1000/人，共 50 000）

王莺旭	周　婷	姜海鹏	卞智洁	华骆侠	陈　晨	尹洪新	宁浩然

续表

王唯嘉	马骏驰	杨华庆	朱美婷	黄朝晖	周冠达	向婧婷	卢　昂
洪　健	谢　琮	毛刘超	郭耀飞	古　雨	李星阳	戴笃猛	姜源也
司起步	吴昀辉	韦克阳	李梦瑶	马　芮	吕奚若	张志慧	郭　涛
郭金涛	刘　悦	种阳阳	赵银君	曾姝婕	唐丹叶	宋祥选	郑平泉
王　姝	相逸飞	陈怡霖	陈泓霖	康　璐	钟安祥	洪　霄	陈明昊
刘　畅	李万隆						

22．国能中电社会责任奖学金：10 人

北京校部：10 人（5000/人，共 50 000）

李　军	李文基	王　闯	朱　恒	王心桥	曹文芳	姜子杰	杨雨月
尹思瀚	梁沁雯						

23．国能中电西部先进奖学金：20 人

北京校部：20 人（3000/人，共 60 000）

王　琳	罗心越	付雅芮	廖丽珍	赵月悦	文星雅	张思怡	周　杭
周育涛	高　伟	王姣姣	郭　妍	刘文钰	颜砾瑶	欧阳锦	李志圆
胡铮然	杨　乐	林　欣	姜屹远				

（档案馆　王振华　提供）

华北电力大学 2016—2017 学年度校友奖助金获奖名单

一、本科生（北京校部）

电气与电子工程学院：15 人

王燕宁	余思雨	张　擎	于侯健	白如玉	王鹏程	夏嘉航	李　欣
刘明月	胡森勇	王宝杰	萧灿琳	孟肖戈	高　东	马笑寒	

能源动力与机械工程学院：9 人

张新跃	黄　杨	伍泽赟	邢学利	秦婷婷	苏亚虎	汤孝天	李雷红
于国良							

经济与管理学院：10 人

林冰婕	陈　阳	王丽婉	赵德福	王一鸣	张　露	易湘瑜	李　昊
刘言言	谭星星						

控制与计算机工程学院：8 人

郑丽君	陈姝伶	阳　琼	张耕瑞	莫清清	刘超波	唐英博	张开萍

人文与社会科学学院：4 人

左旌北	庞子恒	邱扬洁	武　敏

外国语学院：2 人

张馨丹	周佳媛

数理学院：2 人

杨　柳	管庆丰

可再生能源学院：7 人

陈婉莹	牛　洁	王若晗	吴　松	李霄航	潘炳蓉	唐书浪

核科学与工程学院：3 人

江滢滢	马进武	张振洋

二、本科生（保定校区）

电力工程系：11 人

李昕烨	刘长荣	凌谢津	蔡雨萌	袁　森	黄子桐	宋智玲	牛芳龙
臧雨铼	吕天舒	王泰森					

电子与通信工程系：4 人

付　丹	陈家辉	季延凯	张晓强

动力工程系：9 人

罗　勇	赵振远	卿　浩	杨声云	鲍　威	陈施佳	杜　寒	苏士伟
李立垚							

自动化系：5 人

梁胜男	史耕金	胡哲东	李　媛	宋治星

机械工程系：9 人

孙　博	何琦琦	敖春燕	马东福	任　汀	王　潇	包洪源	路蕤恺
杨少琪							

计算机系：6 人

陈　聃	徐雅婕	扆泽璞	孟　松	陶成俊	徐浩胜

经济管理系：5 人

任楚梦	叶梦蝶	罗　涓	张文隽	司亚欣

环境科学与工程学院：4 人

叶恒舒	张耀宇	姜文政	青倚帆

数理系：2 人

李　哲	王晋芳

法政系：2 人

侯丽娜	彭政涛

英语系：2 人

韩　颖	沈亦夫

三、研究生（北京校部）

电气与电子工程学院：3 人

孟　琛	杨艳敏	李　真

能源动力与机械工程学院：2 人

袁梦迪	马晓丽

控制与计算机工程学院：2 人

翟清云	王小红

经济与管理学院：2 人

康　辉	张　优

可再生能源学院：2 人

傅　玉	杨　熠

核科学与工程学院：2 人

欧阳斌	徐佳意

数理学院：2 人

崔文军	王　静

人文与社会科学学院：1 人

张晶

外国语学院：2 人

王珂	殷艳丽

马克思主义学院：1 人

曾秋红

四、研究生（保定校区）

电力工程系：1 人

杨怡然

电子与通信工程系：1 人

李振龙

动力工程系：1 人

仲　凯

法政系：1 人

李　晴

环境学院：1 人

高　然

机械工程系：1 人

赵东雷

计算机系：1 人

刘少伟

经济管理系：1 人

刘宇萍

数理系：1 人

高静丽

英语系：1 人

敖馨和

自动化系：1 人

袁一丁

五、校友奖助金-电力工程系助学金：10 人

尹兵欣	鹿国微	周彦君	马　琴	马银库	任雨飞	薛文龙	常小强
孟乡占	昂珠多吉						

六、许亮校友奖学金：14 人

单　婷	郑温馨	关　晨	朱瑞康	吴槿薇	孙柳琳	谢佳音	刘晓鑫
代婷婷	姜　珊	陈　红	杨雯博	蒋浩琛	张敬婷		

七、热动热自 96 届奖助基金—大学生学业成绩进步奖：80 人

康金栋	祖世亮	王乾龙	省　鹏	舒　文	丁　佳	刘　丹	王宇轩
董竹雨	刘雨松	张　杰	姜　辉	李　岳	周浩祖	杨振宇	王志成
黄　迈	李奎杰	杨　欢	张浩源	李泽希	吕金潮	方可可	马永昱
张玉洁	田家铭	梁　钊	邢婉婷	赖媛媛	马渝钊	侯玉菡	郎咸祥

续表

吴　达	陆家纬	刘雪燕	宁大鑫	丁东亚	续政轩	朱云锋	刘自强
徐　健	马淼森	王聪慧	张娅婻	丁　鹏	魏梦扬	任昱杰	杜敏荣
何珍谊	彭塬琨	徐家凯	李　亮	姚　链	冯政凯	刘　康	吴桃丽
赵　欣	尹珊珊	黄莉莉	林凡太	李　帆	刘金明	靳浩元	孙　阔
王哲胜	裴月猛	屈津萍	张学仪	马建伟	王　烁	叶俊杰	李广亭
吴　潇	匡南宇	梁　波	郭亚舟	刘润洁	石　轲	张一博	阿不都拉·肉孜

（档案馆　王振华　提供）

华北电力大学 2016—2017 学年度本科生先进集体和先进个人获奖名单

（北　京　校　部）

一、十佳示范性优秀班集体

电气与电子工程学院

创新电 1601	研电 1603

经济与管理学院

经济 1501	会计 1502

控制与计算机工程学院

软件 1401

核科学与工程学院

核电 1501	核电 1504

数理学院

计科 1601

外国语学院

研英 1641

国际教育学院

电气 GJ1603

二、十佳本科生优秀宿舍

电气与电子工程学院

11#428	11#231

能源动力与机械工程学院

9#537

经济与管理学院

12#632

控制与计算机工程学院

12#243

可再生能源学院

7B#612	8A#604

核科学与工程学院

3#4#201

外国语学院

12#233

人文与社会科学学院

12#118

三、先进个人获奖名单

1．校级三好学生标兵：96 人

黄怡凌	马昕雨	涂　腾	苏靖雅	李政轩	张　婷	马雨桐	邓艳红
蒋纯冰	黄鑫恺	林泽川	付成洁	崔　昊	陈　倩	廖海君	陈世萍
张展宇	钟健儿	宰　睿	朱元斌	胡晓睿	周瑀涵	张　楠	刘玉珍
方静宜	阮景晴	范勋峰	宋子秋	严晓婷	唐英博	高圣灵	徐长达
曲鸿妍	马　铢	石岱星	刘德成	王子琦	李延旭	娄云天	花赟玥
蔡孟玥	梁高明	林园铖	张　涵	何　雯	李怀翔	杨余锋	耿俊杰
刘　珠	苏　阳	张华夏	刘天元	佟景鑫	陈　琳	张家琪	郭懿萱
刘振华	吕思妤	陈艺丹	吴淑慧	葛馨璟	谭方辉	林冰婕	陈　阳
王丽婉	赵德福	张　露	李路畅	郑馨姚	胡浩楠	李　昂	于晨阳
陈飞鹏	刘奕彤	陈　悦	李　乐	刘苏雯	戴冰清	钱锐锋	吴　琦
焦立国	张　超	刘本玉	张恩耀	梅学雄	杜　帅	谢　莹	张思怡
丁成铖	张蕴智	罗旸凡	崔维锋	鲍泽文	张馨丹	朱　音	宇文天悦

2．校级三好学生：528 人

王少杰	高　琦	夏嘉航	张　擎	王春斐	于侯健	白如玉	陈怡霖
李　欣	付志斌	张慧雯	鲁芝琳	黄　婷	刘明月	巩金鑫	富子豪
徐晓明	王鹏程	崔　鹏	林弋莎	张丽阳	王嘉伟	刘金洁	王燕宁
董文娜	万　君	余思雨	刘　裕	段　玲	范迦羽	朱丽萍	叶　波
吕　煜	侯延琦	曾　雪	张雨曼	易承乾	刘校销	梁瑞雪	赵源筱
耿雨柔	黄　超	何子晨	王彤彤	葛青宇	王姝彦	刘　畅	林　欣
彭　意	王嘉宁	高晨祥	蒿　翰	刘家豪	韩释瑶	冯　斌	周子涵
李钰洋	刘　越	刘中建	高天初	余少琪	陈亚鹏	施又丹	陈心怡
朱晶菁	张茗洋	肖昕岩	洪　霄	孙　霖	钟安祥	凌子涵	胡　玮
张文璟	何伟严	章家欢	李竹青	陈刘东	乔登科	李晨晨	刘晓博
余秋萍	唐　叶	刘雪涛	方　楠	孙文彬	谭　露	余开媛	易昕怡
刘书棋	于　群	舒　鹏	李业成	于　吉	刘晨曦	夏赞阳	苏佩珊
田宝宁	李君洛	李林燕	谭尚晨	吴柯洁	包嘉洛	杨可文	张成绮
董子明	曹洪铭	高晨格	张鑫宇	黄　菁	胡苑琳	董淑文	金晨妤
陈思齐	卞潇颖	王晨欣	王昊天	石逸雯	王　婷	马斯宇	吕　挺
龚承霄	李雪晴	刘　妍	周慧洁	梁卓航	周羿宏	刘逸兴	李黛睿
林晓宇	刘洪君	田梦园	付　康	张泽坤	张依宁	卿正恒	陈慕禹
张霁月	梁寒玉	朱　政	许宏宇	张睿娇	邓红珍	宋淑婕	张艺佳
陈诗琳	张　楠	杨向飞	李晓坤	姚泽胜	章郁桐	孙晓晴	禹建芳

续表

马永华	段娅欣	钟智超	周帅宇	周鹏威	王佳宇	谌文澜	唐逸文
廖 异	王宇航	郭楠楠	赵易如	李 彤	许培鑫	刘 辉	陈品东
林怡静	陈姝伶	吉 祥	兰梦心	张耕瑞	雷 萌	吕子奎	丁凌崧
王 策	周清雅	徐 颖	刘亚楠	郭子栋	王稼琪	常新远	张 震
豆晓萱	郑丽君	延 奇	兰景恩	李 珊	文佳豪	张珍杰	叶 馨
郑凯宇	吕鹏博	阳 琼	张明瑞	李粽宣	李睿杰	陈子钰	庄雅洁
杨明传	王 鼎	王玮格	任佳义	刘 金	倪晨煜	袁泽坤	张泽茹
魏煜康	詹昕蕊	唐钰佳	曾清扬	王乃玉	许佳妮	张子佳	韩 雪
王月汉	弓雪雅	张弈搏	甘雨丰	任 珂	关庆澍	王晓伟	孙 雪
杨蓉嫣	肖 毅	张新跃	张 萌	赵逸帆	李 煊	李肖飞	邢学利
李朋达	刘桦珍	高 伟	李 冉	黄 杨	张 巍	李 岩	刘秣含
沈 丹	陈震宇	王丰力	张美妍	王远慧	孙安苇	吴文庆	高 妍
涂伟超	伍泽赟	张子奇	顾 雷	王子豪	马 优	李航宁	杨瀚文
叶家辉	胡生民	吕书航	刘宏雄	黄 意	赵 兴	黄廷恩	习浩楠
吴昀辉	陈星潼	曹文静	霍 达	丁 岩	张天宇	吴宇涛	吴鸿晖
丁兴起	黄淦彩	司起步	刘彤宇	韩翔宇	孟含笑	李昕耀	邵 煜
李文志	李 娟	张云涛	杜 南	李梦璇	李天雄	彭家琪	王雪叶
刘 倩	李雅洁	徐可琪	林 灏	杨子民	段 茵	高宇康	秦婷婷
王 娜	李雪菲	王晓婷	邓淼森	项维灿	宋芳兵	钱浩然	唐爱星
王 翔	王 雷	侯天赐	李 从	王宇鹭	陈维勤	周 圆	杨 乐
徐婉莹	胡铮然	荀港益	李 军	盛慧敏	钱郑宇	闫永恒	周 磊
李睿之	唐甲璇	俞 婷	彭心富	陈秋香	张旖旎	刘昱中	李聿容
周 婷	王 彧	刘朋杰	梁江涛	江 卓	谢箫阳	朱天星	汪丽伟
魏场超	张晓航	董廷静	黄俊文	陶 凯	李雷红	何明明	梁美玲
马 堃	杨 阳	杨瑞慈	潘 阳	卢 欢	刘吉力	邵一馨	沈 晶
伏敏航	李一鸣	林童尧	隋怡君	戴谷禹	周 丽	范晓杰	王月莹
周昊翀	李文基	武红强	王玲瑶	徐 磊	席星璇	李梦露	王一鸣
吴文卓	赵宁宁	林宇彤	杨舒婷	吴洛菲	邱锋凯	王凤飞	宁 静
王 璇	陈子学	熊 胖	袁雅云	陈雅轩	高蕙雯	徐成珍	付雅芮
王玲湘	黄 菊	贾克勤	李文珏	周泯含	邓忠清	郑 宸	董 佳
王子学	王 星	谭彩霞	任紫芸	余婧歆	张美娟	李婉莹	寇 冕
易湘瑜	李 昊	何珂珂	谭星星	刘言言	段文杰	李雪洋	刘思佳
郝 创	徐璐滢	钟 妍	金沐蓉	张佳成	钱煜婷	赵军军	李 佳
田泽尚	廖丽珍	刘先富	王媛媛	朱恩东	赵凯新	叶汉东	龚宛婷
李金族	侯遇柱	杨 昊	左峥瑜	许可依	马星辰	杜博文	伊菊霞
赵 挺	王昕鑫	徐珍瑶	梁 蕊	谢文銮	张 佳	张玮玮	程 曦
高 天	蒲曾鑫	吴亚洲	王冰馨	向婧婷	姚礼双	林小楠	孙 爽

续表

孙晨皓	吴世豪	杨雨欣	陈　琪	安　远	李　睿	牛晓凡	高雪智
李宝良	黎　响	黄崇炜	张雨辰	马欣洁	黄丽钦	徐晓宇	黄依平
杨　露	刘　源	陈思彤	唐舒建	朱思颖	辛永琳	王旭明	林爱美
王章霞	陈婉莹	徐东寒	陈湛旻	蒋皓然	周正荣	高　琪	熊世剑
宫　梦	王丽蓉	王若晗	卢　昂	任逍迪	牛　洁	潘　悦	蒋良竹
靳宇晖	李一平	刘佳莹	邱扬洁	王正之	王梓婧	刘婷婷	徐　璇
蔡泽仪	李奕雄	尹欣雨	关媛馨	薛钦文	武其乐	左旌北	庞子恒
裴泽瑜	任奕囡	杨伊可	王超杰	刘　霜	韩天行	李梦瑶	常铃敏
蒋美佳	任心怡	邓　丽	林家睿	衷天尧	王芳君	杨　鹤	马凌杰
田雨晨	何梦心	李琳娜	许瀚文	胡天晨	杨哲婧	唐铭珠	徐嘉琪

3. 院系级三好学生：702 人

沙　韵	单俊儒	杨梦瑶	黄钰辰	杨更宇	张　敏	丁江萍	朱思嘉
姚　皓	何　乐	孟祥瑞	刘方蕾	马　铁	赵冠琨	赵哲宇	孙　瑶
朴晶琳	宋曼青	李安强	周晓东	李　宣	王　静	沈金乙	吴张曦
练丹阳	马　原	吕　静	孙鲁嘉	魏　巍	廖　杰	符云韵	王　恒
陈俊佚	朱　杰	李馨雨	唐　悦	赵吴昊	谌庆芳	李云平	许冰倩
刘云博	王昕扬	朱孟媛	单俊嘉	汪金长	王　姝	吴嘉玲	李若行
崔建波	李　桐	何　妍	叶　欣	张露露	林睫菲	杨　雪	崔晓昱
胡　旺	凌致远	宋祥选	万楚阳	刘　晨	李洪裕	陈　天	李　志
刘笑丽	李　叶	吴　婵	虞宋楠	安　麒	褚　璐	杨　涛	黄惠娟
姜之强	邓盈盈	马丽雅	李佳谦	富梦迪	李公伟	陈雨甜	邓伟成
杨　昊	郭以重	李卓耘	刘佳言	曾　琴	王秉宸	隆　豪	吕佳鹏
胡亚杰	康静雅	王宗扬	郭陟峰	王　曌	姚丽娟	尤　兰	魏　颖
袁　帅	卢进莹	王若兰	杨光照	郇政林	万博文	吴思航	李睿智
郁　媛	杨鑫慧	张广毅	蒋　凯	潘　超	廖雯林	王子钰	丁海成
陈其来	林晓萱	张雨洁	罗文婷	许弈飞	杨　晨	江崇瑜	袁　帅
曹子楷	李孔源	陈　超	刘　浅	王兆霖	刘苏梅	杜　舒	于明凯
黄恺洋	王思睿	郑力涛	曹　兴	吕奕波	许　萌	谢郑溶钊	戴明浩
任文军	周雨童	陈　璐	令狐桐雯	尉佳文	张　尧	程　浩	江晨璐
刘淇伟	郭鹏程	赵　川	许　丹	庞　博	王　淼	张雅欣	谢沁园
桑　淦	陈天恒	杨洋春	王芷晴	陈　甜	李虎军	严加贝	谈文睿
刘铖浩	赖信辉	李　杰	戴泽印	周　雨	郭鲁斌	陈泽浩	宣鹏华
刘少华	张恒语	朱润泽	吴雪雯	江滢滢	程怀远	司　宇	丰　立
孔子玉	吴　泽	张　涛	傅俊森	赵泽武	尹　馨	唐　彬	蓝文鸿
伍　璇	王　琳	王潇苹	罗　成	周　健	宿　阳	陈子佳	赵海琦
余嘉炜	童一鸣	王凯民	秦　昊	方　策	周琳杰	李镇杉	陈鑫洁
何祖涛	何　航	樊伟光	施沁琳	朱冬冬	孙天一	张　帆	曹端启
周雨凝	徐文溢	黄意津	刘悦滨	张　通	武文睿	程晓彬	付梦瑶

续表

何飞扬	王　今	胡淑然	谢昕仪	赵嘉欣	陈健忠	罗佳慧	张雅琴
赵　铭	王永呈	刘洁凝	田竹肖	雷应龙	黄　静	荀　健	李　浦
刘心仪	苏凤宇	郭纳言	吴兰兰	厉松芮	唐筱仪	田雪娇	张明慧
陈　梦	孙丽洁	曾小梅	张　元	张凤敏	田　禹	张子筠	刘　倩
乔　雅	杨　硕	徐　亮	薛　玮	马克琳	代俊佳	王　桢	饶素雅
吴倩倩	朱郑莹	刘华鑫	贾雪枫	许媛媛	李　云	冯文泽	党小璐
吕书贺	赵　琳	郭　畅	王玉洁	黄雨婷	魏　静	张　品	章夏莲
叶慧男	华婧雯	郑瑞锦	韦晓媚	何　心	赵耘鹤	胡映雪	曹雨婷
白若雯	林嘉琳	冯婷婷	周梓欣	翟寒冰	许艺珊	吴淇心	吴　澜
杜　珂	亓一丹	张家晓	程晓钰	王丽洋	崔梦琦	吴雨桐	付　珊
李靖苑	刘洪旭	赵许钢	王董禹	付　林	柳　洋	董一宁	王思懿
张　阳	魏德林	王书晴	贾　楠	李魏星	杨　丽	汪怿雨	郝宇霞
邓欣蕊	崔曦文	刘欢畅	陈熙琳	王　闯	李鹏翎	刘昕宇	钟楚丛
张莞嘉	朱美婷	尤宏森	杜瑜铃	许田园	朱奕安	廖卓颖	孙梓源
莫锦涛	蔡　玮	邓　开	马叶桐	柴晓萱	种阳阳	雷　萌	谢昱卓
何梓野	李　晨	漆　涛	蔡宛瑾	杨天宇	石雨薇	庞　珍	谢凌云
余照国	操菁瑜	唐瑜璐	王雨桐	吴昊天	郭　健	苏惠琳	卓文琦
李广泽	周成顺	李志圆	李友焜	杨智俊	常宇清	李　莹	曹　洪
陈　卓	潘俊廷	卢楠滟	徐逍君	叶佳宁	陈晰颖	俞智铭	陈震宇
吴晓伦	张馨予	管文博	杨　坤	崔文庆	张　倩	盛歆歆	张丽霞
戴　健	赵涵明	马祥力	余丹璇	侯文昌	陈　曦	孙精辰	严　婧
杨　焱	林婉祯	贺　超	胡梅春	程　逸	陈思璇	李军旗	刘晓婷
赵忠浩	施国贵	李鹏程	李嘉盛	李艳斌	王　杰	张　黎	王一合
陈传涛	朱满庭	周文辉	吴浩然	张志慧	周　笑	姜　媛	李文俊
刘双剑	王子豪	王　嵩	梁旭阳	王瑞嘉	许树颖	郑慧娴	张永翔
崔梦圆	刁虹尹	王俪蓉	王佳惠	朱俊翰	张玉辉	马晨晨	张志龙
王港华	陈　昊	毛　昊	仲心萌	徐　亮	胡柳静	王雅欣	王　伟
元志伟	杨　飞	王肖宇	董　艺	魏　玮	黄欣欣	郭诗璠	刘一卓
王可强	马佳乐	童　磊	胡　晟	杨叶林	马玉成	蒋光林	赵国利
李星阳	刘竟帆	郭嘉杰	刘泽铖	孔大力	周星辰	周　峰	王丹琪
熊　念	薛　凯	张宇鑫	张　倩	刘　馨	方　攀	张晨佳	王　磊
冯芹芹	李瑞涛	杨清荷	费　阳	邓正宝	丁　波	刘姝含	唐　杰
滕　庚	白晨曦	周慧敏	李春蕾	谢立斌	戴笃猛	贾明鑫	姜源也
赵　植	倪瑞昊	王泽星	刘　上	马世财	蒋炎飞	代佳豪	王　柯
李　斌	杨　董	陈　锐	刘　昶	张艺晨	杨文昕	王子晗	侯千慧
于孟娇	朱震庭	张天岳	陈志董	梁　永	吕冠涛	周　磊	王义函
袁泽鹏	白辉辉	吕欣婷	郑文禹	滑　豪	卢家辉	杨雅琨	毛语瞳
刘宇浩	潘　慧	许懿婧	黄宇箴	赵明川	王　冰	冯楚妮	苏亚虎

续表

聂　超	杨　晨	潘可铵	王雨舟	高桥东	于佳慧	万洁颖	刘旭阳
杨　升	李玉娇	王文涛	马如双	祁梦瑶	张丽萍	黄荣孝	王泽铭
李鑫鑫	李林飞	陈品卓	于国良	刘迦勒	刘　浩	朱离垚	蒋梓涛
李林泽	黄贤斌	魏超政	王浩然	尹志华	赵　威	蒙　康	宋启迪
王非凡	杨　柳	曹润竹	王璐莹	唐丹叶	邢书成	尹思瀚	符佳宏
陆君洁	邱健珲	张亚宁	周甄聪	祁　泽	平安安	张　烜	毛文泽
殷晨轩	王新澜	陈　卓	张　策	苏　豪	张雨菲	周冠达	刘雪薇
周　杭	汪伟辰	张宇琛	沈军衡	周新越	寇　斐	刘　菲	李　思
闫琳琳	蔡爱玲	彭贤强	王路瑶	刘　伟	王春杰	马　晶	李　泽
蒋之凡	杨玺艳	王佳丽	贾　韬	岳　浩	蔡梦路	段文静	闫　旭
邓远卓	何强锐	贺　宇	荆雪菲	陈　盛	谈浩迪	韩泽冉	潘雅卿
蒋思宇	余甜甜	黄　可	张凌子	马　欢	原靖凯	张静仪	方　萱
俞月林	侯加浩	吴雨露	彭琬婷	彭定坤	常智理	熊　喆	李沐思
杨晓宇	阮雅丽	陶　冶	王　彪	甄　皓	王闻墨	何丁义	王　爽
刘阿罗	黄　智	武延林	李　倩	贾大爽	刘　蓓	周子昂	闫佳雯
段明君	谢　琮	张　冠	成　宏	安广禄	赵欣禹	王绍洲	王端敏
秦小田	贾晓阳	侯　宇	刘浩越	杨佳颖	宋美娜	蔡清华	刘美玲
田化润	蒋闰润	蒲炳君	张利乐	孙忍静	潘　雨	颜砾瑶	覃子阳
刘　坤	高　薇	谢梦灵	侯芳郁	张婧琪	柯安妮	张之茵	郑　帅
姜子杰	马茜茜	李　颖	柴　松	寇　青	曹祎铭	范雪峰	朱晓宁
马　倩	李　想	吕曼青	彭　晴	饶　臻	姚　贝	邬雨岑	李　文
李　易	雷　宇	张良玉	王琳筠	林夏轩	陈　敏	张子祎	高新慧
刘坤卓	石婧凡	邓锦霞	庞凯恒	曹文芳	苏伦朵娜		

4．校级优秀学生干部标兵：19 人

王少杰	相逸飞	任春频	尹俊杰	俞　婷	陈嘉欣	贾克勤	丁俊生
姜子杰	牛妍舒	相天麟	张凌瑞	杨雨月	李朋达	周育涛	滕　庚
兰　淼	郭　然	穆合塔尔江·克依木					

5．校级优秀学生干部：90 人

李幸芝	陈逸轩	王闻燚	段　颖	解朋博	邱　前	张童生	郑平泉
张芷馨	石　岩	宋　淼	周　正	柴晓康	宋明樾	杨晓伟	王婧雯
陈若雷	姜屹远	朱显浩	邱东蒙	冯禹豪	王傲阳	张星宇	赵月悦
陈诗琳	谢锐彪	杨丽莹	罗卓童	李繁菀	卓　玛	张　楠	李　晨
毛润鸿	任心怡	原靖凯	王　粲	严晓婷	张耕瑞	张　杰	任怡洁
刘超波	贺　哲	任　杰	王　晶	张晨佳	靳　马	王鹤潼	李　丹
吕来权	孙　宁	余　丹	王泽铭	刘坤宇	于佳慧	王浩然	于九洲
罗心越	刘少华	王莺旭	符精品	崔潇轩	左旌北	王滢珺	贾云华
林若明	李文基	刘华鑫	陈　明	周亚梦	贾寰宇	赵海超	林晓寒

续表

吴　靖	郑世鹏	康雨菲	魏美玲	祁奥斌	张翔宇	余　鑫	刘力博
苏　豪	吴　琦	曾庆汝	侯晓宁	洪　健	朱　恒	李晨妤	彭俊翔
高新慧	张斯桐						

6．院系级优秀学生干部：180 人

李静轩	王　简	汪明轩	吉亚太	段延达	张　猛	牛好婕	霍方强
左　莎	杨　旭	魏子易	张　晨	宋金溪	姬彦洵	葛浩浩	梁沁雯
江　翔	仝　义	支铿颖	郭佳奇	陈明昊	马博文	张笑睿	蒋思雯
刘佳颖	周晓娟	武倩钰	郭凌霄	于普洋	刘鹏矩	裴　皓	刘泽坤
史锐博	贾雨虹	陈　宁	校珂怡	张心怡	高崇禧	马　婧	吴沁莹
王潇宇	陈　熙	黄朝晖	张天宇	文泽兆	雍家煜	汪昭辰	周　圆
柏爽爽	周帅宇	方静宜	宋　雪	王宇航	杨　雨	李　珍	张粹玲
黎　睿	陈嘉欣	艾　鸣	冯一展	朱　斌	肖伟红	孙明雨	武鸣鹤
卢清文	吉　祥	陈　玥	李鹏程	黄　婷	李海爽	宋子秋	闫　旭
李　宁	夏滔威	石　鎏	王永凯	甘雨丰	文　卜	张　萌	刘安泰
刘竞帆	刘桦珍	李　冉	葛金林	蔡　安	吴泽中	许汇锋	张馨元
熊丽姗	周　硕	李腾飞	秦　天	沈　园	程睿翔	刘政昊	葛仕贤
孙　雪	于国良	胡盛明	聂　超	刘康祥	刘迦勒	陈鹏嘉	孙剑峰
戴凤展	王　前	杨福军	于子竣	卢雯洁	张玮玮	张恩耀	张　峰
王梓儒	马欣成	尤俊栋	王潇苹	郭东原	刘泽坤	杨林武	徐　磊
林童尧	党小璐	孙冬阳	朱春旭	刘纪园	隋怡君	朱彦恺	任紫芸
洪仁艳	高云鹤	周奕全	付梦瑶	席新科	左名皓	王睿杰	杨　阳
王斐然	刘诗韵	王永呈	宋兴娜	张文硕	刘　伟	彰子萱	张智诚
陈端盈	龚元铮	樊　渊	王新澜	钱锐锋	王昕鑫	赵　挺	李　想
潘　悦	李筱颖	吴亚洲	王冰馨	林小楠	陈添翼	赵正阳	黎　响
周逸伦	蒋思宇	杨泽洲	邵佳杨	周子楠	王闻墨	朱胤宏	张富精
李梦瑶	刘　坤	武其乐	潘　婕	鲍泽文	蒋晶晶	高泽龙	郭一帆
张　聪	冉维维	唐铭珠	穆合丽赛·依明江				

保定校区获奖名单

一、先进班集体获奖名单

电力工程系

电创新 1401	电　气 1613	电创新 1601	电　气 1602	电　气 1604	电　气 1610	电创新 1501	电　气 1503
电　气 1505	电　气 1510	电　气 1514					

电子与通信工程系

通　信 1402	通　信 1503	电　子 1602

动力工程系

能　动 1507	能　动 1506	动实践 1501	能　动 1408	能　动 1409	能　动 1605	能　动 1606	建　环 1602

机械工程系

工程1401	输电1403	工程1501	机电1501	输电1501	设制1601	装备1601

自动化系

测控1503	测控1603	自动化1403	自动实1401	自动实1501

计算机系

计科1401	网络1402	网络1501	计科1601	软件1602

经济管理系

会计1601	造价1601	工商1501	造价1502

环境科学与工程系

环工1501	环科1501	能化1501	应化1501

法政系

社工1601	法学1501

数理系

物理1501	信息1602

英语系

翻译1601	英语1501

国际教育学院

电力英1602

二、先进学生个人获奖名单

（一）三好学生获奖名单

1．三好学生标兵：79人

电力工程系：17人

吴天昊	周智行	王敬尧	郇悦	胡淳珂	徐小龙	朱思宇	周儒畅
黄强	史泽南	刘招成	王禹琪	孙瑀晗	王小妞	尚海	赖曦文
刘珊珊							

电子与通信工程系：5人

钱文	徐闻璐	张国鑫	李静雅	刘坚

动力工程系：11人

姜淼	王建斌	高群翔	陈施佳	李立垚	刘涛	柳灿	周永戬
涂嘉琳	王颖	刘续					

机械工程系：11人

姚涛	付梦宇	徐晓彬	王娅宁	赵佳伟	赵伊恒	符明恒	张宏博
李桓	牟芮	周文轩					

自动化系：7人

姜文倩	高愫婷	杨旭	梁天堡	谢镇	郝政丰	卢俊菠

计算机系：7人

李伟	董海斌	司冰茹	刘聪	吴润	肖文婧	刘林彬

经济管理系：6人

黄然	冯硕	张宏烨	韩菲菲	张梦雪	王昭尹

环境科学与工程系：6人

张耀宇	周达海	姜一琳	杨帆	张鹤年	高志

法政系：3 人

史益豪	赵茹萱	张骥韬

数理系：2 人

江新华	范婷婷

英语系：2 人

郭珊彤	沈亦夫

国际教育学院：2 人

张雨萌	史云鹏

2．校级三好学生：1050 人

吴天昊	赵德洁	王梓宇	李昕烨	张天策	韩　怡	曹文君	胡加伟
孙　帆	田昊欣	吴　涛	刘凡瑞	张雪涵	滕先浩	吴辉捷	刘长荣
王新娇	高　杉	池上荷	周智行	李宇昊	靳铠闻	尹兵欣	刘首昂
傅雨荷	陆明璇	赵鹏飞	周灵杰	王雅琪	陈大川	张娟霞	刘　彤
张青青	丁　星	孟书羽	唐焕新	陈宇海	刘翔宇	王照远	卢　甲
孔亦晗	王敬尧	郗　悦	郭舒毓	刘一瑾	李华雄	晁倪杰	张嘉心
赵　展	陈　博	许泽昊	乔兰兰	陈爱君	董思捷	罗诗怡	李至峪
马　锐	王　栋	沈沁颖	杜若兰	凌谢津	于　浩	王　琛	张少华
邵馨玉	郑子墨	罗　坤	王　瑞	吕重阳	李奕衡	王亚楠	胡淳珂
蔡雨萌	李伊玲	陈　浩	沈广进	王义凯	刘江山	宫　鑫	刘　硕
冯芮苇	冯思雨	童　谣	王家俊	徐小龙	张　枫	陈雅婷	冯雪凯
谌杨春	徐晓会	朱思宇	李铠权	李守强	周益斌	朱思宇	梁延昌
袁　淼	金宇鹏	蔡广燚	甘萌莹	柯　松	林钰芳	马子儒	鲍　晴
傅嘉威	高　勇	林博铿	陶柳妃	周儒畅	黄　强	刘　艳	史泽南
陈力绪	官佳源	郭　浩	李靖雯	马茗婕	乔　鑫	舒垣开	刘西娅
闫　语	赵晓君	侯来运	魏冲冲	肖钟秀	杨真缪	张　曼	张　正
李克难	李欣宜	刘恩宏	刘嘉硕	曹丽霞	程琦琪	刘招成	陈媛媛
李梦婷	高　敏	王加浩	朱　媛	韩　栩	黄逸帆	接铭庆	廖芷燕
谢子豪	冯舒婷	葛续涛	郭志博	耿世福	李国锋	刘　静	马　婷
任晓钰	闫泽辉	韩　雪	汪　欣	王禹琪	张龙涛	吕　品	何泳佳
徐华伟	胡康生	侯赟艺	张　衡	张泽乐	陈　燕	丁　筱	戈田平
李朋飞	刘明杰	黄晨晨	叶书荣	支东权	陈　俊	田晓旭	翁　昊
马艺瑄	唐雅妮	王权圣	张燕荣	吴再驰	安孟林	吴　璇	魏子文
张明洋	毕瀚文	李　德	叶伟豪	杨　奕	易小杰	黄昭棋	孙瑀晗
李进生	刘炳文	陈星屹	汪金明	庾雅琪	丁　宁	孙雪桐	吕天舒
王小妞	罗开元	褚雨昂	曹雨含	占志刚	姜文倩	梁永涛	王一迪
冯永强	朱玲慧	余泽泓	李天翔	赵　茜	宁子达	臧雨铢	胡　雪
万　磊	王东旭	赵汉武	安亚楠	黄婷婷	陈韵颖	黄一洪	董　磊
尚　海	危凯琪	闫月宁	王雪芯	郭临洪	马晓萍	张　悦	张雨辰

续表

谌可炜	廖　伟	沈　鑫	颜　溯	赖曦文	牛剑锋	夏君怡	赵松贺
宋智玲	赵婉婷	刘珊珊	荆润秋	李文洁	谈　欢	尹立亚	陈家辉
李　智	钱　文	李博阳	乔珊珊	孙艳楠	汪　弈	徐闻璐	杨　洋
付　丹	马　倩	田雨禾	杨　超	荆　森	吴志鹏	许智军	张国鑫
范新宇	魏银红	孙一然	吴超群	韩　松	季　翔	谯渊源	李静雅
李盼盼	燕艺薇	赵　蓓	艾子硕	王钟彬	高婷玉	张竞月	张　蓉
李思琪	冯玉挺	唐东星	王子乐	刘玉鹏	彭　洁	姚　宇	李　昊
李凡一	梁晓欣	杜立文	铁　渊	张志伟	王茗萁	宋　蕾	张沛雯
陆帅伉	王欣怡	赖媛媛	陈芳芳	姜　淼	李昊儒	李佳欣	黎迎晖
张德斌	李健杰	李晶晶	王　崴	谢千山	吴婉婷	王建斌	高群翔
秦嘉锡	刘雨松	吕　营	刘铭礼	郭富强	舒　文	李凌峰	刘攀笏
张玉洁	崔永赫	杨森皓	李泽希	李剑烽	杨振宇	董竹雨	刘晨颖
许子倩	韦虹宇	章　鑫	吴　翔	丁　佳	彭世彬	王凯轩	缪玉玲
陈施佳	翟　雪	王　姜	邱姗姗	王晓妍	池紫薇	张　欣	郭子嫚
杜伟彪	胡庆祥	闫华青	周庆国	李新磊	李　伟	苏士伟	席　泽
冯丽芳	刘雅婷	郭鑫玥	李立垚	梁力文	陈东旭	翁国柱	孙浩然
罗　爽	刘　璐	吴名起	李嘉文	张　伟	蒋　鹏	李　林	楚文斌
仝海英	林涵逸	李忠成	祝敏捷	刘　涛	金志宏	丁雪莹	杨宇轩
罗　成	任瑞涛	刘昊天	许煜娜	谢培洁	连　慧	仲凯悦	杨　振
徐欣腾	李　毅	廖国强	王乾龙	刘颖超	康金栋	杨东晓	刘　坚
杜　寒	虞娇婷	卢　奎	张凯祺	陈禹竹	高士超	何安妮	宋璐源
张　晶	吴　超	郭嘉欣	柳　灿	杨万鹏	张宇鹏	卿丽萍	程　依
李振钊	刘　槟	于利颖	李　睿	吴志聪	刘　颖	叶妮娜	张　策
李　诺	左安邦	张志远	周永戬	刘　迪	苗阿乐	唐灵芝	王　颖
郑慧瑗	涂嘉琳	薛少鑫	范慧静	贾永盛	胡佳君	于佳正	孙　悦
唐晓宇	王　颖	许　灏	周　亮	吴冰倩	刘　续	迟耀东	孙铭珂
武　彤	肖　雪	何琦琦	李艺璇	刘　佳	张晨阳	陈亚杰	李长锋
马梦璇	王　萱	张鹤鸣	敖春燕	李文萍	彭渝锋	戚宇航	潘依依
王　凯	韦教玲	贾舒茗	康甜甜	陆文婷	陆　婷	孙　博	姚　涛
付梦宇	高　曦	王荣荣	郑　飞	徐晓彬	包婉琪	马东福	官泳余
黄　森	刘　楠	马德昱	张　琨	熊大建	王增基	孟繁玉	李　楠
李　冉	梁　旭	郑温馨	赖　典	郝犇珂	黄锦怡	康　伟	辛世豪
吴　瑶	郭涵涛	麦　锋	潘宇立	陈雪雪	李　程	王娅宁	孙　悦
郑昕桥	刘依林	邵常焜	魏双双	杨　萱	赵佳伟	赵子旭	非云祥
苏　浩	王　拓	张　琛	黄和钧	王凌飞	王亚光	曾秀妹	赵家佑
陈　靖	董天文	李诗康	赵晨旭	陈　闯	丁锃霖	靳晓忠	权凯军
石小雨	唐嘉杭	樊　怡	何泓樟	牛嘉怡	范东宇	惠　泽	李安琪
王茂政	张　跃	刘东兵	岑添添	杜　晓	郝洪策	吕泽鎏	王子健

续表

徐鹏雷	郑 哲	姬雅晴	李 洁	李金洺	王国栋	张云浩	赵伊恒
陈 曦	符明恒	刘天霁	阳庆林	张博剑	张 璇	李依诺	王 潇
张宏博	赵晶怡	张雨平	赵予溪	邹文珏	文 浩	李 琪	路蕤恺
谢一良	张子涛	段兆岳	李林春	王紫祥	杨凯衡	袁 琰	陈骏泽
李 桓	李潇凯	王尚成	吴香江	高丹青	米世豪	彭 阳	杨少琪
周 楠	刘 英	王梦瑶	牟 芮	杨 宇	张愿男	任 汀	徐庆文
荀振宇	周 琰	周文轩	马鹏程	熊赋志	徐奕琳	任楚梦	洪滋蔓
邵梦雨	黄 然	顾舒婷	何爱娟	杨牧原	杨媛娟	郑赛硕	李 颖
李 云	马昕媛	叶梦蝶	邬小倩	王子玄	李 申	冯 硕	陈皓妍
王 默	缪静颖	孙向阳	李京妍	窦 东	李 璠	罗 晶	武晓霞
王继娴	宋衍蓉	石宇峰	徐 曼	杨 岚	孙金婷	张宏烨	李 恺
吴晴雯	郝亚男	赵美齐	倪永俊	曾梓豪	杨秀棋	易梦馨	伏圣章
杨浩娟	陈大可	刘家琦	陆梦迎	李 莹	韩菲菲	王盈盈	杨丰宁
邓若晖	张英璐	陈金映	卢梦雨	王晓晴	江丽媛	方 宁	乔新娜
陈莹莹	李若晰	荣 壮	王廉茹	陈双怡	王 秀	刘艳珠	尧 威
张文隽	罗春霞	熊舒宇	吕孟锦	张梦雪	王紫妍	罗红霞	王昭尹
王鹏瑄	李观长	李 欣	蒋云云	金雪涵	骆紫薇	向思徽	吴丽欣
王君媛	陈佳颖	詹沛霖	陈 琦	高愫婷	刘民帅	衣跃静	苗 艺
王子琦	杨 花	杨翼荣	张 羿	周继祥	崔 茅	李昕妍	罗 静
牛培昕	魏佳楠	张 婷	程彭来	王 乐	刁 进	李继业	乙 洁
张霁崴	杨佳轩	冯 时	余承海	张家兴	杨 丽	明 茜	史耕金
徐建南	郭 晗	车 鑫	裴露露	侯文星	王 爽	余 雷	瞿豪豪
陈斌斌	屈津萍	龙雅芸	张书瑶	崔茗帅	王馨妍	胡潇如	徐家凯
杨 旭	张国斌	冯 媛	江晶焱	亢美琪	林凡太	牟含笑	原智杰
王梦珺	崔慧英	李韶璇	杨紫藤	徐晓宇	吕 涛	孔 硕	何婷婷
李春云	梁天堡	田 庆	丁梦婷	靳浩元	江 柳	高 醇	牟亚雪
谭紫璇	赵 欣	李祺祺	谢文清	蔡国源	刘雅欣	李 荣	陈舒曼
彭羽瑞	卫星光	谢 镇	王子杰	张琮委	张志宇	高 卓	郝政丰
陈 屾	罗佳钰	张博恒	罗 燕	于人杰	曹 莎	王少君	武心怡
程 浩	揭志丹	卢俊菠	徐万欣	姚 婷	刘 思	毛杨坤	孙 瑜
杨超颖	赵仲轩	宋治星	王剑洪	王立遥	白健鹏	李 媛	刘宝杰
马星雨	米家奇	易景贵	董海斌	温世杨	刘 政	王朝阳	徐雅婕
吴 达	刘玲姗	付彦铎	林 健	司冰茹	贾中翔	李思琪	毛帅男
崔宝京	李秋颖	刘 聪	朱依依	白雪薇	马 彬	王鸣纯	杨一帆
郭晨贺	马 也	熊歆昀	周盛源	杨 艳	黄彦宁	陈 聃	冯文科
吴 润	臧宇航	丁 菲	李依宾	刘 畅	王瑞琦	吴莎莎	张亚飞
李姝琦	马志远	袁润苑	胡伟业	雷 轩	马世祥	王博锋	扆泽璞
肖文婧	李诗媛	邢紫薇	李晓孟	罗成于	韩 旭	吴 琳	葛云洁

续表

杨正田	朱亚强	李林阳	郑凯玄	宋凤珊	姚　越	阴立强	孟　松
杨渊波	吴　莹	曹志恒	刁　珺	何紫伶	景筱竹	杨　澜	郭树一
刘林彬	王阳阳	杨张妍	黄　艳	任奕菲	盛　玥	许钰林	原晟淇
崔　畅	张易峰	吴晓帅	邢心语	张耀宇	刘元向	蒋玉琢	冯欣波
何安恩	孙博华	高博文	王慧雯	张思齐	赵　旭	李　方	张东霞
姚如栩	有晓丹	李远鹏	周达海	彭子娟	黄　陈	刘园园	姜一琳
叶恒舒	夏天杰	张楚璇	范佳荟	刘　玥	张　琳	刘雁蓉	白金玄
吕　白	黄倩晖	王治茹	顾霖赟	于彰淇	张紫微	户家宝	王晶丽
徐　帆	杨　帆	李超群	徐　妍	梁旭阳	张鹤年	赵宇翔	梁宇豪
陆悦江	王柏鑫	杨笑培	才轶名	向港华	胡　婷	刘　洁	龙林宏
唐仁豪	孟　恙	高　志	孙少波	杨庆珊	章羿骋	梁维青	席争辉
晏　畅	袁绍雨	梁　珺	黄家莹	韩翔宇	李　聪	郑思行	张荣斌
张玉玺	单　婷	侯丽娜	甘玉婷	于　昕	史益豪	代婷婷	孔心悦
赵思琪	张　楚	赵茹萱	杨雯博	许清文	覃春晖	张骥韬	吴康杰
钱　蕙	史旭潇	刘　艳	吴　怡	张玉萤	高天虹	史惠卿	蒋浩琛
赵嘉欣	张琳悦	谢佳音	刘晓鑫	夏玉斐	陈　慰	胡　艳	陈柯均
杨文材	孙　纬	张永琪	彭政涛	郭羽萌	张敬婷	张昱朝	孙立莹
江新华	陈　昕	崔小莲	张瑞杰	郝彤彤	王艳霞	蒋宗亨	胡　正
田　静	周程宁	钱越翡	李　哲	刘　朗	李春琴	李梦涛	张苓琬
黄宝强	方　溢	解佳腾	赵娴英	王欣月	袁婧婕	刘常安	张燕茹
胡　倩	范婷婷	张丽楠	黄佳新	田诗艳	黄圣杰	欧阳康	王振华
刘奕池	焦冰洁	尧　甜	古珊珊	强浩然	童成杰	王海洋	齐　芬
赵　霜	李　聪	郭珊彤	刘思琦	武昕瑜	闫　莉	黄睿凌	沈亦夫
赵棋羽	陆晓星	张雨萌	马　婕	高雪倩	吴汶栖	李　泽	赵紫霞
刘兆宸	宸晓婷	方妮南	耿浩然	史云鹏	韩静怡	赖逸洋	李思邈
徐敏倩	汪晋安	钟昱尧	陈嘉岳	武　迪	澹台歆玥	周华嫣然	易杨美芝
冯凌姝雅	诸葛雪迎						

院系级三好学生：1640 人

张　喆	杨　钤	张苏涵	安一方	叶雨晴	蔡馨雅	林华祥	张午宇
秦征凤	王丙辛	周华皓	高　萌	李思俣	陈文军	骆小满	林志峰
朱静奕	谢振鹏	任慧卿	郭晨阳	路长青	赵宇琪	刘晓丰	焦　萌
梁　炜	张亚云	鲁依娜	郭金森	李晨阳	王孟云	马钰峰	刘曼琳
田　昊	任乙沛	鹿国微	何　心	马克琪	张雨奇	申宗旺	陶二滈
张明月	陈同凡	戴　舸	王科超	祝智杭	马玉婷	谢婉莹	喻　婷
王　政	侯雨琴	姚曦娴	焦雨青	杨博超	谭开东	滕孟锋	齐继志
陶福成	李　毅	邱　琦	杨　田	韦　岸	王铭灏	蔡　钧	梅　倩
徐　闻	刘　璐	王　柘	范振宇	赵雯程	赵宇含	朱存远	商鉴泽
张文婷	姜路冲	陈麒睿	王雪莹	黄彦钦	邓晓天	陆静毅	翟文辉

续表

张丽婧	陈铭远	封成宇	鲍志威	孙 萌	赵贵鑫	郑楚舒	杨晓华
牛 灿	蓝丽丽	穆自强	曹越芝	张亚当	孟 雪	麻腾威	张纷纷
王烁尘	谭智馨	孙 倩	马俊杰	孙易洲	张子钰	郝自为	李诗伟
劳焕景	詹 文	张 赟	黄嫱婉	晋绍珲	史乐旻	梁白雪	武佳卉
郭雅欣	韩青俊	张 磊	雷若愚	沈殷和	钱睿忻	杨凌典	邓嘉明
李东阳	李雨桐	钱 途	宋嘉湄	孙兴宇	王国荣	王 利	巩文洁
陈思宇	黄啟茹	刘 灿	刘宇玮	沈文奇	王志伟	吴若伟	徐 哲
姚常志	白 玉	陈慕华	管西燕	刘 尧	王佳雪	卫 卓	吴伟赳
谢凤林	郑道然	霍旭阳	孟 凡	牛海涛	杨美颖	张 柳	张 硕
赵 芳	赵政洲	郑裕鹏	陈 悦	黄明发	姜 苑	李 沙	童晓文
王孝华	张 东	姜 倩	刘婷玉	田晓东	王天瑞	蔡榕斌	曾子文
刘殊君	刘腾飞	薛文龙	杨志国	高凯麟	韩璐泽	康玉婵	李舒宁
刘振山	倪政泽	童厚杰	严昌龙	晏 赟	杨金茹	张怡蒙	史石峰
孙钊栋	杨浩锐	于礼瑞	张 茹	赵心月	邹 明	李金融	汤木易
杨敏雪	张翔秋	安文宇	陈冲冲	李金博	李胤寰	刘 霞	刘星阳
罗盼娜	秦 开	汪子琪	夏 寒	施明慧	王亚茹	王喻玺	吴静羽
肖兆杭	杨舒惠	张 凯	张永旭	曹润广	常小强	仇 昊	方 爽
胡亚凡	李 戎	谢 珍	陈 喆	穆鹏飞	滕正伟	王 克	魏文通
杨雨熹	岳宇鑫	崔竞文	狄晓栋	贾 蓓	李培源	莫莉娜	彭 畅
时 铭	王 权	赵立航	周建港	李嘉靓	裘森悦	王少康	魏宸明
张馨元	张 瑜	朱嘉彬	郑玉冰	康 超	刘春阳	张 颖	张 蕊
张 益	刘 战	王子欣	张颖哲	张胜发	栾 琨	徐明阳	马明玉
黄云香	李高歌	严才鑫	李昱江	杨子菲	陈晓曼	周彦君	韩家峻
张艺萱	付丰豪	高 硕	王靖淇	孙嘉泽	杨承怡	薛田田	李伊萍
安丰彬	王子铮	莫鸿业	孙 钰	董权毅	邓 瑞	胡嘉琦	张晓岳
张子涵	王 晶	秦 昊	刘元昊	王启隆	马宇威	武振华	马梓宸
黄 坤	赵方园	李思昱	张 峰	王泰森	马 琴	伍旻铖	王志涛
谢玮琛	李金殊	郭保硕	赵景航	陈鲤镔	张艺潇	赵丽娜	夏基鼎
黄子桐	王 川	杨芳婷	杨滨铭	班明辉	魏 宇	秦静茹	李小琛
马云聪	刘子嫣	郭顺德	毕精华	高家宁	刘宸岩	王 旭	相里泽
吕柏涵	段松召	魏超然	肖 海	岳子宜	蔡彬涛	陈文政	旋宇政
叶学斌	周宜晴	唐 锟	赵亚楠	牛芳龙	余 航	张 航	崔婷立
张峻华	谢 菁	吴梦焓	孙瑞洁	吕慧敏	束军军	廖 潇	林依绿
刘广宇	康 辉	裴易凡	吴季珂	杨 创	叶顺心	戴蓝昊	贾 瑞
蒋明远	吴 玉	熊国杰	杨亚荣	张 奇	戈 贝	郝苏湘	郝艳丽
李 琳	李玉雯	马明月	肖 楠	赵志祥	周若曦	董 雪	蒋海颜
马碧莹	马英栋	杨振宁	叶 佳	曾鸿海	代嘉菱	丁昱丹	刘艳蕊
裘瑾怡	王文丹	蔡巧巧	刘 彤	田斯劼	王国灵	王洪菠	王 锐

续表

杨 帆	邹 瑶	李孟儒	李鑫宁	刘保阔	刘瑞璋	夏新雨	刘 旭
罗中霖	马 军	王瑞仪	谭懿璇	陈佩茹	王鹏媛	吴应臻	杨 勇
张丹妮	陈东旭	陈 坚	林琪添	秦永鑫	王 鹏	李 昊	曹文涛
陈业新	陈则享	高 熠	黄 志	李铭辉	罗持辉	欧诗甜	邱 翠
赵 鹏	崔雪薇	冯 晶	李 康	梁文亮	农彩艳	徐云霜	杨鹏飞
邹树岭	李宜谦	刘汝仪	刘璎慧	齐晓妍	杨添驿	赵宇琛	白佳乐
曹 洁	丁子钰	刘津钊	王占东	郑 彤	冯天娇	季延凯	焦宇航
金广杰	梁 恒	刘依依	念欣然	叶泽豪	张志坤	朱家伟	傅 佳
宋沁杨	潘 宇	吴雪峰	戚子豪	林啸龙	李 月	赵娅楠	王俊杰
郝东震	郭泽峰	何 跃	马渝钊	邓淑芬	陈 烁	李保民	黄光宇
刘跃登	侯玉菡	董佳俊	马 越	陈永聪	韦 琛	朱 萌	田 妮
姚 勇	张浩源	李俊杨	张 杰	周琼阳	杜增晖	李 晶	韩 晓
刘正洋	夏 辉	沈芷琪	刘雪萌	高光亚	马永昱	省 鹏	王宇轩
李雨鑫	杨 欢	龚德锋	周浩祖	孙德灿	司万斌	方可可	邢婉婷
林子博	梁 钊	周 理	黄志豪	吴 颖	魏 清	李奎杰	赵泓伍
葛 鹏	吕金潮	明荷菁	桂兆中	崔宏伟	周向明	张宇淞	李 岳
黄 迈	陈 鑫	殷计垚	黄道熠	王一斐	刘竹清	刘海洋	汪琪薇
马 玲	庄文宾	邓雨竹	韩树学	刘永富	丁东亚	张 翼	许 珂
苏梓星	夏甘露	王钦政	刘 健	王明军	夏凌峰	都 悦	王彦方
马文魁	朱晓宇	江紫薇	庄 艳	姜 山	许 桐	翟 耀	郭雨生
袁稳发	黄 文	吴 茜	张东方	安 平	李 繁	李杭波	刘国栋
邓嘉荣	金铃杰	续政轩	王长靖	孙月亮	马世浩	邓超敏	林 枫
张罗斌	李建睿	黄芝魁	姜博文	陈泽彬	刘成昌	李斯琪	黄俊钦
刘雪燕	宋 雷	宋志锋	董正涛	姚 明	李子栋	肖 寒	黄 鑫
亢凯斌	罗学智	马 亮	任秋阳	谢成欣	马明鑫	王利德	潘姝彤
龙思宇	刘爱静	邓任中	范林达	张 琛	田 园	曹植博	宁大鑫
潘德清	陈家熠	张燕雯	王臣善	吴冬旭	丁耀东	龚志诚	何林珅
林孟琳	刘 舜	滕茂森	魏万磊	张玉佳	陈 智	梅锦超	代满庄
陆奕坛	杜云亨	张子薇	王静瑶	吕宏业	李 羽	朱明昱	李小倩
张 旭	张 硕	卿 浩	闫沛伟	郭学文	杨声云	郝隆飞	蒋晓朋
高驰程	罗 林	张少强	冯盛森	季峰峰	孙寒阳	张新宇	康恒瑜
李正辉	林丽娟	娄刻强	陆佳俊	吴世宏	易佑中	於琛钧	魏泽铭
周子莜	谢凌天	朱业瑶	陈洪兴	刁智帆	胡光亚	刘 伟	刘 余
马 冀	杨 洁	张文瀚	邱泽弘	王 义	李庆哲	兰 睿	郗明达
张 灿	刘文杰	刘香媛	张泽宝	罗 政	马 驰	吴和先	何晓洲
沈明轩	陈 骁	董向民	张卓远	吴鹏飞	候天博	谢伟萍	楚嘉琪
胡次涛	黄超杰	贾云鹏	邢菲洋	杨 森	宋航宇	肖丽颖	张先瑞
陈云开	计丹溢	孙昱晨	汪海伟	于 迪	张 潇	张亚辉	刘 瑜

续表

马立峰	张芙瑞	郑优悠	周博群	陈 铠	洪艳玲	侯文涛	胡 苗
祁振明	张 凯	邹德坤	李 坤	刘槟烨	宋亚迪	朱小朋	龙健宁
刘玉溪	王宇桐	白 云	李定康	李滢泽	娄鸿伟	李鹏然	刘 键
李鑫欣	马沛阳	牛慈航	颜 森	董 硕	刘 洋	余 磊	张亚灵
张志聪	朱之健	李嘉诚	李小春	刘 洋	吕双燕	李文恒	陈 伟
李 生	那永一	刘 文	沈 平	张晨晨	甄 帅	葛 妍	李家翘
李 璐	于靖靖	胡爱英	李豪博	李明浩	龙游江	王 源	高晋利
吕 昊	马 昕	吴清华	辛侠云	杨岚琦	陈定粮	马 龙	潘景涛
祁朋园	王 凤	王俊泽	王鹏飞	贾东亮	陆海宁	杨焜焜	陈俊浩
焦自嘉	李威峰	刘 星	王 臣	吾什但	侯长余	李俊伟	李龙军
刘帅男	张 宁	陈文龙	池亚达	郭昭涵	屈梦叶	孙敬滨	张青松
周建设	周仕雄	戴 鑫	陈 旭	李泳标	马建青	牛 旭	刘晓燕
龙 潘	王黎伟	闫嘉霖	杨冠杰	杨双舟	陈添鹏	陈伟康	车晓钰
高瑞鑫	任子昱	孙宇晨	谢枫铭	曾宇田	佟 伟	鲍其先	付晓辉
李海明	邵继杰	许舒鹏	颜 锐	崔珍瑶	张浩然	赵凤琳	车旭梅
董鑫磊	冯佳宁	王 怡	翁珑晏	肖思业	刘凝宇	罗 勇	苗向阳
任恒君	盛艳灵	田文博	王勤驰	王业信	吴锐意	刑天睿	毕凌峰
陈俊涛	冯天瑜	蒙振杰	张朝亮	张 晨	郑信阳	朱星皓	荀廷熙
韩旭超	李佃峰	李宇峥	穆志强	余盛灿	沈逸哲	杨 宽	赵墨林
侯 毅	蒋成达	李正寅	孙瑞滨	吴 旭	谢健翔	俞 浩	敖国峻
包洪源	郭超凡	金子皓	李进聪	林紫锋	刘 鹏	王浩森	杨嘉华
龚广明	刘玉喆	王洪炳	王思琦	陈博斐	陈 毅	邓武彬	李俊成
刘 洋	张 权	周 阳	朱永凯	郭海艺	黄 森	李学成	刘灿文
欧 洋	彭雪风	宋 雨	苏斌斌	袁思懿	耿 辉	雷 蕾	李 勃
李沛妍	李 顺	石佳艺	王 玲	徐一鸣	岳晓蝶	赵振远	庞力赫
冯雅儒	尹彩丽	李 雨	尹 杰	刘 毅	韩 琪	李 敏	陈 瑞
胡启迪	宋祥宇	杜田丰	黄莉栖	何佳煜	苏 锐	陆子轩	宋金阳
黄 杉	鲁雨彤	李星佳	赖娇珍	李钦铃	李佳宇	曹 正	董露月
林云娗	田 帅	刘宝生	樊心田	林诗敏	邹佳艺	韩蕊鲜	李 荆
刘李见	刘向前	黄江李	刘欣婕	田 璐	周小洁	赵凤群	汪晓萱
魏海燕	赵玲清	张健修	戴鸿熙	冀 艳	谭棕宝	白 月	汪子君
张雯静	李路阳	王祯祥	杨佳钰	王 京	战馨雨	王梦宇	秦洁玉
吉春霖	田兆颀	董泽源	孙敬文	仝 庆	冯雪飞	李 田	曹雨微
田 诗	夏博文	张 帅	李天潇	孙宇星	周静涵	徐 欣	蓝雪连
王玉洁	王子轩	朱 迪	李名扬	盛嘉宇	杨孝稳	罗澍宇	何家耀
宋佳玮	刘 旭	邱 冰	徐 鸟	周 涛	王珍艳	吴果莲	田 欢
苗珊瑜	王逸慧	张琳琳	苏孝泽	张子仪	蒋 浩	司亚欣	吴 瑶
童心圆	张 璇	唐凤芝	林文婕	智 婕	武晨煜	梁 霄	郭 燕

续表

吕耿沛	杨雪琴	赵星宇	刘伟晗	贾凯青	宋建博	罗 涓	韩沂岑
龙籽含	詹雪颖	魏 蓝	刘 栋	白 新	雷文博	乔伟嘉	郎光娅
李金莉	刘 柳	卢楚怡	孟一丹	王航宇	易 桓	张 龙	朱彦军
王 阳	高天姿	高维东	倪 韬	高睿恒	常浩宁	李健楠	李馨蔚
梁胜男	邓冠华	黄莉莉	李淑琴	王 超	武星晔	金 航	李定一
郭文启	蒋铭珏	吴桃丽	尹珊珊	张森镇	张甜甜	黄均纬	芦家琪
马建伟	许 涛	石宇涵	马淼森	张娅楠	岳志辉	张学仪	杨浩哲
田圣君	温 爽	张兴轩	刘 康	乔进富	王亚松	姚 链	赵 蕾
付尚琦	何金宇	蒋雪梅	汪 康	赵一帆	程 鑫	崔琳琳	黄元铿
梁 波	裴月猛	冉启波	陶松毅	叶俊杰	刘艳艳	邓梓鹏	陈 婕
李 帆	马靖宁	许梦凡	谢志邦	魏梦扬	郭海通	何珍谊	胡品楠
王聪慧	栗锐遥	柏云春	熊 镭	刘 可	吴 潇	张林茹	郭亚舟
刘汇仁	崔雨小	刘雪菲	梁 航	刘金明	郭绮心	田晨雨	姚 葭
郑茗友	石嘉豪	孙皓钧	任昱杰	石 轲	郭晓阳	王弈赫	汤香誉
徐兴明	贾仪伦	邹乔戈	刘 冰	严净池	杨 涵	林红娅	胡哲东
徐自豪	姚 鑫	于海航	郝治涛	邓 轩	郭为多	刘书峣	陈优异
樊家旺	李析璇	王茂森	王泽欣	李 鑫	陈国柳	付 景	李 建
马 超	盛玉倩	曾林之	张展搏	赵嘉祺	侯雪峰	刘 镇	彭鑫基
孙家阔	王佳莹	王嘉玳	王瑞昌	王增科	张 可	张紫薇	刘 越
史博韬	王小莹	尹鹏辉	董叶子	郝悦含	梁栋炀	廖 明	刘子鸣
罗金涛	曾德智	张 抖	钟冰洁	卞云山	傅永浩	何 鑫	郎小凡
马雨豪	钟宇飞	李华宇	鲁亚洲	王世琦	程昌虎	李卓倩	刘玉琪
娄红红	王 婷	周再达	朱定坤	安卓阳	黄子越	刘曜华	马 冲
王 颖	鲁姝艺	马聪聪	王紫玉	赵铭滕	朱君兴	陈剑水	廖里红
刘 冬	王可欣	朱云佳	宫 婷	郭 浩	李佳琛	李宣佚	杨书城
岳建任	蔺子卿	蒙铭钊	肖宇宸	黄 震	刘 娜	雍东升	张官正
陈旭彬	冯 锐	郝霄瀚	李嘉兴	任志鹏	宣朋羽	朱俊霖	薛 霖
盖立童	高兴义	黄 茜	林 锴	孙秋玉	王文静	项 尚	许 沐
姚淑琪	张昊鹏	张哲玮	蔡小雯	杨少波	姜铁民	牛劲草	赵 萌
吴 捷	李嘉倩	杨 江	张亚静	王继发	杨忠东	陈梦宇	侯立洋
李鑫垚	胡安东	胡萌洋	刘逸东	覃文杰	王日昱	王玉琰	杨承龙
张诗琦	边立瑶	杜张宝	申昕仪	宋姝慧	苏泽梅	邓一帆	丁 政
郝宁飞	李鹏熙	刘文俊	卢 凌	王 岩	甄 谦	陈至桓	李熹媛
刘永馨	谢 寅	苏煜涵	李斯羽	李怡贲	周孟佳	刘晓晴	黄宝藩
蔡 仪	蒋来来	吴屹浩	徐 健	刘艺林	沙 沫	杨荣悦	阎英楚
陈得恩	董英帅	郭英芸	霍丽娟	李保辉	李朝霞	李培桢	刘天阳
龙潇宇	覃珏斐	王 雨	杨丹旭	张子钊	陈文新	王武韵	杨 霞
肖秋瑶	罗 萌	雷世豪	陈心怡	赵发威	田兴聪	李陈玉	杨浩鑫

续表

魏天鸿	邓　迪	白晓雪	陈晨晨	马可心	唐材源	田　钺	徐嘉鸿
姚鑫杰	方　鸿	袁　思	郑文洁	白举霞	张明哲	张元开	赵宇欣
郑玉婷	畅权威	李明霜	魏凡钦	李　晴	王思龙	韩雨诺	卢　肃
刘丽凤	冯荣荣	孙梓滢	崔晓烨	陈星宇	田校于	鲁　浩	周　园
余欣芳	冯慧芬	吕　薇	刁鹏博	王静如	刘威陇	林冰勇	曹　强
吕嫣茹	姚晋松	刘　晓	李文军	武靖博	刘　翔	董　鹏	王　雪
何镔郎	蒋陈浩	苏益民	吴梅芳	张国威	张秀敏	尹蓝凝	钱　真
张逸轩	马　昭	刘博闻	赵朴臻	任悦绮	柳　恒	陈远梦	王书慧
袁炳灵	白光福	张　含	黄　珊	邢雅鑫	华　睿	徐　佳	韩云凤
张利鑫	黄思浩	苏　联	任增强	朱华清	蒋志钢	冯小荷	陈赞铭
樊泽薇	张文琦	景晓云	王好影	吴昌南	陈向阳	肖智勇	孙业财
金宇凡	岳子渊	李瑞萱	刘子祎	陈其豪	范少穆	龚弟鑫	郭洳含
胡言午	许　腾	朱梓坤	陈　准	宋延星	闫鹏鹏	杨富兴	钱方涵
陈马韬	朱若璇	李明月	刘桂秀	马　淼	卢承树	文　帅	符　乐
江雯倩	赵　瑛	李桂林	李德远	林　涵	李世雄	赵瑞曦	鲍　威
陈李扬	程文浩	郭杰杰	郭俞辰	黎　楚	李志超	廖宇熙	毛俞敏
齐智博	秦耿杰	杨　顺	庞蔚莹	赵　宇	迟晓丹	李梓涵	郭绍源
王雨洁	李　洋	彭仕琦	龚意邦	袁从学	许世奇	樊帅军	杨定畅
刘　壮	孙栎阳	林宸雨	臧思念	钟汶伶	李翠苗	邹雪婷	解　鹏
安子辉	奚圣宽	王玉鑫	张毅刚	王　帅	项叶钦	关　晨	赵　莉
段鑫玥	邹绮丽	王　丹	张颖杰	季　彬	罗　辑	刘晓东	苏俊廷
马　阳	师慧娟	戴贝旎	吴　越	朱瑞康	张泽浩	杨孟颖	孙文慧
王敬宇	先　敏	王敏娟	张　薇	田　鑫	毛　珊	史文韬	陈　堃
祁缨缨	张佳欣	夏　露	王　楠	幸萍楠	李斯斯	谭远宁	牛　荔
周　昀	任怡霏	彭佳雯	陈　红	童成薇	李　月	袁梦媛	赵传帅
张玉腾	刘洪婷	赵思博	张卓琳	马美然	锁佳樱	张若宁	毛　塬
路　彤	赵建东	张维健	孙建浩	潘桂芳	董　礼	余丽芳	胡游柔
朱嘉怡	王雪莹	车　惠	谭佳璐	王亭鸥	刘泽宇	刘星辰	高　勇
郭倩颖	胡思佳	任晓琛	陈胤川	王齐奇	王双坤	王雨薇	魏道鑫
杨宗霖	周　雪	李永航	项　昊	郭冠渲	张　黎	欧志聪	刘雅雯
马建乐	郭洪涛	马彦虎	叶唯一	王晋芳	张贵华	郭慧玲	卢智军
张凤山	周智英	周　垚	丁海萌	何嘉慧	李　倩	唐旭辉	王育志
杨国栋	韩　颖	李昕航	刘　阳	陶宁致	吴晓霞	程　铭	崔玉盼
黄嘉睿	刘隽昳	缪翠红	万　丽	徐　研	林昀姗	刘友月	邱思月
周若帆	朱娇阳	高　珊	金艳洁	廖艳秋	吕高翀	刘洪泽	唐爱媛
周冰倩	左小杭	高心洁	柯　宇	谭相宜	王　欣	杨　鹏	崔旭华
董婷婷	秦选宁	石春宇	史艳林	孙　颖	颜政清	李泽莹	刘睿婷
刘晓祯	魏华婧	张婉婷	张　晰	曾　卓	周　易	张启桐	杨天驰

续表

李　聪	邓仁毅	黄华斌	曾蕴睿	罗　聪	迟庆宇	唐　语	杨惠雯
吴　比	李金雨	赵子辰	李锐博	邵鹏程	宋晨铭	陈荣发	冯永杰
朱家轩	夏江南	刘　玥	蒋英迪	马家璇	禹家琛	王苗苗	张宇东
许俊洋	谭泳岚	彭雪枫	钱　晨	吴茂桢	杨蕊绮	杜健豪	张冠宇
徐鑫锋	司马学昊	刘徐祎昊	黄晨怡雪	王张鑫滢	刘逸舟航	叶斯木汗·哈吾安	阿不都拉·肉孜

（二）优秀学生干部获奖名单

1．学生干部标兵：20 人

邵梦雨	赵嘉欣	刘　坚	韩　雪	孙向阳	李忠成	何泳佳	那永一
王馨妍	范振宇	温　馨	王　爽	马东福	武　迪	徐　健	姜文倩
李　伟	张楚璇	杨　澜	连　慧				

2．校级优秀学生干部：76 人

安一方	蔡馨雅	池上荷	崔子豪	戴　舸	董思捷	范振宇	封成宇
冯芮苇	冯思雨	冯雪凯	高　敏	耿世福	韩　雪	何泳佳	侯赟艺
黄晨晨	黄云香	姜文倩	荆润秋	康　辉	李博阳	李海霞	李　昊
李佳欣	李　晶	李晶晶	李凌峰	李　伟	李战昆	李忠成	李子栋
刘爱静	刘　坚	刘　续	刘　瑜	刘玉溪	陆文婷	马东福	孟繁玉
那永一	郑温馨	庞力赫	桑雨柔	邵梦雨	宋祥宇	苏　锐	孙铭跃
孙向阳	谭棕宝	王　京	王君媛	王　乐	王　爽	王馨妍	王弈赫
温世杨	吴　达	吴　捷	吴　琳	徐　健	阎英楚	杨　澜	原晟淇
张楚璇	张　含	张文琦	张毅刚	张泽浩	张致宁	赵嘉欣	赵建东
赵棋羽	赵紫霞	武　迪	澹台歆玥				

3．院系级优秀学生干部：154 人

路长青	何　心	丁　星	唐焕新	陈宇海	孙　萌	刘　硕	陈雅婷
马子儒	黄敞茹	刘　艳	陈力绪	赵　芳	张　东	张　曼	黄逸帆
葛续涛	王禹琪	张　凯	丁　筱	张燕荣	李　德	吕天舒	万　磊
赵汉武	王泰森	赵丽娜	危凯琪	赵亚楠	赵松贺	宋智玲	尹立亚
付　丹	刘瑞璋	孙一然	吴超群	谯渊源	秦永鑫	刘璎慧	刘玉鹏
王茗萁	郝东震	宋　蕾	何　跃	陆帅伉	李健杰	韩　晓	王秋实
马永昱	郭富强	林子博	赵泓伍	杨振宇	许子倩	章　鑫	彭世彬
王凯轩	吴名起	续政轩	马　冀	沈明轩	孙　悦	马立峰	王　萱
戚宇航	姚　涛	李　楠	康　伟	王娅宁	赵佳伟	祁朋园	惠　泽
李安琪	郝洪策	李金洺	颜　锐	李依诺	董鑫磊	冯佳宁	冯天瑜
李林春	李正寅	刘玉喆	李沛妍	李　申	冯　硕	刘宝生	宋衍蓉
郝亚男	赵美齐	田　诗	王廉茹	王　秀	罗春霞	智　婕	韩沂岑
杨　花	张　龙	魏佳楠	高维东	刘润洁	刘　恒	黄元铿	林凡太
靳浩元	谢志邦	高　醇	高　卓	李　鑫	赵嘉祺	白健鹏	林　健
刘　冬	王继发	胡萌洋	李依宾	李姝琦	王　雨	杨正田	张子钊
李林阳	郑凯玄	郭树一	杨张妍	冯欣波	尹蓝凝	白金玄	黄倩晖

续表

王书慧	王柏鑫	才轶名	冯小荷	景晓云	刘 洁	刘子祎	袁绍雨
代婷婷	孙文慧	张琳悦	张敬婷	崔小莲	黄宝强	黄佳新	黄圣杰
童成杰	邱思月	李 聪	左小杭	沈亦夫	李金雨	李思邈	吴茂桢
周华嫣然	王张鑫滢						

（三）单项荣誉获奖名单

1．学习优秀奖：2304 人

吴天昊	赵德洁	张 喆	杨 铃	张苏涵	王梓宇	叶雨晴	李昕烨
林华祥	张天策	韩 怡	张午宇	曹文君	胡加伟	孙 帆	田昊欣
吴 涛	刘凡瑞	秦征凤	王丙辛	周华皓	张雪涵	李思俣	滕先浩
吴辉捷	刘长荣	王新娇	陈文军	骆小满	林志峰	高 杉	朱静奕
谢振鹏	任慧卿	陈瑞峰	郭晨阳	池上荷	周智行	李宇昊	赵宇琪
刘晓丰	靳铠闻	焦 萌	梁 炜	张亚云	尹兵欣	刘首昂	傅雨荷
陆明璇	赵鹏飞	李晨阳	张成磊	王孟云	马钰峰	刘曼琳	田 昊
周灵杰	王雅琪	陈大川	马克琪	张娟霞	刘 彤	张雨奇	申宗旺
陶二滈	张明月	张青青	丁 星	孟书羽	王科超	贾 凯	祝智杭
唐焕新	贾玉朴	陈宇海	刘翔宇	王照远	卢 甲	喻 婷	王 政
孔亦晗	朱吉者	边 博	王敬尧	郇 悦	郭舒毓	刘一瑾	李华雄
晁倪杰	杨博超	滕孟锋	齐继志	张嘉心	赵 展	韦 岸	王铭灏
陈 博	许泽昊	乔兰兰	蔡 钧	梅 倩	徐 闻	刘 璐	陈爱君
董思捷	罗诗怡	李至峪	马 锐	赵雯程	王 栋	沈沁颖	赵宇含
杜若兰	凌谢津	于 浩	王 琛	张少华	商鉴泽	邵馨玉	王同森
张文婷	姜路冲	陈麒睿	王雪莹	黄彦钦	王从龙	郑子墨	罗 坤
王 瑞	吕重阳	李奕衡	王亚楠	胡淳珂	蔡雨萌	李伊玲	张丽婧
陈 浩	陈铭远	陈 浩	沈广进	王义凯	刘江山	宫 鑫	杨晓华
牛 灿	刘 硕	蓝丽丽	穆自强	冯芮苇	曹越芝	冯思雨	张纷纷
童 谣	王烁尘	谭智馨	孙 倩	王家俊	徐小龙	李诗伟	张 枫
劳焕景	詹 文	张 赟	黄嫣婉	叶 全	晋绍珲	陈雅婷	史乐旻
冯雪凯	王偎行	梁白雪	谌杨春	谢 乾	武佳卉	徐晓会	朱思宇
李铠权	韩青俊	李守强	周益斌	雷若愚	朱思宇	沈殷和	梁延昌
袁 淼	钱睿忻	金宇鹏	朱跃熹	蔡广燚	邓嘉明	甘萌莹	贾起越
柯 松	李东阳	李雨桐	林钰芳	马子儒	钱 途	宋嘉湄	孙兴宇
王 利	赵霁恺	鲍 晴	傅嘉威	高 勇	林博铿	陶柳妃	周儒畅
陈思宇	黄 强	李晨曦	刘 灿	刘 瑄	刘 艳	沈文奇	史泽南
王志伟	吴若伟	徐 哲	姚常志	张子龙	陈力绪	官佳源	管西燕
郭 浩	李靖雯	刘 尧	马茗婕	乔 鑫	舒垣开	吴伟赳	郑逍然
刘西娅	闫 语	杨美颖	张 柳	张 硕	赵晓君	郑裕鹏	陈 悦
侯来运	姜 苑	李斌奇	童晓文	王孝华	魏冲冲	肖钟秀	杨真缪
张 东	张 曼	张 正	姜 倩	李克难	李欣宜	刘恩宏	刘嘉硕

续表

田晓东	蔡榕斌	曹丽霞	曾子文	程琦琪	刘殊君	刘招成	陈媛媛
高凯麟	韩璐泽	康玉婵	李梦婷	李舒宁	刘振山	倪政泽	高　敏
童厚杰	王加浩	王　瑶	严昌龙	晏　赟	杨金茹	张怡蒙	朱　媛
韩　栩	黄逸帆	接铭庆	廖芷燕	史石峰	谢子豪	于礼瑞	张　茹
邹　明	冯舒婷	葛续涛	郭志博	耿世福	李国锋	李金融	刘　静
马　婷	平佳伟	任晓钰	汤木易	王逸晖	闫泽辉	杨敏雪	张翔秋
安文宇	韩　雪	陈冲冲	李胤寰	刘　霞	罗盼娜	秦　开	夏　寒
汪　欣	王禹琪	肖兆杭	杨舒惠	张龙涛	曹晓亮	常小强	仇　昊
方　爽	吕　品	何泳佳	徐华伟	蔡少植	陈梦圆	陈　扬	陈　喆
胡康生	侯赟艺	王　克	杨雨熹	俞　可	张　衡	张泽乐	陈　燕
丁　筱	戈田平	李皓天	李朋飞	林仲钦	刘明杰	邱志聪	黄晨晨
徐鑫淼	叶书荣	张沛然	张文昕	支东权	陈　俊	崔竞文	狄晓栋
莫莉娜	田晓旭	王　权	翁　昊	赵立航	周建港	李嘉靓	马艺瑄
裘森悦	唐雅妮	王权圣	王少康	张馨元	张燕荣	张　瑜	吴再驰
郑玉冰	庄新宇	康　超	席旺旺	刘春阳	张　颖	张　蕊	张　益
安孟林	刘　战	吴　璇	王子欣	张颖哲	魏子文	张明洋	毕瀚文
李　德	张胜发	叶伟豪	杨　奕	栾　琨	易小杰	黄昭棋	马明玉
孙瑀晗	郝扬森	李进生	刘炳文	李高歌	严才鑫	张绍栋	李昱江
陈星屹	陈晓曼	汪金明	庾雅琪	周彦君	丁　宁	韩家峻	张艺萱
王冬青	付丰豪	高　硕	杨承怡	孙雪桐	吕天舒	王小妞	罗开元
褚雨昂	曹雨含	占志刚	徐之乐	王傲群	姜文倩	李伊萍	安丰彬
梁永涛	王子铮	王一迪	冯永强	莫鸿业	邓　瑞	朱玲慧	余泽泓
李天翔	胡嘉琦	张晓岳	张子涵	赵　茜	王　晶	秦　昊	宁子达
臧雨铼	胡　雪	王启隆	万　磊	马宇威	王东旭	赵汉武	安亚楠
武振华	黄婷婷	李思昱	潘子天	张　峰	陈韵颖	张心桐	彭湘泽
赵祎扬	谢玮琛	李金殊	黄一洪	董　磊	郭保硕	赵景航	陈鲤镔
张艺潇	尚　海	黄子桐	危凯琪	王　川	闫月宁	王雪芯	郭临洪
杨芳婷	马晓萍	张　悦	张雨辰	班明辉	胡剑峰	马云聪	谌可炜
刘子嫣	廖　伟	沈　鑫	郭顺德	颜　溯	陈立威	赖曦文	吕柏涵
马少宇	段松召	魏超然	肖　海	岳子宜	蔡彬涛	黄智文	叶学斌
牛剑锋	夏君怡	周宜晴	唐　锟	牛芳龙	余　航	王雅雯	崔婷立
张峻华	赵松贺	宋智玲	谢　菁	赵婉婷	刘珊珊	吴梦焓	刘子豪
吕慧敏	束军军	荆润秋	李文洁	廖　潇	林依绿	刘广宇	裴易凡
谈　欢	叶顺心	尹立亚	陈家辉	贾　瑞	蒋明远	李　智	钱　文
吴　玉	杨亚荣	张　奇	郝艳丽	李博阳	李　琳	马明月	肖　楠
周若曦	董　雪	蒋海颜	马碧莹	马英栋	乔珊珊	孙艳楠	汪　弈
徐闻璐	杨　洋	杨振宁	曾鸿海	代嘉菱	丁昱丹	付　丹	刘艳蕊
马　倩	裘瑾怡	田雨禾	王文丹	杨　超	蔡巧巧	荆　森	田斯劼

续表

王 锐	吴志鹏	许智军	杨 帆	袁子凡	张国鑫	邹 瑶	范新宇
付晓霞	李孟儒	李鑫宁	刘保阔	魏银红	罗中霖	马 军	孙一然
王瑞仪	吴超群	谭懿璇	陈佩茹	韩 松	季 翔	谯渊源	司淙岳
王 莉	吴应臻	杨 勇	张丹妮	陈 坚	高 超	李静雅	李盼盼
林琪添	谈黎明	王 鹏	燕艺薇	赵 蓓	艾子硕	曹文涛	陈业新
高 熠	黄 志	江博臻	罗持辉	邱 翠	万子剑	王钟彬	周鹏博
高婷玉	李 康	梁文亮	农彩艳	吴晨寅	徐云霜	张竞月	张 蓉
张晓强	邹树岭	班旭阳	李思琪	李宜谦	齐晓妍	杨添驿	赵宇琛
白佳乐	冯玉挺	马 瑜	唐东星	王占东	王子乐	郑 彤	程鹏飞
单义婷	冯天娇	郭俊杰	季延凯	焦乾明	刘玉鹏	念欣然	彭 洁
魏吟斌	姚 宇	叶泽豪	张志坤	李 昊	李凡一	梁晓欣	朱家伟
杜立文	宋沁杨	潘 宇	吴雪峰	戚子豪	林啸龙	柴杰明	铁 渊
李 月	邱玉龙	张志伟	王茗萁	赵娅楠	王俊杰	宋 蕾	郭泽峰
唐 潇	王亚松	何 跃	马渝钊	张沛雯	陆帅伉	王欣怡	赖媛媛
陈芳芳	姜 淼	李昊儒	刘跃登	侯玉菡	董佳俊	李佳欣	黄永鑫
黎迎晖	张德斌	陈思远	陈永聪	韦 琛	朱 萌	田 妮	姚 勇
张浩源	李俊杨	张 杰	周琼阳	杜增晖	李健杰	刘正洋	沈小虎
李晶晶	王 崴	谢千山	吴婉婷	沈芷琪	王建斌	高群翔	秦嘉锡
刘雨松	省 鹏	王宇轩	李雨鑫	杨 欢	杜 彪	吕 营	龚德锋
刘铭礼	郭富强	孙德灿	舒 文	李凌峰	方可可	田家铭	刘攀笏
张玉洁	崔永赫	梁 钊	杨森皓	李泽希	周 理	黄志豪	吴 颖
李剑烽	杨振宇	董竹雨	刘晨颖	王志成	明荷菁	许子倩	韦虹宇
章 鑫	桂兆中	崔宏伟	吴 翔	周向明	丁 佳	张宇淞	彭世彬
王凯轩	殷计垚	缪玉玲	陈施佳	翟 雪	黄道熠	王 姜	王一斐
刘竹清	邱姗姗	刘海洋	汪琪薇	王晓妍	马 玲	池紫薇	庄文宾
邓雨竹	韩树学	张 欣	刘永富	郭子媛	杜伟彪	胡庆祥	闫华青
王钦政	刘 健	王明军	周庆国	夏凌峰	李新磊	都 悦	李 伟
苏士伟	马文魁	席 泽	冯丽芳	刘雅婷	孙一鸣	郭鑫玥	朱晓宇
江紫薇	刘自强	贾 鑫	庄 艳	李立垚	许 桐	梁力文	陈东旭
翁国柱	孙浩然	罗 爽	刘 璐	吴名起	翟 耀	李嘉文	张 伟
郭雨生	蒋 鹏	李 林	袁稳发	黄 文	吴 茜	楚文斌	张东方
安 平	李 繁	李杭波	刘国栋	全海英	邓嘉荣	林涵逸	金铃杰
李忠成	祝敏捷	刘 涛	金志宏	丁雪莹	杨宇轩	罗 成	任瑞涛
刘昊天	许煜娜	陈泽彬	谢培洁	刘成昌	李斯琪	黄俊钦	连 慧
仲凯悦	刘雪燕	杨 振	徐欣腾	李 毅	宋 雷	宋志锋	廖国强
王乾龙	刘颖超	董正涛	康金栋	姚 明	杨东晓	李子栋	肖 寒
黄 鑫	刘 坚	杜 寒	虞娇婷	卢 奎	张凯祺	邓任中	范林达
张 琛	田 园	曹植博	宁大鑫	潘德清	陈家熠	陆家纬	张燕雯

续表

陈禹竹	丁耀东	高士超	龚志诚	何安妮	黄 鹏	刘 舜	宋璐源
滕茂森	魏万磊	张红昌	张 晶	吴 超	陈 智	郭嘉欣	吴晓阳
梅锦超	代满庄	陆奕坛	杜云亨	柳 灿	杨万鹏	张宇鹏	李 羽
朱明昱	李小倩	卿丽萍	安琪伟	杨振宇	张 硕	卿 浩	程 依
李振钊	刘 槟	于利颖	闫沛伟	郭学文	杨声云	李 睿	吴志聪
郝隆飞	蒋晓朋	张若愚	余慧浩	高驰程	罗 林	刘 颖	叶妮娜
张 策	张少强	冯盛森	季峰峰	陈柄岐	康恒瑜	李 诺	李正辉
娄刻强	陆佳俊	吴世宏	易佑中	於琛钧	左安邦	杨浩昱	魏泽铭
张志远	周永戬	周子莜	谢凌天	朱业瑶	刘 迪	陈洪兴	刁智帆
苗阿乐	唐灵芝	王 颖	胡光亚	刘 伟	刘 余	杨 洁	张文瀚
郑慧瑗	邱泽弘	涂嘉琳	王 义	李庆哲	薛少鑫	郗明达	习巍仑
范慧静	贾永盛	张 灿	马永涛	徐 洋	胡佳君	于佳正	罗 政
马 驰	吴和先	楚嘉琪	丁乐乐	符 康	高泽阳	胡次涛	黄超杰
贾云鹏	孙 悦	唐晓宇	王 颖	许 灏	周 亮	吴冰倩	肖丽颖
刘 续	迟耀东	沈亚婷	孙铭珂	孙昱晨	汪海伟	武 彤	肖 雪
于 迪	张 潇	张亚辉	何琦琦	李艺璇	刘 佳	张晨阳	张芙瑞
周博群	陈 铠	陈亚杰	洪艳玲	胡 苗	李长锋	马梦璇	祁振明
王 萱	张鹤鸣	张 凯	敖春燕	李文萍	刘槟烨	彭渝锋	戚宇航
冉启平	王作嘉	谢朝涛	龙健宁	潘依依	王 凯	王文豪	王宇桐
韦教玲	白 云	贾舒茗	康甜甜	李定康	李滢泽	陆文婷	陆 婷
孙 博	姚 涛	付梦宇	高 曦	王荣荣	郑 飞	徐晓彬	包婉琪
马东福	官泳余	黄 森	李鑫欣	刘 楠	马德昱	张 琨	牛慈航
熊大建	颜 森	王增基	孟繁玉	李 楠	李 冉	梁 旭	刘 洋
孙恺恺	余 磊	朱之健	陈嘉岳	陈 鸿	赖 典	郝犇珂	黄锦怡
康 伟	李嘉诚	李小春	刘 洋	李文恒	辛世豪	吴 瑶	陈 伟
郭涵涛	李 生	麦 锋	潘宇立	甄 帅	常 浩	陈雪雪	李 程
李家翘	王娅宁	胡爱英	李豪博	龙游江	孙 悦	王胡儒	魏昊冉
徐 敏	郑昕桥	刘依林	马 昕	邵常焜	魏双双	辛侠云	杨 萱
赵佳伟	赵子旭	陈定粮	非云祥	苏 浩	王俊泽	王鹏飞	王 拓
张 琛	张兴宇	黄和钧	陆海宁	王凌飞	王亚光	曾秀妹	赵家佑
陈 靖	董天文	焦自嘉	李诗康	李威峰	刘 星	赵晨旭	陈 闯
丁锃霖	侯长余	靳晓忠	李俊伟	刘鹏辉	刘帅男	权凯军	石小雨
钱济东	唐嘉杭	张 宁	樊 怡	郭昭涵	何泓樟	屈梦叶	孙敬滨
张青松	周仕雄	牛嘉怡	范东宇	惠 泽	李安琪	马建青	牛 旭
王茂政	张 跃	刘东兵	岑添添	杜 晓	郝洪策	刘晓燕	吕泽鎏
王黎伟	王子健	徐鹏雷	陈添鹏	郑 哲	陈伟康	车晓钰	高瑞鑫
姬雅晴	李 洁	李金洺	刘堂艳	王国栋	张云浩	曾宇田	赵伊恒
陈 曦	佟 伟	符明恒	付小宇	李海明	刘天霁	阳庆林	张博剑

续表

张　璇	崔珍瑶	李依诺	王　潇	张浩然	张宏博	赵凤琳	赵晶怡
车旭梅	王　怡	翁珑晏	张雨平	赵予溪	邹文珏	刘凝宇	罗　勇
苗向阳	田文博	王勤驰	王业信	文　浩	刑天睿	袁昊健	毕凌峰
李　琪	路葳恺	蒙振杰	谢一良	张朝亮	张　晨	张子涛	郑信阳
段兆岳	韩旭超	李佃峰	李林春	李宇峥	穆志强	王紫祥	杨凯衡
余盛灿	袁　琰	陈骏泽	李　桓	李潇凯	蒙博斌	沈逸哲	王尚成
吴香江	赵墨林	高丹青	侯　毅	蒋成达	米世豪	彭　阳	蒲星霖
吴　旭	谢健翔	杨少琪	赵　丁	周　楠	敖国峻	包洪源	胡雅楠
林紫锋	刘　英	王浩森	王梦瑶	杨嘉华	张明瑞	赵　斌	龚广明
牟　芮	王洪炳	王思琦	杨　宇	张扬泰	张愿男	陈　毅	邓武彬
高卓迪	李俊成	刘　洋	任　汀	徐庆文	荀振宇	周　琰	周　阳
朱永凯	李学成	刘灿文	欧　洋	彭雪风	苏斌斌	周天宇	周文轩
雷　蕾	李　勃	李　顺	马鹏程	王　玲	熊赋志	徐一鸣	雍　洋
赵振远	徐奕琳	任楚梦	洪滋蔓	冯雅儒	尹彩丽	邵梦雨	黄　然
顾舒婷	何爱娟	韩　琪	杨牧原	李　敏	陈　瑞	杨媛娟	郑赛硕
杜田丰	黄莉粞	何佳煜	陆子轩	李　颖	李　云	马昕媛	叶梦蝶
宋金阳	邬小倩	黄　杉	鲁雨彤	王子玄	李星佳	李　申	赖娇珍
李钦铃	李佳宇	冯　硕	陈皓妍	王　默	缪静颖	林云娗	田　帅
孙向阳	李京妍	窦　东	李　璠	罗　晶	樊心田	林诗敏	武晓霞
王继娴	韩蕊鲜	宋衍蓉	石宇峰	李　荆	徐　曼	刘李见	刘向前
耿　迪	杨　岚	黄江李	刘欣婕	田　璐	孙金婷	张宏烨	周小洁
李　恺	赵凤群	吴晴雯	郝亚男	赵玲清	赵美齐	倪永俊	张健修
曾梓豪	杨秀棋	易梦馨	伏圣章	杨浩娟	陈大可	冀　艳	周成秀
刘家琦	陆梦迎	李　莹	白　月	韩菲菲	王盈盈	战馨雨	杨丰宁
王梦宇	秦洁玉	吉春霖	邓若晖	张英璐	陈金映	田兆颀	谷　悦
董泽源	郑佳佳	卢梦雨	王晓晴	江丽媛	孙敬文	仝　庆	冯雪飞
李　田	曹雨微	方　宁	乔新娜	陈莹莹	李若晰	党建荣	吕　筱
孙宇星	周静涵	荣　壮	王廉茹	高佳玉	元金潞	蓝雪连	陈双怡
王玉洁	王子轩	王　秀	徐　野	朱　迪	刘艳珠	付叶涛	杨孝稳
尧　威	罗澍宇	何家耀	胡若璞	张文隽	宋佳玮	罗春霞	熊舒宇
吕孟锦	张梦雪	王紫妍	张舒阳	罗红霞	刘　旭	邱　冰	王昭尹
王鹏瑄	王珍艳	李观长	吴果莲	田　欢	李　欣	苗珊瑜	蒋云云
王逸慧	张琳琳	苏孝泽	邸佳沅	张子仪	蒋　浩	孟子越	金雪涵
司亚欣	骆紫薇	吴　瑶	武晨煜	梁　霄	向思徽	郭　燕	吴丽欣
吕耿沛	唐　庆	杨雪琴	赵星宇	刘伟晗	贾凯青	宋建博	罗　涓
章冬梓	王君媛	陈佳颖	詹沛霖	呙　锴	詹雪颖	陈　琦	高愫婷
雷文博	刘民帅	衣跃静	郎光娅	李金莉	刘　柳	卢楚怡	孟一丹
苗　艺	王子琦	杨　花	杨翼荣	易　桓	张　羿	周继祥	崔　茅

续表

李昕妍	罗 静	牛培昕	魏佳楠	张 婷	程彭来	王 乐	刁 进
高天姿	高维东	李继业	倪 韬	乙 洁	张霁崴	高睿恒	李健楠
李馨蔚	梁胜男	杨佳轩	邓冠华	赵美花	冯 时	李淑琴	王 超
武星晔	余承海	张家兴	金 航	李定一	杨 丽	郭文启	蒋铭珏
明 茜	史耕金	吴桃丽	徐建南	尹珊珊	张森镇	郭 晗	张甜甜
车 鑫	黄均纬	芦家琪	裴露露	侯文星	许 涛	王 爽	石宇涵
马淼森	张娅楠	张学仪	余 雷	瞿豪豪	田圣君	陈斌斌	屈津萍
温 爽	张兴轩	龙雅芸	张书瑶	崔茗帅	王馨妍	付尚琦	何金宇
胡潇如	汪 康	徐家凯	杨 旭	张国斌	程 鑫	崔琳琳	冯 媛
江晶焱	亢美琪	梁 波	林凡太	牟含笑	裴月猛	冉启波	陶松毅
叶俊杰	原智杰	张艳超	王梦珺	崔慧英	李韶璇	杨紫藤	徐晓宇
吕 涛	刘艳艳	孔 硕	邓梓鹏	何婷婷	李春云	梁天堡	李 帆
田 庆	丁梦婷	马靖宁	邱梦雅	靳浩元	江 柳	高 醇	郭海通
牟亚雪	胡品楠	栗锐遥	谭紫璇	熊 镭	赵 欣	郭亚舟	李祺祺
刘汇仁	谢文清	蔡国源	刘雅欣	李 荣	刘雪菲	陈舒曼	郭绮心
王 琳	彭羽瑞	石嘉豪	卫星光	谢 镇	任昱杰	石 轲	王子杰
张琮委	郭晓阳	汤香誉	徐兴明	张志宇	邹乔戈	刘 冰	严净池
高 卓	郝政丰	陈 屾	罗佳钰	张博恒	罗 燕	吴 睿	杨 涵
胡哲东	郝治涛	于人杰	邓 轩	郭为多	刘书峣	陈优异	曹 莎
樊家旺	李析璇	王少君	王茂森	傅 博	王泽欣	武心怡	程 浩
揭志丹	李 建	盛玉倩	曾林之	张展搏	方辅升	洪州博	卢俊菠
彭鑫基	孙家阔	王佳莹	王嘉玳	王增科	徐万欣	姚 婷	于 湃
刘 思	毛杨坤	史博韬	孙 瑜	王小莹	杨超颖	尹鹏辉	赵仲轩
董叶子	廖 明	刘子鸣	罗金涛	宋治星	王剑洪	王立遥	曾德智
张 抖	白健鹏	卞云山	丁 柔	傅永浩	何 鑫	郎小凡	李 媛
刘宝杰	马星雨	马雨豪	张中印	钟宇飞	程昌虎	李卓倩	刘玉琪
米家奇	王 婷	易景贵	安卓阳	董海斌	范宸尧	温世杨	刘曜华
刘 政	马 冲	王朝阳	王 颖	徐雅婕	吴 达	刘玲姗	鲁姝艺
马聪聪	王紫玉	朱君兴	陈剑水	付彦铎	廖里红	林 健	司冰茹
宫 婷	郭 浩	贾中翔	李思琪	李宣佚	毛帅男	韦凤梅	杨书城
岳建任	崔宝京	李秋颖	蔺子卿	刘 聪	蒙铭钊	肖宇宸	张小童
朱依依	白雪薇	黄 震	刘 娜	马 彬	王鸣纯	杨一帆	张官正
陈旭彬	冯 锐	郭晨贺	蒋含强	李嘉兴	马 也	熊歆昀	宣朋羽
周盛源	朱俊霖	薛 霖	盖立童	黄 茜	林 锴	孙秋玉	许 沐
姚淑琪	张昊鹏	张哲玮	蔡小雯	杨少波	杨 艳	姜铁民	黄彦宁
陈 聃	冯文科	李嘉倩	杨 江	张亚静	吴 润	臧宇航	陈梦宇
侯立洋	李鑫垚	陈颖鉴	丁 菲	胡安东	李依宾	刘 畅	宋佳昊
覃文杰	王日昱	王瑞琦	王玉琰	王子渊	吴莎莎	杨承龙	张亚飞

续表

杜张宝	李姝琦	马志远	孟竞赛	申昕仪	宋姝慧	邓一帆	丁 政
郝宁飞	李鹏熙	刘文俊	卢 凌	彭勋奇	谢洪鑫	袁润苑	甄 谦
朱光耀	陈至桓	胡伟业	雷 轩	李熹媛	马世祥	王博锋	谢 寅
扆泽璞	肖文婧	李诗媛	苏煜涵	李斯羽	李怡贲	周孟佳	刘晓晴
邢紫薇	李晓孟	罗成于	韩 旭	吴 琳	黄宝藩	蔡 仪	蒋来来
吴屹浩	杨荣悦	陈得恩	葛云洁	郭英芸	霍丽娟	李保辉	李朝霞
李培桢	刘天阳	覃珏斐	王 凯	杨丹旭	杨正田	朱亚强	李林阳
王武韵	郑凯玄	肖秋瑶	宋凤珊	梅志伟	姚 越	雷世豪	曹 渊
阴立强	田兴聪	孟 松	杨渊波	吴 莹	李陈玉	杨浩鑫	曹志恒
魏天鸿	刁 珺	赵建军	白晓雪	陈晨晨	何紫伶	景筱竹	杨 澜
唐材源	田 钺	徐嘉鸿	方 鸿	郭树一	刘林彬	唐泉生	王 辉
王阳阳	杨张妍	郑文洁	白举霞	黄 艳	任奕菲	盛 玥	许钰林
张明哲	张元开	赵宇欣	郑玉婷	原晟淇	崔 畅	张易峰	吴晓帅
李明霜	魏凡钦	李 晴	韩雨诺	邢心语	张耀宇	刘元向	卢 肃
刘丽凤	蒋玉琢	冯欣波	何安恩	孙博华	高博文	王慧雯	冯荣荣
孙梓滢	张思齐	崔晓烨	赵 旭	李 方	张东霞	姚如栩	有晓丹
李远鹏	周达海	彭子娟	黄 陈	冯慧芬	吕 薇	习鹏博	王静如
刘威陇	林冰勇	刘园园	姜一琳	叶恒舒	姚晋松	夏天杰	刘 晓
李文军	武靖博	刘 翔	董 鹏	王 雪	张楚璇	范佳荟	何镔郎
刘 玥	张 琳	尹蓝凝	赵 旭	刘雁蓉	钱 真	白金玄	吕 白
张逸轩	黄倩晖	王治茹	马 昭	顾霖赟	赵朴臻	于彰淇	张紫微
任悦绮	户家宝	王晶丽	徐 帆	杨 帆	李超群	袁炳灵	徐 妍
白光福	梁旭阳	黄 珊	邢雅鑫	张鹤年	韩云凤	张利鑫	黄思浩
赵宇翔	梁宇豪	陆悦江	王柏鑫	杨笑培	才轶名	向港华	李红喜
朱华清	王 玥	陈赞铭	樊泽薇	胡 婷	景晓云	刘 洁	龙林宏
唐仁豪	王好影	吴昌南	陈向阳	孟 恙	肖智勇	孙业财	陈其豪
杜徐东	范少穆	高 志	龚弟鑫	郭洳含	孙少波	吴青桦	杨庆珊
章羿骋	陈 准	梁维青	席争辉	闫鹏鹏	晏 畅	杨富兴	袁绍雨
梁 珺	黄家莹	李明月	刘桂秀	卢承树	梁 荣	艾俏锋	韩翔宇
李 聪	郑思行	江雯倩	赵 瑛	李桂林	李德远	林 涵	鲍 威
程文浩	郭杰杰	黎 楚	廖宇熙	齐智博	庞蔚莹	张荣斌	赵 宇
迟晓丹	张玉玺	王雨洁	李 洋	彭仕琦	龚意邦	袁从学	许世奇
樊帅军	胡浩博	杨定畅	刘 壮	孙栎阳	林宸雨	奚圣宽	单 婷
侯丽娜	甘玉婷	王玉鑫	张毅刚	于 昕	王 帅	项叶钦	关 晨
赵 莉	史益豪	代婷婷	王 丹	孔心悦	姜若兰	张颖杰	季 彬
罗 辑	赵思琪	张 楚	赵茹萱	杨雯博	苏俊廷	马 阳	师慧娟
许清文	覃春晖	张骥韬	吴 越	朱瑞康	吴槿薇	孙柳琳	吴康杰
陈文健	钱 蕙	杨孟颖	史旭潇	刘 艳	吴 怡	姜 珊	张玉萤

续表

高天虹	张　薇	史惠卿	蒋浩琛	赵嘉欣	毛　珊	张琳悦	史文韬
陈　堃	祁缨缨	张佳欣	谢佳音	刘晓鑫	谭远宁	夏玉斐	陈　慰
胡　艳	牛　荔	周　昀	彭佳雯	陈柯均	杨文材	孙　纬	陈　红
童成薇	张永琪	李　月	彭政涛	郭羽萌	张玉腾	刘洪婷	赵思博
张敬婷	张卓琳	张昱朝	马美然	孙立莹	江新华	陈　昕	崔小莲
张瑞杰	郝彤彤	王艳霞	毛　塬	路　彤	蒋宗亨	胡　正	田　静
周程宁	钱越翡	章遵豪	潘桂芳	董　礼	余丽芳	李　哲	刘　朗
朱嘉怡	李春琴	李梦涛	王雪莹	张苓琬	彭锦锦	黄宝强	方　溢
张冰晔	解佳腾	赵娴英	刘星辰	高　勇	胡思佳	任晓琛	陶鸿园
王双坤	王欣月	魏道鑫	袁婧婕	赵云鹏	刘常安	张燕茹	杨宗霖
胡　倩	范婷婷	张丽楠	黄佳新	高　然	方铭章	李永航	田诗艳
项　昊	郭冠渲	黄圣杰	欧阳康	张　黎	欧志聪	叶唯一	王振华
刘奕池	王晋芳	焦冰洁	王凌风	尧　甜	张贵华	郭慧玲	卢智军
古珊珊	何嘉慧	李　倩	强浩然	童成杰	王海洋	杨国栋	韩　颖
黄雅寒	齐　芬	陶宁致	吴晓霞	周　莹	程　铭	崔玉盼	韩　蕾
黄嘉睿	李月辉	刘隽昳	缪翠红	万　丽	林昀姗	吴梓伟	赵　霜
周若帆	朱娇阳	高　珊	金艳洁	李　聪	廖艳秋	吕高翀	吴禹涵
郭珊彤	刘洪泽	刘思琦	唐爱媛	武昕瑜	闫　莉	周冰倩	左小杭
高心洁	黄睿凌	戢逸菲	柯　宇	刘永健	谭相宜	王　欣	崔旭华
董婷婷	石春宇	孙　颖	徐秋怡	李泽莹	刘睿婷	刘晓祯	沈亦夫
赵棋羽	魏华婧	张婉婷	张　晰	曾　卓	陆晓星	张雨萌	周　易
马　婕	张启桐	高雪倩	杨天驰	吴汶栖	李　聪	李　泽	赵紫霞
邓仁毅	黄华斌	曾蕴睿	刘兆宸	宸晓婷	罗　聪	方妮南	匡　也
迟庆宇	唐　语	杨惠雯	耿浩然	史云鹏	韩静怡	陈荣发	冯永杰
朱家轩	夏江南	刘　玥	蒋英迪	赖逸洋	马家璇	禹家琛	李思邈
王业朋	徐敏倩	王苗苗	张宇东	包明威	许俊洋	谭泳岚	彭雪枫
潘奕欣	陈大卫	汪晋安	钟昱尧	钱　晨	武　迪	冯凌姝雅	黄晨怡雪
刘徐祎昊	司马学昊	易杨美芝	诸葛雪迎	刘逸舟航			

2．思想道德表现优秀奖：1893 人

吴天昊	赵德洁	王梓宇	蔡馨雅	李昕烨	张天策	韩　怡	刘继兴
曹文君	胡加伟	孙　帆	田昊欣	吴　涛	刘凡瑞	黄子平	张雪涵
滕先浩	吴辉捷	刘长荣	王新娇	陈文军	骆小满	高　杉	路长青
池上荷	周智行	李宇昊	赵宇琪	靳铠闻	张亚云	尹兵欣	鲁依娜
刘首昂	傅雨荷	陆明璇	赵鹏飞	李晨阳	王孟云	任乙沛	鹿国微
何　心	周灵杰	王雅琪	陈大川	马克琪	张娟霞	刘　彤	张雨奇
张明月	戴　舸	张青青	丁　星	孟书羽	王科超	唐焕新	马玉婷
陈宇海	才　文	刘翔宇	王照远	卢　甲	孔亦晗	侯雨琴	姚曦娴
任健瑞	王敬尧	郇　悦	郭舒毓	刘一瑾	李华雄	晁倪杰	杨　田

续表

张嘉心	赵　展	陈　博	许泽昊	乔兰兰	刘　璐	陈爱君	董思捷
王泽明	范振宇	罗诗怡	李至峪	马　锐	王　栋	沈沁颖	杜若兰
朱存远	罗　宗	凌谢津	于　浩	王　琛	张少华	邵馨玉	陈麒睿
安　然	廖祖江	郑子墨	罗　坤	王　瑞	吕重阳	李奕衡	王亚楠
翟文辉	胡淳珂	蔡雨萌	李伊玲	陈　浩	封成宇	孙　萌	赵贵鑫
郑楚舒	陈　雨	沈广进	王义凯	刘江山	宫　鑫	杨晓华	牛　灿
刘　硕	冯芮苇	冯思雨	麻腾威	张纷纷	童　谣	王烁尘	谭智馨
孙　倩	王家俊	马俊杰	孙易洲	张子钰	倪　楠	张文达	秦福伟
徐小龙	张　枫	张　赟	晋绍珲	陈雅婷	冯雪凯	杨　彬	张　淏
谌杨春	武佳卉	徐晓会	朱思宇	郭雅欣	魏与廷	李鎧权	张　磊
李守强	周益斌	雷若愚	朱思宇	梁延昌	袁　淼	金宇鹏	董明锐
蔡广燚	甘萌莹	柯　松	林钰芳	马子儒	钱　途	宋嘉湄	王国荣
鲍　晴	傅嘉威	高　勇	巩文洁	林博铿	陶柳妃	周儒畅	黄啟茹
黄　强	刘　艳	刘宇玮	史泽南	吴若伟	徐　哲	白　玉	陈力绪
官佳源	郭　浩	李靖雯	马茗婕	乔　鑫	舒垣开	霍旭阳	刘西娅
牛海涛	闫　语	杨美颖	赵　芳	赵晓君	赵政洲	陈　悦	侯来运
姜　苑	魏冲冲	肖钟秀	杨真缪	张　曼	张　正	姜　倩	李克难
李欣宜	刘恩宏	刘嘉硕	刘婷玉	司一涵	宋雪彬	蔡榕斌	曹丽霞
曾子文	程琦琪	刘殊君	刘招成	薛文龙	陈媛媛	韩璐泽	李梦婷
李舒宁	高　敏	王加浩	朱　媛	韩　栩	黄逸帆	接铭庆	廖芷燕
孙钊栋	谢子豪	杨浩锐	于礼瑞	冯舒婷	葛续涛	郭志博	耿世福
李国锋	刘　静	马　婷	任晓钰	王欣蕊	闫泽辉	安文宇	韩　雪
李金博	罗盼娜	秦　开	汪子琪	夏　寒	施明慧	汪　欣	王禹琪
张　凯	张龙涛	张子璇	曹润广	胡亚凡	李知蔚	吕　品	何泳佳
谢　珍	徐华伟	胡康生	穆鹏飞	侯赟艺	滕正伟	王征迪	张　衡
张泽乐	陈　燕	丁　筱	戈田平	李朋飞	刘明杰	马国荣	黄晨晨
叶书荣	支东权	陈　俊	狄晓栋	李培源	田晓旭	翁　昊	周建港
马艺瑄	裘森悦	唐雅妮	王权圣	张燕荣	张　瑜	朱嘉彬	单心怡
吴再驰	官舒颖	张　颖	胡可心	安孟林	吴　璇	王子欣	魏子文
张明洋	毕瀚文	李　德	叶伟豪	杨　奕	栾　琨	易小杰	徐明阳
黄昭棋	马明玉	孙瑀晗	黄云香	李进生	刘炳文	李高歌	陈星屹
杨子菲	耿靖智	汪金明	庾雅琪	周彦君	丁　宁	孙嘉泽	杨承怡
孙雪桐	吕天舒	王小妞	罗开元	褚雨昂	曹雨含	占志刚	姜文倩
蒋一铭	李伊萍	梁永涛	王一迪	冯永强	孙　钰	董权毅	朱玲慧
余泽泓	李天翔	赵　茜	宁子达	廖丽玉	王海天	臧雨铼	胡　雪
万　磊	马宇威	王东旭	赵汉武	安亚楠	赵方园	黄婷婷	李思昱
陈韵颖	王泰森	马　琴	霍佳杰	何可燕	杜诗尧	王志涛	谢玮琛
李金殊	黄一洪	董　磊	陈鲤镔	赵丽娜	夏基鼎	尚　海	危凯琪

续表

闫月宁	王雪芯	郭临洪	马晓萍	张　赛	张　悦	张雨辰	杨滨铭
魏　宇	秦静茹	李小琛	秦　彪	李晓玲	谌可炜	廖　伟	沈　鑫
颜　溯	毕精华	刘宸岩	王　旭	相里泽	赖曦文	吕柏涵	段松召
肖　海	陈文政	农姝创	张文斐	叶学斌	牛剑锋	夏君怡	唐　锟
赵亚楠	牛芳龙	余　航	张　航	张峻华	赵松贺	宋智玲	赵婉婷
刘珊珊	吴梦焓	孙瑞洁	覃一皎	荆润秋	李文洁	刘广宇	苏昱坤
谈　欢	杨　创	尹立亚	陈家辉	戴蓝昊	李　智	钱　文	吴　玉
熊国杰	郝苏湘	李博阳	李　琳	李玉雯	王成宇	张建凯	赵志祥
蒋海颜	刘明哲	乔珊珊	孙艳楠	汪　弈	徐闻璐	杨　洋	叶　佳
付　丹	马　倩	田雨禾	邢紫晗	杨　超	张之浩	荆　森	刘　彤
王洪菠	吴志鹏	许智军	张国鑫	范新宇	郎舒豪	李金川	刘瑞璋
魏银红	曾少雄	刘　旭	罗中霖	马　军	李海霞	孙一然	吴超群
谭懿璇	陈佩茹	韩　松	季　翔	谯渊源	王鹏媛	王云帆	鲍荟谕
何思豪	李静雅	李盼盼	燕艺薇	赵　蓓	李　昊	艾子硕	白　浩
陈天泽	陈则享	匡玥玥	李铭辉	刘子琦	马蒙苇	王钟彬	陈　曦
崔雪薇	冯　晶	甘祥宇	高婷玉	徐云霜	杨鹏飞	张竞月	张　蓉
陈　杰	李思琪	李宜谦	刘汝仪	刘璎慧	赵宇琛	阿　兴	曹　洁
冯玉挺	刘津钊	唐东星	王子乐	许克嘉	郑　彤	冯天娇	付　洁
金广杰	李　兵	梁　恒	刘玉鹏	念欣然	彭　洁	姚　宇	李　昊
李凡一	梁晓欣	朱家伟	曹宇扬	杜立文	傅　佳	崔　皓	陈睿琳
铁　渊	张志伟	王茗萁	顾雨梦	郝东震	宋　蕾	刘欣璐	邓淑芬
陈　烁	张沛雯	陆帅伉	黄光宇	王欣怡	赖媛媛	陈芳芳	姜　淼
李昊儒	李佳欣	朱成才	黎迎晖	张德斌	何　莹	马　越	陈永聪
张浩源	张　杰	周琼阳	杜增晖	李健杰	李　晶	李晶晶	王　崴
谢千山	吴婉婷	王建斌	高光亚	马永昱	高群翔	王晓慧	秦嘉锡
刘雨松	省　鹏	吕　营	蔚　冉	张洪生	刘铭礼	郭富强	陈雨萧
梁奥林	舒　文	郭亭山	李凌峰	刘攀笏	张玉洁	姜　辉	崔永赫
赵　庆	杨森皓	唐苓芸	李泽希	刘万博	李奎杰	李剑烽	杨振宇
董竹雨	刘晨颖	吕金潮	许子倩	韦虹宇	章　鑫	吴　翔	丁　佳
李　岳	彭世彬	陈　鑫	王凯轩	刘　飒	缪玉玲	陈施佳	翟　雪
黄道熠	王　姜	王一斐	刘竹清	邱姗姗	刘海洋	汪琪薇	王晓妍
池紫薇	张　欣	许　珂	林益民	郭子嫚	杜伟彪	胡庆祥	闫华青
周庆国	李新磊	李　伟	苏士伟	席　泽	冯丽芳	刘雅婷	郭鑫玥
朱晓宇	李立垚	梁力文	陈东旭	翁国柱	孙浩然	罗　爽	刘　璐
吴名起	李嘉文	张　伟	蒋　鹏	李　林	吴　茜	楚文斌	全海英
林涵逸	续政轩	李忠成	邓超敏	林　枫	张罗斌	李建睿	姜博文
陶延宏	祝敏捷	刘　涛	金志宏	丁雪莹	杨宇轩	罗　成	任瑞涛
刘昊天	许煜娜	谢培洁	连　慧	仲凯悦	杨　振	徐欣腾	李　毅

续表

廖国强	王乾龙	刘颖超	康金栋	姚　明	杨东晓	罗学智	马　亮
任秋阳	谢成欣	潘姝彤	龙思宇	刘爱静	温丙末	毛晓璇	刘少韬
刘　坚	杜　寒	虞娇婷	卢　奎	张凯祺	王臣善	吴冬旭	陈禹竹
高士超	何安妮	何林珅	林孟琳	宋璐源	张　晶	张玉佳	吴　超
陈　智	郭嘉欣	梅锦超	张子薇	王静瑶	王睿琦	胥晶晶	柳　灿
杨万鹏	张宇鹏	李小倩	卿丽萍	张　旭	刘朋瑞	刘　轶	程　依
李振钊	刘　槟	于利颖	马小娟	李　睿	吴志聪	吴田振	李刚刚
莫开春	刘　颖	叶妮娜	张　策	孙寒阳	孙　煜	张新宇	李　诺
李正辉	林丽娟	娄刻强	陆佳俊	俞在潇	左安邦	徐　岩	黄秋婵
张志远	周永戬	周子莜	刘　迪	苗阿乐	唐灵芝	王　颖	刘　伟
刘　余	马　冀	郑慧瑗	涂嘉琳	李庆哲	薛少鑫	李文博	兰　睿
黄一丁	于智红	范慧静	贾永盛	黄淋炎	刘文杰	刘香媛	张泽宝
胡佳君	于佳正	沈明轩	董向民	吴鹏飞	侯天博	谢伟萍	米新宇
孙　悦	唐晓宇	王　颖	邢菲洋	许　灏	杨　森	周　亮	宋航宇
吴冰倩	肖丽颖	刘　续	迟耀东	孙铭珂	孙昱晨	汪海伟	武　彤
肖　雪	何琦琦	李艺璇	刘　佳	刘　瑜	张晨阳	郑优悠	陈亚杰
洪艳玲	李长锋	马梦璇	祁振明	王　萱	张鹤鸣	邹德坤	敖春燕
李　坤	李文萍	刘槟烨	彭渝锋	戚宇航	宋亚迪	朱小朋	潘依依
王　凯	韦教玲	周啟生	贾舒茗	康甜甜	陆文婷	陆　婷	孙　博
姚　涛	付梦宇	高　曦	刘　键	王荣荣	郑　飞	徐晓彬	包婉琪
马东福	官泳余	黄　森	刘　楠	马德昱	张　琨	熊大建	王增基
孟繁玉	何　望	姜籼轩	李　楠	李　冉	梁　旭	刘　沛	张志聪
郑温馨	赖　典	郝犇珂	黄锦怡	康　伟	李嘉诚	刘　洋	吕双燕
孙仲达	辛世豪	吴　瑶	陈　伟	郭涵涛	那永一	麦　锋	潘宇立
沈　平	陈雪雪	葛　妍	李　程	李　璐	王娅宁	于靖靖	程云杰
胡爱英	李明浩	孙　悦	王　源	郑昕桥	刘依林	吕　昊	邵常焜
魏双双	杨　萱	赵佳伟	赵子旭	非云祥	潘景涛	祁朋园	苏　浩
孙旭辉	王　拓	张　琛	黄和钧	贾东亮	陆海宁	王凌飞	王亚光
杨焜焜	曾秀妹	赵家佑	陈　靖	董天文	李诗康	王　臣	吾什但
赵晨旭	周鸣瑞	陈　闯	丁锃霖	靳晓忠	李龙军	权凯军	石小雨
唐嘉杭	池亚达	樊　怡	郭昭涵	何泓樟	屈梦叶	孙敬滨	张青松
周仕雄	牛嘉怡	戴　鑫	范东宇	惠　泽	李安琪	王茂政	张　跃
刘东兵	岑添添	杜　晓	郝洪策	吕泽鎏	王子健	徐鹏雷	杨冠杰
郑　哲	陈伟康	姬雅晴	李　洁	李金洺	孙宇晨	王国栋	张云浩
曾宇田	赵伊恒	陈　曦	鲍其先	符明恒	刘天霁	许舒鹏	李依诺
王　萌	王　潇	张浩然	张宏博	赵晶怡	董鑫磊	冯佳宁	黄　潘
张雨平	赵予溪	邹文珏	盛艳灵	王勤驰	王业信	文　浩	吴锐意
刑天睿	陈俊涛	冯天瑜	李　琪	路蕤恺	谢一良	张　晨	张子涛

续表

周 威	朱星皓	段兆岳	苟廷熙	贾向阳	李林春	王紫祥	杨凯衡
余盛灿	袁 琰	陈骏泽	李 桓	李潇凯	王尚成	吴香江	杨 宽
张佳祥	高丹青	李正寅	米世豪	彭 阳	吴 旭	杨少琪	俞 浩
周 楠	敖国峻	包洪源	刘 英	罗 辙	王浩森	王梦瑶	杨嘉华
龚广明	刘玉喆	骆立衡	牟 芮	杨 宇	张愿男	任 汀	徐庆文
荀振宇	张 权	周 琰	周 阳	李 鑫	刘灿文	欧 洋	彭雪风
宋 雨	苏斌斌	周文轩	耿 辉	雷 蕾	李 勃	李沛妍	李 顺
马鹏程	王 玲	熊赋志	岳晓蝶	徐奕琳	庞力赫	任楚梦	洪滋蔓
邵梦雨	黄 然	顾舒婷	何爱娟	杨牧原	胡启迪	刘净茹	杨媛娟
郑赛硕	杜田丰	苏 锐	赵华胜	王昊远	李 颖	李 云	马昕媛
叶梦蝶	邬小倩	王子玄	李 申	吴 爽	马迎春	冯 硕	孙铭跃
陈皓妍	王 默	缪静颖	刘宝生	孙向阳	刘 鑫	李京妍	窦 东
李 璠	罗 晶	邹佳艺	王佳邓	刘俊杰	李 政	武晓霞	王继娴
宋衍蓉	石宇峰	徐 曼	杨 岚	张珈铭	马凯伦	孙金婷	张宏烨
李 恺	吴晴雯	郝亚男	魏海燕	赵美齐	倪永俊	曾梓豪	杨秀棋
戴鸿熙	王 明	易梦馨	伏圣章	杨浩娟	陈大可	刘家琦	陆梦迎
李 莹	白 月	汪子君	李路阳	王祯祥	杨佳钰	韩菲菲	王盈盈
杨丰宁	邓若晖	张英璐	陈金映	田兆颀	卢梦雨	王晓晴	江丽媛
田 诗	张 帅	李天潇	王小宇	林 瑾	方 宁	乔新娜	陈莹莹
李若晰	荣 壮	王廉茹	周利易	叶鹏飞	陈双怡	王 秀	朱 迪
刘艳珠	李名扬	盛嘉宇	王丹梨	尧 威	罗澍宇	张文隽	宋佳玮
罗春霞	马 艳	熊舒宇	吕孟锦	张梦雪	王紫妍	罗红霞	徐 鸟
王昭尹	王鹏瑄	王珍艳	李观长	吴果莲	李 欣	蒋云云	李 娜
蒋 浩	金雪涵	司亚欣	骆紫薇	唐凤芝	林文婕	智 婕	章洛铭
武晨煜	向思徽	吴丽欣	赵星宇	贾凯青	罗 涓	王君媛	陈佳颖
詹沛霖	詹雪颖	魏 蓝	刘 栋	陆 洋	耿晓莲	郭语昕	陈 琦
单富饶	高愫婷	刘民帅	师延合	衣跃静	苗 艺	王子琦	杨 花
杨翼荣	张 龙	张 羿	周继祥	崔 茅	李昕妍	罗 静	牛培昕
魏佳楠	张 婷	程彭来	王 乐	刁 进	李继业	倪 韬	乙 洁
张霁葳	常浩宁	陈春屹	李 昉	李馨蔚	刘 欣	杨佳轩	章雅楠
冯 时	黄莉莉	彭诗艺	王 刚	余承海	张家兴	杨 丽	陈 雷
明 茜	史耕金	徐建南	张 宁	郭 晗	车 鑫	黄均纬	芦家琪
马建伟	裴露露	侯文星	许 涛	王 爽	余 雷	杨浩哲	瞿豪豪
田圣君	陈斌斌	屈津萍	郜明川	刘 康	龙雅芸	张倩怡	张书瑶
赵 蕾	崔茗帅	王馨妍	胡潇如	徐家凯	杨 旭	张国斌	赵一帆
冯 媛	江晶焱	亢美琪	林凡太	牟含笑	杨 宇	原智杰	王梦珺
崔慧英	李韶璇	杨紫藤	徐晓宇	吕 涛	孔 硕	陈 婕	何婷婷
李春云	梁天堡	田 庆	丁梦婷	靳浩元	江 柳	谢志邦	高 醇

续表

何珍谊	牟亚雪	谭紫璇	柏云春	赵欣	吴潇	李祺祺	谢文清
蔡国源	刘雅欣	李荣	梁航	陈舒曼	郑茗友	彭羽瑞	卫星光
谢镇	王子杰	张琮委	汤香誉	张志宇	董新超	赵双巍	刘冰
高卓	郝政丰	陈屾	罗佳钰	张博恒	罗燕	吕晋东	苏云帆
徐自豪	姚鑫	于海航	于人杰	刘书峣	曹莎	樊家旺	王少君
王泽欣	武心怡	程浩	揭志丹	付景	李建	刘腾权	马超
盛玉倩	施楚敏	赵嘉祺	侯雪峰	刘镇	卢俊菠	吕兴强	孙家阔
徐万欣	姚婷	张紫薇	刘思	刘越	刘旨杰	毛杨坤	孙瑜
杨超颖	赵仲轩	梁栋炀	刘子鸣	罗金涛	宋治星	王剑洪	王立遥
张抖	白健鹏	李媛	刘宝杰	马星雨	李华宇	鲁亚洲	夏艺馨
李卓倩	刘玉琪	米家奇	王婷	易景贵	周再达	董海斌	温世杨
刘政	王朝阳	徐雅婕	张旭超	吴达	赖荣鑫	刘玲姗	马聪聪
吴田同	朱君兴	付彦铎	林健	刘冬	司冰茹	王可欣	杨杰
朱云佳	贾中翔	李佳琛	李思琪	李宣佚	毛帅男	岳建任	崔宝京
李秋颖	刘聪	蒙铭钊	周侠	朱依依	白雪薇	黄震	刘娜
雍东升	马彬	王鸣纯	杨一帆	白德福	蔡洪明	郭晨贺	郝霄瀚
马也	熊歆昀	周盛源	高兴义	黄茜	孙秋玉	王文静	项尚
许沐	姚淑琪	杨艳	姜铁民	牛劲草	赵萌	黄彦宁	吴捷
陈聃	冯文科	李嘉倩	吴润	王继发	臧宇航	陈梦宇	李鑫垚
丁菲	胡萌洋	李依宾	刘畅	王瑞琦	吴莎莎	张诗琦	张亚飞
边立瑶	李官兵	李金铄	李姝琦	马志远	申昕仪	宋姝慧	苏泽梅
黄诗雨	刘文俊	潘建霖	王岩	袁润苑	赵小康	崔浩田	胡伟业
雷轩	李熹媛	刘永馨	马世祥	王博锋	扆泽璞	肖文婧	李诗媛
刘鑫	邢紫薇	李晓孟	罗成于	韩旭	吴琳	李江	徐健
沙沫	童歆	杨旭颖	殷芙萍	阎英楚	董英帅	葛云洁	刘天阳
龙潇宇	夏鹏勇	杨正田	张子钊	朱亚强	金佚钟	李林阳	梅鹏
王武韵	吴诚	郑凯玄	肖秋瑶	宋凤珊	姚越	罗萌	王英同
阴立强	孟松	杨渊波	吴莹	曹志恒	邓迪	徐浩胜	朱明玮
刁珺	何紫伶	景筱竹	杨澜	马可心	孟庆典	唐材源	徐嘉鸿
郭树一	刘林彬	王阳阳	杨张妍	袁思	白举霞	黄艳	任奕菲
盛玥	许钰林	赵宇欣	畅权威	原晟淇	王昭月	崔畅	张易峰
吴晓帅	李明霜	李垚	邢心语	张耀宇	刘元向	卢肃	蒋玉琢
冯欣波	董李杰	何安恩	孙博华	高博文	王慧雯	张思齐	陈星宇
田校于	赵旭	李方	张东霞	姚如栩	有晓丹	李远鹏	兰泉
周达海	彭子娟	黄陈	林冰勇	曹强	刘园园	姜一琳	叶恒舒
姚晋松	夏天杰	李文军	虢俞萱	曹阳	张楚璇	范佳荟	刘玥
蒙强	苏益民	张琳	张秀敏	刘雁蓉	白金玄	吕白	黄倩晖
王治茹	徐海山	顾霖赟	于彰淇	张紫微	户家宝	王晶丽	柳恒

续表

陈远梦	王书慧	徐　帆	杨　帆	李超群	徐　妍	梁旭阳	张　含
黄　珊	华　睿	徐　佳	张鹤年	仲晓雨	赵宇翔	梁宇豪	陆悦江
王柏鑫	杨笑培	才轶名	苏　联	向港华	任增强	胡　婷	刘　洁
龙林宏	唐仁豪	孟　恙	金宇凡	岳子渊	李瑞萱	廖思成	刘子祎
刘道宽	陈其豪	高　志	胡言午	梁一帆	孙少波	杨庆珊	章羿骋
梁维青	宋延星	席争辉	晏　畅	袁绍雨	钱方涵	陈马韬	梁　珺
朱若璇	黄家莹	李明月	刘桂秀	马　淼	韩翔宇	李　聪	郑思行
林文智	李世雄	赵瑞曦	鲍　威	郭杰杰	廖宇熙	毛俞敏	齐智博
秦耿杰	杨　顺	庞蔚莹	张荣斌	李梓涵	张玉玺	郭绍源	彭仕琦
龚意邦	林宸雨	臧思念	钟汶伶	李翠苗	顾健豪	解　鹏	彭立洲
奚圣宽	单　婷	侯丽娜	甘玉婷	王玉鑫	于　昕	段鑫玥	邹绮丽
史益豪	代婷婷	王　丹	孔心悦	张颖杰	赵思琪	刘晓东	夏　伟
张　楚	赵茹萱	杨雯博	许清文	覃春晖	戴贝旎	宋羽双	张骥韬
吴　越	张泽浩	吴康杰	钱　蕙	孙文慧	先　敏	苗振钢	薛鸿宇
史旭潇	刘　艳	吴　怡	张玉萤	高天虹	史惠卿	蒋浩琛	赵嘉欣
张琳悦	夏　露	幸萍楠	王雅琪	刘效江	谢佳音	刘晓鑫	夏玉斐
陈　慰	胡　艳	周　昀	任怡霏	彭佳雯	陈柯均	杨文材	孙　纬
张永琪	李　月	彭政涛	郭羽萌	袁梦媛	张敬婷	张昱朝	孙立莹
锁佳樱	田欣雨	江新华	陈　昕	崔小莲	张瑞杰	郝彤彤	王艳霞
赵建东	蒋宗亨	胡　正	田　静	周程宁	钱越翡	董　礼	余丽芳
李　哲	刘　朗	李春琴	李梦涛	张苓琬	黄宝强	方　溢	解佳腾
赵娴英	谭佳璐	黄新宁	杜　婧	郭倩颖	陈胤川	王欣月	王雨薇
徐　舒	袁婧婕	刘常安	张燕茹	胡　倩	范婷婷	张丽楠	黄佳新
周　雪	田诗艳	黄圣杰	欧阳康	刘雅雯	马建乐	郭洪涛	马彦虎
曹　靖	王振华	刘奕池	王晋芳	焦冰洁	尧　甜	郭慧玲	周智英
丁海萌	古珊珊	李　倩	强浩然	童成杰	王海洋	韩　颖	李昕航
刘　阳	齐　芬	宋娅楠	陶宁致	曹俊艳	程　铭	黄嘉睿	刘隽昳
任昌海	徐　研	韩雅琪	林昀姗	邱思月	赵　霜	周若帆	金艳洁
李　聪	廖艳秋	杨莉媛	郭珊彤	刘思琦	武昕瑜	闫　莉	阎龙霞
杨瑾瑜	高心洁	黄睿凌	柯　宇	刘志荣	宋钊闻	崔旭华	刘正午
秦选宁	孙　颖	颜政清	沈亦夫	王　榕	赵棋羽	魏华婧	张婉婷
陆晓星	张雨萌	马　婕	高雪倩	吴汶栖	李　泽	赵紫霞	刘兆宸
宸晓婷	方妮南	杨惠雯	吴　比	李金雨	赵子辰	李锐博	邵鹏程
宋晨铭	李思佳	沈　畅	张笑怡	耿浩然	史云鹏	韩静怡	刘　玥
赖逸洋	马家璇	李思邈	徐敏倩	汪晋安	钟昱尧	陈嘉岳	吴茂桢
杨蕊绮	郑温馨	张冠宇	徐鑫锋	包　微	沈珂伊	王浩明	张新卉
林高鹏	王泽阳	武　迪	澹台歆玥	周华嫣然	惹格石洛	祖丽胡马尔·买买提力	易杨美芝
刘逸舟航	刘徐祎昊	冯凌姝雅	诸葛雪迎	牙生·买买提	巴燕·塔斯恒		

3．文化活动优秀奖：620 人

吴天昊	赵德洁	王梓宇	蔡馨雅	林华祥	张天策	韩 怡	刘继兴
张午宇	田昊欣	刘凡瑞	高 杉	陈 聪	靳铠闻	焦 萌	尹兵欣
郭金森	吴 超	王天泽	韩昕彤	孔亦晗	朱吉者	姚曦娴	焦雨青
王敬尧	郭舒毓	李华雄	陶福成	李 毅	杨 田	王 琪	张嘉心
陈 博	罗诗怡	邵馨玉	邓晓天	廖祖江	吕重阳	王亚楠	胡淳珂
孙 萌	赵贵鑫	王义凯	冯芮苇	童 谣	史乐旻	杨 彬	梁白雪
徐晓会	朱思宇	罗 洋	袁 淼	董明锐	林钰芳	史泽南	马茗婕
王佳雪	谢凤林	陈 淼	牛海涛	王润东	赵政洲	李 沙	肖钟秀
张 东	胡嘉璇	李欣宜	杨志国	倪政泽	高 敏	朱 媛	接铭庆
杨浩锐	任晓钰	汪子琪	汪 欣	王禹琪	吕 品	何泳佳	谢 珍
陈 喆	胡康生	王征迪	魏文通	张 衡	陈 燕	丁 筱	李皓天
叶书荣	张沛然	张子琦	李培源	时 铭	唐雅妮	张战经	张 蕊
魏子文	张明洋	黄云香	刘炳文	丁 宁	孙嘉泽	占志刚	王亚州
刘 悦	薛田田	安丰彬	王一迪	戴剑波	赵超凡	杨文臻	张子涵
王 晶	何哲伟	王启隆	万 磊	潘子天	王泰森	伍旻铖	霍佳杰
刘 钰	贺大磊	陈凌松	赵 耕	符章棋	马晓萍	马云聪	高家宁
夏君怡	崔婷立	赵松贺	刘珊珊	孙瑞洁	康 辉	苏昱坤	戈 贝
赵志祥	周若曦	刘明哲	马英栋	杨振宁	丁昱丹	裘瑾怡	王洪菠
许智军	李金川	刘瑞璋	谯渊源	张丹妮	鲍荟谕	高奕宁	何思豪
覃捷睿	赵 蓓	王钟彬	赵 鹏	甘祥宇	弓哲敏	邹树岭	李思琪
刘璎慧	齐晓妍	唐宏伟	丁子钰	冯玉挺	许克嘉	付 洁	彭 洁
姚 宇	梁晓欣	崔 皓	陈睿琳	赵娅楠	邓淑芬	陈 烁	王欣怡
李昊儒	侯玉菡	丁于倬	何 莹	李俊杨	李 晶	吴婉婷	王建斌
张紫薇	李雨鑫	蔚 冉	张洪生	司万斌	郭亭山	唐苓芸	李泽希
赵泓伍	李剑烽	许子倩	韦虹宇	李 岳	黄 迈	池紫薇	邓雨竹
张 欣	张 翼	郭子嫚	夏凌峰	李 伟	庄 艳	李立垚	梁力文
黄 文	张东方	李杭波	全海英	王长靖	李建睿	祝敏捷	金志宏
罗 成	刘昊天	许煜娜	徐欣腾	王利德	刘爱静	杨旭浩	毛晓璇
金 文	杜 寒	杨清云	何安妮	何林珅	张玉佳	郭嘉欣	张子薇
王睿琦	李子文	于利颖	黎铭锋	张一农	吴志聪	余慧浩	叶妮娜
孙 煜	康恒瑜	张志远	周永戬	刘 迪	刁智帆	苏 硕	黄一丁
于智红	范慧静	刘香媛	何晓洲	陈 骁	楚嘉琪	孙 悦	王 颖
宋航宇	肖 雪	张子旭	何琦琦	刘 瑜	张晨阳	罗 皓	张鹤鸣
李 坤	王作嘉	周啟生	康甜甜	高 曦	郑 飞	徐晓彬	官泳余
黄 森	董 硕	姜粝轩	梁 旭	赖 典	黄锦怡	李小春	李文恒
潘宇立	王娅宁	王 源	徐 敏	刘依林	魏双双	杨岚琦	非云祥

续表

王 拓	黄和钧	王亚光	曾秀妹	陈 靖	焦自嘉	王同贺	刘鹏辉
权凯军	唐嘉杭	樊 怡	周建设	牛嘉怡	范东宇	王茂政	杜 晓
吕泽鎏	杨冠杰	李 洁	赵伊恒	阳庆林	张博剑	李依诺	王 潇
郭卓凡	赵予溪	刘凝宇	盛艳灵	吴锐意	路蕤恺	蒙振杰	段兆岳
苟廷熙	贾向阳	李佃峰	李 桓	孙俊豪	吴香江	高丹青	谭永旺
周 楠	郭超凡	刘 鹏	王梦瑶	牟 芮	裴浩超	高卓迪	毛俊雄
朱永凯	李 鑫	周文轩	马鹏程	石佳艺	熊赋志	徐奕琳	庞力赫
洪滋蔓	黄 然	顾舒婷	宋祥宇	赵华胜	杨志捷	曹 正	董露月
奥 娜	冯 硕	刘宝生	孙向阳	罗 晶	刘俊杰	刘晓林	杨 岚
吴致宇	张宏烨	杨秋霞	戴鸿熙	吴皓月	冀 艳	刘家琦	汪子君
边 烁	王 京	战馨雨	邓若晖	田 诗	李天潇	王小宇	徐 欣
周利易	王 秀	王丹梨	张文隽	杨众志	王紫妍	赵佳璇	李 欣
蒋云云	廖心悦	金雪涵	智 婕	任泳洁	吴丽欣	龙籽含	周梦姣
陆 洋	郭语昕	陈 琦	乔伟嘉	王子琦	易 桓	牛培昕	张 婷
刁 进	乙 洁	陈春屹	陈启擘	冯 时	彭诗艺	王新越	程鸣洋
裴露露	郑天瑞	屈津萍	杨 凯	刘玉洁	龙雅芸	文 淏	赵柏霖
崔琳琳	冯 媛	江晶焱	王梦珺	崔慧英	廖祎涵	刘艳艳	田 庆
靳浩元	何珍谊	刘 可	崔雨小	刘金明	田晨雨	姚 葭	王 琳
徐筱萌	董新超	郝政丰	张博恒	胡哲东	曹 莎	王少君	揭志丹
马 超	赵嘉祺	高晓娜	姚 婷	孙 瑜	王小莹	杨红钰	董叶子
郝悦含	傅永浩	钟宇飞	娄红红	易景贵	董海斌	刘曜华	刘玲姗
吴田同	王可欣	朱云佳	毛帅男	杨书城	刘 聪	姚承熙	张璐珈
白雪薇	雍东升	冯 锐	马 也	陈 林	王君帅	黄彦宁	吴 捷
冯文科	吴 润	代益江	丁 菲	刘 畅	吴莎莎	杜张宝	李金铄
马志远	甄 谦	胡伟业	刘永馨	李诗媛	苏煜涵	刘艺林	龙潇宇
王 雨	杨正田	陈文新	吴 诚	宋凤珊	赵发威	阴立强	魏天鸿
刁 珺	白晓雪	杨张妍	郑文洁	黄 艳	许钰林	原晟淇	王昭月
李 垚	邢心语	张 莘	孙博华	崔晓烨	有晓丹	李远鹏	吕 薇
曹 强	孙政阳	黄南涛	张 琳	张秀敏	钱 真	张逸轩	顾霖赟
户家宝	袁炳灵	白 晨	陈 港	梁宇豪	陆悦江	王柏鑫	杨笑培
向港华	陈赞铭	张 枢	李瑞萱	刘子祎	高 志	孙少波	席争辉
张荣哲	文 帅	李 聪	郑思行	林文智	陈李扬	郭俞辰	秦耿杰
冉嘉鑫	赵 宇	王雨洁	于 琨	彭立洲	邹绮丽	赵思琪	叶侠男
赵茹萱	宋羽双	张泽浩	吴康杰	王敏娟	苗振钢	张玉萤	史惠卿
刘效江	谭远宁	牛 荔	陈柯均	孙 纬	孙立莹	张若宁	田欣雨
陈 昕	张瑞杰	周程宁	钱越翡	胡游柔	李春琴	张苓琬	方 溢
王亭鸥	郭倩颖	王雨薇	范婷婷	高 然	田诗艳	黄圣杰	焦冰洁
尧 甜	李浩珲	强浩然	邱泽怡	李昕航	韩雅琪	龙文慧	杨莉媛

续表

郭珊彤	郭晓曼	左小杭	刘志荣	宋钊闻	谭相宜	席欢媛	张旭泽
刘睿婷	张晰	陆晓星	张雨萌	马婕	张启桐	高雪倩	吴汶栖
李聪	郑温馨	徐鑫锋	吴悦	邓康琰	董家睿	王泽阳	杜吴仁杰
苏巴特·艾海提	冯凌姝雅	巴代·巴亥	王张鑫滢				

4．社会工作优秀奖：1204 人

安一方	蔡馨雅	张天策	刘继兴	张午宇	孙帆	吴涛	袁子贺
黄子平	张雪涵	刘长荣	王新娇	路长青	池上荷	崔子豪	李宇昊
刘晓丰	梁炜	刘首昂	傅雨荷	任乙沛	鹿国微	何心	周灵杰
张娟霞	陶二滈	陈同凡	戴舸	丁星	孟书羽	唐焕新	陈宇海
才文	卢甲	王政	焦雨青	李晴	郇悦	谭开东	滕孟锋
邱琦	张嘉心	赵展	韦岸	乔兰兰	王柘	董思捷	王泽明
范振宇	李至峪	沈沁颖	杜若兰	朱存远	陆静毅	廖祖江	郑子墨
罗坤	王瑞	李奕衡	翟文辉	李伊玲	张丽婧	陈浩	封成宇
孙萌	赵贵鑫	陈雨	宫鑫	刘硕	穆自强	冯芮苇	张亚当
孟雪	冯思雨	孙易洲	张子钰	倪楠	秦福伟	徐小龙	张枫
劳焕景	詹文	陈雅婷	冯雪凯	王俍行	杨彬	王湃	金航
张淏	谌杨春	郭雅欣	魏与廷	李鎧权	李守强	朱思宇	金宇鹏
杨凌典	董明锐	蔡广燚	邓嘉明	柯松	李雨桐	林钰芳	刘晨阳
马子儒	鲍晴	傅嘉威	林博铿	陶柳妃	黄啟茹	黄强	刘艳
陈力绪	陈慕华	官佳源	贾夏明	乔鑫	谢凤林	霍旭阳	孟凡
牛海涛	王毛桃	王润东	闫语	赵芳	赵政洲	郭锡钊	侯来运
李沙	张东	张曼	贡振华	胡嘉璇	刘恩宏	刘嘉硕	司一涵
王天瑞	曹丽霞	程琦琪	刘腾飞	刘招成	杨志国	陈媛媛	李梦婷
高敏	童厚杰	王加浩	朱媛	黄逸帆	接铭庆	廖芷燕	谢子豪
赵心月	葛续涛	郭志博	耿世福	李国锋	马婷	王欣蕊	王新刚
闫泽辉	韩雪	倪良伟	汪子琪	姬锦波	汪欣	王禹琪	王喻玺
吴静羽	张凯	张龙涛	张永旭	曹润广	胡亚凡	李戎	何泳佳
侯赟艺	岳宇鑫	张衡	张泽乐	丁筱	刘明杰	马国荣	黄晨晨
支东权	陈俊	贾蓓	李培源	田晓旭	王权	翁昊	何欣悦
马艺瑄	魏宸明	张燕荣	朱嘉彬	吴再驰	张战经	朱玫盈	胡可心
金召展	吴璇	毕瀚文	李德	叶伟豪	杨奕	易小杰	孙瑀晗
黄云香	汪金明	庾雅琪	吕天舒	王小妞	曹雨含	徐之乐	王傲群
姜文倩	蒋一铭	冯永强	董权毅	朱玲慧	宁子达	王海天	何哲伟
胡雪	万磊	赵汉武	黄坤	王泰森	霍佳杰	董磊	赵丽娜
赵沛	尚海	危凯琪	闫月宁	张赛	李小琛	秦彪	高智韬
马云聪	谌可炜	颜溯	高家宁	马少宇	岳子宜	黄智文	农姝创
牛剑锋	周宜晴	赵亚楠	赵松贺	宋智玲	谢菁	荆润秋	李文洁

续表

康 辉	谈 欢	尹立亚	戴蓝昊	贾 瑞	李 智	钱 文	戈 贝
李博阳	马明月	张建凯	刘明哲	马英栋	汪 弈	杨 洋	代嘉菱
付 丹	马 倩	王文丹	张之浩	荆 森	刘 彤	王洪菠	吴志鹏
许智军	范新宇	郎舒豪	刘瑞璋	魏银红	夏新雨	曾少雄	刘 旭
李海霞	孙一然	吴超群	韩 松	谯渊源	王富销	王云帆	杨 勇
鲍荟谕	何思豪	李静雅	李盼盼	秦永鑫	王 鹏	燕艺薇	李 昊
曹文涛	匡玥玥	李铭辉	刘子琦	欧诗甜	邱 翠	冯 晶	甘祥宇
高婷玉	陈 杰	刘璎慧	唐宏伟	曹 洁	刘津钊	唐东星	王子乐
焦宇航	金广杰	刘玉鹏	彭 洁	李凡一	梁晓欣	崔 皓	陈 磊
刘辰龙	邱玉龙	张志伟	王茗萁	顾雨梦	郝东震	宋 蕾	刘欣璐
何 跃	马渝钊	陈 烁	陆帅伉	李保民	陈芳芳	姜 淼	李佳欣
黎迎晖	马 越	姚 勇	李俊杨	李健杰	李 晶	韩 晓	卓毓铭
王秋实	闫 锋	李晶晶	谢千山	赵冠宇	刘雪萌	高光亚	马永昱
王晓慧	刘雨松	杨 欢	吕 营	蔚 冉	张洪生	刘铭礼	郭富强
邬宝成	司万斌	郭亭山	李凌峰	方可可	刘攀笏	张玉洁	邢婉婷
姜 辉	林子博	赵 庆	杨森皓	唐苓芸	刘万博	魏 清	徐 栋
赵泓伍	杨振宇	刘晨颖	葛 鹏	刘海涛	许子倩	章 鑫	王振伟
吴 翔	彭世彬	王凯轩	刘 飒	陈施佳	王 姜	马 玲	池紫薇
苏梓星	林益民	杜伟彪	都 悦	李 伟	冯丽芳	刘雅婷	郭鑫玥
李战昆	姜 山	田倍乐	刘 璐	吴名起	翟 耀	张 伟	蒋 鹏
楚文斌	林涵逸	金铃杰	续政轩	李忠成	颜 龙	李欣林	朱 灵
杨吉隆	王宇彬	刘 涛	杨宇轩	任瑞涛	连 慧	宋志锋	刘颖超
杨东晓	李子栋	亢凯斌	潘姝彤	刘爱静	刘 墨	毛晓璇	刘少韬
刘 坚	虞娇婷	张凯祺	宁大鑫	龚志诚	何安妮	何林珅	祁廷勇
宋璐源	滕茂森	张 晶	张玉佳	吴 超	郭嘉欣	杜云亨	吕宏业
柳 灿	杨万鹏	安琪伟	程 依	李振钊	刘 槟	陈云飞	张一农
李 睿	郝隆飞	张 策	张少强	孙 煜	吴世宏	俞在潇	徐 岩
冯晶森	刁智帆	苗阿乐	王 颖	马 冀	王 扬	薛少鑫	于智红
黄淋炎	徐 洋	于佳正	沈明轩	孙 悦	周 亮	吴冰倩	刘 续
迟耀东	武 彤	肖 雪	何琦琦	刘 佳	刘 瑜	马立峰	郑优悠
陈亚杰	胡 苗	马梦璇	王 萱	敖春燕	彭渝锋	戚宇航	刘玉溪
王宇桐	陆文婷	陆 婷	孙 博	姚 涛	付梦宇	刘 键	王荣荣
徐晓彬	包婉琪	马东福	刘 楠	马德昱	张 琨	孟繁玉	李 楠
梁 旭	张亚灵	董家睿	赖 典	郝犇珂	黄锦怡	康 伟	孙仲达
那永一	刘 文	麦 锋	叶志菁	陈雪雪	葛 妍	王娅宁	于靖靖
程云杰	李豪博	李明浩	龙游江	孙 悦	王 源	常曼茹	高晋利
刘依林	吕 昊	吴清华	辛侠云	杨 萱	赵佳伟	非云祥	祁朋园
苏 浩	孙旭辉	黄和钧	王凌飞	赵家佑	董天文	李诗康	吾什但

续表

周鸣瑞	陈 闯	李龙军	权凯军	石小雨	陈文龙	池亚达	何泓樟
张鹏杰	牛嘉怡	戴 鑫	惠 泽	李安琪	马建青	张 民	张 跃
杜 晓	郝洪策	龙 潘	王子健	徐鹏雷	闫嘉霖	杨冠杰	郑 哲
姬雅晴	李 洁	李金洺	任子昱	孙宇晨	张云浩	陈 曦	符明恒
付晓辉	刘天霁	马鹏谋	邵继杰	王 磊	颜 锐	张博剑	崔珍瑶
李依诺	董鑫磊	冯佳宁	邹文珏	任恒君	文 浩	吴锐意	冯天瑜
张子涛	朱星皓	韩旭超	贾向阳	李佃峰	李林春	袁 琰	陈骏泽
沈逸哲	王尚成	吴香江	张佳祥	侯 毅	蒋成达	李正寅	杨少琪
俞 浩	胡雅楠	李进聪	汪 涵	刘玉喆	牟 芮	裴浩超	王思琦
张扬泰	陈博斐	任 汀	徐庆文	周 琰	黄 森	李 鑫	宋 雨
戴建胜	耿 辉	李沛妍	马鹏程	石佳艺	应根美	庞力赫	桑雨柔
邵梦雨	尹 杰	刘 毅	李 敏	陈 瑞	胡启迪	宋祥宇	苏 锐
赵华胜	陈科龙	陈鑫燚	王昊远	马昕媛	李 申	李钦铃	吴 爽
奥 娜	冯 硕	孙铭跃	王 默	田 帅	刘宝生	孙向阳	王振鹏
李京妍	窦 东	李 璠	樊心田	邹佳艺	李 政	宋衍蓉	石宇峰
李 荆	徐 曼	刘向前	张珈铭	吴致宇	田 璐	周小洁	李 恺
吴晴雯	郝亚男	张佳珏	赵玲清	赵美齐	倪永俊	张健修	杨秀棋
吴皓月	马 喆	王 明	江佳文	姜浩臻	伏圣章	杨浩娟	冀 艳
周静鑫	王梦圆	陆梦迎	谭棕宝	汪子君	王祯祥	杨佳钰	李睿玲
赵 鹏	边 烁	邓璨明	王 京	战馨雨	杨丰宁	张英璐	卢梦雨
王晓晴	江丽媛	田 诗	李天潇	林 瑾	方 宁	乔新娜	陈莹莹
李若晰	荣 壮	王廉茹	徐 欣	王 秀	李名扬	盛嘉宇	王 轩
尧 威	罗春霞	熊舒宇	吕孟锦	张梦雪	王昭尹	王鹏瑄	李 娜
金雪涵	骆紫薇	张 璇	智 婕	章洛铭	向思徽	韩沂岑	王君媛
傅泳强	陈佳颖	詹沛霖	魏 蓝	单富饶	刘民帅	杨 花	易 桓
张 龙	张 羿	冯浩楠	李昕妍	罗 静	魏佳楠	王 乐	高维东
李贺延	李继业	王 聪	袁嘉琦	常浩宁	陈春屹	陈启擘	李 昉
杨佳轩	章雅楠	伍 冬	余承海	张家兴	杨 丽	明 茜	张 宁
杜敏荣	马建伟	王 爽	李志杰	刘润洁	瞿豪豪	张兴轩	刘 恒
刘 康	乔进富	文 淏	姚 链	张书瑶	赵 蕾	王馨妍	胡潇如
蒋雪梅	王 琪	杨 春	杨 旭	赵柏霖	赵一帆	黄元铿	亢美琪
梁 波	林凡太	牟含笑	原智杰	崔慧英	李韶璇	廖祎涵	杨紫藤
徐晓宇	吕 涛	孔 硕	陈 婕	何婷婷	丁梦婷	靳浩元	江 柳
谢志邦	魏梦扬	高 醇	郭海通	王聪慧	谭紫璇	陈佳政	李广亭
赵 欣	吴庆泽	吴 潇	李祺祺	谢文清	蔡国源	代 浩	范文迪
刘雅欣	刘金明	李亚南	彭羽瑞	谢 镇	王子杰	王弈赫	朱富明
高 卓	罗佳钰	吕晋东	胡哲东	于人杰	曹 莎	李 鑫	武心怡
程 浩	杨 晨	赵嘉祺	王瑞昌	张紫薇	刘 思	刘旨杰	毛杨坤

续表

杨红钰	赵仲轩	宋治星	王剑洪	钟冰洁	白健鹏	李　媛	刘宝杰
马星雨	娄红红	易景贵	董海斌	温世杨	王朝阳	吴　达	吴田同
赵铭滕	林　健	刘　冬	司冰茹	朱云佳	贾中翔	李思琪	毛帅男
崔宝京	李秋颖	张璐珈	朱依依	白雪薇	雍东升	马　彬	杨一帆
郭晨贺	郝霄瀚	任志鹏	熊歆昀	周盛源	鲁晓海	闫煜辉	杨　艳
赵　萌	吴　捷	冯文科	吴　润	王继发	杨忠东	臧宇航	代益江
胡萌洋	李普阳	李依宾	刘　畅	刘逸东	张亚飞	李金铄	李姝琦
马志远	邓一帆	李鹏熙	袁润苑	崔浩田	刘永馨	马世祥	扆泽璞
肖文婧	罗成于	韩　旭	吴　琳	蒋来来	徐　健	相　宁	杨旭颖
阎英楚	张靖生	董英帅	葛云洁	郭英芸	霍丽娟	李朝霞	王　雨
夏鹏勇	杨正田	张子钊	朱亚强	李林阳	杨　霞	郑凯玄	罗　萌
陈心怡	王英同	孟　松	杨渊波	吴　莹	曹志恒	魏天鸿	杨　澜
孟庆典	王　晶	王治博	姚鑫杰	方　鸿	郭树一	刘林彬	王阳阳
杨张妍	袁　思	郑文洁	黄　艳	盛　玥	张明哲	原晟淇	张易峰
张耀宇	蒋玉琢	冯欣波	张嘉宸	何安恩	高博文	王慧雯	陈星宇
赵　旭	张东霞	周　园	余欣芳	周达海	刁鹏博	曹　强	董志博
虢俞萱	程彦龙	吴定亮	张楚璇	蒋陈浩	刘　玥	蒙　强	苏益民
张国威	尹蓝凝	赵　旭	刘雁蓉	钱　真	白金玄	黄倩晖	王治茹
马　昭	徐海山	刘博闻	谢承鹏	马慧宁	王晶丽	王书慧	王　晨
徐　帆	李超群	张　含	徐　佳	张鹤年	仲晓雨	赵宇翔	王柏鑫
才轶名	冯小荷	李海辉	樊泽薇	胡　婷	张文琦	景晓云	刘　洁
吴昌南	陈向阳	李瑞萱	廖思成	刘子祎	梁一帆	章羿骋	朱梓坤
席争辉	袁绍雨	李　宇	梁　珺	朱若璇	黄家莹	符　乐	韩翔宇
林文智	李世雄	程文浩	李智杰	马瑞璟	赵　宇	李梓涵	张玉玺
袁从学	胡浩博	李翠苗	邹雪婷	张毅刚	于　昕	段鑫玥	张宸锐
邹绮丽	代婷婷	孔心悦	刘晓东	夏　伟	赵茹萱	苏俊廷	许清文
张骥韬	张泽浩	吴康杰	钱　蕙	孙文慧	王敬宇	先　敏	沈　玉
王彦佳	薛鸿宇	粘艺萱	张致宁	刘　艳	姜　珊	史惠卿	田　鑫
袁卓娅	王正玉	张笑颜	蒋浩琛	赵嘉欣	张琳悦	王　楠	李斯斯
谢佳音	夏玉斐	陈　慰	任怡霏	张永琪	彭政涛	郭羽萌	张玉腾
张敬婷	张昱朝	锁佳樱	田欣雨	江新华	崔小莲	郝彤彤	王艳霞
毛　塬	赵建东	张维健	孙建浩	白忠玉	胡　正	田　静	冯　倩
胡游柔	李　哲	刘　朗	李梦涛	金弈龙	黄宝强	车　惠	谭佳璐
刘泽宇	刘海富	黄新宁	刘星辰	郭倩颖	王齐奇	王欣月	王雨薇
赵云鹏	刘常安	胡　倩	黄佳新	黄圣杰	欧阳康	欧志聪	曹　靖
刘奕池	张凤山	张竹扬	马艺珂	唐旭辉	童成杰	李春良	李昕航
李竹铭	李月辉	任昌海	韩雅琪	李　玉	邱思月	韦　鼐	赵　霜
李　聪	刘园园	龙文慧	马玉梅	杨莉媛	刘思琦	邱乐杰	阎龙霞

续表

左小杭	刘志荣	宋钊闻	杨　鹏	赵培娜	史艳林	孙之聪	沈亦夫
赵棋羽	李　泽	赵紫霞	邓仁毅	刘兆宸	李金雨	赵子辰	邵鹏程
李思佳	史云鹏	韩静怡	陈荣发	李思邈	许俊洋	汪晋安	钟昱尧
陈嘉岳	吴茂桢	郑温馨	杜健豪	沈珂伊	张新卉	魏　鑫	武　迪
澹台歆玥	周华嫣然	巴燕·塔斯恒	王张鑫滢				

5．体育活动优秀奖：918 人

叶雨晴	杨伟三	罗世豪	高　萌	袁子贺	刘璟泽	吴俊宏	王　旭
滕先浩	吴辉捷	林志峰	任慧卿	傅雨荷	陆明璇	赵鹏飞	田　昊
鹿国微	赵其云	王雅琪	刘　彤	张青青	丁　星	孟书羽	谢婉莹
刘翔宇	王照远	王　政	边　博	王敬尧	李华雄	杨　田	张嘉心
许泽昊	陈爱君	王　栋	凌谢津	于　浩	王　琛	张少华	邵馨玉
黄彦钦	邓晓天	陆静毅	廖祖江	郑子墨	吕重阳	胡淳珂	陈铭远
陈　浩	封成宇	鲍志威	郑楚舒	陈　雨	沈广进	刘江山	穆自强
曹越芝	倪献棋	王家俊	郝自为	陈华森	张文达	崔泽坤	秦福伟
黄嫦婉	叶　全	武自彪	杨　彬	赵长皓	梁白雪	韦博耀	刘泽琛
周益斌	沈殷和	金宇鹏	杨凌典	李　萌	蔡广燚	付　裕	柯　松
林钰芳	王国荣	林博铿	颜　清	白　玉	陈力绪	官佳源	郭　浩
李靖雯	马茗婕	乔　鑫	舒垣开	王佳雪	吴伟赳	谢凤林	刘西娅
赵　芳	赵晓君	黄明发	孔维震	李斌奇	魏冲冲	肖钟秀	徐郡泽
杨真缪	姚珍玉	张　东	张　正	李欣宜	王天瑞	刘振山	刘　静
韩　雪	刘星阳	汪子琪	王亚茹	张子璇	曹润广	常小强	方　爽
胡亚凡	吕　品	何泳佳	田　野	徐华伟	蔡少植	王征迪	杨淑润
俞　可	丁　筱	何海宁	黄铕浠	李皓天	刘明杰	叶书荣	彭　畅
唐雅妮	单心怡	欧蓉姗	黄昭棋	牛子林	孙瑀晗	刘炳文	李昱江
陈星屹	杨子菲	郝佳乐	王靖淇	孙雪桐	褚雨昂	徐之乐	刘　悦
王一迪	余泽泓	李天翔	赵　茜	王　晶	宁子达	刘元昊	廖丽玉
臧雨铼	胡　雪	王东旭	安亚楠	马梓宸	赵方园	张　峰	陈韵颖
王泰森	伍旻铖	周盛宇	霍佳杰	刘　钰	贺大磊	赵　耕	王志涛
赵丽娜	黄子桐	郭临洪	周德伟	张　赛	张　悦	张雨辰	李晓玲
王能能	卫元晖	赖曦文	马少宇	岳子宜	陈文政	田松泽	黄智文
旋宇政	孙佳豪	张　航	庄新蕊	孙瑞洁	白昊洋	荆润秋	牛一飞
吴季珂	梁思达	戈　贝	郝艳丽	王成宇	王英建	乔珊珊	田　甜
田雨禾	王文丹	杨　超	余冬杰	张之浩	王国灵	王　锐	杨　帆
范新宇	李金川	魏银红	贾浩松	刘　旭	孙一然	陈婧文	韩　松
司淙岳	王云帆	陈东旭	林琪添	艾子硕	陈天泽	陈则亨	蒋林轩
李铭辉	欧诗甜	王钟彬	张竞月	张　蓉	班旭阳	刘璎慧	唐宏伟
丁子钰	刘津钊	王子乐	付　洁	刘明峻	刘依依	刘玉鹏	彭　洁
姚　宇	于婷婷	李　昊	梁晓欣	杜立文	傅　佳	陈睿琳	铁　渊

续表

胡鸿飞	马渝钊	邓淑芬	张沛雯	王欣怡	赖媛媛	刘跃登	朱成才
黎迎晖	张德斌	韦　琛	朱　萌	田　妮	李晶晶	夏　辉	王　崴
张紫薇	王晓慧	秦嘉锡	蔚　冉	宋　标	张洪生	孙靖武	司万斌
舒　文	崔永赫	赵　庆	黄志豪	吴　颖	董竹雨	吕金潮	许子倩
韦虹宇	章　鑫	丁　佳	陈　鑫	刘　飒	缪玉玲	邱姗姗	王晓妍
庄文宾	韩树学	刘永富	丁东亚	许　珂	夏甘露	刘奇缘	胡庆祥
闫华青	李新磊	刘雅婷	朱启将	刘思言	陈东旭	孙浩然	罗　爽
李嘉文	李　林	袁稳发	楚文斌	安　平	孙月亮	马世浩	黄芝魁
李欣林	张　昕	王宇彬	张志文	谢培洁	刘雪燕	廖国强	王乾龙
康金栋	黄　鑫	马明鑫	潘姝彤	刘爱静	陈光铨	雷浩洋	卢　奎
王臣善	陈禹竹	高士超	何安妮	宋璐源	张　晶	郭嘉欣	刘学祥
胥晶晶	张宇鹏	卿丽萍	张　旭	焦延昊	程　依	刘　槟	陈云飞
张一农	吴田振	莫开春	李云鹏	刘　颖	叶妮娜	孙寒阳	李　诺
魏泽铭	朱业瑶	唐灵芝	高俊杰	郑慧瑗	涂嘉琳	黄一丁	郗明达
贾永盛	黄淋炎	刘文杰	胡佳君	张卓远	谢伟萍	唐晓宇	邢菲洋
许　灏	张先瑞	周兴龙	陈云开	计丹溢	李艺璇	刘碟航	汪鹏丞
侯文涛	张鹤鸣	邹德坤	敖春燕	李文萍	宋亚迪	谢朝涛	王宇桐
韦教玲	贾舒茗	李定康	娄鸿伟	付梦宇	李鹏然	王荣荣	徐晓彬
官泳余	马沛阳	吴幸均	熊大建	陈一鸣	董　硕	何　望	姜粝轩
赖　典	郝犇珂	黄锦怡	康　伟	李小春	吴　瑶	李　生	那永一
张晨晨	陈雪雪	葛　妍	王娅宁	徐　敏	郑昕桥	吕　昊	赵佳伟
祁朋园	王　凤	张　琛	黄和钧	王凌飞	杨焜焜	陈俊浩	吾什怛
赵晨旭	丁锃霖	李俊伟	刘鹏辉	权凯军	陈文龙	池亚达	何泓樟
陈　旭	李泳标	龙九龙	刘东兵	岑添添	杜　晓	孙亮亮	杨双舟
朱绍成	姬雅晴	王国栋	谢枫铭	赵伊恒	陈　曦	付小宇	许舒鹏
张　璇	崔珍瑶	王　萌	张宏博	赵晶怡	董鑫磊	肖思业	张雨平
盛艳灵	韦永方	毕凌峰	冯天瑜	兰增武	李　琪	贾向阳	李佃峰
王紫祥	杨凯衡	陈骏泽	李　桓	李潇凯	吴香江	米世豪	彭　阳
孙瑞滨	杨少琪	金子皓	李进聪	刘　英	马　龙	刘晓磊	牟　芮
杨　宇	张愿男	陈博斐	邓武彬	毛俊雄	任　汀	荀振宇	郭海艺
袁思懿	周文轩	朱　爽	陈学晋	戴建胜	耿　辉	李　勃	徐一鸣
邵梦雨	李　雨	尹　杰	杨　欢	何爱娟	韩　琪	杨牧原	宋祥宇
陆子轩	毕云龙	王昊远	李　颖	邬小倩	王子玄	翟　睿	刘宝生
赵子旭	王思雯	刘　鑫	林诗敏	孟彦廷	刘晓林	李　政	樊　伟
董玉琳	张珈铭	吴致宇	孙金婷	汪晓萱	姚文佳	赵玲清	姜浩臻
陈大可	赵　强	李　莹	谭棕宝	高瑞清	郭怡然	韩菲菲	王盈盈
秦洁玉	陈金映	夏博文	崔子薇	张金行	杜沛霖	王廉茹	郭金亮
周利易	叶鹏飞	陈双怡	刘艳珠	王　轩	庄永栋	张文隽	潘　韬

续表

王 腾	熊舒宇	罗红霞	周 涛	赵佳璇	李观长	李 娜	闭慧玲
廖心悦	童心圆	张 璇	林文婕	吕枞雨	董恒烨	蔡仕贤	陈佳颖
詹沛霖	刘 栋	白 新	雷文博	衣跃静	苗 艺	王航宇	朱彦军
崔 茅	刘 锐	王 阳	程彭来	高维东	张霁崴	陈春屹	李 昉
吴建林	龚 主	任 铭	王 超	徐建南	张 宁	郭 晗	车 鑫
马慧颖	王一冉	岳志辉	瞿豪豪	刘 恒	刘 康	乔进富	王亚松
崔茗帅	何金宇	徐家凯	张国斌	侯 哲	宋东昊	王梦珺	杨正宇
邓梓鹏	李春云	梁天堡	田 庆	许梦凡	张鹏涛	谢志邦	黄明伦
牟亚雪	商 聪	孙邵彬	牟甜鸽	张林茹	陈舒曼	卫星光	孙皓钧
石 轲	丁 鹏	龙 鑫	张志宇	贾仪伦	邹乔戈	陈 屾	罗 燕
林红娅	姚 鑫	张鹏飞	陈优异	李德耀	吴 傲	陈国柳	罗 毅
施楚敏	卢俊菠	王嘉玳	王瑞昌	张 可	邓鉴湧	刘旨杰	杨超颖
叶 璇	孙宇航	王立遥	杨 乐	马雨豪	刘晓豇	王世琦	米家奇
温克花	朱定坤	黄子越	马 冲	徐雅婕	丁群峰	曲百锐	吴田同
付彦铎	司冰茹	朱云佳	李佳琛	李思琪	马文凯	段西宁	刘 聪
肖宇宸	马 彬	邢嘉城	王鸣纯	包鹭鸣	蔡洪明	陈旭彬	马 燕
宣朋羽	林 锴	王文静	夏天宇	蔡小雯	赵 萌	刘 悦	吴 润
杨忠东	翁芳芳	李必河	李普阳	王瑞琦	王子渊	周 彪	李金铄
石 超	苏泽梅	许 磊	潘建霖	袁润苑	崔浩田	雷 轩	刘 涛
王博锋	肖文婧	刘 鑫	邢紫薇	蔡 仪	吴屹浩	杨荣悦	陈 歌
葛云洁	黄振菊	李林阳	杨孟范	杨 霞	宋凤珊	姚 越	雷世豪
王英同	曹志恒	魏天鸿	邓 迪	景筱竹	田 钺	朱宝莹	陈 智
郭尚文	杨张妍	袁 思	黄 艳	任奕菲	盛 玥	许钰林	王思龙
韩雨诺	邢心语	董李杰	张 莘	何安恩	张思齐	雷 栋	李 方
姚如栩	冯慧芬	吕嫣茹	刘 博	姜 珊	胡圣杰	覃 翔	范佳荟
何镔郎	吴梅芳	白金玄	吕 白	谢承鹏	于彰淇	张紫微	徐 妍
梁旭阳	夏国魏	邢雅鑫	刘昕阳	陈 港	任增强	杨有航	蒋志钢
龙林宏	唐仁豪	孟 恙	孙业财	李瑞萱	许 腾	杨庆珊	余沃辉
梁维青	晏 畅	刘相辉	梁 珺	朱若璇	马 淼	李 聪	李桂林
林文智	李志超	李智杰	张荣斌	迟晓丹	王雨洁	钟汶伶	解 鹏
安子辉	单 婷	侯丽娜	甘玉婷	段鑫玥	夏 伟	刘登科	王雪纯
苏俊廷	覃春晖	徐闻达	张骥韬	吴 越	王迪一	薛鸿宇	史旭潇
吴 怡	高天虹	袁卓娅	贾洁茹	祁缨缨	夏 露	刘晓鑫	胡 艳
李健瑶	杨文材	彭政涛	袁梦媛	赵传帅	张玉腾	刘洪婷	程可欣
赵建东	吴昊泽	白忠玉	章遵豪	胡游柔	赖友进	李梦涛	金弈龙
郑志远	解佳腾	赵娴英	刘泽宇	杜 婧	胡思佳	魏道鑫	袁婧婕
张燕茹	张丽楠	衡九阳	傅宏斌	项 昊	刘雅雯	郭洪涛	罗 灏
叶唯一	王振华	周 垚	古珊珊	王海洋	王育志	黄雅寒	齐 芬

续表

韦　鼐	张晓芙	张颖超	郭晓曼	邱乐杰	温雅文	武昕瑜	闫　莉
阎龙霞	周冰倩	黄睿凌	刘永健	宋钊闻	李怡璇	刘正午	史艳林
宋美琦	刘晓祯	魏华婧	陆晓星	马　婕	吴汶栖	李　聪	李　泽
邓仁毅	黄华斌	刘兆宸	宸晓婷	方妮南	史云鹏	夏江南	赖逸洋
徐敏倩	谭泳岚	汪晋安	钟昱尧	杨蕊绮	徐自爽	唐俊婷	王梓宇
周华嫣然	梁吴仁杰	易杨美芝	米尔扎提	冯凌姝雅	如孜·亚森	努尔艾力·艾山	哈斯铁尔·艾列西
叶斯木汗·哈吾安	阿力木江·阿地力	阿孜娜·木拉提	阿不都拉·肉孜	艾合麦提·麦麦提	昂草·金恩思		

6．科技创新能力优秀奖：325 人

吴天昊	蔡馨雅	李昕烨	张午宇	曹文君	胡加伟	滕先浩	池上荷
周智行	傅雨荷	陆明璇	陈大川	郇　悦	郭舒毓	刘一瑾	晁倪杰
范振宇	马　锐	于　浩	黄彦钦	胡淳珂	蔡雨萌	王义凯	刘江山
宫　鑫	曹越芝	冯思雨	马俊杰	杨　彬	梁延昌	甘萌莹	高　勇
周儒畅	陈思宇	史泽南	卫　卓	郑逍然	肖钟秀	李克难	刘恩宏
倪政泽	朱　媛	韩　栩	杨浩锐	冯舒婷	韩　雪	汪　欣	何泳佳
戈田平	李皓天	李朋飞	王权圣	张燕荣	张　益	牛梓戌	安孟林
李进生	罗开元	王亚州	姜文倩	梁永涛	李天翔	何哲伟	黄婷婷
王志涛	黄一洪	夏基鼎	王雪芯	王　鑫	班明辉	李德奇	廖　伟
沈　鑫	魏超然	赵婉婷	刘珊珊	李文洁	陈家辉	贾　瑞	李　智
钱　文	周若曦	孙艳楠	汪　弈	徐闻璐	田雨禾	杨　超	任成昊
荆　森	张国鑫	贾浩松	刘　旭	季　翔	王茗萁	顾雨梦	李俊杨
赵冠宇	高光亚	高群翔	周浩祖	李奎杰	杨振宇	韦虹宇	陈施佳
翟　雪	王晓妍	张　翼	郭子嫚	杜伟彪	胡庆祥	刘　健	王明军
周庆国	夏凌峰	李新磊	王彦方	程　想	李　伟	苏士伟	席　泽
刘雅婷	郭鑫玥	李立垚	梁力文	陈东旭	翁国柱	孙浩然	刘　璐
吴名起	李嘉文	袁稳发	刘　涛	金志宏	丁雪莹	杨宇轩	仲凯悦
杨　振	李　毅	杨东晓	潘姝彤	刘爱静	陶东亮	刘　坚	左安邦
吴冰倩	迟耀东	孙铭珂	何琦琦	李长锋	敖春燕	彭渝锋	戚宇航
潘依依	王　凯	姚　涛	付梦宇	郑　飞	徐晓彬	马东福	官泳余
王增基	李　楠	李　冉	赖　典	郝犇珂	辛世豪	郭涵涛	那永一
李　程	李　璐	王娅宁	郑昕桥	邵常焜	马　龙	苏　浩	黄和钧
靳晓忠	何泓樟	牛嘉怡	杜　晓	吕泽鋆	姬雅晴	赵伊恒	许舒鹏
张宏博	谢一良	周　琰	任楚梦	顾舒婷	杨媛娟	郑赛硕	李　云
叶梦蝶	孙铭跃	陈皓妍	缪静颖	武晓霞	王继娴	李　恺	吴晴雯
曾梓豪	王　明	易梦馨	张雯静	李路阳	韩菲菲	陈金映	林　瑾
李若晰	李名扬	王丹梨	张梦雪	章洛铭	高愫婷	杨翼荣	张　龙
周继祥	张家兴	史耕金	侯文星	余　雷	杨浩哲	陈斌斌	温　爽

续表

张兴轩	胡潇如	杨　旭	亢美琪	梁天堡	谭紫璇	李　荣	彭羽瑞
任昱杰	王子杰	张琮委	朱富明	徐兴明	徐万欣	刘　越	宋治星
夏艺馨	刘　政	徐雅婕	刘玲姗	王紫玉	毛帅男	杨书城	刘　聪
夏天宇	黄彦宁	陈　聃	吴　润	臧宇航	李依宾	刘　畅	王瑞琦
肖文婧	李晓孟	罗成于	韩　旭	吴　琳	徐　健	陈得恩	董英帅
郑凯玄	白晓雪	何紫伶	景筱竹	刘林彬	崔　畅	吴晓帅	邢心语
张耀宇	刘元向	何安恩	孙博华	孙梓滢	鲁　浩	张东霞	有晓丹
彭子娟	黄　陈	刘园园	姜一琳	叶恒舒	夏天杰	张楚璇	顾霖赟
杨　帆	仲晓雨	冯小荷	单　婷	史益豪	张　楚	杨雯博	师慧娟
先　敏	苗振钢	张　薇	蒋浩琛	江新华	蒋宗亨	田　静	李　哲
刘　朗	黄新宁	任晓琛	高　然	杨国栋	刘　阳	韩雅琪	刘友月
刘园园	杨莉媛	张思萌	黄睿凌	陆晓星	张雨萌	高雪倩	刘兆宸
宋晨铭	李思佳	耿浩然	周华嫣然	诸葛雪迎			

（四）创新创业标兵荣誉获奖名单 10 人

胡加伟	李奎杰	高群翔	何安恩	吴　琳	麻腾威	黄和钧	周庆国
辛世豪	韩菲菲						

（学生处　葛　超　提供）

华北电力大学 2016—2017 学年度研究生先进集体和先进个人获奖名单

（北　京　校　部）

一、优秀研究生标兵（32 人）

1．博士（8 人）

李　树	陈鹏伟	周亚男	洪　烽	陈开风	宋宗耘	叶小宁	王　雨

2．硕士（24 人）

王　杰	夏　喻	高彩霞	谢文强	孙洪宇	成敏杨	韩　笑	任瀚文
席　翔	白　璞	刘涵子	冯书勤	张新宇	李　荆	刘大贺	于松源
王　睿	戴舒羽	吴　晗	梁　宇	郝　和	王春阳	王汝佳	李德贞

二、优秀研究生（458 人）

1．电气与电子工程学院（146 人）

博士（26 人）

王守鹏	付　强	王义龙	杨亚奇	公延飞	王　琦	廖坤玉	倪筹帷
贾亚飞	孙玉巍	周莹坤	黄旭炜	陈　萌	邓二平	蒋璐行	李承昱
卫思明	刘宏宇	周宏扬	王东来	李志伟	刘　炜	王　璇	翟俊义
张鹏宁	张雪垠						

硕士（120 人）

袁创业	王可坛	韩　璐	徐义良	宋占象	郝嘉诚	赵裕童	李亚波
李世豪	冯家欢	熊伟鹏	赵书静	张嘉琴	彭文昊	曹望璋	杨治中
刘译聪	孟鹤立	项晓强	王　舒	刘利亚	毛　未	李　艺	叶秋子
王甜婧	孙冰莹	张　旭	陈　晔	王碧霄	井　皓	逯胜建	康文博

续表

唐 其	汤卓凡	刘 莹	吕 良	许 阔	杨啸天	王 超	张少谦
陈 蕊	赵 煜	李岩峰	莫申扬	李雲建	张 婧	沈雅琦	周廷冬
卢 超	邹其峰	王 兵	王宇飞	黎 晓	宁琳如	包正睿	姚春晓
马宁博	王旭阳	张璐路	蒋若蒙	伍秋坤	程宇頔	葛良军	王宏旭
张爱萍	蒋华婷	田欣雨	杨 泉	黄瀚燕	戴 明	闫彬禹	孙广增
谢国超	闫 磊	李 慧	张文扬	张 瑜	刘 进	周福文	石 城
黄 婷	张伟波	张红颖	韩 通	陈 剑	成 锐	刘 林	吴梦凯
王 欣	李 冰	赵 佳	张 桐	马宇飞	张朋宇	王婉君	高 娟
周昕炜	高鹏翔	于寒霄	龙日尚	王 震	熊雯婷	赵 剑	李林泽
张怡冰	姚黎婷	李旭东	杜 倩	杨佳艺	胡 浩	马玉龙	陈 杰
刘诗怡	岳 帅	赵 娜	徐 龙	李 真	李 蕾	孙浩男	蒋 雯

2．能源动力与机械工程学院（96 人）

博士（26 人）

孔艳强	褚凤鸣	薛占璞	韩 旭	胡亦超	于 磊	王乐萌	梁占伟
张 衡	高宇航	王伟佳	刘月超	刘 婧	王 建	火 灿	索 彩
杨维结	曹正锋	庞 彬	李永毅	邹 潺	王 琦	王达梦	齐铁月
柴 晋	邱尤丽						

硕士（70 人）

李 威	章淳建	罗嗣棂	程 浩	茹 宇	曹 琦	郑雅文	张 夏
李承周	韦佳娣	沈明海	陈裕辉	孙 婧	尚 炜	杨晓茹	余裕璞
陈羿姿	孙 倩	谭 晖	石 果	谢 天	刘皓文	麻艺炜	杨雨默
李国庆	高亚驰	杨佐勋	罗 宁	陆紫君	焦 阔	王晓蕾	吕 静
翟梦瑜	杨佳雯	张 光	陈俊寰	张阳阳	洪 文	王东旭	郭忠玉
时 斌	贾明祥	张 晗	王 刚	唐 昊	刘亦芳	陈 宇	周 强
矫延林	韩继朋	李 超	白雪亮	刘秀龙	王春兰	郑清清	齐佳伟
薛小军	周冬冬	黄林滨	赵亚东	牛晨巍	高燕维	姚 文	王鹏毅
王灵志	辛美玲	薛 颖	江桂红	周 鑫	李 琼		

3．控制与计算机工程学院（68 人）

博士（7 人）

王耀函	尹二新	刘 淼	周琬婷	王天宇	孙单勋	高耀岿

硕士（61 人）

张 报	白雪剑	余晓玲	龙东腾	王宝源	张 璜	简一帆	王兆光
张 旭	韩 越	陈丽雪	牟 犇	张 洋	王 强	李 岩	李 景
司冠林	李 妍	李 响	康逸群	刘 虔	李 权	王晓鹏	蔡 忱
吴梦华	支宸啸	许兆伟	杜嘉程	聂祥谦	赵偲榆	秦冰伦	彭 范
王梦翼	王梦圆	杨 琼	马乐乐	张 涛	王明宇	马 雪	闫 东
穆士才	何 曈	张 纲	张彬文	张 榆	卢 炼	徐灵杰	王艺萌
熊智林	赵 康	严人宁	张 腾	王冬冬	徐亦白	王 嵘	唐 骞
翟清云	曾 婧	曲金梦	高宇豆	王海威			

4．经济与管理学院（66 人）

博士（8 人）

杨文茵	梁燕妮	苑嘉航	霍慧娟	赵浩然	许传博	梁毅	张玉琢

硕士（58 人）

白思莹	王盛煜	陆昊	蒲雷	黄果	何丹丹	张一凡	林晓珊
于英姿	李玲闻樱	赵伟博	陈蓉珺	王梦	张文华	董厚琦	何慢慢
吕善磊	苗越虹	杨晓宇	李娜	纪宇	朱宇佳	负佩宏	郝玉娇
石磊	张优	韩晓宇	焦一倩	张栩蓓	杨蕙嘉	左艺	王媛
李秋爽	王杨	李源非	姚多朵	吴美琼	杨沫	夏慧聪	崔丹
李奇	孙旭	谢超	龙芸	张为荣	许玥	王源	王玲
冷庆玲	敖锦	宁抒达	蒙志伟	薛午霞	褚婷	冯一斐	狄凡
李瑞静	梁宁						

5．可再生能源学院（34 人）

博士（8 人）

曹泷	肖黎	王渤权	任英科	李聪	陈义忠	郭强	陶泉丽

硕士（26 人）

吴高翔	王雅萍	佟锴	刘文健	周民星	傅玉	刘山新	范威威
吴志毅	曾癸森	隋国栋	杨熠	李锦艳	高洋	闫肖蒙	张慧娟
赵晨旭	崔梦其	王建业	曲炯辉	李文达	荆柱	李贵博	刘宜杰
胡烨子	柳杨						

6．核科学与工程学院（14 人）

博士（2 人）

张亮	汤建楠

硕士（12 人）

赵阳	杨安霞	欧阳斌	杨梦灵	高尚	李景太	仇若萌	王浩
王园鹏	徐佳意	李楠	贺政康				

7．数理学院（17 人）

硕士（17 人）

杨洪举	张岩	傅宇明	蔡刘颖	王果	闫瑞芳	廖珩璐	张佳丽
孙琛	杜嘉	杨雪梅	栾晶	李顺子	蔡志飞	范雅婧	张俊霞
陈一鸣							

8．人文与社会科学学院（9 人）

硕士（9 人）

于家琪	王瑜芳	吉柯宇	行倩	梁晓彤	张晶	郝甜莉	王凡
焦沈芳							

9．外国语学院（7 人）

硕士（7 人）

金书玮	王珂	李鑫	徐亚男	彭德晶	沈敏	熊野

10．马克思主义学院（1 人）

硕士（1 人）

李姊威

三、优秀研究生干部（249人）

1．电气与电子工程学院（85人）

博士（8人）

顾妙松	郭　尊	李　珏	袁之康	李　猛	许　鹏	蔡万通	荆永明

硕士（77人）

成　锐	刘　林	吴梦凯	王　欣	李　冰	赵　佳	张　桐	马宇飞
张朋宇	王婉君	高　娟	周昕炜	高鹏翔	于寒霄	龙日尚	王　震
熊雯婷	赵　剑	李林泽	张怡冰	姚黎婷	李旭东	杜　倩	杨佳艺
胡　浩	王家慧	马玉龙	任瀚文	钦高唯	雒　磊	汪宜航	孟繁星
高涵宇	闫人滏	王志远	杨　帅	陈搏威	张　帆	曹宇平	张馨月
陈嘉敏	王　宪	徐雅惠	杨山河	魏纯晓	张经纬	李大勇	王文韬
潘　祯	曹澄沙	郭抒颖	胡　鑫	王思涵	逄　飞	李小萌	石纹赫
孙　哲	汪梦寒	孙宁姚	王华倩	张　晗	杨玉瑾	周光东	韩天轮
王　畅	何知遥	许璞轩	郭晨阳	陈　杰	屠聪为	崔　婧	关　睿
蔡　博	李欣宁	郭　斌	郑晓星	邱　爽			

2．能源动力与机械工程学院（48人）

博士（8人）

孔艳强	王伟佳	黄显威	卫慧敏	金鑫明	王　仲	包　哲	王树成

硕士（40人）

章淳建	谭　晖	罗　宁	张　光	王东旭	贾明祥	刘亦芳	李　超
郑清清	薛小军	牛晨巍	高燕维	周　鑫	苏逸峰	谭天宇	宋四明
张树晓	江清凌	张　超	许克珂	陈　晨	李　昂	董永星	谢云云
黄晓宇	蔡顺凯	何　源	刘　哲	李　帅	和学豪	余志文	韩泓池
杨　兰	万震天	马晓双	王永智	陈　颖	庞　硕	罗　耿	丁　鹏

3．控制与计算机工程学院（33人）

博士（3人）

孟洪民	童国炜	张　维

硕士（30人）

简一帆	邓志光	杨　扬	姚　楚	孙建建	王　娟	李青青	苏　晴
张美玲	牛文静	邱日轩	赵雄飞	曹柳青	祝　浩	刘宏宇	张　楠
唐小宇	张楠霞	贾　平	王桂松	李云鸷	花　硕	刘　琳	韩文杰
赵　康	张　腾	徐亦白	杜　婧	朱震东	王　宁		

4．经济与管理学院（37人）

博士（3人）

罗开颜	王玉玮	张玉琢

硕士（34人）

黄　果	陈思楠	原　源	么　峻	李　健	郭小菱	张东梅	赵伟博
王　梦	张文华	刘东冉	苗越虹	纪　宇	周鹏程	尹传根	郝玉娇
魏铭岐	胡严匀	张　严	杨蕙嘉	王　媛	马　原	张弘扬	崔　丹
李　智	李　旭	李　冉	代思晨	高　原	徐幼珍	周　锐	陆　明

续表

李一帆	阚学奔

5．可再生能源学院（17 人）

博士（3 人）

肖　黎	俞洪杰	陈杰威

硕士（14 人）

何文栋	李嘉楠	刘　宇	顾培根	彭燕祥	何晨凤	杨　熠	闫肖蒙
张慧娟	赵晨旭	唐诗洁	邱　颖	陈　俊	陈欣峰		

6．核科学与工程学院（5 人）

博士（1 人）

秦亥琦

硕士（4 人）

李　兵	纪　珂	付　云	许　谦

7．数理学院（11 人）

硕士（11 人）

傅宇明	丛宇辰	崔文军	张佳丽	张　莹	李欣芮	吴玉倩	杨　坤
李　鑫	肖炳环	王　静					

8．人文与社会科学学院（6 人）

硕士（6 人）

王贤虎	万田宇	张　营	梁晓彤	高思遥	张　睿

9．外国语学院（6 人）

硕士（6 人）

王汝佳	陶　帅诚	彭德晶	熊　野	殷艳丽	王飘笛

10．马克思主义学院（1 人）

硕士（1 人）

王　茜

四、先进班集体（20 个）

研　电 1504	研　电 1506	研　电 1603	研　电 1610	研　电 1608	研　动 1518	研　动 1614	研　动 1618
研控计 1626	研控计 1523	博控计 1445	研 经 管 1627	研经管 1628	研经管 1630	研可再生 1634	研可再生 1634
研核电 1636	研数理 1637	研人文 1639	研外国语 1641				

（保　定　校　区）

一、优秀研究生标兵（18 人）

靳伟佳	吴成坚	刘婧妍	马倩倩	刘　薇	赵若丞	谷青峰	李延宇
王晓慧	张钰淇	杨明晓	彭晨阳	王彩飞	梁博通	王鹏卉	高　婷
顾　浩	张少康						

二、优秀研究生（245 人）

1．电力系（64 人）

孙彦萍	刘辉海	王金星	薛　晨	杨　越	薛伏申	张　凡	焦　洁
蒋云涛	陈玉良	何梦媛	严　俊	陈　旭	王逸仙	李忠徽	钟　平
徐梦蕾	程槐号	胡兰青	张　佳	韩鹏飞	王子睿	钟　正	董平平

续表

邢东霞	姚　磊	靳艳娇	王召盟	任　洁	杨佳伟	张　莹	靳保源
李演达	初文奇	邹培根	周光奇	张　科	刘　佳	姜　烁	张雪原
魏石磊	黄馨仪	王晓丹	李新军	董　玥	赵旭阳	霍晓燕	张建涛
王博闻	赵映宇	王艳娟	姜楠楠	李　雪	张佳佳	梁少栋	裴继坤
马明珠	许占科	王　翠	贾深禹	李秋佳	尹梦雪	马艳军	卢佳丽

2．电子系（23人）

陈　文	黄文婵	吴　艳	张景芝	杜丽群	闫晓然	吕天成	吕　兵
郭英喆	郭新瑶	靳梦莉	郑　兰	郭丹丹	姚亚青	郑　冰	杨君霄
苏思岚	陈　鹏	孙海波	郭利花	杨凯旋	李昀展	郑宏达	

动力系（38人）

祁　超	白智中	周　沛	周伟伟	武旭阳	杨浩楠	陈　天	许鸿胜
蒋　衍	南珊珊	汪　辉	苑一鸣	杨少东	马明皓	马文静	王月坤
丁　艺	仲　凯	赵伟萍	庄绪增	张泽灏	张　健	杨昊泽	杨长根
李明晖	蒋奎振	彭行行	张开顺	张湘珊	梅中恺	付　静	郭森闯
薛晓东	夏　露	郭良丹	杨静洁	王学欣	张　宁		

法政系（3人）

刘静娴	刘春松	王蓓蓓

环工系（15人）

王佳男	陈玉强	李小燕	陈凤桥	杨　硕	伍思宇	于松华	魏晗笑
姜义健	李宗红	徐芸菲	姚　远	徐　珺	王　浩	李喜妹	

机械系（16人）

祁复功	林剑峰	曹雨薇	王贤龙	马一丹	高　楠	王永杰	陈　磊
孙尚飞	张伯麟	张　悦	徐运生	王耀福	贺宁宁	高　媛	李赛赛

计算机系（21人）

覃智补	于长海	朱航江	赵乙桥	赵晓伟	毕营帅	张鹏程	柯行思
邢　芮	孟珊珊	赵　烨	马利洁	郭鹤旋	赵健伟	沈哲吉	高永琳
李晓晗	江依诺	王　强	张文倩	杨旭辉			

经管系（25人）

孙静怡	付亚楠	史玉芳	罗　伟	李　悦	江　峰	赵　雪	魏思伟
景凯强	张　微	王时瑶	郭佳慧	张雪婷	杨　帆	陈　增	张冰华
张晓彤	张汝可	胡圣洁	李　倩	梁一景	牛晶磊	温若帆	王　昕
赵倖一							

马克思主义学院（2人）

饶一鸣	王　潇

数理系（4人）

苏　雯	郑　宁	刘祖权	陶齐勇

英语系（5人）

王馨悦	屈朋影	张宏燕	杜星莹	韩　昱

自动化系（29人）

刘　霜	沈　婷	杨　堃	薛西岳	潘　瑞	刘业鹏	孟令虎	张木柳

续表

靳昊凡	曾华清	吴延群	谢碧霞	杨　磊	李晓伟	李应保	尹子剑
李　珍	朱　枫	司志宁	王　舜	马彬彬	孙　鹏	魏立新	焦　阳
李丹华	李金拓	王晓亮	刘　潇	杨　儒			

三、优秀研究生干部（**145** 人）

1．电力系（39 人）

刘　博	刘　然	林西阔	何梦媛	刘　畅	逄晨阳	李忠徽	王子睿
赵存璞	师　楠	曹　轩	严思齐	苏嘉成	刘婧妍	张雪原	王　鑫
李东旭	畅　达	赵旭阳	王博闻	高　婷	尹梦雪	刘　怡	王　刚
张文彦	姜楠楠	初文奇	刘达然	胡文婧	杜　鹏	黄江浩	董力文
王　爽	韩鹏飞	焦晓鹏	范心一	武　昭	施凯伦	苏　浩	

2．电子系（13 人）

王　宁	贾艺璇	孙光祖	王佳静	王　明	范晓晴	胡启杨	赵百捷
陈咨彤	倪　超	郝成成	刘思佳	李明卉			

3．动力系（28 人）

张　宁	史浩莹	张　楠	祁　超	白智中	周　沛	周伟伟	武旭阳
庄绪增	朱　楼	张泽灏	谷青峰	张　健	杨昊泽	蔡小刚	马明皓
许鸿胜	许文良	王聖齐	孙　岑	付　静	王　信	苑一鸣	张永昇
陈　天	路婷婷	王梅梅	李力衔				

4．法政系（1 人）

刘静娴

5．环工系（13 人）

王晓慧	陶子晨	曾祥超	于松华	吴晶晶	曾韵洁	李喜妹	朱思洁
刘建芝	张瀚之	何　宽	向亚军	徐芸菲			

6．机械系（6 人）

刘圣西	赵东雷	吴　炅	张钰阳	尹　涛	白云灿

7．计算机系（9 人）

覃智补	张　鹏	刘梦飞	刘园园	高永琳	严　海	程鹏志	刘轩驿
吕　进							

8．经管系（15 人）

孙静怡	罗　伟	郄少媛	张　微	王皓月	张冰华	杜　红	王　昕
徐志鹏	彭伟松	王时瑶	张　航	赵　雪	祝邑尧	王旭阳	

9．马克思主义学院（2 人）

林子琳	饶一鸣

10．数理系（2 人）

魏珠萍	付　豪

11．英语系（3 人）

王营营	曹燕乐	李际星

12．自动化系（14 人）

苏创世	孟令虎	张风南	任　林	靳昊凡	杨　磊	李晓伟	李　帆

续表

李　珍	马明娜	刘家宝	刘　潇	吴延群	刘金龙

四、先进班集体（11个）

硕电力155班	硕电力161班	硕电子151班
硕动力153班	硕动力163班	硕法政班
硕环工162班	硕机械161班	硕经管161班
硕英语161班	硕自动化161班	

（研究生院　何　健　提供）

华北电力大学2016—2017学年度优秀本科班主任名单

（北　京　校　部）

十佳班主任名单

崔　琦	杜小泽	古丽米娜	郝祖龙	李忠艳	刘元欣	王海若	文亚凤
薛安成	袁桂丽						

优秀班主任名单

电气与电子工程学院：

樊　冰	范杰清	郝建红	黄晓明	李庚银	刘其辉	刘自发	孙淑艳
许　军	徐明荣	朱永强					

能源动力与机械工程学院：

陈宏霞	冯　欣	李　红	李惊涛	宋玉旺	王家伟	王宁玲	王　锡
肖海平	徐宝萍	杨志平	张宇宁	张　志	周国兵		

经济与管理学院：

冯　静	郭　鑫	韩宝庆	李艳玲	梁春燕	刘　斐	孙　哲	田光宁
许儒航	易　涛	袁家海	张　琪				

控制与计算机工程学院：

高　峰	韩晓娟	李国栋	林碧英	刘春阳	刘　石	石　敏	王　璐
王素琴	吴　华	于　磊	周　景				

可再生能源学院：

褚立华	戴松元	花之蕾	李美成	龙　凯	覃　吴	文　涛	张尚弘

核科学与工程学院：

王升飞	朱卉平

数理学院：

丁迅雷	马新科

人文与社会科学学院：

陈　波	何　建	李玲玲	徐保云

外国语学院：

宋晓漓

（保　定　校　区）

十佳班主任

刘云鹏	杨建蒙	陈火欣	赵香棉	张　健	李泽红	杨再旺	郭　燕

续表

慈铁军	张立峰						

优秀班主任

电力工程系：

李　慧	高本锋	宋一辰	董淑慧	李兰涛	吕天成	范海红	赵书彬
冯文宏	赵书涛	郭海朝	范晓舟	张　辉	徐　岩	胡永强	安　勃

电子与通信工程系：

汪梦闪	严伟能	张力晖	陈智雄

动力工程系：

张　磊	黄新颖	李建强	李　宁	刘志坚	李恒凡	尹倩倩	王万雨
孙　芳	高　艳	周　硕	刘英光	马　凯			

机械工程系：

赵　萱	万书亭	胡庆宇	姚小清	张新春	江文强	绳晓玲	唐贵基
储开宇	张　超	马　帅					

经济管理系：

赵怀璧	闫丽萍	戴立新	刘东旭	高树彬	王维军

自动化系：

姚万业	苑　朝	张　妍	刘卫亮	付　萍	韩亮亮	陶　哲	林永君

计算机系：

张亚萌	岳　燕	袁和金	翟羽佳	牛为华	苏　攀	王建文

环境科学与工程系：

汪黎东	郝润龙	李志勇	马京香	吕晓娟	刘　洁	傅水香

数理系：

李金花	何　琦

法政系：

李　雷	谭　琪

英语系：

王乐洋	张　颖	李林倩

国际教育学院：

张大超

华北电力大学 2016—2017 学年度优秀研究生班主任名单

北京校部（31 人）

刘春颖	赵成勇	陈　艳	王　赟	樊　冰	林　俐	龚刚军	武昌杰
宋光雄	杨天明	陈　林	刘　钊	宁子森	闫江毓	费　翔	谢桂庆
李国栋	马苗苗	薛明磊	刘元欣	唐平舟	马同涛	刘崇明	赵长红
王　玲	许丽颖	靳　周	常青云	石玉英	方仲炳	国　防	

保定校区（22 人）

牛胜锁	刘　艳	谢　庆	王　毅	刘　青	项洪印	戚银城	张学镭
李慧君	钱江波	陆　伟	付　东	向　玲	张新春	程晓荣	李　伟
孙　伟	赵鲁臻	闫占元	刘　洋	杨耀权	马永光		

（档案馆　王振华　提供）

华北电力大学2016—2017学年度教学优秀奖获奖名单

（北　京　校　部）

一、教学优秀特等奖（6人）

电气与电子工程学院：　徐衍会
能源动力与机械工程学院：　夏延秋
控制与计算机工程学院：　袁桂丽
经济与管理学院：　赵洱岽
可再生能源学院：　门宝辉
国际教育学院：　火月丽

二、教学优秀奖（57人）

电气与电子工程学院：

朱永强	许　军	李　琳	赵国鹏	刘　君	文　俊	黄弦超	徐明荣
刘其辉	郑　涛						

能源动力与机械工程学院：

张乃强	张　志	陈　林	肖海平	任　宇	王晓东	张永生	王　锡

控制与计算机工程学院：

王素琴	关志涛	贾静平	罗　毅	苏林萍	徐茹枝	杨婷婷

经济与管理学院：

李彦斌	刘　琳	李晓宇	简建辉	张莉萍	杨淑霞	侯学良	田惠英

可再生能源学院：

杨世关	邓　英	孙万泉	何少剑

核科学与工程学院：

马续波	刘　芳

数理学院：

石玉英	胡　冰	邓加军	冯兰兰	何凤霞	周继泉

人文与社会科学学院：

杨卫东	陈燕红	高富锋	杨建成

外国语学院：

刘　辉	司　微	李占芳	赵燕飞

马克思主义学院：

郑洪晓	王旭琰

体育教学部：

徐新利	耿爱华

（保　定　校　区）

一、教学优秀特等奖（5人）

电力工程系：　王永强
动力工程系：　吕玉坤
电子与通信工程系：　马海杰
机械工程系：　宋立琴

自动化系：　　　　　　　　张　妍

二、教学优秀奖（45人）

电力工程系：

苑东伟	李建文	刘　欣	冉慧娟	胡永强	刘兴杰

动力工程系：

张　磊	刘春涛	钱江波	高月芬

电子与通信工程系：

韩东升	贾惠彬	罗广孝

机械工程系：

何玉灵	王进峰	马　帅

环境科学与工程学院：

李晶欣	李艳坤	苑春刚

经济管理系：

李金颖	赵巧芝	刘　梅	张　谦

英语系：

王乐洋	沈　茜	索　佳	韩立刚

法政系：

李　雷	曹丽媛

计算机系：

牛为华	秦金磊	王晓辉	李丽芬	刘　丽

数理系：

严　艳	任　芝	赵美玲	王永杰	王小哲	张慧鹏

自动化系：

白　康	孙海蓉

马克思主义学院：

孙　芳

体育教学部：

宋　琼	孙　宇

华北电力大学2017年教学成果奖名单

（北　京　校　部）

一、特等奖（10项）

序号	成果名称	完成单位	主要完成人
1	立足前沿，教研并重，特色发展，电力系统继电保护课程体系建设三十年实践	电气与电子工程学院	王增平、焦彦军、薛安成、徐岩、肖仕武、毕天姝、黄少锋、杨奇逊
2	能源转型升级下的能源与动力工程专业人才培养新范式	能源动力与机械工程学院	徐进良、王修彦、李惊涛、沈国清、付忠广、杨志平、何成兵、李　季
3	以能源电力转型需求为导向的自动化专业多层次协同人才培养体系构建与实践	控制与计算机工程学院	杨国田、刘向杰、房　方、翟永杰、刘吉臻、刘　石、杨锡运、程海燕
4	基于虚拟仿真创新平台的电力工程管理人才培养教学综合改革与实践	经济与管理学院	乌云娜、牛东晓、李彦斌、许儒航、陈文君、高建伟、刘元欣、李金超、刘　睿

续表

序号	成果名称	完成单位	主要完成人
5	从理念到行动：在线开放课程教学模式的创新与实践	经济与管理学院、外国语学院、控制与计算机工程学院	赵洱岽、刘力纬、国　防、马晓颖、石　敏
6	服务国家战略、突破工程教育瓶颈的“订单＋联合”大核电人才培养模式与实践	核科学与工程学院（合作单位：哈尔滨工程大学、上海交通大学、中国广核集团有限公司）	陆道纲、刘　洋、高璞珍、杨燕华、俞富冬、李向宾、李金阳、蒯琳萍、王建芬、牛风雷、陈文学
7	紧跟国家战略需求的新能源专业创建与发展模式	可再生能源学院（合作单位：中国水利水电出版社）	杨勇平、戴松元、田　德、杨世关、姚建曦、李　莉、刘永前、董长青、李继红、古丽米娜、王　永、殷海军
8	面向国家能源战略发展的电力领域教育培训体系构建与实践	继续教育学院（合作单位：国网北京电力公司）	沈剑飞、王桂哲、王晓霞、仝瑞锋、尹　莎
9	适应国家能源战略需求，培养行业特色卓越人才的十六年探索与实践	教务处	刘吉臻、安连锁、柳长安、肖万里、梁光胜、高继周、杨　凯
10	以学生发展为中心的“双轮驱动”素质教育体系的构建与实践	教务处、学生处、团委	郝英杰、柳长安、卜春梅、王集令、白逸仙

二、一等奖（12项）

序号	成果名称	完成单位	主要完成人
1	面向智能电网，构建卓越电力人才培养体系——电气工程专业改革与建设十年实践	电气与电子工程学院	李庚银、崔　翔、徐衍会、艾　欣、王泽忠、刘崇茹
2	“自主型、研究型、创新型”三型一体的层次化电子实践教学模式与实践	电气与电子工程学院	孙淑艳、柳　赟、赵　东、黄晓明、艾　欣、文亚凤、刘向军、刘春颖、王　赟
3	面向“创新实践型”能源动力类专业人才培养的《工程热力学》教学改革	能源动力与机械工程学院	李　季、王修彦、杨勇平、段立强、郭喜燕
4	具有电力特色的机械工程实践创新人才培养模式的探索与实践	能源动力与机械工程学院	刘衍平、宋玉旺、高青风滕伟、武　鑫、周　超、李　林、熊星宇
5	以创新实践能力为导向的计算机专业贯通式三维一体实验教学体系的构建	控制与计算机工程学院	夏　宏、魏振华、郑　玲、王素琴、陈　菲、马　炜、石　敏、贾静平、林碧英
6	系统性、立体化电力专门用途英语课程体系建设的探索与实践	外国语学院	赵玉闪、王　欣、司　微、姜　雪、余青兰、张　倩
7	实施分类教学，推动科教融合，大学物理教学体系的构建	数理学院	陈　雷、董　瑾、胡　冰、黄　霞、皮　伟、韩榕生、付星球、李瑞洁、史小川
8	能源电力行业背景下的法学本科教育模式创新与实践	人文与社会科学学院	苑英科、王学棉、赵旭光、梁　平、周凤翱、方仲炳、李　英、刘玉红、李红枫
9	以中华传统文化涵养社会主义核心价值观的教学探索与实践	马克思主义学院	蔡利民、王威威、郑　路、郑洪晓、崔　凡、吴高歌、邓　程、王永生、徐唐棠
10	《大气污染控制工程》课程群的建设与改革实践	环境科学与工程学院	赵　毅、王祥科、付　东、汪黎东、彭　林、陈　岚、马双忱、胡志光、齐立强
11	以全民健身为导向，体适能视角下的高校乒乓球选项课改革与实践	体育部	李文忠、许淑萍、梁立新、曾玉华、张晓栋
12	适应“一带一路”倡议的能源电力领域留学生多元化立体式培养体系创建与实践	国际教育学院	李庆民、段春明、齐　郑、赵子健、陈　雯

三、二等奖（19项）

序号	成果名称	完成单位	主要完成人
1	面向首都电网发展需求，实施“双培计划”培养卓越电力人才	电气与电子工程学院	刘宝柱、孙英云、廖　斌、宋金鹏、王玲玲、艾　欣
2	能源动力特色力学课程体系创新改革与全套教材的建设	能源动力与机械工程学院	何　青、李　斌、刘静静、张建军、毛雪平

续表

序号	成果名称	完成单位	主要完成人
3	基于计算思维教学能力培养的大学计算机基础教育改革	控制与计算机工程学院	苏林萍、王素琴、谢　萍、徐茹枝、王　红、周　蓉、姜立争、单　波
4	基于递进实践平台的自动化专业核心能力培养	控制与计算机工程学院	李新利、刘　禾、陆会明、杨锡运、黄从智、吴　华、白　焰
5	网络课程建设与混合式教学模式实践	经济与管理学院	田惠英、王　钇、董褚贵、王建军
6	基于仿真模拟技术的《建筑结构》课程教学新模式	经济与管理学院	侯学良、李金超
7	核工程与核技术专业多元化实践教学体系	核科学与工程学院	陆道纲、刘　洋、李　辉、吴　军、臧启勇、马　雁、陈　涛
8	基于能力培养的《水资源规划及利用》课程教学改革研究	可再生能源学院	门宝辉、张尚弘、张　成、张验科
9	高质量建设大学英语后续课程，提升大学生综合素养	外国语学院	吕亮球、赵玉闪、宁圃玉、王　欣、张　倩、余青兰、姜　雪、刘　岩、李海燕
10	案例教学法在《跨文化商务交际》课程中的应用	外国语学院	宋晓漓、杨海霞、郑　晶、岳剑英
11	数学建模竞赛对培养优秀素质学生的促进作用	数理学院	潘　志、雍雪林、谷云东、高　欣
12	以研究生教育为核心的矩阵论课程建设和实践	数理学院	邱启荣、韩励佳、黄晔辉、卢占会、马德香
13	高等院校法学专业国际法实践教学环节的构建	人文与社会科学学院	李　英、杨卫东、刘玉红、付　荣、沈　磊、陈燕红、赵保夫
14	改革微观课堂教学设计，提高思想政治理论课教学的实效性	马克思主义学院	张　艳、马卫华、侯丹娟、徐唐棠、王旭琰、马海红、崔　灿、何秋敏
15	分析化学实验课程教学改革与实践	环境科学与工程学院	王素华、侯　静、陈中山
16	大电力特色人才培养国际化改革与实践	国际教育学院	周　涛、袁予熙、徐玲玲、火月丽、陈　娟
17	“一带一路”背景下会计硕士职业资格对接的培养方案研究——以能源电力行业为例	研究生院	宋晓华、罗格非、何　健、何明华、王青霞
18	基于MOOC和翻转课堂的大学生心理健康教育课程教学改革与实践	学生处	卜春梅、史海松、马　冬、费　翔、许玉萍、许云燕、汤明润、丁　宁、袁　萌
19	实践育人项目化的探索与实践	团委	王集令、武昌杰、仁威宇、张　衡

（保　定　校　区）

一、特等奖（9 项）

序号	成果名称	完成单位	主要完成人
1	学研双驱、课内外统合，扎实推进创新人才培养模式改革	教务处	王秀梅、米增强、贾俊菊、刘彦丰、赵鹏程、平　萍、杨红霞、肖　立
2	电气工程及其自动化专业创新人才培养的研究与实践	电力工程系	盛四清、李永刚、王永强、彭忠军、梁海峰、戴志辉、张　辉、李建文
3	基于创新人才培养的数学建模教育教学体系的建设与实践	数理系	谷根代、史会峰、刘敬刚、马新顺、张　坡、张国立、张亚刚
4	电子技术课程综合改革与实践	电子与通信工程系	谢志远、尚秋峰、马海杰、何玉钧、胡正伟、郭以贺、胡智奇、姚国珍
5	大学生多学科交叉融合综合创新实践模式的研究与实践	工程训练中心	张文建、房　静、安利强、林永君、谢志远
6	具有行业特色的机械类专业人才培养体系研究与实践	机械工程系	范孝良、花广如、王璋奇、戴庆辉、郑海明、段　巍
7	计算机专业创新人才培养模式改革与研究	计算机系	程晓荣、鲁　斌、袁和金、王晓辉、庞春江、宋　雨、赵惠兰、张　冀

续表

序号	成果名称	完成单位	主要完成人
8	基于“大工程观”的能源与动力工程专业“卓越工程师”人才培养体系的创新与实践	动力工程系	李　斌、韩中合、刘彦丰、叶学民、李永华、王　智、张　磊、刘　璐
9	自动化专业卓越工程师计划人才培养模式研究与实践	自动化系	翟永杰、韩　璞、王印松、林永君、刘延泉、韦根原、马　进、程海燕

二、一等奖（11项）

序号	成果名称	完成单位	主要完成人
1	继电保护课程理论与实践教学模式研究及教学团队建设	电力工程系	戴志辉、焦彦军、杨明玉、王　雪、李　翀
2	新专业规范下建筑环境与能源应用工程专业的改革及建设	动力工程系	魏　兵、郑国忠、高月芬、时国华、沈占英
3	面向创新人才培养的程序设计课程教学模式改革及教学团队建设	计算机系	潘卫华、张丽静、罗贤缙、高　伟、甄成刚
4	学术英语教学模式的探索与研究	英语系	张　莉、魏月红、王乐洋、薛晓瑾、沈　茜
5	面向创新人才培养的线性代数课程综合教学模式研究	数理系	王　涛、马新顺、张国立、郭　燕、刘敬刚
6	公共事业管理概论课程教学中大学生就业胜任力的培养	法政系	尚晓丽、夏　珑、曹丽媛
7	基于PDCT目标体系的工程造价专业创新人才培养模式研究	经济管理系	温　磊、高　冲、张树国、孔　峰、王维军
8	面向新能源、化工环保复合型人才培养的多层次全方位研究性教学模式	环境科学与工程系	王淑勤、汪黎东、郭天祥、张玉玲、吕晓娟
9	基于学研双驱模式的输电工程专业实践教学体系研究	机械工程系	王璋奇、杨文刚、安利强、范孝良、江文强
10	思政课课堂实践教学的综合创新	马克思主义学院	王建红、王聚芹、李书萍、张乃芳、陈晓蕾
11	学生学业数据分析及学业帮扶对策的研究与实践	教务处	贾俊菊、王秀梅、肖　立、赵香棉、刘军红

三、二等奖（20项）

序号	成果名称	完成单位	主要完成人
1	适应“卓越工程师计划”的电路理论课程改革及教学团队建设	电力工程系	梁贵书、谢　庆、冉慧娟、刘　欣、葛玉敏
2	基于项目驱动和微信平台的电力市场教学改革探索与实践	电力工程系	高亚静、梁海峰、马燕峰、杨用春
3	《流体力学及泵与风机》课程创新性教学研究及实践	动力工程系	吴正人、吕玉坤、戎　瑞、张　磊、董　帅
4	新能源与能源洁净利用专业方向人才培养模式及实践基地建设研究	动力工程系	李永华、谢英柏、刘春涛、李加护、方立军
5	项目驱动教学法在《微机原理及应用》课程中的创新与实践	自动化系	程海燕、马永光、张　妍、焦嵩鸣、姚万业
6	开关量控制实验教学平台建设	自动化系	韦根原、翟永杰、何同祥、王　彪、刘卫亮
7	专业认证背景下的“大电力”特色计算机科学与技术专业改革与建设	计算机系	鲁　斌、张　冀、程晓荣、李　莉、袁和金
8	软件工程创新人才培养研究及实践	计算机系	宋　雨、陈　晴、刘　丽、李　整、姜丽梅
9	“通信电子电路”过程性教学及考核方法研究与实践	电子与通信工程系	佘　萍、韩东升、李　然、贾惠彬、李星蓉

续表

序号	成果名称	完成单位	主要完成人
10	实用型课程研究性教学模式探索与实施	电子与通信工程系	尚秋峰、姚国珍、马海杰、谢志远、张　静
11	语料库在英语专业核心技能课教学中的应用	英语系	陈红平、张　莉、储　艳、王乐洋、李　静
12	大学物理多种教学模式并行的研究与实践	数理系	曹春梅、张晓宏、李松涛、王慧娟、韩颖慧
13	公共事业管理本科专业核心课程研究性教学模式及其应用	法政系	秦伟江、夏　珑、史胜安、尚晓丽
14	经济学基础理论类课程教学模式创新探索与实践	经济管理系	李　伟、陈　娟、齐　玮、赵巧芝、李艳红
15	基于 PBL 模式的环境科学专业创新实践教学体系建设	环境科学与工程系	许佩瑶、张可刚、李艳青、汪黎东、李　旭
16	基于 CDIO 的机械类课程“研究性教学—工程实践—学科竞赛”相结合的教学模式改革	机械工程系	杨化动、何玉灵、王进峰、范孝良、张　霞
17	以新技术应用为推手的工程实践教学内容研究与实践	工程训练中心	崔伟清、邢迪雄、房　静、曹　锋、陈　丽
18	球类专项课实施比赛导入法的研究与改革实践	体育教学部	赖其军、房游光、王建伟、李全化、阎国强
19	国际合作办学项目培养方案的修订与优化	国际教育学院	武彦军、刘健夫、张　超、张大超、赵　乔
20	课改后的“思想政治理论课”教学内容、方法研究与实践	马克思主义学院	孙　芳、李双辰、张天兴、魏彤儒、李书萍

（档案馆　王振华　提供）

教　育　教　学

华北电力大学 2017 年本科专业设置一览表

北京校部			保定校区		
工学	电气类	智能电网信息工程	工学	电气信息类	电气工程及其自动化
	电子信息类	电子科学与技术		电子信息类	通信工程
		电子信息工程			电子信息科学与技术
		通信工程		机械类	机械工程及自动化
	机械类	机械工程			机械工程（输电线路工程）
	能源动力类	能源与动力工程			机械电子工程
		新能源科学与工程			过程装备与控制工程
	土木类	建筑环境与能源应用工程		能源动力类	热能与动力工程
	材料类	材料科学与工程		农业工程类	农业电气化
		新能源材料与器件		土木类	建筑环境与能源应用工程
	水利类	水利水电工程		仪器类	测控技术与仪器
		水文与水资源工程		自动化类	自动化
	核工程类	辐射防护与核安全		环境科学与工程类	环境工程
		核工程与核技术		化学类	应用化学
	仪器类	测控技术与仪器		化工与制药类	能源化学工程
	自动化类	自动化		计算机类	计算机科学与技术

续表

北京校部			保定校区		
工学	计算机类	计算机科学与技术	工学	计算机类	软件工程
		软件工程			网络工程
		物联网工程			信息安全
		信息安全			
管理学	电子商务类	电子商务	管理学	工商管理类	会计学
	工商管理类	财务管理			
		工商管理			工商管理
		会计学			
		人力资源管理		公共管理类	公共事业管理
		市场营销			
	公共管理类	劳动与社会保障		管理科学与工程类	信息管理与信息系统
	管理科学与工程类	工程管理			
		信息管理与信息系统			工程造价
	物流管理与工程类	物流管理			
	公共管理类	公共事业管理		工业工程类	工业工程
		行政管理			
经济学	金融学类	金融学	经济学	经济学类	经济学
	经济学类	经济学			
	经济与贸易类	国际经济与贸易			
理学	数学类	信息与计算科学	理学	数学类	信息与计算科学
	物理学类	应用物理学			应用物理学
	化学类	应用化学		环境科学类	环境科学
文学	外国语言文学类	英语	艺术学	社会学类	产品设计
		翻译			
	新闻传播学类	广告学	文学	外国语言文学类	英语
			法学	社会学类	社会工作
法学	法学类	法学		法学类	法学

华北电力大学 2017 年本科课程设置一览表

北京校部 2016—2017 学年第二学期

课 程 名 称	课 程 名 称	课 程 名 称
《论语》导读	管理理论动态与实践	生物质生化转化技术
DSP 技术及应用	管理软件应用	生物质生化转化技术课程设计
HRM 理念与企业文化	管理软件应用实践	施工技术
HRM 英语阅读	管理文秘	施工组织
HVAC 课程设计	管理心理学	施工组织课程设计
J2EE 开发平台级程序设计	管理信息系统	实变函数与泛函分析
LINUX 体系及编程	管理信息系统设计	世界贸易组织法

续表

课 程 名 称	课 程 名 称	课 程 名 称
Matlab 及其在通信中的应用	管理运筹学	世界现代设计史
Matlab 语言	光电薄膜与器件课程设计	市场调查与分析
Matlab 语言（理）	光伏系统设计	市场调研
Matlab 语言课程设计	光纤通信原理	市场营销模拟实验
Oracle 数据库系统应用	光学	市场营销学
VI 设计	光学显微分析	视听语言解读
Web 技术及应用	广告摄影（2）	寿险精算学
Web 开发技术	广告史	数据仓库与数据挖掘
Web 开发技术实践	广告项目设计	数据结构
半导体集成电路	锅炉及锅炉房设备	数据结构课程设计
半导体集成电路版图设计	锅炉原理	数据结构与算法
半导体器件	国际电气工程专业概论（英）	数据结构与算法课程设计
半导体物理学	国际法	数据库应用
保险学	国际货币金融法	数据挖掘
泵与阀门	国际结算	数据挖掘课程设计
比较政治制度	国际结算实训	数学分析（2）
毕业教育	国际经济法	数学建模课程设计（1）
毕业论文	国际经济技术合作（双语）	数学建模课程设计（2）
毕业设计	国际经济学（双语）	数学建模与数学实验
毕业实习	国际经济学Ⅱ（双语）	数字电子技术基础 A
簿记训练	国际贸易法律实务	数字电子技术基础 B
材料固体理论基础	国际贸易实务	数字电子技术基础实验 A
材料合成实习	国际贸易实务模拟	数字逻辑与数字系统设计
材料科学基础（1）	国际商务保险	数字逻辑与数字系统设计实验
材料力学	国际投资法律实务	数字通信原理
材料力学 B	国外政府监管体制	水处理实验
材料塑性成型	过程参数检测及仪表 A	水电站（含水力机械）
材料物理性能	过程参数检测及仪表 B	水电站水库调度及其自动化系统
材料性能综合实习	过程参数检测技术课程设计	水电站水库调度及其自动化系统课程设计
材料研究基础技能实习	过程控制	水工建筑物
财会信息系统	过程控制技术与系统	水工建筑物课程设计
财务成本会计模拟实验	过程控制技术与系统课程设计	水环境化学
财务管理案例分析	过程控制课程设计	水力学（1）
财务管理基础	汉译英	水利工程实习
财务会计（英文）	焊接技术	水利水电工程概论
财务会计报告分析	行政法学	水利水电工程概预算
财政学	行政法与行政诉讼法	水文测验实习
操作系统 A	行政庭审见习	水文测验学

续表

课 程 名 称	课 程 名 称	课 程 名 称
操作系统课程设计	核电厂材料、结构力学与水化学	水文学原理
测控技术与仪器专业概论	核电厂环境影响分析与评价及核应急	水文学原理课程设计
测量实习	核电厂系统与设备	水质监测
测量学	核电厂运行与维护	水资源优化配置
产业经济学 A	核电站控制与运行	水资源优化配置课程设计
常微分方程	核电子学	税法
超导物理与技术	核电子学实验	顺序控制
超导应用基础	核反应堆理论基础	思想道德修养与法律基础
成本管理会计（英）	核反应堆热工分析	速录训练与会议管理
成本会计	核反应堆热工分析 A	太阳电池材料与器件（2）
传播学概论	核反应堆热工分析课程设计	太阳电池物理
传递过程原理	核反应堆物理分析	太阳能热电厂
传感与检测技术	核反应堆物理分析课程设计	陶瓷学基础
传热学	核反应堆仪表	通信电子电路
传热学 B	核废物处理与处置	通信电子电路综合实验
大气环境化学及进展	核辐射测量与防护实验	通信专业英语阅读
大型数据库应用	核辐射探测	统计学
大学物理（1）	核辐射探测与辐射防护	图书馆与文献检索
大学物理（1）（英文）	核环境与核应急	外语实习（1）
大学物理 J（1）	核技术应用	外语实习（3）
大学英语 2 级	核物理导论	网络安全
大学英语 4 级	宏观经济学	网络广告
大学英语 6 级	化工原理课程设计	网络技术综合实验
单片机与嵌入式系统	化工原理实验	网络经济学
单片机与嵌入式系统 B	化学反应工程	网络与通信技术
单片机与嵌入式系统课程设计	环境工程微生物学	网络支付与结算
单片机原理及应用	汇编语言程序设计	微观经济学
弹塑性力学基础	汇编语言课程设计	微机原理与汇编语言程序设计
弹性力学	会计电算化模拟实践	微机原理与接口技术 A
低维材料物理性能	会计信息系统	微纳加工技术
地理信息系统及应用	会计学	文学概论
地理信息系统与遥感应用	火电厂热力检测系统设计	无机化学（2）
地质实习	火电厂热力检测系统设计课程设计	无机化学实验
第二外语（英）（法）（1）	火电厂运行仿真实践	无损检测
第二外语（英）（法）（3）	货币银行学	无线传感器网络
第二外语（英）（日）（1）	货币银行学（英）	无线传感器网络实验
第二外语（英）（日）（3）	机电传动控制	无线传感器网络综合实验
第二外语（英语）（德）（1）	机械设计基础 A	无线传感网与物联网技术
电厂仿真综合实验	机械设计基础课程设计	物理化学

续表

课　程　名　称	课　程　名　称	课　程　名　称
电厂高温金属	机械实践创新综合实验	物理化学 A（2）
电厂化学（环）	机械原理	物理化学 B（2）
电厂化学课程设计	机械原理课程设计	物理化学实验
电厂热力设备及运行	机械制造基础	物理前沿专题
电厂认识实习	基础口译	物理实验（1）
电磁场与微波技术	基础听力（2）	物理实验 A（1）
电磁学	基础写作	物联网应用技术
电动力学	计算方法	物流管理（双语）
电动力学（理）	计算机辅助设计（CAD）	物流管理方案设计
电工技术基础	计算机控制技术课程设计	物流管理研究前沿
电工实践	计算机控制技术与分散控制系统	物流经济学
电机实验	计算机控制技术与系统	物流设施与设备
电机学（1）	计算机控制技术与系统课程设计	物流系统仿真及应用
电机学 B	计算机控制系统 B	物流系统分析与设计
电机学 C	计算机认识实习	物流系统分析与设计课程设计 Lo
电价学	计算机实践（2）	物流学
电力电子技术 B	计算机体系结构	物流专业英语阅读
电力电子技术应用	计算机网络及安全	物权法
电力负荷预测	计算机网络实验	西方公共事业
电力规划	计算机应用系统设计与实现（java）	西方行政思想史
电力机械设备	计算机组成与结构	西方文论
电力经济学基础	计算物理基础	现代汉语
电力企业计算机财务管理实验	计算物理实践（1）	现代汉语（2）
电力企业市场营销	技术经济学	现代交换技术
电力生产技术概论	绩效管理实践	现代交换技术综合实验
电力市场概论	检测新技术（研讨型）	现代控制理论
电力系统潮流上机计算	建设法规	现代控制理论 A
电力系统基础	建筑概论	现代通信技术
电力系统继电保护原理	建筑环境与能源应用工程专业概论	线性代数
电力系统通信	接口与通信技术	线性代数 B（英）
电力系统远程监控原理	解析几何	线性代数 C
电力系统暂态分析	金工实习	线性代数 J
电力系统自动化	金融工程学（Ⅱ）	项目管理软件应用
电力系统综合实验 A	金融市场学	项目融资学
电力项目可行性研究模拟	金融文献阅读实践	消费者行为学
电力信息安全	金融中介学	销售管理
电力信息化	金属材料学	心理·生活·人生
电路理论 A（2）	经济法	新能源材料与器件
电路理论 B（1）	经济法学	新能源发电技术
电路理论 B（2）	经济思想史	新闻采访

续表

课　程　名　称	课　程　名　称	课　程　名　称
电路实验（1）	经济谈判	新闻采访和写作
电路实验（2）	经济学概论	新制度经济学
电能计量	经济学专业文献阅读（2）	信号分析与处理（自）
电气测量技术	经贸文献阅读实践	信号分析与处理 B
电气工程前沿技术专题	经贸英语阅读（1）	信号与系统
电气工程前沿技术专题（英）	科技文献检索基础	信息安全数学基础
电气与电子工程综合实验	科技英语翻译	信息安全综合实验
电网与变电站课程设计	科研实用软件	信息对抗技术
电网运行技术	可编程控制器应用系统和组态环境编程训练	信息管理安全技术
电子薄膜与器件	可编程逻辑器件原理与应用	信息经济学
电子电路计算机辅助分析与设计	可编程序控制器及应用	信息理论基础
电子技术基础 B	可靠性工程	信息系统分析与设计
电子技术综合实验	控制系统数字仿真与参数优化	刑法总论
电子商务	控制装置与仪表 B	形势与政策（2）
电子商务系统分析与设计	控制装置与仪表课程设计	形势与政策（4）
电子商务系统设计与实践	跨国公司与跨国经营	形态构成
动力工程 B	跨文化商务交际	旋转机械振动与动平衡
多媒体技术及应用	劳动法与社会保障法	学年论文
多媒体应用基础（信管）	劳动关系	学年论文（2）
多媒体应用课程设计	离散数学 A（2）	岩石力学
发电厂电气部分	量子力学	液压与气压传动
法理学	量子信息技术引论	移动计算技术
法律文书写作	流态化原理	英语泛读（2）
翻译理论与技巧	流体力学 B	英语泛读（4）
翻译职业知识	马克思主义原理	英语会话（2）
反应工程	毛泽东思想和中国特色社会主义理论体系概论	英语会话（4）
房屋建筑学	美国文学史及选读	英语精读（2）
仿真实验（能科）	面向对象的程序设计 A	英语精读（4）
仿真综合实验	民歌欣赏	英语口语
非线性光学	民事诉讼法	英语口语（2）
非盈利组织管理	民事庭审见习	英语口语（4）
分布式系统与云计算	模糊数学	英语名诗欣赏
分散控制系统（DCS）综合实践 A	模糊综合评价方法	英语听力（2）
分散控制系统课程设计	模拟电子技术基础	英语听力（4）
风电场电气工程	模拟电子技术基础实验 A	英语写作
风电机组设计与制造	模拟电子技术基础实验 B	营销专业英语阅读
风电机组设计与制造课程设计	模拟国际商事仲裁庭	影视广告制片
风力发电场	纳米技术及纳米材料	应用激光物理
风资源测量与评估	纳税筹划	应用文写作

续表

课　程　名　称	课　程　名　称	课　程　名　称
辐射剂量与防护	能源经济学	有机化学
复变函数论	能源与环境	有机化学（1）
概率论与数理统计	碾压砼技术	有机化学实验
概率论与数理统计 A（1）	暖通空调	语言与文化
概率论与数理统计 B	配电自动化	运筹学
钢筋砼结构	片上系统设计	债权法
钢筋砼结构课程设计	企业集团财务管理	证据法
高等代数（2）	企业内部控制与风险管理	证券投资学
高等数学 B（2）	企业内部控制与内部审计实务	政府经济学
高等数学 B（2）（英）	企业沙盘模拟	知识产权法 A
高等数学 C（2）	企业投融资决策与风险管理	直流输电技术
高等数学 J（2）	企业信息集成	职业素养综合训练
高电压技术	企业战略管理	制造工程学
高电压技术课程设计	企业专家授课 1	智能电网导论
高电压绝缘	气象与气候学	智能电网通信技术
高级财务管理	汽轮机原理	智能电网信息安全
高级财务会计	汽轮机原理 B	智能电网综合监控技术
高级商务英语	汽轮机运行	智能机器人控制比赛
高级听力（2）	全面预算管理	智能科学
高级学术英语（2）	燃气轮机原理	中高级英语
高级英语精读（2）	燃烧学	中国传统文化概论
工程材料学	热工过程可视化监测（双语、研讨）	中国古代文学（2）
工程测量	热工控制系统 A	中国古代文学作品选读（1）
工程测量学	热工控制系统 B	中国近代史纲要
工程测量学实习	热工控制系统课程设计	中国民俗文化研究
工程地质	热工系统建模	中国政治思想
工程电磁场	热力发电厂	中级财务管理
工程管理理论动态与实践	热质交换原理课程设计	中级财务会计（上）
工程光学	热质交换原理与设备	中级法语 2
工程化学	人力资源管理	中级宏观经济学
工程经济学	人力资源管理诊断	中级听力（2）
工程力学 B	人员测评与招聘	中级微观经济学
工程力学 A（2）	人员培训与开发	中级物理实验（1）
工程流体力学 A	人员招聘模拟	中外广告法规
工程流体力学 B	认识实习	专题辩论
工程热力学 B	认识实习（1）	专业实践调研
工程设计拓展训练	认识实习（3）	专业英语阅读（材料）
工程实习	软件工程	专业英语阅读（法学）（1）
工程图学 A（2）	软件人机界面设计	专业英语阅读（风电）
工程图学 B（2）	软件项目管理	专业英语阅读（工管）

续表

课 程 名 称	课 程 名 称	课 程 名 称
工程图学B（水电）(2)	软件综合实践	专业英语阅读（公共）(1)
工程项目质量管理	商务智能	专业英语阅读（光伏）
工程项目综合评价应用实践	商务智能设计与实践	专业英语阅读（广告）(1)
工程训练	商业银行经营学	专业英语阅读（行管）
工程制图	设计与创新	专业英语阅读（机械）
工程制图（建筑）	社保专业英语阅读	专业英语阅读（计科）
工程制图（英）	社会保障概论	专业英语阅读（计算机）
工作分析与劳动定额	社会保障专题社会调查	专业英语阅读（建环）
工作日写实与工作分析模拟	社会实践	专业英语阅读（能材）
公共关系学	社会调查	专业英语阅读（燃机）
公共关系原理与实务	社会问题与社会政策	专业英语阅读（热能）
公共行政学	社会学	专业英语阅读（软件）
公共组织学	社区管理	专业英语阅读（物联网工程）
公司法	摄影后期制作	专业英语阅读（信息）
公司金融学（双语）	审计模拟实验	专业英语阅读（应用化学）
公务员制度概论	生产实践（2）	自动化专业概论
公益劳动	生产实习	自动化专业阅读与写作（双语）
功能材料	生命科学概论	自动控制理论B
功能材料制备技术	生态学概论	自动控制理论基础
供热工程	生物化学	自然地理学
孤立子及其应用	生物化学基础实验	自然地理学实习
古代汉语（2）	生物物理	字体设计
管理会计（英）	生物质燃料分析与测试	组织行为学

北京校部2017—2018学年第一学期

课 程 名 称	课 程 名 称	课 程 名 称
管理沟通	管理软件应用	时间序列分析
.NET程序设计	管理软件应用实践	实验参量与控制
.NET程序设计实践	管理信息系统	实验数据分析
C语言课程设计	管理信息系统与决策支持系统	实用美术与广告设计
JAVA程序设计实践	管理学原理	世界文学
JAVA语言程序设计基础	管理运筹学	市场信息分析实践
Linux体系及编程	管制经济学	市场信息分析实务
Matlab语言	光电子技术	市场营销学
POP设计	光伏电站设计、运行与控制D	市政学
RFID原理与应用	光伏系统电气测试	书籍设计
UNIX/Linux编程课程设计	光伏组件拆装实习	数据仓库与数据挖掘
UNIX/Linux系统及编程	光纤通信技术	数据结构
VBA程序设计	光纤通信课程设计	数据结构与算法
Visual C++程序设计	广告策划与创意	数据库基础
VHDL与数字系统设计	广告经营与管理学	数据库应用

续表

课 程 名 称	课 程 名 称	课 程 名 称
Visual C＋＋课程设计	广告媒体研究	数据库应用课程设计
办公自动化课程设计初级	广告文案写作	数据库与网络技术导论
办公自动化课程设计高级	广告效果研究与方法	数据库原理
半导体物理	广告心理学	数理方程
泵与阀门	广告学	数理方程及特殊函数
泵与风机	广告作品设计	数学分析（1）
泵与风机节能技术	锅炉原理	数学分析（3）
泵与风机综合实验	锅炉原理课程设计	数学建模语言与 MATLAB 应用
笔译工作坊（英译汉）	锅炉运行	数学物理方程 A
毕业实习	国际电气工程专业概论（英）	数学物理方程的 MATLAB 解法与可视化
编译技术	国际会计学（英文）	数学物理方法
编译技术课程设计	国际金融学（英文）	数值分析 A
表面工程	国际经济学Ⅰ（双语）	数字电子技术基础 A
冰蓄冷与低温送风	国际贸易实务（双语）	数字电子技术基础 B
材料测试分析	国际商法	数字电子技术基础实验 A
材料处理与表征实习	国际市场营销学	数字逻辑与数字系统设计
材料分析测试方法	国际私法	数字图像处理
材料分析方法（双语）	国际物流学	数字系统设计自动化
材料科学基础（2）	过程参数检测及仪表 B	数字信号处理
材料科学与工程导论	过程参数检测及仪表 J	数字信号处理课程实验
材料力学性能	过程参数检测及仪表课程设计	水处理实验
材料热力学	海商法	水电站课程设计
财务分析	行政庭审见习	水环境保护
财务管理	合同法	水环境保护课程设计
财务管理 B	合同法概论	水力学（2）
财务会计（英文）	河流动力学	水利经济
财务会计报告分析	核电厂仿真综合实验	水利经济课程设计
财政学	核电厂系统与设备	水利科学技术史
采购与合同管理	核电站参数检测与控制（研讨型）	水利水电工程管理
仓储与运输管理	核电站放射化学	水利水电工程施工
操作系统安全技术	核电专业文献检索与写作	水利水电工程施工课程设计
测控专题	核电专业英语	水能资源开发利用
测试技术	核反应堆安全分析	水能资源开发利用课程设计
测试技术综合实验	核反应堆安全分析课程设计	水文水利计算
拆装实习	核反应堆控制与保护	水文水利计算课程设计
程序设计模式	核反应堆热工分析 B	水文预报
抽水蓄能技术	核工程与核技术概论	水文预报课程设计
传播学概论	核工程与核技术前沿	水灾害防治
传感器原理与应用	核物理基础	水资源规划及利用
传感器综合实验	核物理基础 A	水资源规划及利用课程设计

续表

课　程　名　称	课　程　名　称	课　程　名　称
传热学	核物理基础 B	水资源优化原理与方法
传热学 C	宏观经济学	税法学
创新基础实践	互换性与技术测量	顺序控制
创新教育与综合实验	化工仪表及过程控制	思想道德修养与法律基础
大型电机运行与故障诊断	化工原理	思想道德修养与法律基础（双）
大学化学	化工原理实验	算法分析与设计
大学物理（2）	化学前沿与进展	算法设计与分析
大学物理（2）（英）	环境放射性取样与监测	随机水文学
大学物理 J（2）	环境化学	太阳电池材料测试分析
大学英语 3 级	环境影响评价	太阳电池材料与器件（1）
大学语文	汇编语言与接口技术	太阳电池设计及工艺
单片机原理及应用	会计职业道德	太阳能工程
单元机组程控与保护	会计专题	太阳能资源测量
单元机组集控运行	婚姻家庭继承法	通信网理论基础
单元机组集控运行 A	火电厂自动化专题	通信网络仿真技术
单元机组控制系统	机炉运行课程设计	通信网络与信息安全
单元机组运行原理	机械工程材料	通信系统原理
当代中国经济	机械工程专业概论	通信新技术专题讲座
当代中国政治制度	机械故障诊断技术	通信原理实验
地方政府学	机械设计	投资学
地下水水文学	机械设计基础 B	图像处理的 PDE 方法
第二外语（英）（法）（2）	机械设计基础课程设计	图形创意
第二外语（英）（日）（2）	机械设计课程设计	土力学
第二外语（英语）（德）（2）	机械振动	土力学与地基基础
电厂化学	机械制造概论	土木工程概论
电厂热力设备	机械制造技术	外国法制史
电厂热力设备及运行	机械制造装备课程设计	外语实习（2）
电厂认识实习	机械制造装备设计	外语实习（4）
电厂认知实习	基础会计	网络技术基础
电厂污染物控制原理与技术	基础听力（1）	网络应用基础
电磁场数值计算	基础写作	网络应用实践
电磁场与电磁波	基于经济理论的单方程回归建模	网络与通信技术
电磁兼容技术	集成电路设计	网页设计制作
电工产品学	集成电路制造技术	网站建设与管理
电工技术基础	计量测试技术	网站建设与管理实践
电机实验	计量经济模型应用实践	微观经济学
电机学（2）	计量经济学	微机原理及应用课程设计
电价学	计算机导论	微机原理与汇编语言程序设计
电力产品交易模拟实验	计算机辅助工程	微机原理与接口技术 A
电力电子仿真实验	计算机辅助设计课程设计	微机原理与接口技术 B

续表

课　程　名　称	课　程　名　称	课　程　名　称
电力电子技术	计算机辅助设计与制造	微机原理与应用
电力电子技术（英）	计算机控制	微网与电能存储
电力电子技术 B	计算机密码学	文学翻译
电力电子技术课程设计	计算机密码学综合实验	污水厂工程设计实务
电力电子技术综合实验	计算机软件技术导论	无机非金属材料科学基础
电力法	计算机软件技术基础	无机化学
电力负荷预测	计算机实践（1）	无机化学（1）
电力负荷预测课程设计	计算机实践（3）	无机化学实验 B
电力工程经济课程设计	计算机实践（4）	无线通信技术
电力工程项目管理	计算机图形学	无线网络综合实验（原名：网络技术综合实验）
电力监管法律实务	计算机网络	物理化学
电力企业财务管理	计算机网络实验	物理化学 A（1）
电力企业法律实务	计算机组成与结构	物理化学 B（1）
电力企业会计	计算机组成原理	物理实验（2）
电力企业会计电算化模拟实验	计算流体力学（CFD）技术及其应用	物理实验 A（2）
电力企业市场营销	计算物理实践（2）	物联网安全综合实验
电力企业市场营销模拟	技术经济学	物联网工程导论
电力企业物流管理	继电保护定值计算	物联网技术
电力生产技术概论	继电保护与自动化综合实验	物联网控制系统
电力生产自动化	绩效管理	物联网信息安全
电力市场概论	检测新技术（研讨型）	物联网应用综合设计
电力市场基础	检测仪表拆解与分析	物流案例与实践
电力市场技术支持系统	建筑材料	物流工程
电力市场技术支持系统课程设计	建筑环境测试技术	物流管理综合模拟实验
电力市场交易模拟实验	建筑环境学 A	物流信息管理
电力市场交易模拟试验	建筑节能	误差理论与数据处理
电力系统分析基础	接口与通信技术	西方翻译理论简介
电力系统分析基础（英）	接口与通信技术综合实验	西方经济学
电力系统规划与可靠性	节能原理	西方政治思想
电力系统过电压	节水理论与技术	系统工程导论
电力系统过电压上机计算	洁净煤发电技术	先进陶瓷材料
电力系统课程设计	结构力学	现代光技术基础
电力系统微机保护	金工实习	线性代数
电力系统暂态上机计算	金工实习 A	宪法学
电力系统主设备保护	金融工程学（Ⅰ）	项目管理软件应用
电力系统自动化	金融理论前沿问题	项目管理软件应用实践
电力系统综合仿真	金融企业会计	项目融资学
电力项目可行性研究模拟	金融市场学	心理·生活·人生
电力英语翻译	金融文献阅读实践	新能源材料概论
电路理论 A（1）	金融学	新能源材料与器件课程设计

续表

课 程 名 称	课 程 名 称	课 程 名 称
电路理论 A（1）（英）	金融资产定价模型的估计与分析	新能源电力建设概论
电路理论 A（2）（英）	金属腐蚀与保护	新能源发电
电路理论 B	金属固态相变原理及应用	新能源发电系统控制
电路理论 B（1）	近海风力发电	新能源概论
电路理论 B（2）	经济博弈论	新闻学概论
电路实验	经济法	薪酬管理
电路实验（1）	经济管理建模	薪酬管理实践
电路实验（2）	经济理论前沿	信号分析与处理
电脑图文设计（2）	经济学专业文献阅读（1）	信号分析与处理（英）
电能质量概论	经济学专业文献阅读（3）	信号分析与处理（自）
电气测量技术	经贸英语翻译	信号分析与处理 B
电气工程创新设计 B	经贸英语阅读（2）	信号分析与处理课程设计
电气工程综合实验	决策支持系统与专家系统	信息安全编程课程设计
电气工程综合训练	决策支持与专家系统课程设计	信息安全工程与管理
电气设备在线监测与故障诊断	科技文献检索基础	信息安全基础
电视广告设计与制作	科研方法与论文写作	信息安全实验课程
电子材料	科研论文训练	信息光学
电子电路计算机辅助分析	科研实用软件	信息论与编码 B
电子技术基础 B	科研训练	信息系统分析与设计
电子技术中的编程与计算	可编程逻辑器件原理与应用	信息学概论
电子技术综合实验	可再生能源概论	刑法分论
电子商务	客户关系管理	刑事诉讼法学
电子商务应用软件技术	空调与制冷工程	刑事庭审见习
电子商务专题	空调与制冷综合实验	形式逻辑
电子信息工程新技术讲座	控制电机	形势与政策（1）
动力工程 A	控制工程	形势与政策（1）（双）
动力工程 B	控制系统综合实验	形势与政策（3）
多媒体通信技术	控制仪表拆解与分析	形势与政策（3）（双）
多媒体信息安全保密技术	控制装置与系统	虚拟现实
发电厂电气部分课程设计	控制装置与系统课程设计	虚拟仪器技术（研讨型）
发展经济学	库存与成本管理	蓄能原理与技术
法律翻译	跨国公司财务管理（英文）	旋转机械振动与动平衡
法律逻辑学	宽带数字网技术	学年论文
法律诊所	劳动法与社会保障法	学年论文（1）
法律诊所教程	劳动合同设计	循环流化床锅炉设备与运行
法律咨询	劳动经济学	压水堆核电厂系统与设备
法学导论	离散数学 B	冶金概论
翻译名篇欣赏	理论力学	仪表可靠性基础
翻译软件应用	理论力学（理）	仪器仪表实训（电装实习）
反应工程课程设计	理论力学 A	移动商务设计与实践

续表

课　程　名　称	课　程　名　称	课　程　名　称
房地产法	力学	移动商务应用
房地产开发	领导科学	英国文学史及选读
仿真综合实验	领导与领导力	英汉对比与翻译
放射化学基础	流动与热传递	英美概况
非线性生态学	流体力学 B	英译汉
分散控制系统	流体输配管网	英语词汇学
分散控制系统课程设计	流体输配管网课程设计	英语泛读（1）
分析化学	论文写作训练	英语泛读（3）
分析化学实验	旅游翻译	英语会话（1）
风电场仿真实验	律师实务	英语会话（3）
风电机组测试与认证	马克思主义原理	英语精读（1）
风电机组监测与控制	马克思主义原理（双）	英语精读（3）
风电机组监测与控制课程设计	毛泽东思想和中国特色社会主义理论体系概论	英语口语
风电机组设计与制造	毛泽东思想和中国特色社会主义理论体系概论（双）	英语口语（3）
风力发电场课程设计	蒙特卡罗方法及应用	英语听力（3）
风力发电工程	民法总论	英语听说（1）
风力发电机组设计软件	模拟电子技术基础	英语小说欣赏
风力发电原理	模拟电子技术基础实验 A	英语语法
风力机空气动力学	模拟电子技术基础实验 B	英语语言学概论
风力机空气动力学课程设计	纳米材料与纳米技术	英语语音入门
风险分析与管理	纳税会计	营销策划
风险管理	能源法	营销风险管理
服务市场营销学	能源技术经济学	营销决策模拟
复变函数与积分变换	能源经济学	影视摄像与编辑
复变函数与积分变换（双）	期货贸易（双语）	应用统计学
概率论与数理统计 A（2）	企业 Java 应用	应用文写作
概率论与数理统计 B	企业 Java 应用实践	硬件综合实验
概率论与数理统计 B（英）	企业策划	用电营销与管理
概率论与数理统计 C	企业竞争模拟	有机化学（2）
钢结构	企业内部控制与风险管理	有机化学实验
钢结构课程设计	企业认识实习	语言学概论
高等数学 B（1）	企业沙盘对抗模拟	语音信号处理
高等数学 B（1）（英）	企业沙盘模拟	预算管理实务
高等数学 C（1）	企业物流管理实习	原子物理学
高电压试验技术	企业物流认识实习	云计算技术
高电压综合试验	企业信息化专题	运筹学 A
高分子材料（双语）	企业专家授课 2	运动控制
高分子化学与物理	汽轮机设备故障诊断	运输、仓储管理实验
高级会计学	汽轮机原理	责任会计

续表

课 程 名 称	课 程 名 称	课 程 名 称
高级口译	汽轮机原理课程设计	展示设计
高级听力（1）	嵌入式系统	证券投资模拟
高级学术英语（1）	嵌入式系统A	证券投资学
高级英语精读（1）	嵌入式系统A课程设计	政治经济学
高级语言程序设计（C）	燃气供应	制冷及低温技术·低温物理学
高级语言程序设计（C）（英）	燃气轮机概论	制冷技术
工程方法与实践	燃气轮机结构	智能电网导论
工程化学B	燃气轮机联合循环控制与运行	智能电子应用系统设计
工程建设合同管理	燃气轮机原理课程设计	智能建筑
工程结构	燃气蒸汽联合循环发电	智能控制
工程结构课程设计	热工理论基础B	智能汽车比赛
工程力学B	热力发电厂	智能仪器设计
工程力学A	热力发电厂课程设计	中国当代文学作品选读
工程力学A（1）	热力设备腐蚀与防护	中国法制史A
工程流体力学A	热力学和统计物理学	中国古代文学（3）
工程流体力学B	热能与动力工程概论	中国古代文学作品选读（2）
工程热力学	人工智能及应用	中国近代史纲要
工程热力学C	人力资源管理	中国近代史纲要（双）
工程水文及水利计算	人力资源管理A	中国现代文学
工程水文及水利计算课程设计	人力资源管理导论	中级财务管理
工程图学A（1）	人力资源统计	中级财务会计（下）
工程图学B（1）	认识实习	中级听力（1）
工程图学B（水利）（1）	认识实习（2）	中级物理实验（2）
工程项目管理	入学教育及军训	中级英语
工程运筹学	软件测试	中央银行学
工程造价分析应用实践	软件测试综合实验	仲裁法
工程造价管理	软件工程	专业文献阅读与写作（双语）
工程造价管理课程设计	软件工程概论	专业英语阅读
工程制图	软件工程课程设计	专业英语阅读（财务）
工业产品营销	软件工具与环境	专业英语阅读（电气）
工业催化	软件体系结构	专业英语阅读（电子）
工业微生物学	软件体系结构课程设计	专业英语阅读（热能）
工业微生物学实验	色彩构成	专业英语阅读（商务）（1）
公差与金属材料	商法	专业英语阅读（生物质能）
公共关系学	商检与海关	专业英语阅读（水利）
公共管理案例分析	商务礼仪	专业英语阅读（文学）
公共管理改革	商务英语视听说	专业英语阅读（信管）
公共管理学	商务英语写作	专业英语阅读（信息安全）
公共事业管理	社会保险学	专业英语阅读（仪表）
公共政策分析	社会保障概论	专业指导

续表

课程名称	课程名称	课程名称
公关策划学	社会保障基金管理	专用集成电路设计
公务员制度概论	社会科学研究方法	资本运营
公益劳动	社会实践	资产评估
供电企业营销实习	社会调查	自动化系统工程设计与案例分析
供应链管理	社区管理实习	自动控制理论 A
供应链系统仿真实验	审计学	自动控制理论 B
供应链与物流管理	生产实践（1）	自动控制理论 B（英）
沟通策略	生产实习	自动控制理论课程设计
固体废弃物处理处置技术	生产与运作管理	自动控制系统实训
固体物理	生态学概论	自然资源与环境保护法
固体物理 B	生物质能工程	自适应与预测控制
固体物理学	生物质热化学转化课程设计	组织行为学
生物质热化学转换技术		

2016—2017 学年第二学期本科课程设置表（保定校区）

课程名称	课程名称	课程名称
认识实习	大学生就业能力培养	创业者心理学：积极心态的力量
过程控制 B 课程设计	舞蹈鉴赏	创业企业战略与机会选择
物理实验（1）	艺术导论	创业领导力：美国宇航局的 4D 卓越团队明星课
大学物理（1）	英语精读（4）	创办新企业
高等数学 C（2）	英语精读（6）	创新工程实践
复变函数与积分变换	供电技术	网络创业理论与实践
线性代数	英语口语（4）	大学生创新基础
高等数学 B（2）	常微分方程	创造性思维与创新方法
中国近现代史纲要	英语听力（2）	创新创业
俄语入门	英语口语（2）	社会调查与研究方法
中国古近代思想史	英语精读（2）	天文漫谈
大学写作	大学英语（3）	新媒体与社会性别
网络应用基础	管理文秘	形象管理
大学生职业生涯发展与规划	债权法	走进航空航天
乐理基础	电力系统认识实习	日语与日本文化
合唱与指挥	会计学	电子设计竞赛训练
大学英语（2）	婚姻家庭继承法	电力机械
管理学原理	法律逻辑学	环科专业外语（1）
思想道德修养与法律基础	应用文写作	电子政务实验
体育（2）	工程图学 B（2）	数字逻辑与数字系统设计课程设计
体育（4）	水污染控制工程	高级语言程序设计综合实验
传热学 A	物业管理	过程参数检测及仪表 A 课程设计
能源与动力工程专业英语	多媒体技术	财务分析及财务软件应用
生产实习	电子政务	多媒体技术应用与设计
风险投资	网络数据库应用	自动化专业概论

续表

课程名称	课程名称	课程名称
电力电子技术B	暖通空调工程制图	国际贸易与国际金融
工程电磁场	数字图像处理	环境统计
电机学（1）	物流工程学	热工系统建模
核电厂系统与设备	光纤通信原理	西方社会学理论
电子测量与传感技术	人工智能及应用	社会统计学
成本会计	概率论与数理统计（2）	统计软件应用
毕业论文	控制系统数字仿真与参数优化	社会工作概论
火电厂动力工程A	体育（1）	社区工作
毕业实习	体育（3）	高级语言程序设计（2）
化工制图与CAD上机实习	电子工艺实践	面向对象程序设计（JAVA）
能源化工专业外语（1）	数字通信系统	数字逻辑与数字系统设计
综合评价方法	专业实习	网络安全
管理学概论	确定运筹学	网络编程技术
微机原理与接口技术A	机械系统设计	信息安全数学基础
毕业设计	机电一体化课程设计	数学分析（2）
专业认识实习	输电线路工程机械	高等代数（2）
离散数学	产业经济学	经济博弈论
热力学统计物理	发展经济学	面向对象程序设计
Matlab基础与应用	金融工程	JAVA语言程序设计
公共关系学A	经济计量学	IT项目管理
高等数学E（2）	电工技术基础	中级财务会计（1）
商业银行综合实训	信号与系统	财务管理A
翻译实习（1）	工程招投标管理	高级财务会计
分散控制系统（DCS）综合实践A	电力系统暂态分析	国际会计
数位板辅助设计表现	发电厂电气设备及运行	测量学
模拟电子技术基础实验A	电力工程B	建筑CAD基础
数字电子技术基础实验A	电力系统课程设计	建筑学
模拟电子技术基础实验B	线性代数T	工程结构
数字电子技术基础实验B	大学物理T（1）	工程定额原理及清单计价规范
电子设计讲座	财政学	工程成本规划与控制
高阶英语选修2	电工实践	建筑工程施工技术与计量
微计算机原理与嵌入式系统	审计模拟实验	工程经济学
现代工程控制理论	过程参数检测及仪表A	工程合同管理
清洁能源发电控制系统	泵与风机B	安装工程概预算
火力发电过程认识实习	燃气-蒸汽联合循环发电技术	英语泛读（2）
企业实践（毕业论文）	分布式能源系统	第二外国语（2）
科技论文阅读与翻译	传热学B	第二外国语（4）
计算机控制技术与系统	暖通空调	英美概况
热源动力设备原理及运行	移动通信	普通语言学（2）
顺序控制与热工保护	信号处理基础（1）	英汉语言文化对比

续表

课　程　名　称	课　程　名　称	课　程　名　称
工程电磁场 T	电子线路（2）	科研方法与论文写作
电机学 T（1）	DSP 技术与应用	国际法
发电厂电气部分 T	光电子技术	物权法
电子技术基础实验 T（1）	理论力学	行政诉讼法学
微机原理与接口技术 T	人因工程学	应用电化学
毕业设计（实验班）	先进制造系统	现代交换技术综合实验
微机原理与接口技术实验 T	信息系统与数据库	机械电子工程概论
生产实践	电力企业内部控制	原子物理学
毕业实习（毕业论文）	工程电磁场导论	农村电网规划
社会实践	立体构成	发电厂动力部分
综合设计：智能汽车设计（1）	会计模拟实验	设计方法学
综合设计：智能汽车设计（3）	ERP 原理及应用	设计思维
毕业设计与实践	电子商务	产品设计课程设计（1）
专业实践	数据仓库与数据挖掘	数理方程
高阶英语 2	组织设计与管理	软件设计与实践
分析化学实验 B	电力建设项目管理	配电自动化
物理化学实验 A	有害气体控制工程课程设计	供热工程
软件体系结构	水污染控制工程课程设计	热力设备腐蚀与防护
电气设备高压试验	环境地学基础	空调制冷技术
WINDOWS 体系及编程	环境规划	无线网络与移动通信
英语听力（4）	生态学	移动平台程序设计
计算机图形学	环境毒理学概论	人机交互技术
信息论与编码	环境规划课程设计	CASE 工具
量子力学	环境与发展课题调研	网络测试与性能评价
数据库原理	管理信息系统开发综合实验	网络攻击与防范
热力发电厂给水处理	数据仓库与数据挖掘应用系统设计	接入网技术
数据分析与实验优化设计	网站开发与建设综合实践	信息隐藏技术
物理化学 B	专业社会实践	信息安全专业英语阅读与写作
继电保护定值计算	专业英语阅读（自动化）	矩阵论
电力系统远动	电机学 B（2）	计算机网络基础
实变函数与泛函分析	质量工程学	电磁测量技术
最优化算法	计算机辅助工业设计	静电防护原理与技术
安全工程学	单片机原理及应用	煤化工清洁生产
软件工程课程设计	材料力学 B	MATLAB 语言及应用
金工实习 A	网络系统工程课程设计	电力工程 C
美国文学	基础英语精读（2）	区域经济学
交直流调速控制系统	联络口译	新能源概论
微机控制系统	中级英语写作（2）	工程咨询概论
电力系统故障分析	过程工程原理 B 课程设计	机电设备安装工程概预算案例
锅炉燃烧与污染	领导科学	英语词汇学

续表

课　程　名　称	课　程　名　称	课　程　名　称
环工专业外语（1）	涉外知识	英语文体与修辞
环境工程施工	审计学	英语小说欣赏
学年论文（2）	单片机原理	西方文化导论
汽轮机原理 A	管理运筹学	跨文化商务交际
热力发电厂 A	认知实习	文秘英语
Web 技术及应用	网站建设与管理	旅游英语
工程热力学 C	可编程逻辑器件	保险法
信息安全工程与管理	工程光学	行政法律实务
数据整理与统计分析	如何写好科研论文	工程中的数值分析方法
学年论文（1）	票据法	动力机械概论
计算机网络	直流输电与 FACTS 技术	产品质量控制
计算机系统结构	石油化学工程	能源材料
接口与通信技术	管理学原理 A	新能源发电设备
算法与数据结构	安装工程施工技术与计量	电子线路 CAD
数字逻辑	学年论文	热力发电厂生产过程
网络管理	软件工程	过程装备专业英语
网络系统工程	软件测试	3DMAX 应用
电子技术基础	人力资源管理案例分析	交互界面设计
信号分析与处理 A 课程设计	微机原理与接口技术实验	视频编辑
集控运行综合实验	模拟电子技术基础 A	核电站概论
大学英语 6 级	模拟电子技术基础 B	核电站材料
用电技术	数字电子技术基础 A	核电站放射化学
专业外语阅读（农电）	数字电子技术基础 B	电厂污染物控制技术
变电站仿真实习	机电控制系统仿真	水资源与水环境学
电力工程设计	建筑给排水	环境分析化学
泵与风机	嵌入式系统	火电厂减排技术
校内基地实践	电子技术基础实验	化学电源
流体力学 B	嵌入式系统课程设计	面向对象程序设计（C＋＋）
传热学 C	DSP 系统课程设计	数学物理方程
电厂热力设备及运行	中国政治思想	信息论基础及应用
风力发电原理	管理经济学概论	数学建模与数学实验
流体力学 C	机械设计课程设计	热学
专业基础综合实验	机械制造装备设计	数学物理方法
UNIX/LINUX 体系及编程	UG 工程软件应用	电磁场和电磁波
算法与数据结构实验	电路理论 T（1）	生物质能发电技术
生产实习与毕业实习	电力系统继电保护原理 T	建筑能源应用技术
信息安全实验课程	高电压技术 T	微波工程
热工控制系统 A	能源转化	物联网技术与应用
证券投资模拟实验	热交换器计算及设计	计算机通信与网络
金融工程模拟实验	透平机械原理	政治学原理 A

续表

课 程 名 称	课 程 名 称	课 程 名 称
通信技术综合实验	透平机械调节与强度	公共事业管理概论
电力需求侧管理	热力系统工程	公共政策学
发电厂经济运行管理	模拟电子技术基础 T	公共管理研究方法
企业管理概论	数据库原理及应用	政治学原理
商务管理英语会话	人力资源管理	经济学原理
生产与运作管理	技术经济学	普通物理实验（2）
工作分析与绩效评估	国际贸易实务 A	普通物理实验（4）
企业税收理论与实务	金融数量方法	专业实验
电力生产认识实习	商业银行经营管理	可编程逻辑器件课程设计
科研实践与学年论文	经济学经典外文文献选读	大学物理 E（1）
物理化学实验 B	经济史	测量与分析软件
火电厂水务管理	生产与运作分析	学术英语写作
国际贸易模拟实验	公差与技术测量 B	设计制造综合实验
信息安全基础	机械设计	市场营销综合模拟实验
网络攻防系统实验	结构力学	技术经济分析模拟实验
发电厂电气部分	结构动力学基础	专业论文与科研实践
发电厂电气部分课程设计	输电杆塔设计	面向对象程序设计综合实验
高电压技术	输电杆塔基础设计	网络数据库综合设计
建筑电气	输电线路测量技术	企业财务诊断
网络通信实验与设计	输电工程 CAD	工程测量实习
色彩基础	公差与技术测量 A	建筑学课程设计
设计色彩	传感器技术	工程经济学课程设计
架空输电线路设计	现代设计理论与方法	安装工程预算实务
分析化学 A	先进制造技术	工程招投标课程设计
物理化学 A	产品设计与开发	论文调研实习
应用化学专业外语（1）	设计制造软件应用	面向对象程序设计（JAVA）课程设计
热力发电厂给水处理课程设计	机电一体化系统设计	单片机原理及应用课程设计
分析化学实验 A	物料系统设备	分布式能源系统课程设计
程序设计实习	物料系统设计	光纤通信原理综合实验
社会实践实训	过程装备控制技术	电子线路综合实验
电路实验（1）	压力容器设计	电子线路实验（2）
电路理论（1）	过程流体机械	虚拟测量实验
大学英语（4）	过程设备设计	过程设备设计课程设计
流体力学 T	工程图学 D（2）	木工实习
雅思听说（1）	色彩构成	煤化工综合设计
电力英语翻译	工艺美术史	心理学
现代控制理论	造型基础	社会工作师综合能力专题
自动控制理论 B	设计调研与消费心理	社会工作专业英语
过程控制 A	设计材料与成型工艺	社会心理学
运筹学	有害气体控制工程	专业英语阅读与写作（2）

续表

课 程 名 称	课 程 名 称	课 程 名 称
单片机与嵌入式系统B	化工制图与CAD	云计算技术
单片机与嵌入式系统A	管理信息系统	工科数学分析（2）
过程控制B	JSP实用技术	建环专业英语
计算机控制技术与系统课程设计	电子商务综合实验	数据库原理课程设计
单片机与嵌入式系统A课程设计	施工组织与设计	供热及锅炉房课程设计
顺序控制	材料力学T	分析化学B
电磁测量	数理方程及特殊函数	Oracle数据库系统应用
过程参数检测及仪表B	公共管理学术前沿（专题）	计算机网络课程设计
信号分析与处理A	翻译理论与实践（2）	电磁场与微波技术
信号分析与处理B	高级英语视听说（2）	通信电子电路
创新思维与方法	英语写作（2）	通信专业英语阅读
科技信息检索	供电设计	现代交换技术
工程图学A（2）	科技英语翻译	通信电子电路综合实验
金工实习B	商务谈判	电力英语阅读
高级语言程序设计（C＋＋）	西方经济学	电路实验T（1）
微观经济学	证券投资学	视译
电磁学	国际经济学	语言实践
复变函数论	毛泽东思想和中国特色社会主义理论体系概论	产品结构
高等数学A（2）	马克思主义基本原理	英语会话（2）
复变函数	刑法分论	基础英语听力（2）
概率论与数理统计B	法理学	英语阅读（2）
高等数学J（2）	国际经济法	基础英语写作（2）
大学俄语（2）	经济法A	英语国家社会与文化
电子设计自动化	劳动法与社会保障法	英语演讲
软件界面设计与欣赏	法律文书写作	英语词汇学导论
市场营销学	律师实务	中级英语精读（2）
财务管理B	税法	英语会话（4）
大学英语（6）	刑事诉讼法学	中级英语听力（2）
英语口语	刑事庭审见习	英语阅读（4）
日语入门	办公自动化训练	热工控制系统B
英语词汇学B	社会调查	专业综合实践：大型火电机组热控系统设计及实现（3）
中英文翻译	地方政府学	专题：大型火电机组分散控制
视听英语	创意产品设计	实务与研究能力综合运用（1）
英文写作	产品广告设计	社会问题调查与社会实践（4）
大学生心理健康	家具设计	工程力学（2）
青年心理学	环境设施设计	过程工程原理B
优秀传统文化与伦理道德	环境工程原理	公共经济学A
知识产权法B	火电厂动力工程B	电路理论（1）A
中国公务员制度	电力系统继电保护原理	高电压绝缘

续表

课 程 名 称	课 程 名 称	课 程 名 称
社会学	核电站水质工程	电力系统过电压
探索宇宙奥妙的数学	煤化工	软件体系结构综合实验
改变世界的物理学	碳一化学	网络安全综合实验
国防与军事科学	化工腐蚀与防护	网络编程技术课程设计
Visual C＋＋程序设计	统计学	面向对象程序设计综合实验（2）
Visual Basic	万众创新第一课：创新总论与技术产业化	面向对象程序设计综合实验（4）
多媒体应用基础	创业启程	

2017—2018 学年第一学期本科课程设置表（保定校区）

课 程 名 称	课 程 名 称	课 程 名 称
3D 打印技术与应用	管理学原理	设计素描
EDA 课程设计	管理运筹学	设计调研与消费心理
GIS 装置与电力电缆	光机电检测技术	设计制造工程课程设计
J2EE 开发平台及程序设计	光学	设计制造软件综合实验
Matlab 在化学化工中应用	锅炉及锅炉房设备	社会保障 B
PKI 系统设计综合实验	锅炉原理 A	社会实践
Rhino 产品建模与渲染	锅炉原理 B	社会实践与学年论文
UNIX/Linux 体系及编程	锅炉原理课程设计	社会调查
VB 程序设计	国际金融模拟实验	社会问题调查与社会实践（2）
Visual C＋＋程序设计	国际金融实务（双语）	社会问题调查与社会实践（3）
Visual C#.net 程序设计与应用	国际贸易实务	社会问题与社会政策
Web 开发技术	国际私法	社会学
办公自动化概论	过程参数检测及仪表	社会研究方法
编译技术	过程参数检测及仪表 B	摄影技术
编译技术课程设计 A	过程参数检测及仪表 B 课程设计	申论与面试实训
编译技术课程设计 B	过程机械实验	生产实习
变电站电气工程	过程控制 A 课程设计	生产系统课程设计
变电站二次回路设计	过程控制基础与应用	生物化学
变电站仿真实习	过程控制装置与系统	施工组织课程设计
变电站自动化	过程装备 CAD	施工组织与设计
标准化工程	过程装备技术概论	实务与研究能力综合运用（2）
材料成型技术基础	过程装备制造工艺	实务与研究能力综合运用（3）
材料力学	行政法	输电工程建设施工技术
财会信息系统	行政法学	输电线路地理信息系统
财会专业外语	合同法学	输电线路课程设计
财务成本模拟	核电厂系统课程设计	输电线路设备管理
财务管理 B	核电厂系统与设备	输电线路设计基础
操作系统	核电厂运行仿真实践	输电线路运行与检修
操作系统综合实验	核电站参数检测与控制（研讨型）	输电线路综合实践
测试表征技术	核电站化学综合设计	输电线路综合实验
测试技术	核电站水化学	输灰工程

续表

课　程　名　称	课　程　名　称	课　程　名　称
产品包装设计	宏观经济学	数据分析
产品改良设计	宏观经济学（双语）	数据结构
产品模具	户外写生与考察	数据结构与算法
产品设计课程设计（2）	化工安全与环保	数据结构综合设计
产品设计与开发课程设计	化工机械与设备	数据库系统分析与设计
产品设计专业外语	化工热力学	数据库系统原理
产品型录设计	化工仪表	数据库与网络技术导论
常用数学软件实验（Matlab，Mathematica）	化工原理	数据库原理
超高压电网继电保护专题	化工原理课程设计	数据库原理及应用
超临界燃煤发电机组	化学反应工程	数据库原理课程设计
成本控制	化学反应工程课程设计	数据通信与计算机网络
城市公用事业管理理论与实践	环工专业外语（2）	数据通信原理
程序设计方法	环境保护与可持续性发展 B	数控技术及应用
程序设计模式	环境工程 CAD 及上机实习	数理经济学
除尘技术	环境工程仿真控制上机实习	数学分析（1）
除尘技术课程设计	环境工程仿真设计上机实习	数学分析（3）
储能技术	环境工程微生物学	数学建模
传感器原理与应用	环境工程学	数值分析
传感器综合实验	环境工程学课程设计	数值计算方法
传热学 T	环境工程综合实验	数值计算方法 T
创新工程学	环境管理与法规	数字电子技术基础 B
创新思维与方法	环境化学	数字电子技术基础 T
创新中国	环境监测 A	数字电子技术基础实验 B
创业策划	环境监测 B	数字系统设计与 EDA 技术
创造性思维与创新方法	环境经济学	数字信号处理
大学俄语（3）	环境模型程序设计及应用上机实习	数字信号处理综合实验
大学计算机基础	环境生态行为综合实验	税收理论与实务
大学启示录：如何读大学？	环境生物学	思想道德修养与法律基础
大学生创新基础	环境信息系统	诉讼法律实务
大学生创业创新教育	环境学导论	算法设计与分析
大学生就业指导	环境质量评价	随机运筹学
大学物理（2）	环境质量评价课程设计	太阳能发电技术
大学物理 E（2）	环境资源法	太阳能发电系统与控制
大学物理 T（2）	汇编语言程序设计	唐诗宋词人文解读
大学写作	汇编语言程序设计综合实验	体育（1）
大学学习指导 A	会计学	体育（2）
大学学习指导 B	会计职业道德	体育（3）
大学学习指导 C	绘画艺术	体育（4）
大学学习指导 D	火电厂机务造价实务	天文漫谈
大学学习指导 E	火电厂运行仿真实践	调查方法与软件应用

续表

课　程　名　称	课　程　名　称	课　程　名　称
大学学习指导 F	火电厂自动化专题	通信网络基础
大学学习指导 G	火电机组启停及运行	通信系统创新实践
大学学习指导 H	货币金融学	通信系统仿真
大学英语	货币银行学	通信系统原理
大学英语（3）	机电传动控制	通信原理实验
大学英语（5）	机电系统综合实践	统计方法与应用
大学语文	机电液控制综合实验	投资银行实务
大学语文 B	机械 CAD/CAE/CAM 技术	投资银行学
单片机原理与接口	机械工程项目管理	透视与速写
单片机原理与应用	机械设计基础 B	图形处理与 CAD
单元机组程控与保护	机械设计基础课程设计	图形设计
单元机组控制系统	机械系统动力学仿真	团体工作
单元机组协调控制	机械原理	外事礼仪
单元机组运行原理	机械原理课程设计	玩具设计
单元机组运行原理 B	机械振动与噪声控制	网络安全
单元机组运行原理课程设计	机械制造技术基础	网络技术与数据库
当代世界经济与政治	机械制造装备课程设计	网络协议分析与设计
当代中国经济	机械制造自动化技术	网络应用基础
当代中国政治制度	机械状态监测与故障诊断	网络与电子商务法
第二外国语（1）	基础笔译（1）	网络与通信技术
第二外国语（3）	基础会计	网络与通信技术 T
电厂概论	基础口译（1）	网络综合实验
电厂高温金属材料	基础英语（1）	微处理器课程设计
电厂化学 A	计量测试技术	微处理器系统课程设计
电厂化学 B	计量经济学	微处理器系统原理与设计
电厂化学仪表与程控	计量经济学模拟实验	微处理器系统原理与设计实验
电厂热力设备及运行	计算方法	微观经济学
电厂应用化学	计算机病毒防治	微机保护原理
电厂运行仿真	计算机操作系统	微机电系统技术基础
电磁兼容基础	计算机辅助翻译	微机继电保护测试实验
电动力学	计算机辅助平面设计	微机原理及应用
电工电子技术基础	计算机辅助设计	微机原理及应用课程设计
电工技术基础	计算机科学基础与演进	微机原理与汇编语言程序设计
电工实践	计算机控制技术	微机原理与汇编语言程序设计课程设计
电机学（2）	计算机密码学	微型计算机原理与应用
电机学 B（1）	计算机密码学综合实验	卫星通信
电机学 T（2）	计算机前沿技术	文献检索实训
电机与电力拖动	计算机软件技术导论	无机化学
电力传动系统仿真	计算机软件技术基础	无机化学实验
电力导线与电缆	计算机图形学	无线网络技术

续表

课 程 名 称	课 程 名 称	课 程 名 称
电力电子技术（英）	计算机网络	无线网络与移动通信
电力电子技术A	计算机网络技术应用实践	物理实验（2）
电力电子技术T	计算机网络体系结构	物理性污染控制工程
电力法	计算机组成与结构	物理性污染控制工程课程设计
电力负荷预测	计算机组成原理	物联网技术
电力负荷预测模拟实验	计算机组成原理综合实验	物流工程课程设计
电力工程B	计算物理	物流管理
电力工程基础	计算智能	误差理论与数据处理
电力商务英语	技术系统课程设计	西方文明史导论
电力市场概论	继电保护综合实验	系统工程导论
电力市场基础	检测新技术（研讨型）	系统工程学
电力统计	建筑概论	先进控制
电力系统潮流上机计算	建筑工程概预算	先进制造与机电控制实践
电力系统潮流上机计算（双）	建筑工程预算实务	现代经济学
电力系统潮流上机计算T	建筑环境测量	线路金具及其制造工艺
电力系统仿真实习	建筑环境学	线性代数
电力系统分析基础	建筑环境与能源应用工程概论	宪法学
电力系统分析基础（英）	建筑设备安装工程	项目管理
电力系统分析基础T	建筑设备自动化	项目管理综合模拟实验
电力系统规划与可靠性	建筑水暖电课程设计	心理咨询师综合能力专题
电力系统过电压上机计算	交替传译	新能源发电测控技术
电力系统谐波与无功补偿	教授讲坛	新能源发电技术
电力系统自动化	教学实习	新闻英语
电力系统自动化T	洁净煤发电技术	新闻英语翻译
电力系统综合实验A	金工实习B	信管专业外语
电力信息化	金融法	信号处理基础（2）
电力英语阅读	金融企业会计	信号处理基础实验
电力用油	近代物理实验	信号分析与处理
电路理论（2）A	经济法	信号分析与处理（英）
电路理论（2）B	经济理论动态及实践	信息安全综合实验
电路理论T（2）	经济思想史	信息系统安全与保密
电路实验（2）A	精确农业	信息系统课程设计
电路实验（2）B	军事理论	信息系统与数据库
电路实验T（2）	军事理论教育及实践	信息资源管理综合实验
电能质量概论	军事实践	信息资源规划与管理
电气工程概论	科技发展史	刑法总论
电气工程新技术（报告形式）	科技英语阅读与写作	形势与政策
电气设备状态检测与故障诊断	可编程控制器应用	形象管理
电子技术基础	可再生能源	虚拟仪器技术（研讨型）
电子技术基础实验	空调制冷课程设计	学科论文实践

续表

课　程　名　称	课　程　名　称	课　程　名　称
电子技术基础实验T（2）	控制工程基础A	学术训练
电子技术综合实验	控制工程基础B	雅思听说（2）
电子技术综合实验A	控制论基础	雅思英语
电子技术综合实验T	控制系统综合实验	演讲与口才
电子商务概论	控制装置与系统A	液压与气压传动
电子线路（1）	控制装置与系统A课程设计	液压与气压传动B
电子线路实验（1）	控制装置与系统B	仪器分析
电子信息类专业导论	控制装置与系统B课程设计	仪器仪表实训（电装实习）
电子专业外语	口译笔记	移动平台程序设计
动态网络技术应用实践	宽带数字网技术	英国文学
多工况空气处理过程模拟实验	离散数学	英国文学导论
多媒体技术及应用	理论力学	英汉口译
多媒体通信技术	理论力学B	英汉语言对比与翻译
俄语入门	理论力学T	英美文化
发电厂电气部分课程设计	力学	英语泛读（1）
发电厂仿真实习	粒子世界探秘	英语会话（3）
发电厂经济运行管理	领导科学	英语精读（1）
发电机与变压器的运行与故障诊断	流体机械	英语精读（3）
法律英语翻译	流体力学B	英语精读（5）
法律诊所	流体力学C	英语口语
法学导论	流体输配管网	英语口语（1）
法学前沿	楼宇空调监控系统设计	英语口语（3）
翻译概论	论文写作实习	英语听力（1）
翻译古典名篇欣赏	旅游英语翻译	英语听力（3）
翻译理论与实践（1）	马克思主义基本原理	英语听说（1）
翻译实践（1）	毛泽东思想和中国特色社会主义理论体系概论	英语写作（1）
翻译实践（2）	美术鉴赏	英语演讲
翻译实习（2）	密码学趣谈	英语语法和写作风格
仿真训练	面向对象程序设计（C++）	英语语法与词汇
非政府组织管理	面向对象程序设计（Java）	英语语音（1）
分散控制系统	面向对象程序设计综合实验（1）	英语阅读（3）
分散控制系统课程设计	面向对象程序设计综合实验（3）	影视鉴赏
风力发电机组的监测与控制	面向对象技术	应用化学信息检索
风险投资B	面向对象技术与UML	应用化学专业外语（2）
复变函数	面向对象技术与UML课程设计	应用统计学
复变函数与积分变换	民法总论	应用统计综合实验
概率论	民事法律实务	应用文写作
概率论与数理统计（1）	民事诉讼法学	硬件设计与实践
概率论与数理统计B	民事庭审见习	有机化工工艺
高等数学（1）	模糊数学	有机化工工艺课程设计

续表

课　程　名　称	课　程　名　称	课　程　名　称
高等数学（1）（英）	模拟电子技术基础 A	有机化学 A
高等数学 B（1）	模拟电子技术基础 B	有机化学 B
高等数学 C（1）	模拟电子技术基础实验 A	有机化学实验 A
高电压试验技术	模拟电子技术基础实验 B	有机化学实验 B
高电压综合实验	模型制作与塑造	有限元方法
高级英语精读（1）	纳税会计	有限元分析及工程应用
高级英语视听说（1）	能源化工概论	语言学导论
高级英语选读	能源化工专业外语（2）	云计算技术
高级语言程序设计	能源化工综合实验	运筹学
高级语言程序设计（C）（英）	能源环境化学	运动控制
高级语言程序设计（C++）	能源环境学	展示设计
高阶英语选修 1	能源经济学	证据法学
高压电器	能源英语阅读	证券法
个案工作	能源与动力工程研讨课	政府与非营利组织会计
给排水工程及实务	暖通空调系统分析与设计	政务礼仪
工程材料	排水工程	政治经济学
工程经济学	平面构成	政治学
工程力学（1）	普通物理实验（3）	知识产权法 A
工程力学 C	普通语言学（1）	制造工程基础
工程流体力学 A	企事业单位实习	制造技术课程设计
工程流体力学 B	企业创业策划	智能机器人概论
工程热力学	企业管理概论	智能控制
工程热力学 A	企业沙盘模拟对抗	智能手机信息安全
工程热力学 B	企业战略管理	智能仪表课程设计
工程热力学 C	企业诊断	智能仪器设计
工程热力学 T	汽轮机设备故障诊断	中国传统艺术
工程图学 A（1）	汽轮机原理 B	中国法制史
工程图学 B（1）	汽轮机原理课程设计	中国近现代史纲要
工程图学 C	嵌入式系统	中级财务会计（2）
工程图学 D	清洁生产	中级微观经济学
工程图学 E	清洁生产课程设计	中级英语精读（1）
工程项目管理	燃料化学	中级英语听力（1）
工程项目管理课程设计	燃料输送系统设计与控制综合实践	中级英语写作（1）
工程运筹学	燃气-蒸汽联合循环发电仿真实践	中外名曲欣赏
工程造价计价与控制	燃气-蒸汽联合循环发电课程设计	中西文化与哲学
工程造价前沿及学年论文	燃烧理论与技术	中英文翻译
工程造价信息管理	燃烧与污染控制	专题：超临界火电机组运行与仿真
工程造价信息管理课程实验	热工控制系统 A	专题：大型火电机组热控系统优化设计
工程造价专业外语	热工控制系统 A 课程设计	专题辩论
工程制图	热工理论基础	专业概述

续表

课 程 名 称	课 程 名 称	课 程 名 称
工程制图 B	热工与流体机械基础	专业基础综合实验
工业催化	热交换器设计	专业认识实习
工业工程导论	热力发电厂 B	专业外语
工业工程学	热力发电厂课程设计	专业外语阅读
工业机器人技术基础	热力发电厂水汽系统化学	专业英语阅读（测控）
工业设计史	热力系统工程	专业英语阅读与写作（1）
公共关系	热质交换原理与设备	专业应用软件编制上机实习
公共管理学 A	人工智能基础	专业综合实践：大型火电机组热控系统设计及实现（1）
公共管理学 B	人机工程学	专业综合实践：大型火电机组热控系统设计及实现（2）
公共管理学名著导读	人力资源管理	专业综合实验
公共事业管理法律制度	认识实习	装饰雕塑
公管专业英语	认识实习（双）	资产评估
供暖系统安装、调试及运行	日语入门	自动化专业概论
固体废物处理与处置	日语与日本文化	自动控制理论 A
固体物理	如何写好科研论文	自动控制理论 B（英）
管理定量分析	软件工程	自动控制理论课程设计
管理会计	软件工具与环境	自动控制原理 C
管理逻辑学	软件项目管理	字体版式与标志设计
管理软件应用	软件项目管理综合实验	综合日语
管理统计软件应用	商法	综合设计：智能汽车设计（2）
管理文献翻译训练	商业实习	综合实验
管理心理学	设计表现技法	综合英语
管理信息系统	设计工程基础	组合机构设计与分析
管理信息系统与决策支持系统	设计管理	组织行为学

华北电力大学 2017 年研究生课程设置一览表

（北 京 校 部）

2016—2017 学年研究生课程设置表

课程号	课程名称	开课教研室	任课教师
30220341	研究生就业与创业指导	302005——研究生就业办公室	朱晓红
			王　硕
			周　华
40120011	科技信息检索与论文写作专题讲座	401008——信息咨询部	何琼等
50120511	电网络分析理论	501001——电工电子教学实验中心	王雁凌
			熊小玲
			许　军
50120321	微机继电保护	501003——四方研究所*	刘　灏
			肖仕武

续表

课程号	课程名称	开课教研室	任课教师
50120351	变电站自动化	501003——四方研究所*	贾　科
50120551	继电保护专题	501003——四方研究所*	黄少锋
			郑　涛
50120931	专题课程（新能源电力系统保护与控制）	501003——四方研究所*	王增平
			毕天姝
			黄少锋
50120151	电气设备在线监测与故障诊断	501004——高电压与绝缘技术研究所	王　伟
50120161	电介质放电理论及其应用	501004——高电压与绝缘技术研究所	齐　波
50120171	过电压分析与防护	501004——高电压与绝缘技术研究所	屠幼萍
50120181	专业英语（高电压与绝缘技术）	501004——高电压与绝缘技术研究所	詹花茂
50121031	专题课程（电磁与放电）	501004——高电压与绝缘技术研究所	李庆民
50110031	现代电气工程的电磁基础	501005——电磁与超导电工研究所	王泽忠等
50120681	专题课程（电子科学与技术研究生专题课程）	501005——电磁与超导电工研究所	李　琳
			王泽忠
			卢铁兵
			郝建红
50120691	电磁场选论	501005——电磁与超导电工研究所	焦重庆
			王泽忠
50120721	电磁场数值计算	501005——电磁与超导电工研究所	赵志斌
			王泽忠
50120741	现代电磁测量技术	501005——电磁与超导电工研究所	卢斌先
50120781	电磁兼容基础	501005——电磁与超导电工研究所	焦重庆
50120831	专业英语（电工理论与新技术）	501005——电磁与超导电工研究所	刘宏伟
50120101	电机运行及控制技术	501006——电机运行控制与节能技术研究所	刘明基
50120191	交流电机及其系统分析	501006——电机运行控制与节能技术研究所	崔学深
			刘晓芳
			许国瑞
50120201	电力系统储能技术	501006——电机运行控制与节能技术研究所	尹忠东
50120211	电机前沿技术	501006——电机运行控制与节能技术研究所	赵海森
50120221	大型电机分析及故障诊断	501006——电机运行控制与节能技术研究所	詹　阳
			赵海森
50120671	专业英语（电机与电器）	501006——电机运行控制与节能技术研究所	赵海森
50120901	专题课程（电机新技术专题）	501006——电机运行控制与节能技术研究所	崔学深
			刘明基
50120381	电力市场理论与技术	501007——电力市场研究所	程　瑜
			王雁凌
50120561	能源经济	501007——电力市场研究所	张　洪
50120991	中国电力工业发展史	501007——电力市场研究所	王　鹏
50120431	电力系统风险评估	501008——输配电系统研究所	刘文霞
50120611	现代控制理论	501008——输配电系统研究所	刘　念

续表

课程号	课程名称	开课教研室	任课教师
50120641	智能配电技术	501008——输配电系统研究所	黄　伟 刘春明
50120661	专业英语（电气工程）	501008——输配电系统研究所	刘自发 刘春明 刘其辉 黄　伟
50120971	电力系统空间天气灾害效应	501008——输配电系统研究所	刘春明
50121011	风力发电系统建模与控制	501008——输配电系统研究所	刘其辉
50120491	专题课程（电力电子在电力系统中的应用）	501009——柔性电力技术研究所	韩民晓
50120531	分布式电源与微网技术	501009——柔性电力技术研究所	韩民晓
50120541	高压直流输电技术	501009——柔性电力技术研究所	文　俊
50120571	柔性交流输电系统	501009——柔性电力技术研究所	刘　晋 谭伟璞
50120591	现代电力电子技术	501009——柔性电力技术研究所	刘　晋
50120651	专业英语（电力电子与电力传动）	501009——柔性电力技术研究所	朱永强
50120281	智能电网技术专题	501010——电力系统研究所	陈艳波
50120311	数字信号处理	501010——电力系统研究所	鲍　海
50120451	电力系统规划与可靠性	501010——电力系统研究所	刘自发
50110051	现代通信技术与计算机网络	501011——通信技术研究所	孙凤杰
50120011	检测与估值理论	501011——通信技术研究所	卢文冰
50120021	宽带数据通信网	501011——通信技术研究所	祁　兵
50120041	无线传感器网络与物联网技术	501011——通信技术研究所	李　彬
50120061	现代光纤通信技术	501011——通信技术研究所	仇英辉
50120071	现代数字通信技术	501011——通信技术研究所	吴润泽
50120081	现代通信理论	501011——通信技术研究所	孙凤杰
50120111	智能电网信息通信技术	501011——通信技术研究所	孙　毅
50120121	信息论及编码	501011——通信技术研究所	唐良瑞
50120131	现代通信网理论	501011——通信技术研究所	翟明岳
50120141	专业英语（信息与通信工程）	501011——通信技术研究所	马永红
50121041	电力通信规划与可靠性	501011——通信技术研究所	吴润泽
50121061	无线通信网络设计与优化	501011——通信技术研究所	许　晨
50121071	现代无线通信技术及应用	501011——通信技术研究所	赵雄文
50121081	通信工程领域案例分析	501011——通信技术研究所	吴润泽 祁　兵 赵雄文 孙　毅
50121111	大数据存储与处理	501011——通信技术研究所	李　彬
50121201	通信网组网与管理技术	501011——通信技术研究所	仇英辉
50110021	现代数字信号分析与处理	501012——电子信息技术研究所	许　刚
50120241	现代数字信号处理	501012——电子信息技术研究所	许　刚

续表

课程号	课程名称	开课教研室	任课教师
50120271	传感与检测技术	501012——电子信息技术研究所	龚钢军
50120291	多媒体信息处理	501012——电子信息技术研究所	陆 俊
50120711	专业英语（电子与通信工程）	501012——电子信息技术研究所	耿绥燕
50120751	网络与信息安全	501012——电子信息技术研究所	孙中伟
50120791	智能电网信息物理融合系统	501012——电子信息技术研究所	孙中伟
50120851	智能信息处理技术	501012——电子信息技术研究所	廖 斌
50120911	专题课程（信息与通信前沿技术讲座）	501012——电子信息技术研究所	许 刚
50121161	信息处理技术领域案例分析	501012——电子信息技术研究所	武 昕
50120231	现代电路理论及分析	501013——现代电子技术研究所	范杰清
50120261	功率电子学	501013——现代电子技术研究所	文亚凤
50120371	嵌入式系统和 SOC 设计	501013——现代电子技术研究所	梁光胜
50121151	现代电子技术领域案例分析	501013——现代电子技术研究所	孙建平
			郝建红
50121171	高等半导体物理（电子科学与技术）	501013——现代电子技术研究所	孙建平
50121181	高等量子力学（电子科学与技术）	501013——现代电子技术研究所	郝建红
50120481	电能质量分析与控制	501014——新能源电网研究所	陶 顺
50120961	柔性直流输电技术	501014——新能源电网研究所	赵成勇
50110041	动态电力系统理论与方法	501015——电网与调度研究所	王海风
			毕天姝
			黄少锋
			李庚银
50120411	高等电力系统分析	501015——电网与调度研究所	齐郑等
50120501	电网调度自动化	501015——电网与调度研究所	刘文颖
50120621	新能源发电与并网技术	501015——电网与调度研究所	刘其辉
			林 俐
50120841	专业英语（电力系统及其自动化）	501015——电网与调度研究所	周 明
			徐衍会
50120861	智能技术及其在电力系统中的应用	501015——电网与调度研究所	赵冬梅
50120881	电气工程新技术专题	501015——电网与调度研究所	李庚银
50120921	专题课程（新能源电力系统分析）	501015——电网与调度研究所	李庚银
50121021	电力系统软件开发技术	501015——电网与调度研究所	张东英
50220131	工程测试与信号处理	502003——机械研究室	柳亦兵
50220151	机械系统动力学	502003——机械研究室	周 超
50220171	工程优化方法	502003——机械研究室	李 林
50220181	机械工程前沿	502003——机械研究室	张照煌
			柳亦兵
			芮晓明
			夏延秋
50220191	先进制造技术	502003——机械研究室	高青风
50220211	工业检测技术	502003——机械研究室	熊星宇

续表

课程号	课程名称	开课教研室	任课教师
50220221	现代设备工程学	502003——机械研究室	张照煌
50220231	摩擦与磨损	502003——机械研究室	夏延秋
50220251	结构设计与数值软件应用	502003——机械研究室	周　超
50220261	专业英语（机械设计及理论）	502003——机械研究室	柳亦兵
50220271	专业英语（机械电子工程）	502003——机械研究室	武　鑫
50220281	专业英语（机械制造及其自动化）	502003——机械研究室	芮晓明
50220351	机械工程应用专题	502003——机械研究室	夏延秋
50220721	专题课程（机械工程前沿）	502003——机械研究室	张照煌
			柳亦兵
			芮晓明
			夏延秋
50220761	数字化设计与制造	502003——机械研究室	宋玉旺
50220771	风电机组设计技术	502003——机械研究室	武　鑫
			芮晓明
50221061	现代设计方法学	502003——机械研究室	刘衍平
50220561	制冷系统热动力学	502004——建筑环境与设备工程教研室	周国兵
50220571	现代制冷与低温技术	502004——建筑环境与设备工程教研室	王　锡
50220631	供热空调新技术	502004——建筑环境与设备工程教研室	程金明
50220691	建筑热模拟	502004——建筑环境与设备工程教研室	徐宝萍
50210041	高等燃烧学	502007——热能动力工程教研室	孙保民
50210051	高等转子动力学	502007——热能动力工程教研室	付忠广
50220291	热力系统辅助设备特性分析	502007——热能动力工程教研室	梁双印
50220301	气液两相流和沸腾传热	502007——热能动力工程教研室	庞力平
50220321	燃烧理论与技术	502007——热能动力工程教研室	孙保民
50220341	大型汽轮机运行特性	502007——热能动力工程教研室	卞　双
			付忠广
50220371	电站锅炉运行特性	502007——热能动力工程教研室	刘　彤
50220381	设备状态监测与故障诊断技术	502007——热能动力工程教研室	顾煜炯
50220581	专业英语（动力工程及工程热物理）	502007——热能动力工程教研室	王宁玲
			周乐平
50220711	燃烧室数学模型	502007——热能动力工程教研室	李文艳
50220791	电厂燃烧污染及控制技术	502007——热能动力工程教研室	张永生
50220801	最优化技术在电厂热力工程中的应用	502007——热能动力工程教研室	陈海平
50220841	现代除尘理论与技术	502007——热能动力工程教研室	程伟良
50221011	汽轮机性能测试与运行优化	502007——热能动力工程教研室	董玉亮
50221041	锅炉性能试验与运行优化	502007——热能动力工程教研室	肖海平
50221071	洁净煤发电技术及工程应用	502007——热能动力工程教研室	康志忠
50221081	动力工程研发及应用案例	502007——热能动力工程教研室	汪　涛
			肖海平
			梁双印
			张乃强

续表

课程号	课程名称	开课教研室	任课教师
50210011	高等热学理论	502013——工程热物理教研室	周少祥
50210031	黏性流体动力学	502013——工程热物理教研室	张晓东
50210071	高等能源化学工程	502013——工程热物理教研室	张　锴
50220201	节能原理	502013——工程热物理教研室	周少祥
50220391	专题课程（先进能量系统）	502013——工程热物理教研室	杨勇平
50220401	高等传热学	502013——工程热物理教研室	徐　超
			魏高升
50220411	高等工程热力学	502013——工程热物理教研室	郭民臣
50220431	火电厂热力系统性能分析	502013——工程热物理教研室	李惊涛
50220441	二氧化碳捕集与封存（CCS）技术	502013——工程热物理教研室	徐　钢
50220481	动力工程热经济学	502013——工程热物理教研室	张晓东
50220491	高等工程流体力学	502013——工程热物理教研室	张晓东
50220501	场协同理论及强化传热技术	502013——工程热物理教研室	杨立军
50220511	数值传热学	502013——工程热物理教研室	杨立军
50220521	燃气—蒸汽联合循环	502013——工程热物理教研室	段立强
50220541	太阳能热利用技术	502013——工程热物理教研室	侯宏娟
50220611	计算流体力学	502013——工程热物理教研室	王晓东
50220621	热能动力工程前沿	502013——工程热物理教研室	杜小泽
50220731	专题课程（热能动力工程前沿）	502013——工程热物理教研室	杜小泽
50220751	微纳尺度传热传质学	502013——工程热物理教研室	周乐平
50220821	现代热物理测试技术	502013——工程热物理教研室	魏高升
50220881	高等化工热力学	502013——工程热物理教研室	陈宏刚
50220891	化工过程模拟及计算	502013——工程热物理教研室	陈宏刚
50220901	煤炭转化的化学基础	502013——工程热物理教研室	陈宏刚
50220911	煤炭转化技术	502013——工程热物理教研室	陈宏刚
50220921	专题课程（能源化工进展）	502013——工程热物理教研室	陈宏刚
50220941	专业英语（化学工程与技术专业）	502013——工程热物理教研室	齐娜娜
50220951	传递过程原理	502013——工程热物理教研室	张　锴
50220961	绿色化工概论	502013——工程热物理教研室	张　锴
50220971	现代仪器分析	502013——工程热物理教研室	滕　阳
50221031	微纳米尺度流动与传热	502013——工程热物理教研室	徐进良
			张　伟
50221051	叶轮机械内流理论	502013——工程热物理教研室	戴丽萍
50210021	材料性能学	502014——材料教研室	徐　鸿
			刘宗德
50220011	振动分析与动态测试	502014——材料教研室	何　青
50220021	检测技术	502014——材料教研室	何　青
50220031	材料结构基础	502014——材料教研室	郭永权
50220041	功能材料	502014——材料教研室	李文瀚
			李宝让

续表

课程号	课程名称	开课教研室	任课教师
50220051	材料分析方法	502014——材料教研室	刘东雨
50220071	高等材料力学	502014——材料教研室	李　斌
50220081	合金热力学	502014——材料教研室	王东辉
50220111	无机材料合成	502014——材料教研室	吕玉珍
50220121	现代表面工程	502014——材料教研室	张东博
50220601	数值计算软件在动力工程中的应用	502014——材料教研室	徐　鸿
50220681	专业英语（材料学）	502014——材料教研室	刘东雨
50220741	专题课程（新材料及其在能源电力行业中的应用）	502014——材料教研室	刘宗德
50220981	磁性材料分析	502014——材料教研室	郭永权
50221001	计算材料学	502014——材料教研室	张建军
50610061	工程与项目管理方法论	506006——工程管理教研室	侯学良
50610151	工程管理最佳实践	506006——工程管理教研室	赵振宇
50610161	工程信息模型与仿真	506006——工程管理教研室	刘　睿
50610171	新能源电力工程建设	506006——工程管理教研室	乌云娜
50620011	工程项目管理案例	506006——工程管理教研室	刘　睿
50620021	多目标决策理论	506006——工程管理教研室	庞南生
50620041	项目计划与控制	506006——工程管理教研室	庞南生
50620051	工程经济学	506006——工程管理教研室	赵会茹
50620061	工程项目管理理论与应用	506006——工程管理教研室	刘金朋 李金超 刘金朋
50620081	工程项目管理前沿	506006——工程管理教研室	路　程 赵振宇
50620981	专业英语（管理科学与工程、工程管理、项目管理）	506006——工程管理教研室	刘　睿
50621261	房地产估价实务	506006——工程管理教研室	陈文君
50610041	高级经济学	506007——经济学教研室	闫庆友
50610201	金融工程与资本市场分析	506007——经济学教研室	赵新刚
50620451	管制经济学	506007——经济学教研室	马　昕
50620681	产业经济学前沿问题	506007——经济学教研室	孙晶琪
50620701	产业组织经济学	506007——经济学教研室	孙晶琪
50620771	现代能源经济学	506007——经济学教研室	张晓春
50620791	项目投融资方法与实务	506007——经济学教研室	赵会茹
50620811	新制度经济学	506007——经济学教研室	罗国亮
50620851	应用统计学	506007——经济学教研室	马　昕
50620871	中级计量经济学	506007——经济学教研室	闫庆友
50620881	中级微观经济学	506007——经济学教研室	李泓泽
50620911	数据、模型与决策	506007——经济学教研室	闫庆友
50620941	中级宏观经济学	506007——经济学教研室	刘喜梅
50621051	专题课程（规制理论与能源规制）	506007——经济学教研室	赵会茹

续表

课程号	课程名称	开课教研室	任课教师
50621151	管理经济学	506007——经济学教研室	张晓春
50621231	经济学	506007——经济学教研室	周　东
50610081	现代人力资源管理理论与方法	506009——人力资源教研室	余顺坤
50620641	工作分析与岗位评价	506009——人力资源教研室	刘　琳
50620721	劳动关系研究	506009——人力资源教研室	赵长红
50620831	人力资源管理体系设计	506009——人力资源教研室	余顺坤
50620861	薪酬与绩效管理	506009——人力资源教研室	郭京生
		506009——人力资源教研室	熊敏鹏
50621081	专题课程（企业管理专题）	506009——人力资源教研室	郭京生
			熊敏鹏
			余恩海
			余顺坤
50621291	创业策划理论与方法	506009——人力资源教研室	余恩海
50610021	企业经营管理理论与方法	506011——市场营销教研室	杨淑霞
50620661	采购与合同管理	506011——市场营销教研室	李晓宇
50620671	电力企业物流管理	506011——市场营销教研室	刘　杰
50620711	供应链管理	506011——市场营销教研室	王　怡
50620741	物流系统建模与仿真	506011——市场营销教研室	郭晓鹏
50620761	物流系统规划与设计	506011——市场营销教研室	刘　达
50620821	消费者行为分析	506011——市场营销教研室	李　莹
50620841	运营管理	506011——市场营销教研室	李星梅
50620991	专业英语（企业管理、物流工程）	506011——市场营销教研室	王　怡
50610011	预测与计划评价理论	506012——电力经济管理教研室	刘敦楠
			牛东晓
50610071	高级管理学	506012——电力经济管理教研室	闫庆友
			谭忠富
50610181	工程复杂网络理论	506012——电力经济管理教研室	乞建勋
50610211	企业发展动力学	506012——电力经济管理教研室	李彦斌
50620091	电力负荷预测方法	506012——电力经济管理教研室	张福伟
50620101	电力规划理论与实务	506012——电力经济管理教研室	谢传胜
50620111	电力生产管理	506012——电力经济管理教研室	王永利
			刘敦楠
50620121	电力市场理论与实务	506012——电力经济管理教研室	曾　鸣
50620131	风险管理理论及方法	506012——电力经济管理教研室	韩金山
50620141	工业工程案例	506012——电力经济管理教研室	董　军
50620161	技术经济评价理论与方法	506012——电力经济管理教研室	张兴平
50620171	能源规划与系统分析	506012——电力经济管理教研室	董　军
50620181	人因工程	506012——电力经济管理教研室	王永利
50620191	网络计划优化方法	506012——电力经济管理教研室	张立辉
			乞建勋

续表

课程号	课程名称	开课教研室	任课教师
50620201	网络流理论及其管理应用	506012——电力经济管理教研室	路　程 张立辉
50620211	管理与沟通	506012——电力经济管理教研室	赵洱岽
50620221	现代工业工程	506012——电力经济管理教研室	董　军
50620231	现代管理理论	506012——电力经济管理教研室	李彦斌
50620241	现代企业战略管理	506012——电力经济管理教研室	谭忠富
50620251	综合评价方法	506012——电力经济管理教研室	何永秀
50620261	电力系统经济运行及管理	506012——电力经济管理教研室	刘敦楠
50620271	管理运筹学（二）	506012——电力经济管理教研室	路　程 施应玲
50620921	系统工程学	506012——电力经济管理教研室	施应玲
50620971	专业英语（技术经济及管理、工业工程）	506012——电力经济管理教研室	李星梅
50621071	专题课程（电力经济管理专题课）	506012——电力经济管理教研室	刘敦楠 曾　鸣
50621281	创新能力与素养	506012——电力经济管理教研室	李彦斌
50610051	会计理论与方法研究	506013——会计教研室	夏　宁
50620301	会计理论	506013——会计教研室	夏　宁
50620471	高级财务会计理论与实务	506013——会计教研室	张　妍
50620501	高级管理会计理论与实务	506013——会计教研室	张　戈
50620561	企业预算管理理论与实务	506013——会计教研室	夏　宁
50620591	商业伦理与会计职业道德	506013——会计教研室	李艳玲
50621001	专业英语（会计学、会计硕士、资产评估）	506013——会计教研室	刘晓彦
50621061	专题课程（会计前沿问题研究）	506013——会计教研室	夏　宁
50621161	财务会计理论与实务	506013——会计教研室	张　妍
50621171	管理会计理论与实务	506013——会计教研室	张　戈
50621191	审计理论与实务	506013——会计教研室	赵宝柱
50621201	会计管理软件设计与应用	506013——会计教研室	李乐明
50621211	预算管理理论与实务	506013——会计教研室	夏　宁
50621221	业绩评价与改善	506013——会计教研室	宋晓华
50621251	财务会计与会计准则	506013——会计教研室	张莉萍
50610091	财务管理专题研究	506014——财务管理教研室	刘崇明
50620281	财务会计报告分析	506014——财务管理教研室	李　涛
50620291	高级财务管理理论与实务	506014——财务管理教研室	任　静
50620321	企业价值评估	506014——财务管理教研室	简建辉
50620341	企业纳税筹划	506014——财务管理教研室	沈剑飞
50620351	企业内部控制理论与实务	506014——财务管理教研室	张　颖
50620381	无形资产评估	506014——财务管理教研室	颜苏莉
50620401	资本运营理论与实务	506014——财务管理教研室	颜苏莉 刘崇明

续表

课程号	课程名称	开课教研室	任课教师
50620421	资产评估理论与方法	506014——财务管理教研室	刘崇明 颜苏莉
50620961	中外资产评估准则	506014——财务管理教研室	刘崇明
50621181	财务管理理论与实务	506014——财务管理教研室	龙成凤
50621241	财务管理	506014——财务管理教研室	简建辉
50621311	资产评估实务与案例分析	506014——财务管理教研室	刘崇明
50621321	资产评估职业道德教育	506014——财务管理教研室	刘崇明
50610101	复杂系统理论与方法	506015——国际金融与贸易教研室	高建伟
50610111	管理数学模型方法论	506015——国际金融与贸易教研室	高建伟
50610121	高级金融理论与建模	506015——国际金融与贸易教研室	吴忠群
50620581	金融衍生产品定价理论	506015——国际金融与贸易教研室	高建伟
50620611	能源金融	506015——国际金融与贸易教研室	孙　冬
50620631	金融市场	506015——国际金融与贸易教研室	沈　巍
50621341	能源市场与政策	506015——国际金融与贸易教研室	张素芳
50621371	专业英语（产业经济学、数量经济学、金融学、统计学）	506015——国际金融与贸易教研室	张素芳
50610031	风险管理理论与信息化	506016——信息管理教研室	李存斌
50610131	现代项目信息管理	506016——信息管理教研室	刘吉成
50610141	工程风险管理与决策	506016——信息管理教研室	李存斌
50610191	数据挖掘与知识发现	506016——信息管理教研室	董福贵
50620371	经济管理软件应用	506016——信息管理教研室	刘　谊
50620481	商务智能应用	506016——信息管理教研室	梁春燕 瞿　斌
50620541	建设项目信息管理	506016——信息管理教研室	李存斌
50620601	项目管理软件及应用	506016——信息管理教研室	董福贵
50620621	信息管理与决策支持	506016——信息管理教研室	陈永权
50621041	专题课程（工程管理及信息管理工程专题）	506016——信息管理教研室	侯学良
50720211	知识产权法研究	507003——法律科学教研室	李喜蕊
50720221	证据法学	507003——法律科学教研室	李红枫
50720241	专业英语（法学）	507003——法律科学教研室	沈　磊
50720251	刑事诉讼法专题	507003——法律科学教研室	赵旭光
50720261	刑法专题	507003——法律科学教研室	方仲炳
50720271	物权法专题	507003——法律科学教研室	刘玉红
50720281	知识产权及电力相关法律知识	507003——法律科学教研室	王书生
50720291	比较刑事诉讼法专题	507003——法律科学教研室	赵旭光
50720301	比较民事诉讼法专题	507003——法律科学教研室	王学棉
50720321	民事执行法研究	507003——法律科学教研室	田海鑫
50720331	民事诉讼法专题	507003——法律科学教研室	王学棉
50720341	民商法专题	507003——法律科学教研室	刘玉红
50720351	劳动与社会保障法	507003——法律科学教研室	杜　波

续表

课程号	课程名称	开课教研室	任课教师
50720371	环保法总论	507003——法律科学教研室	陈维春
50720381	市场经济安全与政府监管专题	507003——法律科学教研室	杜　波
50720391	国际投资与金融法专题	507003——法律科学教研室	杨卫东
50720411	国际贸易法专题	507003——法律科学教研室	李　英
50720421	国际经济争端解决研究	507003——法律科学教研室	付　荣
50720431	国际经济法前沿问题研究	507003——法律科学教研室	沈　磊
50720441	国际环境法专题	507003——法律科学教研室	陈维春
50720451	国际法专题	507003——法律科学教研室	李　英
50720461	公司法研究	507003——法律科学教研室	曹治国
50720541	资源保护法	507003——法律科学教研室	曹治国
50720551	中国能源法	507003——法律科学教研室	周凤翱
50720561	外国能源法	507003——法律科学教研室	周凤翱
50720581	能源监管法	507003——法律科学教研室	赵保庆
50720591	国际能源法	507003——法律科学教研室	周凤翱
50720601	专题课程（法学研究方法与社会热点问题）	507003——法律科学教研室	方仲炳
50720611	商法专题	507003——法律科学教研室	曹治国
50720631	法学经典文献选读	507003——法律科学教研室	曹治国
50720741	经济法专题	507003——法律科学教研室	杜　波
50721051	民法总论	507003——法律科学教研室	刘玉红
50721061	行政法与行政诉讼法专题	507003——法律科学教研室	李红枫
50721071	电力法	507003——法律科学教研室	王书生
50720011	政治学理论与方法	507004——公共管理教研室	张绪刚
50720021	政府监管体制	507004——公共管理教研室	刘向晖
50720051	公共部门人力资源管理	507004——公共管理教研室	王　伟
50720071	公共政策基本理论与方法	507004——公共管理教研室	李玲玲
50720081	公共行政学前沿	507004——公共管理教研室	张绪刚
50720101	高等教育管理专题	507004——公共管理教研室	翟亚军
50720121	社会科学研究方法	507004——公共管理教研室	姚建平
50720131	非政府组织研究	507004——公共管理教研室	姚建平
50720141	比较政府与政治	507004——公共管理教研室	高富锋
50720151	公共事业管理专题研究	507004——公共管理教研室	卢海燕
50720171	政府经济学	507004——公共管理教研室	赵　军
50720181	公共管理学	507004——公共管理教研室	朱晓红
50720201	专业英语（公共管理）	507004——公共管理教研室	陈建国
50720621	专题课程（行政管理专题）	507004——公共管理教研室	贾江华
50720661	高等教育原理	507004——公共管理教研室	荀振芳
50720761	公共管理（MPA）	507004——公共管理教研室	王　伟
			陈建国
50720771	公共政策分析（MPA）	507004——公共管理教研室	刘向晖
			李玲玲

续表

课程号	课程名称	开课教研室	任课教师
50720781	中国特色社会主义市场经济理论与实践研究（MPA）	507004——公共管理教研室	蔡利民
50720791	外国语（MPA）	507004——公共管理教研室	李　新
50720801	政治学（MPA）	507004——公共管理教研室	张绪刚
			高富锋
50720811	宪法与行政法（MPA）	507004——公共管理教研室	李红枫
			赵保庆
50720821	非营利组织管理（MPA）	507004——公共管理教研室	卢海燕
			朱晓红
50720831	电子政务（MPA）	507004——公共管理教研室	杨建成
			赵　军
50720891	社会问题与社会政策（MPA）	507004——公共管理教研室	贾江华
50720901	社会保障改革与管理（MPA）	507004——公共管理教研室	姚建平
50720911	中西公共事业管理（MPA）	507004——公共管理教研室	卢海燕
50720931	人力资源管理前沿专题（MPA）	507004——公共管理教研室	杨维东
			杨维东
50720961	领导科学与艺术（MPA）	507004——公共管理教研室	苑英科
50720971	中国传统文化与行政哲学（MPA）	507004——公共管理教研室	王　伟
50721011	摄影与审美（MPA）	507004——公共管理教研室	徐保云
50721021	社会实践（MPA）	507004——公共管理教研室	祁晓芳
50721031	文献综述与开题报告（MPA）	507004——公共管理教研室	祁晓芳
50721041	论文中期检查（MPA）	507004——公共管理教研室	祁晓芳
50721111	中国政府与政治（MPA）	507004——公共管理教研室	高富锋
50721121	公共伦理（MPA）	507004——公共管理教研室	王威威
50721131	公关礼仪（MPA）	507004——公共管理教研室	朱晓红
50820031	文学理论	508003——英语专业教研室	刘　辉
50820051	文学批评	508003——英语专业教研室	陈惠良
50820061	英汉比较与翻译	508003——英语专业教研室	吕亮球
50820091	认知语言学	508003——英语专业教研室	任虎林
50820121	英国小说	508003——英语专业教研室	陈惠良
50820161	英美诗歌	508003——英语专业教研室	杨春红
50820201	美国小说	508003——英语专业教研室	刘　辉
50820221	社会语言学	508003——英语专业教研室	李占芳
50820241	英语学习策略研究	508003——英语专业教研室	戴忠信
50820331	经贸翻译（专业学位）	508003——英语专业教研室	郑　晶
50820361	基础笔译	508003——英语专业教研室	赵玉闪
50820371	基础口译	508003——英语专业教研室	王海若
50820381	翻译概论	508003——英语专业教研室	赵玉闪
50820481	英汉比较与翻译（专业学位）	508003——英语专业教研室	吕亮球
50820521	计算机辅助翻译	508003——英语专业教研室	皇甫伟
50820531	科技翻译（专业学位）	508003——英语专业教研室	皇甫伟

续表

课程号	课程名称	开课教研室	任课教师
50820561	国际会议口译	508003——英语专业教研室	高晓薇
50820581	职业素质专题课程	508003——英语专业教研室	肖媛媛
50820601	商务口译	508003——英语专业教研室	宋晓漓
50820631	科技笔译工作坊（汉译英）	508003——英语专业教研室	孙　利
50820641	科技笔译工作坊（英译汉）	508003——英语专业教研室	吴嘉平
50820651	科技口译工作坊（英译汉）	508003——英语专业教研室	宁圃玉
50820661	科技口译工作坊（汉译英）	508003——英语专业教研室	王　欣
50820671	能源电力笔译	508003——英语专业教研室	吴嘉平
50820681	应用翻译	508003——英语专业教研室	李丽君
50820691	文学翻译（专业学位）	508003——英语专业教研室	李丽君
50820711	交替传译	508003——英语专业教研室	王海若
50820721	能源电力口译	508003——英语专业教研室	刘　辉
50820761	法律翻译	508003——英语专业教研室	孙　利
50820801	同声传译	508003——英语专业教研室	王海若
50820811	旅游翻译	508003——英语专业教研室	段素萍
50820821	金融翻译	508003——英语专业教研室	马晓颖
50820831	翻译项目管理	508003——英语专业教研室	吕亮球
50820841	中国语言文化	508003——英语专业教研室	何秋敏
			苑汝杰
50820861	认知心理学	508003——英语专业教研室	戴忠信
50820871	心理语言学	508003——英语专业教研室	任虎林
50820891	应用语言学研究方法与论文写作	508003——英语专业教研室	马铁川
50820911	语用学	508003——英语专业教研室	国　防
50810011	第一外国语（博士英语）	508004——研究生外语教研室	吕亮球等
50820011	功能语法	508004——研究生外语教研室	国　防
50820021	翻译理论	508004——研究生外语教研室	赵玉闪
50820041	外语教学理论	508004——研究生外语教研室	牛跃辉
50820071	跨文化交际学	508004——研究生外语教研室	李　新
50820081	第二语言习得	508004——研究生外语教研室	杜　异
50820111	文体与翻译	508004——研究生外语教研室	李　新
50820141	英语教学实践	508004——研究生外语教研室	牛跃辉
50820151	西方文化导论	508004——研究生外语教研室	李　新
50820301	第二外国语（日语）	508004——研究生外语教研室	田文利
50820311	第二外国语（法语）	508004——研究生外语教研室	裴光宇
50820391	第一外国语-综合英语	508004——研究生外语教研室	高晓薇等
50820401	第一外国语-国际会议交流	508004——研究生外语教研室	郑蓉颖等
50820411	第一外国语-科技英语写作	508004——研究生外语教研室	张　帆
50820421	第一外国语-科技英语翻译	508004——研究生外语教研室	皇甫伟等
50820431	第一外国语-高级英语	508004——研究生外语教研室	皇甫伟
50820511	专题课程（英语语言文学前沿研究）	508004——研究生外语教研室	李　新

续表

课程号	课程名称	开课教研室	任课教师
50820551	专题课程（外国语言学及应用语言学前沿研究）	508004——研究生外语教研室	戴忠信
50820621	视译	508004——研究生外语教研室	王　欣
30220181	案例实务课（应用统计）	509002——数学教研室*	石玉英等
50910011	现代数学基础与方法	509002——数学教研室*	李忠艳
50910021	高等泛函分析	509002——数学教研室*	罗振东
50920021	不确定规划	509002——数学教研室*	高　欣
50920041	多元统计分析	509002——数学教研室*	朱勇华
50920051	泛函分析及其应用	509002——数学教研室*	罗振东
50920061	非参数统计	509002——数学教研室*	王小英
50920071	非线性发展方程	509002——数学教研室*	黄晔辉
50920081	非线性数值分析	509002——数学教研室*	杨晓忠
50920101	偏微分方程数值解法	509002——数学教研室*	杨晓忠
50920111	常用数学软件选讲	509002——数学教研室*	雍雪林
50920121	生物数学	509002——数学教研室*	张　娟
50920131	时间序列分析	509002——数学教研室*	王小英
50920141	随机过程	509002——数学教研室*	何凤霞
50920151	微分方程定性理论	509002——数学教研室*	张　娟
50920161	微分方程稳定性方法	509002——数学教研室*	张　娟
50920171	现代偏微分方程概论	509002——数学教研室*	赵引川
50920181	小波分析及其应用	509002——数学教研室*	李忠艳
50920191	最优化理论与方法	509002——数学教研室*	高　欣
50920591	专业英语（数学）	509002——数学教研室*	石玉英
50920631	模糊数学	509002——数学教研室*	谷云东
50920641	矩阵论	509002——数学教研室*	邱启荣
			黄晔辉
			孙淑珍
50920651	组合数学	509002——数学教研室*	赵红涛
50920661	泛函分析	509002——数学教研室*	罗振东
50920671	应用数理统计	509002——数学教研室*	朱勇华
50920681	规划数学	509002——数学教研室*	吕　蓬
			叶振军
50920691	数值分析	509002——数学教研室*	曹艳华
			彭武安
50920711	随机过程（数学专业）	509002——数学教研室*	何凤霞
50920721	模糊数学（数学专业）	509002——数学教研室*	谷云东
50920731	理论生态学	509002——数学教研室*	张化永
50920741	专题课程（应用数学研讨班）	509002——数学教研室*	高　欣
			陈学刚
			陈德刚
			赵红涛

续表

课程号	课程名称	开课教研室	任课教师
50920751	专题课程（计算数学研讨班）	509002——数学教研室*	杨晓忠
			罗振东
			曹艳华
			石玉英
50920781	试验设计与分析	509002——数学教研室*	刘　勇
			赵引川
50920801	统计调查	509002——数学教研室*	李　敏
50920811	概率统计前沿	509002——数学教研室*	何凤霞
			张金平
			王小英
			朱勇华
50920821	数据挖掘	509002——数学教研室*	陈德刚
50920851	生态学统计方法与模型	509002——数学教研室*	张化永
50920861	金融数学与金融工程	509002——数学教研室*	叶振军
50920881	数值分析及工程应用	509002——数学教研室*	甄亚欣
50920891	矩阵论及工程应用	509002——数学教研室*	马德香
			刘　勇
50920911	物理学中的现代数学方法	509002——数学教研室*	李　敏
50920921	大数据分析	509002——数学教研室*	石玉英等
50920931	生物统计分析	509002——数学教研室*	王小英等
50920941	能源统计分析	509002——数学教研室*	张金平等
50920951	统计方法与统计软件	509002——数学教研室*	谷云东
50920221	超导物理	509003——物理教研室	黄　海
50920311	高等半导体物理学	509003——物理教研室	邓加军
50920321	高等量子力学	509003——物理教研室	陈　亮
50920351	固体理论	509003——物理教研室	黄　海
50920431	激光物理学	509003——物理教研室	张金珊
50920481	量子光学	509003——物理教研室	穆青霞
50920531	群论	509003——物理教研室	张　昭
50920701	专业英语（物理）	509003——物理教研室	丁迅雷
50920761	专题课程（物理学前沿）	509003——物理教研室	韩榕生
			黄　海
			陈　雷
			邓加军
51110071	高等水工结构	511001——水利水电工程教研室	吕爱钟
51120031			许桂生
51120041	高等水力学	511001——水利水电工程教研室	张　华
51120051	高等岩土力学	511001——水利水电工程教研室	吕爱钟
51120071	海洋能资源开发利用	511001——水利水电工程教研室	张　华
51120131	结构动力学	511001——水利水电工程教研室	孙万泉

续表

课程号	课程名称	开课教研室	任课教师
51120201	水电站建筑物结构分析	511001——水利水电工程教研室	申 艳
51120231	水库移民安置研究	511001——水利水电工程教研室	姚凯文
51120311	塑性力学	511001——水利水电工程教研室	吕爱钟
51120371	有限单元法及程序开发	511001——水利水电工程教研室	董福品
51120421	专题课程（海洋能开发利用和水利水电工程管理发展动态）	511001——水利水电工程教研室	张 华
51120441	专题课程（水工结构工程新进展）	511001——水利水电工程教研室	吕爱钟
51120681	数值模拟分析	511001——水利水电工程教研室	王俊奇 李芬花
51120711	移民经济学	511001——水利水电工程教研室	姚凯文
51110011	水（能）资源系统规划与管理	511002——水文水资源教研室	王丽萍 纪昌明
51120011	水资源系统规划与管理	511002——水文水资源教研室	王丽萍 纪昌明
51120021	3S 技术及其应用	511002——水文水资源教研室	张尚弘
51120091	河流动力学	511002——水文水资源教研室	张 成
51120111	洪水灾害与减灾策略分析	511002——水文水资源教研室	李继清
51120121	计算水动力学	511002——水文水资源教研室	彭 杨
51120171	近代水文学	511002——水文水资源教研室	李继清
51120221	水库调度自动化系统	511002——水文水资源教研室	李继清
51120251	水文随机分析	511002——水文水资源教研室	门宝辉
51120271	水资源经济学	511002——水文水资源教研室	张验科 王丽萍
51120291	水资源系统风险分析	511002——水文水资源教研室	纪昌明
51120401	专业外语（水利工程）	511002——水文水资源教研室	卢宏玮
51120451	专题课程（水资源与水电系统研究前沿与成果）	511002——水文水资源教研室	纪昌明
51110021	风力发电系统	511003——风能与动力工程教研室	刘永前 田 德
51120641	风力发电系统技术	511003——风能与动力工程教研室	邓 英 田 德 刘永前
51110041	光伏器件原理与设计	511004——能源工程及自动化教研室	陈诺夫
51110051	光化学	511004——能源工程及自动化教研室	谭占鳌 戴松元
51110061	光伏系统原理	511004——能源工程及自动化教研室	朱红路 戴松元 姚建曦
51120381	薄膜技术与薄膜材料	511004——能源工程及自动化教研室	谭占鳌
51120391	太阳电池光伏发电及其应用	511004——能源工程及自动化教研室	姚建曦
51120721	材料计算模拟方法	511004——能源工程及自动化教研室	夏 昕 张 兵

续表

课程号	课程名称	开课教研室	任课教师
51120731	高等固体物理	511004——能源工程及自动化教研室	刘小龙
51120741	光伏发电系统建模与仿真	511004——能源工程及自动化教研室	朱红路
51120751	基础电化学及其测量	511004——能源工程及自动化教研室	刘　琳
51120761	纳米材料学	511004——能源工程及自动化教研室	潘家鸿
51120591	生物质发电技术	511005——新能源科学与工程教研室	陆　强
51120601	生物燃料技术	511005——新能源科学与工程教研室	杨世关
51120621	现代仪器分析（可再生能源与清洁能源专业）	511005——新能源科学与工程教研室	杨少霞
51120431	专题课程（可再生能源学科前沿与科技问题）	511006——新能源材料与器件教研室	姚建曦等
51120611	新能源材料与器件技术	511006——新能源材料与器件教研室	林　俊 李美成
51120661	专业外语（可再生能源与清洁能源）	511006——新能源材料与器件教研室	林　俊
51220011	近代物理导论	512001——核反应堆工程教研室	蔡　军
51220021	核电厂设备与部件	512001——核反应堆工程教研室	吕雪峰 陆道纲
51220041	高等核反应堆物理分析	512001——核反应堆工程教研室	张竞宇
51220051	高等核反应堆热工分析	512001——核反应堆工程教研室	郭张鹏
51220071	高等核反应堆安全分析	512001——核反应堆工程教研室	周　涛
51220081	核电厂结构设计与有限元分析方法	512001——核反应堆工程教研室	黄　美
51220091	可靠性工程与核电站概率安全分析	512001——核反应堆工程教研室	玉　宇
51220151	AP1000 核电站	512001——核反应堆工程教研室	郝祖龙
51220171	专题课程（核能技术前沿）	512001——核反应堆工程教研室	牛风雷
51220031	核辐射物理基础	512002——核辐射防护与环境保护教研室	吴　英
51220061	原子核物理	512002——核辐射防护与环境保护教研室	赵　强
51220141	Monte-Carlo 方法在核科学技术中应用	512002——核辐射防护与环境保护教研室	刘　洋
51220161	专业英语（核电）	512002——核辐射防护与环境保护教研室	刘　滨
52710041	现代工程控制理论	527001——控制理论与系统教研室	韩　璞
52710051	非线性系统理论	527001——控制理论与系统教研室	刘向杰
52720541	自适应控制	527001——控制理论与系统教研室	田　涛
52720561	现代控制理论	527001——控制理论与系统教研室	袁桂丽
52720571	变结构控制理论与应用	527001——控制理论与系统教研室	钱殿伟
52720621	多变量系统分析	527001——控制理论与系统教研室	禹　梅
52720641	线性系统理论	527001——控制理论与系统教研室	张金芳 马苗苗
52720651	现代电厂控制与优化	527001——控制理论与系统教研室	房　方
52720701	智能电网概论	527001——控制理论与系统教研室	王震宇
52720731	火电机组负荷控制系统设计与实现	527001——控制理论与系统教研室	房　方
52720741	控制系统计算机辅助设计与仿真	527001——控制理论与系统教研室	侯国莲
52720751	模糊控制	527001——控制理论与系统教研室	侯国莲
52720771	故障诊断与容错控制	527001——控制理论与系统教研室	张建华
52720781	预测控制	527001——控制理论与系统教研室	刘向杰

续表

课程号	课程名称	开课教研室	任课教师
52720791	专业英语（控制理论与控制工程）	527001——控制理论与系统教研室	刘向杰
52720801	非线性系统分析与控制	527001——控制理论与系统教研室	张建华
52720811	火电机组燃烧控制系统设计	527001——控制理论与系统教研室	钱殿伟
52720831	鲁棒控制	527001——控制理论与系统教研室	谭　文
52720891	专题课程（先进控制理论及其在能源电力系统中的应用）	527001——控制理论与系统教研室	侯国莲
			张建华
			刘向杰
			谭　文
52720911	专题课程（发电过程状态监测与优化控制）	527001——控制理论与系统教研室	曾德良
			房　方
			牛玉广
			刘吉臻
52720941	控制系统性能评估	527001——控制理论与系统教研室	张金芳
52720961	机器学习理论与应用	527001——控制理论与系统教研室	王震宇
52721071	火电厂仿真运行实训	527001——控制理论与系统教研室	牛玉广
52710011	科研方法论	527002——测控技术与仪器教研室	张文彪
			钱相臣
			闫　勇
			胡永辉
52710061	非侵入式测量与可视化方法	527002——测控技术与仪器教研室	张文彪
			刘　石
			闫　勇
			胡永辉
			钱相臣
52720181	检测理论与应用	527002——测控技术与仪器教研室	吕　游
52720191	误差分析与数据处理	527002——测控技术与仪器教研室	邱　天
52720211	现代传感技术	527002——测控技术与仪器教研室	段泉圣
52720241	专业英语（检测技术与自动化装置）	527002——测控技术与仪器教研室	韩晓娟
52720471	风力发电机组的控制技术	527002——测控技术与仪器教研室	吕跃刚
52720481	仪表智能化技术	527002——测控技术与仪器教研室	吕跃刚
52720511	多传感器信息融合	527002——测控技术与仪器教研室	韩晓娟
52720581	机器学习与大数据分析	527002——测控技术与仪器教研室	郭　鹏
52720591	信号处理与信息融合	527002——测控技术与仪器教研室	杨锡运
52720601	虚拟仪器与软测量技术	527002——测控技术与仪器教研室	杨锡运
52720631	自主式智能系统	527002——测控技术与仪器教研室	刘俊承
52720661	仪表可靠性技术	527002——测控技术与仪器教研室	段泉圣
52720861	专题课程（测控领域前沿技术专题）	527002——测控技术与仪器教研室	Inaki 等
52721011	检测过程数值模拟	527002——测控技术与仪器教研室	张文彪
			钱相臣
			胡永辉
			闫　勇

续表

课程号	课程名称	开课教研室	任课教师
52721111	先进测量系统工程实践	527002——测控技术与仪器教研室	张文彪
			钱相臣
			闫　勇
			段泉圣
			胡永辉
52710031	智能控制理论及应用	527003——控制装置与系统教研室	杨国田
			白　焰
52710071	模式识别方法论	527003——控制装置与系统教研室	刘　禾
			杨国田
52710091	最优化计算方法及其应用	527003——控制装置与系统教研室	罗振东
52720111	模式识别	527003——控制装置与系统教研室	刘　禾
52720131	工业控制计算机网络	527003——控制装置与系统教研室	陆会明
52720141	系统工程导论	527003——控制装置与系统教研室	罗　毅
52720151	系统建模	527003——控制装置与系统教研室	罗　毅
52720201	系统决策与分析	527003——控制装置与系统教研室	师瑞峰
52720221	优化理论与最优控制	527003——控制装置与系统教研室	黄　仙
52720231	智能控制	527003——控制装置与系统教研室	黄从智
52720251	专业英语（模式识别与智能系统）	527003——控制装置与系统教研室	梁　庚
52720261	专业英语（系统工程）	527003——控制装置与系统教研室	黄　仙
52720491	计算机控制理论及应用	527003——控制装置与系统教研室	陆会明
52720521	分散控制系统与现场总线控制	527003——控制装置与系统教研室	梁　庚
52720531	复杂系统分析	527003——控制装置与系统教研室	黄　仙
52720611	嵌入式系统	527003——控制装置与系统教研室	杨国田
52720711	计算机视觉	527003——控制装置与系统教研室	李新利
52720721	图像处理与分析	527003——控制装置与系统教研室	李新利
52720901	专题课程（模式识别与智能系统专题）	527003——控制装置与系统教研室	吴　华
			杨国田
			梁　庚
			黄从智
52720921	专题课程（系统工程发展前沿与研究热点专题）	527003——控制装置与系统教研室	师瑞峰
			罗　毅
			黄　仙
52721081	自动化系统工程师实训	527003——控制装置与系统教研室	李新利等
52720361	ERP 原理与实践	527004——计算机公共基础教研室	姜力争
52720051	高级操作系统	527005——计算机科学与技术教研室	李　为
52720281	软件智能化技术	527005——计算机科学与技术教研室	吴克河
52720301	高级嵌入系统设计	527005——计算机科学与技术教研室	琚　贇
			邵作之
52720341	高级计算机系统结构	527005——计算机科学与技术教研室	夏　宏
52720381	计算机工程技术前沿	527005——计算机科学与技术教研室	马应龙等

续表

课程号	课程名称	开课教研室	任课教师
52720391	数据集成与数据分析技术	527005——计算机科学与技术教研室	齐林海
52720441	物联网技术及应用	527005——计算机科学与技术教研室	李国栋
52720881	专题课程（计算机应用技术专题）	527005——计算机科学与技术教研室	程文刚
52720931	专题课程（嵌入式平台上的计算机视觉系统专题）	527005——计算机科学与技术教研室	贾静平
52720971	电力信息安全	527005——计算机科学与技术教研室	吴克河
52720981	分子传感与智能计算	527005——计算机科学与技术教研室	杨　静
52720081	高级软件工程	527006——软件工程教研室	马素霞
52720091	离散数学（三）	527006——软件工程教研室	胡海涛
52720101	数据仓库与数据挖掘	527006——软件工程教研室	郑　玲
52720311	图与网络	527006——软件工程教研室	马应龙
52720351	图像理解	527006——软件工程教研室	程文刚
52720401	面向对象系统设计与实现	527006——软件工程教研室	马素霞
52720411	Oracle 原理及应用	527006——软件工程教研室	郑　玲
52720421	软件体系结构	527006——软件工程教研室	王竹晓
52720431	软件工程管理	527006——软件工程教研室	彭　文
52720761	Java EE 架构及应用开发	527006——软件工程教研室	赵　强
52720871	专题课程（软件工程专题讲座）	527006——软件工程教研室	马素霞
52720991	计算机动画技术与算法	527006——软件工程教研室	彭　文
			石　敏
52721041	数字媒体计算	527006——软件工程教研室	周登文
52721101	软件设计模式	527006——软件工程教研室	胡　祥
			王素琴
52720161	专业英语（系统结构、应用技术、软件与理论）	527007——信息安全教研室	张　莹
52720321	网络信息安全	527007——信息安全教研室	李元诚
52720331	算法分析与复杂性理论	527007——信息安全教研室	李元诚
52720371	电力工业信息化案例	527007——信息安全教研室	曾德良
			吴克河
			徐茹枝
52720451	云计算	527007——信息安全教研室	胡　祥
52720461	专业英语（软件工程、计算机技术）	527007——信息安全教研室	张　莹
52720851	决策支持系统	527007——信息安全教研室	王默玉
			申晓留
52721061	电力大数据分析与应用	527007——信息安全教研室	焦润海
52721091	计算智能	527007——信息安全教研室	李元诚
52720011	人工智能	527009——物联网工程教研室	魏振华
52720031	高级计算机网络	527009——物联网工程教研室	李国栋
52720061	人工神经网络	527009——物联网工程教研室	魏振华
52721001	大数据重建方法	527009——物联网工程教研室	胡永辉
			刘　石
			张文彪

续表

课程号	课程名称	开课教研室	任课教师
52721051	工业控制系统信息安全	527009——物联网工程教研室	徐茹枝
			关志涛
52820051	思想政治教育心理学	528002——思想道德修养和法律基础教研室	苑英科
52820061	思想政治教育学原理	528002——思想道德修养和法律基础教研室	张 艳
52820141	伦理学专题研究	528002——思想道德修养和法律基础教研室	侯丹娟
52820171	专题课程（人的发展专题研究）	528002——思想道德修养和法律基础教研室	张 艳等
52820091	马克思主义中国化专题研究	528003——中国近现代史纲要教研室	郭正秋
52820201	文化衍变与近现代中国专题研究	528003——中国近现代史纲要教研室	白冶钢
52820031	马克思主义与社会科学方法论	528004——马克思主义原理教研室	崔 凡
52820041	哲学导论	528004——马克思主义原理教研室	郑洪晓
			马临真
52820071	自然辩证法概论	528004——马克思主义原理教研室	马临真等
52820081	专业英语（马克思主义理论）	528004——马克思主义原理教研室	刘 娟
52820121	马克思主义经典著作选读	528004——马克思主义原理教研室	刘 娟
52820131	马克思主义基本原理专题研究	528004——马克思主义原理教研室	王建永
52820181	比较德育专题研究	528004——马克思主义原理教研室	郑洪晓
52820191	传统文化与思想政治教育专题研究	528004——马克思主义原理教研室	王威威
52810011	中国马克思主义与当代	528005——毛泽东思想和中国特色社会主义理论体系概论教研室	周作芳
52820021	中国特色社会主义理论与实践研究	528005——毛泽东思想和中国特色社会主义理论体系概论教研室	王建永等
52920021	高等环境化学	529001——环境化学教研室	彭 林
52920031	高等分析化学	529001——环境化学教研室	王素华
52920051	纳米化学前沿	529001——环境化学教研室	陈 哲
52920081	环境化学前沿与进展	529001——环境化学教研室	王素华
52920101	膜分离技术与应用	529001——环境化学教研室	侯 静
52920111	环境材料学	529001——环境化学教研室	韩 冰
52920141	现代环境工程前沿技术	529001——环境化学教研室	文 涛
52920171	环境纳米技术	529001——环境化学教研室	陈 哲
52920221	污染物分析方法与技术	529001——环境化学教研室	侯 静
52920281	专业英语 1	529001——环境化学教研室	王祥科
50210061	现代环境污染控制理论	602001——能源与环境研究中心	黄国和
60220021	环境规划学	602001——能源与环境研究中心	许 野
60220031	土壤与地下水污染修复工程	602001——能源与环境研究中心	唐阵武
60220041	高等环境工程	602001——能源与环境研究中心	李 薇
60220051	固体废物处理及资源化工程	602001——能源与环境研究中心	李 薇
60220061	环境不确定性优化研究案例	602001——能源与环境研究中心	黄国和
60220071	环境监测质量控制技术	602001——能源与环境研究中心	李 鱼
60220081	环境影响评价技术	602001——能源与环境研究中心	李 鱼
60220091	流域综合管理	602001——能源与环境研究中心	丁晓雯

续表

课程号	课程名称	开课教研室	任课教师
60220101	专业英语（能源环境工程）	602001——能源与环境研究中心	林千果
60220111	生态水文学与分布式水文模型	602001——能源与环境研究中心	王盛萍
60220131	环境生物技术	602001——能源与环境研究中心	郑茂盛
60220201	专题课程（区域能源系统优化）	602001——能源与环境研究中心	黄国和
60220211	环境工程功能材料及应用	602001——能源与环境研究中心	张一梅

（保　定　校　区）
2016—2017 学年研究生课程设置表

课程号	课程名称	开课教研室	任课教师
40420012	科技信息检索与论文写作专题讲座	信息中心	李晓志
40420012	科技信息检索与论文写作专题讲座	信息中心	周晓兰
40420012	科技信息检索与论文写作专题讲座	信息中心	王淑凤
40420012	科技信息检索与论文写作专题讲座	信息中心	李晓志
40420012	科技信息检索与论文写作专题讲座	信息中心	金　声
40420012	科技信息检索与论文写作专题讲座	信息中心	金　声
40420012	科技信息检索与论文写作专题讲座	信息中心	王淑凤
40420012	科技信息检索与论文写作专题讲座	信息中心	周晓兰
51320022	智能电网技术专题	发电教研室	栗　然
51320022	智能电网技术专题	发电教研室	张建成
51320022	智能电网技术专题	发电教研室	梁海峰
51320022	智能电网技术专题	发电教研室	任建文
51320042	电力市场理论与技术	发电教研室	高亚静
51320052	电力系统规划与可靠性	发电教研室	赵书强
51320062	电能质量分析与控制	发电教研室	张建成
51320072	电气工程新技术专题	发电教研室	高亚静
51320072	电气工程新技术专题	发电教研室	李　鹏
51320082	动态电力系统分析与控制	发电教研室	郑焕坤
51320112	高等电力系统分析	发电教研室	卢锦玲
51320112	高等电力系统分析	发电教研室	郝育黔
51320132	柔性交流输电系统	发电教研室	张建成
51320192	电网调度自动化	发电教研室	任建文
51320212	智能技术在电力系统中的应用	发电教研室	盛四清
51320252	高压直流输电技术	发电教研室	梁海峰
51320262	新能源发电与并网技术	发电教研室	朱晓荣
51320292	分布式电源与微网技术	发电教研室	李　鹏
51320011	专业英语（电力系）	电自教研室	田艳军
51320011	专业英语（电力系）	电自教研室	徐志钮
51320011	专业英语（电力系）	电自教研室	任　惠
51320011	专业英语（电力系）	电自教研室	刘　艳
51320222	变电站自动化	电自教研室	刘　青

续表

课程号	课程名称	开课教研室	任课教师
51320322	电力系统风险评估	电自教研室	任　惠
51320342	继电保护专题	电自教研室	杨明玉
51320342	继电保护专题	电自教研室	王　雪
51320162	电网络分析理论	电工教研室	梁贵书
51320202	现代电磁测量技术	电工教研室	赵书涛
51520362	多导体传输线理论	电工教研室	刘　欣
51520362	多导体传输线理论	电工教研室	孙海峰
51320102	现代电力电子技术	电机教研室	王　毅
51320122	交流电机及其系统分析	电机教研室	许伯强
51320232	电机运行及控制技术	电机教研室	孟　明
51320242	大型电机分析及故障诊断	电机教研室	李永刚
51320142	电介质放电理论及其应用	高压教研室	王永强
51320152	电气设备在线监测与故障诊断	高压教研室	徐志钮
51320282	高电压测量技术	高压教研室	刘云鹏
51320372	过电压分析与防护	高压教研室	张重远
51320012	数字信号处理	电信教研室	安　勃
51320032	电磁场数值计算	电信教研室	刘　刚
51320182	电磁场选论	电信教研室	赵小军
51320392	电磁兼容基础	电信教研室	王　平
51320382	配电系统分析与自动化	供电教研室	梁志瑞
51420012	大型汽轮机运行特性	动力教研室	王　智
51420041	动力工程研发及应用案例	动力教研室	田松峰
51420042	动力工程热经济学	动力教研室	张学镭
51420051	设备工程与监理（职业资格类课程）	动力教研室	张　倩
51420092	节能原理	动力教研室	李慧君
51420132	火电厂热力系统性能分析	动力教研室	王惠杰
51420162	高等工程热力学	动力教研室	李慧君
51420192	设备状态监测与故障诊断	动力教研室	田松峰
51420192	设备状态监测与故障诊断	动力教研室	张　倩
51420032	电站锅炉运行特性	热能教研室	闫顺林
51420052	多相流理论	热能教研室	方立军
51420062	高等传热学	热能教研室	梁秀俊
51420062	高等传热学	热能教研室	高正阳
51420071	洁净煤发电技术	热能教研室	雷　鸣
51420091	数值计算软件在动力工程中的应用	热能教研室	危日光
51420102	叶轮机械内流理论	热能教研室	吕玉坤
51420121	风机节能与降噪	热能教研室	李春曦
51420142	计算流体力学	热能教研室	高正阳
51420152	热能动力工程前沿	热能教研室	李永华（男）
51420171	微纳米尺度流动与传热	热能教研室	刘英光

续表

课程号	课程名称	开课教研室	任课教师
51420172	高等工程流体力学	热能教研室	程友良
51420172	高等工程流体力学	热能教研室	叶学民
51420182	燃烧理论与技术	热能教研室	李永华（男）
51420191	材料科学前沿	热能教研室	杨薛明
51420201	纳米材料学	热能教研室	杨薛明
51420022	单元机组控制	集控教研室	谷俊杰
51420111	热工过程建模与仿真	集控教研室	杨建蒙
51420082	供热空调新技术	建环教研室	王江江
51420141	建筑高效供能技术	建环教研室	王江江
51420151	室内环境及控制	建环教研室	谢英柏
51420161	暖通空调系统分析与评价	建环教研室	高月芬
51420161	暖通空调系统分析与评价	建环教研室	郑国忠
51420202	室内环境控制与节能	建环教研室	谢英柏
51420211	暖通空调新技术	建环教研室	魏　兵
51420212	现代制冷与低温技术	建环教研室	谢英柏
51420222	制冷系统热动力学	建环教研室	谢英柏
51520011	专业英语（电子系）	电子学教研室	王　瑜
51520012	现代无线通信技术及应用	电子学教研室	鲍　慧
51520022	DSP 与实时信号处理	电子学教研室	尚秋峰
51520042	现代电子技术领域案例分析	电子学教研室	范寒柏
51520062	现代电路理论及分析	电子学教研室	范寒柏
51520092	通信网组网与管理技术	电子学教研室	高会生
51520132	光电子技术	电子学教研室	尚秋峰
51520142	现代电子系统设计与测试	电子学教研室	胡正伟
51520172	现代数字信号处理	电子学教研室	孙　正
51520342	嵌入式系统和 SOC 设计	电子学教研室	胡正伟
51520021	无线通信网络设计与优化	通信教研室	韩东升
51520032	通信工程领域案例分析	通信教研室	鲍　慧
51520041	大数据存储与处理	通信教研室	李　中
51520051	能源互联网信息通信技术	通信教研室	孔英会
51520061	射频电路与天线	通信教研室	李永倩
51520071	电力通信规划与可靠性	通信教研室	尼俊红
51520072	现代通信网理论	通信教研室	戚宇林
51520081	无线传感器网络与物联网技术	通信教研室	贾惠彬
51520112	检测与估值理论	通信教研室	高　强
51520152	现代数字通信技术	通信教研室	杨　志
51520182	现代通信理论	通信教研室	孔英会
51520202	微波技术基础	通信教研室	张淑娥
51520232	信息论及编码	通信教研室	余　萍
51520242	传感与检测技术	通信教研室	张智娟

续表

课程号	课程名称	开课教研室	任课教师
51520262	现代光纤通信技术	通信教研室	张淑娥
51520292	多媒体信息处理	通信教研室	戚银城
51520322	智能电网信息物理融合系统	通信教研室	赵振兵
51520052	信息处理技术领域案例分析	信息处理教研室	苑津莎
51520272	智能信息处理技术	信息处理教研室	张卫华
51520282	网络与信息安全	信息处理教研室	杨　宏
51520312	智能电网信息通信技术	信息处理教研室	张铁峰
51620011	专业英语（自动化系）	控制理论教研室	董子健
51620022	系统工程导论	控制理论教研室	孙建平
51620051	火电厂仿真运行实训	控制理论教研室	赵　征
51620052	工业控制计算机网络	控制理论教研室	马永光
51620061	自动化系统工程师实训	控制理论教研室	刘延泉
51620072	故障诊断与容错控制	控制理论教研室	李大中
51620082	线性系统理论	控制理论教研室	王东风
51620092	非线性系统分析与控制	控制理论教研室	王印松
51620102	火电机组负荷控制系统设计与实现	控制理论教研室	董　泽
51620112	火电机组燃烧控制系统设计与实现	控制理论教研室	马　平
51620132	系统建模	控制理论教研室	焦嵩鸣
51620162	优化理论与最优控制	控制理论教研室	董　泽
51620172	预测控制	控制理论教研室	王东风
51620192	智能控制	控制理论教研室	韩　璞
51620202	自适应控制	控制理论教研室	赵文杰
51620222	现代控制理论	控制理论教研室	刘鑫屏
51620012	检测理论与应用	测控教研室	苏　杰
51620041	先进测量系统工程实践	测控教研室	仝卫国
51620041	先进测量系统工程实践	测控教研室	张立峰
51620062	检测技术	测控教研室	苏　杰
51620122	误差分析与数据处理	测控教研室	韦根原
51620142	系统决策与分析	测控教研室	刘长良
51620152	现代传感技术	测控教研室	田　沛
51620212	模式识别	测控教研室	翟永杰
51620232	信号处理与信息融合	测控教研室	金秀章
51620242	图像处理与分析（计算机视觉）	测控教研室	杨耀权
51720022	群论	应用物理教研室	白占武
51720032	固体理论	应用物理教研室	吕　刚
51720112	非线性光学	应用物理教研室	张贵银
51720222	高等统计物理	应用物理教研室	白占武
51720232	理论声学	应用物理教研室	姜根山
51720282	蒙特卡罗方法及其应用	应用物理教研室	白占武
51720362	高等原子分子物理学	应用物理教研室	张贵银

续表

课程号	课程名称	开课教研室	任课教师
51720462	等离子体物理	应用物理教研室	尹增谦
51720482	近代声学	应用物理教研室	姜根山
51720562	激光光谱技术及应用	应用物理教研室	张贵银
51720010	信息光学	理论物理教研室	任　芝
51720012	路径积分	理论物理教研室	白占武
51720082	多孔材料中的声传播	理论物理教研室	张晓宏
51720141	专业英语（数理系）	理论物理教研室	赵美玲
51720141	专业英语（数理系）	理论物理教研室	韩颖慧
51720201	纳米材料与技术	理论物理教研室	李松涛
51720242	量子场论	理论物理教研室	王志刚
51720312	液晶物理学	理论物理教研室	关荣华
51720332	高等量子力学	理论物理教研室	阎占元
51720472	量子信息导论	理论物理教研室	张世辉
51720492	激光物理学	理论物理教研室	任　芝
51720502	光子晶体基础	理论物理教研室	任　芝
51720572	液晶表面物理及效应	理论物理教研室	关荣华
51720031	统计调查	概率与统计教研室	吴晓坤
51720041	统计方法与统计软件	概率与统计教研室	张亚刚
51720051	常用数学软件选讲	概率与统计教研室	张　坡
51720061	概率统计前沿	概率与统计教研室	吴晓坤
51720081	能源统计分析	概率与统计教研室	张亚刚
51720102	非参数统计	概率与统计教研室	苏　岩
51720111	金融数学与金融工程	概率与统计教研室	吴晓坤
51720151	应用数理统计	概率与统计教研室	吴晓坤
51720211	物理学中的现代数学方法	概率与统计教研室	张亚刚
51720221	广义线性模型	概率与统计教研室	吴晓坤
51720231	生物统计分析	概率与统计教研室	张亚刚
51720302	最优化理论与方法	概率与统计教研室	马新顺
51720092	多元统计分析	信息教研室	孔令才
51720132	非线性数值分析	信息教研室	谷根代
51720171	数值分析及工程应用	信息教研室	谷根代
51720181	矩阵论及工程应用	信息教研室	张　坡
51720182	数值分析	信息教研室	刘敬刚
51720191	规划数学及工程应用	信息教研室	张国立
51720192	小波分析及其应用	信息教研室	谷根代
51720212	泛函分析及其应用	信息教研室	郭　燕
51720292	时间序列分析	信息教研室	华回春
51720322	矩阵论	信息教研室	殷云星
51720372	规划数学	信息教研室	马新顺
51720382	模糊数学	信息教研室	张国立

续表

课程号	课程名称	开课教研室	任课教师
51720592	模糊数学（数学专业）	信息教研室	张国立
51720122	泛函分析	高等数学教研室	王胜华
51720392	随机过程	高等数学教研室	张隆阁
51720402	应用统计学	高等数学教研室	孔令才
51820062	综合评价方法	工商管理教研室	孙　伟
51820102	电力规划理论与实务	工商管理教研室	范利国
51820132	网络计划优化方法	工商管理教研室	乞建勋
51820172	多目标决策理论	工商管理教研室	孔　峰
51820202	技术经济评价理论与方法	工商管理教研室	孙　薇
51820222	工程项目管理案例	工商管理教研室	孔　峰
51820242	项目投融资方法与实务	工商管理教研室	孙　薇
51820282	中级宏观经济学	工商管理教研室	武群丽
51820302	管理与沟通	工商管理教研室	孙　薇
51820332	经济管理软件应用	工商管理教研室	张梅梅
51820372	管理运筹学（二）	工商管理教研室	孔　峰
51820392	数据、模型与决策	工商管理教研室	孔　峰
51820432	工程项目管理理论与应用	工商管理教研室	李金颖
51820442	工程项目管理前沿	工商管理教研室	高　冲
51820452	现代物流工程概论	工商管理教研室	李云燕
51820482	现代企业战略管理	工商管理教研室	张彩庆
51820502	现代管理理论	工商管理教研室	贾正源
51820682	电力负荷预测方法	工商管理教研室	孟　明
51820762	能源规划与系统分析	工商管理教研室	李金颖
51820812	项目管理软件及应用	工商管理教研室	王维军
51820862	风险管理理论及方法	工商管理教研室	赵巧芝
51821012	项目计划与控制	工商管理教研室	高　冲
51820011	管理经济学	经济学教研室	李　伟
51820041	经济学	经济学教研室	齐　玮
51820051	财务管理	经济学教研室	闫丽萍
51820071	资产评估理论与方法	经济学教研室	王喜平
51820142	电力市场理论与实务	经济学教研室	黄元生
51820252	人力资源管理体系设计	经济学教研室	何永贵
51820272	薪酬与绩效管理	经济学教研室	何永贵
51820362	中级计量经济学	经济学教研室	崔和瑞
51820412	产业组织经济学	经济学教研室	武群丽
51820462	金融市场	经济学教研室	刘鸿雁
51820512	中级微观经济学	经济学教研室	李　伟
51820532	企业价值评估	经济学教研室	刘志彬
51820552	企业纳税筹划	经济学教研室	陈　娟
51820582	投资学	经济学教研室	周建国

续表

课程号	课程名称	开课教研室	任课教师
30520102	资产评估职业道德教育	财会教研室	刘志彬
51820052	财务报表分析	财会教研室	杨方文
51820061	财务会计与会计准则	财会教研室	马疆华
51820081	高级财务管理理论与实务	财会教研室	闫丽萍
51820091	高级审计理论与实务	财会教研室	李永臣
51820101	高级管理会计理论与实务	财会教研室	戴立新
51820111	高级财务会计理论与实务	财会教研室	苑秀娥
51820472	会计理论	财会教研室	苑秀娥
51820492	财务会计理论与实务	财会教研室	苑秀娥
51820522	审计理论与实务	财会教研室	李永臣
51820542	财务管理理论与实务	财会教研室	闫丽萍
51820562	财务会计报告分析	财会教研室	杨方文
51820702	机器设备评估	财会教研室	王新利
51820722	无形资产评估	财会教研室	闫丽萍
51820752	资产评估实务与案例分析	财会教研室	刘志彬
51820772	管理会计理论与实务	财会教研室	戴立新
51820802	中外资产评估准则	财会教研室	闫丽萍
51820822	企业内部控制理论与实务	财会教研室	王新利
51820842	房地产估价实务	财会教研室	王海峰
51820892	商业伦理与会计职业道德	财会教研室	刘树良
51820962	会计管理软件设计与应用	财会教研室	刘树良
51820042	物流工程与管理案例	信息管理教研室	李云燕
51820152	电工产品学	信息管理教研室	高　冲
51820342	信息管理与决策支持	信息管理教研室	王敬敏
51820382	物流系统建模与仿真	信息管理教研室	温　磊
51820402	供应链管理	信息管理教研室	温　磊
51820612	物流系统规划与设计	信息管理教研室	张梅梅
51820932	电力企业物流管理	信息管理教研室	李云燕
51820972	建设项目信息管理	信息管理教研室	温　磊
51920010	公共管理学	公管教研室	李兵水
51920011	中国特色社会主义市场经济理论与实践研究（MPA）	公管教研室	崔伟春
51920012	知识产权及电力相关法律知识	公管教研室	李　雷
51920022	劳动与社会保障法	公管教研室	刘志军
51920030	政府经济学	公管教研室	史胜安
51920031	公共管理（MPA）	公管教研室	崔伟春
51920032	刑事诉讼法专题	公管教研室	陈　奎
51920040	高等教育原理	公管教研室	王秀梅
51920050	社会科学研究方法	公管教研室	胡宏伟
51920051	政治学（MPA）	公管教研室	崔伟春
51920060	非政府组织研究	公管教研室	曹丽媛

续表

课程号	课程名称	开课教研室	任课教师
51920062	法理学专题	公管教研室	沈长月
51920071	非营利组织管理（MPA）	公管教研室	崔伟春
51920072	行政法与行政诉讼法专题	公管教研室	李　雷
51920080	公共行政学前沿	公管教研室	夏　珑
51920081	电子政务（MPA）	公管教研室	崔伟春
51920090	公共政策基本理论与方法	公管教研室	谭　琪
51920100	公共部门人力资源管理	公管教研室	夏　珑
51920110	公用事业管理专题研究	公管教研室	尚晓丽
51920122	民事诉讼法专题	公管教研室	梁　平
51920130	组织行为学	公管教研室	尚晓丽
51920131	社会问题与社会政策（MPA）	公管教研室	崔伟春
51920142	政治学理论与方法	公管教研室	秦伟江
51920150	政治学、行政学经典著作选读	公管教研室	曹丽媛
51920161	中西公共事业管理（MPA）	公管教研室	崔伟春
51920170	能源政策研究	公管教研室	史胜安
51920200	电力体制改革专题研究	公管教研室	秦伟江
51920211	能源政策（MPA）	公管教研室	崔伟春
51920240	高等教育评估	公管教研室	王秀梅
51920250	领导科学与艺术	公管教研室	谭　琪
51920252	债权法专题	公管教研室	苗春刚
51920041	公共政策分析（MPA）	社工教研室	崔伟春
51920041	公共政策分析（MPA）	社工教研室	崔伟春
51920151	社会保障改革与管理（MPA）	社工教研室	崔伟春
51920151	社会保障改革与管理（MPA）	社工教研室	崔伟春
51920221	中国传统文化与行政哲学（MPA）	社工教研室	崔伟春
51920221	中国传统文化与行政哲学（MPA）	社工教研室	崔伟春
51920262	经济学理论与方法	社工教研室	胡宏伟
51920262	经济学理论与方法	社工教研室	胡宏伟
51920272	社会学理论与方法	社工教研室	孟亚男
51920272	社会学理论与方法	社工教研室	孟亚男
51920282	社会保障学理论与方法基础	社工教研室	栾文敬
51920282	社会保障学理论与方法基础	社工教研室	栾文敬
51920292	数据处理技术与计量软件应用	社工教研室	胡宏伟
51920292	数据处理技术与计量软件应用	社工教研室	胡宏伟
51920302	社会保障前沿问题研究	社工教研室	尚晓丽
51920302	社会保障前沿问题研究	社工教研室	尚晓丽
51920322	人口学理论与方法	社工教研室	孟亚男
51920322	人口学理论与方法	社工教研室	孟亚男
51920332	劳动与社会保障法专题研究	社工教研室	刘志军
51920332	劳动与社会保障法专题研究	社工教研室	刘志军

续表

课程号	课程名称	开课教研室	任课教师
51920342	劳动人事科学与人力资源管理实务	社工教研室	胡宏伟
51920342	劳动人事科学与人力资源管理实务	社工教研室	胡宏伟
51920352	社会保障基金管理	社工教研室	栾文敬
51920352	社会保障基金管理	社工教研室	栾文敬
51920182	民商法专题	概论教研室	甄增水
51920061	宪法与行政法（MPA）	法学教研室	崔伟春
51920102	民事执行法研究	法学教研室	梁　平
51920152	物权法专题	法学教研室	甄增水
51920172	证据法专题	法学教研室	李　海
51920212	司法改革专题	法学教研室	刘宇晖
51920271	经济法专题	法学教研室	郜　庆
51920311	司法制度专题	法学教研室	梁　平
51920321	环境司法专题	法学教研室	李庆保
51920331	金融法专题	法学教研室	安文靖
51920361	侵权责任法专题	法学教研室	刘志军
51920371	比较民商法专题	法学教研室	苗春刚
51920372	法律实务专题	法学教研室	沈长月
51920401	刑法专题	法学教研室	霍文良
51920411	商法专题	法学教研室	郜　庆
52020010	商务口译	专业教研室	汪　越
52020011	综合英语	专业教研室	魏月红
52020012	第二外国语（日语）	专业教研室	柴宝芬
52020021	中国语言文化	专业教研室	王乐洋
52020022	基础笔译	专业教研室	陈红平
52020031	能源电力笔译	专业教研室	高　然
52020032	外语教学理论	专业教研室	董　天
52020041	文学翻译（学硕）	专业教研室	郭　雷
52020042	基础口译	专业教研室	汪　越
52020051	法律翻译	专业教研室	魏月红
52020052	第一外国语	专业教研室	杜敬杰
52020052	第一外国语	专业教研室	郭　喆
52020052	第一外国语	专业教研室	张　莉
52020052	第一外国语	专业教研室	高　然
52020052	第一外国语	专业教研室	薛晓瑾
52020052	第一外国语	专业教研室	李　静
52020052	第一外国语	专业教研室	张　颖
52020052	第一外国语	专业教研室	魏月红
52020052	第一外国语	专业教研室	任俊红
52020052	第一外国语	专业教研室	吕振华
52020052	第一外国语	专业教研室	储　艳

续表

课程号	课程名称	开课教研室	任课教师
52020052	第一外国语	专业教研室	商　静
52020052	第一外国语	专业教研室	沈　茜
52020061	旅游翻译	专业教研室	商　静
52020071	同声传译	专业教研室	李林倩
52020072	语篇分析	专业教研室	储　艳
52020081	能源电力口译	专业教研室	汪　越
52020082	第二外国语（法语）	专业教研室	高瑞凤
52020091	金融翻译	专业教研室	任俊红
52020092	翻译理论	专业教研室	郭　雷
52020101	计算机辅助翻译	专业教研室	魏月红
52020102	语用学	专业教研室	储　艳
52020111	翻译项目管理	专业教研室	魏月红
52020112	文学理论	专业教研室	外教一
52020121	国际能源概论	专业教研室	高　然
52020122	文学批评	专业教研室	王　珊
52020131	视译	专业教研室	王乐洋
52020132	英语学习策略研究	专业教研室	史玮璇
52020152	诗学导论	专业教研室	张　莉
52020162	英国小说	专业教研室	李　静
52020181	应用翻译	专业教研室	张　莉
52020182	西方文学渊源	专业教研室	外教一
52020192	功能语法	专业教研室	张　颖
52020202	社会语言学	专业教研室	陈红平
52020222	英美诗歌	专业教研室	外教一
52020232	中西翻译史	专业教研室	魏月红
52020242	文献阅读与评价	专业教研室	牛培培
52020252	文体与翻译	专业教研室	薛晓瑾
52020262	跨文化交际学	专业教研室	刘　洋
52020272	翻译概论	专业教研室	周　霞
52020282	经贸翻译	专业教研室	薛晓瑾
52020312	第二语言习得	专业教研室	牛培培
52020322	文学翻译（专硕）	专业教研室	商　静
52020332	美国小说	专业教研室	郭　雷
52020362	科技笔译工作坊（汉译英）	专业教研室	周　霞
52020372	科技笔译工作坊（英译汉）	专业教研室	周　霞
52020382	科技口译工作坊（汉译英）	专业教研室	汪　越
52020392	科技口译工作坊（英译汉）	专业教研室	刘米麒
52020402	国际会议口译	专业教研室	王乐洋
52020422	交替传译	专业教研室	李林倩
51520252	网络信息安全	计算机教研室	张少敏

续表

课程号	课程名称	开课教研室	任课教师
52120011	专业英语（计算机系）	计算机教研室	王　平
52120022	计算机仿真技术	计算机教研室	李　刚
52120032	离散数学（三）	计算机教研室	袁和金
52120052	算法分析与复杂性理论	计算机教研室	胡朝举
52120082	电力工业信息化案例	计算机教研室	祁在山
52120092	图与网络	计算机教研室	刘晓峰
52120102	高级计算机系统结构	计算机教研室	翟学明
52120112	组合数学	计算机教研室	牛为华
52120112	组合数学	计算机教研室	袁和金
52120131	图像理解	计算机教研室	鲁　斌
52120132	高级计算机网络	计算机教研室	程晓荣
52120141	统计学习理论	计算机教研室	苏　攀
52120152	计算机工程技术前沿	计算机教研室	胡朝举
52120192	计算智能	计算机教研室	鲁　斌
52120302	物联网技术及应用	计算机教研室	邸　剑
52120012	ERP 原理与实践	软件教研室	廖尔崇
52120021	图像、图形与虚拟现实	软件教研室	邵绪强
52120091	云计算	软件教研室	宋亚奇
52120122	高级操作系统	软件教研室	赵文清
52120142	高级软件工程	软件教研室	宋　雨
52120162	人工智能	软件教研室	朱永利
52120172	数据仓库与数据挖掘	软件教研室	王保义
52120242	高级嵌入式系统设计	软件教研室	刘书刚
52120252	ORACLE 原理及应用	软件教研室	黄建才
52320032	电除尘理论与技术	环境工程教研室	胡志光
52320080	现代传质分离技术	环境工程教研室	付　东
52320080	现代传质分离技术	环境工程教研室	王茹洁
52320081	环境类职业资格认证引导	环境工程教研室	齐立强
52320091	专业英语（环工系）	环境工程教研室	齐立强
52320110	化工过程模拟及计算	环境工程教研室	张玉玲
52320111	工程噪声控制理论和技术	环境工程教研室	陈传敏
52320112	废水处理工程	环境工程教研室	王淑勤
52320132	高等环境工程	环境工程教研室	齐立强
52320142	高等环境流体力学	环境工程教研室	陈　岚
52320172	气溶胶力学	环境工程教研室	齐立强
52320182	锅炉燃烧理论与污染物排放	环境工程教研室	杨官平
52320202	燃煤环境污染控制案例	环境工程教研室	胡志光
52320202	燃煤环境污染控制案例	环境工程教研室	马双忱
52320282	环境污染化学与物理	环境工程教研室	赵　毅
52320292	环境系统分析	环境工程教研室	赵　毅

续表

课程号	课程名称	开课教研室	任课教师
52320322	烟气脱硫脱硝理论与技术	环境工程教研室	赵　毅
52320020	催化技术与理论	环境科学教研室	马双忱
52320101	现代环境监测	环境科学教研室	苑春刚
52320121	环境样品前处理技术	环境科学教研室	张可刚
52320152	现代环境科学导论	环境科学教研室	汪黎东
52320162	固体废物处理及资源化工程	环境科学教研室	尹连庆
52320332	高等无机化学	环境科学教研室	许佩瑶
52320362	现代生态学	环境科学教研室	苑春刚
52320042	传递过程原理	应用化学教研室	付　东
52320052	高等化工热力学	应用化学教研室	付　东
52320070	煤炭化学基础与转化技术	应用化学教研室	付　东
52320070	煤炭化学基础与转化技术	应用化学教研室	李志勇
52320072	化学反应工程	应用化学教研室	权宇珩
52320082	现代仪器分析	应用化学教研室	李保会
52320102	反应堆水化学	应用化学教研室	张胜寒
52320212	环境电化学	应用化学教研室	张胜寒
52320232	环境分析化学	应用化学教研室	李艳坤
52320242	膜分离原理与技术	应用化学教研室	马双忱
52320382	腐蚀原理与控制技术	应用化学教研室	檀　玉
52320402	金属腐蚀试验方法	应用化学教研室	张胜寒
52320432	给水处理原理与技术	应用化学教研室	张胜寒
52420031	工业设计理论与应用	设计教研室	崔彦彬
52420151	数字化设计方法与技术案例	设计教研室	杨化动
52420302	工程优化方法	设计教研室	花广如
52420402	数字化设计与制造	设计教研室	杨晓红
52420452	先进制造技术	设计教研室	花广如
52420112	企业 MIS 建设	制造教研室	王进峰
52420372	计算机集成制造系统	制造教研室	康文利
52420042	人机工程学	工业设计教研室	崔彦彬
52420111	计算机辅助产品造型设计	工业设计教研室	崔彦彬
52420362	结构高等设计方法	工业设计教研室	江文强
51820192	运筹学（二）	工业设计教研室	慈铁军
52420032	系统工程学	工业设计教研室	慈铁军
52420051	现代设计理论与方法	工业设计教研室	戴庆辉
52420052	现代工业工程	工业设计教研室	戴庆辉
52420082	现代设计方法学	工业设计教研室	杨化动
52420102	智能制造系统	工业设计教研室	王进峰
52420192	质量工程学	工业设计教研室	慈铁军
52420221	技术战略与创新	工业设计教研室	戴庆辉
52420231	物流与供应链管理	工业设计教研室	慈铁军

续表

课程号	课程名称	开课教研室	任课教师
52420262	工业工程案例	工业设计教研室	慈铁军
52420412	工程经济学	工业设计教研室	叶　锋
52420422	人因工程	工业设计教研室	叶　锋
52420442	生产计划与控制	工业设计教研室	叶　锋
52420012	机械系统动力学	力学教研室	安利强
52420121	输电线路工程学	力学教研室	王璋奇
52420131	送变电施工技术与设备	力学教研室	葛永庆
52420141	输电线路状态监测技术	力学教研室	杨文刚
52420191	输电线路工程案例	力学教研室	王璋奇
52420332	高等材料力学	力学教研室	王璋奇
52420502	有限元分析及应用	力学教研室	王璋奇
52420522	特高压铁塔结构设计	力学教研室	安利强
52420532	导线力学与防舞技术	力学教研室	江文强
52420021	专业英语（机械系）	机电教研室	王　鹏
52420122	汽轮发电机组振动	机电教研室	唐贵基
52420171	机电一体化技术与设备案例	机电教研室	郑海明
52420181	状态检测与故障诊断案例	机电教研室	胡爱军
52420182	振动和模态分析	机电教研室	向　玲
52420252	光机电技术及应用	机电教研室	郑海明
52420272	工业机器人设计与工程应用	机电教研室	杜必强
52420282	工业检测技术	机电教研室	张　超
52420342	机械工程前沿	机电教研室	唐贵基
52420352	机械故障诊断学	机电教研室	胡爱军
52420392	现代测试技术	机电教研室	胡爱军
52420432	转子动力学	机电教研室	张　超
52420472	机电系统工程学	机电教研室	郑海明
52420492	机电系统建模与特性分析	机电教研室	何玉灵
52920012	比较德育专题研究	思想道德修养与法律基础教研室	魏彤儒
52920032	企业思想政治工作与企业文化专题	思想道德修养与法律基础教研室	王建红
52920082	中国特色社会主义理论与实践研究	思想道德修养与法律基础教研室	王聚芹
52920082	中国特色社会主义理论与实践研究	思想道德修养与法律基础教研室	王建红
52920082	中国特色社会主义理论与实践研究	思想道德修养与法律基础教研室	孟祥林
52920082	中国特色社会主义理论与实践研究	思想道德修养与法律基础教研室	孟祥林
52920082	中国特色社会主义理论与实践研究	思想道德修养与法律基础教研室	王聚芹
52920152	思想政治教育学专题研究	思想道德修养与法律基础教研室	魏彤儒
52920162	社会调查与数据处理	思想道德修养与法律基础教研室	胡宏伟
52920172	科学社会主义专题研究	思想道德修养与法律基础教研室	王聚芹
51920132	自然辩证法概论	马克思主义基本原理教研室	戴　民
51920132	自然辩证法概论	马克思主义基本原理教研室	刘新峰

续表

课程号	课程名称	开课教研室	任课教师
51920132	自然辩证法概论	马克思主义基本原理教研室	刘新峰
51920132	自然辩证法概论	马克思主义基本原理教研室	刘新峰
51920132	自然辩证法概论	马克思主义基本原理教研室	戴　民
52920021	心理学专题研究	马克思主义基本原理教研室	宋一辰
52920062	马克思主义发展史专题研究	马克思主义基本原理教研室	武兰芳
52920112	马克思主义政治经济学专题研究	马克思主义基本原理教研室	王建红
52920122	马克思主义与社会科学方法论	马克思主义基本原理教研室	张乃芳
52920192	马克思主义哲学专题研究	马克思主义基本原理教研室	王聚芹
52920142	中国特色社会主义构建专题研究	当代中国马克思主义教研室	孟祥林
52920022	传统文化与思想政治教育专题研究	中国近现代史纲要教研室	徐岿然
52920042	领导科学与管理	中国近现代史纲要教研室	孟祥林
52920092	政治学专题研究	中国近现代史纲要教研室	秦伟江
52920102	文化衍变与近现代中国专题研究	中国近现代史纲要教研室	徐岿然
52920132	中国社会主义建设与探索专题研究	中国近现代史纲要教研室	赵鲁臻
30520062	专题课程/seminar 课程	培养管理办公室	刘树良
30520062	专题课程/seminar 课程	培养管理办公室	谷根代
30520062	专题课程/seminar 课程	培养管理办公室	高　强
30520062	专题课程/seminar 课程	培养管理办公室	赵　毅
30520062	专题课程/seminar 课程	培养管理办公室	李兵水
30520062	专题课程/seminar 课程	培养管理办公室	李春曦
30520062	专题课程/seminar 课程	培养管理办公室	李永刚
30520062	专题课程/seminar 课程	培养管理办公室	李大中
30520062	专题课程/seminar 课程	培养管理办公室	徐　岩
30520062	专题课程/seminar 课程	培养管理办公室	甄增水
30520062	专题课程/seminar 课程	培养管理办公室	王淑勤
30520062	专题课程/seminar 课程	培养管理办公室	马　平
30520062	专题课程/seminar 课程	培养管理办公室	胡宏伟
30520062	专题课程/seminar 课程	培养管理办公室	丁海民
30520062	专题课程/seminar 课程	培养管理办公室	梁贵书
30520062	专题课程/seminar 课程	培养管理办公室	胡朝举
30520062	专题课程/seminar 课程	培养管理办公室	魏彤儒
30520062	专题课程/seminar 课程	培养管理办公室	白占武
30520062	专题课程/seminar 课程	培养管理办公室	陈　奎
30520062	专题课程/seminar 课程	培养管理办公室	周建国
30520062	专题课程/seminar 课程	培养管理办公室	张胜寒
30520062	专题课程/seminar 课程	培养管理办公室	孙　正
30520062	专题课程/seminar 课程	培养管理办公室	郭　喆
30520062	专题课程/seminar 课程	培养管理办公室	姚万业
30520062	专题课程/seminar 课程	培养管理办公室	程友良

华北电力大学2017年博士学位授权点一览表

<table>
<tr><th rowspan="2">科门类
及代码</th><th colspan="3">一级学科</th><th colspan="3">二级学科</th><th rowspan="2">备注</th></tr>
<tr><th>学科名称</th><th>学科代码</th><th>批准
时间</th><th>学科名称</th><th>学科
代码</th><th>批准
时间</th></tr>
<tr><td rowspan="24">工学08</td><td rowspan="8">动力工程及
工程热物理</td><td rowspan="8">807</td><td rowspan="8">2006.01.25</td><td>工程热物理</td><td>80701</td><td>1998.06.19</td><td rowspan="6">具有博士一级
学科授权</td></tr>
<tr><td>热能工程</td><td>80702</td><td>1986.07.28</td></tr>
<tr><td>动力机械及工程</td><td>80703</td><td>2003.09.12</td></tr>
<tr><td>流体机械及工程</td><td>80704</td><td>2002.09.13</td></tr>
<tr><td>制冷及低温工程</td><td>80705</td><td>2006.01.25</td></tr>
<tr><td>化工过程机械</td><td>80706</td><td>2006.01.25</td></tr>
<tr><td>能源环境工程</td><td>0807Z1</td><td>2011.11.01</td><td>自主设置</td></tr>
<tr><td>核电与动力工程</td><td>0807Z2</td><td>2011.11.01</td><td>自主设置</td></tr>
<tr><td rowspan="7">电气工程</td><td rowspan="7">808</td><td rowspan="7">1998.06.19</td><td>电机与电器</td><td>80801</td><td>1998.06.19</td><td rowspan="5">具有博士一级
学科授权</td></tr>
<tr><td>电力系统及其自动化</td><td>80802</td><td>1981.11.03</td></tr>
<tr><td>高电压与绝缘技术</td><td>80803</td><td>1998.06.19</td></tr>
<tr><td>电力电子与电力传动</td><td>80804</td><td>1996.04.29</td></tr>
<tr><td>电工理论与新技术</td><td>80805</td><td>1981.11.03</td></tr>
<tr><td>电气信息技术</td><td>0808Z1</td><td>2011.11.01</td><td>自主设置</td></tr>
<tr><td>可再生能源与清洁能源</td><td>99J1</td><td>2011.11.01</td><td>自主设置</td></tr>
<tr><td rowspan="7">控制科学
与工程</td><td rowspan="7">811</td><td rowspan="7">2006.01.25</td><td>控制理论与控制工程</td><td>81101</td><td>2006.01.25</td><td rowspan="5">具有博士一级
学科授权</td></tr>
<tr><td>检测技术与自动化装置</td><td>81102</td><td>2006.01.25</td></tr>
<tr><td>系统工程</td><td>81103</td><td>2003.09.12</td></tr>
<tr><td>模式识别与智能系统</td><td>81104</td><td>2000.11.15</td></tr>
<tr><td>导航、制导与控制</td><td>81105</td><td>2006.01.25</td></tr>
<tr><td>系统分析、运筹与控制</td><td>0811Z2</td><td>2011.11.01</td><td>自主设置</td></tr>
<tr><td>信息安全</td><td>0811Z1</td><td>2011.11.01</td><td>自主设置</td></tr>
<tr><td>水利工程</td><td>815</td><td>2018.03.22</td><td></td><td></td><td></td><td>具有博士一级
学科授权</td></tr>
<tr><td>核科学
与技术</td><td>827</td><td>2018.03.22</td><td></td><td></td><td></td><td>具有博士一级
学科授权</td></tr>
<tr><td rowspan="7">管理学
12</td><td rowspan="2">管理科学
与工程</td><td rowspan="2">1201</td><td rowspan="2">2006.01.25</td><td>工程与项目管理</td><td>1201Z1</td><td>2011.11.01</td><td>自主设置</td></tr>
<tr><td>信息管理工程</td><td>1201Z2</td><td>2011.11.01</td><td>自主设置</td></tr>
<tr><td rowspan="5">工商管理</td><td rowspan="5">1202</td><td rowspan="5">2011.03.03</td><td>会计学</td><td>120201</td><td>2003.09.12</td><td rowspan="4">具有博士一级
学科授权</td></tr>
<tr><td>企业管理</td><td>120202</td><td>2003.09.12</td></tr>
<tr><td>旅游管理</td><td>120203</td><td>2011.03.03</td></tr>
<tr><td>技术经济及管理</td><td>120204</td><td>1986.07.28</td></tr>
<tr><td>能源管理</td><td>1202Z1</td><td>2011.11.01</td><td>自主设置</td></tr>
</table>

（学科办　赵　凡　提供）

华北电力大学 2017 年学术硕士学位授权点一览表

序号	学科门类及代码	一级学科			二级学科		
		学科名称	学科代码	批准时间	学科名称	学科代码	批准时间
1	经济学 02	应用经济学	202	2011.03.03	国民经济学	20201	2011.03.03
2					区域经济学	20202	2011.03.03
3					财政学	20203	2011.03.03
4					金融学	20204	2011.03.03
5					产业经济学	20205	2006.01.25
6					国际贸易学	20206	2011.03.03
7					劳动经济学	20207	2011.03.03
8					统计学	20208	2011.03.03
9					数量经济学	20209	2003.09.12
10					国防经济	20210	2011.03.03
11	法学 03	法学	301	2011.03.03	法学理论	30101	2011.03.03
12					法律史	30102	2011.03.03
13					宪法学与行政法学	30103	2011.03.03
14					刑法学	30104	2011.03.03
15					民商法学	30105	2011.03.03
16					诉讼法学	30106	2006.01.25
17					经济法学	30107	2011.03.03
18					环境与资源保护法学	30108	2011.03.03
19					国际法学	30109	2011.03.03
20					军事法学	30110	2011.03.03
21		马克思主义理论	305	2011.03.03	马克思主义基本原理	30501	2011.03.03
22					马克思主义发展史	30502	2011.03.03
23					马克思主义中国化研究	30503	2011.03.03
24					国外马克思主义研究	30504	2011.03.03
25					思想政治教育	30505	2006.01.25
26					中国近现代史基本问题研究	30506	2011.03.03
27	文学 05	外国语言文学	502	2011.03.03	英语语言文学	50201	2000.11
28					俄语语言文学	50202	2011.03.03
29					法语语言文学	50203	2011.03.03
30					德语语言文学	50204	2011.03.03
31					日语语言文学	50205	2011.03.03
32					印度语言文学	50206	2011.03.03
33					西班牙语语言文学	50207	2011.03.03
34					阿拉伯语语言文学	50208	2011.03.03
35					欧洲语言文学	50209	2011.03.03
36					亚非语言文学	50210	2011.03.03
37					外国语言学及应用语言学	50211	2011.03.03

续表

序号	学科门类及代码	一级学科			二级学科		
		学科名称	学科代码	批准时间	学科名称	学科代码	批准时间
38	理学 07	数学	701	2011.03.03	基础数学	70101	2011.03.03
39					计算数学	70102	2011.03.03
40					概率论与数理统计	70103	2011.03.03
41					应用数学	70104	2003.09.12
42					运筹学与控制论	70105	2011.03.03
43		物理学	702	2011.03.03	理论物理	70201	2006.01.25
44					粒子物理与原子核物理	70202	2011.03.03
45					原子与分子物理	70203	2011.03.03
46					等离子体物理	70204	2011.03.03
47					凝聚态物理	70205	2011.03.03
48					声学	70206	2011.03.03
49					光学	70207	2011.03.03
50					无线电物理	70208	2011.03.03
51	工学 08	机械工程	802	2006.01.25	机械制造及其自动化	80201	2003.09.12
52					机械电子工程	80202	2000.11
53					机械设计及理论	80203	1981.11.03
54					车辆工程	80204	2006.01.25
55		材料科学与工程	805	2011.03.03	材料物理与化学	80501	2011.03.03
56					材料学	80502	2006.01.25
57					材料加工工程	80503	2011.03.03
58		动力工程及工程热物理	807	2006.01.25	工程热物理	80701	1998.06.19
59					热能工程	80702	1986.07.28
60					动力机械及工程	80703	2003.09.12
61					流体机械及工程	80704	2002.09.13
62					制冷及低温工程	80705	2006.01.25
63					化工过程机械	80706	2006.01.25
64					能源环境工程	0807Z1	2011.11.01
65					核电与动力工程	0807Z2	2011.11.01
66		电气工程	808	1998.06.19	电机与电器	80801	1998.06.19
67					电力系统及其自动化	80802	1981.11.03
68					高电压与绝缘技术	80803	1998.06.19
69					电力电子与电力传动	80804	1996.04.29
70					电工理论与新技术	80805	1981.11.03
71					电气信息技术	0808Z1	2011.11.01
72					可再生能源与清洁能源	99J1	2011.11.01
73		电子科学与技术	809	2011.03.03	物理电子学	80901	2011.03.03
74					电路与系统	80902	2006.01.25
75					微电子学与固体电子学	80903	2011.03.03
76					电磁场与微波技术	80904	2003.09.12

续表

序号	学科门类及代码	一级学科			二级学科		
		学科名称	学科代码	批准时间	学科名称	学科代码	批准时间
77	工学 08	信息与通信工程	810	2006.01.25	通信与信息系统	81001	1996.04.29
78					信号与信息处理	81002	2003.09.12
79		控制科学与工程	811	2006.01.25	控制理论与控制工程	81101	1996.04.29
80					检测技术与自动化装置	81102	2006.01.25
81					系统工程	81103	2003.09.12
82					模式识别与智能系统	81104	2000.11.15
83					导航、制导与控制	81105	2006.01.25
84					系统分析、运筹与控制	0811Z2	2011.11.01
85					信息安全	0811Z1	2011.11.01
86		计算机科学与技术	812	2006.01.25	计算机系统结构	81201	2006.01.25
87					计算机应用技术	81203	1996.04.2
88		土木工程	814	2011.03.03	岩土工程	81401	2011.03.03
89					结构工程	81402	2011.03.03
90					市政工程	81403	2011.03.03
91					供热、供燃气、通风及空调工程	81404	2006.01.25
92					防灾减灾工程及防护工程	81405	2011.03.03
93					桥梁与隧道工程	81406	2011.03.03
94		水利工程	815	2011.03.03	水文学及水资源	81501	2006.01.25
95					水力学及河流动力学	81502	2011.03.03
96					水工结构工程	81503	2011.03.03
97					水利水电工程	81504	2011.03.03
98					港口、海岸及近海工程	81505	2011.03.03
99		化学工程与技术	817	2011.03.03	化学工程	81701	2011.03.03
100					化学工艺	81702	2011.03.03
101					生物化工	81703	2011.03.03
102					应用化学	81704	2006.01.25
103					工业催化	81705	2011.03.03
104		核科学与技术	827	2011.03.03	核能科学与工程	82701	2011.03.03
105					核燃料循环与材料	82702	2011.03.03
106					核技术及应用	82703	2011.03.03
107					辐射防护及环境保护	82704	2011.03.03
108		农业工程	828	无一级授权	农业电气化与自动化	82804	2006.01.25
109		环境科学与工程	830	2006.01.25	环境科学	83001	2003.09.12
110					环境工程	83002	1993.12.11
111		软件工程	835	2011.03.03	软件工程	83501	2011.03.03
112	管理学 12	管理科学与工程	1201	1998.06.19	工程与项目管理	1201Z1	2011.11.01
113					信息管理工程	1201Z2	2011.11.01

续表

序号	学科门类及代码	一级学科			二级学科		
		学科名称	学科代码	批准时间	学科名称	学科代码	批准时间
114	管理学 12	工商管理	1202	2011.03.03	会计学	120201	2003.09.12
115					企业管理	120202	2003.09.12
116					旅游管理	120203	2011.03.03
117					技术经济及管理	120204	1986.07.28
118					能源管理	1202Z1	2011.11.01
119		公共管理	1204	2011.03.03	行政管理	120401	2006.01.25
120					社会医学与卫生事业管理	120402	2011.03.03
121					教育经济与管理	120403	2011.03.03
122					社会保障	120404	2011.03.03
123					土地资源管理	120405	2011.03.03

（学科办　赵　凡　提供）

华北电力大学2017年专业硕士学位授权点一览表

序号	授权类别	专业学位类别代码	授权领域	专业学位领域名称	所属学院
1	工程	0852	电气工程	085207	电气与电子工程学院
			电子与通信工程	085208	
			动力工程	085206	能源动力与机械工程学院
			机械工程	085201	
			工业工程	085236	
			环境工程	085229	环境科学与工程学院
			控制工程	085210	控制与计算机工程学院
			计算机技术	085211	
			软件工程	085212	
			项目管理	085239	经济与管理学院
			物流工程	085240	
			材料工程	085204	可再生能源学院
2	翻译	0552	英语笔译	055201	外国语学院
			英语口译	055202	
3	工商管理	1251			经济与管理学院
4	金融	0251			
5	会计	1253			
6	工程管理	1256			
7	应用统计	0252			数理学院
8	公共管理	1252			人文与社会科学学院
9	法律	0351			

（学科办　赵　凡　提供）

华北电力大学 2017 年博士后流动站一览表

序号	设站学科	批准文号	审批时间（年.月.日）
1	电气工程	人发〔2001〕28 号	2001.3.26
2	工商管理	国人部发〔2003〕38 号	2003.10.23
3	动力工程及工程热物理	国人部发〔2007〕110 号	2007.8.14
4	管理科学与工程	人社部发〔2009〕107 号	2009.9.4
5	控制科学与工程	人社部发〔2012〕48 号	2012.8.29

华北电力大学 2017 年本科各省市招生执行情况一览表

（北 京 校 部）

生源地		北京	天津	河北	山西	内蒙古	辽宁	吉林	黑龙江	江苏	安徽	福建	江西	山东	河南	湖北	上海
理工类	当地重点线	537	521	485	481	466	480	507	455	331	487	441	503	433	484	484	本科线
	录取最高分	639	629	657	584	625	643	645	621	384	608	621	599	658	614	615	402
	录取最低分	616	594	616	549	560	613	539	583	364	577	531	577	616	574	589	最高分
	录取平均分	621	605	629	563	597	622	585	596	373	585	550	582	625	589	594	535
	最低分高出重点线	79	73	131	68	94	133	32	128	33	90	90	74	183	90	105	最低分
	平均分高出重点线	84	84	144	82	131	142	78	141	42	98	109	79	192	105	110	503
文史类	当地重点线	555	531	517	518	472	532	528	481	333	515	489	533	483	516	528	平均分
	录取最高分	613	584	618	566	561	591	576	564	363	582	549	584	596	591	593	515
	录取最低分	605	579	585	556	554	583	558	558	351	578	538	580	586	584	580	最低分高出本科线
	录取平均分	608	581	602	560	558	587	565	561	354	580	542	582	590	588	586	101
	最低分高出重点线	50	48	68	38	82	51	30	77	18	63	49	47	103	68	52	平均分高出本科线
	平均分高出重点线	53	50	85	42	86	55	37	80	21	65	53	49	107	72	58	113

生源地		湖南	广东	广西	海南	重庆	四川	贵州	云南	西藏汉	西藏藏	陕西	甘肃	青海	宁夏	新疆	浙江
理工类	当地重点线	505	485	473	539	492	511	456	500	426	296	449	460	391	439	437	一段线
	录取最高分	624	593	603	732	632	639	600	631	589	366	641	587	588	587	579	577
	录取最低分	578	545	473	686	575	592	538	505	436	296	553	551	391	532	551	最高分
	录取平均分	586	559	548	702	592	604	557	577	510	324	587	558	496	549	559	645
	最低分高出重点线	73	60	0	147	83	81	82	5	10	0	104	91	0	93	114	最低分
	平均分高出重点线	81	74	75	163	100	93	101	77	84	28	138	98	105	110	122	624
文史类	当地重点线	548	520	535	578	525	537	545	555	441	353	509	505	463	519	486	平均分
	录取最高分	607	578	593	733	585	588	621	619	557	400	588	559	540	597	570	630
	录取最低分	601	558	546	719	571	583	615	602	557	382	579	537	505	567	563	最低分超出一段线
	录取平均分	603	564	574	724	576	584	618	612	557	391	584	546	517	580	560	47
	最低分高出重点线	53	38	11	141	46	46	70	47	116	29	70	32	42	48	77	平均分超出一段线
	平均分高出重点线	55	44	39	146	51	47	73	57	116	38	75	41	54	61	74	53

（保 定 校 区）

	生源地	北京	天津	河北	山西	内蒙古	辽宁	吉林	黑龙江	上海	江苏	浙江	安徽	福建	江西	山东	河南
理工类	当地重点线	537	521	485	481	466	480	507	455	402	331	577	487	441	503	433	484
	录取最高分	615	624	646	583	613	637	626	605	510	378	641	600	586	600	636	609
	录取最低分	598	595	602	543	549	579	551	573	504	358	610	573	512	568	603	574
	录取平均分	607	604	611	549	580	594	576	585	507	362	622	579	531	574	610	581
	最低分高出重点线	61	74	117	62	83	99	44	118	102	27	33	86	71	65	170	90
	平均分高出重点线	70	83	126	68	114	114	69	130	105	31	45	92	90	71	177	97
文史类	当地重点线	555	531	517	518	472	532	528	481		333		515	489	533	483	516
	录取最高分	573	576	621	558	552	579	558	556		355		566	543	576	586	581
	录取最低分	566	567	592	547	532	560	540	538		344		561	527	555	579	568
	录取平均分	568	571	597	550	545	566	548	547		346		563	532	561	581	571
	最低分高出重点线	11	36	75	29	60	28	12	57		11		46	38	22	96	52
	平均分高出重点线	13	40	80	32	73	34	20	66		13		48	43	28	98	55

	生源地	湖北	湖南	广东	广西	海南	重庆	四川	贵州	云南	西藏汉	西藏藏	陕西	甘肃	青海	宁夏	新疆
理工类	当地重点线	484	505	485	473	539	492	511	456	500	426	296	449	460	391	439	437
	录取最高分	599	602	584	587	692	603	627	581	606	574	358	608	569	566	578	580
	录取最低分	570	571	537	526	651	576	588	536	558	511	297	560	537	398	521	531
	录取平均分	578	579	549	547	671	584	597	546	573	535	333	573	546	470	537	538
	最低分高出重点线	86	66	52	53	112	84	77	80	58	85	1	111	77	7	82	94
	平均分高出重点线	94	74	64	74	132	92	86	90	73	109	37	124	86	79	98	101
文史类	当地重点线	528	548	520	535		525	537	545	555			509	505	461	519	486
	录取最高分	582	597	542	583		580	584	605	612			562	557	510	559	545
	录取最低分	573	586	531	562		555	574	599	585			547	536	487	537	539
	录取平均分	575	589	533	575		562	578	601	592			551	541	498	554	541
	最低分高出重点线	45	38	11	27		30	37	54	30			38	31	26	18	53
	平均分高出重点线	47	41	13	40		37	41	56	37			42	36	37	35	55

（学生处 葛 超 提供）

教职工及师资情况

华北电力大学 2017 年教职工情况表

单位：人

项目	编号	教职工数									聘请校外教师	离退休人员	附属中小学幼儿园教职工	集体所有制人员
		合计	校本部教职工					科研机构人员	校办企业职工	其他附设机构人员				
			计	专任教师	行政人员	教辅人员	工勤人员							
甲	乙	1	2	3	4	5	6	7	8	9	10	11	12	13
总计	1	2918	2897	1854	500	5320	160	0	21		185	1122		
其中：女	2	1186	1182	728	211	204	39		4		74	502		

续表

项目	编号	教职工数									聘请校外教师	离退休人员	附属中小学幼儿园教职工	集体所有制人员
		合计	校本部教职工					科研机构人员	校办企业职工	其他附设机构人员				
			计	专任教师	行政人员	教辅人员	工勤人员							
正高级	3	448	447	419	14	14			1		57	242		*
副高级	4	943	931	651	148	132			12		58	287		*
中级	5	1205	1198	736	270	192			7		59	*	*	*
初级	6	130	130	35	53	42					1	*	*	*
未定职级	7	192	191	13	15	3	160		1		10	*	*	*

（网络与信息化办公室　牛辰昊　提供）

华北电力大学2017年专任教师、聘请校外教师岗位分类情况表

单位：人

项目	编号	本学年授课专任教师				本学年授课聘请校外教师				本学年不授课专任教师				
		合计	公共课基础课	专业课		合计	公共课基础课	专业课		合计	进修	科研	病休	其他
				计	其中：双师型			计	其中：双师型					
甲	乙	1	2	3	4	5	6	7	8	9	10	11	12	13
总计	1	1609	284	1325		185	5320	132	6051	245	142	6	22716	91
其中：女	2	610	138	472		74	28	46		118	78	1	4	35
正高级	3	407	42	365		57	7	50		12	2			10
副高级	4	611	113	498		58	12	46		40	19	1	3	17
中级	5	576	125	451		59	24	35		160	111	5	2	42
初级	6	15	4	11	*	1		1	*	20	10		1	9
未定职级	7				*	10	10		*	13				13

（网络与信息化办公室　牛辰昊　提供）

华北电力大学2017年专任教师、聘请校外教师学历（位）情况表

单位：人

项目	编号	合计			博士研究生			硕士研究生			本科			专科及以下		
		计	其中：获学位		计	其中：获学位		计	其中：获学位		计	其中：获学位		计	其中：获学位	
			博士	硕士		博士	硕士		博士	硕士		博士	硕士		博士	硕士
甲	乙	1	2	3	4	5	6	7	8	9	10	11	12	13	14	15
1. 专任教师	1	1854	1121	624	1120	1119	5320	528	6051	522	203	1	22716	3		
其中：女	2	728	347	327	348	347	1	280		279	97		47	3		
正高级	3	419	322	69	320	320		62	1	58	36	1	11	1		
副高级	4	651	433	156	434	433	1	115		113	100		42	2		
中　级	5	736	357	362	357	357		315		315	64		47			
初　级	6	35		33				32		32	3		1			
未定职级	7	13	9	4	9	9		4		4						
2. 聘请校外教师	8	185	41	66	41	41		49		48	95		18			
其中：女	9	74	4	34	4	4		23		23	47		11			
外籍教师	10	21	14	1	14	14		1		1	6					

续表

项目	编号	合计			博士研究生			硕士研究生			本科			专科及以下		
		计	其中：获学位		计	其中：获学位		计	其中：获学位		计	其中：获学位		计	其中：获学位	
			博士	硕士		博士	硕士		博士	硕士		博士	硕士		博士	硕士
其他高校教师	11	36	14	11	14	14		11		11	11					
正高级	12	57	33	16	33	33		13		12	11		4			
副高级	13	58	6	20	6	6		13		13	39		7			
中级	14	59	2	26	2	2		19		19	38		7			
初级	15	1									1					
未定职级	16	10		4				4		4	6					

（网络与信息化办公室　牛辰昊　提供）

华北电力大学2017年分学科专任教师数统计表

单位：人

项目	编号	合计	正高级	副高级	中级	初级	未定职级
甲	乙	1	2	3	4	5	6
总计	1	1854	419	651	736	35	13
其中：女	2	728	110	272	324	17	5
哲学	3	3	2		1		5320
经济学	4	56	15	26	15		
法学	5	74	13	36	25		
教育学	6	169	9	43	91	22	4
其中：体育	7	55	5	23	22	4	1
文学	8	143	13	47	76	7	
其中：外语	9	122	11	40	64	7	
历史学	10						
理学	11	181	37	65	76	1	2
工学	12	1075	293	367	405	3	7
其中：计算机	13	139	24	43	71		1
农学	14						
其中：林学	15						
医学	16						
管理学	17	144	36	63	44	1	
艺术学	18	9	1	4	3	1	

（网络与信息化办公室　牛辰昊　提供）

华北电力大学2017年研究生指导教师情况表

单位：人

项目		编号	合计	29岁及以下	30～34岁	35～39岁	40～44岁	45～49岁	50～54岁	55～59岁	60～64岁	65岁及以上
甲		乙	1	2	3	4	5	6	7	8	9	10
总计		1	1127	3	73	212	236	191	248	101	50	13
其中：女		2	358	1	20	54	86	70	85	23	16	3
按专业技术职务分	正高级	3	402			14	5320	65	6051	78	47	12
	副高级	4	549	1	13	118	180	121	89	23	3	1
	中级	5	176	2	60	80	27	5	2			

续表

项目		编号	合计	29岁及以下	30～34岁	35～39岁	40～44岁	45～49岁	50～54岁	55～59岁	60～64岁	65岁及以上
按指导关系分	博士导师	6	5						2	2		1
	其中：女	7	1									1
	硕士导师	8	929	3	73	206	215	158	178	64	27	5
	其中：女	9	336	1	20	53	84	66	77	21	12	2
	博士、硕士导师	10	193			6	21	33	68	35	23	7
	其中：女	11	21			1	2	4	8	2	4	

（网络与信息化办公室　牛辰昊　提供）

华北电力大学2017年人才接收与引进表

北京校部：54人

序号	姓名	部门	性别	出生日期	年龄	编制标志	学历	学位	毕业学校	所学专业
1	周　坚	校领导	女	1964-05-01	53	行政	研究生毕业	硕士	清华大学	企业管理
2	朱慧花	党委宣传部新闻中心	女	1983-02-28	34	行政	研究生毕业	硕士	信阳师范学院	思想政治教育
3	胡俊杰	电气与电子工程学院	男	1986-07-05	31	教学	研究生毕业	博士	丹麦技术大学	电气工程
4	王　程	电气与电子工程学院	男	1990-06-17	27	教学	研究生毕业	博士	清华大学	电力系统及其自动化
5	黄凯兰	电气与电子工程学院	女	1992-03-17	25	辅导员	研究生毕业	硕士	首都师范大学	汉语国际教育
6	姚夏元	电气与电子工程学院	男	1986-07-28	31	教学	研究生毕业	博士	北京航空航天大学	电子信息工程
7	王　健	电气与电子工程学院	男	1985-12-28	32	教学	研究生毕业	博士	华北电力大学	高电压与绝缘技术
8	马　腾	电气与电子工程学院	男	1990-04-26	27	辅导员	研究生毕业	硕士	华北电力大学	机械工程
9	朱忠亮	电气与电子工程学院	男	1987-01-08	30	教学	研究生毕业	博士	华北电力大学	热能工程
10	王　亮	工程热物理研究中心	男	1980-03-29	37	实验研究	研究生毕业	博士	华中科技大学	热能工程
11	陆　规	工程热物理研究中心	男	1985-08-18	32	实验研究	研究生毕业	博士	清华大学	动力工程及工程热物理
12	张钰浩	核科学与工程学院	男	1990-06-16	27	教学	研究生毕业	博士	华北电力大学	核电与动力工程
13	张小东	核科学与工程学院	男	1973-12-23	44	教学	研究生毕业	博士	兰州大学	粒子物理与原子核物理
14	周益娴	核科学与工程学院	女	1990-06-22	27	教学	研究生毕业	博士	法国艾克斯马赛大学	物理与流体力学
15	闫雨龙	环境科学与工程学院	男	1986-11-11	31	教学	研究生毕业	博士	太原理工大学	环境工程
16	于淑君	环境科学与工程学院	女	1989-12-20	28	教学	研究生毕业	博士	中国科学技术大学	核能科学与工程
17	牛英杰	纪委办公室监察处	男	1990-05-21	27	行政	研究生毕业	硕士	华北电力大学	资产评估

续表

序号	姓名	部门	性别	出生日期	年龄	编制标志	学历	学位	毕业学校	所学专业
18	李　岳	经济与管理学院	男	1990-12-02	27	辅导员	研究生毕业	硕士	首都师范大学	编辑出版学
19	李文姝	经济与管理学院	女	1991-06-25	26	辅导员	研究生毕业	硕士	华北电力大学	会计
20	杨　琦	经济与管理学院	男	1981-04-23	36	教学	研究生毕业	博士	华北电力大学	电力系统自动化
21	王　冠	经济与管理学院	男	1986-10-27	31	教学	研究生毕业	博士	华北电力大学	技术经济与管理
22	任国文	经济与管理学院	男	1977-09-21	40	教学	研究生毕业	博士	中国政法大学	世界经济
23	沈华玉	经济与管理学院	男	1982-11-30	35	教学	研究生毕业	博士	厦门大学	财务学
24	许晓敏	经济与管理学院	女	1989-07-01	28	教学	研究生毕业	博士	华北电力大学	技术经济及管理
25	乔开文	科学技术研究院	男	1975-12-21	42	行政	研究生毕业	硕士	兰州大学	公共管理
26	万　奇	可再生能源学院	男	1981-11-18	36	教学	研究生毕业	博士	清华大学	环境工程
27	张清宇	可再生能源学院	女	1986-03-22	31	行政	研究生毕业	博士	北京师范大学	教育经济与管理
28	李晓华	可再生能源学院	女	1978-06-18	39	教学	研究生毕业	博士	浙江大学	政治经济学
29	王雪瑶	控制与计算机工程学院	女	1982-01-22	35	教学	研究生毕业	博士	中国科学院工程热物理研究生	热能工程
30	刘亚娟	控制与计算机工程学院	女	1985-10-08	32	教学	研究生毕业	博士	韩国大邱大学	测量控制
31	施　翰	控制与计算机工程学院	男	1991-10-06	26	行政	研究生毕业	硕士	北京理工大学	环境与资源保护法
32	李建彬	控制与计算机工程学院	男	1968-05-23	49	教学	研究生毕业	硕士	中国地震局分析预报中心	地震学
33	胡光宇	马克思主义学院	男	1972-07-30	45	教学	研究生毕业	博士	清华大学	行政管理学
34	黄晓霓	马克思主义学院	女	1985-10-20	32	教学	研究生毕业	博士	中国人民大学	当代中国史
35	叶　锋	能源动力与机械工程学院	女	1981-03-17	36	教学	研究生毕业	博士	北京科技大学	冶金物理化学
36	王艳娟	能源动力与机械工程学院	女	1987-03-06	30	教学	研究生毕业	博士	中国科学院大学	工程热物理
37	郑　树	能源动力与机械工程学院	男	1987-05-24	30	教学	研究生毕业	博士	华中科技大学	能源与动力工程
38	柳华蔚	能源动力与机械工程学院	男	1990-12-27	27	教学	研究生毕业	博士	清华大学	动力工程及工程热物理
39	张冬月	能源动力与机械工程学院	女	1990-12-24	27	辅导员	研究生毕业	硕士	中央民族大学	民族社会学
40	胡　勇	能源动力与机械工程学院	男	1986-08-01	31	教学	研究生毕业	博士	华北电力大学	控制理论与控制工程
41	谢　剑	能源动力与机械工程学院	男	1990-08-09	27	教学	研究生毕业	博士	华北电力大学	可再生能源与清洁能源

续表

序号	姓名	部门	性别	出生日期	年龄	编制标志	学历	学位	毕业学校	所学专业
42	关彦军	能源动力与机械工程学院	男	1986-06-27	31	教学	研究生毕业	博士	华北电力大学	可再生能源与清洁能源
43	曾雄伟	能源动力与机械工程学院	男	1987-02-19	30	教学	研究生毕业	博士	华中科技大学	热能工程
44	呼占平	人文与社会科学学院	男	1986-04-08	31	教学	研究生毕业	博士	英国普利茅斯大学	人文地理
45	杨维东	人文与社会科学学院	男	1977-11-08	40	教学	研究生毕业	博士	中国人民大学	行政管理
46	田　旺	数理学院	男	1987-08-22	30	教学	研究生毕业	博士	华北电力大学	可再生能源与清洁能源
47	田永兰	数理学院	女	1988-05-11	29	教学	研究生毕业	博士	华北电力大学	可再生能源与清洁能源
48	漆小红	体育教学部	男	1990-09-04	27	教学	研究生毕业	硕士	北京体育大学	运动训练
49	段博雅	体育教学部	女	1992-01-14	25	教学	研究生毕业	硕士	北京体育大学	体育教育训练学
50	杜新雨	体育教学部	男	1991-12-25	26	教学	研究生毕业	硕士	北京体育大学	体育教育
51	周　琦	图书馆	女	1989-12-05	28	图书	研究生毕业	硕士	中国艺术研究院	艺术学理论
52	谢昂均	校团委艺教中心	男	1992-04-25	25	行政	研究生毕业	硕士	华北电力大学	动力工程
53	韩　华	校医院	女	1990-12-07	27	教辅	研究生毕业	硕士	北京大学医学部	内科学
54	薛晓州	学科建设办公室	男	1987-06-08	30	行政	研究生毕业	博士	中国人民大学	人力资源管理

保定校区：24 人

序号	姓名	部门	性别	出生年月	年龄	编制标志	学历	学位	毕业学校	专业
1	高晓霞	动力工程系	女	1985.07	32	教师	博士研究生毕业	博士	香港理工大学	屋宇设备工程学
2	葛小杰	对外联络与合作部	女	1991.08	26	管理	硕士研究生毕业	硕士	华北电力大学	工业工程
3	吴　鹏	工程训练中心	男	1987.05	30	专技	硕士研究生毕业	硕士	华北电力大学	机械工程
4	朱　瑞	机械工程系	男	1992.02	25	教师	硕士研究生毕业	硕士	华北电力大学	动力工程
5	艾书剑	计算机系	男	1991.08	26	教师	硕士研究生毕业	硕士	华北电力大学	动力工程
6	刘志博	电力工程系	男	1992.02	25	专技	硕士研究生毕业	硕士	华北电力大学	电气工程
7	王　太	动力工程系	男	1986.1	31	教师	博士研究生毕业	博士	西安交通大学	动力工程及工程热物理
8	张　盼	环境科学与工程系	男	1986.02	31	教师	博士研究生毕业	博士	华北电力大学	环境工程
9	王晓龙	机械工程系	男	1989.01	28	教师	博士研究生毕业	博士	华北电力大学	动力机械及工程

续表

序号	姓名	部门	性别	出生年月	年龄	编制标志	学历	学位	毕业学校	专业
10	安山龙	环境科学与工程系	男	1991.11	26	专技	硕士研究生毕业	硕士	华北电力大学	环境工程
11	刘米麒	英语系	女	1992.07	25	教师	硕士研究生毕业	硕士	英国巴斯大学	英汉口笔译
12	张佳怡	法政系	女	1992.01	25	教师	硕士研究生毕业	硕士	华北电力大学	电力系统及其自动化
13	李　岩	电力工程系	男	1985.12	32	教师	博士研究生毕业	博士	荷兰埃因霍芬理工大学	电气工程
14	王祥学	环境科学与工程系	男	1976.04	41	教师	博士研究生毕业	博士	中国科学技术大学研究生院	材料物理与化学
15	陈公达	环境科学与工程系	男	1990.07	27	教师	博士研究生毕业	博士	华北电力大学	能源环境工程
16	曹旺斌	电子与通信工程系	男	1989.11	28	教师	博士研究生毕业	博士	华北电力大学	电气信息技术
17	李少岩	电力工程系	男	1989.09	28	教师	博士研究生毕业	博士	华北电力大学	电力系统及其自动化
18	王洪涛	计算机系	男	1983.02	34	教师	博士研究生毕业	博士	中国科学院大学	计算机软件与理论
19	解西阳	数理系	男	1990.05	27	教师	博士研究生毕业	博士	北京邮电大学	电子科学与技术
20	刘贺晨	电力工程系	男	1989.03	28	教师	博士研究生毕业	博士	华北电力大学	高电压与绝缘技术
21	石可涵	法政系	女	1990.02	27	教师	博士研究生毕业	博士	中国政法大学	国际法学
22	赵　静	法政系	女	1987.08	30	教师	博士研究生毕业	博士	中国社会科学院研究生院	社会学
23	周　圆	英语系	女	1985.12	32	教师	博士研究生毕业	博士	北京外国语大学	英语语言文学
24	陈　斌	电力工程系	男	1989.11	28	教师	博士研究生毕业	博士	英国伦敦玛丽女王大学	生物材料科学

（人事处　董　剑　提供）

科研产业与校企合作情况

华北电力大学2017年度“中央高校基本科研业务费专项资金”项目资助情况一览表

（单位：万元）

序号	项目编号	项目名称	负责人	所在单位	资助类别	申请领域	资助金额
1	2017ZZD001	低品位热能驱动的热声发电研究	沈国清	能源动力与机械工程学院	重大项目	工程技术类	100
2	2017ZZD002	新型能量存储材料与器件的研究	褚立华	可再生能源学院	重大项目	工程技术类	100
3	2017ZZD003	高效灵活二次再热发电机组集成与设计	徐　钢	能源动力与机械工程学院	重大项目	工程技术类	100
4	2017ZZD004	智能微电网功率协调分布式预测控制策略研究	马苗苗	控制与计算机工程学院	重大项目	工程技术类	100

续表

序号	项目编号	项目名称	负责人	所在单位	资助类别	申请领域	资助金额
5	2017ZZD005	炉内火焰温度场与辐射特性参数同时重建	郑　树	能源动力与机械工程学院	重大项目	工程技术类	100
6	2017ZZD006	极端条件下流体的浸润性及相变强化传热	孟境辉	工程热物理研究中心	重大项目	工程技术类	100
7	2017JQ001	基于多重风险控制的非常规能源利用机理研究	何　理	可再生能源学院	杰青培育项目	工程技术类	60
8	2017JQ002	燃煤烟气多种重金属污染物迁移转化机理及控制研究	张永生	能源动力与机械工程学院	杰青培育项目	工程技术类	60
9	2017YQ001	石墨烯基材料去除环境激素的实验和理论研究	艾玥洁	环境科学与工程学院	优青培育项目	工程技术类	40
10	2017YQ002	事故条件下饮用水源地供水保障若干核心问题研究	丁晓雯	环境科学与工程学院	优青培育项目	工程技术类	40
11	2017YQ003	低铅低带隙钙钛矿电池材料结构及稳定性研究	古丽米娜	可再生能源学院	优青培育项目	工程技术类	40
12	2017YQ004	新型复杂结构材料强化相变传热的基础研究	陈宏霞	能源动力与机械工程学院	优青培育项目	工程技术类	40
13	2017MS001	基于大数据分析与非合作博弈的能源局域网优化调度研究	周振宇	电气与电子工程学院	面上项目	工程技术类	8
14	2017MS002	含新能源接入的柔性直流电网故障检测和隔离方法研究	许建中	电气与电子工程学院	面上项目	工程技术类	8
15	2017MS003	基于多传感器的室内环境无线检测系统研究	黄晓明	电气与电子工程学院	面上项目	工程技术类	8
16	2017MS004	直流导线电晕放电无线电干扰和可听噪声关联特性研究	李学宝	电气与电子工程学院	面上项目	工程技术类	8
17	2017MS005	基于瞬时功率注入的半波长线路潜供电弧在线补偿原理与抑制方法	从浩熹	电气与电子工程学院	面上项目	工程技术类	8
18	2017MS006	电力工控系统信息安全半实物仿真平台研究	苏　畅	电气与电子工程学院	面上项目	工程技术类	8
19	2017MS007	主动配电网下源荷协同增效与集成优化方法	曾　博	电气与电子工程学院	面上项目	工程技术类	8
20	2017MS008	X 射线对 XLPE 电缆缺陷局部放电的影响	郑书生	电气与电子工程学院	面上项目	工程技术类	8
21	2017MS009	油纸绝缘界面处载流子积聚过程及演化模型	黄　猛	电气与电子工程学院	面上项目	工程技术类	8
22	2017MS010	热电联产余热回收高温电动热泵研发	孙　健	能源动力与机械工程学院	面上项目	工程技术类	8
23	2017MS011	乳化燃油绿色生产工艺研发	栗永利	能源动力与机械工程学院	面上项目	工程技术类	8
24	2017MS012	多源局部信息重建炉内三维温度分布方法研究	雷　兢	能源动力与机械工程学院	面上项目	工程技术类	8
25	2017MS013	集成太阳能的褐煤预干燥发电系统性能分析	许　诚	能源动力与机械工程学院	面上项目	工程技术类	8
26	2017MS014	超低排放燃煤电厂中砷的排放特征与控制研究	王家伟	能源动力与机械工程学院	面上项目	工程技术类	8
27	2017MS015	富氧燃烧燃煤发电多工质多循环系统集成研究	张国强	能源动力与机械工程学院	面上项目	工程技术类	8
28	2017MS016	超临界 CO_2 流体络合萃取分离粉煤灰中的稀土元素	刘　钊	能源动力与机械工程学院	面上项目	工程技术类	8
29	2017MS017	多能互补发电微网系统管控技术研究	王　敏	能源动力与机械工程学院	面上项目	工程技术类	8
30	2017MS018	脱硫喷淋塔内多孔合金托盘结构优化	齐娜娜	能源动力与机械工程学院	面上项目	工程技术类	8
31	2017MS019	椭圆扁管蒸汽侧气液固相变研究	李　莉	能源动力与机械工程学院	面上项目	工程技术类	8

续表

序号	项目编号	项目名称	负责人	所在单位	资助类别	申请领域	资助金额
32	2017MS020	脱硫石膏利用过程汞的迁移转化规律研究	滕　阳	能源动力与机械工程学院	面上项目	工程技术类	8
33	2017MS021	新型薄膜太阳电池的关键材料及界面研究	丁　勇	可再生能源学院	面上项目	工程技术类	8
34	2017MS022	不稳定大气下风电机组尾流模型研究	葛铭纬	可再生能源学院	面上项目	工程技术类	8
35	2017MS023	碱性有机废液蒸发吸附负载及气化特性研究	肖显斌	可再生能源学院	面上项目	工程技术类	8
36	2017MS024	基于深度学习的风电场集群功率预测方法	阎　洁	可再生能源学院	面上项目	工程技术类	8
37	2017MS025	海上风机吸力式桶形基础冲刷效应机理研究	张　宁	可再生能源学院	面上项目	工程技术类	8
38	2017MS026	木质素选择性催化热解制备高值酚类产物的机理研究	张媛媛	可再生能源学院	面上项目	工程技术类	8
39	2017MS027	硅纳米结构形成机制的定量研究	刘　琳	可再生能源学院	面上项目	工程技术类	8
40	2017MS028	有机发光二极管出光耦合效率提升的研究	刘小龙	可再生能源学院	面上项目	工程技术类	8
41	2017MS029	低温低压脱硫废水零排放蒸发系统的设计研究	张旭明	可再生能源学院	面上项目	工程技术类	8
42	2017MS030	不确定条件下区域碳排放配额优化模型研究	周长玉	控制与计算机工程学院	面上项目	工程技术类	8
43	2017MS031	火电机组快速变负荷及节能优化协调控制系统研究	李　青	控制与计算机工程学院	面上项目	工程技术类	8
44	2017MS032	基于磁电阻传感器的颗粒参数测量方法研究	张文彪	控制与计算机工程学院	面上项目	工程技术类	8
45	2017MS033	独立式风光互补发电系统多级分布式预测控制	孔小兵	控制与计算机工程学院	面上项目	工程技术类	8
46	2017MS034	分布式电源的单点及联合出力预测研究	彭　文	控制与计算机工程学院	面上项目	工程技术类	8
47	2017MS035	基于最小二乘支持向量机的风速组合预测研究	滕　婧	控制与计算机工程学院	面上项目	工程技术类	8
48	2017MS036	二变量输出分布的建模及控制研究	张金芳	控制与计算机工程学院	面上项目	工程技术类	8
49	2017MS037	影响闪烁体辐射探测性能的关键技术研究	刘　芳	核科学与工程学院	面上项目	工程技术类	8
50	2017MS038	VDA 系统侧压性能特性研究	于新国	核科学与工程学院	面上项目	工程技术类	8
51	2017MS039	压力容器外部冷却汽液两相流数值模拟研究	钟达文	核科学与工程学院	面上项目	工程技术类	8
52	2017MS040	高分辨位置灵敏探测技术研究	孙世峰	核科学与工程学院	面上项目	工程技术类	8
53	2017MS041	核装置脉冲运行工况下核素存量计算方法研究	张竞宇	核科学与工程学院	面上项目	工程技术类	8
54	2017MS042	用于严重事故工况熔融物运动分析的网络法与丽姿法的耦合研究	隋丹婷	核科学与工程学院	面上项目	工程技术类	8
55	2017MS043	超临界水堆堆芯冷却剂流动的湍流效应研究	陈　娟	核科学与工程学院	面上项目	工程技术类	8
56	2017MS044	典型土壤团聚体中氯素种态及其再分配机制的原位研究	汪建军	环境科学与工程学院	面上项目	工程技术类	8
57	2017MS045	功能化生物质碳材料去除放射性核素的研究	文　涛	环境科学与工程学院	面上项目	工程技术类	8
58	2017MS046	银纳米三角片光学活性的产生机制研究	韩　冰	环境科学与工程学院	面上项目	工程技术类	8
59	2017MS047	火成有机质对有机污染物的吸附机制研究	金　洁	环境科学与工程学院	面上项目	工程技术类	8
60	2017MS048	微动力 MSL 系统中污染物降解驱动力研究	郑如秉	环境科学与工程学院	面上项目	工程技术类	8
61	2017MS049	气候变化条件下的能源系统优化与不确定性研究	郭军红	环境科学与工程学院	面上项目	工程技术类	8
62	2017MS050	气候变化对能源系统的影响和适应性对策研究	许　野	环境科学与工程学院	面上项目	工程技术类	8

续表

序号	项目编号	项目名称	负责人	所在单位	资助类别	申请领域	资助金额
63	2017MS051	基于调制的 PT 对称非线性双芯耦合器的全光孤子开关研究	李　敏	数理学院	面上项目	理学类	5
64	2017MS052	引力中的 Lorentz 对称性破缺效应研究	肖　智	数理学院	面上项目	理学类	5
65	2017MS053	基于统计热力学的植被格局研究	许轶昕	数理学院	面上项目	理学类	5
66	2017MS054	非线性耦合系统中 Kuramoto 振子同步行为研究	黄　霞	数理学院	面上项目	理学类	5
67	2017MS055	山区陡坡季节性河流生态拦沙堰技术研究	王中玉	数理学院	面上项目	理学类	5
68	2017MS056	石墨烯-超导体系统中的 Andreev 束缚态	卢芳超	数理学院	面上项目	理学类	5
69	2017MS057	基于耦合映像格子的生态学时空斑图研究	黄头生	数理学院	面上项目	理学类	5
70	2017MS058	最优潮流分析问题的高效率全局优化算法	路　程	经济与管理学院	面上项目	经济管理类	5
71	2017MS059	区域电源系统演化、效率评价及优化路径研究	刘金朋	经济与管理学院	面上项目	经济管理类	5
72	2017MS060	考虑新用户行为的电网负荷智能预测技术研究	郭　森	经济与管理学院	面上项目	经济管理类	5
73	2017MS061	考虑大规模清洁能源发电的电源结构拟境演化机理研究	王建军	经济与管理学院	面上项目	经济管理类	5
74	2017MS062	从生态宗教学角度研究福克纳及其作品	彭霞媚	外国语学院	面上项目	人文社科类	5
75	2017MS063	对外汉语教学中课堂语码转换的多视角研究	杜　异	外国语学院	面上项目	人文社科类	5
76	2017MS064	民事诉讼失权理论研究	田海鑫	人文学院	面上项目	人文社科类	5
77	2017MS065	“思想政治教育需要”的现实困境与合理性建构研究	侯丹娟	马克思主义学院	面上项目	人文社科类	5
78	2017MS066	能源电力专业来华留学生培养特色研究——以对中国电力企业“走出去”的作用为导向	齐　郑	国际教育学院	面上项目	人文社科类	5
79	2017MS067	乒乓球文化渊源与健身探析	许淑萍	体育教学部	面上项目	人文社科类	5
80	2017MS068	高校网络信息安全管控体系设计与实现	马新科	网络与信息化办公室	面上项目	人文社科类	5
81	2017MS069	智慧校园一卡通数据分析与应用	吴　爽	网络与信息化办公室	面上项目	人文社科类	5
82	2017MS070	高校师生幽门螺杆菌感染及相关疾病研究	尹秀秀	校医院	面上项目	理学类	5
83	2017MS071	华北电力大学分析测试中心组织机构设计及平台运行规划研究	陆　强	生物质发电成套设备国家工程实验室	面上项目	工程技术类	20
84	2017MS072	基于深度学习的文本分析技术及其在电力大数据中的应用	何　慧	控制与计算机工程学院	面上项目	工程技术类	8
85	2017MS073	弱约束下实时网络性能评价和主从协同调度	梁　庚	控制与计算机工程学院	面上项目	工程技术类	8
86	2017MS074	变工况下燃机压气机喘振边界建模及控制研究	武　鑫	能源动力与机械工程学院	面上项目	工程技术类	8
87	2017MS075	压缩空气储能系统换热/蓄热器研究	李惊涛	能源动力与机械工程学院	面上项目	工程技术类	8
88	2017MS076	燃煤过程 Na_2SO_4 气相生成机理及其对灰熔融性影响	肖海平	能源动力与机械工程学院	面上项目	工程技术类	8
89	2017MS077	基于多相组分的轻质极端性能材料设计方法	龙　凯	可再生能源学院	面上项目	工程技术类	8
90	2017MS078	LOCA 下非能动安全壳内环流与局部分层现象研究	王升飞	核科学与工程学院	面上项目	工程技术类	8
91	2017MS079	合金元素对钨基面向等离子体材料性能的影响	赵　强	核科学与工程学院	面上项目	工程技术类	8
92	2017MS080	基于深度学习理论的风速预测建模研究	刘　达	经济与管理学院	面上项目	经济管理类	5
93	2017MS081	不同政策对发电行业碳减排的影响及优化研究	张金良	经济与管理学院	面上项目	经济管理类	5

续表

序号	项目编号	项目名称	负责人	所在单位	资助类别	申请领域	资助金额
94	2017MS082	大气污染物排放约束下新能源发电与传统煤电的协同发展研究	郭晓鹏	经济与管理学院	面上项目	经济管理类	5
95	2017MS083	电网大面积停电风险预警与应对机制研究	李金超	经济与管理学院	面上项目	经济管理类	5
96	2017MS084	新媒体时代美国电子报的中国文化形象研究	王苗苗	外国语学院	面上项目	人文社科类	5
97	2017MS085	基于数据挖掘的学习分析与外语教学应用研究	余青兰	外国语学院	面上项目	人文社科类	5
98	2017MS086	能源电力语料库的设计与开发初探	张　倩	外国语学院	面上项目	人文社科类	5
99	2017MS087	能源消费与碳排放：驱动因素和政策选择	李晓华	可再生能源学院	面上项目	工程技术类	8
100	2017XS001	交直流混合配电网动态无功优化技术研究	陈政琦	电气与电子工程学院	学生项目	工程技术类	0.5
101	2017XS002	提升高渗透率新能源电网惯性和阻尼的同步电机对系统及其小干扰稳定研究	卫思明	电气与电子工程学院	学生项目	工程技术类	0.5
102	2017XS003	提升新能源并网惯性的电机对系统模型研究	周莹坤	电气与电子工程学院	学生项目		0.5
103	2017XS004	基于光纤 EFPI 超声传感器的变压器局放定位技术研究	高超飞	电气与电子工程学院	学生项目	工程技术类	0.5
104	2017XS005	高频电-热耦合应力下聚酰亚胺绝缘劣化机制研究	黄旭炜	电气与电子工程学院	学生项目	工程技术类	0.5
105	2017XS006	直流换流阀屏蔽系统表面电场研究	石雨鑫	电气与电子工程学院	学生项目	工程技术类	0.5
106	2017XS007	复杂大地电流场多尺度分解方法研究	陶瑞祥	电气与电子工程学院	学生项目	工程技术类	0.5
107	2017XS008	面向智能配用电的通信业务保障机制研究	朱佳佳	电气与电子工程学院	学生项目	工程技术类	0.5
108	2017XS009	电压源型直流输电系统的机电暂态机理研究	付　强	电气与电子工程学院	学生项目	工程技术类	0.5
109	2017XS010	考虑频率动态时空分布特征的新能源虚拟同步频率控制及稳定性分析	王旭斌	电气与电子工程学院	学生项目	工程技术类	0.5
110	2017XS011	新能源时变间谐波的解析模型与抑制策略	廖坤玉	电气与电子工程学院	学生项目	工程技术类	0.5
111	2017XS012	故障环境下智能配电网自愈保护控制研究	吴舜裕	电气与电子工程学院	学生项目	工程技术类	0.5
112	2017XS013	基于信息物理融合的变压器健康管理研究	赵妙颖	电气与电子工程学院	学生项目	工程技术类	0.5
113	2017XS014	多端柔性直流输电系统的保护研究	李　岩	电气与电子工程学院	学生项目	工程技术类	0.5
114	2017XS015	MMC 子模块故障分析与检测定位研究	姜　斌	电气与电子工程学院	学生项目	工程技术类	0.5
115	2017XS016	磁性材料损耗机理与高频变压器设计方法研究	陈　彬	电气与电子工程学院	学生项目	工程技术类	0.5
116	2017XS017	适用于离岸岛屿电力输送的混合直流输电系统研究	刘　炜	电气与电子工程学院	学生项目	工程技术类	0.5
117	2017XS018	兼具直流开断能力的 MMC 拓扑研究	李　帅	电气与电子工程学院	学生项目	工程技术类	0.5
118	2017XS019	基于大数据环境的电网故障诊断架构研究	王守鹏	电气与电子工程学院	学生项目	工程技术类	0.5
119	2017XS020	广域阻尼控制机理研究	甄自竞	电气与电子工程学院	学生项目	工程技术类	0.5
120	2017XS021	周期性势能负载条件下电机系统能耗理论研究	王义龙	电气与电子工程学院	学生项目	工程技术类	0.5
121	2017XS022	面向大规模新能源消纳的配电网规划研究	易文飞	电气与电子工程学院	学生项目	工程技术类	0.5
122	2017XS023	直流微电网动态特性分析与控制	王晧界	电气与电子工程学院	学生项目	工程技术类	0.5
123	2017XS024	连接低惯量系统的 VSC-HVDC 的控制	翟冬玲	电气与电子工程学院	学生项目	工程技术类	0.5
124	2017XS025	污染物排放控制下综合能源系统的最优潮流	王泽森	电气与电子工程学院	学生项目	工程技术类	0.5
125	2017XS026	不同微观特性纳米变压器油流注放电特性研究	葛　扬	电气与电子工程学院	学生项目	工程技术类	0.5
126	2017XS027	高压大功率器件封装的绝缘问题研究	付鹏宇	电气与电子工程学院	学生项目	工程技术类	0.5
127	2017XS028	交直流混联电网换相失败分析与抑制	刘席洋	电气与电子工程学院	学生项目	工程技术类	0.5
128	2017XS029	高压柔性直流电网宽频建模及过电压特性	陈　宁	电气与电子工程学院	学生项目	工程技术类	0.5

续表

序号	项目编号	项目名称	负责人	所在单位	资助类别	申请领域	资助金额
129	2017XS030	适应售电侧放开的需求响应仿真平台关键技术	郗乍得	电气与电子工程学院	学生项目	工程技术类	0.5
130	2017XS031	面向可再生能源消纳的负荷集群控制策略研究	许　鹏	电气与电子工程学院	学生项目	工程技术类	0.5
131	2017XS032	HVDC 阳极饱和电抗器振动噪声问题研究	张鹏宁	电气与电子工程学院	学生项目	工程技术类	0.5
132	2017XS033	电力市场环境下梯级水电交易策略研究	刘　方	电气与电子工程学院	学生项目	工程技术类	0.5
133	2017XS034	稳定器分布式设计及协调稳定控制	苏田宇	电气与电子工程学院	学生项目	工程技术类	0.5
134	2017XS035	燃机模型燃烧室中火焰热声不稳定的影响因素	席中亚	能源动力与机械工程学院	学生项目	工程技术类	0.5
135	2017XS036	电场下液滴在复杂表面润湿行为的研究	林殿吉	能源动力与机械工程学院	学生项目	工程技术类	0.5
136	2017XS037	液滴撞击固体壁面的动态湿润及传热特性研究	王　欣	能源动力与机械工程学院	学生项目	工程技术类	0.5
137	2017XS038	风电机组在线故障诊断与维护技术研究	邢　月	能源动力与机械工程学院	学生项目	工程技术类	0.5
138	2017XS039	金属间氧化物在火力发电厂高温工作部件上的应用研究	陈珊珊	能源动力与机械工程学院	学生项目	工程技术类	0.5
139	2017XS040	电网企业碳资产自查技术研究	包　哲	能源动力与机械工程学院	学生项目	工程技术类	0.5
140	2017XS041	不确定条件下二氧化碳峰值预测与优化模型研究	臧宏宽	能源动力与机械工程学院	学生项目	工程技术类	0.5
141	2017XS042	围填海活动下滨海湿地景观格局演变研究	刘　永	能源动力与机械工程学院	学生项目	工程技术类	0.5
142	2017XS043	可移动式蓄能与大型燃煤电站系统集成研究	孙　杨	能源动力与机械工程学院	学生项目	工程技术类	0.5
143	2017XS044	燃气机组热力系统变工况优化集成研究	李永毅	能源动力与机械工程学院	学生项目	工程技术类	0.5
144	2017XS045	聚光光伏/光热复合系统的研究及性能优化	韩　雪	能源动力与机械工程学院	学生项目	工程技术类	0.5
145	2017XS046	蒸发辅助冷却在间接空冷系统中的应用研究	黄显威	能源动力与机械工程学院	学生项目	工程技术类	0.5
146	2017XS047	电站混合通风直接空冷系统的设计与研究	孔艳强	能源动力与机械工程学院	学生项目	工程技术类	0.5
147	2017XS048	电站间接空冷系统防冻研究	王伟佳	能源动力与机械工程学院	学生项目	工程技术类	0.5
148	2017XS049	大型燃煤发电机组间接空冷系统性能优化	卫慧敏	能源动力与机械工程学院	学生项目	工程技术类	0.5
149	2017XS050	压缩 CO_2 高效储能系统能量转化机理研究	郝银萍	能源动力与机械工程学院	学生项目	工程技术类	0.5
150	2017XS051	不同尺度准东煤气化特性研究	刘　芸	能源动力与机械工程学院	学生项目	工程技术类	0.5
151	2017XS052	基于致动盘的风电场流场数值计算研究	任会来	能源动力与机械工程学院	学生项目	工程技术类	0.5
152	2017XS053	超高温陶瓷—难熔金属复合材料的制备与性能研究	王　琦	能源动力与机械工程学院	学生项目	工程技术类	0.5
153	2017XS054	金属/金属系统非理想高温湿润的分子动力学研究	王硕林	能源动力与机械工程学院	学生项目	工程技术类	0.5
154	2017XS055	燃气蒸汽联合循环发电机组智能化设备管理研究	王　仲	能源动力与机械工程学院	学生项目	工程技术类	0.5

续表

序号	项目编号	项目名称	负责人	所在单位	资助类别	申请领域	资助金额
155	2017XS056	矿物添加剂对高钠煤灰沉积特性影响的研究	郑　烨	能源动力与机械工程学院	学生项目	工程技术类	0.5
156	2017XS057	非球形颗粒绕流与沉降的曳力特性	张　仪	能源动力与机械工程学院	学生项目	工程技术类	0.5
157	2017XS058	基于药效团模型的 PAEs 振动光谱衍生增强研究	邱尤丽	能源动力与机械工程学院	学生项目	工程技术类	0.5
158	2017XS059	激光熔敷工艺制备高性能镍基熔覆层的研究	郑　超	能源动力与机械工程学院	学生项目	工程技术类	0.5
159	2017XS060	微纳米多孔陶瓷膜换热性能数值模拟研究	周亚男	能源动力与机械工程学院	学生项目	工程技术类	0.5
160	2017XS061	燃煤电站 CFB 锅炉烟气中汞的迁移转化特性	李晓航	能源动力与机械工程学院	学生项目	工程技术类	0.5
161	2017XS062	陶瓷膜渗透脱水系统实验特性研究	杨博然	能源动力与机械工程学院	学生项目	工程技术类	0.5
162	2017XS063	超声空化强化传热过程的工程技术应用研究	高宇航	能源动力与机械工程学院	学生项目	工程技术类	0.5
163	2017XS064	差动调速的风电机组传动系统总体设计方法研究	尹文良	能源动力与机械工程学院	学生项目	工程技术类	0.5
164	2017XS065	经济模型预测控制在火力发电过程中的应用	崔靖涵	控制与计算机工程学院	学生项目	工程技术类	0.5
165	2017XS066	基于核对齐的多标记学习方法研究	陈琳琳	控制与计算机工程学院	学生项目	工程技术类	0.5
166	2017XS067	非稳态偏微分方程基于 POD 的降阶外推方法研究	腾　飞	控制与计算机工程学院	学生项目	工程技术类	0.5
167	2017XS068	基于电学 CT 机理的热工参数三维动态成像	周琬婷	控制与计算机工程学院	学生项目	工程技术类	0.5
168	2017XS069	融合 CFD 信息的风场重建及优化问题	孙单勋	控制与计算机工程学院	学生项目	工程技术类	0.5
169	2017XS070	基于火焰图像的燃烧特征检测及燃烧稳定性研究	何雨晨	控制与计算机工程学院	学生项目	工程技术类	0.5
170	2017XS071	智能电网恶意攻击的辨识及防御方法研究	王媛媛	控制与计算机工程学院	学生项目	工程技术类	0.5
171	2017XS072	掺烧煤泥循环流化床机组节能经济性建模优化	张　维	控制与计算机工程学院	学生项目	工程技术类	0.5
172	2017XS073	同期线损多专业数据治理技术与挖掘应用研究	陈祖歌	控制与计算机工程学院	学生项目	工程技术类	0.5
173	2017XS074	基于单目视觉的旋转机械转速和振动参数测量研究	王天宇	控制与计算机工程学院	学生项目	工程技术类	0.5
174	2017XS075	基于先进控制算法的风电场有功控制技术	姚　琦	控制与计算机工程学院	学生项目	工程技术类	0.5
175	2017XS076	高效制氢光催化剂的低成本大规模制备	陈杰威	可再生能源学院	学生项目	工程技术类	0.5
176	2017XS077	石墨烯复合材料用于高性能钠离子电池	陈泽西	可再生能源学院	学生项目	工程技术类	0.5
177	2017XS078	页岩气开发温室气体排放及水系统的优化管理	陈义忠	可再生能源学院	学生项目	工程技术类	0.5
178	2017XS079	高效稳定无机钙钛矿太阳电池研究	丁希宏	可再生能源学院	学生项目	工程技术类	0.5
179	2017XS080	高稳定性低毒性的铋基太阳电池的研究	马　爽	可再生能源学院	学生项目	工程技术类	0.5
180	2017XS081	混合溶剂对钙钛矿结晶影响	任英科	可再生能源学院	学生项目	工程技术类	0.5
181	2017XS082	梯级水库多目标调度风险及对冲策略研究	阎晓冉	可再生能源学院	学生项目	工程技术类	0.5

续表

序号	项目编号	项目名称	负责人	所在单位	资助类别	申请领域	资助金额
182	2017XS083	水库群多目标联合优化调度风险分析	赵亚威	可再生能源学院	学生项目	工程技术类	0.5
183	2017XS084	高效钙钛矿/聚合物叠层太阳电池的研究	郭　强	可再生能源学院	学生项目	工程技术类	0.5
184	2017XS085	核屏蔽计算中的群常熟处理方法研究	胡家驹	核科学与工程学院	学生项目	工程技术类	0.5
185	2017XS086	CSR1000 超临界水堆大坡口事故机理研究	李子超	核科学与工程学院	学生项目	工程技术类	0.5
186	2017XS087	屏蔽计算的先进空间离散方法研究	刘　聪	核科学与工程学院	学生项目	工程技术类	0.5
187	2017XS088	超临界水自然循环换热对流动作用计算方法	马栋梁	核科学与工程学院	学生项目	工程技术类	0.5
188	2017XS089	一种快速计算核热问题的新方法	汤建楠	核科学与工程学院	学生项目	工程技术类	0.5
189	2017XS090	一种求解对流扩散方程的快速计算方法	赵媛媛	核科学与工程学院	学生项目	工程技术类	0.5
190	2017XS091	基于目标导向的空间自适应屏蔽计算方法研究	张　亮	核科学与工程学院	学生项目	工程技术类	0.5
191	2017XS092	小型堆安全壳内放射性气溶胶过滤器的研究	张　薇	核科学与工程学院	学生项目	工程技术类	0.5
192	2017XS093	基于 CAP1400 燃料组件的先进压水堆堆芯下游效应试验研究	卓卫乾	核科学与工程学院	学生项目	工程技术类	0.5
193	2017XS094	二维碳化钛的制备及其去除重金属铅离子的研究	顾鹏程	环境科学与工程学院	学生项目	工程技术类	0.5
194	2017XS095	分布式能源景气指数模型及预警研究	李　荣	经济与管理学院	学生项目	工程技术类	0.5
195	2017XS096	新能源发展动态前沿研究	熊　威	经济与管理学院	学生项目	经济管理类	0.5
196	2017XS097	新电改下电力供应链多主体利益协调机制研究	聂　丹	经济与管理学院	学生项目	经济管理类	0.5
197	2017XS098	工程建设目标偏差缓冲累计计算方法及控制系统研究	孙肖坤	经济与管理学院	学生项目	经济管理类	0.5
198	2017XS099	新能源项目群投资组合优化方法及模型研究	许传博	经济与管理学院	学生项目	经济管理类	0.5
199	2017XS100	能源互联网电力与信息深度融合风险传递研究	李小鹏	经济与管理学院	学生项目	经济管理类	0.5
200	2017XS101	含大规模新能源的复杂电力系统可靠性研究	蔺帅帅	经济与管理学院	学生项目	经济管理类	0.5
201	2017XS102	电网企业混合所有制改革运营模式研究	徐方秋	经济与管理学院	学生项目	经济管理类	0.5
202	2017XS103	典型区域能源供给与消费生态群落研究	梁　毅	经济与管理学院	学生项目	经济管理类	0.5
203	2017XS104	可再生能源财税价格政策及其效果的比较研究	刘文峰	经济与管理学院	学生项目	经济管理类	0.5
204	2017XS105	电力市场改革下售电公司运营模式与风险研究	秦　超	经济与管理学院	学生项目	经济管理类	0.5
205	2017XS106	特殊时段用电需求与京津唐用电需求关系研究	赵浩然	经济与管理学院	学生项目	经济管理类	0.5
206	2017XS107	可再生能源配额制下我国电源结构优化研究	张玉琢	经济与管理学院	学生项目	经济管理类	0.5
207	2017XS108	分布式电源发展适用性策略分析及评估研究	刘英新	经济与管理学院	学生项目	经济管理类	0.5
208	2017XS109	区域清洁替代多能源体协同进化研究	高　磊	经济与管理学院	学生项目	经济管理类	0.5
209	2017XS110	增量配电网放开环境下配电网规划投资策略研究	谭清坤	经济与管理学院	学生项目	经济管理类	0.5
210	2017XS111	电能绿色指数及评价体系研究	辛　禾	经济与管理学院	学生项目	经济管理类	0.5
211	2017XS112	碳配额分配及影子价格：基于中国碳市场的研究	任领志	经济与管理学院	学生项目	经济管理类	0.5
212	2017XS113	中国“三北”地区风电消纳风险及柔性策略研究	苑曙光	经济与管理学院	学生项目	经济管理类	0.5
213	2017MS200	中国传统文化的传承与创新：以先秦治国与教民思想及清代碑学为例	王威威	马克思主义学院	面上项目	人文社科类	10.5
214	2017ZZD07	细颗粒物有毒组分及环境效应研究	苑春刚	环境科学工程系	重大项目	工程技术类	100
215	2017ZZD08	当前我国司法改革的理论与实践	李　雷	法政系	重大项目	人文社科类	30

续表

序号	项目编号	项目名称	负责人	所在单位	资助类别	申请领域	资助金额
216	2017MS088	虚拟同步机多机并联控制技术研究及其性能评价	韩金佐	电力工程系	面上项目	工程技术类	8
217	2017MS089	光纤测温变压器的冷却系统控制策略研究	许慧敏	电力工程系	面上项目	工程技术类	8
218	2017MS090	交直流微网多重电能质量分析及综合控制	杨用春	电力工程系	面上项目	工程技术类	8
219	2017MS091	考虑新能源接入的多端直流输电系统控制策略	刘英培	电力工程系	面上项目	工程技术类	8
220	2017MS092	变压器型可控电抗器多物理场耦合特性研究	杨　光	电力工程系	面上项目	工程技术类	8
221	2017MS093	多种能源接入下的分布式储能控制技术研究	刘会兰	电力工程系	面上项目	工程技术类	8
222	2017MS094	光储静止区域电网的可控惯性与暂态稳定控制研究	张祥宇	电力工程系	面上项目	工程技术类	8
223	2017MS095	驱动变扭矩变惯量涡簧负载的 IPMSM 控制方法	余　洋	电力工程系	面上项目	工程技术类	8
224	2017MS096	分层接入的HVDC输电线路故障识别原理与隔离方法	戴志辉	电力工程系	面上项目	工程技术类	8
225	2017MS097	DC/AC 变换器双端阻抗建模及协调控制	田艳军	电力工程系	面上项目	工程技术类	8
226	2017MS098	光储微电网频率稳定及协调控制技术研究	王　慧	电力工程系	面上项目	工程技术类	8
227	2017MS099	隔离型双向直流变换器的效率优化控制	付　超	电力工程系	面上项目	工程技术类	8
228	2017MS100	场路耦合问题混合建模方法及仿真技术研究	刘　欣	电力工程系	面上项目	工程技术类	8
229	2017MS101	特高压换流站典型设备端部金具优化研究	王　平	电力工程系	面上项目	工程技术类	8
230	2017MS102	分布式光纤及其附件在变压器中的固定以及绝缘和老化特性研究	范晓舟	电力工程系	面上项目	工程技术类	8
231	2017MS103	考虑环境因素及大规模新能源接入的输电网可靠性研究	张　辉	电力工程系	面上项目	工程技术类	8
232	2017MS104	光伏电站主动电压控制技术的研究	李建文	电力工程系	面上项目	工程技术类	8
233	2017MS105	高原盐湖地区绝缘子积污与污闪特性研究	耿江海	电力工程系	面上项目	工程技术类	8
234	2017MS106	无刷励磁机旋转整流器故障在线诊断方法研究	武玉才	电力工程系	面上项目	工程技术类	8
235	2017MS107	基于准相位匹配晶体的量子纠缠光源研究	刘　涛	电子与通信工程系	面上项目	工程技术类	8
236	2017MS108	光纤法布里-珀罗压力传感理论与实验研究	张　静	电子与通信工程系	面上项目	工程技术类	8
237	2017MS109	混合衰落下基于译码转发的双向中继技术研究	陈智雄	电子与通信工程系	面上项目	工程技术类	8
238	2017MS110	多模光纤模式群布里渊散射特性研究	赵丽娟	电子与通信工程系	面上项目	工程技术类	8
239	2017MS111	基于深度学习的人脸识别研究	张　宁	电子与通信工程系	面上项目	工程技术类	8
240	2017MS112	多波长光源 BOTDR 系统性能分析及优化研究	王健健	电子与通信工程系	面上项目	工程技术类	8
241	2017MS113	面向智能电网核心业务的通信网络优化方法	贾惠彬	电子与通信工程系	面上项目	工程技术类	8
242	2017MS114	基于大数据的继电保护故障诊断与系统重构研究	王　瑜	电子与通信工程系	面上项目	工程技术类	8
243	2017MS115	双频无线电能传输技术及其电磁环境安全研究	李　然	电子与通信工程系	面上项目	工程技术类	8
244	2017MS116	谷物干燥过程中的传热传质分析研究	范大志	动力工程系	面上项目	工程技术类	8
245	2017MS117	二次再热燃煤-捕碳机组热力系统集成优化研究	付文锋	动力工程系	面上项目	工程技术类	8
246	2017MS118	循环流化床富氧燃烧与 CO_2 捕集机组运行特性研究	高大明	动力工程系	面上项目	工程技术类	8
247	2017MS119	居住建筑室内环境细颗粒物污染特性及控制方法研究	靳光亚	动力工程系	面上项目	工程技术类	8
248	2017MS120	增压富氧燃煤燃料氮迁移特性研究	雷　鸣	动力工程系	面上项目	工程技术类	8

续表

序号	项目编号	项目名称	负责人	所在单位	资助类别	申请领域	资助金额
249	2017MS121	单罐斜温层混合蓄热装置结构优化及蓄放热性能研究	李卫华	动力工程系	面上项目	工程技术类	8
250	2017MS122	液体在强化传热表面低压闪蒸特性研究	刘　璐	动力工程系	面上项目	工程技术类	8
251	2017MS123	纳晶材料的导热特性研究	刘英光	动力工程系	面上项目	工程技术类	8
252	2017MS124	太阳能热泵强制气化 LNG 系统设计及性能研究	时国华	动力工程系	面上项目	工程技术类	8
253	2017MS125	基于仿真优化的空气压缩储能系统研究	王亚瑟	动力工程系	面上项目	工程技术类	8
254	2017MS126	绿色清洗技术中超临界 CO_2 与微细颗粒的相互作用研究	赵　娜	动力工程系	面上项目	工程技术类	8
255	2017MS127	壳聚糖除汞吸附剂再生机理及深度利用研究	高　鹏	动力工程系	面上项目	工程技术类	8
256	2017MS128	多空间度量的动态系统迟延辨识研究	王旭光	自动化系	面上项目	工程技术类	8
257	2017MS129	基于机载 Lidar 的火电厂盘煤技术研究	郑晓坤	自动化系	面上项目	工程技术类	8
258	2017MS130	基于工业大数据的多变量系统建模方法的研究	王　彪	自动化系	面上项目	工程技术类	8
259	2017MS131	基于电阻/电容双模态成像的多相流参数测量	张立峰	自动化系	面上项目	工程技术类	8
260	2017MS132	供热机组灵活性提升理论及工程技术研究	邓拓宇	自动化系	面上项目	二程技术类	8
261	2017MS133	基于联合仿真平台的风火联合调节特性研究	赵　征	自动化系	面上项目	二程技术类	8
262	2017MS134	家居型风光储微电网能量管理策略研究	白　康	自动化系	面上项目	二程技术类	8
263	2017MS135	食品类别、掺伪及成分分析	李艳坤	环境科学工程系	面上项目	工程技术类	8
264	2017MS136	吸附协同高级氧化技术处理焦化废水的研究	张敬红	环境科学工程系	面上项目	工程技术类	8
265	2017MS137	相变溶剂吸收烟气中 CO_2 的理论研究	李蔷薇	环境科学工程系	面上项目	工程技术类	8
266	2017MS138	微波法制备石墨烯调控的锂离子导体的研究	吕晓娟	环境科学工程系	面上项目	工程技术类	8
267	2017MS139	燃煤烟气中痕量硒物种低温液相脱除研究	马京香	环境科学工程系	面上项目	工程技术类	8
268	2017MS140	多场中微孔金属陶瓷脱除烟气污染物的机制	齐立强	环境科学工程系	面上项目	工程技术类	8
269	2017MS141	纳米晶 α-AlH_3 液相反应合成及其脱氢行为研究	段聪文	环境科学工程系	面上项目	工程技术类	8
270	2017MS142	民用燃烧源的颗粒物和有机物排放因子研究	李志勇	环境科学工程系	面上项目	工程技术类	8
271	2017MS143	TiC 增强铜基电接触材料的合成及其机理研究	丁海民	机械工程系	面上项目	工程技术类	8
272	2017MS144	中国制造 2025 战略下机械学科创新人才培养研究	贺运政	机械工程系	面上项目	工程技术类	8
273	2017MS145	饱和蒸气压法在线校准元素汞监测系统的研究	贾桂红	机械工程系	面上项目	工程技术类	8
274	2017MS146	汽轮发电机端部绕组电磁力及力学响应研究	蒋宏春	机械工程系	面上项目	工程技术类	8
275	2017MS147	平面设计维度拓展的研究	刘　静	机械工程系	面上项目	人文社科类	5
276	2017MS148	SiCp/Al 复合材料切削刀具磨损机理研究	王进峰	机械工程系	面上项目	工程技术类	8
277	2017MS149	绝缘子超疏水防覆冰涂层相关关键技术研究	王　鹏	机械工程系	面上项目	工程技术类	8
278	2017MS150	非球形颗粒物在非理想壁面的沉积与悬浮机理研究	杨化动	机械工程系	面上项目	工程技术类	8
279	2017MS151	发电机—轴系模型下端部绕组暂态机电特性分析	袁兴华	机械工程系	面上项目	工程技术类	8
280	2017MS152	基于大数据融合决策的汽轮机组轴系故障诊断系统研究	张　超	机械工程系	面上项目	工程技术类	8
281	2017MS153	拉胀多胞材料的率敏感效应和微结构效应研究	张新春	机械工程系	面上项目	工程技术类	8
282	2017MS154	智能电网中保护 IED 的行为仿真及其模型检验方法研究	熊海军	计算机系	面上项目	工程技术类	8

续表

序号	项目编号	项目名称	负责人	所在单位	资助类别	申请领域	资助金额
283	2017MS155	基于柔性逻辑的智慧城市关键技术研究	刘丽	计算机系	面上项目	工程技术类	8
284	2017MS156	高压断路器振声信号的特征提取及识别方法研究	牛为华	计算机系	面上项目	工程技术类	8
285	2017MS157	基于图像分析的输电线路防外力破坏技术研究	袁和金	计算机系	面上项目	工程技术类	8
286	2017MS158	基于深度学习的航拍绝缘子缺陷检测研究	崔克彬	计算机系	面上项目	工程技术类	8
287	2017MS159	基于数据驱动和热力学模型的微电网功率预测技术研究	李天	计算机系	面上项目	工程技术类	8
288	2017MS160	基于无人机三维重建的火电厂盘煤技术研究	赵路佳	工程训练中心	面上项目	工程技术类	8
289	2017MS161	由YBCO涂层片构成的磁体的热稳定性研究	崔英敏	数理系	面上项目	理学类	5
290	2017MS162	社会工作嵌入高校学生工作的长效机制研究	江卫春	数理系	面上项目	理学类	5
291	2017MS163	我国东南沿海地区登革热预警与疾病负担研究	孔令才	数理系	面上项目	理学类	5
292	2017MS164	飞秒激光诱导材料表面微纳结构及其形成机理	潘玉松	数理系	面上项目	理学类	5
293	2017MS165	受驱非线性系统中的量子频率响应及经典对应	张世辉	数理系	面上项目	理学类	5
294	2017MS166	基于大气环流统计特征的风功率预测方法研究	张亚刚	数理系	面上项目	工程技术类	8
295	2017MS167	拓扑动力系统的研究	杨冲	数理系	面上项目	理学类	5
296	2017MS168	能源互联网下新能源微电网发展运营模式	高冲	经济管理系	面上项目	经济管理类	5
297	2017MS169	低碳城市发展目标下的区域分布式能源系统规划研究	陈娟	经济管理系	面上项目	经济管理类	5
298	2017MS170	行业特色型大学创业教育课程建设路径研究	程利敏	经济管理系	面上项目	经济管理类	5
299	2017MS171	新市场环境下电力企业运营新问题研究	孟明	经济管理系	面上项目	经济管理类	5
300	2017MS172	国际化战略下的能源类高校校企协同机制研究	王万雨	经济管理系	面上项目	经济管理类	5
301	2017MS173	环境政策约束下企业环境成本内部化机制研究	王新利	经济管理系	面上项目	经济管理类	5
302	2017MS174	“五位一体”的工科高校创新创业教育研究	赵吉鹏	经济管理系	面上项目	经济管理类	5
303	2017MS175	重复性项目时间费用权衡优化研究	邹鑫	经济管理系	面上项目	经济管理类	5
304	2017MS176	华北电力大学“十二五”期间科技论文数据统计分析	徐扬	科学技术研究院	面上项目	人文社科类	5
305	2017MS177	我国长期照护政策选择研究	胡宏伟	法政系	面上项目	人文社科类	5
306	2017MS178	社区治理的伦理、政策与法治化研究	刘志军	法政系	面上项目	人文社科类	5
307	2017MS179	习近平“中国方案”的“共同体”思想研究	陈晓蕾	马克思主义学院	面上项目	人文社科类	5
308	2017MS180	大学生过度使用网络的调查分析与对策研究	张健	马克思主义学院	面上项目	人文社科类	5
309	2017MS181	体育社会心理学视域下的大学生身心健康研究	王泽霖	体训部	面上项目	人文社科类	5
310	2017MS182	20世纪美国代表戏剧作品的生态研究	安国平	英语系	面上项目	人文社科类	5
311	2017MS183	学术英语写作中的元话语研究	沈茜	英语系	面上项目	人文社科类	5
312	2017MS184	在跨文化教学中培养学生的思辨能力	王少凡	英语系	面上项目	人文社科类	5
313	2017MS185	高本汉汉学之古典文献翻译研究	张昊	英语系	面上项目	人文社科类	5
314	2017MS186	基于占空比调制的无刷双馈电机直接转矩控制研究	李冰	科技学院	面上项目	工程技术类	8
315	2017MS187	基于不确定性补偿技术的热工系统自抗扰控制	孙明	科技学院	面上项目	工程技术类	8
316	2017MS188	风电机组齿轮箱故障特征提取方法研究	周福成	科技学院	面上项目	工程技术类	8
317	2017MS189	单元机组控制系统性能评价和诊断方法研究	李士哲	科技学院	面上项目	工程技术类	8
318	2017MS190	大型风电机组传动系统早期复合故障诊断方法研究	刘尚坤	科技学院	面上项目	工程技术类	8

续表

序号	项目编号	项目名称	负责人	所在单位	资助类别	申请领域	资助金额
319	2017MS191	光纤光栅温度传感系统研究	王劭龙	科技学院	面上项目	工程技术类	8
320	2017MS192	基于隐马尔可夫模型的风电机组故障检测与诊断研究	孙群丽	科技学院	面上项目	工程技术类	8
321	2017MS193	矢量四夸克态的 QCD 求和规则研究	黄　蕊	科技学院	面上项目	理学类	5
322	2017MS194	生物质气化热解机理及工业化模型研究	曹　锐	科技学院	面上项目	工程技术类	8
323	2017MS195	基于生态理念的河北省美丽乡村景观规划研究	于晓娜	科技学院	面上项目	经济管理类	5
324	2017MS196	介电谱高精度测量方法研究	徐志钮	电力工程系	面上项目	工程技术类	8
325	2017MS197	社区负荷谐波电能责任分层评估研究	华回春	数理系	面上项目	理学类	5
326	2017MS198	基于局域表面等离激元增强反馈的光放大	李松涛	数理系	面上项目	工程技术类	8
327	2017MS199	生物质发电成本收益分析与政策选择研究	刘志彬	经济管理系	面上项目	经济管理类	5
328	2017XS114	面向大规模风电消纳的多源协调优化调度策略研究	郭　通	电力工程系	学生项目	工程技术类	0.5
329	2017XS115	水轮发电机转子绕组匝间短路故障诊断	王　罗	电力工程系	学生项目	工程技术类	0.5
330	2017XS116	多源系统次同步振荡研究的新型阻抗分析法	李　忍	电力工程系	学生项目	工程技术类	0.5
331	2017XS117	基于深度学习算法的劣化绝缘子诊断研究	裴少通	电力工程系	学生项目	工程技术类	0.5
332	2017XS118	风电场集电线路故障定位的研究	郑艳艳	电力工程系	学生项目	工程技术类	0.5
333	2017XS119	基于虚拟同步机的逆变器控制策略研究	徐　韵	电力工程系	学生项目	工程技术类	0.5
334	2017XS120	直驱式太阳能有机朗肯循环性能优化研究	李　鹏	动力工程系	学生项目	工程技术类	0.5
335	2017XS121	单原子催化氧化 NO 和 HgO 的机理研究	杨维结	动力工程系	学生项目	工程技术类	0.5
336	2017XS122	富氧气氛煤燃烧砷的释放及脱除特性研究	邹　潺	动力工程系	学生项目	工程技术类	0.5
337	2017XS123	协同氧化 HgO 及逃逸 NH_3 的 SCR 催化剂筛选和性能研究	曹　悦	环境科学工程系	学生项目	工程技术类	0.5
338	2017XS124	燃煤电厂脱硫废水高温蒸发特性与耦合脱除 SO_3 机理研究	柴　晋	环境科学工程系	学生项目	工程技术类	0.5
339	2017XS125	低温等离子体技术联合湿式电除尘器协同脱除烟气中多种污染物的研究	崔少平	环境科学工程系	学生项目	工程技术类	0.5
340	2017XS126	大气颗粒物重金属形态分析及人群暴露指示物研究	解姣姣	环境科学工程系	学生项目	工程技术类	0.5
341	2017XS127	生物合成纳米材料的制备、表征及其环境行为研究	火　灿	环境科学工程系	学生项目	工程技术类	0.5
342	2017XS128	CuO 掺杂 SCR 催化剂脱硝协同 HgO 氧化性能研究	贾文波	环境科学工程系	学生项目	工程技术类	0.5
343	2017XS129	碳钢在硼酸环境中的腐蚀行为研究	卢　权	环境科学工程系	学生项目	工程技术类	0.5
344	2017XS130	新型钴基负载型材料协同去除脱硫液中二价汞与亚硫酸盐	齐铁月	环境科学工程系	学生项目	工程技术类	0.5
345	2017XS131	硼氢化钾催化氢化二氧化碳实验研究	王添灏	环境科学工程系	学生项目	工程技术类	0.5
346	2017XS132	新型碳酸钾促进剂捕集 CO_2 性能及其腐蚀研究	谢佳林	环境科学工程系	学生项目	工程技术类	0.5
347	2017XS133	断路器弹簧操作机构故障诊断方法研究	豆龙江	机械工程系	学生项目	工程技术类	0.5
348	2017XS134	风电齿轮箱多工况微弱故障诊断方法研究	庞　彬	机械工程系	学生项目	工程技术类	0.5
349	2017XS135	二次再热机组汽温系统建模与优化控制	刘　淼	自动化系	学生项目	工程技术类	0.5
350	2017XS136	大型火电机组数据驱动建模方法研究与应用	尹二新	自动化系	学生项目	工程技术类	0.5
351	2017XS137	参与深度调峰的大型火电单元机组非线性控制研究	席嫣娜	自动化系	学生项目	工程技术类	0.5
352	2017XS138	声波通过管阵列的传播与辐射特性研究	刘月超	数理系	学生项目	理学类	0.5

（科学技术研究院　花之蕾　提供）

华北电力大学2017年纵向科研项目立项情况一览表

序号	项目名称	经费（万元）	负责人	项目编号	项目来源
1	京津冀电力市场建设对“京津唐保北京”电力保障原则的影响研究	15	王　鹏		国家能源局华北监管局
2	华东辅助服务市场机制研究	20	王　鹏		国家能源局
3	2013—2015年度中央分成水资源费项目实施总结分析及2016年度水资源项目核查汇编	35	丁晓雯		水利部综合事业局
4	超导磁体用无机纳米颗粒掺杂改性氰酸酯/环氧树脂绝缘材料低温电性能研究	9	王景春		国家基金委（合作）
5	“十三五”电力行业控煤政策研究	24	袁家海		自然资源保护协会（NRDC）
6	北京市民办非企业单位2015年度发展情况报告	5	朱晓红		北京市社会团体管理办公室
7	跨尺度金属氧化物微球可控构建钙钛矿太阳电池多级孔道电子传输层	20	潘家鸿	2172052	北京自然基金面上项目
8	电动汽车充电接口电接触材料载流摩擦研究	20	夏延秋	2172053	北京自然基金面上项目
9	固体碱催化热解生物质选择性制备酚类物质的机理与调控研究	20	陆　强	3172030	北京自然基金面上项目
10	中低温太阳能热发电系统关键技术研究	19	顾煜炯	3172031	北京自然基金面上项目
11	超临界水中细颗粒物运动沉积规律研究	20	周　涛	3172032	北京自然基金面上项目
12	油纸绝缘直流电压应力下界面电荷产生机制及迁移过程的研究	20	齐　波	3172033	北京自然基金面上项目
13	电力接地网雷达检测系统研究	20	武　昕	3172034	北京自然基金面上项目
14	直流GIL金属微粒荷电机制与运动时空特性及抑制技术研究	20	李庆民	3172035	北京自然基金面上项目
15	融合电动汽车充放电与优质供电的高利用率电力电子变压器研究	19	徐永海	3172036	北京自然基金面上项目
16	新能源电力系统概率暂态稳定评估与协调控制方法研究	10	夏世威	3174057	北京自然基金青年项目
17	基于多自主体网络的微电网分布式预测控制研究	6	马苗苗	4173079	北京自然基金预探索项目
18	基于移动用户情景感知的绿色D2D通信技术研究	10	周振宇	4174104	北京自然基金青年项目
19	一步式硝化菌在污水处理系统中的丰度及氨氧化贡献研究	10	郑茂盛	8174075	北京自然基金青年项目
20	南方区域电力行业安全生产信用指标体系研究	9	王　鹏		国家能源局南方监管局
21	重庆市增量配电业务试点项目业主优选方案编制工作	10	王　鹏		重庆市能源局
22	新形势下电力安全监管体制机制研究	15	王　鹏		国家能源局
23	基于加入GPA背景下电网投资行为监管研究	20	李彦斌		国家能源局
24	山东电力现货市场可行性研究	15	张粒子		国家能源局山东监管办公室
25	北京燃气发电上网电价校核评估与调整	20	黄弦超		北京市发展和改革委员会
26	火电建设项目水资源论证导则用水合理性分析	3	丁晓雯		水利部
27	内陆核电突发事故对区域水资源的影响及应对措施	32	丁晓雯		水利部
28	全国学会内部治理能力研究	15	朱晓红		中国科协学会服务中心
29	电力交易中心及市场管理委员会发展态势分析	5	王　鹏		国家能源局
30	北京市社会福利体系构建研究	10	姚建平		北京市民政局
31	优先发电、购电计划测算方法研究	10	张粒子		国家发展和改革委员会
32	低热值煤CFB富氧燃烧发电新过程基础研究	95	张国强	U1610254	国家自然科学基金（联合基金）合作

续表

序号	项目名称	经费（万元）	负责人	项目编号	项目来源
33	复变量二次规划问题的全局优化方法研究	21	路　程	11701177	国家自然科学基金青年项目
34	铅冷快堆 SGTR 工况下蒸汽泡在堆内的迁移行为及其对堆芯物理特性影响的研究	22	隋丹婷	11705057	国家自然科学基金青年项目
35	基于非采样替代模型的钍基熔盐堆系统安全不确定性分析基础理论研究	24	郭张鹏	11705058	国家自然科学基金青年项目
36	铅冷快堆固态氧控系统中氧化铅陶瓷的中毒行为研究	25	朱卉平	11705059	国家自然科学基金青年项目
37	非线性色散方程的确定的和随机的适定性研究	48	王玉昭	11771140	国家自然科学基金面上项目
38	大气稳定度对风力机尾流演化的影响规律研究	60	葛铭纬	11772128	国家自然科学基金面上项目
39	金纳米棒及其自组装结构的磁等离激元圆二色效应调控及机理研究	25	韩　冰	21703064	国家自然科学基金青年项目
40	层状金属硫化物对放射性核素 U（Ⅵ）和 Sr（Ⅱ）的高效选择性吸附及机理研究	29	文　涛	21707033	国家自然科学基金青年项目
41	基于多通道荧光信号的硫化氢和二氧化硫同时检测方法研究	65	王素华	21775042	国家自然科学基金面上项目
42	石墨烯基材料对水环境四环素类抗生素吸附的实验和理论研究	64	艾玥洁	21777039	国家自然科学基金面上项目
43	完全氨氧化菌在我国典型农田土壤中的丰度及氨氧化活性研究	22	郑茂盛	41701278	国家自然科学基金青年项目
44	天然和火成有机质组分与矿物的相互作用机制	25	金　洁	41703097	国家自然科学基金青年项目
45	基于垂直取向石墨烯/TiO_2 多级孔道结构的钙钛矿太阳电池电子传输层研究	25	丁　勇	51702096	国家自然科学基金青年项目
46	基于应变能密度梯度的岩爆发生与治理研究	26	张　宁	51704117	国家自然科学基金青年项目
47	集成太阳能的低阶煤提质与发电一体化系统节能理论与性能优化研究	21	许　诚	51706065	国家自然科学基金青年项目
48	燃煤锅炉脱硝系统大范围变工况运行的负荷适应性研究	22	杨婷婷	51706066	国家自然科学基金青年项目
49	非均匀温度场下汽车尾气热电发电系统多场耦合建模与性能优化	27	孟境辉	51706067	国家自然科学基金青年项目
50	朝下多尺度结构表面的临界沸腾换热研究	25	钟达文	51706068	国家自然科学基金青年项目
51	等离子体改性生物炭吸附脱除烟气汞的性能及机理研究	20	汪　涛	51706069	国家自然科学基金青年项目
52	湿法脱硫塔氧化区内脱硫石膏结晶机理及其动力学特性	25	齐娜娜	51706070	国家自然科学基金青年项目
53	二元硝酸盐固液相变过程糊状区演变规律研究	25	廖志荣	51706071	国家自然科学基金青年项目
54	风电功率多尺度预测不确定性及其对电力系统经济调度的影响机理研究	23	阎　洁	51707063	国家自然科学基金青年项目
55	适用于高渗透率分布式电源接入的主动配电网同步相量测量方法	23	刘　灏	51707064	国家自然科学基金青年项目
56	模块化多电平换流器功率密度提升方法的研究	24	熊小玲	51707065	国家自然科学基金青年项目
57	交流电晕放电可听噪声的声源时域模型与计算方法研究	26	李学宝	51707066	国家自然科学基金青年项目
58	基于模型预测控制的散热器采暖系统末端通断调节机理及优化方法研究	20	徐宝萍	51708210	国家自然科学基金青年项目
59	梯级水电站水库群发电调度风险分析方法及应用研究	20	张验科	51709105	国家自然科学基金青年项目
60	直流 GIL 金属微粒运动与空间电荷积聚的时空交互作用及活性抑制研究	300	李庆民	51737005	国家自然科学基金重点项目

续表

序号	项目名称	经费（万元）	负责人	项目编号	项目来源
61	耦合多孔氧化物半导体的自洁净光电催化过滤膜的制备及其水处理研究	60	潘家鸿	51772094	国家自然科学基金面上项目
62	低压气相辅助溶液法制备非铅Bi基钙钛矿太阳电池及其光电性能研究	60	姚建曦	51772095	国家自然科学基金面上项目
63	基于自掺杂调控的新型钙钛矿太阳电池的结构设计及性能研究	60	李美成	51772096	国家自然科学基金面上项目
64	有机-无机纳米复合膜多尺度质子传递网络的构建及过程强化	58	林　俊	51773058	国家自然科学基金面上项目
65	半监督环境下风电机组群的智能化故障诊断与寿命预测	60	滕　伟	51775186	国家自然科学基金面上项目
66	槽塔结合的太阳能辅助燃煤发电系统时空协同集成机理与调控机制研究	60	翟融融	51776063	国家自然科学基金面上项目
67	混合工质有机朗肯循环实时浓度调控及运行机理研究	63	苗　政	51776064	国家自然科学基金面上项目
68	基于能量管理的火电机组灵活运行控制技术研究	59	曾德良	51776065	国家自然科学基金面上项目
69	微/纳米双孔分布多孔介质耦合换热关联机制及异质界面热质传递	56	魏高升	51776066	国家自然科学基金面上项目
70	氨水合物反应体系氨逃逸约束和二氧化碳吸收强化的定向传质调控研究	60	杨立军	51776067	国家自然科学基金面上项目
71	多尺度气固两相流的格子 Boltzmann 数值建模及物理机理研究	60	王　亮	51776068	国家自然科学基金面上项目
72	纳米复合材料界面维度及组成对热量输运影响的研究	60	陈　林	51776069	国家自然科学基金面上项目
73	基于自由基调控的生物质选择性热解制备高值产物的基础研究	60	董长青	51776070	国家自然科学基金面上项目
74	多相流态化体系下碱性有机废液/褐煤蒸发吸附负载机制及气化特性研究	60	肖显斌	51776071	国家自然科学基金面上项目
75	考虑电动汽车用户行为决策的电力-交通网络协同优化研究	55	孙英云	51777065	国家自然科学基金面上项目
76	风电系统时变间谐波的解析建模与并网交互影响及危险区域研究	51	陶　顺	51777066	国家自然科学基金面上项目
77	基于键合图理论的综合能源系统动态状态估计研究	55	陈艳波	51777067	国家自然科学基金面上项目
78	可再生能源接入下的大规模负荷感知模型及调控策略研究	56	孙　毅	51777068	国家自然科学基金面上项目
79	新能源基地风火孤岛直流外送系统的频率协调控制研究	55	张海波	51777069	国家自然科学基金面上项目
80	含虚拟惯量的大规模风电并网系统振荡机理及控制措施研究	55	马　静	51777070	国家自然科学基金面上项目
81	基于故障暂态波形时频特征的柔性直流配电网保护与故障定位	55	贾　科	51777071	国家自然科学基金面上项目
82	往复式高压直流断路器拓扑及其在直流电网中协调保护机理研究	61	赵成勇	51777072	国家自然科学基金面上项目
83	GaN 基一维量子结构中的自旋极化	29	卢芳超	61704054	国家自然科学基金青年项目
84	外延有机半导体/石墨烯光电探测器研究	25	刘小龙	61705066	国家自然科学基金青年项目
85	面向 5G 的毫米波时变信道建模与仿真技术研究	58	赵雄文	61771194	国家自然科学基金面上项目
86	基于 STEM 教育理念的高水平行业特色型高校工程人才培养改革与政策研究	18	白逸仙	71704054	国家自然科学基金青年项目

续表

序号	项目名称	经费（万元）	负责人	项目编号	项目来源
87	非并网清洁能源“发电-储能-用能”价值链耦合协同机制与优化模拟模型研究	49	刘吉成	71771085	国家自然科学基金面上项目
88	协同与竞争关系下的多项目动态选择及其鲁棒优化	48	李星梅	71772060	国家自然科学基金面上项目
89	发电企业碳减排的市场型政策工具组合优化研究	48	张金良	71774054	国家自然科学基金面上项目
90	电力市场第三方业务稽核	9.9	王　鹏		国家能源局南方监管局
91	基于区块链的能源大数据体系研究项目	10	龚钢军		国家能源局信息中心
92	新电改下京津冀地区电力供应链利益协调机制研究	15	李彦斌	17JDGLA009	北京社科基金研究基地重点项目
93	京津冀协同发展中的农村能源清洁利用与开发研究	8	罗国亮	17JDYJB011	北京社科基金研究基地一般项目
94	北京市分布式能源系统供给效率分析与协同机制研究	8	宋晓华	17GLB010	北京社科基金项目一般项目
95	京绣传统图案传承及推介研究	8	陈　玲	17YTB019	北京社科基金项目一般项目
96	北京市电价交叉补贴测算及解决路径研究	8	郭　森	17GLC042	北京社科基金项目青年项目
97	北京市后业主维权时期社区公共秩序建构研究	8	王恩见	17SRC016	北京社科基金项目青年项目
98	北京市长期照护需求预测、保险方案优化与风险控制	8	胡宏伟	17SRC017	北京社科基金项目青年项目
99	生产资本与金融资本分流背景下的中国大国战略与美国霸权之差异研究	8	王旭琰	17ZGC014	北京社科基金项目青年项目
100	煤电去产能：政策、执行与金融市场解决方案	118.6	袁家海	2017BJ0232	美国能源基金会项目
101	能源消费新模式和产业发展新业态研究	20	杨勇平	2017BJ0222	国家能源局项目
102	中关村社会组织 2016 年度检查分析报告	5	高富锋	2017BJ0221	北京社会团体管理办公室
103	区域电网和跨省跨区专项输电工程输电价格研究	15	张粒子	2017BJ0219	国家发展和改革委员会
104	广西地方电网输配电价改革方案研究	15	黄弦超	2017BJ0218	广西壮族自治区物价局
105	中英电力体制改革论坛：市场、可再生能源和电网	30.6	张粒子	2017BJ0228	国际间合作项目
106	周向非均匀热流便捷条件下对流传热/传质协同原理和优化方法研究	3	钟达文	51706072	国家基金项目青年基金（合作）
107	固体酸催化木质纤维素类生物质水解制备平台化合物的基础研究	18	陆　强	51676193	国家自然科学基金委（合作）
108	北京市社会团体管理办公室民办非企业单位调研课题委托协议书	5	朱晓红	2017BJ0250	北京市社会团体管理办公室
109	北京现代区域综合能源系统中太阳能开发利用研究	15	张　妍	2017BJ0272	北京节能与电力技术开发基金会
110	武术国际化推广与传播受众需求研究	0	蔡利敏	2017BJ0240	国家体育总局武术研究院
111	榆林市电力体制改革综合试点方案研究	89.7	王　鹏	2017BJ0266	榆林市发展和改革委员会
112	清洁能源消纳的制约因素分析及对策建议	20	曾　鸣	2017BJ0256	国家发展改革委体改司
113	电力建设工程质量监督体系建设研究	15	王　鹏	2017BJ0268	国家能源局电力安全监管司
114	高密度循环流化床流体动力学特性及放大规律研究	84	王雪瑶	51576196	国家自然科学基金委（转入）
115	凸二次约束二次规划问题的鲁棒灵敏度分析研究	8	路　程	11771243	国家基金项目青年基金（合作）
116	流域风光水多能互补运行中风光出力不确定性研究	49	李　莉	U1765104	国家自然科学基金联合基金
117	大规模新能源发电主动支撑与源网协同控制	292	刘吉臻	U1766204	国家自然科学基金联合基金
118	压接型 IGBT 器件封装的多物理场相互作用机制	299	崔　翔	U1766219	国家自然科学基金联合基金
119	全国学会改革发展研究报告	5	朱晓红		中国科学技术协会
120	高性能柔性锂/钠离子电池中电偶极子辅助离子传输机制研究	28	李美成		北京自然科学基金海淀前沿

续表

序号	项目名称	经费（万元）	负责人	项目编号	项目来源
121	电力系统保护控制	350	毕天姝	51725702	国家自然科学基金杰出青年基金
122	新型软磁复合材料的特性及其在永磁电机中的应用研究	6	王艾萌	E2017502025	2017 年度河北省自然科学基金面上项目
123	特高压并联电抗器的电磁-力-振动耦合机理与本体降噪关键技术研究	6	赵小军	E2017502061	2017 年度河北省自然科学基金面上项目
124	风光火多源并网场景下光伏系统次同步振荡行为研究	6	赵书强	E2017502075	2017 年度河北省自然科学基金面上项目
125	大规模风电接入的电力系统低频振荡抑制方法研究	6	马燕峰	E2017502077	2017 年度河北省自然科学基金面上项目
126	便携式模块化永磁风力发电机的机理研究	15	王艾萌	3172037	2017 年北京市自然科学基金
127	±500kV 直流电缆系统试验及运维技术	60	刘云鹏	2016YFB0900705	国家重点研发计划子课题
128	复杂配电网工况下分布式电源主动电能质量综合治理策略研究	4	李建文	E2017502053	2017 年度河北省自然科学青年科学基金项目
129	交直流混合输电系统中级联变流器双向阻抗匹配特性的研究	24	田艳军	51707067	2017 年国家自然科学基金青年科学基金项目
130	基于关键材料与构件在役特性的大型间隙铁心电抗器振动行为有效模拟及实验验证	61	赵小军	51777073	2017 年国家自然科学基金面上项目
131	多能源电力系统电源协调规划与设计方法研究	85	马燕峰	2017YFB0902202	2017 年国家重点研发计划子课题
132	多能源电力系统互补优化调度技术研究	104.17	赵书强	2017YFB0902203	2017 年国家重点研发计划子课题
133	环氧树脂表面特性与界面电荷关联性及其表面等离子体梯度改性	62	谢　庆	51777076	2017 年国家自然科学基金面上项目
134	云环境下电力系统基础计算优化关键技术研究	6	靳　松	F2017502043	2017 年度河北省自然科学基金面上项目
135	通信侧与供电侧双侧随机的 Massive MIMO 超密集异构网络资源分配研究	64	韩东升	61771195	2017 年国家自然科学基金面上项目
136	基于 SBS 矢量特性的单端宽带动态应变测量方法研究	62	李永倩	61775057	2017 年国家自然科学基金面上项目
137	智能配电网中压电力线通信系统	50	谢志远		河北省优势产业合作专项项目
138	铁基纳米晶高精密分布式智能直流漏电传感器网络	20	郭以贺		
139	基于混合衰落和脉冲噪声的非对称双向中继系统中物理层网络编码关键技术研究	4	陈智雄	F2017502059	2017 年度河北省自然科学青年科学基金项目
140	大型厂区三次泵变流量冷冻水系统水力特性研究	1.5	魏　兵		
141	高大车间空调气流组织方式优化数值模拟研究	1.5	郑国忠		
142	居住建筑技术集成和示范工程研究	14	靳光亚	2017YFC0702609-04	2017 国家重点研发计划子课题
143	朝下多尺度结构表面的临界沸腾换热研究	3	刘　赟	51706068	国家自然科学基金面上项目
144	通风空调管道内三种表征形式“积尘伴生真菌”生长及释放规律研究	4	刘志坚	E2017502051	2017 年度河北省自然科学青年科学基金项目
145	室内微生物污染全过程控制标准规范体系及室内通风净化模式研究	27.6	刘志坚	2017YFC0702804-05	国家重点研发计划子课题
146	高气密性建筑室内空气质量现状调研及评价方法研究	19	刘志坚	2017YFC0702601-05	国家重点研发计划子课题
147	居住建筑新风系统通风有效性研究	2	刘志坚	2017HAC105	河南省重点实验室开放基金
148	焦化废水与煤粉制备废水水煤浆的成浆机理研究	10	王睿坤	3174056	2017 年北京市自然科学基金
149	通风空调管道内积尘伴生微生物繁殖及释放规律研究	3	刘志坚	BSBE2017-08	建筑安全与环境国家重点实验室开放基金项目

续表

序号	项目名称	经费（万元）	负责人	项目编号	项目来源
150	周向非均匀热流边界条件下对流传热/传质协同原理和优化方法研究	24	刘　赟	51706072	2017 年国家自然科学基金青年科学基金项目
151	通风空调管道内“积尘伴生真菌”生长及释放规律基础研究	25	刘志坚	51708211	2017 年国家自然科学基金青年科学基金项目
152	焦化废水与煤制备废水水煤浆的成浆机理及燃烧 NO_x 排放特性研究	6	王睿坤	E2017502004	2017 年度河北省自然科学基金项目
153	关于《将改革进行到底》的认识与思考	0.05	李庆保	2017ZXWT04010	2017 年度保定市社科规划委托课题
154	司法体制改革的战略勇气与为民情怀	0.05	陈　奎	2017ZXWT04009	2017 年度保定市社科规划委托课题
155	创新社会治理视阈下的困难儿童社会保护制度研究	10	陈　静	16CSH067	国家社会科学基金项目
156	北京市后业主维权时期社区公共秩序建构研究	5	王恩见	17SRC016	2017 年度北京市社会科学基金项目
157	多中心治理视野下城市社区公共文化服务体系的构建——基于河北保定市美地社区的研究	0	曹丽媛	201701805	2017 年度民生调研专项
158	环境民事诉讼特殊证据制度研究	0.5	李庆保	HB17FX024	2017 年度河北省社会科学基金项目
159	基于“四维分析框架”的中国特色现代社会组织理论构建研究	0.1	秦伟江	HB17ZZ008	2017 年度河北省社会科学基金项目
160	社区公共秩序的建构研究	20	王恩见	17CSH005	2017 年度国家社会科学基金项目
161	京津冀协同发展法制保障机制研究	1	梁　平	HBF［2017］A004	河北省法学会 2017 年度法学研究课题
162	中国司法之路	1	梁　平	GFY010	纪录片《中国司法之路》
163	京津冀协同发展中地方政府间横向关系协调研究	0.5	曹丽媛	HB17ZZ007	2017 年度河北省社会科学基金项目
164	京津冀协同治理下公益诉讼制度的创新探讨	0.1	李　海	HB17FX025	2017 年度河北省社会科学基金项目
165	需求视角下河北省老年长期护理保险制度设计	0.3	胡宏伟	HB17GL066	2017 年度河北省社会科学基金项目
166	民国时期北京社会工作的发端与进展研究	5	孟亚男	16SRC026	2016 年度北京市社会科学基金项目
167	环境公益诉讼的理论价值与制度借鉴：在京津冀协同治理下展开	0	李　海	2.01704E＋11	2017 年度河北省社会发展研究课题
168	司法责任制背景下审判权运行监督机制研究	0	李　雷	2.01703E＋11	2017 年度河北省社会发展研究课题
169	精准扶贫战略下引导高校毕业生到基层工作问题研究	0	尚晓丽	JRS-2017-1024	人力资源和社会保障研究课题
170	京津冀协同发展的司法服务与保障问题研究	4	梁　平	HBGF2017-01	河北省高级人民法院课题
171	基于激光测量和高保真数值模拟的低氧稀释-氧煤燃烧基础研究	50.12	吕建燚	51761125011	2017 年国家自然科学基金项目
172	pH 分区耦合传质强化湿法高效脱硫技术研究	42	赵　毅	2016YFC0203705	2017 年国家重点研发计划子课题
173	静电纺丝制备纳米复合材料及其环境应用研究	64	苑春刚	21777040	2017 年国家自然科学基金面上项目
174	纳米零价铁材料高效处理含铀废水的机理研究	10	王祥学	GZDX2017K001	广东省放射性核素污染控制与资源化重点实验室开放基金
175	光/热耦合激发制取卤-羟基自由基同步烟气多污染物一体化脱除的过程调控与机理研究	22	郝润龙	51708213	2017 年国家自然科学基金青年科学基金项目
176	CO_2 在新型醇胺水溶液中的吸收特性研究	60	付　东	51776072	2017 年国家自然科学基金面上项目
177	再生水中氮磷在循环冷却系统内的迁移转化机制及资源化途径	24	张敬红	51708212	2017 年国家自然科学基金青年科学基金项目
178	新型相变溶剂吸收烟气中 CO_2 的动力学研究	25	李蔷薇	21706061	2017 年国家自然科学基金青年科学基金项目
179	湿式氧化镁法多污染物协同控制与资源化工艺	568	汪黎东	2017YFC0210201	2017 年重点研发计划课题
180	废水净化用新型纤维素薄膜荧光传感器的制备和机理研究	4	李　檬	B2017502069	2017 年度河北省自然科学青年科学基金项目

续表

序号	项目名称	经费（万元）	负责人	项目编号	项目来源
181	直隶文化遗产的档案式保护和数字化传承与传播策略研究	0.3	谢海洋	HB17TQ014	2017 年度河北省社会科学基金项目
182	总体国家安全观视阙下高校学生安全意识与行为研究	0	贺运政	201701728	2017 年度民生调研专项
183	拉胀多胞材料冲击响应的微结构效应及能量吸收可控性设计方法	5	张新春	A2017502015	2017 年度河北省自然科学基金面上项目
184	大容量发电机典型工况下定子-绕组系统的复杂力学特性及绝缘磨损规律	60	何玉灵	51777074	2017 年国家自然科学基金面上项目
185	考虑实际风速时空分布的风力发电机组故障特征分析与机电联合故障识别研究	61	万书亭	51777075	2017 年国家自然科学基金面上项目
186	基于多目标群体利益公立医院技术服务及医事服务费定价决策及对策研究	20	李亚斌	17BGL186	2017 年度国家社会科学基金项目
187	基于多目标群体利益北京公立医院技术服务及医事服务费定价决策及建模研究	5	李亚斌	16YJC063	2016 年度北京市社会科学基金项目
188	移动互联网环境下档案信息传播策略创新研究	0	谢海洋	2017-R-11	2017 年度河北省档案局科技计划项目
189	公立医院医疗服务技术项目定价方法及策略研究	0.3	李亚斌	HB17GL067	2017 年度河北省社会科学基金项目
190	基于复杂网络理论的客户协同产品创新冲突协调研究	10	王小磊	9174044	2017 年北京市自然科学基金
191	石墨烯半导体超疏水涂层防覆冰技术研究	10	王　鹏	3174058	2017 年北京市自然科学基金
192	基于高温抗氧化性改进的 Ni3Al 基合金中 γ' 相析出和 γ'/γ 相界面控制	6	丁海民	51774212	国家自然科学基金项目
193	供给侧结构性改革视角下京津冀城市群 TFEE 及其影响因素研究	0.3	任　峰	HB17GL068	2017 年度河北省社会科学基金项目
194	基于改进空间矢量模型的河北省低碳生态城市发展的综合评价研究	0.3	王海峰	HB17GL069	2017 年度河北省社会科学基金项目
195	保定温室气体排放清单报告	27.8	李　伟		保定市发展和改革委员会委托课题
196	多情景模拟下统一碳交易对我国出口竞争力的传导效应评估与政策研究	20	武群丽	17BGL252	2017 年度国家社会科学基金项目
197	全面深化改革努力实现中华民族伟大复兴的中国梦	0.05	武群丽	2017ZXWT04011	2017 年度保定市社科规划委托课题
198	考虑学习效应的重复性项目时间费用权衡优化研究	20	邹　鑫	71701069	2017 年国家自然科学基金青年科学基金项目
199	基于京津冀协同发展背景下的雄安新区公共服务均等化建设研究	0	贺湘硕	JRS-2017-7012	人力资源社会保障研究课题
200	加大雾霾治理力度、积极推进京津冀协同发展的能源举措研究	0.3	张亚刚	HB17GL070	2017 年度河北省社会科学基金项目
201	利用 QCD 求和规则研究多夸克态的性质	60	王志刚	11775079	2017 年国家自然科学基金面上项目
202	钴基亚硫酸镁氧化催化剂成型技术评价及制备工艺开发	79	韩颖慧	2017YFC0210202-1	国家重点研发计划子课题
203	面向地方中小企业的高校协同信息服务研究	0	高玉平	KX2014A16	保定市科学技术协会自然科学课题
204	多主体协同联动解决农村留守儿童问题研究-基于河北省顺平县“情暖童心”项目的评估	0	赵冬鸣	201501859	
205	生态翻译学视阈下河北省旅游景区公示语翻译的研究	0.3	商　静	HB17YY035	2017 年度河北省社会科学基金项目
206	基于第二课堂建设的创新创业教育评价体系与反馈机制研究	0	王　家	2017LX018	2017 年度全国学校共青团研究课题
207	大思政格局下高校共青团思想宣传话语体系转型构建-基于比较与借鉴的视角	0.3	魏彤儒	2017ZD016	2017 年度全国学校共青团研究课题

续表

序号	项目名称	经费（万元）	负责人	项目编号	项目来源
208	京津冀协同发展背景下蠡县城镇化发展构想	0	孟祥林	201608013	2016 年度成果呈阅
209	京津冀协同发展背景下安新县发展对策分析	0	孟祥林	201608010	2016 年度成果呈阅
210	大格局、大战略下雄安新区的设立与“大保定”的发展出路思考	0.2	孟祥林	2017CGCYQR006	2017 年度保定市社科规划委托课题
211	危机下的变革：晚清陆军战术及训练研究	20	赵鲁臻	17FZS015	2017 年度国家社科基金后期资助项目
212	京津冀协同发展背景下高碑店发展对策分析	0	孟祥林	201608012	2016 年度成果呈阅
213	京津冀城市群“第三级”发展对策研究	0.3	孟祥林	HB17YJ091	2017 年度河北省社会科学基金项目
214	混合动力汽车能量管理开发	5	杨耀权		河北省科技计划项目子课题
215	基于深度特征表达的目标检测与故障识别方法研究	51	翟永杰	61773160	2017 年国家自然科学基金面上项目
216	基于“模拟-真实”平行结构的航拍图像绝缘子目标识别方法研究	6	翟永杰	F2017502016	2017 年度河北省自然科学基金面上项目
217	超高参数高效二氧化碳燃煤发电基础理论与关键技术研究	2842	徐进良	2017YFB0601800	国家重点研发计划项目
218	500kV 直流断路器半导体组建规模化成组关键技术	1545	齐　磊	2017YFB0902403	国家重点研发计划课题
219	火电机组最小技术出力降低与调峰能力提升	922	牛玉广	2017YFB0902101	国家重点研发计划课题
220	有机污染场地土壤修复纳米技术及其应用	1051	王祥科	2017YFA0207002	国家重点研发计划课题
221	高磁感低损纳米晶合金成分与性能调控及高频变压器设计技术	342	李　琳	2017YFB0903902	国家重点研发计划课题
222	二次再热机组高效、灵活发电创新理论与方法	1091	段立强	2017YFB0602101	国家重点研发计划课题
223	运行条件下油纸绝缘性能动态演化规律与故障仿真	550	李成榕	2017YFB0902704	国家重点研发计划课题
224	CO_2 吸收/吸附全系统集成优化及匹配技术	108	许　诚	2017YFB0603304-3	国家重点研发计划子课题
225	配电网高精度同步相量测量技术研究与微型 PMU 装置研制	810	薛安成	2017YFB0902901	国家重点研发计划课题
226	送端弱同步电网中多样化装备暂态相互作用与系统稳定性分析	68	薛安成	2017YFB0902004	国家重点研发计划子课题
227	煤炭发电二次再热机组集成设计研究	156	徐　钢		国家重点研发计划子课题
228	智能充电网与配电网、分布式能源的融合技术及示范	100	曾　博、黄永章	2016YFB0101903	国家重点研发计划子课题
229	系统节能及远程监测技术	59	顾煜炯	2017YFB0603904	国家重点研发计划子课题
230	S-CO_2 热功转换机理和透平设计理论	64	张乃强	2017YFB0601804	国家重点研发计划子课题
231	特高压开关设备用环氧绝缘件缺陷诊断与运维技术	263.79	马国明		国家重点研发计划子课题
232	SDA 提效和多污染物协同吸收技术研究	140	赵　毅	2017YFC0210603	国家重点研发计划子课题
233	高效紧凑式超临界空气蓄冷/换热器	101	徐　超	2017YFB0903603	国家重点研发计划子课题
234	计及源荷双侧不确定性的大电网智能调度控制技术	171	赵冬梅		国家重点研发计划子课题
235	流域水资源实时风险调度与应急调度	46	何理	2017YFC0405904	国家重点研发计划子课题
236	1000kV 环保管道输电系统研制与运维技术	185	屠幼萍		国家重点研发计划子课题
237	太阳能高温热发电站关键技术标准研究	15	翟融融		国家重点研发计划子课题
238	流域水资源多目标调度集成平台及示范	36	李继清		国家重点研发计划子课题
239	交直流混合的分布式可再生能源技术	345	董　雷、孙英云、曾　鸣		国家重点研发计划子课题
240	土壤中修复用纳米材料的形态转化及其表征	155	王素华	2017YFA0207003	国家重点研发计划子课题
241	“大气—陆面”“陆面—水文”耦合方法	40	郑如秉	2016YFA0601503-02	国家重点研发计划子课题

续表

序号	项目名称	经费（万元）	负责人	项目编号	项目来源
242	SOEC 电化学反应装置的设计与构建	95	熊星宇	2017YFB0601904-2	国家重点研发计划子课题
243	1000kV 环保 GIL 用支撑绝缘子设计制造技术	181	律方成、卢占会		国家重点研发计划子课题
244	大规模先进压缩空气储能系统设计技术	92.17	刘文毅		国家重点研发计划子课题
245	煤气化过程及污染物生成三维综合预测模型	116	周怀春	2017YFB0601902-3	国家重点研发计划子课题
246	CO_2 分离膜材料在真实烟道气环境下的性能测试	73.5	王一梅	2017YFB0603400-01-02	国家重点研发计划子课题
247	京津冀西北水源涵养及永定河（上游）水质保障技术与工程示范项目	21202	张化永	2017ZX07101	国家科技重大专项水体污染控制与治理专项项目
248	京津冀大气污染防治效果监管方法及策略研究	50	乌云娜	Z171100002217024	2017 年度创新基地培育与发展专项
249	绿色税收体系国际比较及经济后果研究	20	何平林	17BGL051	国家社科基金一般项目
250	能源互联网下以控制污染物排放为目标的多种能源发电协同发展研究	20	郭晓鹏	17BGL136	国家社科基金一般项目
251	大规模新能源电力消纳的瓶颈问题及其对策	80	刘吉臻	2017-XY-16	中国工程院咨询研究项目
252	面向新能源汽车的电能替代绿色关键技术研究及应用	200	郭春林		工信部绿色制造系统集成项目
253	新工科、新理念、新实践——高水平行业特色型大学工程教育改革研究	20	刘吉臻	17JDGC006	2017 年教育部人文社会科学研究专项任务项目（工程科技人才培养研究）重点项目
254	基于 STEM 教育理念的行业特色型高校工程人才培养改革与政策研究	10	白逸仙	17JDGC025	2017 年教育部人文社会科学研究专项任务项目（工程科技人才培养研究）一般项目
255	吉林省西部供水工程土壤盐渍化跟踪评价研究招标项目	130	李　鱼		吉林省西部地区河湖连通供水工程建设局委托项目

华北电力大学 2017 年度科研项目完成情况一览表

序号	项目名称	立项时间	负责人	项目来源
1	北京现代区域综合能源系统中太阳能开发利用研究	2017	张　妍	北京节能与电力技术开发基金会
2	清洁能源消纳的制约因素分析及对策建议	2017	曾　鸣	国家发展改革委体改司
3	电力建设工程质量监督体系建设研究	2017	王　鹏	国家能源局电力安全监管司
4	能源消费新模式和产业发展新业态研究	2017	杨勇平	国家能源局
5	中关村社会组织 2016 年度检查分析报告	2017	高富锋	北京市社会团体管理办公室
6	区域电网和跨省跨区专项输电工程输电价格研究	2017	张粒子	国家发展和改革委员会
7	广西地方电网输配电价改革方案研究	2017	黄弦超	广西壮族自治区物价局
8	全国学会改革发展研究报告	2017	朱晓红	中国科学技术协会
9	电力市场第三方业务稽核	2017	王　鹏	国家能源局南方监管局
10	北京市社会福利体系构建研究	2017	姚建平	北京市民政局
11	电力交易中心及市场管理委员会发展态势分析	2017	王　鹏	国家能源局
12	优先发电、购电计划测算方法研究	2017	张粒子	国家发展和改革委员会经济运行调节局
13	南方区域电力行业安全生产信用指标体系研究	2017	王　鹏	国家能源局南方监管局
14	在运催化剂的中毒机理、失活规律和寿命预测模型研究	2017	陆　强	国电环境保护研究院
15	新鲜脱硝催化剂特征参数与活性的构效关系	2017	陆　强	国电环境保护研究院
16	全国学会内部治理能力研究	2017	朱晓红	中国科协学会服务中心
17	重庆市增量配电业务试点项目业主优选方案编制工作	2017	王　鹏	重庆市能源局

续表

序号	项目名称	立项时间	负责人	项目来源
18	新形势下电力安全监管体制机制研究	2017	王　鹏	国家能源局
19	基于加入 GPA 背景下电网投资行为监管研究	2017	李彦斌	国家能源局
20	山东电力现货市场可行性研究	2017	张粒子	国家能源局山东监管办公室
21	北京燃气发电上网电价校核评估与调整	2017	黄弦超	北京市发展和改革委员会
22	内陆核电突发事故对区域水资源的影响及应对措施	2017	丁晓雯	水利部
23	基于“互联网＋”推进农村新能源应用型技能人才培训模式研究	2017	杨世关	农业部农业生态与资源保护总站
24	火电建设项目水资源论证导则用水合理性分析	2017	丁晓雯	水利部项目
25	华东辅助服务市场机制研究	2017	王　鹏	国家能源局
26	2013—2015 年度中央分成水资源费项目实施总结分析及2016 年度水资源项目核查汇编	2017	丁晓雯	水利部综合事业局
27	抗扰控制理论及其在电力系统过程控制中的应用	2017	黄从智	国家外国专家局
28	基于时变设计洪水的梯级水库汛期运行水位动态调控理论与方法	2016	李继清	国家自然基金委员会
29	我国高校武术散打运动员损伤特点及预防措施研究	2016	王建军	国家体育总局
30	京津冀电力市场仿真	2016	张粒子	国家能源局华北监管局
31	电力普遍服务机制研究	2016	王　鹏	国家能源局
32	基于风电场相邻区域气象大数据的短期风电功率预测研究	2016	刘　达	国家自然科学基金项目
33	广州能源电力交易中心专题研究	2016	王　鹏	广州市发展和改革委员会
34	基于内容感知的 D2D 异构网络资源分配技术	2016	周振宇	南京信息工程大学
35	福建辅助服务市场建设方案研究	2016	张粒子	国家能源局福建监管办公室
36	相对论算子方程正解的精确个数及其分岔研究	2016	张学梅	省、市、自治区科技项目
37	碳约束条件下的低碳燃煤发电技术方向研究	2016	徐　鸿	中国工程院办公厅
38	重庆电力市场建设方案及实施路径	2016	张粒子	重庆市发展和改革委员会
39	发电行业煤炭消费总量控制与清洁利用技术分析评估	2016	刘　彤	国际合作项目
40	促进可再生能源消纳的电力市场规则研究	2016	张粒子	国际合作项目
41	规模化新能源电源集中防孤岛技术	2016	贾　科	中国电机工程学会
42	多模态压电振动能量采集装置的宽频带响应特性与优化研究	2016	熊星宇	北京市自然基金项目
43	省级政府研究生教育管理职能研究	2016	翟亚军	中国学位与研究生教育学会
44	含可再生能源的输电网储能系统规划理论研究	2016	夏世威	其他课题
45	京津冀农村能源革命的技术路径与政策选择	2016	王　伟	北京市社会科学基金项目
46	“十三五”电力行业控煤政策研究	2016	袁家海	自然资源保护协会（NRDC）
47	光声光谱技术在血管细胞内生物活性物质研究中的应用探索	2015	王素华	国家自然科学基金项目
48	大气污染综合防治对京津冀地区能源供需的影响研究	2015	曾　鸣	北京市社会科学基金项目
49	能源互联网与零碳奥运的运营模式和效益评估	2015	刘敦楠	北京市社会科学基金项目
50	基于政策工具理论视角的北京市低碳化交通发展模式及策略研究	2015	刘向晖	北京市社会科学基金项目
51	内燃机余热利用系统的智能全程控制	2015	张建华	国家自然科学基金项目
52	功能化纳米结构材料在乏燃料后处理中的应用基础研究	2015	王祥科	国家自然科学基金项目
53	色散偏微分方程中的若干调和分析问题	2015	王玉昭	国家自然科学基金项目
54	$Lu_2Ti_2O_7$ 纳米线的结构相转变及其微观机制研究	2015	李宝让	北京自然科学基金项目

续表

序号	项目名称	立项时间	负责人	项目来源
55	兼顾能源电力行业需求及与 ACCA 对接的 MPAcc 培养模式研究	2015	宋晓华	中国学位与研究生教育学会
56	北京历史文化文本口译策略的实证研究	2015	王海若	北京市社会科学基金项目
57	多源混合信号分选数学方法研究	2015	王小英	国家自然科学基金项目
58	基于 IPAC-SGM 模型的北京电力能源发展模式与雾霾防治的评估与政策研究	2015	赵洱岽	北京市社会科学基金项目
59	中国农村、西部与“一带一路”能源生产和消费知识系统的建设	2015	张岳玲	中国工程院
60	梯级水库群水沙多目标调控及风险决策研究	2015	彭　杨	其他课题
61	工业锅炉大气污染物高分辨率排放清单及总量控制研究	2015	李　薇	环保部
62	循环流化床炉内燃烧与脱硫脱硝耦合优化与效率提升技术	2015	齐娜娜	山西省科技厅
63	基于双网络耦合结构的智能电网信息故障蔓延动力力学建模与仿真研究	2015	王　靖	国家自然科学基金项目
64	老龄化背景下中国养老保险体系的长寿风险管理理论研究	2015	高建伟	北京市社会科学基金项目
65	无机水合盐相变材料稳定过冷蓄能与触发凝固释能机理及方法研究	2015	周国兵	北京自然科学基金项目
66	大型火电空冷机组梯级供热系统全工况优化	2015	杨志平	国家科技部
67	面向大数据的实时事件数据流并行化处理研究	2015	马应龙	其他课题
68	离子改性草本植物对加油场站土壤芳烃的摄取机制和根际效应	2015	郭　伟	北京自然科学基金项目
69	高温水蒸汽下镍基合金应力腐蚀开裂裂尖扩展的原位透射电镜研究	2014	张乃强	北京自然科学基金项目
70	风雨致输电线-塔耦联体系失稳机理及参数振动研究	2014	周　超	北京自然科学基金项目
71	高强韧镁合金关键承力构件阻尼机理及协调控制技术	2014	薛志勇	国家自然科学基金项目
72	商业生态系统的体系解构及理论构建：经营环境、协作机制和系统结构	2014	戎　珂	国家自然科学基金项目
73	大规模新能源并网系统概率 1 稳定的自适应控制策略研究	2014	王　彤	国家自然科学基金项目
74	电力信息物理系统的恶意数据攻击问题及对策研究	2014	陈艳波	国家自然科学基金项目
75	金属纳米颗粒/石墨烯复合的新型等离激元陷光结构研究	2014	李英峰	国家自然科学基金项目
76	流化床内 B 类颗粒介尺度流动特征及其对煤气化过程影响	2014	张　锴	国家自然科学基金项目
77	含分布式电源配电网络在线故障定位研究	2014	贾　科	国家自然科学基金项目
78	用于电力接地网腐蚀诊断的超宽带随机噪声雷达极化成像方法研究	2014	武　昕	国家自然科学基金项目
79	风电场虚拟惯性控制影响电力系统功角稳定性机理研究	2014	杜文娟	国家自然科学基金项目
80	电、碳协调交易机制及其效益评估的研究	2014	刘敦楠	国家自然科学基金项目
81	基于壁面弯曲肋条结构的湍流减阻被动控制研究	2014	葛铭纬	国家自然科学基金项目
82	输流碳纳米管及碳纳米管阵列的振动特性研究	2014	甄亚欣	国家自然科学基金项目
83	智能电网中面向信息-物理安全的虚假信息注入防护方法研究	2014	关志涛	国家自然科学基金项目
84	基于 GRPC 新型高颗粒度强子量能器读出系统的研究	2014	韩　然	国家自然科学基金项目
85	节能减排下考虑大规模清洁能源发电的电源结构拟境演化机理研究	2014	王建军	国家自然科学基金项目
86	流化床气化器中生物质及其混合物流动参数测量方法研究	2014	张文彪	国家自然科学基金项目
87	微尺度液滴在高太阳辐射强度下耦合换热性能机理研究	2014	程永攀	国家自然科学基金项目

续表

序号	项目名称	立项时间	负责人	项目来源
88	分级式太阳能-燃气轮机联合循环互补系统全工况研究	2014	李元媛	国家自然科学基金项目
89	DNA 新四大碱基光化学特性的理论研究	2014	艾玥洁	国家自然科学基金项目
90	非均匀辐照及温度场下密集阵列聚光光伏系统的光-热-电耦合机理	2014	巨　星	国家自然科学基金项目
91	多区域互联电力系统的分布式预测负荷频率控制研究	2014	马苗苗	国家自然科学基金项目
92	微纳尺度混合填充增强复合材料热导率的协同效应研究	2014	陈　林	国家自然科学基金项目
93	优秀青年基金	2014	卢宏玮	国家自然科学基金项目
94	微纳结构 CsI（Na）晶体加快辐射发光特性影响机理研究	2014	刘　芳	国家自然科学基金项目
95	多端柔性直流输电网络馈入的交直流电网可用输电能力评估	2014	曹　军	国家自然科学基金项目
96	京津冀协同下在京高校发展路径及政策制定	2014	梁淑红	北京市社会科学基金项目
97	生物质碱催化热解多联产的机理与调控研究	2014	陆　强	国家自然科学基金项目
98	缩模风洞试验法预测风力机气动性能的相似原理研究	2014	张　惠	国家自然科学基金项目
99	超导磁体用无机纳米颗粒掺杂改性氰酸酯/环氧树脂绝缘材料低温电性能研究	2014	王景春	国家自然科学基金项目
100	纳米陶瓷复合材料的自组装制备工艺与性能研究	2013	陈克丕	国家自然科学基金项目
101	大规模风电集群接入对电力系统自组织临界态影响机理及其辨识方法研究	2013	刘文颖	国家自然科学基金项目
102	铁基超导材料的结构、磁性和超导的关联性质研究	2013	张金珊	国家自然科学基金项目
103	机械设备运行速度和振动的静电检测机理与方法研究	2013	闫　勇	国家自然科学基金项目
104	考虑残余电荷分布非均匀性 VFTO 建模方法及其在电缆上耦合响应测量方法研究	2013	卢斌先	国家自然科学基金项目
105	聚合物固体介质空间电荷和陷阱能态密度测试仪器研制	2013	屠幼萍	国家自然科学基金项目
106	发电产业环境外部成本非市场评估及节能减排政策模型	2013	赵晓丽	国家自然科学基金项目
107	考虑农户和农村组织行为的生物质发电供应链优化及协同机制研究	2013	檀勤良	国家自然科学基金项目
108	电力普遍服务社会福利漏损及其补偿机制研究	2013	赵会茹	国家自然科学基金项目
109	复杂环境下中国国际工程承包业协同进化及动态能力成长模型研究	2013	赵振宇	国家自然科学基金项目
110	随机环境下卡尔曼滤波器动态特性	2013	谢　力	国家自然科学基金项目
111	基于随机分布控制理论的锅炉低温烟气余热利用过程控制	2013	张建华	国家自然科学基金项目
112	基于梯度场的计算成像和恢复技术	2013	周登文	国家自然科学基金项目
113	太阳能槽式集热器聚焦能流矢量空间分布检测及数据反演	2013	宋记锋	国家自然科学基金项目
114	面向智能电网的语义驱动复杂事件处理研究	2013	马应龙	国家自然科学基金项目
115	M2M MIMO 宽带无线信道模型及其传播特性和机理研究	2013	赵雄文	国家自然科学基金项目
116	基于微电子系统的高功率微波效应研究	2013	郝建红	国家自然科学基金项目
117	DNA 纳米颗粒密码计算模型的研究	2013	杨　静	国家自然科学基金项目
118	土地利用变化的流域水沙产输变异及其生态响应	2013	张尚弘	国家自然科学基金项目
119	寒旱区流域冰雪径流的动态过程分析	2013	李永平	国家自然科学基金项目
120	XLPE 电缆在电热老化过程中交流空间电荷特性的试验研究	2013	王　伟	国家自然科学基金项目
121	GIS 隔离开关高频电弧物理特性与特快速暂态模型研究	2013	詹花茂	国家自然科学基金项目
122	面向复杂数据环境的电网故障诊断	2013	赵冬梅	国家自然科学基金项目

续表

序号	项目名称	立项时间	负责人	项目来源
123	周期性脉冲电热效应下环氧树脂绝缘材料的老化机理与寿命评估	2013	唐志国	国家自然科学基金项目
124	风电机组尾流干涉机理研究	2013	刘永前	国家自然科学基金项目
125	基于铝元素酸溶性的煤粉燃烧黏土矿物反应产物聚合度差异表征及其形成机理	2013	田思达	国家自然科学基金项目
126	纳米尺度受限空间内气体分子热质传递规律研究	2013	魏高升	国家自然科学基金项目
127	基于热力学第二定律的能源利用评价体系	2013	周少祥	国家自然科学基金项目
128	基于旋节分相结构的染料敏化太阳电池阳极薄膜研究	2013	姚建曦	国家自然科学基金项目
129	基于双层复合光阳极的高效染料敏化太阳能电池研究	2013	李美成	国家自然科学基金项目
130	地磁暴侵害高铁电气系统的电路模型与算法	2013	宗　伟	国家自然科学基金项目
131	铌酸钾钠基无铅压电材料的缺陷化学	2013	陈克丕	国家自然科学基金项目
132	超高温陶瓷颗粒增强难熔金属基复合材料的高温力学性能及其强韧化机理研究	2013	刘宗德	国家自然科学基金项目
133	非线性Black-Scholes方程有限差分并行计算的新方法研究	2013	杨晓忠	国家自然科学基金项目
134	中低温热源驱动的有机工质朗肯循环热功转换的基础研究	2012	徐进良	国家自然科学基金项目
135	金属材料复杂服役条件下三维多尺度应力场演化与损伤机制关联性研究	2012	蔡　军	国家自然科学基金项目
136	教育部"新世纪优秀人才支持计划"	2013	梁　平	教育部科技司
137	教育部"新世纪优秀人才支持计划"	2013	卢宏伟	教育部科技司
138	教育部"新世纪优秀人才支持计划"	2013	杨少霞	教育部科技司
139	教育部"新世纪优秀人才支持计划"	2013	孙东亮	教育部科技司
140	脱硫废水蒸发的调控与机制研究	2014	马双忱	北京市自然科学基金项目
141	脱硫废水蒸发的调控与机制研究	2014	李艳坤	北京市自然科学基金项目
142	脱硫废水蒸发的调控与机制研究	2014	戴志辉	河北省自然科学基金项目
143	脱硫废水蒸发的调控与机制研究	2014	颜湘武	河北省自然科学基金项目
144	脱硫废水蒸发的调控与机制研究	2014	李俊卿	河北省自然科学基金项目
145	脱硫废水蒸发的调控与机制研究	2014	唐贵基	河北省自然科学基金项目
146	脱硫废水蒸发的调控与机制研究	2014	徐志钮	河北省自然科学基金项目
147	脱硫废水蒸发的调控与机制研究	2014	刘英光	河北省自然科学基金项目
148	脱硫废水蒸发的调控与机制研究	2014	王淑勤	河北省自然科学基金项目
149	脱硫废水蒸发的调控与机制研究	2014	丁海民	河北省自然科学基金项目
150	脱硫废水蒸发的调控与机制研究	2013	张淑娥	河北省自然科学基金项目
151	脱硫废水蒸发的调控与机制研究	2014	刘　赟	河北省自然科学基金项目
152	脱硫废水蒸发的调控与机制研究	2014	董　帅	河北省自然科学基金项目
153	脱硫废水蒸发的调控与机制研究	2014	韩东升	河北省自然科学基金项目
154	脱硫废水蒸发的调控与机制研究	2014	李　刚	河北省自然科学基金项目
155	脱硫废水蒸发的调控与机制研究	2014	周国亮	河北省自然科学基金项目
156	脱硫废水蒸发的调控与机制研究	2014	李　整	河北省自然科学基金项目
157	脱硫废水蒸发的调控与机制研究	2013	姜根山	国家自然科学基金项目
158	脱硫废水蒸发的调控与机制研究	2014	董　帅	国家自然科学基金项目
159	基于MOFs材料的样品预处理-电色谱联用技术的开发及其在环境中痕量PCBs分析中的应用	2013	李保会	国家自然科学基金项目

续表

序号	项目名称	立项时间	负责人	项目来源
160	醇胺法 CO_2 捕集和超临界 CO_2 驱油过程的界面性质研究	2013	付　东	国家自然科学基金项目
161	基于耦合效应的纳米复合材料与典型污染物相互作用研究	2013	苑春刚	国家自然科学基金项目
162	肺癌血清数据的模式识别解析与诊断及其特征标记物的探寻	2014	李艳坤	国家自然科学基金项目
163	CFB 富氧燃烧石灰石直接硫化多孔性产物层缺陷扩散研究	2013	王春波	国家自然科学基金项目
164	变速风力发电机组的虚拟惯性与阻尼综合控制研究	2013	王　毅	国家自然科学基金项目
165	高海拔地区交流输电线路电晕损失规律及其影响因素分析	2013	刘云鹏	国家自然科学基金项目
166	风机关键部件测点优化定位与早期故障预测算法研究	2013	赵洪山	国家自然科学基金项目
167	光伏发电主气象影响因子识别优化与功率预测模型研究	2013	米增强	国家自然科学基金项目
168	大规模电力系统恢复的网架重构多目标分层协调优化	2013	顾雪平	国家自然科学基金项目
169	基于高频率分辨力谱估计技术与优化算法的异步电动机初发故障检测方法研究	2013	许伯强	国家自然科学基金项目
170	TiCx 中碳空位与掺杂元素的形成机制及分布特性研究	2014	丁海民	国家自然科学基金项目
171	纳晶双峰材料的本构行为及损伤机理研究	2014	刘英光	国家自然科学基金项目
172	基于电容层析成像的生物质与煤粉混燃过程参数检测研究	2014	张立峰	国家自然科学基金项目
173	低品位热能利用的有机郎肯循环透平内损失机理研究	2014	王　智	国家自然科学基金项目
174	基于材料性能工程模拟与定点谐波平衡法的电力变压器直流偏磁数值仿真及有效性验证	2014	赵小军	国家自然科学基金项目
175	发电机三维气隙偏心与定转子绕组短路耦合故障的机电交叉特性分析及其诊断方法研究	2014	何玉灵	国家自然科学基金项目
176	复杂智能电网中高可靠性继电保护系统运行风险评估方法及其降阶研究	2014	戴志辉	国家自然科学基金项目
177	局部放电超声阵列信号的提取策略研究	2014	谢　庆	国家自然科学基金项目
178	以再生水为补给水的电厂循环冷却系统内磷的迁移转化和调控机制研究	2014	张玉玲	国家自然科学基金项目
179	钛基石墨烯用于催化脱除燃煤烟气多污染物的研究	2014	韩颖慧	国家自然科学基金项目
180	虚拟化环境中高效节能的内存资源动态管理技术研究	2014	刘海坤	国家自然科学基金项目
181	具有温度普适性的平坦宽带波长转换技术研究	2014	刘　涛	国家自然科学基金项目
182	异构无线网络中协作多点 MIMO-OFDMA 传输技术方案及资源分配技术研究	2014	韩东升	国家自然科学基金项目
183	基于四叉树直方图的空间关系描述理论与机器人问路导航方法研究	2014	张　珂	国家自然科学基金项目
184	基于功率分汇流传动的变速恒频风电系统原理与试验研究	2013	芮晓明	高等学校博士学科点专项科研基金资助课题
185	基于醇溶性金属复合物电极界面材料的稳定高效聚合物太阳电池的研究	2013	谭占鳌	高等学校博士学科点专项科研基金资助课题
186	叠层染料敏化太阳能电池新型高效光阴极研究	2013	李美成	高等学校博士学科点专项科研基金资助课题
187	企业的碳信息披露及影响因素研究：理论框架与实证检验	2013	张　妍	高等学校博士学科点专项科研基金资助课题
188	基于变分贝叶斯方法的无线传感器网络信息融合处理用于输电线路的在线监测研究	2013	滕　婧	高等学校博士学科点专项科研基金资助课题
189	新型混合多馈入直流输电系统的运行机理研究	2013	郭春义	高等学校博士学科点专项科研基金资助课题
190	高效、高精度求解梯度折射率介质内非灰气体辐射换热的谱方法研究	2013	孙亚松	高等学校博士学科点专项科研基金资助课题
191	基于材料性能模拟和定点谐波平衡法的变压器直流偏磁特性分析	2013	赵小军	高等学校博士学科点专项科研基金资助课题

续表

序号	项目名称	立项时间	负责人	项目来源
192	适应大规模间歇式电源接入的电网保护控制技术	2012	毕天姝	863 计划课题
193	智能直流微电网设计与实证	2014	韩民晓	科技部国际科技合作项目
194	用于机载激光器的超小型高功率发电机技术引进	2011	郝建红	科技部国际科技合作项目

华北电力大学2017年科研成果及奖励情况一览表

序号	年度	获奖项目	所获奖项	获奖等级	级别	获奖人
1	2017	特高压±800kV 直流输电工程	国家科学技术进步奖	特等奖	国家级	齐　磊 30
2	2017	600MW 超临界循环流化床锅炉技术开发、研制与工程示范	国家科学技术进步奖	一等奖	国家级	刘吉臻 9
3	2017	基于故障关联信息的站域分布式保护系统	高等学校科学研究优秀成果奖（科学技术）	一等奖	部级	王增平 1、马　静 2、毕天姝 4、杨奇逊 6
4	2017	新能源电力系统安全风险评估及其应用关键技术研究	高等学校科学研究优秀成果奖（科学技术）	二等奖	部级	刘文霞 1、刘　念 2、张建华 3、王志强 4、刘文颖 5、彭　文 6、刘宗歧 7、许鹏程 13、蔡万通 14
5	2017	特高压 GIS 变电站特快速瞬态过电压防护关键技术及应用	中国电力科学技术奖	一等奖	部级	马国明 6
6	2017	多维度融合的燃气智能电站研究与应用	中国电力科学技术奖	一等奖	部级	房　方 12
7	2017	新能源多层级接入的弱外联区域智能电网技术研究和集成应用	中国电力科学技术奖	二等奖	部级	无
8	2017	复杂地形风电场流场数值模拟与机组叶片气动提效技术研究与示范	中国电力科学技术奖	二等奖	部级	无
9	2017	换流变压器绝缘质量提升的关键技术研究与工程应用	中国电力科学技术奖	三等奖	部级	齐　波 3
10	2017	电网电价定价关键技术及评价方法研究与应用	中国电力科学技术奖	三等奖	部级	何永秀 7
11	2017	电站锅炉低温余热深度利用关键技术研究	中国电力科学技术奖	三等奖	部级	徐　钢 3
12	2017	50MW 级生物质直燃发电技术研究及工程示范	中国电力科学技术奖	三等奖	部级	胡笑颖 13
13	2017	新能源安全“四位一体”调控技术应用	中国电力科学技术奖	三等奖	部级	无
14	2017	高寒区长距离供水工程群实时调度与安全运行关键技术	大禹水利科学技术进步奖	二等奖	部级	李继清 3
15	2017	先进发电过程清洁高效控制与集成优化研究	北京市科学技术奖	三等奖	省级	张建华、房　方、徐　钢、谭　文、侯国莲、张国强、林明明
16	2017	新一代电压源高压直流换流器关键技术及应用	北京市科学技术奖	未公布	省级	齐　磊 10
17	2017	输电网三维数字化设计平台关键技术研究及应用	北京市科学技术奖	未公布	省级	王素琴 6
18	2017	电动汽车充电对电网的影响及有序充电关键技术、装备与应用	北京市科学技术奖	未公布	省级	郭春林 9
19	2017	重要用户定制电力关键技术、装置及应用	北京市科学技术奖	未公布	省级	肖湘宁 3、龙云波 11
20	2017	电力系统振荡的在线辨识与广域自适应控制	河北省技术发明奖	一等奖	省级	赵书强 1、马　静 2、马燕峰、高本锋、王　彤、胡永强
21	2017	风电机组降载增效关键技术自主创新与产业化	河北省科技进步奖	一等奖	省级	葛铭纬 7
22	2017	基于粒计算的复杂信息系统知识获取理论与方法	河北省自然科学奖	三等奖	省级	陈德刚 1
23	2017	特高坝枢纽泄洪消能运行安全监测控制技术	天津市科学技术进步奖	一等奖	省级	张　华 8
24	2015	大型综合能源基地交直流混联送端电网网架构建和运行控制技术研究与应用	新疆维吾尔自治区科学技术进步奖	二等奖	省级	无

续表

序号	年度	获奖项目	所获奖项	获奖等级	级别	获奖人
25	2015	电能质量高级分析关键技术研究及应用	山西省科学技术奖	二等奖	省级	徐永海 4
26	2016	网源友好型风力发电系统设计技术及应用	辽宁省科学技术奖	二等奖	省级	邓　英 5
27	2016	含大规模新能源的复杂大电网综合安全预警及控制关键技术与应用	甘肃省科技进步奖	三等奖	省级	刘文颖 2
28	2016	提高配电网故障处理能力关键技术与应用	辽宁省科学技术奖	二等奖	省级	王增平 3
29	2016	面向智能电网的物联关键技术及工程化应用	辽宁省科学技术奖	二等奖	省级	孙　毅 2、龚钢军 9
30	2016	千万千瓦级风光发电集群控制关键技术及应用	甘肃省科技进步奖	一等奖	省级	刘文颖 6、田　德 12
31	2016	面向城乡一体化的智能配电网发展模式研究及应用	河南省科学技术进步奖	三等奖	省级	曾　博 7
32	2016	规模化新能源就近消纳与电网中长期协同发展规划技术研究及应用	河南省科学技术进步奖	二等奖	省级	林　俐 5
33	2016	可再生能源电站生物质理化关键技术研究及应用	广东省科学技术奖	三等奖	省级	李　薇 3
34	2016	变压器及容性设备状态监测关键技术研究及校验平台的开发与应用	广东省科学技术奖	三等奖	省级	无
35	2017	50MW 级生物质直燃发电技术研究及工程示范	广东省科学技术奖	一等奖	省级	胡笑颖 13
36	2017	含储能和多类型电源的万千瓦级孤立海岛微电网关键技术研发与应用	广东省科学技术奖	三等奖	省级	刘　念 4
37	2017	电容型设备多维数据挖掘、系列检测装置开发及工程应用	广东省科学技术奖	三等奖	省级	李成榕 4、郑书生 6
38	2017	变电站电能质量数字化监测系统与综合治理装置研发及应用	广东省科学技术奖	三等奖	省级	无
39	2016	大规模新能源消纳关键技术研究与应用	新疆维吾尔自治区科学技术进步奖	三等奖	省级	刘自发 3、马　静 5
40	2016	变压器超高频（UHF）局部放电检测技术研究与应用	福建省科学技术奖	一等奖	省级	齐　波 3、郑书生 4、唐志国 6、王　伟 7、李成榕 8
41	2016	间歇式新能源和非线性负荷一体化监测与无功协调控制关键技术	山西省科学技术奖	二等奖	省级	齐林海 4
42	2017	适应大规模新能源并网的智能电网调度运行控制关键技术及应用	甘肃省科学技术奖	二等奖	省级	张　鹏 6
43	2017	电力企业基层技术创新骨干电子版实用手册编撰与普及	吉林省科学技术奖	三等奖	省级	韩晓娟 2
44	2017	多端柔性直流输电关键技术、装备研制与工程应用	浙江省科学技术进步奖	一等奖	省级	李继红 7
45	2017	火电机组灵活性改造背景下汽轮机运行优化技术研究及工程应用	河南省科技进步奖	公示	省级	无
46	2017	省级电力市场交易体系风险压力测试和控制关键技术研究及应用	河南省科技进步奖	公示	省级	谭忠富 8
47	2017	新能源和区外电力高渗透下省级电网中长期协同发展关键技术及应用	河南省科技进步奖	公示	省级	无
48	2016	层次化保护控制系统及在线安全评估系统研究与应用	电力建设科学技术奖	二等奖	社会力量奖	薛安成 8
49	2016	《电能质量电压暂降与短时中断》（GB/T 30137—2013）	中国机械工业科学技术奖	三等奖	社会力量奖	无
50	2016	导电率为 61% IACS 的耐热铝合金导体材料研制及导线工程应用	中国有色金属工业科学技术奖	一等奖	社会力量奖	刘东雨 10

续表

序号	年度	获奖项目	所获奖项	获奖等级	级别	获奖人
51	2017	大型风电基地尾流效应测试与模型实证技术研究及应用	电力建设科学技术奖	二等奖	社会力量奖	李　莉 2、刘永前 5、韩　爽 8
52	2017	高寒地区特高压设备安装关键技术	电力建设科学技术奖	二等奖	社会力量奖	何　青 4、赵海森 5
53	2017	小水电群功率预测系统建设及应用	电力建设科学技术奖	二等奖	社会力量奖	彭　文 3、刘文霞 5
54	2017	空冷凝汽器运行跟踪策略技术研究	电力建设科学技术奖	二等奖	社会力量奖	郭民臣 2
55	2017	锅炉燃烧过程综合检测与控制技术的研发及应用	电力建设科学技术奖	三等奖	社会力量奖	刘　禾 2
56	2017	断路器机械特性测试及状态辨识	电力建设科学技术奖	三等奖	社会力量奖	无
57	2017	智能电网全生命周期一体化平台关键技术及应用	地理信息科技进步奖	一等奖	社会力量奖	王素琴 11
58	2017	基于地理信息系统技术土壤污染调查与数据库建设	地理信息科技进步奖	二等奖	社会力量奖	张一梅 4
59	2017	谐波和电压暂降关键技术与核心装备研发应用	中国电源学会科学技术奖	特等奖	社会力量奖	肖湘宁 1
60	2017	考虑多元能源协调互补的大电网优化调度关键技术及应用	中国电工技术学会科学技术奖	二等奖	社会力量奖	无
61	2017	特高压 GIS 变电站特快速瞬态过电压防护关键技术及应用	中国电工技术学会科学技术奖	二等奖	社会力量奖	詹花茂 4、马国明 5、唐志国 6
62	2017	高压输电线路潜供电弧物理特性与深度抑制关键技术	中国电工技术学会科学技术奖	二等奖	社会力量奖	李庆民 1
63	2017	基层电力企业生产运营及可持续化发展评价标准研究与应用	中国商业联合会科学技术奖	二等奖	社会力量奖	谭忠富 1
64	2017	以降低弃能为导向的电力市场调峰辅助服务机制设计优化研究及应用	中国商业联合会科学技术奖	二等奖	社会力量奖	谭忠富 2
65	2017	京津冀地区谷电入京采暖的阈值电价及补贴政策研究	中国商业联合会服务业科技创新奖	一等奖	社会力量奖	张金良 1、谭忠富 2
66	2017	电网在线动态应急恢复支持技术研究与应用	2016 年度云南省科技进步奖	三等奖	省级	梁海平 3、王　涛 5、刘　艳 7
67	2017	废变压器油资源化处理关键技术研究及示范应用	2016 年度河南省科技进步奖	三等奖	省级	刘松涛 10
68	2017	电力系统振荡的在线辨识与广域自适应控制	2017 年度河北省技术发明奖	一等奖	省级	赵书强 1、马　静 2、马燕峰 3、高本锋 4、王　彤 5、胡永强 6
69	2017	电机绕组匝间短路与典型机械故障监测与诊断技术	2017 年度河北省技术发明奖	三等奖	省级	李俊卿 1、何玉灵 2、唐贵基
70	2017	适用于Ⅳ类风区的高效风力发电机组	2017 年度河北省科技进步奖	二等奖	省级	安利强 2
71	2017	基于机电复合特征的大型同步发电机转子匝间短路故障识别系统研究	2017 年度河北省科技进步奖	三等奖	省级	李永刚 1、武玉才 2、万书亭 3、马明晗 4
72	2017	基于深度学习的道路交通态势感知与车路协同控制系统	2017 年度河北省科技进步奖	三等奖	省级	鲁　斌 2
73	2017	低碳经济下河北省生物质发电产业发展与对策研究	第十届河北省社会科学基金项目优秀成果奖	二等奖	省级	刘志彬 1、杨少梅 3
74	2017	高校管理权运行与创新研究	第十届河北省社会科学基金项目优秀成果奖	三等奖	省级	张天兴 1、尚晓丽 2、陆　伟 3、陈　焘 4、刘帅志 6
75	2017	转型期高校毕业生就业质量提升战略研究	第十届河北省社会科学基金项目优秀成果奖	三等奖	省级	李　瑾 1、张蓓蓓 2、彭建章 3、李书萍 4、尚晓丽 5、程利敏 6

（科学技术研究院　花之蕾　提供）

华北电力大学2017年科研工作各院系贡献情况一览表

（北 京 校 部）

单位	成果获奖			成果鉴定	专利				学术论文和学术著作				
	国家级	省部级	合计		发明	实用新型	外观设计	合计	SCI	EI	CPCI-S	著作	合计
电气与电子工程学院	1	34	35	3	125	59	9	193	127	327	7	6	467
能源动力与机械工程学院		6	6		49	40	12	101	142	62		2	206
控制与计算机工程学院	1	7	8		40	14	5	59	54	83	3	6	146
经济与管理学院		5	5		2	1	3	6	113	56	2	10	181
可再生能源学院		7	7		14	4		18	78	32		2	112
核科学与工程学院					11	12		23	30	15		1	46
环境与化学工程系		1	1		1	6		7	91	6			97
数理学院		1	1						67	2	3		72
外国语学院									2			8	10
人文与社会科学学院												9	9
思政部													0
资源与环境研究院												1	1
高等教育研究所						2		2	2	2			4
现代电力研究院		1	1		5	26	23	54	9	1		6	16
其他	2	62	64	3	247	164	52	463	715	586	15	51	1367
合计	1	34	35	3	125	59	9	193	127	327	7	6	467

注　学术论文和著作数为2015年度，表中SCI数据包括SCI、SSCI、A&HCI。

（保 定 校 区）

单位	成果获奖			成果鉴定	专利				学术论文和学术著作				
	国家级	省部级	合计		发明	实用新型	外观设计	合计	SCI	EI	CPCI-S	著作	合计
电气与电子工程学院		4			62	28	3	93					
能源动力与机械工程学院		1			29	67	26	122					
控制与计算机工程学院		1			11	17	2	30					
经济与管理学院		1					4	4					
可再生能源学院													
核科学与工程学院													
环境科学与工程学院		1			9	9	1	19					
数理学院					10	15	3	28					
外国语学院													
人文与社会科学学院													
思政部		1											
资源与环境研究院													
高等教育研究所													
现代电力研究院													
其他		1			2	15	2	19					
合计		10			123	151	41	315					

注　学术论文和著作数为2015年度，表中SCI数据包括SCI、SSCI。

（科学技术研究院　花之蕾　提供）

华北电力大学2016年度出版著作情况一览表

序号	著作名称	作者	类别	出版社	出版时间	ISBN号	全书字数（万字）
1	智能电网层次化保护	马 静	专著	科学出版社	2016-01-01	978-7-03-045340-2	43.3
2	北京能源发展研究报告2014	王 伟	编著	中国经济出版社	2016-01-01	978-7-5136-4003-9	34.0
3	大型施工项目目标偏差适时监管方法及预警模型	乌云娜	专著	中国电力出版社	2016-01-01	978-7-5123-8480-4	15.3
4	复杂大型项目质量链识别方法及优化模型	乌云娜	专著	中国电力出版社	2016-01-01	978-7-5123-8552-8	17.8
5	智能电网需求响应-理论、技术及应用	李 彬	专著	中国电力出版社	2016-01-01	978-7-5123-8848-2	33.7
6	能源体制革命	胡光宇	专著	清华大学出版社	2016-01-01	978-7-302-41925-9	35.2
7	广告图形创意与表现	陈 玲	专著	中国电力出版社	2016-01-05	978-7-5123-8472-9	22.9
8	建设项目监管机理及方法-基于计算机视觉技术的研究	许儒航	专著	中国电力出版社	2016-02-03	978-7-5123-8630-3	17.0
9	税法的现代性问题研究——基于我国生态税法构建的视角	陈燕红	专著	东北师范大学出版社	2016-02-14	978-7-5681-1668-8	33.2
10	大学技术转移项目化管理及运行	张 娟	专著	科学出版社	2016-03-01	978-7-03-047741-5	20.5
11	电力企业价值管理	李 涛	专著	中国电力出版社	2016-03-01	978-7-5123-9124-6	29.4
12	二语复句加工研究	任虎林	专著	科学出版社	2016-03-28	978-7-03-047853-5	21.1
13	可再生能源发电并网外部性及电价研究	赵会茹	专著	中国电力出版社	2016-05-01	978-7-5123-9133-8	21.5
14	从口译员的操控看口译规范在会议口译中的作用	王海若	专著	中国书籍出版社	2016-05-31	978-7-5068-5542-6	14.0
15	看图学打乒乓球	那 铎	专著	中国工信出版社人民邮电出版社	2016-06-01	978-7-115-41684-1	14.5
16	乒乓球运动文化探析与健身研究	许淑萍	专著	吉林大学出版社	2016-06-01	978-7-5677-6726-3	22.0
17	SCI论文写作和发表：You Can Do It	国 防	编著	化学工业出版社	2016-06-01	978-7-122-26238-7	21.0
18	嵌入式系统软件工程-方法、实用技术及应用	单 波	译著	清华大学出版社	2016-06-20	978-7-302-42531-1	1282.0
19	非高斯系统的控制及滤波	张建华	专著	科学出版社	2016-07-01	978-7-03-049120-6	23.0
20	Design of configuration platform for industrial control with fieldbus	梁 庚	专著	LAMBERT Academic Publishing House	2016-07-01	978-3-659-90971-9	20.0
21	无功补偿与谐波治理方案设计及案例分析	徐永海	编著	中国水利电力出版社	2016-07-15	978-7-5170-4619-6	30.8
22	中国对外能源投资争议解决研究	李 英	专著	知识产权出版社	2016-07-15	978-7-5130-4313-7	30.5
23	项目评价理论和方法研究——以电力工程为例	李金超	编著	知识产权出版社	2016-07-30	978-7-5130-4351-9	19.8
24	我国知识产权信息服务体系建设研究	李喜蕊	专著	中国政法大学出版社	2016-08-01	978-7-5620-6462-6	22.0
25	城市老旧小区治理能力提升：北京市西城区的探索	陈建国	编著	中国社会出版社	2016-08-01	978-7-5087-5386-7	16.5
26	coordinated control via heuristic optimization for power plants	钱殿伟	专著	LAMBERT Academic Publishing	2016-08-01	978-3-659-93606-7	20.0
27	回旋行波放大器的相关理论研究与数值模拟	焦重庆	专著	金琅学术出版社	2016-08-16	978-3-639-82677-7	8.0
28	Web文本挖掘技术理论与应用	何 慧	专著	电子工业出版社	2016-08-21	978-7-121-29827-1	10.0
29	染料敏化太阳电池技术与工艺	戴松元	编著	科学出版社	2016-09-01		26.0
30	输变电工程造价管理	牛东晓	编著	中国电力出版社	2016-09-01	978-7-5123-9458-2	29.9
31	Masters on Masterpieces of Chinese Painting	赵玉闪	译著	五洲传播出版社	2016-09-01	978-7-5085-3320-9	12.0

续表

序号	著作名称	作者	类别	出版社	出版时间	ISBN 号	全书字数（万字）
32	Masters On Masterpieces of Chinese Opera	李丽君	译著	五洲传播出版社	2016-09-01	978-7-5085-3321-6	16.0
33	非能动概念与技术	周 涛	编著	清华大学出版社	2016-09-01	978-7-302-39438-9	26.8
34	The Use of First and Second Language in Chinese University EFL Classrooms	杜 异	专著	Springer	2016-09-01	978-981-10-1910-4	10.0
35	互联网金融的法律规制	陈燕红	专著	中国政法大学出版社	2016-09-01	978-7-5620-7042-9	18.5
36	iCAN 创新创业之路	金海燕	编著	机械工业出版社	2016-09-01	978-7-111-51774-0	22.2
37	现代球类运动科学理论与学练指导	张福生	编著	中国书籍出版社	2016-09-01		67.2
38	水和污水处理的臭氧化学	杨少霞	译著	中国建筑工业出版社	2016-09-30		50.0
39	现代企业互联网营销的理论与实践研究	刘 杰	专著	吉林大学出版社	2016-10-01	978-5677-8062-0	20.4
40	风电场流场计算的理论与方法	张晓东	编著	中国电力出版社	2016-10-01	978-7-5123-9680-7	23.5
41	中国法院审理的洗钱罪实务和案例报告精选	付 荣	编著	法律出版社	2016-10-01		54.5
42	中国海洋能政策研究	朱永强	编著	中国水利水电出版社	2016-10-27	978-7-5170-4758-2	27.2
43	Knowledge: From the Odyssey to the Mahabharata	孟 亮	专著	东北师范大学出版社	2016-10-28	978-7-5681-2436-2	21.7
44	软件工程：实践者的研究方法（原书第 8 版）	马素霞	译著	机械工业出版社	2016-11-01	978-7-111-54897-3	100.0
45	传统武术文化透视与传承发展研究	蔡利敏	专著	中国商务出版社	2016-11-15	978-7-5103-1693-7	13.9
46	selected contemporary short stories of Tianjin	李丽君	译著	五洲传播出版社	2016-11-30	978-7-5085-3572-2	42.0
47	充芯连铸铜包铝复合材料研究	薛志勇	专著	科学技术文献出版社	2016-12-01	978-7-5189-2065-5	24.9
48	风险元传递理论专著系列智能电网运营风险元传递理论与应用	李存斌	专著	中国电力出版社	2016-12-01	978-7-5198-0102-1	36.2
49	煤电能源供应链风险递展动因分析及风险控制模拟模型研究	谭忠富	专著	科学出版社	2016-12-01	978-7-03-051265-9	40.9
50	现代篮球技战术训练	王建军	编著	北京体育大学出版社	2016-12-06	978-7-5644-1508-2	10.0
51	西部山区可再生能源并网规划与评价方法	刘文霞	编著	中国电力出版社	2016-12-13	978-7-5198-0153-3	13.0
52	理雅各与庞德作品翻译研究	张 昊	专著	天津科学技术出版社	2016-12-22	978-7-5576-2154-4	30
53	柔性智能控制	刘 丽	专著	西安交通大学出版社	2016-12-09	978-7-5605-9218-3	28
54	基于多目标委托代理模型的非上市国企高管长期激励研究	刘鸿雁	专著	中国质检出版社	2016-12-06	978-7-5026-4382-9	17
55	城镇居民基本医疗保险与国民健康：政策评估与机制分析	胡宏伟	专著	人民出版社	2016-12-01	978-7-01-0[illegible]7155-5	30
56	失独家庭救助与社会支持网络体系研究	沈长月	专著	华东理工大学出版社	2016-12-01	978-7-5628-4795-3	35
57	企业环境会计信息披露研究	闫丽萍	专著	知识产权出版社	2016-12-01	978-7-5130-4563-6	25
58	基于 UML 和 WCF 的高校学生党员发展信息管理系统的研究	张力晖	专著	金琅学术出版社	2016-11-16	978-3-639-32854-2	6
59	高校科研项目精细化管理及评价研究	陈晓蕾	专著	金琅学术出版社	2016-11-16	978-3-639-32901-3	6
60	基于权力视角的新常态下高校治理体系现代化建设研究	尚晓丽	专著	中国大地出版社	2016-11-09	978-7-80246-944-0	25
61	大学体育基础教育概论	李 霞	编著	中国海洋大学出版社	2016-10-11	978-7-5670-1276-9	26
62	休闲体育与全民健身	史连峰	编著	吉林文史出版社	2016-10-11	978-7-5472-3567-6	30
63	低温等离子体大气污染控制技术及应用	梁文俊	编著	化学工业出版社	2016-10-08	978-7-122-27358-1	41
64	贝叶斯电力负荷预测模型研究	史会峰	编著	中国电力出版社	2016-10-01	978-7-5123-9693-7	16
65	智能电网大数据云计算技术研究	周国亮	专著	清华大学出版社	2016-09-12	978-7-302-43489-4	25

续表

序号	著作名称	作者	类别	出版社	出版时间	ISBN 号	全书字数（万字）
66	大学体育与健康	万会珍	编著	吉林大学出版社	2016-09-11	978-7-5677-7668-5	30
67	休闲体育实用教程	范文全	编著	九州出版社	2016-09-11	978-7-5108-4784-4	30
68	双重委托代理下的国企监督问题研究	孔　峰	专著	光明日报出版社	2016-09-01	978-7-5194-2131-1	38
69	延伸或收缩壁面上磁流体力学边界层传输问题研究	苏晓红	专著	知识产权出版社	2016-08-31	978-751-304-428-8	16
70	Harmonic Balance Finite Element Method-Applications in Nonlinear Electromagnetics and Power Systems	Junwei Lu	专著	Wiley-IEEE Press	2016-08-15	978-111-897-576-3	10
71	篮球运动理论及现代发展探索研究	曹东平	编著	中国商务出版社	2016-08-01	978-7-5103-1581-7	40
72	Java 经典实例（第 3 版）	李新叶	译著	中国电力出版社	2016-08-01	978-7-5123-8775-1	20
73	电气设备局部放电超声阵列定位	律方成	编著	中国电力出版社	2016-07-05	978-7-5123-8927-4	21
74	体育教学新论	宋　琼	专著	光明日报出版社	2016-07-01	978-7-5194-0875-6	22
75	新形势下健美操教学理论与实践研究	陈天鹏	编著	中国原子能出版社	2016-07-01	978-7-5022-7487-0	45
76	微电网接入下电力市场研究	高　冲	专著	中国电力出版社	2016-07-01	978-7-5123-9662-3	25
77	数字图像处理技术及应用	孙　正	编著	机械工业出版社	2016-07-01	978-7-111-53688-8	40
78	低碳经济下生物质发电产业发展与对策研究——基于河北等省的调研	刘志彬	专著	知识产权出版社	2016-07-01	978-7-5130-4296-3	20
79	现代建筑室内环境检测技术	刘志坚	编著	天津大学出版社	2016-07-01	978-7-5618-5597-3	29
80	纳米 α-Al_2O_3 粉体—制备、表征及其在聚丙烯改性方面的研究	高慧颖	专著	金琅学术出版社	2016-06-24	978-3-639-73638-0	4
81	基础医学理论与运动医疗	王　宇	编著	吉林大学出版社	2016-06-01	978-7-5677-6792-8	56

（科学技术研究院　花之蕾　提供）

华北电力大学 2017 年度已授权专利情况一览表

编号	专利名称	发明人姓名	专利类别	申请日期	授权日期	专利号
1	一种 LCC-HVDC 拓扑结构及其可控子模块充电初始电压确定方法	刘羽超、郭春义、赵成勇、倪晓军、张　磊、许韦华、阳岳希、井雨刚、张庆国	发明	2014.05.09	2017.01.04	201410193512.4
2	可调节 CO_2 回收率的 MCFC 复合动力系统及运行方法	段立强、乐　龙、杨勇平	发明	2014.12.26	2017.01.04	201410837807.0
3	一种计算机输入、输出接口工作原理教学可视化模拟系统	李新利、杨锡运、杨国田、刘　禾、陆会明、刘鹏程	发明	2014.11.27	2017.01.04	201410706230.X
4	电站锅炉压力管道微弱泄漏信号检测方法	安连锁、冯　强、沈国清、张世平、姜根山	发明	2014.09.19	2017.01.04	201410484304.X
5	汽轮发电机组轴系大扰动瞬态冲击扭振监测的方法及系统	顾煜炯、俎海东、金铁铮	发明	2014.09.19	2017.01.04	201410484589.7
6	一种校园供暖节能专用控制网络系统	杨国田、张　晔、于　磊、董蕊芳、何雨晨、冷　强	发明	2014.08.06	2017.01.04	201410382606.6
7	一种换流变压器局部放电波形特征提取方法	齐　波、魏　振、李成榕	发明	2014.06.03	2017.01.04	201410242951.X
8	具备同期并网功能的模块化多电平换流器平滑启动方法	刘崇茹、李海峰、田鹏飞、洪国巍、林周宏、李庚银	发明	2014.04.22	2017.01.04	201410161167.6
9	一种模块化多电平换流器的戴维南等效整体建模方法	许建中、赵成勇、郭春义	发明	2014.04.18	2017.01.04	201410155829.9
10	一种模块化多电平换流器的平均值模型	许建中、赵成勇、郭春义	发明	2014.04.18	2017.01.04	201410154977.9

续表

编号	专利名称	发明人姓名	专利类别	申请日期	授权日期	专利号
11	基于广义特征值的时滞稳定上限计算系统及其计算方法	马　静、李俊臣、高　翔、丁秀香、王增平	发明	2014.02.26	2017.01.04	201410067208.5
12	海洋压缩空气储能系统	姜　彤、何旭洁、童　潇、傅　昊	发明	2014.01.16	2017.01.04	201410021005.2
13	用于直驱式风力发电机低电压穿越的功率控制装置及方法	李庚银、刘忠义、刘崇茹、李　剑	发明	2014.01.09	2017.01.04	201410011103.8
14	一种新型三柱式铁心结构的特高压并联电抗器建模方法	郑　涛、赵彦杰	发明	2013.09.22	2017.01.04	201310432264.X
15	一种锅炉燃烧优化的变量降维建模方法	吕　游、杨婷婷、刘吉臻	发明	2015.04.23	2017.01.11	201510198128.8
16	呈等边三角形排列的 V 形垂直布置翅片管束空冷散热器	杨立军、廖海涛、杜小泽、杨勇平	发明	2015.03.02	2017.01.11	201510093134.7
17	晶闸管控制变压器型单相可控并联电抗器低压物理模型	李　琳、杨　光、张喜乐、刘力强、陈绍君	发明	2015.02.11	2017.01.11	201510070683.2
18	研究聚变堆腐蚀产物沉积的热工水力实验系统及方法	马　雁、许　鑫、雷锦云、许雁泽、张书玉、陈义学	发明	2014.10.23	2017.01.11	201410571636.1
19	一种富氧燃烧再循环烟气催化脱硫系统及方法	肖海平	发明	2014.08.29	2017.01.11	201410438591.0
20	飞行机器人输电设备观测位姿选择方法	董蕊芳、吴　华、柳长安、杨国田、刘春阳	发明	2014.07.14	2017.01.11	201410332210.0
21	一种巡检飞行机器人与架空电力线路距离预测和保持方法	吴　华、柳长安、张　晟、杨国田、刘春阳	发明	2014.05.19	2017.01.11	201410211164.9
22	一种用于分析含风电电力系统随机稳定性的方法	周　明、元　博、李庚银	发明	2014.04.08	2017.01.11	201410138553.3
23	基于气体增压技术的抽水蓄能系统	姜　彤、何旭洁、傅　昊、童　潇	发明	2014.02.27	2017.01.11	201410069263.8
24	基于压缩空气储能与火电厂的联合控制系统及方法	姜　彤、于大勇、李冬雪、马　强、林　佳、谭明甜、姜宇萌、郑祥常	发明	2015.01.27	2017.01.11	201510041124.9
25	电力系统噪声自适应抗差状态估计方法	陈艳波、刘　锋、梅生伟、马　进、陈　茜	发明	2013.11.22	2017.01.11	201310594031.X
26	二次再热机组省煤器变面积余热利用系统	徐　钢、韩　宇、李永毅、侯　勇、杨勇平、刘文毅	发明	2015.04.22	2017.01.18	201510195093.2
27	配电网潮流调度方法	舒　隽	发明	2014.12.05	2017.01.18	201410737708.5
28	特高压直流分层接入方式的功率控制方法和系统	刘崇茹、郭　龙、林周宏、吴旻昊、贠飞龙	发明	2014.09.26	2017.01.18	201410502786.7
29	一种基于分流原理的孤岛检测方法	郑　涛、袁　飞、王燕萍、王增平、刘逸辰	发明	2014.08.04	2017.01.18	201410379820.6
30	一种 3D 点云物体的快速检测方法	吴　华、杨国田、冷　强、柳长安、刘春阳	发明	2014.07.09	2017.01.18	201410324564.0
31	一种聚合物太阳电池及其制备方法	谭占鳌、屠逍鹤、孙　刚、侯旭亮	发明	2014.06.17	2017.01.13	201410268150.0
32	一种钙钛矿膜及其制备与应用方法	谭占鳌、李　聪、侯旭亮、于　露、屈江江	发明	2014.06.17	2017.01.13	201410268812.4
33	一种盆式绝缘子表面电荷三维测量装置的测量方法	齐　波、李成榕	发明	2014.06.03	2017.01.18	201410242953.9
34	基于电流保护融信因子的站域保护系统及其保护方法	马　静、史宇欣、马　伟、邱　扬、王增平	发明	2014.02.28	2017.01.18	201410071792.1
35	高压固体开关	江　军、马国明、李成榕、罗定平、李庆民	发明	2013.12.05	2017.01.18	201310653366.4

续表

编号	专利名称	发明人姓名	专利类别	申请日期	授权日期	专利号
36	电动车辆动力电池充放电工况模拟系统和方法	郭春林、肖湘宁、郭履正、徐　轩、齐文波、侯鹏鑫、范钰波	发明	2012.09.21	2017.01.18	201210352323.8
37	换流变压器局部放电检测实验中抗干扰信号的方法	齐　波、季洪鑫、李成榕、赵林杰、孙夏青	发明	2014.06.03	2017.01.18	201410242808.0
38	车载式仿生静电除尘空气净化器	章建徽、王子奇、林朱凡、王翰涛、徐进良、杨建川	发明	2015.04.28	2017.01.25	201510208700.4
39	一种基于温度场和流速场的空冷岛阵列控制方法	白　焰、李　健、邓　慧、王宏宇	发明	2015.04.22	2017.01.25	201510194255.0
40	电网分区互供联络方式选择方法	吕泉成、刘文颖、陈璟昊、郭　鹏、李亚龙、蔡万通、朱丹丹、张宇泽、姜希伟、李淑鑫、夏　鹏、李慧勇、梁安琪	发明	2015.03.05	2017.01.25	201510097318.0
41	基于模糊自适应推理的循环流化床锅炉燃烧优化控制方法	张文广、刘吉臻、孙亚洲、高明明、杨婷婷、曾德良、房　方、牛玉广	发明	2015.01.27	2017.01.25	201510041333.3
42	含光伏发电系统的电动汽车充电站的多目标优化调度方法	路欣怡、刘　念、张建华	发明	2014.01.23	2017.01.25	201410031192.2
43	一种应用于液下环境的电容层析成像传感器	韩振兴、李惊涛、李志宏、刘　石、王冬骁、王　飞	发明	2013.11.27	2017.01.25	201310636762.6
44	开关装置和开关设备	江　军、马国明、李成榕、罗定平、李庆民	发明	2013.07.19	2017.01.25	201310319337.4
45	用于高压回路的开关装置	马国明、李成榕、江　军、罗定平、李庆民	发明	2013.07.19	2017.01.25	201310322174.5
46	基于IPSO的DFIG变桨距LADRC方法及系统	张金芳、张　辰、郭　萍	发明	2014.09.23	2017.02.01	201410490670.6
47	适用于模块化多电平换流器的附加直流电压控制方法	刘崇茹、李海峰、洪国巍、林周宏、田鹏飞、李庚银	发明	2014.04.17	2017.02.01	201410155536.0
48	计及并联电抗器和电晕损耗的线路最优传输功率计算方法	卓建宗、刘文颖、王维洲、李俊游、刘福潮、魏泽田、郑晶晶、蔡万通、杜培栋、郭　鹏、李亚龙	发明	2015.05.12	2017.02.01	201510239551.8
49	一种全网与局部模型相结合的变电站运行状态分析方法	董　雷、李　烨、田爱忠、沈晓丽、柳　鹏、王婵琼	发明	2014.05.27	2017.02.01	201410226290.1
50	带渐扩型入口、导流板和防尘网的旋风分离器和实验系统	雷　兢、王雪瑶、李志宏、李惊涛、韩振兴	发明	2014.12.10	2017.02.08	201410757573.9
51	间冷热预热汽轮机的压缩空气蓄能-联合循环集成系统	刘文毅、刘林植、侯　勇、唐宝强、徐　钢、杨勇平	发明	2014.06.24	2017.02.08	201410288773.4
52	基于预估和校正算法的外网量测采样误差修正方法	张海波、李鹏华	发明	2014.05.15	2017.02.08	201410206710.X
53	基于反向结构的半导体量子点发光二极管及其制备方法	谭占鳌、孙　刚、屠道鹤、侯旭亮	发明	2014.05.15	2017.02.08	201410206672.8
54	一种电力负荷曲线分段识别方法	刘敦楠、徐玉杰、姜新凡、张思远、张文磊、刘欣明、胡　宇	发明	2013.09.27	2017.02.08	201310451816.1
55	一种烟草催化热解制备二烯烟碱的方法	陆　强、叶小宁、陈　晨、李文涛、董长青、孙　帅、檀勤良	发明	2014.10.21	2017.02.15	201410558324.7
56	发电机组轴系-叶片扭振疲劳寿命损耗评估方法及系统	顾煜炯、俎海东、金铁铮	发明	2014.09.19	2017.02.15	201410484311.X
57	顾及空间异质性的多尺度空间负荷预测方法	赵　强、冯建朋、李　涛、靳　琳	发明	2013.10.14	2017.02.15	201310479075.8
58	一种饱和电抗器绝缘加速老化试验装置及试验方法	黄旭炜、鲁　旭、王安东、王　健、韩　帅、李庆民、王高勇、刘伟杰、曹志伟	发明	2014.10.27	2017.02.22	201410584918.5

续表

编号	专利名称	发明人姓名	专利类别	申请日期	授权日期	专利号
59	一种风力发电机组低风速翼型族	龙　凯、谢园奇、张　惠	发明	2014.12.12	2017.02.22	201410770683.9
60	基于电抗分层投切的孤岛检测方法	郑　涛、王燕萍、王增平、袁　飞、曹雅榕、黄　雯	发明	2014.10.21	2017.02.22	201410561626.X
61	输电设备的3D点云数据的空间特征提取方法	吴　华、杨国田、刘　芳、柳长安、刘春阳	发明	2014.07.16	2017.02.22	201410340396.4
62	一种基于电气介数的复杂电力网络连锁故障抑制方法	姚建曦、马天琳、齐　程、朱红路、李旭	发明	2014.05.27	2017.02.22	201410227549.4
63	基于时空维度的电力系统分布式并行计算管理方法	张海波、朱存浩	发明	2014.05.15	2017.02.22	201410206022.3
64	电力耦合网络抵御级联失效负载重分配方法	吴润泽、张保健	发明	2014.04.17	2017.02.22	201410156420.9
65	循环水直连余热供热与抽汽供热耦合的热电联产供热系统	戈志华、杨勇平、杨佳霖、李沛峰、何坚忍、杨志平、席新铭	发明	2014.03.26	2017.02.22	201410115440.1
66	一种氧化铈作为阴极修饰材料在聚合物太阳电池中的应用	谭占鳌、李良杰	发明	2013.11.08	2017.02.22	201310553733.3
67	基于无线网络的电缆隧道内巡检机器人定位系统及方法	吴　华、杨国田、步显廷、柳长安、刘春阳	发明	2012.09.28	2017.02.22	201210371064.3
68	一种可用于供暖的压缩空气储能装置及运行方法	姜　彤、于大勇、李冬雪、马　强、郑祥常、林　佳、谭明甜、姜宇萌	发明	2015.01.08	2017.02.22	201510009593.2
69	结构风险最小化的加权最小二乘电力系统状态估计方法	陈艳波、刘　锋、梅生伟、马　进、崔静思	发明	2013.11.14	2017.02.22	201310567014.7
70	利用方向元件改进含分布式电源的配电网故障区段定位方法	杨国生、郑　涛、王增平、曹雅榕、王燕萍、朱时雨、周泽昕、王晓阳、王文焕、李　伟	发明	2014.11.07	2017.02.22	201410638664.0
71	一种变电站气体绝缘开关的电磁骚扰波形特征提取方法	刘骁繁、吴恒天、焦重庆、崔　翔、王　强	发明	2014.11.12	2017.03.01	201410645938.9
72	一种可以控制汽化核心的多孔沸腾表面制备方法	陈宏霞、徐进良	发明	2015.09.10	2017.03.01	201510575432.X
73	一种风力发电机组控制器参数辨识与整定方法	高　峰、吕跃刚、杨锡运、刘俊承、王　伟、凌新梅	发明	2014.11.03	2017.03.01	201410610288.4
74	一种合成碳纳米管的系统及方法	郭永红、王　阳、孙保民	发明	2015.10.22	2017.03.08	201510691230.1
75	类气相预氧化结合吸收的烟气一体化脱除系统及方法	赵　毅、郝润龙、周思涵、郭天祥、杨硕	发明	2015.07.22	2017.03.08	201510434927.0
76	孤立电网紧急情况下最优切负荷量的确定方法	肖仕武、祁志远	发明	2015.07.09	2017.03.08	201510401457.8
77	面向碳足迹最小化的有源配电网二阶段规划方法及装置	曾　博、欧阳邵杰、张建华	发明	2014.09.19	2017.03.15	201410484292.0
78	混合二次规划形式的电力系统综合状态估计方法	陈艳波、刘　锋、梅生伟、马　进、于普瑶	发明	2013.11.14	2017.03.15	201310567029.3
79	一种基于叠层橡胶的电磁阻尼隔震支座	孙妍妍、马翔凤、贾唐堂、赫连仁、赵　亮、陆道纲	发明	2015.09.17	2017.03.22	201510595578.0
80	向ADS反应堆铅铋共晶合金中加锌的装置及方法	周　涛、杨　旭、方晓璐、李　宇、霍启军	发明	2015.05.14	2017.03.29	201510244091.8
81	核反应堆冷却剂中颗粒物的脱除装置及颗粒物脱除方法	周　涛、方晓璐、杨　旭	发明	2015.04.01	2017.04.05	201510153255.6
82	基于分阶段多原子正交匹配跟踪的多模图像融合方法	廖　斌、刘文召、沈　静、磨　唯、闫　磊	发明	2015.01.30	2017.04.05	201510050238.X
83	一种串入可控子模块的LCC-HVDC拓扑结构	倪晓军、赵成勇、刘羽超、郭春义、井雨刚、许韦华、阳岳希、张　磊、张庆国	发明	2014.05.09	2017.04.12	201410193488.4

续表

编号	专利名称	发明人姓名	专利类别	申请日期	授权日期	专利号
84	一种能够改变磁极上阻尼导条根数的发电电动模型机	许国瑞、刘晓芳、张伟华、康锦萍、罗应立	发明	2014.12.19	2017.04.12	201410794911.6
85	一种原煤低温干燥与输煤一体化设备	徐　钢、许　诚、杨勇平、赵世飞、刘文毅	发明	2014.12.16	2017.04.12	201410784177.5
86	抽油机电动机动态负荷模拟加载系统及模拟加载方法	赵海森、王　博、王义龙、罗应立、张伟华	发明	2014.07.18	2017.04.12	201410342425.0
87	一种风电场机群划分方法	林　俐、潘险险、赵　双、张凌云、李亮玉、李　丹、吴聪聪、李　凯、邹兰青、李诗童、周　鹏	发明	2014.05.08	2017.04.12	201410193280.2
88	基于方向角度的无线传感网络路由空洞优化方法	孙　毅、祁　兵、龚钢军、陆　俊、武　昕、黄可心、刘浩成	发明	2014.01.17	2017.04.12	201410023896.5
89	基于声学传感技术的多物理场测量方法及其装置	刘　石、刘　岩、任思源、宋　伟、刘　厦	发明	2013.12.20	2017.04.12	201310712983.7
90	一种被放射性核素Cs-137污染的土壤的修复装置	张一梅、聂　宇、陆　骏、何　理、卢宏玮	发明	2013.12.06	2017.04.12	201310646269.2
91	一种径流式小水电集群发电功率短期预测方法及预测系统	彭　文、刘文霞、辜庭帅、赵天阳、李　鹤	发明	2013.12.04	2017.04.12	201310648773.6
92	基于太阳能、煤气化结合的低阶煤提质与发电综合系统	杨勇平、张东柯、周璐瑶、韩　宇、许　诚、徐　钢、张　锴	发明	2015.01.27	2017.04.12	201510041317.4
93	一种用于海流能发电装置的多节式叶片	朱永强、唐　萁、王　欣、郝嘉诚	发明	2015.10.14	2017.04.19	201510657682.8
94	一种有源配电网的规划方法及装置	曾　博、张建华、欧阳邵杰、孙　钒	发明	2014.09.19	2017.04.19	201410484076.6
95	一种基于几何约束的SIFT人脸匹配方法	廖　斌、维妮拉・艾尔肯	发明	2013.05.31	2017.04.19	201310209140.5
96	一种基于数值关联性模型的异常数据探测及修正方法	吴克河、朱亚运、党芳芳	发明	2013.08.13	2017.04.26	201310350038.7
97	一种用于模拟下击暴流作用下高压输电导线动力特性的实验装置	周　超、李　力、刘衍平、孟　超	发明	2014.12.08	2017.04.26	201410743236.4
98	一种构建拟境挖掘动态智能负荷预测模型的方法	王建军、牛东晓、李　莉、李存斌	发明	2014.05.29	2017.04.26	201410233879.4
99	一种便于布放的新型高效海流能发电装置	朱永强、梁东方、唐　萁、王冠杰	发明	2015.09.17	2017.05.03	201510589338.X
100	多彩的TiO_2微米球的合成方法及其应用	戴松元、丁　勇、胡林华、张　兵、姚建曦	发明	2015.08.03	2017.05.03	201510481613.6
101	基于太阳能辅助冷却塔的高效冷却系统	王丽伟、李少华、邓杰文、白　章	发明	2015.11.03	2017.05.17	201510738233.6
102	一种喷淋式第一液态壁发生装置	陈　娟、杨　旭、周　涛、方晓璐、林达平	发明	2015.05.13	2017.05.17	201510242984.9
103	气体低温电气特性测试装置	李卫国、刘富浩、侯孟希、焦彦俊、陈　艳	发明	2014.12.26	2017.05.17	201410826487.9
104	一种简易PM2.5探测仪装置	周　涛、林达平、杨　旭、汝小龙	发明	2013.10.24	2017.05.17	201310508518.1
105	科氏加速度演示仪	刘一鸣、吴永超、罗嗣棂、马洪建、韦浩祥、滕　伟	发明	2015.04.28	2017.05.24	201510207951.0
106	一种利用压缩热制冷提高压缩空气储能系统效率的方法	何　青、刘　辉、刘文毅	发明	2014.12.03	2017.05.24	201410725059.7
107	一种具有固定汽化核心的多孔壁面换热管及其制备方法	陈宏霞、徐进良	发明	2015.09.10	2017.06.06	201510574919.6
108	电池回收装置	梁光胜、刘红丽、崔文哲、张恒友、刘晓东、金　芳	发明	2015.06.04	2017.06.06	201510300143.9

续表

编号	专利名称	发明人姓名	专利类别	申请日期	授权日期	专利号
109	一种励磁阻尼控制器与静止同步补偿器等价容量的实时计算方法	毕天姝、李景一、肖仕武、张　鹏、毛雨亭	发明	2014.09.28	2017.06.06	201410508853.6
110	基于模块化设计的电力系统通用电量信号保护板	刘其辉、葛立坤、孙亮亮	发明	2014.09.23	2017.06.06	201410490399.6
111	一种MMC多子模块自定义集成元件的设计方法	刘崇茹、林周宏、洪国巍、郭　龙	发明	2014.07.16	2017.06.06	201410337803.6
112	一种远程运维智能审计的方法	吴克河、崔文超、陈　飞、安延文	发明	2014.08.12	2017.06.09	201410396109
113	基于二次反射镜的太阳能集热和储热系统及方法	翟融融、朱　勇、樊晓溪、赵苗苗、李　超、阎　秦	发明	2015.03.20	2017.06.09	201510124582.9
114	一种适用于动态电压恢复器的电压暂降检测方法	肖湘宁、陈鹏伟、罗　超、孙雅旻、陶　顺	发明	2014.11.17	2017.06.09	201410654072.8
115	一种多尺度分层蜂窝输电网及其规划方法	许　刚、谈元鹏、马　爽、赵中原	发明	2014.07.29	2017.06.09	201410366028.7
116	基于分布式服务总线的电能质量信息系统集成方法	马素霞、李　慧、齐林海、孙　鹏、杨烟台	发明	2014.06.24	2017.06.09	201410285891.X
117	结合语义网与地理信息特征的信息集成方法	张　莹、滕　婧、何　慧、王竹晓	发明	2014.06.04	2017.06.09	201410244507.1
118	一种用于IGBT动态特性测量的装置及方法	齐　磊、邹凯凯、崔　翔、赵国亮、甘　忠、蔡林海	发明	2014.08.27	2017.06.13	201410428200.7
119	一种基于并网点电压特征频率的孤岛检测方法	郑　涛、王燕萍、王增平、曹雅榕、朱时雨	发明	2015.06.16	2017.06.13	201510335050.X
120	孤岛检测方法和装置及孤岛处理系统	郑　涛、王燕萍、王增平、袁　飞、曹雅榕、黄　雯	发明	2014.10.16	2017.06.13	201410546868.1
121	发电机失步保护方法和装置	王增平、鹿　伟、郑　涛	发明	2014.10.16	2017.06.13	201410546889.3
122	一种孤岛检测方法	郑　涛、王燕萍、袁　飞、王增平、黄　雯、刘逸辰	发明	2014.07.09	2017.06.13	201410324666.2
123	一种适用于双馈风机的电力系统稳定器设计方法	牛玉广、李晓明、赵子昂、康俊杰	发明	2014.04.15	2017.06.13	201410151002.0
124	一种基于因子-主属性模型的中长期电力负荷预测方法	李国栋、刘　琳、黄琳华、李　凯、宋志新、李小龙	发明	2014.08.27	2017.06.13	201410428808.X
125	大容量高频变压器最优工作频率的确定方法	李　琳、刘可可、张　宁、魏晓光	发明	2015.08.28	2017.06.13	201510540575.7
126	一种拓宽输出电压范围的电流可逆电路控制方法	袁　敞、刘　昌、徐永海、李善颖、吴　涛、贺惠民、丛诗学	发明	2015.03.18	2017.06.13	201510119089.8
127	自适应特高压调压变压器档位调节的差动电流计算方法	郑　涛、陆格野、杨松伟、陈水耀	发明	2015.01.06	2017.06.13	201510005189.8
128	一种低热值煤蒸汽 - 热空气联合循环发电系统	张东柯、杨勇平、董　伟、许　诚、王春兰、徐　钢、张　锴、朱明明、张　扬、张栢子	发明	2015.09.21	2017.06.13	201510604498.7
129	一种输电导线用风雨致振模拟实验装置	周　超、孟　超、刘衍平、李　力	发明	2014.12.08	2017.06.23	201410743206.3
130	一种三相不平衡电力系统的负荷等效模型的建模方法	陶　顺、廖坤玉、肖湘宁、章家义、罗　超、周　秋	发明	2015.10.21	2017.06.27	201510686421.9
131	一种石墨衬底浓度渐变 P 型多晶硅薄膜的制备方法	陈诺夫、魏立帅、贺　凯、王从杰、孔凡迪、白一鸣、王淑娟	发明	2016.07.15	2017.07.07	201610562022.6
132	一种喷淋脱硫塔内碱液清洗高效脱除 SO_3 的工艺	肖海平、戴玉坤	发明	2015.12.03	2017.07.07	201510881626.2
133	基于功率倍增特性的浓缩风能型风电机组变桨距控制方法	田　德、邓　英、陈忠雷、王伟龙、周　峰、林俊杰、钱家骥	发明	2015.04.08	2017.07.07	201510163513.9

续表

编号	专利名称	发明人姓名	专利类别	申请日期	授权日期	专利号
134	一种用于质子交换膜的改性碳纳米管的制备方法	林 俊、史珍珍、何少剑、李春雷、胡 冶、刘 鑫、郑慧娜、林彦楷	发明	2015.03.31	2017.07.07	201510149504.4
135	基于声光融合的混合气体温度场浓度场测量方法及装置	宋 伟、刘 岩、黄 帆、任思源、刘 厦、周信华、刘 石	发明	2015.03.18	2017.07.07	201510118826.2
136	基于免疫遗传算法的光伏最大功率跟踪的实验装置及方法	杨锡运、杨国田、刘 禾、陆会明、李新利、武晓宁	发明	2015.01.16	2017.07.07	201510024195.8
137	一种兼容单双极性模拟信号采样电路	刘其辉、葛立坤、孙亮亮	发明	2014.12.13	2017.07.07	201410773973.9
138	一种基于深度神经网络的风电场功率预测方法	王震宇、李 航、滕 婧、王天宇	发明	2014.06.23	2017.07.07	201410283817.4
139	计及覆冰损失的风电场时序输出功率计算方法	刘文霞、肖 永、陈 启、林呈辉、赵天阳、徐梅梅、顾 威、唐建兴、汪明清	发明	2014.07.15	2017.07.07	201410336900.3
140	一种在低频电场下测试材料屏蔽效能的装置和方法	焦重庆、史晓宁、聂京凯、嵇建飞	发明	2014.10.14	2017.07.07	201410542459.4
141	一种 WO_3 纳米片层材料的制备方法	李美成、崔 鹏、宋丹丹、赵 兴、王恬悦、李垚垚、范汇洋	发明	2015.03.06	2017.07.07	201510101103.1
142	计及地磁感应电流影响的相间距离III段保护方法	郑 涛、卢 婷、陆格野、杨国生	发明	2015.04.14	2017.07.07	201510175877.9
143	基于三传感器推理的换流变压器故障在线诊断方法	齐 波、魏 振、彭 翔、吕家圣、杨 栋、许 毅、夏 辉、李成榕	发明	2014.11.13	2017.07.07	201410640672.9
144	一种 DNA 自组装结构和基于其的对称加密系统	杨 静、张 成、宋智超	发明	2014.05.22	2017.07.14	201410219347.5
145	一种基于中空微纳米多孔陶瓷膜的烟气水分余热回收装置	陈海平、周亚男、苏 欣	发明	2015.09.16	2017.07.18	201510587985.7
146	一种局部可控亲疏水性的多孔传热表面制备方法	陈宏霞、徐进良	发明	2015.09.10	2017.07.21	201510575763.3
147	铝合金表面合成陶瓷颗粒增强熔覆层的粉末材料及方法	刘宗德、王永田、刘姝女	发明	2015.01.26	2017.07.28	201510038537.1
148	外部扰动信号下逆变器并网类电源测量阻抗模型优化方法	贾 科、郇凯翔、魏宏升、毕天姝、任哲峰	发明	2015.09.30	2017.08.04	201510641410.9
149	直流断路器的拓扑结构及其控制方法	黄永章、卫思明	发明	2015.06.26	2017.08.04	201510363533.0
150	基于机组出力及变负荷速率的火力发电煤耗量计算方法	李明扬、邹徐欢、牛玉广、王 玮、刘吉臻	发明	2015.06.26	2017.08.04	201510363531.1
151	基于多核控制器技术的模块化多电平换流器控制方法	刘崇茹、田鹏飞、洪国巍、负飞龙、王嘉钰	发明	2015.05.04	2017.08.04	201510221656.0
152	一种高真空固体绝缘表面电荷测量装置的动密封结构	齐 波、孙泽来、高春嘉、李成榕	发明	2015.03.27	2017.08.04	201510142236.3
153	一种评价风速周期性的方法及系统	刘永前、孙 莹、韩 爽、李 莉	发明	2015.03.06	2017.08.04	201510100353.3
154	一种 6/8/12 极单绕组三速异步电动机定子绕组型式	赵海森、王义龙、张伟华、李 松、罗应立	发明	2015.02.04	2017.08.04	201510058950.4
155	基于特高频放电在线监测数据的 GIS 局部放电定位方法	齐 波、荣智海、张 鹏、李成榕	发明	2015.02.03	2017.08.04	201510056192.2
156	距离保护方法和系统	马 静、马 伟、陈亦骏、孙吕祎	发明	2015.01.22	2017.08.04	201510031273.7
157	时滞电力系统稳定性分析方法和装置	马 静、朱祥胜、李益楠、闫 新、黄天意	发明	2015.01.14	2017.08.04	201510018680.4
158	一种凝结水节流控制系统及其安全控制方法	曾德良、胡 勇、刘吉臻、牛玉广	发明	2015.01.08	2017.08.04	201510009682.7

续表

编号	专利名称	发明人姓名	专利类别	申请日期	授权日期	专利号
159	自适应复合反馈光学电流互感器及测定电流方法	李岩松、刘 君	发明	2014.12.29	2017.08.04	201410849167.5
160	一种考虑相位跳变的电压暂降分类方法	徐永海、兰巧倩、唐亚迪	发明	2014.11.19	2017.08.04	201410663665.0
161	一种旋风分离装置及基于该装置的旋风分离系统	雷 兢、王雪瑶、刘 石、李志宏、韩振兴、李惊涛	发明	2014.10.22	2017.08.04	201410570671.1
162	基于网状静电传感器的流化床固体颗粒检测装置及方法	张文彪、张 帅、钱相臣、闫 勇、胡永辉、黄孝彬	发明	2015.04.20	2017.08.04	201510188539.9
163	基于静电感应的矩形管中粉体流流动参数检测装置及方法	闫 勇、张 帅、张文彪、钱相臣、黄孝彬、胡永辉、刘 石	发明	2015.01.16	2017.08.04	201510023187.1
164	一种新型石灰石-石膏湿法烟气脱硫添加剂	戈志华、杨勇平、杨佳霖、李沛峰、何坚忍、杨志平、席新铭	发明	2014.03.25	2017.08.08	201410112264.6
165	一种石灰石-石膏湿法烟气脱硫添加剂	董长青、陆 强、田伟强、孙 帅、杨勇平	发明	2014.03.25	2017.08.08	201410112266.5
166	一种被放射性核素 Cs-137 污染的土壤的修复方法	张一梅、聂 宇、陆 骏、卢宏玮、何 理	发明	2013.12.06	2017.08.08	201310646229.8
167	通过改变刀盘厚度和支撑半径降低全断面岩石掘进机施工振动的方法	张照煌、龚国芳、高青风、孙 飞	发明	2015.12.11	2017.08.11	201510920988.8
168	发电机失磁保护方法和装置	王增平、鹿 伟、郑 涛	发明	2014.10.16	2017.08.11	201410546670.3
169	一种废旧干电池的回收处理装置	张书盈、伦 涛、翟献慈	发明	2015.05.03	2017.08.25	201510216208.1
170	一种基于 MapReduce 的瓦片金字塔并行构建方法	吴克河、崔文超、王艳萍	发明	2014.06.30	2017.08.25	201410305679.5
171	一种太阳能聚光光伏发电系统	朱永强、王冠杰、王 欣、贾利虎、王银顺	发明	2015.04.21	2017.08.29	201510187442.6
172	时变电力系统稳定性分析系统及方法	马 静、高 翔、李益楠、邱 扬	发明	2015.03.06	2017.09.05	201510099154.5
173	一种电力铁塔防攀爬装置	徐立敏、王莉丽	发明	2016.11.01	2017.09.15	201610933622.9
174	基于电容电流的微网变流器无缝切换控制策略	赵国鹏、王彦杰、韩民晓	发明	2015.05.28	2017.09.19	201510279888.1
175	一种信号去噪处理的方法及装置	翟明岳、苏岭东	发明	2014.04.08	2017.09.19	201410139349.3
176	一种散热系统	凌坤雄、魏高升、龙 宇、牛晨巍	发明	2014.01.24	2017.09.19	201410034891.2
177	一种具有热管导液装置的非能动安全壳冷却系统	陈 娟、杨 旭、周 涛	发明	2015.05.20	2017.09.22	201510259917.8
178	一种循环流化床锅炉动态床温预测系统及方法	刘吉臻、洪 烽、高明明、杨婷婷、吕 游	发明	2015.07.29	2017.09.26	201510455686.8
179	基于分块自适应特征跟踪的多传感器图像融合方法	廖 斌、沈 静、刘文召	发明	2014.06.17	2017.09.29	201410271445.3
180	一种可靠性高的核反应堆停堆装置	汤建楠、黄 美、赵媛媛、欧阳晓平、邢朝阳	发明	2015.09.21	2017.10.03	201510598555.5
181	一种用于电力电子器件动态参数快速获取的电路及方法	齐 磊、邹凯凯、崔 翔、赵国亮、鲍 伟、蔡林海	发明	2014.08.27	2017.10.10	201410428188.X
182	与钙基吸收剂顺序脱硫脱碳系统深度集成的燃煤发电系统	段立强、高 超、乐 龙、冯 涛	发明	2016.01.15	2017.10.10	201610028494.3
183	一种自增电抗型同塔双回输电线路故障电流限制器	李 磊、李 琳	发明	2015.10.12	2017.10.10	201510659085.9
184	一种基于故障高频信息的配网故障定位方法	贾 科、任哲锋、毕天姝、魏宏升、郇凯翔	发明	2015.10.09	2017.10.10	201510649644.8

续表

编号	专利名称	发明人姓名	专利类别	申请日期	授权日期	专利号
185	一种圆柱式结构渐变翅片相变蓄热器	徐鸿飞、杜小泽、杨佳霖、杨立军	发明	2015.06.04	2017.10.10	201510303521.9
186	一种用于电力系统电流质量评估的方法	陶　顺、肖湘宁、陈　聪、罗　超、魏天彩	发明	2015.05.27	2017.10.10	201510280670.8
187	一种电流质量评估方法	陶　顺、罗　超、肖湘宁、魏天彩、陈　聪	发明	2015.05.27	2017.10.10	201510278909.8
188	一种聚合物太阳能电池阴极修饰材料及其制备方法	谭占鳌、古凌云、李　聪、王福芝、戴松元	发明	2015.05.08	2017.10.10	201510232807.2
189	一种三相短路下双馈发电机仿真方法及其系统	马　静、黄天意、丁秀香、康胜阳	发明	2015.05.06	2017.10.10	201510228037.4
190	一种高真空固体绝缘表面电荷测量探头控制系统	齐　波、孙泽来、高春嘉、李成榕	发明	2015.03.27	2017.10.10	201510142803.5
191	一种基于云平台和移动终端的论文自动查收查引方法	陈月从、方燕虹、武桂芹、何　琼、田慧云、王宝清、刘宗歧	发明	2015.03.13	2017.10.10	201510111721.4
192	一种三维电磁场平移扫描光学测量系统及电磁场测定方法	李岩松、刘　君	发明	2015.03.09	2017.10.10	201510102573.X
193	基于电压相位比较的单相接地距离保护系统及其方法	马　静、马　伟、孙伟楠、王　桐	发明	2015.03.05	2017.10.10	201510097931.2
194	一种有机朗肯-斯特林机联合循环发电系统及其使用方法	徐进良、邹景煌、杨绪飞	发明	2015.01.30	2017.10.10	201510050728.X
195	水资源管理方法和装置	王春晓、李永平、张俊龙、郑如秉	发明	2015.01.19	2017.10.10	201510025551.8
196	一种管壳式换热器多孔介质系数计算方法	陆道纲、袁　博、隋丹婷、曹　琼、张　帆	发明	2015.01.16	2017.10.10	201510024116.3
197	基于凝结水节流调节预估的负荷控制系统及方法	曾德良、胡　勇、刘吉臻、牛玉广	发明	2015.01.08	2017.10.10	201510009699.2
198	利用冷端系统冷却工质调节的火电机组变负荷控制方法	王　玮、刘吉臻、曾德良、牛玉广、田　亮	发明	2014.12.22	2017.10.10	201410806500.4
199	基于谱聚类和遗传优化极端学习机的超短期风速预测方法	刘　达、王继龙、王　辉	发明	2014.08.18	2017.10.10	201410407338.9
200	用寿命系数对盘形滚刀磨损量进行预测的方法	张照煌、王　磊、李福田、孙　飞	发明	2014.08.07	2017.10.10	201410386557.3
201	一种基于光催化氧化脱硝脱汞及深度脱硫的系统及方法	赵　莉、李本善、何青松、陆　强、董长青	发明	2014.08.06	2017.10.10	201410384222.8
202	一种基于复杂事件处理的电能质量扰动事件分类监测方法	马应龙、赵祎迪、马素霞	发明	2014.07.30	2017.10.10	201410368179.6
203	一种风电场多机等值建模方法	林　俐、潘险险、赵　双、张凌云、李亮玉、李　丹、吴聪聪、李　凯、邹兰青、李诗童、周　鹏	发明	2014.05.08	2017.10.10	201410194177.X
204	一种基于光纤布喇格光栅的油浸式变压器故障定位装置	李成榕、马国明、江　军、宋宏图、王红斌、罗颖婷	发明	2015.05.04	2017.10.10	201510222392.0
205	基于风电场和光伏电站聚合模型的机电振荡模式估算方法	杜文娟、毕经天、王海风、宋云亭、王　青、丁　剑、陈得治	发明	2015.08.20	2017.10.10	201510513100.9
206	一种风电机组塔架倾斜与沉降监测装置	刘俊承、姬　栋、吕跃刚、高　峰、刘燕欣	发明	2015.11.16	2017.10.10	201510783851.2
207	一种塔式锅炉再循环烟气雾化脱硫废水的工艺	肖海平、陈　宇、张　千	发明	2016.01.08	2017.10.10	201610011810.6
208	微纳米陶瓷管束水膜式烟气污染物一体化脱除装置	陈海平、周亚男	发明	2015.04.27	2017.10.13	201510201077.X
209	智能电容器组用智能监控器	赵国鹏、韩民晓、王彦杰	发明	2014.12.19	2017.10.13	201410788177.2

续表

编号	专利名称	发明人姓名	专利类别	申请日期	授权日期	专利号
210	现场过零投切校正的智能电容器	赵国鹏、王彦杰、韩民晓	发明	2014.12.19	2017.10.13	201410788194.6
211	一种用于气力输送粉体参数测量的光学探头防污装置	黄孝彬、白　冰、张文彪、吴国勋、钱相臣、胡永辉	发明	2015.04.30	2017.10.24	201510215966.1
212	智能电容器组运行状态和参数监控装置	赵国鹏、韩民晓、王彦杰	发明	2014.12.18	2017.10.27	201410781895.7
213	一种具有石墨烯层的U形管	周　涛、宋明强、刘　亮	发明	2014.06.04	2017.10.27	201410245405.1
214	一种光伏电站的优化选址与容量配置方法	姚建曦、齐　程、马天琳、朱红路、李　旭	发明	2014.05.27	2017.10.27	201410226922.4
215	一种用电控制设备及方法	刘　松、刘　鹏、古　博、刘　江	发明	2013.12.31	2017.10.31	201310753214.1
216	一种模块化多电平换流器电容电压分组平衡优化算法	彭茂兰、赵成勇、郭春义	发明	2014.02.11	2017.11.07	201410047240.7
217	建筑室内环境智能监控系统	房　方、朱　翔、王　楠	发明	2014.11.26	2017.11.14	201410685580.2
218	一种气动离子清洗机及应用设备	黄廷恩、钱奕然、杨双铭	发明	2016.12.22	2017.11.17	201611201355.2
219	基于优化相关向量机的短期风速预测方法	刘　达、王继龙、牛东晓、王　辉	发明	2014.08.18	2017.11.21	201410406731.6
220	基于故障因子的输电线路差动保护系统及保护方法	马　静、刘　畅、张伟波、马　伟	发明	2015.12.15	2017.11.24	201510937274.8
221	一种用电控制设备及方法	刘　松、刘　鹏、古　博、刘　江	发明	2013.12.31	2017.11.24	201310753271.X
222	气体绝缘变电站二次设备发生瞬态电磁骚扰的识别方法	刘骁繁、崔　翔、吴恒天、嵇建飞、焦重庆、王　强	发明	2014.11.12	2017.11.28	201410645966.0
223	一种同时集成槽式、塔式太阳能集热系统的燃煤发电系统	段立强、贾时轮、庞力平、袁明野、吕志鹏	发明	2016.07.01	2017.11.28	201610515964.9
224	面向线网反应器的升温速率随意可调的快速加热控制算法	陈晓梅、田思达、康志忠	发明	2016.06.15	2017.11.28	201610425784.1
225	一种高位收水冷却塔防溅收水装置	魏高升、黄平瑞、杜小泽、杨彦平、杨勇平	发明	2016.04.26	2017.11.28	201610266642.5
226	一种基于预测数据修正的微网储能实时控制方法	贾　科、陈奕汝、毕天姝、魏宏升、任哲锋	发明	2015.12.02	2017.11.28	201510873315.1
227	采用自然通风及复合运行模式的干湿联合冷却塔及其应用	陈　林、杜小泽、黄钰琛、杨立军、魏高升、张　辉、李　莉、杨勇平	发明	2015.11.20	2017.11.28	201510810682.7
228	一种基于云模型的储能系统典型曲线挖掘方法	韩晓娟、赵泽琨、籍天明、刘大贺	发明	2015.11.04	2017.11.28	201510741815.X
229	一种考虑金属微粒影响的旋转式电荷测量机构	李伯涛、王　健、李庆民	发明	2015.09.11	2017.11.28	201510580462.X
230	一种聚合物太阳能电池阴极修饰材料及电池阴极修饰方法	薛志勇、古凌云、徐　萍、谭占鳌	发明	2015.08.24	2017.11.28	201510524251.4
231	一种太阳能反重力自然循环的供热装置及供热方法	纪献兵、郑晓欢、徐进良	发明	2015.08.24	2017.11.28	201510522616.X
232	配电网广域故障定位方法	贾　科、任哲锋、毕天姝、李　猛、陈奕汝、魏宏升	发明	2015.08.11	2017.11.28	201510490306.4
233	一种交直流电网连锁故障关键线路辨识方法	蔡万通、刘文颖、刘宇石、叶湖芳、李亚龙、郭　鹏、朱丹丹、夏　鹏、李慧勇、梁安琪、付熙玮、魏泽田	发明	2015.07.17	2017.11.28	201510424448.0
234	一种钙钛矿-硅整体级联叠层太阳电池及其制备方法	白一鸣、李　聪、吴云召、延玲玲、谭占鳌	发明	2015.06.17	2017.11.28	201510338498.7
235	时变电力系统自适应控制方法和装置	马　静、孙伟楠、林一峰、王　桐	发明	2015.06.12	2017.11.28	201510325576.X
236	基于三维数字地图的电力巡检飞行机器人航线规划方法	杨国田、吴　华、王毅磊、王晓彤、柳长安、刘春阳	发明	2015.05.21	2017.11.28	201510263381.7

续表

编号	专利名称	发明人姓名	专利类别	申请日期	授权日期	专利号
237	一种可听声测量气体流速的系统及测量方法	沈国清、何寿荣、范　鹏	发明	2015.04.21	2017.11.28	201510191165.6
238	一种基于凝结水节流的火电机组协调控制方法	王　玮、曾德良、刘吉臻、牛玉广、田　亮	发明	2015.04.15	2017.11.28	201510179126.4
239	一种真空绝缘子表面电荷三维测量装置	齐　波、孙泽来、高春嘉、李成榕	发明	2015.03.27	2017.11.28	201510142702.8
240	串联绕线型转子无刷双馈电机分析方法	卢伟甫、赵海森、刘　石、李　冰、段祺玮	发明	2015.02.26	2017.11.28	201510088572.4
241	距离保护方法和系统	马　静、闫　新、林一峰、刘　畅	发明	2015.01.06	2017.11.28	201510005265.5
242	一种利用遮蔽法检测光伏发电系统故障点的方法	陈诺夫、刘　虎、弭　辙、付　蕊、白一鸣、何海洋、辛雅焜、牟潇野、吴　强、杨　博、高　征、刘　海	发明	2014.10.15	2017.11.28	201410546505.8
243	一种63% IACS的硬铝导体材料及其制备方法	袁晓娜、刘东雨、严康骅、郭　强、陶康宁、徐　鸿、冯砚厅、徐雪霞、孙辰军、范　辉	发明	2016.01.25	2017.11.28	201610048303.X
244	一种用于核反应堆功率的自抗扰控制方法	刘玉燕、刘吉臻、周世梁	发明	2016.09.18	2017.12.05	201610827618.4
245	一种以超临界二氧化碳为工质的颗粒脱除器	周　涛、陈　杰、周蓝宇、刘　亮、陈　娟	发明	2016.06.16	2017.12.05	201610429437.6
246	一种薄片状二氧化钛阵列薄膜的制备方法	李美成、谢碧霞、王恬悦、张志荣、岳晓鹏、陈杰威	发明	2015.07.13	2017.12.12	201510405212.2
247	三相并网型逆变器启动冲击电流抑制控制策略	赵国鹏、韩民晓	发明	2014.02.11	2017.12.12	201410047266.1
248	局部放电脉冲电流传感器的宽频带精密标定装置	张　强、郑书生、李成榕、程养春、唐志国	实用新型	2016.06.06	2017.01.04	201620542074.2
249	高精度入炉煤采样及称重校验一体化系统	徐　钢、吕　剑、薛小军、张　豪、王　鹏	实用新型	2016.07.22	2017.01.04	201620782808.4
250	基于燃气-ORC联合推动的水电冷联产分布式能量系统	徐进良、刘秀龙、谢学旺、曹　泷、戚风亮、赵晓利	实用新型	2016.07.26	2017.01.04	201620794799.0
251	一种适用于实现湿度-气压自动控制调节的阀门装置	符瑜科、齐　磊、卞星明、徐永生、张静岚、朱俊谕、罗　兵	实用新型	2016.07.15	2017.01.04	201620751951.7
252	一种模块化多功能插线板	吴　璇、苏靖雅、王少杰、王一帆	实用新型	2016.08.18	2017.01.11	201620900841.2
253	一种药箱	付鑫如、刘翊澂、高　伟	实用新型	2016.05.31	2017.01.11	201620512981.2
254	基于工业控制级通信要求的过程控制系统实验装置	侯国莲、姜　卓、杨　玉	实用新型	2015.12.31	2017.01.11	201521125673.6
255	一种输电线路绝缘子更换多用型卡具	张玉琢、左　艺、赵新刚、赵志军	实用新型	2016.04.18	2017.01.25	201620323216.6
256	一种调光调色温LED灯	孙可欣、贺中豪、韩　辉、梁光胜	实用新型	2016.07.11	2017.02.01	201620721406.3
257	一种含有振动自启动功能的汽车后备箱液体泄漏检测装置	姜继恒、单俊儒、郑陈熹、陈修鹏、梁光胜	实用新型	2016.05.03	2017.02.08	201620383105.4
258	基于等式约束的辅助电容分布式半桥/单箝位混联MMC自均压拓扑	赵成勇、许建中、刘　航	实用新型	2016.01.25	2017.02.15	201620068872.6
259	基于不等式约束的辅助电容集中式半桥/全桥混联MMC自均压拓扑	赵成勇、许建中、刘　航	实用新型	2016.01.25	2017.02.15	201620068892.3
260	基于不等式约束的辅助电容集中式半桥/单箝位混联MMC自均压拓扑	赵成勇、许建中、刘　航	实用新型	2016.01.25	2017.02.15	201620068893.8
261	基于等式约束的辅助电容集中式半桥/单箝位混联MMC自均压拓扑	赵成勇、许建中、刘　航	实用新型	2016.01.25	2017.02.15	201620068862.2

续表

编号	专利名称	发明人姓名	专利类别	申请日期	授权日期	专利号
262	一种双通道超声通信系统	陈　伟、程晓磊、余　谦、黄　蕙、蓝海键	实用新型	2016.08.25	2017.02.22	201620947512.3
263	一种基于光伏光热集热器的光电光热优化系统	万　君、黄　杨、苏靖雅、孙　涛、邱锋凯	实用新型	2016.08.08	2017.02.22	201620848233.1
264	一种集热器装置	黄　杨、万　君、苏靖雅、孙　涛、邱锋凯	实用新型	2016.08.08	2017.02.22	201620850486.2
265	一种故障检测装置	崔天依、牛玉广	实用新型	2016.07.08	2017.02.22	201620721283.3
266	一种除雾器叶片及除雾器	肖海平、原奇鑫、孙保民、罗少春、李　勇、王永强	实用新型	2016.05.30	2017.02.22	201620509227.3
267	用于入炉煤的自动旋转采样装置	徐　钢、吕　剑、薛小军、张　豪、王　鹏	实用新型	2016.07.22	2017.02.22	201620783432.9
268	一种用于 250kV 电缆振荡波局放检测系统的高压开关	王　伟、李鸿剑、严晓宇	实用新型	2016.09.23	2017.03.15	201621077462.4
269	一种新型充气密封蝶阀	徐　钢、吕　剑、满孝增、薛小军、杨义东、王　鹏	实用新型	2016.07.06	2017.03.22	201620702668.5
270	一种冷渣器微动力泄压除尘系统	徐　钢、吕　剑、薛小军、满孝增、杨义东、王　鹏	实用新型	2016.07.06	2017.03.22	201620702673.6
271	一种导线支架及导线表面状态测量系统	张　旭、卞星明、崔　翔、卢铁兵、李海冰、许菲菲	实用新型	2016.09.18	2017.03.29	201621061855.6
272	一种智能变电站多源时钟同步控制装置	邓　哲、陆　俊	实用新型	2016.09.06	2017.03.29	201621038037.4
273	一种检测空气中颗粒浓度的装置	周　涛、王尧新、方晓璐	实用新型	2016.07.22	2017.03.29	201620782628.6
274	多功能家用漏电保护开关	沙　韵、王少杰、吴　璇、徐泰来、王　赟	实用新型	2016.09.30	2017.04.05	201621093979.2
275	一种火力发电用厂区粉尘浓度警报装置	董文娜、王旭明、吴瑞鹏、刘向军、沈国清	实用新型	2016.10.18	2017.04.12	201621130149.2
276	一种防止电源发热的自动断开器	王旭明、董文娜、冯书勤、周　健、梁光胜、廖凌熙、曹家振、杜小泽	实用新型	2016.10.18	2017.04.12	201621130148.8
277	一种基于太阳能发电的铁塔电化学防腐装置	田　恬、肖仕武、张海华、刘　军、徐　歌、李振宇	实用新型	2016.10.18	2017.04.12	201621133271.5
278	基于不等式约束的无辅助电容式单箝位 MMC 自均压拓扑	赵成勇、刘　航、许建中	实用新型	2016.01.25	2017.04.12	201620068878.3
279	基于不等式约束的无辅助电容式全桥 MMC 自均压拓扑	赵成勇、刘　航、许建中	实用新型	2016.01.25	2017.04.12	201620068875.X
280	基于等式约束的辅助电容分布式半桥 MMC 自均压拓扑	赵成勇、刘　航、许建中	实用新型	2016.01.25	2017.04.12	201620068873.0
281	柔性游梁式抽油机和抽油设备	许冰倩、曹本壹、吴　璇、章建徽、杨建川、宋玉旺	实用新型	2016.10.26	2017.04.19	201621174496.5
282	一种膏体的挤出装置	王守艳、黄国和、郑如秉、王源意	实用新型	2016.07.14	2017.04.19	201620742972.2
283	一种控制器故障保护系统	崔天依、牛玉广	实用新型	2016.07.08	2017.04.26	201620721284.8
284	基于太阳能供电的家用配电系统	李安强、王　强、钱殿伟	实用新型	2016.11.02	2017.05.03	201621168942.1
285	铅基快堆四边形燃料组件及其用于的快中子反应堆	马续波、许　谦、陈义学	实用新型	2016.10.20	2017.05.03	201621143327.5
286	一种入炉煤伸缩采样装置	徐　钢、吕　剑、满孝增、薛小军、杨义东、王　鹏	实用新型	2016.07.06	2017.05.03	201620703507.8
287	便于串联使用的大功率 IGBT 模块	唐新灵、莫申杨、崔　翔、赵志斌、张　朋、李金元、温家良	实用新型	2016.04.25	2017.05.03	201620356491.8
288	基于开关特性测量的 IGBT 芯片筛选结构	唐新灵、莫申杨、崔　翔、赵志斌、张　朋、李金元、温家良	实用新型	2016.04.25	2017.05.03	201620356492.2

续表

编号	专利名称	发明人姓名	专利类别	申请日期	授权日期	专利号
289	一种节约能源的灯	封　钰、张玮玮、张江昆	实用新型	2016.11.17	2017.05.10	201621231918.8
290	一种粉尘量传感器	侯　静	实用新型	2016.11.03	2017.05.10	201621173388.6
291	一种家用多能源综合互补利用系统	王　强、李安强、钱殿伟	实用新型	2016.11.02	2017.05.10	201621168930.9
292	一种铅基反应堆控制棒配重组件	周　涛、张　晗、何逸凡、李子超	实用新型	2016.10.10	2017.05.17	201621108909.X
293	一种用眼时间提醒装置以及使用该装置的LED照明光源	钱奕然、韩释瑶、杨双铭	实用新型	2016.12.01	2017.05.24	201621312770.0
294	一种电源线断点检测装置	单俊儒、赵　东	实用新型	2016.11.18	2017.05.24	201621248890.9
295	一种高效回收水分的准东煤脱碱系统	许　诚、孙　杨、李永毅、白　璞、徐　钢、杨志平、杨勇平	实用新型	2016.07.13	2017.05.24	201620731644.2
296	一种光伏发电装置及系统	张　涵、黄怡凌、朱思嘉、梁　凯、陈海平	实用新型	2016.11.28	2017.05.31	201621289592.4
297	一种光伏防雷电路	单俊儒、李静轩、赵　东	实用新型	2016.11.18	2017.06.06	201621256701.2
298	一种无动力瞬时气体采样瓶	王奕霖、唐爱星	实用新型	2016.11.17	2017.06.06	201621234515.9
299	一种具备负荷识别功能的智能装置	祁　兵、刘利亚	实用新型	2016.11.10	2017.06.06	201621210444.9
300	一种基于矩形横截面导波杆的高温部件壁厚监测装置	徐　鸿、郭　鹏、李鸿源、王　群、李　琼、张凯利、田振华	实用新型	2016.10.31	2017.06.06	201621157051.6
301	一种安装法兰及其新风系统	李文瀚、戴美林、薛小军	实用新型	2016.12.05	2017.06.09	201621325340.2
302	两相流空泡分布二极管阵列传感器结构	龚锦华、闫永恒、孙　瑶、陈俊安	实用新型	2016.12.05	2017.06.09	201621320054.7
303	阳光入户装置	戴美林、李文瀚、马卫华、李梦璇、郭　柳、王鹤潼、孟　潇、罗　易	实用新型	2016.12.19	2017.06.13	201621397722.6
304	一种智能插座	孙精辰、廖拥文、张雨曼、杨国田	实用新型	2016.12.16	2017.06.13	201621381489.2
305	一种吸附剂改性装置	李文瀚、戴美林、薛小军、林吕荣、钟隆春、宋　娜、张　月、刘慧敏	实用新型	2016.12.09	2017.06.13	201621353460.3
306	一种与太阳能路灯结合使用的智能垃圾桶	封　钰、张玮玮、张江昆	实用新型	2016.11.17	2017.06.13	201621231920.5
307	一种多功能拐杖	封　钰、张玮玮、张江昆	实用新型	2016.11.17	2017.06.13	201621231919.2
308	一种电源漏电自动报警装置	王旭明、董文娜、冯书勤、周　健、梁光胜、廖凌熙、曹家振、杜小泽	实用新型	2016.12.21	2017.06.16	201621408743.3
309	硬币分拣机构及硬币分拣机	马　铁、许朝宗、王　帅、唐康洋、杨国田	实用新型	2016.12.13	2017.06.16	201621366911.7
310	一种无碳小车	刘德成、王稼琪、张　杰	实用新型	2016.12.09	2017.06.16	201621354560.8
311	一种输入控制装置	刘德成、刘南宏、张　杰、黎冠新、尹　馨	实用新型	2016.11.03	2017.06.20	201621184065.7
312	一种高压输电线路用电磁辐射检测报警装置	董文娜、王旭明、吴瑞鹏、刘向军、沈国清	实用新型	2016.10.18	2017.06.20	201621140687.X
313	一种基于探地雷达的地锚检测系统	武　昕、王　震、倪向萍	实用新型	2016.12.15	2017.06.20	201621374791.5
314	智能配用电信息集成系统体系结构	张书盈	实用新型	2016.12.12	2017.06.27	201621357233.8
315	一种带指套的乐器拨片	任奕囡、洪冬欢、邹　琳	实用新型	2016.12.30	2017.07.04	201621479766.3
316	一种风光储能源系统中聚光式光伏电池板过热保护系统	房　方、张　旭、张效宁、刘吉臻	实用新型	2016.12.26	2017.07.04	201621438807.4
317	一种无线供电磁悬浮彩灯	陈冰莹、王睿哲、彭燕嘉、鲁　萍、刘诗伦	实用新型	2016.12.09	2017.07.04	201621349220.6
318	基于空气与水对流换热的低能耗室温调节系统	丁凌崧、王　策、陈文悦、王忠航、张健男、郭　腾	实用新型	2016.12.05	2017.07.04	201621319748.9

续表

编号	专利名称	发明人姓名	专利类别	申请日期	授权日期	专利号
319	一种基于多传感器的煤粉含水率和煤种监测装置	谷　珊、钱相臣、闫　勇、郭冉冉、李冠冠、徐伟程	实用新型	2016.12.16	2017.07.07	201621387115.1
320	一种太阳能光伏、光热及热泵结合的溴化锂节能空调系统	周国兵、杨　霏、田富宽、朱茂川、陈海平、张　衡	实用新型	2016.11.28	2017.07.07	201621284823.2
321	一种非侵入式电力负荷分解监测装置	祁　兵、韩　璐	实用新型	2016.11.10	2017.07.07	201621210448.7
322	一种基于电流信号分离的居民负荷用电识别系统	武　昕、韩　笑	实用新型	2016.11.10	2017.07.07	201621210447.2
323	灌溉用预付费自动闸门	赵冠琨、张来兴	实用新型	2016.11.09	2017.07.07	201621257542.8
324	一种辅助卷绕绝缘纸齿带装置	齐　波、戴佺民、潘齐方、卓　然、傅明利、刘　通、李成榕	实用新型	2016.11.02	2017.07.07	201621170301.X
325	一种高频电流传感器测试装置	葛青宇、朱丽萍、符云韵、唐志国	实用新型	2016.12.19	2017.07.11	201621395494.9
326	一种三相线路电流与功率监测装置	赵　东、郑陈熹	实用新型	2016.12.14	2017.07.14	201621368362.7
327	一种智能晾衣架	康　璐、任春频、章步琪、王子钰、杨晨龙、梁光胜	实用新型	2016.12.27	2017.07.18	201621447069.X
328	一种用于超高频局部放电监测的智能传感器	李卫国、程宇頔、夏　喻、王宏旭、陈　艳	实用新型	2016.12.26	2017.07.18	201621434836.3
329	一种基于扫频法的配电网电容电流的检测装置	李卫国、吉雅坤、王宏旭、袁创业、陈　艳	实用新型	2016.12.26	2017.07.18	201621434987.9
330	基于聚光光伏光热耦合燃煤机组联合供能系统的实验装置	吴浩然、林童尧、刘　裕	实用新型	2017.01.11	2017.07.21	201720026619.9
331	一种利用大小真空泵实现凝汽器抽真空优化装置	徐　钢、杨佐勋、薛小军、包塞纳、吕　剑、王　鹏	实用新型	2016.11.11	2017.07.25	201621214726.6
332	一种智能电动汽车无线充电系统	范世源	实用新型	2016.12.07	2017.07.28	201621339720.1
333	一种新型抗拉电源线	张书盈	实用新型	2016.12.04	2017.07.23	201621317988.5
334	一种智能除湿控温电气箱柜	靳海强、牛　凯、陈　雨、李林晏、蔡梦路、李继红	实用新型	2017.01.13	2017.08.04	201720040775.0
335	一种利用冷却水余热直接空冷高背压-抽汽联合供热系统	杨志平、时　斌、王宁玲	实用新型	2016.12.27	2017.08.04	201621452203.5
336	一种利用超声雾化提高溶液蒸发速率的装置及溴冷机	周国兵、田富宽、杨　霏、朱茂川、陈海平、张　衡	实用新型	2016.11.24	2017.08.04	201621271301.9
337	一种可应用于窗户的防雾霾电路	刘文博、杨荣嫣	实用新型	2016.10.17	2017.08.04	201621127893.7
338	一种便捷式财会档案袋	范晓杰	实用新型	2017.01.20	2017.08.08	201720070697.9
339	一种低温低压脱硫废水蒸发处理装置	赵　莉、李　琳、刘　宇、吴洋文、董长青、陆　强	实用新型	2016.12.16	2017.08.08	201621383340.8
340	水路调节装置及换流阀水路冷却系统腐蚀机理实验平台	卢斌先、王　萌、伍秋坤	实用新型	2016.12.27	2017.08.11	201621441454.3
341	一种红外控制鞋柜	赵　植、赵俊瑞	实用新型	2016.08.31	2017.08.11	201620984704.1
342	一种基于工程热力学的氮气饱和蒸汽压测定装置	陈海平、谢　天、周亚男	实用新型	2016.12.21	2017.08.15	201621407076.7
343	一种基于凝结式换热器的优化压缩空气干燥系统	徐　钢、牛晨巍、张　豪、高亚驰、吕　剑、王　鹏	实用新型	2016.11.16	2017.08.15	201621230263.2
344	实验室预约终端、智能实验室预约系统及智能预约实验室	可　寅、周鹏威、宋子秋、李　晋、章郁桐	实用新型	2016.11.18	2017.08.22	201621257017.6
345	一种微波智能感应车铃	宫　梦、辛永琳、陈婉莹、李　倩、胡笑颖	实用新型	2017.02.21	2017.08.25	201720154781.9
346	一种配电设备智能合闸保护控制装置	徐立敏、王莉丽	实用新型	2017.02.06	2017.08.25	201720109792.5

续表

编号	专利名称	发明人姓名	专利类别	申请日期	授权日期	专利号
347	一种燃气高效节能锅	赵　植、赵俊瑞	实用新型	2016.08.31	2017.08.25	201620990617.7
348	一种利用太阳能自动补给充电桩	李怀翔、范世源、邢书成、梁光胜	实用新型	2017.01.16	2017.08.29	201720043263.X
349	一种具有缓冲功能的车载摄像头安装座	黄　超、何　雯、郭嘉杰	实用新型	2017.02.27	2017.09.01	201720177207.5
350	家电控制装置及系统	王鹏程、张丽阳、陈　琳、张　倩、叶佳宁	实用新型	2017.02.21	2017.09.01	201720157985.8
351	一种基于中空陶瓷膜回收烟气水分与余热的装置	陈海平、周亚男、韦佳娣	实用新型	2016.12.14	2017.09.05	201621369690.9
352	电网 220kV 线损计算系统	蒋纯冰	实用新型	2017.02.28	2017.09.08	201720188257.3
353	智能冲泡装置	幸　心、李岚其、薛　涛	实用新型	2016.12.12	2017.09.15	201621360939.X
354	多路口智能红绿灯系统和装置	俞永杰、胡　阳、叶杨莉	实用新型	2017.03.07	2017.09.19	201720214117.9
355	一种便捷型烧烤油烟净化器	郑　兴、李卓言、王　祺、王新澜、周新越、胡笑颖	实用新型	2017.02.21	2017.09.19	201720154601.7
356	一种智能电梯调度装置及使用该装置的电梯控制系统	李永涛、常新远、张　杰	实用新型	2016.12.06	2017.09.19	201621334031.1
357	基于物联网的智能报警地热过滤器排污清理装置	蒋纯冰	实用新型	2017.02.28	2017.09.22	201720184441.0
358	一种蓄水回流出水装置	刘　凯、杨　扬、吴瑞鹏、杨国田、曾德良、沈国清	实用新型	2017.02.28	2017.09.22	201720187215.8
359	一种非能动风冷却风力发电机机舱	周　涛、李　兵、王尧新、宋振龙	实用新型	2017.02.07	2017.09.22	201720112952.1
360	一种核燃料元件	周　涛、马栋梁、齐　实、陈柏旭	实用新型	2016.12.29	2017.09.22	201621467758.7
361	一种电力配电柜	徐立敏	实用新型	2017.03.13	2017.09.26	201720237735.5
362	垃圾筒垃圾自动监测器	李静轩、单俊儒、许哲源、高　骏、赵　东	实用新型	2017.01.19	2017.09.26	201720072866.2
363	一种配备飞轮储能装置的电动汽车快速充电站	李文艳、汤卓凡、秦立军	实用新型	2017.03.16	2017.09.29	201720257503.6
364	采用超临界二氧化碳的布雷顿循环系统	徐　钢、白子为、薛小军、张国强、杨勇平	实用新型	2017.01.22	2017.09.29	201720083907.8
365	一种自动贩售机	黄廷恩、任春频、晏　婧	实用新型	2016.12.01	2017.09.29	201621314832.1
366	一种用于多变量控制系统试验测试平台	于　磊、刘　禾、杨国田、李新利	实用新型	2016.11.23	2017.09.29	201621268163.9
367	一种柱形水合盐相变材料稳定过冷蓄能装置及蓄能系统	周国兵、常乔磊、项宇彤	实用新型	2016.11.01	2017.09.29	201621161506.1
368	一种 110kV 变电站电源无扰动快速切换装置	秦立军、汤卓凡	实用新型	2017.03.16	2017.10.03	201720256638.0
369	多用型手机放置器	常铃敏、高　伟、杨先正、刘衍平、王子睿、赵　博、贺上飞、葛金林	实用新型	2016.11.11	2017.10.03	201621214556.1
370	一种无功功率补偿装置的工频过电压保护试验装置	吴浩然	实用新型	2017.02.16	2017.10.13	201720141475.1
371	一种自动感应的太阳能充电宝	马　原、余思雨、李幸芝、鲁　萍、刘诗伦	实用新型	2017.03.27	2017.10.20	201720299121.X
372	一种智能停车场系统	王子琦、常新远、马永华	实用新型	2017.03.23	2017.10.20	201720282384.X
373	一种防止反应堆发生弹棒事故的装置	周　涛、李子超、周蓝宇、张　晗、李　兵、田晓瑞、陈　娟	实用新型	2017.03.09	2017.10.20	201720225293.2
374	一种防止核电站放射性颗粒产物扩散的系统	周　涛、王尧新、李　兵、周蓝宇	实用新型	2017.03.02	2017.10.20	201720198454.3

续表

编号	专利名称	发明人姓名	专利类别	申请日期	授权日期	专利号
375	一种解决可再生能源发电弃能问题的冷热联供系统	孙　健、戈志华、谈　政、董小波、杨勇平	实用新型	2017.01.06	2017.10.20	201720014292.3
376	基于 DCS 实验装置的状态监测系统	贺　超、于　磊、王　硕、吴昊天、柴晓萱、许树港、马樱珊	实用新型	2016.12.16	2017.10.20	201621389292.3
377	一种基于自回热理论的高效全燃准东煤发电系统	许　诚、孙　杨、白　璞、徐　钢、杨志平、杨勇平	实用新型	2016.10.10	2017.10.20	201621108963.4
378	一种电阻测试装置	田　恬、肖仕武、徐　歌、刘　军、张海华、李振宇	实用新型	2017.03.07	2017.10.24	201720216465.X
379	一种压水堆一回路教学演示模型	郑金光、崔威杰、郝祖龙	实用新型	2016.12.21	2017.10.24	201621405589.4
380	一种输出功率平稳的风力发电机	朱永强、王福源、张少谦、唐　其	实用新型	2017.04.06	2017.10.27	201720351309.4
381	一种风力抽水蓄能发电装置	朱永强、郝嘉诚、王甜婧、唐　其	实用新型	2017.04.06	2017.10.27	201720351317.9
382	一种海洋盐差能综合利用系统	李翔宇、许　阔、王婉君、朱永强、夏瑞华	实用新型	2017.04.06	2017.10.27	201720351234.X
383	一种多产的海洋能综合利用系统	王婉君、李翔宇、许　阔、朱永强、夏瑞华	实用新型	2017.04.06	2017.10.27	201720351265.5
384	一种太阳能自动追光晒被支架	许阔、王婉君、李翔宇、朱永强、夏瑞华	实用新型	2017.04.06	2017.10.31	201720351308.X
385	一种适应人体舒适度的太阳能空气加湿器	朱永强、赵　娜、王福源、唐　其	实用新型	2017.04.06	2017.10.31	201720351316.4
386	一种雾霾传感设备	侯　静	实用新型	2016.11.03	2017.10.31	201621173389.0
387	一种气体分布板	房　方、于松源	实用新型	2017.03.15	2017.11.07	201720252435.4
388	一种基于荧光纳米材料的二氧化氮检测仪	陈婉莹、刘德成、董俊斐、刘　蓓、李吟诗、王素华	实用新型	2017.04.21	2017.11.10	201720423641.7
389	一种用于指示风电机组位置的灯光信号装置	宋玉旺、修长开、穆文雄、马小山	实用新型	2017.03.28	2017.11.10	201720306864.5
390	一种利用室内空气热量的火车站中央空调节能系统	郭　鹏、杨忠来、程翊桐、柳　赟、马卫华	实用新型	2017.04.14	2017.11.14	201720389725.3
391	一种智能自行车锁	张玉琢、赵新刚、左　艺	实用新型	2016.08.01	2017.11.14	201620823134.8
392	一种附加式自行车风力发电设备	朱永强、张少谦、赵　娜、唐　其	实用新型	2017.04.06	2017.11.17	201720351301.8
393	用于高压密闭系统中流体介质的静态标准称重装置	王宏超、孙采鹰、张文彪、闫　勇	实用新型	2017.04.20	2017.11.24	201720421192.2
394	一种基于自动功耗控制的可移动式智能插座	梁瑞雪、郭子栋、崔文庆	实用新型	2017.04.13	2017.11.24	201720389931.4
395	一种由移动终端控制的微型投影系统	郝建红、唐化江、鲁芝琳、李玉林	实用新型	2017.03.24	2017.11.24	201720293546.X
396	一种微波屏蔽服屏蔽效能测试系统	范杰清、高　娟、郝建红	实用新型	2017.03.24	2017.11.24	201720302176.1
397	一种熔融物堆内滞留压力容器外部冷却试验台架	陆道纲、高　尚、王　汉	实用新型	2017.03.09	2017.11.24	201720228460.9
398	一种低温类气相催化氧化脱除烟气多污染物的装置	赵　毅、袁　博、郝润龙、陶子晨、杨　硕	实用新型	2017.03.09	2017.11.24	201720228897.2
399	压缩超临界 CO_2 气体蓄能与太阳能结合的热发电系统	徐　钢、郑清清、包塞纳、高亚驰、胡　玥、雷　兢	实用新型	2017.01.22	2017.11.24	201720085179.4
400	一种压水堆控制棒流致振动实验装置	陆道纲、张惠民、王园鹏	实用新型	2016.12.29	2017.11.24	201621465017.5
401	一种基于热网分级加热的两级抽凝供热系统	徐　钢、刘　琦、郑　磊、肖　瑶、许继东	实用新型	2017.04.06	2017.11.28	201720351757.4
402	一种利用引射器调节驱动汽源的吸收式热泵供热系统	徐　钢、肖　瑶、郑　磊、刘　琦	实用新型	2017.03.30	2017.11.28	201720321134.2

续表

编号	专利名称	发明人姓名	专利类别	申请日期	授权日期	专利号
403	一种利用引射器调节汽源的高背压两级供热系统	徐 钢、郑 磊、肖 瑶、刘 琦、许继东、刘文毅	实用新型	2017.03.30	2017.11.28	201720320765.2
404	一种集成抽汽引射器的高背压热电联产系统	徐 钢、刘 琦、肖 瑶、许继东、刘 彤	实用新型	2017.03.21	2017.11.28	201720272891.5
405	一种基于能级匹配的热网多热源热电联产系统	徐 钢、刘 琦、肖 瑶、许继东、刘 彤	实用新型	2017.03.21	2017.11.28	201720272849
406	一种圆柱形井筒浇筑模板	尹俊杰	实用新型	2017.02.28	2017.12.01	201720183610.9
407	弃水深度升降式发电装置	彭 杨	实用新型	2017.05.18	2017.12.05	201720555994.2
408	一种反应堆用嵌入式安全网装置	周 涛、田晓瑞、陈 杰、张 晗	实用新型	2017.03.16	2017.12.05	201720256329.3
409	一种用于斜单轴跟踪支架光伏组件清洁装置	宋玉旺、修长开、司起步、张 超、冯 斌、高晨祥、谢锐彪、辛浩杰、沙雨飞	实用新型	2017.03.02	2017.12.08	201720193826.3
410	谐振抑制装置及风力发电机组	刘其辉、刘诗怡	实用新型	2016.12.23	2017.12.08	201621435977.7
411	一种基于液压系统的三维转向装置	郭陟峰、王子涵、王浩意、丁琰妍、聂 恒	实用新型	2017.04.18	2017.12.15	201720408702.2
412	灯（眼球造型USB光源）	黄廷恩、颜文婷、任春频	外观设计	2016.11.11	2017.01.04	201630548554.5
413	钱币分离设备	杨容嫣	外观设计	2016.10.14	2017.01.04	201630503062.4
414	抽油机	秦小田、曹本壹、吴 璇、章建徽、杨建川、宋玉旺	外观设计	2016.10.08	2017.02.08	201630494223.8
415	硬币分离装置	刘秣含、蒋鑫宇、杨先正、王艺澎、何晓燕、刘衍平、李 力	外观设计	2016.10.19	2017.02.15	201630509908.5
416	风帽管（循环流化床）	房 方	外观设计	2016.11.15	2017.03.22	201630554116.X
417	手机架	高 伟、杨先正、吴 璇、刘衍平、葛金林、贺上飞、王子睿、赵 博	外观设计	2016.10.08	2017.03.22	201630494101.9
418	耳麦	高 伟、杨先正、吴 璇、刘衍平、赵 博、王子睿、贺上飞、葛金林	外观设计	2016.10.08	2017.03.22	201630494125.4
419	鼠标支架	封 钰、张飞宇、左 莎、梁光胜	外观设计	2016.09.30	2017.03.22	201630490131.2
420	载运车	邢学利、孔大力	外观设计	2016.12.09	2017.03.29	201630604430.4
421	POS机（新型）	徐 亮、隋怡君、韩泽萱	外观设计	2016.11.21	2017.04.05	201630563768.X
422	硬币分离机（多功能）	蒋鑫宇、刘秣含、王艺澎、杨先正、何晓燕、刘衍平、李 力	外观设计	2016.10.19	2017.04.05	201630509912.1
423	冲泡壶（智能节能一体式）	幸 心、薛 涛、李岚其	外观设计	2016.12.08	2017.04.12	201630602188.7
424	发电机（聚光光伏光热-温差发电一体化）	朱思嘉、黄怡凌、张 涵、梁 凯、陈海平	外观设计	2016.11.29	2017.04.12	201630581033.X
425	包装箱	孔大力、孙国栋、田军权、徐 鹏、阚彦邦	外观设计	2016.11.23	2017.04.12	201630569034.2
426	U盾	徐 亮、韩泽萱、隋怡君	外观设计	2016.11.21	2017.04.19	201630563387.1
427	二极管传感器	陈俊安、闫永恒、孙 瑶、龚锦华	外观设计	2016.12.05	2017.04.26	201630591796.2
428	纸巾自动贩卖机	钱奕然、韩释瑶、王利民	外观设计	2016.11.30	2017.05.17	201630584478.3
429	太阳能垃圾箱	封 钰、张玮玮、张江昆	外观设计	2016.11.22	2017.05.17	201630566190.3
430	蓝牙耳机	朱丽萍	外观设计	2017.01.10	2017.06.09	201730007687.6
431	电气控制箱	刘文博	外观设计	2016.09.06	2017.06.09	201630462756.8
432	潜水波波速测量装置	张东升、薛 涛、付发威	外观设计	2017.01.23	2017.06.20	201730027569.1
433	移动硬盘	吴 璇	外观设计	2017.01.23	2017.06.30	201730027175.6
434	电暖器	邢书成	外观设计	2017.02.28	2017.07.04	201730054332.2

续表

编号	专利名称	发明人姓名	专利类别	申请日期	授权日期	专利号
435	鼠标包装盒	蒋纯冰	外观设计	2017.02.28	2017.07.07	201730053638.6
436	加湿器	吕勃翰、赵冬梅	外观设计	2017.02.16	2017.07.07	201730041806.X
437	闹钟	陈　昌	外观设计	2017.03.17	2017.07.14	201730080083.4
438	厕所冲水系统	马云峰、禹航宇、李朋达	外观设计	2017.03.14	2017.07.28	201730073351.X
439	移动硬盘	胡　旺	外观设计	2017.03.03	2017.07.28	201730058602.7
440	书桌	陈　昌	外观设计	2017.03.17	2017.08.01	201730080174.8
441	机器人连接部件	马云峰、刘泽铖、单　悦	外观设计	2017.03.14	2017.08.01	201730072727.5
442	AGV 自动运输小车	姚　皓	外观设计	2017.03.09	2017.08.01	201730065700.3
443	储水罐	王若晗	外观设计	2017.03.29	2017.08.04	201730098114.9
444	板材（除雾板）	刘桦珍、李　冉、孙立伟、魏高升	外观设计	2017.03.28	2017.08.04	201730095804.9
445	输电塔	谭忠富、鞠立伟	外观设计	2017.03.14	2017.08.08	201730073317.2
446	文具盒	胡　旺	外观设计	2017.03.03	2017.08.11	201730058603.1
447	椅子	王馨尉、龚雁峰	外观设计	2017.02.16	2017.08.11	201730041792.1
448	移动电源	李幸芝、余思雨、马　原	外观设计	2017.03.27	2017.08.15	201730092459.3
449	太阳能车	赵荣发、李亚群、张泽群	外观设计	2017.03.10	2017.08.15	201730068105.5
450	钱包（可控电磁信号屏蔽钱包）	沙　韵、马昕雨、王少杰	外观设计	2017.04.13	2017.08.22	201730121686.4
451	小型给水站	王若晗	外观设计	2017.03.29	2017.09.01	201730097970.2
452	智能托运车	王子琦、常新远、马永华	外观设计	2017.03.23	2017.09.01	201730087421.7
453	流化床反应器的气体分布板	房　方、于松源	外观设计	2017.03.15	2017.09.15	201730075427.2
454	压电扬声器	葛青宇	外观设计	2017.03.07	2017.09.19	201730062618.5
455	输电塔	谭忠富、鞠立伟	外观设计	2017.03.14	2017.09.22	201730073302.6
456	直线往复运输机	赵荣发、田军权、张泽群、丁卿辰、姚　坤	外观设计	2017.03.13	2017.09.22	201730070927.7
457	太阳能充电驿站	李怀翔、郭长营、邢书成、梁光胜	外观设计	2017.01.16	2017.09.22	201730014880.2
458	智能停车场	王子琦、马永华、常新远	外观设计	2017.03.23	2017.10.03	201730087422.1
459	除雾板	李　冉、刘桦珍、孙立伟、魏高升	外观设计	2017.03.28	2017.11.24	201730095397.1
460	杯子	常铃敏	外观设计	2017.06.06	2017.12.05	201730224896.6
461	U 盘	常铃敏	外观设计	2017.06.06	2017.12.05	201730224910.2
462	自动化物品分类机	马　铁、许朝宗、王　帅、唐康洋、杨国田	外观设计	2017.04.10	2017.12.05	201730115391.6
463	用于平板电脑的保护壳兼充电器	唐　孟、朱　恒、李文华、农　伟、鲁　琦、梁立新	外观设计	2017.05.15	2017.12.15	201730176880.2
464	一种光伏电站大容量储能蓄电池运行保护系统	张建成、冯　骁	发明	2014.07.03	2017.01.04	201410313810
465	一种流化床式污泥干燥系统	方立军、曹　通、殷立宝、武　生	发明	2014.08.31	2017.01.04	201410435431
466	一种输电线激光驱鸟装置	李松涛、任　芝、关荣华	发明	2014.11.18	2017.01.11	201410676495.X
467	一种评估电磁骚扰对通信电缆 E1 线影响的方法	马海杰、崔　翔、张卫东、安　勃、靳　阳、王智慧、刘国军、孟凡博、梁　凯、程科仁	发明	2014.04.09	2017.01.11	201410139094
468	基于广域电压的电网故障定位方法	徐　岩、应璐曼、刘　青	发明	2013.09.29	2017.01.18	201310453681
469	一种含抽水蓄能电站的电力系统发电计划制定方法	谢红玲、李燕青、孙凯航、董　驰、李　翔、王　坚、梁志飞、傅志伟、付　妍、沈博一	发明	2013.10.10	2017.01.18	201310469127

续表

编号	专利名称	发明人姓名	专利类别	申请日期	授权日期	专利号
470	一种臭氧发生及监测模拟系统	郑海明、姚鹏辉、马慧涛	发明	2014.08.21	2017.01.18	201410414008
471	一种GIS变电站中变压器的VFTO防护装置及方法	张重远、王增超、李春燕、张　欣	发明	2014.08.31	2017.01.18	201410435431
472	开式地表水源热泵取水最小耗能和水深计算方法及装置	刘志坚、李　非、靳光亚	发明	2015.02.03	2017.01.18	201510055994
473	一种湿式电除尘器收尘极板及其清灰水膜形成方式	齐立强、崔少平	发明	2013.10.23	2017.01.25	201310528826
474	一种双馈式发电机转子匝间短路故障位置的定位方法	李俊卿、张立鹏、史玮明	发明	2014.08.30	2017.01.25	201410435203
475	基于虚功率原理的汽轮发电机转子绕组短路故障诊断方法	武玉才、李永刚、李和明	发明	2014.02.25	2017.02.01	201410063791
476	一种分数阶元件变换器	梁贵书、刘　欣、马　龙	发明	2013.12.13	2017.02.01	201310681381.X
477	一种运行复合绝缘子老化程度的评估方法	梁　英、陈逸昕、梁培松、刘云鹏、花广如	发明	2014.07.03	2017.02.01	201410314094
478	一种电力系统相量测量单元的配置方法	徐　岩、郅　静、应璐曼、樊世通	发明	2014.01.17	2017.02.08	201410021814
479	基于非对称密钥和Hash函数的RFID双向认证方法	苑津莎、胡　岳、戚银城	发明	2013.06.20	2017.02.08	201380003846
480	一种应用B样条理论改进的变压器三比值故障诊断方法	张卫华、苑津莎	发明	2014.08.07	2017.02.08	201410386552
481	区域电网实时电力平衡指数系统的构建方法	米增强、石金玮、杨　健、李昊星、环加飞、范瑞明	发明	2014.01.24	2017.02.15	201410036382
482	一种太阳能动力发电及热水系统	刘尚坤、唐贵基、范孝良、何玉灵	发明	2014.04.23	2017.02.15	201410163249
483	基于差异特征描述的图像识别方法	高　强、杨红叶、余　萍	发明	2014.02.25	2017.02.15	201410063895
484	一种基于四轴飞行器的火电厂盘煤测算方法	张文建、房　静、赵路佳、吴　鹏	发明	2014.09.26	2017.02.15	201410505503
485	基于STCP－BP的风速预测方法	刘兴杰、郑文书、岑添云	发明	2013.05.20	2017.02.22	201310187535
486	一种架空输电线路振动监测系统及监测方法	向　玲、陈　涛、胡爱军、鄢小安、贾　轶	发明	2014.11.19	2017.02.22	201410662722
487	一种带有故障指示的电流插座	李艳坤、景　璟	发明	2014.03.13	2017.02.22	201410106746
488	电力工程高空作业人员个体状态监测装置	王璋奇、黄增浩、王　剑	发明	2014.06.24	2017.02.22	201410283534
489	一种脉动风作用下输电线风偏时的横担挂点荷载计算方法	万书亭、古祥科、李永刚、韩永强、李龙、隆玉福	发明	2014.11.10	2017.02.22	201410663097
490	一种选择性催化还原法烟气脱硝喷氨控制系统的改进方法	刘松涛、焦嵩明、郑晓坤、陈传敏	发明	2015.04.23	2017.02.22	201510197580
491	一种脉冲光的光纤布里渊谱拟合方法	杨　志、李永倩、尚秋峰、赵丽娟	发明	2015.01.14	2017.02.22	201510020267
492	一种模拟齿轮组合故障的实验台及模拟方法	何玉灵、唐贵基、王　凯、邓飞跃、王晓龙	发明	2014.10.29	2017.03.08	201410591290
493	一种35kV以下的配电线电缆接地远程监视装置	任　芝、李松涛	发明	2014.08.27	2017.03.15	201410440757
494	具有抑制横向激射功能的玻璃基质激光棒	任　芝、赵一名、梁嘉娣、蒋　畅	发明	2014.10.27	2017.03.15	201410596843
495	一种用于输电线的激光驱鸟器	李松涛、任　芝	发明	2014.12.10	2017.03.15	201410773144
496	一种憎水性材料静态接触角计算方法	徐志扭	发明	2014.10.21	2017.03.22	201410561733

续表

编号	专利名称	发明人姓名	专利类别	申请日期	授权日期	专利号
497	一种微生物气溶胶发生装置	刘志坚、王晓妍、郭舒毓	发明	2015.06.15	2017.03.22	201510333090
498	变电站支柱绝缘子 RTV 涂料喷涂工艺	花广如、李文浩、刘云鹏、房　静	发明	2016.01.29	2017.03.22	201610061025
499	一种油田井下持水率可视化测量方法	张立峰	发明	2014.01.17	2017.03.29	201410021827
500	一种锅炉燃烧优化控制方法	赵文杰	发明	2014.11.18	2017.03.29	201410655179
501	一种电力光纤通信网业务的双路由配置方法	何玉钧、王慧芳、高会生、陈　冉	发明	2014.03.24	2017.04.05	201410110823
502	一种激光器驱动电路	李松涛、任　芝	发明	2014.08.27	2017.04.05	201410440614
503	转盘式可调参数电网串联电抗器	董　清	发明	2015.07.21	2017.04.05	201510429568.X
504	一种利用光伏辅助燃煤机组脱碳的工艺系统	赵文升、白　睿、王继选、白　洁、王营营、赵博宇	发明	2014.10.26	2017.04.19	201410576054
505	电力系统中割集断面潮流定向控制方法	徐　岩、郅　静	发明	2015.04.17	2017.04.19	201510183698.X
506	一种双馈风力发电机组的频率与阻尼综合控制方法	张祥宇、陈玉伟、付　媛	发明	2015.04.17	2017.04.19	201510182041
507	考虑历史数据趋势预测的配电网电气设备状态评估方法	梁海峰、刘子兴	发明	2013.08.08	2017.04.26	201310343463
508	一种氨法烟气碳捕集及合成化工产品的方法	马双忱、郭　蒙、陈公达、别　璇、何德瑞、黄　凯	发明	2014.12.08	2017.04.26	201410738815.X
509	一种机组负荷双重智能优化控制方法	马良玉、成　蕾、刘　婷、李　强、宁福军、刘卫亮、刘长良、陈文颖	发明	2015.04.29	2017.04.26	201510212972
510	一种降低光伏发电系统并网点电压不平衡度的控制方法	李建文、齐　飞、李永刚	发明	2015.07.08	2017.05.03	201510398733
511	一种隔离型直流变压器测试系统	付　超、石新春	发明	2014.11.21	2017.05.10	201410673328
512	一种基于无线网络环境的 LED 驱动管理系统	张京席、戚宇林	发明	2015.04.23	2017.05.10	201510196720
513	一种改进的汽轮发电机励磁绕组短路故障在线检测方法	武玉才、李永刚	发明	2015.02.06	2017.05.10	201410662629
514	三芯海底电缆中复合光纤以内填充层热阻的计算方法	吕安强、寇　欣、李永倩、李　静	发明	2014.08.23	2017.05.17	201410428665
515	一种用于镁法脱硫副产物回收的固相催化剂及其制备方法	汪黎东、许佩窑、尹子珺	发明	2015.01.12	2017.05.17	201510014046
516	输电线路上灰密检测装置及方法	李松涛、任　芝	发明	2015.03.13	2017.05.17	201510116413
517	一种含盐废水的蒸发处理装置	马双忱、于伟静、柴　峰、李丹阳、陈公达	发明	2015.08.26	2017.05.24	201510529119
518	一种基于BOTDR的已敷设传感光纤温度和应变同时测量方法	吕安强、李　静	发明	2014.05.26	2017.05.31	201410235762
519	LLC 谐振变换器优化设计方法	颜湘武、孙　磊、张　波、曲　伟、吕　正、杨　漾、方雨康	发明	2015.06.25	2017.05.31	201510355688.X
520	输电线路电缆绝缘自动包裹装置	朱晓光、房　静、吴　鹏、刘　欢	发明	2015.03.06	2017.05.31	201510100104
521	一种计算机快速海量数据聚类处理方法	李　中、杨　宏、张　珂	发明	2013.12.31	2017.06.06	201310748302
522	基于 LCC 的变电站主接线的风险评估的方法	迟　成、徐　岩、韩　平	发明	2014.10.07	2017.06.06	201410519197.X
523	一种流道式换热器	刘志坚、靳光亚、李　非	发明	2015.02.13	2017.06.06	201510086750
524	一种确定电机励磁绕组匝间短路故障位置的方法	李俊卿、史玮明	发明	2015.01.09	2017.06.06	201510011621

续表

编号	专利名称	发明人姓名	专利类别	申请日期	授权日期	专利号
525	一种半导体硅片清洗釜	靳光亚、朱松阳、王佳鹏、王　娅、吕　媛、程友良	发明	2015.05.19	2017.06.06	201510255080
526	一种电力系统PMU优化配置方法	徐　岩、应璐曼、刘泽锴、钱新凤	发明	2014.03.29	2017.06.13	201410122080
527	三相电压、电流信号波形采样数据的压缩方法及装置	牛胜锁、梁志瑞、王慧娟、苏海峰、赵　飞	发明	2014.10.24	2017.06.16	201410577828
528	利用热网蓄能补偿主蒸汽压力偏差的供热机组控制方法	田　亮、刘鑫屏、卫丹靖、王　桐、郝晓辉	发明	2016.04.27	2017.06.16	201610272602
529	一种基于双重随机理论的太阳辐射强度预测方法	胡永强、赵书强、马燕峰	发明	2014.06.03	2017.06.20	201410242073
530	一种微生物气溶胶采样装置	刘志坚、王晓妍、郭舒毓	发明	2015.06.15	2017.06.20	201510333192
531	一种分段准相位匹配晶体全光波长转换器的设计方法	刘　涛、崔　洁、刘　佐	发明	2014.12.13	2017.06.23	201410763322
532	一种三相励磁涌流抑制装置及方法	李松涛、任　芝	发明	2014.08.27	2017.06.27	201410440616
533	天冬氨酸－衣康酸共聚物及其合成方法	张玉玲、王吉龙、倪世清、黄帅斌、胡志光、李　研、冯　雪	发明	2014.10.23	2017.07.04	201410570775
534	一种基于高频电源预稳级的高精密度稳压稳流控制电路	王永强、王　壮	发明	2015.11.09	2017.07.04	201510756035
535	一种数字化盘煤系统及方法	张　悦、韩　璞、徐楠楠、刘　淼	发明	2014.07.03	2017.07.14	201410315132
536	一种基于万有引力神经网络的风电系统MPPT方法与装置	马良玉、李　强、刘卫亮、刘长良、林永君、陈文颖、马　进、马永光	发明	2015.03.25	2017.07.14	201510133362
537	一种基于混合脉宽调制的电力电子变压器控制方法	刘教民、孙玉巍、李永刚、付　超	发明	2015.11.03	2017.07.14	201510736549
538	血管内超声与血管内OCT图像的融合方法	孙　正、胡宏伟	发明	2014.11.20	2017.07.18	201410666828
539	一种液滴静态接触角的测定方法	徐志钮	发明	2014.11.09	2017.07.18	201410622989
540	计及源网荷互动的交直流混合微电网优化运行方法及装置	李　鹏、徐　多、赵　波、闫书畅、周金辉	发明	2015.08.19	2017.07.18	201510511461.X
541	一种基于激光二极管的局部放电光电检测系统及方法	刘云鹏、王　剑、赵　涛、裴少通、刘贺晨、李世延	发明	2014.07.21	2017.07.28	201410346994
542	一种利用太阳能热泵气化LNG的系统及方法	时国华	发明	2016.01.29	2017.07.28	201610067782.X
543	一种基于参数选择的图像自适应指导滤波方法	戚银城、蔡银屏、赵振兵、徐　磊	发明	2015.09.17	2017.08.01	201510593051
544	一种微网虚拟功率下垂限幅控制方法	颜湘武、王月茹、王星海、吕　正、张　波、曲　伟	发明	2015.11.25	2017.08.01	201510827759
545	一种利用太阳墙和温差发电的LNG空温式气化装置及方法	时国华、李　丹、田胜楠	发明	2016.02.05	2017.08.04	201610083692
546	血管内超声灰阶图像的自动组织标定方法	孙　正、王立欣、周　雅	发明	2014.07.21	2017.08.11	201410347266
547	一种利用风能液化空气和太阳能加热的储能与发电一体化系统	谢英柏、薛晓东、陈　天、张　猛、侯　轶	发明	2017.01.09	2017.08.11	201720019160
548	直流偏磁状态下变压器磁滞特性及损耗特性确定方法	赵小军、钟玉廷、崔伟春、张力晖、关大伟、孟凡辉、王　平、刘　刚	发明	2015.04.17	2017.08.22	201510184067.X
549	用于黑启动方案生成的对象化电网拓扑分析方法	梁海平、董金哲、李少岩、顾雪平	发明	2014.08.19	2017.08.25	201410408327
550	基于红外与可见光图像融合的变电设备定位方法及装置	赵振兵、徐国智、蔡银萍	发明	2014.10.21	2017.08.25	201410562806.X
551	一种拉线塔拉线的非线性计算方法	杨文刚、王璋奇、朱伯文	发明	2014.11.25	2017.08.25	201410685374

续表

编号	专利名称	发明人姓名	专利类别	申请日期	授权日期	专利号
552	一种螺栓连接构件的防滑移方法	江文强、王璋奇、张子阳	发明	2015.08.31	2017.08.25	201510548412
553	一种二次再热机组集成脱碳装置的方法和系统	付文锋、王蓝婧、李嘉华、杨勇平	发明	2016.01.11	2017.08.25	201610012802
554	一种特高压单柱拉线塔扭振频率的两自由度计算方法	杨文刚、王璋奇、朱伯文	发明	2015.01.20	2017.08.29	201510026066
555	一种高加给水系统故障程度识别方法	王晓霞、马良玉	发明	2015.09.29	2017.08.29	201510631395.X
556	基于单自由度模型的单柱拉线塔扭振频率估算方法	杨文刚、王璋奇、朱伯文	发明	2015.01.20	2017.09.22	201510026895
557	电力大数据预处理的属性约简方法	李　刚、焦　谱、宋　雨、申金波	发明	2015.06.08	2017.09.26	201510310151
558	一种二维血管内光声图像的建模与仿真方法	孙　正、苑　园	发明	2015.04.03	2017.09.29	201510157894.X
559	一种直流孤岛外送风电的变电流控制策略	梁海峰、李怀科	发明	2015.08.26	2017.09.29	201510528796
560	车削 Sic 增强铝基复合材料切削力预测方法	柳　青、王进峰、赵爱林、刘　渊	发明	2015.08.08	2017.09.29	201510489955
561	一种高压断路器动触头运动特性测试方法	袁和金、赵现平、赵书涛、牛为华、程志万、崔克彬、葛玉敏	发明	2014.12.23	2017.10.03	201410814290
562	输电线覆冰监测装置	李松涛、任　芝	发明	2015.11.13	2017.10.03	201510779462
563	一种复合式除尘器	齐立强、王丽丽、杨　硕、陈　晨、陈煜茜、曾显清、崔少平	发明	2014.05.27	2017.10.10	201410225954
564	一种发电机气隙静态偏心故障方位及故障程度检测方法	何玉灵、邓玮琪、刘会兰、唐贵基	发明	2015.07.16	2017.10.10	201510419277
565	一种耐刀割耐酸碱腐蚀的透明超疏水涂层的制备方法	王　鹏、范孝良	发明	2015.10.27	2017.10.10	201510705833
566	一种改进的离心风机旋转失速实验装置及其检测方法	许小刚、王惠杰、吴正人、孙　玮	发明	2016.08.22	2017.10.13	201610790137
567	基于伪 ID 的物联网安全认证方法	苑津莎、徐　扬、高会生	发明	2015.03.05	2017.10.20	201510097133.X
568	一种基于主线方向特征的深度信念网络图像分类方法	高　强、李　倩、余　萍	发明	2015.03.12	2017.10.20	201510108809
569	一种改进的汽轮发电机励磁绕组短路故障的检测方法	武玉才、李永刚、张嘉赛	发明	2015.03.24	2017.10.20	201510130222
570	一种基于损失电量特征参数的光伏电站运行状态辨识方法	王　飞、李康平、米增强、梅华威、张　雷、梁玉杰、白雪天、李玉孝、孙国腾	发明	2015.01.30	2017.10.24	201510049731
571	一种火电机组协调控制系统的发电功率指令前馈控制方法	田　亮、张锐锋、刘鑫屏、潘　华、练海晴、李小军、安　波、陈　雨、柏毅辉、李前敏	发明	2015.03.25	2017.10.24	201510133101
572	一种火电机组协调控制系统的煤可模性补偿控制方法	田　亮、张锐锋、刘鑫屏、李小军、练海晴、潘华安、波陈宇、柏毅辉、李前敏	发明	2015.07.28	2017.10.24	201510452211
573	一种血管内超声视频中关键帧的自动检索方法	孙　正、王立欣	发明	2015.04.01	2017.10.27	201510152617.X
574	基于低压电力线载波通信的家用电动汽车居民小区有序充电控制方法	苏海锋、陈　丽、王桂哲	发明	2016.01.29	2017.10.27	201610067783
575	一种光助催化氧化脱除烟气中多污染物的装置及方法	郝润龙、赵　毅、袁　博	发明	2016.01.25	2017.11.03	201610049882.X

续表

编号	专利名称	发明人姓名	专利类别	申请日期	授权日期	专利号
576	基于转矩比较原理的发电机励磁绕组短路故障诊断方法	武玉才、张嘉赛、李永刚	发明	2014.12.19	2017.11.07	201410820807
577	考虑声线弯曲行为的炉内三维温度场声学重建方法	姜根山、袁　月、许伟龙	发明	2015.10.13	2017.11.07	201510670805
578	基于色散校正的双端行波故障测距方法	贾惠彬、李明舒	发明	2015.09.01	2017.11.07	201510548656
579	输电线覆冰厚度测量装置	李松涛、任　芝	发明	2015.11.13	2017.11.14	201510779545
580	基于余热利用的丝瓜瓤嵌入式智能收发洗碗系统	程友良、池浩湉、冯雪松、赵国谨、周　芸、饶雄文、金文华、张国英	发明	2015.04.24	2017.11.17	201510200814
581	一种汽轮发电机转子质量不平衡评估方法	武玉才、李永刚、袁浚峰、董晨晨	发明	2015.08.06	2017.11.24	201510477869.X
582	基于定子电流注入的同步电机转子绕组短路故障诊断方法	武玉才、李永刚、王海蛟	发明	2015.08.06	2017.11.24	201510477867
583	一种提高并控制多胞材料能量吸收效率的方法	张新春、丁海民、李　娜、王　伟、王　孟	发明	2014.04.24	2017.11.28	201410167961
584	基于日盲紫外成像图像特征的瓷绝缘子绝缘状态评估方法	王胜辉、刘　鹏	发明	2015.06.25	2017.11.28	201510357480
585	基于 Adaboost 算法的绝缘子图像识别方法	翟永杰、伍　洋、程海燕、于金生、王　迪	发明	2014.06.05	2017.12.01	201410244819
586	检测网页被运营商劫持的装置及方法	熊　伟、柳　鹏、甄志会	发明	2014.11.28	2017.12.19	201410701382
587	一种太阳能 PM2.5 检测仪	马春利、胡立仁、于国梁	实用新型	2016.01.15	2017.01.04	201620041071
588	一种无线开关固定器	赵文杰、邸　帅、吕　猛	实用新型	2016.06.13	2017.01.11	201620569810
589	一种汽车尾气处理装置	高鹏、李　昊、吴名起、姜　山、夏天杰、任秋阳、王　爽、陈雅婷	实用新型	2016.05.30	2017.01.11	201620508227
590	一种太阳能光伏谷物干燥装置	方立军、刘明恺、曾　伟、杨　锟、刘　浪	实用新型	2016.04.22	2017.01.18	201620351703
591	一种便携式生理应激指标监测手环装置	郑国忠、牛嘉怡、祝遵强、刘彦琛、李志灏	实用新型	2016.05.12	2017.01.18	201620475233
592	一种 SCR 脱硝反应器导流装置	胡庆祥、滕先浩、姬禹杰	实用新型	2016.06.24	2017.01.18	201620634605
593	一种便携式多用水力发电装置	李永华、刘　琰、王瑀喆、马文静	实用新型	2016.07.14	2017.02.08	201620737970
594	一种光分解 CO_2 补燃动力系统	谢英柏、陈　天、仲　凯、侯　轶	实用新型	2016.07.08	2017.02.08	201620713906
595	一种直通式取灰装置和飞灰含碳检测仪	黄　宇、马世京、王佳荣	实用新型	2015.12.25	2017.02.15	201521110332
596	户外防风节能型快速烧水壶	李永华、闫顺林、谷　兵、艾书剑	实用新型	2016.05.04	2017.02.15	201620396353
597	一种节能日光温室地下蓄热滴灌系统	张天策、张午宇、赵德洁、王明军、杜伟彪、叶雨晴、王东辉	实用新型	2016.08.09	2017.03.22	201620856052
598	断路器	张天策、赵德洁、张午宇	实用新型	2016.08.09	2017.03.22	201620856082
599	可拼接组合的电气箱	赵德洁、张天策、张午宇	实用新型	2016.08.09	2017.03.22	201620859196
600	一种多功能耳塞	姚万业、魏立新、贾昭鑫	实用新型	2016.08.29	2017.03.29	201620958453.X
601	一种基于植物光合作用的太阳电池	马文魁、程友良、王月坤、刘杨、王　超	实用新型	2016.09.28	2017.03.29	201621087595
602	一种利用太阳能、潮汐能和风能发电的海上漂浮航道灯	何宗源、李　轩、王　舜、刘卫亮	实用新型	2016.09.20	2017.03.29	201621063164.X
603	背光式染料敏化太阳能电池	李艳青、郭春雷、穆　曼、张胜寒、许佩瑶	实用新型	2016.10.11	2017.03.29	201621117228.X
604	一种新型跌落式熔断器	范晓舟、赖　典、耿江海	实用新型	2016.06.30	2017.03.29	201620686909

续表

编号	专利名称	发明人姓名	专利类别	申请日期	授权日期	专利号
605	一种改进的离心风机旋转失速实验装置	许小刚、王惠杰、吴正人、孙　玮、耿　娜	实用新型	2016.08.22	2017.04.05	201621034066
606	一种具有防鸟害结构功能的横担防雷套件	马东福、朱思宇、梁延昌、万书亭	实用新型	2016.10.08	2017.04.05	201621102974
607	一种基于无线通信的电力铁路防盗报警及取证系统	于　浩、刘　浩、刘　健、王　琛、靳铠闻	实用新型	2016.10.11	2017.04.05	201621109872
608	一种频率功率输出稳定的激光器驱动电路	李松涛、郑　宁、葛　坤	实用新型	2016.10.14	2017.04.05	201621120998
609	一种激光器驱动电路	李松涛、葛　坤	实用新型	2016.10.14	2017.04.05	201621120998.X
610	一种箱式变电站	周华嫣然	实用新型	2016.09.26	2017.04.05	201621082427
611	一种灵敏度可调节的光电探测系统驱动电路	任　芝、宋金建	实用新型	2016.10.14	2017.04.12	201621120999
612	一种脉冲激光装置	任　芝、杨振宇	实用新型	2016.10.14	2017.04.12	201621121001
613	一种智能电网用干式变压器	周华嫣然	实用新型	2016.06.09	2017.04.12	201620950138
614	一种用于测量绝缘子倾斜角度的单目测量装置	王璋奇、刘江山、胡加伟	实用新型	2016.09.20	2017.04.19	201621066111
615	一种户外高压大电流隔离开关	范晓舟、赖　典、耿江海	实用新型	2016.07.18	2017.04.19	201620761889
616	一种多能源互补的供暖空调系统	危日光、马明皓、高建强	实用新型	2016.08.30	2017.04.26	201620988986
617	一种车床卡盘扳手安全装置	陈大川、张瑞杰、郭　侯、胡立仁	实用新型	2016.11.07	2017.04.26	201621199256
618	一种汽轮机末级湿度检测装置及汽轮机	钱江波、张　位、谷青峰、周伟伟、张　楠、李恒凡、邵立伟	实用新型	2016.11.01	2017.04.26	201621164939
619	一种汽轮机末级湿度检测装置及汽轮机	钱江波、张　位、谷青峰、周伟伟、张　楠、李恒凡、邵立伟	实用新型	2016.11.01	2017.04.26	201621164937
620	一种熔断器	刘云鹏、刘继兴、李　戎	实用新型	2016.10.20	2017.04.26	201621141775
621	一种有机朗肯循环装置	范　伟、赵若丞	实用新型	2016.09.29	2017.04.26	201621092057
622	一种有机朗肯循环装置	范　伟、赵若丞	实用新型	2016.09.27	2017.04.26	201621084382
623	一种有机朗肯循环装置及其排汽管	范　伟、赵若丞	实用新型	2016.09.27	2017.04.26	201621084382
624	一种透平吹风试验装置	范　伟、王　智	实用新型	2016.09.27	2017.04.26	201621083618.X
625	一种有机朗肯循环装置	范　伟、赵若丞	实用新型	2016.09.27	2017.04.26	201621083618
626	一种颗粒物在通风管道内沉积测量实验装置	杨化动、张　森、李世广	实用新型	2016.09.27	2017.05.03	201621114352
627	一种运行稳定的直接空冷凝汽器散热单元	程友良、张　宁、杜尚任、任泽民、周　玉	实用新型	2016.09.26	2017.05.03	201621077775
628	一种太阳能电池板污染检测系统	高正阳、孙月亮、吴　茜、杨维结	实用新型	2016.08.31	2017.05.03	201621026998
629	非接触式多通道直流电流检测装置和系统	胡伟正、李来杰、谢志远、王力崇、裴兆鹏	实用新型	2016.10.10	2017.05.10	201621108729
630	一种栅状电机超级电容器	吴天昊、李昕烨、徐　曼、韩颖慧	实用新型	2016.09.29	2017.05.10	201621090726
631	一种多功能二氧化碳吸收采集装置	杨丽娟	实用新型	2016.10.31	2017.05.10	201621230431
632	一种新型火力发电节能锅炉	樊振萍、张路瑶、褚福常、郭保会	实用新型	2016.11.11	2017.05.10	201621223322
633	一种具有极靴式电极的超级电容器	吴天昊、李昕烨、李　乐、刘云鹏、韩颖慧	实用新型	2016.11.15	2017.05.10	201621227050
634	虚拟数字接口芯片卡	朱有产、谷　越、杨振宁、潘　帅	实用新型	2016.09.29	2017.05.17	201621091985
635	一种热回收地源热泵系统的生活热水的控制系统	刘志坚、翟　雪、刘　续	实用新型	2016.09.21	2017.05.17	201621067948.X

续表

编号	专利名称	发明人姓名	专利类别	申请日期	授权日期	专利号
636	一种温湿度控制的地源热泵空调系统	刘志坚、翟　雪、刘　续	实用新型	2016.09.21	2017.05.17	201621068187.X
637	一种生物质循环流化床气化炉床温控制系统	鲁许鳌	实用新型	2016.11.17	2017.05.17	201621246380
638	一种固体燃料气化单元的间接预热系统	鲁许鳌	实用新型	2016.11.11	2017.05.17	201621265257
639	一种城市道路发电与车流预测综合系统	谢英柏、吉鸿斌、仲　凯、田月怡、丁玉乐	实用新型	2016.09.29	2017.05.24	201621089233
640	一种安全帽	翟永杰、李　冰	实用新型	2016.11.18	2017.05.31	201621235434
641	一种三段式汽车尾气处理装置	齐立强、李明霜、崔　畅、王丽丽、陈风桥、张　续	实用新型	2016.07.19	2017.06.06	201620788133
642	一种工业神经网络控制器	王　舜、李　轩、何宗源、刘卫亮	实用新型	2016.09.19	2017.06.06	201621058781
643	一种改进的介孔材料生产设备	孙　玮、杨丽娟、许小刚	实用新型	2016.11.30	2017.06.06	201621338290
644	基于单片机控制的智能窗户	那永一	实用新型	2016.11.22	2017.06.09	201621246726
645	一种家用空气净化器装置	李　非、王　姜、高群翔	实用新型	2016.11.08	2017.06.13	201621203111
646	一种复合热源供热系统	李　非、王　姜、高群翔	实用新型	2016.11.08	2017.06.13	201621203748
647	一种民用高效空气净化装置	刘志坚、高群翔、李俊杨	实用新型	2016.11.08	2017.06.13	201621203390
648	一种翅管式结构的相变蓄热换热器	戎　瑞、何紫伶、刘竹清	实用新型	2016.11.22	2017.06.13	201621251726
649	一种变电站绝缘子串清洗机器人	李长锋、马梦璇、赵宇含、宋立琴	实用新型	2016.11.14	2017.06.13	201621219222
650	一种汽轮机末级湿度检测装置及汽轮机	钱江波、张　位、谷青峰、周伟伟、张　楠、李恒凡、邵立伟	实用新型	2016.11.14	2017.06.13	201621223196
651	一种压缩感知的氮氧化物软测量系统	刘　潇、金秀章、尹子剑、张少康	实用新型	2016.12.09	2017.06.16	201621355422
652	一种生物质燃气热输送系统	鲁许鳌	实用新型	2016.12.06	2017.06.16	201621340061
653	异步电机教学演示装置	任　芝、郑　宁	实用新型	2016.10.13	2017.06.27	201621121097
654	一种压力容器	锅彦娣	实用新型	2016.12.25	2017.06.30	201621494861
655	一种组合验证的新型门禁系统	鲁　斌、杨明晓、陈　娟	实用新型	2016.11.16	2017.06.30	201621228654
656	一种新型智能压缩垃圾桶	鲁　斌、杨明晓、陈　娟	实用新型	2016.11.16	2017.06.30	201621228645
657	一种新型配电柜安装架	项洪印、贾惠彬、刘浩然、张　冉	实用新型	2016.12.27	2017.07.04	201621446845
658	一种隔音密封配电柜	项洪印、郭以贺、刘浩然、张　冉	实用新型	2016.12.27	2017.07.04	201621446199
659	一种太阳能集热地板采暖系统	冯文宏、叶恒舒、孙梓滢、田校于	实用新型	2016.12.20	2017.07.04	201621400748
660	高压电线接线装置	徐运生	实用新型	2016.12.27	2017.07.04	201621449179
661	一种太阳能集热的相变蓄热器	刘志坚、李思佳、高钰琛	实用新型	2016.11.22	2017.07.07	201621250641
662	一种测量汽轮机湿度的微带贴片谐振器	孙景芳、张淑娥、赵颖涛、王雅宁	实用新型	2016.11.28	2017.07.07	201621281093
663	一种燃煤锅炉高温生物质燃气再燃系统	鲁许鳌	实用新型	2016.09.09	2017.07.11	201621048376
664	一种电解法处理脱硫废水的装置	刘松涛、梅玉倩、陈传敏、陈　璇、林冰勇、姜一琳、杨海宽	实用新型	2016.12.30	2017.07.11	201621475959
665	一种用于煤粉颗粒粒径检测的煤粉取样装置	高正阳、杨维结、胡修红、丁　艺	实用新型	2016.12.19	2017.07.11	201621394283
666	一种智能节能环保房屋	刘志坚、陈施佳	实用新型	2016.10.31	2017.07.14	201621200541.X
667	一种风电机组齿轮箱的散热装置	黄　宇、李永玲、李雅雯、王　萃	实用新型	2016.12.30	2017.07.14	201621495928
668	一种多功能电力插座	项洪印、张　宁、刘浩然、张　冉	实用新型	2016.12.27	2017.07.14	201621450411

续表

编号	专利名称	发明人姓名	专利类别	申请日期	授权日期	专利号
669	一种多功能智能插排	姜文倩、杨红月、曹越芝、王新越	实用新型	2017.01.13	2017.07.14	201720038132
670	一种直接式风电取暖装置	苏士伟	实用新型	2016.12.28	2017.07.14	201521451350
671	一种人行横道地面信号灯	谢英柏、李永强、董　帅	实用新型	2016.07.08	2017.07.25	201620714131
672	一种可伸缩组合内六角套筒扳手	周继祥、崔　茅	实用新型	2017.01.04	2017.07.25	201720005331
673	一种基于压电原理的波浪能低频转高频装置及波浪能收集装置	马文静、刘　璐	实用新型	2016.12.08	2017.07.28	201621339625
674	一种断路器机械特性智能测试与状态监测机器人	赵书涛、吴成坚、李　明	实用新型	2017.01.09	2017.07.28	201720018239
675	一种接地网的连接装置	王　平、贾立莉	实用新型	2017.01.12	2017.08.01	201720034750
676	一种改进的旋转采光建筑	程友良、汪　辉	实用新型	2017.01.19	2017.08.04	201720076168.X
677	一种自适应教室照明控制系统	高正阳、吴　茜、孙月亮、杨维结	实用新型	2016.08.31	2017.08.04	201620127274
678	一种颗粒物二次悬浮、分级采样装置	苑春刚、解姣姣、申一文	实用新型	2016.12.30	2017.08.04	201621482524
679	一种建筑用防烟气倒灌的排烟导流装置	刘志坚、刘　璐、刘　续	实用新型	2016.12.07	2017.08.08	201621334788
680	温室大棚增温补光装置	张午宇、张天策、王明军	实用新型	2017.01.16	2017.08.08	201720052890.X
681	一种利用清洁能源的微型冷藏运输箱	何安恩、周庆国、胡加伟	实用新型	2016.12.01	2017.08.11	201621310288
682	一种变压器绕组变形带电检测的信号注入及保护电路	刘云鹏、田　源、张重远、耿江海、程槐号、李昊鸾、胡　焕	实用新型	2016.10.28	2017.08.11	201621184669
683	一种基于3D打印的节流式流量计	张　龙、温　爽、单富饶	实用新型	2017.01.13	2017.08.11	201720038376
684	一种利用风能液化空气和太阳能加热的储能与发电一体化系统	谢英柏、薛晓东、陈　天、张　猛、侯　铁	实用新型	2017.01.09	2017.08.11	201720019160
685	基于燃气轮机和固体氧化物燃料电池的混合供能系统	谢英柏、仲　凯	实用新型	2017.01.13	2017.08.11	201720036308
686	一种富氧燃烧与熔融碳酸盐燃料电池混合发电系统	谢英柏、仲　凯、薛晓东	实用新型	2017.01.13	2017.08.11	201720036306
687	一种毛细管垫辐射式VM空调系统	谢英柏、仲　凯	实用新型	2017.01.13	2017.08.11	201720036181
688	一种基于电力线载波通信和微信平台的智能门禁系统	王梓宇	实用新型	2017.01.18	2017.08.11	201720062269
689	应用于中小型渔船的新型垂直轴风力发电机	滕先浩	实用新型	2017.01.18	2017.08.11	201720053602
690	一种数据采集设备的接口结构	杨　振、郇　悦、张文婷、郭庭熙、牛胜锁	实用新型	2016.12.06	2017.08.15	201621354098
691	一种新风系统的过滤网的灰尘量检测装置	刘志坚、徐闻璐	实用新型	2017.01.19	2017.08.15	201720064463
692	一种具有自动灌溉的农业大棚	张午宇、赵德洁、王明军	实用新型	2017.01.16	2017.08.18	201720056926
693	一种双转子对转式潮汐发电装置	曹文君、周智行、马　锐、陆昭杨、李　琦	实用新型	2017.01.20	2017.08.18	201720072491
694	一种海洋能双转子发电装置	马　锐、曹文君、陆昭杨、李　琦	实用新型	2017.01.20	2017.08.18	201720072491.X
695	一种新能源发电装置	周智行、马　锐、陆昭杨、李　琦	实用新型	2017.01.20	2017.08.18	201720071515.X
696	一种具有防滑功能且能改善穿戴舒适度的脚扣	潘依依、郝犇珂、康　伟、房　静	实用新型	2017.02.13	2017.08.22	201720127103
697	一种基于电力线载波通信的多功能入墙式插座	王梓宇	实用新型	2017.02.07	2017.08.22	201720113549
698	一种强力冷却的直接空冷凝汽器散热装置	周　玉、张　宁、程友良、施宏波	实用新型	2017.01.05	2017.08.25	201720012156

续表

编号	专利名称	发明人姓名	专利类别	申请日期	授权日期	专利号
699	一种带热回收装置的电加热干燥机	吕玉坤、赵伟萍、李　超、李文韬	实用新型	2017.01.13	2017.08.25	201720041041
700	一种手持绝缘工具检测报警装置	李　楠、房　静	实用新型	2017.02.16	2017.08.25	201720138304
701	一种车载太阳能行车记录仪	孙浩然、丁雪莹、吴正人	实用新型	2017.01.09	2017.08.29	201720049695
702	一种电镀废水处理系统	黄　陈	实用新型	2017.02.07	2017.08.29	201720112003
703	一种生活废水处理回收系统	姜一琳	实用新型	2017.02.07	2017.08.29	201720112001
704	一种烟气脱汞装置	何安恩、马宵颖、徐　帆、张东霞	实用新型	2017.01.24	2017.09.01	201720101067
705	一款具有主动吸声降噪和杀菌功能的高效空气净化器	张楚璇、王淑勤	实用新型	2017.02.22	2017.09.01	201720160037
706	电力施工现场作业全过程监控系统	蔡雨萌、李克难、张雨萌、房　静	实用新型	2017.01.24	2017.09.05	201720094452
707	一种利用温差发电装置进行静电除尘的装置	杨丽娟、胡雁鸣、林奇忠、张　丹	实用新型	2017.01.19	2017.09.08	201720094889
708	应用于输电线路巡检机器人的机械手臂	花广如、赵东雷、贺宁宁	实用新型	2017.03.09	2017.09.12	201720224160
709	应用于输电线路巡检机器人越障行走装置的机械手臂	花广如、赵东雷、贺宁宁	实用新型	2017.03.10	2017.09.12	201720227752
710	输电线路巡检机器人越障行走装置	花广如、赵东雷、田微	实用新型	2017.03.10	2017.09.12	201720227676
711	一种简易空气净化器	何琦琦、罗岩、马立峰、慈铁军	实用新型	2017.01.17	2017.09.19	201720049957
712	一种光控窗帘	李　伟、何紫伶、李昊儒、王晓辉	实用新型	2016.12.30	2017.09.22	201621479435
713	一种采用液态标准物质制备标准气体的装置	郑海明、冯帅帅、刘月美、于钦祥	实用新型	2017.02.28	2017.09.26	201720184802
714	一种智能家电管控系统	陆明璇、赵振兵	实用新型	2017.01.18	2017.09.29	201720059442
715	核电站智能巡检装置	池上荷、陈　聃	实用新型	2017.03.13	2017.09.29	201720237877
716	一种基于太阳能的新型风机装置	王彦方、刘雅婷、吴正人	实用新型	2017.03.13	2017.10.03	201720235812
717	钟表式防辐射手机保护装置	王雅宁、孙景芳	实用新型	2017.02.09	2017.10.03	201720120221
718	一种基于广域互联网通讯的巡检机器人系统	陈　聃、张　含、赵路佳	实用新型	2017.02.28	2017.10.10	201720181711
719	一种智能插座	张湘珊、叶学民、李春曦、马倩倩、郭石琪	实用新型	2017.03.28	2017.10.13	201720346773
720	一种酒精测试仪	牛为华、庞春江、王新颖、于德水、庞　博	实用新型	2017.03.14	2017.10.17	201720244860
721	一种便于分散和回收光催化剂的污水处理装置	王淑勤、周达海、王思龙、鲁　浩、冯慧芬	实用新型	2017.03.14	2017.10.20	201720246134
722	一种温控节能笔记本底座散热器	赵存璞、顾雪平	实用新型	2017.03.13	2017.10.20	201720239560
723	一种基于脉冲响应的高压电缆老化测试装置	张力晖、李演达、钟　平、刘贺晨、刘云鹏	实用新型	2017.04.10	2017.10.27	201720363943.X
724	单侧纵向涡优化流场的塔式太阳能接收器	刘　赟、李金芳、李永华	实用新型	2017.03.08	2017.11.10	201720219381
725	一种半导体激光器电源电路	李松涛、张贵银	实用新型	2017.04.17	2017.11.10	201720397492
726	一种介质级联固体激光器	刘　洋	实用新型	2017.04.17	2017.11.10	201720397180
727	一种可更换式复合悬式绝缘子吹弧装置	刘云鹏、钟　正、姜　烁、王博闻、耿江海	实用新型	2017.04.20	2017.11.14	201720420170
728	一种高效换热节水除雾湿式冷却塔	时国华、唐敏、李　丹、王　佳	实用新型	2017.02.25	2017.11.24	201720211499.X
729	一种半导体激光器脉冲驱动电路	李松涛、张贵银	实用新型	2017.04.19	2017.11.28	201720408965
730	一种半导体激光器装置	刘　洋	实用新型	2017.04.17	2017.11.28	201720397231.X

续表

编号	专利名称	发明人姓名	专利类别	申请日期	授权日期	专利号
731	一种具有褶皱形状的炭基电极超级电容器	李昕烨	实用新型	2017.03.28	2017.12.01	201720312197
732	一种适用于电树枝试样制备的硫化插针一体化模具	刘云鹏、郁利超、李演达、刘贺晨	实用新型	2016.08.31	2017.12.05	201620993588.X
733	小型气液两相流实验装置	张立峰	实用新型	2017.05.09	2017.12.08	201720507222
734	一种微通道换热器	靳光亚、贾　鑫、罗学智、王明军	实用新型	2016.11.18	2017.12.12	201621279201
735	基于燃气轮机和熔融碳酸盐燃料电池的混合供能系统	谢英柏、仲　凯	实用新型	2017.01.12	2017.12.12	201720031446
736	一种风能和太阳能联合储能发电系统	谢英柏、薛晓东	实用新型	2017.03.20	2017.12.12	201720268102
737	微生物燃料电池监测处理池塘污水装置	顾雨梦、郭子嫚、余　雷、张玉玲	实用新型	2017.03.24	2017.12.12	201720293741
738	微型投影仪	张钰淇、刘　浩、于　迪、康　辉、董　庆、张天懿	外观设计	2016.11.02	2017.02.22	201630545182
739	多功能婴儿车	张钰淇、于　迪、麻腾威	外观设计	2016.11.02	2017.02.22	201630545252
740	光伏电池板（积木式）	邵馨玉、冯　时、郑子墨、孟　明	外观设计	2016.11.11	2017.02.22	201630548822
741	组装式木马摇椅	张钰淇、叶梦蝶、于　迪、张天懿、董　庆	外观设计	2016.11.02	2017.03.22	201630545184.X
742	便携式蓝牙音响（蜗牛）	张钰淇、于　迪、叶梦蝶、康　辉	外观设计	2016.11.02	2017.03.22	201630545185
743	中式椅	姚小清、陈　曦	外观设计	2016.11.03	2017.03.29	201630529608
744	背包摄影机	康　辉、吴冰倩、王娅宁	外观设计	2016.12.07	2017.04.05	201630598585
745	轮毂	康　辉、吴冰倩、王娅宁	外观设计	2016.12.09	2017.04.05	201630604922
746	等离子加湿器	张钰淇、罗　晶、于　迪、曹晓政、张天懿	外观设计	2016.11.02	2017.04.12	201630545552
747	饭盒（可调节）	康　辉、吴冰倩、王娅宁	外观设计	2016.12.07	2017.04.19	201630598589.X
748	春字椅	邓小姝、董　浩	外观设计	2016.09.26	2017.05.10	201630483170.X
749	播放器	康　辉、吴冰倩、王娅宁	外观设计	2016.12.09	2017.05.24	201630604926
750	绝缘修护装置	李　楠、房　静	外观设计	2017.01.24	2017.06.13	201730028989
751	便携式轮椅	王耀福、张　龙、姜一琳、贺运政、李宗红	外观设计	2017.01.14	2017.06.16	201730027212
752	智能垃圾处理器	王耀福、郝犇珂、李华宇、崔彦彬	外观设计	2017.01.14	2017.06.16	201730027192.X
753	桌子（“豌豆”）	张新合、李至峪、高　丹、王耀福、贺运政	外观设计	2017.01.07	2017.06.15	201730015431
754	休闲椅	贺运政、李至峪、王铭灏、王耀福、王永杰	外观设计	2017.01.14	2017.06.15	201730027193
755	柱形旋转电源插座	何安恩	外观设计	2017.01.24	2017.06.20	201730029788
756	校园微笔筒	胡加伟	外观设计	2017.01.24	2017.06.27	201730029786
757	迷你订书机	陈大川	外观设计	2017.02.14	2017.06.27	201730038214
758	桌面书立	陈大川	外观设计	2017.02.14	2017.06.30	201730038212
759	嗅觉互动仪	王耀福、李宗红、周继祥、贺运政、高　丹	外观设计	2017.01.14	2017.07.14	201730027170
760	折叠椅	李宗红、李泰锐、付　丹、贺运政、王耀福	外观设计	2017.01.14	2017.07.28	201730027192
761	多用途康复训练车	王耀福、卞云山、白健鹏、崔彦彬	外观设计	2017.01.14	2017.07.28	201730027195
762	控制阀外罩	刘志坚、王晓妍	外观设计	2017.03.06	2017.07.28	201730061347

续表

编号	专利名称	发明人姓名	专利类别	申请日期	授权日期	专利号
763	气体检测装置	臧宇航	外观设计	2017.03.13	2017.07.28	201730070199
764	双轴太阳能跟踪器	黄彦钦、刘　坚	外观设计	2017.02.20	2017.07.28	201730044905
765	镜子（懒人）	华回春、徐小龙	外观设计	2017.03.06	2017.08.01	201730061252
766	异构体研究色谱仪	李志勇、李晓孟	外观设计	2017.03.01	2017.08.01	201730055465
767	节能灯（普适性深度节能）	黄宝强、李晓孟、江新华	外观设计	2017.03.13	2017.08.11	201730070473
768	过滤器	刘志坚、刘　璐	外观设计	2017.02.17	2017.08.15	201730042545
769	LED 灯具	迟耀东	外观设计	2017.02.22	2017.08.15	201730046243
770	手环（服药提醒）	孟祥松、缪静颖、胡飞良	外观设计	2017.04.10	2017.08.18	201730116029
771	电动汽车充电桩	武晓霞	外观设计	2017.03.06	2017.08.22	201730061253
772	高压输电线路巡检机器人	花广如、赵东雷、田　微	外观设计	2017.03.09	2017.09.12	201730065752
773	飞行器（双倾转二轴飞行器）	李晨阳、吕鹏瑞、席　泽、谭文豪、闫泽辉、乙　洁、张朝曦、马宗俊	外观设计	2017.02.06	2017.09.22	201730032860
774	追踪定位器（阳光出租智慧宝）	于德水、庞　博、罗成于、吴　润、冯芮苇、牛为华	外观设计	2017.03.27	2017.09.22	201730093205
775	酒精检测仪	牛为华、孙铭珂、庞春江、于德水、王新颖、冯芮苇	外观设计	2017.03.14	2017.09.22	201730073430
776	手机保护装置（钟表式防辐射）	王雅宁、孙景芳	外观设计	2017.02.09	2017.10.03	201730035540
777	救生锤（荧光）	康　辉、张宏博	外观设计	2017.04.24	2017.10.24	201730140638
778	零件表面缺陷检测仪	付梦宇、郑　飞、赖　典、赵星驰、赵路佳	外观设计	2017.04.17	2017.11.03	201730126806

（科学技术研究院　花之蕾　提供）

华北电力大学 2017 年科研成果鉴定情况一览表

序号	成果名称	完成人	组织鉴定单位	鉴定形式	鉴定时间	鉴定结论
1	基于故障关联信息的新型保护系统	王增平 1、马　静 2、毕天姝 4、黄少锋 6、张亚刚 7、林一峰 9	中国电机工程学会	会议鉴定	2017-4-20	国际领先
2	谐波和电压暂降测试评估与协调治理关键技术及应用	肖湘宁 1、徐永海 2、陶　顺 3、袁　敞 5、齐林海 8、马素霞 10	中国电源学会	会议鉴定	2017-6-21	国际领先
3	大规模风电汇集系统短路电流计算及其保护测距关键技术	郑　涛 3	中国电机工程学会	会议鉴定	2017-9-20	国际领先

（科学技术研究院　花之蕾　提供）

华北电力大学 2017 年校企（地、校）合作情况一览表

合作单位	合作时间	合　作　领　域
扬中市人民政府	4 月 8 日	根据协议，共同建设华北电力大学扬中智能电气研究中心和华电（江苏）智能电气创新产业园，双方将共同努力将研究中心建设成为有竞争活力的新型研发机构，将产业园打造成为国家级产业园区和具有世界竞争力的产业集群
中国电机工程学会	4 月 14 日	双方签署战略合作协议。根据协议，双方将围绕国家能源电力发展的战略需求，搭建产学研用相结合的科技创新平台，在前瞻性和先进性技术交流、科技成果转化、优秀科技人才培养、学科发展史研究、科学技术普及等方面开展紧密合作
张家口市、国网节能公司	5 月 17 日	根据协议，三方共建张家口可再生能源发展与技术研究院，引进多方技术、项目和资金，建设成为服务张家口可再生能源发展、国内一流的可再生能源专业咨询服务和前沿技术研发机构，打造国际知名的能源研究智库平台和产学研融合的创新基地
浙江七一电器股份有限公司	10 月 25 日	根据协议，双方将共建研究生工作站，共同建立长期的科技人才培养机制，创新研究生培养模式，提高科技人才质量，促进科技成果转化，实现优势互补、互利共赢

续表

合作单位	合作时间	合 作 领 域
保定天威保变电气股份有限公司	12 月 1 日	根据协议，双方将围绕输变电设备尖端制造、科技创新、人才培养、教育培训等领域开展深度合作
中国核能电力股份有限公司	12 月 10 日	根据协议，双方进行核电人才订单联合培养合作

（对外联络与合作部　吴良器　提供）

华北电力大学 2017 年理事会理事单位名单

序号	单 位 名 称
1	国家电网有限公司
2	中国南方电网有限责任公司
3	中国华能集团有限公司
4	中国大唐集团公司
5	中国华电集团有限公司
6	国家电力投资集团有限公司
7	国家能源投资集团有限责任公司
8	中国电力企业联合会
9	华北电力大学

（对外联络与合作部　吴良器　提供）

华北电力大学 2017 年企业名录

序号	公司名称	成立时间	注册资本（万元）	所占股比	地址	主要产品
1	北京华电天德资产经营有限公司	1993.03.05	1429.49	100.00%	北京市昌平区朱辛庄北农路 2 号华北电力大学 56#	资产经营管理
2	北京华电之星科学技术发展有限公司	2000.08.10	100	90.00%	北京市昌平区朱辛庄北农路 2 号	在电力、能源、环保、机械、建筑、计算机等工程技术领域从事科技开发、设计、加工制作、产品代理、销售和咨询等业务
3	北京华电能达科技有限责任公司	2002.03.18	150	22.00%	北京市昌平区科技园永安路 47 号	计算机及配套产品、软件开发、环保节能产品的开发、销售
4	北京四方立德保护控制设备有限公司	1999.04.27	1000	20.00%	北京市海淀区上地创业中路 32 号	电力系统继电保护和自动化装置、变电站综合自动化系统及故障录波装置
5	北京华电天仁电力控制技术有限公司	2003.04.17	14 382.3113	10.00%	北京市海淀区西四环中路 16 号院 1 号楼	电力辅助设备、仪器仪表、电子装置及电子标签，计算机硬件，网络安全设备、系统集成及装置等
6	北京华电卓越国际技术培训有限责任公司	2005.06.13	321.4345	20.00%	北京市昌平区朱辛庄北农路 2 号华北电力大学	国际电力仪器仪表技术开发、咨询、培训、服务、交流
7	北京华电纳鑫科技有限公司	2003.09.23	350	15.00%	北京市昌平区马池口镇上念头村北	微纳米表面技术开发、应用、生产，新型耐磨材料技术应用、生产
8	北京华电辰能科技发展有限公司	1999.12.14	1000	10.00%	北京市海淀区中关村东路 123 号 1 号楼 1701 号	技术开发、服务、转让、咨询；销售开发后的产品、计算机软硬件及外围设备、电力发配电设备、环保节能设备
9	四方电气（集团）股份有限公司	1999.04.19	7098.8	7.89%	北京市海淀区上地信息产业基地四街 9 号	变电站综合自动化系统等微机保护产品
10	北京华电天德科技园有限公司	2007.01.26	200	100.00%	北京市昌平区朱辛庄华北电力大学教四楼	技术开发、咨询、服务、电力技术培训；销售电力设备、电子设备

续表

序号	公司名称	成立时间	注册资本（万元）	所占股比	地址	主要产品
11	北京华电大通环保科技有限公司	2004.08.19	37.5 万美元	16.00%	北京市海淀区太平路甲18号西南写字楼311室	开发环保技术，研制、生产环保产品；提供技术咨询服务
12	北京华电杰德科技有限公司	2007.03.29	100	20.00%	北京市丰台区科学城海鹰路8号2号楼405室（园区）	火电厂仿真系统、电厂自动控制设备
13	华电智连科技（北京）有限公司	2015.04.30	150	20.00%	北京市昌平区回龙观镇朱辛庄北农路2号第四行政楼C座502室	宽带电力线载波通信模块的研发及销售，智能母线综合解决方案，智能家居综合解决方案，软件的研发和销售
14	北京华电恒锐科技有限公司	2017.06.08	500	20.00%	北京市昌平区回龙观镇朱辛庄北农路2号主楼D座15楼东区79号	节能技术的技术推广、技术服务、技术开发、技术转让、技术咨询
15	北京华电能源互联网研究院有限公司	2017.11.30	1000	20.00%	北京市昌平区回龙观镇朱辛庄北农路2号主楼D座15楼东区95号	能源互联网、增量配网规划设计、合同能源管理、电力系统自动化和信息化
16	北京华电新能源电工材料研究院有限公司	2017.12.11	150	20.00%	北京市昌平区科技园区超前路37号院16号楼2层B0264室	新材料、新材料电机
17	保定华电天德科技园有限公司	2008.05.22	200	51.00%	河北省保定市复兴西路118号	电力设备、电子设备、通信设备、太阳能及风能设备、输变电及控制设备、计算机及外部设备、仪器仪表制造销售、电力工程设计、计算机软件技术开发、技术咨询、技术服务
18	保定华电科源电气有限公司	2000.08.16	200	63.33%	河北省保定市青年路204号	微机综合自动化系统、变电站模拟系统、电网故障信息管理系统、微机保护装置、微机故障录波器
19	保定市毅格通信自动化有限公司	1998.06.04	3000	14.32%	河北省保定市高开区竞秀街677号火炬产业园2号楼	电力通信网监控管理系统、远动通道监测装置、电力企业管理与运营信息自动化、网络集成与管理等
20	保定华仿科技股份有限公司	1993.11.24	3377.8993	22.71%	河北省保定市向阳北大街2811号	大型火电机组全仿真机、电网及变电站全仿真机、航天载人飞船飞行训练模拟器
21	保定华电配电设备有限公司	1986.6	95	79.10%	河北省保定市华电路3号华电二校内	高低压开关柜
22	保定锐腾电力科技有限公司	2008.09.03	100	20.00%	河北省保定市北二环路大学科技园5号楼202-1	电网调度自动化、配电网自动化、变电站自动化、继电保护及自动化装置、仪器仪表等输变电设备，以及从二次设备到一次设备的配套产品及服务
23	保定华电辉煌科技有限公司	1998.04.15	39	14.62%	河北省保定市复兴西路118号	应用软件开发、计算机网络系统集成、综合布线工程
24	保定华电电力设计研究院有限公司	2004.02.05	600	43.91%	河北省保定市高开区竞秀街677号火炬产业园	乙级资质范围内的发电、送变电工程设计、三级及以下等级工业与民用建筑设计
25	保定华电科技开发服务中心	1996.01.08	30	100.00%	河北省保定市永华北大街619号大3号信箱	科技项目管理
26	保定电谷大学科技园有限公司	2012.12.31	200	9.80%	河北省保定市高新区北二环路5699号	高新技术企业服务
27	保定华电综合服务中心	1999.03.03	10	100%	河北省保定市永华北大街619号	主营中型餐馆，兼营招待所、会议接待
28	北京市华星电力电子新技术开发公司	1992.10.12	30	100.00%	北京市大兴区兴政街3号	小电流接地选线综合装置、微机直流接地综合选线装置及继电保护装置、变电站综合自动化系统
29	北京思达星电力自动化有限公司	1996.10.03	50	16.00%	北京市大兴区兴政街3号	小电流接地选线综合装置、直流系统绝缘在线检测装置、远程监控系统

续表

序号	公司名称	成立时间	注册资本（万元）	所占股比	地址	主要产品
30	苏州华电科技创业园管理有限公司	2011.09.23	120	科技园公司持股100%	江苏省苏州工业园区独墅湖高教区仁爱路188号	高科技企业创业孵化、管理；销售：电力设备、电子设备并提供技术开发、技术咨询、技术服务

（北京华电天德资产经营有限公司　班莹梅　提供）

人　物

华北电力大学2017年教授名录

杨勇平	李成榕	刘吉臻	安连锁	张粒子	胡三高	赵冬梅	赵会茹
张东英	刘宗歧	沈剑飞	许丹娜	王银顺	郝建红	崔　翔	黄　伟
王　伟	肖湘宁	王泽忠	刘连光	杨奇逊	孙凤杰	鲍　海	韩民晓
徐永海	刘文颖	姚凯文	黄少锋	宗　伟	毕天姝	艾　欣	李卫国
姜　彤	李存斌	董　军	柳亦兵	唐良瑞	许　刚	付忠广	张照煌
刘东雨	杜小泽	刘　石	何　青	李文艳	董兴辉	刘宗德	刘　彤
孙保民	顾煜炯	芮晓明	徐　鸿	周少祥	陆会明	郭民臣	周　涛
刘　禾	罗　毅	侯国莲	白　焰	吕跃刚	张建华	李　涛	杨国田
谭　文	刘向杰	吴克河	马素霞	郭京生	余顺坤	熊敏鹏	蔡利民
何永秀	谢传胜	乌云娜	曾　鸣	谭忠富	杨淑霞	闫庆友	张　艳
郭永权	张绪刚	杜　波	周凤翱	方仲炳	李　英	戴忠信	陈惠良
曾玉华	罗振东	李　新	赵玉闪	朱勇华	杨晓忠	何凤霞	王佩琼
邱启荣	刘晓芳	谭占鳌	陈德刚	孙淑珍	吕　蓬	董福品	吕爱钟
田　德	陆道纲	陈义学	李永华	王丽萍	纪昌明	张　华	张化永
李　鱼	李金全	张　错	张兴平	谷根代	秦立军	万书亭	屠幼萍
戚银城	陈宏刚	李美成	何　理	卢宏玮	孙　毅	林　俊	牛风雷
董　天	梁　平	房游光	黄元生	沈长月	李彦斌	赵雄文	蔡　军
夏延秋	程伟良	张悦想	孔英会	王志刚	葛永庆	姚万业	吴忠群
祁　兵	刘衍平	魏彤儒	尹忠东	徐进良	赵建娜	朱予东	董　泽
李俊卿	苏　杰	崔和瑞	梁双印	火月丽	汪庆华	柳长安	李　伟
王春波	米增强	焦彦军	陈　雷	马永光	于荣生	高建强	甄成刚
林永君	苑英科	叶学民	陈诺夫	赵振宇	丁常富	陈海平	张丽静
朱有产	付　东	周海云	李永臣	杜冬梅	阎维平	尹成群	张天兴
李双辰	郭孝锋	吴乐为	李永刚	叶学民	苑津莎	李　琳	张建成
曾德良	郑　玲	段泉圣	庞南生	曹李刚	赵成勇	李慧君	周　明
律方成	顾雪平	栗　然	梁贵书	颜湘武	卢铁兵	王福海	朱永利
李　鹏	赵书强	李庚银	盛四清	宋　玮	徐玉琴	王增平	戚宇林
刘力丰	马　平	刘长良	张栾英	王印松	任建文	韩中合	魏　兵

续表

孙　正	梁志瑞	王松岭	杨实俊	李大中	杨耀全	孙建平	高　强
尚秋峰	阎占元	闫顺林	陈鸿伟	程友良	李永华	牛玉广	谷俊杰
田　沛	杨玉华	袁家海	高会生	谢志远	宋　雨	程晓荣	王保义
张少敏	侯思祖	李永倩	罗国亮	唐贵基	王璋奇	范孝良	戴庆辉
赵　毅	胡志光	王聚芹	向　玲	彭　杨	尹连庆	张胜寒	牛东晓
张彩庆	孙　薇	王敬敏	张国立	姜根山	玉　宇	邢　棉	马新顺
卢占会	张　莉	郭　雷	张晓宏	张贵银	何永贵	汪黎东	陈红平
关荣华	尹增谦	曹春梅	赵书涛	许伯强	赵洪山	张重远	马德香
程养春	文　俊	张卫东	郑顾平	刘　忠	庞力平	田松峰	崔彦彬
姚建平	李元诚	赵　强	黄　仙	王东风	刘彦丰	马峻峰	谢　力
李庆民	甄增水	高建伟	侯学良	刘吉成	张素芳	孔　峰	周建国
王淑勤	马双忱	董长青	姚建曦	刘永前	黄　美	董　瑾	张　娟
李忠艳	白占武	史玮璇	朱晓红	郭正秋	屈朝霞	王晓东	邓　英
杨立军	段立强	冼海珍	陈克丕	李　薇	翟明岳	赵志斌	任　惠
刘云鹏	苑春刚	陈传敏	陈学刚	李　为	王威威	赵新刚	温　磊
李泽红	杨少霞	王学棉	戴松元	张海波	卢斌先	刘　艳	王艾萌
周国兵	周乐平	徐　超	丁迅雷	周登文	赵文清	张立辉	李泓泽
张满红	刘　滨	李继清	吕建燚	刘　洋	郭　鹏	李燕青	彭　林
王祥科	龚雁峰	刘文霞	刘崇茹	齐　磊	王　毅	戈志华	李春曦
房　方	胡秀娟	马良玉	檀勤良	张尚弘	吴　英	齐立强	石玉英
孟祥林	康　辉	云　欣	李岩松	郭春林	刘文毅	魏高升	李宝让
袁桂丽	韩晓娟	杨锡运	周怀春				

（人事处　田赞梅　提供）

【新增教授名录】

刘春明	马　静	薛安成	李慧奇	徐　钢	侯宏娟	杨薛明	梁　庚
马应龙	魏　乐	宋晓华	李星梅	刘力纬	门宝辉	黄　海	王　伟
国　防	李建彬	吕亮球	任金锁	杜文娟	程永攀	潘家鸿	张晓东

（人事处　田赞梅　提供）

华北电力大学2017年两院院士名单

序号	单位	姓名	性别	出生年月	职称	学历	学位	入选年度
1	电气与电子工程学院	杨奇逊	男	1937.10	教授	研究生	博士	1994
2	控制与计算机工程学院	刘吉臻	男	1951.8	教授	研究生	博士	2015
3	能源动力与机械工程学院	黄其励	男	1941.1	教授	研究生	博士	1997
4	能源动力与机械工程学院	陈蕴博	男	1935.1	教授	本科	学士	1999
5	能源动力与机械工程学院	樊明武	男	1943.7	教授	本科	学士	1999
6	电气与电子工程学院	沈国荣	男	1949.7	教授	研究生	硕士	1999
7	可再生能源学院	王中林	男	1961.11	教授	研究生	博士	2009
8	核科学与工程学院	欧阳晓平	男	1961.1	教授	研究生	博士	2013

（人才工作办公室　赵友君　提供）

华北电力大学 2017 年长江学者特聘教授名单

序号	单位	姓名	性别	出生年月	职称	学历	学位	入选年度
1	经济与管理学院	牛东晓	男	1962.10	教授	研究生	博士	2011
2	能源动力与机械工程学院	徐进良	男	1966.4	教授	研究生	博士	2012
3	环境科学与工程学院	王祥科	男	1973.3	教授	研究生	博士	2015
4	能源动力与机械工程学院	杜小泽	男	1970.1	教授	研究生	博士	2016

（人才工作办公室　赵友君　提供）

华北电力大学 2017 年“长江学者和创新团队发展计划”学术带头人名单

序号	单位	姓名	性别	出生年月	职称	学历	学位	入选年度
1	电气与电子工程学院	李成榕	男	1957.3	教授	研究生	博士	2005
2	能源动力与机械工程学院	刘宗德	男	1963.5	教授	研究生	博士	2007
3	控制与计算机工程学院	刘　石	男	1956.9	教授	研究生	博士	2009

（科学技术研究院　花之蕾　提供）

华北电力大学 2017 年杰出青年科学基金获得者名单

序号	单位	姓名	性别	出生年月	职称	学历	学位	入选年度
1	电气与电子工程学院	崔　翔	男	1960.5	教授	研究生	博士	2003
2	可再生能源学院	徐进良	男	1966.4	教授	研究生	博士	2008
3	能源动力与机械工程学院	杨勇平	男	1967.4	教授	研究生	博士	2010
4	环境科学与工程学院	王祥科	男	1973.3	教授	研究生	博士	2012
5	能源动力与机械工程学院	王晓东	男	1973.7	教授	研究生	博士	2015
6	电气与电子工程学院	毕天姝	女	1973.9	教授	研究生	博士	2017
7	能源动力与机械工程学院	周怀春	男	1965.3	教授	研究生	博士	2010

（科学技术研究院　花之蕾　提供）

华北电力大学 2017 年入选国家“百千万人才工程”名单

序号	单位	姓名	性别	出生年月	职称	学历	学位	入选时间
1	电气与电子工程学院	崔　翔	男	1960.5	教授	研究生	博士	1996
2	可再生能源学院	田德	男	1958.8	教授	研究生	博士	1996
3	控制与计算机工程学院	刘吉臻	男	1951.8	教授	研究生	博士	1997
4	能源动力与机械工程学院	刘宗德	男	1963.5	教授	研究生	博士	2004
5	电气与电子工程学院	李成榕	男	1957.3	教授	研究生	博士	2004
6	经济与管理学院	牛东晓	男	1962.10	教授	研究生	博士	2007
7	能源动力与机械工程学院	杨勇平	男	1967.4	教授	研究生	博士	2009
8	能源动力与机械工程学院	徐进良	男	1966.4	教授	研究生	博士	2013

（人才工作办公室　赵友君　提供）

华北电力大学 2017 年突出贡献专家名单

序号	单位	姓名	性别	出生日期	职称	学历	学位	获准时间
1	电气与电子工程学院	杨奇逊	男	1937.1	教授	研究生	博士	1990
2	电气与电子工程学院	崔　翔	男	1960.5	教授	研究生	博士	1992
3	电气与电子工程学院	高中德	男	1940.4	教授	研究生	博士	1996
4	控制与计算机工程学院	王兵树	男	1950.7	教授	研究生	博士	1998
5	能源动力与机械工程学院	徐进良	男	1966.4	教授	研究生	博士	2013

（人才工作办公室　赵友君　提供）

华北电力大学入选国家“万人计划”名单

万人计划“科技创新领军人才”入选名单

序号	入选者	批次	年份	所在学院	备注
1	杨勇平	1	2013	能源动力与机械工程学院	
2	毕天姝	2	2016	电气与电子工程学院	
3	王祥科	3	2017	环境科学与工程学院	
4	董长青	3	2017	可再生能源学院	
5	李美成	4	2018	可再生能源学院	

（科研院提供）

万人计划“重点领域创新团队负责人”入选名单

序号	姓名	性别	出生年月	入选年度	所在学院	备注
1	戴松元	男	1967.1	2017	能源动力与机械工程学院	

（人才办提供）

华北电力大学优秀青年科学基金项目获得者名单

序号	姓名	性别	出生年月	入选年度	所在学院
1	毕天姝	女	1973.9	2012	电气与电子工程学院
2	何　理	男	1976.10	2012	可再生能源学院
3	卢宏玮	女	1980.9	2014	可再生能源学院
4	徐　超	男	1980.5	2015	能源动力与机械工程学院
5	马　静	男	1981.2	2018	电气与电子工程学院
6	孙玉兵	男	1980.6	2018	环境科学与工程学院

（科研院提供）

华北电力大学入选国家“万人计划”青年拔尖人才名单

序号	姓名	性别	出生年月	入选年度	所在学院	备注
1	徐　超	男	1980.5	2012	能源动力与机械工程学院	已调离
2	卢宏玮	女	1980.9	2016	可再生能源学院	

（科研院提供）

华北电力大学2017年入选“新世纪优秀人才支持计划”名单

序号	单位	姓名	研究方向	入选年度
1	能源动力与机械工程学院	刘宗德	微纳米表面工程	2004
2	电气与电子工程学院	朱永利	网络化电力运动系统人工智能在电力系统中的应用	2004
3	能源动力与机械工程学院	杨勇平	能源系统集成与优化	2005
4	电气与电子工程学院	毕天姝	电力系统及其自动化	2005
5	控制与计算机工程学院	刘向杰	复杂系统的智能控制及其工业应用	2006
6	经济与管理学院	谭忠富	电力经济	2006
7	可再生能源学院	李美成	新能源材料与器件	2006
8	环境科学与工程学院	付　东	化工热力学和分离技术	2006
9	经济与管理学院	牛东晓	经济预测	2007
10	能源动力与机械工程学院	杜小泽	传热传质学	2007
11	数理学院	王志刚	相对论束缚态和 QCD 求和规则	2007
12	能源动力与机械工程学院	顾煜炯	汽轮发电机组轴系振动量化评价和状态维修决策方法研究	2008
13	经济与管理学院	董　军	能源与电力经济	2008
14	经济与管理学院	闫庆友	创新授权理论研究	2008
15	能源动力与机械工程学院	王春波	洁净煤燃烧及污染物控制	2008
16	电气与电子工程学院	李庆民	高电压与绝缘技术	2008
17	可再生能源学院	张　锴	洁净能源转化技术、多相流反应工程	2009
18	核科学与工程学院	牛风雷	反应堆工程与反应堆安全	2009
19	环境科学与工程学院	苑春刚	环境科学与工程	2009
20	经济与管理学院	高建伟	保险精算，投资	2010
21	可再生能源学院	董长青	生物质的高效清洁利用	2010
22	核科学与工程学院	陈义学	核能科学与工程	2011
23	能源动力与机械工程学院	陈克丕	铁电与压电材料	2011
24	可再生能源学院	姚建曦	光电材料及器件	2011
25	可再生能源学院	王晓东	相变与界面传递现象	2011
26	控制与计算机工程学院	柳长安	智能机器人技术/人工智能及应用	2011
27	资源与环境研究院	何　理	环境工程	2011
28	经济与管理学院	侯学良	工程项目管理、工程经济	2011
29	数理学院	任　芝	信息功能材料	2012
30	能源动力与机械工程学院	周乐平	传热传质与多相流	2012
31	电气与电子工程学院	刘崇茹	电力系统分析与控制	2012
32	环境科学与工程学院	汪黎东	环境科学与工程	2012
33	可再生能源学院	谭占鳌	太阳能光伏及能源材料	2012
34	能源动力与机械工程学院	薛志勇	先进金属材料	2012
35	经济与管理学院	张兴平	技术经济评价理论与应用	2012
36	法政系（保定）	梁　平	民事诉讼法、司法制度	2013
37	资源与环境研究院	卢宏玮	水资源与水环境	2013
38	可再生能源学院	杨少霞	水和废水处理理论与技术	2013

（科学技术研究院　花之蕾　提供）

华北电力大学教学名师名单

级别	序号	姓名	学院（部）	获奖项目	获奖时间
国家级	1	崔　翔	电气与电子工程学院	第五届国家级教学名师奖	2009
省部级	1	罗应立	能源动力与机械工程学院	第二届北京市高等学校教学名师奖	2006
	2	乌云娜	经济与管理学院	第三届北京市高等学校教学名师奖	2007
	3	崔　翔	电气与电子工程学院	第四届北京市高等学校教学名师奖	2008
	4	白　焰	控制与计算机工程学院	第五届北京市高等学校教学名师奖	2009
	5	付忠广	能源动力与机械工程学院	第六届北京市高等学校教学名师奖	2010
	6	王增平	电气与电子工程学院	第六届北京市高等学校教学名师奖	2010
	7	刘连光	电气与电子工程学院	第七届北京市高等学校教学名师奖	2011
	8	王修彦	能源动力与机械工程学院	第八届北京市高等学校教学名师奖	2012
	9	王泽忠	电气与电子工程学院	第九届北京市高等学校教学名师奖	2013
	10	林碧英	控制与计算机工程学院	第九届北京市高等学校教学名师奖	2013
	11	杜冬梅	能源动力与机械工程学院	第十届北京市高等学校教学名师奖	2014
	12	王学棉	人文与社会科学学院	第十届北京市高等学校教学名师奖	2014
	13	李　英	人文与社会科学学院	第十一届北京市高等学校教学名师奖	2015
	14	李彦斌	经济与管理学院	第十二届北京市高等学校教学名师奖	2016
	15	张　娟	数理学院	第十三届北京市高等学校教学名师奖	2017
	16	赵洱岽	经济与管理学院	首届北京市高等学校青年教学名师奖	2017
	17	王翠茹	计算机系	第一届河北省高等学校教学名师奖	2003
	18	李　琳	电力工程系	第一届河北省高等学校教学名师奖	2003
	19	卢占会	数理系	第二届河北省高等学校教学名师奖	2006
	20	高　强	电子与通信工程系	第二届河北省高等学校教学名师奖	2006
	21	牛东晓	经济管理系	第三届河北省高等学校教学名师奖	2007
	22	律方成	电力工程系	第四届河北省高等学校教学名师奖	2008
	23	戴庆辉	机械工程系	第五届河北省高等学校教学名师奖	2009
	24	李永刚	电力工程系	第六届河北省高等学校教学名师奖	2010
	25	黄元生	电力工程系	第七届河北省高等学校教学名师奖	2011
	26	张晓宏	数理系	第七届河北省高等学校教学名师奖	2011
	27	谢志远	电子工程系	河北省高等学校（本科）教学名师奖	2017

（教务处提供）

华北电力大学优秀教学团队名单

级别	团队名称	团队负责人	评选年度
国家级	自动化专业教学团队	刘吉臻	2008
	工程项目管理教学团队	乌云娜	2010
北京市级	热能与动力工程专业教学团队	安连锁	2007
	电磁场教学团队	崔　翔	2007
	自动化专业教学团队	刘吉臻	2008
	电力市场教学团队	曾　鸣	2008
	继电保护专业教学团队	王增平	2009

续表

级别	团队名称	团队负责人	评选年度
北京市级	工程项目管理教学团队	乌云娜	2009
	电机学教学团队	罗应立	2010
河北省级	电气工程专业基础课教学团队	李和明	2007

（教务处提供）

华北电力大学 2017 年来访情况一览表

序号	来访时间	国家（地区）/单位	来访人物	接待领导	来访事宜
1	1 月 6 日	美国	美国普渡大学周谦教授	国际合作处处长段春明	学术交流活动
2	3 月 2 日	安徽省宿州市政府	市政府副市长马杰 市教体局局长朱守坤 市政府督学邵辉	副校长郝英杰	介绍校地合作及人才培养情况
3	3 月 13 日	神雾集团	董事局主席吴道洪 副总经理、神雾节能副董事长吴智勇 政府事务总监杜斌	校长杨勇平	捐赠签约仪式
4	3 月 30 日	美国	美国加州大学河滨分校伯恩斯工程学院副院长 Marko Princevac	国际合作处段春明处长	学术交流活动
5	3 月 31 日	白俄罗斯	白俄罗斯共和国驻华大使馆参赞博布罗维奇・瓦连京与领事业务随员韦列克・谢尔盖先生	国际合作处段春明处长	学术交流活动
6	4 月 11 日	绍兴市柯桥区	区委常委、绍兴金柯桥科技城建管委党工委书记、主任周树森 绍兴金柯桥科技城建管委党工委委员、副主任严炜 安昌镇党委书记孙伟刚	校长杨勇平	校地合作洽谈
7	4 月 11 日	日本	日本早稻田大学名誉教授、电力技术恳谈会会长横山隆一	国际合作处段春明处长	学术交流活动
8	4 月 12 日	国网甘肃省电力公司	甘肃省电力公司总经理、党组副书记李明 王江亭甘肃省电力公司党组书记、副总经理 甘肃省电力公司副总经理、党组成员王多	校长刘吉臻	战略合作框架协议签字
9	4 月 14 日	中国电机工程学会	理事长郑宝森 副理事长兼秘书长谢明亮 副秘书长陈小良	校长杨勇平	战略合作协议签约
10	5 月 2 日	美国	美国威斯康辛州立大学（密尔沃基）国际合作处副处长 Garett Gietzen	国际合作处郑宗明副处长	学术交流活动
11	5 月 3 日	巴西	巴西大学校长	副校长律方成	交流座谈会
12	5 月 7 日	美国	美国可再生能源国家实验室 Bri-Mathias Hodge 博士	电力工程系	学术交流活动
13	5 月 8 日	美国	美国纽黑文大学校长助理朔比・斯瓦达桑	副校长律方成	学术交流活动
14	5 月 8 日	英国	英国克兰菲尔德大学（Cranfield University）阿塔纳西奥斯・克里奥斯（Athanasios Kolios）博士	动力工程系王春波教授	学术交流活动
15	5 月 8 日	蒙古	蒙古科技大学热能工程与工业生态学研究所院士 Batmunkh	国际合作处处长段春明	学术交流活动
16	5 月 11 日	捷克	捷克工业大学电气工程学院电力工程系系主任 Zdenek Muller	国际合作处处长段春明	学术交流活动
17	5 月 12 日	张家口市委市政府	市委书记回建 市委副书记、市政府市长武卫东 市委常委、纪委书记陈佩鸿	党委书记吴志功	推进合作洽谈
18	5 月 16 日	教育部	教育部党组成员、中纪委驻教育部纪检组长王立英	校长杨勇平	宣布任免决定
19	5 月 16 日	美国	美国克拉克森大学机械与航空工程系苏雷什・达尼亚拉（Suresh Dhaniyala）教授	机械系	学术交流活动

续表

序号	来访时间	国家（地区）/单位	来访人物	接待领导	来访事宜
20	5月19日	英国	英国克兰菲尔德大学动力工程能源技术中心 John Oakey 教授	国际合作处处长段春明	学术交流活动
21	5月20日	加拿大	加拿大卡尔加里大学李宗鹏教授	数理系	学术交流活动
22	5月22日	IEEE PES	电气电子工程师学会（IEEE PES）主席 Saifur Rahman 先生	国际合作处处长段春明	学术交流活动
23	5月26日	葡萄牙	葡萄牙贝拉因特拉大学机电工程学院米亚德拉扎・沙菲埃卡（Miadreza Shafiekhah）博士	电力工程系王飞副教授	学术交流活动
24	6月6日	澳大利亚	新南威尔士大学电气与通信工程学院副院长 Julien Epps 教授	副校长王增平	学术交流活动
25	6月9日	丹麦	丹麦科技大学电力能源研究中心主任 Jacob Ostergaard 教授	国际合作处处长段春明	学术交流活动
26	6月12日	美国	美国科罗拉多州格里利-埃文斯第六学区 Rhonda Haniford 副局长、布伦特伍德中学 Heather Severt 校长和多斯里奥斯小学 Matt Thompson 校长	副校长孙忠权	师生交流交换
27	6月27日	美国	美国犹他大学化工系助理教授、美国犹他州空气质量董事局副主席凯瑞・凯莉（Kerry Kelly）博士	环境科学与工程系吕建燚教授	学术交流活动
28	6月30日	英国	英国亚伯大学计算机科学系刘永怀（Yonghuai Liu）副教授	计算机系	学术交流活动
29	6月29日	美国	美国纽约州立大学法明代尔学院安东尼・吉福内（Anthony Giffone）教授	英语系	学术交流活动
30	6月30日	美国	美国加州大学河滨分校 Dr. Kim Wilcox 校长	杨勇平校长	学术交流活动
31	7月2日	英国	英国巴斯大学化学系托尼・詹姆斯（Tony James）教授	环境科学与工程系	学术交流活动
32	7月10日	美国	美国佐治亚理工学院讲席教授阿米斯特德・罗素	数理系和河北省分布式储能与微网重点实验室	学术交流活动
33	7月13日	韩国	韩国光云大学国际合作处处长沈相烈	国际合作处处长段春明	学术交流活动
34	9月5日	伊利诺伊大学厄巴纳—香槟分校	伊利诺伊大学厄巴纳—香槟分校李杰（Jessica Li）教授	电力工程系	学术交流活动
35	9月18日	加拿大	加拿大麦吉尔大学杰斯兰・麦克卢尔（Ghyslaine McClure）教授	机械工程系江文强老师	学术交流活动
36	9月26日	南哈萨克斯坦	奥埃佐夫国立大学校长哈雷科・茹玛汉	杨勇平校长	学术交流活动
37	10月24日	美国	美国北科罗拉多大学教育和行为科学学院副院长黄静子	国际合作处处长段春明	学术交流活动
38	10月25日	美国	美国洛约拉大学法学院系主任 Aaron Ghirardelli	国际合作处副处长郑宗明	学术交流活动
39	11月14日	澳大利亚	驻华大使馆教育与研究公使衔参赞魏柯玲	杨勇平校长	学术交流活动
40	11月15日	德国	德国布兰登堡工业大学校长 Jorg Steinbach	杨勇平校长	学术交流活动
41	11月15日	法国	法国科学传播出版社董事长 Jean-Marc Quilbé先生	杨勇平校长	学术交流与访问
42	11月16日	法国	法国格勒诺布尔理工大学副校长 Jeanne Duvallet	王增平副校长	学术交流活动
43	11月21日	丹麦	丹麦奥尔堡大学陈哲教授	电力工程系	学术交流活动
44	12月4日	俄罗斯	南乌拉尔国立大学第一副校长 Radionov Andrey 教授	副校长王增平	学术交流活动
45	12月8日	美国	美国伊利诺伊理工大学副校长 Michael Gosz 教授	副校长王增平	学术交流活动
46	12月21日	韩国	韩国科学院、工程院院士韩彰秀教授，韩国汉阳大学申奎植教授	自动化系	学术交流活动

（国际合作处　赵子健　阮艳花　党政办　彭伟　提供）

其　他

2017 年媒体报道索引

序号	标　　题	媒体	时间
1	能源革命日日新	中国电力报	2017-03-04
2	“正是需要加油鼓劲的时候”政协委员为高校“双一流”建设建言	中国教育报	2017-03-06
3	用担当化解“三点半难题”	中国教育报	2017-03-07
4	刘吉臻：鼓励中小学幼儿园承担课后服务职能	中国教育新闻网	2017-03-07
5	幼儿园下午 3 点半放学后，谁来管孩子？——教育部部长现场谈办法	新华网	2017-03-08
6	教育部长陈宝生回应政协委员们关于教育的问题	人民网	2017-03-08
7	对“火上浇油”的培训机构要整顿	中国教育报	2017-03-08
8	今年教育工作的一次集体备课	中国教育报	2017-03-08
9	拿着“985”“211”的船票上不了“双一流”的船	中国青年报	2017-03-08
10	教育界别联组会召开部长回应了委员们哪些热点问题	人民网	2017-03-08
11	“接孩子”难题上两会政协委员呼吁：抓好课后服务	新华每日电讯	2017-03-09
12	“课后三点半”背后的效率与公平问题	光明网	2017-03-09
13	煤电发展空间几何	中国电力报	2017-03-09
14	扎扎实实化解过剩产能	中国电力报	2017-03-09
15	三个“关键词”，教育部部长怎么看	光明日报	2017-03-10
16	华北电力大学原校长刘吉臻委员：明确课后时间的非义务教育属性	中国教育报	2017-03-10
17	共同努力实现能源结构优化	中电新闻网	2017-03-10
18	别再让孩子们“压力山大”	人民日报	2017-03-13
19	这些年，他们为教育做了啥	中国教育报	2017-03-14
20	电力“十三五”规划：新常态下的引领路径	中国电力报	2017-03-14
21	“双一流”：怎么看，怎么干	人民日报	2017-03-16
22	电力转型发展是能源革命的关键	人民日报	2017-03-24
23	“墨读中国”—美国西肯孔院特聘艺术家书画展开幕	搜狐新闻	2017-03-24
24	华北电力大学推动学雷锋活动机制化	教育部网站	2017-04-01
25	刘艺书法艺术研究会高校行首站在京举办	凤凰网	2017-05-23
26	刘艺书法艺术研究会高校行首站在京举办	网易网	2017-05-23
27	“墨香校园——刘艺书法艺术研究会高校行”首站活动在京圆满举行	人民美术网	2017-05-23
28	墨香校园——刘艺书法艺术研究会高校行首站	中央电视台	2017-05-23
29	不夭其生，不绝其长	光明日报	2017-05-25
30	中国高校工商管理课程教学研讨会在珠海召开	中新网	2017-05-27
31	华北电力大学依托大数据实施精准资助	教育部网站	2017-06-05
32	给本科生配导师不应仅仅是个噱头	科技日报	2017-07-03
33	近两百件节能环保作品角逐全国大学生节能减排竞赛决赛	新华网等	2017-08-09
34	节能减排需要青年人“动”起来	中青在线	2017-08-09
35	190 多个“金点子”角逐节能减排赛场	中国教育报	2017-08-10

续表

序号	标　题	媒体	时间
36	超16 000人参加第十届全国大学生节能减排科技竞赛	中华网	2017-08-10
37	1.6万大学生跨学科组队　角逐节能减排科技大赛	人民网	2017-08-10
38	超16 000人参加第十届全国大学生节能减排科技竞赛	中华网	2017-08-10
39	超16 000人参加第十届全国大学生节能减排科技竞赛	央广网	2017-08-10
40	第十届全国大学生节能减排大赛进入决赛	科技日报	2017-08-11
41	第十届全国大学生节能减排科技竞赛决赛举行	中国电力新闻网	2017-08-11
42	“神雾杯”10项参赛作品与企业签合作协议	中国电力报	2017-08-11
43	【开学第一课】华北电力大学校长杨勇平：守理想砥砺	中国教育网络电视台	2017-08-13
44	一场大学生竞赛藏着多少惊喜	光明日报	2017-08-15
45	34年之华电记忆 34年之华电情怀	新华网	2017-08-15
46	华北电力大学曾鸣教授为“十三五”新能源发展把脉开方	科技日报	2017-08-23
47	华北电力大学王鹏教授：电力安全监管亟待健全	经济参考报	2017-08-28
48	华北电力大学举办关爱留守儿童公益夏令营	中青在线	2017-08-30
49	华北电力大学校长杨勇平：如何加强高校教育教学思想建设	大学研究	2017-08-30
50	华北电力大学师生迈步军营体验部队生活谱写爱国篇章	中青网	2017-09-01
51	大学生志愿者爱心服务失独群体	中青网	2017-09-01
52	华北电力大学曾鸣教授：能源更多市场化仍需多领域改革	经济参考报	2017-09-04
53	京津冀地区高校“如何在‘概论’课教学中落实习近平总书记‘7·26’讲话精神”教学研讨会在华北电力大学举行	人民网	2017-09-08
54	前行张国新：从院校人到企业人的五年	德阳日报	2017-09-12
55	华北电力大学“环境/生态学”进入ESI世界前1%	中国电力报	2017-09-14
56	华北电力大学“环境/生态学”进入ESI世界前1%	中国电力报	2017-09-20
57	我省斩获第三届中国“互联网＋”大学生创新创业大赛三项银奖	河北工人报	2017-09-21
58	放开发电计划需关注煤电资产搁浅——访华北电力大学经济与管理学院教授袁家海	中国电力报	2017-09-21
59	华北电力大学绿茵场上开辟育人新天地	中国教育报	2017-09-22
60	华北电力大学张粒子教授一行赴金鹊庄村小学、幼儿园开展助学活动	搜狐	2017-09-28
61	视频：华北电力大学让榜样的力量在校园中传唱	新华网	2017-09-30
62	华北电力大学学生参观“砥砺奋进的五年”成就展：生在中国很幸运	人民日报海外网	2017-10-05
63	“大手牵小手——朗读者”活动精彩纷呈	保定日报	2017-10-09
64	华北电力大学进入国家“双一流”建设行列	搜狐	2017-10-10
65	感受榜样的力量找到青春的答案	中国青年报	2017-10-10
66	登山者罗静：因为热爱，生命更加精彩	保定晚报	2017-10-11
67	刘吉臻院士坚持十六年给新生上思政课	光明日报	2017-10-13
68	华北电力大学举办罗静登山分享会	保定日报	2017-10-14
69	如何推动能源革命？	中国青年报	2017-10-16
70	华北电力大学校长杨勇平议十九大：以人民为中心的发展理念不动摇	中国教育报	2017-10-19
71	华北电力大学师生认真收听收看十九大开幕会	中国教育新闻网	2017-10-19
72	华北电力大学党委书记周坚：在实现中国梦的生动实践中放飞青春梦	昌平报	2017-10-20
73	新思想开启新征程	新华每日电讯	2017-10-21

续表

序号	标　　题	媒体	时间
74	华北电力大学高等教育研究所副所长荀振芳的一线故事	人民日报	2017-10-23
75	华北电力大学党委中心组集中学习党的十九大精神	教育部门户网	2017-11-01
76	华北电力大学庆祝建校 59 周年暨 60 周年校庆	中国电力报	2017-11-01
77	长城网华北电力大学学生党员以别样的形式弘扬“红船精神”	长城网	2017-11-06
78	校企结盟构建电力行业产学研协同育人新机制	中国青年报	2017-11-17
79	中欧可再生能源创新中心论坛召开	中国电力报	2017-11-17
80	中欧高校携手推进可再生能源发展	科技日报	2017-11-17
81	华北电力大学举办“青年的楷模，学习的榜样”演讲比赛	新华网	2017-11-18
82	电力行业卓越工程师培养校企联盟成立	中国教育报	2017-11-20
83	华北电力大学发起成立电力行业卓越工程师培养校企联盟	中国教育电视台	2017-11-20
84	校企结盟构建产学研协同育人新机制	中国能源报	2017-11-21
85	电力行业卓越工程师培养校企联盟成立	中国科学报	2017-11-21
86	中欧高校携手推进可再生能源发展	中国政协报	2017-11-23
87	电力人才培养从“单兵作战”转向“校企协同”	中国政协报	2017-11-23
88	各地高校创新方法和载体学习贯彻党的十九大精神——让学习成果印在脑海融入心中	人民日报	2017-11-23
89	苑英科：农村义务教育，尽快补齐短板	人民日报	2017-11-23
90	工程师培养过度“科学化”怎么破	科技日报	2017-11-23
91	中欧高校携手推进可再生能源发展	人民网	2017-11-23
92	华北电力大学校长杨勇平：新时代高等工程教育寻求新转变	中国电力报	2017-11-24
93	麻腾威团队的志愿服务项目“沼气蓬勃”获金奖	中国青年报	2017-12-05
94	大学生 3X3 联赛北京赛区：华北电力大学夺冠	新华网	2017-12-14
95	华北电力大学“学习会”等社团赴梁家河开展现场教学活动	中青在线	2017-12-18
96	华北电力大学校长杨勇平：办一所负责任的新时代大学	中国教育报	2017-12-21
97	华北电力大学张粒子教授：电网要从连锁超市变成快递小哥	中央电视台	2017-12-29

（宣传部　孙翠亭　提供）

华北电力大学 2017 年出版物名单

序号	出版物名称	期刊周期
1	《华北电力大学学报（自然科学版）》	双月刊
2	《华北电力大学学报（社会科学版）》	双月刊
3	《现代电力》	双月刊
4	《电力科学与工程》	月刊

（期刊出版部　杜红琴　提供）

索　引

Index

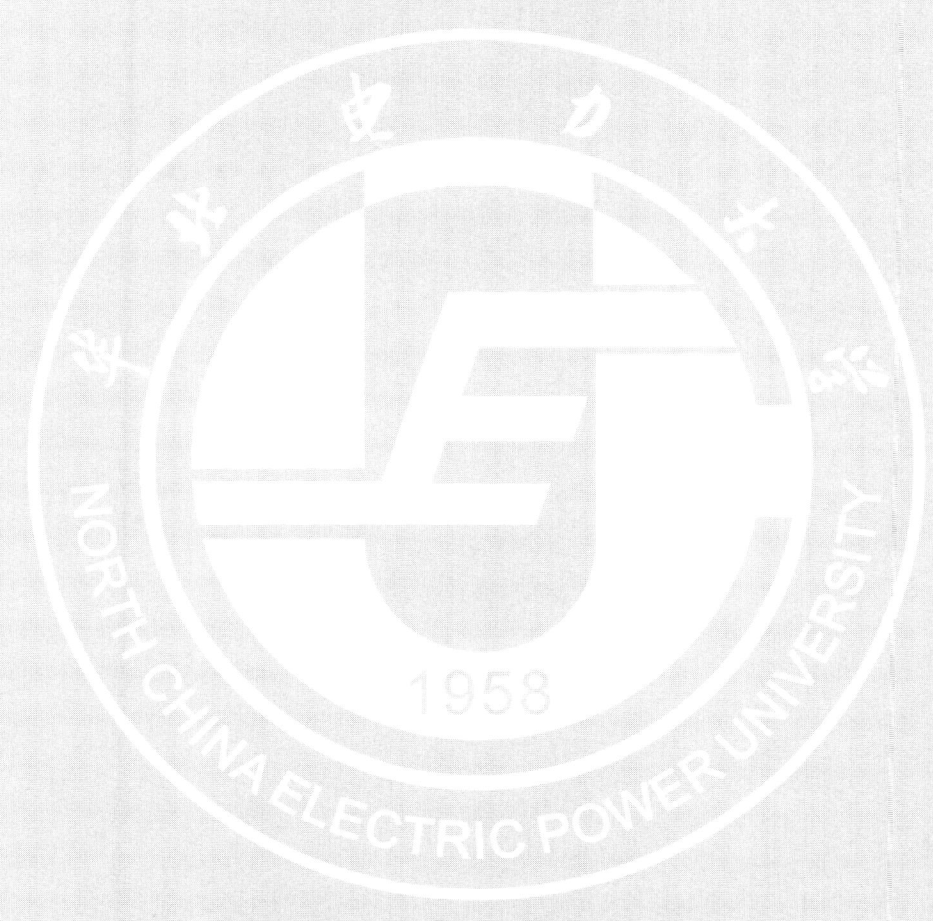

使　用　说　明

一、本索引采用主题分析索引法编制。年鉴中有实质检索意义的内容均予以标引，以供检索使用。

二、本索引基本上按汉语拼音音序排列。具体排列方法如下：以数字开头的标目，排在最前面；以英文字母打头的标目，列于其次；汉字标目则按首字的音序、音调依次排列。首字相同时则以第二个字排序，依此类推。

三、索引标目后的数字，表示检索内容所在的年鉴正文页码。年鉴正文中的栏别，从左至右分别以 a、b、c 来表示。年鉴中以表格形式反映的内容，则在索引标目后用括号注明（表）字，以区别于文字标目。

四、为反映索引款目间的逻辑关系，对于二级标目，采取在一级标目下缩两格的形式编排，之下再按汉语拼音的音序、音调排列。

0～9

A～Z

A

B

C

D

E

F

G

H

J

K

L

O

P

Q

R

S

T

W

X

Y

Z